Ein Blick ins Licht

Ein Blick ins Licht

David S. Falk
Dieter R. Brill
David G. Stork

Ein Blick ins Licht

Einblicke in die Natur
des Lichts und des Sehens,
in Farbe und Fotografie

Übersetzt von Anita Ehlers

Geleitwort
von Rudolf Kippenhahn

Birkhäuser Verlag
Springer-Verlag

Professor Dr. David S. Falk
The University of Maryland,
Department of Physics and
Astronomy,
College Park, MD 20742, USA

Professor Dr. Dieter R. Brill
The University of Maryland,
Department of Physics and
Astronomy,
College Park, MD 20742, USA

Dr. David G. Stork
Stanford University,
Departments of Psychology and
Electrical Engineering,
Stanford, CA 94305, USA

Übersetzer
Anita Ehlers
Riedener Weg 60
D-8130 Starnberg

*Fachliche Beratung für
die deutsche Auflage*
Dr. Andreas Dorsel
Carl Zeiss, Postfach 13 69/13 80
D-7082 Oberkochen

ISBN 978-3-540-52146-4   ISBN 978-3-642-86487-2 (eBook)
DOI 10.1007/978-3-642-86487-2

Mit 617 Abbildungen einschließlich
47 Farbtafeln

Umschlagbild
Das 10-MW-Solarkraftwerk SOLAR
ONE in Dagget in Südkalifornien. Die
sorgfältig ausgesteuerten Spiegel werfen
hier das Sonnenlicht nur zum Teil auf
den Kollektorturm, zum Teil wird es in
zwei Brennpunkten links und rechts davon gesammelt – und so für das Auge
„sichtbar"

Titel der amerikanischen Original-
ausgabe:
Seeing the Light: Optics in Nature,
Photography, Color, Vision, and
Holography
© 1986 Harper & Row, Publishers, Inc.
Published by arrangement with
Harper & Row, Publishers, Inc.
New York, New York, USA

© Springer-Verlag Berlin Heidelberg
and Birkhäuser Verlag
Basel · Boston · Berlin 1990

CIP-Titelaufnahme der Deutschen
Bibliothek

Falk, David S.:
Ein Blick ins Licht : ein Einblick in die
Natur des Lichts und des Sehens, in Far-
be und Fotografie / David S. Falk ;
Dieter R. Brill ; David G. Stork. Übers.
von Anita Ehlers. – Basel ; Boston :
Birkhäuser ; Berlin ; Heidelberg : Sprin-
ger, 1990
  Einheitssacht.: Seeing the light ⟨dt.⟩
NE: Brill, Dieter R.:; Stork, David G.

Reproduktion der Abbildungen:
Gustav Dreher GmbH, Stuttgart

Datenkonvertierung:
Daten- und Lichtsatz-Service,
Würzburg

2155/3150-543210

Gedruckt auf säurefreiem Papier

Geleitwort

Erst wurde es dunkel. Schwarz stand dann die Scheibe des Mondes vor der Sonne. An der Seite ragten Protuberanzen in die silbrig leuchtende Korona, himbeerfarben, kitschig rosa. Ich sehe das Bild noch heute vor meinen Augen. Ebenso unvergeßlich wie diese totale Sonnenfinsternis sind mir die Tierbilder, die ich Jahre danach in den Höhlen von Altamira im Fackellicht sah, vor 20 000 Jahren von einem Künstler an die Felswand gezeichnet. Wieder war es ein *optischer* Eindruck, von dem ich so ergriffen wurde, daß er mir auch Jahrzehnte danach immer wieder in den Sinn kommt.

Es ist schon etwas Merkwürdiges mit unseren Augen. Wir denken nicht oft darüber nach, was es mit dem Licht auf sich hat, das uns durch das Leben führt. Die Augen zeigen uns nur ein oberflächliches Bild von ihm. Wer zwei Polarisationsfilter in die Hand bekommt, merkt, wieviel mehr im Licht steckt. Wer eine Haushaltsfolie hinzunimmt, wundert sich über die Farbenpracht, die in den farblosen Filtern und Folien steckt. Die moderne Optik mit Lasern und Hologrammen gar eröffnet eine noch wunderbarere Welt, in der aus flachen Bildebenen tropfende Wasserhähne in den Raum hinaus ragen oder Teetassen auf Fotos so räumlich erscheinen, daß man versucht ist, sie am Henkel anzufassen.

Das vorliegende Buch erklärt dem Leser, welche Gesetze und Regeln das Licht regieren. Es zeigt, was Licht ist, wie es reflektiert und gebrochen wird und wie es Schatten erzeugt. Die fotografische Kamera wird erklärt und ihr natürliches Vorbild, das Auge. Der Leser lernt Fernrohre und Mikroskope kennen und wird in die Welt der Farben eingeführt. Er erfährt, wie ein Farbfoto entsteht. Wer das Licht studieren will, muß die Überlagerung von Wellen und ihre Polarisation verstehen. Dann ist er reif für die Holographie.

Doch Licht ist nicht nur ein Hilfsmittel zum Sehen. Die elektromagnetische Strahlung ist ein wichtiger Bestandteil der Welt. Licht entsteht in Atomen und wird in Atomen wieder gefangen. An ihm hat der Mensch zuerst gelernt, daß die Welt von Quantengesetzen regiert wird. Es kann sich in Materieteilchen verwandeln, und es entsteht, wenn sich Materie und Antimaterie begegnen.

Wenn der Mond die Sonne verfinstert, treten Protuberanzen und Korona hervor. Seit der Mensch Licht mit seinen Eigenschaften versteht, hat er neuen Zugang zu den Erscheinungen auf der Sonne. Selbst aus Fernen, von denen es Jahrmilliarden Jahre unterwegs ist, gibt das Licht uns Kunde über Temperatur, chemische Beschaffenheit und Bewegung der dort leuchtenden Stoffe.

Das Buch führt den Leser in die Geheimnisse des Lichtes ein, ohne Mathematik und ohne das mathematische Rüstzeug der Theoretischen Physik, aber trotzdem sauber und exakt. Ich wünsche dem Leser, daß er daran ebensoviel Spaß hat wie ich, als ich es las.

Mai 1989   *Rudolf Kippenhahn*

Vorwort zur deutschen Ausgabe

Nachdem viele Leser in den USA ihr Interesse an ›Seeing the Light‹ gezeigt haben, freut es uns, daß wir nun auch im deutschen Sprachraum Einblick ins Licht geben können.

In diesem Buch möchten wir einem großen Kreis Wißbegieriger die Optik mit ihren Grenzgebieten und viefältigen Anwendungen näherbringen. Der Leser braucht dazu nur Interesse an allem Sichtbaren mitzubringen. Wir möchten ihm mit Worten der Alltagssprache die Augen öffnen und nicht mit Hilfe der mathematischen Formelsprache. Es geht uns dabei vor allem darum, Freude und umfassendes Verständnis für ein besonders schönes und wichtiges Stück Physik zu wecken.

Das Buch eignet sich sowohl zum Lesen und Selbststudium als auch als Begleittext für den Unterricht an Gymnasien, Fach- und Berufsschulen sowie an Hochschulen. Mehr zu dem angesprochenen Leserkreis und Hinweise zum Gebrauch des Buches finden Sie in dem Vorwort der amerikanischen Ausgabe.

Zur deutschen Fassung brauchten wir nicht nur eine Übersetzung, denn die Hinweise auf Literatur, Kunst und Technik sollten ebenfalls dem deutschen Sprachraum angepaßt werden. Unser besonderer Dank gilt deshalb Frau Anita Ehlers, die beide Aufgaben mit großem Erfolg gelöst hat. Weiter danken wir dem Herausgeber, Herrn Professor W. Beiglböck, ohne dessen persönlichen Einsatz kein Blick ins Licht zustande gekommen wäre, sowie vielen einsatzfreudigen Mitarbeitern beim Springer-Verlag. Für die kritische Durchsicht des gesamten Textes und wichtige technische Hinweise sind wir Dr. A. Dorsel und Herrn R. Agte zu großem Dank verpflichtet.

Falls trotz dieser vielen engagierten Mithelfer noch Ungenauigkeiten oder Fehler in diesem Buch verbleiben, so sind diese den Autoren zuzuschreiben. Dies ist auch wörtlich zu verstehen: Der unterzeichnende Autor wird sich über Zuschriften jeder Art zu diesem Buch freuen.

Juni 1989 Für die Autoren
Dieter Brill

Aus dem Vorwort der amerikanischen Ausgabe

›Ja, ich wollte wirklich ein Pferd in dieser Farbe‹
oder:
Warum wir ein Buch zu unseren Vorlesungen
über Licht und Farbe geschrieben haben

Vor einigen Jahren suchten wir nach einem Thema für eine Vorlesung für Hörer außerhalb der naturwissenschaftlichen Fakultäten – also für Philologen, Wirtschaftswissenschaftler, Sozialwissenschaftler und all die vielen Studenten ohne besondere Neigung zur Mathematik, die aber wie alle jungen Leute wißbegierig und gescheit sind. Das Spezialgebiet der Optik erschien uns schließlich hervorragend geeignet, diese Studenten mit naturwissenschaftlichem Denken vertraut zu machen. Eine ungeheure Vielfalt von Phänomenen der ›wirklichen Welt‹, der Welt der Natur und der Technik, und aus dem alltäglichen Erfahrungsbereich der Studenten läßt sich so erklären und verständlich machen, daß die Lernenden selbst die logischen Beziehungen zwischen diesen Phänomenen erkennen, entdecken und überprüfen können.

Anfangs mußten wir uns ständig daran erinnern, daß wir diese Studenten nicht zu Naturwissenschaftlern ausbilden wollten (obwohl nicht wenige Studenten aufgrund dieser Vorlesung zur Physik überwechselten). Vielmehr wollten wir Freude an den Naturwissenschaften wecken und nicht deren mathematischen Formalismus unterrichten, wie man ja auch in einer Vorlesung, die das Verständnis für Musik fördern soll, nicht Komposition lehrt. Henry Adams sagte einmal: ›He too serves a certain purpose who only stands and cheers.‹ – ›Auch der erfüllt gewisslich eine Aufgabe, der nur dasteht und begeistert ist.‹

Sicherlich gibt es in der Lehre vom Licht vieles, das begeistern kann. Und je besser der Lernende die Beziehungen zwischen den Erscheinungen versteht und die Methoden zu schätzen weiß, mit deren Hilfe diese Beziehungen entdeckt werden, um so glühender wird auch seine Begeisterung sein. Die Optik eignet sich hier besonders, weil sich dort das Besprochene buchstäblich und oft ganz einfach sehen läßt. Es gibt wohl keinen besseren Weg, die vielen interessierten Studenten, die sich von der Sprache der Mathematik einschüchtern lassen würden, zu fesseln. Der Einblick ins Licht erfordert keine aufwendige Apparatur und auch kein mathematisches Wissen, sondern nur offene Augen! Dieses Buch ist wie unsere Vorlesung als ein Augenöffner gerade für Leser ohne naturwissenschaftlichen oder mathematischen Hintergrund gedacht.

Wir betrachten besonders aufmerksam solche Erscheinungen, die die behandelten Ideen veranschaulichen oder anwenden; oft geben wir ganz alltägliche Beispiele, dann aber wieder gerade solche, die wegen ihrer Seltenheit faszinieren. Diese Phänomene sind für unseren Ansatz wesentlich und lassen sich zudem in einer Vorlesung leicht und gut demonstrieren.

Das Schreiben dieses Buchs wurde uns durch den überwältigenden Erfolg der Vorlesung – mit Hörern aus über vierzig verschiedenen Studienrichtungen! – und durch das Fehlen eines geeigneten Lehrbuchs geradezu aufgezwungen. Viele ausgezeichnete Bücher, so fanden wir, behandelten wohl das eine oder andere der angesprochenen Themen, keines aber umfaßte den weiten Bereich verwandter Gebiete, und ganz gewiß beschäftigte sich keines mit ihren Beziehungen untereinander. Wir wünschten uns ein Buch, das die Studierenden ständig an die Verbindungen zwischen den abstrakten Gedanken der Physik und dem Alltagsleben oder den vielen Menschen vertrauten Erscheinungen erinnert. Um diese Verknüpfungen zu illustrieren, mußten wir die Bilder und Abbildungen, die jetzt Teil dieses Buches sind, selbst aus vielen Quellen zusammensuchen. Darüber hinaus behandeln die meisten der vorliegenden Bücher über Optik diese Themen nicht ohne mathematische Hilfsmittel. Aber auch wenn diese Bücher ohne Gleichungen auskommen, neigen sie doch dazu, entweder auf technische Feinheiten zu sehr einzugehen oder die Grundgedanken zu verwässern. Die Lehre vom Licht ist gerade deshalb so anziehend, weil sie eine Vielfalt von Gedanken und Erscheinungen enthält, die ohne Mathematik untersucht werden können. Wir versuchen, die Schönheit und Einfachheit im Verhalten des Lichts aufzuzeigen, wobei wir die Wißbegierde des Lesers in leicht verständlicher Sprache anstacheln und nutzen.

Wir hoffen, daß die Studenten lernen zu schauen, zu beobachten und mit den Worten von Artemus Ward zu fragen: ›Warum ist dies so? Was ist der Grund dieses Soseins‹?

Wie das Buch zu benutzen ist

Die Physik sollte nicht passiv studiert werden. Wir meinen, daß die Physik wie Sport und Musik mehr Spaß macht, wenn man sie betreibt, anstatt nur darüber zu lesen. Aus diesem Grund leitet fast jedes Kapitel zu Versuchen an. In verschiedenen Abschnitten SEHEN SIE SELBST die Experimente oder Demonstrationen, die gewöhnlich mit einem Minimum von Hilfsmitteln und mit Material, das sich in jedem Haus findet, durchgeführt werden können. Jeder Versuch gibt dem Leser die Möglichkeit, selbst mitzuspielen und die besprochenen Gedanken zu testen. Sehen Sie selbst!

Natürlich erfordert alles Verstehen auch Denken. Um das zu fördern, unterbrechen wir gelegentlich unseren vorgedachten Gedankengang mit Fragen. Das Nachdenken darüber könnte dem Leser an diesem Punkt wesentlich weiterhelfen, indem er anhält und mit Aristophanes STUDIERT UND SPEKULIERT: ›Jetzt, Freund, studier und spekulier, nimm deinen Kopf und deine fünf Sinne zusammen; behend, wenn du je dich verhedderst, spring auf einen anderen Gedanken ab; und der labende Schlaf bleibe fern deinem Augenlid!‹

Jenen, die zumindest eine rudimentäre Kenntnis elementarer Mathematik mitbringen, bieten wir, ohne die qualitative Entwicklung im Haupttext zu unterbrechen, einen mathematischen Anhang, der ein Gefühl für die quantitative Seite der Physik gibt. Anders als diese Mathematik dagegen tauchen viele in der Physik verwendete Spezialbegriffe unter so vielen Umständen auf, daß sie nicht nur ein unverzichtbarer Teil unserer zeitgenössischen Kultur geworden sind, sondern auch die Verständigung vereinfachen. Wir definieren diese Begriffe dort, wo sie zuerst vorkommen, und geben ihre Etymologie (griech. *etymon*, ursprüngliche Form eines Wortes) an, damit ein schwieriges Wort in leichter zu merkende Wurzeln aufgebrochen werden kann.

KAPITEL

1. Die Haupteigenschaften des Lichts

2. Grundlagen der geometrischen Optik

3. Spiegel und Linsen

4. Kamera und Fotografie

5. Das menschliche Auge und sein Sehvermögen — I: Wie das Bild erzeugt wird

6. Optische Instrumente

7. Das menschliche Auge und sein Sehvermögen — II. Bildverarbeitung

8. Räumliches Sehen und Tiefenwahrnehmung

9. Farbe

10. Farbwahrnehmung

11. Farbfotografie

12. Wellenoptik

13. Streuung und Polarisation

14. Holografie

15. Ein Blick in die moderne Physik

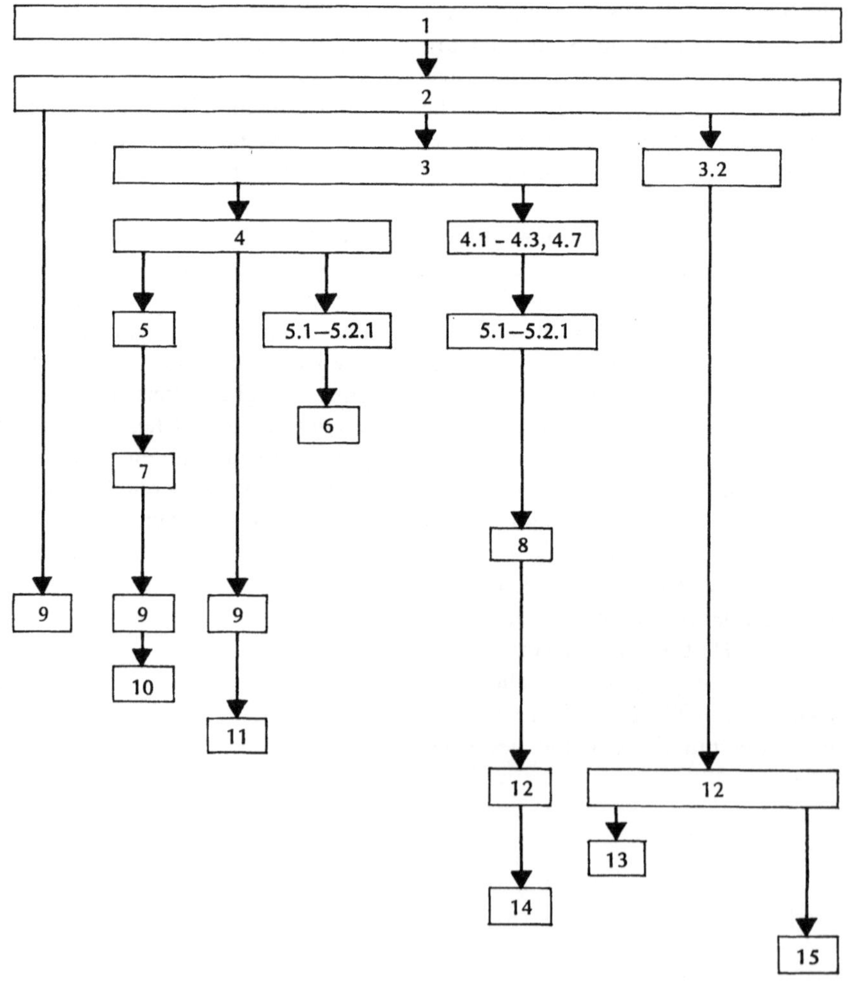

Bei unserem Studium der Optik gibt es keinen Königsweg, der zu einem eindeutig bestimmten Ziel hinführt. Es gibt vielmehr viele mögliche Pfade, die sich kreuzen und in alle Richtungen verzweigen. Jeder dieser Wege führt zu einer goldenen Stadt; verschiedene Leser finden verschiedene Wege reizvoll und lohnend. Wir haben das Buch so angeordnet, daß viele unterschiedliche Richtungen eingeschlagen und die Gewichte je nach den Interessen von Schülern und Lehrern verschieden verteilt werden können.

Die Gesamtanlage des Buches läßt sich in dem beigegebenen Flußdiagramm ablesen, das angibt, welche Mindestvoraussetzungen zum Verständnis eines Kapitels nötig sind. Die Wege sollten weder als festgelegt noch als Einbahnstraßen gesehen werden: Man könnte zum Beispiel leicht nach dem Kapitel Farbwahrnehmung das über Farbfotografie lesen, oder auf dem Weg zur Holografie ›Optische Instrumente‹ oder ›Das menschliche Auge und sein Sehvermögen – II‹ einfügen. Der beste Weg hängt ab von Interesse, Zeit und der verfügbaren Ausrüstung. Mit Hilfe dieses Flußdiagramms kann der Lehrer einen Kurs beliebiger Länge zusammenstellen – für wenige Wochen, ein Vierteljahr, ein ganzes Semester oder ein volles Jahr. Auch die auf ein bestimmtes Thema zu verwendende Zeit ist nicht festgelegt. In fast jedem Kapitel gibt es Abschnitte, die einen Gedanken vertiefen oder interessante Streiflichter werfen, aber weggelassen werden können, ohne das Verständnis der folgenden Kapitel zu gefährden.

Im Brennpunkt werden allgemein interessierende Themen, bei denen Gedanken und Phänomene mehrerer Kapitel zusammengefaßt werden, behandelt. Bei Anwendungen in einem einzelnen Feld kann auch das Gedankengut aus verschiedenen Teilen des Flußdiagramms zusammenkommen; die Verknüpfung von Naturwissenschaft und Technik wird so besonders anschaulich.

Schließlich enthält jedes Kapitel eine Reihe von Aufgaben – die mit HA bezeichneten sind etwas schwerer als die mit A bezeichneten, während die mit MA bezeichneten für solche Leser bestimmt sind, die die mathematischen Anhänge studiert haben. Alle Aufgaben sind als Übungen für das Denkvermögen des Lesers gedacht, denn wie die Vogelscheuche in *Der Zauberer von Oos* sagt: ›When I get used to my brains I shall know everything.‹ ›Wenn ich mich erst an den Gebrauch meines Gehirns gewöhne, kann ich alles wissen.‹

D. Falk   D. Brill   D. Stork

Inhaltsverzeichnis

KAPITEL 1

Die Haupteigenschaften des Lichts

1.1 Was ist Licht?

Licht gehört zu unserem Leben. Es ist für die meisten von uns so selbstverständlich, daß wir es nur gelegentlich oder zufällig mit wachen Sinnen wahrnehmen. Wir genießen einen Sonnenuntergang, freuen uns, wenn die bunten Lichter einer Stadt sich in Wasserwellen widerspiegeln oder Sonnenstrahlen durch das Blätterwerk der Bäume hindurch auf dem Waldboden helle Flecken tanzen lassen. Einige der dabei ablaufenden physikalischen Prozesse, wie zum Beispiel Spiegelung und geradlinige Lichtausbreitung, gehören zum Allgemeinwissen. Und doch sagen wir wohl alle mit Augustin: ›Wenn mich niemand danach fragt, weiß ich es, wenn ich es aber einem, der mich fragt, erklären sollte, weiß ich es nicht.‹

Die Natur des Lichts fesselt und beschäftigt Menschen seit eh und je. Schon der dritte Vers des Alten Testaments erzählt, Gott habe es am ersten Schöpfungstag erschaffen. Christen singen von Gott als ›Sonne der Gerechtigkeit‹; viele Religionen, so die der Ägypter und Azteken, verehrten die Sonne als Gott. Schon die alten Griechen kannten Grundzüge der Optik, im Mittelalter blühte die Erforschung des Lichts bei den Arabern und später bei den europäischen Wissenschaftlern; sie führte zur Entwicklung der modernen Naturwissenschaften, wie sie mit Galileo Galilei begann. Aber noch im achtzehnten Jahrhundert konnte Benjamin Franklin sagen: ›Was das Licht betrifft, so bin ich im Dunkeln!‹ Selbst heute hat die Untersuchung des Lichts wesentlichen Einfluß auf die moderne Physik.

Wir folgen hier nicht dem geschichtlichen Ablauf mit seinen vielen Spekulationen und Irrwegen, zu denen wohl auch Goethes berühmte und heute noch umstrittene Farbenlehre gezählt werden kann, sondern gehen den bewährten Weg der Wissenschaft, indem wir beobachten, wie sich Licht verhält, und daraus erschließen, was es ist.

1.1.1 Welchen Weg nimmt das Licht?

Wir sprechen vom Augenlicht oder sagen ›Wirf einen Blick auf dieses Bild!‹ und tun damit so, als ob etwas von unseren Augen weg zum Bild hinginge. Wer an den bösen Blick glaubt, denkt vielleicht, Licht bewege sich wirklich so (Abb. 1.1). Zur Zeit Platons meinten die Griechen, Licht und Geist bestünden beide aus Feuer und Wahrnehmung bedeute ein Zusammentreffen des von den Augen ausgestrahlten ›inneren Feuers‹ (Verstand oder Geist) mit dem ›äußeren Feuer‹ (Licht). Goethe sah wohl auch diesen Aspekt, als er sagte

Wär nicht das Auge sonnenhaft,
Wie könnten wir das Licht erblicken?
Lebt nicht in uns des Gottes eigne Kraft,
Wie könnt' uns Göttliches entzücken?

Um das Jahr 1000 gibt Alhazen eine erste ›moderne‹ Darstellung des Sehens; in seinem 1270 ins Lateinische übersetzten *Opticae thesaurus* beschreibt er den Weg des Lichts richtig.

Licht muß, wie wir heute wissen, in unsere Augen *hinein*kommen, damit wir etwas sehen können. Müssen wir nun, um das zu beweisen, Licht ›auf

1.1 Supermanns durchdringender Röntgenblick geht von seinen Augen aus; wir jedoch können nur sehen, wenn Licht in unsere Augen fällt

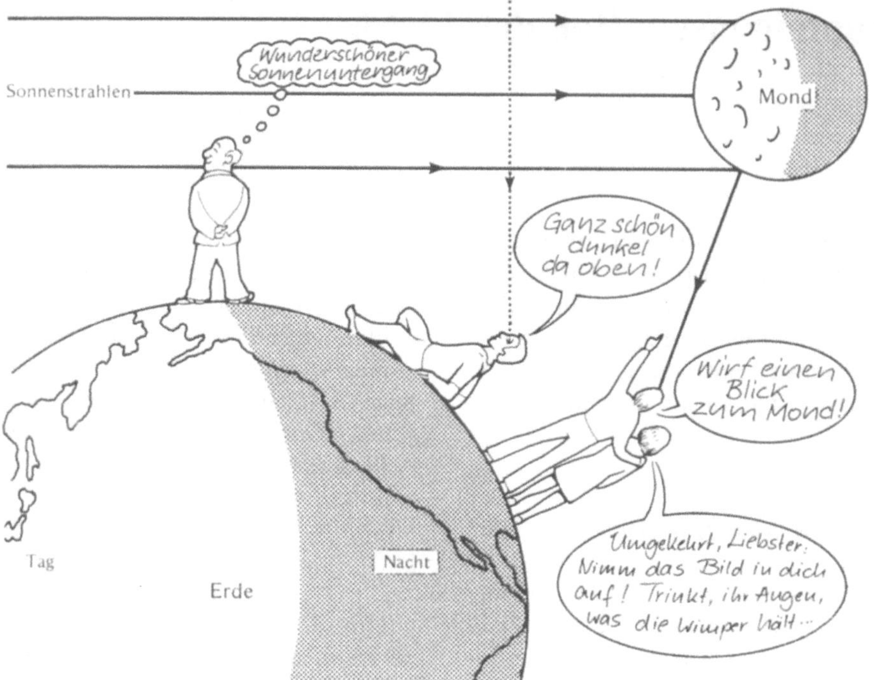

Wir sehen keinen Lichtstrahl, der nicht auf uns gerichtet ist, selbst wenn wir ihn ›genau vor der Nase‹ haben. Wenn wir nachts den Sternenhimmel bewundern, erschauen wir ihn ›durch‹ die Strahlen der Sonne (Abb. 1.2). Wir sehen diese Strahlen nur, wenn andere Körper, etwa der Mond, deren Richtung so verändern, daß sie auf uns zukommen und unser Auge erreichen.

Zwar sehen wir oft Lichtstrahlen – wie in Abb. 1.3 –, aber nur dann, wenn kleine, in der Luft schwebende Teilchen (Staub und Nebel zum Beispiel) das Licht in unsere Richtung

1.2 Der leere Raum sieht nachts dunkel aus, obwohl er von Lichtstrahlen durchquert wird

1.3 Die Streuung in der Atmosphäre macht Sonnenstrahlen sichtbar

seinem Weg‹ beobachten, so, wie man einen durch die Luft fliegenden Fußball verfolgt? Nein! Um zu sehen, daß Licht von der Sonne kommt, durch das Fenster scheint, auf das Buch trifft und dann in die Augen fällt, brauchen wir ja nur die Vorhänge zuzuziehen. Dann wird das Zimmer dunkel, während es draußen noch hell ist. Verliefe der Weg des Lichts andersherum, müßte es im Zimmer hell bleiben, wenn die Vorhänge geschlossen werden.

Licht kommt also von einer QUELLE (Sonne, Lampe usw.) zu einem OBJEKT (etwa dem Buch), prallt von dort zurück oder geht (wie bei Glas) hindurch und trifft dann auf den EMPFÄNGER oder DETEKTOR (Auge). Manchmal ist die Quelle selbst das Objekt. Von diesen SELBSTLEUCHTERN kommt das Licht direkt zum Auge. So sehen wir Blitze, Glühwürmchen, Kerzenflammen, Leuchtschriften und das Fernsehbild.

Warum legen wir auf diese anscheinend triviale Tatsache über das Verhalten des Lichts so viel Wert? Ganz einfach: Wenn kein Licht ins Auge fällt, können wir nichts sehen, ganz gleich, wieviel Licht um uns herum ist.

ablenken! Wir sehen Strahlen um so weniger, je klarer und reiner die Luft ist. Im luftleeren Raum ist ein Strahl vollkommen unsichtbar, wenn er nicht ins Auge fällt.

Die meisten Körper lenken einen Teil des einfallenden Lichts in alle möglichen Richtungen um (sie STREUEN das Licht). Das Auge kann einen solchen Körper von überallher sehen. Wir sehen einen Gegenstand überhaupt nur, wenn er Licht streut. Manche Körper, Spiegel und Fenster etwa, streuen wenig und sind deshalb schlecht zu sehen, wie jeder weiß, der einmal versucht hat, durch eine sehr gut geputzte, aber geschlossene Glastür hindurchzugehen.

Die staubige oder feuchte Luft, in der wir ›Lichtstrahlen‹ sehen, zeigt uns eine weitere Eigenschaft des Lichts: es läuft geradlinig (Abb. 1.4). Der Strahl eines Suchscheinwerfers ist viele Kilometer lang gerade, während etwa ein Wasserstrahl oder ein Geschoß von der Schwerkraft nach unten gezogen wird. (Aber lesen Sie dazu Abschnitt 15.5.3.) Wir gehen also davon aus, daß Licht immer auf Geraden läuft und seine Richtung nur dann ändert, wenn es auf einen Körper trifft.

1.4 ›Irische Lichter‹, ein Laserbild von Rockne Krebs, zeigt die Geradheit und Schönheit einfacher Lichtstrahlen

1.5 Jedes sternenähnliche Objekt dieser fotografischen Aufnahme aus dem Sternbild Doradus ist in Wirklichkeit ein Milchstraßen-System, 600 Millionen Lichtjahre von uns entfernt. In Thornton Wilders Schauspiel ›Unsere kleine Stadt‹ beschreibt jemand seine Gefühle beim Anblick solcher Galaxien, deren Licht sie vor so langer Zeit verlassen hat: ›Und mein Sohn Joel, der die Sterne kannte – er sagte immer, daß dieser kleine Lichtfleck Millionen Jahre braucht, bis er die Erde erreicht. Es ist kaum glaublich, aber genau das hat er gesagt – Millionen Jahre‹

1.1.2 Die Lichtgeschwindigkeit

Wie schnell ist das Licht, wenn es von einem Ort zum anderen läuft?

Offenbar hat es ein ziemlich großes Tempo, denn wir bemerken keinerlei Verzögerung zwischen dem Anknipsen einer Stablampe und dem Auftreffen ihres Strahls auf einem entfernten Gegenstand. Bemerkbar wird eine Verzögerung erst, wenn das Licht sehr große Entfernungen zurücklegt.

›Unsere Augen sehen das Licht toter Sterne‹, so beginnt André

Schwarz-Bart seinen Roman ›Der Letzte der Gerechten‹. Diesem Satz entspricht die physikalische Tatsache, daß es Jahrmillionen dauern mag, bis das Licht eines Sterns uns erreicht, und der Stern während dieser Zeit verglüht sein kann. Die Fotografie der fernen Milchstraßensysteme in Abbildung 1.5 wurde mit Licht gemacht, das diese Galaxien etwa eine Milliarde Jahre vor dieser Aufnahme verließ.

Licht braucht also Zeit, um von einem Ort zum anderen zu kommen. Das ahnte wohl schon der griechische Philosoph Empedokles, aber bewiesen wurde es erst zwei Jahrtausende später. Dieser Beweis verläuft im wesentlichen analog zur alltäglichen Beobachtung, daß Schall Zeit braucht, um von einem Ort zum anderen zu gelangen. Die Schallgeschwindigkeit läßt sich mit Hilfe eines ECHOS messen: Man ruft und mißt, wie lange es dauert, bis der Ruf von einer entfernten Wand als Echo wieder zurückkehrt. Auf diese Weise stellt sich heraus, daß der Schall in etwa drei Sekunden einen Kilometer zurücklegt.

Licht ist viel schneller als Schall. Im dreizehnten Jahrhundert beobachtete Roger Bacon, daß wir *sehen*, wenn jemand einen Hammerschlag tut, bevor wir den Aufschlag *hören*. Mark Twains ›Huckleberry Finn‹ beobachtet das auf dem Mississippi:

Manchmal glitt drüben ein Floß vorbei, auf dem einer Holz zerkleinerte … Man sah die Axt aufblitzen und niedersausen, aber kein Laut drang herüber. Erst wenn die Axt schon wieder hoch über dem Kopf des Mannes erschien, hörte man endlich den Schlag; so lange brauchte der Schall, bis er über das Wasser zu uns drang.

Zuerst sieht Huck das Zuschlagen der Axt, und dann hört er es: Licht ist schneller als Schall.

Wir nutzen dieses Wissen, wenn wir herausfinden, wie weit ein Gewitter entfernt ist. Wenn wir nach dem Blitz drei Sekunden auf den Donner warten müssen, ist das Gewitter einen Kilometer von uns entfernt, denn so schnell ist der Schall; die winzige Zeit-

spanne, die das Licht braucht, können wir vernachlässigen.

Galileo Galilei versuchte um 1600, die Lichtgeschwindigkeit mittels der Echomethode zu messen. Im Abstand von einem Kilometer stellte er auf zwei Bergkuppen je einen Mann mit einer verdeckten Laterne. Sobald das Licht der ersten enthüllten Lampe bei dem zweiten Beobachter eintraf, sollte der seine Laterne enthüllen und so das Signal zum ersten zurückschicken. Aber Licht läuft viel zu schnell, als daß sich seine Geschwindigkeit so messen ließe. Die gemessene Verzögerung rührte ausschließlich von der Reaktionszeit des zweiten Beobachters beim Enthüllen der Lampe her.

Die erste wirkliche Messung einer Zeitverzögerung, die auf der Geschwindigkeit des Lichts beruht, machte Olaf Römer gegen Ende des siebzehnten Jahrhunderts bei der Beobachtung der Jupitermonde. Er bestimmte die Umlaufzeit oder PERIODE eines Mondes, indem er jeweils maß, wann der Mond hinter dem Jupiter verschwunden und damit dem Blick verborgen war. Als er diese Periode kannte, meinte er, vorhersagen zu können, wann ein Mond wieder hinter dem Jupiter sein müßte. Die Monde verschwanden aber etwas später als erwartet, wenn die Erde sich auf ihrer Bahn vom Jupiter entfernte, und etwas früher als berechnet, wenn die Erde sich auf Jupiter zu bewegte. In größter Erdnähe verschwanden die Monde nach seiner Messung etwa elf Minuten früher und bei größter Erdferne elf Minuten später. Römer fand den Grund für diese Abweichungen: Wenn die Erde sich vom Jupiter weg bewegt, wird der Weg für das Licht vom Jupiter zur Erde hin länger, und dieser Weg braucht Zeit. In etwa 22 Minuten gelangt das Licht von der Seite der Erdbahn, die dem Jupiter am nächsten ist, zur entgegengesetzten. Wir wissen nicht, ob Römer versucht hat, daraus die Lichtgeschwindigkeit zu berechnen. Er hätte ein ziemlich gutes Ergebnis erhalten. (Eine genauere Messung der Zeit, die das Licht

zur Durchquerung der Erdbahn braucht, ergibt etwa 17 Minuten oder 1000 Sekunden; der Durchmesser der Erdbahn beträgt 3000 Millionen Kilometer, und daraus ergibt sich die Lichtgeschwindigkeit mit großer Genauigkeit als 300 000 Kilometer pro Sekunde.)

Im neunzehnten Jahrhundert haben mehrere Forscher das Galileische Echoverfahren verbessert und die Lichtgeschwindigkeit sehr genau bestimmt. In dem von Albert A. Michelson erdachten Versuch ersetzt ein fester ebener Spiegel Galileis zweiten Mann und ein drehbarer achteckiger Spiegel den ersten (Abb. 1.6). Das Licht einer Quelle fällt zuerst auf den (zunächst ruhenden) Oktogonalspiegel, wird zum etwa 35 Kilometer entfernten ebenen Spiegel reflektiert und von diesem zurück zum achteckigen Spiegel geschickt. Eine andere Spiegelseite reflektiert dieses Licht in ein Fernrohr, mit dem die Lichtquelle beobachtet werden kann. Dann wird der Spiegel sehr schnell gedreht. Während der Zeit, in der das Licht die 70 Kilometer vom achteckigen zum ebenen Spiegel und zurück durchläuft, kommt der Drehspiegel im allgemeinen in eine Stellung, in der er den Lichtstrahl nicht ins Fernrohr reflektiert. Bei richtig justierter Drehgeschwindigkeit des Spiegels aber geschieht folgendes: Während das Licht die 70 Kilometer zurücklegt, macht der Spiegel genau eine Achteldrehung, lenkt also wieder Licht ins Fernrohr. (Bei dieser Geschwindigkeit ist die Lichtbahn dieselbe wie vorher, aber jetzt ist Seite *B* dort, wo vorher Seite *C* war.)

Wenn Michelson also den Spiegel mit der richtigen Geschwindigkeit drehte, sah er durch sein Fernrohr Licht. Diese Drehgeschwindigkeit beträgt etwa 530 Umdrehungen pro Sekunde. Wenn der Spiegel sich mit dieser Geschwindigkeit um ein Achtel gedreht hat, hat das Licht 70 Kilometer zurückgelegt. Das Licht braucht also ein Achtel von 1/530 Sekunden oder 1/4240 Sekunden, um 70 Kilometer

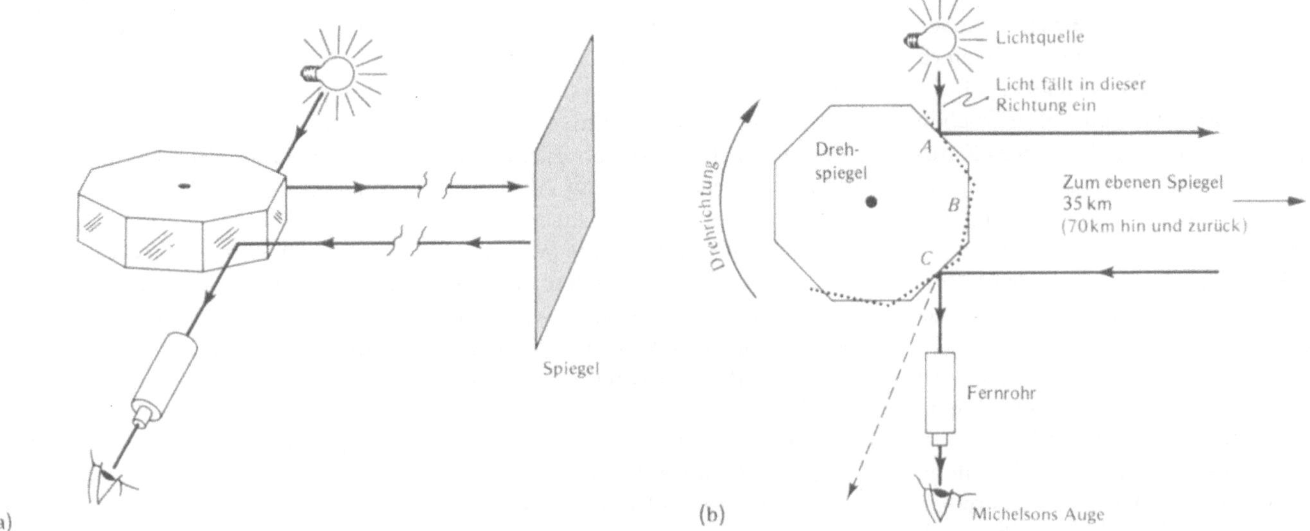

1.6 Michelsons Messung der Lichtgeschwindigkeit. (a) Perspektive, (b) Aufsicht. Licht von der Quelle fällt auf die Seite *A* des sich drehenden achteckigen Spiegels. Wenn *A* in der gezeigten Stellung ist, wirft er das Licht zum fernen ebenen Spiegel, der es wieder zurückschickt. Wenn der Oktogonspiegel sich um 1/8 oder ein ganzzahliges Vielfaches davon dreht, während das Licht diesen Weg zurücklegt, reflektiert Seite *B* das ankommende Licht in Michelsons Fernrohr. Wenn der Spiegel sich aber um einen anderen Betrag dreht (gepunktete Linie), wird das Licht in eine andere Richtung reflektiert. Aus der vom Licht zurückgelegten Entfernung und der Drehgeschwindigkeit des Spiegels berechnete Michelson die Lichtgeschwindigkeit

zurückzulegen, und hat deshalb eine Geschwindigkeit von ungefähr

$$\frac{70 \text{ Kilometer}}{1/4240 \text{ Sekunden}} \cong 300\,000 \text{ km/s.}^{1}$$

Aufgrund dieser und späterer Messungen ist die Lichtgeschwindigkeit heute eine der am genauesten gemessenen Naturkonstanten.

STUDIER & SPEKULIER

Was wäre passiert, wenn Michelson den Spiegel mit 1060 Umdrehungen pro Sekunde gedreht hätte?

---

[1] Wir verwenden das Zeichen $\cong$ in der Bedeutung ›ist näherungsweise gleich‹.

Obwohl Licht also sehr schnell ist (es umkreist die Erde in einer Sekunde etwa siebeneinhalbmal), ist die Lichtgeschwindigkeit doch endlich. Immerhin, es gibt nichts Schnelleres. Und sie bleibt immer gleich, zu allen Zeiten und an allen Orten, und ist ganz unabhängig davon, ob das Licht hell ist oder schwach. Physiker bezeichnen diese Fundamentalkonstante, die Lichtgeschwindigkeit im luftleeren Raum oder Vakuum, immer mit dem Buchstaben c (von lat. *celer*, schnell). Es gilt also

$$c \cong 300\,000 \text{ km/s} \ .$$

Ein Vergleich der Geschwindigkeiten verschiedener Lichtarten im Vakuum zeigt, daß die Geschwindigkeit von rotem, blauem und weißem Licht gleich ist. Auch Radiowellen, Röntgenstrahlen, Mikrowellen und viele andere Strahlenarten haben dieselbe Geschwindigkeit. Diese Strahlen sind also, so läßt sich vermuten, in gewissem Sinne dasselbe wie Licht.

1.1.3 Was trägt das Licht durch den Raum?

Was trägt das Licht so schnell von einem Ort zum anderen? Wieder hilft ein Vergleich von Licht und Schall. ›Im Weltraum hört niemand deinen Schrei‹, denn im Raum gibt es keine den Schall übertragende Luft. Aber du kannst sehen und gesehen werden! Schall also durchdringt Luft und Glas und alle möglichen Stoffe, auch solche, die für Licht undurchlässig sind, braucht aber immer ein Medium, um sich fortzupflanzen. Licht andererseits braucht kein Medium: es pflanzt sich im Vakuum fort. Manche Stoffe, wie zum Beispiel Luft und Glas, kann es durchdringen, aber andere, wie etwa Holz und Eisen, nicht.

1.1.4 Was wird durch den Raum getragen?

Bis jetzt wissen wir also, daß Licht sich sehr rasch ausbreitet, auch im luftleeren Raum. Was aber ist es, das so schnell durch den Raum getragen wird?

Zum einen sicherlich ENERGIE. Wir wissen das, weil Sonnenlicht uns wärmt. Wärme ist eine Form der Energie. Die Energie, die wir mit der Nahrung aufnehmen, und auch die Energie, die die meisten unserer Brennstoffe (Öl, Gas, Kohle) abgeben, ist vom Licht gebrachte und im Brennstoff konservierte Sonnenenergie.

Licht überträgt auch einen IMPULS oder ›Stoß‹. Der Lichtimpuls ist äußerst klein, zu klein, um direkt wahrgenommen zu werden. Machen wir uns seine Wirkung durch einen Vergleich klar. Der Druck eines Luftstroms kann – wie man gelegentlich in der Staubsaugerabteilung eines Kaufhauses beobachtet – Gummibälle in der Luft schweben lassen. Ähnliches kann auch das Licht: Der Druck eines starken, nach oben gerichteten Laserstrahls kann eine winzige Glaskugel tragen.

Wir fügen also den Eigenschaften des Lichts Energie und Impuls hinzu. Wissen wir jetzt, was Licht ist? Oft hilft der Vergleich mit Altbekanntem, wenn man Unbekanntes beschreiben will. Beim Licht bieten sich gleich zwei Erscheinungen zum Vergleich an: TEILCHEN und WELLEN. Beide übertragen Energie und Impuls. Wie Licht können Teilchen das Vakuum durchqueren, aber ihre Geschwindigkeit kann jeden Wert (kleiner als c) haben, nicht nur einen. Wellen haben feste Geschwindigkeiten (Schallwellen haben in Luft die Geschwindigkeit von 335 m/s), pflanzen sich aber im Vakuum nicht fort. Der Vergleich hinkt also in jedem der beiden Fälle. Das führte zu langanhaltenden Auseinandersetzungen, die erst in diesem Jahrhundert beendet wurden. Wir tun hier zunächst so, als ob Licht eine Welle sei. (Lesen Sie dazu Abschnitt 15.2.) Nun sieht Licht ja gar nicht wie eine Welle aus, und um die Wellennatur des Lichts zu verstehen, müssen Sie die Vorstellungskraft etwas strapazieren. Sie müssen sich ein Schwingen oder Vibrieren von etwas vorstellen, das Sie nicht sehen können, von etwas, das normalerweise nur unsichtbar kleine Objekte beeinflussen kann und das den leeren Raum durchquert. Ja, und was ist nun eine Welle?

1.2 Wellen und ihre Eigenschaften

Wir kennen viele verschiedene Arten von Wellen, Wasserwellen etwa, Wellen, die an einem windigen Tag über ein Kornfeld wogen, die Wellenbewegung einer flatternden Fahne. Wir sprechen auch von Reisewellen und Hitzewellen. Was ist all diesen Wellen gemeinsam? Sicherlich nicht das, was sich wellt, denn das ist je nachdem Wasser, Getreide, Fahnentuch, die Menge der Reisenden oder die Temperatur. Eine Welle ist nicht ein besonderes Material, sondern eine bestimmte Art der Bewegung, durch die sich eine nichtstoffliche Gestalt fortpflanzt. Allgemein gesagt ist eine WELLE eine sich fortpflanzende Störung eines Ruhe- oder Gleichgewichtszustands. Was dabei gestört wird, ist gewöhnlich ein ›kontinuierliches Medium‹ (wie zum Beispiel eine Flüssigkeit), aber es kann auch etwas Substanzloses sein, wie die Temperatur in unserem Beispiel der Hitzewelle. Dabei kommt es nicht darauf an, wie weit sich das Medium selbst bewegt, wichtig ist nur, daß sich die Störung fortpflanzt. Bei den Wellen eines Getreidefelds zum Beispiel bewegt sich jeder Halm nur ganz wenig, aber die Welle durchläuft das ganze Feld.

Am einfachsten läßt sich eine Welle an einem Seil demonstrieren. Sie brauchen nur ein Ende eines gespannten Seils auf und ab zu bewegen, und schon läuft ein ›Buckel‹ von Ihrer Hand weg das Seil entlang (Abb. 1.7). Dieses Beispiel macht wenigstens ungefähr klar, warum sich die Welle bewegt: Die Teile des Seils oben auf dem Buckel ziehen andere Teile des Seils hoch; da nun jedes Stück Seil aus Materie besteht und nicht sofort reagieren kann, dauert es eine Weile, bis die vorderen Teile oben sind und die Welle dadurch das nächste Stück des Seils erreicht hat.

Wenn nun Licht eine Welle ist, müssen wir fragen, was dem Medium entspricht, also dem Wasser oder dem Seil. Was schwingt, wenn sich Licht im leeren Raum ausbreitet? Was wird gestört?

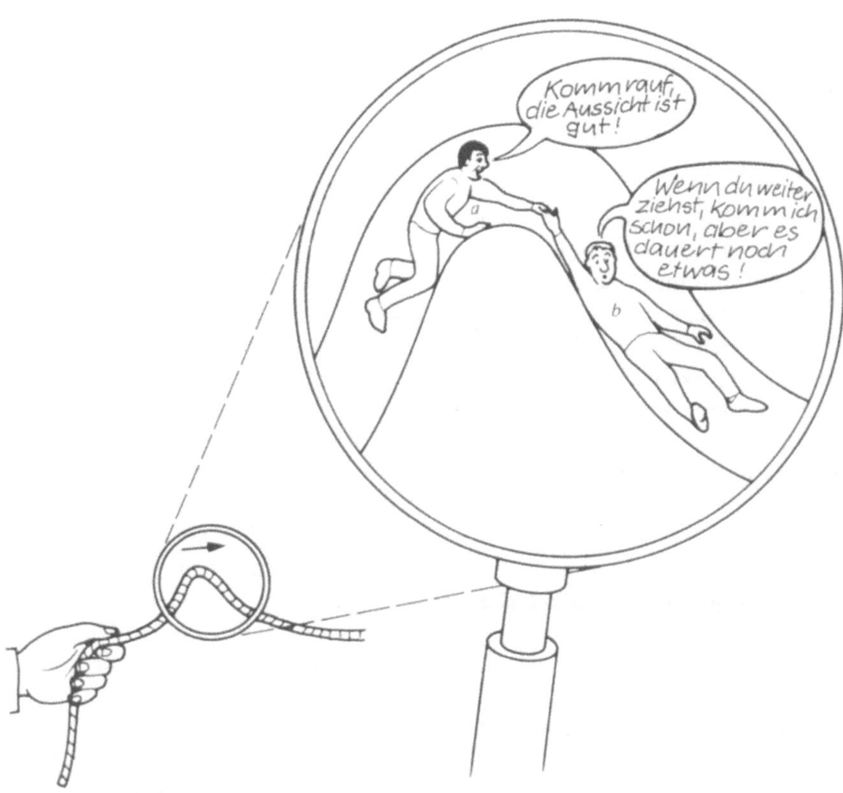

1.7 Die Hand links hat sich gerade auf- und abbewegt. Eine Welle (ein ›Buckel‹) pflanzt sich entlang des Seils fort, weil die verschiedenen Teile des Seils aneinander ziehen – a zieht b nach oben und b gleichzeitig a nach unten

1.2.1 Elektromagnetische Wellen

Nur nach langem Zögern haben sich die Wissenschaftler mit dem Gedanken befreunden können, daß manche Wellen sich auch ohne Medium ausbreiten können. Licht ist eine solche Welle, nämlich eine Störung eines nichtstofflichen physikalischen Etwas, das wir ›elektromagnetisches Feld‹ nennen und dessen Ruhezustand nichts anderes ist als das Vakuum. Wenn wir uns dieses Feld vorstellen wollen, denken wir uns gespannte Seile oder Fäden, in denen sich Wellen fortpflanzen. Was aber haben Seile oder Fäden mit Elektrizität zu tun?

Wir wissen, daß es zwei Arten elektrischer Ladung gibt, positive und negative, und daß entgegengesetzte Ladungen einander anziehen und gleiche einander abstoßen. Eine negative Ladung zieht eine positive an, das heißt, die positive Ladung fühlt eine Kraft, obwohl die beiden einander nicht berühren. Es zieht also etwas an der positiven Ladung, auch wenn es in unmittelbarer Nähe keine Materie gibt. Wir nennen dies das ELEKTRISCHE FELD (einer negativen Ladung). Jede Ladung ist von einem elektrischen Feld umgeben, auch wenn keine andere Ladung in der Nähe ist; dieses Feld wartet sozusagen nur darauf, eine Ladung, die sich in die Nähe wagt, anzuziehen oder abzustoßen – wie ein Spinnennetz, immer in Bereitschaft, auf eine Fliege Kräfte auszuüben. Diese Bereitschaft beschreiben wir durch eine Schar ELEKTRISCHER FELDLINIEN, die an jedem Raumpunkt in die Richtung weisen, in die eine positive Ladung gezogen oder gestoßen würde. Diese Feldlinien existieren auch im Vakuum, und sie verhalten sich sehr ähnlich zu den gespannten Fäden oder Seilen (Abb. 1.8) – wir können in ihnen Wellen auslösen. Zunächst müssen wir uns also diese nicht materiellen Feldlinien als Darstellung der Kraft vorstellen, die eine andere Ladung spüren würde, und dann denken wir uns in diesen Feldlinien Wellen.

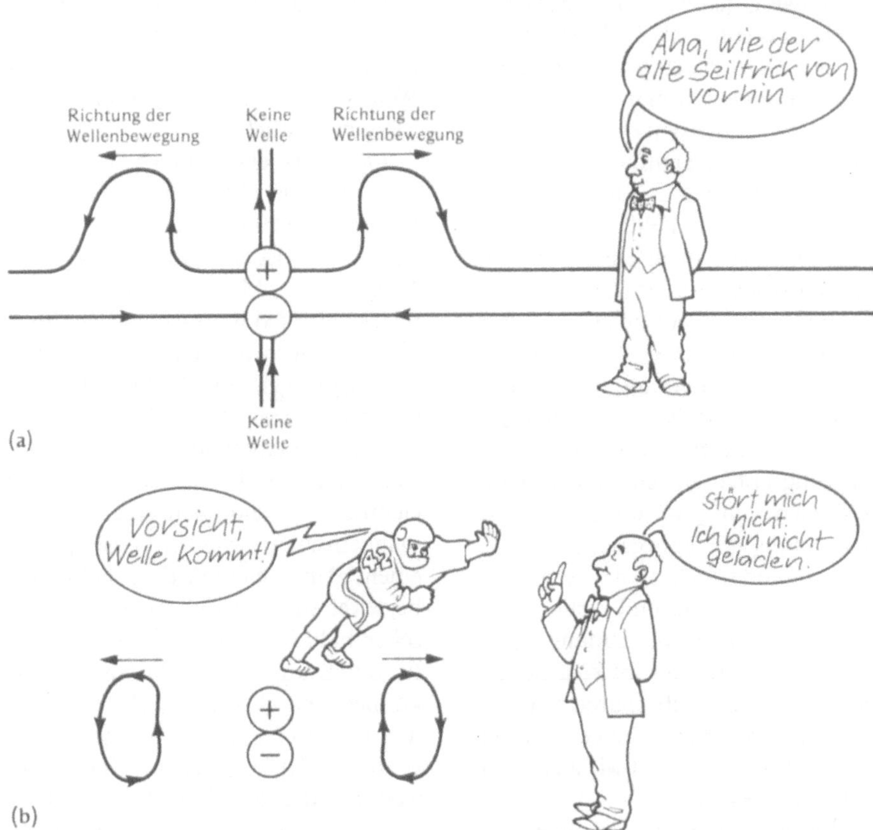

1.9 (a) Die positive Ladung in der Mitte hat sich gerade auf- und abbewegt. Der Buckel ist in den horizontalen Feldlinien am größten. Die vertikalen Feldlinien sind durch diese Ladungsbewegung unbeeinflußt. (b) Wenn die von beiden Ladungen herrührenden Feldlinien addiert werden, erhalten wir Feldlinienschlaufen, die sich vor allem in horizontaler Richtung, senkrecht zur Bewegungsrichtung der Ladung, ausbreiten

Wie fassen wir nun diese Feldlinien an, um sie zu schütteln? Jede Feldlinie hat an ihrem Ende einen geladenen Körper (denn die Linien beschreiben ja nur die von dieser Ladung bewirkten Kräfte), und diese Ladung läßt sich bewegen. Wenn sie bewegt wird,

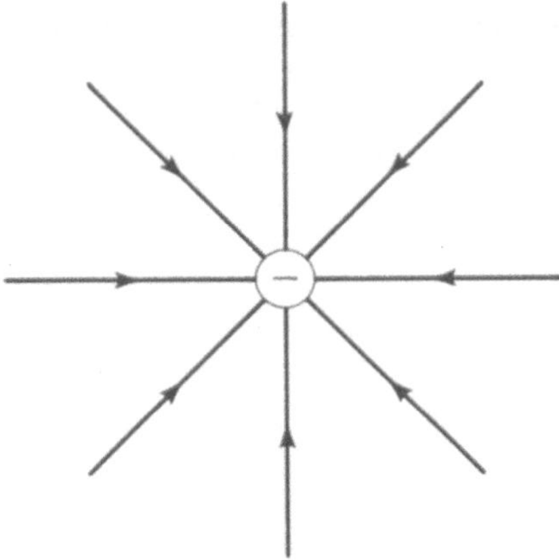

1.8 Eine negative Ladung mit ihren Feldlinien. Die Feldlinien zeigen die Richtung der Kraft an, die eine positive Ladung spüren würde, wenn sie auf einer dieser Linien wäre. Auch wenn nicht zufällig eine positive Ladung da ist, gibt es diese Feldlinien.

wackeln alle Feldlinien, die zu dieser Ladung gehören, und die Störung setzt sich entlang dieser Linien fort, als ob sie gespannte Seile wären. So bewegen sich auch die Enden aller mit einer Ladung verknüpften Feldlinien auf und ab, wenn sich die Ladung auf und ab bewegt. Dabei ist der Buckel entlang einer der horizontalen Linien am größten, eine senkrechte Feldlinie dagegen verschiebt sich nur in ihrer eigenen Richtung und ändert als Ganzes ihre Gestalt nicht (Abb. 1.9a). In der Schwingungsrichtung der Ladung wird also keine Welle übertragen, und die stärksten Wellen werden senkrecht zur Schwingungsrichtung ausgesandt. (Deshalb breitet sich die Welle in Abbildung 1.9 seitwärts aus, und die positive Ladung schwingt auf und ab.)

Materie ist meistens elektrisch neutral, das heißt, sie enthält so viele positive wie negative Ladungen. Mit jeder Ladung sind Feldlinien verbunden, aber die Linien einer positiven Ladung zeigen von ihr weg (da positive Ladungen andere positive Ladungen abstoßen), während die Linien einer negativen Ladung zu ihr hinweisen (da negative Ladungen positive Ladungen anziehen). Diese Richtungsabhängigkeit unterscheidet Feldlinien von gewöhnlichen Seilen: Wenn zwei entgegengesetzte Feldlinien aufeinandertreffen, vernichten sie sich gegenseitig, und nichts bleibt übrig. Eine positive Ladung spürt dann keinen Zug, es gibt kein elektrisches Feld. Deshalb spüren wir von neutralen Körpern keine starken Kräfte, obwohl sie und wir aus vielen Ladungen bestehen.

Was passiert, wenn sich von zwei gleichgroßen, entgegengesetzten Ladungen nur eine auf und ab bewegt? Wenn man die Feldlinien der beiden Ladungen ›addiert‹ (Abb. 1.9b), heben sie sich fast überall auf, nur nicht dort, wo der Buckel der bewegten Ladung verläuft. Überall außerhalb des Buckels wird also eine positive zweite Ladung von der ersten positiven Ladung abgestoßen, von der negativen aber angezogen, und spürt damit insgesamt keine Kraft. Deshalb also gibt es an den meisten Orten kein elektromagnetisches Feld, aber dort, wo die Welle sich ausbreitet, machen die Feldlinien eine Schlaufe, sie schließen sich zu einem Ring.

Das gibt uns ein ganz gutes Bild von den elektromagnetischen Wellen: sie sind sich bewegende Ringe von Feldlinien. Wenn die Ladung in Abbildung 1.9 bewegt wird, bilden die Feldlinien solche Ringe, die von den Ladungen, die sie erzeugt haben, ganz losgelöst sind. Wir können darum ihre Herkunft vergessen und von elektrischen Wellen an sich, unabhängig von ihrer Quelle, sprechen. Da Felder und Feldlinien im Vakuum existieren können, erklärt dies, warum diese Wellen zu ihrer Fortpflanzung kein Medium brauchen.

Eine Tatsache haben wir bis jetzt nicht berücksichtigt: Bewegung von Ladung bedeutet, daß ein Strom fließt, und jeder Strom erzeugt ein Magnetfeld. (Mittels dieses Magnetfeldes läßt Strom die Glocke des Telefons erklingen und einen Elektromotor anspringen und laufen.) Die bewegte Ladung in Abbildung 1.9 stört also das Magnetfeld, und diese Störung breitet sich aus. Der Ring der elektrischen Feldlinien einer elektromagnetischen Welle wird deshalb von einem Ring magnetischer Feldlinien begleitet (die sowohl zu den elektrischen Feldlinien als auch zur Ausbreitungsrichtung senkrecht sind). Wir können uns also die Ausbreitung einer elektromagnetischen Welle folgendermaßen vorstellen: Zuerst bewegt sich die elektrische Ladung. Diese Bewegung erzeugt in ihrer Umgebung ein veränderliches elektrisches Feld. Dieses erzeugt ein Magnetfeld, das wiederum ein veränderliches elektrisches Feld erzeugt. Das geht auch dann so weiter, wenn die bewegte Ladung nicht mehr in der Nähe ist, und die Störung pflanzt sich nach außen fort. Eine elektromagnetische Welle ist also eine sich ausbreitende Störung aus zueinander senkrechten veränderlichen elektrischen und magnetischen Feldern (Abb. 1.10). Diese Felder ›zerren‹ aneinander, etwa so, wie die verschiedenen Teile des Seils (*a* und *b* in Abb. 1.7) aneinander ziehen.

Da die meisten Eigenschaften des Lichts, die uns hier beschäftigen, von der elektrischen Komponente herrühren, schenken wir dem magnetischen Anteil im folgenden keine Beachtung, außer daß wir immer von elektro*magnetischen* Wellen sprechen.

Wie spüren wir solche elektromagnetischen Wellen auf? Wenn die Welle an einen Ort kommt, an dem eine andere Ladung sitzt, zieht das elektrische Feld der Welle die Ladung auf und ab, etwa so, wie die Quelle der Welle auf und ab bewegt wurde. Wenn wir also eine elektromagnetische Welle aufspüren wollen, stellen wir ihr einfach eine Ladung in den Weg und beobachten, wie sehr sie schwankt. So ähnlich nehmen wir ja Wasserwellen durch das Schaukeln unseres Bootes wahr. Normalerweise muß das ›Signal‹ der schaukelnden Ladung ver-

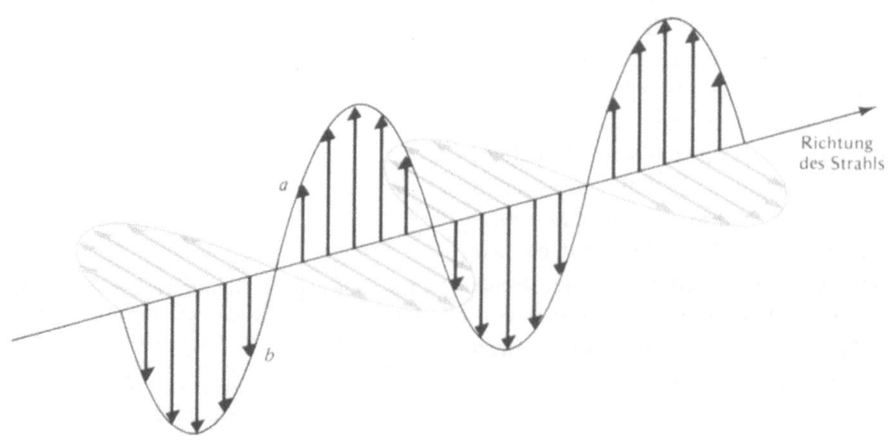

1.10 Ein Schnappschuß der elektrischen (schwarz) und magnetischen (grau) Felder eines einzelnen Lichtstrahls. Die Quelle dieser Welle ist in sehr großer Entfernung links unten. Die Ladungen dieser Quelle mußten viele Male auf- und abschwingen, um die Welle zu erzeugen. Es gibt auch an anderen Orten elektrische und magnetische Felder, die hier nicht eingezeichnet sind. Wenn Sie der Richtung des elektrischen Feldes über die Pfeilspitze bei *a* hinaus folgen, bewegen Sie sich auf einer sehr langgezogenen Schlaufe entlang einer Feldlinie (wie in Abb. 11.9b), die durch den Pfeil bei *b* zurückkommt und schließlich zu *a* zurückkehrt

stärkt werden, damit wir es bemerken. So ist es beim Radio: Die elektromagnetischen Wellen bringen die Ladungen in der Antenne des Radios zum Schaukeln. Alle anderen Teile des Radios dienen nur dazu, diesen Strom bewegter Ladungen zu verstärken, die interessanten Teile der Schwankungen herauszusuchen und sie in Schallwellen zu verwandeln. Entsprechend enthält das Auge ›Miniaturantennen‹ (bestimmte Chemikalien), die Lichtwahrnehmung ermöglichen, wenn elektromagnetische Lichtwellen die Ladungen im Auge anregen. Den Gesamtvorgang von Erzeugung und Empfang elektromagnetischer Wellen können Sie nachvollziehen, wenn Sie elektrische Funken erzeugen (etwa indem Sie sich an einem trockenen Tag kämmen) und sich die von Ihnen bewirkte ›Statik‹ auf einem Mittelwellenradio anhören. Funken sprühen dann, wenn plötzlich elektrische Ladungen von einem Körper auf einen anderen überspringen. Diese plötzliche Ladungsbewegung erzeugt auf die oben beschriebene Art eine elektromagnetische Welle, die so stark ist, daß ein empfindlicher Rundfunkempfänger sie wahrnimmt. Die ersten von Heinrich Hertz 1888 künstlich hergestellten Radiowellen wurden durch einen solchen Funken erzeugt, der allerdings etwas größer war als beim Kämmen. Diese Wellen lieferten die erste Bestätigung für die wellenförmige Ausbreitung des Elektromagnetismus. Auch größere Funken, Blitze, können über sehr große Entfernungen hinweg als atmosphärische Störung mit dem Radio wahrgenommen werden. Wir sprechen auch heute noch von Funkspruch und Rundfunk, obwohl längst elektronische Schaltungen die Funken ersetzen.

1.2.2 Resonanz

Elektromagnetische Wellen setzen also Ladungen in Bewegung. Warum sind dann Rundfunkwellen unsichtbar? Warum empfängt ein Radio nicht alle Stationen gleichzeitig? Das liegt daran, daß der Empfang selektiv ist: ein Rundfunkgerät wird auf das Signal eines Senders ›abgestimmt‹ (›tuning‹). Sendung und Empfang elektromagnetischer Wellen sind nicht für alle Wellen gleich gut, sondern hängen vom Bau der Sender und Empfänger ab. Ein Empfänger unterscheidet verschiedene Sender nach demselben Prinzip, wie wir die meisten natürlichen Farben unterscheiden und erkennen, nämlich mit Hilfe von RESONANZ. (Lat. *re*, wieder, und *sonare*, klingen. Eine Geige ist bei einer bestimmten Tonhöhe ›in Resonanz‹ und klingt nach, wenn der Bogen gar nicht mehr auf der Saite ist.)

Wie erkennt ein Radiogerät den Sender, auf den wir es einstellen? Genau an dem, was auf der Skala steht, der Frequenz. Sie gibt an, wie oft die Ladung in der Antenne je Sekunde hin und her pendelt. Allgemein ist die FREQUENZ (lat. *frequens*, häufig) eines schwingenden Systems als die Zahl der Schwingungen in einer Sekunde definiert. (Im nächsten Abschnitt betrachten wir diesen Begriff genauer.)

Im täglichen Leben finden sich viele Beispiele für Vorgänge, die auf eine bestimmte Frequenz ›abgestimmt‹ sind.

Setzen Sie sich einmal neben ein kleines Kind auf eine Mauer und baumeln Sie beide mit den Beinen. Sie werden bemerken, daß die Beine um so schneller vor und zurück schwingen, je kürzer sie sind. Kürzere Beine machen also pro Sekunde mehr Schwingungen. (Wenn Sie kein Kind zur Verfügung haben, können Sie das mit pendelnden Schlüsseln nachvollziehen.) Ist das so, weil Kinder von Natur aus unruhiger sind, oder hat es mit der Beinlänge zu tun? Als Wissenschaftler suchen wir nach einem allgemeinen Gesetz und beobachten darum andere baumelnde Objekte – PENDEL. Im täglichen Leben bieten sich viele Beispiele dafür an, daß Pendel um so langsamer schwingen, je länger sie sind: Vergleichen Sie nur eine Kuckucksuhr mit einer Standuhr, oder beobachten Sie, wie der Fisch an einer Angelschnur immer schneller hin und her schwingt, wenn die Schnur an der Rute aufgerollt wird. Ein Pendel wiederum ist ein Spezialfall eines OSZILLATORS. Andere Oszillatoren sind zum Beispiel an Federn aufgehängte Massen (Autos etwa), Saiten eines Musikinstruments, Abstimmkreise in Fernsehapparaten, Ladungen in den chemischen Stoffen des Auges und vieles andere mehr. Wenn Sie je Ihr Auto aus einem Schneehaufen befreien wollten, wissen Sie, daß Sie die Bewegung am besten durch Energiezufuhr mit der vom System bevorzugten Frequenz, seiner Resonanzfrequenz, vergrößern (Abb. 1.11).

Abbildung 1.12 stellt dieses für Resonanzsysteme typische Verhalten von Oszillatoren grafisch dar. Sie können es selbst bestätigen, wenn Sie ein Gewicht (zum Beispiel Schlüssel) an einem Faden pendeln lassen. Halten Sie den Faden am oberen Ende und bewegen Sie die Hand hin und her. Je nach der Frequenz, mit der Ihre Hand schwingt, lassen sich drei Arten der Pendelbewegung unterscheiden. (1) Die Hand bewegt sich langsam hin und her (mit niedriger Frequenz). Dann folgt das Pendel einfach mit etwa demselben Ausschlag nach. Wir sagen, die beiden Bewegungen stimmten überein, sie seien IN PHASE oder PHASENGLEICH oder GLEICHPHASIG. (2) Bei größerer Resonanzfrequenz reagiert das Pendel sehr stark und schwingt immer weiter aus. Jeder Anstoß mit der Hand verleiht dem Pendel mehr Energie. Bald wird die Schwingung so groß, daß das Gewicht (hier Schlüssel) sich überschlägt und nicht mehr nur pendelt. (3) Wenn die Hand schließlich sehr schnell schwingt, bewegt sich das Pendel nur wenig und schwingt entgegengesetzt zur Hand. Diese Bewegung heißt PHASENVERKEHRT oder GEGENPHASIG. Das Pendel kann gleichsam mit der schnellen Handbewegung nicht mithalten. Bis es der Hand gefolgt ist,

1.11 Ein Resonanzsystem: das Minarett von Ahmadabad in Indien. Wenn ein Mensch die Spitze eines dieser Türme mit der Resonanzfrequenz rhythmisch stößt, kann er sie beide deutlich zum Schwingen bringen

bewegt sich diese schon in die andere Richtung.

Sorgfältige Beobachtung zeigt, daß das Gewicht bei Resonanzfrequenz der Handbewegung zwar deutlich ›nachhinkt‹, aber nicht genau entgegengesetzt schwingt. Wir sagen, es sei um 90° PHASENVERSCHOBEN. Wichtiger als der Name ist die Wirkung. Weil das Gewicht hinter der Bewegung zurückbleibt, müssen Sie immer daran ziehen und führen dem Pendel deshalb mehr Energie zu, als wenn es

phasengleich oder phasenverkehrt schwingt. Resonanzsysteme können diese Energie meistens wieder abführen; die Resonanzkurve (Abb. 1.12) ist um so weniger hoch und schmal, je leichter Energie (etwa durch Reibung) abgegeben werden kann. Wenn die Energie nicht schnell genug abgeleitet wird, verstärken sich die Schwingungen, bis es schließlich zur sogenannten

1.12 Resonanzkurven. Die Bewegungsamplitude eines einfachen Pendels in bezug auf die Bewegung der haltenden Hand. Je leichter das Pendel seine Energie los wird, um so schwächer und breiter ist die Reaktion in der Nähe der Resonanz. Die drei Kurven beschreiben Systeme mit gleicher Resonanzfrequenz, aber verschiedener Reibung

Resonanzkatastrophe kommt. Das kann spektakuläre Folgen haben. Der Überschlag oder Looping ist ein eher harmloses Beispiel. Viel dramatischer ist der Einsturz einer Brücke, wenn Soldaten im Gleichschritt darüber marschieren oder wenn der Wind Resonanzschwingungen auslöst. So vibrierte eine Brücke bei Tacoma im amerikanischen Staat Washington bei einem Sturm stundenlang, sammelte dabei immer mehr Energie an und stürzte schließlich ein. Ein berühmtes älteres Beispiel ist der Einsturz der Mauern von Jericho unter dem Klang von Posaunen. In kleinerem Maßstab läßt sich ein solches Zerbrechen auf Grund von Resonanz an Glas beobachten. Die Resonanzfrequenz von Weingläsern liegt im hörbaren Bereich, und wenn (a) das Glas die Energie nicht leicht ableitet (es also beim Anstoßen gut klingt), (b) ein hinreichend lauter Ton ertönt und (c) die Tonfrequenz lange gleich bleibt, kann das Glas zerbrechen. Beispiele dafür gibt die Literatur häufig, von Professor Higgins, dem vor einer ›walkürenhaften Stimme‹ graust, denn ›wenn sie flüstert, bricht schon Glas‹, bis zu Oskar in Günter Grass' ›Blechtrommel‹:

Meine Stimme ermöglichte es mir, in derart hoher Lage anhaltend und vibrierend zu singen, zu schreien oder schreiend zu singen, daß niemand es wagte, mir meine Trommel wegzunehmen; denn wenn mir die Trommel weggenommen wurde, schrie ich, und wenn ich schrie, zersprang Kostbarstes: ich war in der Lage, Glas zu zer-

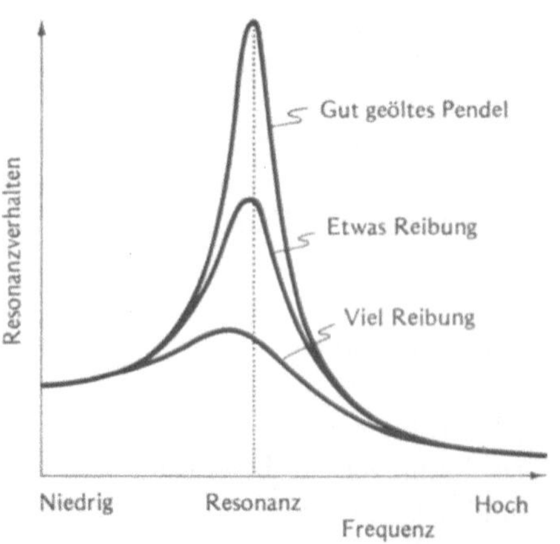

singen; mein Schrei tötete Blumenvasen; mein Gesang ließ Fensterscheiben ins Knie brechen und Zugluft regieren; meine Stimme schnitt gleich einem keuschen und deshalb unerbittlichen Diamanten Vitrinen auf und verging sich im Inneren der Vitrinen, ohne dabei die Unschuld zu verlieren, an harmonischen, edel gewachsenen, von lieber Hand geschenkten, leicht verstaubten Likörgläsern.

In kleinerem Maßstab können Lichtstrahlen in einem analogen Effekt die Struktur von Molekülen verändern und sie sogar zerbrechen lassen. Resonanz ist die Ursache dafür, daß Farben im Sonnenlicht ausbleichen; auf Resonanz beruht auch das erste Stadium der Lichtwahrnehmung in unserem Auge und auf einem fotografischen Film. Dazu muß die Lichtfrequenz in der Nähe der Resonanzfrequenz der Moleküle liegen; wir sehen deshalb nicht alle elektromagnetischen Wellen, sondern nur die dieses Frequenzbereichs, eben das sichtbare Licht. Wenn die Frequenz stimmt, muß die Lichtwelle natürlich auch stark genug sein, um gesehen zu werden. Auch eine Welle mit der richtigen Frequenz zerbricht kein Weinglas und bleicht keine Farben, wenn sie nicht intensiv genug ist.

1.3 Quantitative Beschreibung periodischer Wellen

Kehren wir jetzt zu Wellen im allgemeinen zurück und fragen, wie Frequenz, Amplitude und andere Welleneigenschaften gekennzeichnet werden und welche Rolle sie im täglichen Leben spielen.

1.3.1 Wellenlänge, Frequenz und Geschwindigkeit

Resonanzsysteme wiederholen ein und dieselbe Bewegung immerzu – anders als die Hand, die (Abb. 1.7) einen einzigen Buckel erzeugte, der sich dann das ganze Seil entlang fortpflanzte. Auch die von Resonanzsystemen erzeugten Wellen wiederholen

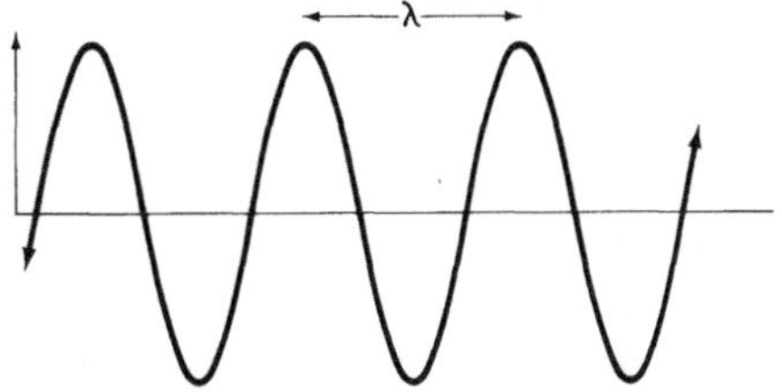

1.13 Schnappschuß einer Sinuswelle der Wellenlänge λ

sich immerzu, und wenn wir neben einem Seil stehen, das eine solche Welle trägt, kommen immer wieder völlig gleiche Buckel an uns vorbei. Ein Schnappschuß der einfachsten Welle zeigt, daß sie sich auch im Raum wiederholt. Wenn wir irgendwo im Raum an einem Punkt einen Buckel sehen, dann finden wir in der Ausbreitungsrichtung in einer bestimmten Entfernung, der WELLENLÄNGE, einen völlig gleichen Buckel und nach zwei oder drei Wellenlängen wieder und so immer weiter. Wir bezeichnen die Wellenlänge immer mit dem griechischen Buchstaben λ (lambda). Die einfachste Welle ist eine SINUSWELLE mit der vertrauten Bogenform (Abb. 1.13). (Das lateinische Wort *sinus* bezeichnet den Bausch einer Toga und wurde, um

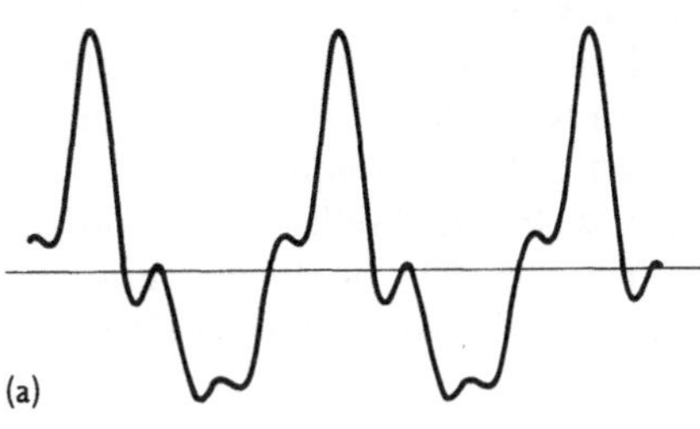

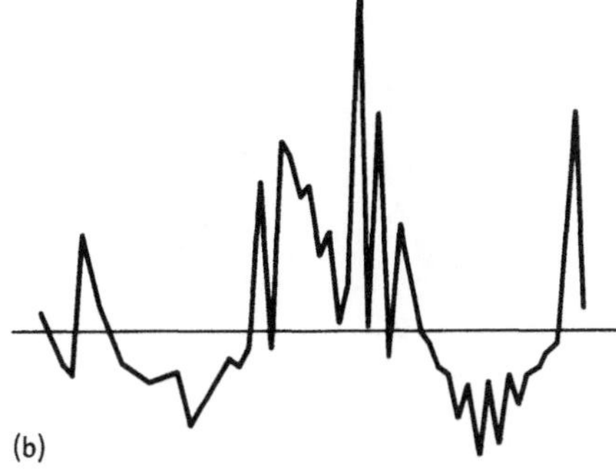

1.14 Wellen, die keine Sinuswellen sind: (a) eine periodische Welle, (b) eine unregelmäßige Welle

Anzüglichkeiten zu vermeiden, zur Übersetzung des arabischen jayb, Busen, verwendet.) Die Sinuswelle wird in Physikbüchern zwar besonders häufig abgebildet, ist aber keineswegs die einzige Wellenart (Abb. 1.14). Die Wellen in Abb. 1.13 und 1.14a wiederholen sich und heißen deshalb periodisch, während die Welle in Abb. 1.14b eine nichtperiodische, zufällige Bewegung beschreibt.

Die PERIODE (griech. *peri* und *hodos,* Umhergehen) einer Welle ist die kleinste Zeitdauer, nach der sich der Vorgang wiederholt, wenn wir ihn von einem festen Platz aus beobachten. Wir beschreiben den zeitlichen Verlauf einer Welle oft nicht durch die Periode, sondern ihren Kehrwert, die FREQUENZ. Die Frequenz einer Welle gibt an, wie viele Schwingungen in einer Sekunde an einem festen Raumpunkt stattfinden, und mißt damit, wie oft die Welle schwankt. Sie wird mit dem griechischen Buchstaben v (nü) bezeichnet und in den Einheiten 1/s oder ›(Schwingung) pro Sekunde‹ oder ›Hertz‹, abgekürzt Hz, (nach dem in Abschnitt 1.2.1 erwähnten Physiker) angegeben.

Eine Sinuswelle kann also durch ihre Frequenz (ihr Verhalten im Lauf der Zeit) und ihre Wellenlänge (ihr Verhalten im Raum) beschrieben werden. Zwischen dem räumlichen und dem zeitlichen Verhalten besteht ein Zusammenhang, der durch die Geschwindigkeit v (für lat. *velocitas,* Geschwindigkeit) der Welle beschrieben wird. Die Geschwindigkeit gibt an, wie weit ein Punkt der Welle, etwa ein Wellenberg oder -tal, in einer Sekunde kommt. Denken Sie sich ein Stück Draht zu einer Sinuskurve gebogen. Wenn Sie den Draht rasch an Ihrer Nase vorbeiziehen, spüren Sie pro Sekunde viele Stöße – die Frequenz ist groß. Wenn Sie den Draht langsam bewegen, ist die Stoßfrequenz deutlich kleiner. Obwohl die Wellen gleiche Wellenlänge und damit gleiches räumliches Verhalten haben, sind doch aufgrund der verschiedenen Geschwindigkeiten die Frequenzen ver-

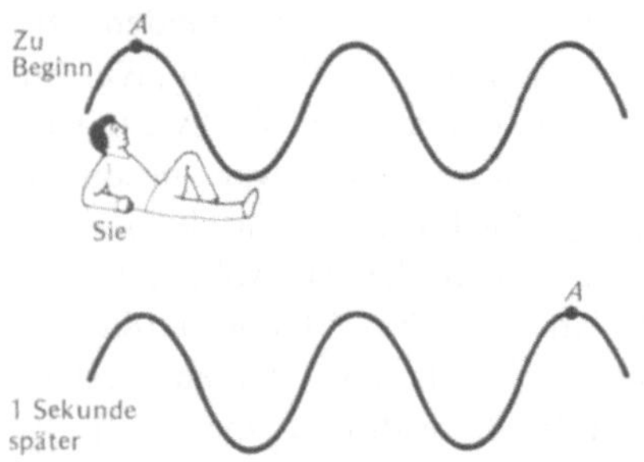

1.15 Ein Zahlenbeispiel für die Formel $v = \nu \cdot \lambda$. In einer Sekunde laufen zwei Wellenberge an Ihnen vorbei, also ist $\nu = 2$ Hz. Die Wellenlänge beträgt 1,8 cm. (Messen Sie nach!) Deshalb sollte $v = 2 \cdot 1{,}8$ cm/s $= 3{,}6$ cm/s sein. Das stimmt, denn Berg A hat sich in einer Sekunde 3,6 cm weiter bewegt

schieden. In einer Periode kommt eine Welle gerade eine Wellenlänge weiter. Wir beschreiben den Zusammenhang zwischen Wellenlänge, Frequenz und Geschwindigkeit in einer einfachen Formel:

$$v = \nu \cdot \lambda \ ,$$

oder in Worten: Die in einer Sekunde zurückgelegte Entfernung (die Geschwindigkeit) ist gleich dem Produkt aus der Zahl der Wellenberge, die in einer Sekunde durchlaufen werden (Frequenz), und der Entfernung zwischen den Wellenbergen (Wellenlänge). (Abbildung 1.15 gibt ein Zahlenbeispiel.) Dies ist eine der sehr wenigen mathematischen Formeln dieses Buches. Wir brauchen sie aus folgendem Grund: In einem Vakuum ist, wie gesagt, die Geschwindigkeit des Lichts und aller anderen elektromagnetischen Wellen immer c, ganz unabhängig von ihrer Frequenz und Wellenlänge. Für elektromagnetische Wellen im Vakuum gilt deshalb die Beziehung ν (in Hertz) $\cdot \lambda$ (in Metern) $= c = 3 \cdot 10^8$ m/s. Wenn wir die Frequenz angeben, läßt sich die Wellenlänge leicht berechnen und umgekehrt.

Was aber passiert, wenn Licht nicht durchs Vakuum, sondern etwa durch Glas, also lichtdurchlässiges Material läuft? Dann ist seine Geschwindigkeit von c verschieden, denn das elek-

trische Feld der Welle erschüttert die Elektronen im Glas, und diese wakkelnden Elektronen strahlen ihrerseits elektromagnetische Wellen aus. All diese neuen kleinen Wellen kombinieren sich im Glas mit der ursprünglichen Welle zu einer elektromagnetischen Welle. Es erscheint wie ein Wunder, daß sich all diese Wellen zu einer einzigen Welle zusammenfügen, die in eine einzige Richtung läuft. Wir wollen dieses Wunder jetzt nicht erklären, sondern einfach sagen: Wenn dies geschieht, heißt die Substanz DURCHSICHTIG oder TRANSPARENT. Die Geschwindigkeit v der Lichtwelle in einer solchen Substanz ist kleiner als c, weil die Welle sozusagen damit zu tun hat, all die kleinen Ladungen in Bewegung zu halten, und für ihren Weg mehr Zeit braucht. Da unsere Formel $v = \nu \cdot \lambda$ auch für das neue Medium gilt, muß sich mindestens einer der Faktoren ν oder λ ändern. Welcher?

Erinnern wir uns daran, daß alle Anregung und Ausstrahlung mit derselben Frequenz ν geschieht, daß also auch das Ergebnis die Frequenz ν haben muß. (In Abschnitt 1.2.2 pendelten die Schlüssel mit derselben Frequenz wie Ihre Hand.) Wenn demnach eine elektromagnetische Welle in ein durchsichtiges Medium eintritt, ändert sich die Frequenz nicht, also muß sich die Wellenlänge ändern. Stellen Sie sich die Wellenberge als Autos auf der Autobahn vor. Wenn in

jeder Stunde in München 100 Autos nach Hamburg abfahren und in jeder Stunde 100 Autos aus München in Hamburg ankommen und der Verkehr ganz gleichmäßig fließt, dann kommen auch an jedem Ort unterwegs in jeder Stunde genau 100 Autos vorbei. Aber die Geschwindigkeit ist nicht überall gleich. An einer Baustelle etwa halten die Autos weniger Abstand, weil sie langsamer fahren müssen. Wo die Geschwindigkeitsbegrenzung aufgehoben wird, beschleunigt das erste Auto und vergrößert damit den Abstand zum nachfolgenden, also die ›Wellenlänge‹. Die Frequenz der Autos, die einen bestimmten Punkt passieren, bleibt gleich, wenn nicht unterwegs ein Auto liegenbleibt oder neu dazukommt. (Ein transparentes Medium rangiert keine Wellenberge und -täler aus und fabriziert auch keine neuen!)

1.3.2 Weitere Kennzeichen einer Welle

Wellenlänge, Frequenz und Geschwindigkeit reichen zur eindeutigen Beschreibung einer Sinuswelle nicht aus. Ein weiteres Kennzeichen ist die AMPLITUDE, die angibt, wie ›groß‹ die Welle ist oder wie sehr das Ruhestadium gestört ist (Abb. 1.16). Bei elek-

1.16 Drei Wellen mit verschiedenen Amplituden und Phasen

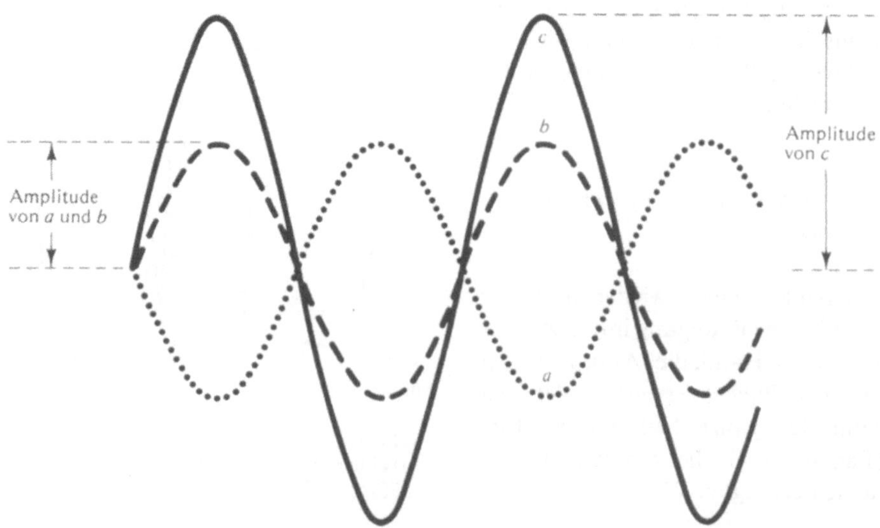

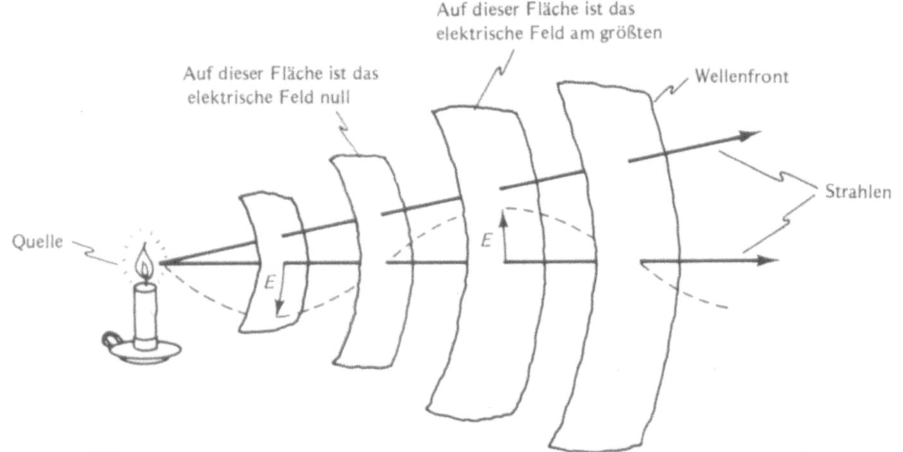

1.17 Ein Schnappschuß einer Welle, die von einer kleinen Quelle ausgeht. Die Abbildung zeigt Wellenfronten und Strahlen. (Echtes Kerzenlicht ist unpolarisiert.)

tromagnetischen Wellen beschreibt sie die Stärke des elektromagnetischen Feldes. Je größer die Welle, desto größer ist ihre Energie, und deshalb ist die Amplitude ein Maß für die Wellenenergie. (Wir sagen hier so vorsichtig ›ein Maß für‹, weil die übermittelte Energie eigentlich dem Quadrat der Amplitude proportional ist.)

Ein weiteres Kennzeichen ist die Ausbreitungsrichtung der Welle. Wir könnten sie als Himmelsrichtung angeben, beschreiben sie aber gewöhnlich einfach durch einen Pfeil, wobei der Strich die Lichtbahn andeutet und die Spitze die Richtung angibt. Die so angedeutete Gerade nennen wir einen LICHTSTRAHL.

Stellen wir uns jetzt eine Lichtquelle vor, die Licht in alle Richtungen strahlt (Abb. 1.17). Dann gibt es um die Quelle herum Flächen, in denen das elektrische Feld einen konstanten Wert hat, zum Beispiel den Wert null oder den Maximalwert. Wir nennen diese Flächen WELLENFRONTEN. Wenn ein Stein ins Wasser fällt, sind die kreisförmigen Rippen solche Wellenfronten. Die Lichtstrahlen stehen auf den Wellenfronten senkrecht; eines läßt sich aus dem anderen herleiten. Wer nur die Strahlen kennt, weiß nur das über die Welle, was die Wellenfronten erzählen. Er kennt dann zwar nicht Amplitude oder Wellenlänge und braucht sie oft auch gar nicht zu kennen, weil sich im Vakuum alle elektromagnetischen Wellen unabhängig von ihrer Wellenlänge gleich

ausbreiten. Die Strahlen sagen, wohin das Licht läuft, und das ist wichtig.

Drittens sollten wir zur vollständigen Beschreibung einer Welle wissen, wo sie beginnt und wo sich Berge und Täler befinden. Die Wellen *a* und *b* in Abbildung 1.16 unterscheiden sich nur in dieser Hinsicht, also, wie man sagt, nur in bezug auf ihre PHASE. In Kapitel 12 werden wir zwei wichtige Fälle genauer betrachten, nämlich (1) phasengleiche Wellen (Wellenberge und -täler fallen wie bei den Wellen *b* und *c* zusammen, sie sind ›in Phase‹) und (2) gegenphasige Wellen, wie *a* und *b* in Abbildung 1.16, von denen eine ihre Berge da hat, wo die Täler der anderen sind, die also nicht ›im Takt‹ sind. (Wir haben diese Bezeichnungen schon in Abschnitt 1.2.2 eingeführt.)

Schließlich ist ein viertes Kennzeichen einer Lichtwelle die Richtung, in der das elektrische Feld schwingt. Dies wird POLARISATION genannt. So schwingt das Feld zum Beispiel in Abbildung 1.17 auf und ab, es ist also ›vertikal‹ polarisiert. Die Polarisation ist immer senkrecht zum Strahl, weil der Strahl die Ausbreitungsrichtung anzeigt und das elektrische Feld senkrecht zu dieser Richtung sein muß. Eine Welle wie in Abbildung 1.17, die sich waagerecht fortpflanzt, könnte

daher auch ›horizontal‹ polarisiert sein. Wenn sich die Richtung des elektrischen Feldes willkürlich ändert und keine Polarisationsrichtung einer anderen vorgezogen wird, nennen wir die Welle unpolarisiert. Das meiste ›natürliche‹ Licht, so das von Sonne, Mond und Glühlampen (aber nicht das aller Sterne), ist unpolarisiert. (Mehr darüber finden Sie in Kapitel 13.)

1.3.3 Die sichtbaren Eigenschaften der Lichtwellen

Welche Rolle spielen Frequenz, Amplitude, Polarisation und so weiter in unserem alltäglichen Umgang mit Licht? Man kann natürlich nicht ›sehen‹, wie eine Lichtwelle schwingt, wie man auch die einzelnen Druckberge und -täler nicht hören kann, aus denen eine Schallwelle besteht. Die Schallfrequenz wird vielmehr als Tonhöhe wahrgenommen, und die Lichtfrequenz hat mit FARBE zu tun. Die Lichtwelle selbst hat keine Farbe. Sie erzeugt im Auge (der meisten Menschen) eine Farbempfindung. Wie das geschieht, ist sehr kompliziert; an späterer Stelle beschäftigen wir uns ausführlich damit. Die Amplitude (oder besser die Intensität, die proportional zum Quadrat der Amplitude ist), entspricht hier einleuchtend der Helligkeit. Wenn die Amplitude null ist, gibt es überhaupt keine Welle; wir sehen nichts, es ist dunkel. Eine Welle mit kleiner Amplitude entspricht einem gedämpften Licht und eine Welle mit großer Amplitude einem leuchtenden Licht. (Wie hell uns Licht erscheint, hängt allerdings nicht nur vom Licht ab, sondern auch von unseren Augen. Wir verwenden bis auf weiteres statt des offiziellen Ausdrucks Irradianz das Wort Helligkeit, um die Strahlungsmenge zu bezeichnen, unabhängig davon, ob jemand das Licht anschaut oder nicht, und kommen später auf die Frage zurück, was gesehen werden kann und was nicht (Kapitel 5 und 7). Gelegentlich sprechen wir auch von Intensität.)

Die Richtung eines Strahls muß natürlich zum Auge hinweisen, damit er gesehen wird. Damit haben wir alle sichtbaren Eigenschaften erwähnt – die Phase und die Polarisation sind für das Auge nicht unmittelbar wahrnehmbar. (Lesen Sie dazu aber Abschnitt 13.5.) Wir können jedoch den Phasenunterschied zwischen zwei Lichtstrahlen wahrnehmen, wenn der Unterschied in eine Veränderung der Amplitude verwandelt wird (Kapitel 12); ähnlich lassen uns polarisierte Sonnenbrillen verschiedene Polarisationsrichtungen erkennen, weil sie diese in verschiedene Amplituden umwandeln (Kapitel 13).

Unser Empfinden für Farbe, Helligkeit und so weiter bezieht sich natürlich nur auf elektromagnetische Wellen, deren Frequenz im sichtbaren Bereich (also im Bereich der Resonanzfrequenz des Empfängers, eben unserer Augen) liegt. Wellen anderer Frequenzen haben keine Farbe. Wir bezeichnen sie mit Namen, die vor allem angeben, wozu sie verwendet werden. Der volle Frequenzbereich der elektromagnetischen Wellen heißt das ELEKTROMAGNETISCHE SPEKTRUM (von lat. *spicere*, sehen, schauen). Im folgenden stellen wir seine Eigenschaften zusammen, damit wir klarer sehen, wie das sichtbare Licht in dieses grössere Bild hineinpaßt.

1.4 Elektromagnetische Strahlung

Manche Erscheinungsformen der elektromagnetischen Wellen sind uns vertraut, so das sichtbare Licht, Röntgenstrahlung, Radiowellen, ultraviolettes Licht und so weiter. Sie unterscheiden sich nur durch ihre Frequenz (bzw. ihre Wellenlänge). Die Verschiedenheit der Namen rührt daher, daß sie sich bei der Wechselwirkung mit Materie ganz verschieden verhalten, und dieser Unterschied beruht auf der Beziehung zwischen ihren Frequenzen und den Resonanzfrequenzen der Ladungen in dem Stoff, mit dem sie wechselwirken, also den Augen, der

Haut, dem Rundfunkempfänger und so weiter.

Weil die Frequenzen (bzw. Wellenlängen) der elektromagnetischen Strahlung einen solch gewaltigen Bereich umfassen, geben wir sie meist in Zehnerpotenzen an. Wenn Ihnen diese Notation nicht vertraut ist oder Ihnen eine Auffrischung guttäte, sollten Sie sich vor dem Weiterlesen Anhang A ansehen.

Es ist lästig, von Einheiten wie ›ein Zehntausendstel eines milliardstel Zentimeter‹ oder auch ›zehn hoch minus dreizehn Zentimeter‹ (10^{-13} cm) zu sprechen. Deshalb gibt ja niemand die Entfernung zwischen zwei Städten in Metern an, sondern in Kilometern, und die Breite eines Films wird auf der Packung in Millimetern angegeben. Durch Multiplikation mit einer Potenz von zehn können wir eine Einheit in die andere umrechnen. Licht müssen wir in kleineren Einheiten messen, weil die Wellenlänge so kurz ist. So bezeichnet 5750 Å oder 575 mµ oder 575 nm oder 0,575 µm die Wellenlänge des gelben Lichts im Vakuum. Die hier benutzten Einheiten sind

$$1\ \text{Å} = 1\ \text{Ångstrøm} = 10^{-10}\ \text{m} \ .$$

(Diese Einheit wird oft benutzt, weil ein Atom gewöhnlich einige Ångstrøm mißt.)

$$1\ \text{nm} = 1\ \text{Nanometer} = 10^{-9}\ \text{m} \ ,$$

früher auch 1 Millimü oder 1 mµ. (µ ist der griechische Buchstabe mü.)

$$1\ \text{µm} = 1\ \text{Mikrometer} = 10^{-6}\ \text{m}$$

(frühere Bezeichnung auch 1 µ). (Diese Einheit ist bei starken Hochleistungsmikroskopen angemessen, mit denen man Objekte betrachtet, die wenige Mikrometer messen.)

Die Vorsilben Zenti-, Milli-, Kilo- usw. bezeichnen jeweils Potenzen von zehn. Die wichtigsten sind wohl

n = nano- (griech. ›Zwerg‹)
  $= 10^{-9}$ (milliardstel)
µ = mikro- (griech. ›klein‹)
  $= 10^{-6}$ (millionstel)

m = milli- (lat. ›tausend‹)
  $= 10^{-3}$ (tausendstel)
k = kilo- (griech. ›tausend‹)
  $= 10^{3}$ (tausend)
M = mega- (griech. ›groß‹)
  $= 10^{6}$ (Million) .

1.4.1 Das Spektrum der elektromagnetischen Strahlung

Nach diesen Vorbemerkungen können wir uns jetzt den verschiedenen in der Natur vorkommenden Arten der elektromagnetischen Strahlung zuwenden. Wie jeder weiß, zerlegt ein Prisma das Licht in ein SPEKTRUM, wenn wir es in einen engbegrenzten Strahl weißen Lichts (von der Sonne oder einer weißen Lampe) halten. Aber das sichtbare Licht macht nur einen kleinen Teil des elektromagnetischen Spektrums aus. Dieses erstreckt sich weit über das rote und blaue Ende des sichtbaren Spektrums hinaus. Die Erzählerin des Buches ›Hautkontakte‹ von Lisa Alther ärgert sich über so viel ›unsichtbares Licht‹:

Ich brütete über dem breiten Bereich elektromagnetischer Strahlung zu beiden Seiten des schmalen Bandes, das die menschlichen Sinnesorgane wahrnehmen können. Das machte mich über alle Maßen wütend.

Tabelle 1.1 gibt einen Überblick über die elektromagnetische Strahlung, die sich bis jetzt als nützlich erwiesen hat. Nur der sehr kleine Bereich des Spektrums um $\nu = 10^{14}$ bis 10^{15} Schwingungen pro Sekunde, also $\lambda = 10^{-7}$ bis 10^{-6} m ist sichtbar, denn in diesem Bereich liegen die Resonanzfrequenzen der Rezeptoren unserer Augen. Jede Frequenz (bzw. Wellenlänge) des Spektrums zwischen Blau und Rot entspricht einer anderen Farbe. Für das menschliche Leben ist dieser winzige Bereich natürlich ungeheuer wichtig. Die Lehre von den elektromagnetischen Wellen dieses Bereichs heißt OPTIK (griech. *ops*, Auge).

Vieles von dem, was wir über die Optik lernen, kann auch auf andere Bereiche des Spektrums angewendet werden, obwohl die dazu nötigen Ge-

Tabelle 1.1 Elektromagnetische Strahlung

Detektoren	Frequenz in Hertz	Wellenlänge in Meter	Name	Anwendungsbeispiele
Photonenzähler / Fotozellen / Fotografische Emulsionen	10^{23}	10^{-15} (Größe des Atomkerns)		
	10^{22}			
	10^{21}		Gammastrahlen	
	10^{20}			Krebsbehandlung
	10^{19}			
	10^{18}	$10^{-10} = 1$ Å (Größe des Atoms)	Röntgenstrahlen	Materialprüfung / Medizinische Röntgenstrahlen
	10^{17}			
	10^{16}		Ultraviolett (UV)	
Menschliches Auge	10^{15}			Atomstruktur, Keimtötung / „Schwarzlicht", Sonnenbräune
	10^{14}	$10^{-6} = 1$ μm (Bakteriendurchmesser)	Sichtbares Licht	Optik
Wärme-detektoren	10^{13}			Infrarotfotos und -lampen „Wärmestrahlung", Waldbranddetektoren
	10^{12}		Infrarot (IR)	Molekularstruktur, Wärmestrahlung des Menschen
	10^{11}			
	10^{10}	$10^{-2} = 1$ cm (Mausgröße)	Mikrowellen	Atomuhren, Weltraumforschung
Abstimmkreise	10^{9}			Radar, Mikrowellenherde ($3 \cdot 10^{9}$ Hz)
	10^{8}	$10^{0} = 1$ m (Menschengröße)		Radioastronomie / Fernsehen, UHF: 470–890 MHz, VHF: 54–216 MHz, UKW: 88–108 MHz, Internationale Kurzwelle, CB: 27 MHz
	10^{7}			
	10^{6}		Radiofrequenz	Mittelwellenradio: 550–1600 kHz
	10^{5}	$10^{3} = 1$ km (Dorfgröße)		Langwellenradio
	10^{4}			Seefunk
	10^{3}			
	10^{2}	10^{6} (von Hamburg nach Mailand)	Schall	
	10	10^{8} (Entfernung zum Mond)		Wechselstrom / Gehirnwellen

räte und Hilfsmittel so verschieden sind wie Auge und Radio. Zum Beispiel kann man nicht nur mit sichtbarem Licht fotografieren, sondern auch mit anderen Formen elektromagnetischer Strahlung, etwa mit Gamma-, Röntgen- oder Infrarotstrahlung. Alles, was man braucht, ist jeweils eine Strahlungsquelle, ein Verfahren, die Strahlen einzufangen, und einen Detektor (Abb. 1.18). Das Bild zeichnet auf, wieviel Strahlung an jedem Punkt empfangen wird. Der Hauptunterschied zwischen den verschiedenen Strahlungsarten ist die Größe der wahrnehmbaren Strukturen, denn je kürzer die Wellenlänge ist, um so kleiner sind die Strukturen, mit denen sie wechselwirken. So sind die Antennen für Radiowellen, deren Wellenlängen im Meter- und Kilometerbereich liegen, lange Drähte und hohe Türme, während die Resonatoren in unserem Auge winzige organische Moleküle sind, die Lichtwellen mit einer Wellenlänge von wenigen hundert Nanometern auswählen. Man muß deshalb darauf achten, daß die Wellenlänge immer so klein ist, daß sie die interessanten Objekte entdecken kann, wenn man Aufnahmen mit verschiedenen Wellenlängen macht. Wenn die Wellenlänge ungefähr so groß ist wie das Objekt, beugt sich die Welle um das Objekt herum (Kapitel 12); wenn sie viel größer ist, wird die Welle von dem

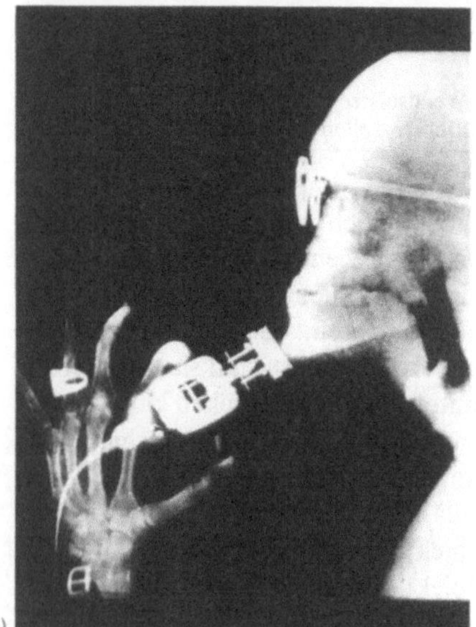

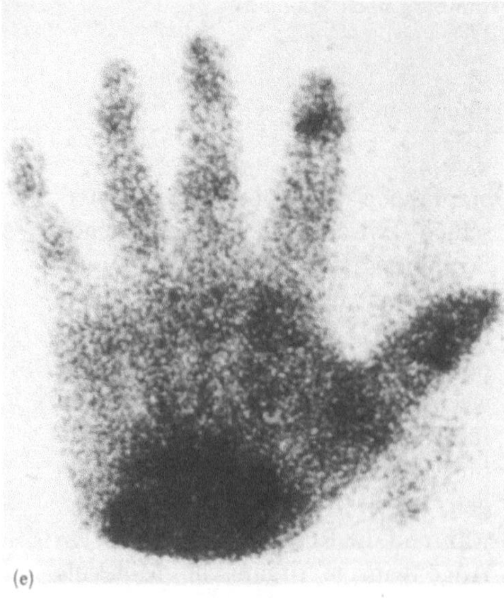

1.18 Diese Aufnahmen wurden mit elektromagnetischer Strahlung verschiedener Wellenlängen gemacht. (a) Eine Radaraufnahme eines Sturmtiefs von 230 km Länge. Die weißen Bereiche zeigen den stärksten Regen an. (b) Die Wärmeverteilung im fernen Infrarot zeigt die Wärmestrahlung einer Hand (rechts) und das Wärmebild der Wand, gegen die die Hand gehalten wurde (links). (c) Die Blüten von *Heliotropium curassavicum* heben sich im sichtbaren Bereich hell von den dunklen Blättern ab (links), im Ultravioletten aber ist es gerade umgekehrt (rechts). Insekten, die im UV-Bereich sehen können (Abschnitt 1.4.4), sehen sie anders als wir. (d) Eine Röntgen‹licht‹aufnahme einer vertrauten Handlung. Die Belichtungszeit betrug 1 μs, und der Motor drehte sich pro Sekunde 116 mal. (e) Eine Gammastrahlaufnahme einer menschlichen Hand. Die Strahlungsquelle ist ein radioaktiver Indikator im Innern des Patienten

Objekt nicht mehr gestört. (Deshalb verwenden Gynäkologen, Fledermäuse und jeder, der sonst mit Schall Bilder aufnimmt, sehr kurze Wellenlängen, also hohe Frequenzen, eben Ultraschall.)

Strahlung mit zu kurzen Wellenlängen, also zu hoher Frequenz, ist ebenfalls für Aufnahmen ungeeignet. Wenn die Strahlung mit einer Frequenz schwingt, die viel höher ist als die Resonanzfrequenz des interessierenden Systems, kann das System mit den Schwingungen nicht mithalten. (Wir erinnern an Abbildung 1.12.) Bei diesen hohen Frequenzen gibt es wenig Wechselwirkung zwischen der Strahlung und dem System, deshalb geht die Strahlung einfach hindurch. Das ist der Grund dafür, warum etwa die Haut für sichtbares Licht undurchlässig ist, für die höherfrequenten Röntgenstrahlen aber nicht.

1.4.2 Wie elektromagnetische Strahlung erzeugt werden kann

Strahlungsquellen sind so verschieden wie ihre Empfänger, insbesondere weil sie im allgemeinen etwa das Ausmaß einer Wellenlänge haben. Im Grunde sind sie alle Vorrichtungen, die Ladungen zu Schwingungen anregen. Bei sehr hohen Frequenzen lassen wir Atome und Atomkerne das Schwingen übernehmen, da diese sehr kleinen Systeme sehr hohe Resonanzfrequenzen haben. Bei niedrigen Frequenzen benutzen wir statt dessen elektronische Schaltungen. Strahlung mittlerer Frequenz erzeugt man häufig durch Erhitzen. In einem erwärmten Stoff bewegen sich die Ladungen stärker, denn das Erwärmen bewirkt ja gerade, daß sich die Atome schneller und weniger geordnet bewegen. Diese hüpfenden Ladungen strahlen dann. Je heißer der Stoff ist, um so schneller hüpfen sie und um so höher ist die Frequenz, mit der sie strahlen. Die Strahlung einer erhitzten Bratpfanne ist gewöhnlich nicht zu sehen, wohl aber mit der Hand, die auf Infrarotstrahlung reagiert, zu fühlen. Wenn die Pfanne heiß genug ist, beginnt sie zu glühen, wird also so heiß, daß sie im sichtbaren Bereich strahlt. Für diese höherfrequente Strahlung sind unsere Augen empfindlich; wir sehen sie als rotes Licht.

Ein glühender Körper kann Strahlung jeder beliebigen Wellenlänge abgeben, sobald er die richtige Temperatur hat. Wenn Sie strahlend lächeln (und auch sonst), strahlt Ihr Gesicht vorwiegend mit einer Wellenlänge von etwa 10 000 nm. (Für uns ist diese Strahlung unsichtbar, für die giftige Grubenotter nicht. Sie hat zu beiden Seiten des Kopfes tiefe Gruben, die in diesem Frequenzbereich empfindlich sind und es ihr ermöglichen, warmblütige Opfer zu finden.) Wir heizen und kochen bei etwa 1000 nm; die Temperatur der Sonne entspricht, sehr zu unserem Vorteil, dem sichtbaren Bereich von etwa 500 nm. Bei niedrigeren Temperaturen ist die Intensität der Strahlung sehr gering. Bei hohen Temperaturen wiederum ist die Intensität groß, aber der strahlende Körper droht zu verglühen. Heiße Körper strahlen nicht nur mit einer einzigen Frequenz, sondern in einem breiten Frequenzbereich (Abb. 1.19), da die zufällige Wärmebewegung nicht nur eine einzige Frequenz hat. Wir sehen in Abbildung 1.19, daß um so mehr Licht ausgestrahlt wird, je heißer der Körper und je kürzer die Wellenlänge des vorwiegend ausgestrahlten Lichts ist. So strahlt die sehr heiße Sonne vor allem im sichtbaren Bereich, während eine 100-Watt-Lampe zum Großteil im infraroten und nur sehr wenig im sichtbaren Bereich strahlt – und darum keine sehr effektive Lichtquelle ist.

Die Kurven in Abbildung 1.19 gehören eigentlich zu einem idealen Objekt, nämlich einem sogenannten SCHWARZEN KÖRPER, der alle auf ihn fallende Strahlung absorbiert (Abb. 1.20). Eine Höhle mit einem kleinen Eingangsloch ist ein gutes Beispiel für einen solchen Schwarzen Körper. Licht, das durch diese Öffnung in die Höhle dringt, wird im Innern hin und her geworfen, aber wie ein Hummer in der Falle findet es selten das Loch und kann deshalb nicht wieder heraus. Unser Auge ist ein ziemlich guter Schwarzer Körper, weil hinter einer kleinen Öffnung ein relativ großer Raum liegt (Abschnitt 5.1.1).

Wenn ein Schwarzer Körper erhitzt wird, beginnt er zu glühen und sieht nicht mehr schwarz aus. Aber er ist immer noch in dem Sinn schwarz, daß er alle Strahlung absorbiert, die auf ihn fällt. Eine kleine Öffnung eines heißen Ofens ist ein gutes Beispiel für einen glühenden Schwarzen Körper. Wenn man versucht, diesen ›Körper‹ mit einer Taschenlampe zu beleuchten, sieht er genauso aus wie vorher – weder seine Farbe noch seine Helligkeit ändern sich –, denn er absorbiert alles einfallende Licht. Weil diese sogenannte Hohlraumstrahlung ziemlich lange im Ofen bleibt, bevor sie entkommt, stellt sich in ihm ein Gleichgewicht zwischen der Strahlung und den Ofenwänden ein. Die ausge-

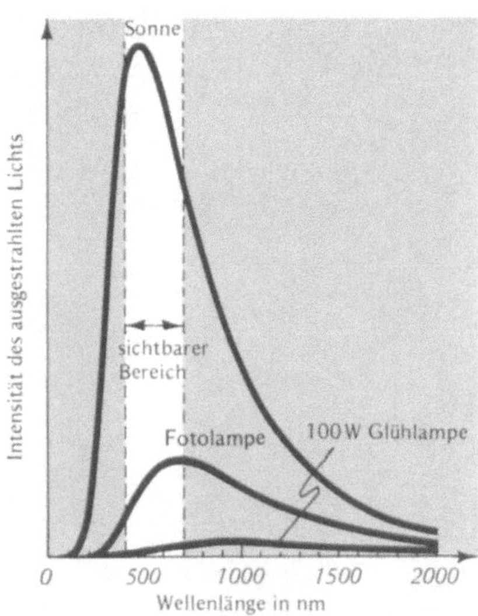

1.19 Das Spektrum eines glühenden Schwarzen Körpers bei den Temperaturen einer Glühlampe, einer Fotolampe und der Sonne. Die wirklichen Spektren dieser Strahler unterscheiden sich nur wenig von dieser idealisierten Schwarzkörpernäherung. (Wir erinnern daran, daß kürzere Wellenlängen höhere Frequenz bedeuten.)

1.20 Eine gute Näherung für einen Schwarzen Körper ist ein erhitzter Hohlraum mit einer kleinen Öffnung (Schmelzofen eines Stahlwerks)

strahlten Farben hängen dann nur von deren Temperatur ab. In Schmelzöfen wird die Temperatur des geschmolzenen Metalls (und in Brennöfen die des gebrannten Tons) oft aufgrund der Farbe der Glut bestimmt. Die meisten glühenden Körper sind nicht wirklich Schwarze Körper. So ist ein glühendes Holzscheit im Kamin nur näherungsweise ein Schwarzer Körper, was Sie prüfen können, wenn es erkaltet ist, indem Sie ein Licht darauf richten. (Wenn das verkohlte Holz ein Schwarzer Körper ist, muß es gleichmäßig hell erscheinen. Im Innern eines gut geschürten Ofens sieht man ein gleichmäßiges Glühen, in dem sich einzelne Kohlen nicht unterscheiden lassen.) Auch Sonne und Glühlampen sind nicht wirklich Schwarze Körper, obwohl sich das von ihnen ausgeschickte Licht wenig von dem eines Schwarzen Körpers unterscheidet.

Schließlich müssen wir noch erwähnen, daß wir die Kurven in Abbildung 1.19 nicht völlig erklären können, wenn wir Licht als Welle sehen. Genau solche Kurven führten zu der Erkenntnis, daß die Wellenvorstellung allein das Licht nicht angemessen beschreibt (Abschnitt 15.2.1).

1.4.3 Lichtquellen

Künstliche Lichtquellen haben sich zu allen Zeiten die sogenannte WEISSGLUT oder GLÜHEMISSION zunutze gemacht, also die Tatsache, daß heiße Körper glühen. Von der Zeit, da Prometheus das Feuer vom Olymp herunterholte, bis in unser Jahrhundert hinein haben alle vom Menschen gemachten Lichtquellen geglüht. (Ausgenommen sind wohl nur solche, die durch Einsammeln von Glühwürmchen gewonnen werden.) Bis im 19. Jahrhundert Stromerzeuger mit hohem Wirkungsgrad entwickelt wurden, war künstliches Licht kaum etwas anderes als das Feuer des Prometheus oder die Lagerfeuer und Fakkeln der ersten Menschen; nur der Brennstoff war besser.

Die nächste den Menschen bekannte Lichtquelle ist die Öllampe der Steinzeitmenschen. Mit ihrer Hilfe schufen sie die großartigen Gemälde ihrer Höhlen. Ihre Öllampe war eine Schale aus Stein, Muschel oder später Ton für das Öl mit einem Rohr als Docht. Im 19. Jahrhundert ersetzte Petroleum das Öl, und die Luftzufuhr wurde verbessert. So entwickelte sich die Öllampe zu der Laterne, die wir heute zum Zelten mitnehmen.

Mehrere tausend Jahre nach der Öllampe erfanden die Ägypter oder Phönizier die Kerze. Sie tränkten faseriges Material mit dem Wachs von Insekten oder Bäumen; später wurde das Wachs durch Talg und lange danach durch Walrat von Spermwalen ersetzt.

Bis in das 19. Jahrhundert hinein wurden die Hauptstraßen der Städte nur von Lampen in Geschäften, vor Hauseingängen, an heiligen Stätten und auf Gräbern beleuchtet. In größeren Städten muß die Beleuchtung trotzdem beachtlich gewesen sein. So schätzt man, daß auf der Hauptstraße Pompejis alle ein bis zwei Meter eine Lampe brannte. Etwa 450 vor Christus wurden in Antiochien die ersten Straßenlampen (Teerfackeln) eingeführt. Seefahrende Nationen brauchten vor allem an den Einfahrten wichtiger Häfen Leuchttürme. Ursprünglich waren das einfach Feuer auf Hügeln; später brannten dann auf Türmen Feuer aus harzigem Holz oder Kohle und später Kerzen und Walöllampen. Der erste uns bekannte Versuch, das Licht dieser Feuer zu sammeln, gelang im großen Leuchtturm von Alexandria, einem der sieben Weltwunder der alten Welt, den Sostratos von Knidos etwa 280 vor Christus entwarf. Vermutlich warfen große Spiegel aus poliertem Metall sein Licht bis zu 50 Kilometer weit.

Einige Lichtquellen unserer Vorfahren erscheinen uns recht seltsam. So verbrannten sie fetthaltige Tiere, wie den Kerzenfisch und den Sturmvogel; bis ins vorige Jahrhundert aber blieben Fackel, Öllampe und Kerze die einzigen nächtlichen Lichtquellen. Mit Sonnenuntergang wurde es sehr dunkel: ›Es kommt die Nacht, da niemand wirken kann‹ (Joh. 9,4). Schlachten hörten bei Sonnenuntergang auf, und das war gut so. Aber auch die Krankenpflege hörte auf, Hexen mußten für ihre nächtlichen Ausflüge auf den Vollmond warten, arme Leute gingen mit den Hühnern ins Bett, und nur die Reichen hatten ein Nachtleben. Das änderte sich erst vor etwa 100 Jahren, als neue Beleuchtungsquellen erfunden wurden. Sie brachten zweifelhaften Segen, denn mit ihnen kam der zwölfstündige Arbeitstag.

Das 19. Jahrhundert brachte die Gasbeleuchtung. Schon die Chinesen haben Gas verwendet (sie pumpten es mit Bambusröhren aus Salzminen heraus), und seit 1664 wurde Kohle zu Kohlengas destilliert, aber erst als Gas um 1800 wirtschaftlich, also billig wurde, fand es mehr Verwendung. Das Licht einer Gaslampe, so stellte sich bald heraus, ist besser, wenn dem Gas Luft oder Sauerstoff zugeführt wird; es wird noch heller, wenn ein Kalkblock in einem Wasserstoff-Sauerstoff-Gebläse zum Glühen gebracht wird. Dieses Kalklicht war das Licht der ›Laterna magica‹ und bald nach der Jahrhundertmitte das Rampenlicht des Theaters. (Gas explodiert leicht; da die Bühnenbilder damals leicht entflammten, bedeutete ein Theaterbesuch früher ein wesentlich größeres Abenteuer als heute.) Um 1885 erfand man den Glühstrumpf, ein Gemisch anorganischer Salze, die sich bis zum Glühen erhitzen lassen und sechsmal so hell brennen wie einfaches Gas. Damit konnte das Gaslicht bis in unser Jahrhundert hinein überleben. (Die Lichtausbeute ist größer, weil die Salze nicht wie Schwarze Körper strahlen; ihre Strahlung liegt etwas mehr im sichtbaren Bereich, und dadurch erzeugen sie mehr brauchbares Licht. Das Gas hat dabei nur die Aufgabe, den Glüh-

1.21 Ein Wechselstromkohlebogen. Nur eine der Kohleelektroden würde glühen, wenn sie, wie in den ersten Kohlebögen, an Gleichstrom angeschlossen wären. Das meiste Licht kommt von den sehr heißen Enden der Elektroden

strumpf zu erhitzen; das Gas selbst muß also weniger leuchten und rußt nicht so stark.)

Das erste elektrische Licht war eine Bogenlampe; bei ihr springt ein Funken zwischen zwei Elektroden über, die mit einer starken Batterie verbunden sind. Bogenlampen wurden erst Mitte des neunzehnten Jahrhunderts wirtschaftlich, als die ersten großen Generatoren entwickelt wurden. Bald schon waren sie weit verbreitet. In ihnen bildet sich zwischen zwei heißen Elektroden (Kohlestäben im Abstand weniger Zentimeter) ein elektrisches Feld aus (Abb. 1.21). Die von der Elektrode ausgeschickten Elektronen werden in das elektrische Feld gezogen, stoßen im Raum zwischen den Elektroden an Luftmoleküle, lösen deren Elektronen ab und erzeugen so geladene Atome (Ionen), die ihrerseits vom elektrischen Feld beschleunigt werden. All diese Ladungen stoßen dann miteinander und mit den Elektroden zusammen, geben Licht ab und erhitzen die Kohlenelektroden. Über 90 % des Lichts rührt von dem Glühen dieser sehr heißen Elektrodenspitzen her. Damit ergibt sich ein sehr konzentriertes Licht, das für die Hausbeleuchtung zu hell ist, aber bis vor einigen Jahren noch im Theater verwendet wurde.

Die heute gebräuchliche Glühlampe wurde entwickelt, als man mit Hilfe der Quecksilberdampfpumpe ein gutes Hochvakuum erzeugen konnte. Diese Pumpe wurde zuerst 1865 hergestellt; schon 1880 ließ Edison die GLÜHLAMPE patentieren (Abb. 1.22). In eine Glasbirne eingeschlossen ist

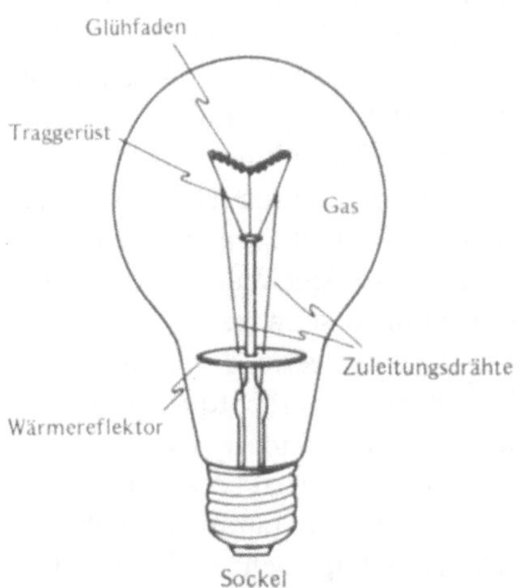

1.22 Die wesentlichen Teile einer modernen Glühlampe

eine Spule aus dünnem Draht, der GLÜHFADEN, der aus Wolfram besteht, weil Wolfram sehr heiß werden kann, ohne zu schmelzen. Er mißt etwa einen halben Meter. Seine Enden sind mit der Zuleitung verbunden. Wenn Strom fließt, erhitzt sich der Faden und strahlt. Diese Strahlung liegt zu etwa 7 % im sichtbaren Bereich (Abb. 1.19), zum größten Teil aber im Infrarot. Zweifellos haben Sie schon bemerkt, daß Glühlampen heiß werden. Es ließe sich mehr sichtbare Strahlung gewinnen, wenn der Faden stärker erhitzt würde, aber dann würde der Wolframfaden schmelzen oder durchbrennen. Damit das nicht geschieht, wird ein Teil der Luft aus dem Glasbehälter herausgepumpt – deshalb hören wir beim Zerbrechen einer Glühlampe ein ›Plopp‹, und deshalb ist die Vakuumpumpe nötig. Genaugenommen ist das Vakuum in der Röhre gar kein Vakuum, sondern ein Gasgemisch (aus Argon und Stickstoff), das nicht wesentlich mit Wolfram reagiert. Das verdunstete Wolfram lagert sich am Glas ab (das ist die dunkle Schicht in älteren Glühbirnen), die Lampe scheint weniger hell, und der Glühfaden wird an manchen Stellen schwächer und heißer. Wenn er dann schließlich bricht, hat die Birne ›ausgebrannt‹, es kann kein Strom mehr fließen.

In neueren Lampen, den sogenannten Halogenlampen, umgibt den Glühfaden eine Quarzhülle, die etwas Joddampf enthält (Abb. 1.23). Das Jod nimmt verdunstetes Wolfram auf und lagert es wieder auf dem Glühfaden ab. Dadurch hält die Lampe höheren Temperaturen stand und erzeugt im Verhältnis mehr sichtbares Licht und weniger Wärme. Außerdem wird sie nicht schwarz.

Der relativ geringe Wirkungsgrad aller glühenden Lichtquellen hat in unserem Jahrhundert zur Entwicklung von LEUCHTSTOFFLAMPEN geführt. Bei diesen Lampen beruht die Lichterzeugung nicht mehr auf dem alten Prinzip der Erhitzung, sondern auf FLUORESZENZ (lat. *fluere*, fließen).

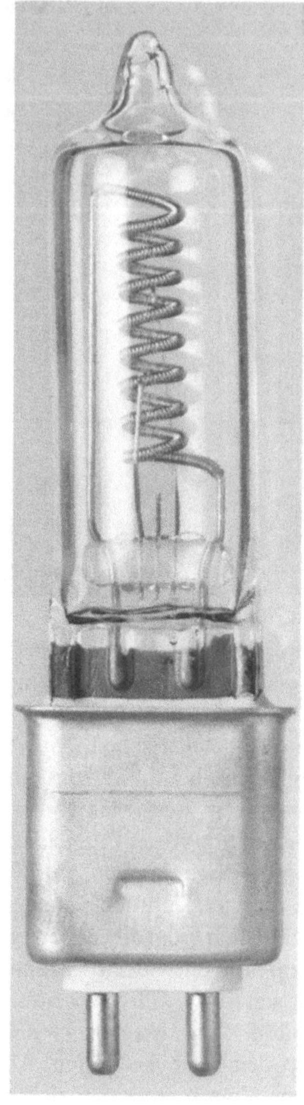

1.23 Wolfram-Halogenlampe

1.24 Eine fluoreszierende Röhre erzeugt zuerst in einer elektrischen Gasentladung UV-Licht und wandelt es dann zum größten Teil in sichtbares Licht um

Aber es ist kein Strom gemeint: Fluoreszenz wurde zuerst in dem Mineral Flußspat (CaF_2) beobachtet, das geschmolzene Metalle zusammenfließen läßt). Gewisse Substanzen (LEUCHTSTOFFE oder PHOSPHORE) erzeugen nämlich sichtbares Licht, ohne Wärme zu verwenden, wenn sie ultraviolettes Licht absorbieren. UV-Licht wiederum läßt sich vergleichsweise leicht und verlustlos herstellen. Eine Glasröhre wird bei niedrigem Druck mit etwas Gas, meistens Quecksilberdampf, gefüllt (Abb. 1.24). Die Elektroden an den Enden der Röhre sind mit einer Wechselspannung verbunden, die in der Röhre ein elektrisches Feld erzeugt. Dadurch findet eine GASENTLADUNG statt, wobei das elektrische Feld von den Elektroden Elektronen abzieht. Diese Elektronen stoßen mit Atomen zusammen und versetzen sie und die in ihnen befindlichen Ladungen in Bewegung. Die Ladungen in den Atomen schwingen dann mit der Resonanzfrequenz der Atome, die für einfache Atome vor allem im ultravioletten (und zu einem kleinen Teil im sichtbaren) Bereich liegt.

Zur Herstellung von ›Schwarzlicht‹ wird die Röhre mit einem Material überzogen, das sichtbares Licht absorbiert, ultraviolettes Licht aber durchläßt. Wenn man andererseits sichtbares Licht erzeugen will, überzieht man die Röhre mit Leuchtstoffen. Dieses Verfahren zur Herstellung sichtbaren Lichts ist so effektiv, daß eine 40-Watt-Leuchtstofflampe viermal so viel Licht gibt wie eine Glühlampe gleicher Leistung. Die Leuchtröhre ist viel kälter und vergeudet daher wenig Energie auf die Ausstrah-

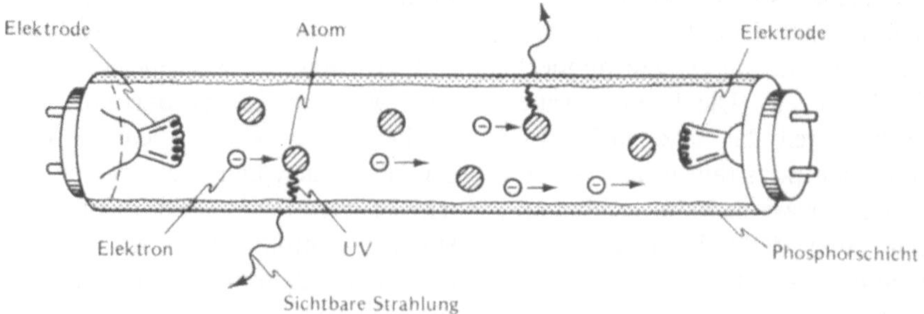

lung im infraroten Bereich. Außerdem läßt sich durch die Wahl der Beschichtung die Farbe des von der Leuchtröhre ausgestrahlten Lichts bestimmen. So wählt man etwa für Speziallampen, die Pflanzen in Gebäuden bescheinen, einen Phosphor, dessen Spektrum dem des Sonnenlichts ähnelt oder den Resonanzfrequenzen des Chlorophylls entspricht.

Ein noch besseres Licht ergäbe sich, wenn das Entladungslicht ohne die Verwendung von Phosphor direkt genutzt werden könnte. Es hat jedoch eine Frequenz (und damit Farbe), die für die jeweilige Resonatoren, hier die Gasatome, charakteristisch ist (Abschnitt 15.3 und 15.4). Für ein brauchbares Licht wählen wir Atome, deren Resonanzen im sichtbaren Bereich liegen, also zum Beispiel Quecksilber oder Natrium. Das Licht dieser Atome ist stark gefärbt; in HOCHINTENSITÄTSENTLADUNGSLAMPEN vergrößern hoher Druck und Unreinheiten den Bereich der ausgeschickten Frequenzen. Ihr Licht ähnelt dadurch einem breitbandigen weißen Licht.

Nicht nur künstlich wird Licht durch Zusammenstöße beschleunigter Atome erzeugt. Auch beim Nordlicht treffen geladene Teilchen, die von der Sonne kommen, auf Moleküle unserer Atmosphäre. Die erzeugte Strahlung hängt dabei von der Energie ab, mit der die magnetischen und elektrischen Felder der Erde die Ladung beschleunigen, und davon, auf welche Moleküle sie treffen.

1.4.4 Sichtbare elektromagnetische Strahlung

Wir konzentrieren uns jetzt und im größten Teil des Buches überhaupt auf jenen winzigen Teil des elektromagnetischen Spektrums, der die Ladungen in den Rezeptoren unserer Augen anregen kann: den sichtbaren Bereich. Abbildung 1.25 faßt einige der für diese Frequenzen wichtigen Fakten zusammen. Oben deuten wir den sichtbaren Bereich an. Kurze

Wellen (400 nm) sehen violett aus (wenn wir auch das kurzwellige Ende des Spektrums oft als Blau bezeichnen (Abschnitt 10.4)). Mit größerer Wellenlänge verändert sich die Farbe zu Blau, dann zu Grün, Gelb, Orange und schließlich, am langwelligen Ende des sichtbaren Bereichs (700 nm), zu Rot.

Der größte Teil der Sonnenstrahlung liegt zwischen 225 nm und 3200 nm (betrachten Sie dazu auch Abbildung 1.19), aber nicht alles Licht durchdringt die Atmosphäre bis zur Erdoberfläche. Die kürzeren Wellenlängen (unter 320 nm) werden durch die Resonanzen des Ozons in der Atmosphäre absorbiert, und die langen Wellenlängen werden vom Wasser (über 1100 nm) und vom Kohlendioxid und Ozon (über 2300 nm) verschluckt. Damit liegt etwa die Hälfte der Sonnenstrahlung, die zur Erde gelangt, im sichtbaren Bereich.

In der Mitte der Abbildung 1.25 haben wir Kurven eingezeichnet, die verschiedene Reaktionen auf Licht verschiedener Wellenlänge zeigen. So sieht der Mensch tagsüber am besten bei etwa 555 nm (gelb-grün). Nachts reagieren andere Rezeptoren des menschlichen Auges; sie sind am empfindlichsten im blauen Bereich. Sehr starke Lichtquellen, deren Wärme wir fühlen können, sehen wir auch im infraroten Bereich (IR) bis etwa 1100 nm. Wir könnten auch ultraviolettes Licht wahrnehmen, wenn nicht die Augenlinse dieses Licht verschluckte. Menschen, deren Linse etwa wegen eines Grauen Stars operativ entfernt wurde, sehen bis zu etwa 300 nm. Insekten wiederum sind für ultraviolettes Licht besonders empfindlich. Sie sehen im roten und gelben Bereich wenig, deshalb zieht gelbes Licht Insekten nicht an, uns aber liefert es gute Beleuchtung. Wenn wir andererseits Insekten anziehen wollen, um ihnen dann einen Stromschlag zu verpassen, nehmen wir Lampen mit blauem und violettem Licht.

Die meisten Wirbeltiere haben den gleichen Sehbereich wie wir Men-

schen. Es gibt Insekten, die das zur Tarnung nutzen. Ihre Farbe ähnelt im sichtbaren Bereich der eines giftigen Insekts, so daß Vögel sie in Ruhe lassen, ihre UV-Farbe aber unterscheidet sich von der des giftigen Insekts, damit sie bei der Partnersuche keinen Fehler machen.

Unsere Haut ist im UV-Bereich von etwa 300 nm Wellenlänge am empfindlichsten. Glas absorbiert UV-Licht unter 320 nm, und deshalb bekommen wir hinter einem Fenster keinen Sonnenbrand. Harte UV-Strahlen mit weniger als 300 nm töten Bazillen. Dieses kurzwellige Licht wird von der Ozonschicht der oberen Atmosphäre absorbiert und bewahrt beide, die Bazillen und uns, vor schwerer Schädigung.

In dem Bereich zwischen 250 und 1400 nm spielt sich nicht nur das Sehen ab. Auch viele lichtabhängige lebenswichtige Vorgänge laufen dort ab, weil die Frequenzen der Resonanzen chemischer Bindungen in diesem Bereich liegen. So zeigen wir unten in Abbildung 1.25 das Absorptionsspektrum von Chlorophyll (genaugenommen einer Kombination mehrerer Formen). Nur der grüne Teil des Spektrums wird nicht absorbiert, sondern zurückgeworfen oder durchgelassen, und deshalb sieht Chlorophyll grün aus. Für das phototropische Verhalten (griech. *tropos*, Drehung; phototropisch heißt also: dem Licht zugewandt) von Pflanzen ist ein Chlorophyll verantwortlich, das nur im blauen Bereich absorbiert. Wenn Pflanzen also nur bei rotem Licht aufwachsen, das kein Blau enthält, absorbieren die anderen Chlorophylle Licht, und die Pflanze kann wachsen, aber sie dreht sich nicht zum Licht. Unten in Abbildung 1.25 ist auch das Absorptionsspektrum von Phytochrom angegeben, dem Enzym, das die ›Uhr‹ der Pflanzen darstellt und bestimmt, wann sie keimen, wachsen, blühen und fruchten. Sie richten sich dabei nach der Länge der Nacht und messen die Tageslänge durch das im Rot absorbierte Licht. Genaueres da-

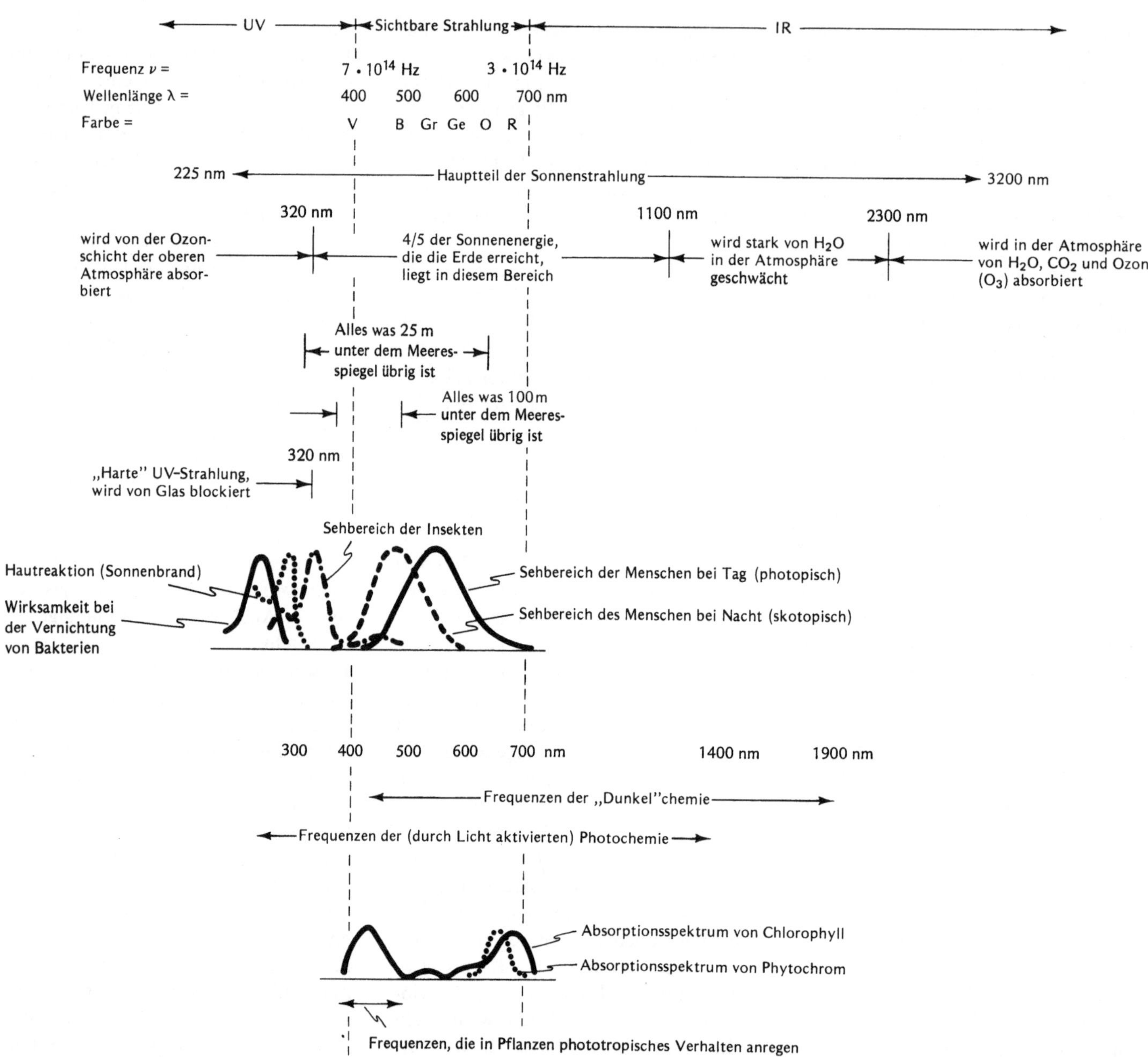

zu finden Sie IM BRENNPUNKT nach diesem Kapitel.

Licht von anderen Quellen als der Sonne kann für das Leben ganz entscheidend sein. Viele Organismen, so zum Beispiel die Glühwürmchen, sind BIOLUMINESZENT und schicken bei der Paarung ihr eigenes Licht aus. (Man kann bei ihnen mit einer im richtigen Rhythmus flackernden Taschenlampe eine sexuelle Reaktion auslösen.) Auch Menschen empfinden bekanntlich eine gewisse Art der Beleuchtung als romantisch. Die extremste Wir-kung des Lichts auf das Liebesleben der Menschen beschreibt wohl Shake-speare: Hamlet, Wahnsinn vortäu-schend, meint, es sei möglich, beim Spaziergang im Sonnenlicht schwan-ger zu werden:

Hamlet: ... habt Ihr eine Tochter?
Polonius: Ja, mein Prinz.
Hamlet: Laßt sie nicht in der Sonne gehen. Empfangen ist ein Segen: aber da Eure Tochter empfangen könnte, seht Euch vor, Freund.

Offensichtlich spielt Licht fast überall eine Rolle!

1.25 Sichtbares Licht und die Wechselwirkung mit dem Leben. Die Frequenzen (und Wellenlängen) des Lichts sind oben angegeben

1.5 Zusammenfassung

Um gesehen zu werden, muß LICHT von einer QUELLE kommen und (mög-licherweise) zu einem OBJEKT und dann zu einem DETEKTOR gelangen. Licht hat im luftleeren Raum eine Ge-schwindigkeit von etwa 300 000 km/s und trägt ENERGIE und IMPULS mit sich. Es ist eine Art WELLE, eine Störungsausbreitung, aber insofern etwas Besonderes, als es sich im Vakuum fortpflanzen kann – es ist eine ELEKTROMAGNETISCHE WELLE. Eine schwingende Ladung erzeugt eine Störung im ELEKTRISCHEN FELD (das anzeigt, welche Kräfte auf geladene Teilchen wirken) und im zugehörigen MAGNETFELD. Elektromagnetische Wellen verschiedener Frequenz werden von Resonatoren ausgeschickt und absorbiert, die jeweils im Bereich ihrer RESONANZFREQUENZ am stärksten reagieren.

PERIODISCHE Wellen sind bestimmt durch ihre FREQUENZ (v, die Zahl der Schwingungen pro Sekunde), ihre WELLENLÄNGE (λ, den Abstand zwischen Wiederholungen), ihre AMPLITUDE (Größe oder Menge der Schwingung), ihre POLARISATION (Richtung der Schwingung) und ihre Ausbreitungsrichtung (sie wird durch einen STRAHL angezeigt). Diese Eigenschaften des Lichts entsprechen unserer Wahrnehmung von FARBE (Frequenz, Periode, Wellenlänge), HELLIGKEIT (Amplitude) und der Richtung, aus der das Licht zu kommen scheint.

SICHTBARES LICHT entspricht einem sehr kleinen Bereich (Wellenlänge zwischen 400 und 700 nm) des ELEKTROMAGNETISCHEN SPEKTRUMS, das von den (sehr kurzwelligen) GAMMA- und RÖNTGENSTRAHLEN über das ULTRAVIOLETTE (UV), das sichtbare, das INFRAROTE (IR) Licht bis zu den sehr langwelligen RADIOWELLEN reicht.

SCHWARZE KÖRPER strahlen ein typisches HOHLRAUMSPEKTRUM aus, bei dem heißere Körper mehr Energie abgeben als kältere und die meiste Strahlung bei heißeren Objekten bei höheren Frequenzen und bei kühleren Objekten bei niedrigeren Frequenzen erfolgt. ELEKTRISCHE GLÜHLAMPEN bestehen aus heißen, glühenden FÄDEN; LEUCHTSTOFFLAMPEN sind mit Gas gefüllt, das im UV-Bereich strahlt und deren FLUORESZIERENDE BESCHICHTUNG UV-Licht in sichtbares Licht verwandelt.

AUFGABEN

A1 Zählen Sie einige der Eigenschaften des Lichts auf, die Sie bis jetzt kennengelernt haben (zum Beispiel Ausbreitung, Geschwindigkeit usw.).

A2 Wenn Sie am Tage von der Sonne weg in den Himmel schauen, sieht er blau aus. Erläutern Sie, woher dieses Licht kommt (welche Quelle es hat und wie es in die Augen gelangt).

A3 Woher wissen wir, daß Licht den leeren Raum durchdringt?

A4 Fenster- und Spiegelscheiben in Neubauten zeigen beim Einbau oft ein aufgemaltes oder geklebtes X. Warum?

A5 (a) Welche der folgenden Objekte sind Selbstleuchter (also Objekte, die wir in ihrem eigenen und nicht dem von ihnen reflektierten Licht sehen)? Sonne, Mond, Katzenauge, Fernsehbild, Fotografie. (b) Mittels welcher Lichtquelle sehen wir diejenigen, die nicht selbst leuchten?

A6 Geben Sie ein Beispiel für Resonanz. Wer ist in Ihrem Beispiel der Energielieferant? (Beispiel: Wenn Sie einem Kind auf einer Schaukel ›Schwung geben‹, sind Sie der Energielieferant.)

A7 An der Universität Cornell gab es eine schmale Hängebrücke für Fußgänger. Wenn man an einem windstillen Tag darüberging, schaukelte sie kaum. Wenn man aber mit genau der richtigen Geschwindigkeit darüberlief, konnte man sie in wilde Schwingungen versetzen. (Deshalb gibt es sie nicht mehr.) Erklären Sie diesen Unterschied.

A8 Am 7. November 1940 um 10 Uhr morgens versetzte ein ziemlich starker Sturm (mit einer Geschwindigkeit von 70 km/h) die Tacoma Narrows Brücke (im US-Bundesstaat Washington) in (Torsions-)Schwingungen. Die Spannweite der Brücke betrug etwa 850 m. In der Brücke bildeten sich Wellen aus, deren Wellenlänge ebenfalls 850 m betrug. Welche der beiden Zeichnungen gibt die Form der Brücke so wieder, wie ein zu der Zeit angefertigter Schnappschuß sie gezeigt haben würde?

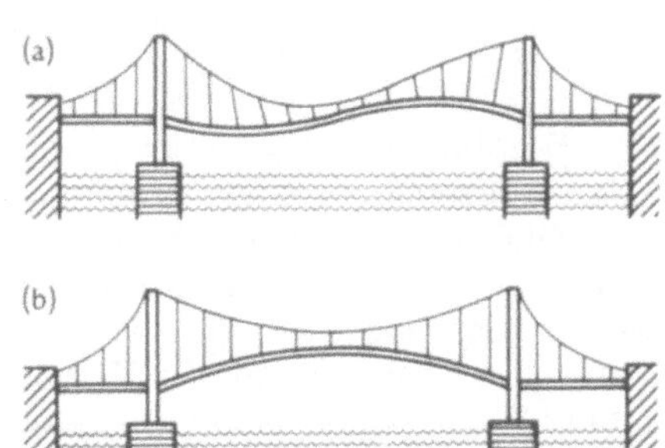

A9 Welche der folgenden alltäglichen periodischen Erscheinungen sind Beispiele für Resonanz? (a) Ein Korken tanzt auf einer Wasserwelle auf und ab. (b) Sie schaukeln in Ihrem Schaukelstuhl hin und her. (c) Eine Sängerin singt einen hohen Ton und zerschmettert damit Glas. (d) Das Publikum stampft bei einem Rockkonzert rhythmisch auf den Boden. (e) Der Boden der Konzerthalle schwingt und knarrt unter dem Stampfen des Publikums. (f) Ein Rasseln in einem langsam fahrenden Auto, das verschwindet, wenn der Motor schneller läuft.

A10 Ihr Auto sitzt im Schnee fest; so stark Sie auch schieben, es kommt über einen Eisblock nicht hinweg. Manchmal hilft es dann, das Auto vor und zurück zu schaukeln. Wenden Sie an, was Sie über Schwingungssysteme gelernt haben, um zu erklären, warum das hilft.

A11 Die Zeichnung unten zeigt das Bild einer Welle. Bestimmen Sie mit Hilfe eines Lineals die Wellenlänge.

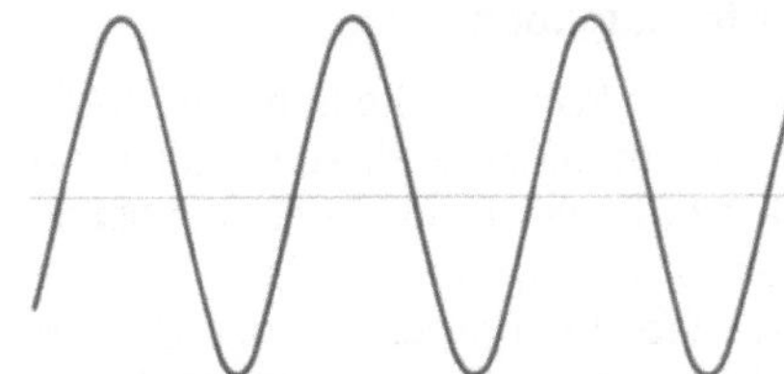

A12 Zeichnen Sie die Welle aus Aufgabe 11 neu und nennen Sie sie ›alte Welle‹. Zeichnen Sie darüber eine ›neue Welle‹ mit halber Wellenlänge und doppelter Amplitude.

A13 Zeichnen Sie die Welle aus Aufgabe 11 neu und nennen Sie sie ›alte Welle‹. Zeichnen Sie darüber eine ›neue Welle‹ mit halber Frequenz und gleicher Amplitude.

A14 Eine sich im Vakuum ausbreitende Lichtwelle trifft auf Glas. Was passiert, wenn sie in das Glas eintritt, mit ihrer Wellenlänge, Frequenz und Geschwindigkeit? Werden sie größer, kleiner, oder bleiben sie gleich?

A15 Welche Frequenz hat Ihr Herzschlag, wenn Sie in Ruhe sind? Geben Sie Ihre Antwort in Einheiten an und erläutern Sie, wie Sie gemessen haben.

A16 Licht ist eine elektromagnetische Welle. Heißt das, daß in der Welle Elektronen sein müssen, damit sie sich ausbreiten kann? Erläutern Sie Ihre Antwort.

A17 Vergleichen Sie eine Radiowelle mit einer Lichtwelle, die farbigem Licht entspricht. Welche Welle hat die höhere Frequenz? Die größere Wellenlänge? Die längere Periode? Die größere Geschwindigkeit im Vakuum?

A18 (a) Welcher Größe entspricht (im wesentlichen) die Farbe von Licht (es kann mehr als eine richtige Antwort geben): Frequenz, Geschwindigkeit, Wellenlänge, Intensität, Polarisation? Welcher dieser Größen entspricht (im wesentlichen) die Helligkeit?

A19 (a) Schickt ein Schwarzer Körper mehr oder weniger Strahlung aus, wenn er heißer wird? (b) Strahlt er vor allem bei niedrigerer oder höherer Frequenz?

A20 Beschreiben Sie, welche Art elektromagnetischer Strahlung (zum Beispiel ultraviolett, sichtbar, infrarot) im Vakuum jeder der folgenden Wellenlängen entsprechen: 600 nm, 300 nm, 1400 nm, 21 cm, 0,1 nm, 3 km.

Harte Aufgaben

HA1 Wie könnten Sie in einem dunklen Raum mit Hilfe eines Laserstrahls die Staubmenge in der Luft bestimmen?

HA2 Welche Farbe hat der Himmel auf dem Mond, wo es keine Atmosphäre gibt? Warum?

HA3 Wenn Soldaten über ein Brücke gehen, wird ihnen befohlen, nicht im Gleichschritt zu marschieren, sondern in lockerer Formation zu gehen.

Denken Sie an die Mauern von Jericho und die Tacoma Narrows Brükke und erklären Sie, warum die Soldaten nicht im Gleichschritt gehen dürfen.

HA4 Billige Lautsprecher haben oft Resonanz im hörbaren Frequenzbereich (etwa 50 bis 20 000 Hertz). Der Klang ist bei der Resonanzfrequenz viel stärker als bei anderen. Bessere Lautsprecher haben solche Resonanzen nicht. Warum sind diese Resonanzen unerwünscht? (Stellen Sie sich vor, was Sie hören würden, wenn jemand eine Tonleiter spielt.)

HA5 (a) Was ist eine elektrische Feldlinie? (b) Was bedeuten die Pfeile auf einer elektrischen Feldlinie? (c) Wie läßt sich physikalisch bestimmen, ob an einer bestimmten Stelle ein elektrisches Feld vorhanden ist?

HA6 Die Abbildung zeigt einige Wellenfronten einer Lichtwelle. Zeichnen Sie sie nach und zeichnen Sie drei verschiedene Lichtstrahlen ein.

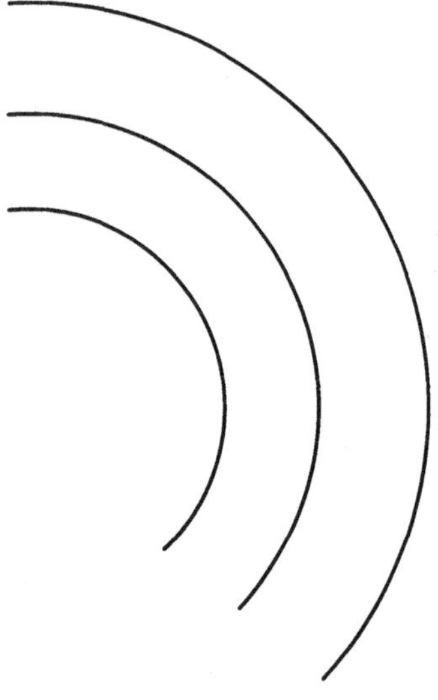

HA7 Beschreiben Sie, was sich physikalisch gesehen in einer gewöhnlichen Glühlampe abspielt. (a) Welche Ladungen schwingen? Was versetzt sie in Schwingung? (b) Warum herrscht in der Lampe ein Teilvakuum? Welches Gas ist im Inneren? Warum? (c) Warum machen die Hersteller nicht einfach Lampen, die nie ausbrennen? (Sicher, sie leben von ihrem Geschäft, aber welche physikalischen Gründe sprechen gegen den Bau einer immerwährenden Glühlampe?)

HA8 Warum können wir Röntgenstrahlen nicht direkt sehen? (Die Antwort: ›Weil unsere Augen für sie nicht empfindlich sind‹, stimmt, paßt aber nicht. Warum sind unsere Augen für Röntgenstrahlung unempfindlich?)

HA9 Die Objekte A und B werden von einer Lichtquelle beschienen, die nur sichtbare Strahlung erzeugt. Dem Auge erscheint A hell, B aber dunkel. Bei derselben Beleuchtung wird mit einem Film, der nur infrarotempfindlich ist, ein Foto dieser beiden Objekte gemacht. Auf dieser Aufnahme sieht B heller aus als A. Erklären Sie, warum das sein kann.

Mathematische Aufgaben

MA1 Wie lange braucht das Licht, um von einem der Galileischen Hügel zum anderen, 1,5 km entfernten, zu gelangen?

MA2 Ein Laserstrahl, der zum Mond geschickt, dort reflektiert und wieder zur Erde zurückgeschickt wird, braucht für diese Rundreise 2,5 Sekunden. Berechnen Sie die Entfernung zum Mond.

MA3 Eine Raketensonde wird nahe am Planeten Jupiter vorbeigeschickt. Wie lange braucht ein Radiosignal für die Reise zur Erde, wenn der Jupiter dann, wenn die Sonde ihn erreicht, 630 000 000 Kilometer von der Erde entfernt ist?

MA4 Ein Radiosignal braucht etwa $2,5 \cdot 10^{-3}$ Sekunden, um von Hamburg nach München zu kommen. Berechnen Sie die Entfernung dieser Städte.

MA5 (a) Wie groß sind Sie (in Metern)? (b) Geben Sie Ihre Größe in Millimetern und in Nanometern an. (c) Welche dieser drei Einheiten eignet sich am besten zur Angabe Ihrer Größe? Begründen Sie Ihre Wahl.

MA6 (a) Orchester stimmen die Instrumente auf den Kammerton a′ mit der Frequenz $\nu = 440$ Hz. Die Schallgeschwindigkeit beträgt in Luft etwa $v = 330$ m/s. Welche Wellenlänge hat der Kammerton? (b) Welche Wellenlänge hat der Ton a, der eine Oktave tiefer ist als der Kammerton? (Wenn Sie eine Oktave tiefer gehen, halbiert sich die Frequenz.) Warum haben Ihrer Meinung nach Orgeln große und kleine Pfeifen?

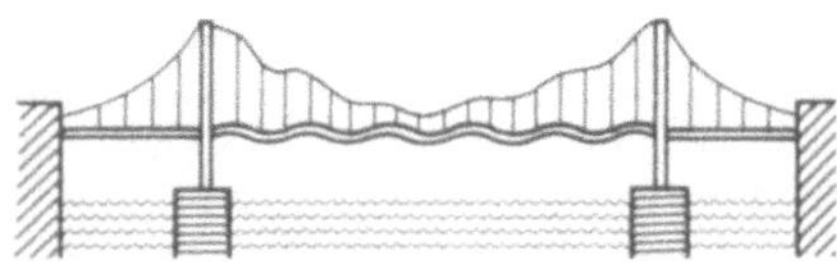

MA7 Die Zeichnung zeigt (idealisiert), wie die Tacoma Narrows Brücke am Vormittag des 7. November 1940 von 8 bis 10 Uhr, kurz vor dem Zusammenbruch, schwang. Die Hauptspannweite der Brücke betrug 850 m. Jedes Auf- und Abschwingen dauerte $1\frac{2}{3}$ Sekunden. (a) Daraus folgt, daß die Schwingungsfrequenz $\nu = 0{,}6$ Hz war. Zeigen Sie, wie sich dieses Ergebnis aus den obigen Daten ableiten läßt. (b) Welche Wellenlänge bildete sich auf der Brücke aus? Begründen Sie Ihre Antwort. (c) Welche Geschwindigkeit hatten die Wellen? (Zeigen Sie Ihre Rechnung.)

MA8 Der Verkehrsfunk des Bayerischen Rundfunks sendet auf der ›Welle‹ 98,5 MHz und einer seiner Mittelwellensender auf 801 kHz. Welche Wellenlänge haben die Radiowellen in den beiden Fällen? Geben Sie an, welche Einheiten Sie benutzen (z.B. Meter, Elle, Werst, Zoll, Fuß usw.).

MA9 Der Wellenlängenbereich des sichtbaren Lichts reicht im Vakuum von etwa 400 nm bis zu 700 nm. Welchem Frequenzbereich entspricht das?

MA10 Welche Frequenz hat (gelbes) 575-nm-Licht?

MA11 Könnte eine Welle mit Wellenlänge 2 cm und Frequenz 1 Hz eine elektromagnetische Welle im Vakuum sein? Warum?

MA12 Wenn ein Schwarzer Körper auf eine Temperatur T (in Kelvin: $K = {}^{\circ}C + 273$) aufgeheizt wird, ist die intensivste Strahlung bei der Wellenlänge λ (in Metern), wobei

$$\lambda \cdot T = 2{,}9 \cdot 10^{-3} \, .$$

(a) Bestimmen Sie λ für einen Körper mit Zimmertemperatur (nehmen Sie $T = 290$ K). (b) Welche Frequenz hat diese Strahlung? (c) Welche Art Strahlung ist das (z.B. sichtbar, IR, UV, Röntgen usw.)?

Leben, Licht und die Atmosphäre

Die Erdatmosphäre erweist uns Menschen die Wohltat, sichtbare Sonnenstrahlen durchzulassen und das tödliche Ultraviolett zu absorbieren. Wir wollen in Umrissen die Entwicklung schildern, die dazu geführt hat, und daran das Zusammenspiel von Licht, Leben und Atmosphäre aufzeigen.

In der Anfangszeit der Erde enthielt die Atmosphäre viele der lebensnotwendigen Stoffe noch nicht. Es gab keinen Sauerstoff O_2 und folglich kein Ozon (O_3) und kein Kohlendioxid (CO_2). Die ultraviolette (UV) Strahlung erreichte leicht die Erdoberfläche, viel leichter als heute (Abb. B.1). Diese UV-Strahlung hatte genau die Frequenzen, die in manchen Molekülen im Meer Resonanzen auslösen. Diese Moleküle konnten sich dadurch zu den ersten lebenden Organismen zusammenschließen, die zwar primitiv waren, aber doch damals bessere Überlebenschancen hatten als heute, denn es gab keine anderen Organismen, die sie verzehrten, und keinen Sauerstoff, der sie oxidierte. Ohne Sauerstoff können Organismen die zum Leben nötige Energie nur durch GÄRUNG, FERMENTATION [1] gewinnen. Wenn Sie einmal einen Gärungsprozeß beobachtet haben, wie er sich zum Beispiel im Hefeteig oder beim Bierbrauen abspielt, wissen Sie, daß dabei Kohlendioxid (CO_2) erzeugt wird. Auch diese Organismen erzeugten CO_2 und bereicherten damit die Atmosphäre, die dadurch damals mehr CO_2 enthielt als heute. Der Vorrat an CO_2 wiederum ermöglichte die Entwicklung neuer Organismen, die ihre Energie aus der PHOTOSYNTHESE [2] bezogen. Diese neuen Organismen nahmen einen Teil des CO_2 auf, fixierten es in organischer Form und erzeugten gleichzeitig molekularen Sauerstoff (O_2), der in die Atmosphäre gelangte und dort zweierlei bewirkte. Erstens verwandelte die Sonnenstrahlung einen Teil dieses O_2 in O_3. Dieses Ozon hielt, wie wir sahen (Abb. 1.25), wie ein Filter die lebensfeindliche UV-Strahlung von der Erdoberfläche ab und ermöglichte damit vor etwa 500 Millionen Jahren lebenden Organismen, vom Wasser aufs Land zu kommen. Das allein hätte nicht viel bewirkt, wenn die Organismen nicht selbst Energie hätten entwickeln können, denn der Gärungsprozeß allein lieferte kaum genug Energie zum Überleben, geschweige denn für die Bewegung. Aber der Sauerstoff ermöglichte zweitens die sehr energiesparende ZELLATMUNG [3]. Dieser Vorgang verbraucht O_2 und ersetzt CO_2. Schließlich bildete sich zwischen diesen beiden Vorgängen, der Photosynthese und der Zellatmung, ein Gleichgewicht heraus, in dem die Atmosphäre seither lange geblieben ist.

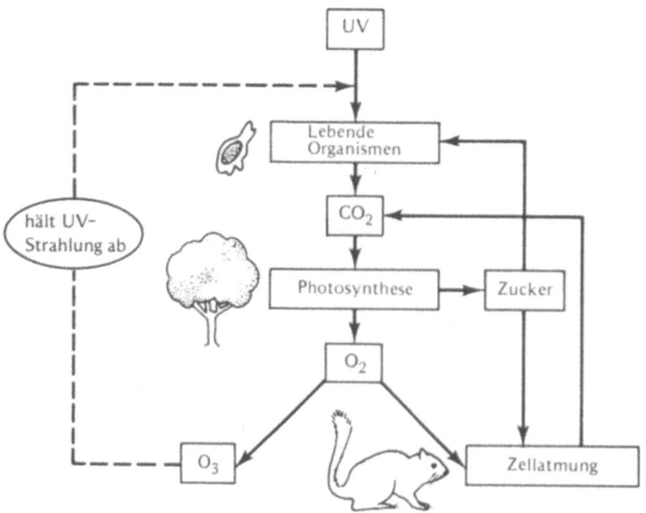

B.1 Wechselwirkung von Licht und Leben

[1] Lat. fermentare, gären lassen. Dieser Vorgang entnimmt durch Umordnung organischer Moleküle Energie: So gilt zum Beispiel

$$\text{Zucker} \rightarrow CO_2 + \text{Alkohol} + \text{Energie} .$$

Dieser Vorgang verbraucht sein ›Kapital‹ (Zucker) zur Energieerzeugung. Wenn der Zucker verbraucht ist, hat der Prozeß ein Ende. Er ist sehr ineffizient. Nur 5% der chemischen Bindungsenergie des Zuckers wird freigesetzt, und davon geht die Hälfte als Wärme verloren. (Gärung erwärmt ja die Umgebung, wie jeder weiß, der einmal einen Hefeteig gebacken hat.) Die nicht verlorene Hälfte wird in dem Molekül ATP (Adenosintriphosphat, die biologischen ›Energiewährung‹) gespeichert, das dann, wenn Rohmaterial verfügbar ist, die Energie zu neuer Zellproduktion zur Verfügung stellt.

[2] Griech. synthein, zusammensetzen. Die Photosynthese ist der Prozeß

$$CO_2 + H_2O + \text{Licht} \rightarrow \text{Zucker} + O_2 .$$

Es ist also eine neue Zuckerquelle, der Lebewesen Energie entnehmen können. Als solche ist sie für die Entwicklung des Lebens ganz entscheidend, weil sie es ermöglicht, der Sonne fortwährend Energie zu entnehmen. Mit ihr hat das Leben eine (sehr effiziente) Sonnenbatterie entwickelt.

[3] Auf diese Art erhalten wir also die meiste Energie. Der Prozeß verläuft so:

$$\text{Zucker} + O_2 \rightarrow CO_2 + H_2 + \text{Energie} .$$

Der Vorgang ist der gleiche, wie wenn Zucker über einer Kerze verbrannt wird; in uns geschieht er jedoch bei Körpertemperatur und läuft viel kontrollierter ab. Der Wirkungsgrad ist viel höher als bei der Gärung; er nutzt über 85% der chemischen Bindungsenergie des Zuckers. Zudem sind die Nebenprodukte nicht schädlich wie bei der Gärung, die gewöhnlich giftige Stoffe erzeugt (Alkohol oder Säuren). Mit all dieser Energie können Organismen mehr als nur überleben, sie können sich auch bewegen und schließlich sogar die Mona Lisa malen. Hefe, die allein von Fermentation lebt, führt dagegen kein sehr aktives Leben.

Zur Zeit jedoch nimmt der Kohlendioxidgehalt der Atmosphäre zu. Vor allem durch das Abholzen der Wälder und die Verwendung fossiler Brennstoffe wuchs der CO_2 Gehalt der Atmosphäre seit 1850 um 15 % und seit 1958 um mehr als 5 % an. Man hält dies für die Ursache der zwischen 1900 und 1940 beobachteten Erwärmung in den nördlichen Breiten, den sogenannten ›Treibhauseffekt‹[4]. CO_2 läßt wie Glas sichtbares Licht hindurch. Die Erde absorbiert dieses Licht, erwärmt es und strahlt es im infraroten Bereich wieder aus. Aber CO_2 läßt, wieder wie Glas, das Infrarot nicht durch, und deshalb bleibt die Energie im Innern der CO_2 (oder Glas-)Hülle, und die Erde wird wärmer. Aber die Sache ist noch komplizierter. Obwohl atmosphärisches CO_2 weiter zunimmt, scheint sich seit 1950 auch eine Abkühlung bemerkbar zu machen. Dies mag von anderen Formen der atmosphärischen Verschmutzung herrühren, die das einfallende sichtbare Sonnenlicht reflektieren (und also nicht wie Glas, sondern wie Metall wirken), so daß weniger Energie die Erde erreicht. Außer CO_2 enthält die Atmosphäre viele andere wichtige Moleküle wie Lachgas, Methan, Ammoniak, Schwefeldioxid und Spurenelemente. Eine wichtige Frage ist, ob sie Sonnenlicht reflektieren (und damit verhindern, daß ihre Energie die Erdoberfläche erreicht) oder durchlassen (und also auch die Energie durchlassen) oder absorbieren (und damit die Atmosphäre erwärmen). Der Treibhauseffekt wird dadurch, daß die Durchlässigkeit von der Frequenz abhängt, noch komplizierter.

Ein anderer entscheidender Bestandteil der Atmosphäre ist das Ozon, das uns vor den tödlichen harten UV-Strahlen schützt. Noch ist ungeklärt, welche Auswirkungen solche menschlichen Errungenschaften wie Überschallflug, Fluorkohlenstoffe (wie sie in Aerosol-Sprühdosen verwendet werden), Atombombenversuche in der Atmosphäre oder auch die Kunstdünger der Landwirtschaft (mit ihren Auswirkungen auf den Stickstoffkreislauf) haben. Schon eine kleine Veränderung des Ozongehalts der Atmosphäre kann deutlichen Einfluß auf die Menge der durchgelassenen harten UV-Strahlung haben, da zur Zeit das meiste abgehalten wird. Zu große Dosen dieser UV-Strahlung können im DNA, dem Baustoff unserer Gene, Mutationen bewirken, Hautkrebs erzeugen und andere ökologisch komplizierte Einflüsse ausüben. Andererseits ist der Kalziummetabolismus unseres Körpers gestört, wenn die Strahlungsdosis zu klein ist.

Wie sich das Werk der Menschen auf die Atmosphäre auswirkt und was das Zusammenspiel von Licht und Atmosphäre für Klima und Ökologie bedeutet, ist eines der aufregendsten Forschungsgebiete unserer Tage. Die Auswirkungen sind buchstäblich atemberaubend.

[4] Das ist übrigens keine gute Bezeichnung. Die Aufgabe eines Treibhauses ist es, die warme Luft am Entweichen zu hindern.

KAPITEL 2

Grundlagen der geometrischen Optik

2.1 Einleitung

Wie kommt es, daß uns ohne weiteres klar ist, wohin wir den Sonnenschirm stellen müssen, damit uns die Sonne nicht in die Augen scheint, ohne auch nur einen Gedanken an elektrische Felder, Wellenfronten, Wellenlängen und die Frequenz des Lichts zu verschwenden? Nun, bei vielen einfachen Problemen genügt es, auf die Lichtstrahlen zu achten (Abb. 1.17), jene Linien, die nach einfachen geometrischen Regeln die Lichtausbreitung beschreiben. Die GEOMETRISCHE OPTIK beschäftigt sich mit den Erscheinungen, zu deren Verständnis die Betrachtung dieser Lichtstrahlen genügt. Ihr Anwendungsbereich umfaßt die Wechselwirkung des Lichts mit Objekten, die wesentlich größer sind als die Wellenlänge des Lichts. Ein Sonnenschirm ist etwa eine Million mal größer als die Wellenlänge des sichtbaren Lichts, deshalb kann die geometrische Optik gut beschreiben, wie sich das Licht bei ihm und den meisten Gegenständen des täglichen Lebens verhält. Bei kleineren Objekten pflanzt sich das Licht nicht nur in eine Richtung fort, sondern in alle – ganz ähnlich wie Schallwellen mit einer Wellenlänge von etwa einem Meter auf der Straße um jedes Hindernis herumkommen.

In der geometrischen Optik biegt Licht also nicht um Ecken. Wir stellen uns vielmehr vor, Licht bewege sich auf geraden Linien, solange es sich selbst überlassen bleibt (Abb. 1.4). Diese geradlinige Ausbreitung ermöglicht es uns, den Sonnenschirm so zu stellen, daß sein Schatten auf unsere Augen fällt.

2.2 Schatten

Wenn wir Schatten werfen wollen, brauchen wir das Licht einer einigermaßen konzentrierten Quelle, etwa der Sonne. Die besten Schatten wirft Licht, das von einem einzigen Punkt, einer PUNKTQUELLE, herkommt. Sie ist wie der Strahl eine Idealisierung, die zum Beispiel eine kleine Glühlampe oder eine Kerze nur annähern können. (Sogar die Sonne oder riesige Sterne sind näherungsweise Punktquellen, wenn sie weit genug entfernt sind.) Außerdem brauchen wir einen Schirm, am besten eine Leinwand, eine ebene weiße Fläche, die das einfallende Licht in alle Richtungen lenkt und damit den Schatten sichtbar macht. (Das Licht aus dem angrenzenden Bereich muß ins Auge fallen.)

Wenn einigen der Lichtstrahlen, die auf den Schirm gerichtet sind, ein Hindernis im Wege steht, erreichen nur die nicht blockierten Strahlen den Schirm und beleuchten ihn nur zum Teil. Die Stellen, die von den blockierten Strahlen beschienen würden, bleiben also dunkel – wir sehen einen SCHATTEN. Den Umriß dieses Schattens können wir bestimmen, wenn wir von der Punktquelle bis zum Rand des Hindernisses und weiter bis zum Schirm gerade Linien ziehen. Diese Geraden trennen den Bereich, in dem die Strahlen den Schirm erreichen, von jenem, in dem sie blockiert sind. Der Schatten ähnelt dem Hindernis, ist aber natürlich eine zweidimensionale, flache Abbildung vom Umriß des Objekts. Trotzdem können wir einfache Formen, etwa das Profil eines Menschen, mühelos erkennen. Vor der Erfindung der Fotografie zeichnete man gern den Schatten eines Menschen als Silhouette nach (Abb. 2.1a). Die heutigen Röntgenbilder sind nichts weiter als von einem

2.1 (a, b) Anwendungsmöglichkeiten für Schatten. (c) Silhouette eines der Autoren. Etienne de Silhouette (1709–1767) war ein Jahr lang französischer Finanzminister und verlor seinen Posten, weil er bei den Gehältern der Hofbeamten geizte. Er ersetzte die üblichen Gemälde und Wandbehänge in seinem Haus durch billige Scherenschnitte und erfand ein Verfahren, mit Scherenschnittporträts Geld zu verdienen. Er starb völlig verarmt, nur noch ein Schatten seiner selbst

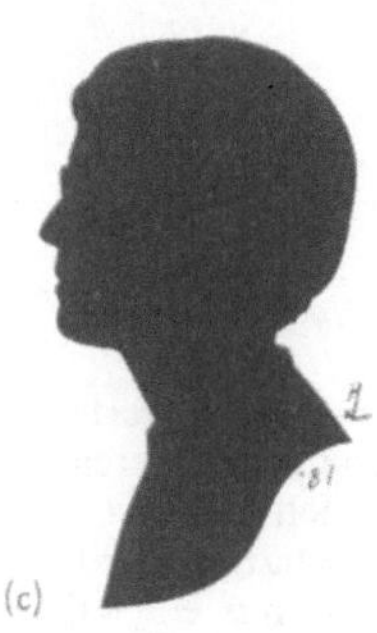

fluoreszierenden Schirm oder fotografischen Film sichtbar gemachte Schatten im Röntgen›licht‹.

In diesen Beispielen wird der Schatten auf einen Gegenstand geworfen, der vom Objekt verschieden ist. Ein Objekt kann aber auch auf sich selbst einen Schatten werfen. So hindert die Erde die Sonnenstrahlen daran, die andere (Nacht-)Seite der Erde zu erreichen. Wenn Sie einen Sonnenaufgang betrachten, liegt Ihr Rücken in einem solchen Schatten: Ihrem eigenen.

Schatten helfen Künstlern, Objekte wirklichkeitsgetreuer darzustellen. So scheint ein Objekt in der Luft zu schweben, wenn es von seinem Schatten getrennt dargestellt ist (Abb. 2.1b), lange Schatten schaffen die Stimmung einer Abend- (oder Morgen-)dämmerung, und die Schatten, die ein Gesicht auf sich selbst wirft, lassen es weniger flach erscheinen.

Was passiert nun, wenn wir zwei Punktquellen haben? Wir erhalten zwei Schatten. Falls sich die beiden Schatten überschneiden, ist nur diese Überlappung vollkommen dunkel. Wo sie nicht überlappen, sind die Schatten weniger dunkel, weil die Strahlen der anderen Quelle sie erreichen. Diejenigen Bereiche, die in keinem der beiden Schatten liegen, werden natürlich von Strahlen beider Lichtquellen erreicht (Abb. 2.2).

Ähnliches passiert, wenn wir drei oder mehr Lichtquellen haben. Der einzige vollkommen dunkle Bereich

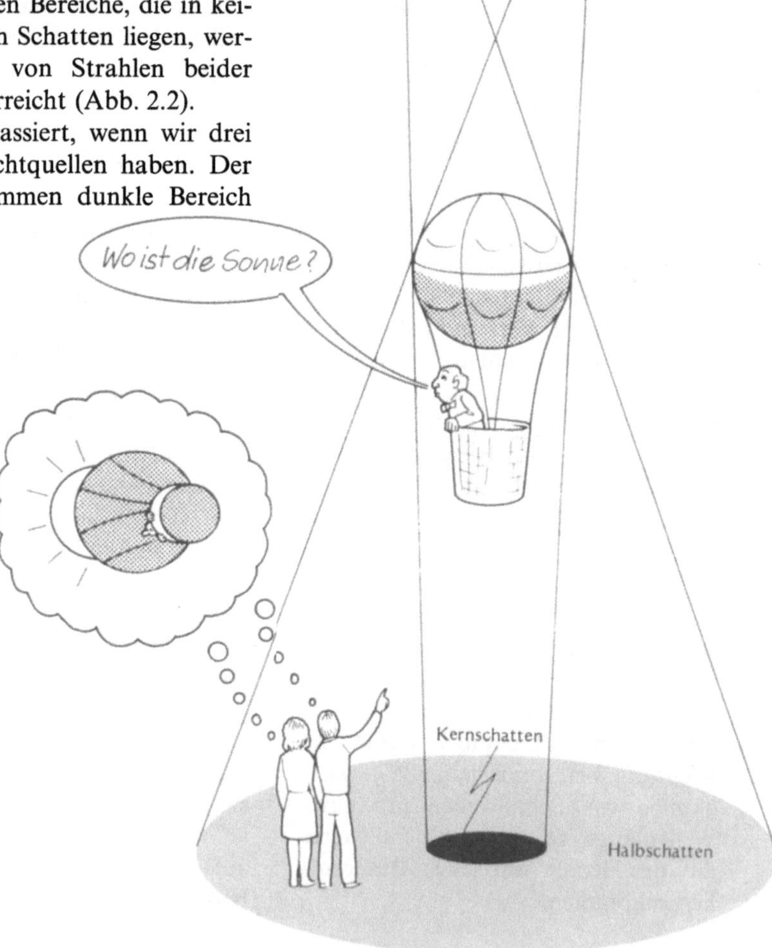

2.3 Ein Blick zurück zur Quelle aus dem Bereich von Kern- und Halbschatten

2.2 Zwei Lichtquellen werfen zwei Schatten. Der Überlappungsbereich, in den von keiner Quelle Licht fällt, ist der Kernschatten. Der Halbschatten wird von Strahlen wie Strahl *a* von nur einer Quelle erreicht

ist der Überlappungsbereich aller Schatten. Andere Teile des Schirms sind weniger dunkel, weil sich dort nicht so viele Schatten überlappen. Eine AUSGEDEHNTE QUELLE, also zum Beispiel eine lange Leuchtröhre, kann man sich als Ansammlung vieler Punktquellen denken, von denen jede einen Schatten wirft. Der Bereich, in dem sich alle Schatten überlappen, heißt KERNSCHATTEN. Bereiche, in denen nicht alle Schatten überlappen, sind weniger dunkel, da ein Teil der ausgedehnten Quelle sie bescheint, und heißen HALBSCHATTEN. Wie dunkel der Schatten ist, können Sie herausfinden, wenn Sie sich in Gedanken an einen Punkt des Schirms stellen und zur Quelle hin blicken. Der Standpunkt ist um so dunkler, je weniger Sie von der Quelle sehen. Wenn Sie im Kernschatten des Schirms stehen, können Sie die Quelle gar nicht sehen, im Halbschatten jedoch sehen Sie sie zum Teil. Natürlich müssen Schirm, Hindernis und Quelle ziemlich groß sein, damit Sie tatsächlich im Kern- oder Halbschatten stehen können (Abb. 2.3).

2.2.1 Finsternisse

Das eben beschriebene Experiment können wir mit der Sonne als Quelle, dem Mond als Hindernis und der Erde als Schirm tatsächlich nachvollziehen, wenn sie einmal alle auf einer Geraden liegen. Wenn der Schatten des Mondes auf die Erde fällt und wir im Kernschatten stehen, sehen wir die Sonne überhaupt nicht, sind also völlig im Dunkeln. Dies nennen wir eine totale SONNENFINSTERNIS (Abb. 2.4). Im Halbschatten sehen wir noch einen Teil der Sonne und erleben dann eine TEILFINSTERNIS .

(Dies ist das erste von vielen optischen Phänomenen, die wir untersuchen und die mit der Sonne zu tun haben. Gleich an dieser Stelle müssen wir Ihnen einen wichtigen Anwendungshinweis geben:

> **Warnung**
> **Schauen Sie nicht in die Sonne!**
> **Wenn Sie diese Warnung mißachten, können Sie Ihren Augen schweren Schaden zufügen.**

Nach jeder Sonnenfinsternis werden Augenkliniken von Patienten mit ›Sonnenfinsternisblindheit‹ bestürmt (s. Tafel 5.1). Nicht die Finsternis bewirkt jedoch den Schaden, sondern die Sonne. Normalerweise blicken wir höchstens flüchtig in die Sonne und betrachten sie nur bei Sonnenunter- oder -aufgang eingehender, wenn die Sonnenstrahlen durch die Atmosphäre hindurch einen längeren Weg zurücklegen und unsere Augen dadurch

2.4 Eine Mehrfachbelichtung vom Verlauf einer totalen Sonnenfinsternis

geschützt sind (Abb. 2.60). Wenn das Interesse an optischen Erscheinungen Sie jedoch dazu verleitet, die Sonne gezielter anzuschauen, laufen Sie Gefahr, Ihre Augen dauerhaft zu schädigen. Der oströmische Kaiser Konstantin VII. erblindete offenbar nach der Betrachtung einer Sonnenfinsternis. Galileo Galilei schädigte seine Augen, als er die Sonne durch sein Fernrohr beobachtete. Sie wären also in guter Gesellschaft, wenn Sie Ihren Augen durch Betrachten der Sonne Schaden zufügen, aber das ist wohl nur ein schwacher Trost. Eine Sonnenfinsternis beobachtet man am besten mit einer Lochkamera, wie wir sie

in Abschnitt 2.2.2 beschreiben. Da die Helligkeit des Mondes mit der der Sonne nicht vergleichbar ist, können Sie eine Mondfinsternis nach Herzenslust bestaunen. Auch einige andere, noch zu beschreibende Phänomene in Sonnennähe dürfen Sie mit bloßem Auge beobachten.)

Wir finden den Kernschatten einer Finsternis, indem wir zwei Geraden ziehen (Abb. 2.5): eine, *a*, vom oberen Sonnenrand über den oberen Mondrand entlang zur Erde und eine zweite, *b*, am unteren Rand entlang. Im Be-

2.5 Der Kern- und Halbschatten des Mondes in der Projektion auf die Erde. Die Größenverhältnisse sind stark übertrieben – der Kernschatten hat einen Durchmesser von nur etwa 200 km, was erklärt, warum totale Sonnenfinsternisse überall auf der Erde eine Seltenheit sind

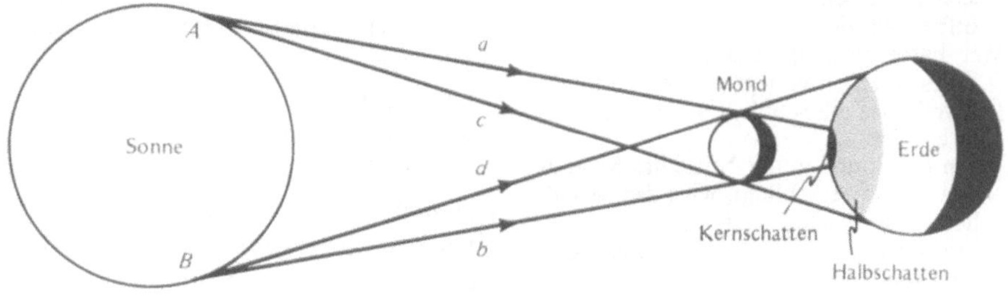

reich hinter dem Mond zwischen diesen beiden Geraden (bevor sie sich schneiden) ist die Sonne vollständig vom Mond verdeckt; dort liegt also der Kernschatten. Der Halbschatten wird durch die Geraden begrenzt, die quer von einem Sonnenrand zum entgegengesetzten Mondrand laufen (*c* und *d*). Die Geraden *a* und *c* geben uns also die Grenzen des Mondschattens an, der durch das Licht von *A* entsteht. Die Geraden *b* und *d* zeigen die Grenzen des Schattens an, der von der Quelle bei *B* herrührt. Die Schatten aller anderen Quellen zwischen *A* und *B* liegen zwischen diesen beiden. Sie überlappen sich also alle zwischen *a* und *b*; jenseits von *c* und *d* gibt es keine Überlappung.

Bei einer Mondfinsternis entstehen ähnliche Schatten, nur ist hier die Erde das Hindernis und der Mond dahinter der Schirm. Wir stehen nicht auf dem Mond, sondern auf der dunklen Seite der Erde und sehen das vom Mond reflektierte Licht.

STUDIER & SPEKULIER

Wie sähe eine Mondfinsternis für einen Beobachter auf dem Mond aus?

Der chinesische Dichter Lu T'ung schrieb im Jahre 810 ein Gedicht über eine Mondfinsternis:

Der glänzende silberne Teller tauchte auf vom Grund des Meeres,
... Etwas fraß sich innerhalb des Randes seinen Weg.
Der Rand war, als ob ein starker Mann mit der Axt Stücke abhackte,...
Ring und Teller zerkrümelten, während ich zuschaute,
Dunkelheit beschmierte den ganzen Himmel wie Ruß,
Wischte in einem Augenblick alle Spuren aus,
Und dann schien es, als ob der Himmel sich in tausend Zeitaltern nicht wieder öffnen würde.
Wer hätte gedacht, daß etwas so Magisches so rasch besiegt werden könnte?
Ich weiß, wie die Schule des Yin und Yang es erklärt:
Wenn die Sonne in der Mitte des Monats den Mond verschlingt, wird das Mondlicht ausgelöscht,
Wenn der neue Mond die Sonne bedeckt, setzt das Sonnenlicht aus.

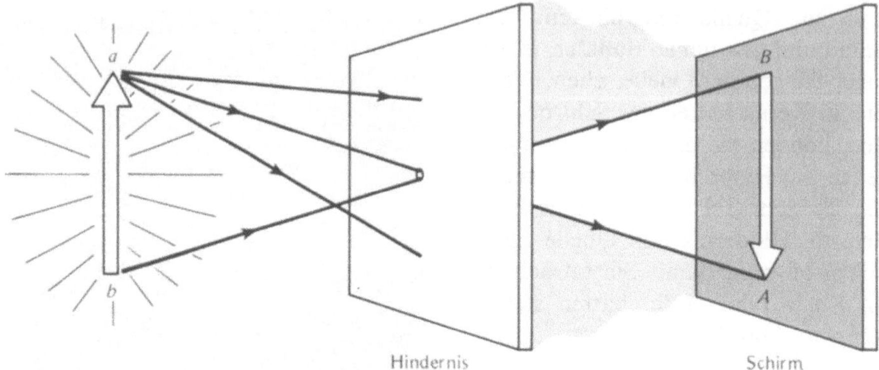

2.6 Eine Lochblende ergibt ein umgekehrtes Bild

(Natürlich ist es die Erde, die ›den Mond verschlingt‹, nicht die Sonne.)

Gelegentlich haben Menschen ihr Wissen über Finsternisse gut zu nutzen gewußt. So waren Kolumbus und seine Männer im Winter 1503/1504 auf Jamaica gestrandet. Die Indianer dort wollten ihn nicht länger mit Nahrung versorgen. Kolumbus wußte, daß eine Mondfinsternis bevorstand. Er ließ die Indianer wissen, sein Gott wünsche, daß sie ihm weiterhin Lebensmittel beschafften, und würde ihnen zum Beweis in der Nacht ein Zeichen vom Himmel geben. Bei Mondaufgang begann die Finsternis, und bald flehten die Indianer Kolumbus an, Fürsprache einzulegen. Das tat er dann, als er bemerkte, daß die Phase der Totalfinsternis vorüber war, und die Indianer belieferten ihn weiterhin mit Proviant. (Sie fragten anscheinend nie, warum sein Gott Kolumbus nicht einfach lehrte, selbst für sein Essen zu sorgen, statt mit dem Mond Zeichen zu geben.) Das gleiche Thema verwendet Mark Twain in seinem Buch ›Ein Yankee aus Connecticut an König Artus' Hof‹.

2.2.2 Die Lochkamera

Wir können bei jedem noch so komplizierten Objekt Kern- und Halbschatten des Lichts einer ausgedehnten Quelle konstruieren, wenn wir, wie oben beschrieben, in Gedanken vom Schirm zur Quelle zurückblicken – aber im allgemeinen ist das Ergebnis kompliziert und nicht sonderlich erhellend. In einem Fall aber ist es ganz einfach, obwohl die Quelle ganz beliebig geformt sein kann: wenn nämlich das Hindernis bis auf ein kleines LOCH ganz undurchsichtig ist. In Abbildung 2.6 haben wir die Lichtquelle als Pfeil gezeichnet. (Der Pfeil kann zum Beispiel eine aufrechte Person, einen Baum, ein Gebäude oder irgend etwas anderes darstellen. Wir wählen einen Pfeil, weil er leicht zu zeichnen und seine Richtung leicht zu erkennen ist.) Wenn wir den Strahlen in der üblichen Weise folgen, sehen wir, daß das Licht der Pfeilspitze nur einen einzigen Punkt des Schirms, den Punkt *A*, erreicht; alle anderen von *a* ausgehenden Strahlen werden durch das Hindernis blockiert. Ähnliches gilt für den Punkt *b* und alle dazwischenliegenden Punkte. Es fällt also zwischen *A* und *B* Licht auf den Schirm, und dieses Licht hat dieselbe Form wie der Pfeil. Auf dem Schirm erscheint somit ein umgekehrtes, auf dem Kopf stehendes BILD des Pfeils.

Dieser Apparat wird LOCHKAMERA genannt. Obwohl wir heutzutage viel bessere Kameras haben, sind gelegentlich solche Lochkameras sehr nützlich. Es schadet Ihren Augen zum Beispiel nicht, wenn Sie das Bild der Sonne auf dem Schirm einer Lochkamera anschauen, denn das winzige Nadelloch läßt nur eine kleine Lichtmenge hindurch. Industriespione verwenden zuweilen kleine Lochkameras aus Pappe, bei denen ein Film den Schirm ersetzt. Sie lassen diese unscheinbaren Pappschachteln einen Tag lang herumliegen und stecken sie dann unauffällig wieder ein. (Da das Nadelloch so wenig Licht durchläßt, ist eine Belichtungsdauer von einem Tag wohl gerade richtig.) Lochkameras werden auch dann verwendet, wenn eine große Schärfentiefe erwünscht ist (Kapitel 4); auf Satelliten spüren sie hochfrequente Röntgenstrahlen auf, die sich nur mit hohem Aufwand ›fokussieren‹ lassen.

Eine Lochkamera ist eine Art CAMERA OBSCURA (lat. dunkler Raum; so werden auch später entwickelte Anordnungen mit Linsen genannt, die sozusagen Kameras ohne Film sind), die der damals fünfzehnjährige (später der Hexerei beschuldigte) Giambattista della Porta im sechzehnten Jahrhundert erfand. In einem völlig dunklen Raum beobachtete er an der Wand gegenüber dem Loch ein umgekehrtes Bild der Außenwelt (Abb. 2.7). Viel früher schon hatte Aristoteles an der Wand von Räumen mit einem kleinen, unregelmäßigen Loch runde Bilder bemerkt, die unabhängig von der Form des Lochs waren. Damit beobachtete er natürlich Abbilder der Sonne. Ähnliches läßt sich unter einem schattenspendenden Baum beobachten, wenn Licht durch die kleinen Lücken zwischen den überlappenden Blättern fällt. Obwohl die kleinen Zwischenräume meistens nicht rund sind, ist das Abbild so rund wie das Objekt (die Sonne). (Das stimmt aber nicht immer, wie Abbildung 2.8 zeigt.)

2.7 Eine luxuriöse Camera obscura. Um dem Betrachter einen Kopfstand zu ersparen, wirft ein 45°-Spiegel (Abschnitt 2.4) das Bild senkrecht nach unten auf einen runden Tisch. Der Betrachter geht dann um den Tisch herum, bis er ein aufrechtes Bild sieht. Der Spiegel läßt sich durch Drehen auf eine andere Aussicht einstellen

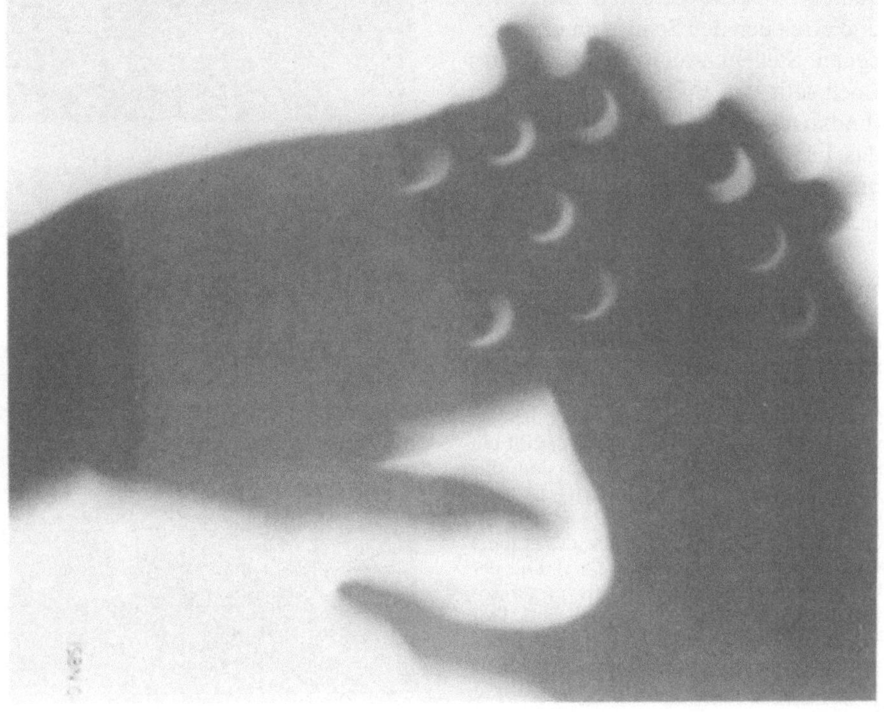

2.8 Bilder der Sonne bei einer Teilfinsternis. Die Bilder entstehen, in jedem Loch eins, durch die ›Lochblenden‹, die sich in den kleinen Zwischenräumen zwischen den gekreuzten Fingern ergeben. Die Halbmondform eines jeden Bilds erklärt sich durch die teilweise Sonnenfinsternis

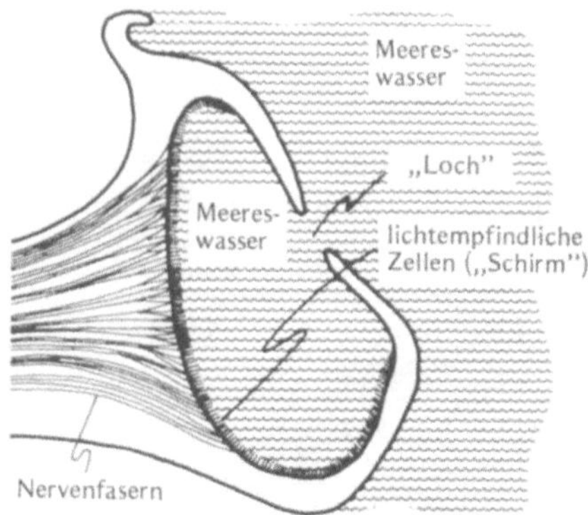

2.9 Das Lochauge des Nautilus

Lange vor Aristoteles schon nutzte die Natur das Prinzip der Lochkamera für das Auge des Mollusken *Nautilus* (Abb. 2.9). Dieses einfachste aller Augen eignet sich offenbar nur wenig zum Einfangen von Licht, und deshalb hat die Natur es wohl in aller Stille wieder aufgegeben, denn wir finden ein solches Auge bei keinem anderen Lebewesen.

Ein zu schwaches Abbild wird natürlich heller, wenn das Loch vergrößert wird. Wenn es aber zu groß ist, verschwimmt das Bild – von jedem Punkt des Objekts aus durchqueren mehrere Strahlen das Loch und erreichen den Schirm an verschiedenen Stellen. Auch ein zu kleines Loch läßt das Bild unscharf werden (und macht es sehr schwach), weil sich das Licht nicht mehr geradlinig ausbreitet, wenn die Größe des Lochs

2.10 Lochkamerafotos desselben Objekts mit verschiedener Lochgröße. Der Lochdurchmesser ist am größten bei (a) und nimmt, wie angegeben, für jede folgende Aufnahme ab. Die Bilder in (a) und (b) sind verschwommen, weil das Loch zu groß ist. Das kleinere Loch bei (c) gibt ein schärferes Bild. Bei (d) und (e) hat das Loch optimale Größe. Bild (f) ist verschwommen, weil das Loch so klein ist, daß die Welleneigenschaften des Lichts wichtig werden (Abschnitt 12.5.3). Die Belichtungszeit wurde von (a) bis (e) verlängert, damit alle Bilder gleich hell sind. Der beste Lochdurchmesser ist etwa das Doppelte der Wurzel des Produkts von Wellenlänge und dem Abstand von Loch und Schirm

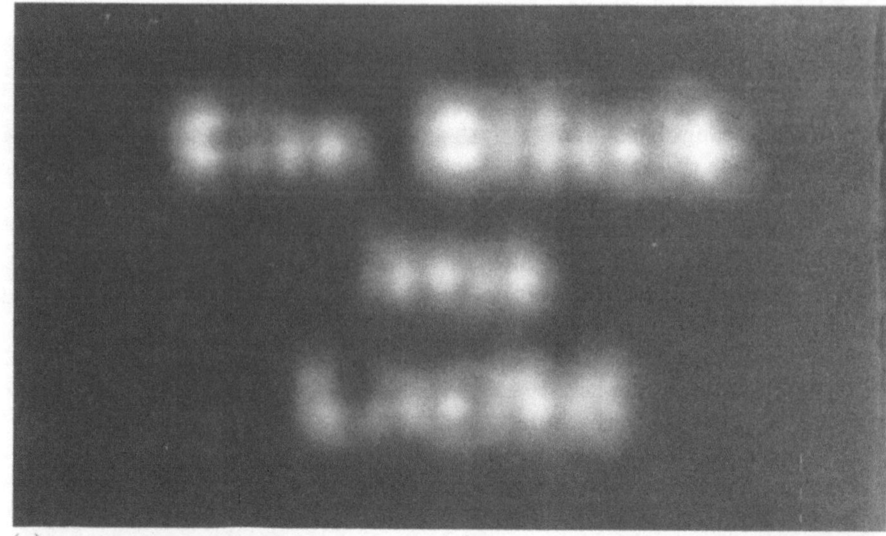

(a)　　　　　2 mm

(b)　　　　　1,6 mm

(c)　　　　　1 mm

(d)   0,5 mm

(e)   0,25 mm

(f)   0,16 mm

sich der Wellenlänge des Lichts nähert (Kapitel 12). Die optimale Größe liegt irgendwo dazwischen (Abb. 2.10). Für eine Lochkamera von der Größe eines Schuhkartons (etwa 30 cm) liegt die optimale Lochgröße bei etwa 0,75 mm, dem Durchmesser einer gewöhnlichen Stecknadel. Für eine zimmergroße Camera obscura ist der Lochdurchmesser am besten zwei oder drei Millimeter. Das Bild eines entfernten Objekts ist um so schärfer und genauer, aber auch um so schwächer, je größer die Kamera ist. Bauen Sie sich eine Lochkamera und SEHEN SIE SELBST.

SEHEN SIE SELBST

Lochkameras, billig und teuer

Jede Schachtel, auch ein Schuhkarton, kann zu einer Lochkamera werden. Stechen Sie in die Mitte der einen Schmalseite ein kleines Nadelloch, schneiden Sie in die entgegengesetzte Seite eine große quadratische Öffnung und kleben Sie Seidenpapier davor. Dieses Papier dient als durchscheinender Schirm, so daß Sie das entstehende Bild von außen betrachten können. Sie vermeiden störendes Streulicht, wenn Sie ein schwarzes Tuch oder einen Mantel über den hinteren Teil der Kamera und über Ihren Kopf legen. Suchen Sie als erstes das Bild eines hellen Gegenstands, etwa das der Sonne oder einer Glühlampe. (Das Bild der Sonne ist leicht zu sehen, kann aber enttäuschen, weil es so klein ist.) Achten Sie, wenn Sie als Lichtquelle eine Glühlampe genommen haben, auf die Richtung des Bildes und darauf, wie es sich verändert, wenn Sie sich von der Lampe entfernen. Probieren Sie auch aus, was passiert, wenn Sie das Loch ein wenig vergrößern. Aus einem dunklen Bereich des Raumes heraus sollten Sie nun ein recht gutes Bild jedes hell beleuchteten Winkels erhalten. Vergrößern Sie das Loch und beachten Sie, wie das Bild heller, aber unschärfer wird. Kleben Sie dann Aluminiumfolie über das große Loch, stechen Sie mehrmals mit der Nadel in die Folie und untersuchen Sie erneut das Bild der Glühlampe.

Damit die Abbildung der Sonne einigermaßen groß wird, müssen Sie eine lange Kamera haben, die Sie zum Beispiel aus einer langen, innen mit schwarzer Farbe ausgesprühten Pappröhre herstellen können. Noch einfacher verzichten Sie auf die Schachtel und projizieren nur mit Hilfe einer großen Pappscheibe, in deren Mitte Sie ein Nadelloch stechen, das Lochbild der Sonne auf eine weiße Leinwand. (Der Schatten der Pappe ist dunkel genug, um das Bild sichtbar zu machen.) Diese Art der Beobachtung empfehlen wir bei einer Sonnenfinsternis.

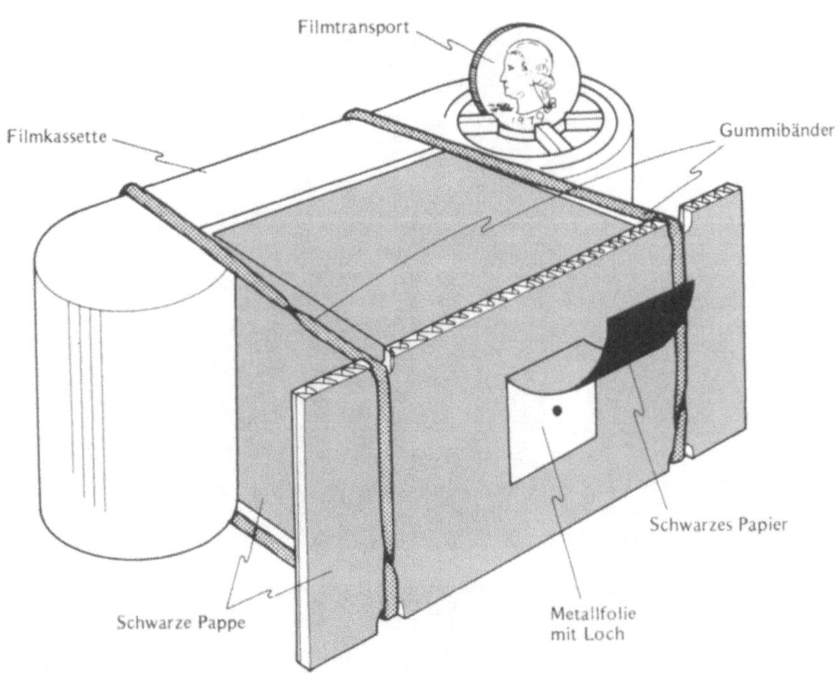

Tabelle 2.1 Vorschläge für die Belichtungszeit der Kassettenlochkamera. (Lochgröße $\cong$ 1/3 mm)

Isoindex des Films	Belichtungszeit	
	sonnig	bewölkt
400/27°	0,5 s	2 s
125/22°	2 s	9 s
100/21°	3 s	15 s
64/19°	4 s	20 s

Bemerkungen 1. Belichten Sie auch halb und doppelt so lange. Wenn dann das Bild besser wird, können Sie weiter halbieren oder verdoppeln, bis Sie die optimale Belichtungszeit gefunden haben.
2. Um die richtige Lochkamerabelichtungsdauer mit dem Belichtungsmesser zu messen, stellen Sie $f/11$ ein und lesen Sie die Belichtungszeit ab. Multiplizieren Sie das mit 300 – so erhalten Sie die vorgeschlagene Lochkamerabelichtungszeit.

Wenn Sie ein Lochbild fotografieren wollen, brauchen Sie nur den Schirm durch eine der üblichen 126-Filmkassetten zu ersetzen. Abbildung 2.11 zeigt eine mögliche Anordnung, und Tabelle 2.1 gibt die Belichtungszeiten an. Es ist wichtig, daß die Kamera während der Belichtung selbst fest steht. Sie können den Film weiterdrehen, indem Sie einen geeigneten Gegenstand, etwa eine Münze, in die runde Öffnung auf der Filmkassette stecken und langsam gegen den Uhrzeigersinn drehen. Achten Sie dabei auf die Bildnummer in dem kleinen Fenster hinten auf dem Film. (Hören Sie auf zu drehen, wenn die dritte und

2.11 Eine Lochkamera mit Kassette. Die Schachtel sollte den Querschnitt eines Quadrats mit 4 cm Kantenlänge haben, so daß sie genau in die Kassette hineinpaßt, und eine Länge von 5 cm oder mehr, je nachdem, ob Sie eine ›Normal-‹ oder ›Telefoto-‹ Lochkamera wünschen (Abschnitt 4.3.1). Dichten Sie alle Ecken und Kanten mit schwarzem Klebeband, um Streulicht zu vermeiden. Mit Gummibändern läßt sich die Kassette am Kasten befestigen. Als Verschluß bewährt sich ein schwarzer Papierstreifen vor dem Loch

2.12 Mit einer Lochkamera auf einem 35-mm-Film gemachte Aufnahmen. (a) Ein Loch; (b) zwei Löcher

(a)

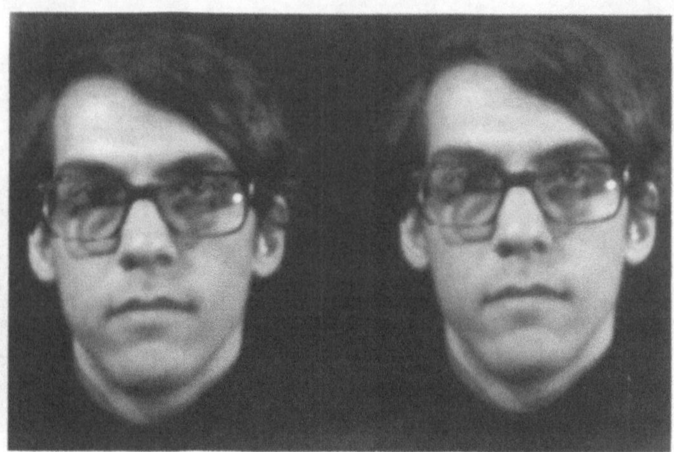

(b)

vierte jeder Bildnummernserie gleichzeitig im Fenster zu sehen sind.)

Wenn Sie einen Fotoapparat mit auswechselbaren Linsen haben, können Sie die Linse abnehmen und die Öffnung fest mit einem Stück Aluminiumfolie oder Goldpapier verschließen. Stechen Sie ein oder mehrmals in die Folie und fotografieren Sie dann so wie sonst auch. (Bei längeren Belichtungszeiten brauchen Sie ein Stativ.) Abbildung 2.12 zeigt einige so aufgenommene Bilder.

2.3 Reflexion

Wir sind mit gespiegeltem Licht genauso vertraut wie damit, daß ein Ball von einer Mauer abprallt. Beiden Fällen gemeinsam ist der physikalische Vorgang der REFLEXION, der sich mit Methoden der geometrischen Optik beschreiben läßt. Licht bewegt sich zum Beispiel in Luft geradlinig, bis es auf ein anderes Medium, etwa einen Spiegel, trifft. Dann ändert sich seine Richtung plötzlich, der alte Strahl hört auf, ein neuer beginnt.

Wenn wir wissen wollen, warum ein Ball von einer Wand zurückgeworfen wird, müssen wir uns die Struktur des Balls anschauen – wie er zusammengedrückt wird, wenn er zuerst auf die Mauer trifft, wie die resultierenden elastischen Kräfte ihn in die andere Richtung drängen und so weiter. Ähnlich müssen wir, wenn wir verstehen wollen, warum Licht von einigen Substanzen reflektiert wird, die Natur des Lichts in Betracht ziehen. Wir müssen also von der geometrischen Optik ein wenig abschweifen und zu den Wellen zurückkehren.

Abbildung 2.13 zeigt zwei Hände, die ein Seil halten. A hat gerade eine

Welle nach rechts in Bewegung gesetzt. Was passiert nun? Wenn B die Spannung im Seil aufrechterhält, es aber weder nach oben noch nach unten zieht, kommt die Welle C bei B an und schüttelt die Hand auf und ab, so daß wir einen ferngesteuerten Handschüttelapparat haben. Stellen wir uns aber vor, B entschlösse sich, seine Hand in genau dem Moment nach unten zu drücken, in dem die Welle C dort ankommt. Wenn B seine Hand genauso stark nach unten drückt, wie das Seil sie nach oben zieht, bewegt sich seine Hand überhaupt nicht. Da er jedoch eine nach unten gerichtete Kraft auf das Seil überträgt, setzt er eine Welle D in Bewegung, die sich als nach unten gerichtete Welle nach links fortsetzt (Abb. 2.14). Da B mit seiner Hand eine Kraft ausgeübt hat, ohne sie aber zu bewegen, können wir die Hand auch durch einen Stein E ersetzen, an dem das Seil sicher und unbeweglich befestigt ist. Von A bis E lehrt uns die Geschichte also, daß die entgegengesetzte Welle zurückkommt, wenn eine Welle ein festes Seilende antrifft. Wir sagen, die Welle C werde durch E reflektiert, da D genauso aussieht wie das umgekehrte C (d.h., sie ist auf den Kopf gestellt und bewegt sich entgegengesetzt). In der gehobeneren Sprache des Abschnitts 1.2.2 sagen wir, die reflektierte Welle sei gegenphasig zu der einfallenden (aus oben wurde unten).

Wenn das Seil nicht an einen Stein gebunden wäre, sondern statt dessen an ein viel schwereres Seil, das beinahe so schwer zu bewegen ist wie dieser Stein, würde der Knotenpunkt sich kaum bewegen, wenn C ankommt, und wieder wird eine Welle reflektiert. Da sich das Ende des sehr schweren Seils zwar nur sehr wenig, aber doch

etwas bewegt, setzt sich in dem schweren Seil eine ganz kleine Welle fort. Diese Welle nennen wir die DURCHGELASSENE oder TRANSMITTIERTE Welle. Solche Reflexionen, die dann vorkommen, wenn das Fortpflanzungsmedium (das Seil) sich ändert (statt aufzuhören), und die eine reflektierte Welle zur Folge haben, die das negative (gegenphasige) der ankommenden Welle ist, nennen wir HART oder Reflexionen am dichteren Medium.

Das andere Extrem sind die WEICHEN Reflexionen am dünneren Medium. Ein Beispiel dafür ist ein Seil, das an einen sehr dünnen Faden gebunden wird. Der Faden hat kaum Masse und dient lediglich dazu, die Spannung in dem Seil aufrechtzuerhalten. Unter diesen Bedingungen reflektiert der Knotenpunkt wiederum Wellen. C kommt jetzt aber nach oben gerichtet zurück, denn weil der Faden so leicht ist, zieht C ihn mühelos hoch. Es ist, als ob B das Seilende hochgezogen und damit eine nach oben gerichtete Welle zu A zurückgeschickt hätte. Wieder wird ein Teil der Welle durchgelassen, während der Rest reflektiert wird.

Reflexionen aller Wellenarten (einschließlich der Lichtwellen) erfolgen dann, wenn sich das Ausbreitungsmedium abrupt ändert. Ausschlaggebend ist die Veränderung der Ausbreitungsgeschwindigkeit der Welle. Ändert sie sich stark, wird viel reflektiert, ändert sie sich wenig, werden die Wel-

2.13 Die Dame A hat unter Wahrung der Distanz eine Welle ausgeschickt, die sich zu B hin bewegt

2.14 B ist wie versteinert und verweigert das Händeschütteln. Folglich kehrt eine umgekehrte Welle zu A zurück

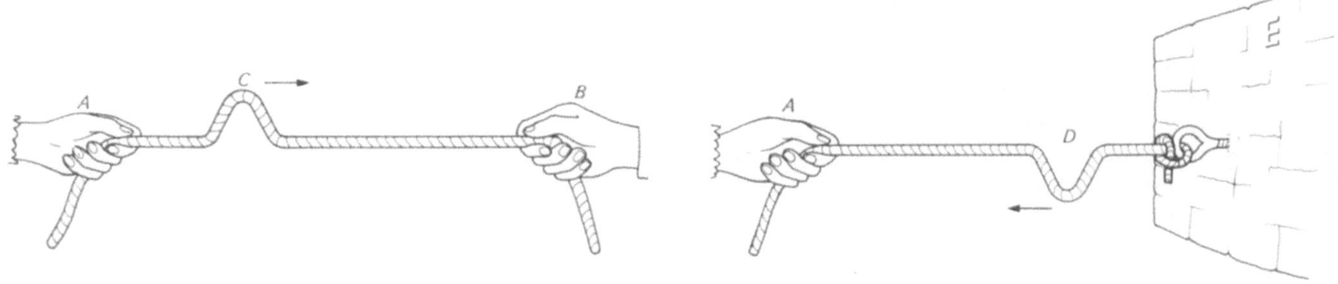

len durchgelassen, und die reflektierte Welle ist nur schwach. Die Reflexion ist hart, wenn eine Welle aus einem dünneren Medium in ein dichteres übertritt (also etwa Licht aus Luft in Glas eintritt); sind die Verhältnisse umgekehrt, ist sie weich. Wenn beide Medien die gleiche Wellengeschwindigkeit haben, wird nichts reflektiert.

2.3.1 Radar

Reflektierte Wellen können sehr nützlich sein. Wenn wir wissen, wie schnell sich die Welle im ersten Medium bewegt, brauchen wir nur einen Wellenimpuls auszusenden und die Zeit zu messen, die vergeht, bis er wieder bei uns ankommt, um die Entfernung bis zur reflektierenden Grenze zu ermitteln. Dieses Echoprinzip ist die Grundlage des RADAR. (Ein Kunstwort aus den Anfangsbuchstaben von ›radio detection and ranging‹, besagt also etwa Funkortung und -vermessung.)

Die Radarantenne ist gleichzeitig Sender und Empfänger. Sie sendet zuerst einen elektromagnetischen Impuls aus. Wenn der Impuls zurückkehrt, weiß der Beobachter, daß irgendwo draußen ein Objekt reflektiert. Aus der Zeitverzögerung des Echos kann er die Entfernung zu diesem Objekt ermitteln. Gewöhnlich verwendet man für Radar elektromagnetische Strahlung von etwa einer Milliarde Hertz.

Fledermäuse (und auch Ölvögel in Venezuela, Kolibri in Borneo, Delphine und Seehunde) haben ein ähnliches System entwickelt, verwenden jedoch Ultraschallwellen (bis zu 100 000 Hertz, weit höher also als die Maximalfrequenz von 20 000 Hertz, die der Mensch noch hören kann). Der Volksmund nennt Fledermäuse blind, dabei können sie mittels dieser Schallwellen (mit einer Wellenlänge von etwa 0,5 mm) sehr gut ›sehen‹. Auch der Mensch verwendet dieses ECHOLOT oder SONARverfahren (ein Kunstwort aus ›sound navigation and ranging‹

zum Ausloten von Unterwasserbooten, Bestimmen von Wassertiefen und bei manchen Kameras als Entfernungsmesser.

2.3.2 Metalle

Kehren wir zu den elektromagnetischen Wellen zurück und untersuchen wir die Spiegelungen genauer. Stellen wir uns also vor, eine elektromagnetische Welle durchquere ein Vakuum und treffe auf einen Stoff, zum Beispiel Glas. Das elektrische Feld der Welle bewirkt, wie wir sahen, daß die Ladungen im Glas zu schwingen beginnen; diese oszillierenden Ladungen wiederum strahlen, so daß eine neue Welle entsteht. Ein Teil der neuen Strahlung läuft zurück, wird also zur reflektierten Welle. Ein anderer Teil läuft vorwärts und vereint sich mit der einfallenden Welle (die auch nach vorn läuft) zur durchgelassenen Welle (Abschnitt 1.3). Die Art und Weise, in der sich beide nach vorn gerichteten Wellen verbinden, wie sie einander verstärken oder überlagern, bestimmt die Intensität der durchgelassenen Welle und damit die Durchsichtigkeit des Glases.

Nehmen wir nun an, das Material sei nicht Glas, sondern ein Metall, also ein guter Leiter für die Elektrizität. Damit meinen wir, daß viele der Ladungen (Elektronen) nicht an einzelne Atome gebunden sind, sondern sich frei im Metall bewegen können. Diese vielen freien Elektronen bauen, da sie geladen sind, ein eigenes elektrisches Feld auf. Wenn eine elektromagnetische Welle auf das Metall trifft, bewegen sich die Elektronen so lange, bis das von ihnen aufgebaute Feld das elektrische Feld der einfallenden Welle gerade aufhebt. (Falls ein elektri-

sches Feld übrigbliebe, würden mehr Elektronen in Bewegung versetzt, bis das Feld endlich abgebaut ist.) Wenn es einmal ganz abgebaut ist, gibt es keine Kraft mehr, die die Elektronen in Bewegung setzen kann. Wenn aber im Metall kein elektrisches Feld besteht, gibt es dort auch keine elektromagnetische Welle – also wird keine Welle durchgelassen. Metalle sind also LICHTUNDURCHLÄSSIG. Fast die gesamte Energie der einfallenden Welle wird auf die reflektierte Welle übertragen. Daher sind Metalle sehr gute Reflektoren.

Dies alles stimmt nur bis zu einem gewissen Grade. Wird die Frequenz der elektromagnetischen Welle erhöht, können schließlich die Elektronen des Metalls sich nicht so schnell bewegen, also mit der einfallenden Welle nicht Schritt halten; sie heben sie dann nicht auf. Die Frequenz, bei der das zuerst geschieht, heißt PLASMAFREQUENZ. Bei noch höheren Frequenzen wird immer mehr von der Welle durchgelassen, das Metall wird durchlässiger und spiegelt weniger.

Die Plasmafrequenz hängt vom jeweiligen Metall ab. Da die Plasmafrequenz des Silbers etwas höher ist als die Frequenz des sichtbaren Lichts, spiegelt Silber ausgezeichnet (Tabelle 2.2).

Gold verhält sich ähnlich wie Silber, hat aber eine geringere Plasmafrequenz; sie liegt im blauen Spektralbereich. Gold reflektiert also alles sichtbare Licht bis auf das blaue. Weißes Licht, aus dem man das blaue Licht entfernt, sieht gelb aus (Kapitel 9), und daher ist Gold gelb. Kupfer hat eine noch geringere Plasmafrequenz, so daß außer Blau auch Grün nur teilweise gespiegelt wird. Daher hat Kupfer seine typische rötliche Farbe. (Wenn es länger der Luft aus-

Tabelle 2.2 Plasmafrequenzen von Edelmetallen

Metall	Plasmafrequenz	Metallfarbe
Silber	oberhalb des sichtbaren Lichts	weiß – gut für Spiegel
Gold	im blauen Bereich	gelb
Kupfer	im blau-grünen Bereich	rötlich

gesetzt bleibt, besteht seine Oberfläche nicht mehr aus Kupfermetall, sondern es bildet sich ein grünes oder blaues Kupferacetat, der giftige Grünspan alter Kupferdächer. Heute wird er durch einen grünen Anstrich nachgeahmt, denn die Luftverschmutzung führt zu einer als weniger schön empfundenen Blaufärbung von Kupferblechen.)

2.3.3 Die Ionosphäre

Wir beobachten solche Reflexionsvorgänge auch in der IONOSPHÄRE, also in der Schicht unserer Atmosphäre, in der das ultraviolette Licht der Sonne den Atomen Elektronen entrissen hat, so daß wie in einem Metall viele geladene Teilchen frei beweglich sind. Weil die Ionosphäre nicht sehr dicht ist, ist die Plasmafrequenz weitaus niedriger als bei Metall, viel niedriger sogar als beim sichtbaren Licht (Tabelle 2.3).

Wir können also durch die Ionosphäre hindurchsehen, denn sie ist für sichtbares Licht durchlässig. Die Plasmafrequenz der Ionosphäre liegt jedoch erheblich über den Frequenzen der Mittelwellen des Radios, die folglich von der Ionosphäre reflektiert werden. Deshalb sind Mittelwellensender über große Entfernungen hinweg zu empfangen. Sie werden von der Ionosphäre reflektiert und auf der Erde an Orte gesendet, die außer Sichtweite sind (Abb. 2.15). (Bei Ultrakurzwellen geht das nicht, denn ihre Frequenzen sind höher und mit der Plasmafrequenz der Ionosphäre vergleichbar.)

Überlegen wir nun, was nachts passiert. Nach Sonnenuntergang trifft weniger solares UV-Licht auf die Atmosphäre, so daß die Elektronen und

Tabelle 2.3 Ausgewählte Frequenzen

Sichtbarer Bereich	10^{14} Hertz
Plasmafrequenz der Ionosphäre	10^{8} Hertz
Fernsehen, UKW Radio	10^{8} Hertz
Mittelwellenradio	10^{6} Hertz

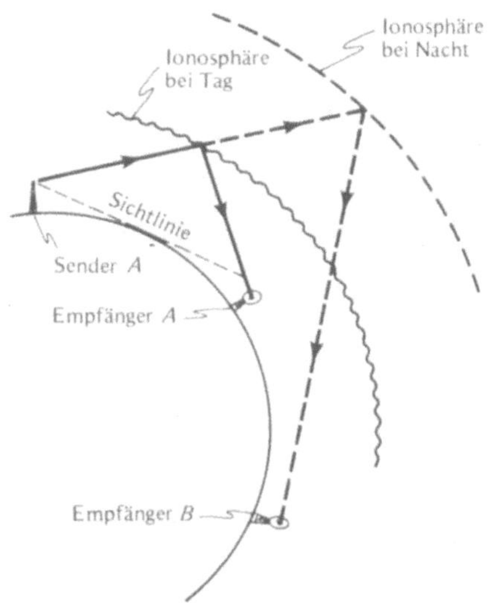

2.15 Die Reflexion von Radiosignalen an der Ionosphäre ermöglicht den Empfang über große Entfernungen hinweg. Die Ionosphäre steigt nachts hoch und vergrößert dadurch den Empfangsbereich. (Der Deutlichkeit zuliebe übertreibt die Zeichnung)

positiv geladenen Teilchen in der Ionosphäre sich wieder zu neutralen Atomen vereinen können, und zwar vorwiegend in den tieferen, dichteren Schichten der Ionosphäre. Damit steigt die Ionosphäre nachts – die geladenen Teilchen bleiben nur in den höheren Regionen frei (Abb. 2.15). Mit Ihrem Mittelwellenradio können Sie also nachts Sender entfernter Städte empfangen, die von der Ionosphäre reflektiert werden. Da allerdings manche dieser Stationen im selben Frequenzbereich liegen wie örtliche Sender, ist der Mittelwellenempfang nachts gelegentlich ganz miserabel.

2.3.4 Spiegel

Kehren wir zur geometrischen Optik zurück. Wir erwarten immer dann Reflexionen, wenn Licht, nachdem es ein Medium durchquert hat, auf ein anderes trifft. So entstehen die bekannten Spiegelungen auf der Wasseroberfläche oder auf Glasscheiben. Glas ist jedoch kein besonders guter Reflektor. Wenn Licht senkrecht auftrifft, wird nur etwa vier Prozent der Intensität gespiegelt. Aus diesem

Grund wird Glas meist dazu verwendet, Licht durchzulassen, und nicht, es zu spiegeln.

Silber ist, wie wir sahen, im sichtbaren Bereich ein ausgezeichneter Spiegel (nahezu 100%), 25mal besser als Glas. Aber Silber beschlägt an der Luft, und angelaufenes Silber ist kein guter Spiegel, da die matte Fläche Licht absorbiert (statt es zu reflektieren) und daher schwarz aussieht. Ein Trick, mit dem dies verhindert werden kann, besteht darin, die Rückseite von Glas mit Silber zu überziehen (Abb. 2.16). Das Glas schützt die Silberfläche und verstärkt sie, so daß man nicht so viel teures Silber braucht. Das Silber reflektiert das Licht. Natürlich spiegelt auch die Vorderseite des Glases ein wenig. Manchmal läßt sich die schwache zusätzliche Spiegelung beobachten (Abschnitt 2.4.3), aber der weitaus größte Teil der Reflexion kommt durch das Silber zustande. (Man verwendet auch Aluminium.) Spiegel besonders hoher Qualität, wie sie in optischen Systemen gebraucht werden, sind vorn mit Silber beschichtet, um diese ungewollte Spiegelung zu verhindern. Diese Spiegel wiederum laufen natürlich mit der Zeit an oder bekommen Kratzer; sie müssen deshalb besonders sorgfältig behandelt werden.

2.3.5 Teildurchlässige Spiegel

Silber ist, so sagten wir, deshalb ein guter Reflektor, weil sich die Elektronen in ihm frei bewegen können. Ihre

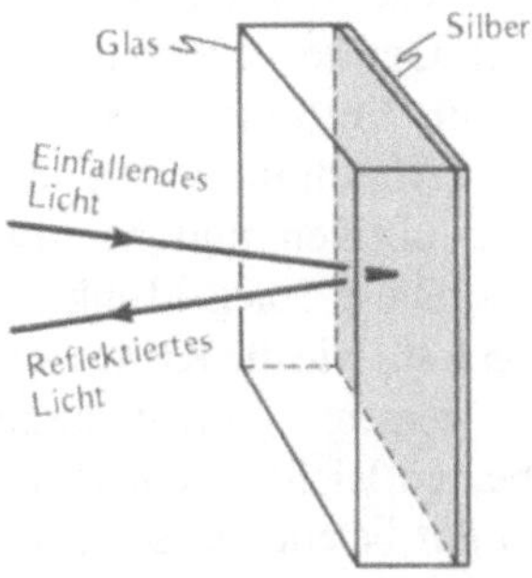

2.16 Ein gewöhnlicher Spiegel besteht aus einem Stück Glas, das auf seiner Rückseite mit einer Silberschicht überzogen ist

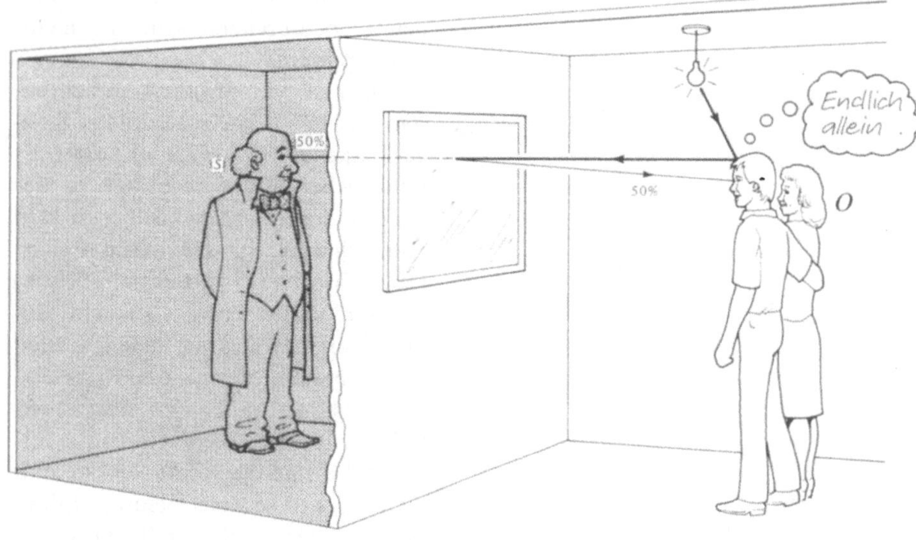

2.17 Leuchtende Liebe läßt sich hinter harmlos Halbversilbertem schaurig durchschauen

elektrischen Felder kompensieren die der einfallenden Lichtwelle: Elektronen brauchen dazu jedoch Raum, und daher dringt das Licht tatsächlich etwas in das Silber ein (etwa 1/50 der Wellenlänge des Lichts − 10^{-5} mm), ehe es reflektiert wird. Meistens ist das vernachlässigbar, wenn aber das Silber dünn genug ist, dringt ein Teil des Lichts zur anderen Seite hindurch, so daß also etwas Licht durchgelassen wird. Wir können also durch hinreichend dünne Silber- (oder auch andere Metall-)Schichten hindurchsehen. (SEHEN SIE SELBST durch dünnes, metallfarbiges Geschenkpapier!)

Indem man Glas mit einer Silberschicht überzieht, die so dünn ist, daß die Hälfte der einfallenden Lichtintensität gespiegelt und die andere Hälfte durchgelassen wird, erhält man einen TEILDURCHLÄSSIGEN SPIEGEL. Solche Spiegel werden in einer Reihe optischer Geräte verwendet, so zum Beispiel im Entfernungsmesser einer Kamera (Abschnitt 4.2.4), in ›Spiegel‹-Sonnenbrillen und bei ›Einwegspiegeln‹. Diese Spiegel funktionieren nicht ganz so, wie die Krimis im Fernsehen es zeigen − Licht durchquert sie in beiden Richtungen. Das Opfer, O, muß gut beleuchtet sein, während der Spion, S, im Dunkeln sitzt (Abb. 2.17). Auf der hellen Seite sieht O, daß viel Licht gespiegelt wird, denn

auf der hellen Seite ist viel Licht, das gespiegelt werden kann. Es ist jedoch sehr wenig Licht zu sehen, das von der dunklen Seite durchgelassen wird, da auf der dunklen Seite nur wenig Licht ist, das durchgelassen werden kann. O sagt also: ›Das ist ein Spiegel‹. Obwohl der teildurchlässige Spiegel nicht so viel Licht reflektiert wie ein normaler Spiegel unter gleichen Bedingungen, ist der Unterschied schwer auszumachen (Abschnitt 7.3.3). Auf der anderen Seite sieht S nur wenig reflektiertes Licht, da auf seiner Seite nicht viel reflektiert werden kann; da jedoch viel Licht von O's Seite zu ihm kommt, sagt S: ›Die Scheibe ist durchsichtig‹. Wenn S ein Licht anmacht oder eine Zigarette anzündet, kann O ihn sehen, er ist durchschaut. Wenn wir das Licht bei S anschalten und bei O löschen, dann sieht O zwar S, S aber nur sich selbst. In diesem Fall ist der Spiegel in der anderen Richtung ›einwegig‹.

Diesen letzten Effekt verwenden Zauberer, um Dinge erscheinen und verschwinden zu lassen. Sie beleuchten dazu eben nur jeweils eine Seite eines solchen Einwegspiegels. Oder

stellen Sie sich vor, in Abbildung 2.17 wäre ein schwacher Scheinwerfer auf S gerichtet. Dann sähe O neben seinem eigenen Gesicht ein schwaches, körperloses Spiegelbild. So können also ›Gespenster‹ im Spiegel erscheinen − eine ›Spiegelung‹ ohne Objekt (das Gegenteil der Vampire, die sich bekanntlich nicht spiegeln).

Solche Spiegel werden auch in der modernen Architektur verwendet. Manche Gebäude sind mit Glas verkleidet, das mit einer dünnen Metallschicht überzogen ist. Während des Tages ist das meiste Licht außerhalb, so daß die Menschen im Gebäude nach draußen schauen können, Passanten jedoch Spiegelwände sehen. Nachts ist das elektrische Licht im Gebäude das stärkste Licht; jetzt können die Passanten hineinschauen, während die Bewohner an den Wänden ihr eigenes Spiegelbild sehen.

STUDIER & SPEKULIER

Was sehen Bewohner und Passanten während der Dämmerung, wenn die Lichtintensität draußen die gleiche ist wie die innen?

Das gleiche Prinzip gilt auch für die üblichen Tüllgardinen. Hier ersetzt Streuung die Spiegelung. Tagsüber ist das helle Licht draußen, so daß die Bewohner hinaussehen können, Vorbeigehende aber nicht hinein. Nachts ist es umgekehrt. Von diesem Effekt macht auch das Theater Gebrauch. Wenn der hintere Teil der Bühne beleuchtet ist, wird ein dünner Vorhang durchsichtig. Sonst ist er scheinbar undurchlässig und kann als Hintergrund oder für Projektionen gebraucht werden. Wenn auf beiden Seiten Licht ist, kann Siegfried glaubhaft durch die Waberlohe stürmen und Tamino mit Pamina gefahrlos Feuer- und Wasserproben bestehen. Gelegentlich kann man etwa auf der Autobahn am Rückfenster von Wohnwagen teildurchlässige Vorhänge oder Spiegel beobachten.

2.4 Spiegelung bei schrägem Lichteinfall

Wenn Licht schräg auf eine glatte Fläche trifft, wird es in eine andere Richtung zurückgeworfen. Was bestimmt die Richtung des reflektierten Lichts? Wir beschreiben sie durch den REFLEXIONS- oder AUSFALLSWINKEL θ_r. (θ ist der griechische Buchstabe *theta*). Das ist der Winkel zwischen dem Lot auf die Fläche (der NORMALEN) und dem gespiegelten Strahl. Entsprechend nennen wir den Winkel zwischen der Normalen und dem einfallenden Strahl den EINFALLSWINKEL θ_e. Das REFLEXIONSGESETZ besagt, daß beide Winkel gleich sind:

$$\theta_r = \theta_e .$$

(Beide Winkel haben also den gleichen Betrag, liegen jedoch auf entgegengesetzten Seiten der Normalen, wie Abbildung 2.18 zeigt.)

Das Reflexionsgesetz beschreibt, wie ein Spiegelbild zustandekommt. Wir sehen solche Bilder genauso, wie wir ein Objekt sehen. Wenn etwa ein Strahl roten Lichts aus einer bestimmten Richtung in unser Auge fällt, empfängt das Auge nicht bewußt die Information ›ein roter Strahl kommt im Winkel von 3° von links vorn auf mich zu‹. Wir sagen vielmehr: ›Da ist ein roter Apfel.‹ Damit das Gehirn den Apfel erkennt, sortiert es die verschiedenen Strahlen, die das Auge erreichen, und schließt daraus, woher sie kommen (vom Apfel), und nicht nur, aus welcher Richtung sie ins Au-

2.20 Eine Szene aus dem Film ›Duck Soup‹ der Marx Brothers. Groucho kann nicht herausfinden, ob er sein eigenes Spiegelbild sieht oder Harpo, der sich genauso angezogen hat wie er

ge fallen. Da Licht sich gewöhnlich geradlinig bewegt, nimmt das Gehirn an, das Licht käme aus derselben Richtung, aus der es uns ins Auge fällt (Abb. 2.19). Wie dieser Vorgang abläuft, interessiert uns hier nicht.

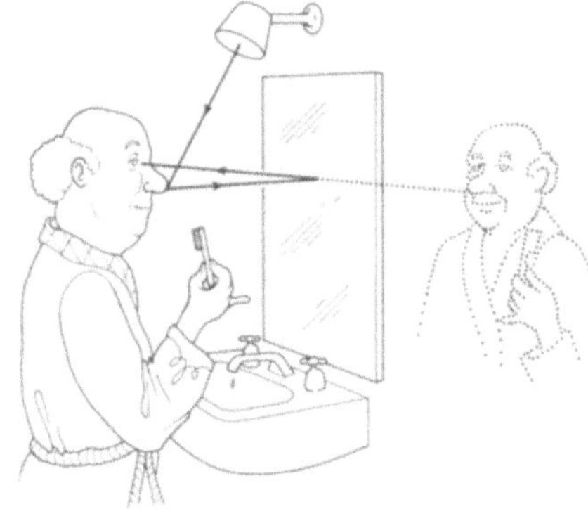
2.19 Der reflektierte Strahl entsteht nicht dort, wo das Auge seine Entstehung vermutet. Das an der Nase des Beobachters (dem Objekt) gestreute Licht macht in Wirklichkeit einen starken Knick, weil es vom Spiegel reflektiert wird. Aber das Gehirn des Beobachters deutet es, als ob es in einer geraden Linie von einem Teil des Bildes hinter dem Spiegel käme; denn der reflektierte Strahl kommt aus derselben Richtung, aus der er auch käme, wenn er von einem Objekt hinter dem Spiegel ausginge, nämlich vom Bild, das vom Spiegel genauso weit entfernt ist wie das Objekt, aber auf der anderen Seite liegt

Spiegelungen können außerordentlich realistisch wirken (Abb. 2.20), was Zauberer gut zu nutzen wissen. (SEHEN SIE SELBST einige Beispiele dafür.) Auch bei einer Fotografie eines vollkommen ruhigen Sees können wir manchmal die wirkliche Landschaft von der Spiegelung kaum unterscheiden (Abb. 2.21). Gelegentlich gibt es jedoch Unterschiede, die Sie beachten sollten, wenn Sie eine Spiegelung wirklichkeitsgetreu malen oder zeichnen wollen (Abb. 2.22).

Nehmen wir an, Sie betrachten einen Baum, der am Ufer eines Sees steht (Abb. 2.23a). Wenn Sie Ihren Blick von oben nach unten an ihm entlanggleiten lassen, sehen Sie den Baum und dann, unmittelbar unter dem untersten Punkt des Baums (Strahl *a*), einen Strahl vom untersten Baumstamm, der durch das Wasser gespiegelt wird (Strahl *b*). Noch tiefer sehen Sie dann das Spiegelbild der Baummitte und schließlich der Krone (Strahl *c*). So sehen Sie also sowohl den Baum als auch ein umgekehrtes

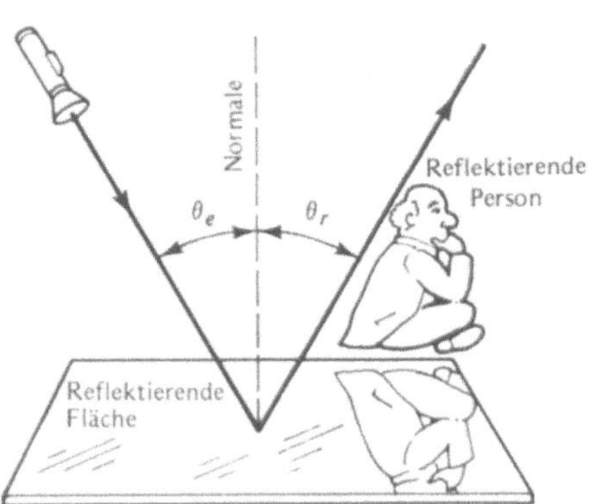

2.18 Das Reflexionsgesetz: $\theta_r = \theta_e$

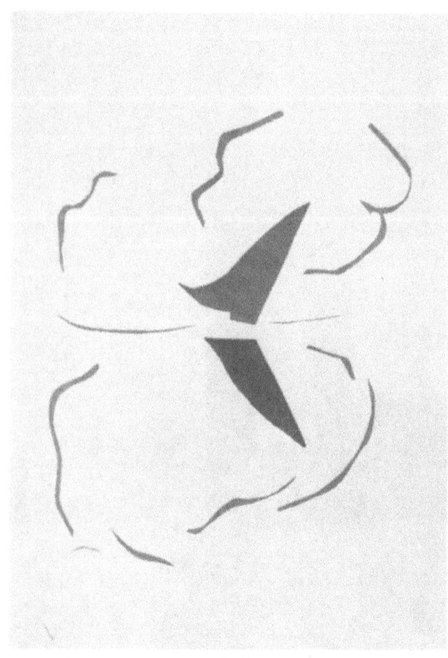

2.21 Henri Matisse, ›La Voile‹. Wie können Sie sicher sein, daß die richtige Seite oben ist? (In der Tat hing das Bild 47 Tage lang falsch herum im Museum of Modern Art in New York und verdiente sich damit einen Eintrag im ›Guinness Buch der Rekorde‹)

2.22 Charles C. Hofmann, ›The Montgomery County Almshouse‹. Der Unterschied zwischen der direkten Ansicht und der Spiegelung ist genau gezeichnet und etwas deutlicher als in Abbildung 2.21

2.23 (a) Ein Baum, der genau am Ufer steht, hat ein fast symmetrisches Spiegelbild. (b) Hier sind die Teile des Motivs verschieden weit entfernt, und das Spiegelbild unterscheidet sich von der direkten Ansicht

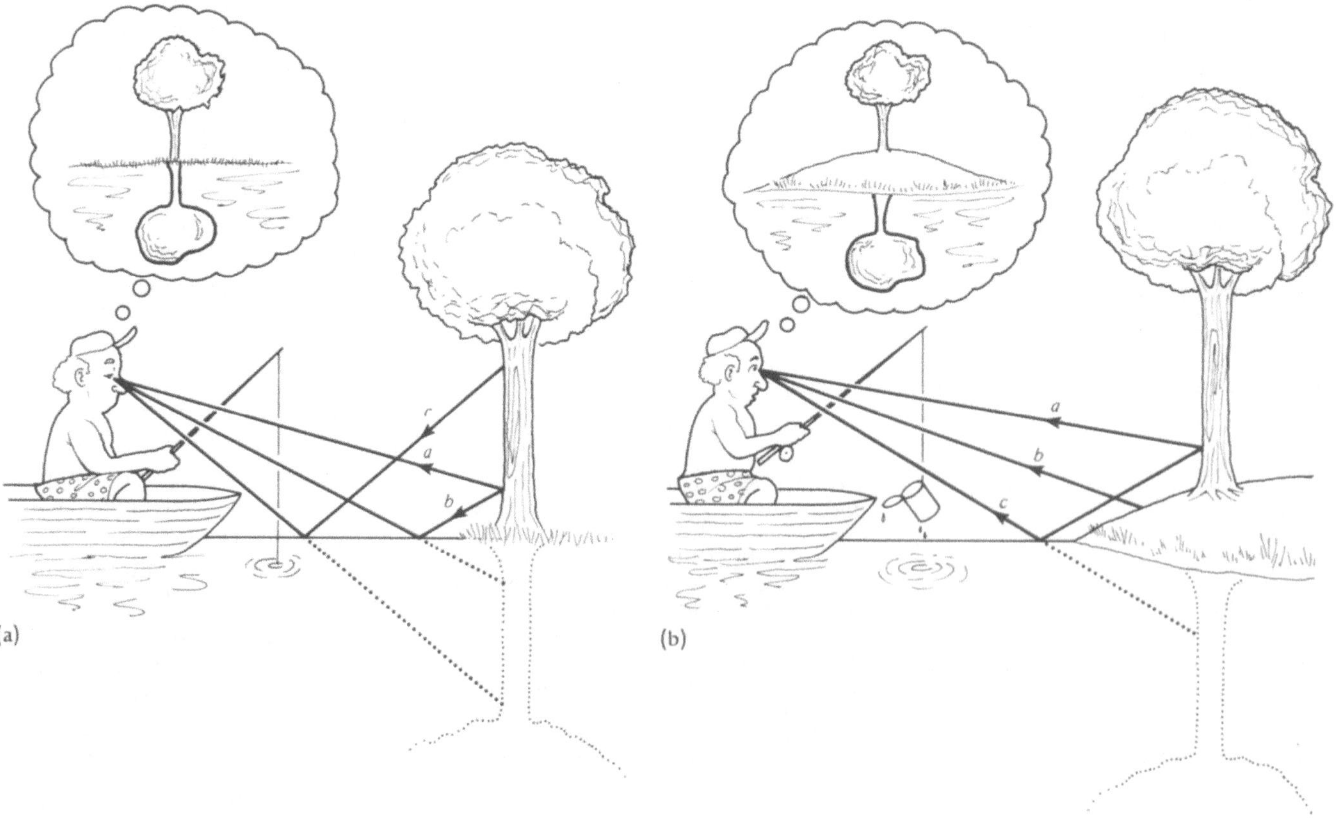

Bild des Baums, ganz symmetrisch, so wie die meisten Menschen sich eine Spiegelung vorstellen. (Die Symmetrie ist um so ausgeprägter, je näher Ihr Auge am Wasser ist.) Aber nehmen wir nun an, der Baum stünde nicht direkt am Ufer, sondern auf einem Hügel (Abb. 2.23b). Wenn Sie jetzt von oben nach unten schauen, sehen Sie zunächst die Strahlen direkt vom Baum (Strahl *a*), dann die Strahlen vom Hügel (Strahl *b*), aber kein Spiegelbild des Hügels, weil diese Strahlen durch den Fuß des Hügels blockiert werden, so daß Sie als nächstes das gespiegelte, umgekehrte Bild des Baums sehen (Strahl *c*). Jetzt ist die Spiegelung nicht symmetrisch.

Das Reflexionsgesetz besagt etwas über die *Richtung* des gespiegelten Lichts. Die *Menge* des gespiegelten Lichts hängt davon ab, an welchen Stoffen gespiegelt wird und in welchem Winkel das Licht auf die Grenzfläche trifft. Wenn wir senkrecht in einen See blicken, können wir oft bis zum Grund sehen, denn senkrecht einfallendes Licht wird kaum gespiegelt (nur etwa 2%). Wenn wir aber einen entfernteren Punkt des Sees anschauen, sehen wir hauptsächlich das reflektierte Licht der Sonne und des Himmels. Die Spiegelung wird also um so stärker, je weiter sich der einfallende Strahl von der Senkrechten entfernt – bei streifendem Einfall wird besonders gut gespiegelt. Diese Tatsache wissen die Werbeagenturen für Auto-, Fußboden- und Möbelwachs und -politur gut zu nutzen. Frischgewachste Fußböden zum Beispiel werden meist in einem flachen Winkel fotografiert, um das glänzende Wachs zu zeigen.

Denselben Effekt beobachten wir an Pfützen. Von oben gesehen, mag eine Pfütze wie eine schmutzige Lache aussehen, aus der Entfernung aber, wenn das Licht streifend einfällt, ist sie ein guter Spiegel, wie der Maler Ruskin so richtig beobachtete: ›Sie ist nicht das braune, schlammige, stumpfe Etwas, für das sie gehalten wird; sie hat wie wir ein Herz, und in

dessen Tiefen gibt es Zweige hoher Bäume und Halme wogenden Grases und alle möglichen Schattierungen sich ständig ändernden heiteren Himmelslichts‹ (Abb. 2.24).

Wenn die Oberfläche des Sees nicht mehr vollkommen ruhig ist, sondern sich kräuselt, ändern sich die Spiegelungen und lassen auf dem Wasser ein ganzes Spektrum von Farben spielen, das sich mit den Lichtverhältnissen der Umgebung verändert. Auch das läßt sich mit dem Reflexionsgesetz

2.24 Der Fotograf sieht die Wasseroberfläche in seiner Nähe unter kleinem Einfallswinkel; sie erscheint transparent und zeigt einen Mann, der unter Wasser ein Musikinstrument spielt. Das entferntere Wasser reflektiert, weil das Licht von dort streifend in die Kamera fällt

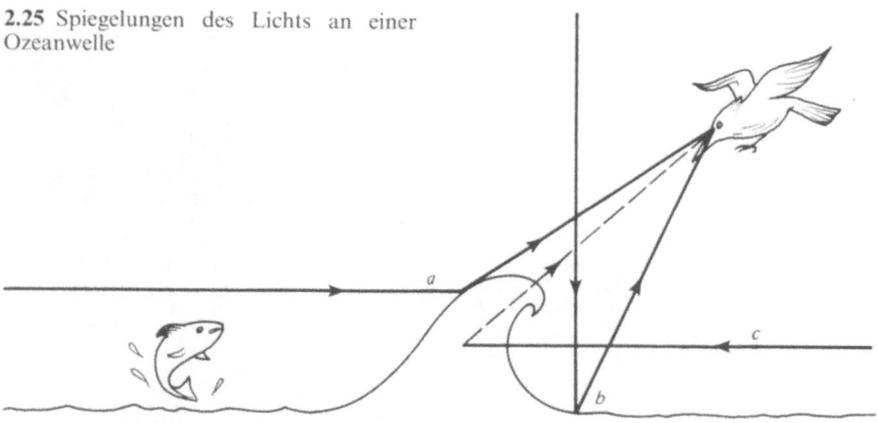

2.25 Spiegelungen des Lichts an einer Ozeanwelle

und der Abhängigkeit der Reflexion vom Einfallswinkel erklären. In Abbildung 2.25 prallt das Licht von der Rückseite der Welle (*a*) ab und scheint die Farbe des Himmels zu haben. Das Licht von der Vorderseite der Welle (*b*) wird fast senkrecht gespiegelt und ist daher schwächer. Wenn der Himmel darüber nicht zu hell ist, sieht man auch Licht, das aus dem Wasser kommt – Licht, das entweder von hinten durch die Welle hindurchdringt oder von tieferen Wasserschichten gestreut wird (*c*). Immer wieder bietet das Spiel der Farben auf den bewegten Wellen ein faszinierendes Schauspiel.

SEHEN SIE SELBST

Zauberei mit Spiegeln

Obwohl echte Zauberer Verschwiegenheit geloben müssen, lüften wir die Geheimnisse einiger sehr alter Spiegelkunststücke, damit Sie Gelegenheit haben, sie so oder ähnlich nachzumachen. Um ein Kaninchen aus einem anscheinend leeren Kasten zu ziehen, brauchen Sie eine Pappschachtel, einen Spiegel und ein Kaninchen (oder was Sie sonst erscheinen lassen möchten). Abbildung 2.26 zeigt die Anordnung. Wer durch die vordere Öffnung blickt, sieht den Boden der Schachtel und sein Spiegelbild. Das Spiegelbild sollte wie die Hinterseite des Kastens aussehen, der Kasten also leer erscheinen. Die Täuschung gelingt am besten, wenn die Innenseite des Kastens ein Muster

hat, von dem sich die Ecken des Spiegels nicht deutlich abheben. Schatten können ein Problem darstellen, sorgen Sie deshalb für eine breite Lichtquelle oder schalten Sie viele Lampen an. Öffnen Sie zuerst beide Klappen, um zu zeigen, daß der Kasten leer ist. Dabei müssen Sie die obere Klappe genauso öffnen wie die vordere, denn der Beobachter soll ja glauben, daß die Spiegelung der vorderen Klappe die hintere Klappe ist und er durch die Schachtel hindurchsehen kann. (Legen Sie Ihre Hände spiegelbildlich je

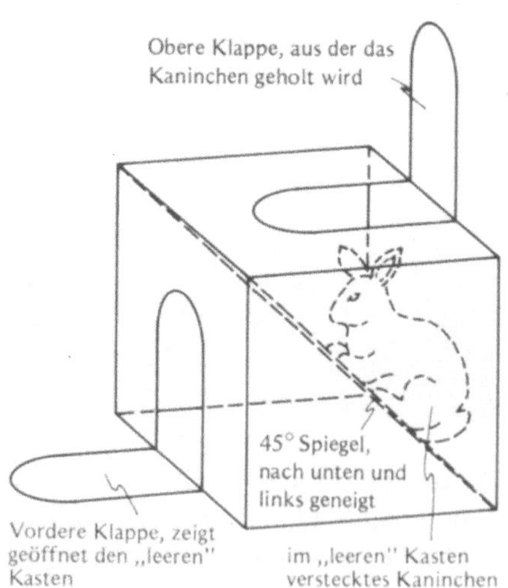

2.26 Plan eines Zauberkastens. Der Kasten sollte zwei Öffnungen haben, die sich unabhängig voneinander öffnen und schließen lassen. Ein Spiegel, mit der Spiegelfläche nach unten zur vorderen Öffnung, ist in die Diagonale des Kastens eingepaßt. (Eine Spiegelfliese, wie man sie in Geschäften finden kann, die Kacheln verkaufen, eignet sich gut.) Das Kaninchen ist über dem Spiegel verborgen und kann von vorn nicht gesehen werden

auf eine Klappe.) Lassen Sie den Zuschauer auf keinen Fall in die obere Klappe schauen! Schließen Sie dann die vordere Klappe, greifen Sie durch die obere Klappe in die Schachtel und ziehen Sie das Kaninchen aus der ›leeren‹ Schachtel.

Eine Variation dieses Themas ist der ›sprechende Kopf‹ des neunzehnten Jahrhunderts (Abb. 2.27). Der Kopf einer Frau ragt aus einem Loch im Tisch heraus, ihr Körper ist durch einen schräg gestellten Spiegel verdeckt, der die Seitenwand der Bühne zeigt, die genauso aussieht wie die Bühnenrückwand. Der Kopf kann sprechen und Fragen beantworten, während es aussieht, als liege er körperlos auf einem Teller.

2.27 Der sprechende Kopf

Mit Hilfe teildurchlässiger Spiegel können Gegenstände ineinander verwandelt werden. Da die Menge des gespiegelten Lichts mit steigendem Ausfallswinkel zunimmt, genügt für viele Tricks Fensterglas, das im Winkel von 45° aufgestellt wird. Sie brauchen also eine große Schachtel, eine Glasscheibe, die diagonal hineinpaßt, einen Schädel oder eine Maske und zwei Lampen, am besten mit Dimmer (Abb. 2.28). Wenn zu Beginn Licht *A* gleich neben dem Kopf des Freundes leuchtet und Licht *B* nicht brennt, sieht der Beobachter nur den Kopf. Blenden Sie Lampe *A* aus und gleichzeitig *B* neben dem Schädel an; der

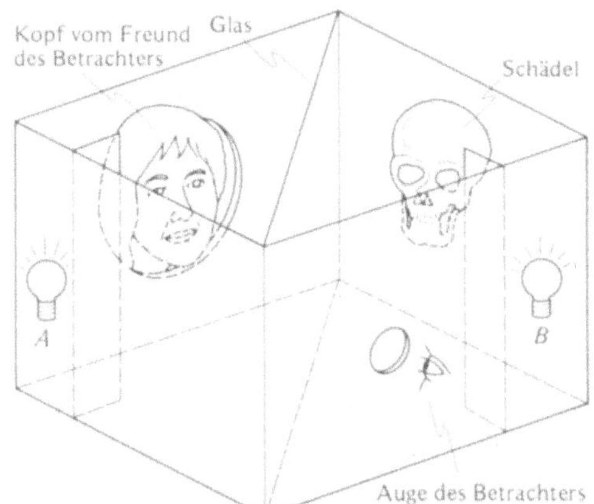

2.28 Plan einer Maschine, die den Kopf eines Freundes in einen Totenkopf verwandelt. Der Kasten hat vorn eine Öffnung, durch die der Beobachter schaut. Genau gegenüber, hinten an der Rückwand des Glases, ist ein Öffnung, durch die der Freund des Betrachters seinen Kopf steckt. Seitlich ist ein Schädel sorgfältig so angebracht, daß die Spiegelung im Glas dem Betrachter am selben Ort zu sein scheint wie der Kopf des Freundes

Beobachter muß dann zusehen, wie sich der Kopf des Freundes in einen Totenkopf verwandelt.

Das Cabaret du Neant des 19. Jahrhunderts (Abb. 2.29) bot eine wunderbare Vervollkommnung dieses Tricks, mit Särgen und anderem schaurigem Gerät, wozu der Inhaber des ›Kabaretts‹ die angemessenen Trauerworte sprach, um die zugehörige Grabesstimmung zu erzeugen. Heute findet diese Methode weniger schauerlich in Vergnügungsparks, auf Jahrmärkten und in Ausstellungen Anwendung.

2.4.1 Untersonnen und Lichtsäulen

Spiegelnde Eiskristalle in der Atmosphäre können zu seltenen und verblüffenden Phänomenen führen. Wasser kann in der Atmosphäre in einer Vielfalt von Formen gefrieren, je nachdem, wie kalt zum Beispiel die Luft ist und wie plötzlich sie sich abkühlt. Uns interessiert hier eine besonders symmetrische Kristallform, bei der die Kristalle die Form eines

2.29 Das Cabaret du Neant

flachen Hexagons haben, also sechseckig sind (Abb. 2.30). Wenn solche Kristalle durch die Luft fallen, drehen sie sich wie ein trockenes Blatt in der Regel so, daß die große Fläche waagerecht ist. Gelegentlich entsteht eine ganze Wolke dieser im wesentlichen horizontalen kleinen Eiskristalle, je-

2.30 Eine Untersonne bildet sich, wenn Sonnenlicht an horizontalen Oberflächen von Eiskristallen reflektiert wird. Das Vergrößerungsglas zeigt einen einzelnen Kristall

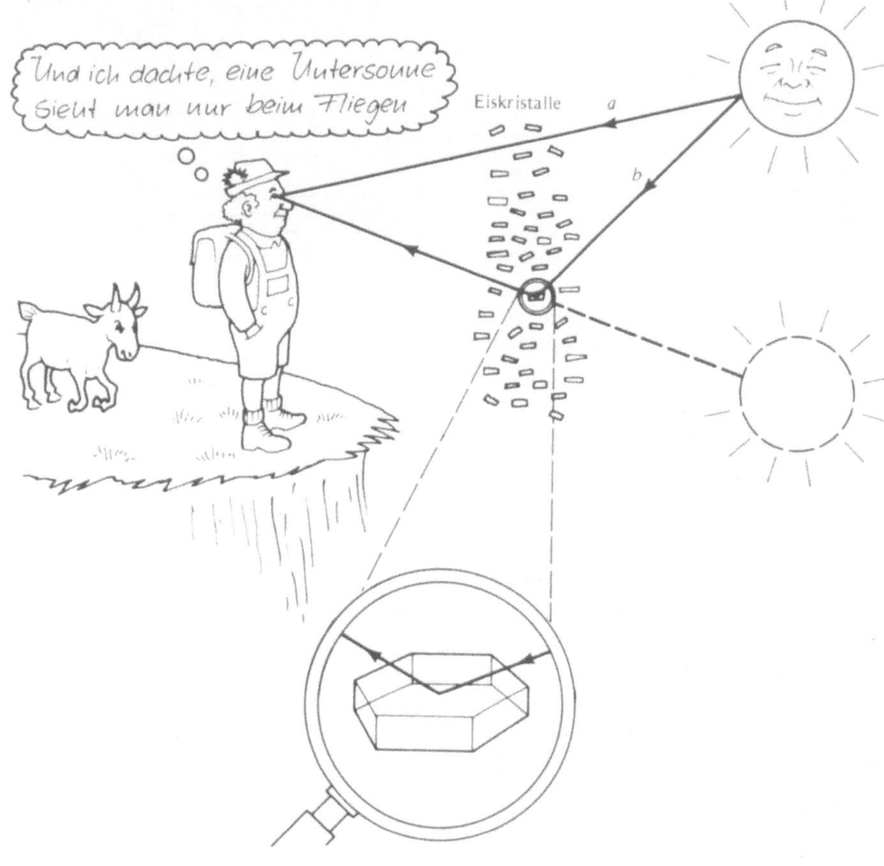

2.31 Fotografie einer Untersonne. (Die Sonne selbst ist oben, wie die Spiegelung auf dem Flügel zeigt)

des für sich ein kleiner Spiegel. Falls Sie gerade dann auf einem Berg oder in einem Flugzeug sind, wenn solche Kristalle unter Ihnen schweben, sehen Sie unter Umständen zwei ›Sonnen‹, eine aufgrund der direkten Strahlung (Strahl *a*) und die andere (die UNTERSONNE) durch die Spiegelung auf den Eiskristallen unter Ihnen (Strahl *b*). Die Untersonne ist weniger hell und scharf als die Sonne, weil nicht alle Strahlen gespiegelt werden und nicht alle Kristalle horizontal sind

(Abb. 2.31). Wenn Wolken den direkten Strahl versperren, sehen Sie nur die Untersonne. Sie fliegt dann vor Ihrem Flugzeug her (so wie der entfernte Mond sich beim Autofahren scheinbar mit Ihnen bewegt – Abschnitt 8.4) und verschwindet plötzlich, wenn Sie die Eiskristalle hinter sich lassen. Man könnte sie leicht für ein UFO halten. (Schließlich ist sie für alle die ein unidentifiziertes fliegendes Objekt, die sie nicht identifizieren können.)

Eine LICHTSÄULE entsteht, wenn Eiskristalle spiegelnde Flächen bilden, die nicht genau horizontal sind, weil jedes Kristall sich in einem etwas anderen Winkel neigt. Solche Flächen sind zum Beispiel wieder die fast waagerechten, sechseckigen, flachen Kristalle in Abbildung 2.30 oder auch die Seiten von langen, sechseckigen, stabförmigen Kristallen (wie in Abb. 2.74), die meist so fallen, daß ihre Achse fast horizontal ist. In beiden Fällen gibt es viele fast horizontale Spiegelflächen, und es entstehen je nach der Neigung der spiegelnden Kristalle viele verschiedene Spiegelbilder. Wenn es genügend Eiskristalle gibt, haben einige gerade soviel Neigung, daß sie das Sonnenlicht in Ihr Auge spiegeln. Dann sehen Sie in all diesen Schichten Licht, eben die Lichtsäule (Abb. 2.32). Die Säule kann ober- oder unterhalb der Sonne

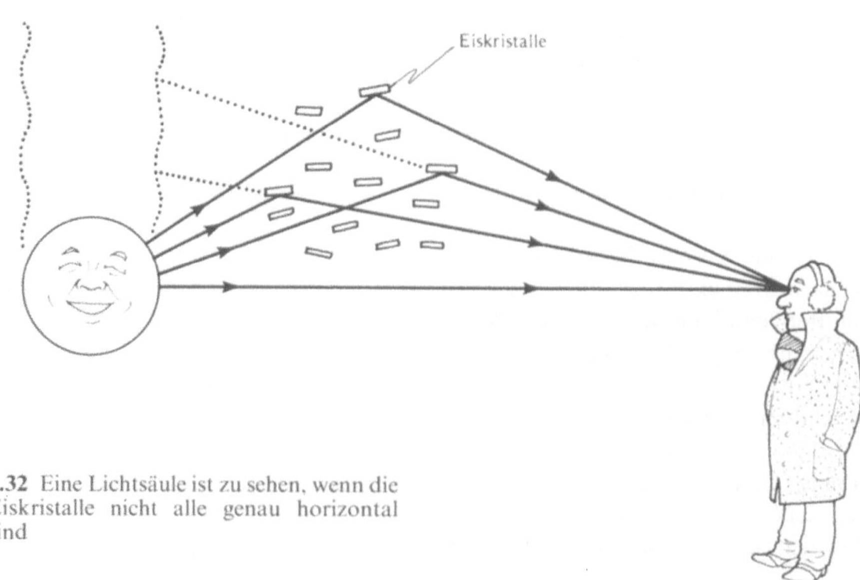

2.32 Eine Lichtsäule ist zu sehen, wenn die Eiskristalle nicht alle genau horizontal sind

2.33 Die untergehende Sonne mit einer Lichtsäule darüber. (Die horizontale Linie ist eine dünne Wolkenschicht)

2.34 Stimmungsvolle Lichtbilder von Sonnenuntergängen über einem See zeigen gewöhnlich eine ›Lichtsäule‹ auf dem sich kräuselnden Wasser

sein, meistens sieht man sie dann, wenn die Sonne tief steht und die Säule darüber ist (Abb. 2.33). Oft sieht man ohne Eiskristalle einen ähnlichen Effekt, wenn die Sonne oder der Mond tief über einem Gewässer stehen. Hier übernehmen die kleinen Wellen auf der Wasseroberfläche die Rolle der fast horizontalen Eiskristalle, und die Sonne erscheint als Lichtstreifen auf dem Wasser (Abb. 2.34).

2.4.2 Diffuse Spiegelung

Wir haben bis jetzt über Reflexionen an glatten Flächen, wie etwa poliertem Metall, Glas oder Wasser, also über SPIEGELUNGEN gesprochen. Wenn die Fläche jedoch, wie bei den meisten Textilien, uneben ist, verschwimmt das Spiegelbild. Eine rauhe Fläche streut Licht in viele Richtungen, und es entsteht kein ›Spiegelbild‹,

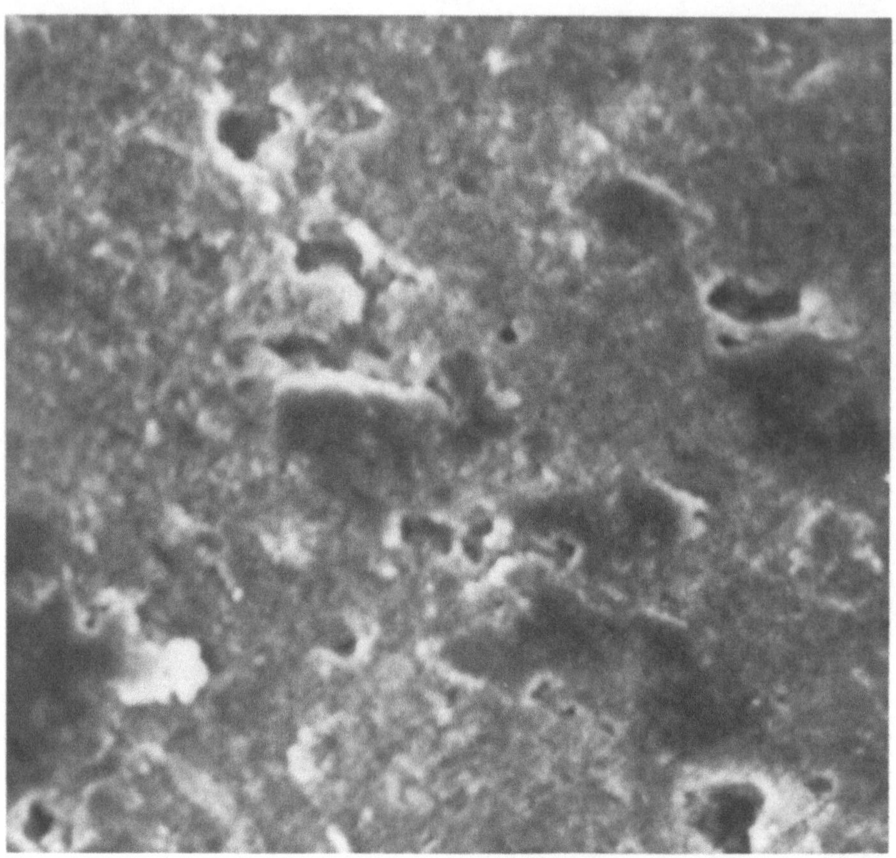

2.35 Eine Aufnahme eines beschichteten Papiers minderer Qualität in einem Elektronenrastermikroskop. Das abgebildete Gebiet mißt etwa 50 μm, was mehr als 1000facher Vergrößerung entspricht

vielmehr erscheint die ganze Fläche heller. Abbildung 2.35 zeigt in starker Vergrößerung die Oberfläche dieses Papiers. Wegen all der Unregelmäßigkeiten ist die Reflexion DIFFUS (Abb. 2.36), das reflektierte Licht wird in alle Richtungen gestreut. Fast alle Flächen sind im ganz Kleinen uneben, was für uns sehr nützlich ist, weil wir sie sonst schlecht sehen könnten. Das Licht der Autoscheinwerfer etwa fällt auf die diffus spiegelnde Straßenoberfläche und wird dadurch in alle Richtungen, zum Teil auch in unsere Augen zurück gestreut, und dadurch erst können wir die Straße sehen (Abb. 2.37a). Bei Regen jedoch ist die Straße mit einer dünnen Wasserschicht überzogen, die das Licht von den Augen weg spiegelt (Abb. 2.37b). Darum erleichtern Scheinwerfer bei Regen das Sehen weniger als sonst, und deshalb enthält die Farbe, mit denen Straßen markiert werden, manchmal kleine Kugeln, die Licht streuen. Das Auge reagiert auf diffuse Spiegelung (und auch auf Spiegelung an kleinen Spiegeln) wie auf Streuung: es nimmt an, das Objekt befände sich dort, wo es diffus gespiegelt wird, und nicht, wie bei Reflexionen an Spiegeln, weiter hinten am verlängerten Strahl. (Der Autofahrer in Abbildung 2.37a ›sieht‹ die Straße bei *a*, während der Mann in Abbildung 2.19 eher das Bild hinter dem Spiegel ›sieht‹ als den Spiegel selbst: Betrachten Sie Abbildung 2.38 unter diesen Gesichtspunkten.)

2.4.3 Mehrfachspiegelungen

Ein von einem Spiegel reflektierter Lichtstrahl ist so gut wie jeder andere Lichtstrahl, und es besteht kein Grund, warum er nicht noch einmal gespiegelt werden könnte. Und noch einmal, und noch einmal.... Sie haben das wahrscheinlich schon einmal beim Friseur oder in einem Spiegelsaal beobachtet, wenn Sie zwischen zwei Spiegeln standen, die an gegenüberliegenden Wänden hingen. Sie sehen im einen Spiegel eine ›endlose‹ Bilderfolge, da jeder Spiegel Sie spiegelt, und dann eine Spiegelung Ihrer Spiegelung im anderen Spiegel (Ihren Hinterkopf) zeigt, und dann eine Spiegelung der Spiegelung Ihres Spiegelbildes und immer so weiter und so fort. Ein alter chinesischer Philosoph sah darin ein Gleichnis für die Unendlichkeit. Natürlich gibt es nicht wirklich unendlich viele Spiegelbilder, denn erstens sind die Spiegel oft nicht ganz parallel, so daß jedes Bild ein wenig gegenüber dem vorigen verschoben ist und die Folge der Bilder sich in der Ferne ›biegt‹ und nicht alle zu sehen sind. Zweitens reflektieren die Spiegel nicht das gesamte Licht, und dadurch wird jedes Bild etwas dunkler und im Unendlichen ganz

2.36 Diffuse Reflexion eines Lichtbündels an einer rauhen Oberfläche

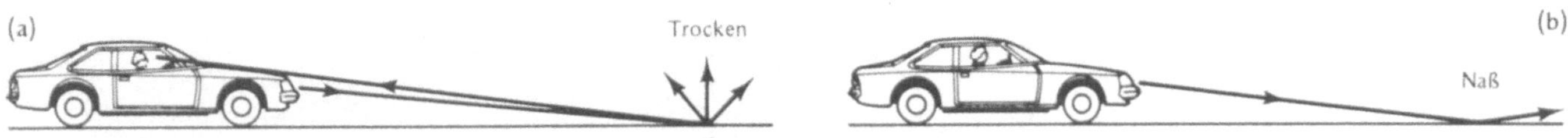

2.37 (a) Eine trockene Straße ist wegen der diffusen Reflexion des Scheinwerferlichts gut zu sehen. (b) Eine nasse Straße ist wegen der eher spiegelnden Reflexion schlecht zu sehen

2.38 M.C. Escher, ›Drei Welten‹. Wir sehen die Bäume durch Spiegelung, die Blätter durch Streuung (oder diffuse Reflexion) und (unter steilerem Winkel) den Fisch durch Brechung

blaß. Drittens gilt, was John Barth vom Spiegelkabinett schrieb: ›Im Spiegelkabinett des Jahrmarkts können Sie sich nicht selbst immer weiter sehen, denn wie Sie auch stehen, kommt Ihnen Ihr Kopf in die Quere. Selbst wenn Sie ein Sehrohr nehmen, verdeckt das Bild Ihres Auges das, was Sie eigentlich sehen wollen.‹ Schließlich wäre der Weg des Lichts unendlich lang, wenn wir eine unendliche Zahl von Bildern sehen könnten, und das Licht kann in endlicher Zeit nur endliche Wege zurücklegen. Flann O'Brian ersann den Wissenschaftler de Selby, der diesen Gedanken etwas zu weit verfolgte:

... er konstruierte die bekannte Anordnung paralleler Spiegel, die immer schwächere Bilder eines dazwischenliegenden Objekts beliebig oft reflektieren. Das dazwischenliegende Objekt war in diesem Fall de Selbys eigenes Gesicht, das er durch eine Unzahl von Spiegelungen mit Hilfe eines ›starken Glases‹ zurückverfolgt zu haben behauptet. Was er durch sein Glas gesehen haben will, ist erstaunlich. Er behauptet, in den Spiegelungen seines Gesichts, je weiter sie zurücklagen, immer mehr Jugend entdeckt zu haben, und das entfernteste – zu winzig, um dem bloßen Auge sichtbar zu sein – sei das Gesicht eines bartlosen zwölfjährigen Jungen gewesen, nach seinen eigenen Worten ›ein Antlitz von einzigartiger Schönheit und großem Adel‹.

Wenn die Spiegel nicht parallel sind, sondern einen Winkel miteinander bilden, wird ein einfallender Strahl nur wenige Male gespiegelt. Wenn die Spiegel im rechten Winkel zueinander stehen, erhält man nur zwei Spiegelungen (Abb. 2.39). Das Interessante an diesen rechtwinkligen Spiegeln ist folgendes: unabhängig

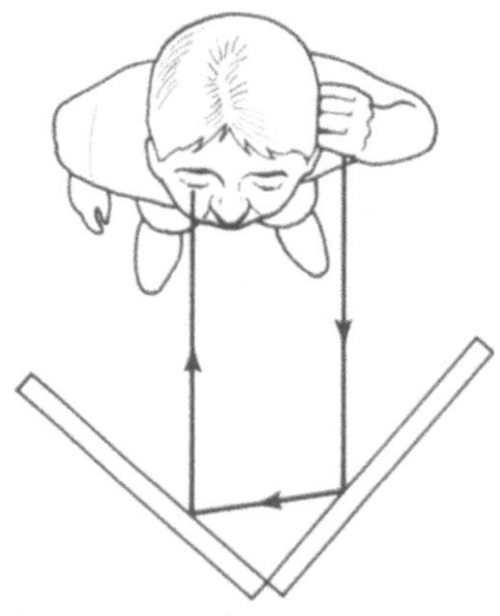

2.39 Ein Winkelspiegel aus zwei ebenen Spiegeln

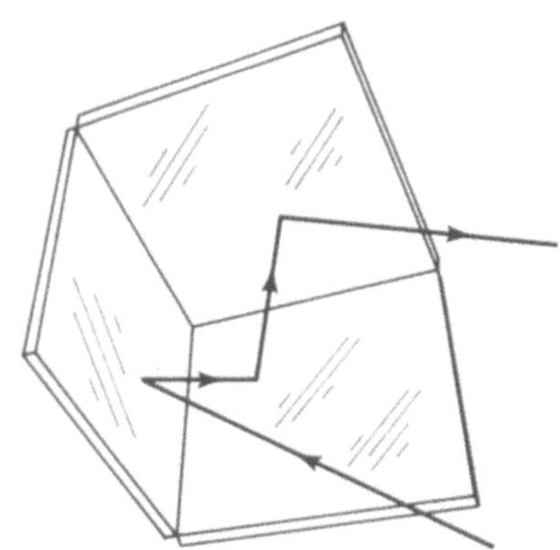

2.40 Ein Winkelspiegel aus drei ebenen Spiegeln

von der Richtung des Lichteinfalls wird das Licht immer in die gleiche Richtung zurückgeworfen (jedenfalls das Licht, das in der Ebene des Papiers ist). Unabhängig davon, aus welcher Richtung Sie in die Ecke blicken, sehen Sie immer nur sich selbst. Ein solcher Winkelspiegel vertauscht nicht die Seiten; wenn Sie sich am linken Ohrläppchen zupfen, zupft sich auch das Spiegelbild am linken Ohr (SEHEN SIE SELBST).

Wenn wir einen Apparat möchten, der alle Strahlen zurückwirft oder RETROFLEKTIERT, nicht nur die in der Papierebene, müssen wir einen dritten Spiegel rechtwinklig dazu aufstellen. Diese Anordnung (Abb. 2.40) heißt WINKELSPIEGEL. Er wirft jeden Strahl in die Richtung zurück, aus der er kommt. Das ist für all das sehr wünschenswert, was im Licht von Autoscheinwerfern sichtbar sein soll (also

2.41 (a) Winkelspiegel auf dem Mond. Sie sehen schwarz aus, denn sie reflektieren nur die Öffnung der Kamera. Die Sonne ist rechts (achten Sie auf die Schatten), und der Mond hat keine Atmosphäre, die das Sonnenlicht streut (deshalb ist der Himmel schwarz). (b) Ein Laserstrahl durchläuft das Teleskop des McDonald Observatoriums auf Mount Locke in Texas ›rückwärts‹ zum Winkelspiegel auf dem Mond. Die Sterne sind während der langen Belichtungszeit, die den Laserstrahl sichtbar macht, zu kurzen Streifen geworden; das Laserbündel war zusätzlich enger als üblich gemacht worden, damit es auf dem Foto hell genug erscheint

(a)

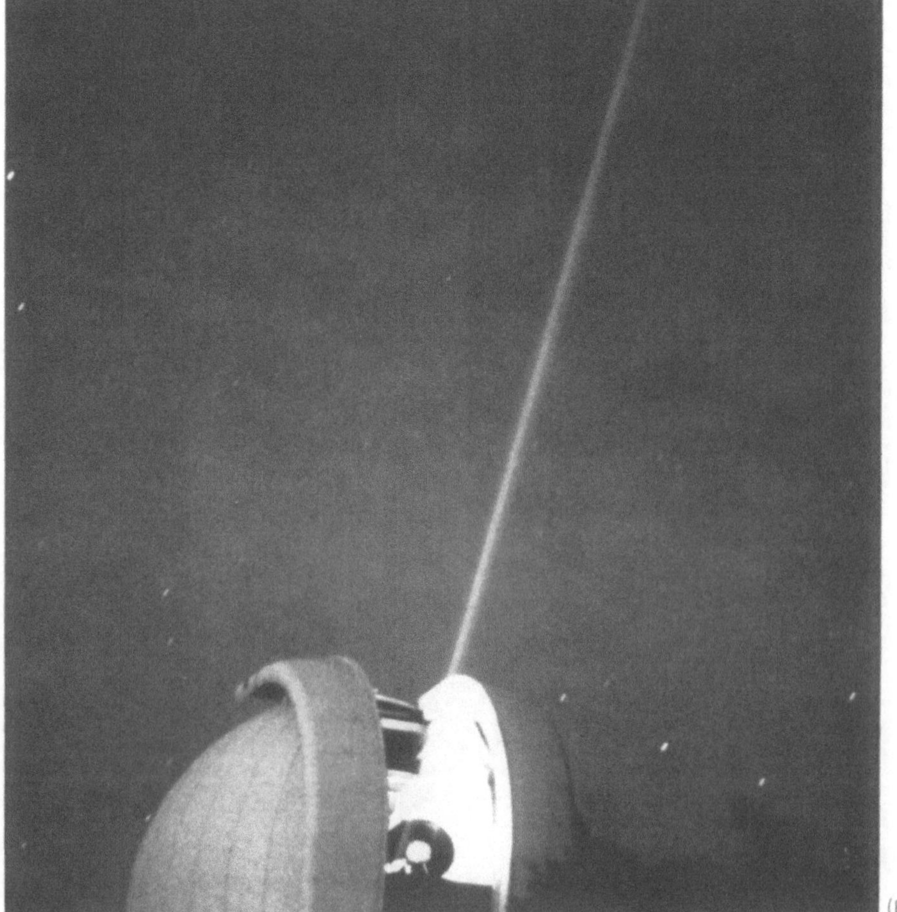

(b)

zum Beispiel für Verkehrszeichen, Fahrräder und Fußgänger). Schauen Sie sich an einem Reflektor am Fahrrad oder Auto einmal all die kleinen ›Ecken‹ an – Sie sehen sie besonders leicht, wenn Sie den dunklen Hintergrund entfernen. Bojen auf hoher See schicken mit Hilfe von Winkelspiegeln Radarsignale zum sendenden Schiff zurück, und Astronauten haben Winkelspiegel auf den Mond gestellt, die Laserstrahlen von der Erde zur Erde zurückwerfen (Abb. 2.41). Einen einzelnen Spiegel hätten die Astronauten wohl kaum so stellen können, daß er den Strahl zu einem bestimmten Punkt der Erde wirft. Mit einer Anordnung von Winkelspiegeln hatten sie dagegen beträchtlichen Spielraum. (Der Zweck der Laserstrahlspiegelung war, die Laufzeit des Lichts zu ermitteln und so äußerst genau – bis auf Zentimeter! – den Abstand von Erde und Mond zu messen.)

Da bei den meisten Spiegeln über dem spiegelnden Silber eine Glasschicht liegt, kann man auch von einem einzigen Spiegel mehrere Spiegelbilder erhalten. Der Großteil des Lichts wird durch das Silber reflektiert, ein kleiner Teil jedoch von der vorderen Glasfläche zurückgeworfen. Bei normalem Einfall ist die Spiegelung durch das Glas gering (4%) bei streifendem Einfall ($\theta_e \cong 90°$) jedoch der von Silber vergleichbar. Zudem kann das vom Silber reflektierte Licht von der vorderen Glasfläche teilweise zum Silber zurückgespiegelt werden, und das wiederum kann zu einer Bilderfolge führen, die der in den beiden parallelen Spiegeln beim Friseur ähnelt, aber viel schneller verblaßt. Mit einem Streichholz oder einer Kerze als Lichtquelle vor einem Spiegel in einem sonst dunklen Raum (Abb. 2.42) erhalten Sie unter Umständen drei oder vier Bilder von Kerze oder Streichholz (Abb. 2.43).

Ein schönes Beispiel für Mehrfachspiegelungen ist ein Spielzeug aus dem 19. Jahrhundert. Dieser ›Röntgenapparat‹ (Abb. 2.44) ›durchschaut‹

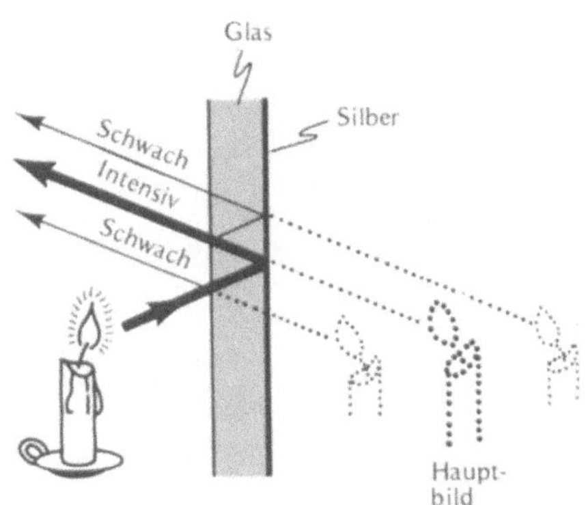

2.42 Ein einzelner Spiegel kann mehrere Bilder einer Kerze entwerfen. Wenn die Kerze und das Auge des Betrachters beide nahe an der Glasfläche sind, erscheinen die zusätzlichen Bilder heller, weil das Glas bei streifendem Einfall besser reflektiert

mit seinen vier Spiegeln jede Münze. Ein einfacherer Apparat mit nur zwei Spiegeln ist das Sehrohr, auch Spion oder Periskop (griech. *peri*, um, herum. SEHEN SIE SELBST) genannt. Mit ihm läßt sich um Hindernisse und um Ecken herum sehen. Mehrfachspiegel sind uns aus den Lichtapparaten der modernen kinetischen Kunst und den Lichtspektakeln vertraut (Abb. 2.45). Oft dient zerknitterte Aluminiumfolie als Spiegelfläche, so bei der ›Diskobeleuchtung‹; dann sieht man keine Bilder, sondern Lichtmuster, die sich

2.43 Eine Kerze und ihre durch Vielfachreflexion erzeugten Bilder

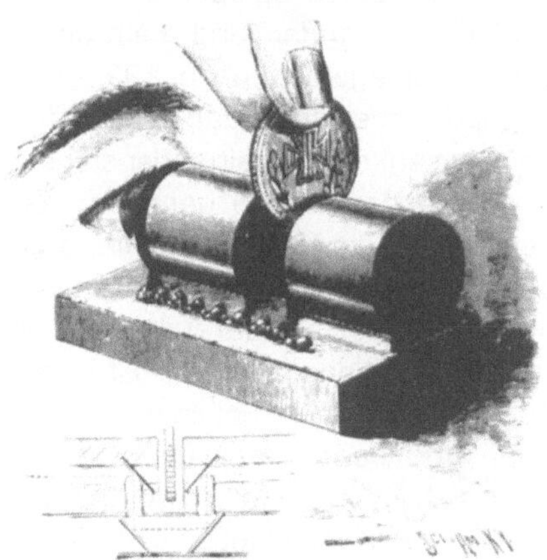

2.44 Ein ›Röntgenapparat‹ als Spielzeug. Die Schemazeichnung enthüllt das Geheimnis

2.45 Das ›kinoptische System‹ von Valerios Cabutsis. Licht von der Quelle Q wird an einem festen Spiegel F auf zerknüllte Aluminiumfolie A reflektiert. Während der Motor M die Folie dreht, ändert sich das Lichtmuster auf dem Schirm

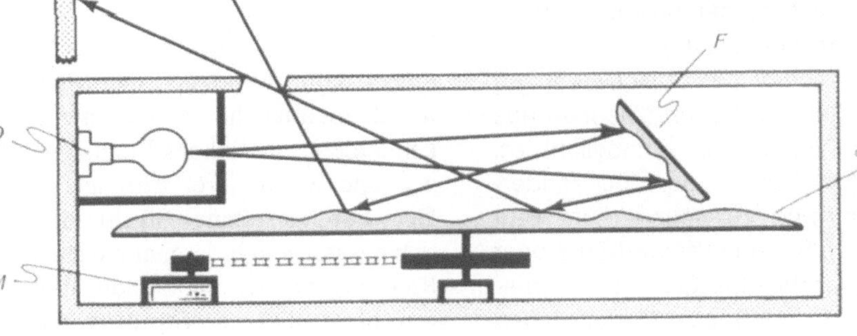

ständig verändern, wenn sich das Spiegelsystem dreht.

Mehrfachspiegelungen sind nicht immer Reflexionen an Spiegelflächen. Für die subtilen Lichter, Schatten und Farben, die Maler einfangen, sind überwiegend Streueffekte verantwortlich. Leonardo da Vinci riet Malern, sorgfältig auf solche Reflexionen zu achten und ›in den Porträts zu zeigen, wie die Reflexion der Kleiderfarben die Farbe der angrenzenden Haut beeinflußt‹.

SEHEN SIE SELBST

Spaß mit kleinen Spiegeln

Mit zwei kleinen Taschenspiegeln (am besten rechteckig, ohne Rahmen) können Sie einige der in diesem Abschnitt vorgestellten Geräte basteln. Halten Sie beide Spiegel im rechten Winkel zueinander und betrachten Sie Ihr Spiegelbild (Abb. 2.39). (Sie können sicher sein, daß die beiden Spiegel senkrecht zueinander stehen, wenn Sie den Winkel gefunden haben, in dem Ihr Gesicht normal aussieht.) Bewegen Sie den Kopf ein wenig und achten Sie darauf, ob Sie es vermeiden können, sich selbst in die Augen zu schauen. Schließen Sie ein Auge und beobachten Sie, welches Auge sich im Spiegelbild schließt. Drehen Sie den Kopf leicht zu einer Seite. In welche Richtung dreht sich das Spiegelbild? Entspricht das dem, was Sie von Ihrem Spiegelbild gewohnt sind? Zeichnen Sie Lichtstrahlen, um den Unterschied zu erklären. (Wenn Sie ein Objekt, etwa Ihren Daumen, zwischen die beiden rechtwinkligen Spiegel legen, sehen Sie mehr als einen gespiegelten Daumen. Die Anzahl der Daumen steigt, wenn Sie den Winkel zwischen den Spiegeln verkleinern (Abschnitt 3.2.2).)

Mit diesen beiden Spiegeln können Sie ein Sehrohr bauen. Wie man aus U-Boot-Filmen weiß, ermöglicht es, um Ecken herum oder über Hindernisse hinweg zu sehen. Zum Bau brauchen Sie eine Versandröhre oder ein Papprohr, das Sie mit quadratischem Grundriß aus Karton falten

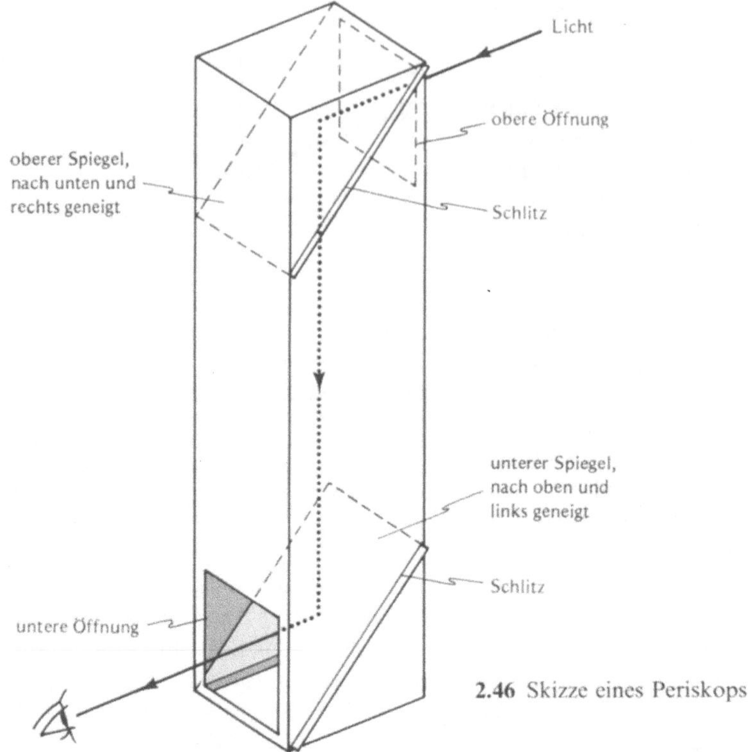

2.46 Skizze eines Periskops

können (Abb. 2.46). Die Röhre muß so groß sein, daß die Spiegel wie in der Abbildung hineinpassen. Durch Schlitze im Winkel von 45° auf einer Seite der Röhre können Sie die Spiegel hineinstecken. Kleben Sie die Spiegel mit Klebeband (oder Kaugummi) fest und dichten Sie die ganze Röhre, einschließlich ihrer Ober- und Unterseite, mit Klebestreifen ab, damit kein Licht hineinkommen kann. Schneiden Sie dann auf gegenüberliegenden Seiten zwei Löcher in die Röhre.

2.5 Brechung

Wie wir schon erwähnt haben, wird immer dann, wenn sich das Medium und damit auch die Lichtgeschwindigkeit ändert, ein Teil des Lichts gespiegelt und ein anderer durchgelassen. Der durchgelassene Strahl bewegt sich meistens nicht in genau derselben Richtung wie der einfallende. Wir sagen, der einfallende Strahl werde an

der Grenze zweier Medien gebrochen (Abb. 2.47).

Um herauszufinden, warum ein Lichtstrahl abgelenkt wird, müssen wir die geometrische Optik verlassen und wieder Wellen betrachten. Der entscheidende Gedanke ist dabei, daß Licht sich in einem optisch dichteren

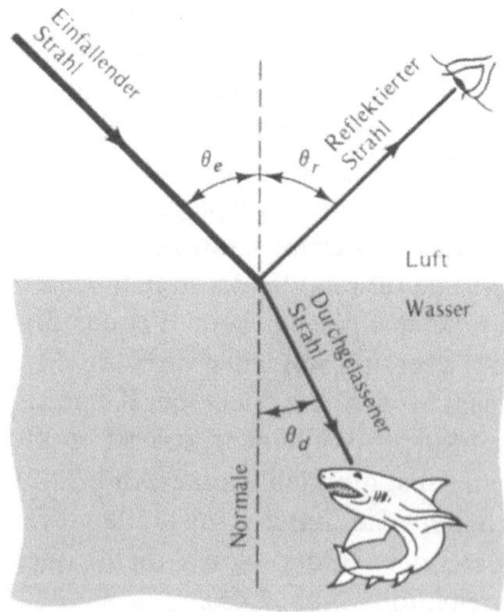

2.47 Ein Strahl, der auf einen lichtdurchlässigen Stoff auftrifft, spaltet sich in einen reflektierten und einen durchgelassenen (gebrochenen) Strahl

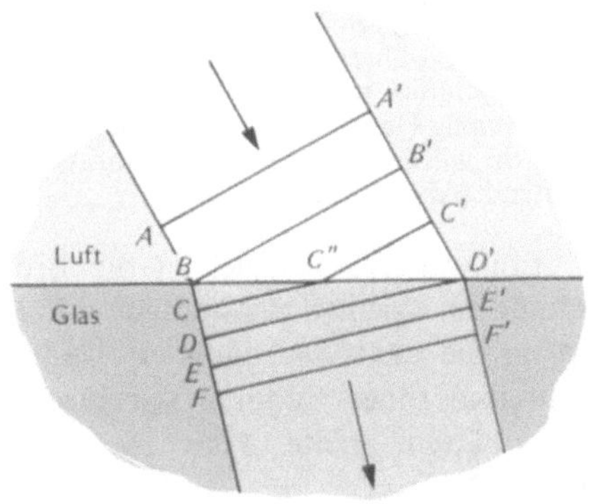

2.48 An den Wellenfronten eines Strahls, der in ein dichteres Medium eintritt, läßt sich ablesen, warum der Strahl gebrochen wird

Medium langsamer fortbewegt als in einem weniger dichten (Abschnitt 1.3.1). In Glas beträgt die Lichtgeschwindigkeit ungefähr zwei Drittel von der in Luft. Stellen wir uns nun die Wellenfront eines Strahls (zum Beispiel einen Wellenkamm) vor, der zum Glas hin läuft (Abb. 2.48). Eine Wellenfront, die bei AA' beginnt, kommt nach kurzer Zeit bei BB' an und bewegt sich dabei mit der Geschwindigkeit von Licht in Luft. Jetzt dringt das linke Ende der Wellenfront bei B in das Glas ein. Während das rechte Ende (bei B') die Entfernung $B'C'$ in Luft zurücklegt, durchläuft das linke Ende, das sich im Glas langsamer bewegt, nur die kürzere Entfernung BC. Die Wellenfront sieht dann wie $CC''C'$ aus. Während das rechte Ende weiter mit der größeren (Luft-) Geschwindigkeit nach D' läuft, bewegt sich das linke Ende mit der langsameren (Glas-)Geschwindigkeit nach M. Schließlich ist die gesamte Wellenfront im Glas und bewegt sich mit kleinerer Geschwindigkeit von DD' nach EE' und darüber hinaus.

Die Seite der Wellenfront, die zuerst auf das Glas trifft, wird also verlangsamt, und der Strahl schwenkt etwa so um die Ecke, wie ein Wagen um ein im Schlamm steckengebliebenes Rad herum schwenkt. (Beachten Sie, daß der Strahl sich senkrecht zur Wellenfront bewegt.) Der Winkel θ_d des durchgelassenen Strahls ist damit kleiner als der Einfallswinkel θ_e. Der Strahl wird also an der Oberfläche zur Normalen hin gebrochen. Wenn CC' und DD' aufeinanderfolgende Wellenkämme sind, muß die Wellenlänge (der Abstand zwischen aufeinanderfolgenden Wellenkämmen) im Glas kleiner sein als in Luft, wie es ja auch sein soll.

Würde der Strahl in die umgekehrte Richtung, aus dem Glas heraus geschickt, bliebe die Zeichnung bis auf die Pfeilrichtung unverändert. Nur die Bezeichnungen ›einfallend‹ und ›durchgelassen‹ müssen vertauscht werden. Der Teil der Wellenfront, der zuerst aus dem Glas heraustritt, würde in der Luft vorauslaufen, und der Strahl würde nach links, weg vom Lot auf die Oberfläche schwenken. Wir merken uns:

> **Licht, das von einem dünneren Medium in ein dichteres Medium übergeht, wird zum Lot hin gebrochen.**
> **Licht, das von einem dichteren Medium in ein dünneres Medium übergeht, wird vom Lot weg gebrochen.**

Dies ist eine qualitative Aussage des BRECHUNGSGESETZES, das nach seinem Entdecker Willebrod Snell von Royen, der um 1600 in Leiden lebte, SNELLIUSSCHES GESETZ genannt wird.

Die mathematische Form des Snelliusschen Gesetzes (Anhang B) stellt eine Beziehung zwischen θ_e und θ_d her; sie enthält das Verhältnis der Lichtgeschwindigkeiten in den beiden Medien, die die Brechungsfläche bilden (in unserem Beispiel Luft und Glas). Da nur dieses Verhältnis wichtig ist, geben wir die Geschwindigkeit des Lichts in einem bestimmten Medium durch Vergleich mit c, der Lichtgeschwindigkeit im Vakuum, an.

Wenn v also die Geschwindigkeit des Lichts in einem gegebenen Material ist, definieren wir die BRECHZAHL des Mediums durch

$$n = \frac{c}{v} \ .$$

Je größer v ist, desto kleiner ist n. Im Vakuum ist v gleich c, n also 1. In allen anderen Medien ist v kleiner als c, so daß n größer ist als 1. Die Brechzahl beschreibt die Dichte des Mediums, soweit es das Verhalten des Lichts betrifft, ohne dazu so unhandlich große Zahlen wie die Lichtgeschwindigkeit zu benötigen (Tabelle 2.4).

Tabelle 2.4 Ungefähre Brechzahl einiger Stoffe

Medium	Brechzahl
Vakuum	1 (genau)
Luft	1,0003
Wasser	1,33
Glas	1,5
Diamant	2,4

Damit können wir das Snelliussche Gesetz auch qualitativ so formulieren:

> **Licht, das von kleinerem n zu größerem n übergeht, wird zur Normalen hin gebrochen.**
> **Licht, das sich von größerem n zu kleinem n hinbewegt, wird von der Normalen weg gebrochen.**

(Wenn sich das Licht entlang der Normalen bewegt, wird es natürlich nicht gebrochen.) Tabelle 2.5 zeigt, um wieviel der Strahl gebrochen wird.

Wir veranschaulichen die Brechung am Beispiel eines Fisches, den wir im Wasser beobachten (Abb. 2.49). Das Licht vom Fisch bei A wird an der Wasseroberfläche vom Lot weg

Tabelle 2.5 Brechungswinkel θ_d für verschiedene Einfallswinkel θ_e und Stoffe

Aus	In	$\theta_e = 15°$	30°	45°	60°	75°	89°
Luft	Wasser	11°	22°	32°	41°	47°	49°
Luft	Glas	10°	19°	28°	35°	40°	42°
Luft	Diamant	6°	12°	16°	20°	23°	24°
Glas	Wasser	17°	34°	53°	78°	–	–
Glas	Luft	23°	49°	–	–	–	–

2.49 Brechung läßt uns Gegenstände unter Wasser dort sehen, wo sie gar nicht sind

gebrochen, da n_Wasser größer ist als n_Luft. Das Auge nimmt immer geradlinige Lichtausbreitung an, und deshalb sieht es so aus, als ob der Fisch bei B wäre. Wenn Sie die Harpune auf B richten, verfehlen Sie jedoch den Fisch. Aus demselben Grund scheint ein gerader Stock, der zum Teil im Wasser ist, einen Knick zu haben – es sieht also, ganz richtig, so aus, als ob der Stock den Fisch verfehlen und auf C zielen würde (Abb. 2.50). Natürlich

2.50 Ein Bleistift scheint einen Knick zu haben, wenn er teilweise ins Wasser getaucht ist. (Beachten Sie, wie sich der obere Teil im Wasser spiegelt)

wird nicht der Stock gebrochen, sondern das Licht, das uns den Stock sehen läßt.

Wenn sich im Wasser kleine Wellen kräuseln, ist die Brechung an jeder Stelle der Oberfläche verschieden, so daß der Fisch zerteilt aussieht oder als ob es ihn mehrmals gäbe. Ganz ähnlich sieht man beim Hindurchschauen durch ein Stück Glas, dessen Oberfläche aus vielen Einzelflächen besteht, unter Umständen viele Bilder. Das beschrieb John Webster 1612 in ›Der weiße Teufel‹:

Ich habe eine Brille gesehen, die mit solcher Kunst gefertigt war, daß sie, wenn man nur ein Geldstück hinlegt, doch zwanzig davon zeigt. Solltest du eine solche Brille tragen, während deine Frau sich den Schuh schnürt, wird es dir vorkommen, als ob zwanzig Hände ihr den Rock schürzen, und du würdest ganz grundlos entsetzlich wütend (Abb. 2.51)

Ein weiteres Beispiel ist die Brechung in einem dickwandigen Maßkrug, die das Glas dünn erscheinen läßt und Ihnen dadurch vortäuscht, Sie hätten mehr Bier im Glas (Abb. 2.52).

2.5.1 Totalreflexion

In Tabelle 2.5 sind einige Felder leer; denn ein Strahl, der unter einem größeren Winkel in ein weniger dichtes optisches Medium (kleineres n) einfällt, müßte mehr als 90° von der Normalen weg gebrochen werden. Das aber ist unmöglich: der gebrochene Strahl kann nicht um 90° von der Normalen abweichen und trotzdem noch im weniger dichten Medium bleiben. Das Licht wird also überhaupt nicht durchgelassen, sondern ganz und gar gespiegelt. Dies ist die TOTALREFLEXION. Sie kommt nur bei genügend großem θ_e im Inneren eines

2.52 Diese Maßnahme zeigt die Täuschung. Nicht nur ist im Schaum kaum Bier – er reflektiert aber trotzdem viel Licht –, das Bier scheint auch bis an die Außenwand des Maßkrugs zu reichen und läßt die dicke Wand gar nicht sehen. In dieser Aufnahme ist die Brechung der unteren Hälfte des Maßkrugs dadurch geringer, daß er in Wasser steht. (Weil die Grenzfläche von Glas und Wasser das Licht etwas bricht, sehen die Wände immer noch dünner aus, als sie sind.)

2.51 (a) Worin ein Geldstück verdreifacht erscheint. Die Normalen zu den Grenzflächen von Glas und Luft sind gestrichelt gezeichnet. Die scheinbare Lage der zusätzlichen Geldstücke ist gestrichelt in den Richtungen angegeben, aus denen die Strahlen *a* und *c* kommen. Das Auge sieht eine Münze geradewegs in der Richtung der wirklichen Münze entlang Strahl *b*. Wenn das Glasstück noch mehr Fazetten hat, lassen sich noch mehr Bilder erzeugen. (b) ›Deine Frau beim Schuhe Schnüren‹

optisch dichteren Mediums (größeres *n*) vor, das an ein optisch dünneres Medium (kleineres *n*) angrenzt. Natürlich gilt hier wie bei jeder Spiegelung, daß Einfalls- und Reflexionswinkel gleich sind. Der Einfallswinkel, bei dem zuerst Totalreflexion auftritt, heißt der GRENZWINKEL θ_g. Tabelle 2.5 zeigt, daß der Grenzwinkel für Glas in Luft zwischen 30° und 45° liegt – der genaue Wert ist 42°. Alles Licht also, das unter einem Winkel von mehr als 42° aus Glas in Luft übertritt, wird totalreflektiert (Abb. 2.53).

STUDIER & SPEKULIER

Warum gibt es keinen Grenzwinkel, wenn Licht von Luft in Wasser übergeht?

Totalreflexion läßt sich gut in einem Aquarium oder einem Schwimmbad beobachten. Das Licht, das in Abbildung 2.54 von dem Fisch herkommt, wird an der Wasseroberfläche vollständig gespiegelt, so daß der Schwimmer dort nur das Spiegelbild des Fisches sieht. Ähnlich sieht auch der Fisch dort das Spiegelbild des Schwimmers. Wenn der Fisch in einem Winkel nach oben blickt, der kleiner ist als der kritische Winkel, sieht er aus dem Wasser hinaus, aber alles, was oberhalb des Wassers ist, der Horizont und der ganze Himmel, wird in den Winkel zwischen der Normalen und dem Grenzwinkel hineingedrängt (Abb. 2.55). Jenseits des Grenzwinkels wird die Sicht plötzlich zur Spiegelung. Es ist, als ob man die (durch kleine Wellen verzerrte) Welt durch ein Loch in einem Spiegel betrachtete.

Manche optische Instrumente benutzen die Totalreflexion, um mit Hilfe eines im Winkel von 45° geschliffenen Prismas einen Strahl um 90° zu spiegeln (Abb. 2.56). Mehrere solche Prismen verlängern in Prismenferngläsern die Weglänge zwischen den Linsen und drehen das Bild herum (Abschnitt 6.4.2).

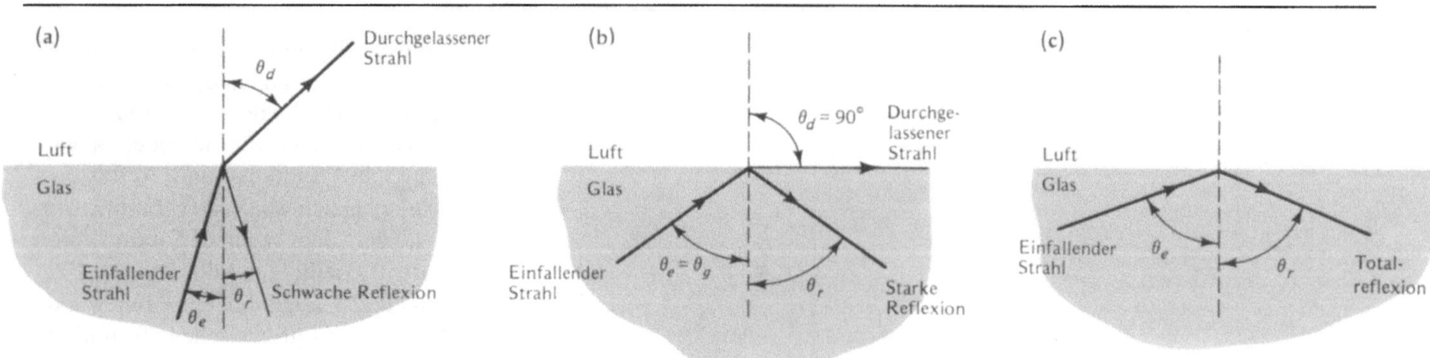

2.53 Reflektierter und gebrochener Strahl, wenn der Einfallswinkel (a) kleiner ist als der Grenzwinkel, (b) gleich dem Grenzwinkel ist und (c) größer ist als der Grenzwinkel

2.54 Die Aussicht ist unter Wasser wirklich seltsam

2.56 Die Totalreflexion kann die Richtung eines Lichtstrahls ändern. (a) Drehung um 90° ($\theta_e = \theta_g = 45°$), (b) um 180° mit Hilfe eines Porroprismas. (c) Zwei Porroprismen, wie sie in Feldstechern verwendet werden. (Dort berühren sie sich)

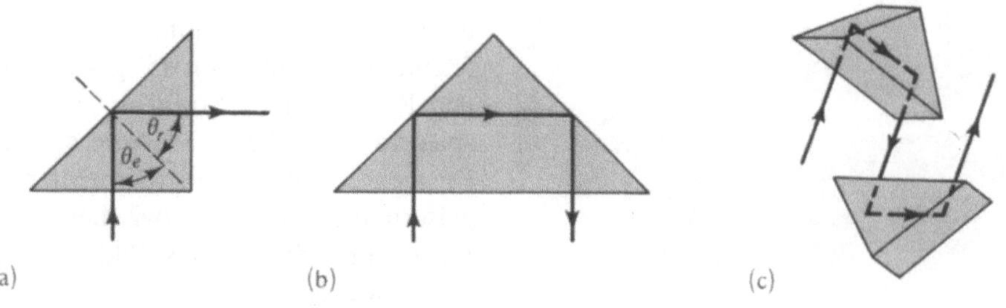

2.55 Unterwasserfoto einer Puppe, die bis zu den Hüften im Wasser steht. Die von unten gesehene Wasseroberfläche erstreckt sich über die oberen zwei Drittel des Fotos. Gesicht und Oberkörper sieht man mittels gebrochenem Licht. Hände und Beine sieht man direkt und durch Totalreflexion gespiegelt

Funktioniert das Verfahren von Abbildung 2.56 auch unter Wasser?

2.5.2 Faseroptik

Eine andere Anwendung findet die Totalreflexion in der FASEROPTIK, die dünne, biegsame Glas- oder Plastikfasern als LICHTLEITER verwendet (Abb. 2.57a). Licht wird eine Faser entlanggeschickt, die eine größere Brechzahl hat als die Umgebung. Wenn das Licht aus der Faser in einem Winkel an die Oberfläche tritt, der größer ist als der Grenzwinkel, wird es totalreflektiert, so daß kein Licht entweicht und verlorengeht. Das Licht reflektiert daher seitlich hin und her, während es die Faser entlangläuft, auch wenn sie gebogen ist. Solange die Biegung nicht zu stark ist (der Einfallswinkel muß immer größer sein als der Grenzwinkel!), wird das Licht also mit der Faser sanft gebogen.

Diesen Effekt können Sie gelegentlich bei Springbrunnen, wo Wasserstrahlen die Fasern vertreten, in Schaufensterauslagen und bei ›Dekorationslampen‹ beobachten (Abb. 2.58).

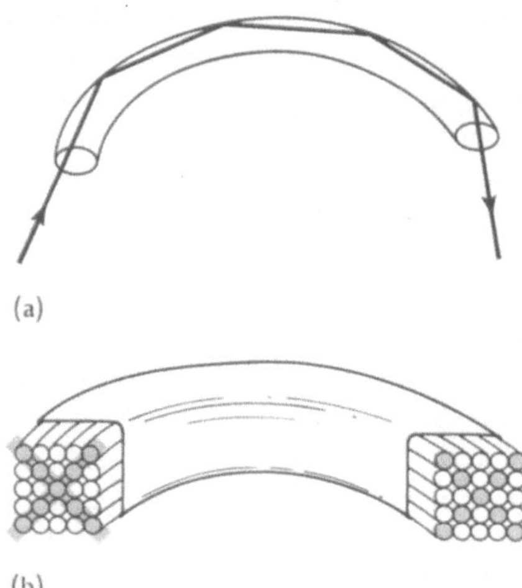

2.57 (a) Eine Glas- oder Plastikfaser kann als Lichtleiter dienen. (b) Viele Lichtleiter gemeinsam können ein Bild übertragen

2.58 Eine Faseroptiklampe, an eine Kerze angeschlossen

Diese Lichtleiter sind als Lichtquellen für die Miniaturfotografie leicht zu justieren und beleuchten in den Raumschiffmodellen der Science-Fiction-Filme die Fenster (SEHEN SIE SELBST).

Ein Bündel solcher Fasern, bei denen Hüllen dafür sorgen, daß das Licht nicht von einer Faser zur nächsten durchsickert, kann auch Bilder übertragen. Vom ursprünglichen Objekt werden dazu einige Fasern belichtet und andere nicht. Am anderen Ende zeigt sich dann ein entsprechendes Muster von beleuchteten und dunklen Fasern (Abb. 2.57b).

Wenn die Faser ein Lichtsignal übertragen soll, das aus einer raschen Folge von Impulsen besteht, ist es wichtig, daß nicht nur das gesamte Licht jedes Impulses das andere Ende der Faser erreicht, sondern auch, daß es gleichzeitig dort ankommt. Sonst verschwimmt der verspätete Anteil mit dem nächsten Impuls. GRADIENTENFASERN mit veränderlichen Brechzahlen lassen sich so herstellen, daß die Strahlen, die in der Mitte geradlinig verlaufen, dazu ebenso lange

brauchen wie die Strahlen, die von den Seiten abprallen. Solche Fasern ersetzen bereits heute die Metalldrähte in Telefon- und Datenübertragungsleitungen (Abb. 2.59). Im allgemeinen kann um so mehr Information pro Sekunde übertragen werden, je höher die Frequenz der Welle ist, die zur Kommunikation eingesetzt wird. Da die Frequenz des sichtbaren Lichts weit höher ist als die Frequenz der Radioübertragung, können sie in gleichen Zeiteinheiten weit mehr Gespräche übermitteln als die alten Kabel. Außerdem strahlen sie keine Signale aus, so daß sie nicht ohne direkte Verbindung abgehört werden können.

Die Fähigkeit, Licht zu ›krümmen‹ und so ohne ein starres Sehrohr um Ecken herum sehen zu können, ermöglicht es Ärzten, das Innere der Organe lebender Menschen zu betrachten und zu fotografieren. Einige Fasern dienen zur Beleuchtung des Inneren, und andere Fasern übertragen das Bild nach draußen. Ein weiteres Beispiel, sozusagen vom entgegengesetzten Ende der Skala technologischer Raffinesse, ist ein nasses Hemd. Wenn es an der Haut klebt, bilden sich in ihm, wie im Stoff der modernen

2.59 Das Foto zeigt ein Nachrichtenkabel mit Glasfasern, das gleichzeitig 100 000 Telefongespräche sowie Daten- und Fernsehübertragungen zuläßt

Lycrabadeanzüge, Lichtleiter aus Wasser und übertragen ein Bild von dem, was eine Stoffseite berührt, auf die andere. (Das Wasser verhindert, daß sich die Brechzahl zwischen Luft und Stoff abrupt verändert, und dadurch wird an der Stoffoberfläche weniger reflektiert.) Das Prinzip gilt für beide Richtungen – in einem nassen Hemd können Sie sich einen Sonnenbrand holen.

Auch die Natur nutzt diese Vorgänge. In den Augen von Insekten wird Licht mittels Totalreflexion durch ein Bündel von Lichtleitern übertragen, die *Ommatidien*, die das ins Auge fallende Licht aufnehmen und es zu den lichtempfindlichen Zellen leiten. Ein ähnlicher Vorgang läuft in den Zapfen unserer Augen ab. (Lesen Sie dazu Abschnitt 5.3.2.) Solche Faserbündel sind auch beim Hafer- und Maisanbau wichtig; sie leiten Licht zum Setzling und fördern so den Ablauf photochemischer Prozesse.

SEHEN SIE SELBST

Totalreflexion hält Licht in Glas gefangen

Ein Stück Fensterglas kann als Lichtleiter dienen und Totalreflexion demonstrieren. Schauen Sie auf eine kleine Lichtquelle, etwa eine Glühlampe, und halten Sie dabei das Glas so zwischen Auge und Lampe, daß das Licht vom Glas ins Auge gespiegelt wird. Wenn Sie dann das Glas weiter kippen, bis das Licht fast streifend einfällt, ist das Spiegelbild kaum noch von dem in einem Spiegel zu unterscheiden. Wenn Sie aber die Ihnen näherliegende Glaskante ansehen, sollten Sie auch Licht sehen, das vom Glas eingefangen wurde und jetzt im Glas hin und her geworfen wird. Das Licht trat nicht von oben in die Scheibe ein, sondern vielmehr vom entgegengesetzten Ende (von der der Lampe zugewandten Kante). Überprüfen

Sie das, indem Sie die Kante mit dem Finger abdecken, ohne die Oberflächenspiegelung zu blockieren. Wenn die Lampe weit genug entfernt ist, können Sie vielleicht auch Licht von den Enden der Ihnen zugewandten Kante sehen. Dieses Licht wurde von den Seitenkanten des Glases nach innen reflektiert.

2.5.3 *Luftspiegelungen und atmosphärische Verzerrungen*

Wir haben die Brechzahl von Luft als 1 angegeben. Das stimmt nicht genau – sie beträgt ungefähr 1,0003 und hängt von der Lufttemperatur, der

Luftdichte und anderen Eigenschaften ab. (Sie ändert sich zum Beispiel von 1,0003 zu 1,0002, wenn die Lufttemperatur um 150 °C zunimmt.) Diese Eigenschaften der Luft ändern sich von Ort zu Ort, so daß die Brechzahl für Licht bei seinem Weg durch die Atmosphäre gewöhnlich oft wechselt.

Wenn sich die Brechzahl eines Stoffes nur langsam ändert (und nicht so abrupt wie etwa an der Grenzfläche von Glas und Wasser), bewegen sich einige Teile einer Lichtwellenfront (wie in Abb. 2.48) schneller als andere, so daß die Welle gebogen wird. Die allmähliche Änderung der Brechzahl bewirkt hier einen sanften Wechsel der Wellenrichtung (und nicht einen so abrupten Wechsel wie in Abbil-

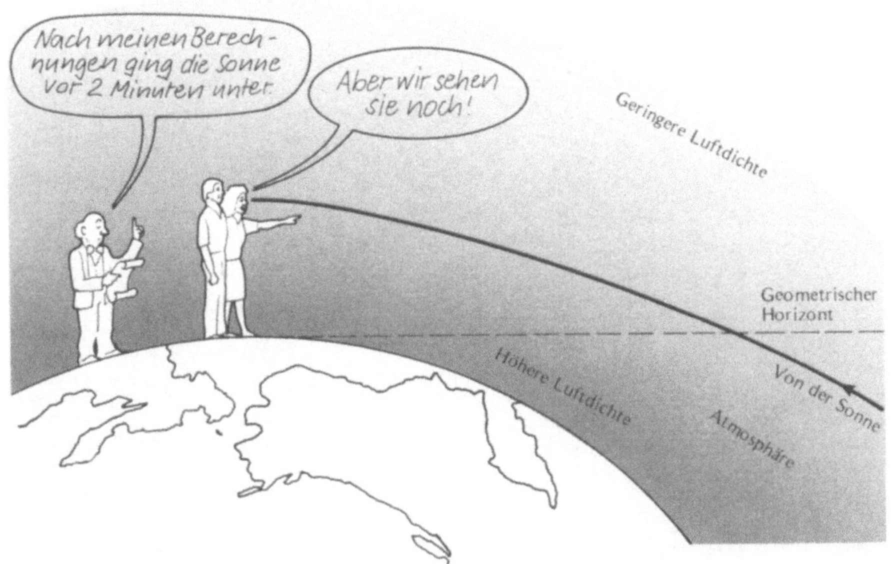

2.60 Wir können die Sonne sehen, nachdem sie hinter dem geometrischen Horizont verschwunden ist, selbst wenn wir nicht verliebt sind. Die Atmosphäre ist in Erdnähe dichter als oben. Die allmähliche Veränderung der Dichte bewirkt eine allmähliche Veränderung der Brechzahl, und das führt zur Biegung des Lichtstrahls

dung 2.48). Der Lichtstrahl verläuft also auf einer Kurve und macht keinen Knick. Diese allmähliche Lichtbrechung kommt häufig vor. Ein Beispiel dafür ist es, daß wir die Sonne noch sehen können, wenn sie schon hinter dem Horizont verschwunden ist. Die Atmosphäre biegt die Lichtstrahlen, wir aber deuten das so, als ob das Licht geradlinig zu uns käme, und meinen, die Sonne über dem Horizont zu sehen, obwohl sie schon untergegangen ist (Abb. 2.60).

Die Auswirkungen der Lufttemperatur auf die Brechzahl lassen sich gut beobachten, wenn über einem heißen Motor oder einer Kerzenflamme Luft flimmert. Das Licht wird, wenn es die aufsteigende und sich kräuselnde heiße Luft durchquert, je nach der Lufttemperatur verschieden stark gebrochen. Oft wird eine dunkle Asphaltstraße in der Sommersonne sehr heiß. Dadurch erhitzt sich die angrenzende Luft stärker als die darüberliegende, und dadurch wiederum kann Licht so stark gebogen werden, daß es uns gespiegelt erscheint (Abb. 2.61). Hier sehen wir eine LUFTSPIEGELUNG, die man sich, grob gesagt, als ›sanfte‹ Totalreflexion an der Grenzschicht zwischen heißer und kühler Luft vorstellen kann. Wenn Sie die vor Ihnen liegende Straße betrachten, sehen Sie darauf das, was vor Ihnen liegt, sowohl direkt als auch gespiegelt. Da wir solche Spiegelungen von Wasseroberflächen kennen (Spiegelung an Wasser ist die häufigste Ursache für Spiegelungen auf Straßen), entsteht der Eindruck, daß die Stra-

2.61 Eine (etwas extreme) Luftspiegelung, die entsteht, wenn kühle Luft über heißer Luft liegt. Die Lupe zeigt den Vorgang: da Strahl a die heiße Luft schneller durchläuft als Strahl b, überholt Strahl a Strahl b, und das Lichtbündel biegt sich allmählich nach oben. Der Beobachter sieht den Baum sowohl mittels der Strahlen d, e und f direkt, durch die kühle Luft, als auch indirekt durch die gebogenen Strahlen a, b und c. Er sieht also ein (etwas komprimiertes) ›Spiegelbild‹ der Palme. In diesem Beispiel kann der Beobachter den Teil des Baumes unterhalb von Strahl d nicht sehen. (b) Ein Foto einer Luftspiegelung. Das (komprimierte) Spiegelbild hindert uns daran, den Fuß des Berges zu sehen

(a)

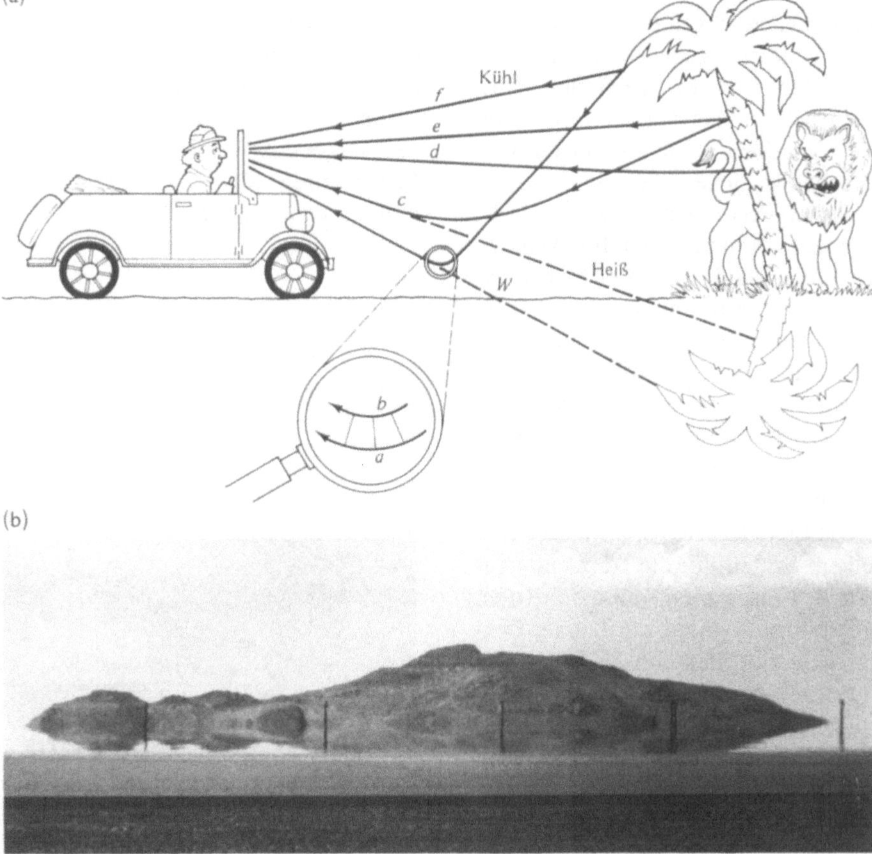

(b)

2.62 Solche Luftspiegelungen sind oft auf heißen Straßen zu beobachten. Im Hintergrund dieses Bildes liegt Schnee, es braucht nämlich keine große Hitze, damit eine Luftspiegelung auftritt, sondern nur eine Temperaturdifferenz

ße naß sei (Abb. 2.62). Das Wasser scheint an der Stelle zu sein, wo die gebrochenen Strahlen die Straßenoberfläche zu streifen scheinen, nahe dem Punkt W in Abbildung 2.61. Natürlich ist das Wasser nicht echt, wie Sie sehen, wenn Sie an die entsprechende Stelle gehen. Je näher Sie kommen, desto mehr müssen sich die Strahlen krümmen, um Ihr Auge zu erreichen. Da das Licht sich aber nur um einen bestimmten Winkel biegt und nicht weiter, verfehlt es Ihr Auge, wenn Sie zu nahe kommen, und die ›Spiegelung‹ verschwindet. Das kann eine große Enttäuschung sein, wenn Sie gerade durstig durch die Wüste wandern.

Die Erscheinung von ›Wasser‹ über heißem Boden könnte, so meint Alistair B. Fraser, die Teilung des Roten Meeres beim Auszug der Kinder Israels erklären. Niemand sei im Roten Meer gewesen, sondern alle in der Wüste, und das ›Meer‹ sei eine Luftspiegelung gewesen. Es hätte sich nachts, wenn sich der Boden abkühlte und die Luftspiegelung verschwand, anscheinend zurückgezogen. Moses

konnte sein Volk dann hindurchführen. Am nächsten Morgen, als der Boden wieder warm wurde, kehrten die ›Wasser‹ wieder und ›verschluckten‹ die verfolgenden Ägypter. So lautet zumindest die jüdische Fassung (Exodus 14; 20–28). Die Ägypter ihrerseits sahen wohl, wie die Kinder Israels in den herannahenden ›Wassern‹ ertranken, und kehrten um, da ja offenbar kein Grund mehr bestand, sie zu verfolgen. Ähnlich verloren während des ersten Weltkrieges einmal die Briten ihren türkischen Feind und mußten den Kampf abbrechen.

Es gibt verschiedene Luftspiegelungen, und einige davon sind recht spektakulär (Abb. 2.63). Sie unterscheiden sich danach, ob die heiße Luft über oder unter der kühlen Luft ist und wie abrupt die kühlere in die warme Luft übergeht. Wenn die warme Luft unten ist (etwa an der Oberfläche eines warmen Sees an einem kühlen Tag), wird

2.63 Eine Reihe von Fotografien eines Fährschiffs. (a) Das unverzerrte Schiff. (b) bis (g) Luftspiegelungen und Verzerrungen aufgrund von Temperaturunterschieden deformieren scheinbar das Schiff

das Licht wie in Abbildung 2.61 nach oben geworfen, so daß Objekte sogar hinter dem Horizont verschwinden, obwohl sie tatsächlich ganz nah sind. Ein Mensch, der auf einer flachen Insel spazierengeht, sieht dann so aus, als ob er auf dem Wasser ginge, wenn der Boden unter seinen Füßen durch eine Luftspiegelung unter den Horizont des Beobachters sinkt. (Vergleichen Sie das mit dem unteren Teil des Baumes in Abbildung 2.61.) Wenn die warme Luft über der kühlen Luft liegt, können Sie Schiffe sehen, die ›jenseits‹ des Horizonts sind (wie die Sonne in Abbildung 2.60) und scheinbar in der Luft schweben, wie das Schiff des Fliegenden Holländers. (Diese Effekte können Sie am besten beobachten, wenn Sie Ihr Auge ganz nah ans Wasser halten, während Sie zum Horizont schauen.) Wenn die Lufttemperatur sich hinreichend langsam ändert, scheinen der Boden oder, häufiger noch, die Wasserfläche wie eine Mauer aufzuragen. Sie sehen dann aus wie ein Gebirge oder Burgen am Himmel. Diese FATA MORGANA hat ihren Namen von Morgan le Fay, der bösen Schwester des König Artus, die angeblich Himmelsschlösser bauen konnte.

Vor nicht so langer Zeit, nämlich 1906, entdeckte Kommandant Robert E. Perry ein Gebiet mit Gipfeln und Tälern westlich von Grönland, das er ›Crockerland‹ nannte. 1913 bestätigte Donald MacMillan die Entdeckung, mußte dann aber zusehen, wie Crokkerland verschwand, als er sich ihm näherte. Eine wärmere Luftschicht hatte über einer kälteren eine Fata Morgana bewirkt. In der Arktis kommt das so häufig vor, daß zwei Entdecker (und viele Eskimos) sie beobachteten. Manche Forscher meinen sogar, solche arktischen Luftspiegelungen könnten jenseits des gewohnten Horizonts Orte sehen lassen, was manche frühe Entdeckung möglich machte, wenn sich Forscher genau in die richtige Richtung auf den Weg machten. Vielleicht haben die Kelten so Island und Erik der Rote so Grönland entdeckt.

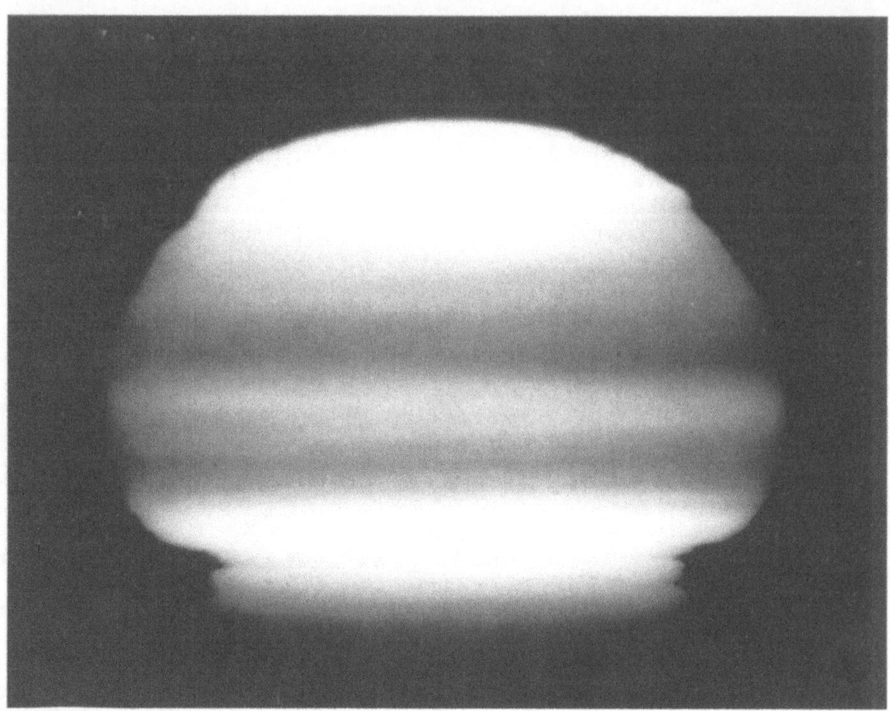

2.64 Die Abflachung und Furchung der untergehenden Sonne dieses Fotos ist auf eine Inversionslage zurückzuführen

In Verbindung mit der Erdkrümmung können Luftspiegelungen das Bild der Sonne verzerren; sie kann flacher aussehen, ihr Umriß kann Falten oder sogar horizontale Spalten haben (Abb. 2.64). In dem Buch ›Even Cowgirls Get the Blues‹ beschreibt Tom Robbin mit beträchtlicher dichterischer Freiheit die Auswirkung der Lichtkrümmung auf der Venus:

Auf der Venus ist die Atmosphäre so dicht, daß Lichtstrahlen sich biegen, als ob sie aus Schaumstoff wären. Das Licht wird so außerordentlich stark gekrümmt, daß der Horizont sich nach oben wölbt. Wenn man also auf der Venus stünde, sähe man die gegenüberliegende Seite des Planeten, indem man nach oben schaut.

2.6 Dispersion

Bisher haben wir so getan, als ob ein Stoff wie Glas für alle Arten Licht eine einzige Brechzahl hätte, ganz unabhängig von der Frequenz. Aber die Brechzahl $n = c/v$ wird durch die Geschwindigkeit des Lichts in Glas bestimmt, und die hängt wiederum davon ab, wie die Ladungen im Glas reagieren und strahlen, wenn sie bewegt werden. Wir sahen, daß die Amplitude der schwingenden Ladung von der Frequenz der Schwingung abhängt. Je mehr man sich der Resonanzfrequenz nähert, desto mehr oszillieren (bei gleicher Krafteinwirkung) die Ladungen. Die Brechzahl hängt folglich von der Frequenz ab.

Für Glas und viele durchsichtige Stoffe liegen die Resonanzfrequenzen im ultravioletten Bereich. (Sie werden nicht braun, wenn Sie hinter einem Fenster in der Sonne sitzen, da Glas UV-Licht nicht durchläßt – Abbildung 1.25). Wenn sich die (sichtbare) Frequenz, mit der wir die Ladung in Bewegung setzen, der Resonanzfrequenz (UV) nähert, oszillieren die Ladungen heftiger und strahlen stärker. Das wirkt sich auf den Lichtstrahl im Glas aus, der eine Kombination aus dem ursprünglichen Strahl und den ausgestrahlten Wellen darstellt. Die Lichtgeschwindigkeit im Glas unterscheidet sich also immer stärker von der Lichtgeschwindigkeit im Vakuum. Damit wird also die Geschwindigkeit

Tabelle 2.6 Brechzahlen einiger Stoffe

Frequenz [Hertz]	Wellenlänge [µm]	Farbe	Brechzahl			
			Kronglas	Flintglas	Diamant	Wasser
$4{,}57 \cdot 10^{14}$	656	Rot	1,514	1,571	2,410	1,331
$5{,}09 \cdot 10^{14}$	589	Gelb	1,517	1,575	2,418	1,333
$6{,}91 \cdot 10^{14}$	434	Dunkelblau	1,528	1,594	2,450	1,340

kleiner und die Brechzahl größer, wenn das Licht sich von Rot über Blau zum Ultraviolett hin verändert:

$$1 < n_{\text{Rot}} < n_{\text{Blau}} < n_{\text{UV}} \, .$$

(Das Zeichen < bedeutet ›kleiner als‹.) Die Abhängigkeit der Brechzahl von der Frequenz heißt DISPERSION. Wie zu erwarten, ist n für Glas bei höheren Frequenzen größer (wie auch für Diamant und Wasser – Tabelle 2.6).

Dieser Unterschied in der Brechzahl eines Stücks Glas für Licht verschiedener Frequenz (bzw. Farbe) bedeutet, daß das Ausmaß der Brechung beim Auftreffen auf eine Fläche von der Farbe des Lichts abhängt. Licht wird von einem Glasprisma in verschiedene Farben zerlegt. Da n_{Blau} größer ist als n_{Rot}, wird das blaue Licht an jeder Fläche des Glases stärker gebrochen als das rote (Abb. 2.65a, Tafel 2.1).

Newton wies nach, daß weißes Licht aus allen Spektralfarben besteht, indem er weißes Licht mit einem Prisma (etwa wie in Abbildung 2.65a) zerlegte und dann mit Hilfe anderer Prismen wieder zu weißem Licht vereinte. Goethe machte ein etwas anderes Experiment, das Sie nachvollziehen können, indem Sie einfach durch ein Prisma schauen. Erwarten Sie nicht, alles in strahlenden Farben zu sehen, denn was Sie durch ein Prisma betrachten, ist nur an den Rändern farbig. Nehmen wir etwa an, Sie hätten eine weiße Fläche auf schwarzem Grund vor sich, die Sie wie in Abbildung 2.65b durch ein Prisma betrachten. Sie sehen dann entlang der oberen Kante des weißen Bereichs Blau und entlang der unteren Kante vor allem Gelb mit etwas Rot. Das liegt daran, daß die Grenze im blauen Licht etwas weiter von den anderen Farbgrenzen entfernt ist. Glas bricht das blaue Ende des sichtbaren Spektrums am stärksten, deshalb also ist die obere Kante blau. Die übrigen Farben des Spektrums sind meist weniger gut getrennt, sie vermischen sich an der unteren Kante zu Gelb (Abschnitt 9.4.2), aus dem ein klein bißchen Rot herausschaut. Jeder Punkt weiter innerhalb des weißen Bereichs wird in allen Farben gesehen und sieht daher nach wie vor weiß aus, obwohl das Licht von verschiedenen Punkten des ursprünglichen weißen Objekts stammt. Ähnlich empfängt der größte Teil des schwarzen Bereichs kein Licht und sieht darum weiterhin schwarz aus. Wenn Sie das Spektrum einer Lichtquelle untersuchen wollen, sollten Sie also einen schmalen Spalt vor die Lichtquelle stellen und diesen Spalt durch das Prisma betrachten.

2.6.1 Diamanten

Den hohen Preis der Diamanten bedingen eine ganze Anzahl von Umständen (und nicht zuletzt die Tatsache, daß ihr Abbau durch die Diamantenindustrie kontrolliert wird). Diamanten haben als Edelsteine eine lange Geschichte voller Intrigen, Leidenschaften und Aberglauben. Ihnen werden viele Kräfte zugeschrieben; sie verhindern angeblich Alpträume, lockern die Zähne, verleihen Kampfesmut und -stärke und schrecken Gespenster ab. Uns interessieren hier nur jene Eigenschaften, auf denen ihre ›Brillanz‹, ihr ›Feuer‹ und ihr ›Funkeln‹ beruht.

Der Diamant hat eine große Brechzahl, $n \cong 2{,}4$, so daß der Grenzwinkel der Totalreflexion bei etwa 24,5° liegt, also viel kleiner ist als der für Glas. Daher rührt die BRILLANZ des Diamanten. Ein Diamant wird so geschliffen (Abb. 2.66), daß fast jeder von vorn einfallende Lichtstrahl in einem Winkel von mehr als 24,5° auf eine der hinteren Flächen trifft, total auf eine andere Fläche reflektiert und schließlich wieder nach vorn gespiegelt wird. Von vorn betrachtet ist er also hell, eben brillant. Wenn Sie jedoch von hinten durch einen geschliffenen Diamanten auf eine Lichtquelle schauen, erscheint Ihnen der Diamant

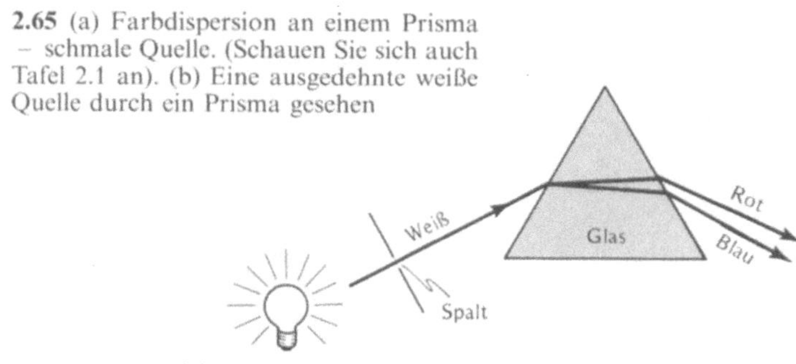

2.65 (a) Farbdispersion an einem Prisma – schmale Quelle. (Schauen Sie sich auch Tafel 2.1 an). (b) Eine ausgedehnte weiße Quelle durch ein Prisma gesehen

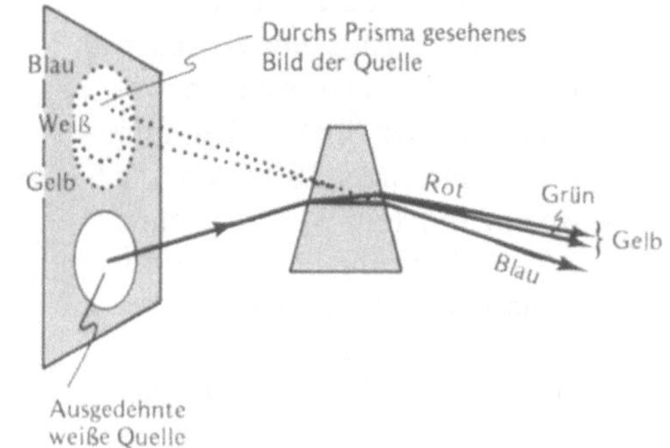

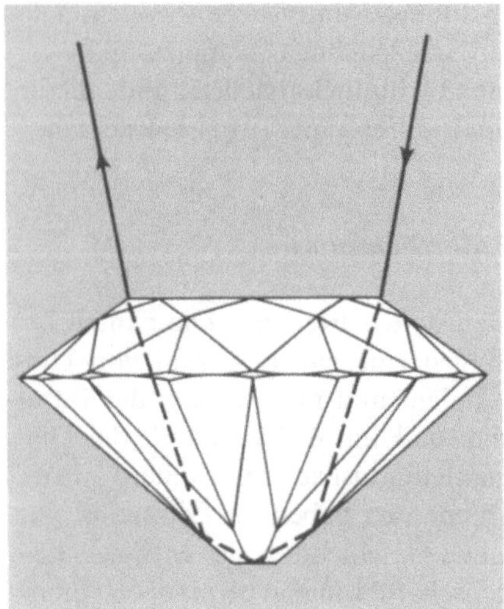

2.66 Der größte Teil des Lichts, das in einen Diamanten eintritt, wird schließlich zurückgespiegelt

schwarz, denn nach hinten entweicht fast kein Licht.

Die Brillanz des Diamanten läßt sich durch Glas imitieren, wenn das Glas hinten mit Metallfolie überzogen oder wie ein Spiegel versilbert wird, weil das Licht dann nach vorn gespiegelt wird. Glas hat jedoch im Vergleich zum Diamanten einen offensichtlichen Nachteil: die Dispersion eines Diamanten ist sehr groß, seine Brechzahl variiert je nach Frequenz ganz beträchtlich (Tabelle 2.6). Blau wird viel stärker gebrochen als Rot, und weißes Licht verteilt sich auf ein viel breiteres Spektrum als bei Glas. Daher also rührt das FEUER des Diamanten, die wunderbaren Farben.

Wie Sie einen geschliffenen Diamanten auch drehen und wenden, er wird Ihnen fast immer Strahlen einer der Lichtquellen im Zimmer reflektieren und in die Spektralfarben zerlegen. Wenn Sie das Auge etwas drehen oder den Diamanten ein wenig bewegen, ändert sich der Blickwinkel, und Sie sehen wieder andere Strahlen, die das Auge auf anderem Wege erreichen (Tafel 2.2). Daher rührt das FUNKELN der Diamanten; die Bewegung bewirkt, daß der Diamant aufblitzt, wenn das Licht verschiedener Quellen Sie erreicht. Diamanten zeigen sich in

Zimmern mit vielen kleinen Lichtern oder Kerzen und Spiegeln von ihrer besten Seite und waren wohl selten so schön wie damals, als sie zu den Zeiten des Sonnenkönigs im Spiegelsaal von Versailles ihr Licht versprühten.

Es ist wichtig, daß Lichtbrechung und Totalreflexion im Diamanten auf dem Verhältnis der Brechzahlen von Diamant und Luft beruhen, denn je größer das Verhältnis, um so größer ist die Brechung an einer Grenzfläche. Wenn der Diamant schlecht montiert ist, kann sich an seiner Rückseite ein Ölfilm ablegen ($n_{\text{Öl}} \cong 1{,}4$), der das Verhältnis verringert. Bei einem öligen Diamanten ist der Grenzwinkel für die Totalreflexion viel größer als 24,5°. Da die Diamanten jedoch für einen Grenzwinkel von 24,5° geschliffen werden, bedeutet das einen Verlust von Licht, das eigentlich totalreflektiert werden sollte, und damit einen Verlust an Brillanz. Die Moral dieser Geschichte: Halten Sie die Rückseite Ihres Diamanten genauso sauber wie die Vorderseite.

2.6.2 Regenbogen

Wenn zu der Regenwand
Phöbus sich gattet
Gleich steht ein Bogenrand
Farbig beschattet.

So, für den heutigen Physiker etwas befremdlich, beschreibt Goethe das Phänomen des REGENBOGENS. Wir denken ihn uns viel prosaischer durch die Zerlegung des Sonnenlichts an Wassertropfen (Tabelle 2.6) entstan-

den, die dabei wie das eben besprochene Prisma wirken (Abb. 2.67, Tafel 2.3). Er bildet sich nicht nur durch die Dispersion von Licht, das in die Tropfen ein- und austritt, sondern auch durch Totalreflexion. Der Tropfen spiegelt also das Sonnenlicht, aber die verschiedenen Farben treten unter verschiedenen Winkeln aus, da zum Beispiel blaues Licht stärker gebrochen wird als rotes. Wenn Sie also sowohl rotes als auch blaues Licht sehen, kommen die beiden Farben von verschiedenen Regentropfen: die, welche Ihrem Auge rotes Licht vorspiegeln, sehen Sie in einem steileren Winkel, denn rotes Licht tritt weiter nach unten aus als blaues. Der Regenbogen ist folglich oben (außen) rot und unten (innen) blau, und die anderen Farben liegen dazwischen.

Ein ganzer Bogen von Wassertropfen sieht also rot aus: alle jene Tropfen, die auf einem Kegel von etwa 42° um die Richtung der Sonnenstrahlen vor Ihrem Auge liegen (Abb. 2.68). Ganz ähnlich spiegeln Tropfen auf einem kleineren Bogen unter kleineren Winkeln andere Farben ins Auge. Der gesamte Regenbogen erscheint daher als ein Bogen zwischen 40° und 42°. Da der Winkel von Ihrem Auge aus gemessen wird, ist es Ihr persönlicher Regenbogen (Abb. 2.69). Das Licht dieser speziellen Wassertropfen er-

2.67 Ein Lichtstrahl wird an einem Wassertropfen zweimal gebrochen und einmal reflektiert. Das Auge sieht dann einen Regenbogen. (Die Dispersion ist übertrieben gezeichnet)

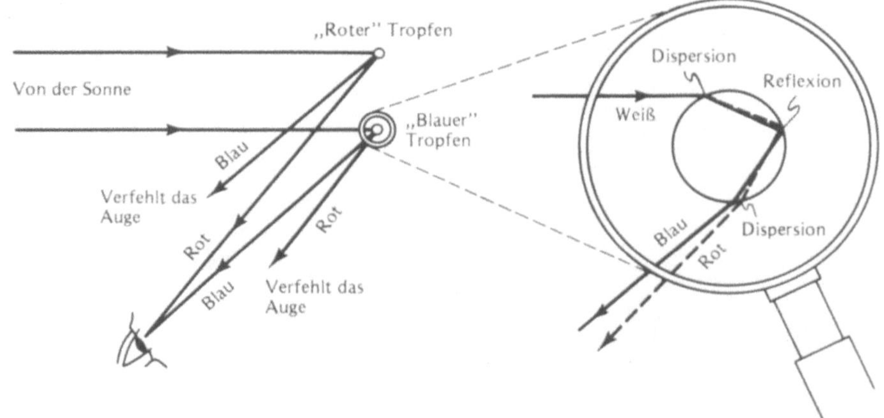

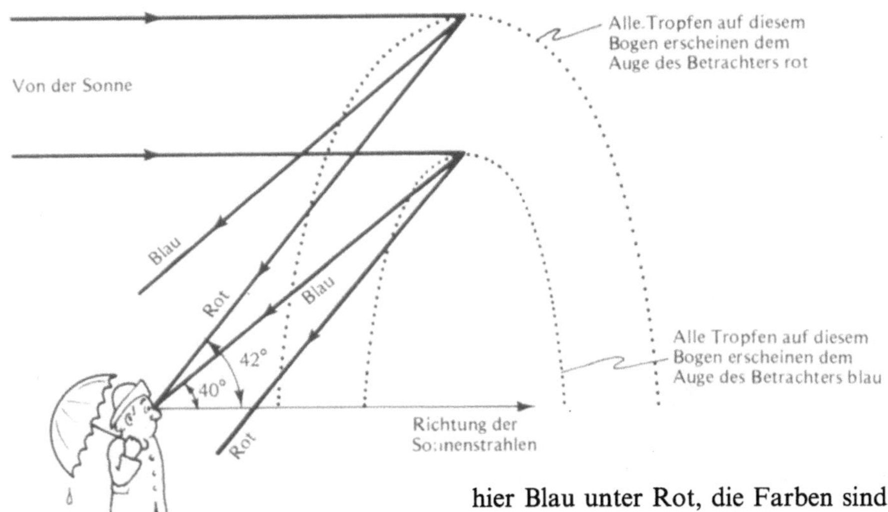

2.68 Nur die Tropfen auf dem Bogen fallen dem Beobachter ins Auge. Alle Tropfen des oberen Bogens scheinen rot zu sein – das von ihnen ausgeschickte blaue Licht verfehlt das Auge des Betrachters. Entsprechend scheinen alle Tropfen des unteren Bogens blau zu sein

2.69 Jedem sein eigener Regenbogen

reicht Ihr Auge und und kein anderes. Andere Menschen sehen das Licht anderer Tropfen, eben von denen, die im richtigen Winkel zu ihrem Auge sind. Wenn Sie die Augen bewegen, bewegt sich der Regenbogen mit und bleibt immer im selben Winkel. Er folgt Ihnen bei jeder Bewegung; sein Ende bleibt unerreichbar.

Tafel 2.3 zeigt außer dem HAUPT-REGENBOGEN auch einen NEBENREGEN-BOGEN. Dieser entsteht durch Strahlen, die im Wassertropfen zweimal gespiegelt werden (Abb. 2.70). Wegen der zusätzlichen Spiegelung liegt

hier Blau unter Rot, die Farben sind also im Nebenregenbogen vertauscht: Blau (mit 54°) liegt außerhalb von Rot (mit 50°).

Wenn Sie Tafel 2.3 genau betrachten, können Sie sehen, daß der Bereich zwischen den beiden Regenbogen dunkler ist als der unterhalb des Hauptbogens. Zur Erklärung dieses dunkleren Bereichs (dem Alexanderschen Dunkelband) müssen wir

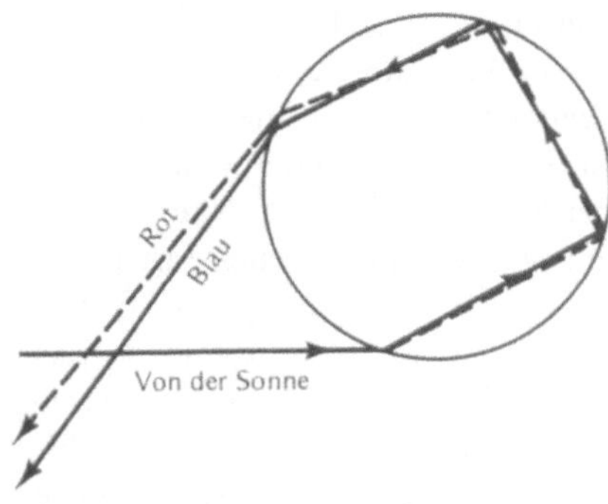

2.70 Der Nebenregenbogen entsteht, wenn Licht in jedem Tropfen zweimal reflektiert und zweimal gebrochen wird. Die zusätzliche Reflexion dreht die Anordnung der Farben um

2.71 (a) Sonnenlicht fällt überall auf den Regentropfen. Die meisten, aber nicht alle der roten Strahlen dieses Lichts werden vom Regentropfen unter etwa 42° zurückgespiegelt. In der Vergrößerung deutet der Pfeil den Strahl an, der im Winkel von etwa 42° austritt. (b) Das Auge sieht eine rote Scheibe, die am Rand am hellsten ist. (c) ›Auf‹ der roten Scheibe liegt eine kleinere blaue Scheibe (und auch Scheiben aller dazwischenliegenden Farben)

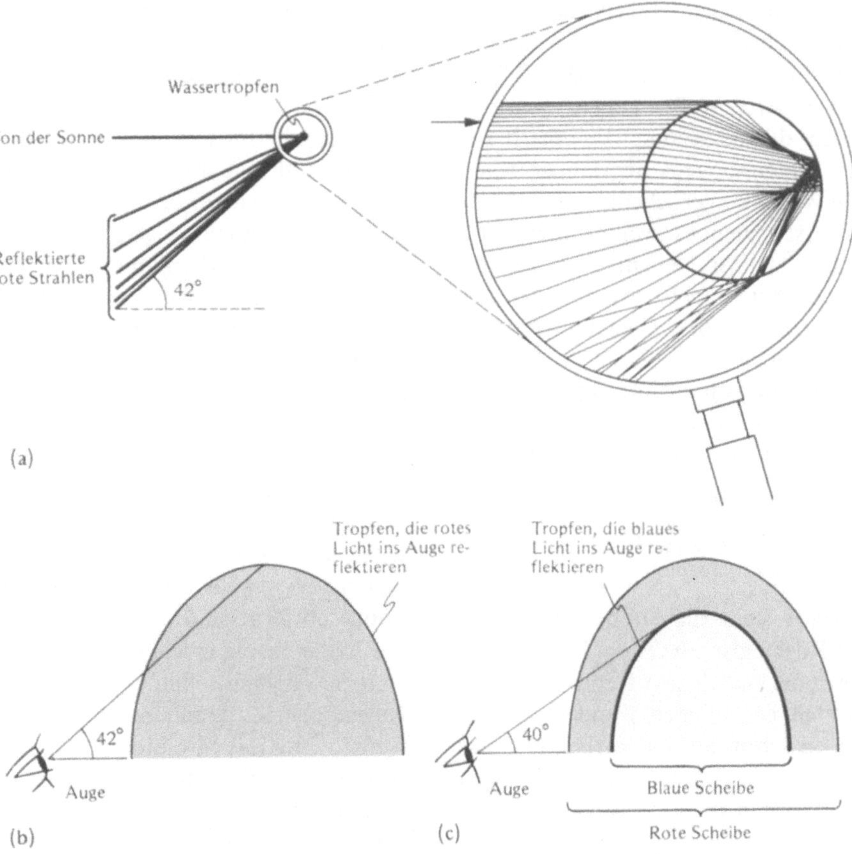

hier einige Einzelheiten erläutern, die wir in Abbildung 2.67 außer Betracht gelassen hatten. In dieser Abbildung ist für jeden Tropfen nur ein einfallender Strahl gezeichnet. Natürlich treffen viele solche Strahlen fast parallel auf die Oberfläche jedes Tropfens (Abb. 2.71a). Jeder dieser Strahlen wird gebrochen, nach Farben zerlegt und gespiegelt, wie wir es in Abbildung 2.67 an einem Strahl zeigen. Nun ist der dort dargestellte Strahl ein besonderer Strahl, nämlich der, der im steilsten Winkel ausfällt (zum Beispiel unter 42° für Rot). Alle anderen Strahlen mit der gleichen Wellenlänge fallen in flacherem Winkel aus (Abb. 2.71a), aber die meisten in der Nähe des steilsten Strahls. Die Strahlen derselben Wellenlänge bilden also nicht nur einen Bogen, sondern eine Scheibe, die am Rand am hellsten ist und zur Mitte hin verblaßt (Abb. 2.71b). Die zu den verschiedenen Wellenlängen gehörigen Scheiben überlappen, wobei die roten, da sie die Scheiben mit dem breitesten Winkel sind, am meisten hervorragen. Die blaue Scheibe überdeckt den inneren Teil der roten Scheibe (Abb. 2.71c). Alle anderen Wellenlängen liegen zwischen diesen beiden. Innerhalb des Hauptregenbogens überlappen somit alle Wellenlängenscheiben, so daß heller erscheinendes weißes Licht entsteht. (Da der Nebenregenbogen die umgekehrte Farbfolge hat, ist hier die Außenseite heller, aber der Effekt ist schwächer.)

Weil die Sonne hinter Ihnen ist und der Regen vor Ihnen, besagt ein Regenbogen auch etwas über das Wetter.

Regenbogen am Morgen
– des Hirten Sorgen;
Regenbogen am Abend
– den Hirten labend.

Abends steht die Sonne im Westen, der Regen also im Osten. Da das Wetter in der nördlichen Hemisphäre von Westen nach Osten wandert, ist der Regen schon an uns vorbei, und das gute Wetter kommt. Ein Regenbogen am Morgen dagegen setzt Regen im Westen voraus, der also auf uns zukommt.

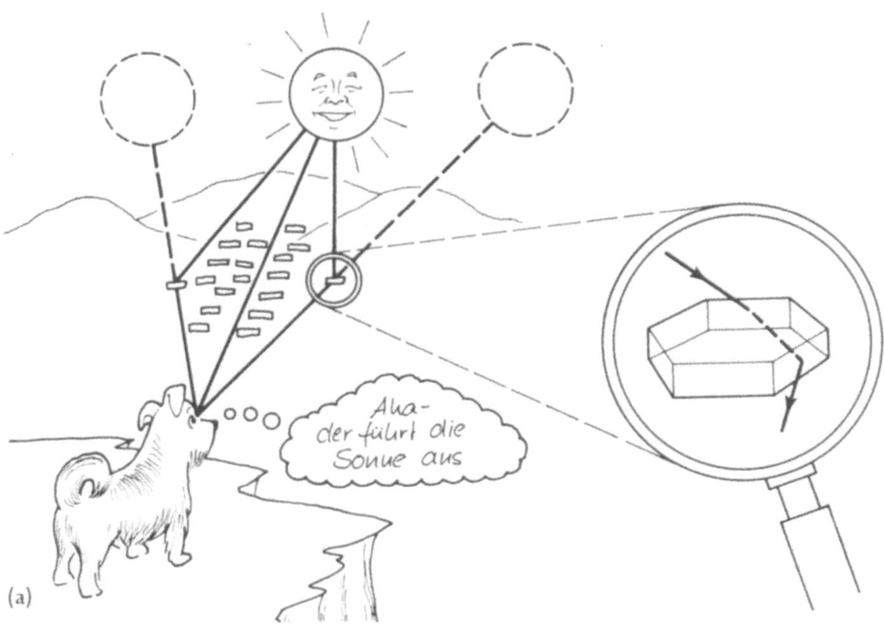

2.6.3 Nebensonnen, 22°-Halos und Ähnliches

Die Brechung an sechskantigen Eiskristallen ist der an einem Prisma noch ähnlicher als die an Regentropfen. Die gleichen flachen Sechseckscheibchen, die, wenn sie horizontal schweben, durch Spiegelung Untersonne und Lichtsäulen erzeugen, brechen Licht, das auf ihre senkrechte Fläche fällt (Abb. 2.72). Es hängt vom Einfallswinkel des Lichts in den Kristall ab, wie stark das Licht gebrochen wird, aber wie man den Kristall auch dreht, immer wird es um mindestens 22° und meistens um nicht viel mehr gebrochen. (Wenn Sie den Arm ausstrecken und die Finger so weit wie möglich spreizen, bilden Daumen und kleiner Finger etwa einen Winkel von 22°.) Es kommt also vor, daß außer der Sonne selbst zwei Bilder der Sonne zu sehen sind, eines auf jeder ihrer Seiten, die jeweils etwa 22° von der Sonne entfernt sind. Dispersion läßt die Bilder farbig erscheinen, aber die Farben leuchten selten so wie die des Regenbogens, denn mehr Strahlen werden über das Minimum hinaus gebrochen, und dadurch vermischen und verwischen sich die Farben. Ein solches Sonnenbild heißt NEBENSONNE

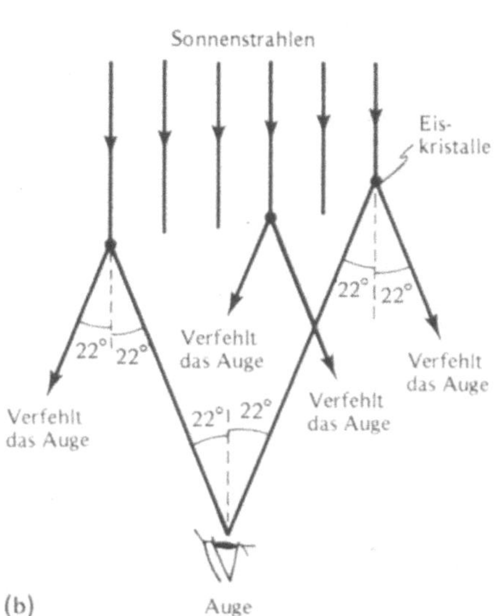

2.72 Eine Nebensonne wird durch die Brechung an hexagonalen Eiskristallen verursacht. (a) Wie sie einem Beobachter erscheint. (b) Die Bahn eines Lichtstrahls durch einen Kristall, von oben gesehen. Nur Licht solcher Kristalle, die unter 22° zum Auge stehen, erreicht das Auge. Licht aller anderen Kristalle verfehlt es

(Abb. 2.73). Shakespeare spielt vermutlich auf solche Nebensonnen an, wenn er Edward in Heinrich IV. sagen läßt: ›Bin ich geblendet oder sehe ich drei Sonnen?‹ Nebensonnen sind nur zu sehen, wenn die Sonne tief steht, die Strahlen also durch die horizontalen, relativ dünnen Eisplättchen hindurchgehen können.

2.73 Die Sonne wird von zwei Nebensonnen flankiert

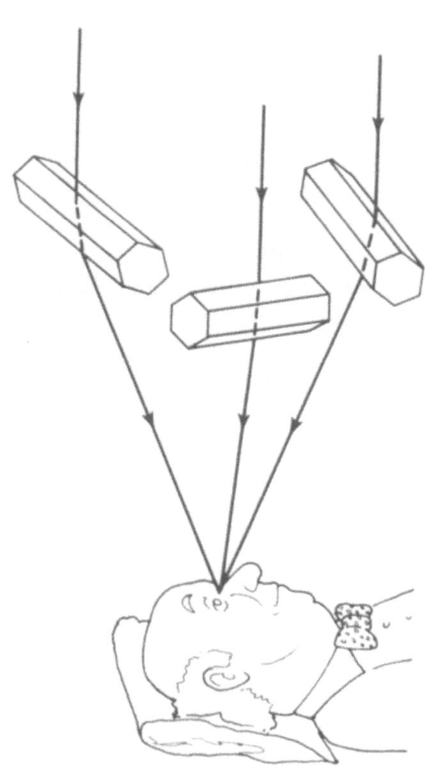

2.74 Der 22°-Halo, der von winzigen, stabförmigen Eiskristallen verursacht wird. Wie in Abbildung 2.72b empfängt das Auge Licht nur von Kristallen, die 22° vom Auge entfernt sind

2.75 Foto eines 22°-Halo

Eiskristalle kommen auch in langen sechseckigen Säulen vor, die meistens so schweben, daß ihre langen Achsen waagerecht liegen (Abb. 2.74). Wieder wird das Sonnenlicht um mindestens 22° gebrochen, wenn es den Kristall so, wie die Abbildung zeigt, durchquert. Diesmal können Sie nach oben schauen, um die Sonne über Ihnen zu betrachten, und sehen in allen Richtungen 22° von der Sonne entfernt Licht, da die Kristallachsen in alle horizontalen Richtungen zeigen. Sie sehen also einen Lichtring um die Sonne herum: den 22°-HALO (Abb. 2.75). Da Licht auch um mehr als 22° gebrochen wird, sehen Sie auch außerhalb des Kreises Licht. Weniger als 22° aber wird kein Licht gebrochen, und deshalb ist es innerhalb des Kreises sofort dunkel. Auf der Innenseite ist der Halo wegen der Dispersion gelegentlich etwas rötlich; außerhalb des Kreises verblaßt er.

Wenn die Sonne (oder der Mond) nicht genau über uns stehen, ist der 22°-Halo trotzdem zu sehen, wenn die Eiskristalle nicht einheitlich ausgerichtet sind. Besonders die kürzeren Eiskristalle drehen sich beim Fall. Manchmal ist ein Halo nur zum Teil sichtbar, oder man sieht merkwürdige Arme, die ober- oder unterhalb von Sonne (oder Mond) vom 22°-Halo abzweigen. Sie werden durch andere, weniger häufige Spiegelungen und Brechungen an diesen Kristallen verursacht. So entsteht zum Beispiel durch Spiegelung an den Enden der langen Kristalle in Abbildung 2.74 dann, wenn die Sonne tief steht, ein flacher Bogen am Himmel, den man den Horizontalkreis nennt.

Diese Phänomene treten relativ selten auf, sind aber ab und zu doch zu beobachten, leichter übrigens am Mond vor dem dunklen Nachthimmel. Wenn Sie sie fotografieren wollen, sollten Sie es so einrichten, daß Sonne und Mond durch ein Hindernis, einen Ast zum Beispiel, verdeckt sind, weil ihre Helligkeit sonst den Film völlig überbelichten würde. (Sie brauchen dazu ein Weitwinkelobjektiv – Abschnitt 4.3.1).

2.7 Zusammenfassung

Solange Licht nur auf Objekte trifft, die größer sind als seine Wellenlänge, läßt sich das Verhalten der LICHTSTRAHLEN mit Hilfe der GEOMETRISCHEN OPTIK beschreiben. Ein Hindernis vor einer PUNKTQUELLE wirft einen SCHATTEN, dessen Ort man bestimmen kann, indem man die Strahlen zeichnet, die den Rand des Hindernisses streifen. Eine ausgedehnte Quelle kann einen Bereich ergeben, in dem sich alle Schatten überlappen

(der KERNSCHATTEN), und einen weniger dunklen Bereich (HALBSCHATTEN), der nur von einigen Punkten der Quelle beschienen wird. Beispiele hierfür geben Sonnen- und MondFINSTERNISSE. Aus dem Halbschatten heraus sehen wir eine TEILFINSTERNIS. Wenn wir alles Licht bis auf das ausschließen, was durch ein kleines Loch geht, haben wir eine LOCHKAMERA.

Licht bewegt sich nicht nur immer geradeaus, sondern wird auch an Objekten reflektiert. Solche SPIEGELUNGEN werden in RADAR- (oder bei Schall in SONAR-)Verfahren genutzt. METALLE sind bei Frequenzen, die unter ihrer PLASMAFREQUENZ liegen, ausgezeichnete Lichtreflektoren. (Die IONOSPHÄRE hat eine niedrige Plasmafrequenz und reflektiert mittellange Radiowellen.) SPIEGEL werden hergestellt, indem Glas mit Silber überzogen wird. Wenn das Silber dünn genug ist, entstehen TEILDURCHLÄSSIGE Spiegel, die einem Betrachter auf der dunklen Seite des Spiegels durchsichtig erscheinen und einem Beobachter auf der hellen Seite als spiegelnd. Wenn Licht in einem bestimmten Winkel auf das spiegelnde Medium trifft, sind Einfalls- und Ausfalls- oder Reflexionswinkel gleich. Die Spiegelung wird bei streifendem Lichteinfall stärker. UNTERSONNEN und LICHTSÄULEN sind Spiegelungen der Sonne an flachen scheibenförmigen oder langen stiftförmigen sechskantigen Eiskristallen, die fast waagerecht fallen. Licht kann mehr als einmal gespiegelt werden, so in einem WINKELSPIEGEL, der die Strahlen RETROFLEKTIERT. Reflexionen können dem Reflexionsge-

setz gehorchen und ein SPIEGELBILD ergeben oder DIFFUS sein, also von einer rauhen Fläche aus in alle Richtungen ausgehen.

Licht wird beim Eintritt in ein neues Medium mit anderer BRECHZAHL ($n = c/v$) GEBROCHEN. Das SNELLIUSSCHE GESETZ besagt, daß Licht, das von kleinem n zu großem n geht, zur Normalen der Fläche hin gebrochen wird und Licht, das von großer zu kleiner Brechzahl übergeht, von der Normalen weg gebrochen wird. Wenn der EINFALLSWINKEL beim Durchqueren des dichteren Mediums größer ist als der GRENZWINKEL, wird das Licht TOTAL REFLEKTIERT. Die FASEROPTIK macht sich das zunutze und leitet Licht in Lichtleitbündeln. Die Abhängigkeit der Lichtbrechung von den Brechzahlen, die wieder von der Lufttemperatur abhängen, bewirkt die verschiedenen Formen der LUFTSPIEGELUNGEN. Das Ausmaß der Brechung hängt von der Wellenlänge des Lichts ab (DISPERSION). BRILLANZ, FEUER und FUNKELN von Diamanten beruhen auf der großen Brechzahl (der Grenzwinkel ist groß), der starken Dispersion und dem Schliff, der sie zur Geltung bringt. REGENBOGEN entstehen durch Dispersion des Lichts, das auf Wassertropfen fällt und an ihnen reflektiert wird und einmal (beim HAUPTREGENBOGEN) oder zweimal (bei NEBENREGENBOGEN) innerhalb der Tropfen gespiegelt wird. Brechung und Dispersion in sechskantigen Eiskristallen bewirken NEBENSONNEN, den 22°-HALO und andere optische Erscheinungen der Meteorologie.

AUFGABEN

A1 Stellen Sie einen Bleistift mit der Spitze nach oben auf ein Stück Papier und beleuchten Sie ihn von nur einer Seite mit einer breiten Lichtquelle (einem Fenster, einer fluoreszierenden Röhre usw.). Zeichnen Sie mit einem anderen Bleistift den Schatten nach und geben Sie an, wo Kernschatten und wo Halbschatten sind.

A2 Nehmen Sie an, die Erde wäre in Abbildung 2.5 weiter vom Mond entfernt, so daß sich die Geraden a und b kreuzen, bevor sie die Erde erreichen. Wie sähe die Finsternis aus, wenn sie von einem Punkt auf der Erde zwischen diesen beiden (sich schneidenden) Geraden beobachtet würde? Wäre der Punkt im Kern- oder

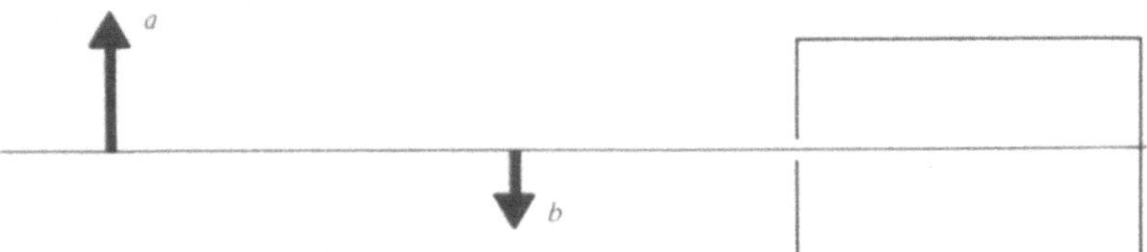

im Halbschatten? (Es hilft, wenn Sie eine Skizze machen und vom Standpunkt aus Geraden zur Sonne hin ziehen. Sie sehen dann, was (gegebenenfalls) von der Sonne zu sehen ist.

A3 Coleridge schreibt in der ›Ballade vom alten Seemann‹: ›Und auf der Bucht lag der Mondschein und der Schatten des Mondes‹. (a) Unter welchen Bedingungen berührt der Mondschatten die Erde? (b) Ist unter diesen Bedingungen Mondlicht zu sehen? Warum?

A4 Warum benutzte Etienne de Silhouette eine Kerze (eine Punktquelle), wenn er seine Silhouetten umriß, und nicht eine breitere (und vielleicht hellere) Lichtquelle?

A5 Eine Kamera mit einer Linse hat eine viel größere Öffnung als eine Lochkamera. (a) Warum würden Sie, auch wenn Sie von Linsen nichts wüßten, statt des winzigen Nadellochs ein größeres Loch wünschen? (b) Wir sahen, was mit dem von einer Lochkamera erzeugten Bild passiert, wenn das Loch größer wird. Welchen Zweck erfüllt Ihrer Meinung nach die Linse in einer gewöhnlichen Kamera?

A6 Ziehen Sie eine 10 cm lange Linie quer durch die obere Mitte eines Din-A4-Blattes. Schreiben Sie an das linke Ende dieser Linie in Druckschrift ›Licht‹ und ans rechte Ende das Wort ›Kamera‹. Zeichnen Sie dann unten auf eine Seite ein Quadrat mit 15 cm Seitenlänge und in die Mitte der oberen Seite ein Loch von 5 mm Durchmesser. Dies soll ihre Lochkamera darstellen. Die Unterseite des Quadrats stellt den Film dar. Sie sollen die Wörter oben auf der Seite ›fotografieren‹. (a) Suchen Sie mit Hilfe eines Lineals das Bild des Wortes ›Kamera‹ auf dem Film. (b) Das Loch ist in diesem Fall ziemlich groß, selbst das Bild eines Punktes verschwimmt zu einem Fleck. Konstruieren Sie den Fleck, den der i-Punkt im Wort ›Licht‹ erzeugen würde. (c) Um diesen Fleck zu verkleinern, kann man das Loch verkleinern. Was wäre der größte

Nachteil einer Lochkamera, deren Loch so klein ist, daß der Fleck annehmbar klein würde?

A7 Die Abbildung zeigt eine Lochkamera, die gerade zwei Pfeile fotografiert. (a) Welcher Pfeil hat das größte Bild? (b) Welcher Pfeil hat ein aufrechtes Bild?

A8 Das Licht des Lochbildes der Sonne kommt von der Sonne, wird am weißen Schirm reflektiert und fällt dann ins Auge. Das Auge wird also von Sonnenlicht beschienen. Warum kann dieses Lochbild die Augen kaum verletzen?

A9 In welcher Richtung zieht in einer Lochkamera das Bild einer Wolke an dem Bild der Sonne vorbei, wenn die Wolke von rechts nach links an der Sonne vorbeizieht?

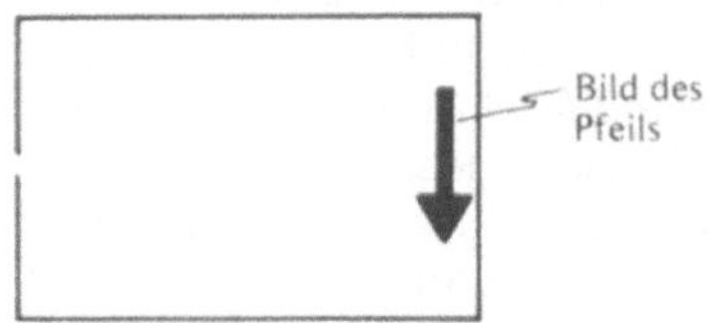

A10 Die Abbildung zeigt eine Lochkamera mit dem Bild eines Pfeils. Der wirkliche Pfeil irgendwo außerhalb der Kamera ist 2 cm lang und senkrecht. Zeichnen Sie mit einem Lineal die Abbildung neu und konstruieren Sie Strahlen, um (a) den Pfeil zu zeichnen, der dieses Bild haben würde und (b) zwei Pfeile zu zeichnen, die je 3 cm lang sind und dasselbe Bild erzeugen.

A11 Die Abbildung zeigt drei verschiedene Anordnungen für Auge, Spiegel und Pfeil. Bei welcher Anordnung kann das Auge eine Spiegelung des Objekts sehen? Zeichnen Sie die Anordnung ab und Lichtstrahlen hinein, die ihre Behauptung beweisen.

A12 Schreiben Sie mindestens drei Wörter auf, die einen Sinn ergeben, wenn sie in einem ebenen Spiegel gespiegelt werden. Das Spiegelbild braucht nicht dasselbe Wort zu sein. Sie können die Wörter schreiben oder drucken und Groß- oder Kleinbuchstaben verwenden.

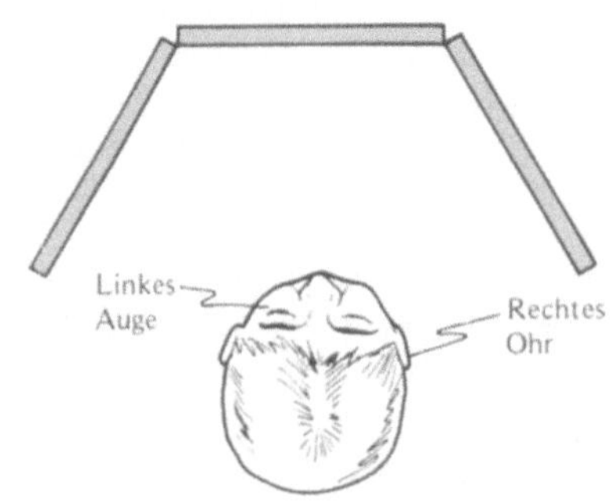

A13 In dieser Abbildung sieht sich die Person in einem Ankleidespiegel mit drei Spiegelflächen. Zeichnen Sie die Abbildung neu und zeichnen Sie zwei Strahlen ein, die von ihrem rechten Ohr zum linken Auge gehen. Ein Strahl soll nur einen Spiegel treffen, der andere aber beide anderen Spiegel. Zeichnen Sie bei jeder Spiegelung die Normale zum Spiegel und geben Sie θ_e und θ_r an.

A14 Erläutern Sie in Stichworten, wie ein Ozeanograph die Meerestiefe mit Hilfe eines Echolots mißt.

A15 Gelegentlich beobachten Menschen die Vorgänge auf der Straße vor ihrer Wohnung, ohne sich aus dem Fenster zu lehnen, mit Hilfe eines ›Spions‹, eines außen am Fensterrahmens angebrachten Spiegels, der etwas in die Straße hineinragt. (a) Skizzieren Sie einen Hausbewohner H, der, im Sessel sitzend, den Besucher B vor dem Nachbarhaus sehen kann.

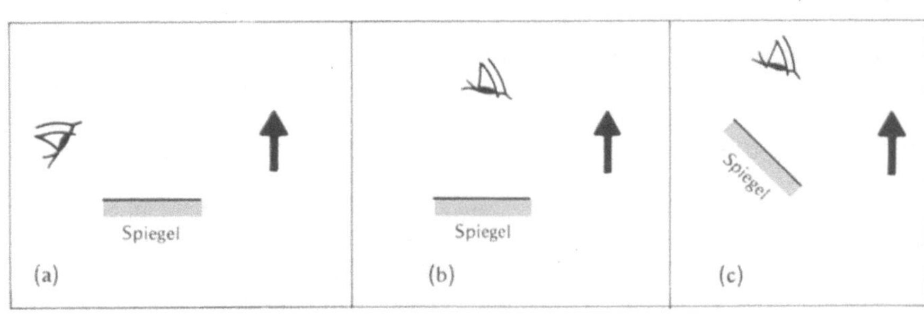

Zeichnen Sie ein, wie der Spiegel ausgerichtet sein muß und wie das Licht von *B* zu *H*'s Auge gelangt. (b) Nehmen Sie an, *H* hätte keinen Spiegel, sondern ein großes 45° - 45° - 90°-Prisma. *H* bringt die Längsseite des Prismas genau dort an, wo Sie den Spiegel gezeichnet haben, und sieht ein gutes Spiegelbild von *B*. Welche Erscheinung nutzt *H* dabei aus? (c) Warum kann *H* hören, wenn *B* die Klingel beim Nachbarn läutet, obwohl *B* für *H* nicht direkt sichtbar ist?

A16 Nachts können wir mit dem Radio oft weit entfernte Sender empfangen. (a) Warum? (b) Warum sind das immer Mittelwellen-, nie aber UKW-Sender?

A17 Wenn Sie sehr schräg (in streifendem Winkel) in einen Badezimmerspiegel schauen, können Sie oft drei, vier oder mehr Abbilder eines Objekts sehen. Warum?

A18 Ein Wohnwagenbesitzer, der offensichtlich dieses Buch nicht gelesen hatte, verkleidete die Fenster seines Wohnwagens mit Einwegspiegeln (in diesem Fall mit Aluminium beschichtete Plastikfolie). Als er es am Tage ausprobierte, konnte er sich davon überzeugen, daß er hinaus sehen konnte, aber niemand hinein. Als er jedoch nachts seinen Wagen auf einem dunklen Parkplatz parkte und sich, bei Kerzenlicht und nicht allein, darin unbeobachtet fühlte, machte ihn eine Polizeistreife auf die ›Einsehbarkeit‹ seiner Situation aufmerksam. Warum konnte der Polizist hineinsehen?

A19 Wenn man in ein dunkles Haus hineinsehen will, drückt man oft die Nase an das Fenster und hält die Hände um die Augen. Warum?

A20 In Abbildung 2.37 haben wir gezeigt, wie Licht von den Autoscheinwerfern ins Auge des Fahrers gelangt. Zeichnen Sie die Situation in dichtem Nebel. (Nebel besteht aus winzigen Wassertropfen. Zeichnen Sie einige.) Zeichnen Sie, wie das Licht jetzt in das Auge des Fahrers gelangt, und erklären Sie, warum die Straße dann viel schlechter zu sehen ist.

A21 Blaues Licht wird beim Übergang von Luft in Glas stärker abgelenkt als rotes, weil (a) rotes Licht in Glas schneller ist als blaues, (b) blaues Licht in Glas schneller ist als

rotes, (c) rotes Licht in der Luft schneller ist als blaues oder (d) blaues Licht in Luft schneller ist als rotes. (Wählen Sie eine Antwort.)

A22 (a) Stellen Sie eine Verbindung zwischen dem Feuer, dem Funkeln und der Brillanz eines Diamanten und seinen physikalischen Eigenschaften her. (b) Warum sieht ein Diamant schwarz aus, wenn Sie ihn von hinten anschauen und die einzige Lichtquelle in einem sonst dunklen Raum vor Ihnen ist?

A23 (a) Was ist der Grenzwinkel? (b) Ist der Grenzwinkel an der Grenzfläche Luft-Wasser größer oder kleiner als an der Grenzfläche Wasser-Diamant?

A24 Warum scheint die Sonne beim Sonnenuntergang über dem Horizont zu sein, wenn sie in Wirklichkeit schon hinter dem Horizont ist?

A25 James Morris beschreibt in ›Heaven's Command‹ den Blick von einer Insel auf den St. Lorenzstrom so: ›Frühmorgens stehen die Inseln in einer Luftspiegelung auf dem Kopf und scheinen dort zwischen Himmel und Wasser zu hängen.‹ Am frühen Morgen erwärmt sich die Luft rascher als das Wasser, deshalb liegt über der kühleren Luftschicht direkt über dem Wasser eine wärmere Luftschicht. Skizzieren Sie Luft, Wasser und Inseln und zeichnen Sie, wie die Lichtstrahlen abgelenkt werden und die von Morris beschriebene Luftspiegelung erzeugen. Warum scheinen die Inseln ›in der Luft zu hängen‹?

A26 In welcher Richtung können Sie frühmorgens einen Regenbogen sehen (Norden, Osten, Süden oder Westen)? Warum?

A27 In einem Rätsel des angelsächsischen Dichters Aldhelm, der im fünften Jahrhundert lebte, spricht der Regenbogen von sich selbst: ›Ich werde von der Sonne in der Nähe einer wässrigen Wolke geboren. Ich scheine hier und da am Nordhimmel, aber ich klettere nie an den südlichen Himmel.‹ Erläutern Sie den letzten Satz.

A28 Skizzieren Sie, wo Sie am späten Nachmittag beim Rasensprengen einen Regenbogen sehen könnten; zeichnen Sie ein, wo Sie, der Sprenger und die Sonne sind.

A29 (a) Skizzieren Sie, wo die Eiskristalle sein müßten, wenn Sie die

›Sonnen‹säule einer hellen, fernen Straßenlampe sehen könnten. (b) Skizzieren Sie in einer anderen Zeichnung, wo die Eiskristalle sein müßten, wenn Sie eine Neben›sonne‹ derselben Straßenlampe sehen.

Harte Aufgaben

HA1 (a) Erklären Sie mit Hilfe einer Skizze, die Halb- und Kernschatten zeigt, eine Sonnenfinsternis. (b) Was sehen Sie, wenn Sie im Kernschatten stehen und nach oben schauen? Und im Halbschatten? (c) Was würden Sie sehen, wenn Sie auf dem Mond stünden und zur Erde hin schauten? (d) Bei einer Sonnenfinsternis sehen manche Gegenden eine totale, manche eine partielle und manche überhaupt keine Finsternis, eine Mondfinsternis dagegen sieht überall gleich aus. Warum?

HA2 (a) Erklären Sie anhand einer Skizze eine Mondfinsternis. Kennzeichnen Sie Halbschatten und Kernschatten. (b) Was würden Sie sehen, wenn sie auf dem Mond stünden und zur Erde hin schauten?

HA3 Die Abbildung zeigt eine ausgedehnte Lichtquelle und einen Schirm. Das Objekt ist 1 cm hoch; Sie dürfen es verschieben. Wenn es (wie gezeigt) nahe am Schirm ist, wirft es einen Schatten von 1 cm Höhe und sehr wenig Halbschatten. Zeichnen Sie die Abbildung neu und zeigen Sie, wo das Objekt stehen muß, wenn (a) der Halbschatten größer ist als der Kernschatten und es (b) keinen Kernschatten, sondern nur Halbschatten gibt. Zeichnen Sie die Strahlen, mit denen Sie in den beiden Fällen Kern- und Halbschatten konstruieren, zur besseren Unterscheidung in verschiedenen Farben.

HA4 Würden wir, wenn es auf dem Mars einen Rundfunksender gäbe, diesen Sender leichter empfangen, wenn er auf Mittelwelle oder im UKW-Bereich senden würde? Warum?

HA5 Ein Auge *A* möchte einen Käfer *K* sehen, der durch eine lange, enge, dunkle Röhre gekrabbelt ist. *A* kann *K* nicht mit dem Licht *L* direkt beleuchten, weil *A* und *L* einander im Weg sein würden. Glücklicherweise steht ein halbversilberter Spiegel *S* zur Verfügung. Skizzieren Sie, wo *S* stehen sollte, damit *K* so beleuchtet ist, daß *A* ihn sehen kann. Zeichnen Sie einen Strahl von *L* zu *S* und *A*, um zu zeigen, daß *A* den Käfer *K* sieht. (Gelegentlich verwenden Fotografen diese ›koaxiale Beleuchtung‹.)

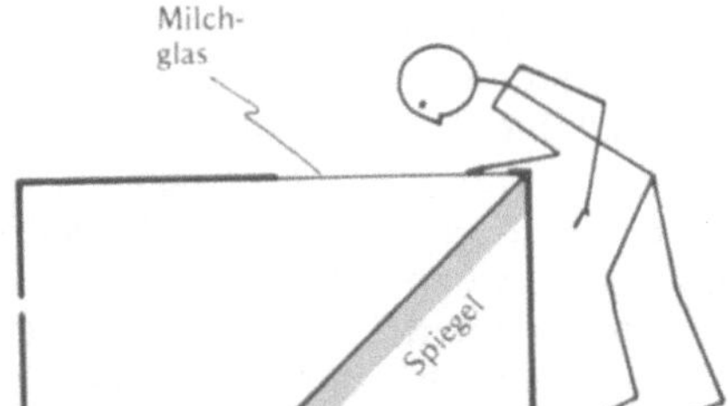

HA6 Die Abbildung zeigt eine Lochkamera mit einem etwas anderen Bauplan. Sie hat an ihrer Rückseite einen im Winkel von 45° montierten Spiegel, und an der rückwärtigen Oberseite läßt sich das Bild auf einer Mattglasscheibe beobachten. Ein Beobachter betrachtet das übliche Objekt – einen Pfeil. (a) Zeichnen Sie die Figur neu und verfolgen Sie die Strahlen von Pfeilspitze und -ende aus durch die Kamera bis zum Schirm. (Vergessen Sie nicht, am Spiegel das Reflexionsgesetz anzuwenden.) Zeichnen Sie dann das Bild des Pfeils auf dem Schirm. (b) Sieht der Beobachter das Bild auf dem Kopf oder richtig herum? (c) Denken Sie sich Kamera, Loch und Glas entfernt, aber das Objekt, den Spiegel und den Beobachter unverändert an ihrem Platz. Zeichnen Sie in dieselbe Zeichnung das Spiegelbild des Pfeils, wo der Beobachter es jetzt sieht, und nennen Sie es ›Bild‹.

HA7 (a) Ist Ihrer Meinung nach ein Fußgänger in dichtem Nebel besser zu sehen, wenn er helle oder dunkle Kleidung trägt? Warum? (Vergleichen Sie A20.) (b) Sollte der Autofahrer mit Fernlicht oder Abblendlicht fahren?

HA8 Wenn ein Glas einen Sprung bekommt und die beiden Kanten sich (wie fast immer) etwas gegeneinander verschieben, läßt sich der Sprung gut erkennen, wenn man schräg durch das Glas schaut. (a) Erklären Sie, warum das passiert – warum das Glas dort glänzt. (b) Wenn Sie Öl auf den Sprung reiben, fällt er weniger auf. Erläutern Sie das. (Die Brechzahl von Öl gleicht der von Glas.)

HA9 Menschen laufen in Glasschiebetüren hinein, weil sie durch sie hindurch sehen. Vögel fliegen gegen diese Türen, weil sie in ihnen das Spiegelbild des Himmels sehen. Erklären Sie den Unterschied.

HA10 Thomas Hardy schreibt in ›Tess von D'Urbervilles‹: ›Da der Spiegel nicht groß genug war, um auf einmal mehr als einen sehr kleinen Teil von Tess' Figur zu zeigen, hängte Mrs. Durbeyfield einen schwarzen Mantel außen an den Fensterrahmen und schuf so aus den Scheiben eine große Spiegelfläche, wie es der Brauch armer Häuslerinnen ist, wenn sie sich putzen.‹ Wieso wirkt dieses verhängte Fenster als Spiegel?

HA11 Manche Sonnenbrillen haben Einwegscheiben als Gläser. (a) Warum kann der Träger durch sie hindurch sehen, aber niemand sonst? (b) In der Hand gehalten, scheinen diese Brillen vorn besser und schärfer zu reflektieren als hinten. Warum? (Bedenken Sie, daß Glas etwas Licht absorbiert.)

HA12 (a) Ein rachsüchtiger Unterwasserfisch plant, einen Fischer, der am Ufer steht, mit einem Stock zu stoßen. Sollte der Fisch den Stock genau dorthin zielen, wo er den Fischer sieht, oder sollte er ober- oder unterhalb davon zielen? Begründen Sie Ihre Antwort mit Hilfe einer Skizze. (b) Der Fisch nimmt jetzt einen mächtigen Laser als Waffe. Sollte er den Laser genau dorthin zielen, wo er den Fischer sieht, oder etwas ober- oder unterhalb davon?

HA13 Legen Sie eine Münze in eine leere Teetasse, die auf einem Tisch steht. Setzen Sie sich so, daß die Münze durch den Vorderrand der Tasse gerade eben verdeckt ist. (Sie können sie also nicht sehen.) Gießen Sie, ohne Ihre Haltung zu verändern, Wasser in die Tasse. Jetzt können Sie die Münze sehen. Erklären Sie das mit Hilfe einer Skizze. Welches physikalische Prinzip liegt dem zugrunde?

HA14 Auch schon bevor Sie von Ihrem Cocktail getrunken haben, scheint der Rührstab im Glas, von der Seite gesehen, geknickt oder gebrochen zu sein. Zeichnen Sie zur Erklärung das Glas von oben, also als einen Kreis, und den (senkrechten) Stab als schwarzen Punkt im Innern (aber nicht in der Mitte) des Kreises. Zeichnen Sie einen Strahl von der unteren Hälfte des Stabs zu Ihrem Auge außerhalb des Glases (ein Strahl, der durch den Cocktail geht) und einen von der oberen Hälfte des Stabs, der nicht im Cocktail ist. Zeigen Sie, wo die obere und die untere Stabhälfte zu liegen scheinen.

HA15 Zeichnen Sie ein Rechteck, das eine Glasscheibe darstellen soll, und einen Lichtstrahl, der in einem spitzen Winkel auf eine der Längsseiten trifft. Verfolgen Sie den Strahl durch das Glas und lassen Sie ihn hinter dem Glas auf ein Auge treffen. Wie verhält sich die scheinbare Lage der Lichtquelle zu der wirklichen?

HA16 (a) Beschreiben Sie das Zustandekommen einer einfachen Luftspiegelung. Welche atmosphärischen Bedingungen sind nötig? (b) Welche Bedingungen könnten es gewesen sein, die Erik dem Roten ermöglichten, von Island aus das Hunderte von Kilometern entfernte Grönland zu sehen?

HA17 Sie liegen auf dem Rücken in der Badewanne, in der kein Wasser ist, und betrachten eine Tasse, die in der Seifenschale unter dem Beckenrand steht. Jetzt füllt jemand die Wanne mit Wasser, bis das Wasser über Ihren Kopf bis an die Seifenschale und die Unterseite der Tasse reicht. Skizzieren Sie, wie Sie bei gefüllter Wanne, vor dem Ertrinken, Tasse und Seifenschale sehen. Zeichnen Sie, als Hilfe dazu, eine Seitenansicht, die zeigt, wie die Strahlen von der Tasse und der Seifenschale Ihr Auge treffen.

HA18 Erläutern Sie mit Hilfe einer Zeichnung, wie die Reflexion an den Enden der langen Kristalle in Abbildung 2.74 bei tiefstehender Sonne am Himmel ein waagerechtes Band – einen Nebensonnenkreis – bildet.

HA19 Erklären Sie Abbildung 2.52 mit Hilfe einer Zeichnung, die die Aufsicht zeigt. Zeichnen Sie von einem Punkt P außerhalb des Biers (im Innern des Glases) einen Strahl zum Auge des Betrachters. Natürlich wird dieser Strahl an der äußeren Glasfläche abgelenkt. Zeichnen Sie an der geeigneten Stelle die Normale zu dieser Fläche und achten Sie darauf, daß die Strahlen in die richtige Richtung abgelenkt werden. Zeigen Sie den Punkt P', an dem das Auge den Punkt P zu sehen meint.

HA20 Ein Glasbecher hat an einer Seite ein kleines rundes Loch. Ein Laserstrahl scheint horizontal durch den Becher und dieses Loch und fällt auf einen Schirm. Das Loch wird dann verstopft und der Krug mit Wasser gefüllt. Wenn der Stöpsel herausgezogen wird, läuft das Wasser aus. Der Laserstrahl scheint immer noch durch das Loch, fällt aber nicht mehr auf den Schirm. Vielmehr ist jetzt auf dem Boden dort ein Lichtfleck, wo das Wasser auftrifft. Erläutern Sie den Vorgang, indem Sie eine Skizze anfertigen und darin die Lichtbahn verfolgen.

Mathematische Aufgaben

MA1 Stellen Sie sich vor, Sie wären 2 m groß und stünden halbwegs zwischen einer auf der Erde stehenden Kerze und einer weißen, senkrechten Wand. (a) Wie groß ist Ihr Schatten an der Wand? (b) Mit welcher Frequenz und Amplitude läßt Ihr Schatten den Schatten des Seils schwingen, wenn Sie ein Seil mit der Frequenz 2 Hz und der Amplitude 1/2 m schwingen lassen?

MA2 (a) Die Lichtgeschwindigkeit sei in einer bestimmten Glassorte 200 000 km/s. Was ist die Brechzahl dieses Glases? (b) Die Brechzahl einer bestimmten Diamantenart ist 2,5. Wie groß ist die Lichtgeschwindigkeit in diesem Diamanten?

MA3 Erläutern Sie, wie Sie mit Hilfe des Snelliusschen Brechungsgesetzes die Lichtgeschwindigkeit in Diamant berechnen können.

MA4 Ein Strahl weißen Lichts fällt in einem Winkel von 45° auf einen Diamanten. (a) Berechnen Sie mit Hilfe von Tabelle 2.6 den Winkel, unter dem rotes Licht in den Diamanten eintritt. (b) Machen Sie dasselbe für dunkelblaues Licht. (c) Wie groß ist der Winkel zwischen Rot und Dunkelblau, in den das weiße Licht aufgefächert wird?

MA5 Berechnen Sie mit Hilfe von Tabelle 2.4 den Grenzwinkel für Licht, das (a) von Wasser in Luft, (b) von Glas in Luft, (c) von Diamant in Luft und (d) von Glas in Wasser eintritt.

KAPITEL 3

Spiegel und Linsen

3.1 Einleitung

In diesem Kapitel wenden wir die eben von uns in der Natur beobachteten Spiegel- und Brechungserscheinungen auf vom Menschen selbst geschaffene Situationen an. Hier geht es im wesentlichen darum, optische Systeme zu konstruieren, die deutliche, unverzerrte Bilder liefern. Die in solchen Systemen verwendeten Spiegel und Linsen können am wirtschaftlichsten und einfachsten hergestellt werden, wenn ihre Oberfläche sphärisch, also wie ein Teil einer Kugel geformt ist. Deshalb beschäftigen wir uns hier vor allem mit sphärischen Spiegeln und Linsen.

Wenn wir wissen wollen, wie ein Spiegel oder eine Linse einen Punkt eines bestimmten Objekts abbilden, müssen wir herausfinden, was mit den Lichtstrahlen geschieht, die von diesem Punkt zum Spiegel oder zur Linse gelangen. Das ist ein kompliziertes Verfahren, denn wir müssen auf jeden dieser Strahlen die Gesetze für Reflexion und Brechung anwenden. Zum Glück gibt es einige wenige besondere Strahlen, die nach besonders einfachen Regeln gespiegelt oder gebrochen werden. Bei der BILDKONSTRUKTION finden wir das Bild, indem wir den Gang dieser Strahlen verfolgen. Wenn wir das Bild haben, lassen sich die Bahnen der anderen Strahlen leicht finden. Wir veranschaulichen diese Methode am einfachen und vertrauten EBENEN SPIEGEL und wenden uns dann dem kniffligeren (und interessanteren) Fall einer gekrümmten Oberfläche zu.

3.2 Virtuelle Bilder

Wenn ein Lichtstrahl von einem Gegenstand an einem ebenen Spiegel reflektiert wird und uns ins Auge fällt, berücksichtigen Auge und Gehirn diese Reflexion nicht. Das Gehirn verfolgt den Strahl vielmehr in einer geraden, ungebrochenen Linie zu dem Punkt zurück, von dem er herzukommen scheint. Ein Licht, das wir in einem ebenen Spiegel sehen, scheint deshalb von einem Bild hinter dem Spiegel herzukommen (Abb. 2.19). (Ein Kätzchen, das sich zum erstenmal im Spiegel sieht, sucht oft hinter dem Spiegel nach dem ›anderen‹ Kätzchen.) Vor dem Spiegel verhält sich das Licht also genauso, als ob es von einem Gegenstand käme, der wirklich am Ort des Spiegelbildes ist (Abb. 3.1). Wie können wir mit Hilfe des Reflexionsgesetzes das Bild finden? Verfolgen wir einige Strahlen.

3.2.1 *Die Lage des Bildes*

Denken wir uns einen Gegenstand (den Pfeil PQ in Abbildung 3.2) und das Auge A_1 des Beobachters, beide vor einem Spiegel. Wenn Licht auf die Pfeilspitze Q fällt, wird es in alle Richtungen gestreut. Wir können deshalb den Punkt Q als Lichtquelle ansehen und verfolgen einen der von Q ausgehenden Strahlen, nämlich QA. In A wenden wir das Reflexionsgesetz an, machen also den Ausfallswinkel gleich dem Einfallswinkel und bestimmen so die Richtung, in die der Strahl nach der Spiegelung zeigt. Der reflektierte Strahl fällt in das Auge A_1 des Betrachters. (Wenn wir einen Strahl gewählt hätten, der zu einem anderen Punkt auf dem Spiegel, etwa D, geht, käme der reflektierte Strahl an anderer Stelle an.) Wo sieht nun das Auge A_1 das Bild von Q? Da das Auge immer geradlinige Lichtausbreitung annimmt, schließt es, die Quelle des Strahls AA_1 müsse irgendwo auf der

3.1 Wo hört der Gegenstand auf und wo beginnt das virtuelle Bild? Oder: Bildkonstruktion mit hölzernen Strahlen. ›Ohne Titel‹ von Robert Morris

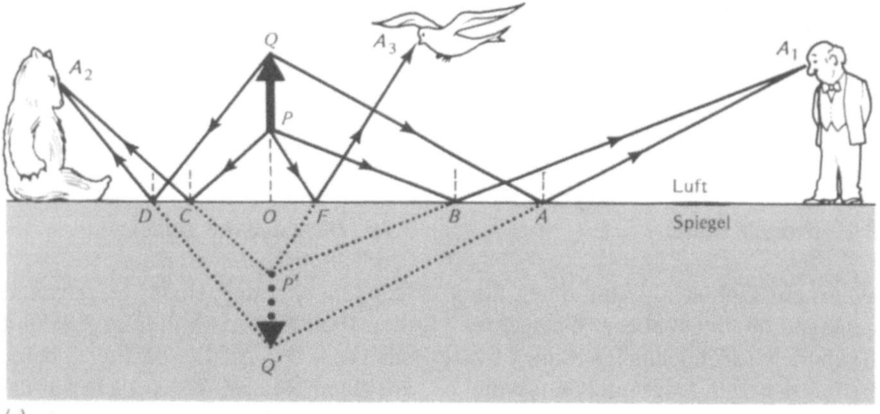

(a)

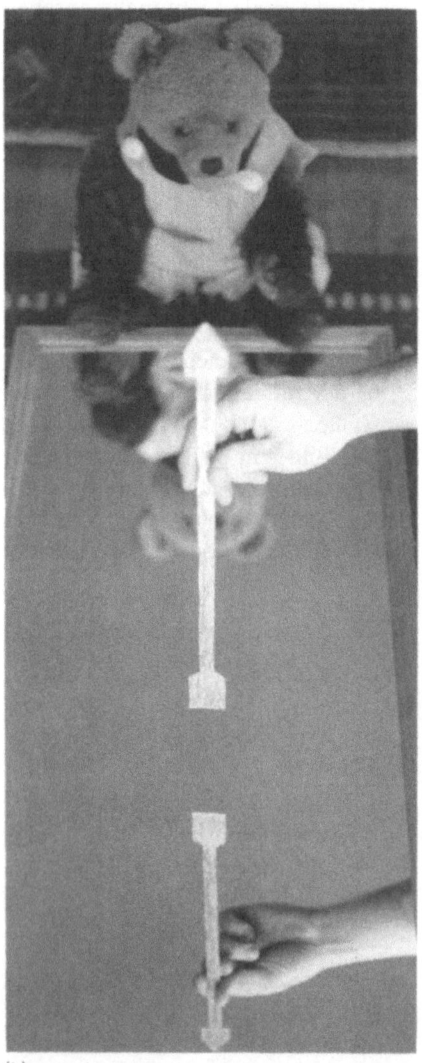

(b)

3.2 (a) Mit Hilfe von Strahlen, die von einem Gegenstand aus mehrere Augen erreichen, läßt sich die Lage des Bildes bestimmen. (b) Dieses Foto wurde vom Auge A_3 aus gemacht

Verlängerung von AA_1 liegen. Noch können wir nicht sagen, an welcher Stelle dieser Geraden das Bild liegt, wenn wir die Konstruktion jedoch für ein zweites Auge A_2 (oder das erste Auge, nachdem es sich bewegt hat) durchführen, können wir den Strahl QDA_2 konstruieren. Wo sehen *beide* Augen die Pfeilspitze? A_1 sieht sie irgendwo entlang der verlängerten Geraden AA_1 und A_2 irgendwo auf der verlängerten Geraden DA_2. Der einzige Punkt, der auf beiden Geraden liegt und auf den sich beide Augen einigen können, ist der Schnittpunkt Q'. Das Bild der Pfeilspitze Q muß also in dem Punkt Q' liegen. Es liegt genauso weit hinter dem Spiegel, wie Q davor liegt. (Der Abstand von Q' und O ist derselbe wie der von Q und O.)

Auf gleiche Art finden wir das Bild des Pfeilendes P als P'. (Dazu brauchen wir übrigens nicht unbedingt Strahlen zu nehmen, die nach A_1 und A_2 gespiegelt werden, denn die Überlegung gilt für jedes Strahlenpaar.) Zwischen P' und Q' liegt also das Bild des ganzen Pfeils. Auch A_3 sieht die Pfeilspitze bei Q'. (Versuchen Sie die Konstruktion.) Ganz unabhängig von seiner Lage sieht jedes Auge das Bild bei $P'Q'$ – wir haben ein echtes Abbild. Jetzt brauchen wir nicht mehr das Reflexionsgesetz zu bemühen, um zu sehen, wie ein Strahl nach A_3 kommt. Wir ziehen einfach eine Gerade (die den Spiegel in F schneidet) vom Bildpunkt P' nach A_3. Das Licht

läuft dann in Wirklichkeit in einer geraden Linie von P nach F und wieder gerade von F nach A_3, das Reflexionsgesetz ist also von selbst erfüllt. Die Lichtstrahlen bleiben immer in der Luft, scheinen aber von dem hinter dem Spiegel liegenden Bild $P'Q'$ zu kommen. Ein solches Bild heißt ein VIRTUELLES BILD, weil das Licht nicht wirklich von ihm kommt, sondern nur daher zu kommen scheint. Wir finden ein virtuelles Bild, indem wir wirkliche Lichtstrahlen zurückverlängern. An dem Punkt Q' ist kein Licht, er kann in der Wand liegen, an der der Spiegel hängt, und doch sieht es für alle Augen so aus, als ob Q' die Lichtquelle wäre.

Sie können sich selbst davon überzeugen, daß Ihr Bild hinter dem Badezimmerspiegel (und nicht darauf) ist, wenn der Spiegel beschlagen ist und Sie dann die Umrisse Ihres Kopfes mit dem Finger nachzeichnen. Sie sehen dann, daß der Umriß nur halb so groß ist wie Ihr Kopf.

STUDIER & SPEKULIER

Wenn Sie immer noch Zweifel haben, können Sie die Entfernung zum Spiegelbild mit dem Entfernungsmesser Ihrer Kamera oder durch Scharfeinstellung messen (oder SEHEN SIE SELBST).

SEHEN SIE SELBST

Die Lage des virtuellen Bildes
Hierzu brauchen Sie einen kleinen Spiegel und zwei gleiche Bleistifte. Stellen Sie den Spiegel senkrecht auf einen Tisch und einen der Bleistifte aufrecht einige Zentimeter vor den Spiegel. Der Bleistift sollte höher sein als der Spiegel und im Spiegelbild ab-

geschnitten erscheinen. Stellen Sie den zweiten Bleistift jetzt so hinter den Spiegel, daß er das Bild des ersten Bleistifts fortzusetzen scheint. Bewegen Sie das Auge seitlich hin und her, um sicher zu sein, daß der zweite Bleistift und das Bild des ersten aus allen Blickwinkeln wie ein einziger Bleistift aussehen. Der zweite Bleistift ist jetzt genau dort, wo das virtuelle Bild des ersten Bleistifts ist. Messen Sie den Abstand von Bleistift und Spiegel und vergleichen Sie dieses Ergebnis mit dem Abstand zwischen dem ersten Bleistift und dem Spiegel. (Wenn Sie einen dicken Glasspiegel benutzen, müssen Sie beachten, daß die Reflexion an der rückwärtigen Spiegelwand erfolgt.)

3.2.2 Kaleidoskope

Ein KALEIDOSKOP (griech. *kalos*, schön und *eidos*, Form, Bild und *skopein*, sehen. Es wurde 1817 von David Brewster erfunden) ist ein Beispiel für eine Überfülle virtueller Bilder (Abb. 3.3a). Es besteht aus einer langen Röhre und zwei gleichlangen Spiegeln, die in einem Winkel aufeinander treffen. Durch ein Guckloch zwischen den Spiegeln sieht man die Gegenstände am anderen Ende des Rohrs. Wenn der Winkel zwischen den Spiegeln 60° oder 45° oder 30° (oder irgendeine Gradzahl beträgt, die in 360° aufgeht), sehen Sie diese virtuellen Bilder in symmetrischer Anordnung. Bei 60° ist das Gesichtsfeld hexagonal und hat ein dreifaches Symmetriemuster, das aus dem Gegenstand selbst und fünf Bildern besteht (Abb. 3.3b). Abbildung 3.3c zeigt, wie einige dieser Bilder zustandekommen.

Wenn die Spiegel einigermaßen gut reflektieren, kann das Muster so gut sein, daß der Gegenstand von seinen virtuellen Bildern kaum zu unterscheiden ist. Wenn Glasspiegel verwendet werden, sind es meistens solche, die auf der Vorderseite versilbert

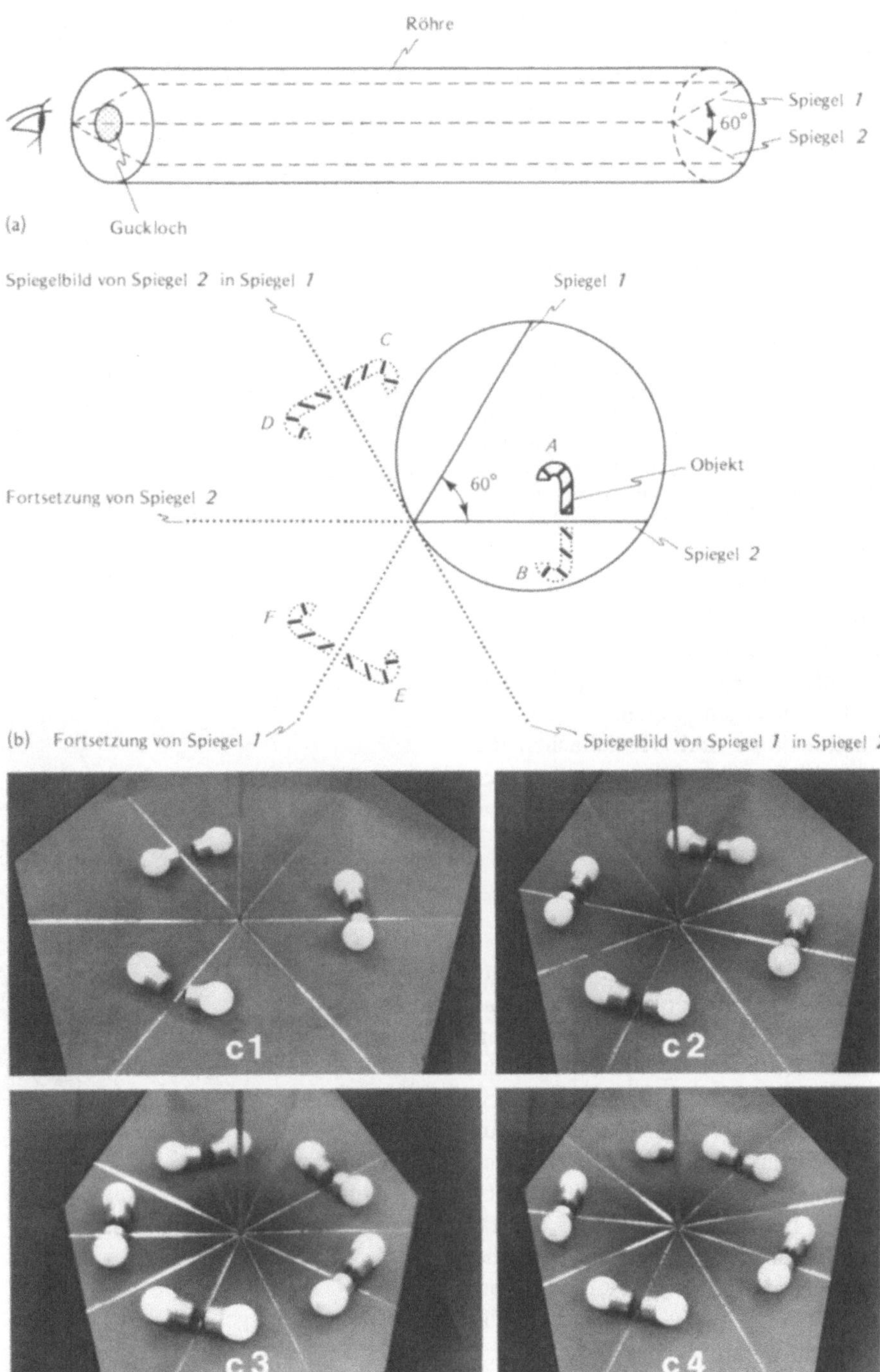

3.3 (a) Aufbau eines Kaleidoskops. (b) Ein Blick ins Kaleidoskop. Ein Objekt *A* liegt zwischen zwei Spiegeln und wird direkt gesehen. Es wird auch in Spiegel 2 gespiegelt, also sieht man in *B* ein virtuelles Bild. Von *B* scheint Licht so zu kommen, als ob dort ein Gegenstand wäre. Beide, das Objekt *A* und das Bild *B*, werden in Spiegel 1 gespiegelt; ihre virtuellen Bilder liegen bei *C* und *D*. (*D* ist das Bild eines Bildes.) Durch das Guckloch zwischen den Spiegeln sieht man also auch die scheinbaren Objekte *C* und *D* (außerhalb der Röhre). Wieder spiegeln diese sich in Spiegel 2, und die neuen virtuellen Bilder liegen bei *E* und *F*. Man sieht also schließlich den Gegenstand *A* und die fünf virtuellen Bilder *B* bis *F* in der gezeigten dreifach symmetrischen Anordnung. (c) Foto eines an zwei Spiegeln reflektierten Gegenstands: (1) Spiegel im Winkel von 60°, (2) Spiegel mit 45°, (3) Spiegel mit 36° und (4) Spiegel mit 50°, einem nicht ganzzahligen Teil von 360°

sind, um die zusätzliche Reflexion, die gewöhnliche Spiegel besonders bei seitlichem Aufblick zeigen, zu vermeiden. Das ist wichtig in einem langen Kaleidoskop, bei dem die Spiegel hauptsächlich streifend reflektieren.

Ein Kaleidoskop ist nicht nur Spielzeug, wie ein Physikbuch von 1835 es ›jedem Gebildeten faßlich darstellt‹:

Wirklich kann von diesem artigen Instrumente da, wo zu allerlei Behuf viele gefällige Muster nötig sind, ein nützlicher Gebrauch gemacht werden, z.B. in Conditoreien, Kattundruckereien, in Tapetenfabriken, Teppichfabriken, in den Werkstätten der Drahtflechter, Strohflechter, Kunsttischler, Buchbinder, Juwelirer, Stuckaturarbeiter, Bildhauer etc.

In einer Lichtschau erzeugen sie oft interessante Effekte; die auf Jahrmärkten und in Vergnügungsparks so beliebten Spiegelkabinette (Abb. 3.4) sind, genaugenommen, begehbare Kaleidoskope und ›vervielfachen die Vielfalt‹, wie T.S. Eliot sagt, ›in einer Wildnis von Spiegeln.‹

3.3 Sphärische Spiegel

Das von einem ebenen Spiegel entworfene Bild haben wir einfach dadurch gefunden, daß wir mehrere von einem Körper ausgehende Strahlen bis zum Spiegel verfolgten. Wir können dieses Verfahren auch auf SPHÄRISCHE oder KUGELSPIEGEL anwenden, reflektierendes Material also, das die Form eines Teils einer Kugeloberfläche hat. (Wir zeichnen solche Flächen als Teil eines Kreises. Um sich die Kugelfläche zu veranschaulichen, muß man sich vorstellen, diese Kurve drehe sich um ihre Mittelachse.) Solche Spiegel haben, wie wir sehen werden, ganz andere Eigenschaften als ebene Spiegel und werden für ganz andere Zwecke verwendet.

Um die Eigenschaften solcher Kugelspiegel kennenzulernen, untersuchen wir zunächst einige Strahlen, für die das Reflexionsgesetz besonders einfach ist. Die hier aufgeschriebenen Regeln sind in Wahrheit idealisiert.

3.4 Ein Spiegelkabinett; Lucas Samaras ›Gespiegelter Raum‹ aus Spiegeln auf einem Holzunterbau

Sphärische Spiegel sind keine idealen optischen Systeme: die von ihnen entworfenen Bilder sind im allgemeinen nicht perfekt, sondern leicht verschwommen. Solange jedoch die auf den Spiegel fallenden Strahlen hinreichend nahe an der ACHSE sind (einer Linie, die durch den Mittelpunkt der Kugel geht) und mit der Achse nur einen kleinen Winkel bilden, sind sowohl unsere Näherungen als auch die Bilder selbst durchaus annehmbar. Wir erhalten also ein ziemlich gutes Bild der optischen Vorgänge, wenn wir nur diese PARAXIALEN oder achsennahen Strahlen betrachten. In Abschnitt 3.4.2 untersuchen wir dann das von den nicht paraxialen Strahlen herrührende verwaschene Bild.

3.3.1 Konvexspiegel

Abbildung 3.5 zeigt einen sphärischen KONVEX- oder WÖLBSPIEGEL, (also einen Spiegel, der sich zur Lichtquelle hin wölbt) mit dem Kugelmittelpunkt C und einer Achse, die den Spiegel in dem Punkt O schneidet. Wir haben eine Reihe paraxialer Strahlen eingezeichnet. (Streng genommen sind diese Strahlen nicht paraxial, denn sie sind zu weit von der Achse entfernt und bilden mit der Achse einen zu großen Winkel. Wir zeichnen sie so, damit sie deutlicher zu erkennen sind.)

Wir betrachten zunächst Strahl 1, der parallel zur Achse auf den Spiegel trifft. Damit wir das Reflexionsgesetz anwenden können, brauchen wir die Normale zur Fläche im Punkt A, in dem der Strahl auftrifft. Sie ist leicht zu finden, denn auf einer Kugel ist jeder Radius (eine Gerade vom Mittelpunkt zur Oberfläche) senkrecht zur Oberfläche. Wir ziehen also einfach eine Gerade von dem Mittelpunkt C durch den Punkt A und haben damit die Normale in A (die gestrichelte Linie). Der reflektierte Strahl wird dann nach dem Reflexionsgesetz so konstruiert, daß $\theta_r = \theta_e$. Wenn wir jetzt den reflektierten Strahl zurückverfolgen, sehen wir, daß diese Verlängerung die Achse in einem Punkt, hier F genannt, schneidet. Wenn wir diese Konstruktion für einen anderen parallel zur Achse einfallenden Strahl, etwa den Strahl $1'$, wiederholen, finden wir, daß der reflektierte Strahl $1'$ nach rückwärts verlängert die Achse in demselben Punkt F schneidet (zumindest im Rahmen der paraxialen Näherung). Der Punkt F heißt BRENNPUNKT oder FOKUS und die Entfernung von O nach F die BRENNWEITE des Spiegels. Bei Kugelspiegeln beträgt diese Brennweite genau die Hälfte des Kugelradius (wie in Anhang C bewiesen wird):

$$f = \overline{OF} = \tfrac{1}{2}\,\overline{OC} \ .$$

Wenn wir also den Kugelradius kennen, kennen wir auch die Brennweite. Wir haben damit eine allgemeingültige Regel gewonnen:

Regel für Strahl 1

Alle Strahlen, die parallel zur Achse einfallen, werden so reflektiert, daß sie vom Brennpunkt F zu kommen scheinen.

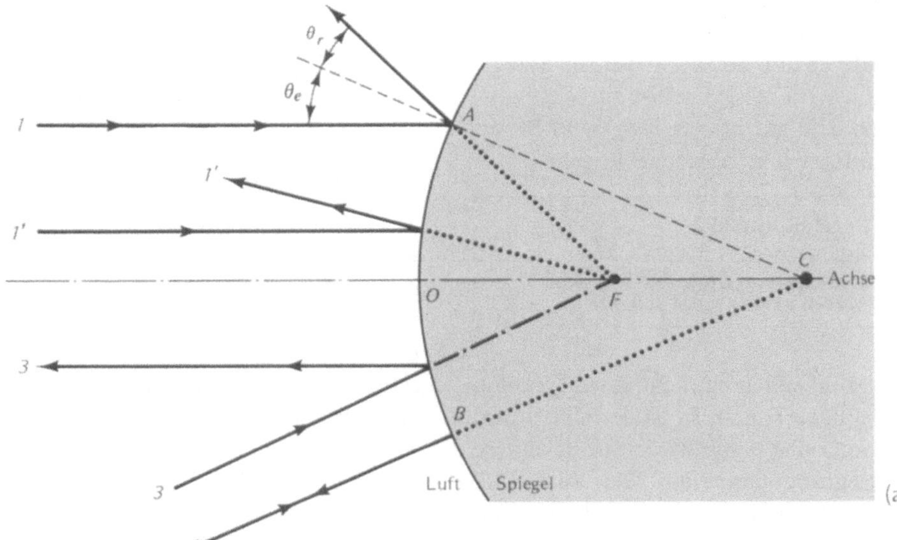

Im Rahmen unserer Näherung können wir damit einen solchen gespiegelten Strahl leicht zeichnen. Wir suchen einfach F und zeichnen dann den gespiegelten Strahl, als ob er von F käme. Dazu genügt ein Lineal, denn wenn wir einmal F kennen, brauchen wir keine Winkel mehr zu messen.

3.5 (a) Lichtstrahlen fallen auf einen konvexen sphärischen Spiegel und veranschaulichen die drei in diesem Abschnitt aufgestellten Regeln. Beachten Sie die Richtung der Strahlen – sie treffen nicht alle parallel zur Achse auf! In dieser zweidimensionalen Zeichnung und im folgenden überhaupt zeichnen wir den dreidimensionalen Kugelspiegel als Teil eines Kreises. (b) Eine glänzende Kupferschale ist ein guter Wölbspiegel

Jetzt betrachten wir Strahl 2, der ursprünglich nach C zielt. Dadurch trifft er in B senkrecht auf den Spiegel und wird in sich selbst zurückgeworfen. (Es gilt also $\theta_r = \theta_e = 0$.) So erhalten wir eine weitere Regel

> **Regel für Strahl 2**
> **Alle Strahlen,
> deren Verlängerung durch C geht,
> werden in sich selbst reflektiert.**

Schließlich betrachten wir Strahl 3, der nach F zielt. Er ist derselbe Strahl wie 1 oder 1′, nur wird er in die andere Richtung geworfen. Die Winkel θ_r und θ_e hängen, da sie gleich sind, nicht von der Richtung ab, in die der Strahl läuft. Wenn Sie also die Pfeile auf einem Strahl vom Typ 1 umkehren, erhalten Sie einen Strahl vom Typ 3, der deshalb parallel zur Achse reflektiert werden muß. Damit haben wir die dritte allgemeine Regel:

> **Regel für Strahl 3**
> **Alle Strahlen,
> deren Verlängerung durch F geht,
> werden parallel zur Achse reflektiert.**

3.3.2 Die Bildkonstruktion

Mit Hilfe dieser drei Regeln können wir jetzt das Bild eines beliebigen Objekts PQ in einem Kugelspiegel konstruieren. Wie vorher sehen wir Punkt Q als eine Lichtquelle an. In Abbildung 3.6a haben wir Strahl 1 von Q aus parallel zur Achse gezeichnet und so reflektiert, als ob er von F käme. In Abbildung 3.6b haben wir einen Strahl 2 gezeichnet, der von Q nach C läuft und in sich selbst zurückgeworfen wird. Beide Strahlen scheinen vom Schnittpunkt Q' ihrer Verlängerungen zu kommen. Q' ist also das Bild von Q. In Abbildung 3.6c überprüfen wir dieses Ergebnis, indem wir Strahl 3 zeichnen, der von Q aus nach F läuft

und parallel zur Achse reflektiert wird. Die Verlängerung dieses reflektierten Strahls geht auch durch Q', und das bestätigt unser Ergebnis. Damit können wir vertrauensvoll zur Massenproduktion reflektierter Strahlen mit Ursprung Q übergehen, indem wir sie einfach so zeichnen, als ob sie von Q' kämen (Abb. 3.6d). Ein Auge A, das in den Spiegel schaut, sieht das Bild von Q bei Q', wie der gezeichnete Strahl zeigt.

Und der Rest des Bildes? Wir könnten diese Konstruktion für jeden Punkt des Objekts zwischen Q und P (mit Ausnahme von P selbst) wiederholen, aber da das Objekt PQ senk-

3.6 Bildkonstruktion in einem konvexen Spiegel: (a), (b) und (c) zeigen, wie die Regeln jeweils auf die Strahlen 1, 2 und 3 angewendet werden; (d) zeigt, wie einfach die Massenproduktion anderer Strahlen ist. Auch ein Strahl, der ins Auge geht, ist leicht zu finden, wenn das Bild bekannt ist

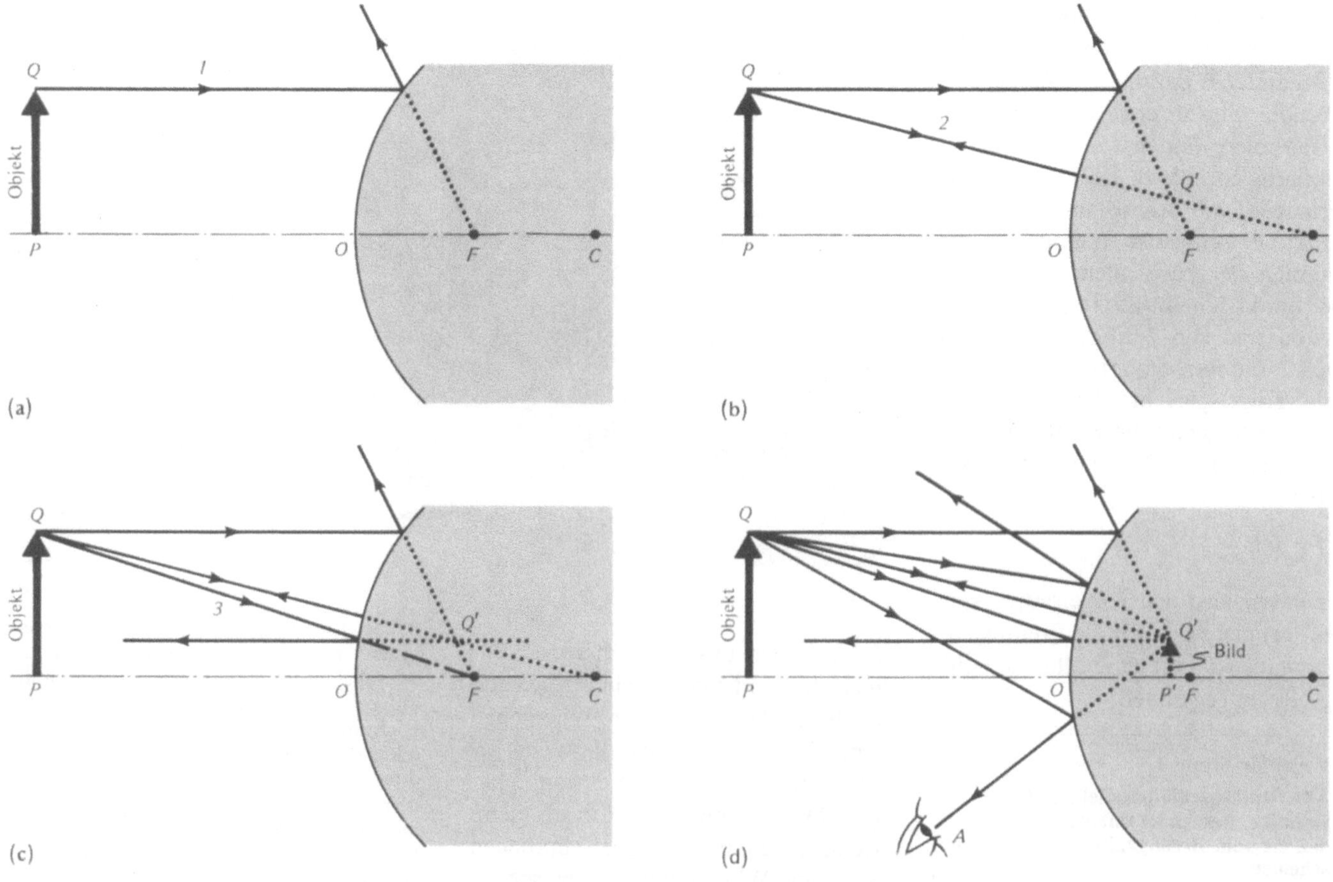

recht zur Achse steht, ist es einfacher, von Q' aus das Lot zu fällen, dessen Fußpunkt dann der Bildpunkt P' von P ist. Das Bild liegt dann, wie Abbildung 3.6d zeigt, zwischen P' und Q'. (Was passiert mit den drei Strahlen, wenn der Objektpunkt auf der Achse liegt, also zum Beispiel P selbst ist? Da unsere Regeln nichts darüber sagen, wie man in einem solchen Fall den Bildpunkt findet, müssen wir immer Objekte nehmen, die nicht auf der Achse liegen.)

Jetzt betrachten wir das Bild $P'Q'$. Wie beim ebenen Spiegel ist es ein virtuelles Bild: von ihm geht nicht wirklich Licht aus. Es steht ebenfalls aufrecht, aber im Unterschied zum ebenen Spiegel ist das Bild näher am Spiegel als das Objekt. Außerdem ist das Bild kleiner als das Objekt. Das Auge sieht in einem konvexen Spiegel ein kleineres Bild als in einem ebenen.

Weil das Bild kleiner ist als das Objekt, sehen wir im konvexen Spiegel mehr als in einem gleich großen ebenen Spiegel. Ein konvexer Spiegel ist also ein Weitwinkelspiegel, der einen großen Ausschnitt der Welt im Umfeld des Spiegels erfaßt. Solch ein Spiegel wird zum Schutz vor Ladendieben in Geschäften und zum Schutz vor Zusammenstößen an unübersichtlichen Einfahrten aufgestellt; oft sind die Rückspiegel bei Kraftfahrzeugen solche WEITWINKELSPIEGEL (Abb. 3.7), die das Gesichtsfeld vergrößern. Der Japaner Issa spricht davon so:

Fernes Gebirge
in ihr Auge gespiegelt –
blaue Libelle.

Dem ungeheuer Großen, dem Gebirge, stellt er die winzigen Facettenaugen der Libelle gegenüber, die als ›Weitwinkelspiegel‹ das Bild der Berge reflektieren.

Wenn das Objekt, etwa ein Stern, sehr weit entfernt ist, laufen die von ihm ausgehenden, den Spiegel treffenden Strahlen im wesentlichen in die gleiche Richtung, sind also parallel zueinander. In Abbildung 3.8 haben wir ein Bündel solcher parallelen Strahlen in einem Winkel zur x-Achse aufgezeichnet. Da keiner dieser Strahlen achsenparallel ist, ist kein Strahl 1 dabei. Wir können aber in diesem Bündel paralleler Strahlen zwei Strahlen 2 und 3 auswählen: einen, der in Richtung auf C läuft, und einen in Richtung auf F. Diese beiden Strahlen genügen zur Bestimmung des Bildes in Q'. Q' liegt, wie man sieht, auf der zur Achse senkrechten Ebene, die F enthält. Diese Ebene heißt die BRENNEBENE. In unserer Zeichnung ist sie nur eine Linie, aber in Wirklichkeit erstreckt sie sich vor und hinter die Zeichenebene. Damit erhalten wir eine weitere nützliche Regel:

> **Regel für Parallelstrahlen**
> **Zueinander parallele Strahlen haben einen Bildpunkt in der Brennebene.**

Das virtuelle Bild des entfernten Sterns ist dann bei Q'. Wir können leicht jeden anderen reflektierten

3.7 Die Fotografie eines Konvexspiegels, der einen weiten Winkel erfaßt. Der ebene Spiegel, auf den er montiert ist, zeigt den normalen Anblick. (a) Die Kamera ist auf das Bild im Konvexspiegel gerade hinter dem Spiegel eingestellt. (Vergleichen Sie Abb. 3.6.) (b) Die Kamera ist auf das Bild im ebenen Spiegel eingestellt, das so weit hinter dem Spiegel liegt, wie das Objekt davor ist. Aus größerer Entfernung kann sich das Auge auf beide Bilder gleichzeitig einstellen

3.8 Ein weit entferntes Objekt Q (in dieses Buch paßt es nicht hinein) schickt Parallelstrahlen zu einem Wölbspiegel. Sein Bild Q' liegt in der Brennebene des Spiegels

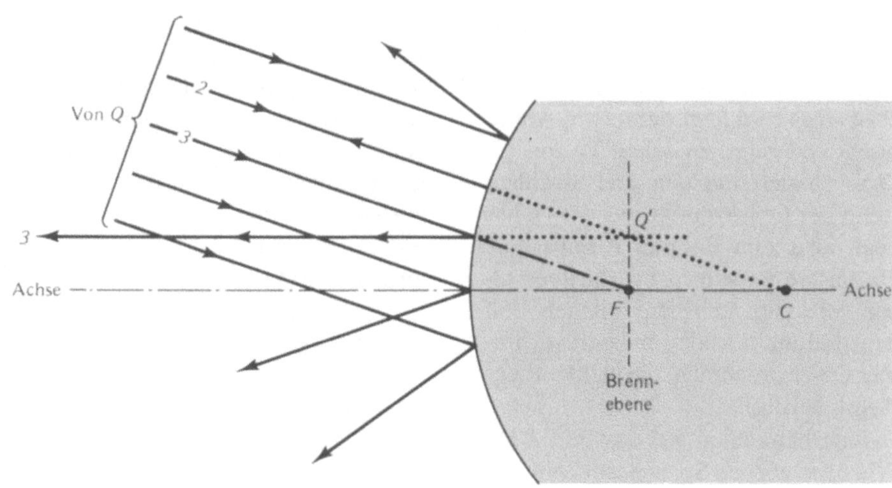

Strahl finden, indem wir eine Gerade von Q' bis zu dem Spiegelpunkt zeichnen, an dem der einfallende Strahl auftrifft. Wir haben (außer 2 und 3) drei weitere solche Strahlen gezeichnet und die Geraden zwischen Q' und dem Spiegel weggelassen, um die Zeichnung nicht zu verwirren. Sterne aus anderen Richtungen würden auf andere Punkte der Brennebene abgebildet werden.

Diese eben beschriebene Bildkonstruktion kann, sorgfältig durchgeführt, von jedem beliebigen Objekt die richtige Größe, Lage und Orientierung des Bildes geben. Mit einem Lineal läßt sich das Ergebnis in der Zeichnung messen. Die Eigenschaften des Bildes sind so ziemlich genau zu bestimmen, obwohl man für die Konstruktion nur die Brennweite f des Spiegels zu kennen braucht. (Lesen Sie dazu auch Anhang D.)

3.3.3 Zerrbilder in konvexen Spiegeln und anamorphotische Kunst

Wenn der abgebildete Gegenstand nicht in einer zur Achse senkrechten Ebene liegt oder wenn der Spiegel nicht sphärisch ist, zeigt der Konvexspiegel ein verzerrtes Bild. Diese Deformationen haben großen Reiz. So hing im vorigen Jahrhundert in vielen Wohnzimmern ein Konvexspiegel an der Wand, der den Raum und die Menschen in ihm exotisch aussehen ließ. Parmigianino, Escher und andere Künstler porträtierten sich selbst in solchen Spiegeln (Abb. 3.9).

Auch das umgekehrte Verfahren war beliebt. Statt mit Hilfe eines Kon-

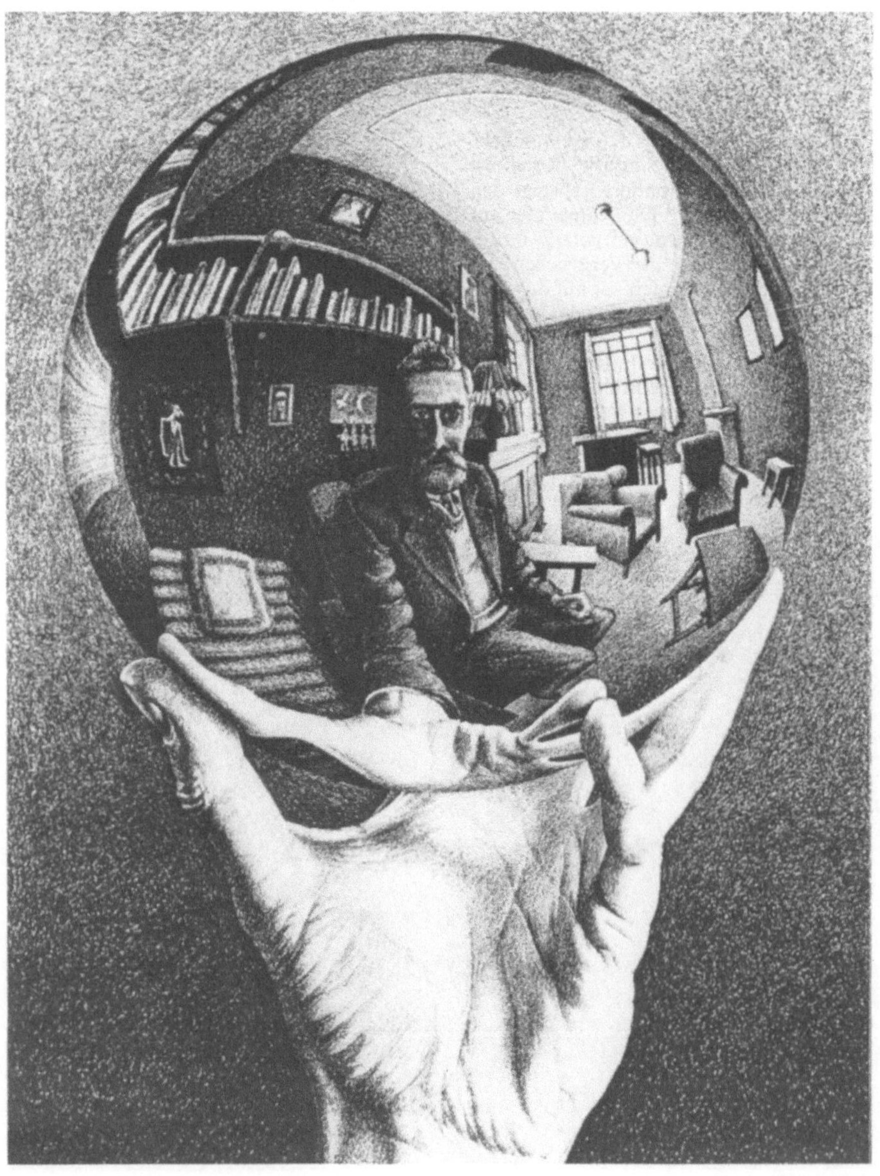

3.9 M.C. Escher, ›Hand mit spiegelnder Kugel‹

vexspiegels Dinge zu verzerren, malte man ein verzerrtes Bild, das bei Betrachtung in einem Konvexspiegel nicht deformiert war. Diese ANAMORPHOTISCHE KUNST (von griech. *anamorphein*, verwandeln) entstand im 16. Jahrhundert, war mehrere hundert Jahre lang beliebt und wird gegenwärtig wieder modern. Auch Shakespeare beschreibt sie:

Das Aug des Kummers überglast
    von Tränen
Verteilt ein Ding in viele Gegenstände,
Wie ein verzerrtes Bild, grad angesehen,
Nichts als Verwirrung zeigt, doch schräg
    betrachtet
Gestalt läßt unterscheiden.

Je nach der Art der ›Dekodierung‹ lassen sich verschiedene Arten anamorphotischer Kunst unterscheiden. Eine beliebte Art verwendet einen Zylinderspiegel (eine glänzende Röhre, zum Beispiel eine Konservendose). Man stellt den Spiegel in die Mitte des verzerrten Bildes, sieht in den Spiegel

3.10 Zylindrische Anamorphose mit einem Spiegel, der das Bild rekonstruiert

3.11 Ein konisch anamorphotisches Foto, das nach der Methode des Versuchs in SEHEN SIE SELBST aufgenommen wurde. Der kegelförmige Spiegel in der Mitte rekonstruiert das unverzerrte Bild aus der anamorphotischen Umgebung, so daß man den Kopf des Kätzchens inmitten des verzerrten Bildes sieht

und findet dort ein nicht verzerrtes virtuelles Bild (Abb. 3.10). Konzentrische Kreise werden im Bild zu Geraden, und die äußere kreisförmige Grenze ist im Bild oben. Anamorphotische Bilder lassen sich, wie SIE SELBST SEHEN können, mit Hilfe eines besonderen Gitters zeichnen.

Man kann auch konische, also kegelförmige Spiegel verwenden, die dann mit der Spitze nach oben in die Mitte des konisch-anamorphotischen Kunstwerks gestellt und (mit nur einem Auge) von der Spitze des Kegels aus betrachtet werden. Diese Bilder sind besonders verblüffend, denn sie sind ›falsch herum‹: der äußere Teil

3.12 Hans Holbein, ›Die Gesandten‹. Betrachten Sie den Streifen im Vordergrund von oben rechts. (Reproduktion mit freundlicher Erlaubnis der Trustees, The National Gallery, London.)

der Zeichnung wird zum inneren Teil des virtuellen Bildes (Abb. 3.11). Solche Bilder können ebenfalls mit Hilfe eines Spezialgitters gezeichnet werden und lassen sich, wie SIE SELBST SEHEN können, auch fotografisch erzeugen.

Eine wieder andere Form der Zerrbilder wird ohne Spiegel betrachtet. Stark verlängerte Bilder, wie der Streifen unten in dem Gemälde ›Die Gesandten‹, das Hans Holbein d.J. 1533 schuf, sind entzerrt, wenn sie schräg von der Seite betrachtet werden (Abb. 3.12). Ein solches Bild heißt schräg-anamorphotisch (und auf diese Kunst bezieht sich Shakespeare in seinem oben zitierten Sonett).

Diese Bilder können Botschaften vermitteln, die für die Zensur unverständlich sind, aber leicht verständlich für den beabsichtigten Empfänger. Zu diesem Zweck werden sie verwendet, seit es sie gibt. Einer der Verfasser lernte anamorphotische Kunst kennen, als er in einem Studienführer ein Muster fand, das abstrakt erschien, von der Seite betrachtet aber eine klare (und derbe) Studentenmeinung zur Überbürokratisierung der Universitätsverwaltung kund tat (eine offensichtlich verzerrte Ansicht).

SEHEN SIE SELBST

1 Zylinderanamorphotisches Zeichnen

Wenn Sie ein Zylinderzerrbild zeichnen wollen, brauchen Sie ein quadratisches Stück spiegelnder Plastikfolie oder ›Goldpapier‹ von etwa 30 cm Kantenlänge. (Metallfolie für Weihnachtbasteleien bewährt sich, weil sie fest ist.) Abbildung 3.13 zeigt das Kon-

3.13 Konstruktion einer anamorphotischen Zeichnung

3.14 Gitter zur Konstruktion einer zylindrisch anamorphotischen Zeichnung

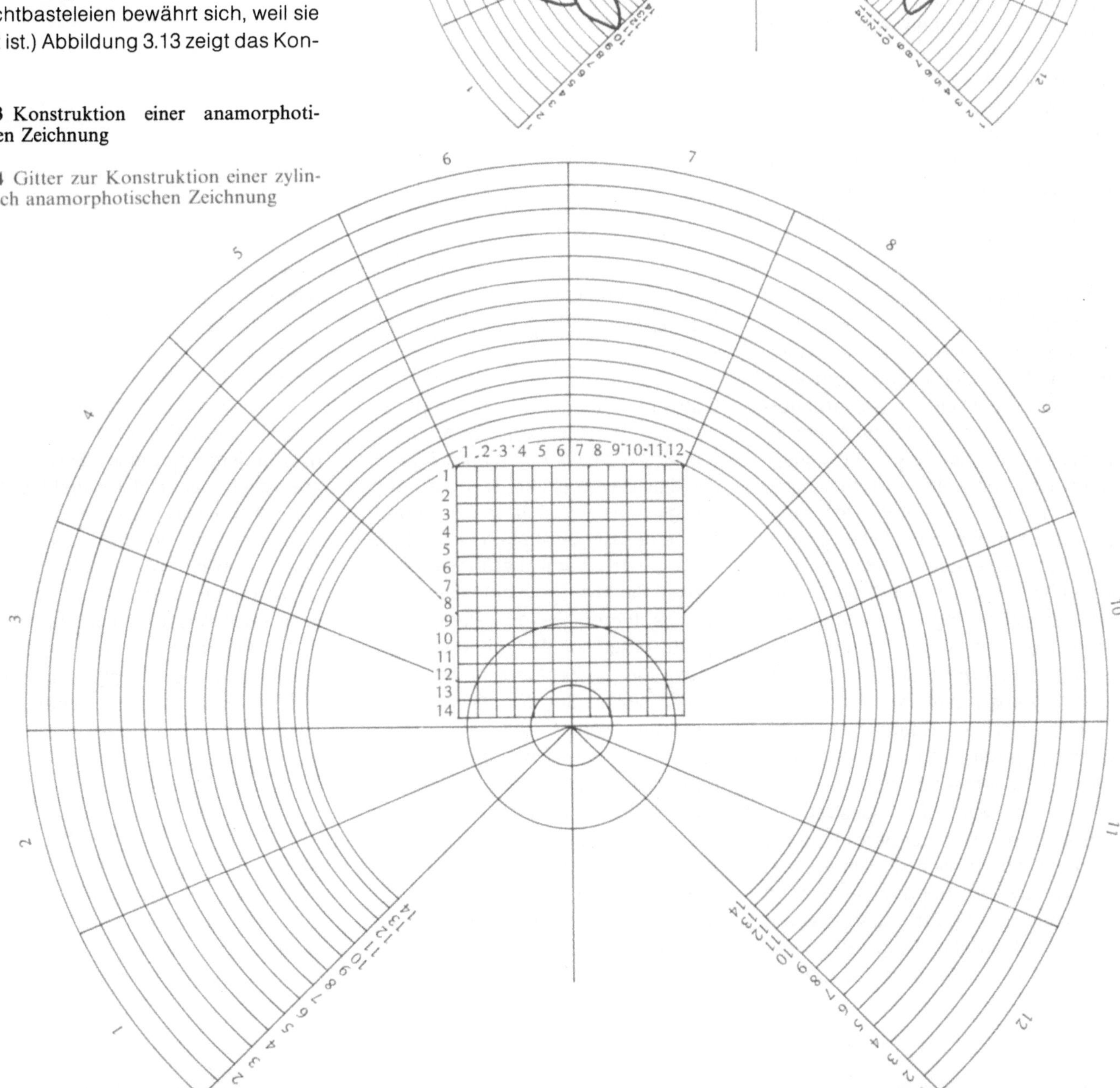

struktionsverfahren. Man zeichnet zunächst auf kariertes Papier ein unverzerrtes Bild und überträgt dann jede Linie der Zeichnung auf das verzerrte Gitter.

Zeichnen Sie also zuerst ein unverzerrtes Bild auf ein Stück Papier, das 12 mal 14 Quadrate hat. Zeichnen Sie Ihr Bild dann in das Gitter von Abbildung 3.14 und eine Kopie davon. Rollen oder kleben Sie die Folie zu einem Zylinder, der genau in den inneren Kreis des gekrümmten Gitters hineinpaßt. Stellen Sie diesen Zylinder auf den inneren Kreis und schauen Sie sich das Spiegelbild an. Zeichnen Sie alle Linien nach, die Ihnen nicht richtig erscheinen. Das ist etwas schwierig, weil Sie zeichnen müssen, während Sie in den Spiegel schauen. Radieren Sie die Gitterlinien aus oder übertragen Sie die Zeichnung auf ein anderes Blatt, wenn Sie fertig sind. Falls Sie die Zeichnung farbig ausmalen, sollten Sie darauf achten, daß die Pinselstriche keine Ränder hinterlassen.

2 Kegelanamorphotische Fotografie

Wenn Sie Schwarzweißfotos (auf mindestens 20 × 25 cm) vergrößern können, können Sie ein konisch anamorphotisches Foto herstellen. Außer einem gewöhnlichen Vergrößerungsapparat und den üblichen Chemikalien benötigen Sie ein Stativ mit einer Klemmschraube oder eine andere Stütze, eine verstellbare Blende oder einen Satz Pappscheiben, die jede eine andere Öffnung haben und einen reflektierenden Kegel mit etwa 30° Scheitelwinkel (den Sie aus der Metallfolie kleben können).

Wählen Sie ein Negativ mit gestochen scharfem Bild, in dem der abgebildete Gegenstand ziemlich klein und in der Mitte des Bildes ist. Am besten ist es, wenn der Bereich genau in der Mitte ziemlich dunkel ist. (Bei einem solchen Negativ sind dann unerwünschte Verzerrungen, die von einer nicht perfekten Kegelspitze herrühren, im Positiv nicht zu sehen.)

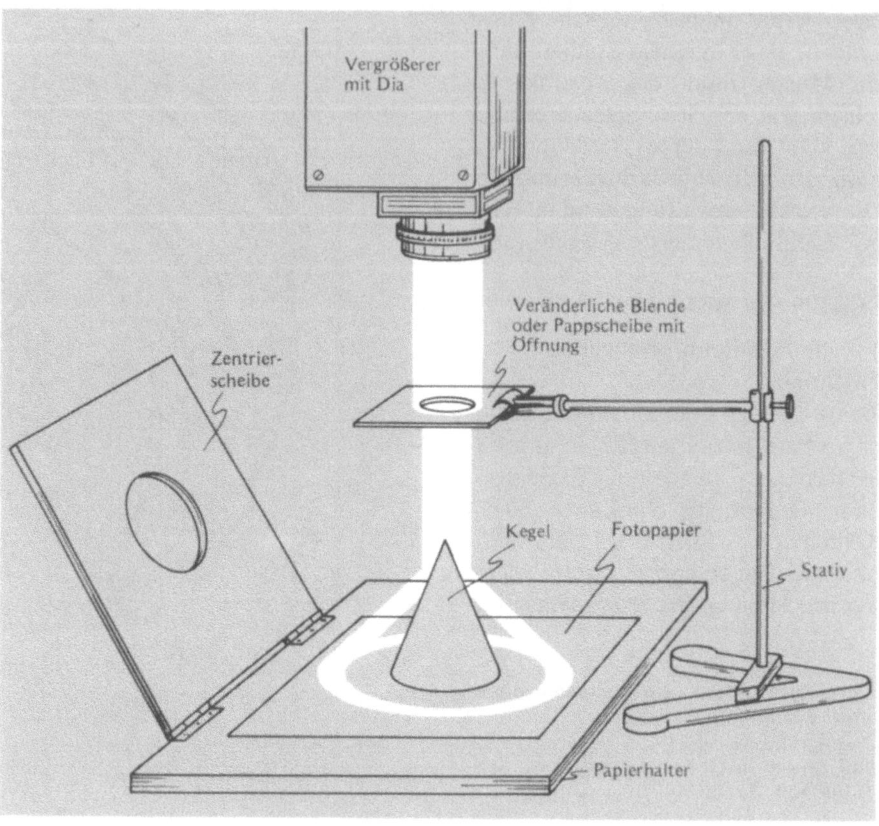

3.15 Aufbau zur Herstellung eines anamorphotischen Fotos. Der reflektierende Kegel steht an seinem Platz, und die Zentrierscheibe ist zur Belichtung zurückgeklappt

Schneiden Sie ein Stück Pappe als Zentrierscheibe so zu, daß es gut in den Papierhalter hineinpaßt, und in die Mitte davon ein kreisrundes Loch, das gerade so groß ist wie die Grundfläche des Kegels. Legen Sie das Negativ in den Vergrößerungsapparat, stellen Sie die Projektionslampe an und zentrieren Sie den Papierhalter genau unter der Vergrößerungslinse. Legen Sie die Zentrierscheibe in den Halter, stellen Sie den Kegel in das Loch und nehmen Sie die Zentrierscheibe wieder weg. Befestigen Sie dann mit Hilfe des Stativs und der Klemme die verstellbare Öffnung oder die Pappscheibe genau über dem Kegel. Justieren Sie die Öffnung so, daß Licht von dem Vergrößerungsapparat auf den Kegel, aber nicht direkt auf den Papierhalter fällt. Stellen Sie das verzerrte Bild scharf ein. In Abbildung 3.15 ist die mit Scharnieren oder Klebefolie an dem Papierhalter befestigte Zentrierscheibe in der Position dargestellt, in der sie bei der Scharfeinstellung und beim Belichten sein soll.

Zur Belichtung zentrieren Sie nun mit Hilfe der Zentrierscheibe den Kegel auf dem Fotopapier. Belichten Sie wie üblich, als ob der Kegel nicht da wäre. Verkleinern Sie dann die Öffnung ein wenig und belichten Sie wieder wie üblich. Wiederholen Sie das 10 bis 15 mal, bis die Öffnung so klein ist wie nur möglich. Wenn Ihr Negativ in der Mitte dunkel ist, können Sie sich die letzten Belichtungen ersparen. Diese ungewöhnliche Trickbelichtung garantiert, daß jeder Teil des Papiers lange genug belichtet wird.

STUDIER & SPEKULIER

Wenn während der gesamten Belichtungszeit Licht von dem Vergrößerungsgerät den ganzen Kegel erreichen könnte, würde (unter der Annahme, daß das Negativ überall

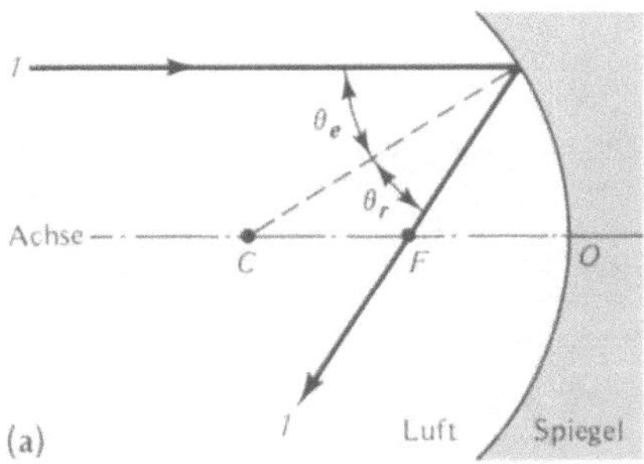

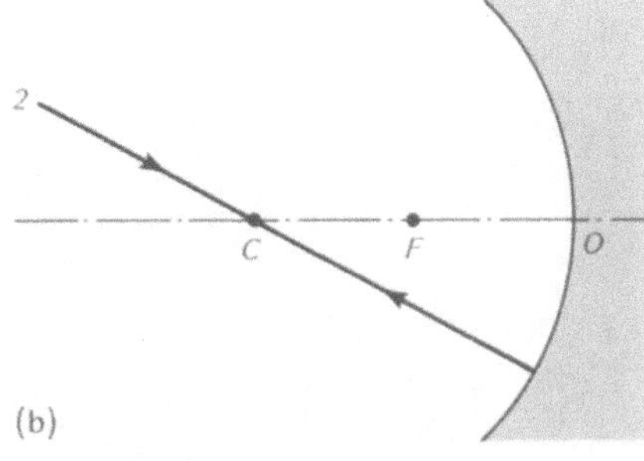

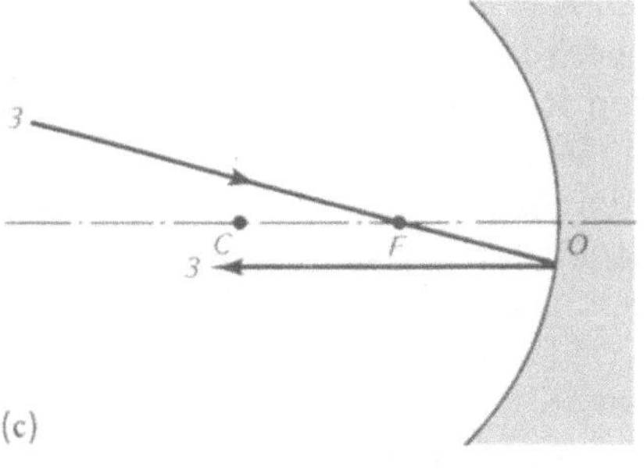

gleichmäßig dicht ist) das Papier in der Nähe des Kegels viel mehr Licht erhalten als die entfernteren Teile. Warum?

Wenn Sie das entwickelte Positiv betrachten wollen, stellen Sie den Kegel in seine Mitte und schauen mit nur einem Auge auf den Kegel hinunter (Abb. 3.11).

3.3.4 Konkavspiegel

Die reflektierende Fläche eines KONKAV- oder HOHLSPIEGELS biegt sich (wie ein Hohlraum) von der Lichtquelle weg. Der Mittelpunkt der Kugel liegt also vor dem Spiegel. Genau wie beim Konvexspiegel wenden wir die Reflexionsgesetze auf Strahl 1 in Abbildung 3.16 an und entdekken, daß der Brennpunkt F ebenfalls vor dem Spiegel liegt. (Wieder gilt wie beim sphärischen Spiegel $\overline{OF} = \frac{1}{2}\overline{OC}$.) Um diesen Fall vom konvexen zu unterscheiden, sagen wir, die Brennweite f sei das Negative der Entfernung $\overline{OF}$. f ist also für Konkavspiegel negativ und für Konvexspiegel positiv.

Wenn wir berücksichtigen, daß die Punkte C und F vor dem Spiegel liegen, können wir die allgemeinen Regeln für Konvexspiegel unmittelbar für Konkavspiegel übernehmen. In Abbildung 3.16 zeigen wir je eine dieser drei Strahlenarten.

Weil F und C vor dem Spiegel liegen, bietet der Konkavspiegel andere

3.16 Drei den Regeln gemäß verlaufende Strahlen an einem Hohlspiegel

Möglichkeiten als der Konvexspiegel. Denken wir uns zum Beispiel in F eine punktförmige Lichtquelle. Alle Strahlen von dieser Quelle sind dann Strahlen vom Typ 3, weil sie von F herkommen. Sie werden deshalb alle parallel zur Spiegelachse reflektiert. Damit können wir also ein paralleles Strahlenbündel erzeugen, indem wir einfach eine kleine Lichtquelle in den Brennpunkt eines Konkavspiegels stellen. Konkavspiegel in Scheinwerfern und Taschenlampen erzeugen solche parallelen Lichtbündel.

Umgekehrt kann eine ganze Menge Lichtenergie einer entfernten Quelle, wie etwa der Sonne, in einem Punkt gesammelt werden, da ja alle parallel zur Achse einfallenden Strahlen so gespiegelt werden, daß sie durch F gehen (Strahl 1). Der Überlieferung nach hat Archimedes im dritten vorchristlichen Jahrhundert aus den glänzenden Schilden vieler Soldaten einen Konkavspiegel gebaut und damit die angreifende römische Flotte verbrannt. Dabei wäre alle Sonnenenergie, die auf die große Spiegelfläche fiel, auf das kleine Bild der Sonne auf einem der Schiffe gerichtet worden, und diese konzentrierte Energie hätte das Schiff in Brand gesetzt. Ob Archimedes es so gemacht hat oder nicht, heute jedenfalls werden solche Verfahren in Sonnenkollektoren viel benutzt; kleine Sonnenkollektoren werden als Feueranzünder verkauft. (Lesen Sie dazu IM BRENNPUNKT am Ende dieses Kapitels.)

Daß F und C vor dem Spiegel liegen, hat auch andere, eher vergnügliche Folgen. Wir erhalten je nach der Lage des Objekts ganz verschiedene Bilder, die alle nach den Regeln des Abschnitts 3.3.2 gefunden werden können. In unserem Beispiel (Abb. 3.17) haben wir den Gegenstand zwi-

3.17 Bildkonstruktion bei einem Hohlspiegel

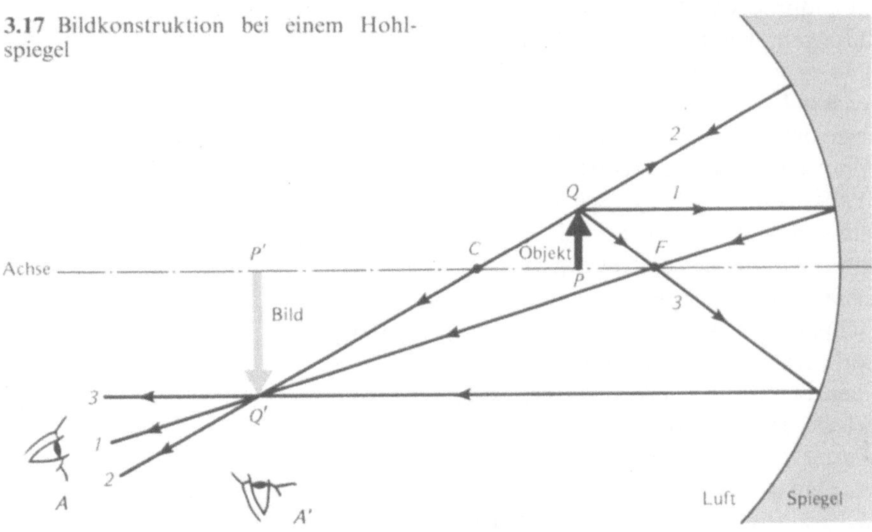

schen C und F gelegt. Die Strahlen 1 und 3 lassen sich dann entsprechend den Regeln für die Bildkonstruktion einfach zeichnen. Jetzt aber kommt es dem Auge nicht nur so vor, als ob Strahl 1 von F her käme, sondern er geht auch wirklich durch F. Entsprechend läuft Strahl 3 nicht nur von F aus in Richtung Q, sondern er läuft auf seinem Weg zum Spiegel wirklich durch Q. Die Regel für Strahl 2 bedarf jedoch einer Erläuterung. Wenn ein Strahl von Q ausgeht, kann er niemals in Richtung des Spiegels und auch durch C gehen. Wenn wir aber von Q aus einen Strahl in Richtung des Spiegels so zeichnen, als ob er von C gekommen wäre, dann ist dieser Strahl immer noch senkrecht zum Spiegel und wird deshalb in sich selbst so zurückgespiegelt wie sonst Strahl 2. So können wir also das Abbild eines Objekts finden, das zwischen C und dem Spiegel liegt. (Wenn der Gegenstand näher am Spiegel liegt als F, gelten entsprechende Bemerkungen für Strahl 3.)

Die drei gespiegelten Strahlen in Abbildung 3.17 schneiden einander wirklich (ohne daß man sie rückwärts zu verlängern hätte.) Deshalb liegt das Bild Q' vor dem Spiegel. Wir erhalten das gesamte Bild $P'Q'$ wie gewöhnlich, indem wir von Q' aus das Lot auf die Achse fällen. Das ist kein virtuelles Bild, weil die Strahlen von Q wirklich durch Q' gehen. Ein solches Bild, durch das Licht wirklich hindurchgeht, heißt REELL. Für das Auge sieht es so aus, als ob bei Q' ein Gegenstand die Sicht auf den dahinterliegenden Spiegel verhindern würde. Wenn das Auge sich jedoch nach A' bewegt und nach Q' schaut, verschwindet der ›Gegenstand‹, denn dann ist hinter Q' kein Spiegel, der das Licht nach A' spiegeln kann. Da Lichtstrahlen sich in einem reellen Bild wirklich kreuzen, kann man dort einen Schirm aufstellen, auf den ein sichtbares Bild projiziert wird. Das Muster der hellen gerippten Linien, das man gelegentlich vom Wasser zurückgespiegelt sieht, rührt daher

3.18 Rippenlinien von Licht, das an der unebenen Wasseroberfläche gespiegelt und gesammelt wird. Die Linien sind nahe an der Wasseroberfläche und an der Wand im Schatten des Geländers zu sehen

(Abb. 3.18). Die kleinen Wellen bilden im Wasser kleine Wölbungen, konkave Flächen, die das Sonnenlicht reflektieren. Weil es so viele Wellen gibt, sind immer einige dabei, die die Sonne gerade auf eine neben dem Wasser befindliche Fläche spiegeln. Da beim Wasser die konkaven Flächen eher trogförmig, also länglich und nicht kugelig sind, wird das Bild der Sonne zu einer Linie. Die vielen Wellen erzeugen viele solche Bilder, die sich überschneiden, schimmern und ständig verändern, während die Wellen über die Wasseroberfläche hingleiten.

3.19 Zeichnung eines *Gigantocypris*. Die dunklen Kurven sind die reflektierenden Augen; die Netzhaut liegt vor dem Reflektor. Die Augen schauen durch transparente Fenster seiner Schale

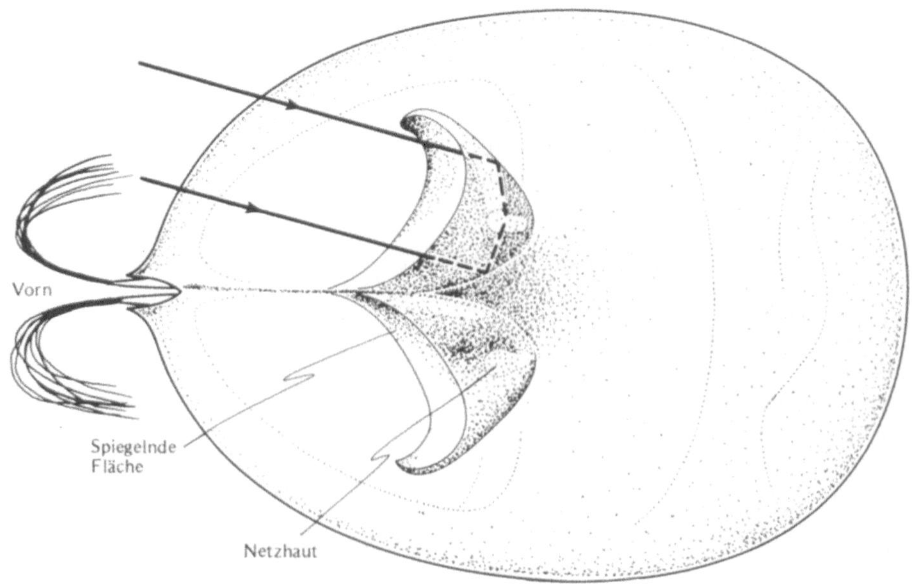

In Abbildung 3.17 ist das von dem Konkavspiegel entworfene Bild reell. Es liegt vor dem Spiegel und damit näher an A als das Objekt selbst! Es steht auf dem Kopf, zeigt also in die dem Gegenstand entgegengesetzte Richtung und ist auch im Vergleich zum Objekt VERGRÖSSERT. Diese Eigenschaften des Bildes ändern sich, wenn die Lage des Objekts sich ändert. So läge das Bild bei PQ, wenn der abgebildete Gegenstand bei $P'Q'$ wäre. (Warum?) In dem Fall steht das Bild immer noch auf dem Kopf und ist reell, ist aber kleiner als das Objekt und näher am Spiegel.

Wenn das Objekt näher am Spiegel ist als der Brennpunkt F, ist das Bild virtuell, hinter dem Spiegel, aufrecht und vergrößert. Solche Spiegel werden als Rasier- und Kosmetikspiegel verwendet. Mit ihnen sieht man ein vergrößertes Bild des Gesichts, wenn man nahe genug davor ist. Beobachten Sie, falls Sie einen solchen Spiegel haben, einmal Ihr Bild, während Sie das Gesicht auf den Spiegel zu oder von ihm weg bewegen. Sie können dazu auch die Kelle eines großen Löffels benutzen. In diesem Fall ist es leichter, wenn Sie als Objekt die Fingerspitze nehmen. Wenn Sie den Löffel umdrehen, können Sie die Beobachtung im Konvexspiegel der Rückseite wiederholen und die beiden Fälle vergleichen.

Ein ungewöhnliches Beispiel für einen natürlichen Konkavspiegel ist das Auge des Planktons *Gigantocypris* (Abb. 3.19). Dieses in der Tiefsee lebende Krustentier hat in seinem Auge keine Linse, sondern vielmehr einen nichtmetallischen Konkavspiegel (Abschnitt 12.3.3). Spiegelaugen sind im Tierreich relativ selten, kommen aber gelegentlich vor. In Abschnitt 6.4.4 lernen wir ein weiteres Beispiel kennen.

3.20 Die Wirkung einer kugelförmigen Glasfläche auf Lichtstrahlen, die parallel zur Achse einfallen: (a) und (b) bei sammelnden Flächen (c) und (d) bei zerstreuenden Flächen

3.4 Sphärische Linsen

Wir können auch durch Brechung virtuelle oder reelle Bilder erzeugen, weil Lichtstrahlen beim Eintritt in ein anderes Medium abknicken. Wir betrachten die beiden Medien Luft und Glas und stellen uns vor, die Grenzfläche zwischen ihnen sei wie ein Teil einer Kugel geformt und Licht fiele parallel zur Achse von der Luftseite her auf diese Grenzfläche (Abb. 3.20a und c). Wir haben die Normalen eingezeichnet, die hier einfach Radien sind, also Geraden, die durch den Mittelpunkt der Kugel gehen. Nach dem Snelliusschen Gesetz wird Licht zur Normalen hin gebrochen, so daß der Winkel θ_d mit dem durchgelassenen Strahl kleiner ist als der Einfallswinkel θ_e. Die beiden Strahlen in Abbildung 3.20a, die in Luft parallel zur Achse laufen, kommen im Glas zusammen. Diese Oberfläche ist also eine KOLLEKTIVE oder sammelnde Fläche. In Abbildung 3.20c laufen die

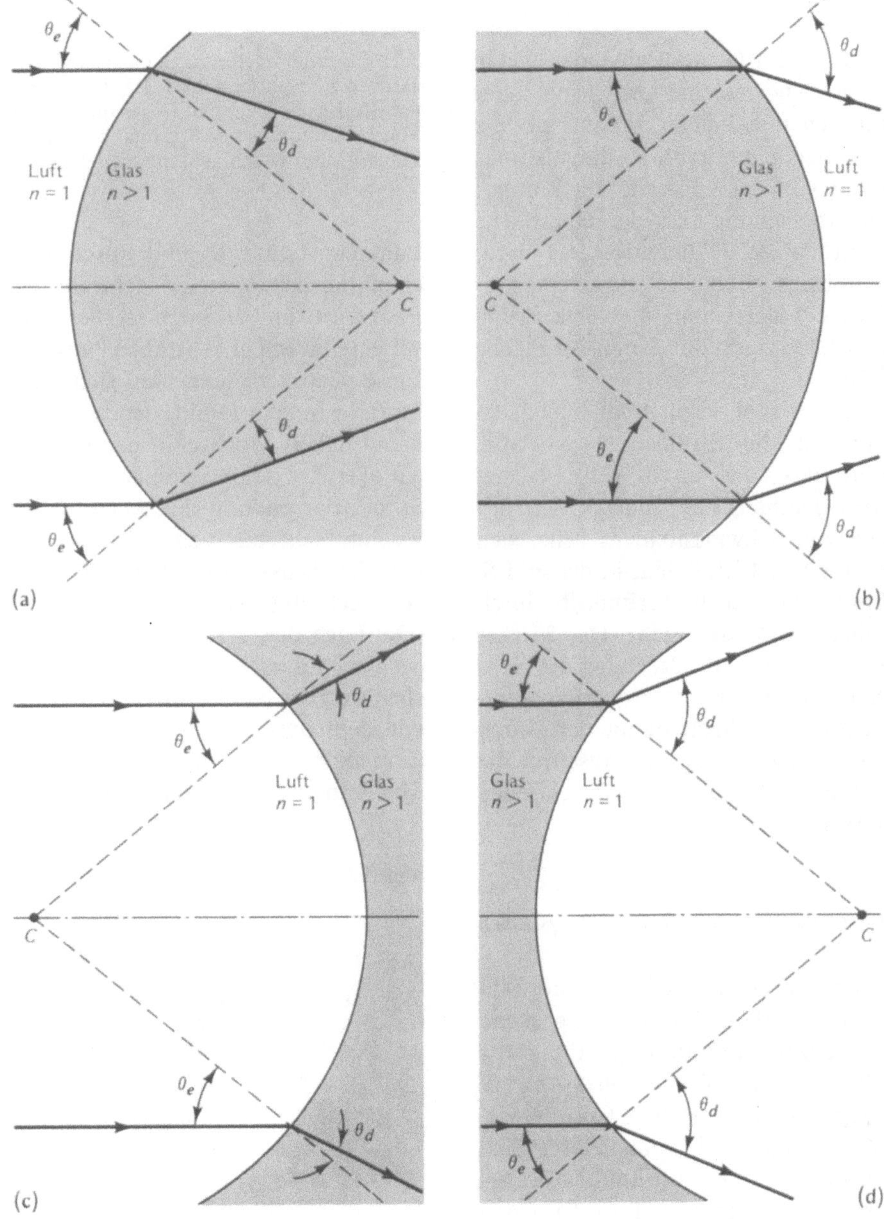

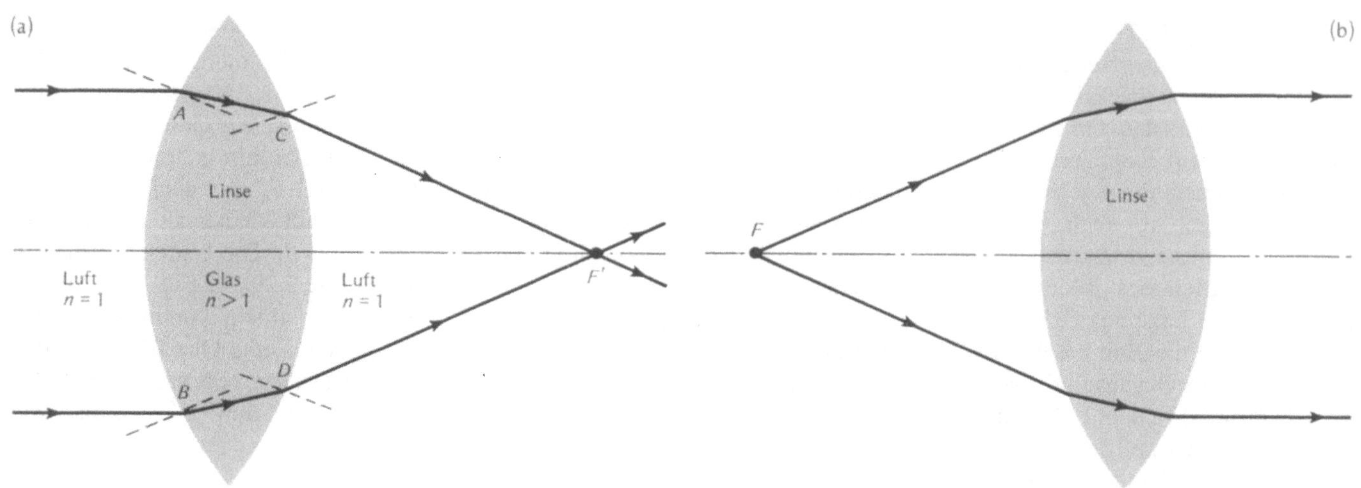

(a)

Linse

Luft
$n = 1$

Glas
$n > 1$

Luft
$n = 1$

F'

(b)

F

Linse

3.21 Eine Sammellinse, die aus zwei kollektiven Flächen besteht. (a) Achsenparallele Strahlen werden bei F' gesammelt. (b) Von F' her kommende Strahlen werden gesammelt und treten achsenparallel aus

Strahlen im Glas auseinander. Diese Oberfläche ist eine DISPANSIVE oder zerstreuende Fläche. Wenn man die Oberfläche umdreht, so daß also das Licht von der Glasseite her kommt, ändert sich die Art der Oberfläche nicht: Wenn 3.20a umgekehrt wird, ergibt sich 3.20b, also wieder eine kollektive Fläche, und die Umkehrung von 3.20c ergibt die dispansive Fläche 3.20d.

Eine Fläche wie in Abbildung 3.20a sammelt die Strahlen auch dann, wenn das Glas durch Wasser ersetzt wird. Deshalb sieht man oft am Boden von Schwimmbädern helle, sich kräuselnde Lichtlinien, in denen T.S. Eliot ›das Licht zerfunkelt durch ruheloses Wasser‹ sieht. Das Muster kommt durch die Brechung des Sonnenlichts an der Wasseroberfläche zustande und ähnelt damit den durch Spiegelung erzeugten Mustern, die wir in Abschnitt 3.3.4 beschrieben haben.

3.4.1 Sammel- und Zerstreuungslinsen

Wenn wir die beiden Flächen aus Abbildung 3.20a und b zusammensetzen, erhalten wir die LINSE aus Abbildung 3.21a. Durch wiederholte Anwendung des Snelliusschen Gesetzes sehen wir, daß Licht, das ursprünglich parallel zur Achse verläuft, an der ersten Fläche gesammelt wird (in den

Punkten A und B) und durch Brechung an der zweiten Fläche (in den Punkten C und D) noch stärker konvergiert. Wenn die Strahlen aus der Linse austreten, schneiden sich diese Strahlen in dem Punkt, den wir F genannt haben. Dort schneiden sich sogar alle paraxialen Strahlen, auch ein Strahl, der entlang der Achse selbst verläuft, geht durch diesen Punkt (SEHEN SIE SELBST). Der Punkt F' heißt (zweiter) BRENNPUNKT DER LINSE. (Die Lage dieses Punktes hängt von der Krümmung der beiden Linsenflächen, von der Brechzahl der Linse und von dem umgebenden Medium ab.) Eine solche Linse heißt SAMMELLINSE. Man kann sie als Brennglas benützen

Abb. 3.22

und mit ihr ein Feuer anzünden. Die parallelen Sonnenstrahlen werden durch sie in einem Brennpunkt F' gesammelt und ergeben dort ein kleines Bild der Sonne. Alle Energie, die diese Lichtstrahlen mit sich bringen, konzentriert sich in diesem kleinen Bild und erhitzt den Fleck (Abb. 3.22). Sammellinsen sind schon sehr lange bekannt. Die frühesten waren mit Wasser gefüllte Glaskugeln. Der griechische Komödiendichter Aristophanes schlägt vor, mit ihnen Schuldscheine nichtig zu machen, indem man die Buchstaben auf den Wachstafeln schmelzen läßt. Schuhmacher hängten diese ›Schusterkugel‹ vor eine Petroleumlampe (Abb. 6.8), und Spitzenklöpplerinnen stellten sie vor ihre Kerze. Eine Sammellinse hat auch einen (ersten) BRENNPUNKT F vor der Linse (Abb. 3.21b). Alle Strahlen, die von F ausgehen und durch die Linse hindurchgehen, kommen achsenparallel wieder heraus. Zum Beweis dieser Behauptung ist nur zu bedenken, daß Abbildung 3.21b nichts anderes ist als das Spiegelbild von Abbildung 3.21a mit umgekehrten Pfeilrichtungen.

Wir erhalten eine ZERSTREUUNGSLINSE, wenn wir die beiden dispansiven Flächen der Abbildung 3.20c und d kombinieren. In Abbildung 3.23a sehen wir, daß die parallel zur Achse einfallenden Strahlen divergent werden. Für einen Beobachter auf der

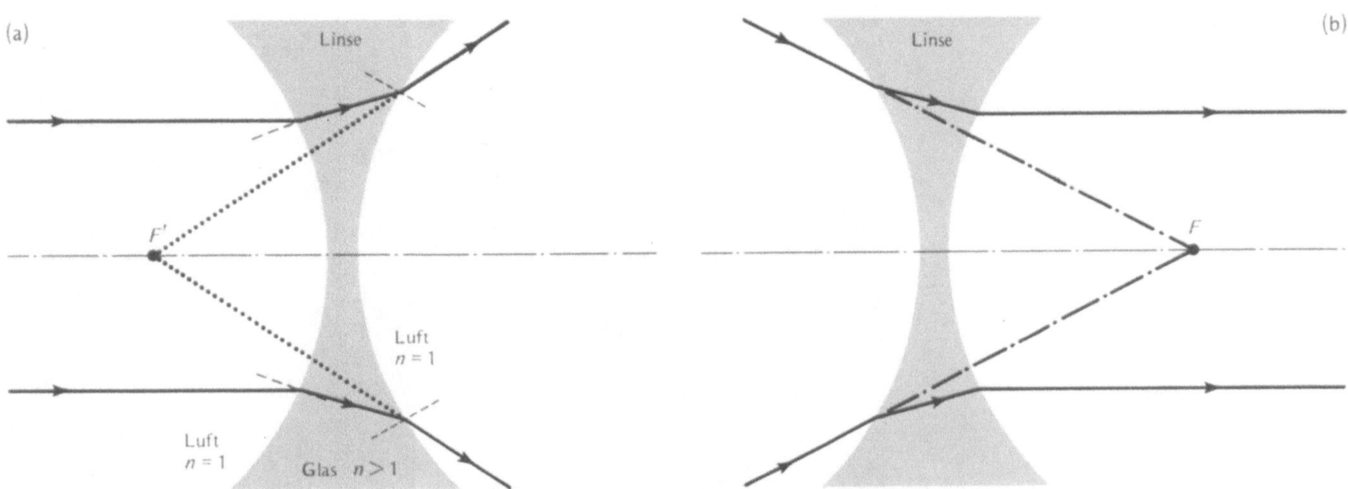

3.23 Eine Zerstreuungslinse, die aus zwei dispansiven Flächen besteht. (a) Achsenparallele Strahlen scheinen von F' zu kommen, wenn sie die Linse passiert haben. (b) Auch Strahlen, die nach F laufen, werden zerstreut und treten achsenparallel aus

rechten Seite der Linse scheinen diese divergenten Strahlen von ihrem (nach rückwärts verlängerten) Schnittpunkt zu kommen, den wir wieder mit F' bezeichnen und den zweiten Brennpunkt nennen. Für die Zerstreuungslinse liegt also F' vor der Linse (anders als bei der Sammellinse; bei ihr gehen parallel einfallende Strahlen wirklich durch F').

Wenn wir Abbildung 3.23a umklappen und die Pfeile umkehren (Abb. 3.23b), zeigt sich, daß der eine Brennpunkt F einer Zerstreuungslinse hinter der Linse liegt. Alle in Richtung F auf die Linse treffenden Strahlen kommen parallel zur Achse wieder heraus.

SEHEN SIE SELBST

1 Das Sammeln von Parallelstrahlen

Sie können bestätigen, daß eine Sammellinse, also etwa eine Lupe, parallele Strahlen sammelt, wenn Sie die Sonne als Lichtquelle nehmen und einen Kamm senkrecht zu einem Stück Papier so halten, daß die Zinken lange parallele Schatten auf das Papier werfen. Halten Sie die Linse so, daß das Licht zuerst durch den Kamm,

dann durch die Linse und schließlich aufs Papier fällt. Die vorher parallelen Schatten sind jetzt parallele Streifen, die im Brennpunkt der Linse zusammentreffen. Messen Sie mit einem Lineal die Brennweite der Linse.

Sie können dies auch mit einer Zylinderlinse ausprobieren (einer Linse also, die wie ein Zylinder und nicht wie eine Kugel geformt ist). Ein Wasserglas ist eine gute zylindrische Sammellinse.

2 Das Sammelvermögen einer Linse

Mit Hilfe Ihrer Augenlinse können Sie bestätigen, daß eine Sammellinse Strahlen aus verschiedenen Richtungen aufnimmt und bündelt. Stechen Sie mit einer Nadel in ein Stück Metallfolie die Eckpunkte eines Dreiecks, dessen Seiten etwa 2 mm lang sind. Diese lassen dann drei Strahlen einer

Punktquelle durch, die in drei verschiedene Richtungen laufen. Ersetzen Sie dann das Nadelloch Ihrer Lochkamera (die Sie im Versuch SEHEN SIE SELBST zu Abschnitt 2.2.2 gebastelt haben) durch diese drei Löcher. Wie viele Bilder eines entfernten, kleinen, hellen Gegenstands sehen Sie in diesem Fall, wenn zwischen Objekt und Schirm keine Linse ist?

Ersetzen Sie jetzt die Lochkamera durch Ihr Auge, das ja eine Linse hat. Halten Sie die drei Löcher nahe vor das Auge und schauen Sie durch sie hindurch auf das entfernte Objekt. Wie viele Bilder entstehen auf dem ›Schirm‹ Ihres Auges, der Netzhaut, sind also jetzt zu sehen (Abb. 3.24)? Wenn Sie eine einäugige Spiegelreflexkamera haben, können Sie dasselbe Experiment machen. Entfernen Sie zuerst das Objektiv, decken Sie die Objektivfassung mit der dreifach

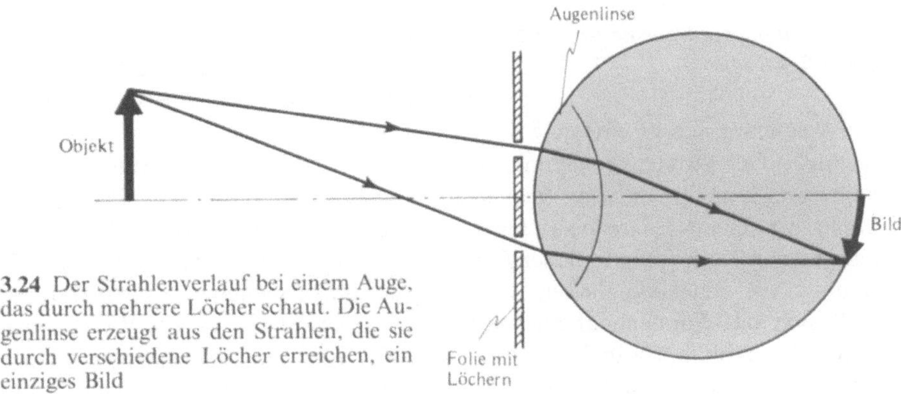

3.24 Der Strahlenverlauf bei einem Auge, das durch mehrere Löcher schaut. Die Augenlinse erzeugt aus den Strahlen, die sie durch verschiedene Löcher erreichen, ein einziges Bild

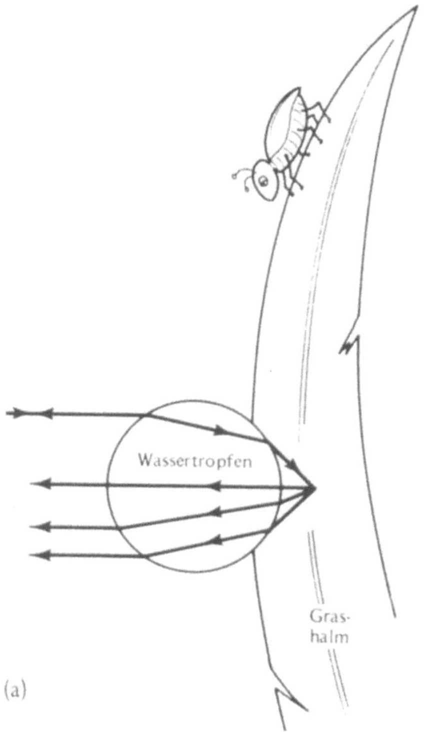

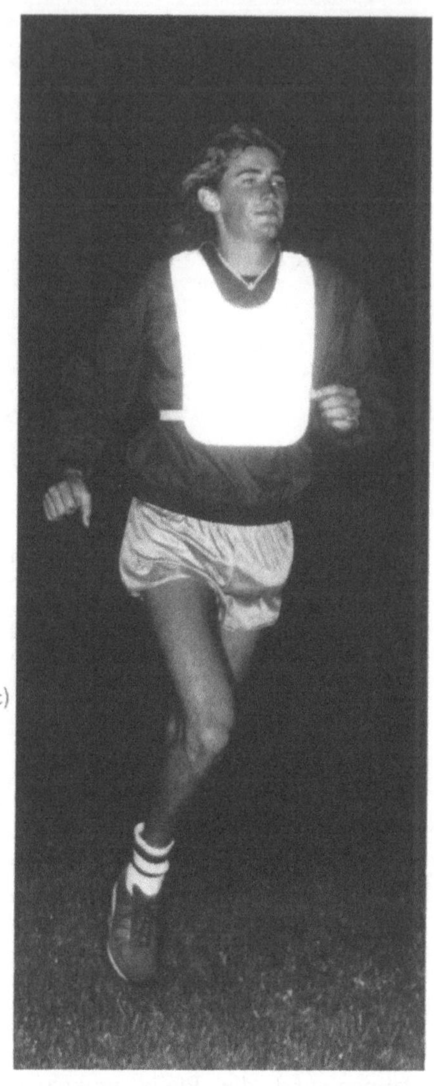

3.25 (a) Wassertröpfchen und Grashalm als Retroflektoren. Wir haben nur einen einfallenden Strahl gezeichnet und nur wenige der vielen von ihm erzeugten diffus reflektierten Strahlen. (b) Ein Tauheiligenschein um den Kopf des Fotografen. (c) Glasperlen in der Weste dieses Joggers wirken als Rückspiegel und leuchten im Licht entgegenkommender Scheinwerfer

durchlöcherten Folie ab und schauen Sie durch den Sucher. Entfernen Sie dann die Folie, setzen Sie die Linse wieder ein, decken Sie sie mit der Folie ab und vergleichen Sie die Bilder.

3.4.2 Tauheiligenscheine und andere Retroflektoren

Ein Wassertropfen ist eine gute Sammellinse. Der zweite Brennpunkt F' liegt ganz kurz hinter dem Tropfen. Wenn die feinen Haare eines Grashalms einen Tautropfen in dieser Entfernung vor den Halm halten, sammelt sich das Sonnenlicht auf dem Grashalm (Abb. 3.25a und b und SEHEN SIE SELBST). Der Halm reflektiert dieses Licht zur Sonne zurück, kehrt also die Bahn des einfallenden Lichts um – der Tautropfen auf dem Grashalm wirkt wie ein Winkelspiegel.

Wenn Sie als Beobachter die Sonne im Rücken haben, wird nur das Licht zu Ihnen zurückgespiegelt, das von dem Gras genau vor Ihnen, um den Schatten Ihres Kopfes herum, kommt. Es kommt also mehr Licht von dem Bereich um Ihren Schatten herum als aus jedem anderen Teil der Wiese, und Sie haben einen Nimbus oder HEILIGENSCHEIN. Benvenuto Cellini, ein Künstler des sechzehnten Jahrhunderts, sah darin einen Beweis für seine Genialität. Jemand, der daneben steht, sieht übrigens nur den Glanz um den eigenen Kopf herum, könnte also auf eigene Genialität schließen.

Da Glas Licht etwas stärker bricht als Wasser, hat eine Glaskugel ihren Brennpunkt am Kugelrand. Deshalb sind Glaskugeln vor einer weißen Fläche ausgezeichnete Retroflektoren. Man verwendet sie auf Wegweisern, reflektierenden Nummernschildern und in der Farbe der weißen Trennstreifen auf Straßen, die dadurch viel Scheinwerferlicht in die Augen zurückspiegeln (Abb. 3.25c).

SEHEN SIE SELBST

Der Brennpunkt eines Wassertropfens

Der Brennpunkt eines Wassertropfens läßt sich leicht bestimmen. Lassen Sie am Ende eines Tropfers oder eines Strohhalms einen Tropfen hängen und halten Sie hinter den Tropfen ein Stück Papier, um damit die Sonnenstrahlen aufzufangen, die durch den Tropfen hindurchgehen. Bringen Sie das Papier so nahe an den Tropfen, daß Sie ein möglichst scharfes Bild haben. (Das Papier berührt dann fast das Wasser; schauen Sie deshalb das helle Sonnenbild von der Seite an, damit Ihr Kopf nicht die Sonnenstrahlen verdeckt.) Wie weit ist der Brennpunkt vom Wassertropfen entfernt?

3.4.3 Bildkonstruktion bei dünnen Linsen

Wenn wir die Lage der Brennpunkte F und F' kennen, können wir ganz ähnlich wie bei Spiegeln die Bilder konstruieren. Am einfachsten ist es, wenn die Dicke der Linse viel kleiner ist als die Entfernung der Linse zu jedem ihrer Brennpunkte. Wir befassen uns im folgenden mit solchen DÜNNEN LINSEN und beschränken uns auf paraxiale Strahlen.

Bei dünnen Linsen (und gleicher Brechzahl auf beiden Seiten) hat die Linse von F und F' gleichen Abstand; er heißt die BRENNWEITE der Linse. Wir unterscheiden zwischen Sammel- und Zerstreuungslinsen, indem wir f bei Sammellinsen positiv und bei Zerstreuungslinsen negativ nehmen. Dünne Linsen haben den weiteren Vorteil, daß ein Strahl, der durch den Mittelpunkt der Linse geht, nicht abgelenkt wird, die Linse also ungebrochen passiert.

Mit diesem Vorwissen können wir ähnliche Regeln aufstellen wie beim Spiegel. Wieder wählen wir drei Strahlen mit besonders einfachen Eigenschaften, die uns helfen, das Bild zu finden. Wir veranschaulichen dieses Verfahren zunächst an einer Sammellinse, formulieren die Regeln aber so, daß sie für beide Linsenarten gelten. In Abbildung 3.26a haben wir eine Linse und die beiden Brennpunkte F und F' gezeichnet, die jeder die Entfernung f von der Linse haben. Wir haben auch unser Standardobjekt PQ eingezeichnet. Für den ersten Strahl von Q beziehen wir uns auf Abbildung 3.21a (und Abb. 3.23a) und schreiben:

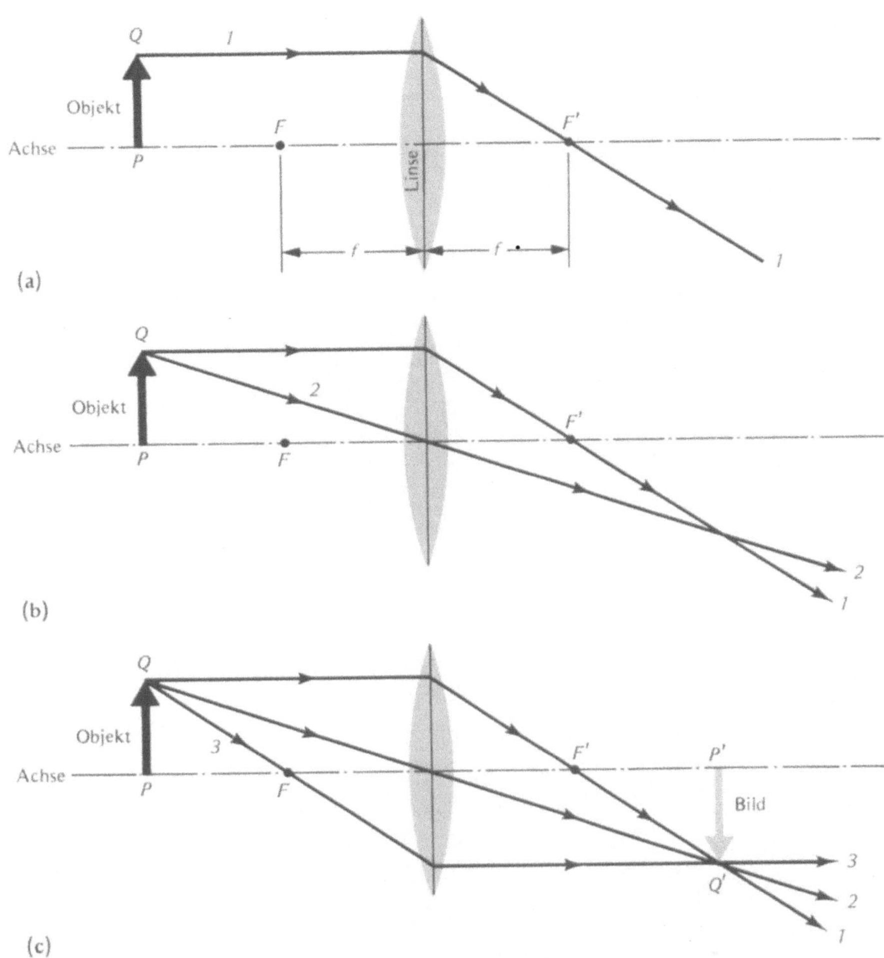

3.26 Drei Stadien der Bildkonstruktion bei einer Sammellinse. Wir haben die Linse relativ dick gezeichnet, damit sie zu sehen ist, behandeln sie aber, als ob sie ganz in der senkrechten Ebene durch ihre Mitte läge

Abbildung 3.26b veranschaulicht diese Regel. Wir nennen Strahl 2 auch den HAUPT-, ZENTRAL- oder MITTELPUNKTSTRAHL.

Die dritte Regel lesen wir aus Abbildung 3.21b (und Abb. 3.23b) ab:

Regel für Strahl 1
Ein zur Achse paralleler Strahl wird nach F' abgelenkt (oder scheint von F' zu kommen).

Wir haben einen solchen von Q ausgehenden paraxialen Strahl in Abbildung 3.26a eingezeichnet und Strahl 1 genannt. Strahl 2 geht durch den Mittelpunkt der Linse:

Regel für Strahl 2
Ein Strahl durch den Mittelpunkt der Linse wird nicht abgelenkt.

Regel für Strahl 3
Ein Strahl, der auf die Linse trifft, nachdem er durch F gelaufen ist (oder dessen Verlängerung durch F gehen würde), wird parallel zur Achse gebrochen.

Strahl 3 wird in Abbildung 3.26c veranschaulicht.

Es genügen zwei dieser Strahlen, um den Bildpunkt Q' zu finden. Der dritte Strahl bestätigt nur das Ergebnis. Wieder erhalten wir P', indem wir das Lot von Q' auf die Achse fällen. Das Bild in Abbildung 3.26 ist umge-

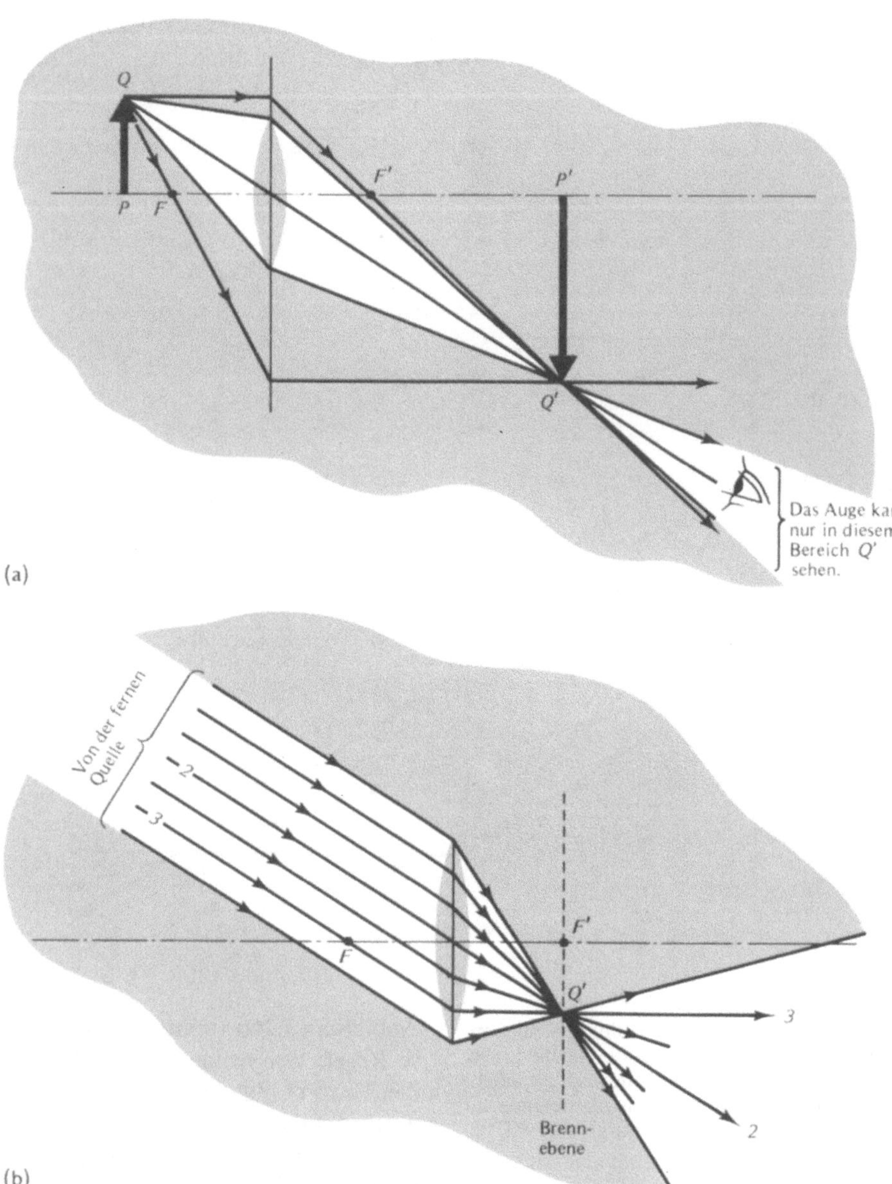

3.27 (a) Ein weiteres Beispiel für die Bildkonstruktion, diesmal mit einem besonderen Dreh. Hier ist die Linse zu klein, um alle drei Konstruktionsstrahlen durchzulassen. Wir tun so, als ob die Linse größer wäre, und zeichnen sie trotzdem. Wenn das Bild einmal gefunden ist, läßt sich leicht der Lichtkegel erkennen (unschattiert), der durch die Linse geht. Dieser Kegel hat seine Spitze im Bild, wo sich die Strahlen kreuzen und wieder divergieren. Um das Bild zu sehen, muß das Auge im Lichtkegel rechts vom Bild sein. (In einem Projektor steht bei $P'Q'$ ein Schirm, so daß das Licht nicht über Q' hinaus nach rechts kann. Es wird vielmehr vom Schirm so gestreut, daß alle Augen links von $P'Q'$ das projizierte Bild sehen können.) (b) Parallele Strahlen, die auf eine Sammellinse fallen, werden in der Brennebene fokussiert

kehrt und reell (das Licht sammelt sich wirklich dort). In diesem besonderen Fall (wir haben die Entfernung von Objekt zur Linse als das Doppelte der Brennweite gewählt) ist das Bild genauso groß wie das Objekt.

Ein in der Ebene von $P'Q'$ aufgestellter Schirm würde ein beleuchtetes umgekehrtes Bild des Objekts zeigen. Dies ist das Prinzip eines Diaprojektors (und des fotografischen Vergrößerungsapparats). Das Objekt ist dabei das von einer Lichtquelle im Projektor beleuchtete Diapositiv. Die Linse projiziert das umgekehrte Bild auf den Schirm. (Deshalb also muß das Dia auf dem Kopf stehend in den Projektor geschoben werden, wenn das Bild aufrecht sein soll.)

Natürlich wünschen wir bei einem Diaprojektor, daß das Bild viel größer ist als das Objekt. Das erreichen wir, indem wir das Objekt näher an F bringen, wie Abbildung 3.27a zeigt. Je näher das Objekt an F ist, um so größer (und entfernter) ist das Bild. Diese Abbildung veranschaulicht einen weiteren Punkt: Was kann man machen, wenn die Linse (oder der Spiegel) zu klein sind, um die drei für die Bildkonstruktion nötigen Strahlen aufzufangen?

Abbildung 3.27b zeigt, wie man das Bild eines Bündels paralleler Strahlen konstruieren kann. Hier gibt es, wie in Abbildung 3.8, keine parallel zur Achse einfallenden Strahlen, also läßt sich Strahl 1 nicht konstruieren. Zur Konstruktion des Bildes genügen aber Strahl 2 und 3, und sie führen zur selben Regel wie beim Spiegel:

> **Regel für Parallelstrahlen**
> **Zueinander parallele Strahlen werden auf die Brennebene abgebildet.**

Weil die Brennebene durch F' geht, sollte der Film dann, wenn man ein entferntes Objekt fotografieren will, in der Brennebene sein.

In Abbildung 3.28 wenden wir die Bildkonstruktion auf eine Zerstreuungslinse an (f ist negativ, F' liegt vor der Linse, F dahinter). Ein Vergleich der Strahlen 1 und 3 jeweils in den Abbildungen 3.23a und b zeigt, daß das Bild in diesem Fall virtuell ist. Ein Auge rechts von der Linse sieht Strahlen von Q' her kommen, obwohl die Strahlen mit Ausnahme von Strahl 2 nicht durch diesen Punkt gehen. Das Bild ist aufrecht und kleiner als das Objekt.

Wir können also von jedem Objekt das durch diese Linse erzeugte Bild bestimmen, wenn wir nur die Brennweite kennen. Diese Brennweite wird auf zwei Arten angegeben, nämlich direkt als Brennweite, wie auf dem Fotoapparat: ›$f = 50$ mm‹ (f ist also positiv und die Linse eine Sammellinse) oder als DIOPTRIEN oder BRECHKRAFT, wie auf dem Brillenrezept. ›$-2D$‹ bezeichnet eine Zerstreuungslinse (weil f negativ ist), deren Brennweite $-\frac{1}{2}$ m oder -50 cm beträgt, denn die Dioptrien sind zur Brennweite reziprok:

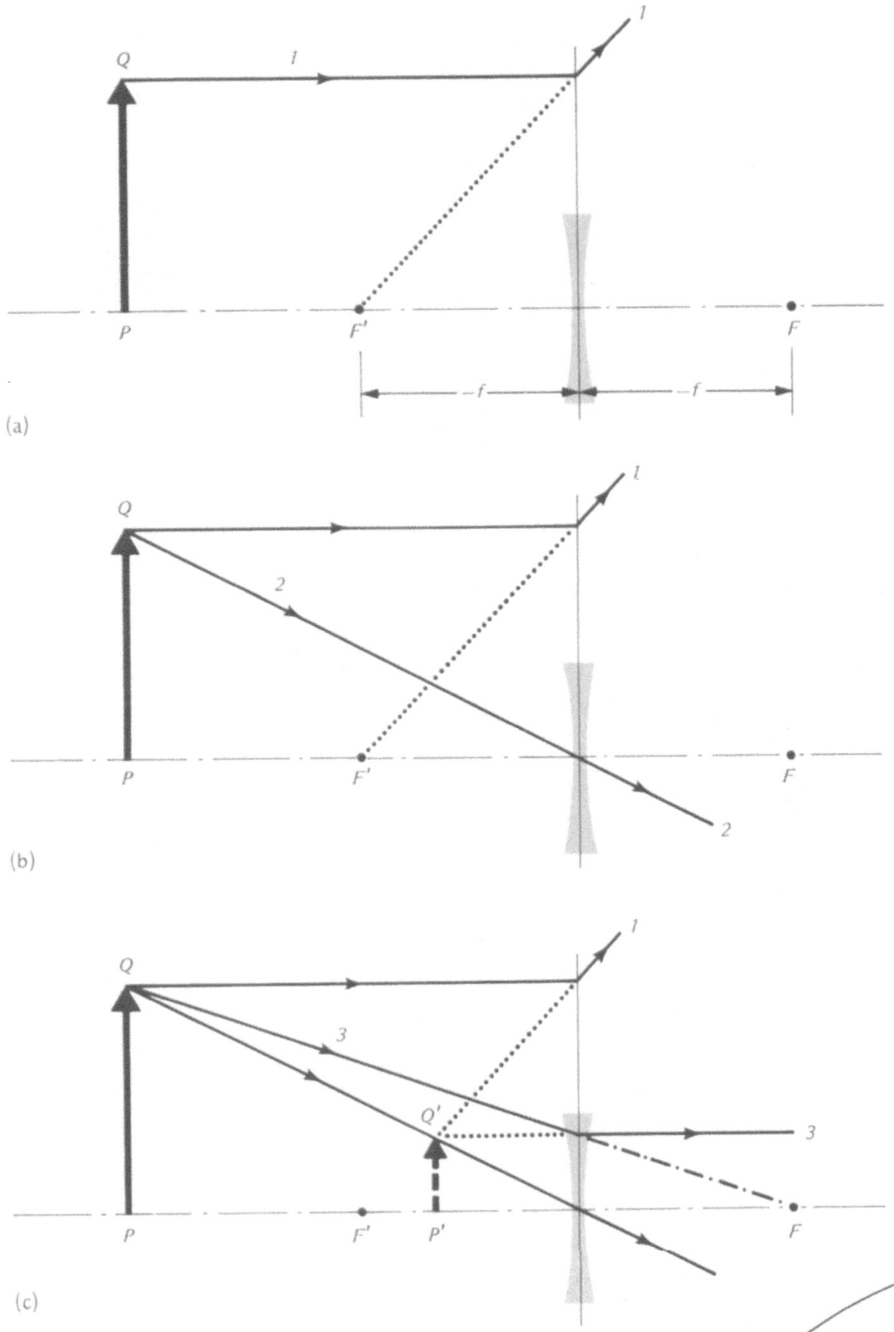

$$\text{Brechkraft (in Dioptrien)} = \frac{1}{\text{Brennweite (in Metern)}}$$

Die Dioptrien sind ein Maß für die ›Brillenstärke‹. Wenn wir die Brennweite kennen, können wir damit F und F' bestimmen und das Bild konstruieren (Anhang E).

3.4.4 Fresnel-Linsen

In Leuchtürmen, zur Bühnenbeleuchtung und immer, wenn eine einzige Linse viel Licht von einer Lichtquelle auffangen soll, wünscht man sich eine Linse mit großem Durchmesser und kurzer Brennweite (also starker Krümmung). Diese Forderungen werden alle zugleich nur von sehr dikken Linsen erfüllt. Aber große dicke Linsen schaffen Probleme. Sie sind schwer, brauchen viel Raum, absorbieren einen Großteil des hindurchgehenden Lichts, verziehen sich un-

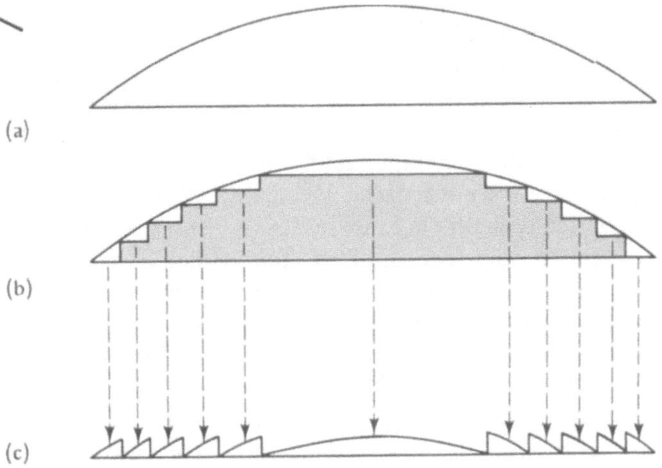

3.28 Drei Stufen bei der Konstruktion eines von einer Zerstreuungslinse entworfenen Bildes

3.29 (a) Eine dicke Sammellinse (mit einer flachen Seite) (b) Teile vom Glas der Linse, die für die Lichtbrechung weniger wichtig sind (schattiert). Diese Teile sind in Wirklichkeit senkrecht zur Papierebene orientierte Ringe. (c) Nachdem das unwesentliche Glas entfernt ist und die Teile neu angeordnet sind, erhält man eine Fresnel-Linse

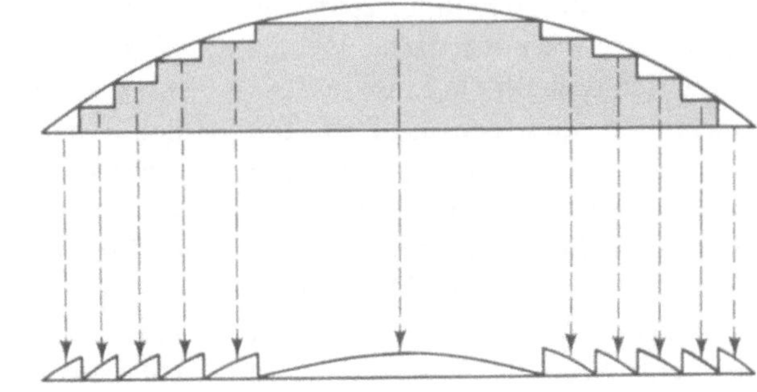

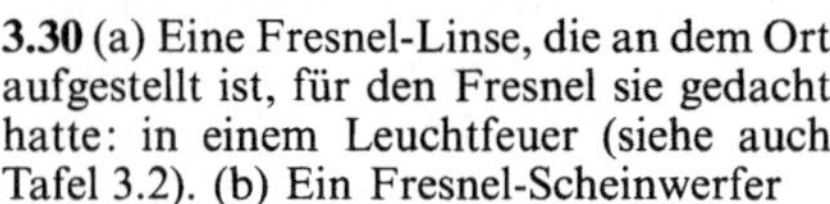

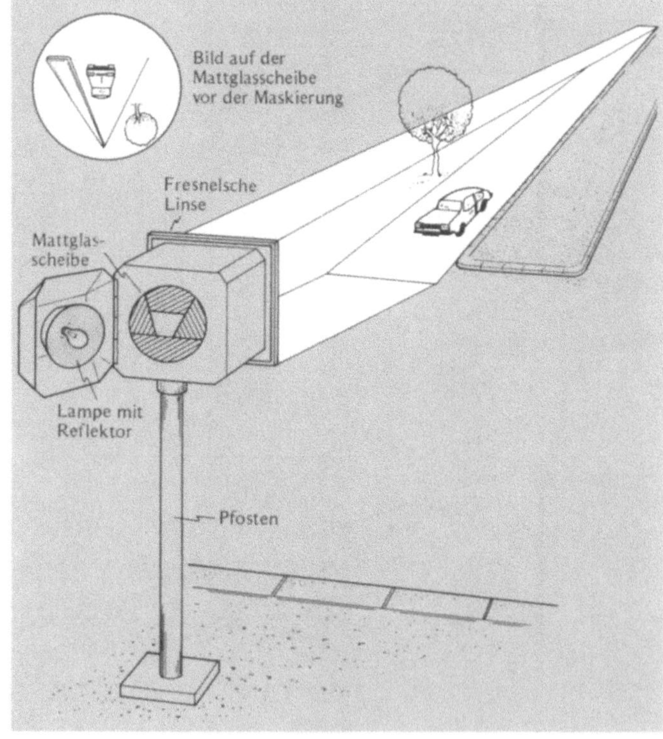

3.30 (a) Eine Fresnel-Linse, die an dem Ort aufgestellt ist, für den Fresnel sie gedacht hatte: in einem Leuchtfeuer (siehe auch Tafel 3.2). (b) Ein Fresnel-Scheinwerfer

3.31 Eine ›optisch programmierte‹ Verkehrsampel

ter Belastungen und bekommen oft Risse.

Um diese Schwierigkeiten zu vermeiden, kam Augustin Fresnel (1788 – 1827) auf den Gedanken, den Hauptteil des Glases im Inneren einer dicken Linse zu entfernen (Abb. 3.29a), denn die Brechnung erfolgt ja nur auf der Linsenoberfläche. Fresnel dachte sich deshalb die Linse in Teile zerschnitten und den größten Teil des Glases so entfernt, daß eine Linse mit einer sphärischen Vorderfläche und einer Reihe kreisförmiger Stufen auf der Rückseite übrigblieb (Abb. 3.29b). Er faßte dann die Ringe auf einer einzigen Rückseite zusammen

(Abb. 3.29c) und erhielt so eine dünne Linse mit der Brechkraft und dem Durchmesser einer großen dicken Linse.

Diese FRESNEL-LINSE weist zwar an den Übergängen der Stufen etwas unerwünschte Brechung auf, ihre Verwendungszwecke erfordern aber keine Präzisionslinsen, und deshalb fallen diese Nachteile nicht ins Gewicht. Man stellt sie gewöhnlich sogar sehr billig aus Preßglas oder Plastik her.

Fresnelsche Glaslinsen findet man in Leuchttürmen und in Theaterscheinwerfern (Abb. 3.30). (Linsen für Theaterscheinwerfer werden durch Brennweite und Durchmesser beschrieben. Eine 15×25-cm-Linse hat einen Durchmesser von 15 cm und eine Brennweite von 25 cm.) Aus Plastik gestanzte Fresnel-Linsen sind billig und auch dort geeignet, wo gewöhnliche Linsen mit kurzer Brennweite nicht passen. Gelegentlich werden sie als Geschenkartikel für das Zimmerfenster verkauft, aber in Tageslichtprojektoren, Suchern von Fotoapparaten, Verkehrsampeln und vielen anderen Geräten sind sie ganz alltäglich. Man erkennt sie an dem Muster der dünnen Ringe. Nach demselben Verfahren werden auch Fresnel-Spiegel gebaut, die flach sind und sich doch wie konkave oder konvexe Spiegel verhalten.

Besonders interessant ist ihre Verwendung in Verkehrsampeln (Abb. 3.31). Eine Lampe, deren Rückseite einen konkaven Reflektor trägt, beleuchtet eine Mattglasscheibe. Etwa eine Brennweite vor dieser Scheibe ist eine Fresnel-Linse angebracht, und der ganze Apparat ist von einem Gehäuse umgeben, dessen Rückseite (einschließlich Lampe und Reflektor) entfernt werden kann. Das Licht muß so eingestellt werden, daß es in einigen Fahrbahnen (etwa der Linksabbiegespur) gut gesehen werden kann, in den benachbarten aber nicht. Man bringt dazu die Verkehrsampel an, entfernt die Rückseite, schaut von hinten hinein und sieht auf dem Mattglas ein umgekehrtes Bild der Straße (Warum?). Mit undurchsichtigem Klebestreifen verkleidet man dann die Teile des Bildes, die den Fahrbahnen entsprechen, auf denen das Verkehrssignal nicht gesehen werden soll. Wenn die Lampe wieder eingesetzt wird, ist die Richtung des Lichtverlaufs gerade umgedreht: die maskierte Glasscheibe wird zum (von der Lampe beschienenen) Objekt und wird wie ein Dia im Diaprojektor auf die Fahrbahn projiziert. Wer in einer Bahn wartet, für die das Verkehrssignal nicht gilt, sieht eine dunkle Ampel, weil dorthin der verkleidete Teil der Glasscheibe projiziert wird, in der richtigen Fahrbahn aber sehen die Fahrer das Licht vom unverkleideten Teil der Glasscheibe und damit das Signal.

3.4.5 Linsensysteme

Wir haben oft Anlaß, mehrere Linsen hintereinanderzusetzen. Solche LIN-

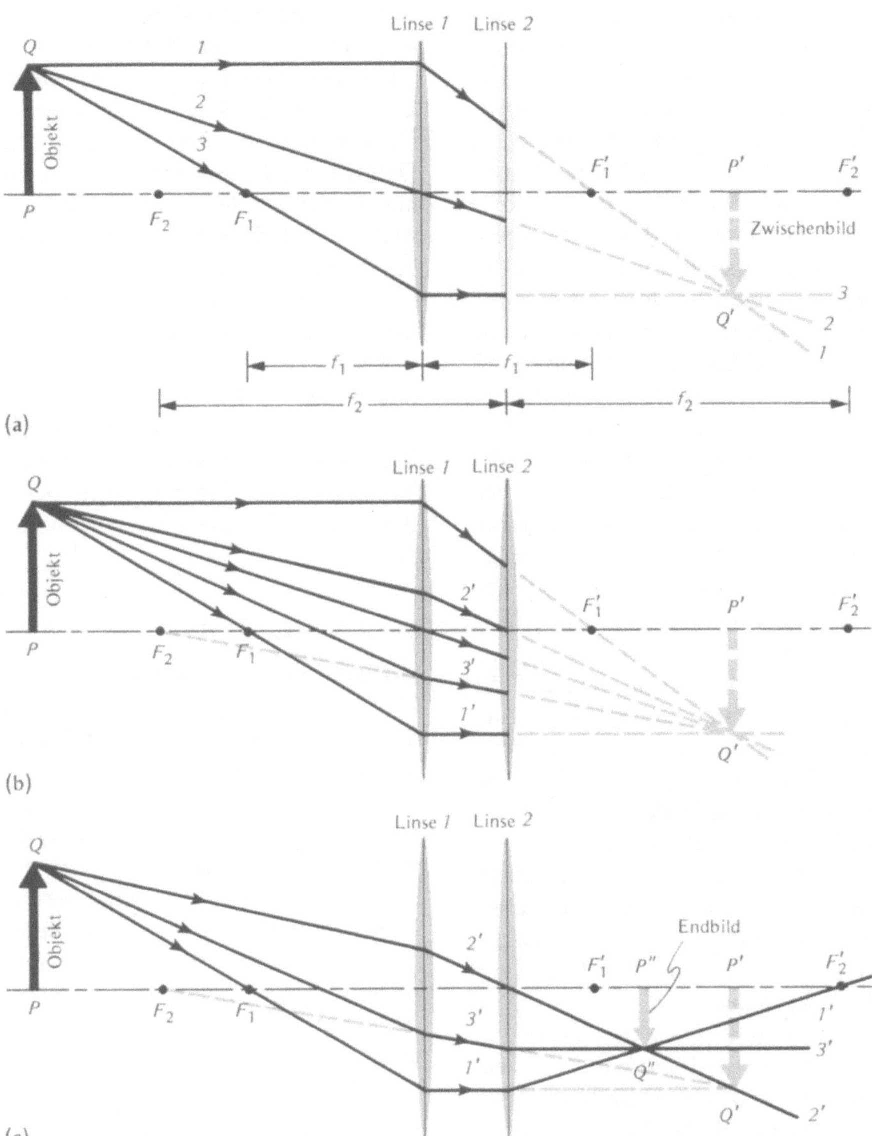

3.32 Bildkonstruktion des endgültigen Bildes eines Linsensystems aus zwei Sammellinsen. Wir haben alle Brennpunkte und die Brennweite jeder Linse angegeben. (a) Das Zwischenbild ist das Bild, das allein die erste Linse entwirft. (b) Die drei für die Bildkonstruktion an Linse 2 nötigen Strahlen. (c) Diese Strahlen treffen sich, nachdem sie Linse 2 durchlaufen haben, im Endbild

SENSYSTEME kommen in der Fotografie, in fast allen optischen Instrumenten und im menschlichen Auge vor. Wenn wir das Verfahren der Bildkonstruktion auch auf Linsensysteme anwenden wollen, konstruieren wir ein-

fach das Bild für eine Linse nach der anderen. Wir veranschaulichen das am Zweilinsensystem der Abbildung 3.32. Zunächst vernachlässigen wir die zweite Linse und suchen das von der ersten Linse allein erzeugte Bild. Dieses ZWISCHENBILD $P'Q'$ ist in Abbildung 3.32a mit Hilfe der drei Strahlen 1, 2 und 3 gezeichnet. (Wir haben alle Strahlen rechts von der zweiten Linse gestrichelt, um anzudeuten, daß sie noch von der zweiten Linse beeinflußt werden.)

Nachdem wir so den Punkt Q' gefunden haben, können wir andere Strahlen zeichnen, die von dem Punkt

Q ausgehen, da sie ja alle nach Q' gehen müssen. Insbesondere können wir jene Strahlen zeichnen, die bei der Bildkonstruktion durch die zweite Linse hilfreich sind (Abb. 3.32b). Strahl 1' läuft in Richtung Q' und trifft parallel zur Achse auf die zweite Linse. (Er fällt mit Strahl 3 zusammen, der die erste Linse parallel zur Achse verließ.) Strahl 2' läuft durch den Mittelpunkt der zweiten Linse nach Q', und Strahl 3' schließlich läuft ebenfalls in Richtung Q' und verhält sich zwischen den Linsen so, als ob er von F_2, dem ersten Brennpunkt der zweiten Linse, her käme. (Wir haben Strahl 2' und 3' durch die erste Linse zurück zum Objektpunkt Q verfolgt, damit ihre Bahnen besser zu erkennen sind. Das ist für die Bildkonstruktion nicht nötig.)

Nachdem wir so die drei auf die zweite Linse fallenden Strahlen gefunden haben, wenden wir nun in Abbildung 3.32c die Regeln für die Bildkonstruktion auf jeden Strahl einzeln an. Strahl 1' wird also durch F_2' abgelenkt, Strahl 2' bleibt unverändert, und Strahl 3' läuft parallel zur Achse. Sie schneiden sich alle in Q''. Damit haben wir die Lage des ENDBILDES $P''Q''$ gefunden.

Zuerst also haben wir allein mit Hilfe der ersten Linse das Zwischenbild $P'Q'$ konstruiert und mit dessen Hilfe die drei für die Bildkonstruktion durch die zweite Linse nötigen Strahlen. Dann haben wir ohne Rücksicht auf die erste Linse die Strahlen durch die zweite Linse verfolgt, um das Endbild zu finden. Wenn noch mehr Linsen zum System gehört hätten, wäre $P''Q''$ ein Zwischenbild, und wir müßten die drei Strahlen für den Strahlengang durch die nächste Linse finden. (Ob die nächste Linse das Licht ablenkt, bevor es das Zwischenbild erreicht oder erst danach, ist bei diesem Verfahren unwichtig. Es gilt in beiden Fällen.)

Die Lage vereinfacht sich in einem Spezialfall: Wenn zwei dünne Linsen so nah sind, daß sie einander berühren, bilden sie eine Kombination, die sich wie eine einzige dünne Linse verhält. Ihre Brechkraft ist dann die Summe der Brechkräfte der einzelnen Linsen. (Anhang F gibt einen Beweis.) Denken wir uns eine Linse mit 1 Dioptrie (also der Brennweite 1 m) und eine von 4 Dioptrien (also Brennweite 25 cm). Sie ergeben hintereinander gesetzt eine Linse, die einer einzigen Linse von 5 Dioptrien (mit Brennweite 1/5 m = 20 cm) entspricht. Diese Regel gilt für negative wie für positive Werte der Brechkraft und zeigt, warum Dioptrien für die Angabe der Brennweite so nützlich sind. SEHEN SIE SELBST, wie sich mit Hilfe dieser Regel die Brillenstärke bestimmen läßt.

SEHEN SIE SELBST

Messung der Brillenstärke

Die Brillenstärke ist nichts anderes als die Dioptrie der Brillengläser. Wenn Sie nicht unter Astigmatismus leiden, sind Ihre Brillengläser sphärisch (lesen Sie dazu Abschnitt 6.2.2, nicht Abschnitt 3.5.4). Sie brauchen nur die Brennweite zu wissen, um die Brechkraft zu kennen. Wir schlagen Ihnen hier ein Verfahren vor. Falls Sie selbst weitere Vorschläge zu ihrer Bestimmung haben, sollten Sie sie zum Vergleich durchführen.

STUDIER & SPEKULIER

Wie können Sie einer Brille ansehen, ob die Gläser kollektiv oder dispansiv sind? Wie können Sie es fühlen?

Sammellinsen: Da Gegenstände auf die Brennebene abgebildet werden, können Sie Ihre Brille als Lupe benutzen und auf einem Stück Papier den Punkt suchen, an dem Sie das schärfste Bild der Sonne erhalten. Messen Sie den Abstand zwischen der Brille und dem Papier, um die Brennweite zu bestimmen. Wenn diese Entfernung zum Beispiel 62,5 cm = 0,625 m beträgt, hat Ihre Brille 1/0,625 m = 1,6 Dioptrien.

Zerstreuungslinsen: Nehmen Sie eine Lupe und messen Sie, wie oben beschrieben, die Brennweite. Halten Sie dann die Lupe vor die Brille und messen Sie die Brennweite, also die Dioptrien der Doppellinse. (Wenn es keinen Brennpunkt gibt, müssen Sie eine stärkere Lupe nehmen.) Die Brillenstärke ist die Differenz aus der Summe der Dioptrien der beiden Linsen und der Lupe allein (Abschnitt 3.4.5). Wenn beide Linsen zusammen 1,0 Dioptrien haben (also $f = 1$ m), und das Vergrößerungsglas 4,0 Dioptrien ($f = 1/4$ m), dann ist Ihre Brillenstärke $-3,0$ Dioptrien.

3.5 Bildfehler

Bis jetzt haben wir angenommen, daß alle Strahlen, die auf unsere Spiegel und Linsen auftreffen, paraxial sind, und außerdem die Dispersion des Linsenglases vernachlässigt. Unter unseren Voraussetzungen ergeben sphärische Spiegel und Linsen scharfe, perfekte Bilder. In Wirklichkeit aber sind die Bilder etwas verschwommen und verzerrt und können unter Umständen auch farbige Ränder haben. Sphärische Linsen und Spiegel erzeugen auch dann, wenn sie sorgfältig geschliffen und poliert sind, keine vollkommenen Bilder. Die Abweichung eines Bildes vom vollkommenen Bild heißt BILDFEHLER oder ABERRATION (lat. *ab-errare*, abirren. Einige Strahlen irren vom Weg zum idealen Brennpunkt ab.) Durch die Kombination verschiedener Linsen versuchen Linsenhersteller diejenigen Bildfehler möglichst gering zu halten, die für die von ihnen beabsichtigte Anwendung besonders wichtig sind. Das geht oft auf Kosten der anderen. Für ein Teleskop zum Beispiel, das vor allem zur Betrachtung achsennaher Objekte gedacht ist, sind ganz andere Linseneigenschaften wichtig als für eine Linse in einem Weitwinkelobjektiv, das auch Licht von Gegenständen ein-

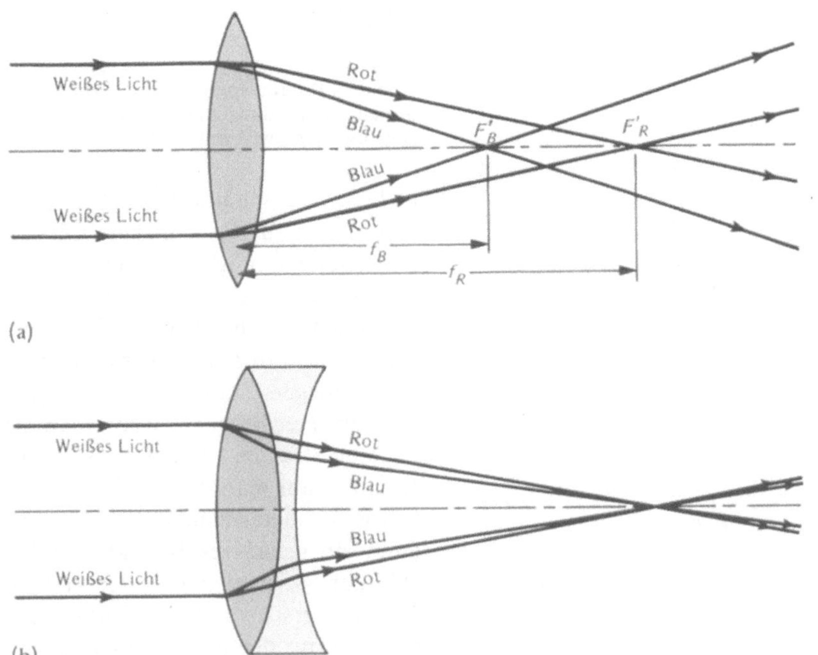

3.33 (a) Chromatische Aberration einer Sammellinse. (b) Eine achromatische Doppellinse schaltet diese Aberration aus

fängt, die weit von der Achse entfernt sind.

Offensichtlich weichen bei einer Linse mit großem Durchmesser (die also viel Licht einfängt) mehr aufgefangene Strahlen vom paraxialen Verlauf ab als bei einer kleinen, und deshalb ist bei ihr die Aberration störender. Billige Kameras haben Objektive mit kleinem Durchmesser, bei denen die meisten Bildfehler nicht ins Gewicht fallen. Teure Kameras haben Objektive mit großem Durchmesser, und bei ihnen sind unter Umständen über ein Dutzend Linsenelemente zur Korrektur der Aberrationen nötig.

3.5.1 Chromatische Aberration

Glas ist dispersiv und bricht blaues Licht stärker als rotes (Tabelle 2.6). Abbildung 3.33a zeigt, wie paralleles weißes Licht von einer Glaslinse in Abhängigkeit von seiner Wellenlänge verschieden stark gebrochen wird. Die Brennpunkte F'_B und F'_R des

blauen und roten Lichts sind verschieden. Die Brennpunkte der anderen Farben liegen dazwischen. Wenn wir bei F'_B einen Schirm aufstellen, sehen wir einen scharfen blauen Punkt mit einem Halo anderer Farben. Der größte Halo ist rot (Tafel 3.1). Wenn wir den Schirm nach F'_R verschieben, erhalten wir einen scharfen roten Punkt, der von einem Halo anderer Farben umgeben ist, wobei Blau am weitesten außen liegt. Dieses Verschwimmen der Farben heißt FARBFEHLER oder CHROMATISCHE ABERRATION (griech. *chroma*, Farbe).

Ein Fotoapparat mit einer solchen Linse macht Aufnahmen, die alle einen farbigen Rand haben. Auch auf einem Schwarzweißfilm wird das ein-

fallende weiße Licht zu einem unscharfen Bild verwischt.

Man korrigiert diese Abweichungen mit ACHROMATISCHEN DOPPELLINSEN. Das sind zwei miteinander verbundene Linsen aus verschiedenen Glassorten, deren Dispersion verschieden ist (Abb. 3.33b). Die Sammellinse ist gewöhnlich aus Kronglas und sammelt Blau stärker als Rot. Die Zerstreuungslinse, gewöhnlich aus Flintglas, streut das blaue Licht stärker als das rote. Wenn die Sammellinse mehr Dioptrien hat, ist das Gesamtsystem eine Sammellinse, und wegen der Verschiedenheit der Gläser kann rotes und blaues Licht an einem Punkt gesammelt werden. Die anderen Farben sammeln sich vielleicht nicht gerade an diesem Punkt, sind aber jedenfalls näher beisammen als bei der unkorrigierten Linse der Abbildung 3.33a. Auch die billigsten Kameras verwenden fast immer eine Doppellinse, um diese Farbfehler auszuschalten.

Spiegel weisen keine chromatische Aberration auf, weil das Spiegelgesetz für Licht aller Farben gleich gilt. Teleskope werden oft mit Spiegeln statt mit Linsen gebaut, um so die chromatische Aberration zu vermeiden.

3.34 Sphärische Aberration einer Sammellinse. Die inneren Strahlen, die der Achse am nächsten sind, haben den fernsten Brennpunkt F'_I. Die äußersten Strahlen A werden am stärksten gebrochen und haben deshalb den nächsten Brennpunkt F'_A. Die mittleren Strahlen M werden dazwischen, bei F'_M, gesammelt

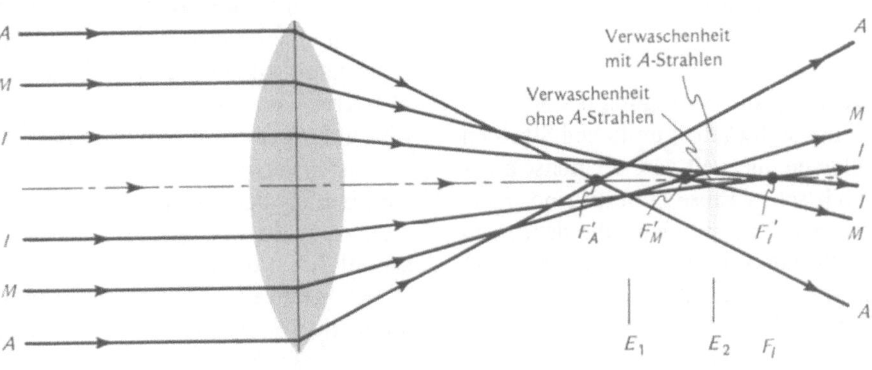

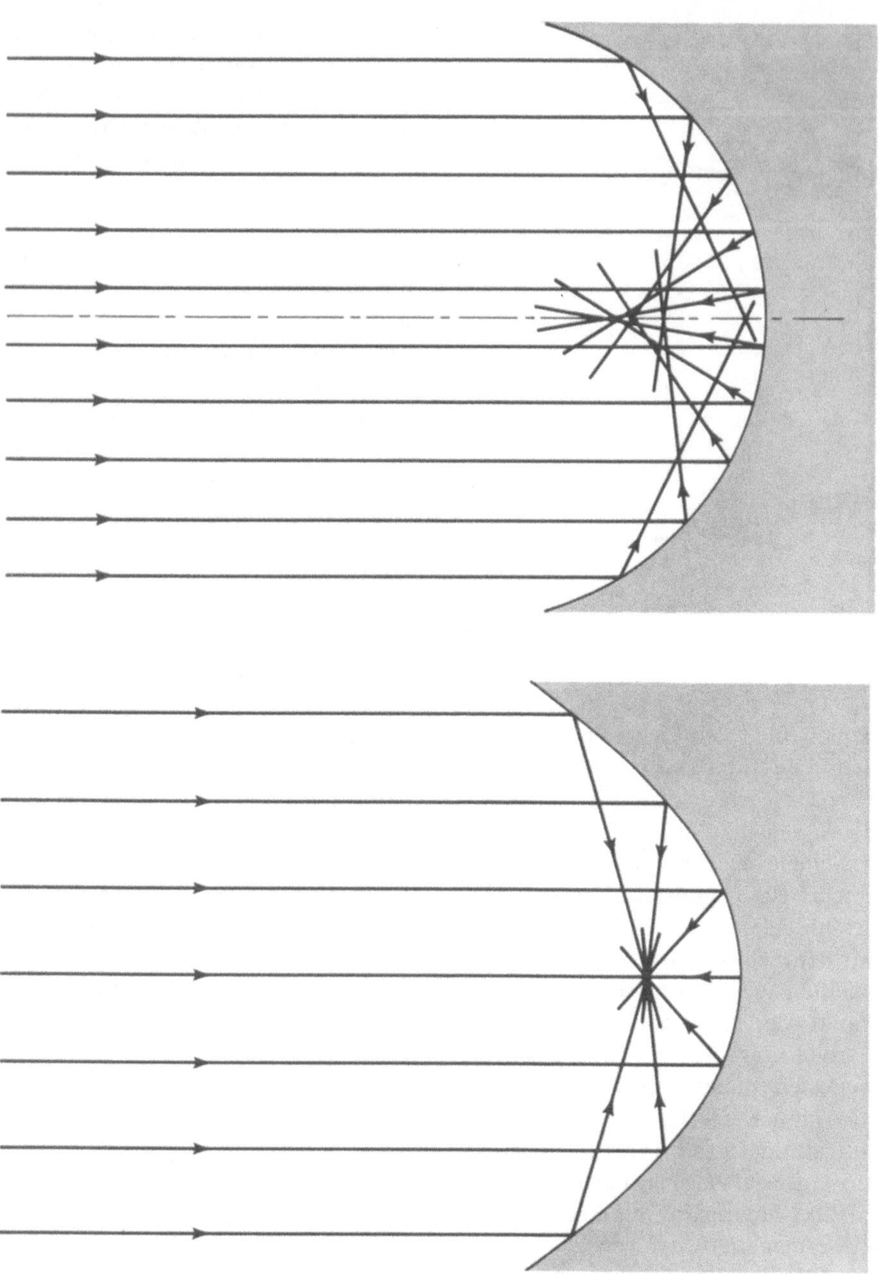

3.35 Sphärische Aberration bei einem Hohlspiegel

3.36 Ein Parabolspiegel hat keine Aberrationen, wenn das Objekt auf der Achse liegt und sehr weit entfernt ist

nicht genau sphärisch ist. Um diese Aberration für verschiedene Objektentfernungen möglichst klein zu halten, braucht man ein Linsensystem.

Einfacher (und billiger) läßt sich das Problem durch die Benutzung einer einzigen Linse mit kleinem Durchmesser beheben. Wenn man die äußeren Strahlen (A in Abb. 3.34) abblockt, kann man den Schirm an die Ebene E_2 heranschieben und erhält dann ein genaueres Bild als bei E_1. (Mit den A-Strahlen wäre das Bild bei E_2 sehr verschwommen.) Billige Kameras vermeiden daher die Kosten eines Linsensystems und verringern die sphärische Aberration mit Hilfe einer Linse mit kleinem Durchmesser.

3.5.3 Sphärische Aberration bei Spiegeln

Sphärische Aberration kommt auch bei sphärischen Spiegeln vor. Ein solcher Spiegel sammelt achsenfernere Strahlen nicht in einem Brennpunkt, sondern verteilt sie vielmehr ähnlich wie in Abbildung 3.35. (Das läßt sich, wie SIE SELBST SEHEN können, leicht beobachten.) Die Abbildung zeigt, daß die in die Mitte fallenden Strahlen gut gesammelt werden. Wenn die Randstrahlen, wie bei Fernrohren, nötig sind, damit das Bild hell genug ist, werden Spiegel, die parallel einfallende Strahlen bündeln sollen, in größerer Entfernung von der Achse in Form eines Paraboloids abgeflacht (Abb. 3.36). Solche PARABOLSPIEGEL sind sehr gebräuchlich. Sie verwandeln in Scheinwerfern aller Art Licht von einer punktförmigen Lichtquelle in ein Bündel paralleler Strahlen. Auch Mikrowellen- und Radarantennen sind parabolisch. Parabolische Mikrofone, die Schallwellen weit entfernter Quellen auffangen, haben im

3.5.2 Sphärische Aberration bei Linsen

Wenn wir die Bedingung der Achsennähe abschwächen und auch Strahlen zulassen, die weit von der Achse einer sphärischen Linse entfernt sind, merken wir, daß sie nicht alle denselben Brennpunkt haben. Abbildung 3.34 zeigt dies in etwas übertriebener Form. Wohin man den Film oder Schirm auch stellt, das Bild ist niemals ein scharfer Punkt, sondern es verteilt sich auf einen kreisrunden Fleck, den ZERSTREUUNGSKREIS. Der kleinste solche Kreis liegt in der Ebene E_1. Ein dort aufgestellter Schirm zeigt das am wenigsten verwischte Bild. Dieses Verschwimmen heißt SPHÄRISCHE ABERRATION. SEHEN SIE SELBST (nach Abschnitt 3.5.3) dieses Phänomen.

Bei gegebener Objektentfernung kann die sphärische Aberration mit einer Linse korrigiert werden, die

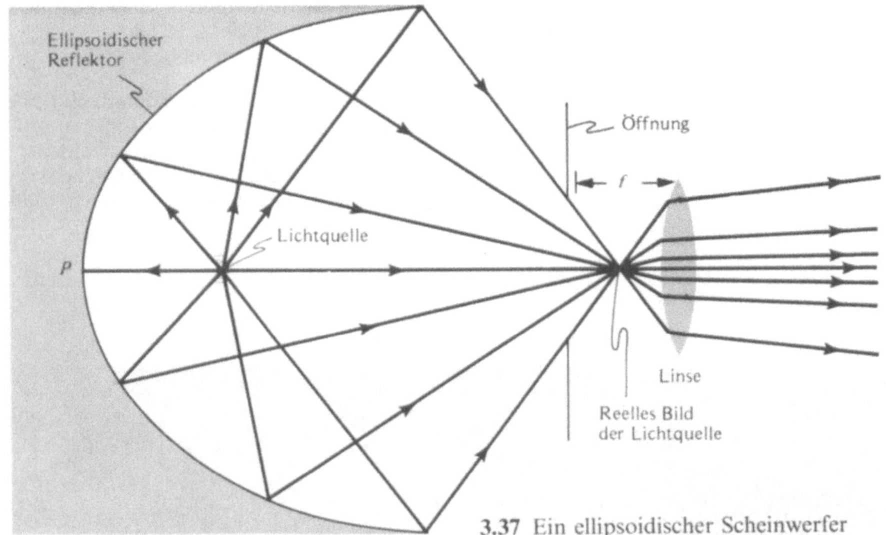

3.37 Ein ellipsoidischer Scheinwerfer

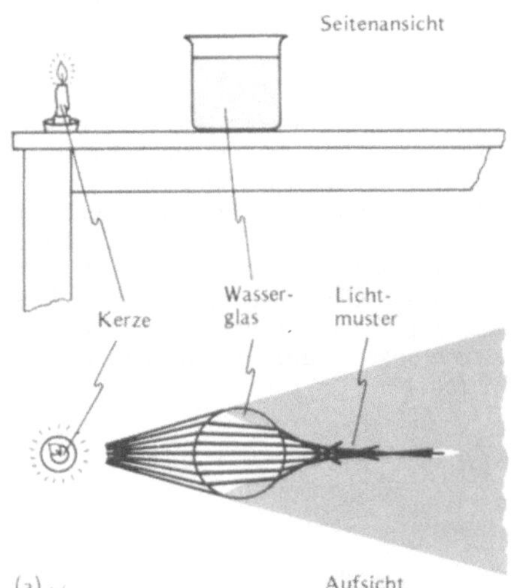

(a)

(b)

3.38 (a) Sphärische Aberration in einer Wasserglaslinse (Seiten- und Aufsicht). (b) Ein sphärisches Aberrationsmuster in einem Teetassenspiegel

Brennpunkt des (schall-)reflektierenden Paraboloids ein kleines Mikrofon.

Wenn man einen großen Teil des Lichts einer *nahen* Quelle ohne Aberration sammeln will, braucht man einen ELLIPSOIDISCHEN REFLEKTOR. Er hat zwei Brennpunkte. Alles von einem Brennpunkt ausgehende Licht wird so in den anderen Brennpunkt reflektiert, daß ein aberrationsfreies reelles Bild entsteht. Wenn man einen Teil des Ellipsoids durch eine Linse ersetzt, die vor das reelle Bild gesetzt wird, erhält man einen Strahl, der sich gut als Theaterscheinwerfer eignet (Abb. 3.37). Diese Anordnung hat zwei Vorteile. Erstens kann man eine

Linse mit kurzer Brennweite verwenden und braucht sich nicht darum zu sorgen, daß die Lampe an die Linse stößt. Zweitens kann man hinter dem reellen Bild eine Öffnung anbringen, die dann von der Linse auf der Bühne scharf abgebildet wird. So ergibt sich ein Lichtstrahl, der, wenn er auf die Bühne fällt, jede beliebige Form haben kann – er wirft ja das Bild der Öffnung.

SEHEN SIE SELBST

Sphärische Aberration in Spiegeln und Linsen

Um die von einer Linse erzeugte sphärische Aberration zu sehen,

brauchen Sie eine Kerze und ein Glas Wasser. Stellen Sie sie so auf, wie Abbildung 3.38a zeigt, löschen Sie alles andere Licht und beobachten Sie das Licht, das von dem Wasserglas auf dem Tisch ausgeht. Das Wasserglas dient hier als Linse. (Es ist zwar eine zylindrische und keine sphärische Linse, aber die sphärische Aberration ist in diesem Fall die gleiche.) Vielleicht müssen Sie die Kerze etwas herumschieben, bevor Sie die sphärische Aberration gut erkennen können. Wenn auf dem Tisch Staub liegt, streut er das Licht auf dem Weg zum Auge. Am besten ist das Muster auf einem dunklen Tisch zu erkennen.

Um die von einem Spiegel erzeugte sphärische Aberration zu sehen, brauchen Sie eine Porzellantasse mit oder ohne Kaffee oder Tee und einen sonnigen Tag (Abb. 3.38b). Das von der entfernten Sonne parallel ankommende Licht wird vom inneren Tassenrand reflektiert, der damit als ›sphärischer Spiegel‹ dient. Das Muster sollte auf der Oberfläche der dunklen Flüssigkeit in der Tasse erscheinen und etwa wie Abbildung 3.35 aussehen.

3.5.4 Achsenferne Bildfehler

Auch wenn eine Linse oder ein Spiegel, also etwa ein parabolischer oder ellipsoidischer Reflektor, auf seiner Achse ein perfektes Bild erzeugt, so kommen im allgemeinen dann, wenn das Objekt nicht auf der Achse liegt, andere Abweichungen vor. Eine dieser ACHSENFERNEN ABERRATIONEN heißt BILDFELDWÖLBUNG. Hier liegt das Bild eines flachen Gegenstands nicht in einer Ebene, sondern vielmehr auf einer gekrümmten Fläche (Abb. 3.39). Wenn man versucht, das Bild auf einem flachen Schirm scharf einzustellen, wird der Mittelpunkt scharf, aber die Ränder verschwimmen oder umgekehrt. Deshalb sind große Schirme, wie die Vorführleinwand für Autokinos oder Videoprojektionen, meistens gekrümmt.

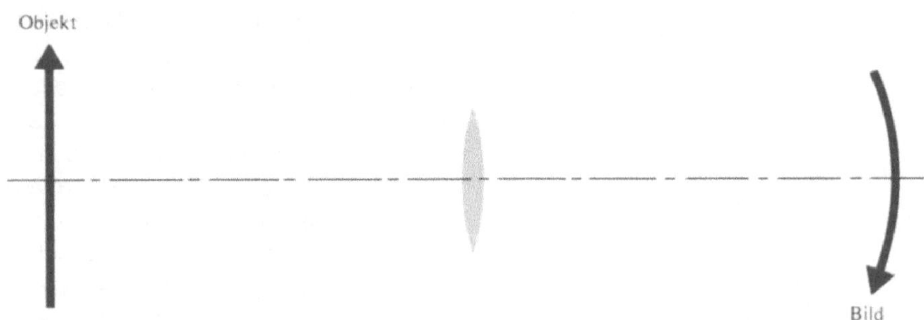

3.39 Die Bildfeldwölbung einer Sammellinse

3.40 Ein kleiner kreisrunder Lichtfleck auf der Achse wird von einer Linse so projiziert, daß das getreue Abbild links entsteht (keine Koma). Ein gleicher achsenferner Lichtfleck erzeugt rechts ein Bild mit Koma

KOMA, ein anderer achsenferner Bildfehler, ist eine Abart der sphärischen Aberration für achsenferne Objekte. Bei einer Punktquelle verschiebt sich die von der sphärischen Aberration herrührende Verschwommenheit zu einer Seite, wenn das Bild nicht auf der Achse ist. Das Bild einer Punktquelle hat dann wie ein Komet (griech. *kometes*, langhaarig) einen Schweif, und danach wurde die Erscheinung benannt (Abb. 3.40).

Mit ASTIGMATISMUS bezeichnen wir den Unterschied der Brennweite von Strahlen, die aus verschiedenen Ebenen kommen. Die in Abbildung 3.36 gezeichneten Strahlen liegen zum Beispiel alle in der Zeichenebene. Wenn

Astigmatismus vorliegt, werden Strahlen von Q, die die Papierebene verlassen und auf die Linse treffen, in einem von Q' etwas verschiedenen Brennpunkt gesammelt. Das schärfste Bild des Punktes ist dann eine kurze Linie, die in Q senkrecht zur Zeichenebene steht, oder eine kurze Linie in der Zeichenebene im anderen

3.41 Das astigmatische Bild eines punktförmigen Objekts in drei zur Achse senkrechten Ebenen. Wenn der Schirm bei A ist, ist das Bild eine senkrechte Linie; sie ist waagerecht, wenn der Schirm bei C ist. Ein Schirm bei B ergibt das kleinste kreisförmige Bild. (Die Aufnahme wurde mit dreifacher Belichtung gemacht; zwischen den Belichtungen wurde ein einziger Schirm verschoben.)

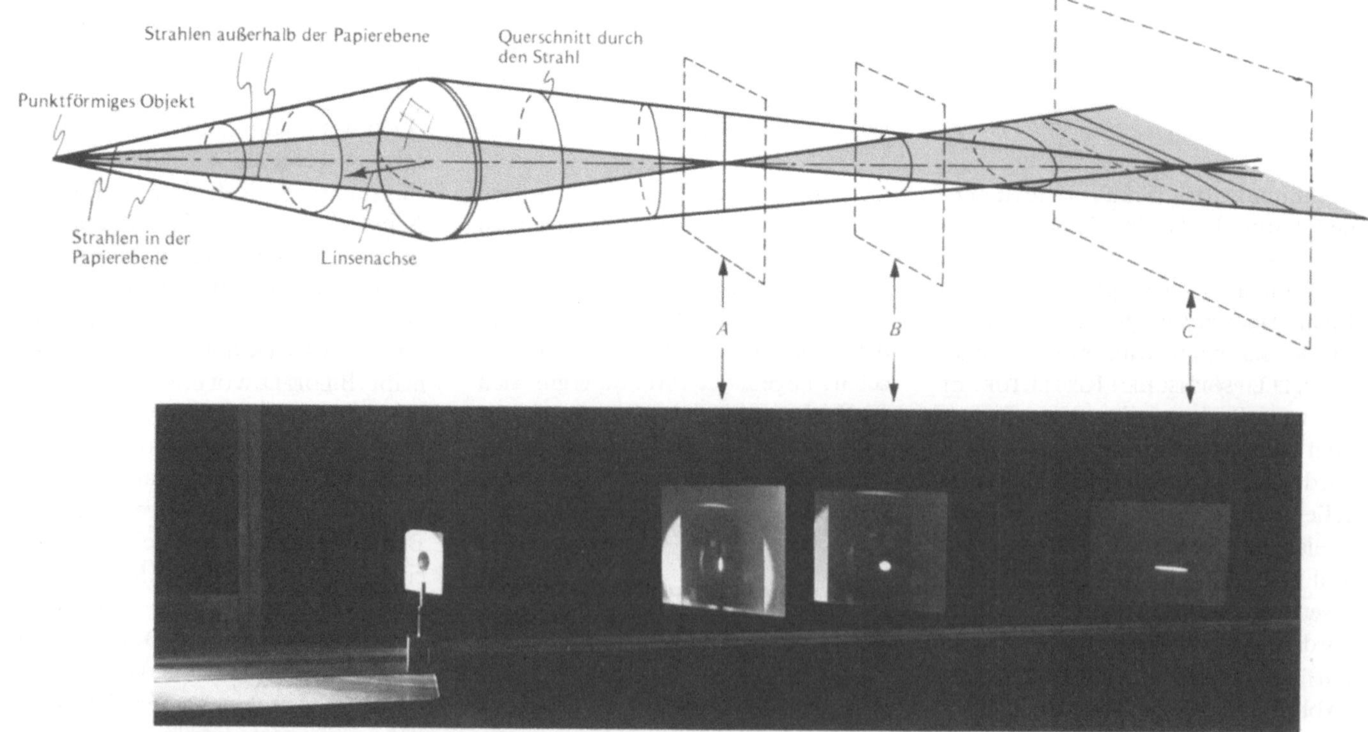

Brennpunkt. Irgendwo zwischen diesen beiden Punkten verschwimmt das Bild von Q zu einem kleinen Kreis (Abb. 3.41). (Leider heißt ein durch die nicht sphärische Krümmung der Augenlinse bewirkter Sehfehler auch Astigmatismus – lesen Sie dazu Abschnitt 6.2.2).

Der letzte zu besprechende achsenferne Bildfehler ist die VERZEICHNUNG. Das Bild eines Objekts fern der Achse wird verformt, als ob es zuerst auf Gummi gezeichnet und dann gedehnt worden wäre. Abbildung 3.42 zeigt ein rechtwinkliges Gitter bei zwei verschiedenen Verzeichnungen.

Stärke und Art der Verzeichnung hängen davon ab, wo im optischen System die BLENDEN angebracht sind, wie also die Ausmaße des Lichtbündels begrenzt werden, ob zum Beispiel durch eine Öffnung oder durch den Linsenrand. Die Lage der Blende bestimmt, welcher Teil des Objekts Lichtstrahlen an den Linsenrand schicken kann, wo sie zu stark gebrochen werden. So wird aus der Tonnenverzeichnung eine Kissenverzeichnung, wenn die Blende nicht mehr vor, sondern hinter der Linse ist. Die Blende einer Kamera ist wie die Iris, die im Auge als Blende dient, zwischen den Linsen angebracht. Die Kissenverzeichnung der vorderen Linse wird dann durch die Tonnenverzeichnung der hinteren Linse ausgeglichen und ergibt ein relativ unverzerrtes Bild.

Diese Bildfehler sind oft nur gering, werden aber bei der Präzisionsarbeit, die moderne optische Instrumente fordern, wichtig. Objektivkonstrukteure versuchen, diese Nebenwirkungen möglichst klein zu halten. Meistens bauen sie weitere Linsen ein, wählen aber auch die Linsenform mit besonderer Sorgfalt. So kann eine

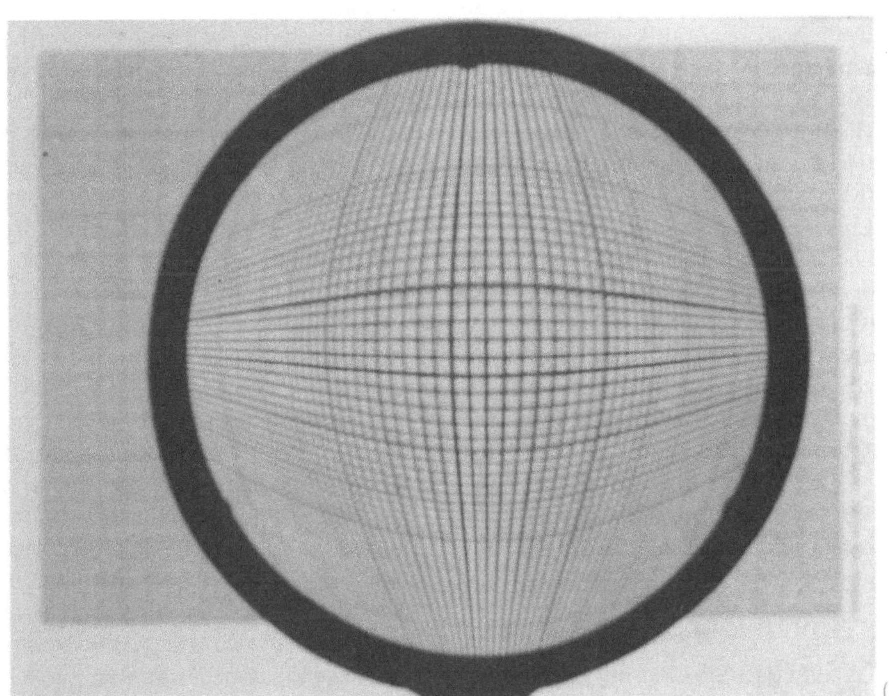

(a)

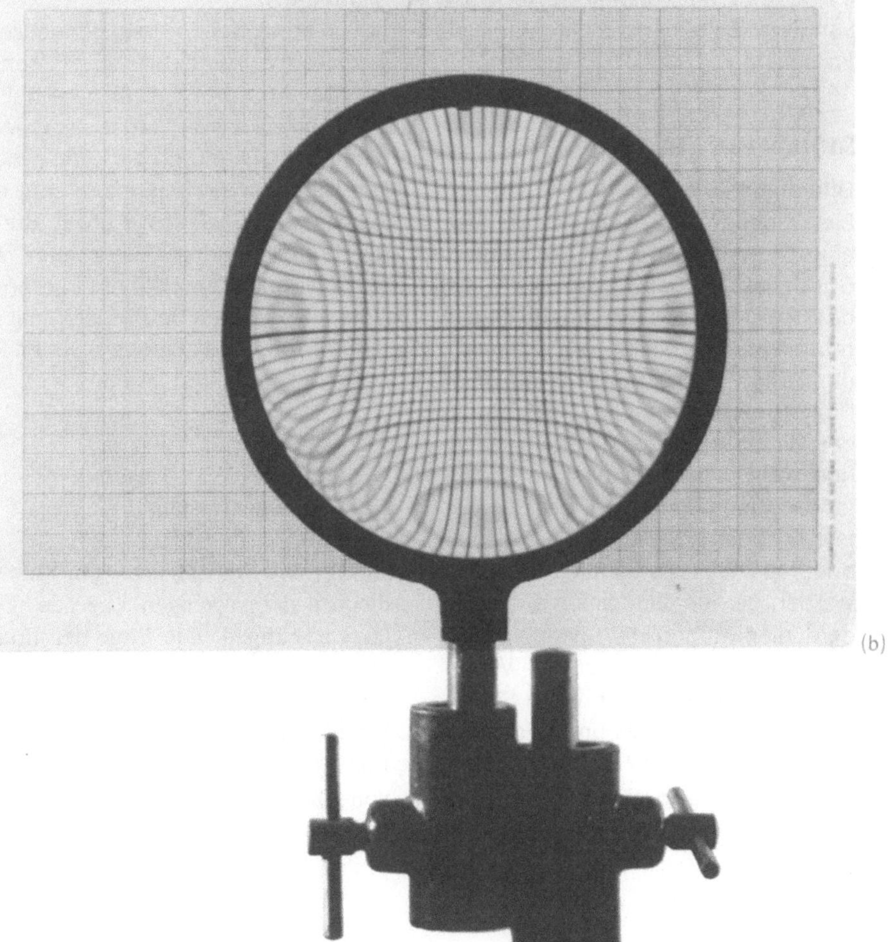

(b)

3.42 Millimeterpapier, das durch verzeichnende Lupen betrachtet wird. (Die Aufnahmen wurden nach dem Verfahren von SEHEN SIE SELBST gemacht.) (a) TONNENFÖRMIGE VERZEICHNUNG. (b) KISSENFÖRMIGE VERZEICHNUNG

Sammellinse mit vorgegebener Brennweite zwei nach außen gewölbte Seiten haben (DOPPELKONVEXLINSE) oder eine gewölbte und eine flache Seite (PLANKONVEXLINSE) oder sogar eine leicht nach innen gekrümmte Seite (MENISKUSLINSE) – solange nur die Linsenmitte dicker ist als der Rand. Die Bildfehler aber sind jedesmal andere. Sie ändern sich sogar schon, wenn man eine Plankonvexlinse umdreht. Wie stark sie sind, hängt auch von der Lage des Objekts ab, deshalb muß man bedenken, wofür die Linse gebraucht wird.

Viele dieser Aberrationen können SIE SELBST SEHEN, wenn Sie eine Lupe haben und der Anleitung folgen.

STUDIER & SPEKULIER

Überzeugen Sie sich mit einer ähnlichen Konstruktion wie in Abbildung 3.21a, daß eine plankonvexe Linse von jeder Seite her wie eine Sammellinse wirkt.

SEHEN SIE SELBST

Bildfehler einer Lupe

Sie brauchen eine Sammellinse, etwa eine Lupe, am besten mit großem Durchmesser. Betrachten Sie dann das Schattenbild eines groben Gitters (notfalls tut es ein Sprossenfenster), durch das Sonnenlicht auf ein Blatt Papier fällt. Können Sie jeden Punkt des Gitters gleichzeitig scharf sehen, oder werden bei einer bestimmten Lage des Papiers manche Teile des Gitters schärfer abgebildet als bei einer anderen? Welcher Bildfehler ist das? Werden gerade Gitterlinien auf gerade Linien abgebildet? Wenn nicht, welche Verzeichnung ist es? Verändern sich die Bildfehler, wenn Sie die Lupe verdrehen? Warum ist das Ergebnis zu erwarten?

Bauen Sie sich eine punktförmige Lichtquelle, indem Sie eine Lampe mit Aluminiumpapier bedecken, in das Sie ein kleines Loch gestochen haben. Beobachten Sie dessen Bild auf einem Stück Papier. Wie scharf können Sie das Bild machen? Gibt es sphärische Aberration? Sehen Sie um das Bild herum Farben? Was passiert mit dem Bild, wenn Sie die Linse drehen? Welche Bildfehler beobachten Sie?

Schauen Sie durch die Lupe auf die Linien eines Stücks karierten Papiers. Die Linse sollte gerade so weit vom Papier entfernt sein, daß das Bild auf dem Kopf steht (etwas mehr als eine Brennweite). Ihr Auge sollte so weit von der Linse entfernt sein, daß Ihnen das Bild scharf erscheint. Welche Verzeichnung beobachten Sie? Bringen Sie jetzt die Linse näher an das Papier heran (also näher als eine Brennweite) und betrachten Sie wieder die Verzeichnung (und auch Abbildung 3.42).

Wie kann das Bild verzeichnet sein, wenn doch keine Blende zu sehen ist? Die Antwort ist, daß gewöhnlich die Pupille unseres Auges als Blende dient, wenn wir durch die Lupe sehen. Deswegen sehen wir manchmal ein besseres Bild, wenn wir etwas durch die Lupe hindurch betrachten, als wenn wir mit ihrer Hilfe ein Bild projizieren. Das ist am deutlichsten mit einer großen Lupe zu sehen. Sehen Sie selbst!

3.6 Zusammenfassung

LINSEN und SPIEGEL erzeugen BILDER, die von der jeweiligen Lage des Objekts abhängen. Die Lage der Bilder wird nach den Regeln der BILDKONSTRUKTION gefunden, indem man den Strahlengang verfolgt. Durch REELLE BILDER geht Licht wirklich hindurch, von VIRTUELLEN BILDERN scheint es nur auszugehen. Ein ebener Spiegel erzeugt hinter seiner Fläche virtuelle Bilder. Mehrfachspiegelungen, so zum Beispiel im KALEIDOSKOP, können viele Bilder erzeugen.

Sphärische Linsen und Spiegel sind beide durch ihre BRENNWEITE f charakterisiert. Ein sphärischer Spiegel hat nur einen BRENNPUNKT F, der in der Mitte zwischen dem Spiegel und seinem Krümmungsmittelpunkt C liegt, Linsen haben zwei Brennpunkte F und F'. Eine dünne Linse liegt genau in der Mitte zwischen ihren Brennpunkten. Linsen mit positiver Brennweite sind SAMMELLINSEN, solche mit negativer Brennweite sind ZERSTREUUNGSLINSEN. Mit Hilfe von Sammellinsen lassen sich Retroflektoren herstellen (HEILIGENSCHEINE). FRESNEL-LINSEN sind dünn, weil bei ihnen viel Glas oder Plastik entfernt wird. Die BRECHKRAFT einer Linse wird in DIOPTRIEN ($D = 1/f$, f in Metern) gemessen; die Brechkraft einer zusammengesetzten Linse, die aus zwei oder mehr einander berührenden Linsen besteht, ist gleich der Summe der Dioptrien ihrer Teile.

ABERRATIONEN oder BILDFEHLER sind Unvollkommenheiten in dem von einer Linse oder einem Spiegel erzeugten Bild. CHROMATISCHE ABERRATION entsteht durch Dispersion und kann durch ACHROMATISCHE DOPPELLINSEN vermieden werden. SPHÄRISCHE ABERRATION läßt sich durch nicht sphärische Linsen oder Spiegel oder durch Verwendung einer BLENDE, die nur PARAXIALE Strahlen durchläßt, korrigieren. Ein Parabolspiegel weist für entfernte Quellen auf der Achse keine Aberration auf. ACHSENFERNE ABERRATION (BILDFELDWÖLBUNG, KOMA, VERZEICHNUNGEN wie KISSEN- und TONNENFÖRMIGE VERZEICHNUNG) können durch geeignete Blenden verringert werden. Sie hängen von der Linsenform ab (DOPPELKONVEX-, PLANKONVEX-, MENISKUSLINSEN usw.).

AUFGABEN

A1 Zeichnen Sie die Abbildung ab, die die Aufsicht auf ein (flaches) Gesicht zeigt, das in einen Spiegel schaut. (a) Zeigen Sie mit Hilfe von Strahlen, wo das Bild des rechten Ohrs ist. Damit das Abbild im richtigen Abstand hinter dem Spiegel ist, brauchen Sie zwei Strahlen vom rechten Ohr, die dem Reflexionsgesetz gehorchen. (b) Vervollständigen Sie das Bild und zeichnen Sie mit seiner Hilfe den Strahl von jedem Ohr zum rechten Auge. (c) Die Person mit diesem flachen Gesicht möchte den Umriß ihres Gesichts auf den beschlagenen Spiegel zeichnen. Sie schließt das linke Auge und schreibt, indem sie nur mit dem rechten Auge schaut, dort, wo sie ihr rechtes Ohr sieht, ein *R* und dort, wo sie ihr linkes Ohr sieht, ein *L*. Geben Sie deutlich an, wo sie diese Buchstaben auf den Spiegel schreibt.

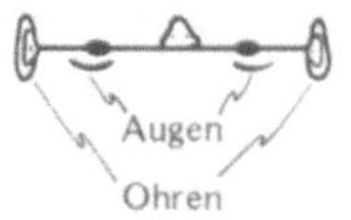

A2 Durch ein Kaleidoskop, dessen Spiegel einen Winkel von 45° einschließen, wird ein Pfeil betrachtet. Zeichnen Sie zwei im Winkel von 45° aufeinandertreffende Geraden, die die Spiegel darstellen sollen, und zwischen ihnen einen Pfeil, der zu einem von ihnen zeigt. Skizzieren Sie alle Abbilder des Pfeils.

A3 (a) Verfolgen Sie den Strahlengang, um in einem Hohlspiegel mit 2 cm Brennweite das Bild eines 2 cm langen Pfeils zu finden, wenn sich der Pfeil 6 cm vor dem Spiegel befindet und senkrecht zur Achse ist. (b) Ist das Bild reell oder virtuell? Aufrecht oder umgekehrt? Größer oder kleiner als das Objekt?

A4 Wiederholen Sie Aufgabe A3 mit einem 1 cm langen Pfeil als Objekt, der nur 1 cm vor dem Spiegel ist.

A5 Wiederholen Sie Aufgabe A3 für einen Wölbspiegel mit Brennweite

2 cm, bei dem das Objekt 2 cm vor dem Spiegel ist.

A6 Welcher der Spiegel in der Abbildung oben ist ein Hohlspiegel und welcher ein Wölbspiegel?

A7 (a) Wenn Sie eine Linse als Brennglas verwenden, bildet sie einen kleinen, hellen Fleck. Formt die Linse dann ein Bild? Und wenn ja, wovon? (b) Warum brennt ein Brennglas? (c) Wie sähe der helle Fleck bei einer partiellen Sonnenfinsternis aus?

A8 Dies ist ein ganz alltägliches Problem: Sie sind als Schiffbrüchiger auf einer sonnigen Wüsteninsel gestrandet und haben nichts dabei außer einer gewöhnlichen Taschenlampe ohne Batterien. Wie könnten Sie einen Teil der Taschenlampe dazu benutzen, ein kleines Blatt in Brand zu setzen und so ein Feuer anzufachen?

A9 (a) Verfolgen Sie den Strahlengang, um das Bild eines 2 cm langen Pfeils zu finden, das von einer Sammellinse mit 5 cm Brennweite entworfen wird, wenn der Pfeil 10 cm vor der Linse und senkrecht zur Achse ist. (b) Ist das Bild reell oder virtuell? Aufrecht oder umgekehrt? Größer, kleiner oder genauso groß wie das Objekt?

A10 Wiederholen Sie Aufgabe A9, wenn das Objekt nur 2,5 cm vor der Linse ist.

A11 Wiederholen Sie Aufgabe A9, aber für eine Zerstreuungslinse mit Brennweite −5 cm, wenn Linse und Objekt einen Abstand von 10 cm haben.

A12 Durch eine bestimmte Linse betrachtet, sieht das Wort ›Licht‹ aus wie in der Abbildung. Welche Art der Verzeichnung ist das? Wo war vermutlich die Blende?

A13 Weisen Spiegel, die auf der Vorderseite beschichtet sind, Farbfehler auf?

A14 In sehr dicken Glasspiegeln kann das Spiegelbild durch Dispersion leicht gefärbt sein. Zeichnen Sie im Abstand von etwa 2 cm zwei senkrechte Linien, die die vordere (Glas-)Fläche und die hintere (Silber-)Fläche des Spiegels darstellen. Zeichnen Sie etwa 2 cm vor dem Spiegel das Objekt — eine weiße Punktquelle. (a) Zeichnen Sie sorgfältig rote und blaue Strahlen, die das rote und blaue Licht darstellen. Zeigen Sie, daß die roten und blauen Bilder verschieden sind und markieren Sie ihre Lage. (Hinweis: Um die Lage eines Bildes zu finden, brauchen Sie zwei Strahlen. Wählen Sie als einen den zum Spiegel senkrechten Strahl.) (b) Wo würden die Bilder sein, wenn das Glas entfernt wäre, das Silber und alles andere aber bliebe wie vorher? Würde das Bild auch dann farbig sein?

A15 Eine bestimmte dünne Linse weist sehr starke chromatische Aberration auf. Die Brennweite beträgt für blaues Licht 3 cm und für rotes Licht 4 cm. Ein 2 cm langer Pfeil befindet sich 8 cm vor der Linse und wird mit weißem Licht bestrahlt. (a) Konstruieren Sie die Bilder für rotes und blaues Licht. (b) Zeichnen Sie eine Skizze, in der Sie andeuten, was Sie auf einem Schirm sehen würden, der am Ort des roten Bildes ist.

A16 Ein Objekt (der übliche Pfeil) befindet sich in der Brennebene einer dünnen Linse der Brennweite f. Auf der anderen Seite der Linse steht im Abstand $f/2$ zur Linse und parallel zu ihr ein ebener Spiegel. (a) Verfolgen Sie den Strahlengang, um zwei Strahlen zu finden, die aus der Linse austreten. (b) Bestimmen Sie mit Hilfe des Reflexionsgesetzes, wie diese Strahlen reflektiert werden. (c) Verfolgen Sie den Strahlengang dieser reflektierten Strahlen zurück durch die Linse und finden Sie so das Endbild.

A17 In ›Tess von D'Urbervilles‹ schreibt Thomas Hardy:
›Und dann trollten sich diese Kinder der freien Luft, denen selbst alkoholische Ausschreitungen kaum etwas für die Dauer anhaben konnten, wieder auf den Feldweg, und während sie dahinschritten, schwebte mit ihnen, rund um den Schatten jedes einzelnen Kopfes, eine opalisierende Gloriole, von den Strahlen des Mondes auf die glitzernde Taufläche geworfen. Jeder der Wanderer sah nur seinen (oder ihren) eigenen Heiligenschein, der nie den Schatten des Kopfes verließ, so sehr dieser auch pöbelhaft wackeln mochte; er haftete fest und zierte ihn beharrlich, bis es schien, als gehörten die fahrigen Schwankungen unzertrennlich zu dem Strahlenspiel und ihr rauchender Atem zu dem Nebel der Nacht. Und die Geister der Landschaft, des Mondlichts und der Natur schienen sich harmonisch mit den Geistern des Weines zu vermischen.‹
Erklären Sie die von Hardy beschriebene Erscheinung.

Harte Aufgaben

HA1 Wie wurde diese Aufnahme gemacht? Untersuchen Sie im einzelnen, wie viele Spiegel verwendet wurden, welchen Winkel sie miteinander bilden, warum die Bilder verschieden hell sind, welches Bild direkt (ohne Spiegelung) erzeugt wurde und warum unten ein Doppelbild ist.

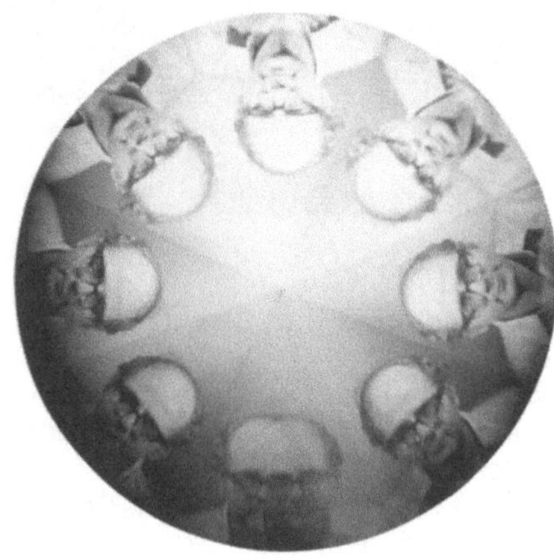

HA2 (a) Wie viele Bilder von sich selbst kann die Person in Aufgabe A13 in Kapitel 2 höchstens sehen? (b) Welche dieser Bilder heben ihre rechte Hand, wenn die Person ihre rechte Hand hebt, und welche die linke?

HA3 Ein Rasier- oder Schminkspiegel ist ein großer Hohlspiegel. Geben Sie (als Vielfaches der Brennweite) den Bereich an, aus dem Sie im Spiegel ein vergrößertes Bild sehen.

HA4 Wirkt eine Luftblase, die die Form einer plankonvexen Linse hat, unter Wasser wie eine Sammel- oder wie eine Zerstreuungslinse?

HA5 Wenn Sie unter Wasser eine Taucherbrille tragen, kommen Ihnen die Objekte gewöhnlich größer vor als normal. Verfolgen Sie den Strahlengang vom oberen und unteren Ende eines Objekts PQ zum Auge, um das zu bestätigen. Zeichnen Sie eine senkrechte Linie, die die Vorderseite der Taucherbrille darstellt, das Auge auf einer Seite der Linie und Wasser und das Objekt auf der anderen. Verfolgen Sie mit Hilfe des Snelliusschen Brechungsgesetzes die Strahlen durch die Vorderfläche der Brille.

HA6 (a) Ohne Taucherbrille sehen die Dinge unter Wasser verschwommen aus. Warum? (b) Die Taucherbrille bildet vor Ihrem Auge eine plankonkave Luftlinse – der flache Teil wird von der Glas- oder Plastikplatte gebildet und der konkave von der Hornhaut. Erläutern Sie mit Hilfe Ihrer Lösung von Aufgabe HA4, warum Sie mit Taucchermasken unter Wasser klar sehen.

HA7 Die Abbildung zeigt ein Periskop, mit dem eine Bombe beobachtet wird, die von einem sicheren Ort hinter einer dicken Wand her gezündet wird. (a) Finden Sie das Bild von Spiegel 2, wie es das Auge sieht, indem Sie die Bilder der Punkte A und B im Spiegel 1 finden. (b) Finden Sie das Bild des Pfeils, wie es das Auge sieht. Wenn Sie dazu den Strahlengang verfolgen, müssen Sie sehr sorgfältig zeichnen. Am besten suchen Sie zuerst das Zwischenbild des Pfeils in Spiegel 2 und dann das Endbild in Spiegel 1. Überlegen Sie sich, bevor Sie anfangen zu zeichnen, wo das

Zwischenbild sein wird, damit Sie genug Platz lassen. Achten Sie darauf, daß die Enfernung zwischen Auge und Endbild gleich der Entfernung ist, die das Licht wirklich vom Objekt zu Spiegel 2 und dann zu Spiegel 1 und schließlich zum Auge zurücklegt. (c) Zeichnen Sie die Strahlen, die das Gesichtsfeld des Auges bestimmen, die Strahlen also, die gerade die Kanten A und B von Spiegel 2 treffen. Was passiert mit diesem Gesichtsfeld, wenn das Periskop verlängert wird, damit es über eine höhere Mauer sehen kann?

HA8 Zeichnen Sie auf ein quergelegtes Blatt Papier eine horizontale Linie, die die Achse darstellt. Zeichnen Sie etwa in deren Mitte einen Pfeil von 3 cm Länge, der das von einer noch nicht gezeichneten Linse entworfene Bild darstellen soll. Zeichnen Sie 2 cm rechts davon einen Pfeil von 2 cm Länge, das Urbild. (Beide Pfeile sollen nach oben zeigen.) Ihre Aufgabe ist es jetzt herauszufinden, welche Linse dieses Bild erzeugt und wo sie sich befinden muß. Gehen Sie dazu in folgenden Schritten vor: (a) Bestimmen Sie mit Hilfe von Strahl 2 den Ort, an dem die Linse sein muß, wenn dieses Bild entsteht. (b) Bestimmen Sie jetzt mit Hilfe von Strahl 1 den Brennpunkt F'. (c) Bestimmen Sie entsprechend mit Hilfe von Strahl 3 den Brennpunkt F. (d) Da Sie wissen, wo das Bild ist, wissen Sie auch, wie sich beliebige vom Objekt ausgehende Strahlen verhalten. Zeichnen Sie einen Strahl von dem Punkt des Objektpfeils zu einem Auge, das 5 cm rechts von der Linse auf der Achse liegt. (e) Erscheint das Bild dem Auge größer oder kleiner als das Objekt ohne Linse? Ist das Bild reell oder virtuell? Ist die Linse eine Sammel- oder eine Zerstreuungslinse?

HA9 Ein Scheinwerfer besteht aus einer Lichtquelle (etwa einer Glühlampe), einem Hohlspiegel und einer Sammellinse. Die Lampe liegt im Krümmungszentrum des Spiegels, und die Linse steht im Abstand einer Brennweite vor der Lampe. Skizzieren Sie einen solchen Scheinwerfer. (a) Wo ist das Spiegelbild der Lampe? (b) Wo ist das Endbild der Lampe, nachdem das Licht durch die Linse hindurchgegangen ist? (c) Zeichnen Sie einen typischen Strahl, der von der Lampe direkt durch die Linse geht. (d) Zeichnen sie einen typischen Strahl, der von der Lampe zum Spiegel und dann durch die Linse geht. (e) Erklären Sie, wozu jeder Teil eines Scheinwerfers nötig ist.

HA10 Ein Strahlaufweiter, mit dem ein Laserstrahl verbreitert wird, besteht aus zwei Linsen. Ein Laser schickt paralleles Licht in den Aufweiter. Zeichnen Sie, damit Sie die Wirkung sehen, den Laserstrahl als ein 2 cm breites Bündel paralleler Strahlen. Die erste Linse ist eine Zerstreuungslinse mit Brennweite -3 cm. (a) Zeichnen Sie die beiden Strahlen, die die Grenzen des Strahls darstellen, nachdem sie durch die erste Linse hindurchgegangen sind. (b) Eine zweite Linse steht 6 cm hinter der ersten Linse. Sie macht die Strahlen wieder parallel. Sollte die zweite Linse sammeln oder zerstreuen? Zeichnen Sie eine geeignete Linse und den sich ergebenden Strahl. (c) Welche Brennweite sollte die zweite Linse haben?

HA11 Ein Pfeil von 1 cm Länge steht 1 cm vor einer Sammellinse mit 2 cm Brennweite. Auf der anderen Linsenseite steht in 4 cm Entfernung eine zweite Sammellinse mit 6 cm Brennweite. Verfolgen Sie den Strahlengang und finden Sie das nur von der ersten Linse erzeugte Bild und nehmen Sie dieses Bild als neues Objekt für die zweite Linse, als ob die erste Linse nicht mehr da wäre.

HA12 Ein Objekt (wie üblich ein Pfeil) steht in der Entfernung $2f$ vor einer Sammellinse. (a) Verfolgen Sie den Strahlengang, um das Bild zu finden. (b) Zeichnen Sie in einem Winkel von 45° zur Achse einen ebenen Spiegel, der die Achse in einer Entfernung von $4f$ hinter der Linse schneidet, und finden Sie das reflektierte Endbild. (c) Wiederholen Sie die Teile (a) und (b), wenn der Spiegel in einem Abstand f hinter der Linse ist.

Mathematische Aufgaben

MA1 Beweisen Sie, daß die Abstände $\overline{QO}$ und $\overline{Q'O}$ gleich sind, indem Sie in Abbildung 3.2a zwei geeignete kongruente Dreiecke finden.

MA2 Zeigen Sie wie folgt, daß der Zentralstrahl durch eine dünne Linse nicht abgelenkt wird: Sehen Sie die Mitte einer Linse als eine Glasscheibe mit parallelen Seiten an. Zeigen Sie, indem Sie das Snelliussche Gesetz (Gleichung B.5) zweimal anwenden, daß jeder Strahl, der auf einer Seite einer solchen Scheibe eintritt, die Scheibe parallel zu seiner Originalrichtung wieder verläßt. Die Verschiebung zwischen diesen parallelen Strahlen ist bei einer dünnen Linse gering.

MA3 Die Brennweite der Linse 1 beträgt -25 cm und die einer Linse 2 $+75$ cm. Welche Brechkraft haben diese Linsen (in Dioptrien)? Welche Brechkraft hat die aus diesen beiden Linsen zusammengesetzte Linse? Was ist die Brennweite dieses Linsensystems?

MA4 (a) Lösen Sie Aufgabe A3a mit Hilfe der Spiegelgleichung, also ohne den Strahlengang zu verfolgen. (b) Welche Vergrößerung ergibt sich?

MA5 (a) Lösen Sie Aufgabe A4a ohne Strahlengang mit Hilfe der Spiegelgleichung. (b) Welche Vergrößerung ergibt sich?

MA6 (a) Lösen Sie Aufgabe A5a ohne Strahlengang mit Hilfe der Linsengleichung. (b) Welche Vergrößerung ergibt sich?

MA7 (a) Lösen Sie Aufgabe A9a ohne Strahlengang mit Hilfe der Linsengleichung. (b) Welche Vergrößerung ergibt sich?

MA8 (a) Lösen Sie Aufgabe A10a ohne Strahlengang mit Hilfe der Linsengleichung. (b) Welche Vergrößerung ergibt sich?

MA9 (a) Lösen Sie Aufgabe A11a ohne Strahlengang mit Hilfe der Linsengleichung. (b) Welche Vergrößerung ergibt sich?

MA10 Bestätigen Sie Ihr Ergebnis für Aufgabe HA8, indem Sie nachprüfen, daß es die Linsengleichung erfüllt.

MA11 Lösen Sie Aufgabe HA11, indem Sie die Linsengleichung zweimal für dieselben Schritte anwenden, wie Sie es bei der Bildkonstruktion getan haben.

Sonnenenergie

Zur Gewinnung von Solarkraft muß die Energie der Sonne eingefangen und für einen nützlichen Zweck, also etwa für die Strom-oder Wärmeerzeugung, genutzt werden. Im besten Fall fängt ein SONNENKOLLEKTOR die Energie alles auffallenden Sonnenlichts ein. Der Energiefluß des Sonnenlichts, das die Erde erreicht, hängt stark von den Wetterbedingungen ab und übersteigt selten ein Kilowatt pro Quadratmeter. Um also eine Leistung von zum Beispiel fünf Kilowatt zu erreichen, muß die Kollektoroberfläche mindestens fünf Quadratmeter betragen. Damit der Wirkungsgrad möglichst groß ist, sollte der Kollektor senkrecht zur Einfallsrichtung der Sonne aufgestellt sein.

Einige der großen Sonnenkollektoren arbeiten nach einem Verfahren, das sich wenig von dem des Archimedes (Abschnitt 3.3.4) unterscheidet. Beim Sonnenturm (siehe Umschlagbild) steht eine große Fläche voller Spiegel, die alle Sonnenlicht zu einem Dampfkessel auf einem hohen Turm reflektieren. Dort verdampft Wasser, und der Dampf treibt Stromgeneratoren an. Statt der Soldaten des Archimedes sorgen automatische, von Uhren angetriebene Mechanismen, sogenannte HELIOSTATEN, dafür, daß jeder der hundert oder tausend Spiegel der Sonne nachgeführt wird. (Die Kosten für die vielen synchronisierten Heliostaten machen einen beträchtlichen Teil der Unkosten aus.)

Auch ein Kugel- oder ParabolSPIEGEL kann alle auf eine große Fläche fallende Energie in einem kleinen Gebiet sammeln und deshalb ein Sonnenkollektor sein (Abschnitt 3.5.3). Der Boiler oder ABSORBER steht dann im Brennpunkt des Spiegels. Damit eine große Spiegelfläche billig hergestellt werden kann, wird sie oft aus einzelnen kleinen ebenen Spiegeln zusammengesetzt (Abb. B.2). Wie bei dem Sonnenturm ist ein Heliostat nötig, um die Kombination von Spiegel und Absorber zur Sonne hin zu richten.

Wenn die Konzentration nicht so groß sein muß, werden WÄRMEROHRKOLLEKTOREN verwendet. Sie können entweder aus einem zylindrischen Spiegel oder einer zylindrischen Fresnel-Linse bestehen (Abschnitt 3.4.4), die das Licht auf einen zylindrischen Absorber konzentrieren. Wenn die Zylinderachse in ostwestliche Richtung zeigt, brauchen diese Kollektoren nicht bewegt zu werden, um der Sonne zu folgen. Ein einfacherer Typ eines Sonnenkollektors konzentriert die Energie gar nicht. Er besteht nur aus einer absorbierenden flachen Platte. Solche FLACHKOLLEKTOREN werden oft auf Dächern angebracht und erhitzen das durch sie hindurchfließende Wasser.

Ob konzentrierende oder flache Kollektoren verwendet werden, hängt davon ab, wie Wärme übertragen und Energie umgewandelt wird. Wenn mit Sonnenenergie geheizt werden soll, genügen Vorrichtungen, bei denen die Temperatur 120 °C nicht übersteigt, was in unseren Breiten wegen des geringen Strahlungsangebots sehr erwünscht ist. Diese Niedertemperatursonnenkollektoren sind oft Flachkollektoren und können ein solares Treibhaus mit Wärme und ein Wohnhaus mit warmem Wasser versorgen. Wenn elektrische Energie erzeugt, die Sonnenenergie aber als Wärme absorbiert werden soll (statt nach Abschnitt 15.2.2 direkt Elektriziät zu erzeugen), dann muß die Wärme in Elektrizität umgewandelt werden können, und dazu braucht man Konzentratoren. Es gibt jedoch eine Obergrenze für die Temperatur, die durch Konzentration von Sonnenenergie entsteht, denn ein parabolischer Sonnenkonzentrator ergibt ein Bild der Sonne, das wie ein Schwarzer Körper mit Sonnenoberflächentemperatur (also etwa 5500 °C) wirkt. Im Brennpunkt eines solchen Konzentrators kann also keine höhere Temperatur erreicht werden. Praktisch ist der Grenzwert viel niedriger, weil Wärme verlorengeht und das Bild nicht so scharf ist. Wenn zum Beispiel die erwärmte Fläche sehr heiß ist, verliert sie die Wärme wahrscheinlich viel rascher,

B.2 Dieser Parabolspiegel in Bhavnagar, Indien, besteht aus vielen kleinen ebenen Spiegeln. Das Sonnenlicht sammelt sich auf einem Sterling-Motor, der einer Dampfmaschine ähnelt, aber ohne Wasser auskommt. Hier wird er zum Wasserpumpen eingesetzt

als wenn sie relativ kühl gehalten wird (zum Beispiel von schnell strömendem Wasser in einem Flachkollektor).

Wärmeverluste lassen sich auf drei Ursachen zurückführen: Wärmeleitung oder KONDUKTION, KONVEKTION und STRAHLUNG. Verlust durch Wärmeleitung beruht auf der Wärmeübertragung auf Materie, etwa auf das Gerüst des Kollektors, wobei sich die Materie selbst nicht bewegt. Konvektionsverlust rührt von der Wärme her, die ein bewegter Stoff, gewöhnlich Luft, mit sich nimmt, Strahlungsverlust rührt von der elektromagnetischen Strahlung her, die einen Teil der Energie fortträgt. Verluste durch Wärmeleitung werden in Flachkollektoren durch Isolierung der Rückfront mit Stoffen wie Styropor gering gehalten. Konvektionsverluste werden dadurch reduziert, daß man die Vorderseite des Kollektors im Abstand von wenigen Zentimetern mit einer oder mehreren Glasschichten bedeckt, wodurch schnelle Luftbewegung verhindert wird. Auch in größerem Abstand, etwa in einem Treibhaus, kann Glas oder Plastik noch gut vor Konvektionsverlust schützen. (Aber jede Glasoberfläche reflektiert mindestens 4 % und bei schrägem Einfall noch mehr. Eine vergleichbare Menge kann auch durch Glas absorbiert werden.) Strahlungsverluste lassen sich auch durch den Treibhauseffekt des Glasdachs verringern – wir erinnern an IM BRENNPUNKT am Ende von Kapitel 1. Noch wirksamer ist eine selektive Oberfläche, also eine, die sich nicht wie ein Schwarzer Körper verhält. Diese Oberfläche sollte im sichtbaren Bereich absorbieren, wo die Sonnenenergie am größten ist, und ein schlechter Infrarotstrahler sein, der die Energie nicht abstrahlt, während er sich erwärmt. Eine solche Oberfläche ist ein Metall (das im sichtbaren und infraroten Bereich schlecht strahlt), das mit einem Halbleiter beschichtet ist (der im sichtbaren Bereich absorbiert und im infraroten Bereich transparent ist und nicht strahlt).

Offensichtlich kommt der Oberfläche von Sonnenkollektoren große Bedeutung zu. Sie sauber und staubfrei zu halten und vor Oxidation, Korrosion und Hagel zu schützen, ist bei allen großen Kollektoren ein Hauptproblem.

KAPITEL 4

Kamera und Fotografie

4.1 Einleitung

Bei der FOTOGRAFIE verbinden sich in geradezu genialer Weise die Optik einer Kamera und die Chemie der lichtempfindlichen Stoffe eines Films. Seit mehreren Jahrhunderten schon haben Menschen an allen möglichen Arten von Kameras ihre Freude gehabt: von kleinen tragbaren Apparaten, die einem Maler helfen sollten, bis zu zimmergroßen, begehbaren Räumen, die realistisch und farbgetreu das projizieren, was sich draußen im Leben abspielt (Abb. 2.7). Aber der entscheidende Schritt zur dauerhaften Aufzeichnung solcher Bilder wurde erst vor etwa 150 Jahren gemacht, als die Vorläufer des modernen Films entwickelt wurden. Seit damals hat die ständige Verbesserung von Film und Kamera zu einer Fülle von raffinierten fotografischen Geräten geführt. So gibt es Sofortbildkameras, die Sekunden nach dem Druck auf den Auslöser gestochen scharfe Farbbilder liefern, Spezialkameras für Astronomen, die entfernte Galaxien fotografieren, und Kameras, die den Ablauf der Explosion eines von einer Gewehrkugel getroffenen Ballons festhalten. Das japanische Ideogramm für ›Fotografie‹, *sha-shin*, faßt die Wahrheitstreue des Verfahrens zusammen: *sha-shin* heißt wörtlich ›Abbild der Wahrheit‹. Heute ist die Fotografie allgegenwärtig. Sie vermag nicht nur das Gewöhnliche, sondern auch das Entfernte, das Vergängliche, das Farbige, das sonst Unsichtbare einzufangen und hat damit unser Wissen (von unserem Gefühl für Schönheit gar nicht zu reden) ungeheuer erweitert. Als Kameras nach heutigem Standard noch ganz primitiv waren, im Jahr 1925, schrieb der Maler und Fotograf László Moholy-Nagy: ›Wir sind in diesen hundert Jahren Fotografie und zwei Jahrzehnten Kinofilm enorm bereichert worden... WIR KÖNNEN WOHL BEHAUPTEN, DASS WIR DIE WELT HEUTE MIT VÖLLIG ANDEREN AUGEN SEHEN.‹

Sehen wir uns jetzt an, wie eine Kamera die Welt ins Auge faßt.

4.1.1 Die Hauptbestandteile der Kamera

Damit ein Foto entsteht, müssen FOTOAPPARAT oder KAMERA mit einer bestimmten Intensität eine bestimmte Zeit lang ein gutes Abbild auf einen Film werfen. Die etwas altmodische Kamera in Abbildung 4.1 ist so einfach und groß, daß sie alle wichtigen Teile deutlich zeigt. Im wesentlichen ist eine Kamera ein lichtundurchlässiger Kasten, der nur das erwünschte Licht zum Film gelangen läßt. Vorn ist ein OBJEKTIV, ein Linsensystem, das auf dem Film ein reelles Bild entwirft. Es ist verstellbar, damit dieses Bild scharf eingestellt werden kann.

4.1 (a) Eine großformatige Kamera. Der Messingzylinder enthält das Objektiv. Die Rückwand kann entweder eine Mattscheibe zur direkten Bildbeobachtung oder eine fotografische Platte halten. (b) Die wesentlichen Teile dieser Kamera

(a)

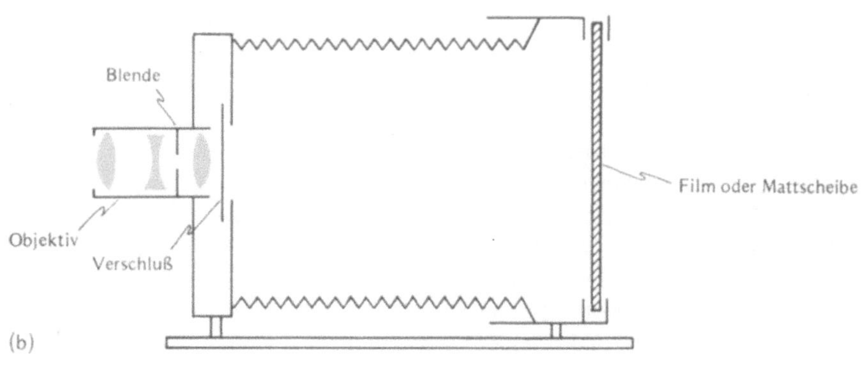

(b)

Die Kamera hat zur Kontrolle des Lichteinfalls eine verstellbare BLENDE und einen VERSCHLUSS, der die Dauer des Lichteinfalls kontrolliert. Die Rückseite der Kamera enthält den FILM und Vorrichtungen, mit denen der Film zwischen zwei Belichtungen befördert oder ausgewechselt werden kann. Dieses im Grunde so einfache Gerät ermöglicht nahezu Unglaubliches: fast mühelos erhalten wir ein dauerhaftes Bild der uns umgebenden Welt.

Die Mühelosigkeit der Fotografie hat immer zu ihrer Anziehungskraft beigetragen. Daguerre schrieb 1838, kurz nachdem er sein Verfahren zur Gewinnung eines dauerhaften Lichtbilds vervollkommnet hatte: ›Es wird den Damen gefallen, wie wenig Arbeit es erfordert ...‹ George Eastman, der Gründer von Kodak, sagte 1889, als er seine Kamera populär machen wollte, weniger geschlechtsspezifisch: ›Sie drücken auf den Knopf, wir besorgen das übrige.‹

Zur Vereinfachung des Fotografierens sind viele raffinierte mechanische Hilfsmittel erfunden worden. So ermöglicht der Balgen die Bewegung des Objektivs, während das Gehäuse lichtdicht verschlossen ist, Kassetten erlauben das Einsetzen und Auswechseln eines Films ohne Dunkelkammerzelt (wie es die ersten Fotografen immer mit sich herumtrugen), und mit Hilfe der Perforation kann der Film um genau vorgegebene Beträge vorgespult werden. Der Zweck vieler dieser mechanischen Teile liegt auf der Hand, deshalb betrachten wir hier einige der weniger offensichtlichen optischen Komponenten einer Kamera.

4.2 Die Scharfeinstellung

In Abschnitt 3.4.3 sahen wir, wie das von einer Sammellinse erzeugte reelle Bild gefunden werden kann. Um dieses Bild festzuhalten, legen wir den Film in die Bildebene. Wenn das Objekt eine andere Entfernung vom Objektiv hätte, läge das Bild in einer anderen Ebene, und wir müßten den Film (oder das Objektiv) zur SCHARFEINSTELLUNG oder FOKUSSIERUNG verschieben.

4.2.1 Bildtiefe und Schärfentiefe

Nehmen wir an, Sie wollten eine Freundin fotografieren und hätten das Bild scharf eingestellt. Auch wenn Sie noch so genau sind, liegt das Bild im allgemeinen nicht genau auf dem Film und ist deshalb etwas verschwommen. Zum Glück brauchen Sie dieses Bild nicht vollkommen scharf eingestellt zu haben, damit das Lichtbild doch annehmbar scharf wird, denn unsere Augen nehmen eine geringfügige Unschärfe des Bildes gar nicht wahr. Zudem hat jeder Film seine Grenzen, die eine restlos scharfe Aufnahme unmöglich machen, und durch Linsenfehler und Bewegungen der Kamera und des fotografierten Objekts wird jede Aufnahme etwas unscharf. Insgesamt läßt sich also sagen: Wenn das optische Bild nicht zu weit von der Filmebene entfernt ist, fällt die Unschärfe der Aufnahme nicht ins Gewicht. Es gibt also einen Bereich von Einstellungen, von uns die BILDTIEFE genannt, in dem das Foto eines in einer bestimmten Entfernung befindlichen Gegenstands hinreichend scharf ist (Abb. 4.2a).

Nehmen wir jetzt an, Sie wollten zwei Freundinnen fotografieren, die verschieden weit von der Kamera entfernt sind. Wenn Sie den Film so einstellen, daß das Bild einer Freundin scharf ist, ist das der anderen vielleicht nicht mehr scharf. Den Bereich der Entfernungen, die bei vorgegebener Filmeinstellung ein akzeptables Bild ergeben, nennen wir SCHÄRFENTIEFE (Abb. 4.2b). Wenn eine Freundin sehr nahe ist und die andere sehr fern, kann man nicht beide gleichzeitig im Fokus haben – sie sind nicht beide im Schärfentiefenbereich der Kamera, und deshalb wird mindestens ein Bild ziemlich unscharf. Aus diesem Grund mußten wir für Abbildung 3.7 zwei Aufnahmen machen. (Sie sehen dort, daß die Kratzer auf dem ebenen Spiegel nur sichtbar sind, wenn die Kamera auf das nähere Bild eingestellt ist.)

Die Schärfentiefe hängt vom Abstand des scharf einzustellenden Objekts ab. Sind Ihre Freundinnen beide

4.2 (a) Bildtiefe. Wenn der Film in dem gezeigten Bereich ist, ist das Bild einigermaßen scharf. (b) Schärfentiefe. Objekte innerhalb dieses Bereichs werden bei diesem Abstand von Objektiv und Film hinreichend scharf abgebildet

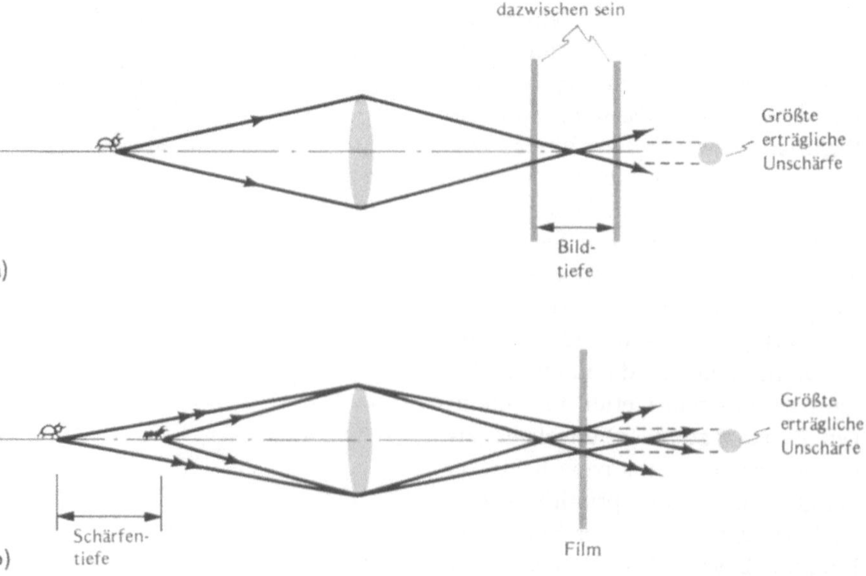

sehr weit entfernt, liegen ihre Bilder unabhängig vom Abstand zwischen Ihren Freundinnen nahe an der Brennebene des Objektivs und werden annehmbar scharf – die Schärfentiefe ist bei entfernten Gegenständen am größten.

Mit der passenden Schärfentiefe lassen sich viele Einstellungsprobleme lösen. Sie ermöglicht scharfe Aufnahmen von dreidimensionalen (und nicht nur von flachen) Motiven und läßt uns manchmal (in Kameras mit FIXFOKUS) sogar ohne Scharfeinstellung auskommen. Denken wir uns ein Objektiv in einer festen Entfernung vom Film angebracht, so daß das Bild eines 3 m entfernten Gegenstands genau auf dem Film liegt und die Schärfentiefe von 1,5 m bis unendlich reicht. Eine solche Kamera macht ohne jede Scharfeinstellung gute Schnappschüsse von Menschen und Landschaften (weil ein höflicher Fotograf nicht näher als auf anderthalb Meter an Menschen herangeht). Viele Billigkameras sind so konstruiert.

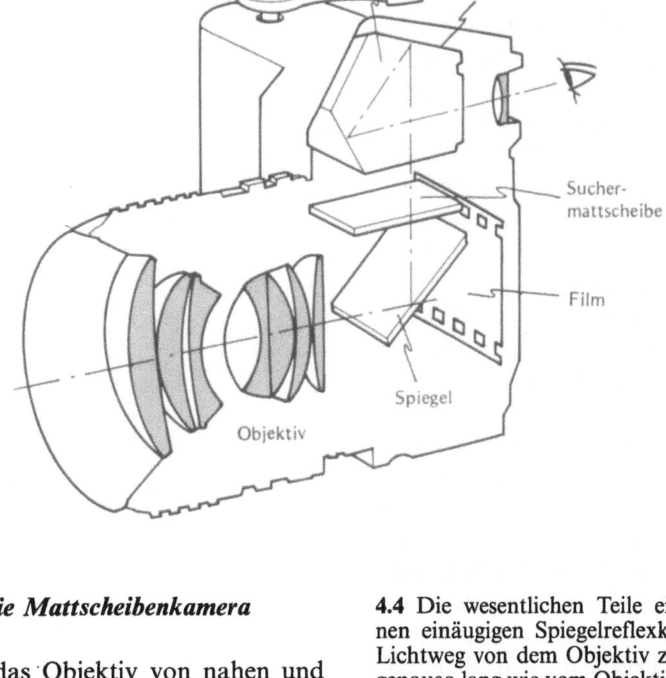

4.3 (a) So stellen wir uns den Photographen vergangener Zeiten vor, der von hinten in die Kamera schaut. Das schwarze Tuch über seinem Kopf schließt Streulicht aus, so daß er die Scheibe sehen kann. (b) Was der Photograph sieht, wenn er von hinten in die Kamera blickt

4.2.2 Die Mattscheibenkamera

Damit das Objektiv von nahen und von entfernten Objekten ein scharfes Bild entwerfen kann, ist im allgemeinen dieses (und seltener der Film) im Kameragehäuse beweglich. Durch Bewegung des Objektivs kann das Bild so verschoben werden, daß es auf die Filmebene fällt.

Wenn wir wissen wollen, ob das Objektiv an der richtigen Stelle ist, können wir zum Beispiel den Film durch eine Mattscheibe ersetzen und am Bild auf dem Mattglas die Scharf-

4.4 Die wesentlichen Teile einer modernen einäugigen Spiegelreflexkamera. Der Lichtweg von dem Objektiv zum Film ist genauso lang wie vom Objektiv über einen Schwingspiegel zur Mattscheibe. Bevor der Fotograf das Bild auf der Mattscheibe sieht, kehrt es das Pentaprisma um. Seine Deckfläche besteht aus zwei Flächen, die senkrecht zur Abbildungsebene reflektieren, um das Bild auch in dieser Richtung umzukehren

einstellung überprüfen (Abb. 4.3). Nach der Scharfeinstellung wird die Mattscheibe wieder durch den Filmträger ersetzt, der Deckel vom Film entfernt und der Film belichtet. Diese etwas mühselige Arbeit paßt nicht zur hektischen Lebensweise der meisten unserer Zeitgenossen. Für Präzisionsarbeit, zum Beispiel in der Reproduktionstechnik, verwendet man allerdings auch heute noch MATTSCHEIBENKAMERAS.

4.2.3 Die einäugige Spiegelreflexkamera

Eine moderne Version der Scharfeinstellung durch direkte Bildbetrachtung finden wir in der EINÄUGIGEN SPIEGELREFLEXKAMERA (SLR als Abkürzung für Single-Lens-Reflex) (Abb. 4.4). Hier werden Mattscheibe

(a)

(b)

und Film nicht ausgetauscht, sondern das Bild wird zuerst durch einen 45°-Spiegel auf die Mattscheibe geworfen. Der Spiegel wird vor der Aufnahme weggeklappt, damit der Film belichtet werden kann. Schaut der Fotograf von oben in die Kamera auf die horizontale Mattscheibe, sieht er ein seitenverkehrtes Bild. Oft ist in den Sucher ein PENTAPRISMA so eingebaut, daß das Bild gedreht wird und nicht mehr seitenverkehrt ist.

Das optische System der SLR kann die Scharfeinstellung mit weiteren interessanten Tricks erleichtern. So wird gelegentlich die Mattscheibe, die Licht in alle Richtungen streut, durch eine Fresnel-FELDLINSE ersetzt, die das meiste Licht zum Auge hin schickt und dadurch besonders in der Nähe der Ränder ein gleichmäßigeres, helleres Bild gibt (Abschnitt 6.6.1).

Ein weiterer Trick nutzt die Tatsache, daß ein Prisma die scheinbare Lage eines Objekts um einen Betrag verschiebt, der von der Entfernung des Objekts zum Prisma und von der Orientierung des Prismas abhängt. Wenn Sie diese Buchseite durch ein

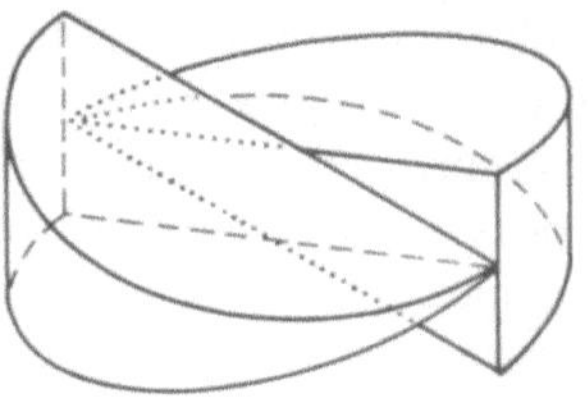

4.5 (a) Ein Biprisma, wie es oft in die Mitte der Mattscheibe einer SLR eingebaut ist. (b) Die Wirkung eines der Prismen: Wenn das Bild B in der Bildebene liegt, sieht man es unverschoben (links). Wenn es unter (oder über) der Bildebene ist, sieht man es verschoben bei B' (rechts). (c) Das Schnittbild, das sich ergibt, wenn unscharf (links) und scharf (rechts) eingestellt ist. (Das mittlere Biprisma ist von einem Ring von Mikroprismen umgeben.)

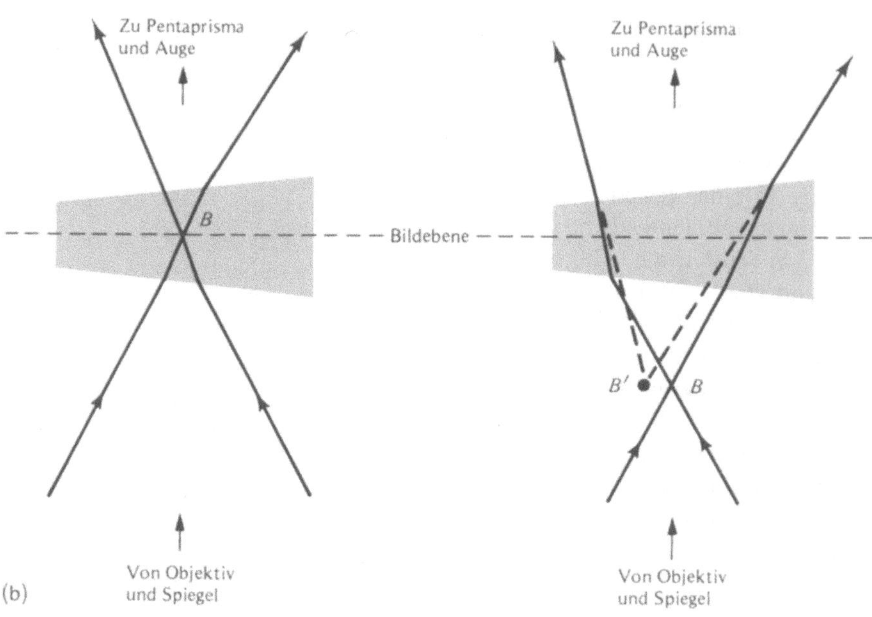

Prisma anschauen, erscheint sie Ihnen verschoben. Wenn Sie das Prisma umdrehen (so daß die Grundfläche des Keils nach links statt nach rechts zeigt), dreht sich die Richtung der Verschiebung um. Je näher das Prisma am Papier ist, um so kleiner wird die Verschiebung. Es gibt (bei einem dünnen Prisma) keine Verschiebung mehr, wenn das Prisma auf dem Papier liegt. Die Bilder, die wir durch ein in die Scheibenebene eingelassenes System aus zwei gegeneinander geneigten Prismen (BIPRISMA) auf der Mattscheibe sehen, werden also in entgegengesetzte Richtungen verschoben, wenn die Bilder nicht genau auf der Mattscheibe liegen. Man sieht somit immer, wenn die Bilder nicht scharf eingestellt sind, ein SCHNITTBILD (Abb. 4.5) Da das Auge einen Knick in einer Geraden mit erstaunlicher Genauigkeit wahrnimmt, erlaubt dieses Verfahren eine sehr präzise Scharfeinstellung.

In einigen Kameras sind über das gesamte Blickfeld des Suchers viele kleine Biprismen (MIKROPRISMEN) verteilt. Das Bild wird dann überall dort gebrochen, wo es nicht genau fokussiert ist; dadurch erscheint es viel eher unscharf, wenn die Kamera nicht scharf einstellt, als ohne solche Mikroprismen. Auch das ermöglicht eine Präzisionseinstellung.

4.2.4 Der Entfernungsmesser

Andere Kameratypen als die SLR verwenden andere Methoden der Scharfeinstellung. Es ist nicht schwer, ein für allemal die Vorrichtung, die das Objektiv verstellt, mit einer Skala zu versehen. Oft läßt sich das Objektiv auf einem Schraubengewinde ein- und ausdrehen. Dann wird die den verschiedenen Einstellungen entsprechende Objektentfernung auf dem drehbaren Einstellungsring markiert (Abb. 4.6a). Um mit Hilfe dieser Skala scharf einzustellen, brauchen wir nur die Entfernung zu messen, indem wir sie zum Beispiel abschreiten. Das

(a)

(b)

4.6 Entfernungsskalen auf Fotoobjektiven. (a) Die Entfernung ist als Länge (Meter und Fuß) angegeben. Anzeigepunkte geben nicht nur die beste Einstellung an, sondern auch die Schärfentiefe. Genau wie die Objektive die Bilder entfernter Objekte stärker zusammenfassen als die naher, erstrecken sich die Entfernungsangaben für nahe Objekte über einen größeren Bereich als die für ferne. (b) Wie groß vertraute Objekte im Sucher erscheinen, gibt einen Hinweis auf die Entfernung

läßt sich allerdings nicht in allen Fällen machen (an einem Steilhang zum Beispiel oder bei einem von Krokodilen besuchten Sumpf ist Vorsicht geboten).

Wenn keine sehr große Genauigkeit erforderlich ist, kann man die scheinbare Größe einer Standardlänge, also etwa die eines mittelgroßen Menschen, zu Hilfe nehmen. Wenn der Kopf dieser Person den Sucher füllt, ist sie ziemlich nah, wenn der Rahmen sie von Kopf bis Fuß zeigt, ist sie mittelweit entfernt, und wenn sie sehr viel kleiner ist als der Rahmen, muß sie praktisch unendlich weit entfernt sein. In einfachen Kameras wird die Scharfeinstellungsskala mit ganz befriedigenden Ergebnissen oft nur mit diesen drei Situationen markiert (Abb. 4.6b).

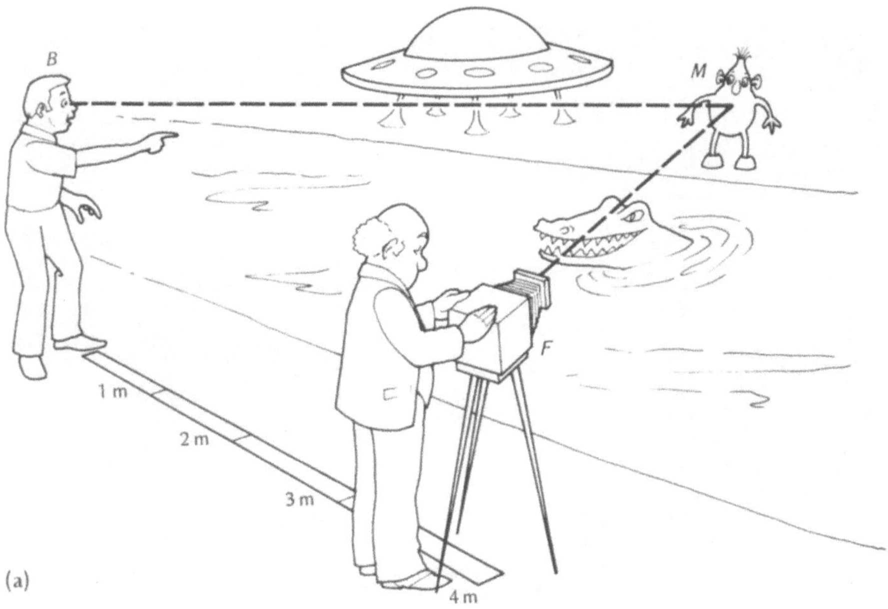

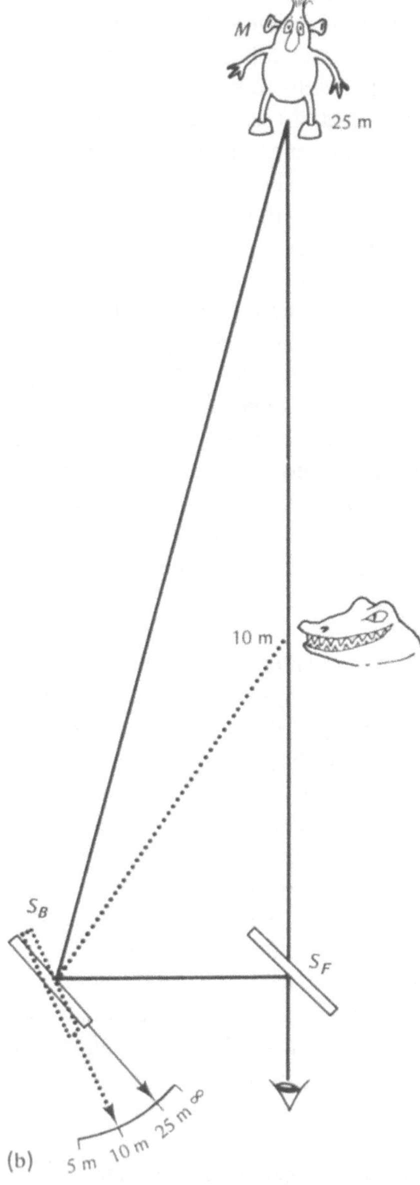

4.7 (a) Das Problem der Entfernungsmessung: Der Fotograf F will die Entfernung FM zum Motiv M messen. In einiger Entfernung von ihm steht ein Beobachter B und schaut auch auf M. (b) Lösung für das Problem der Entfernungsmessung

Wenn es auf größere Genauigkeit ankommt, benutzt man, wie Abbildung 4.7a zeigt, einen ENTFERNUNGSMESSER, der wie die Landvermessung auf TRIANGULATION beruht. Dabei mißt F den Winkel zwischen seiner Sehlinie (FM) und der des Beobachters B (BM) und die (krokodilfreie) Entfernung von F zu B. Mit etwas Mathematik ergibt sich dann die gewünschte Entfernung FM.

Ein Koinzidenzentfernungsmesser beruht auf demselben Prinzip (Abb. 4.7b), ersetzt aber B durch einen drehbaren Spiegel S_B, F durch einen halbversilberten Spiegel S_F und die Mathematik des F durch eine eingebaute Skala, die den Winkel von S_B in die Entfernung FM umrechnet. Sie spielen als Fotograf dazu so lange mit S_B herum, bis sich das in S_F und S_B gespiegelte Bild mit dem direkt durch S_F gesehenen deckt. S_B kann mit der Objektiveinstellung der Kamera gekoppelt werden, so daß die Kamera immer auf den Ort eingestellt ist, an dem sich die beiden durch den Sucher gesehenen Strahlen schneiden.

Der Entfernungsmesser kann eine doppelte Aufgabe erfüllen, wenn er mit dem Sucherfenster (dem Fenster, das Ihr Bild umrahmt) gekoppelt ist, nämlich auch die PARALLAXE korrigieren. Nehmen wir an, der Sucher sei 5 cm über dem Objektiv. Dann ist das im Sucher gesehene Feld 5 cm höher als das, was die Kamera fotografiert. Diese 5 cm machen in einer Aufnahme von einer entfernten Landschaft, die sich über viele Meter oder Kilometer erstreckt, nichts aus, bei einem näheren Objekt aber können die oberen 5 cm im fertigen Bild sehr wohl vermißt werden. Wenn der Sucher um einen vom Entfernungsmesser bestimmten Betrag gekippt wird, läßt sich diese Parallaxendiskrepanz vermeiden.

Entfernungsmesser sind für solche Fälle, in denen die Geschwindigkeit (oder die Faulheit) wesentlich sind, automatisiert worden. Einige Kameras schicken einen Infrarotstrahl aus und suchen dann nach seiner Reflexion mit einem versetzten Drehspiegel nach dem Spiegelbild, ähnlich wie S_B in Abbildung 4.7b. Andere machen sich das Echoverfahren zunutze, das wir in Abschnitt 1.1.2 behandelt haben, verwenden aber nicht Licht, sondern einen langsameren Schallimpuls, also ein Sonarverfah-

ren. In neueren Videokameras beurteilt ein elektronischer Schaltkreis die Schärfe des in elektrische Impulse u gewandelten Bildes.

STUDIER & SPEKULIER

Welcher dieser automatischen Entfernungsmesser kann auf dem Mond benutzt werden (wo es keine Luft gibt)?

4.3 Die Brennweite und ihre Wirkung

In hochwertigen Kameras lassen sich die Objektive nicht nur verschieben, sondern auch ganz herausnehmen und durch Linsensysteme anderer Brennweiten ersetzen, oder sie haben ein Zoom- oder Varioobjektiv, das eine allmähliche Veränderung der Brennweite erlaubt. Das Wesentliche ist dabei, daß man die Bildgröße ändern kann, ohne die Lage der Kamera verändern zu müssen.

4.3.1 Tele- und Weitwinkelobjektive

Wir stellen uns jetzt einen Gegenstand vor, der so weit entfernt ist, daß sein Bild mit guter Näherung in der Brennebene des Objektivs liegt. Da ein Hauptstrahl (Strahl 2) durch jede Linse ungebrochen hindurchgeht, muß die Bildgröße proportional zur Brennweite des Objektivs sein (Abb. 4.8). Eine Linse mit größerer Brennweite ergibt also ein größeres Bild, als ob man durch ein Fernrohr fotografierte. Ein Objektiv mit großer Brennweite heißt TELEOBJEKTIV. Der Fotograf in Abbildung 4.7 täte gut daran, ein solches Objektiv zu benutzen, wenn er M näher heranholen will. Ein Teleobjektiv vergrößert einen kleinen Teil der Szene zu einem großen Bild und entspricht damit einem kleinen BILDWINKEL (Abb. 4.8a). Der Bildwinkel, der Winkel also, unter dem die Kamera das aufgenommene Motiv sieht, wird in Winkelgraden angegeben und üblicherweise entlang der Bilddiagonalen gemessen. Tabelle 4.1 gibt diesen Winkel für verschiedene Objektive einer 35-mm-Kamera an.

Eine Linse mit kurzer Brennweite hat gerade entgegengesetzte Wirkung.

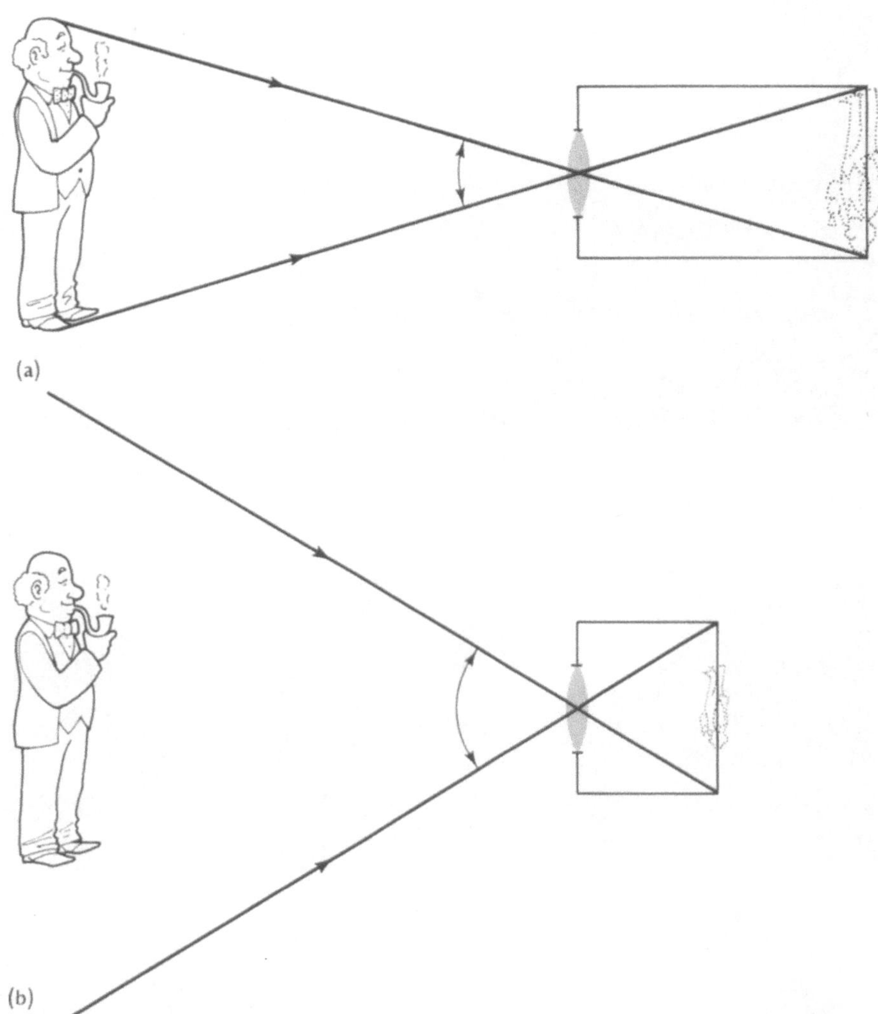

4.8 Bildgröße und Blickwinkel hängen vom Abstand zwischen Objektiv und Film ab. Die beiden Linsen haben verschiedene Brennweiten und müssen verschieden weit vom Film entfernt sein, wenn das Abbild scharf sein soll. (a) Eine Linse mit großer Brennweite erzeugt ein großes Bild des Objekts und hat einen kleinen Blickwinkel. (b) Eine Linse mit kurzer Brennweite erzeugt von jedem Objekt ein kleines Bild und hat einen großen Blickwinkel

Hier wird das Bild eines Gegenstands kleiner, deshalb passen mehr Gegenstände in denselben Filmrahmen hinein, und das Bild erfaßt einen größeren Winkel. Ein solches Objektiv mit kurzer Brennweite heißt WEITWINKELOBJEKTIV. Es erfaßt einen größeren Ausschnitt (Abb. 4.8b) und ist daher nützlich, wenn man nicht zurücktreten kann, um einen großen Gegenstand als ganzen auf das Bild zu bekommen, wenn man also zum Beispiel in einer engen Straße ein großes Gebäude fotografieren will. Objektive mit mittlerer Brennweite, die also weder Tele- noch Weitwinkelobjektive sind, heißen NORMAL (Abb. 4.9). Die Erfahrung zeigt, daß Bilder normal erscheinen, wenn die Brennweite des Objektivs ungefähr der Diagona-

Tabelle 4.1 Brennweite und Bildwinkel für 35-mm-Kameras

Brennweite des Objektivs	Weitwinkel			Normal	Telefoto		
	17 mm	28 mm	35 mm	50 mm	85 mm	135 mm	300 mm
Diagonaler Winkel	104°	75°	63°	47°	29°	18°	8,2°
Waagerechter Winkel	93°	65°	54°	40°	24°	15°	6,9°
Senkrechter Winkel	70°	46°	38°	27°	16°	10°	4,6°

f = 8 mm

f = 28 mm

f = 50 mm

f = 75 mm

f = 100 mm

f = 150 mm

f = 200 mm

f = 400 mm

len des Filmrahmens entspricht. Ein 35-mm-Film ergibt Negative der Größe 24×35 mm mit einer Diagonalen von 43 mm Länge. Für eine 35-mm-Kamera ist also eine Brennweite von $40-50$ mm normal. Die Diagonale eines 7×10-cm-Polaroidbildes mißt 12 cm, und das entspricht etwa der Brennweite des normalen Objektivs einer Polaroidkamera.

Ein anderes Spezialobjektiv wird gebraucht, wenn man kleine Gegenstände fotografieren will. Wenn ein großes Bild gewünscht ist, kann man nahe an den Gegenstand herangehen. Je näher aber das Objekt am Objektiv ist, um so entfernter ist das Bild. Für Nahaufnahmen muß der Abstand des Objektivs zum Film deutlich größer sein als die Brennweite. (Für $1:1$-Reproduktionen sollte sie zum Beispiel $2f$ betragen, siehe Abb. 3.26.) Der übliche Einstellbereich genügt dazu nicht. Deshalb kann man das Objektiv auf einen ZWISCHENRING oder BALGEN setzen (um den Abstand zwischen Objektiv und Film zu vergrößern) oder ein Objektiv für Nahaufnahmen benutzen (siehe Abschnitt 4.4.4). Ein weiteres Problem ist bei Großaufnahmen, daß man nicht nah genug an den zu fotografierenden Gegenstand herankommen kann, so zum Beispiel, wenn man Stempel und Staubgefäße tief im Innern einer Blüte fotografieren will. Dazu kann man ein

(a)

(b)

(c)

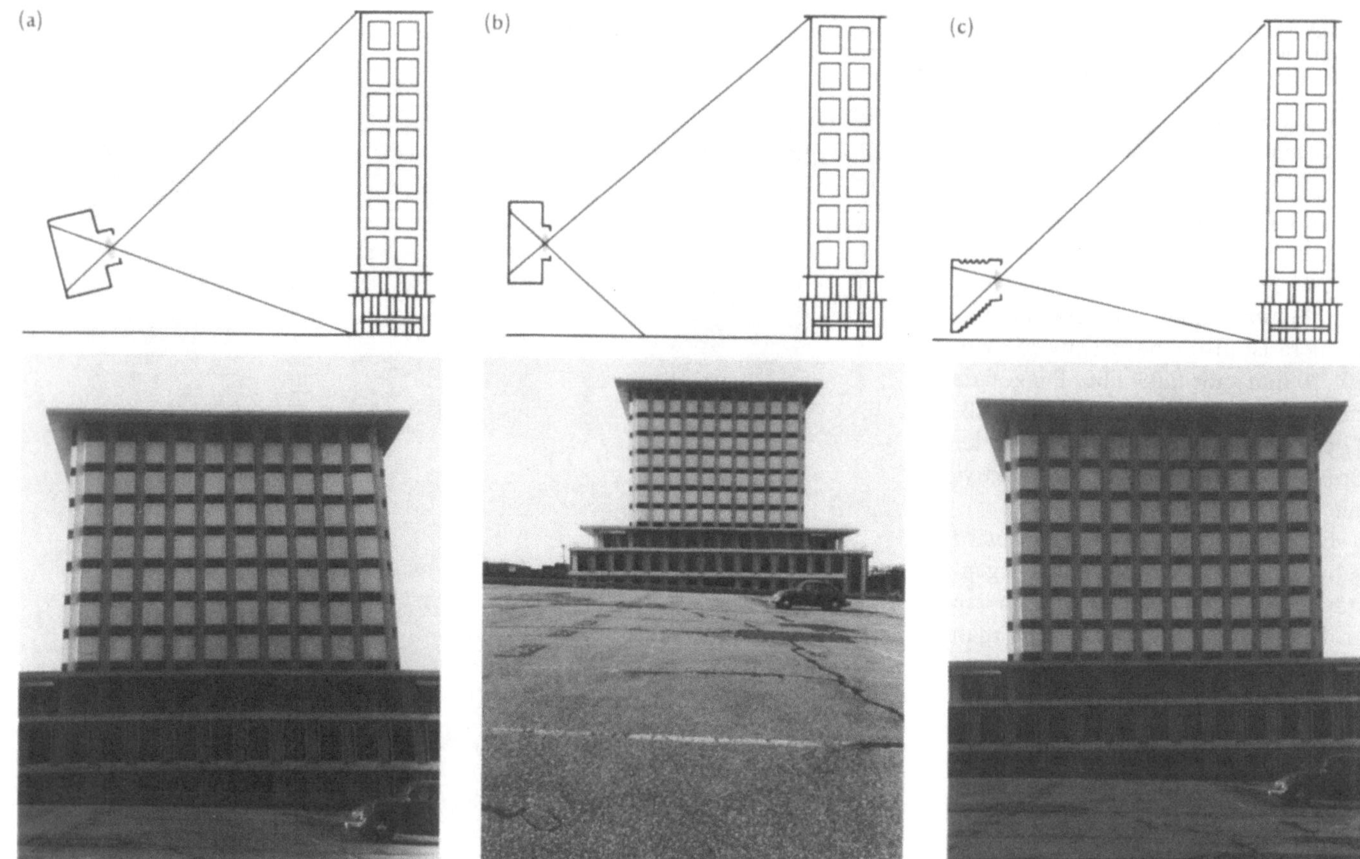

4.11 Stürzende Linien – Problem und Problemlösung. Die obere Bildreihe zeigt die jeweilige Kamerahaltung, die untere die entsprechenden Fotos. (a) Die Kamera ist gekippt, der Film ist nicht parallel zum Gebäude, die Linien laufen zusammen. (b) Die Kamera hat ein Weitwinkelobjektiv und ist waagerecht, der Film ist parallel zum Gebäude. Das Foto zeigt das Gebäude wie gewünscht, aber nur in der oberen Bildhälfte und zuviel Vordergrund in der unteren. (c) Die Kamera hat ein PC-Objektiv, der Film ist parallel zum Gebäude. Die Aufnahme ist gleichwertig zu einer Vergrößerung der oberen Hälfte der Aufnahme (b)

Objektiv mit größerer Brennweite (wie bei einem Teleobjektiv) benutzen, dessen Aberrationen für Nahaufnahmen korrigiert sind. Eine solches MAKROOBJEKTIV erfordert einen großen Abstand zwischen Film und Objektiv, ermöglicht aber dem Fotografen, dem Gegenstand einigermaßen fern zu bleiben.

Wenn Sie ein wirklich großes Bild wünschen, eines, das größer ist als der Gegenstand selbst, können Sie einen Umkehrring verwenden. Mit ihm kann das Teleobjektiv umgekehrt werden, so daß das Ende, das üblicherweise am Film ist, jetzt dem Objekt zugewandt ist. Man macht das, weil die Linsenfehler des Objektivs bereits dafür korrigiert sind, daß es sich um ein fernes Objekt und ein nahes Bild handelt. Ein Objektiv korrigiert gleich gut, wenn die Lichtstrahlen es rückwärts durchlaufen, solange ›vorn‹ nur immer dem Entfernteren zugewandt ist, ganz gleich, ob dem Objekt oder dem Bild. Wenn das Objekt einen Abstand hat, der etwa der Brennweite entspricht, muß das Bild wesentlich weiter vom Objektiv entfernt sein als normalerweise; so kann man eine beträchtliche Vergrößerung erzielen, muß aber (wie wir in Abschnitt 4.5.2 sehen werden) auf etwas Licht verzichten.

4.3.2 Perspektive

Manchmal wird gesagt, Weitwinkel- und Teleobjektiv verzerrten die PERSPEKTIVE. Genaugenommen stimmt das nicht. Ein Telefoto ist nichts anderes als ein kleiner Teil eines vom selben Ort aus aufgenommenen normalen Bildes (Abb. 4.9). Man könnte die beiden Aufnahmen leicht ununterscheidbar machen, wenn man den mittleren Teil des normalen Fotos vergrößerte. Aber durch das Vergrößern des normalen Bildes vergrößern sich nur die seitlichen Dimensionen, nicht die scheinbare Tiefe. Es ist also, als ob in dem ursprünglichen Bild alles in ein und derselben Entfernung vom Betrachter bliebe, die seitlichen Ausmaße aber zugenommen hätten. Mit der normalen Raumwahrnehmung erscheinen auf solchen Aufnahmen Objekte in Blickrichtung verkürzt. Bei normaler Betrachtung ergibt also ein Teleobjektiv ein größeres Bild (von

Seite zu Seite gemessen), als ob man näher daran wäre. Die Perspektive, also die Tiefe, ist jedoch dieselbe wie von dem Punkt aus, an dem die Aufnahme gemacht wurde. (SEHEN SIE SELBST und lesen Sie Anhang G.)

Umgekehrt erscheint es in einem Weitwinkelbild so, als ob alles nur in den seitlichen Ausmaßen geschrumpft sei, die Entfernungen in Blickrichtung aber gleich geblieben seien. Eine Nase ragt dann scheinbar viel zu weit zur Kamera hin aus dem Bild heraus und ist im Vergleich zum Kopf zu groß. Wenn Sie mit dem Auge nahe genug an ein Weitwinkelfoto herangehen, so daß das Bild denselben Winkel einfängt wie das ursprüngliche Motiv, sieht alles wieder ganz normal aus (Abb. 4.10).

Diese kluge Bemerkung hilft jedoch nicht viel, wenn das große Gebäude auf der anderen Straßenseite nur mit einem Weitwinkelobjektiv fotografiert werden kann und das fertige Bild dann stark konvergierende Linien zeigt, wobei der untere Teil des Gebäudes viel zu groß ist und der obere viel zu klein. Als Berufsfotograf können Sie Ihren sehr geschätzten Kunden, einen Architekten, nicht bitten, das Bild im Abstand von 5 cm zu betrachten. Wenn es sich um Verzerrungen handelt, die im wesentlichen in einer Ebene (etwa der Fassade) liegen, können Sie zum Glück etwas dagegen tun (Abb. 4.11): Kippen Sie die Kamera nicht nach oben! Wenn Sie ein richtiges Weitwinkelobjektiv haben, zeigt die obere Hälfte Ihrer Aufnahme das Gebäude mit schön parallelen Li-

nien und die untere Hälfte das Pflaster auf der Straße davor in allen Einzelheiten (diese Hälfte wird abgeschnitten und weggeworfen). Noch besser verschieben Sie bei festem Objektiv den Filmträger in senkrechter Richtung so, daß er nur den gewünschten Teil des Bildes erfaßt. Hier ist die Beweglichkeit einer Mattscheibenkamera mit Balgen oder die PERSPEKTIVENKORREKTUR (PC-Objektiv) einer SLR willkommen, denn mit ihrer Hilfe läßt sich der Filmausschnitt unabhängig von den anderen Kamerateilen verschieben. SEHEN SIE SELBST auf S. 123.

Ein weiterer Weg zur Korrektur der zusammenlaufenden Linien ist die Vergrößerung. Da ein Vergrößerungsapparat eigentlich nur eine umgekehrte Kamera ist, würde das von ihm erzeugte Bild mit dem Gebäude zusammenfallen, wenn er dort stünde, wo ursprünglich die Kamera war. Wenn Sie das Bild statt dessen auf eine Leinwand werfen, brauchen Sie den Schirm nur um so viel von der Kamera weg zu kippen, wie das Gebäude von der Kamera weg gekippt war, um die konvergierenden Linien loszuwerden. Vermutlich ist Ihnen der umgekehrte Vorgang vertrauter: ein Projektor mit einem richtig proportionierten Dia und einem Schirm, der nicht im rechten Winkel zum Lichtstrahl steht. Dann laufen Linien auseinander, die in der Projektion parallel laufen sollten; der obere Bildteil wird größer als der untere. Diesen sogenannten SCHLUSSSTEINEFFEKT sieht man oft in Amateurfotos und -filmen

(Abb. 6.24). Die Mitte des Schirms ist oft höher als der Projektor, der deshalb nach oben gekippt werden muß. Dieser Effekt ist aber offenbar nicht so störend, daß man deshalb in die Projektoren PC-Objektive einbauen müßte.

SEHEN SIE SELBST

Perspektive bei Weitwinkel-, Normal- und Teleobjektiven
Man erhält eine recht genaue Vorstellung davon, wie das fertige Bild aussieht, wenn man bei der Aufnahme durch einen geeignet angebrachten Rahmen schaut. Schneiden Sie in ein Stück Pappe ein Fenster der Größe 12 × 18 cm. Halten Sie diesen Rahmen in normalem Leseabstand vor ein Auge, schließen Sie das andere und betrachten Sie das Motiv. Sie sehen dann die Perspektive eines ›Normalobjektivs‹. Wenn Sie den Rahmen mit ausgestrecktem Arm in etwa 50 cm Abstand halten, sehen Sie das Bild, das ein mittleres Teleobjektiv ergibt (100-mm-Objektiv auf einer 35-mm-Kamera; Abb. 4.12). Um das Blickfeld eines Weitwinkelobjektivs zu haben, müssen Sie den Rahmen entsprechend näher ans Auge halten (bei einem 35-mm-Objektiv auf einer 35-mm-Kamera etwa 17,5 cm). Dieses Beispiel zeigt, nebenbei bemerkt, daß ein mit einem Normalobjektiv aufgenommenes Foto bei normalem Leseabstand richtig erscheint, wenn es auf etwa 12 × 18 cm vergrößert ist.

Abb. 4.12
Field Enterprises, Inc. 1983

Die oben angegebenen Maße können alle nach dem Dreisatz daraus berechnet werden, daß ein 35-mm-Film Bilder von 24 × 36 mm ergibt und bei einem Normalobjektiv $f = 50$ mm ist. Wenn Sie eine mathematische Ader haben, rechnen Sie nach!

Es ist schwierig, mit dem Papprahmen die verzerrte Perspektive zu sehen, weil alles denselben Winkel ausfüllt wie ohne Rahmen, aber Sie können die Verzerrung mit Hilfe eines großen Zeitschriftenfotos erkennen, das viel Tiefe hat. Überzeugen Sie sich, daß es ganz normal aussieht, wenn Sie es aus dem üblichen Leseabstand betrachten. Wenn Sie mit dem Auge näher an das Bild herankommen, sieht es aus, als wäre es mit einem Teleobjektiv aufgenommen, genauso, wie wenn es vergrößert worden wäre, bevor der Abzug gemacht wurde; denn das zweidimensionale Bild erscheint beim Näherkommen größer, aber die Relationen innerhalb des Bildes haben sich nicht verändert. Sie können diesen Effekt noch verstärken, wenn Sie in ein Stück Papier ein kleines rechteckiges Fenster schneiden und auf das Bild legen. Ein solcher kleiner Ausschnitt (zum Beispiel im Format 6 × 9 cm, dem üblichen Ausweisformat) entspricht, aus halber ›Normalentfernung‹ betrachtet, demselben Motiv, das man mit einem Objektiv doppelt so großer Brennweite erhalten hätte. Jetzt ist auch die für Telefotos typische Verkürzung zu sehen.

4.4 Objektive

An den Problemen, die sich bei der Konstruktion der Kameralinsen und -objektive ergeben, und aus den Lösungen, die für diese Probleme gefunden wurden, läßt sich viel Physik lernen. Wir werfen hier nur einige der interessanten Fragen auf.

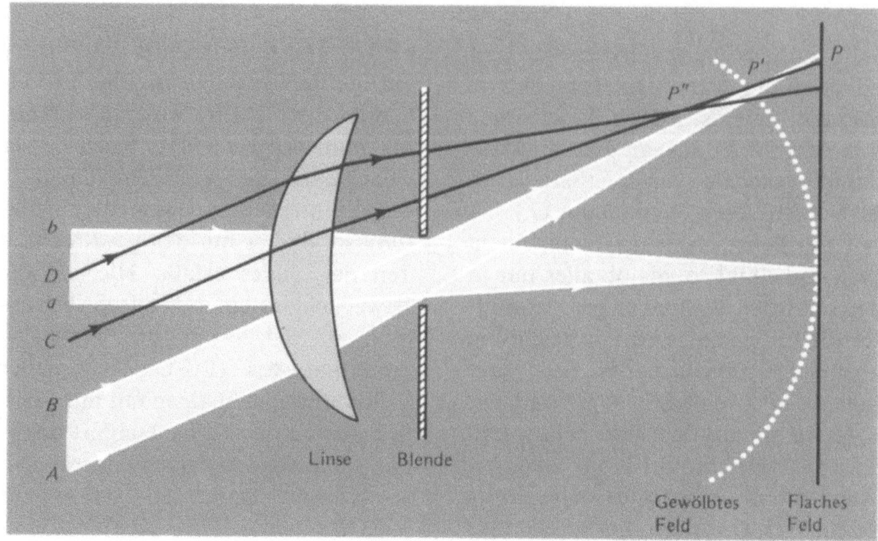

4.4.1 Bildfehler bei Objektiven

Das Hauptproblem beim Entwurf und Gestalten von Objektiven sind die Bildfehler oder Aberrationen (Abschnitt 3.5). Eine Korrekturmethode besteht darin, das Objektiv abzublenden, also nur den mittleren Teil des Objektivs freizulassen, damit es wie das Loch einer Lochkamera ein perfektes geometrisches Bild entwirft. Obwohl das Objektiv dann weniger Licht sammelt, ist dies in vielen einfachen Schnappschußkameras das Allheilmittel gegen Aberrationen. Aber es wirkt nicht bei allen Aberrationen gleich gut. Die von einer nicht richtig angebrachten Blende verursachten Verzeichnungen etwa bleiben auch dann erhalten, wenn das Loch in der Blende nur winzig ist. Zum Glück ist es nicht nötig, alle Aberrationen völlig zu korrigieren – nicht alle wiegen bei einer Aufnahme gleich schwer. Zum Beispiel läßt die Verzeichnung das Bild selbst nicht unscharf erscheinen; wenn am Bildrand keine Linien sind, von denen wir wissen, daß sie gerade sein sollten, bemerken wir geringe Verzeichnungen überhaupt nicht. Bei der Wahl des Objektivs kann man also ruhig Kompromisse schließen. Es gibt überhaupt kein Objektiv, das in jeder Hinsicht vollkommen ist.

Zur Veranschaulichung der Möglichkeiten nehmen wir das einfachste

4.13 Eine Meniskuslinse mit einer Blende, die das Gesichtsfeld ebnet. Wegen der Aberrationen schneiden sich die parallel einfallenden Strahlen A, B, C und D hinter der Linse nicht in einem Punkt. A und B schneiden sich in P, B und D in P' und C und D in P''. Ohne Blende wäre der kleinste Zerstreuungskreis für alle vier Strahlen bei P', und das würde zu einem gewölbten Feld führen. Die Blende wählt Strahlen A und B aus, die sich bei P schneiden und damit das Feld ebnen. (Die achsenparallelen Strahlen a und b bestimmen die Lage der Filmebene.)

Objektiv, das einer Schnappschußkamera (Abb. 4.13). Dieses System aus nur einer Linse und einer Blende scheint keine hohen Anforderungen an die Kreativität der Linsenkonstrukteure zu stellen. Und doch, wenn wir uns einmal für eine bestimmte Brennweite entschieden haben, können wir die Form (ob Bikonvex-, Plankonvex- oder Meniskuslinse), die Brechzahl des Glases und die Lage der Blende frei wählen. Dies genügt zwar nicht, um alle Bildfehler zu beheben, aber schon mit diesen wenigen Teilen läßt sich viel erreichen, wie das in der Abbildung gegebene Beispiel zeigt.

Wenn man ein Objektiv mit größerer Öffnung braucht, damit mehr Licht einfallen kann, müssen die Bildfehler weiter vermindert werden. Das läßt sich nur erreichen, indem man in einem gewissen Abstand weitere Linsen anbringt. Die Blende liegt dann zwischen den Linsen, und damit können einige der Aberrationen der vor-

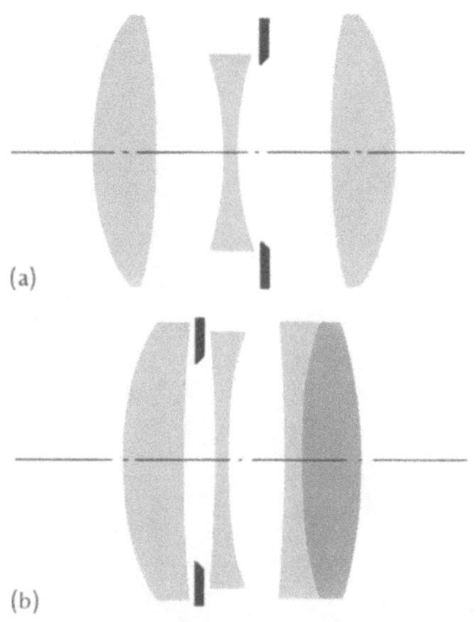

4.14 (a) Ein Cookesches Triplett. (b) Ein Zeiss Tessar

deren Linsen die der hinteren Komponenten kompensieren. Am schwierigsten ist es, den Astigmatismus auszuschalten. Ein Objektiv, welches das bewirkt (und dazu noch andere Aberrationen behebt), heißt gewöhnlich ein ANASTIGMAT. Man braucht, wie die in Abbildung 4.14 gezeigten Beispiele veranschaulichen, mindestens drei oder vier Komponenten, um die wichtigsten Aberrationen einer normalen, das Licht gut sammelnden Linse zu kompensieren, und bei Objektiven mit besonders großer Öffnung oder besonders weitem Winkel ein Dutzend oder mehr (Abb. 4.19).

Moderne Linsensysteme bieten viele Möglichkeiten, die früher nicht zur Verfügung standen. Früher konnte man nur wenige Linsen nehmen, weil die kleinen Reflexionen an den Linsenoberflächen sich summieren und das Licht entweder wieder aus der Kamera hinaus oder auf einen falschen Platz auf dem Film werfen. Heute VERGÜTET man Linsen durch

4.15 Prinzip eines Teleobjektivs. Wir finden die Lage und die Brennweite einer einzigen äquivalenten Linse, indem wir den Strahl, der aus dem Linsensystem austritt, bis zum einfallenden Strahl zurückverfolgen. Die Einzellinse muß viel weiter vor der Kamera liegen als das Objektiv

Überziehen mit einer durchsichtigen Schicht (Abschnitt 12.2.3), die sie für fast 100 % des Lichts durchlässig macht. So werden Linsensysteme mit vielen Linsen möglich. Zudem können heute Computer den komplizierten Strahlengang der Linsensysteme berechnen. Diese Entwicklungen haben zu den ausgezeichneten, sehr preisgünstigen heutigen Objektiven geführt. ASPHÄRISCHE Linsen und solche mit VERÄNDERLICHER BRECHZAHL bezeugen weitere große Fortschritte, weil nichtsphärische Oberflächen die sphärische Aberration besser vermeiden können als sphärische (wie in unserem Auge – Abschnitt 5.2.2).

4.4.2 Linsensysteme

Die Brennweite eines dicken Linsensystems kann nicht wie sonst gemessen werden, indem man ein Bild eines entfernten Motivs projiziert, weil zwar klar ist, wo der Brennpunkt ist, aber nicht, von wo im Linseninneren oder auf der Linsenoberfläche f gemessen werden soll. Man kann jedoch die Brennweite einer dicken Linse aufgrund der Abmessungen des von ihr erzeugten Bildes bestimmen (Abschnitt 4.3.1). Einem Objektiv wird die Brennweite 50 mm zugeschrieben, wenn das Bild, das es von einem Gegenstand entwirft, genauso groß ist wie das Bild, das eine einfache Linse

mit $f = 50$ mm von diesem Gegenstand entwirft. (SEHEN SIE SELBST, wie Sie mit Hilfe dieses Prinzips die Brennweite Ihres Objektivs messen können.) Bei einem Linsensystem braucht kein Teil wirklich genau eine Brennweite Abstand vom Film zu haben. Man kann also Teleobjektive bauen, die nicht so weit aus der Kamera herausragen (Abb. 4.15), und Weitwinkelobjektive, die dem Film nicht so nahe kommen, wie ihre Brennweite erwarten läßt. Im allgemeinen ist das Gehäuse einer SLR etwa 45 mm tief, und ein Objektiv würde dem Schwingspiegel in den Weg kommen, wenn es nicht mindestens so weit vom Film entfernt wäre. Trotzdem sind kurzbrennweitige Objektive gebräuchlich, aber sie müssen dick sein – der Hauptstrahl läuft nicht unabgelenkt durch den Mittelpunkt. Wenn sie nicht geradlinig korrigiert sind, ergeben sie ein tonnenförmig verzeichnetes Bild. FISCHAUGENOBJEKTIVE mit ihrem extrem großen Bildwinkel liefern ein Extrembeispiel für eine solche Verzeichnung. (Schauen Sie sich dazu das Foto mit $f = 8$ mm in Abbildung 4.9 an.)

Wenn in ein Objektiv Linsen eingebaut sind, deren Krümmung in horizontaler und vertikaler Richtung verschieden ist, kann die Brennweite in der Horizontalen von der in der Vertikalen abweichen, obwohl die Brennebene für beide gleich ist. Diese Objektive geben ein entstelltes Bild.

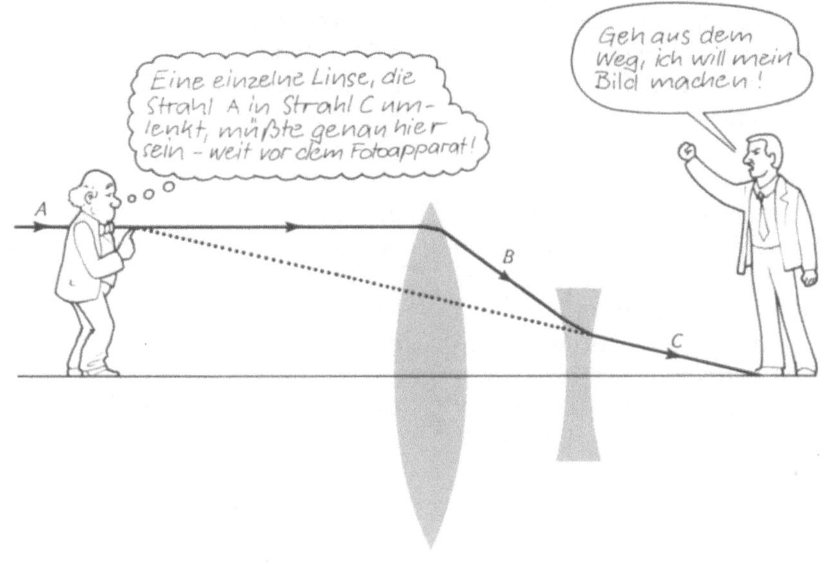

4.16 Bilder aus dem Breitwandfilm ›Hallo Dolly‹. Bei Projektion mit geeigneten Objektiven würden die Bilder normal erscheinen. (Sie können sie ›normal‹ sehen, wenn Sie das Buch schief halten und die Bilder von unten anschauen.) Die Linien links sind die Tonspur

Wenn zum Beispiel der horizontale Krümmungsradius und damit die horizontale Brennweite kleiner ist als der vertikale, erscheint das Bild in horizontaler Richtung zusammengedrückt. Mit solchen ANAMORPHOTISCHEN OBJEKTIVEN werden ›Breitwand‹filme auf einem normal großen Kinofilm aufgenommen (Abb. 4.16). Die Projektion kehrt (mit Hilfe eines anamorphotischen Projektionsobjektivs) den Vorgang um und liefert ein unverzerrtes Breitwandbild. SEHEN SIE SELBST, wie Sie eine anamorphotische Lochkamera herstellen können.

SEHEN SIE SELBST

1 Messen Sie die Brennweite Ihrer Kamera

Die Brennweite f eines Objektivs kann mit Hilfe der VERGRÖSSERUNG M bestimmt werden. Wenn ein Gegenstand der Größe s_g in einer Entfernung x_g von der Kamera ein Bild der Größe s_b erzeugt, dann ist $M = s_b/s_g$ (eine Zahl, die im allgemeinen viel kleiner ist als 1), und $f = x_g [M/(1+M)]$. (Anhang H gibt eine Herleitung dieser Formel.) Sie müssen also s_b, s_g und x_g messen und in die Formel einsetzen, um f zu erhalten.

Wenn Sie eine SLR-Kamera haben, können Sie das leicht durchführen, indem Sie in Augenhöhe (etwa auf einer Wandtafel) s_g als waagerechte Strecke von 3,5 m Länge markieren, durch den Sucher betrachten, scharf einstellen und dabei zurückgehen, bis die Markierung das Gesichtsfeld in der Horizontalen genau ausfüllt. Das Bild einer 35-mm-Kamera mißt etwa 24 × 36 mm. Wenn das Bild den Rahmen füllt, beträgt s_b etwa 36 mm, und einer der benötigten Faktoren ist $M/(1+M) \cong 0{,}01$. Nun messen Sie die Entfernung x_g von der Kamera zur

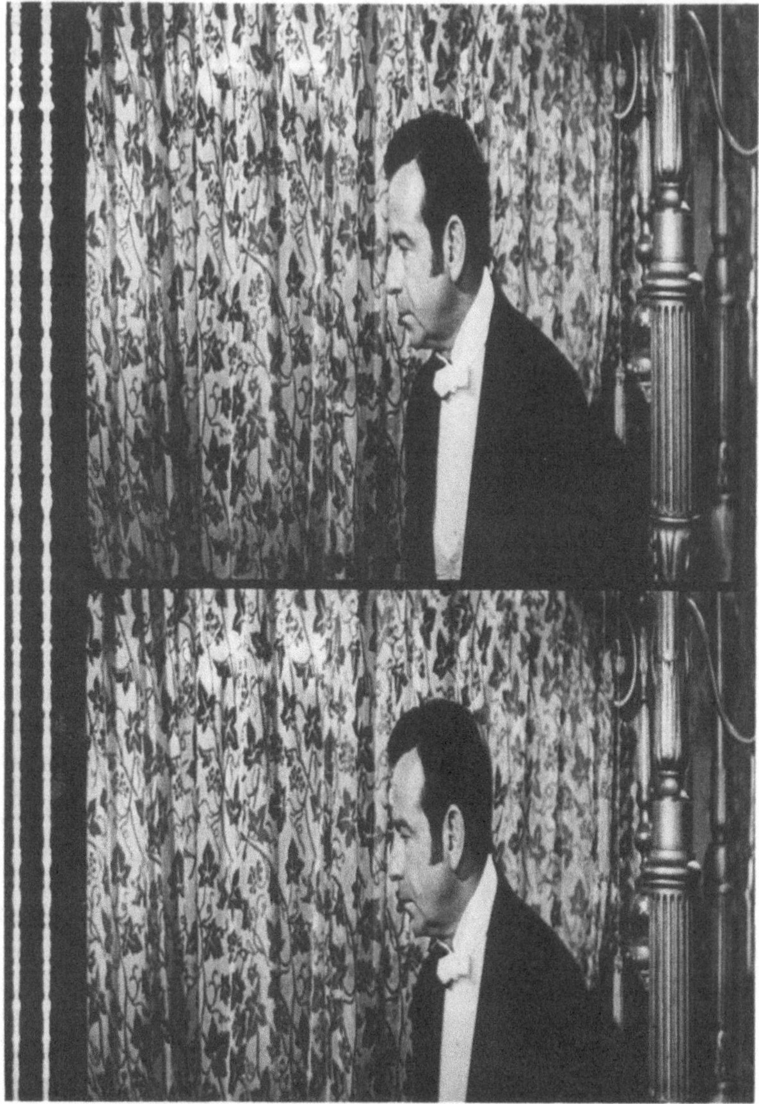

Tafel. Die Brennweite ist dann einfach $f = 0{,}01\, x_g$. Wenn Sie zum Beispiel $x_g = 5\,\text{m}$ messen, ist $f = 0{,}05\,\text{m} = 50\,\text{mm}$. (Beachten Sie, daß Sie f in den Einheiten erhalten, in denen Sie x_g messen.)

Ihre Ergebnisse unterscheiden sich womöglich von den Angaben auf dem Objektiv. Eine Fehlerquelle liegt besonders bei dicken Linsen in Teleobjektiven darin, von wo aus im Objektiv x_g gemessen wird. Eine gute Regel ist, x_g von einem Punkt aus zu messen, der von der Kamerarückseite die Entfernung f hat. Wenn man f näherungsweise kennt (oder herausfinden kann), läßt sich dieser Punkt mit

hinreichender Genauigkeit bestimmen.

Eine wichtigere Fehlerquelle liegt darin, daß die Größe des Sucherfensters nicht dieselbe Größe hat wie der Film. (Die meisten Sucher zeigen bis zu 10 % mehr oder weniger als das fertige Bild.) Wenn Sie wissen, wieviel mehr oder weniger Ihr Sucher zeigt, müssen Sie die Objektgröße in demselben Verhältnis vergrößern oder verkleinern. Wenn Sie es nicht wissen, können Sie immer noch recht genaue Ergebnisse erhalten, wenn Sie ein Objektiv bekannter Brennweite zur Eichung heranziehen können. Nehmen wir an, Sie wüßten, daß Ihr Normalobjektiv die Brennweite $f = 50$ mm hat. Sie betrachten aus einer Entfernung von 5 m eine Wandtafel und markieren auf der Tafel den Rand des für Sie sichtbaren Bereichs. Diese Objektgröße ersetzt dann für Ihre Kamera das Standardobjekt von 3,5 m Größe. Sie kann jetzt zur Messung der Brennweite anderer Objektive benutzt werden. Diese Methode ist vermutlich am brauchbarsten, wenn man die effektive Brennweite eines normalen Objektivs bestimmen will, das mit einem Zusatz- oder Konverterobjektiv versehen wurde, da in diesem Fall mit ziemlicher Wahrscheinlichkeit Abweichungen vom Sollwert auftreten.

2 Die anamorphotische Lochkamera

Viele der Spezialkameras, von denen wir gesprochen haben, können durch eine Lochkamera imitiert werden. Weitwinkel- und Teleeffekte können Sie einfach dadurch erhalten, daß Sie die Entfernung vom Loch zum Film oder Schirm geeignet wählen, wobei das Loch immer ›scharf eingestellt‹ bleibt. (Es wird natürlich nicht bei allen Filmentfernungen die in Abschnitt 2.2.2 besprochene ›optimale Größe‹ haben, aber das ist unwichtig, wenn sie nicht um einen großen Faktor schwankt.) Sie erhalten die Perspektive einer Brennweite f, wenn Sie die Entfernung vom Loch zum Film gleich f wählen.

Sie können auch die Wirkung eines PC-Objektivs erhalten, wenn Sie das Loch vor der Filmebene aus dem Zentrum heraus bewegen. Um die schrägen Linien eines großen Gebäudes zu ›begradigen‹, legen Sie das Loch höher als den Filmmittelpunkt und achten darauf, daß der Film genau senkrecht ist. Dreidimensionale Gegenstände können in solchen Bildern jedoch immer noch deformiert erscheinen. Wenn Sie zum Beispiel zwei Bälle fotografieren, von denen einer auf der Achse der Kamera und einer daneben liegt, zeigt das Bild den einen Ball kreisrund, den anderen aber elliptisch. Diese Art der Verformung

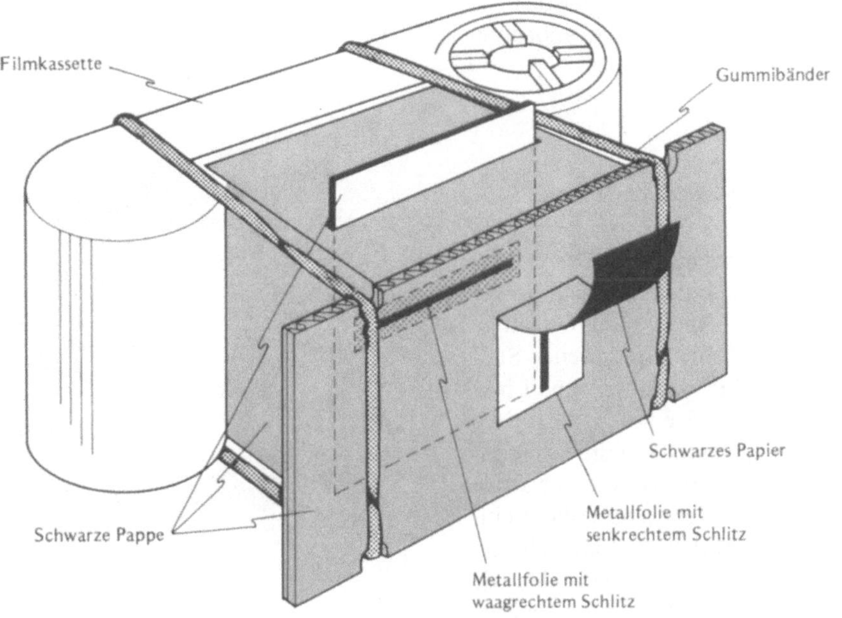

4.17 Bauplan einer anamorphotischen Lochkamera

kommt oft am Rand von Weitwinkelfotos vor.

Sie können, wenn Sie noch verblüffendere anamorphotische Effekte wünschen, auch eine anamorphotische Lochkamera bauen. Gehen Sie so vor, wie es im Versuch SEHEN SIE SELBST nach Abschnitt 2.2.2 beschrieben ist, schneiden Sie aber in den Deckel und den Boden des Kastens etwa in der Mitte einen Schlitz und setzen Sie in diesen Schlitz parallel zur Vorderseite des Kastens ein Stück Pappe. Diese Pappe sollte ein großes Loch haben, das Sie wie das Loch auf der Vorderseite mit Aluminiumfolie bedecken (Abb. 4.17). Experimentieren Sie jetzt mit Öffnungen verschiedener Formen in den beiden Alufolien. Wenn Sie ein ›normales‹ anamorphotisches ›Loch‹ wollen, schneiden Sie mit einer Rasierklinge an einem Lineal entlang in jede der Folien einen engen (weniger als 0,5 mm breiten) Schlitz. Bringen Sie die beiden Folien so an, daß ein Schlitz horizontal und der andere vertikal ist. Schauen Sie durch die Schlitze hindurch, um sicher zu sein, daß sie lang genug sind und von beiden Licht auf jeden Teil des Films oder Schirms fallen kann und daß das Licht immer nur von einem Punkt oder kleinen Fleck herzukommen scheint. Beobachten oder belichten Sie dann wie gewöhnlich (Abb. 4.18). Sie können auch mit anderen Öffnungen ex-

4.18 Anamorphotischer Autor: Die Aufnahme wurde mit einer Kamera wie in Abb. 4.17 gemacht

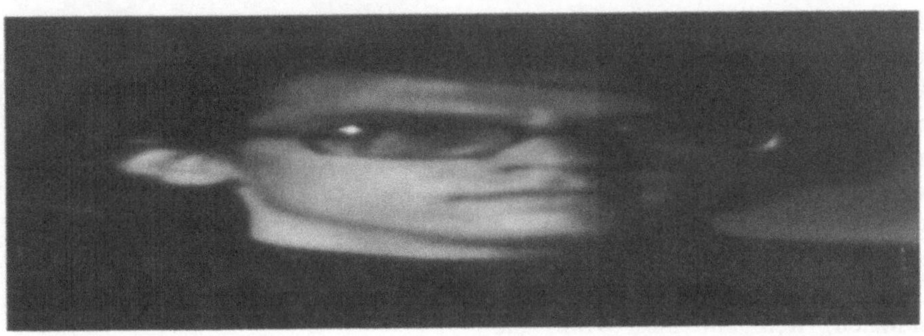

perimentieren, also zum Beispiel die Schlitze nicht rechtwinklig anordnen oder krumme Linien schlitzen.

4.4.3 Zoomobjektive

Durch die Verwendung mehrerer Linsen, von denen eine oder mehrere beweglich sind, erhält man Objektive mit veränderlicher Brennweite. Stellen wir uns vor, wir hätten eine Linse mit positiver und eine mit negativer Brennweite. Wenn sie nahe beieinander sind, verringert die negative Brechkraft der Zerstreuungslinse einfach die Brechkraft der Sammellinse, und gemeinsam wirken die beiden wie eine dünne Linse. Wenn aber die Zerstreuungslinse in einiger Entfernung hinter der Sammellinse ist (wie im Fall des Teleobjektivs in Abbildung 4.15), dann hat die volle Brechkraft der Sammellinse die Strahlen schon gesammelt, bevor sie auf die negative Linse treffen und zerstreut werden. Deshalb hat dieses System eine größere Brechkraft, wenn es auseinandergezogen ist, und damit eine kürzere Brennweite. Wenn die beiden Linsen so eingebaut sind, daß ihre Entfernung verändert werden kann, hat man also ein OBJEKTIV MIT VERÄNDERLICHER BRENNWEITE. Wenn sich darüber hinaus das ganze System so bewegt, daß die Brennebene immer auf der Filmebene bleibt, hat man ein Vario- oder ZOOMOBJEKTIV (Abb. 4.19). Ein solches Objektiv kann zwischen normalen und Weitwinkelbildern hin und her ›zoomen‹. Wenn man beim Filmen die Linsen zusammenzieht, scheint sich bei der Vorführung der Mittelpunkt der Szene auszudehnen, ganz als ob die Kamera sich auf ihn zu bewegte. (Dies ist natürlich eigentlich nur ein Vergrößerungseffekt, bei dem sich die Perspektive nicht ändert – es ist eher so, als ob der Betrachter sich dem Schirm näherte.) Zoomobjektive sind auch bei Einzelfotografien, beim Vergrößern und der Diaprojektion nützlich, weil mit ihrer Hilfe die

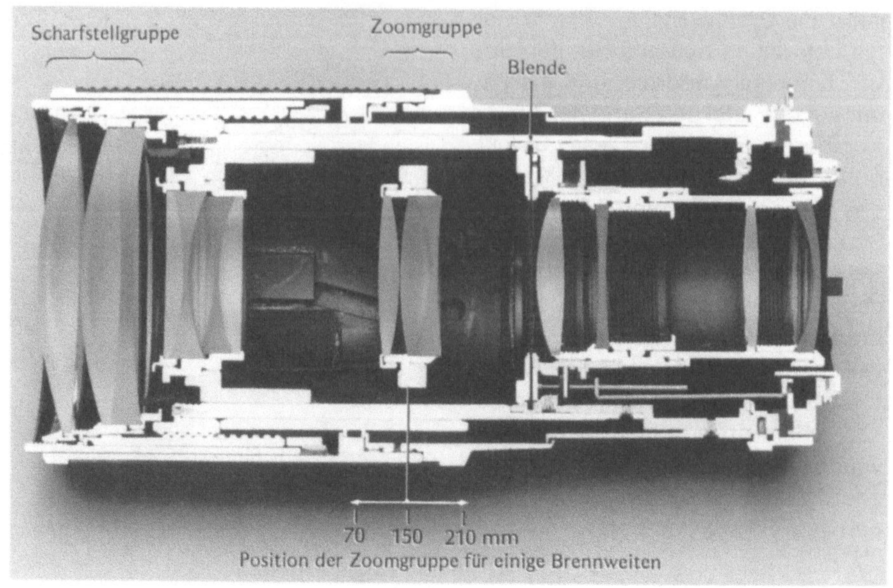

Brennweite sehr schnell verändert werden kann, ohne daß eine neue Scharfeinstellung nötig ist.

4.4.4 Konverter

Man kann die Wirkung einiger Spezialobjektive auch mit einfachen Zusätzen zu den normalen Objektiven erreichen. NAHLINSEN sind Sammellinsen, die vor das normale Objektiv gesetzt werden. Da die Brechkraft der

4.19 Ein Zoomobjektiv (Vivitar Serie 1 Macro) mit $f = 70$ mm und $f = 210$ mm. Die einzelnen Linsen lassen sich gegeneinander verschieben; die Abstände lassen sich so verändern, daß das Bild stets in der Filmebene bleibt

4.20 Weitwinkelaufnahme in einem Wölbspiegel. Vergleichen Sie diese Aufnahme mit Abbildung 3.9; Sie sehen dann, daß die Kamera hier den Platz von Eschers Kopf einnimmt. Vergleichen Sie auch mit Abbildung 3.5b. Bemerken Sie die Zerstreuungskreise, die von Lichtpunkten in dem (unscharfen) Hintergrund herrühren?

Linsensysteme sich summiert (Abschnitt 3.4.5), wird die Gesamtbrennweite kürzer, und man kann deshalb nähere Objekte scharf einstellen. (Denken Sie sich die Nahlinse als ein einfaches Vergrößerungsglas, durch das man mit einem normalen Objektiv hindurchfotografiert – Abschnitt 6.2.4). Tele- und Weitwinkelvorsatzobjektive sind kleine Fernrohre oder umgekehrte Teleskope, durch die hindurch mit dem normalen Objektiv fotografiert wird. Ein TELEKONVERTER wiederum ist eine Negativlinse, die zwischen einem normalen Objektiv und der Kamera angebracht ist, so daß die Kombination ein richtiges Teleobjektiv der in Abbildung 4.15 gezeigten Art ist. Es gibt auch FISCHAUGENKONVERTER, die aus einem vor die Kamera gesetzten sphärischen Konvexspiegel bestehen. Damit erhält der Fotograf eine Weitwinkelsicht der Welt hinter seinem Rücken, in der er selbst im Mittelpunkt ist (Abb. 4.20).

4.5 Verschluß und Blende

Unsere Welt ist, wie schon Heraklit sagte, ständig in Bewegung. Für die Fotografie bedeutet das ein unscharfes Bild, wenn die Belichtungszeit länger ist, und deshalb hat jede Kamera einen VERSCHLUSS, der die Dauer der Belichtung bestimmt. In den Anfängen der Fotografie, als für ein Lichtbild eine Menge Licht gebraucht wurde, genügte der Objektivdeckel als Verschluß – er wurde einfach eine halbe Stunde lang abgenommen. Straßen sehen auf alten Bildern verlassen aus, weil alles, was sich bewegt, nur als schwacher und blasser Streifen erscheint. Für Porträtaufnahmen mußte man sich auf einen Stuhl setzen, an dem Nackenhalter dem Kopf keine Bewegung erlaubten. Der Photograph warnte seine Modelle davor,

4.21 Der Verschluß kann Handlung erstarren lassen. Die Verschlußzeiten sind unter jedem Foto angegeben. (Schauen Sie sich dazu auch die Sterne in Abb. 2.41b an.)

(fortgesetzt)

$\frac{1}{60}$ S
$\frac{1}{30}$ S
$\frac{1}{15}$ S
$\frac{1}{8}$ S
$\frac{1}{4}$ S
$\frac{1}{2}$ S

4.22 Eine Fotosequenz von Muybridge. Das Pferd hebt alle vier Beine gleichzeitig vom Boden ab

während der Belichtung die Augen zu bewegen; sie hätten sonst auf dem fertigen Lichtbild klare, weiße Augen ohne Pupille.

Heutzutage jedoch ist es möglich, das Geschehen mit kurzen Belichtungszeiten anzuhalten, also das Objekt zu fotografieren, ohne daß in der Bewegungsrichtung Streifen entstehen (Abb. 4.21). Die Entwicklung einiger dieser Schnellverschlüsse begann mit einer Wette: Um die Frage zu entscheiden, ob alle vier Beine eines Rennpferdes gleichzeitig den Boden verlassen, bemühte sich Eadweard Muybridge mit Erfolg darum, die Handlung anzuhalten (Abb. 4.22). Heute ist es möglich, kürzer als eine Millisekunde zu belichten, weil wir schnelle Verschlüsse, hochempfindliche Filme und Objektive haben, die mehr Licht einfangen.

An diesem Punkt scheint ein Wort über die Geschwindigkeit angebracht. In der Fotografie bezieht sich der Term SCHNELL oft auf mehrere verschiedene Möglichkeiten, in kurzer Zeit ein Bild aufzunehmen. Ein Verschluß ist natürlich dann schnell, wenn er sich in rascher Folge öffnen und schließen kann. Ein Film ist schnell, wenn er schon auf kleine Lichtmengen reagiert (etwa auf solche, die ein schneller Verschluß durchläßt), und ein Objektiv ist schnell, wenn es viel Licht einsammeln kann (und es damit ermöglicht, den Film bei schnellen Verschlußgeschwindigkeiten zu belichten).

4.5.1 Der Verschluß

Ein guter Verschluß soll nicht nur, wenn er geschlossen ist, alles Licht vom Film fernhalten, sondern auch während der Belichtung alle Teile des Films gleichmäßig belichten. (SEHEN SIE SELBST, wie Sie die Verschlußgeschwindigkeit Ihrer Kamera bestimmen können.) Ein beliebter Verschluß

ist der ZENTRALVERSCHLUSS, der aus einer oder mehreren leichten Scheibchen besteht, die durch Federn geöffnet und geschlossen werden. Dieser Verschluß ist nahe am Objektiv (tatsächlich sogar darin) und wirft beim Öffnen und Schließen keinen sich be-

4.23 Der Schlitzverschluß. Die beiden Teile des Vorhangs bewegen sich immer mit derselben Geschwindigkeit über den Film hinweg, aber Teil B ist gegenüber A je nach der Belichtungsdauer verzögert; dadurch entsteht ein Schlitz mit variabler Breite

wegenden Schatten, deshalb erhalten die Bildränder genauso viel Licht wie die Mitte.

Ein anderer Verschluß wirft einen genau bestimmten Schatten auf den Film, indem er einen Vorhang mit einem Schlitz mit konstanter Geschwindigkeit nah vor dem Film vorbeizieht (SCHLITZVERSCHLUSS – Abb. 4.23). Bei diesem Verfahren wird der Film streifenweise belichtet. Je enger der Schlitz, um so kürzer bleibt er vor einem bestimmten Punkt des Films und

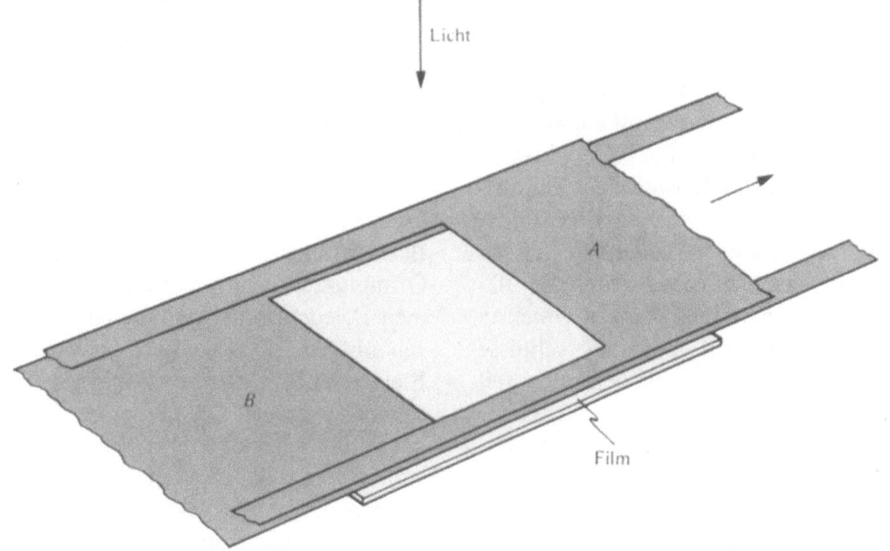

4.24 Dieses Foto illustriert die Verformung eines schnell fahrenden Autos, die durch den Schlitzverschluß bewirkt wird, der sich hier vertikal bewegt. Moderne Schlitzverschlüsse bewegen sich viel schneller, deshalb ist die Verformung gewöhnlich vernachlässigbar, wenn sich das Motiv nicht, wie in Abbildung 4.26, sehr rasch ändert

um so kürzer ist die Belichtungszeit. Die meisten Kameras mit auswechselbaren Objektiven haben Schlitzverschlüsse, um die Kosten eines Zentralverschlusses für jedes einzelne Objektiv zu sparen. Außerdem lassen Schlitzverschlüsse während der Belichtung Licht vom ganzen Objektiv zu, während die Zentralverschlüsse beim Öffnen und Schließen einen Teil des Objektivs verdecken. Weil aber der Schlitzverschluß verschiedene Teile des Films zu etwas unterschiedlichen Zeitpunkten belichtet, kann man von schnell bewegten Objekten ver-

zerrte Bilder bekommen (Abb. 4.24). Der Schlitzverschluß ist eine moderne Abart älterer Kameras für Weitwinkelaufnahmen. In diesen Kameras drehte sich das Objektiv langsam zur Seite und belichtete so allmählich die ganze Breite des ruhenden Films. Sie wurden gern für Gruppenaufnahmen verwendet, und immer gab es dann einen Spaßvogel, der von einem Platz zum nächsten lief und so zwei- oder dreimal auf demselben Bild war.

Die Belichtungszeit läßt sich auch dadurch regeln, daß das Objekt nur kurzzeitig *beleuchtet* wird. Wenn die Beleuchtungszeit kürzer ist als die Öffnungszeit vom Verschluß, stimmen Beleuchtungs- und Belichtungszeit überein. Das passiert bei einem Elektronenblitz, der nur wenige Millisekunden dauert. Die Dauer des Blitzes läßt sich elektronisch regeln. Gewöhnlich ist das System mit einem elektrischen Auge gekoppelt. Dieses Auge mißt das von dem Motiv zu-

rückgeworfene Licht und stellt den Blitz sofort ab, wenn der Film ›genug hat‹.

Äußerst kurze Belichtungszeiten, bei denen Pistolenkugeln im Flug angehalten erscheinen, lassen sich mit Beleuchtungszeiten von 10^{-6} s erreichen, wie sie moderne Elektronenblitze erzeugen. Dabei wird elektrische Energie eine Weile lang gespeichert und dann plötzlich durch ein Gas entladen, wobei ein kurzer, sehr heller Blitz aufleuchtet. Dieser Vorgang kann in regelmäßigen Abständen wiederholt werden. Ein solches Gerät, das periodisch Blitze ausschickt, heißt STROBOSKOP. Wenn der Kameraverschluß während mehrerer solcher Blitze geöffnet ist, zeigt das Foto mehrere Aufnahmen des Objekts, das jeweils in einem Bewegungsstadium erstarrt zu sein scheint. Das ist eine wertvolle Methode zur Untersuchung bewegter Objekte aller Arten, von Gewehrkugeln bis zu Sportlern (Abb. 4.25).

4.25 Eine fliegende Kugel bei einer Belichtungszeit von 10 μs

SEHEN SIE SELBST

Messen Sie die Belichtungszeit bei Ihrem Kameraverschluß

Wir beschreiben hier einen Weg zur Messung der Belichtungszeit, der das Fernsehgerät zu Hilfe nimmt. Fernsehbilder werden durch einen Taststrahl auf den Schirm ›gemalt‹ (Abschnitt 6.3.2), der eine Zeile nach der anderen abtastet. Der Strahl tastet zuerst ein Halbbild, das aus jeder zweiten Zeile eines vollständigen Bildes besteht, in 1/50 s ab und dann in derselben Zeit das Halbbild der dazwischenliegenden Linien. Es dauert also 1/25 s, bis ein ganzes Bild abgetastet ist, aber die Oberfläche der Röhre wird 50mal in der Sekunde von oben bis unten mit einem Halbbild bedeckt.

Machen Sie, um eine kurze Belichtungszeit (schneller als 1/50 s) zu überprüfen, eine Aufnahme von Ihrem Fernsehschirm, die den Bildrahmen fast ganz ausfüllt. (Nehmen Sie dabei auch eine kleine Karte mit der Verschlußzeit auf, damit Sie sie nach dem Entwickeln noch wissen.) Dem entwickelten Bild können Sie dann ansehen, welcher Teil des Fernsehbildes belichtet wurde. Die Form der hellen Gebiete ist je nach der Art Ihres Verschlusses verschieden.

Wenn Sie einen Zentralverschluß haben, zeigt Ihr Foto ein gut belichtetes horizontales Band, das sich über die ganze Breite des Fernsehschirms erstreckt. Dieser Bildstreifen kann in der Schirmmitte liegen oder zum Teil oben und zum Teil unten. (Berücksichtigen Sie nur den gut belichteten Teil des Fernsehbildes — es kann sein, daß der ganze Schirm schwach zu sehen ist, weil er nachglüht, nachdem sich der Taststrahl weiterbewegt hat.) Nehmen wir an, mit Ihrer Belichtung habe sich ein Bildstreifen ergeben, der nur ein Fünftel des ganzen Schirms ausmacht. Dann war die Belichtungszeit 1/5 von 1/50 s, also 1/250 s. Wenn sich dieses Ergebnis bei einer Verschlußeinstellung von 1/250 s ergibt, ist Ihr Verschluß als solcher sehr gut. Wenn Sie ein genaueres Ergebnis wünschen, müssen Sie die Zahl der abgetasteten Zeilen auf ihrem Foto zählen und diese Belichtungszeit mit Hilfe der Tatsache berechnen, daß jede Zeile

4.26 Die Aufnahme eines Fernsehschirms, die mit einem Schlitzverschluß bei 1/250 s gemacht wurde

$$\frac{1}{25} \cdot \frac{1}{625}\ \mathrm{s} = 6{,}4 \cdot 10^{-5}\ \mathrm{s}$$

braucht, weil in Europa 625 Zeilen auf einem Bild sind. Wenn Sie einen Schlitzverschluß haben, sieht Ihr Foto ganz anders aus, weil der Verschluß das Fernsehbild horizontal abtastet, der Teststrahl aber von oben nach unten. Daraus ergibt sich im Foto ein diagonales helles Band, das im wesentlichen die Schlitzstellung des Verschlusses (waagerecht) im Lauf der Zeit (senkrecht) aufzeichnet und darum die Bewegung des Verschlusses beschreibt. Wenn der Verschluß sich mit konstanter Geschwindigkeit bewegt, ist das Band gerade (und nicht gekrümmt). Die Breite des Bandes in der Horizontalen ist ein Maß für die Breite des Schlitzes in dem Verschlußvorhang. Die wirkliche Belichtungszeit ist die Zeit, die der Schlitz vor einem Punkt des Films bleibt. Wie bei dem Zentralverschluß wird also die Belichtungszeit durch die vertikale Dicke des Bandes gemessen (Abb. 4.26).

Wenn Sie langsamere Belichtungszeiten messen wollen, sollten Sie einen dünnen Gegenstand, wie etwa einen Bleistift, während der Belichtung am Fernsehschirm vorbeibewegen. Der Bleistift wirft dann eine Reihe von Schatten, und zwar einen in 1/50 s, solange der Verschluß geöffnet ist. Wenn man zum Beispiel, wie in Abbildung 4.27, vier Schatten sieht, war die Belichtungszeit 4 · 1/50 s = 1/12,5 s. Ein etwas besseres Verfahren ist es, eine Glimmlampe zu fotografieren, die bei jedem Stromimpuls, also in Abständen von 1/100 s, aufflackert. Mit solchen Lampen mißt man zum Beispiel die Drehgeschwindigkeit von Hi-Fi-Plattenspielern. Fotografieren Sie eine solche Lampe und machen Sie dabei einen Kameraschwenk (schwenken Sie senkrecht zur Bewegung des Schlitzverschlusses), so daß verschiedene Punkte des Nega-

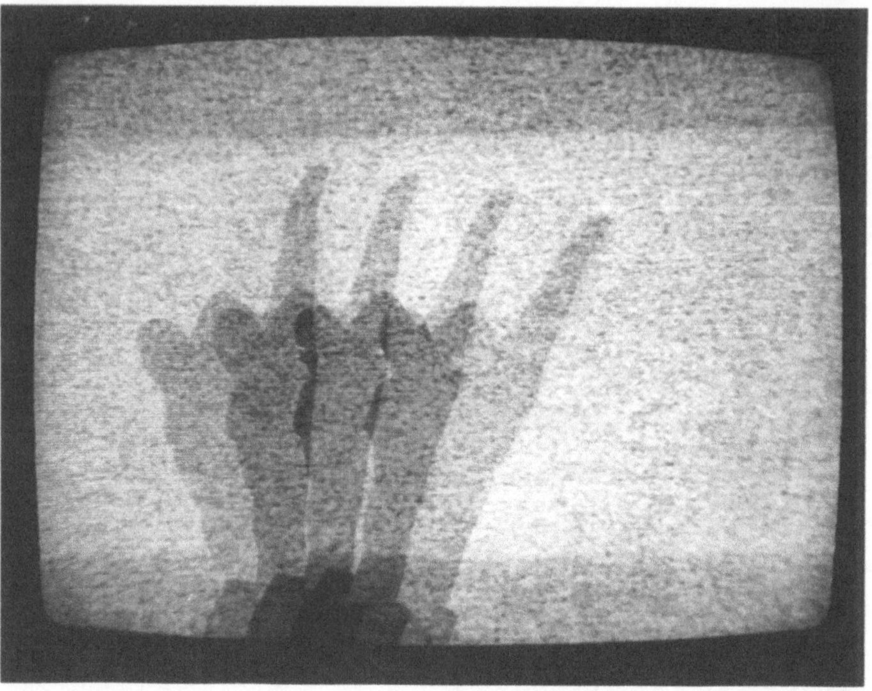

4.27 Die Aufnahme einer sich vor einem Fernsehschirm bewegenden Hand, die mit 1/12 s gemacht wurde

tivs belichtet werden, wenn die Lampe jeweils aufleuchtet. Wenn Sie dann die Zahl der erhaltenen Bilder zählen, können Sie wie oben die langsameren Belichtungszeiten berechnen.

4.5.2 Blenden

Blenden sind uns schon bei Bildfehlern als Korrekturmittel begegnet (Abschnitt 4.4.1). Eine BLENDE ist eine lichtundurchlässige Schicht mit einem Loch, ein Gerät also, das die Ausdehnung eines Lichtbündels begrenzt. Offensichtlich wirkt sich eine Blende auf die Lichtintensität des

4.28 Fotos verstellbarer Blenden

(a)   (b)

Films aus, weil nur Licht, das durch das Loch hindurchgeht, auf den Film fallen kann. (Wenn die Fläche des Lochs verdoppelt wird, fällt im selben Zeitraum das Doppelte an Licht ein.) In guten Kameras besteht die (Iris-) Blende aus mehreren dünnen verstellbaren Stahlzungen, die sich zu einem Loch veränderlicher Größe zusammenfügen und dabei mehr oder weniger Licht abfangen (Abb. 4.28).

Ein Teil vom Geheimnis, das Kameras umgibt, hat mit der Skala zu tun, auf der die Größe der verschiedenen Blenden angegeben wird. Die Zahlen auf dem Einstellring der Kamera geben nicht direkt den Durchmesser des Lochs an, sondern sind sogenannte BLENDENZAHLEN oder f-ZAHLEN, die die relative Öffnung des Objektivs angeben und als das Verhältnis der Brennweite des Objektivs zum Durchmesser der Blendenöffnung definiert sind. Wir schreiben dafür auch

$$f\text{-Zahl} = f/d \; ,$$

wobei f die Brennweite des Objektivs ist und d der Blendendurchmesser oder die ÖFFNUNG. Wenn zum Beispiel $f = 50\,\text{mm}$ und $d = 12,5\,\text{mm}$ sind, dann ist $f/d = 50/12,5 = 4$, also ist das Objektiv auf die f-Zahl 4 eingestellt, und dafür schreibt man $f/4$. Wenn dagegen d nur 4,5 mm beträgt, ist $f/d = 50/4,5 \cong 11$, und das Objektiv ist auf $f/11$ eingestellt. Je kleiner der Durchmesser, um so größer ist die f-Zahl! Wenn das Objektiv auf die kleinste f-Zahl eingestellt ist, ist das Objektiv ›weit geöffnet‹ und fängt das meiste Licht ein. Diese kleinste (oder bei einem nicht verstellbaren Objektiv einzige) f-Zahl heißt LINSENGESCHWINDIGKEIT. Wenn die f-Zahl kleiner wird, steigt die Geschwindigkeit (und damit der Preis).

Umgekehrt kann man aus Brennweite und f-Zahl eines Objektivs (die auf den meisten Kameras vermerkt sind) den Blendendurchmesser berechnen (falls Sie ihn je brauchen). Sie tun dazu so, also ob die Formel für die f-Zahl eine Formel für den

Durchmesser wäre, in die Sie den Zahlenwert für die Brennweite f einsetzen. (Lesen Sie den Schrägstrich wie üblich als Bruchstrich.) Unser 50-mm-Objektiv hat, auf $f/11$ gestellt, den freien Durchmesser $50\,\text{mm}/11 = \frac{50}{11}\,\text{mm} \cong 4,5\,\text{mm}$, genau wie oben.

Was hat nun die f-Zahl mit der Intensität des Lichts auf dem Film zu tun? Wenn die f-Zahl um einen bestimmten Betrag vergrößert wird, verringert sich der Lichteinfall um das Quadrat dieses Faktors. Wenn also zum Beispiel die f-Zahl verdoppelt wird, erhält der Film nur 1/4 des Lichts. Das liegt daran, daß die Fläche und nicht der Durchmesser der Blende dafür ausschlaggebend sind, wieviel Licht gesammelt wird. Lassen Sie sich durch dieses Quadrat des Kehrwerts nicht stören, die f-Zahl ist trotzdem sehr nützlich, wenn man die relative Lichtintensität in der Filmebene angeben will, weil man dabei nicht die Brennweite des Objektivs berücksichtigen muß. Objektive verschiedener Brennweite, die auf dassel-

be Objekt scharf eingestellt sind, haben in ihren jeweiligen Filmebenen die gleiche Lichtintensität, wenn die Objektive auf dieselbe f-Zahl eingestellt sind. Um das einzusehen, nehmen wir an, wir machten statt dessen die Öffnungen der beiden Objektive gleich.

4.29 f-Zahlen und relative Lichtintensität auf dem Film. (a) Eine Linse mit langer Brennweite hat die Öffnung $f/2$. Das Meßinstrument zeigt die relative Lichtintensität auf der Filmebene. (b) Die Linse aus (a) ist auf $f/4$ abgeblendet, der Öffnungsdurchmesser beträgt nur die Hälfte von dem in (a). Weil ein Viertel des Lichts durch die Linse geht (und das Bild gleich groß bleibt), beträgt die Lichtintensität, wie angezeigt, ein Viertel von der in (a). (c) Eine kurzbrennweitige Linse erzeugt ein kleines Bild. Die Öffnung ist hier dieselbe wie in (b), und deshalb fällt dieselbe Lichtmenge auf den Film wie in (b). Dieses Licht ist jedoch auf einen Bildbereich konzentriert, der nur ein Viertel von dem in (b) beträgt, und deshalb ist die Lichtintensität in der Filmebene das Vierfache von der in (b). Die f-Zahl ist für diese kurzbrennweitige Linse die gleiche wie in (a), und deshalb ist die Lichtintensität dieselbe wie in (a)

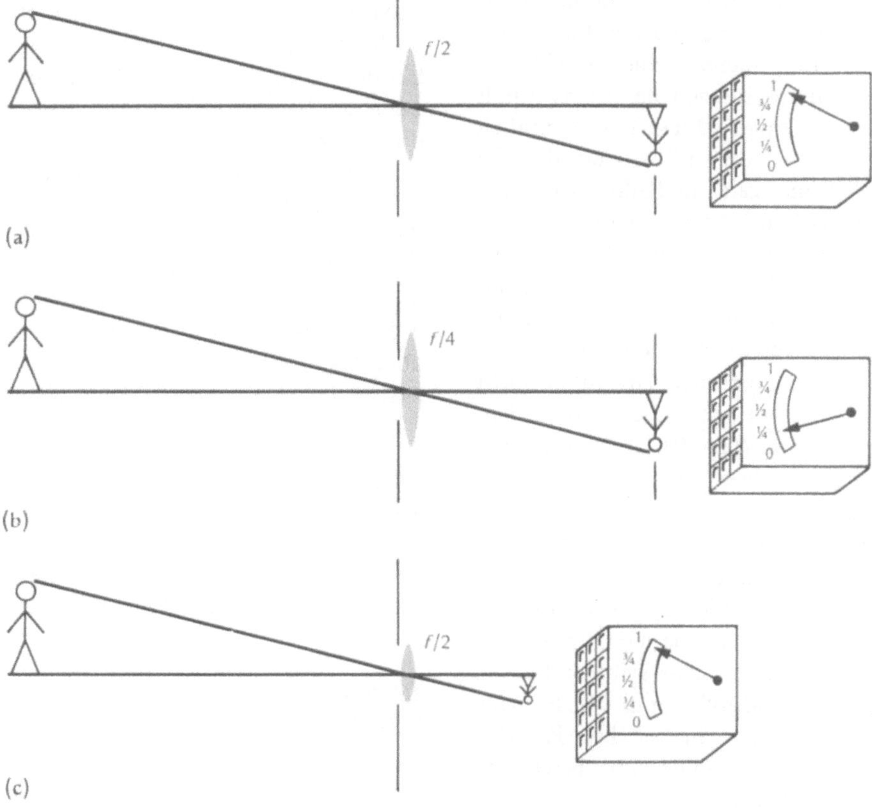

Dann wäre die Lichtintensität auf der Filmebene des Objektivs mit größerer Brennweite kleiner als auf der Filmebene des Objektivs mit kürzerer Brennweite. Das ist so, weil das Objektiv mit großer Brennweite auf seiner Brennebene ein größeres Bild erzeugt, auf das es die gleiche Menge an Lichtenergie verteilt wie das Objektiv mit kurzer Brennweite. Wenn die Öffnung des Objektivs mit kurzer Brennweite verkleinert wird, bis es dieselbe f-Zahl hat wie das Objektiv mit großer Brennweite, verringert sich die Menge des eingelassenen Lichts, und die mittlere Lichtintensität ist für beide Objektive gleich – das kleinere Loch kompensiert die geringere Filmentfernung (Abb. 4.29).

Gelegentlich (zum Beispiel, wenn bei Nahaufnahmen ein Verlängerungstubus verwendet wird) ist der Abstand des Films vom Objektiv wesentlich größer als die Brennweite. Dann gilt diese bequeme Kompensation nicht mehr, und die f-Zahl des Objektivs gibt nicht mehr direkt die Lichtintensität auf dem Film an. (Wenn der Film weiter vom Objektiv entfernt ist, ist das Bild größer, und das Licht wird über ein größeres Gebiet verteilt. Ein bestimmter Bereich des Films erhält dann weniger Licht.) Gewöhnlich wird dies dadurch korrigiert, daß die Belichtungszeit mit Hilfe einer effektiven f-Zahl berechnet wird.

Schließlich erwähnen wir noch eine Feinheit, die wir bei unserer Behandlung der f-Zahl bis jetzt vernachlässigt haben: Wenn wir sie mit Hilfe von f/d berechnen, nehmen wir für d nicht wirklich den Durchmesser der Blendenöffnung (die Blende liegt ja meistens zwischen den Linsen und ist nicht leicht zu messen), sondern die scheinbare Größe des Lochdurchmessers, wie man ihn von der Vorderseite des Objektivs (der EINGANGSPUPILLE) sieht, denn das ist ja die Öffnung, die das einfallende Licht ›sieht‹ und durch die es hindurch muß. SEHEN SIE SELBST, messen Sie bei Ihrer Kamera die Eingangspupille und berechnen Sie ihre f-Zahl.

Messung der f-Zahl des Objektivs

Bei bekanntem f können Sie die f-Zahl f/d berechnen, wenn Sie d kennen. Dazu brauchen Sie nicht wirklich an die Blende im Objektiv heranzukommen, weil d der Durchmesser der Eingangspupille ist, also das virtuelle Bild der Blende, wie man es sieht, wenn man von vorn in das Objektiv hineinschaut. Bringen Sie vor dem Objektiv ein Lineal an und stellen Sie den Verschluß auf B. Stellen Sie sicher, daß Sie die Blende sehen können (etwa, indem Sie die Rückseite der Kamera öffnen) und betrachten Sie sie aus einer Armlänge Entfernung, um die Parallaxe klein zu halten (Abschnitt 8.4). Achten Sie darauf, daß Sie das Objektiv nicht drehen oder bewegen, wenn Sie auf dem Lineal die Werte an den Durchmesserenden ablesen. (Wenn die Blende nicht kreisrund ist, nehmen Sie für den Durchmesser einen Mittelwert.) Berechnen Sie dann f/d. Wenn die f-Zahl auf dem Objektiv angegeben ist, können Sie die Zahlen vergleichen – der Unterschied sollte nicht mehr als 10 % betragen. Auf einer SLR können Sie den Objektivdurchmesser sehen, ohne den Verschluß zu öffnen, weil er durch Licht vom Sucher beleuchtet wird. Wenn Sie aber nicht die größte Öffnung haben wollen, müssen Sie den Knopf für die Schärfentiefe drükken. Wenn Sie das Objektiv herausnehmen, stellt es sich meistens auf die größte Öffnung ein. Sie können dann aber nur die Lichtstärke des Objektivs, also die niedrigste f-Zahl messen.

4.5.3 Die Folge der f-Zahlen

Die f-Zahlen helfen uns, die richtige Menge Licht auf den Film fallen zu

Tabelle 4.2 Standardfolge der f-Zahlen

... 0,7, 1, 1,4, 2, 2,8, 4, 5,6, 8,	11, 16, 22, 32, ...
⟵ Größere Öffnung mehr Licht	kleinere Öffnung ⟶ weniger Licht

lassen. Zum Glück macht es dem Film nichts aus, ob wir genau richtig belichten, aber um gute Ergebnisse zu erhalten, sollten wir uns höchstens um einen Faktor 2 irren. Deshalb wird für die Blendenwahl eine Folge von f-Zahlen angegeben, die so gewählt sind, daß dem Übergang von einer f-Zahl zur nächsten ein Übergang zur doppelten Lichtintensität entspricht. Die f-Zahlen selbst ändern sich dabei um einen Faktor von etwa 1,4, weil die Blendenfläche sich dann um $1,4 \cdot 1,4 = 1,96 \cong 2$ ändert. Diese Standardfolge ist in Tabelle 4.2 aufgeschrieben. Wenn wir wissen wollen, wieviel mehr Licht wir zum Beispiel bei $f/2$ im Vergleich zu $f/22$ haben, brauchen wir nur zu zählen, wie viele Schritte in der Standardfolge zwischen diesen Einstellungen sind (sieben), und bei jedem Schritt mit zwei zu multiplizieren, also $2 \cdot 2 \cdot 2 \cdot 2 \cdot 2 \cdot 2 \cdot 2 = 128$. In diesem Fall haben wir also 128mal so viel Licht. Wir könnten es auch direkt aus den Beziehungen

Verhältnis der Intensität
  = Verhältnis der Flächen
  = Verhältnis der Quadrate der
    Durchmesser

berechnen und erhalten dann für das Verhältnis der Intensität

$$\frac{(f/2)^2}{(f/22)^2} = \left(\frac{22}{2}\right)^2 = 11^2 = 121 \ .$$

(Dies kommt der anderen Lösung, 128, hinreichend nahe, denn die Zahlen der Standardfolge sind abgerundet.)

4.5.4 Zusammenhang zwischen f-Zahl und Bildqualität

Alle Objektive haben Bildfehler, die durch Abblenden verringert werden

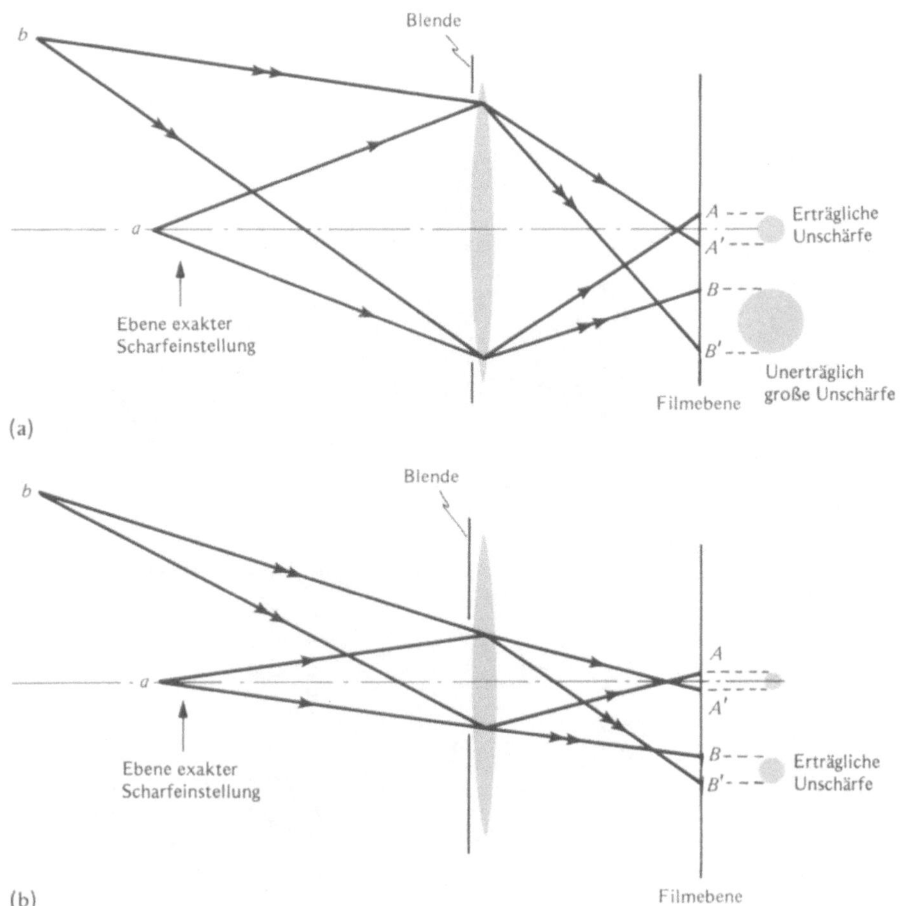

4.30 Die Wirkung der Blendengröße auf die Schärfentiefe. (a) Der Unschärfebereich des Objekts a hat den Durchmesser AA', kleiner als die erträgliche Unschärfe; a ist hinreichend scharf. Die Abbildung von Objekt b ist dagegen zu unscharf, b ist nicht hinreichend scharf. (b) Die kleinere Blende reduziert die Größe des Unschärfebereichs. Jetzt sind a und b beide leidlich scharf

4.32 Hier läßt geringe Schärfentiefe einen unerwünschten Vordergrund verschwimmen. Der Käfigdraht ist sehr unscharf und nur noch oben links zu sehen

können, aber diese Verbesserung selbst genügt nicht zur Rechtfertigung einer veränderlichen Blende. Wichtiger ist, daß das Abblenden die Schärfentiefe verbessert. Abbildung 4.30 verdeutlicht die geometrische Ursache. Jeder Punkt auf dem Schirm wird von einem Lichtkegel beleuchtet, der vom Objektiv her dorthin gerichtet wird. Wenn ein Punkt nicht ganz scharf abgebildet wird, liegt die Spitze des entsprechenden Kegels nicht genau auf der Filmebene, und die Filmebene schneidet den Kegel im ZER-STREUUNGSKREIS, einem kleinen, verwaschenen Fleck, der die Unschärfe des Bildes (etwa in den unscharfen Lichtflecken im Hintergrund der Abbildung 4.20) bewirkt. Die Grundfläche des Kegels ist die Blendenöffnung. Wenn das Loch in der Blende kleiner wird, wird der Kegel spitzer. Der kleine Kreis in der Filmebene verkleinert sich im selben Verhältnis wie die Grundfläche. Wenn eine gewisse Verschwommenheit, also ein Unschärfebereich bestimmter Größe akzeptabel ist, kann das Objekt um so weiter von dem Ort entfernt sein, von dem aus es gestochen scharf abgebildet würde, je enger und spitzer der Lichtkegel ist. Anders gesagt, die Schärfentiefe ist um so größer, je mehr das Objektiv abgeblendet ist (Abb. 4.31, S. 134). Deshalb geben Kameras für jede Blendeneinstellung die entsprechende Schärfentiefe an (Abb. 4.6).

Die Schärfentiefe hängt nicht nur von der f-Zahl, sondern auch von der Brennweite des Objektivs ab. Objektive mit längerer Brennweite haben bei derselben f-Zahl-Einstellung weniger Schärfentiefe als Objektive mit kurzer Brennweite. Deshalb haben billige Taschenkameras (die klein sind, also kleine Brennweite f haben) mit lichtschwachen Objektiven (also große

4.31 35-mm-Fotos mit zunehmendem Blendendurchmesser und abnehmender Schärfentiefe: (a) $f/16$ mit 1/15 s, (b) $f/11$ mit 1/30 s, (c) $f/8$ mit 1/60 s, (d) $f/5,6$ mit 1/125 s, (e) $f/4$ mit 1/250 s, (f) $f/2$ mit 1/50 s, (g) $f/2$ mit 1/100 s

f-Zahl) große Schärfentiefe. Sie können es sich darum leisten, den Fokus fest zu lassen. Andererseits ist gelegentlich ein flaches Gesichtsfeld erwünscht, wenn sich zum Beispiel nur das wichtigste Bildmotiv scharf von einem weichen Hintergrund abheben soll. Im Fernsehen wird die Aufmerksamkeit des Zuschauers damit oft auf einen bestimmten Schauspieler gelenkt. Geringe Schärfentiefe ist auch nützlich, wenn ein unerwünschter Vordergrund unvermeidlich ist, wie etwa die Stangen eines Tierkäfigs im Zoo oder Flecken auf einer Glasscheibe, durch die man hindurch fotografieren muß. Wenn eine solche Aufnahme sehr nahe am Vordergrund, mit weit geöffnetem Objektiv und vielleicht auch ziemlich langer Brennweite gemacht wird, kann manchmal der Vordergrund so zum Verschwimmen gebracht werden, daß er im fertigen Bild gar nicht mehr bemerkt wird (Abb. 4.32, S. 133).

4.6 Belichtung

Wir sind jetzt soweit, daß wir die verschiedenen Faktoren, die mit dem Licht zu tun haben, überschauen und an die Aufnahme denken können. In einer Schnappschußkamera sind *f*-Zahl und Belichtungszeit festgelegt; das Bild kommt entweder richtig belichtet heraus oder nicht. Veränderlich sind nur die Lichtempfindlichkeit des Films und die Lichtbedingungen (und dazu gehört auch das Blitzlicht). Im folgenden nehmen wir an, daß der Film und die Lichtbedingungen fest vorgegeben sind, die Belichtungszeit und die *f*-Zahl der Kamera jedoch unabhängig voneinander eingestellt werden können.

Um für eine bestimmte Filmsorte die richtige Belichtungszeit zu finden, muß man die Lichtintensität des Motivs kennen. Im allgemeinen benutzt man dazu einen BELICHTUNGSMESSER, der etwas Licht auffängt und in elektrische Energie umwandelt (Abschnitt 15.2.1). Die elektrische Energie be-

Tabelle 4.3 Äquivalente Einstellungen

Belichtungsdauer in Sekunden	$\frac{1}{1000}$	$\frac{1}{500}$	$\frac{1}{250}$	$\frac{1}{120}$	$\frac{1}{60}$	$\frac{1}{30}$	$\frac{1}{15}$
f-Zahl	2,8	4	5,6	8	11	16	22

wegt einen Zeiger, der auf einer Skala die Lichtintensität anzeigt oder auch direkt mit der Kamera gekoppelt ist und dort automatisch die richtige Belichtung einstellt. Das Licht kann eingefangen werden, indem man den Belichtungsmesser direkt auf das Motiv ›schauen‹ läßt, aber besser ist es, wenn er auf das vom Objektiv entworfene Bild gerichtet ist und nur das Licht mißt, das wirklich durch das Objektiv geht. In einigen Kameras kann der Belichtungsmesser sogar das von dem Film während der Belichtung reflektierte Licht messen und die Belichtungszeit entsprechend anpassen.

Die Belichtung bestimmt jedoch noch nicht eindeutig die Kameraeinstellung. Es gibt viele Kombinationen von *f*-Zahl und Belichtungszeit, die zu einer richtigen Belichtung führen. Das liegt an der REZIPROZITÄT des Films; der Film reagiert vor allem auf die gesamte ihn erreichende Lichtenergie, und die ist das Produkt aus der Intensität (Energie pro Sekunde) und der Belichtungszeit (in Sekunden). Dieses Produkt heißt BELICHTUNG. Die *f*-Zahl bestimmt die Intensität, die Verschlußeinstellung die Belichtungszeit, und ihr Produkt muß unter gleichwertigen Bedingungen konstant sein. Sie erhalten also eine Folge gleichwertiger Belichtungen, wenn Sie die Intensität jeweils um ein Vielfaches von zwei vergrößern und gleichzeitig die Belichtungszeit um denselben Faktor verkleinern.

An einem hellen Tag mag zum Beispiel 1/60 Sekunde und *f*/11 (die Schnappschußeinstellung) eine richtige Kameraeinstellung sein. Genauso könnten Sie auch die halbe Zeit, also 1/120 Sekunde, mit der doppelten Intensität, also mit der nächstkleineren Blendenzahl der Standardfolge, *f*/8, belichten. Durch Wiederholung dieses

Verfahrens ergeben sich viele äquivalente Einstellungen (Tabelle 4.3).

Wenn Sie die ganze untere Reihe gegenüber der oberen Zahlenreihe verschieben, ergibt sich eine andere Folge gleichwertiger Einstellungen, die bei einem anderen Film oder unter anderen Lichtbedingungen nützlich sein kann. Manche Kameras haben in ihre Skala solche Verschiebungsmöglichkeiten eingebaut, so daß man nur einen Ring zu drehen braucht, wenn man zwischen gleichwertigen Einstellungen wählen will.

Warum sollte man eine andere, gleichwertige Einstellung wählen, wenn man eine richtige Einstellung gefunden hat? Jede Einstellung hat ihre Vorzüge, und welche wichtig sind, hängt auch davon ab, was fotografiert werden soll. Wenn sich das Objekt zum Beispiel rasch bewegt, wünscht man vielleicht eine kürzere Belichtungszeit, um die Bewegung anzuhalten (›erstarren‹ zu lassen, Abb. 4.21). In dem Fall muß das Objektiv weit geöffnet werden, wodurch sich die Schärfentiefe verringert. In anderen Fällen ist womöglich die Schärfentiefe wichtig, und man wählt eine große *f*-Zahl und lange Belichtungszeit (Abb. 4.31). Das setzt natürlich eine gewisse Auswahl an Einstellungen voraus. Manchmal, so zum Beispiel, wenn man ohne Zusatzbeleuchtung fotografieren muß, will man soviel Licht wie möglich auf den Film bannen und muß dann geringe Schärfentiefe und ein Verwackeln bei Schnappschüssen in Kauf nehmen. Wer einen Film dreht, hat diese Wahl nicht. Um bei Kerzenlicht farbige Filmszenen drehen zu können, wurden speziell für den Film ›Barry Lyndon‹ Objektive mit großer Öffnung (*f*/0,95!) entwikkelt. (Bei langen Belichtungszeiten kann die Reziprozität des Films auch versagen – man braucht dann manchmal mehr Intensität, als Tabelle 4.3 angibt.)

Wenn wir uns überlegen, welche Vorgänge in einer modernen SLR Kamera automatisch beim ›Druck auf den Knopf‹ ablaufen, staunen wir über ein kleines Wunderwerk: Damit die Kamera zur Aufnahme bereit ist, klappt der Spiegel aus dem Weg, und das Objektiv blendet sich auf den vorweg gewählten Wert ab. (Zur Motivsuche ist die Blende unabhängig von der gewählten f-Zahl in der Regel weit geöffnet.) Dann öffnet sich der Verschluß und, falls ein Blitzlicht gemacht wird, schließen sich elektrische Kontakte. In einigen Kameras beginnt dann der Belichtungsmesser, Licht einzufangen und, wenn er genug hat, den Verschluß wieder zu schließen. Endlich klappt der Spiegel wieder zurück und zeigt Ihnen im Sucher das Bild, das Sie gerade aufgenommen haben. All dies geschieht in einem Augenblick, so rasch, daß Sie kaum merken, wie das Bild im Sucher dunkel wird.

4.7 Film

Die Kamera ist nur ein Mittel, das Bild auf einen Film zu bringen, durch den es dann zur dauerhaften Aufnahme wird. In diesem Kapitel beschränken wir uns auf Schwarzweißfilme; in Kapitel 11 wenden wir uns Farbfilmen zu.

Was zwischen Belichtung und fertigem Lichtbild in einem Film geschieht, gehört im wesentlichen in das Reich der Chemie, wir müssen uns hier jedoch zumindest in Umrissen klarmachen, was dabei abläuft. Einige der ersten Fotografen gewannen ihre Bilder übrigens mit physikalischen und nicht mit chemischen Mitteln; es ist interessant, diese und andere Aspekte der Geschichte der Fotografie zu sehen, denn sie lassen uns die Genialität der Ideen erkennen, die zur Entwicklung des heutigen Films geführt haben.

4.7.1 Grundlagen

Viele Substanzen reagieren auf Licht. Beispiele dafür sind billiges Papier, das vergilbt, Farben, die verbleichen, und Haut, die im Sonnenlicht gebräunt wird. All diese Reaktionen laufen sehr langsam ab, deshalb bestanden die ersten Schritte zu einer erfolgreichen Fotografie darin, Substanzen zu finden, die sehr lichtempfindlich sind, und sie so zu behandeln, daß ganz schwache Abbilder besser zu sehen sind.

Man hat damals einige wenige Stoffe gefunden, die die richtige Lichtempfindlichkeit haben, und sie sind auch heute noch die einzigen: Verbindungen von Silber mit Chlor, Brom und Jod, die unter dem Namen SILBERHALOGENIDE zusammengefaßt werden. Die Entdeckung, daß solche Silberverbindungen für die Fotografie geeignet sind, machten um 1830 unabhängig voneinander W.H. Fox Talbot, J.N. Niepce und J.M. Daguerre.

In den meisten fotografischen Aufnahmen fällt Licht auf ein Silberhalogenid, zerbricht dort eine chemische Bindung und ergibt in Form von mikroskopisch kleinen Klumpen metallisches Silber, die sogenannten KEIME. Wo viel Licht auf einen Film fällt, werden viele solche Silberkeime gebildet, wo weniger Licht hinfällt, weniger. Aber noch ist auf dem Film kein Bild zu erkennen, denn diese Keime sind zu klein. Wir haben ein LATENTES BILD – die Bildinformation ist aufgezeichnet, aber noch unsichtbar. Die Aufgabe ist jetzt, das Bild sichtbar zu machen, also den Film zu ENTWICKELN. Wenn der Film so entwickelt wird, daß das endgültige Bild weiß (oder klar) ist, wo das ursprüngliche Objekt hell war, haben wir ein POSITIV. Umgekehrt haben wir ein NEGATIV, wenn das fertige Bild dort dunkel ist, wo das ursprüngliche Objekt hell war.

Es gibt im wesentlichen zwei Entwicklungsarten. Die ältere ist die PHYSIKALISCHE; sie wurde von Daguerre und Talbot entwickelt und überlebt bis heute in Fotokopierern (Abschnitt 15.2.2). Der zweiten, der CHEMISCHEN ENTWICKLUNG, verdanken wir die ungeheure Vielzahl von Lichtbildern um uns herum. Wenn der Film entwickelt und damit das Bild sichtbar geworden ist, muß der Film für weiteres Licht unempfindlich gemacht werden, damit er sich nicht weiter und unerwünscht verändert. Dies läßt sich, wie Herschel fand, mit Natriumthiosulfat (HYPO) erreichen, das das übrige, unbelichtete Silberhalogenid löst und wegwäscht, so daß das Bild dauerhaft wird. Diesen Vorgang, der bei beiden Verfahren nötig ist, nennt man FIXIEREN.

4.7.2 Daguerreotypien

Gemeinsam mit Niepce hatte Daguerre mit Lichtbildern auf silberbeschichteten Kupferplatten experimentiert, die poliert und dann mit Jod behandelt worden waren, um auf ihrer Oberfläche eine Silberiodidschicht zu erzeugen. Daguerre fand zufällig heraus, daß Quecksilberdämpfe auf einer belichteten iodierten Silberplatte ein vorher unsichtbares Bild sichtbar machen können, und hatte damit die PHYSIKALISCHE ENTWICKLUNG erfunden, bei der etwas Ähnliches geschieht, wie wenn Wassertropfen im Schweif eines Düsenflugzeugs kondensieren oder wenn in einem Honigglas Zuckerkristalle wachsen. Diese Art des Wachstums läuft relativ rasch ab, wenn einmal ein Ort gefunden ist, wo es beginnen kann – ein Keim.

Wenn die Platte mit dem latenten Bild in Quecksilberdampf gebadet wird, bildet das Quecksilber vorzugsweise um die Silberkeime herum Tropfen, weil Silber und Quecksilber amalgamieren, also leicht aneinander haften. Die Tropfen wachsen weiter, vergrößern durch diesen physikalischen Vorgang der Kondensation das Bild und machen es sichtbar. Nach dem Fixieren enthält die Platte dort Quecksilber, wohin Licht gefallen war, und überall sonst Silber.

Quecksilber sieht nicht viel anders aus als Silber. Der größte Unterschied ist, daß die Silberplatte poliert und glänzend ist, die Quecksilbertropfen aber eine rauhe, diffuse Oberfläche ergeben. Deshalb wurden DAGUERREOTYPIEN, wie diese frühen Lichtbilder genannt wurden, in schwarze Samtmedaillons unter Glas gebettet. Das Glas schützt das leicht zu verwischende Quecksilber, und das geöffnete Medaillon zeigt eine schwarze Oberfläche, die vom polierten Silber reflektiert wird. Wo bei der Belichtung kein Licht hingefallen war und wo deshalb auf der Daguerreotypie kein Quecksilber ist, spiegelt sich der schwarze Samt in dem glänzenden Silber, und dort, wohin Licht gekommen war, reflektiert das Quecksilber alles einfallende Licht und erscheint deshalb weiß (Abb. 4.33). So ergeben Daguerreotypien positive Bilder (die, nicht richtig betrachtet, auch wie Negative aussehen können), aber man erhält nur ein einziges, das nicht leicht zu kopieren ist.

Die Daguerreotypien waren als scharfe und genaue Abbilder sofort ein großer Erfolg. Der Erfinder und Maler Samuel F.B. Morse beschreibt sie so: ›Die exquisite Genauigkeit und Sorgfalt der Linien ist unvorstellbar. Kein Gemälde und keine Zeichnung kann ihm je nahe kommen.‹ Es wurden Millionen von Daguerreotypien gemacht, sowohl Porträts als auch Landschaften. Zu den berühmtesten gehören die Dokumentaraufnahmen, die Mathew B. Brady vom Amerika des 19. Jahrhunderts machte. Schließlich ließen die erwähnten Beschränkungen jedoch die Daguerreotypie obsolet werden.

4.7.3 Moderne Filme

Der heutige Schwarzweißfilm ist eine Weiterentwicklung des von Talbot erfundenen Negativ-Positiv-Verfahrens. Talbots Negativfilm war mit Silberchlorid bedecktes Papier (Abb. 4.34). Man konnte zwar von einem Negativ

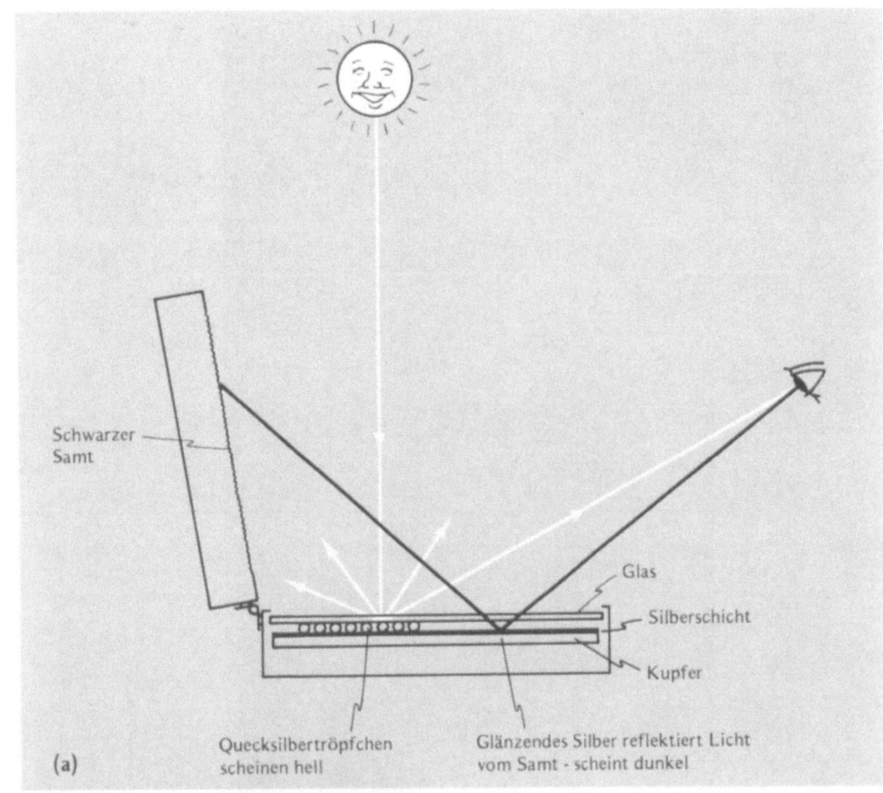

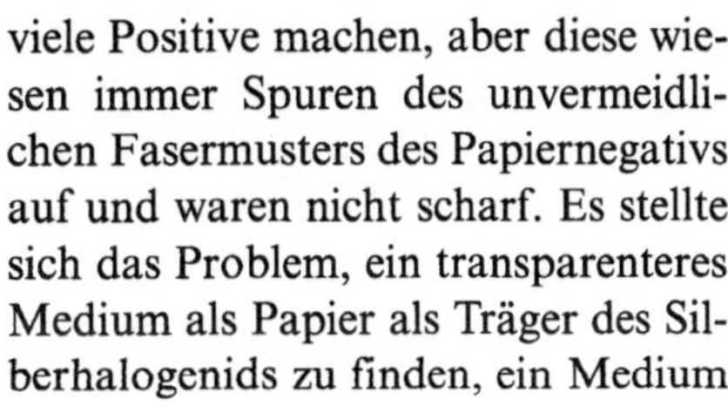

4.33 (a) Richtige Betrachtungsweise einer Daguerreotypie, um ein positives Bild zu sehen. (b) Beispiel einer richtig beleuchteten frühen Daguerreotypie. (c) Bei ungeeigneter Beleuchtung zeigt sich ein negatives Bild

viele Positive machen, aber diese wiesen immer Spuren des unvermeidlichen Fasermusters des Papiernegativs auf und waren nicht scharf. Es stellte sich das Problem, ein transparenteres Medium als Papier als Träger des Silberhalogenids zu finden, ein Medium

auch, das flüssige Entwickler zwar aufsaugt, damit sie an das Silber herankommen, das Silber aber festhält, um ein Verschwimmen des Bildes zu verhindern.

Die Lösung bestand darin, das Silberhalogenid in eine EMULSION ein-

(a)

(b)

4.34 Detail aus einem Lichtbild von Talbot: (a) ein Negativ von 1844, (b) ein Positivabzug aus dem folgenden Jahr

zubringen, die gut an Glasplatten haftet. Die ersten Emulsionen mußten kurz vor Gebrauch angerührt und dann feucht gehalten werden, damit der Entwickler sich über das Silberhalogenid verteilen konnte. Ein wichtiger Fortschritt war gemacht, als man Gelatine als Emulsionsmaterial verwandte, denn sie kann belichtet werden, wenn sie trocken ist, und die Entwickleremulsion später so aufsaugen, wie Löschpapier Tinte aufsaugt.

Gegen Ende des letzten Jahrhunderts wurde die Fotografie vom Unterfangen einzelner zu einer Großindustrie. Die erste große Firma, die Filme herstellte, entwickelte und Abzüge machte, war die von George

Eastman gegründete Kodak Company. Dort wurden nicht nur die üblichen Emulsionen auf Glasplatten hergestellt, sondern auch auf einer flexiblen Unterlage, die aufgerollt werden konnte. Eine Filmrolle für viele Aufnahmen konnte in einer ›Kodak‹, wie die Kamera dann genannt wurde, aufbewahrt werden und machte das umständliche Einsetzen der Platten in den Plattenhalter überflüssig. (Die ersten Rollfilme waren aus leicht brennbarer Nitrozellulose. Die heutigen

SICHERHEITSFILME verwenden statt dessen Kunststoffe.)

Eine weitere wichtige Entwicklung bahnte sich an, als um die Jahrhundertwende fotografische Emulsionen entwickelt wurden, die in einem größeren Wellenlängenbereich empfindlich sind. Silberhalogenide bilden nämlich nur unter dem Einfluß von blauem oder ultraviolettem Licht von selbst Keime. Hermann W. Vogel fand, daß die Emulsion durch Hinzufügung gewisser Chemikalien, den

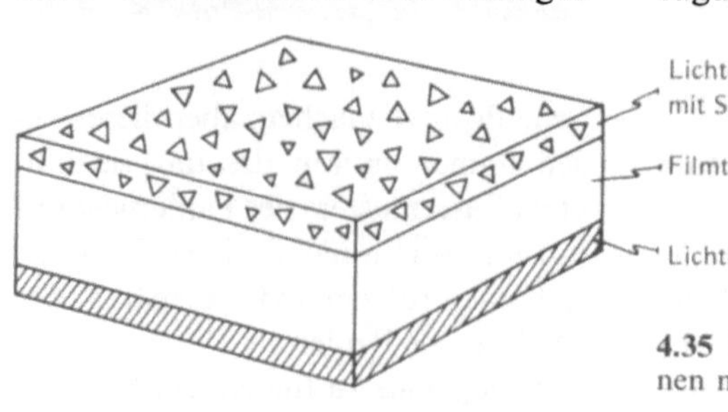

4.35 Schematischer Querschnitt durch einen modernen Schwarzweißfilm

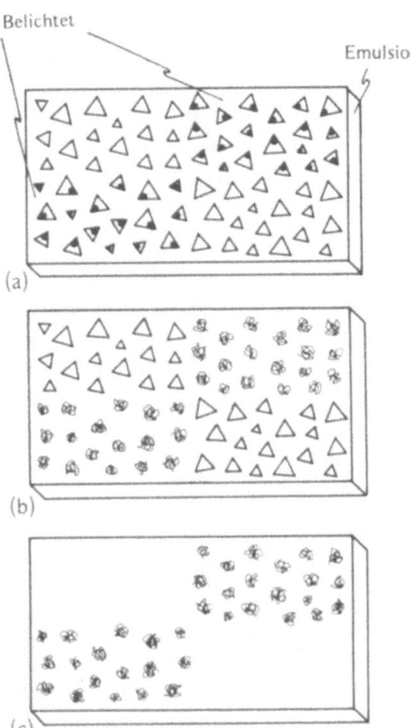

4.36 Die mikroskopisch kleinen Veränderungen, die sich in Silberhalogenidkristallen während der chemischen Entwicklung abspielen. (a) Nach der Belichtung: Jeder Punkt stellt den Keim dar, der sich in den belichteten Kristallen bildet – das latente Bild. (b) Nach der Entwicklung: Die belichteten Kristalle sind zu dunklem Silber geworden. (c) Nach dem Fixieren: Die unbelichteten Kristalle sind entfernt worden

SENSIBILISATOREN, auch für andere Bereiche des Spektrums empfindlicher gemacht werden konnte. Damit konnten die Filmhersteller orthochromatischen Film einführen, der für alle Farben (außer Rot) empfindlich ist und später dann panchromatischen Film (der auf alle Farben anspricht).

Ein moderner Schwarzweißfilm besteht aus drei Schichten (Abb. 4.35): eine klare Plastikschicht ist auf einer Seite mit einer Emulsion und auf der anderen mit einem LICHTHOFSCHUTZ bedeckt. Diese Schicht absorbiert alles nicht von der Emulsion aufgenommene Licht, das sonst von der Rückseite des Filmträgers reflektiert werden und die Emulsion aufs neue belichten würde. Dadurch würde um jeden hellen Lichtpunkt herum ein Lichthof oder Nebel entstehen. Bei

der Entwicklung wird diese rückwärtige Schicht entfernt.

4.7.4 Chemische Entwicklung

In modernen Filmen sind kleine Silberhalogenidkristalle in die Gelatineemulsion eingebettet. Wenn auf solche Kristalle Licht fällt, erzeugt es einen oder mehrere Silberkeime. Bei der chemischen Entwicklung (Abb. 4.36) besteht der Trick darin, eine Chemikalie zu finden, die das gesamte Silberhalogenid zu metallischem Silber REDUZIERT. Dieser Umwandler kann dort schneller arbeiten, wo es schon Silberkeime gibt. Zuerst wird also das Silberhalogenid in solchen Kristallen in metallisches Silber umgewandelt, die schon dem Licht ausgesetzt waren. Wenn das Reduziermittel nicht zu stark ist, kann ihm der Film entnommen werden, bevor die anderen unbelichteten Silberhalogenidkristalle umgewandelt werden, bevor also der Film ›überentwickelt‹ ist. Solche Reduziermittel arbeiten nicht gut in saurer Lösung, deshalb setzt man Alkali und andere Substanzen zu und hat dann einen ENTWICKLER. Bei der Entwicklung wird das reduzierte Silber gewöhnlich als ein Gewirr von Fäden ausgeschieden, den KÖRNERN, die in ihren Winkeln und Ecken Licht absorbieren und deshalb dunkel erscheinen (Abb. 4.37).

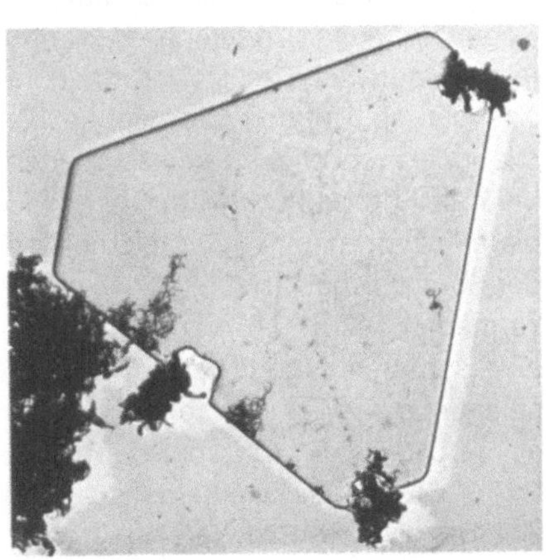

4.37 Mikrofotografie der Anfangsstadien der chemischen Entwicklung eines Silberhalogenidkristalls

Für genaue, detaillierte Bilder wird ein Film mit kleineren Silberhalogenidkristallen verwendet. Ein solcher Film muß gewöhnlich länger belichtet werden (er ist langsamer), weil sich in jedem Kristall des belichteten Bereichs mindestens ein Silberkern bilden muß.

Die Entwicklung muß beendet werden, bevor die unbelichteten Kristalle zu metallischem Silber reduziert sind, und deshalb wird der Entwickler im STOPBAD (meistens einer Säure, die den Entwickler unwirksam macht) weggewaschen. Am Ende der Entwicklung erhalten wir ein Negativ, denn die ursprünglich belichteten Stellen sind zu dunklen, metallischen Silberkörnern geworden.

An den Stellen, an denen ein Film nicht belichtet wird, ist das Silberhalogenid natürlich auch nach dem Entwickler- und Stopbad noch vorhanden. Die Gebiete sehen hell aus, aber wenn sie lange genug dem Licht ausgesetzt sind, verwandeln sie sich auch ohne Entwickler in dunkles Silber. (SEHEN SIE SELBST, wie sich ohne Entwickler fotografieren läßt.) Um das zu verhindern, kommt der Film in ein Fixierbad, das dann vom Wasser weggewaschen wird. Wenn das so entstandene Negativ eine klare Filmunterlage hat, haben wir ein negatives DURCHSICHTBILD, wenn es auf weißem FOTOPAPIER ist, ein negatives AUFSICHTBILD.

Um ein Positiv zu bekommen, belichten wir fotografisch durch Berührung oder Projektion eines negativen Durchsichtbildes. Das Ergebnis dieses Abzugs ist, nachdem es genauso entwickelt wurde wie der Film, ein Positiv (das Negativ eines Negativs), das dort weiß ist, wo der ursprüngliche Film dem Licht ausgesetzt war, und sonst schwarz (Abb. 4.38). Auf diese Art können wir von einem Negativ jede gewünschte Zahl von Kopien machen.

Es gibt eine Möglichkeit, von dem in der Kamera belichteten Film direkt ein Diapositiv zu gewinnen. Bei dieser UMKEHRENTWICKLUNG (Abb. 4.39)

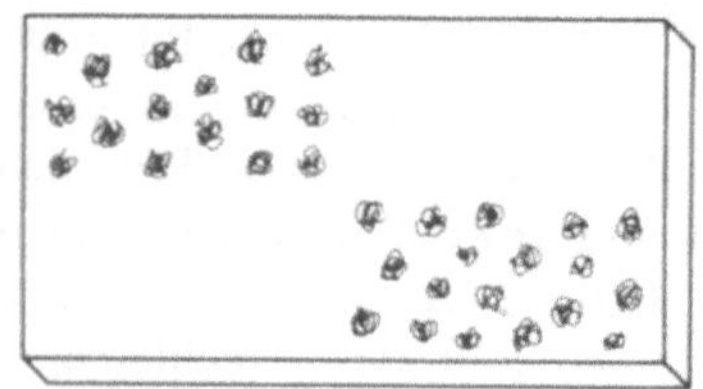

4.38 Zeichnung der mikroskopischen Struktur des Positivabzugs von dem Negativ in Abbildung 4.36

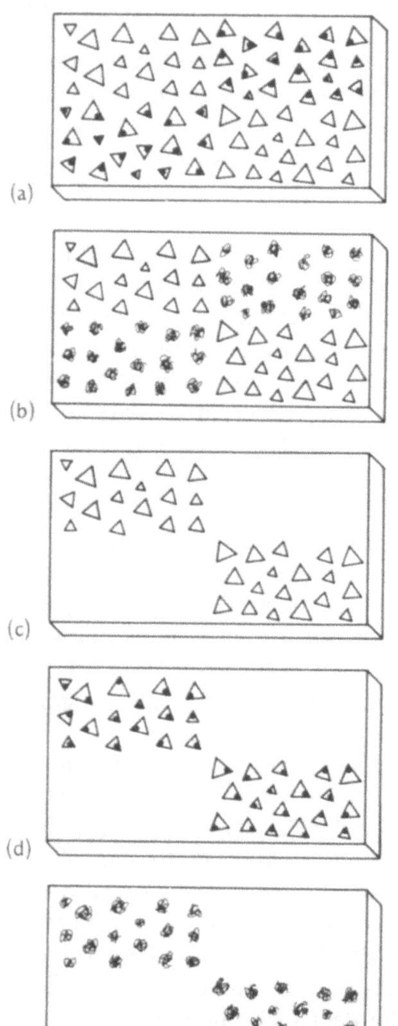

4.39 Veränderungen in den Silberhalogenidkristallen während der Umkehrentwicklung: (a) nach der Belichtung, (b) nach der ersten Entwicklung, (c) nach dem Bleichbad, das die Silberkörner wegwäscht, (d) nach der zweiten Belichtung, (e) nach der zweiten Entwicklung

wird der Film zuerst ganz normal entwickelt, aber nicht fixiert. Statt dessen wird das Silberbild durch das sogenannte BLEICHBAD entfernt, wobei nur das unbelichtete Silberhalogenid übrigbleibt. Dies wird belichtet, indem man Licht auf den ganzen Film fallen läßt (oder mit chemischen Mitteln arbeitet) und dann in einer zweiten Entwicklung in Silberkörner verwandelt. Jetzt sind also die unbelichteten Teile der Emulsion dunkle Körner, während die belichteten Teile nach dem Ausbleichen klar und durchsichtig sind – gerade so, wie es bei einem Diapositiv sein soll.

SEHEN SIE SELBST

Fotografieren ohne Entwickeln

Das latente Bild ist auf einem modernen Film unsichtbar. Wenn Sie es sehen wollen, müssen Sie es beleuchten und würden es damit zerstören. Wenn Sie Fotopapier haben, können Sie sich selbst davon überzeugen, daß Licht an sich eine Wirkung auf Papier ausübt und ein Bild erzeugen kann. Dabei ist es wichtig, daß lange genug belichtet wird und so viele Silberkeime erzeugt werden, daß schließlich ganze, sichtbare Kristalle auch ohne Entwickler zu Silber reduziert werden. (Sie werden allerdings kein gutes Schwarz erhalten, weil Silber hier in anderer Form erzeugt wird als bei der chemischen Entwicklung.)

Nehmen Sie einen kleinen flachen Gegenstand mit deutlichem Umriß (etwa einen Schlüssel oder ein kontrastreiches Negativ) und kleben Sie ihn vor ein sonniges Fenster. Kleben Sie das Fotopapier so darüber, daß die glänzende Seite mit der Emulsion der Sonne zugewandt ist. Lassen Sie es mehrere Stunden oder Tage lang dort, schauen Sie nur gelegentlich an einer Ecke nach, um zu sehen, ob sich ein Abbild zeigt. Achten Sie auf die Farbe des Bildes, wenn es erstmals sichtbar wird (nach etwa einer Stunde in direktem Sonnenlicht), und wie es sich verändert. Wir erklären in Abschnitt 13.2, wenn wir die Streuung

behandeln, wie die erste Farbe entsteht.

Solche ›entwicklungsfreie Fotografie‹ läuft in Brillen aus photochromem Glas ab. Die Gläser dieser Brillen sind im Zimmer klar, dunkeln aber in hellem Sonnenlicht. Das Glas enthält Mikrokristalle von Silberhalogeniden (mit einem Durchmesser von 10 nm, so klein also, daß sie sichtbares Licht nicht streuen). Wenn sie hellem Licht ausgesetzt sind, zerfällt das Silberhalogenid in Silberatome und Halogenatome. Das Silber wird vom Licht (vor allem dem UV-Licht) angeregt, sich zu großen, lichtabsorbierenden Klumpen zu sammeln, die das Glas verdunkeln. In hellem Sonnenlicht werden die Brillen so zu Sonnenbrillen. Wenn die Brillen aus dem energiereichen Sonnenlicht herauskommen, lösen sich die Silberklumpen wieder auf, das Silber verbindet sich mit dem Halogen zu Silberhalogenidmikrokristallen, und das Glas erscheint wieder klar. Falls Sie eine solche Brille haben, können Sie beobachten, was passiert, wenn Sie, bevor Sie nach draußen gehen, auf ein Brillenglas einen Schlüssel kleben.

4.7.5 Andere Entwicklungsverfahren

Die SOFORTBILDFOTOGRAFIE kann uns heute in viel kürzerer Zeit ein Bild liefern, als in früheren Zeiten allein die Belichtung brauchte. Hierbei wird eine Emulsion belichtet, die einer gewöhnlichen Schwarzweißemulsion ähnelt. Der Film enthält vor jedem Bild in einer Kapsel zähe Chemikalien, eine Art Mischung von Entwickler und Fixierer. Nach der Belichtung wird der Film durch Walzen gezogen, die ihn gegen ein Übertragungspapier drücken und die Kapsel aufbrechen, damit sich ihr Inhalt zwischen Film und Papier verteilt (Abb. 4.40). Die Chemikalien sind so gewählt, daß das Fixieren nur langsam vor sich geht und der Film zuerst zu einem normal entwickelten Negativ wird. Et-

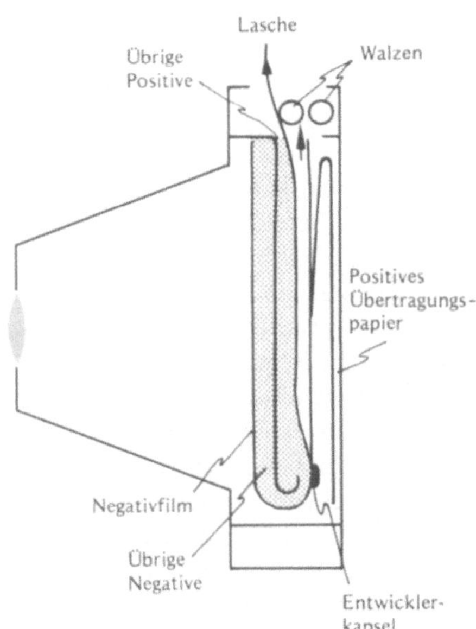

4.40 Schema einer Polaroidfilmpackung in der Kamera

was später beginnt der Fixierer mit der Umwandlung der unbelichteten Silberhalogenidkristalle in lösbare Silberionen (also positiv geladene Silberatome). Diese diffundieren durch die Emulsion zu dem Übertragungspapier, das mikroskopisch kleine Entwicklungskeime enthält. Die Chemikalien aus der Kapsel laden diese Keime negativ auf und machen sie deshalb für Silberionen anziehend. So ›versilbert‹ werden die Keime zu gewöhnlichen dunklen Silberkörnern auf dem Papier (eine Art physikalischer Entwicklung). Die ursprünglich unbelichteten Bereiche des Negativs werden in Silbermetall verwandelt und durch den Fixierer nicht gelöst. Deshalb können die Ionen nicht zum Papier vordringen, das in diesen Bereichen weiß bleibt. Das Ergebnis ist ein ›Sofortfoto‹, denn der ganze Vorgang läuft in wenigen Sekunden ab.

Andere Anwendungen machen sich die Tatsache zunutze, daß das Silber, das für die Lichtempfindlichkeit unentbehrlich ist, für die Bildgewinnung durch andere Stoffe ersetzt wer-

(a)

(b)

4.41 (a) Abzug von einem gewöhnlichen Negativ. (b) Der Sabattiereffekt: ein Abzug von einem Negativ, das während der Entwicklung überall belichtet wurde

den kann. So können dem entwickelten Silber Farbstoffe beigegeben werden (TÖNUNG) oder den nicht von Silber besetzten Gebieten (FÄRBUNG). Es gibt andererseits auch Entwickler, die die Gelatine in der Nähe der entwickelten Silberkörner härten. Wenn der Film dann in warmem Wasser gewaschen wird, wäscht das Wasser die Gelatine überall dort wieder weg, wo sie nicht gehärtet ist. So entsteht ein ›Reliefbild‹ aus Gelatine, das auf vielfältige Weise benutzt werden kann. Zum Beispiel kann man einen Metallgrund dort ätzen, wo keine Gelatine ist. Nach diesem Prinzip werden die Druckstöcke für Fotografien wie in diesem Buch und für im Foto-Offset-Verfahren produzierte Bücher hergestellt.

Ein weiteres ungewöhnliches Entwicklungsverfahren nutzt den SABATTIEREFFEKT, der es ermöglicht, Fotos zu machen, deren Helldunkelwerte nicht einfach denen des ursprünglich abgebildeten Gegenstands entsprechen. Dazu wird zuerst ein normaler Negativfilm belichtet. Dann wird der Entwicklungsprozeß in der Dunkelkammer noch vor dem Ende unterbrochen. Der Film zeigt also ein schwaches Negativbild. Jetzt wird der Film erneut belichtet, indem zum Beispiel das Licht kurz angeschaltet wird. Die schon entwickelten Silberkörner des schwachen Negativbildes wirken dabei wie eine Maske, die das Licht daran hindert, die darunterliegenden Silberhalogenidkristalle zu belichten. Aber die Stellen des Films, die keine Silberkristalle tragen, sind nicht durch eine solche Maske geschützt; das helle Licht belichtet alles dort vorhandene Silberhalogenid. Diese zweite Belichtung führt damit zu einem positiven Bild des ursprünglichen Motivs (dem Negativ eines Negativs). Dann wird der Entwicklungsvorgang abgeschlossen. Dank des Sabattierefekts liegen auf demselben Foto ein positives und ein negatives Bild übereinander (Abb. 4.41). (Dieser Effekt wird oft fälschlich SOLARISATION genannt; auch sie führt zu einer Überlagerung von positiven und negativen Bildern. Echte Solarisation entsteht aber durch extreme Überbelichtung während der Erstbelichtung und ist bei modernen Filmen praktisch ausgeschlossen.)

4.7.6 Filmempfindlichkeit: Schwärzungskurve

Wenn Licht so lange auf ein Silberhalogenidkristall trifft, bis er entwicklungsfähig ist, wird immer der ganze Kristall in ein Silberkorn verwandelt. Es scheint also, als ob nur Weiß oder Schwarz entstehen könne. Wie kann eine Fläche grau sein? Das ist möglich, wenn Kristalle verschiedener Größe verwendet werden. Starkes Licht wirkt auf alle Kristalle, aber schwächeres trifft vor allem auf die größeren Kristalle. Ein Gebiet wird grau, wenn nur die größeren Kristalle zu Silberkörnern werden und die kleineren nicht. Die Körner sind also in beiden Fällen gleich schwarz, aber wenn das Licht schwächer ist, entstehen weniger Körner. Im ganzen sieht das Bild dann weniger schwarz und damit also grau aus.

Die Lichtmenge, die durch einen Teil eines entwickelten Negativs hindurchgeht, hängt also von der Belichtung dieses Bereichs ab. Wir können die im Verhältnis zur Belichtung durchgegangenen Lichtmengen in der SCHWÄRZUNGSKURVE aufzeichnen. Weil die Belichtung und die relative Filmdurchlässigkeit so stark variieren, benutzen wir eine logarithmische Skala, bei der jeder Schritt auf der Achse einem Zuwachs oder einer Abnahme um einen gleichen *Faktor* entspricht. Der Logarithmus des Verhältnisses der einfallenden zur durchgelassenen Lichtintensität wird die optische DICHTE oder Schwärzung des entwickelten Negativs genannt. Der Logarithmus der Belichtung hat keinen eigenen Namen. (Die Dichte ist eng mit der Zahl der entwickelten Silberkörner verknüpft, wenn auch Streu- und andere Effekte die Beziehung komplizieren.)

Abbildung 4.42 zeigt die Schwärzungskurve für einen Film, der wie üblich entwickelt wurde. (Bei einer anderen Art der Entwicklung, zum

4.42 Eine typische Schwärzungskurve. Geringe Dichte (wenige entwickelte Silberkörner – klares Negativ) ist im unteren Teil der Kurve dargestellt, hohe Dichte (viele belichtete Silberkörner – schwarzes Negativ) dagegen im oberen

4.43 Schwärzungskurven für zwei Filme mit verschiedener Empfindlichkeit, aber gleichem Kontrast

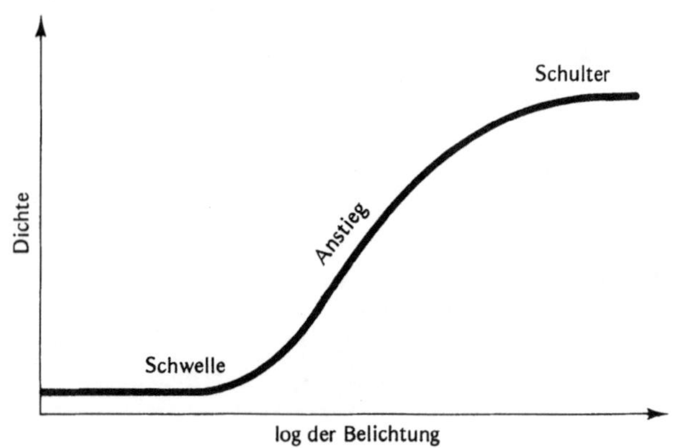

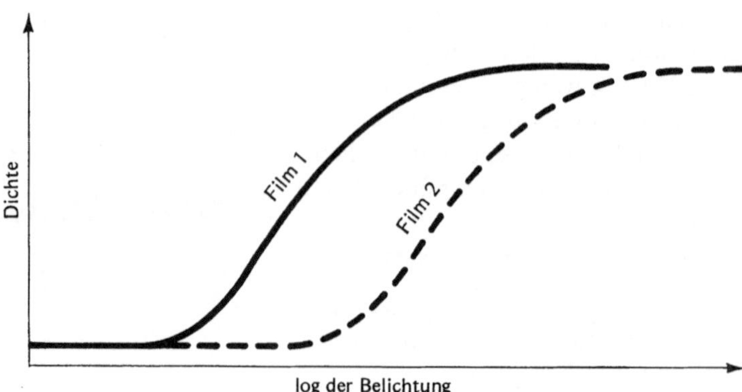

Beispiel bei anderer Temperatur, sähe die Kurve anders aus.) Der unvermeidliche Hintergrund an Körnern bei sehr schwacher Belichtung heißt SCHLEIER. Sehr wenig Belichtung wirkt sich nicht auf die Dichte aus; die wenigen Körner, die von der geringen Belichtung herrühren, werden von dem Schleier verschluckt. Bei stärkerer Belichtung kommen wir zum ersten Anstieg an der Schwelle der Schwärzungskurve. Schließlich erreichen wir bei sehr großer Belichtung den Sättigungsbereich, die Schulter der Kurve. Darüber hinaus sind alle Kristalle der Emulsion entwickelt, so daß die Dichte nicht weiter zunehmen kann, wenn die Belichtung auch noch so stark ist – das entwickelte Negativ hat seine größte Schwärze erreicht.

4.7.7 Filmempfindlichkeit, Kontrast und Belichtungsspielraum

Bei der Wahl des richtigen Films und der geeigneten Belichtungszeit benutzen Fotografen meist nur gewisse Aspekte der in einer Schwärzungskurve enthaltenen Information: Filmempfindlichkeit, Kontrast und Belichtungsspielraum. Wir sahen, wie die Lage von Schwelle, Anstieg und Schulter der Schwärzungskurve je etwas über die Natur des Filmes aussagten. Die Schwelle gibt zum Beispiel an, welche Belichtung eine Aufnahme mindestens erfordert, und ist damit ein ungefähres Maß für die Filmempfindlichkeit. Natürlich sollte die Korndichte für ein brauchbares Bild nicht nur gerade eben oberhalb der Schleierdichte liegen, sondern mehrmals so groß sein. Die FILMEMPFINDLICHKEIT mißt also, welche Belichtung nötig ist, um oberhalb der Schwelle zu sein. Qualitativ gilt, daß ein Film um so empfindlicher ist, je niedriger die Belichtung an der Schwelle ist (oder je weiter links der steile Teil liegt – Abb. 4.43). Die Empfindlichkeit läßt sich nicht unter allen Umständen durch eine einzige, von der Schwärzungskurve abgeleitete Zahl messen.

4.44 Fotos mit (a) geringem und (b) großem Kontrast

Deshalb wurden in der Vergangenheit ein ganze Reihe von BELICHTUNGSINDIZES benutzt. Aber heute hat sich die Industrie international auf einen Standard geeinigt, bei dem sich nur noch die Bezeichnungen unterscheiden. Die Bezeichnungen, die wir meistens auf Filmen finden, sind ASA, DIN und ISO.

Der ASA-Index (für American Standards Association) ist ein linearer Index, ein ASA-100-Film ist doppelt so empfindlich, also doppelt so ›schnell‹ wie ein ASA 50 und dieser wieder doppelt so schnell wie ein ASA 25. Der DIN-Index (für Deutsche Industrie-Norm) ist ein logarithmisches Maß: jeder Verdopplung der Empfindlichkeit entspricht eine Zunahme des Index um drei. Ein DIN-21-Film ist doppelt so schnell wie ein DIN 18 und der wiederum doppelt so schnell wie ein DIN-15-Film. Die beiden sind miteinander verknüpft, so daß zum Beispiel ASA 100 dasselbe ist wie DIN 21. Wenn wir ein Gefühl für die absolute Empfindlichkeit haben wollen, können wir sagen, daß eine richtige Einstellung für eine Aufnahme im Freien an einem sonnigen Tag 1/(ASA-Belichtungsindex) Sekunden bei f/16 ist.

Der ISO-Index (für International Standards Organization, eine Vereinigung aller nationalen Normbehörden) wird auf etwas andere Weise bestimmt als die beiden anderen, aber die sich ergebenden Zahlen sind, mit Ausnahme von sehr wenigen Filmen, dieselben wie bei ASA und DIN. So ist zum Beispiel ein Film mit ISO 100/21° gleichwertig mit einem ASA-100- oder DIN-21-Film. Mit dem ° bezeichnen wir die logarithmische Skala des DIN-Index.

Wenn Sie richtig belichten, sind Sie also im ansteigenden Bereich der Schwärzungskurve. Die helleren Teile des Bildes entsprechen den Punkten, die näher an der Schulter sind, die dunkleren Punkte denen, die näher an der Schwelle sind. Da dieser Teil der Kurve nahezu gerade ist, könnte man meinen, das Negativ des Bildes von Objekt 2 ließe halb soviel Licht passieren wie das Bild von Objekt 1, wenn Objekt 2 selbst doppelt so hell ist wie Objekt 1. Dies ergäbe dann eine getreue (wenn auch umgekehrte oder negative) Darstellung der Lichtwerte des Motivs. Aber das trifft nur dann zu, wenn die Kurve in einem Winkel von 45° ansteigt (oder, wie Mathematiker sagen, die STEIGUNG 1 hat). Wenn die Kurve steiler ist, vergrößert sich die ›Schwärze‹ des Negativs jedesmal um mehr als das Doppelte, falls die Helligkeit des Originals um den Faktor zwei zunimmt; wenn die Kurve flacher verliefe, würde die ›Schwärze‹ um weniger als den Faktor zwei zunehmen. Die Steigung der Kurve wird mit dem griechischen

Buchstaben γ bezeichnet. Dieses Gamma ist ein Maß für den Bildkontrast (Abb. 4.44): großes γ, also eine steile Kurve, bedeutet, daß die Variation des Lichts in der Fotografie größer ist als im Original (Dunkles ist dunkler und Helles heller), und damit ist der KONTRAST größer. Eine flache Kurve mit kleinem γ bedeutet, daß die Helligkeitsunterschiede im Bild kleiner sind als im Original und damit der Kontrast geringer ist.

Welchen Nutzen haben nicht-treue Emulsionen mit einem von 1 verschiedenen γ? In einigen Situationen möchten wir den Kontrast eines Originals vergrößern. Wenn wir zum Beispiel eine Zeichnung reproduzieren, wollen wir im Bild nur völlig weiße oder völlig schwarze Bereiche sehen, und deshalb soll da die Steigung sehr steil sein. Wir wählen also einen ›harten‹ Film mit großem Kontrast und großem γ. Umgekehrt könnte ein sehr kontrastreiches Original besser auf einen ›weichen‹ Film mit wenig Kontrast (niedrigem γ) reproduziert werden. Der Kontrast eines Negativs läßt sich also beim Kopieren korrigieren, wenn ein kontrastreiches Negativ auf weichem Papier kopiert wird und umgekehrt. Aber auch in der fertigen Kopie ist das Ziel in der Regel nicht eine absolut getreue Wiedergabe der Helligkeitsbeziehungen des ursprünglichen Motivs. Gewöhnlich ist es viel wichtiger, die ganze Fülle der Helligkeitswerte auszunutzen, und deshalb ist es eine gute Faustregel, den Kontrast des Papiers so zu wählen, daß es auf der Kopie mindestens einen ganz weißen und einen ganz schwarzen Punkt gibt. Wir wollen, mit anderen Worten, meistens keine Bilder mit zu wenig Kontrast, keine mit Grauschleier und keine mit zuviel Kontrast, auf denen Einzelheiten im Schatten und im Glanzlicht nicht zu erkennen sind. Wie wir in Abschnitt 7.4.2 sehen werden, wirkt sich der Kontrast auf den Helligkeitseindruck aus, und deshalb kopiert man für helle, glänzende Bilder gewöhnlich mit höherem als dem ›natürlichen‹ Kon-

trast. Schwarz-weiße Kinofilme haben zum Beispiel gewöhnlich ein γ von etwa $-1{,}4$. (Für Fotografen ist es nichts Negatives, daß das γ eines Positivs negativ ist und umgekehrt.) Meisterfotografen wie Ansel Adams experimentieren manchmal ganze Tage lang herum, bevor sie mit einem Abzug zufrieden sind – Papierwahl, Belichtung und Entwicklungsverfahren sollen den besten Kontrast hervorbringen und damit die kleinsten Unterschiede der Helligkeit sichtbar machen.

Geschwindigkeit und Kontrast messen die Lage und Steigung der steilen Abschnitte der Schwärzungskurve. Außerdem ist es wichtig zu wissen, wie lang der steile Abschnitt ist. Dieser BELICHTUNGSSPIELRAUM wird durch den Bereich der Belichtungen zwischen Schwelle und Schulter der Schwärzungskurve gemessen. Je größer dieser Bereich ist, um so größer ist auch der Bereich der Lichtintensitäten, die in einem einzigen Bild erfaßt werden können, oder der Bereich der Kameraeinstellungen, die von einem Motiv mittlerer Helligkeit ein annehmbares Negativ liefern. Deshalb ist bei Schwarzweißfilmen ein großer Belichtungsspielraum erwünscht (und das hat meistens weniger Kontrast zur Folge, da die Dichte nur endlich sein kann). Für Fotopapier ist der Härtegrad das wichtigste Kriterium.

Diese Eigenschaften eines Films hängen vor allem von der Größe der Silberhalogenidkristalle ab. Wenn der Belichtungsspielraum groß sein soll, braucht man eine Mischung sehr verschiedener Kristallgrößen, die ganz verschiedenen Intensitäten entsprechen. Für sehr schnelle Filme wünscht man eine große Anzahl von Kristallen, von denen viele groß sind, so zum Beispiel bei Röntgenfilmen, bei denen es wichtig ist, daß die Dosis der Röntgenstrahlung für den Patienten klein ist. (Bei diesen Schattenbildern ist der Verlust an Schärfe unwichtig.) Es mag den Anschein haben, als ob es leicht wäre, einer Emulsion einen großen

Belichtungsspielraum und große Empfindlichkeit zu geben, aber das kann mit anderen Eigenschaften des Films, die sich in der Schwärzungskurve nicht zeigen, in Konflikt kommen. So führen zum Beispiel große Kristalle zu großen entwickelten Silberkörnern, aber es ist wichtig, daß die Körner klein sind (FEINKÖRNIGKEIT), wenn das Negativ wesentlich vergrößert werden soll. Die Emulsion darf auch nicht zu dick sein, weil sie dann aus dem besten Schärfebereich herauskäme und Licht innerhalb der Emulsion gestreut werden könnte, wodurch das Bild auch weniger scharf würde.

4.8 Zusammenfassung

Eine KAMERA besteht im wesentlichen aus einem OBJEKTIV, das auf einen lichtempfindlichen FILM ein Bild wirft, einer BLENDE, die die Intensität des einfallenden Lichts kontrolliert, und einem (ZENTRAL- oder SCHLITZ-)VERSCHLUSS, der bestimmt, wie lange Licht einfällt. Der Abstand von Kamera und Objekt, der zur SCHARFEIN-STELLUNG wichtig ist, wird durch einen ENTFERNUNGSMESSER bestimmt, der optisch trianguliert, oder mit PRISMEN, die zeigen, ob das Bild in der Filmebene liegt, oder mit einem SCHALLECHO oder einfach geraten. TELEOBJEKTIVE haben eine längere BRENNWEITE, kleineren BILDWINKEL (das ist der von dem fotografierten Motiv ausgefüllte Winkel), höhere VERGRÖSSERUNG und geringere SCHÄRFENTIEFE (der Abstandsbereich, in dem die Abbildung hinreichend scharf ist) als WEITWINKELOBJEKTIVE. Durch Abblenden können die Schärfentiefe vergrößert und die Aberration verringert werden. Die f-ZAHL (Brennweite/effektiver Öffnungsdurchmesser) ist ein Maß für die relative Lichtintensität auf dem Film unter gegebenen Bedingungen. Hohe f-Zahlen erfordern eine längere BELICHTUNGSZEIT, um überall dieselbe BELICHTUNG (Intensität × Zeit) zu erreichen. Die kleinste mit einem bestimmten Objektiv zulässige f-Zahl heißt die LINSENGESCHWINDIGKEIT. Schwarzweißfilme bestehen aus drei Schichten: einer klaren Plastikschicht als TRÄGER, einem LICHTHOFSCHUTZ und einer EMULSION, die winzige lichtempfindliche SILBERHALOGENIDKRISTALLE enthält. Während der Belichtung absorbieren diese Kristalle Licht, bilden einen KEIM (mehrere Silberatome) und erzeugen so ein LATENTES BILD. (Der Lichthofschutz verhindert, daß nicht absorbiertes Licht wieder in die Emulsion gespiegelt wird und das Bild verschlechtert.) Bei der chemischen ENTWICKLUNG bilden sich um diese Kerne herum schwarze Fäden aus reinem Silber. Das STOPBAD hält diesen Vorgang chemisch auf, bevor unbelichtete Kristalle schwarz werden. Durch das FIXIEREN werden die unbelichteten Kristalle weggewaschen; so entsteht ein NEGATIV. Durch die UMKEHRENTWICKLUNG entsteht ein POSITIV. Hierzu wird das Bild vor dem Fixieren GEBLEICHT, überall belichtet und nochmals entwickelt. Hochempfindliche, schnelle Filme (ASA, DIN, ISO) sind GROBKÖRNIGER als weniger empfindliche. Ein KONTRASTREICHER Film hat im allgemeinen weniger BELICHTUNGSSPIELRAUM (der brauchbare, steile Bereich einer SCHWÄRZUNGSKURVE) als einer mit wenig Kontrast.

AUFGABEN

A1 Wenn Sie eine Kamera scharf einstellen, bewegen Sie das Objektiv zurück (näher zum Film) oder vor (weiter weg vom Film). Haben Sie ein näheres oder ein ferneres Objekt scharf eingestellt, wenn das Objektiv so nah wie möglich am Film ist?

A2 Zählen Sie die Teile eines einfachen Fotoapparats auf und beschreiben Sie ihre Funktion.

A3 Für eine Weitwinkelaufnahme können Sie das Objektiv Ihrer Kamera durch ein Objektiv anderer Brennweite ersetzen. (a) Sollte die Brennweite größer oder kleiner sein? (b) Beweisen Sie das, indem Sie den Strahlengang verfolgen.

A4 Was ist die Bildtiefe und wie wird sie in einem Fotoapparat reguliert?

A5 Nehmen Sie an, Sie hätten eine 35-mm-Kamera und austauschbare Objektive mit 28 mm, 50 mm und 150 mm Brennweite. Welches dieser Objektive eignet sich in den folgenden Situationen am besten? (a) Sie stehen nahe an einem Gebäude und wollen soviel wie möglich davon fotografieren. (b) Sie stehen bei einem Fußballspiel auf der Tribüne und möchten den Torwart so groß wie möglich fotografieren. (c) Sie möchten einen Angler, der den Fisch zur Kamera hin hält, so fotografieren, daß der Fisch im Vergleich zur Person möglichst groß erscheint.

A6 Ein Belichtungsmesser zeigt an, daß dann, wenn bei $f/5,6$ die richtige Belichtungszeit 1/100 s ist, bei $f/11$ unter den gleichen Bedingungen mit 1/25 s richtig belichtet wird. (a) Erklären Sie das. (b) Geben Sie zwei weitere richtige Einstellungen an.

A7 Die folgenden Blenden und Verschlußzeiten führen alle zu derselben Belichtung: (bestätigen Sie das!) (1) $f/2$ mit 1/200 s. (2) $f/2,8$ mit 1/100 s, (3) $f/4$ mit 1/50 s und (4) $f/5,6$ mit 1/25 s. Welche Belichtung ist jeweils die geeignetste, wenn Sie die folgenden Fotos machen wollen? (a) Ein Hund läuft vorbei. (b) Blumen im Garten, von denen einige nah und einige weiter weg sind. (c) Ein schlafender Affe im Zoo, ohne daß später die Gitterstäbe zu sehen sind.

A8 (a) Zeigen Sie, daß die Fotografie eines dreidimensionalen Objekts deformiert aussehen kann, wenn das Objekt weit von der Kameraachse entfernt ist. Zeichnen Sie dazu parallele Geraden. Eine davon stellt die Filmebene Ihrer Kamera dar, die nächste sollte ein kleines Loch haben, und die Mitte der dreidimensionalen Körper sollte auf der nächsten Linie liegen. Zeichnen Sie in der Mitte der Objektebene einen Kreis, der eine Kugel darstellen soll. Konstruieren Sie das Bild dieser Kugel auf dem Film, indem Sie den Strahlengang verfolgen. Wiederholen Sie die Konstruktion für eine gleichgroße Kugel in großer Entfernung von der Achse der Kamera. Vergleichen Sie die beiden Bilder. (b) Beschreiben Sie mit Worten, wie ein Lochkamerafoto zweier Tennisbälle aussähe, wenn ein Ball auf der Achse der Kamera und einer weit entfernt von ihr liegt.

A9 Was ist ein Sensibilisator und wie wirkt er?

A10 Bei der physikalischen Entwicklung werden Zusatzstoffe auf die Silberkeime gebracht, um sie sichtbar zu machen. (a) Geben Sie ein Beispiel für einen physikalischen Entwicklungsprozeß. (b) Wie werden die Silberkeime im chemischen Entwicklungsprozeß sichtbar gemacht?

A11 Welcher der beiden Filme, deren Schwärzungskurven in Abbildung 4.43 angegeben sind, ist schneller?

A12 Film 1 ist schneller und kontrastreicher als Film 2. (a) Zeichnen Sie ein Schwärzungsdiagramm, das diese Eigenschaften zeigt. Benennen Sie die Kurven dieser beiden Filme. (b) Nennen Sie für jeden dieser Filme zwei Anwendungsbereiche.

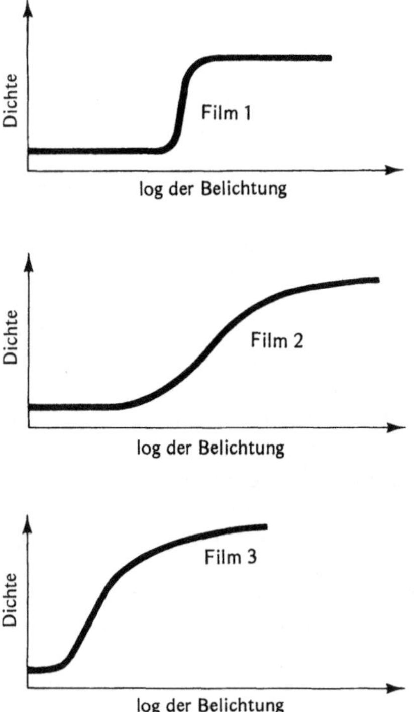

A13 Die Abbildung zeigt die Schwärzungskurven dreier Filme. Welcher Film eignet sich in jeder der folgenden Situationen am besten? Geben Sie in jedem Fall an, welche der Kennzeichen (Geschwindigkeit, Kontrast oder Breite) wesentlich ist. (a) Sie fotografieren bei sehr schwacher Beleuchtung. (b) Sie fotografieren bei sehr unterschiedlichen Lichtverhältnissen. (c) Sie wollen kleine Unterschiede in den Lichtverhältnissen stärker herausbringen.

A14 Warum können Brillen aus photochromem Glas (Sehen Sie selbst zu Abschnitt 4.7.4) beim Autofahren weniger gut sein als Sonnenbrillen? Warum also dunkeln sie im Wageninneren möglicherweise nicht?

A15 (a) Beschreiben Sie das Aussehen einer ›solarisierten‹ Fotografie (also einer, die sich den Sabattiereffekt zunutze macht). (b) Wie stellt ein Fotograf ein solches ›solarisiertes‹ Foto her?

Harte Aufgaben

HA1 Bei Unterwasseraufnahmen (mit Kamera und Taucherausrüstung) sollten Sie ein Weitwinkelobjektiv verwenden, damit das Bild normal aussieht. Warum? (Vergleichen Sie Kapitel 3, Aufgabe HA4.)

HA2 Diese Aufgabe soll die ›Telefotoperspektive‹ simulieren. Sie brauchen zwei gewöhnliche DIN-A4-Blätter Papier. Zeichnen Sie längsweise auf jedes Blatt in der Mitte eine Achse und nahe an der rechten Kante eine Senkrechte zur Achse, die jedesmal den Film darstellen soll. Wir nehmen an, alle Strahlen liefen auf dem Film zusammen, so daß Sie nur den Zentralstrahl einzuzeichnen brauchen, um ein Bild zu finden. (Das trifft nicht genau zu, weil die Objekte relativ nah am Film sein müssen, damit sie auf das Papier passen, aber die Näherung ist gut genug.) (a) Die Brennweite sei $f = 2{,}5$ cm. Zeichnen Sie die Linse in diesem Abstand vor dem Film. Sie haben zwei Objekte, die jedes 16 cm hoch sind. Zeichnen Sie das erste, A, in einer Entfernung von 8 cm von der Linse und das zweite, B, 4 cm weiter von der Linse entfernt. Nutzen Sie die Zentralstrahlen und zeichnen Sie die Bilder der Objekte

auf den Film und messen Sie ihre Größe. Berechnen Sie das Verhältnis der Bildgrößen. (b) Zeichnen Sie auf das andere Blatt eine Linse mit doppelter Brennweite: $f = 5$ cm. Wie vorher, zeichnen Sie zwei Objekte von je 16 cm Höhe, zeichnen Sie hier aber, damit das Bild von A dem in Teil (a) gleicht, A doppelt so weit, also 16 cm von der Linse entfernt. Lassen Sie zwischen A und B wie vorhin 4 cm Abstand. Sie haben damit also die Brennweite verdoppelt, sind aber doppelt so weit zurückgegangen, damit das Abbild von A gleich blieb. Finden Sie wie vorhin die Bilder und messen Sie ihre Größe auf dem Film. Berechnen Sie jetzt das Verhältnis der Bildgrößen. (c) Welchen Abstand würden zwei Objekte (etwa Menschen) zu haben scheinen, wenn Sie sie in beiden Fällen fotografiert hätten?

HA3 Ein Telefoto läßt sich einfach und billig mit einem Telekonverter herstellen. Das ist eine Zerstreuungslinse, die zwischen Kamera und normalem Objektiv angebracht wird. Nehmen Sie an, die Brennweite Ihrer gewöhnlichen Linse sei 50 mm, die des Telekonverters −50 mm und der Abstand zwischen den beiden Linsen 25 mm. Zeichnen Sie sie in dieser Größe und verfolgen Sie wie folgt den Strahlengang, um die effektive Brennweite dieser Kombination zu bestimmen. (a) Zeichnen Sie einen einfallenden Strahl S 2 cm oberhalb der Achse und parallel zu ihr und lassen Sie ihn in einem Punkt Q auf die normale Linse auftreffen. Nehmen Sie Q als Objekt für die zweite (Telekonverter) Linse und finden Sie das Bild von Q. Sie wissen dann, was mit den Strahlen passiert, die von Q aus auf den Telekonverter treffen, also auch, was mit S passiert, nachdem die normale Linse ihn abgelenkt hat. Zeichnen Sie sehr sorgfältig mit einem Lineal, verfolgen Sie S durch den Telekonverter und finden Sie den Schnittpunkt mit der Achse. Nennen Sie diesen Brennpunkt des Linsensystems F. Hier sollte der Film sein. Der Tubus des Telekonverters ist so konstruiert, daß die Linse die richtige Lage hat. (b) Verlängern Sie den eben zwischen Telekonverter und F konstruierten Strahl nach rückwärts, bis er den ursprünglichen Strahl S schneidet. Sie haben nun den Ort gefunden, wo eine einzige, einfache Linse sein sollte, die dieselbe Wirkung hat wie Kameralinse und Telekonverter zusammen. Zeichnen Sie diese Linse und messen Sie die Brennweite, um die wirksame Brennweite der Kombination zu erhalten. Wie groß ist sie? Um welchen Faktor hat der Telekonverter die Brennweite der normalen Linse vergrößert? (c) Die Kombination dieser beiden Linsen verhält sich also wie eine Telefotolinse. Warum braucht Sie das nicht zu überraschen?

HA4 Beschreiben Sie das Entwicklungsverfahren beim Umkehrfilm von der Belichtung bis zum fertigen Abzug. Was wird mit jedem einzelnen Schritt erreicht?

HA5 Stellen Sie eine Beziehung zwischen dem Kontrast eines Films und der Verteilung seiner Silberhalogenidkristalle her.

Mathematische Aufgaben

MA1 Was ist der effektive Durchmesser eines $f/5{,}6$-Objektivs, das eine Brennweite von 56 mm hat?

MA2 Eine Objektiv mit $f/1{,}8$ hat einen effektiven Durchmesser von 28 mm. (a) Wie groß ist die Brennweite? (b) Welchen effektiven Durchmesser muß dieses Objektiv haben, wenn es doppelte Brennweite und gleiche Geschwindigkeit haben soll?

MA3 Ein Objektiv hat 120 mm Brennweite und eine effektive Öffnung von 7,5 mm. (a) Was ist in diesem Fall die f-Zahl? (b) Was wäre sie, wenn die Öffnung statt dessen 15 mm betrüge? (c) Dieses Objektiv habe die Geschwindigkeit $f/4$. Was ist der effektive Durchmesser der größten Öffnung?

MA4 Erweitern Sie Tabelle 4.2, indem Sie an jedem Ende eine weitere f-Zahl hinzufügen.

MA5 Erweitern Sie Tabelle 4.3, indem Sie an jedem Ende eine weitere gleichwertige Belichtungszeit hinzufügen.

MA6 Nehmen Sie an, die in Tabelle 2.1 für den Film mit ISO 400 angegebene Belichtungszeit bei hellem Sonnenlicht stimme genau. (a) Berechnen Sie mit Hilfe dieser Belichtungszeit und dem ISO-Index die Belichtungszeit für den Film mit ISO 200. (b) Das Ergebnis, das Sie in Teil (a) erhalten, sollte niedriger sein als das der Tabelle. Warum haben wir Ihrer Meinung nach diese Zahl angegeben?

MA7 Welcher ASA-Index entspricht (a) DIN 18 und (b) DIN 24?

MA8 Was ist der ISO-Index eines Films, der viermal so schnell ist wie ASA 100?

KAPITEL 5

Das menschliche Auge und sein Sehvermögen –
I: Wie das Bild erzeugt wird

5.1 Einleitung

Unsere Augen haben die Fähigkeit entwickelt, erstaunlich viele verschiedene Situationen und Aufgaben bewältigen zu können: Sie lassen uns in einer mondlosen Nacht den Weg finden und helfen uns in der Mittagssonne bei der Entscheidung, welcher der fast gleichfarbigen Pilze eßbar ist. Sie ermöglichen abzuschätzen, wie weit der nächste Ast entfernt ist, wenn wir uns durch die Luft schwingen. Unsere Gesichtseindrücke sind ungeheuer vielfältig: Helligkeit, Farbe, Form, Oberflächenbeschaffenheit, Struktur, Tiefe, Transparenz, Bewegung, Größe und so weiter. Wie eng Wissen und Sehen zusammenhängen, zeigt die Sprache, wenn wir von ›einsehen‹ reden oder fragen ›Sehen Sie, was ich meine?‹

Wie wichtig das Auge ist, spiegelt sich überall in der menschlichen Kultur. Das menschliche Auge ist viele Jahrtausende lang als ein geheimnisvolles, mit Macht ausgestattetes Organ verehrt worden, das nicht nur hilft, die Welt wahrzunehmen, sondern uns verzaubern und auf Menschen und Ereignisse Einfluß nehmen kann. Das zeigt sich in der überall anzutreffenden Rede vom ›bösen Blick‹. Diese Vorstellung erwuchs wahrscheinlich aus dem Glauben, das Auge schicke Strahlen aus, die andere Menschen beeinflussen und auch die Welt ›berühren‹ könnten. Tausend Jahre vor Christus entstand in Mesopotamien die Legende von den ›utukku‹, die in Wüsten und Friedhöfen herumgeistern und spuken und deren Macht in ihrem Blick liegt; er schadet jedem, der das Unglück hat, ihnen zu nahe zu kommen. Der Evangelist Markus zählt den bösen Blick zu den ›bösen Gedanken‹, die aus dem ›Herzen der Menschen‹ kommen: ›Unzucht, Dieberei, Mord, Ehebruch, Habsucht, Bosheit, List, Schwelgerei, Mißgunst, Lästerung, Hoffart, Unvernunft‹. Die Mißgunst ist wörtlich der ›böse‹ oder ›scheele‹ Blick, den Luther als ›Schalcksauge‹ übersetzt. Für die Kirchenväter war die Augenlust eine Todsünde, verwerflicher als jede Hoffart des Fleisches. Unseren Urgroßeltern war das Wort ›Scheelsucht‹ als Synonym für Neid vertraut, und heute noch spüren wir einen Hauch von diesem ›Bösen‹, wenn wir das Wort ›schielen‹ verwenden, ohne nur an die Schrägstellung der Augen aufgrund einer Muskelschwäche zu denken.

Marcus Terentius Varro (116 – 27 v.C.) behauptete, der böse Blick der Frauen entstamme der ungezügelten Leidenschaft. Der Hindugott Shiva konnte mit einem Blick seines dritten Auges etwas zum Raub der Flammen werden lassen. Ein böser Blick, so meinte man, könne Ernten vernichten, Felsen spalten, Edelsteine schneiden, Krankheiten übertragen (bei Shakespeare heißt es: ›Sie haben die Pest und holten sie sich aus deinen Augen‹), sich ungünstig auf das Liebesleben auswirken und Christen den Glauben rauben. Auch der Tod ist Folge eines bösen Blicks. Die schöne Sklavin Twaddud aus ›1001 Nacht‹ lockte Männer an und ›erschoß sie mit den Pfeilen, die sie mit ihren Augen ausschickte‹. Zwei marokkanische Sprichwörter machen genauere Angaben: ›Zwei Drittel des Friedhofs gehören dem bösen Blick‹ und ›Die Hälfte aller Menschen stirbt am bösen Blick‹. Vielleicht waren böse Blicke im dritten nachchristlichen Jahrhundert in Babylon besonders gefährlich, denn dort schrieb der Talmudist Rab 99 von 100 Todesfällen dem bösen Blick zu. Glücklicherweise heben moderne Versionen dieses Mythos einen mächtigen Wohltäter hervor, der sein Sehvermögen für Wahrheit und Gerechtigkeit und eine moderne Denkweise einsetzt (Abb. 1.1).

Dem Augapfel selbst wurden Zauberkräfte zugeschrieben. Jerome Cavdan, ein Medizinprofessor des sechzehnten Jahrhunderts, weist auf die Möglichkeit hin, Nachbarhunde dadurch vom Bellen abzuhalten, daß man den Augapfel eines schwarzen Hundes in der Hand hält. Natürlich waren solche Augäpfel beliebtes Diebesgut. Noch Mitte der dreißiger Jahre glaubten Nachkommen deutscher Auswanderer in Pennsylvania, man bliebe vor Unfällen bewahrt, wenn man im Jackenärmel das Auge eines Wolfes trüge. (Wie es dort zu befestigen sei, bleibt unklar.) Das rechte Auge eines Wiedehopfs und das linke eines Luchses gehören zu den Ingredienzen der Freikugel des ›Freischütz‹. Heutzutage behandeln Psychotherapeuten die Ophthalmophobie – die Angst vor dem Angestarrtwerden.

Aber das Auge muß nicht Ausdruck des Bösen sein. Es ist Fenster der Seele und als Kreis im Dreieck ›Auge Gottes‹. Cervantes nennt die Augen ›jene stillen Zungen der Liebe‹. ›Die Liebe wohnt in den feinen Strömen ihrer Augen,‹ schreibt Chaucer, und der Pole Daniel Naborowski äußert dieses romantische Gefühl so: ›Das eine Wort ›Auge‹ umfaßt alles: Fackeln, Sterne, Sonnen, Firmamente und Götter‹.

Uns geht es hier nicht um die Macht des Auges, Gutes oder Böses zu bewirken, sondern um sein Sehvermögen. Was leistet das Auge, und wie tut es das? Das Interesse am physikalischen Mechanismus ›Auge‹ veranlaßte René Descartes im siebzehnten Jahrhundert, die Fähigkeit des Auges, Bilder zu erzeugen, zu demonstrieren und zu erforschen, und so wollen wir auch vorgehen. Wir beginnen mit einem Vergleich zwischen dem Auge und der uns vertrauten Kamera (Kapitel 4). Die Ähnlichkeit zwischen Auge und Kamera ist groß, aber nicht vollständig. In diesem Kapitel betonen wir die Ähnlichkeiten und kommen dann in Kapitel 7 zum Auge zurück, um Eigenschaften des Auges (und des Gehirns) zu betrachten, die es von der Kamera unterscheiden.

5.2 Auge und Kamera

Zwischen dem Augapfel eines Menschen und einer Kamera gibt es eine Reihe von Ähnlichkeiten (Abb. 5.1). Eine Kamera ist ein lichtundurchlässiger Kasten mit einem Linsensystem, das auf dem lichtempfindlichen Film ein reelles Bild erzeugt. Blende und Verschluß kontrollieren, wie lange und wieviel Licht eingelassen wird. Auch das Auge ist im Grunde ein lichtundurchlässiger Kasten, dessen äußere Wände von der SKLERA oder LEDERHAUT gebildet werden (griech. *skleros*, hart). Das Objektiv ist ein Linsensystem, das aus zwei Teilen, der äußeren CORNEA oder HORNHAUT und der inneren AUGENLINSE, besteht. Dieses Linsensystem entwirft auf der RETINA oder NETZHAUT hinten im Augapfel ein umgekehrtes Bild. (Lat. *rete*, Netz – die Nervenzellen der Retina sehen wie ein Netz aus.) Die farbige IRIS oder REGENBOGENHAUT (lat. *iris*, Regenbogen) entspricht der Blende einer Kamera. Die PUPILLE (lat. *pupa*, Puppe; man sieht im Auge des anderen ein winziges – puppenhaftes – Bild von sich selbst) ist ein dunkles, kreisrundes Loch, das der Kameraöffnung entspricht. Das Augenlid entspricht nicht dem Kameraverschluß, sondern eher dem Linsendeckel, und schützt die Hornhaut vor Staub und Fremdkörpern. Die Augen- oder Tränenflüssigkeit reinigt und befeuchtet

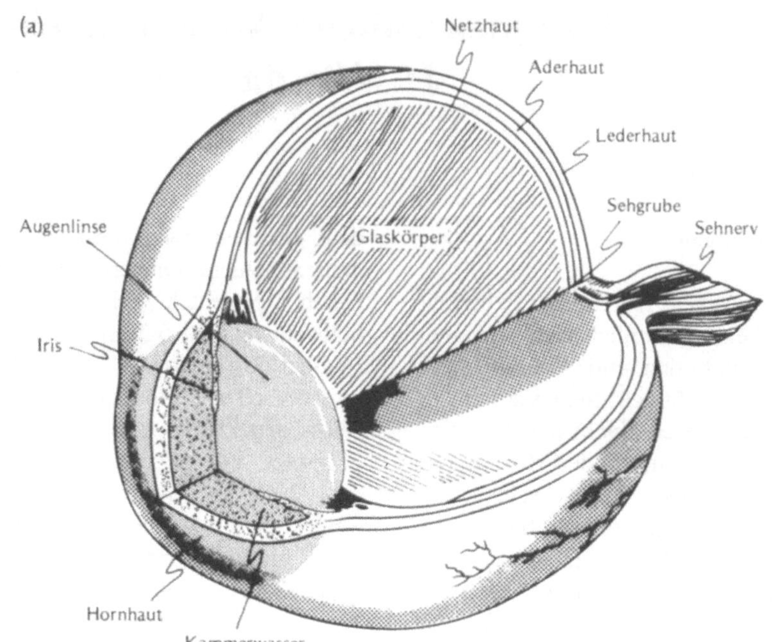

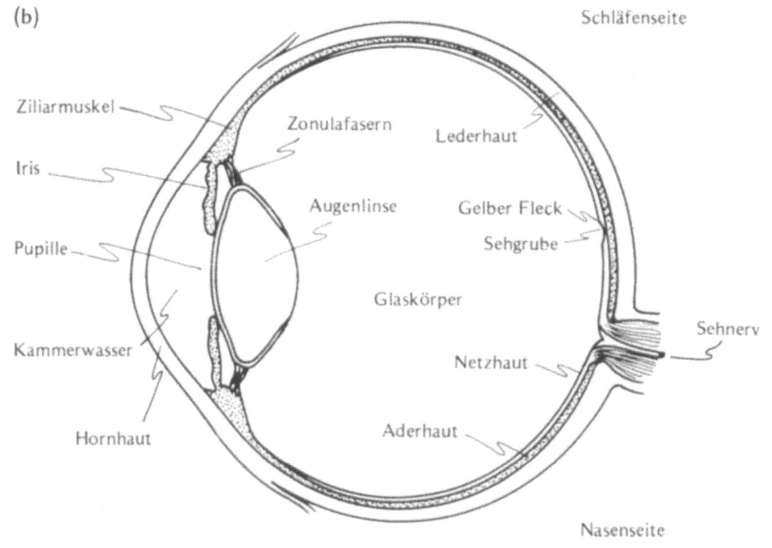

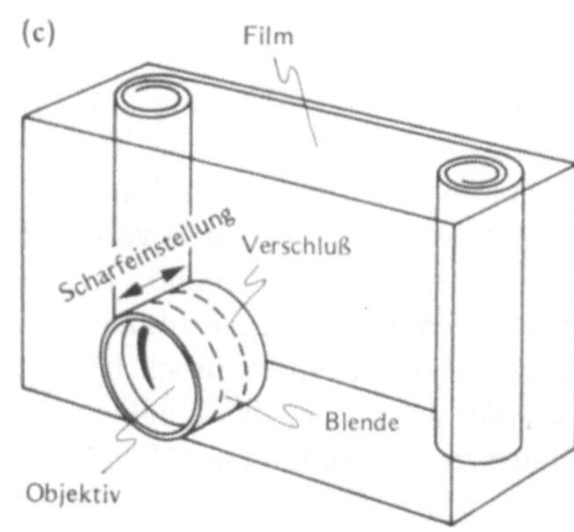

5.1 Der Augapfel des Menschen: (a) dreidimensional, (b) in einem zweidimensionalen Querschnitt und, zum Vergleich, (c) eine einfache Kamera

die Hornhaut und läßt sich mit einem Linsenpoliertuch oder einer Bürste vergleichen.

Das Auge ist im Innern nicht, wie die Kamera, leer, sondern mit zwei gallertartigen Flüssigkeiten, dem GLASKÖRPER und dem KAMMERWASSER, gefüllt. Genaugenommen ähneln diese Stoffe mehr einer Gelatine, denn sie sind weder so dicht wie Glas noch so flüssig wie Wasser. Sie ernähren Linse und Hornhaut, und der von ihnen herrührende Augendruck hilft, die Form des Augapfels zu wahren. (Das Glaukom, der grüne Star, ist eine Krankheit, bei der der Druck dieser Flüssigkeiten zu hoch ist.) Sie können selbst merken, daß diese Substanzen flüssig sind, wenn Sie eine große, helle, gleichförmige Fläche, etwa ein gutbeleuchtetes Blatt weißes Papier oder den wolkenlosen Himmel, anstarren. Bewegen Sie den Augapfel rasch von einer Seite zur anderen und halten Sie ihn dann still. Die sich bewegenden Punkte und Ketten, die Sie dann sehen, sind Schatten abgestorbener, in der Augenflüssigkeit schwimmender Zellen. Je älter Sie sind, um so mehr solcher Schwimmer haben Sie.

STUDIER & SPEKULIER

Warum werden Linse und Hornhaut durch Flüssigkeiten und nicht durch Blutgefäße ernährt?

Der Mangel an Blutgefäßen in Hornhaut und Linse hat zur Folge, daß diese Teile bei einer Hornhautverpflanzung, die heutzutage schon zu den Routineoperationen gehört, weniger leicht vom Immunsystem im Blut abgestoßen werden.

Der ›Film‹ des Auges, die Netzhaut, enthält über hundert Millionen lichtempfindliche Zellen, die ZAPFEN und STÄBCHEN, die wie die Zellen einer Honigwabe gepackt sind. Nahe der Netzhautmitte – in dem kleinen Bereich der FOVEA (lat. Vertiefung, Grube), auch SEHGRUBE oder ZENTRA-

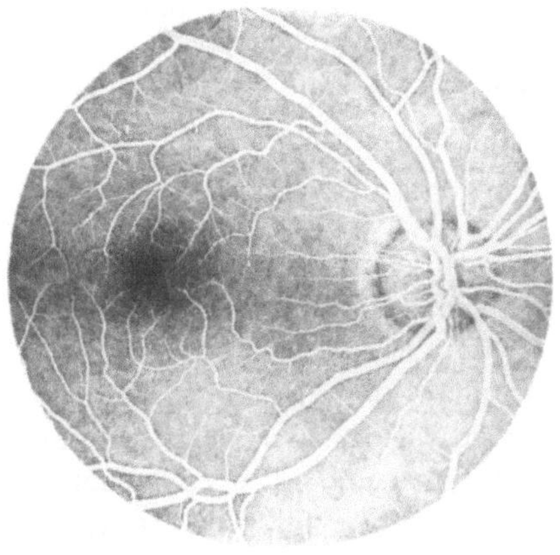

5.2 In dieser Angiografie sind die Blutgefäße durch eine ins Blut injizierte fluoreszierende Substanz sichtbar gemacht worden. Außer über der Sehgrube bilden sie überall ein feines Netzwerk

LE GRUBE genannt, finden sich sehr viele Zapfen und keine Stäbchen. Dieses Gebiet ermöglicht das genaueste Sehen und auch das Farbsehen (Tafel 5.1 und Abb. 5.2). Außerhalb der Fovea überwiegen die Stäbchen, und am äußeren Rand der Netzhaut, die dem periphären Sehen entspricht, sind sehr wenige Zapfen. Die Stäbchen und Zapfen sind durch ein Netzwerk von Nervenzellen der Netzhaut mit dem SEHNERV verbunden. Im Sehnerv des Auges gibt es nur etwa eine Million Nervenzellenfasern, deshalb ist jede solche Faser mit vielen Zapfen und Stäbchen verknüpft.

An dem Punkt der Netzhaut, an dem der Sehnerv aus dem Auge austritt, gibt es weder Zapfen noch Stäbchen, deshalb kann man Licht, das

5.3 Finden Sie Ihren blinden Fleck. Schließen Sie das linke Auge und starren Sie aus etwa 25 cm Abstand mit dem rechten Auge auf das X. Bewegen Sie die Spitze Ihres Schreibstifts langsam über die Seite, bis er rechts vom X ist. Schauen Sie unverwandt auf das X, während Sie den Stift am Rande sehen. Etwa 8 cm rechts vom X können Sie den Stift nicht mehr sehen, weil sein Bild auf den blinden Fleck fällt. Wenn Sie dort Punkte auf den Seitenrand zeichnen, wo der Stift sichtbar ist, können Sie Ihren blinden Fleck ›kartografisch erfassen‹

auf diesen BLINDEN FLECK trifft, nicht sehen. Sie können Ihren blinden Fleck mit Hilfe von Abbildung 5.3 finden.

STUDIER & SPEKULIER

Ist der blinde Fleck auf dem näher zur Nase oder näher zum Ohr gelegenen Teil der Netzhaut?

Als Karl II. von England vom blinden Fleck erfuhr, soll er sich damit amüsiert haben, so zur Seite zu blicken, daß die Köpfe seiner Höflinge für ihn verschwanden.

Wie Sie sich denken können, ergeben sich aus der Existenz eines beschränkten Bereichs scharfer, genauer Sicht in der Nähe der Netzhautmitte einige deutliche Unterschiede zwischen Auge und Kamera. Eine Kamera muß unbewegt sein, wenn das Bild nicht verwischen soll, und ergibt dann in allen Teilen des belichteten Films ein gleich scharfes und genaues Bild. Das Auge dagegen muß ABTASTEN – sich bewegen und in verschiedene Richtungen blicken –, damit immer andere Teile des Bildes in die Sehgrube, das kleine Gebiet mit schärfstem Sehvermögen, gelangen. So vermittelt uns das Auge ein scharfes und genaues Bild der Welt, ohne daß mit jedem Teil der Netzhaut viele Sehnerven verknüpft sind. Wie gut sich dieses Abtastverfahren bewährt, zeigt das winzige Meereslebewesen *Copilia* (Abb. 5.4). Jedes seiner Augen hat nur eine lichtempfindliche Zelle, die etwa dreimal in der Sekunde die Brennebene der Linse vor ihr abtastet. Ihr Gehirn (wenn wir es so nennen wollen), erhält also kein vollständiges Bild der Welt, sondern vielmehr eine Folge von Botschaften darüber, wie die Intensität des Lichts sich ändert, wenn die Zelle in verschiedene Richtungen fühlt. Mit Hilfe dieser Information gewinnt *Copilia* ihr geistiges Bild der Welt. Weil zur Übertragung eines abgetasteten Bildes nur eine Leitung nötig ist, benutzen auch Fernsehkame-

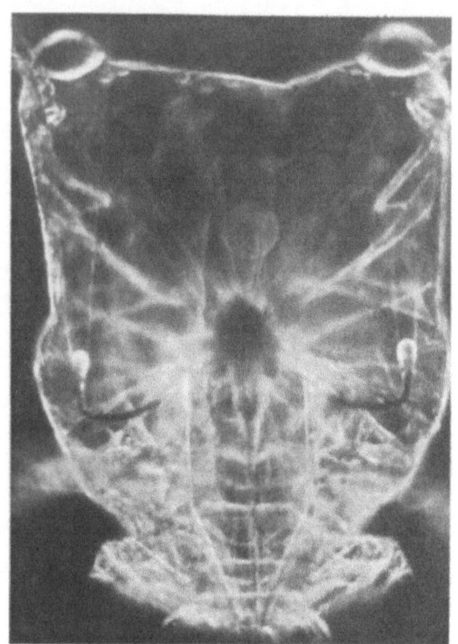

5.4 Jedes Auge des winzigen (millimetergroßen) Meeresbewohners *Copilia* enthält eine äußere (Hornhaut-) Linse und eine innere mit der Sehzelle verknüpfte Linse. Die innere Linse und die mit ihr verbundene Sehzelle schwenken von Seite zu Seite, während sie durch einen einzigen optischen Nerv Signale an das Gehirn schicken

ras dieses Prinzip. Bei ihnen geschieht es schnell und systematisch – und elektronisch statt optisch – und erzeugt eine Folge elektrischer Signale, die auf den Fernsehempfänger übertragen oder auf Band gespeichert werden können.

Bei anderen Tieren hängt die Art des Bereichs genauer, scharfer Sicht von den Bedürfnissen und Gewohnheiten des Tieres ab. Vögel zum Beispiel haben ein besonderes Problem: ihre Augen sind seitlich am Kopf, wodurch ihr Gesichtsfeld so groß wie möglich ist. Ein Vogel muß aber nicht nur gut zur Seite, sondern auch nach vorn schauen können, um zu sehen, wohin er fliegt. Viele Vögel lösen dieses Problem dadurch, daß sie in jedem Auge zwei ›zentrale Sehgruben‹ haben – eine nahe der optischen Achse, die deutliches Seitensehen ermöglicht (denken Sie daran, wie eine Taube Sie anschaut), und eine weiter hinten, die scharfe Sicht nach vorn garantiert. Das Kaninchen hat wieder andere

Augen: ein ›Fovealstreifen‹ läßt es dort hervorragend sehen, wo Gefahr und Feinde am wahrscheinlichsten sind – am Horizont.

5.2.1 Fokussieren und Akkommodieren

Hornhaut und Glaskörper bilden ein Linsensystem, das dem in Abbildung 3.31 ähnelt und auf der Netzhaut ein reelles, umgekehrtes Bild erzeugt. (SEHEN SIE SELBST, daß das Bild auf dem

Kopf steht.) Wie stark Licht an jeder der Flächen gebrochen wird, hängt nach dem Snelliusschen Gesetz von dem Verhältnis der Brechzahlen der beteiligten Stoffe ab. Deshalb wird das Licht am stärksten an der Grenzfläche von Luft und Hornhaut (n_{Luft} = 1,000, n_{Hornhaut} = 1,376) und weniger an der Oberfläche der Augenlinse gebrochen, denn deren Brechzahl unterscheidet sich nur wenig von dem der Augenflüssigkeiten. ($n_{\text{Augenlinse}}$ schwankt zwischen 1,386 an der Oberfläche und 1,406 nahe der Mitte, wäh-

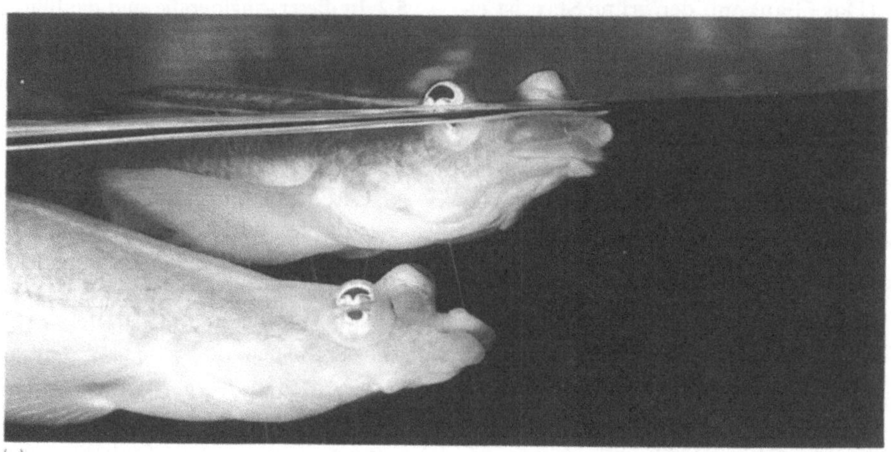

(a)

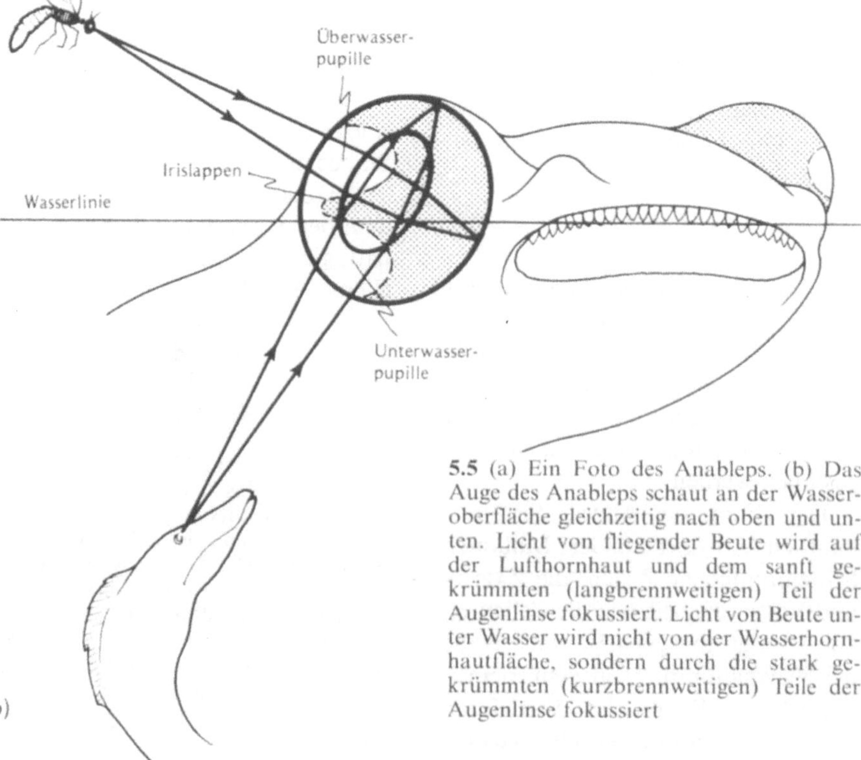

(b)

5.5 (a) Ein Foto des Anableps. (b) Das Auge des Anableps schaut an der Wasseroberfläche gleichzeitig nach oben und unten. Licht von fliegender Beute wird auf der Lufthornhaut und dem sanft gekrümmten (langbrennweitigen) Teil der Augenlinse fokussiert. Licht von Beute unter Wasser wird nicht von der Wasserhornhautfläche, sondern durch die stark gekrümmten (kurzbrennweitigen) Teile der Augenlinse fokussiert

rend $n_{\text{Augenflüssigkeit}} = 1{,}336$.) Weil die Brechzahlen von Hornhaut und Wasser fast gleich sind, wird das Licht an der Hornhaut kaum gebrochen, wenn das Auge unter Wasser ist. Bei Fischen wird deshalb die Scharfeinstellung von den fast kugelförmigen Augenlinsen besorgt. Die Form der Hornhaut ist unwichtig und bei vielen Fischen verschieden. Wenn ein Tier sowohl im Wasser als auch an Land sehen können muß, sollte die Hornhaut flach sein, damit sie weder an Land noch im Wasser entfernte Objekte fokussiert. Krustentiere und einige Enten haben solche Augen.

Der Anableps, ein Fisch mit einem Gesicht, das nur seine eigene Mutter mögen kann, hat für das Problem, gleichzeitig über und unter Wasser sehen zu müssen, eine andere Lösung gefunden (Abb. 5.5) – sein Auge ist bifokal!

STUDIER & SPEKULIER

Wodurch erleichtern Taucherbrillen das Sehen unter Wasser? (Sie bestehen aus einem flachen, durchsichtigen Stück Plastik, das mit Hilfe eines wasserdichten Gestells vor die Augen gehalten wird.)

Nur Billigkameras haben feste Linsensysteme. Bessere Kameras können so eingestellt werden, daß sie nahe oder entfernte Objekte scharf sehen. In der Kamera wird die Scharfeinstellung durch die Veränderung des Abstands von Linse und Film erreicht – für nähere Gegenstände wird er größer (Abschnitt 4.2.2). Unsere Augen stellen sich anders scharf ein, aber die Augen vieler Fische machen es wie die Kamera.

In der Kamera muß der Linsenabstand dann verändert werden, wenn die Schärfentiefe begrenzt ist. Es ist leicht zu sehen, daß auch die Augen nur eine begrenzte Schärfentiefe haben und sich auf nahe oder entfernte Objekte einstellen können. Halten Sie Ihren Daumen vor einen entfernten Gegenstand, etwa ein Bücherbord Ihres Zimmers. Schließen Sie ein Auge und schauen Sie auf den Daumen. Beobachten Sie, ohne den Kopf zu drehen oder die Augenstellung zu verändern, daß das Bücherbord nicht mehr scharf zu sehen ist. Lassen Sie den Daumen, wo er ist, und schauen Sie zum Bücherbord. Jetzt ist der Daumen unscharf. Das zeigt die begrenzte Schärfentiefe des Auges und unsere Fähigkeit, die Scharfeinstellung je nach der Entfernung der Objekte zu verändern. (Eine Verkleinerung der Öffnung vergrößert natürlich die Schärfentiefe. Wiederholen Sie dieses Experiment, schauen Sie aber jetzt durch ein Loch, das Sie mit einer Nadel in ein Stück Metallfolie gestochen haben und dicht vors Auge halten. Die bessere Scharfeinstellung und Schärfentiefe kann selbst dann ein scharfes Bild geben, wenn Sie Ihre Brille abgesetzt haben.) Sie machen sich die begrenzte Schärfentiefe oft zunutze, wenn Sie bei Regen Auto fahren und sich vorlehnen; die Regentropfen auf der Windschutzscheibe sind dann ganz nah vor Ihnen, Sie sehen sie nicht mehr scharf und stellen das Auge auf die entfernten Wegzeichen ein. Deswegen stören auch Flekken auf Brillengläsern nur wenig.

Wir können die Scharfeinstellung deswegen verändern, weil unsere Augenlinse elastisch ist. Ein Fisch verändert den Abstand zwischen Linse und Netzhaut, wir jedoch verändern die Brennweite der Augenlinse – wir AKKOMMODIEREN. Die Akkommodation wird von den ZILIARMUSKELN besorgt. Wenn sie entspannt sind, wird die Augenlinse durch die ZONULAFASERN gedehnt und erhält eine Form wie in Abbildung 5.6a. Die Brennweite ist dann groß, wie es zum Sehen entfernter Objekte nötig ist. Wenn die Ziliarmuskeln gespannt sind, bilden sie einen kleineren Ring, damit läßt die Spannung der Zonulafasern nach, die elastische Augenlinse kann sich in die von ihr bevorzugte Form wölben (Abb. 5.6b) und mit kürzerer Brennweite nahe Objekte scharf sehen.

5.6 Akkommodation. (a) Wenn die Ziliarmuskeln entspannt sind, können die Zonulafasern die Augenlinse dehnen, die dann die zur Betrachtung entfernter Objekte nötige lange Brennweite erhält. (b) Gespannte Ziliarmuskeln lassen die Zonulafasern erschlaffen. Die Augenlinse kann sich dann wölben und nahe Objekte betrachten

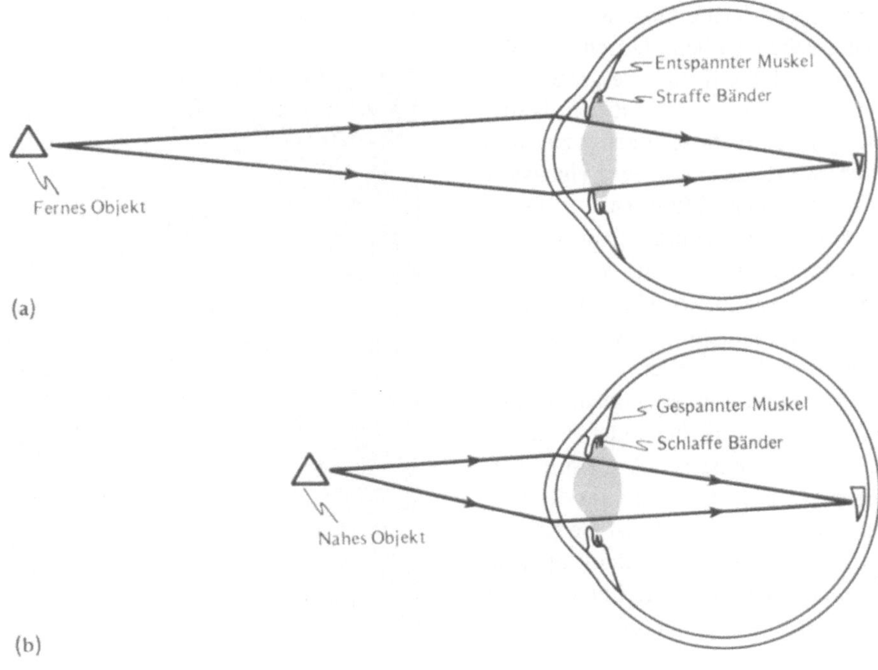

(SEHEN SIE SELBST diese Veränderungen der Linsenform.) Die Genauigkeit ist größer, wenn ein schwaches Element (die Linse) sich stark anpaßt, als wenn ein starkes Teil (die Hornhaut) sich nur wenig verändert. Die Anstrengung, die Sie spüren, wenn Ihre Arbeit stundenlang ›Augenpulver‹ war, ist auf die Ermüdung der Ziliarmuskeln zurückzuführen (und vielleicht auch auf die Ermüdung der Muskeln außen am Auge, die bei Arbeiten in der Nähe zum gewollten Schielen benutzt werden – Abschnitt 8.3).

Normale Augen können sich auf Gegenstände in Entfernungen zwischen unendlich und etwa 25 cm einstellen, aber wenn die Hornhaut zu wenig oder zu stark gekrümmt ist, kann die Linse das Bild eventuell nicht auf die Netzhaut abbilden. Ein Auge mit stark gewölbter Hornhaut und kurzer Brennweite vermag sich zum Beispiel auf nahe Objekte richtig einzustellen, ist aber für entfernte Gegenstände zu stark gewölbt, ganz gleich, wie entspannt auch die Ziliarmuskeln sind. Wir sprechen dann von KURZ- oder NAHSICHTIGKEIT oder MYOPIE. (Griech. *myein,* schließen, und *ops,* Auge. Kurzsichtige Menschen kneifen die Augen zusammen, wenn sie entfernte Gegenstände ohne Brille sehen wollen. Durch das Verkleinern der Öffnung vergrößern sie die Brennweite – wie mit dem Nadelloch.) Entsprechend erzeugt zu große Brennweite die WEIT- oder ÜBERSICHTIGKEIT oder HYPEROPIE. (Dieses Wort ist eine Verkürzung aus ›Hypermetropia‹, aus griech. *hypermetros,* übermäßig, und *ops.* Das übersichtige Auge kann sich auf sehr weit entfernte Gegenstände einstellen.)

Kurz- und Übersichtigkeit wird oft mit Hilfe von Brillen oder Kontaktlinsen kompensiert (Abschnitt 6.2). (Eine extreme Methode zur Korrektur der Kurzsichtigkeit ist die Keratotomie, bei der die Hornhaut operativ in Speichenform aufgeritzt wird, um die Spannung in der Oberfläche der Hornhaut zu verringern, die dadurch eine flachere Form annehmen kann. Andere Verfahren zur Behandlung dieser Fehlsichtigkeiten schnitzen oder pressen die Hornhaut in die gewünschte Form.)

Gelegentlich, besonders in höherem Alter, erscheint die Augenlinse wolkig weiß und trüb, ein Anzeichen für den ›grauen Star‹. Das Licht erreicht dann die Netzhaut nicht mehr. In diesem Fall wird die Linse operativ entfernt und die Aufgabe des Lichtsammelns von Brillen oder Kontaktlinsen oder von künstlich eingepflanzten Linsen übernommen. Das Auge kann dann wieder sehen, hat aber nicht mehr wie früher die Fähigkeit zur Akkommodation.

SEHEN SIE SELBST

1 Die Orientierung des Netzhautbildes

Sie können leicht erkennen, daß das Netzhautbild auf dem Kopf steht, wenn Sie Ihr Auge berühren. Öffnen Sie ein Auge und schauen Sie auf ein Blatt weißes Papier. Berühren Sie dann vorsichtig mit dem kleinen Finger die Außenseite des Lides im inneren Winkel des offenen Auges, nahe der Nase. Sie sehen auf der Ohrseite einen dunklen Fleck. Der sanfte Fingerdruck vermindert in dieser Stellung die Blutzufuhr; die Netzhautzellen können nicht reagieren, und deshalb entsteht ein schwarzer Fleck. Er liegt an der dem Finger entgegengesetzten Seite, weil das Netzhautbild auf dem Kopf steht; Licht von der Ohrseite wird in Nasennähe auf die Netzhaut abgebildet.

Warum sehen wir die Welt ›richtig herum‹, wenn das Bild auf dem Kopf steht? Wir erfahren in Kapitel 7, mit welch komplizierter Gehirntätigkeit unser Sehen verknüpft ist. Der Zusammenhang zwischen dem Sinneseindruck und der Nerventätigkeit ist zumindest problematisch. Deshalb ist es sinnlos, einen Vergleich zwischen materiellen Dingen, wie etwa Bäumen, die richtig oder falsch herum sein können, und dem immateriellen subjektiven Erlebnis des Anblicks eines Baums zu ziehen. Wesentlich ist, daß alle subjektiven Ortsempfindungen übereinstimmen. Sie brauchen sich nur ein paarmal an Dingen zu stoßen,

5.7 Das erste, dritte und vierte Purkinje-Bild. Das dritte Bild ist verschwommen, weil es von der etwas huckeligen Vorderseite der Linse reflektiert wird. Das vierte (umgekehrte) Purkinje-Bild bewegt sich bei der Akkommodation, woraus sich folgern läßt, daß die hintere Linsenfläche ihre Form ändert

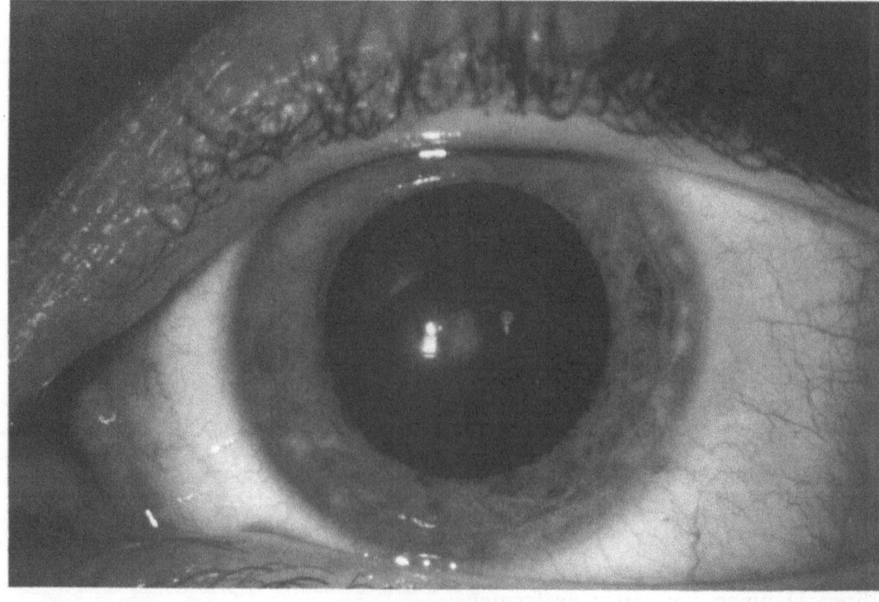

und schon gleichen sich die Sinneseindrücke an. Wenn Sie eine Brille aufsetzen, die das Netzhautbild umdreht, können Sie Fahrradfahren, Seilspringen und Ballspielen lernen – ein Beweis für die beachtliche Fähigkeit des Gehirns, das Sehen mit der Erfahrung in Einklang zu bringen.

2 Akkommodation

Wenn Sie die Wirkung der Augenlinse untersuchen wollen, brauchen Sie eine Kerze, einen schummrigen Raum und eine akkommodable Partnerin. Halten Sie die brennende Kerze etwa 30 cm vom Auge der Freundin entfernt etwas seitlich von ihrer Blickrichtung. Beobachten Sie sorgfältig die Widerspiegelung der Kerze im Auge. Sie sehen dann ein Bild wie in Abbildung 5.7. Die Bilder sind die PURKINJE-BILDER. Das erste und hellste rührt von der äußeren Hornhaut her. Es ist aufrecht, virtuell und kleiner als das Objekt. Auch das dritte Purkinje-Bild, das an der Vorderfront der Linse entworfen wird, ist aufrecht, aber etwas schwächer als das erste. Das vierte Purkinje-Bild rührt von der rückwärtigen Oberfläche der Linse her. (Das zweite, von der inneren Oberfläche der Hornhaut, ist wahrscheinlich zu schwach, um gesehen zu werden.)

STUDIER & SPEKULIER

Warum sind das erste und dritte Purkinje-Bild aufrecht (und virtuell), das vierte aber umgekehrt (und reell)?

Bitten Sie Ihre Partnerin, einen nahen Gegenstand, etwa Ihr Ohr, anzuschauen. Merken Sie sich die Lage der Purkinje-Bilder. Bitten Sie sie dann, einen entfernten Gegenstand anzusehen, ohne die Blickrichtung zu ändern. Dabei verschiebt sich nur das vierte Purkinje-Bild wesentlich, denn die Akkommodation wird durch die Veränderung der Krümmung der hinteren Fläche der Augenlinse erreicht (Abb. 5.6).

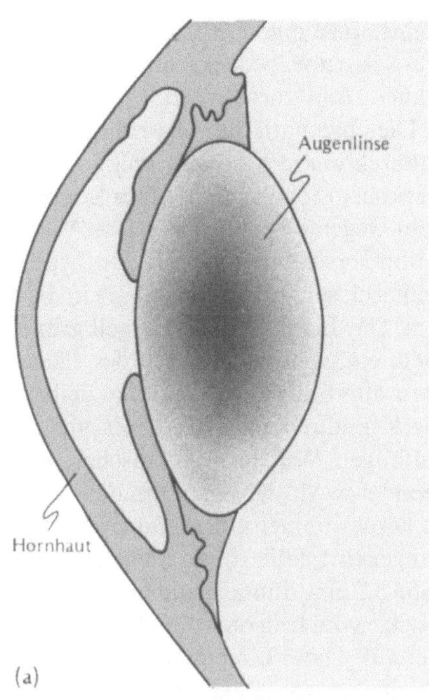

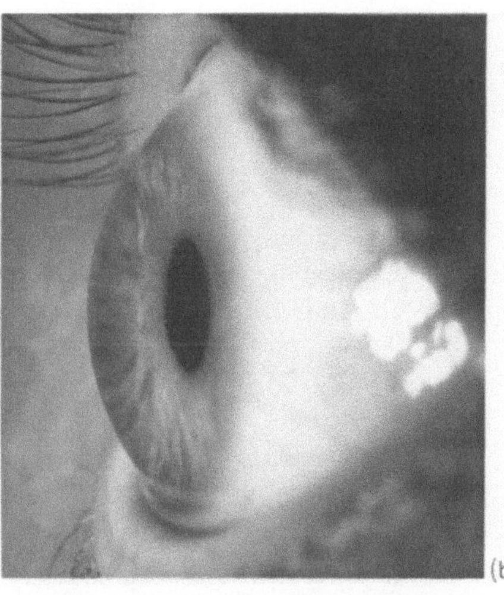

5.8 (a) Die Hornhaut ist am Rand weniger gekrümmt und vermindert dadurch die sphärische Aberration. Die Brechzahl der Augenlinse ist in der Nähe der Oberfläche niedriger als in der Mitte, und auch das verringert die sphärische Aberration. (b) Die Hornhaut von der Seite

5.2.2 Bildfehler

Wie bei jedem Apparat, der Bilder erzeugt, gehören auch zum Linsensystem des Auges Bildfehler oder Aberrationen. Die Natur hält diese Aberrationen mit großem Geschick sehr klein, und die wenigen, die nicht gut korrigiert sind, stören, wie sich zeigt, kaum.

Die zentrale Grube ist das einzige Gebiet, in dem die Aberrationen auf ein Minimum beschränkt sein müssen, denn dort ist ja der Bereich schärfsten Sehens. Sie liegt fast auf der Achse des Linsensystems, und dort haben alle Aberrationen den geringsten Effekt. Zwar sind die Aberrationen in größerer Entfernung von der Sehgrube stärker, und das Bild ist dort schlechter, aber das ist nicht schlimm, denn wenn es dort etwas Interessantes zu sehen gibt, wenden wir sofort die Sehgrube dahin.

Aberrationen werden auch anders reduziert. In der Kamera ist die Bildfeldwölbung (Abschnitt 3.5.4) ein Problem, denn die Bildebene sollte mit dem flachen Film übereinstimmen. Im Auge ist die Netzhaut sowieso gewölbt, und damit entfällt dieses

Problem. Das Auge vermeidet die sphärische Aberration (Abschnitt 3.5.2) auf verschiedene Arten. Zum einen ist die Hornhaut, die am stärksten bricht, keine sphärische Linse – sie ist flacher, zum Rand hin weniger gekrümmt als eine sphärische Linse (Abb. 5.8), und deshalb werden, wie gewünscht, die Randstrahlen weniger gebrochen. Weiterhin ist die Augenlinse weder sphärisch, noch hat sie eine konstante Brechzahl. Die Linse besteht vielmehr, wie eine Zwiebel, aus Schalen. Zuerst bilden sich die inneren Schichten; mit fortschreitendem Alter kommen die äußeren Schichten dazu (Abb. 5.9). Dadurch nimmt die Brechzahl zum Rand hin ab, also werden die Randstrahlen weniger gesammelt, und die sphärische Aberration ist kleiner. Wir haben gesehen (Abschnitt 3.5.4), daß die Verzeichnung geringer ist, wenn zwischen den beiden Teilen eines Zweilinsensystems eine Blende eingebaut ist. Im Auge liegt die Iris (die Blende) zwischen der Hornhaut und der Linse.

Das Auge hat keine achromatischen Linsen, die die chromatische Aberration verringern (Abschnitt 3.5.1). Obwohl das Linsensystem aus

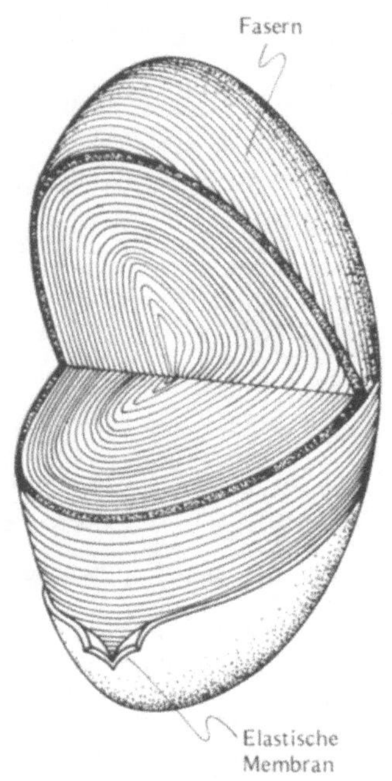

5.9 Die Augenlinse besteht aus Schichten durchsichtiger Fasern, die in eine klare, elastische Membran eingebettet sind. Die Linse achtzigjähriger Menschen ist anderthalbmal so dick wie die zwanzigjähriger

einem Material besteht, das zwischen dem roten und dem blau-grünen Teil des Spektrums nicht stark streut, ist die Aberration im blauen und ultravioletten (UV) Bereich beträchtlich, und deshalb läßt das Auge diese Wellenlängen gern außer Betracht. Die Linse absorbiert UV und auch etwas Blau. (Mit dem Alter wird die Linse gelber, sie verschluckt dann mehr blaues Licht. Gelegentlich wird die Meinung vertreten, Maler verwendeten in ihren späteren Lebensjahren weniger Blau, weil sie weniger Blau sähen. Wenn jedoch die Linse etwa wegen eines grauen Stars entfernt wird, sieht das Auge selbst ultraviolettes Licht.) Hinzu kommt, daß die zentrale Sehgrube dort, wo es auf scharfe Sicht ankommt, nur sehr wenig blaues Licht verarbeitet. Sie ist mit Zapfen besetzt, die insgesamt sehr gelb-grün- und weniger blauempfindlich sind. Über der Sehgrube liegt der GELBE FLECK, die MACULA LUTEA (lat. *macula*, Fleck – die Immaculata ist die Unbefleckte – und *luteus*, gelblich), eine

kleine, gelb pigmentierte Schicht, die die Sehgrube bedeckt und ebenfalls blaues Licht zurückwirft.

Die chromatische Aberration wird dadurch allerdings nicht völlig unbemerkbar; ›Schwarzlicht‹ zum Beispiel sieht wegen der chromatischen Aberration verschwommen aus. Das Auge stellt sich scharf auf das wenige in diesem UV-Licht enthaltene gelbgrüne Licht ein, während ein Teil des vielen Blau durch die Linse und den gelben Fleck hindurchgeht, bis die Zapfen es auffangen. Weil das Blau unscharf abgebildet wird, sieht man um die Lampe herum immer einen blauen Nebel. Umgekehrt fällt Ihnen vielleicht auf Tafel 5.2 eine dünne, helle Linie an der Grenze vom hellroten zum blauen Gebiet auf. Diese Linie gibt es weder im Original noch in der Reproduktion. Sie ist eine Folge der chromatischen Aberration. Da das Auge sich nicht gleichzeitig auf Rot und Blau einstellen kann, wird zumindest ein Farbbereich etwas unscharf. Deshalb gibt es auf der Netzhaut eine Linie, eben diese, die gleichzeitig vom roten und vom blauen Bereich Licht empfängt. Ein weiteres Beispiel sind die Aussteuerungsanzeigen mancher Stereogeräte, bei denen einige Ziffern rot und andere blau leuchten. Wenn Sie in einem dunklen Zimmer die Ziffern einer Farbe genau betrachten, bemerken Sie, daß die anderen Ziffern unscharf sind; gelegentlich sind sie auch abwechselnd scharf und unscharf.

Am besten werden Aberrationen wahrscheinlich durch die komplexen Lern- und Verarbeitungsvorgänge des Gehirns kompensiert. Wenn Sie zum Beispiel Brillen mit starker chromatischer Aberration aufsetzen, merken Sie bald, daß die farbigen Ränder, die Sie sehen, nicht echt sind. Ihr Gehirn kompensiert sie, und schon nach wenigen Tagen sehen Sie diese Ränder nicht mehr. Wenn Sie dann die Brille abnehmen, sehen Sie farbige Ränder, obwohl sie auf der Retina gar nicht wirklich da sind. In einem anderen Experiment hat man Brillen benutzt, bei denen von jedem Glas die linke

Hälfte blau und die rechte Hälfte gelb gefärbt waren. Eine senkrechte Linie trennte die beiden Bereiche. Die Träger lernten nach einer Weile, die blauen und gelben Halbwelten gar nicht mehr zu beachten. Alles sah wieder normal aus; sie nahmen weder die Farben noch die Grenzlinie wahr. Ganz ähnlich haben Millionen von Trägern bifokaler Brillen gelernt, die Trennlinie zwischen den beiden Gesichtsfeldern zu ignorieren. Dies sind Beispiele für Effekte, die viel stärker sind als die optischen Aberrationen; sie zeigen, mit welchen beachtlichen Fähigkeiten das Gehirn ungewöhnliche Netzhautbilder kompensiert.

5.2.3 Die Iris

Wie die Blende einer Kamera öffnet und schließt sich die Iris je nach der mittleren Beleuchtung der Umgebung (SEHEN SIE SELBST). Bei weit geöffneter Iris hat das Auge eine Blende zwischen $f/2$ und $f/3$. (Zum Vergleich: die Katze, ein Nachttier, hat $f/0{,}9$ und die Taube, ein Tagtier, $f/4$.) Die Iris reagiert ziemlich schnell, in etwa $1/5$ s, auf einfallendes Licht, reduziert den Lichteinfall aber nicht auf weniger als ein Zwanzigstel. Ihre Hauptaufgabe kann also nicht die Regelung der Lichtintensität sein, denn wir können auf einen ungeheuer großen Intensitätsbereich (etwa einen Faktor von 10^{13}) reagieren. Vielmehr blendet die Iris bei hellem Licht ab, um die Aberration zu vermindern und die Schärfentiefe zu verbessern. Wenn Sie eine diffizile Arbeit machen, etwa einen Faden einfädeln, blendet die Iris ab. Das vergrößert die Schärfentiefe und läßt uns nähere Objekte schärfer sehen als sonst. Außerdem erfordert es weniger Akkommodation. Wenn sich die Sicht im Alter verschlechtert, blendet die Iris häufiger ab, um so die Schärfentiefe zu erhöhen und die Aberrationen zu vermindern. Bei schwachem Licht kann das Auge sich diesen Luxus nicht erlauben. Dann öffnet sich die Iris und läßt mehr

Licht hinein, wenn es wichtiger ist, Licht zu empfangen, als ein scharfes Bild zu erhalten. Im Dunkeln ist es zum Beispiel wichtiger zu sehen, daß man einem Tiger gegenübersteht, als zu erkennen, ob er männlich oder weiblich ist. Hier wird also zwischen Lichtsammelvermögen und AUF-LÖSUNGSVERMÖGEN (der Fähigkeit, Einzelheiten zu erkennen) ein ähnlicher Kompromiß geschlossen wie bei Filmen (Abschnitt 4.7.3) und wie wir ihn immer wieder antreffen werden.

SEHEN SIE SELBST

Die Iris
Einige Eigenschaften der Iris lassen sich mit einer Taschenlampe und einem Freund (oder Spiegel) beobachten. Leuchten Sie in einem dämmrigen Raum mit der Taschenlampe in das rechte Auge Ihres Freundes und beobachten Sie, wie sich die Iris zusammenzieht. Löschen Sie dann das Licht und beobachten Sie, wie sie sich wieder öffnet. Ohne das Auge zu berühren, können Sie beide Male mit einem Lineal den Pupillendurchmesser bestimmen. Berechnen Sie (unter Benutzung der Tatsache, daß eine Kreisfläche zum Quadrat des Durchmessers proportional ist) das Verhältnis der Pupillenflächen. Leuchten Sie dann mit der Taschenlampe in das linke Auge und beobachten Sie dabei das rechte – die rechte Iris verändert sich. Das Gehirn läßt beide gemeinsam reagieren. Halten Sie die Taschenlampe in etwa einem halben Meter Entfernung genau vor Ihren Freund und merken Sie sich die Pupillengröße. Machen Sie jetzt zusätzlich eine Lampe an, die schwächer (oder entfernter) als die erste und etwas seitlich davon ist, und beobachten Sie das Fechnersche Paradoxon: Obwohl mehr Licht in das beobachtete Auge fällt, weitet sich die Pupille. Die Größe der Pupille richtet sich nach dem Licht, das im Mittel auf die beleuchtete Netzhautfläche fällt, und obwohl im zweiten Fall, wenn zwei Lichtquellen brennen, insgesamt

mehr Licht einfällt, ist es doch über einen größeren Bereich der Netzhaut verteilt und im Mittel geringer – die Iris weitet sich.

Die Größe der Pupille hängt auch von dem Akkommodationszustand ab. Bitten Sie Ihren Partner, sich zunächst, bei normaler Beleuchtung, einen nahen und danach einen weiter entfernten Gegenstand anzuschauen. Sie sehen dann, daß seine Iris abblendet, wenn er auf den nahen Gegenstand schaut, obwohl die Gesamtbeleuchtung gleich ist. Die kleinere Pupille vergrößert die Schärfentiefe und läßt ihn auch nahe Objekte gut sehen.

5.3 Die Netzhaut

Die Netzhaut läßt sich in mehrfacher Hinsicht mit dem Film eines Fotoapparats vergleichen. Film und Netzhaut empfangen beide ein reelles Bild, das den ersten Schritt in einem komplizierten Prozeß darstellt, der im einen Fall zu einer Fotografie und im anderen zum Sehvorgang führt. Abbildung 5.10 zeigt einen schematischen Querschnitt durch die menschliche Netzhaut. Sie hat drei Schichten. Die lichtempfindliche Schicht besteht aus einer dichten Anordnung von Zapfen und Stäbchen (den SEHZELLEN oder LICHTREZEPTOREN), die das Licht absorbieren. Die PLEXIFORME SCHICHT (lat. *plectere*, flechten) besteht aus mehreren Arten von Nervenzellen; sie

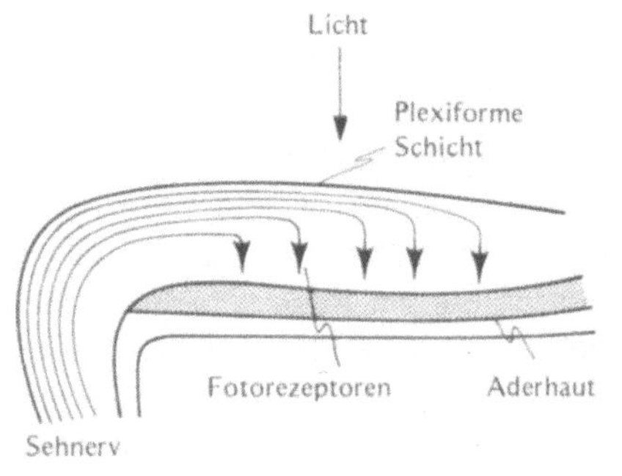

5.10 Schichten der menschlichen Netzhaut (außerhalb der Sehgrube)

verarbeiten die von den Zapfen und Stäbchen erzeugten Signale und leiten sie zum Sehnerv weiter. Die ADER-HAUT schließlich enthält die wichtigsten zur Versorgung der Netzhaut nötigen Blutgefäße; sie verhindert die Lichthofbildung, indem sie Licht absorbiert, das sonst, wieder reflektiert, Zapfen und Stäbchen ein zweites Mal anregen könnte.

Unsere Pupille erscheint so dunkel, weil ein Großteil des eintretenden Lichts entweder von den Lichtrezeptoren oder von der Aderhaut absorbiert wird. Wenn ein helles Licht jedoch direkt ins Auge scheint, kommt ein Teil wieder heraus. Deshalb erscheint das Auge bei Blitzlichtaufnahmen manchmal rot (Tafel 5.3). Das Blitzlicht wird durch die Linse auf der Netzhaut gesammelt, und etwas davon wird gespiegelt – ähnlich, wie im Tau ein Heiligenschein entsteht (Abschnitt 3.4.2), nur wirkt hier die Netzhaut im Augeninneren als Spiegel und nicht die Fläche des Grashalms neben dem Tautropfen. Weil das Licht in die Richtung zurückgeworfen wird, aus der es kam, ist dieser Effekt bei solchen Kameras am stärksten, bei denen die Blitzlampe in der Nähe der Linse ist.

Nachttiere wie Katzen müssen auf sehr schwaches Licht reagieren können. Das Katzenauge hat deshalb keine Aderhaut, sondern ein reflektierendes TAPETUM LUCIDUM (lat. leuchtender Teppich; das Spiegeln wird durch zinkhaltige Kristalle verursacht). Licht, das nicht sofort von den Lichtrezeptoren aufgefangen wurde, wird von dem Tapetum reflektiert und erhält noch einmal Gelegenheit, absorbiert zu werden. Diese Spiegelung bringt das Licht ein wenig von seinem Weg ab, und das entstehende Bild ist deshalb etwas weniger scharf. Der Kompromiß geht hier auf Kosten der Auflösung und zugunsten der Lichtempfindlichkeit. Das von dem gelblichen Tapetum der Katze zurückgespiegelte Licht wird bei seinem zweiten Durchgang durch die Netzhaut nicht vollständig absorbiert. Einiges tritt wieder aus dem Auge aus und gibt dem Katzenauge im Licht von Autoscheinwerfern jenes düster gelbliche Glühen.

Beachten Sie in Abbildung 5.10, daß die Lichtrezeptoren in der plexiformen Schicht hinter dem Netzwerk der Nerven liegen. Es ist, als ob die Netzhaut (der Film) im Auge verkehrt herum eingelegt wäre! In einem normalen Film ist der Lichthofschutz von der Emulsion getrennt, damit er beim Entwickeln leicht entfernt werden kann. Die Lichtrezeptoren der Netzhaut aber sind lebende Zellen, die auf die Nahrungsversorgung durch die Blutgefäße der Aderhaut angewiesen sind. Obwohl die plexiforme Schicht vor diesen Sehzellen etwas Licht absorbiert, fällt das nicht ins Gewicht, weil sie transparent sind und nur ein dünnes Netz von Kapillaren benötigen. In dem kritischen Bereich um die Sehgrube herum gibt es keine Kapillaren (SEHEN SIE SELBST); die plexiforme Schicht ist dort dünner. (Die am Meeresboden, wo wenig Licht ist, lebenden Kopffüßer – Tintenfische, Kraken, Zehnarmer – haben ihre lichtempfindlichen Empfänger vor der Netzhaut.)

Aus einem weiteren Grund ist es gut, wenn die Sehzellen unmittelbar neben dem ›Lichthofschutz‹ liegen: das verringert die Möglichkeit, daß Reflexionen an dazwischenliegenden Schichten zu einem Verlust an Schärfe führen. Manche Spezialfilme haben deshalb auch den Lichthofschutz zwischen der Emulsion und dem Träger.

SEHEN SIE SELBST

Blutgefäße, Kapillaren und Netzhautzellen

Halten Sie eine kleine Taschenlampe unmittelbar oberhalb des geschlossenen Lids und bewegen Sie das Licht etwas hin und her. Die größeren Blutgefäße auf der Oberfläche der Netzhaut werfen einen Schatten auf die Netzhaut, der sich bewegt und so sichtbar wird. Sie ähneln einem feinen Netzwerk von Flüssen und Nebenflüssen. Alle führen weg vom blinden Fleck (wie in Tafel 5.1). In der Mitte des Gesichtsfeldes, also über der Sehgrube, finden Sie keine Adern.

John Uri Lloyd beschreibt in seinem Buch ›Etidorhpa oder das Ende der Erde‹ ein ähnliches Verfahren, diese Gefäße mit Hilfe einer Kerze sichtbar zu machen:

Der Weise hatte sich vor das Fenster seiner Hütte gesetzt, das, ohne alle Vorhänge, ein schwarzes Loch vor der dunklen Nacht zu sein schien, und die Kerze in die Rechte genommen. Er hielt die Flamme unterhalb der Nase in etwa 6 Zoll Abstand vor sein Gesicht. Zum offenen Fenster hin gewandt, drehte er die Pupillen seiner Augen nach oben und schien den Blick auf den oberen Teil der Fensteröffnung zu heften, während er die Kerze langsam vor seinem Gesicht hin und her bewegte, immer so, daß die flackernde Flamme parallel zu seinen Augen und unterhalb der Nasenspitze war. ...

›Versuch es selbst‹, sagte mein Führer leise.

Ich setzte mich in gleicher Weise hin und wiederholte das Manöver, als sich langsam ein schattiges Etwas aus dem leeren Raum herauszuschälen begann. Es kam mir vor wie ein grauer Schleier oder wie ein zerknittertes Blatt, dünn wie Gaze, und wurde immer deutlicher und wirklicher, je länger ich es anschaute und seine Umrisse erfaßte. Bald nahmen die Falten festere Form an, die graue Masse wurde sichtbar und füllte sich mit Aderwerk, zuerst grau, dann rot, und während ich mich mit dem Anblick vertraut machte, waren plötzlich mit allen Einzelheiten die Windungen eines Gehirns mit einem Netzwerk von roten Adern entstanden.

Ich sah ein Gehirn, ein Gehirn, ein lebendiges Gehirn, mein eigenes Gehirn, und während ein unheimliches Gefühl von mir Besitz ergriff, hielt ich plötzlich inne, bewegte die Kerze nicht mehr, und im selben Augenblick war der Schatten der Figur verschwunden.

Von Lloyds Romangestalt kann man natürlich nur in dem Sinn sagen, sie habe sein Gehirn gesehen, wie Aristoteles sagt: ›Das Auge ist ein Sprößling des Gehirns.‹

Wenn Sie die kleineren, feineren Kapillaren der Netzhaut sehen wollen, müssen Sie ein Auge schließen, sehr dicht vor das andere ein Nadelloch halten und durch das Loch auf ein gleichmäßig helles Gebiet, also etwa ein gutbeleuchtetes, leeres weißes Blatt Papier oder den wolkenlosen Himmel schauen. Lassen Sie das Loch winzige Kreise beschreiben, ohne das Auge zu bewegen. Die kleinen Schnörkel, die dann auf dem gleichmäßig hellen Gebiet erscheinen, sind die Schatten kleiner Blutgefäße auf der Netzhaut. Überzeugen Sie sich wieder davon, daß vor der zentralen Sehgrube keine Gefäße liegen.

Um die Blutkörperchen der Netzhaut zu erkennen, brauchen Sie keine Hilfsmittel, sondern nur Geduld und Sorgfalt. (Diese Zellen sind nicht die toten Zellen der Augenflüssigkeit, die Schwimmer.) Schauen Sie einfach zum hellen, wolkenlosen Himmel. Wenn Sie aufmerksam beobachten, sehen Sie kleine weiße Punkte, die außerhalb der Sehgrube durch das Gesichtsfeld ziehen. Sie rühren vom Durchzug einzelner Blutkörperchen durch die Kapillaren her, die Sie vorher gesehen haben. Wieder sehen Sie solche Flecken nicht auf der Sehgrube, denn die wird von hinten ernährt. Die Bewegung der Zellen ist jeweils kurz nach einem Herzschlag am stärksten. Das zeigt sich besonders deutlich nach einer Anstrengung, etwa einem Waldlauf, wenn das Herz schnell schlägt.

5.3.1 *Zapfen und Stäbchen*

Das Wesentliche der Netzhaut ist die lichtempfindliche Rezeptorenschicht (Abb. 5.11). In jeder Netzhaut sind auf einer Fläche von $5\,\mathrm{cm}^2$ etwa 7 Millionen Zapfen (die auf starken Lichteinfall ansprechen) und 120 Millionen Stäbchen (die für schwaches Licht empfindlich sind). Wenn Sie einen Tennisball aus zwei Kilometer Entfernung scharf sehen könnten, würde sein Bild gerade einen Zapfen bedecken. Abbildung 5.12 zeigt, daß die Sehzellen nicht gleichförmig über die Netzhaut verteilt sind.

Das Verhältnis der Anzahlen der Zapfen und Stäbchen ist, je nach der

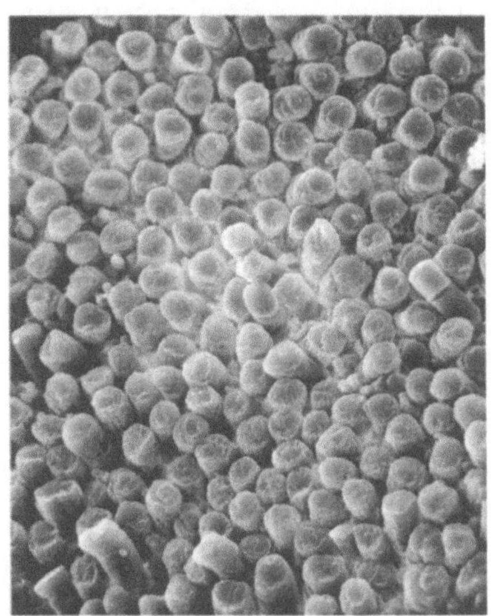

5.11 Elektronenmikrofotografie einer Netzhautrückseite. Die Sehzellen sind Ihnen zugewandt; Licht würde von der anderen Seite einfallen. Die Stäbchen sind dick und stumpf, die Zapfen sind kleiner und spitzer. Der Durchmesser eines Zapfens beträgt etwa 1 µm, der eines Stäbchens etwa 5 µm

5.12 Die Verteilung der Stäbchen und Zapfen am Äquator eines Augapfels. Die Sehgrube hat keine Stäbchen, aber viele Zapfen. Am Rand überwiegen die Stäbchen. Der blinde Fleck hat keine Sehzellen. Die Einblendung zeigt eine Aufsicht des linken Auges. (Stimmt Ihre Antwort mit dem überein, was Sie in Abschnitt 5.2 STUDIERT & SPEKULIERT haben?)

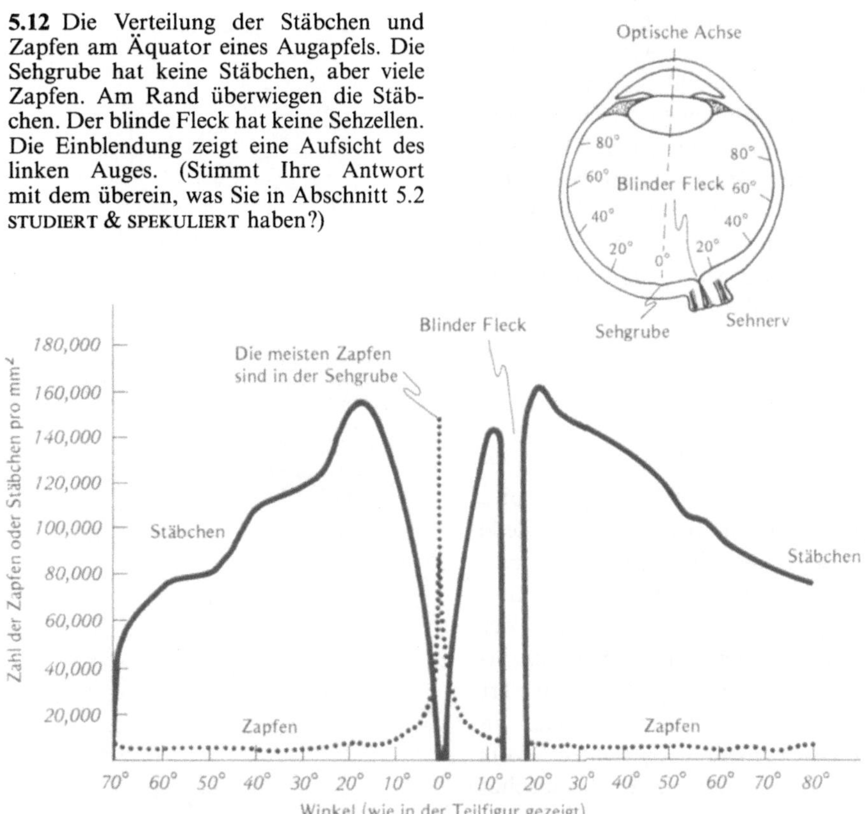

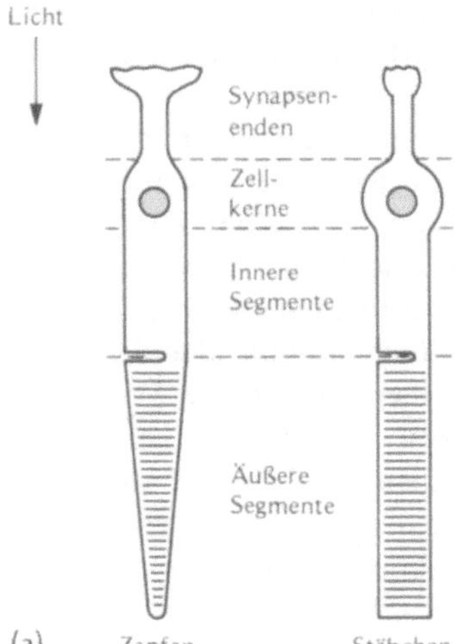

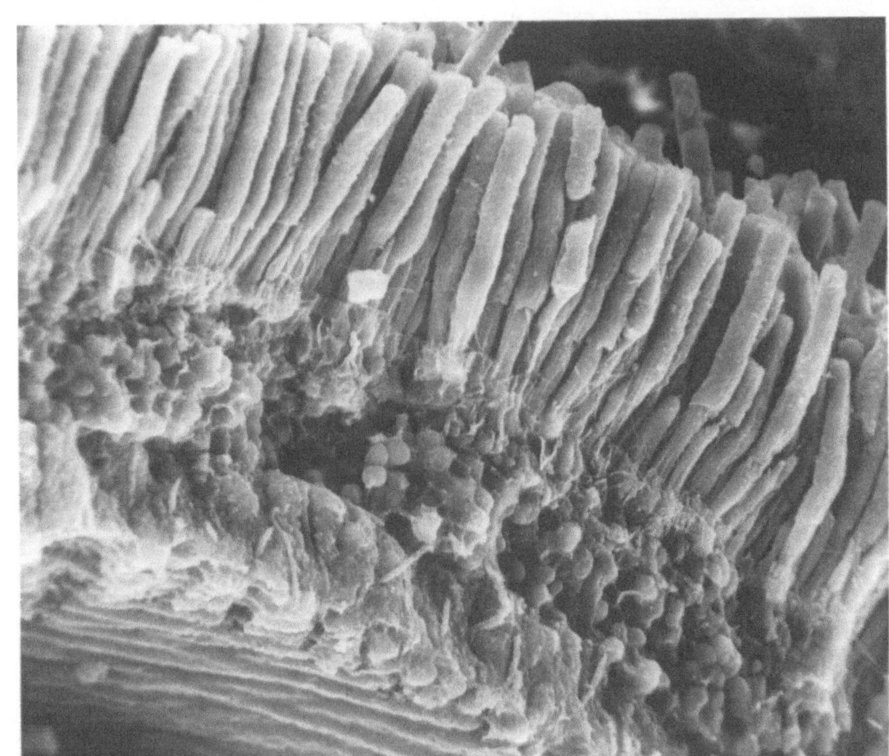

5.13 Physiologie der Sehzellen: (a) schematisch, (b) Fotografie der Stäbchen

Lebensweise, bei Tieren oft ganz anders als bei uns. Bei nachtaktiven Tieren wie Katzen und Kaninchen sind die lichtempfindlichen Zellen alle oder fast alle hochempfindliche Stäbchen. Die Tiere können damit bei wenig nächtlichem Licht sehen (aber keine Farben unterscheiden). Manche Tagtiere, wie Tauben, Schildkröten und manche Halbaffen, haben nur Zapfen.

5.3.2 Der Mechanismus der Lichtabsorption

Abbildung 5.13 stellt Zapfen und Stäbchen schematisch dar. Jede Zelle hat vier Teile: das äußere Segment, das innere Segment, den Zellkern und das Synapsenende. Die Form der äußeren Segmente hat den Zellen ihren Namen gegeben. Es absorbiert mittels eines lichtempfindlichen, im inneren Segment hergestellten Stoffs Licht. Ein komplizierter chemischer Prozeß erzeugt dann ein elektrisches Signal, das die Zellen bis zum Synapsenende hin durchläuft. Dort wird ein anderer chemischer Stoff (ein sogenannter Neurotransmitter) von der Zelle freigesetzt, der die Lücke, die SYNAPSE (griech. *syn*, mit und *haptein*, verbinden; bei einer Synapse trifft eine Nervenzelle mit einer anderen zusammen), überbrückt und die Verbindung zu den Nervenenden der plexiformen Schicht herstellt. Wie in anderen Zellen erzeugt der Zellkern Nährstoffe und steuert die chemischen Reaktionen in der Zelle.

Der äußere Teil eines Stäbchens sieht ähnlich aus wie in Abbildung 5.14. Jedes Stäbchen ist mit einem Stapel Scheiben gefüllt, die den Sehstoff enthalten, von dem bei der Lichtabsorption etwas verbraucht wird. Um ihn nachzufüllen, erzeugt das innere Segment an der Basis des äußeren Segments neue Scheiben und Fotochemikalien. Die neuen Scheiben drängen die älteren fortwährend nach oben, bis sie am Ende des Stabes abbrechen und in der Aderhaut zerfallen.

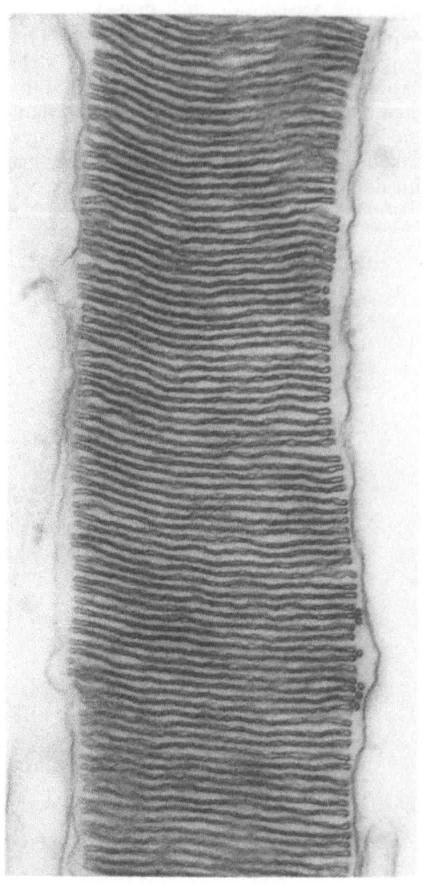

5.14 Elektronenmikrofotografie des äußeren Segments eines Zapfens

Der Sehstoff des Stäbchens besteht aus einem Derivat des Vitamin A und einem Protein, dem Opsin. Wegen seiner Farbe heißt er SEHPURPUR oder RHODOPSIN (griech. *rhodon*, Rose, und *opsis*, Sicht). Wenn auf ein Rhodopsinmolekül sichtbares Licht fällt, versetzt es Elektronen in dem Molekül in Resonanz, und das Molekül verändert seine Form. Dabei wird ein elektrisches Signal ausgeschickt, das zu einem Nervensignal wird und zunächst an die Stäbchensynapse und dann an das Gehirn übermittelt wird. Das Molekül ist in seiner neuen Form instabil und zerfällt nacheinander über instabile molekulare Zwischenformen in seine Bestandteile, das Vitamin A-Derivat und das Opsin. Bei jedem dieser Zerfälle werden die Chemikalien etwas heller — da sie sichtbares Licht nicht absorbieren, reflektieren sie alle Wellenlängen und

sehen weiß aus — und deshalb heißt der Prozeß BLEICHEN. Am Ende eines jeden Bleichvorgangs bildet sich wieder mit Hilfe von Enzymen aus den Komponenten Rhodopsin. Der ganze Vorgang kann sich viele Male wiederholen, aber schließlich müssen die Fotochemikalien wieder ergänzt und neue Scheiben hergestellt werden.

Ähnliche Vorgänge laufen in den Zapfen ab. Stäbchen und Zapfen unterscheiden sich jedoch darin, wie sie Licht absorbieren. Wenn reichlich Licht vorhanden ist, werden die Zapfen aktiviert, die etwas von dem Lichtüberschuß zugunsten der Bildqualität opfern. Die Zapfen absorbieren Strahlen, die in großem Winkel einfallen, nicht sehr gut; solche Strahlen können von Licht herrühren, das im Auge gestreut wird, und die Bildqualität verschlechtern, oder sie können Strahlen vom Linsenrand sein, die am meisten zu den Aberrationen beitragen. Die verminderte Reaktion auf diese unerwünschten Strahlen — der STILES-CRAWFORD-EFFEKT — wird darauf zurückgeführt, daß jeder Zapfen als Lichtrohr wirkt, das einfallendes Licht an sich entlangleitet, bis dieses, beim äußeren Segment angekommen, absorbiert wird. Genau wie in der Fasernoptik (Abschnitt 2.5.2) reflektieren die Innenseiten der Zelle das Licht vollkommen. Dadurch wird alles an der Basis eines Zapfens gesammelte Licht vom gesamten lichtempfindlichen äußeren Segment absorbiert. Licht jedoch, das die Netzhaut in einem zu großen Winkel erreicht, trifft in einem Winkel auf die Innenflächen der Zelle, der kleiner ist als der kritische Winkel, wird nicht total reflektiert und deshalb mit weniger Wahrscheinlichkeit absorbiert. Das Auge beachtet dieses überflüssige Licht nicht, damit die Bildschärfe besser ist.

5.3.3 Die Verarbeitungszeit

Die Netzhautzellen reagieren nicht sofort, wenn Licht aufblitzt. Ihre Re-

(a) (b)

5.15 (a) Latenz, (b) Persistenz der Reaktion

aktion ist auch nicht sofort beendet, wenn der Blitz vorbei ist, dauert aber auch nicht lange an. Der erste Effekt heißt LATENZ und der zweite PERSISTENZ. Ein Vergleich mag das verdeutlichen. Es dauert nur einen Augenblick, einem Kind zu sagen, es solle sein Zimmer aufräumen. Zweifellos gibt es dann eine Latenzperiode, bevor es damit beginnt. Und wenn es einmal angefangen hat, dauert es lange, bis die Arbeit getan ist (Persistenz). Beim Sehen wirkt sich die Intensität des Blitzes auf die Latenz- und Persistenzzeiten aus. Die Reaktion auf einen heftigeren Blitz ist sowohl rascher (die Latenzzeit ist kürzer) als auch weniger persistent. Wenn Sie Ihr Kind anbrüllen, beginnt es wahrscheinlich schneller mit dem Aufräumen und ist auch früher fertig (Abb. 5.15).

Die Persistenz der Reaktion kann in Analogie zur Belichtungszeit der Kamera gesehen werden. Wenn der Verschluß eines Fotoapparats längere Zeit (etwa 1/2 Sekunde) geöffnet ist, erscheint alles, was sich in dieser Zeit in dem Gesichtsfeld bewegt, unscharf und verschwommen, besonders wenn es sich schnell bewegt. Wenn wir jedoch bewegte Objekte anschauen, erscheinen sie uns im allgemeinen nicht verschwommen, obwohl unsere Augen im wesentlichen immer geöffnet sind. Das liegt zum Teil daran, daß Sehzellen und Verbindungsnerven nur während der Persistenzperiode aktiv sind (im Gegensatz zum Film, der das Bild so lange aufnimmt, wie der Ver-

schluß geöffnet ist), und deshalb registriert jede Sehzelle ein sich in unserem Gesichtsfeld bewegendes Objekt nur kurz. Die Persistenzdauer schwankt zwischen 1/25 s bei schwacher Beleuchtung und bis zu 1/50 s bei höherer Intensität (Abschnitt 7.7.1). Zusammen mit der Fähigkeit des Gehirns, Bewegung zu interpretieren, reicht das aus, uns viele bewegte Objekte klar sehen zu lassen. (Keineswegs alle, wie jeder weiß, der einmal versucht hat, auf einer sich drehenden Schallplatte das Etikett zu lesen.) In einer Kamera stoppt das Ende der Belichtungszeit nicht nur die Handlung, sondern sie beschränkt auch den Lichteinfall während der Belichtung. Bei guten Fotoapparaten variieren die Belichtungszeiten um einen Faktor tausend, viel stärker also als um den Faktor zwei in der Persistenz des menschlichen Auges. Dadurch kann die Persistenz ebenso wie die Iris den Bereich der von uns in der Welt erlebten Lichtintensitäten nicht sehr gut regulieren.

5.3.4 Lichtempfindlichkeit

Welche Möglichkeiten hat das Auge, um den gewaltigen Bereich der wahrnehmbaren Lichtintensitäten zu kompensieren?

In einen Fotoapparat kann man Filme mit verschiedener Lichtemp-

findlichkeit einlegen – hochempfindliche, wenn es dunkel ist, weniger empfindliche, wenn genug Licht da ist. Zwar scheint es mühsam und lästig, den Film jedesmal wechseln zu müssen, wenn man aus der Mittagssonne kommt und in den Keller geht, aber genau das geschieht im Auge – die Netzhaut verändert automatisch ihre Empfindlichkeit.

Die Netzhaut enthält gewissermaßen zwei Filmsorten: eine besteht aus dem System der Zapfen und die andere aus dem der Stäbchen. Die erste entspricht einem weniger empfindlichen feinkörnigen Farbfilm und die zweite einem hochempfindlichen grobkörnigen Schwarzweißfilm. Die Zapfen sind für starkes Licht empfindlich, also für PHOTOPISCHE Bedingungen (griech. *phos*, Licht), wie Sie sie jetzt haben. Die Stäbchen reagieren bei niedrigeren Lichtwerten – unter SKOTOPISCHEN Bedingungen (griech. *skotos*, Dunkelheit), wie wir sie nachts im Wald antreffen. Die Stäbchen ›schalten ab‹, wenn die Bedingungen photopisch sind, und umgekehrt reagieren die Zapfen nicht unter skotopischen Bedingungen.

Das Auge löst nicht überall auf der Netzhaut gleich gut auf. Die Zapfen sind in der Sehgrube dicht gepackt, um dort gute Auflösung und gutes Farbsehen zu ermöglichen. Außerhalb der Fovea gibt es nur wenige Zapfen, deshalb ist das Auge am Rand farbuntüchtig. Die Dichte der Zapfen besagt nicht alles, denn die Auflösung ist auch dadurch bestimmt, wieviel Information durch den Sehnerv ins Gehirn kommt. In der Regel sind nur wenige Zapfen der Sehgrube mit derselben Sehnervfaser verbunden, während am Netzhautrand viele tausend Stäbchen in einer Faser zusammenlaufen. Die Retina muß also die Information irgendwie zusammenfassen – weniger Bündelung in der Sehgrube führt dazu, daß das Gehirn von diesem Zentralgebiet genauere Einzelheiten erfährt (SEHEN SIE SELBST).

Das Stäbchensystem reagiert unter skotopischen Bedingungen, kann aber allein keine Farbwahrnehmung vermitteln. Wo wenig Licht ist, erscheint alles schwarzweiß und grau – bei Nacht sind alle Katzen grau. Weil die Sehgrube keine Stäbchen hat, arbeitet sie unter skotopischen Bedingungen nicht. Wenn wir einen schwachen Lichtfleck, etwa bei Nacht einen schwachen Stern, entdecken wollen, wenden wir unseren Blick etwas ab, verschieben also das Gesichtsfeld ein wenig, so daß das Bild des Sterns von der Fovea weg auf ein Gebiet mit vielen Stäbchen fällt. Weil viele Stäbchen zu einem einzigen optischen Sehnerv ›verdrahtet‹ sind, sind sie für niedrigere Lichtwerte empfindlicher. Wie bei einem Film ist das Korn um so gröber, je empfindlicher der ›Film‹ ist.

Die beiden Systeme der Stab- und Zapfenzellen liefern uns gleichsam zwei verschiedene ›Filmempfindlichkeiten‹, mit deren Hilfe wir verschiedene Lichtintensitäten verarbeiten können. Aber auch innerhalb eines Systems paßt das Auge seine Empfindlichkeit dem veränderten Licht an. Die Einstellung des Empfindungsniveaus der Netzhaut auf die Beleuchtungsbedingungen heißt UMSTIMMUNG oder ADAPTATION. Sie läßt sich am besten dadurch illustrieren, daß wir in Gedanken betrachten, was geschieht, wenn wir am hellichten Tage in ein Kino oder Theater gehen. Zuerst ist es zu dunkel, um irgend etwas zu sehen. Man stößt aus Versehen gegen einen Sitz oder findet sich plötz-

lich auf dem Schoß einer alten Dame wieder. Ganz allmählich gewöhnt sich die Netzhaut an die niedrigeren Lichtwerte (skotopische Bedingungen), und man sieht die Menschen um sich herum. Schließlich erkennt man sogar seine Umgebung, aber alles bleibt schwarz, weiß und grau. Man sieht keine Einzelheiten und kann das Programm nicht lesen. Eine Lichtquelle gleichbleibender Helligkeit, das Schild ›Ausgang‹ etwa, scheint während dieser Zeit immer heller zu werden.

Untersuchen wir das genauer. Als ein Maß für die Empfindlichkeit der Netzhaut können wir die Helligkeit eines Lichtflecks aufzeichnen, den wir gerade noch wahrnehmen. Diese Intensität nennen wir die SCHWELLENINTENSITÄT oder REIZSCHWELLE oder einfach Schwelle. In Abbildung 5.16 haben wir die Schwelle als Funktion der Zeit, die wir uns in dem dunklen Raum aufhalten, aufgetragen. Die senkrechte Achse gibt die Intensität des Lichts an der Schwelle an. Werte im oberen Bereich des Graphen bedeuten, daß die Schwelle hoch ist und die Empfindlichkeit niedrig, denn damit die Quelle gesehen wird, muß sie hohe Intensität haben. Umgekehrt bedeuten Werte im unteren Bereich des Graphen, daß die Empfindlichkeit groß ist. Wir verwenden (wie in Abb. 4.42) eine logarithmische Skala, weil der Empfindlichkeitsbereich so groß ist. Die horizontale Achse gibt die im Dunkeln verbrachte Zeit in Minuten an. Die für uns interessante Zeitspanne ist nicht groß, deshalb können wir für die Zeitachse eine reguläre (lineare) Skala nehmen. Links zeigt der Graph, daß ein Licht stark sein muß, damit jemand, der gerade ins Dunkle kommt, es bemerkt. Während der nächsten Minuten wird die Netzhaut empfindlicher, die Reizschwelle nimmt zuerst rasch und dann langsamer ab. Sie können die Farbe des Lichts erkennen, und das ist ein sicheres Zeichen dafür, daß die Zapfen noch tätig sind. Nach etwa fünf bis zehn Minuten im Dunkeln fällt die

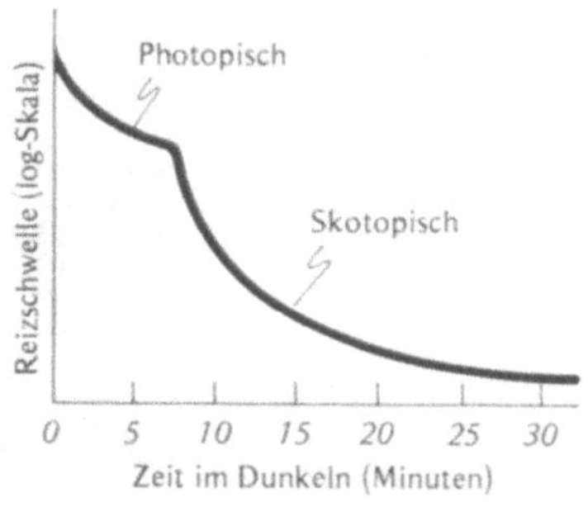

5.16 Dunkeladaptation. Die Reizschwelle (logarithmische Skala) ist im Verhältnis zu der im Dunkeln verbrachten Zeit aufgetragen. Der erste Abschnitt (photopisch) rührt von den Zapfen her. An der Schwelle wird Farbe gesehen. Der zweite Abschnitt (skotopisch) rührt von den Stäbchen her. Man sieht die Welt an diesen Schwellen schwarz, grau und weiß. In den Einzelheiten kann die Kurve je nach den Bedingungen und dem Betrachter verschieden sein

Kurve wieder stark ab, weil Sie zu dieser Zeit wieder viel lichtempfindlicher werden. Nach diesem Knick erkennen Sie die Farbe des ›Schwellenlichts‹ nicht mehr – Sie sehen nur noch mit den Stäbchen. (Wenn Sie allerdings ein helleres Licht sehen, etwa auf der Bühne, reagieren wieder die Zapfen, und Sie unterscheiden Farben.) Die Kurve wird nach etwa 30 Minuten fast flach; nach sehr langer Zeit im Dunkeln reagieren Sie auf ein Licht, das einer Kerze in 15 km Entfernung entspricht. Im zweiten Weltkrieg mußte bei Verdunklung alles Licht gelöscht werden, denn feindliche Piloten hätten eine einzelne brennende Zigarette sehen können.

STUDIER & SPEKULIER

Wenn wir dieses Experiment mit einer kleinen Lichtquelle wiederholen und das Licht nur auf die Sehgrube fällt, hat die Kurve keinen Knick. Warum? Wenn das Licht nur auf den Rand fällt, ist die Schwelle bis zu etwa sieben Minuten sehr hoch und stimmt von da an mit der Kurve in der Abbildung überein. Warum?

Wenn Sie aus einem dunklen Zimmer ans helle Tageslicht kommen, läuft der umgekehrte Vorgang ab. Zunächst werden Sie vom Licht ›geblendet‹. (Das ist gelegentlich im Theater sehr wirkungsvoll; die Eröffnungsszene von Mussorgskis Oper ›Boris Godunov‹ zum Beispiel spielt bei schwacher Beleuchtung. Dadurch wirkt die folgende Szene, die Krönung, um so strahlender.)

Wenn Sie also einen dunklen Raum betreten, nimmt die Empfindlichkeit der Zapfen zu. Wenn sie nicht weiter wachsen kann (das entspricht in Abbildung 5.16 dem Kurvenplateau nach etwa fünf Minuten), sprechen die Stäbchen an. Wenn nötig, nimmt auch ihre Empfindlichkeit zu. Unter Benutzung dieser beiden Systeme, von denen jedes seine Empfindlichkeit variieren kann, passen Sie fortwährend und automatisch die Empfindlichkeit so an, daß Sie die für das vorhandene Licht richtige finden. Im Vergleich mit der Reaktion der Iris oder der Belichtungszeit ist dies ein langsamer Vorgang, der aber über einen viel größeren Bereich verfügen kann. Bei der Kamera muß man beim Wechsel zu einem schnelleren Film gewöhnlich auf Feinkörnigkeit, also auf Bildschärfe, verzichten. Zudem sind die empfindlichsten Filme Schwarzweißfilme. Ähnlich bedeutet der Wechsel zu Stäbchen in unserem Auge, daß wir eine gröbere, weniger genaue, schwarzweiße Sicht der Welt erhalten. Wann immer es nötig ist, tauschen wir Sehschärfe gegen Lichtempfindlichkeit ein, und wann immer möglich, tauschen wir zurück.

Der Übergang von Zapfen zu Stäbchen bei der Adaptation hat noch andere Folgen. Abbildung 5.17 zeigt die Schwelle für die Stäbchen und Zapfen als Funktion der Lichtwellenlänge. Wir sehen, daß insgesamt die Stäbchen empfindlicher sind als die Zapfen. Nicht nur ist ihre Reizschwelle niedriger, sondern sie unterscheiden sich auch dadurch, daß die Stäbchen am kurzwelligen, blauen Ende des Spektrums am empfindlichsten sind,

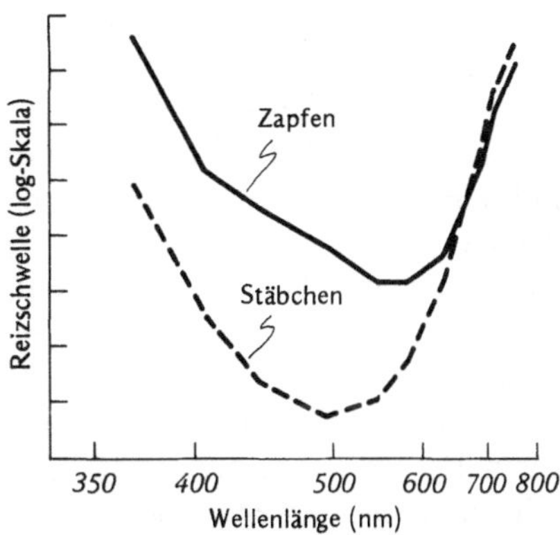

5.17 Schwellen der Zapfen- und Stäbchensysteme in Abhängigkeit von der Wellenlänge des Lichts in einem späteren Adaptationsstadium. Das Stäbchensystem ist insgesamt empfindlicher als das Zapfensystem und reagiert am empfindlichsten bei etwa 505 nm. Das Zapfensystem ist bei etwa 555 nm am empfindlichsten

die Zapfen aber am langwelligen, roten. Bei Lichtintensitäten, die groß genug sind, um die Zapfen anzuregen, kann also ein rotes Objekt heller scheinen als ein blaues, während bei einer Helligkeit, die so gering ist, daß nur die Stäbchen ansprechen, dasselbe blaue Objekt heller erscheinen kann als das rote. Dieser Wechsel von scheinbar hellerem Rot bei stärkerem Licht zu scheinbar hellerem Blau bei schwächerem Licht heißt PURKINJE-VERSCHIEBUNG. (Johannes Purkinje maß in der ersten Hälfte des neunzehnten Jahrhunderts als erster die Dunkeladaptationskurve.) Wir können diesen Effekt leicht mit Hilfe von Tafel 5.2 bestätigen. Beachten Sie, daß der rote Bereich in hellem Licht heller erscheint als der blaue. Löschen Sie dann das Licht und warten Sie im dämmrigen Zimmer etwa zehn Minuten. Danach erscheint Ihnen das blaue Gebiet heller als das rote.

Wenn ein schneller Übergang von photopischem zu skotopischem Sehen gewünscht wird, kann dieser Effekt sehr hilfreich sein. Astronomen zum Beispiel brauchen für manche Arbeiten, wie das Überprüfen von Zahlen, ihr genaues Zapfensehen und kurz darauf für die Beobachtungen am Teleskop das Stäbchensehen. Zur Er-

leichterung des schnellen Wechsels werden die Arbeitsräume in Sternwarten mit rotem Licht beleuchtet. Das Rotlicht regt vor allem die Zapfen und weniger die Stäbchen an. So bleiben die Stabzellen besser an das Dunkel adaptiert, während die Zapfen beim Ablesen der Skalen reagieren. Einen ähnlichen Vorteil bietet die rote Armaturenbeleuchtung in PKWs.

Jedes Auge kann unabhängig vom anderen adaptieren; ein Auge kann skotopisch sehen, während das andere gleichzeitig photopisch reagiert. Halten Sie einmal, wenn Sie mitten in der Nacht aufwachen und Licht anknipsen, ein Auge geschlossen. Öffnen Sie dieses (immer noch an die Dunkelheit gewöhnte) Auge erst später, wenn Sie das Licht ausmachen. Sie sehen dann mit diesem Auge deutlich und kommen nicht in Gefahr, sich an der Bettkante zu stoßen.

SEHEN SIE SELBST

Vergleichen Sie Ihr Sehvermögen im Bereich der Sehgrube und am Netzhautrand

Das scharfe und genaue Sehen, das Sie brauchen, um dieses Buch zu lesen und um Farben zu unterscheiden, wird von der Sehgrube besorgt. Die Randgebiete der Netzhaut tragen dazu nicht bei. Das können Sie demonstrieren, wenn Sie aus einem Abstand von etwa 25 cm auf einen Buchstaben in der Mitte dieser Seite starren. Versuchen Sie, einen anderen Teil der Seite zu lesen, ohne jedoch das Auge zu bewegen. Sie sind wahrscheinlich überrascht, wie klein der Teil der Seite ist, in dem Sie Worte erkennen können. Starren Sie immer weiter auf dieselbe Stelle und bitten Sie einen Freund, Ihnen seitlich Finger zu zeigen, die Sie dann zu zählen versuchen. Diese Experimente sollten Sie davon überzeugen, daß Sie wirklich nur vom mittleren, fovealen Teil der Netzhaut aus scharf sehen können.

Um zu zeigen, daß die Netzhauträder keine Farben sehen können, starren Sie wieder auf einen Punkt.

Bitten Sie Ihren Partner, Ihnen seitlich einige Farbstifte oder Stücke farbigen Papiers zu zeigen, und versuchen Sie, die Farben zu erkennen. Können Sie die Farben unterscheiden? Wie ist es, wenn Ihr Freund dagegen zwei Stücke Papier, ein schwarzes und ein weißes, hochhält? Können Sie, anders gesagt, die relative Helligkeit des Lichts am Rand der Netzhaut unterscheiden?

5.4 Zusammenfassung

Die zusammengesetzte Linse (HORNHAUT und AUGENLINSE) entwirft ein Bild auf dem ›Film‹ der NETZHAUT oder RETINA, auf der die lichtempfindlichen STÄBCHEN und ZAPFEN nicht gleichmäßig verteilt sind. Die Blende (IRIS) schließt sich schnell, um Aberrationen zu verringern und die Schärfentiefe zu verbessern, wenn genug Licht einfällt. Die Netzhaut besteht aus einem kleinen Bereich, der SEHGRUBE oder FOVEA, für genaue und scharfe Sicht, der Zapfen enthält, und einem größeren Bereich, dem Netzhautrand, der Stabzellen für empfindlicheres Nachtsehen enthält, und einem Gebiet ohne Rezeptoren (dem BLINDEN FLECK), an dem die Nervenzellen aus der Netzhaut austreten. Dieser Bau macht es nötig, daß sich das Auge bewegt, also das Gesichtsfeld ABTASTET. Wenn der Blick von einem nahen zu einem fernen Gegenstand übergeht, AKKOMMODIERT das Auge, es verändert die Brennweite seiner Linse. Wegen ihrer Nähe zur Augenachse wird die Sehgrube am wenigsten von Aberration beeinflußt. Die Lernfähigkeit des Gehirns trägt ebenfalls wesentlich zur Behebung der Aberration bei.

Die Netzhaut enthält eine lichtempfindliche Schicht von LICHTREZEPTOREN oder SEHZELLEN, eine PLEXIFORME SCHICHT von Nervenzellen, die Signale an das Gehirn übermitteln, und eine dunkle ADERHAUT als Lichthofschutz. In den Lichtrezeptoren wirkt das Licht auf den SEHSTOFF und löst dadurch ein elektrisches Signal aus, das die Zelle zur SYNAPSE hin durchläuft, die die Sehzelle mit den Nervenzellen verbindet. Die Rezeptoren brauchen etwas Zeit, bevor sie reagieren (LATENZ). Die meisten bewegten Objekte sehen deswegen nicht verschwommen aus, weil die Rezeptoren zwar längere, aber doch nur beschränkte Zeit reagieren (PERSISTENZ der Reaktion). Die Empfindlichkeit der Netzhaut ändert sich je nach der vorherrschenden Lichtintensität allmählich von selbst. Dieser Vorgang der ADAPTATION verändert den ›Film‹; aus der feinkörnigen, farbigen Sicht der Zapfen der Sehgrube in hellem Licht (PHOTOPISCHE Sicht) wird die empfindliche, grobkörnige schwarzweiße SKOTOPISCHE Sicht der Randstäbchen in schwachem Licht.

AUFGABEN

A1 Vergleichen Sie das Auge mit einer einfachen Kamera. Welcher Teil des Auges entspricht jedem der wichtigen Teile der Kamera?

A2 Was ist Akkommodation und wie wird sie erreicht?

A3 Was sind die Schichten in der Netzhaut (dem ›Film‹)? Vergleichen Sie Film und Netzhaut und stellen Sie die Unterschiede heraus.

A4 Beschreiben Sie, wie Auge und Gehirn das Problem der Aberration, besonders der chromatischen und sphärischen, lösen.

A5 Warum haben Menschen eine Aderhaut, Nachttiere aber ein Tapetum?

A6 Erklären Sie in wenigen Sätzen, warum ›Schwarzlicht‹ verschwommen aussieht.

A7 (a) Was ist der blinde Fleck? (b) Sie ›sehen‹ keinen blinden Fleck in ihrem Gesichtsfeld. Was sehen Sie? Ziehen Sie zum Beispiel eine gerade Linie und dann eine zweite dazu parallele, um etwa 2 mm verschoben, die an der Stelle beginnt, wo die erste aufhört. Die beiden sollten wie eine lange Gerade mit einer Versetzung aussehen. ›Schauen‹ Sie mit Ihrem blinden Fleck auf diesen Knick. Können Sie die Versetzung sehen, oder kommt es Ihnen so vor, als ob Sie eine durchgehende Gerade sehen würden? Versuchen Sie ein anderes Muster zu zeichnen, das verblüfft, wenn Sie es mit dem blinden Fleck ›anschauen‹.

A8 In der göttlichen Komödie sagt Dante:

›So wie ein schneller Blitz des Sehens Kräfte zerstreut, daß selbst die hellsten Gegenstände auf unser Auge nicht mehr wirken können …‹.

Erklären Sie, von welcher Erscheinung Dante spricht.

A9 Was ist der Stiles-Crawford-Effekt? Wie wird er erklärt? Welchen Vorteil könnte er für das menschliche Sehen haben?

A10 Richard Adams schreibt in seinem Buch ›Das Mädchen auf der Schaukel‹:

›Sieh mal, da draußen ist alles silbern – die Rose, die Lupinen, alles! Hast du schon mal bemerkt, daß sie beim Mondschein überhaupt keine Farbe haben?‹

Erklären Sie das hier beschriebene Phänomen.

A11 Tagsüber erscheint eine rote Geranie heller als das blaue Veilchen, das daneben steht. In der Dämmerung ist es gerade umgekehrt: das Veilchen erscheint heller. Warum?

A12 Isaak Newton war von der Sonne fasziniert und besah ihr Bild in einer Lupe:

›In wenigen Stunden hatte ich meine Augen in einen Zustand gebracht, daß ich mit keinem Auge ein helles Ding anschauen konnte, ohne immer die Sonne vor mir zu sehen, so daß ich weder schreiben noch lesen konnte, sondern mich in mein Zimmer einschließen mußte, das drei Tage lang verdunkelt blieb. Ich tat alles, um nicht an die Sonne zu denken. Denn sowie ich an sie dachte, sah ich ihr Bild, obwohl ich im Dunkeln war.‹

Erläutern Sie, welches Problem Newton hatte und wie es dazu gekommen war.

Harte Aufgaben

HA1 Sehschärfe und Empfindlichkeit für niedriges Lichtniveau haben sozusagen einen Kompromiß geschlossen. Welchen? Welcher Mechanismus bewirkt diesen Handel?

HA2 Skizzieren Sie die zu Abbildung 5.16 analoge Kurve für den Fall, daß das Licht von einer schwachen Lichtquelle aus nur auf (a) die Sehgrube, (b) den Netzhautrand fällt.

HA3 Wie würde die Kurve in Abbildung 5.16 aussehen, wenn man sie durch Messung der Reizschwelle von rotem Licht (650 nm) erhalten hätte? (Schauen Sie sich Abbildung 5.17 an!)

HA4 In ›Strophen zum Tod‹ schreibt Jean de Sponde:

›Meine Augen, werft euren geblendeten Blick nicht mehr auf die funkelnden Strahlen feurigen Lebens. Verhüllt euch, hüllt euch in Dunkelheit, Augen.... denn ich werde euch helleres Licht sehen lassen, doch aus dem Dunkel seht ihr um so heller.‹

Auf welchen Aspekt des menschlichen Sehens bezieht sich de Sponde?

HA5 Halten Sie ein Stück Metallfolie mit einem winzigen Loch etwa 3 bis 5 cm vors Auge und schauen Sie dadurch auf ein helles Licht (zum Beispiel eine etwa einen halben Meter entfernte Glühlampe). Halten Sie dann eine gewöhnliche Stecknadel zwischen Auge und Loch und bewegen Sie die Nadel so auf und ab, daß Sie sehen, wie sich der Nadelkopf vor dem Loch bewegt. (a) Beschreiben Sie, was Sie sehen. (b) Zeichnen Sie ein Bild, das die Lampe, das Loch, die Nadel, Ihr Auge und Strahlen zeigt, die vom oberen und unteren Teil der Glühlampe kommen. Erklären Sie Ihre Beobachtung mit Hilfe dieser Zeichnung.

HA6 Halten Sie ein Objekt, das 8 cm mißt, 30 cm vom Auge entfernt. Wenn Sie es im ganzen sorgfältig betrachten wollen, müssen Sie das Auge bewegen. Wie können Sie aufgrund dieser Beobachtung die Größe der Sehgrube abschätzen? Erläutern Sie das Ergebnis.

Mathematische Aufgabe

MA1 Wenn die (zusammengesetzte) Linse des menschlichen Auges herausgenommen würde, hätte sie eine Brennweite von etwa 16 mm. (Im Auge ist jedoch hinter der Linse keine Luft, sondern die Augenflüssigkeit mit einer Brechzahl von etwa 4/3, so daß die Brennweite im Auge etwas länger ist.) Die geweitete Pupille mißt etwa 4 mm. Welche Blendenzahl hat diese Linse (in Luft)?

KAPITEL 6

Optische Instrumente

6.1 Einleitung

In den vorangegangenen zwei Kapiteln haben wir die Hilfsmittel betrachtet, durch die wir uns ein Bild von der Welt machen. Das erste Mittel ist natürlich das Auge: wir brauchen nur zu schauen. Die Kamera ermöglicht es, das Bild auf einen Film zu bannen; wir können es dann später anschauen. Dieses Kapitel beschreibt Apparate, die das Bild verbessern können. Sie verbessern nicht nur die Qualität des Bildes, sondern lassen uns auch Bilder von Gegenständen sehen, die wir sonst nicht sehen könnten, weil sie zu klein, zu weit entfernt oder zu durchsichtig sind, denn, wie John Trumbull schrieb: ›Scharfe Optik braucht's, ich wähn, um, was nicht sichtbar ist, zu seh'n.‹

6.2 Instrumente mit einer Linse

Viele optische Instrumente haben nur eine Linse, so die uns aus Kapitel 4 bekannte einfache Kamera. Wie wir hier sehen werden, kann die einfache Linse eine Vielfalt optischer Probleme lösen.

6.2.1 Brillen: sphärische Korrektur

Brillen und Kontaktlinsen können das Netzhautbild eines Auges verbessern, dessen Linsensystem fehlerhaft ist. (Das Wort Brille kommt von dem meergrünen Halbedelstein Beryll, aus dem die ersten Brillen geschliffen wurden.) Wenn die Ziliarmuskeln eines normalen Auges entspannt sind (wir sprechen dann vom ›entspannten Auge‹), reicht seine Brechkraft gerade aus, von einem entfernten Objekt ausgehende Parallelstrahlen auf der Netzhaut zu sammeln. Wir sagen, daß der FERNPUNKT (das entfernteste deutlich erkennbare Objekt) eines normalen Auges bei unendlich liegt. Um nähere Gegenstände scharf zu sehen, spannen sich die Ziliarmuskeln an und verringern die Brennweite der Augenlinse (Akkommodation). Wir nennen den nächsten Punkt, den das Auge scharf sehen kann, den NAHPUNKT. Für ein normales Auge setzt man für diese Entfernung 25 cm an. (Sie schwankt von Auge zu Auge, selbst für solche, die keine Korrektur benötigen. Sie können Ihren eigenen Nahpunkt bestimmen, wenn Sie diese Seite so nah vors Auge halten, daß sie, mit einem Auge betrachtet, verschwommen aussieht. Nehmen Sie die Seite dann wieder so weit zurück, bis die Buchstaben gerade eben scharf sind. Dort ist dann der Nahpunkt dieses Auges. Probieren Sie dies mit und ohne Brille und Kontaktlinsen, falls Sie welche tragen.)

Da das normale Auge zwischen unendlich und 25 cm akkommodiert, verändert sich die Brechkraft der Augenlinse. Wir können uns die akkommodierte Augenlinse als aus zwei fiktiven Linsen zusammengesetzt denken, einer entspannten und auf unendlich eingestellten Augenlinse und einer Vorsatzlinse, die es dem Auge erlaubt, Punkte scharf zu sehen, die nur 25 cm entfernt sind. Diese zweite fiktive Linse muß dann Strahlen von einem Punkt in 25 cm Entfernung in Parallelstrahlen umwandeln, damit die erste Linse sie auf der Netzhaut sammeln kann. Daher muß die zweite Linse eine Brennweite von 25 cm, also 1/4 m haben. Ihre Brechkraft von 4 Dioptrien addiert sich zu der Brechkraft der ersten Linse (Abschnitt 3.4.5), so daß sich während des Akkommodationsvorgangs die Brechkraft der Augen um 4 Dioptrien ändern muß. (Der Bereich, in dem das Auge akkommodieren kann, ist von Auge zu Auge verschieden. In der Jugend kann die Brechkraftänderung bis zu 14 Dioptrien betragen, das entspricht einem Nahpunkt von 7 cm. Mit zunehmendem Alter nimmt sie im allgemeinen ab.)

Viele Augen haben jedoch im entspannten Zustand nicht die für die Größe des Augapfels richtige Brechkraft (Abschnitt 5.2.1). Abbildung 6.1 zeigt ein normales Auge, ein (NAH- oder KURZSICHTIGES) Auge mit zu großer Brechkraft und ein (WEIT- oder ÜBERSICHTIGES) Auge mit zu wenig Brechkraft, die alle im entspannten Zustand auf ein unendlich fernes Objekt (also parallel einfallendes Licht) schauen. Die Abbilder auf der Netzhaut der fehlsichtigen Augen sind unscharf. Dieser offensichtliche Mangel kann behoben werden, wenn man vor

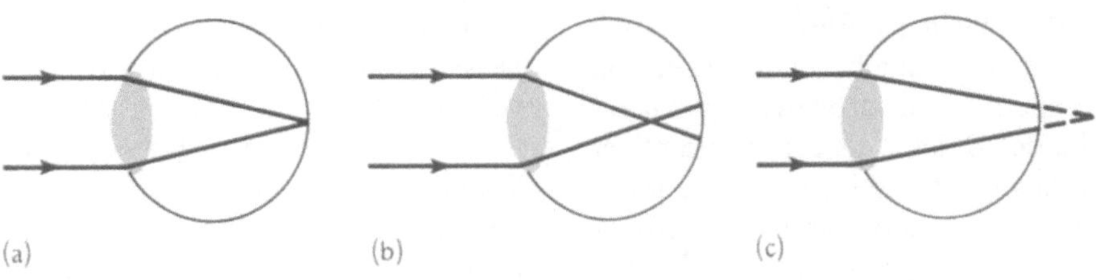

6.1 Entspannte Augen, die ein fernes Objekt anschauen; (a) rechtsichtig, (b) nahsichtig, (c) übersichtig

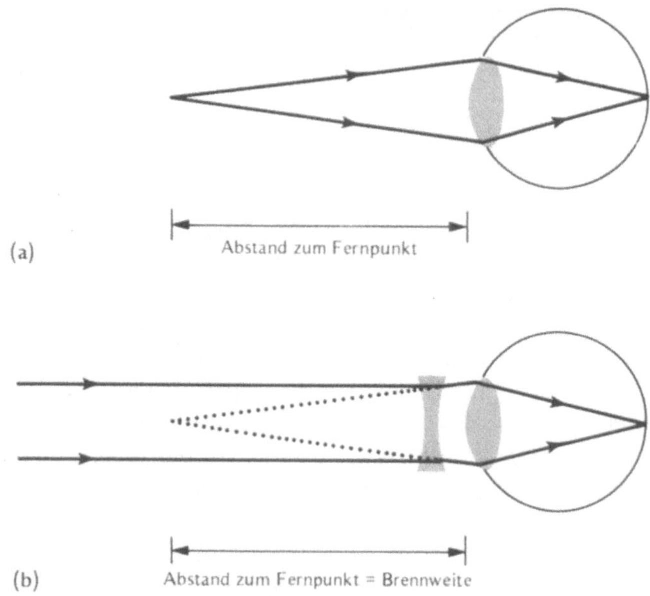

6.2 Das entspannte kurzsichtige Auge (a) ohne Brille, (b) mit Brille. Zwischen Zerstreuungslinse und Auge wurde ein Zwischenraum gelassen, um zu zeigen, daß die Strahlen, die die Brille verlassen, genauso aussehen wie bei (a). Dieser Abstand ist nicht nötig; Kontaklinsen korrigieren genauso

das Auge eine geeignete Linse setzt und so die Brechkraft des übersichtigen Auges erhöht und die des nahsichtigen verringert. Wenn die fehlsichtigen Augen einen normalen Anpassungsspielraum haben, werden dadurch sowohl der Nah- als auch der Fernpunkt in die normale Lage gebracht. Schauen wir uns an, wie das geschieht.

Betrachten wir zunächst das kurzsichtige Auge. Seine Brechkraft ist schon im entspannten Zustand zu groß und wird beim Akkommodieren nur noch größer. Daher sieht das nackte kurzsichtige Auge entfernte Objekte immer verschwommen; sein Fernpunkt liegt näher, etwa, sagen wir, bei 50 cm (Abb. 6.2a). (Diese geringe Entfernung entspricht dem Fall, daß die Brechkraft der zusammengesetzten Linse nur 3 % zu groß ist.) Wenn das Auge normal akkommodiert (4 Dioptrien), liegt sein Nahpunkt näher als normal (in diesem Fall bei 17 cm). Wenn Sie kurzsichtig sind, sehen Sie deshalb nur in einem relativ kleinen Entfernungsbereich klar und deutlich, haben aber am Nahpunkt ein größeres, genaueres Bild des Objekts als ein rechtsichtiger Betrachter an seinem Nahpunkt – Kurzsichtige haben sozusagen ein eingebautes Vergrößerungsglas. Wenn

Ihr Auge normal ist und Sie wissen wollen, wie die Welt für Kurzsichtige ausschaut, brauchen Sie sich nur eine Lupe nahe vors Auge zu halten. Lupen werden erst seit dem dreizehnten Jahrhundert als Sehhilfen verwendet; man hat vermutet, daß die Kunsthandwerker, die in den Jahrhunderten davor so meisterhaft und delikat Schmuck und Münzen gravierten, kurzsichtig gewesen sein müssen. Da Kurzsichtigkeit erblich ist, könnte sie mit dem Wissen und Können der Gravierkunst von einer Handwerkergeneration zur nächsten weitergegeben worden sein.

Für ein kurzsichtiges Auge besteht die Kur in einer Zerstreuungslinse, deren negative Brechkraft die überschüssige Brechkraft des Auges kompensiert und den Fernpunkt dorthin versetzt, wo er hingehört, ins Unendliche. Anders gesagt, lenkt sie Parallelstrahlen ferner Objekte so um, daß sie von einem virtuellen Bild zu kommen scheinen. Wenn dieses Bild im

Fernpunkt ist, kann das entspannte kurzsichtige Auge es scharf sehen. (Schauen Sie Abbildung 6.2b an und vergleichen Sie sie mit Abbildung 3.23a.) Daher muß die Linse eine Brennweite haben, die gleich der Entfernung zum Fernpunkt des entspannten kurzsichtigen Auges ist. In unserem Beispiel des 50 cm entfernten Fernpunkts muß die richtige Zerstreuungslinse die Brechkraft $f = -50$ cm $= -\frac{1}{2}$ m haben, und die richtige Verschreibung für diese Linse heißt -2 Dioptrien. (Die zusammengesetzte Linse des normalen Auges hat im entspannten Zustand eine Brechkraft von ungefähr 60 Dioptrien. Das kurzsichtige Auge hat in diesem Fall eine zu große Brechkraft von 62 Dioptrien; die Brille reduziert sie wieder auf den normalen Wert.)

Betrachten wir jetzt das übersichtige Auge. Seine Brechkraft ist im entspannten Zustand zu gering, sagen wir, nur 57 Dioptrien. Um die normale Stärke von 60 Dioptrien zu haben, müssen Sie mit dieser Weitsichtigkeit schon (um 3 Dioptrien) akkommodieren, um ferne Gegenstände sehen zu können (Abb. 6.3a). Die größte durch Akkommodation zu erreichende Brechkraft ist jedoch 61 Dioptrien, und da das nur eine Dioptrie mehr ist als das, was Sie als Übersichtiger zum Betrachten ferner Gegenstände brauchen, liegt der Nahpunkt bei 1 m (Abb. 6.3b und c). Sie brauchen dann alle Akkommodationsfähigkeit, um Objekte in dieser Entfernung zu sehen, und können nichts Näherliegendes scharf sehen.

Für ein weitsichtiges Auge ist das Heilmittel eine Sammellinse, die die Brechkraft um drei Dioptrien erhöht und also bei voller Akkommodation die normalen 64 Dioptrien ergibt. Die Verschreibung für die Brille heißt also $+3$ Dioptrien. Schauen wir uns an, wie eine solche Linse auf einen Gegenstand im normalen Nahpunkt von 25 cm wirkt. Sie erzeugt in 1 m Entfernung, wo das übersichtige Auge es sehen kann, ein virtuelles Bild. (Betrachten Sie dazu Abbildung 6.3d und

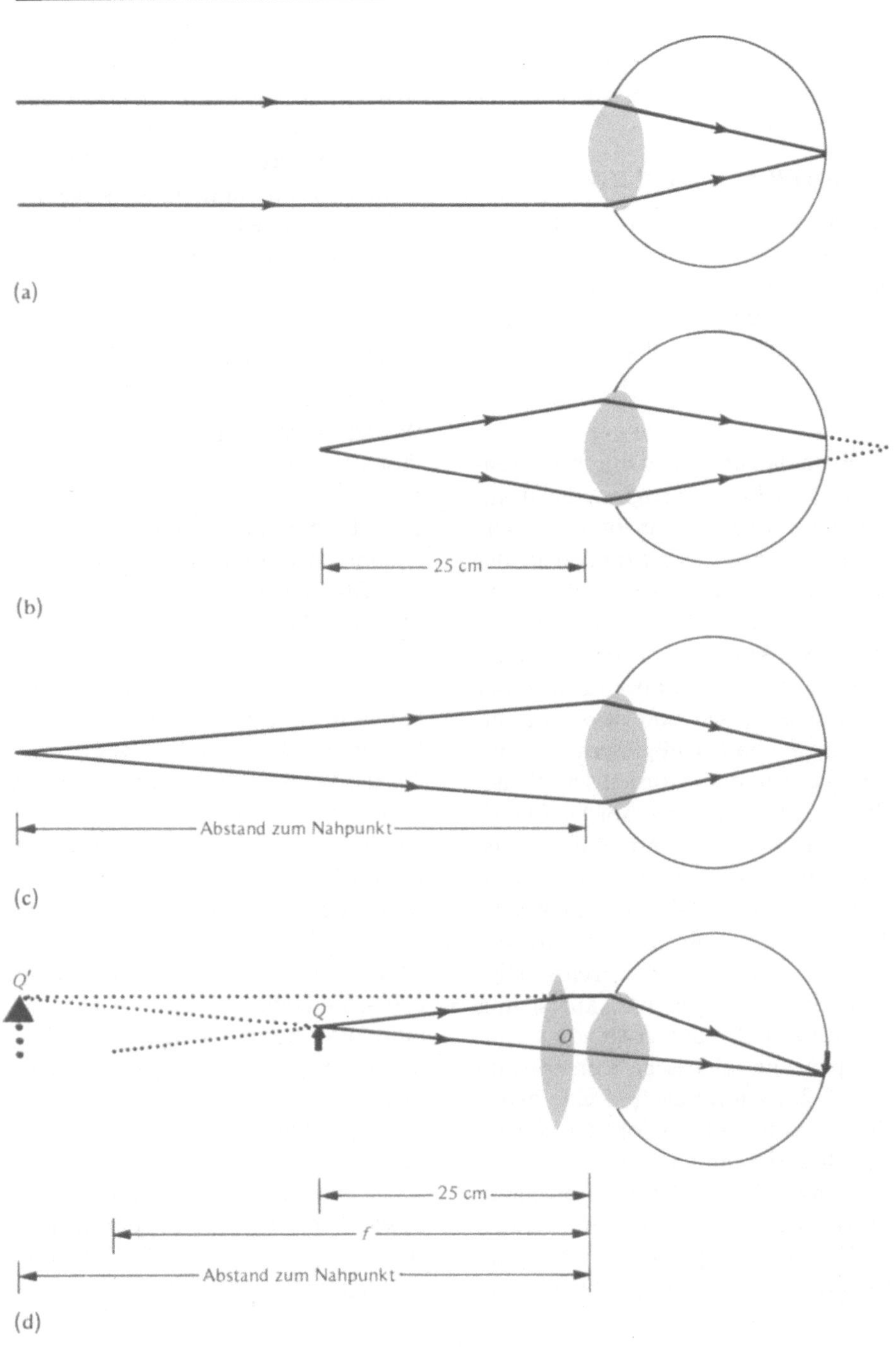

(a)

(b)

(c)

(d)

6.3 Das übersichtige Auge (a) auf ein unendlich fernes Objekt akkommodiert, (b) voll akkommodiert auf ein Objekt in 25 cm Entfernung, (c) akkommodiert auf ein Objekt im Nahpunkt, (d) korrigiert und akkommodiert; das Objekt hat 25 cm Abstand, scheint aber im Nahpunkt zu sein

bys, alter Mann) hindert ein sonst normales Auge daran, nahe Gegenstände scharf zu sehen. In seinem Gedicht › Typisch optisch ‹ schreibt John Updike:

In den Tagen der Jugend, mit dem Sinn
  beim Flanieren,
zeichnete ich mit der Nase grad über den
  Papieren,
aber jetzt, wo das Leben eher hart und
  schon später,
seh ich nichts scharf, das näher als ein
  Meter.

Das alternde Auge braucht dann möglicherweise eine Brille für die Fernsicht und eine zum Lesen. Oft werden in einer ZWEISTÄRKENBRILLE zwei Linsen kombiniert, wobei die Lesebrille die untere Hälfte der Fassung einnimmt (denn zum Lesen schaut man meistens nach unten). Man kann die Linsen heute so schleifen, daß die beiden Hälften allmählich ineinander übergehen und dadurch die auffällige Grenzlinie verschwindet.

Schon Ende des dreizehnten Jahrhunderts wurde die Übersichtigkeit mit Sammellinsen korrigiert. Erst etwa anderthalb Jahrhunderte später, im fünfzehnten Jahrhundert, fanden Konkavlinsen für das häufiger vorkommende kurzsichtige Auge weitere Verbreitung, und wieder erst etwa ein Jahrhundert später begann man zu verstehen, wie diese Linsen dem Auge helfen.

6.2.2 *Brillen mit zylindrischem Schliff*

Ein weiterer häufiger Augenfehler, der ASTIGMATISMUS, tritt dann auf, wenn die Hornhaut nicht sphärisch, sondern in einer Richtung stärker gekrümmt ist als in anderen. Dadurch

versuchen Sie, den Strahlengang zu konstruieren.)

Da das akkommodierte übersichtige Auge ohne Hilfsmittel ferne Gegenstände scharf sieht, spricht man von › Weitsichtigkeit ‹. Diese Bezeichnung ist jedoch irreführend, wenn das Auge nicht richtig akkommodieren kann, wie es bei älteren Menschen oft vorkommt. Im Alterungsprozeß lagern sich auf der Augenlinse flachere Schichten ab (Abb. 5.9), die nicht nur die Brechkraft der Augen reduzieren (und dadurch die Kurzsichtigkeit verringern), sondern auch das Innere der Linse von den Augenflüssigkeiten trennen, die die Linse feucht halten. Der ältere innere Linsenkern wird dann weniger biegsam und geschmeidig, und das Auge kann weniger gut akkommodieren. Diese ALTERSSICHTIGKEIT oder PRESBYOPIE (griech. *pres-*

6.4 Test auf Astigmatismus. Schließen Sie ein Auge und schauen Sie (ohne Brille oder Kontaktlinsen) auf diese Abbildung. Halten Sie die Figur so nahe an das Auge, daß alle Linien verschwommen sind. Entfernen Sie sie dann langsam, bis eine Liniengruppe scharf ist und die anderen noch verschwommen sind. (Wenn zwei benachbarte Gruppen gleichzeitig scharf sind, drehen Sie die Figur, bis eine wieder verschwimmt. Wenn alle gleichzeitig scharf sind, haben Sie keinen Astigmatismus.) Das ist dann der Nahpunkt für eine Gerade in Richtung derjenigen Linien, die Sie jetzt scharf sehen. Bewegen Sie das Muster weiter weg, bis Sie die Geraden scharf sehen, die zu der ersten Gruppe senkrecht sind. (Die erste Gruppe bleibt möglicherweise nicht scharf.) So finden Sie den Nahpunkt für eine Gerade, die senkrecht ist zur ursprünglichen Gruppe. Da die beiden Brennpunkte verschieden sind, ist die Brennweite für Strahlen parallel und senkrecht zur ersten Gruppe verschieden. Wiederholen Sie den Versuch mit Ihrer Brille oder Kontaktlinsen und überprüfen Sie so, ob Ihr Astigmatismus korrigiert ist

ist die Brennweite des astigmatischen Auges für Strahlen einer Ebene anders als für die der dazu senkrechten Ebene. Das Auge kann sich dann zum Beispiel nicht gleichzeitig auf die horizontalen und vertikalen Sprossen eines Fensterkreuzes einstellen. Mit Hilfe von Abbildung 6.4 ist ein Astigmatismus leicht festzustellen. (Der Unterschied der Brennweiten tritt bei diesem Augenfehler überall im Gesichtsfeld auf. Das unterscheidet ihn

6.5 Zylinderlinse. Die in der horizontalen Ebene liegenden Strahlen 1 und 2 werden zur Konvergenz gebracht. Die Strahlen 3 und 4 in einer senkrechten Ebene werden kaum beeinflußt

von dem in Abschnitt 3.5.4 behandelten Bildfehler, der leider auch den Namen Astigmatismus trägt.)

Die in Abschnitt 4.4.2 beschriebenen anamorphotischen Linsen sind dicke Linsen. Warum eignet sich eine dünne Linse mit Augenfehler-Astigmatismus nicht als anamorphotische Linse?

Astigmatismus wird durch Verwendung einer Linse korrigiert, die Strahlen einer Ebene sammelt (oder zerstreut), während sie Strahlen in der dazu senkrechten Ebene nicht beeinflußt. Eine solche Linse ist eine ZYLINDERLINSE (Abb. 6.5), die in einer Richtung gekrümmt ist, aber nicht in der dazu senkrechten und also aussieht, als ob sie von einem gläsernen Zylinder abgeschnitten worden sei. (SEHEN SIE SELBST durch eine solche Linse!) Der Augenarzt verschreibt eine Brille mit einer zylindrisch geschliffenen Linse und gibt dabei an, in welche Richtung der Zylinder orientiert sein soll. Wenn ein Auge gleichzeitig astigmatisch und, sagen wir, kurzsichtig ist, verschreibt der Augenarzt zum Beispiel eine sphärische Komponente von $-2{,}5$ Dioptrien und eine zylindrische von $-0{,}75$ Dioptrien mit einer Orientierung von $10°$.

Man hat behauptet, El Greco müsse erheblich astigmatisch gewesen sein und die Welt habe für ihn stark verzerrt ausgesehen; deshalb habe er die

›gestreckten‹ Gestalten gemalt, für die er so berühmt ist. Dies ist aber ein Trugschluß, denn sein Astigmatismus hätte ihm auch seine Bilder langgezogen erscheinen lassen; seine Figuren hätten für ihn nur dann wie seine Modelle ausgesehen, wenn sie auch wirklich dieselbe Form gehabt hätten.

Eine Zylinderlinse

Wie SIE SELBST SAHEN (Abschnitt 3.4.1), läßt sich ein zylindrischer, geradwandiger Glasbehälter, ein Marmeladen- oder Einmachglas zum Beispiel, als Zylinderlinse verwenden. Füllen Sie das Glas zur Hälfte mit Wasser, verschließen Sie es fest und legen Sie es auf die Seite. Die obere Wasserfläche ist dann die flache Seite einer plankonvexen Linse und die untere (gekrümmte) Fläche die konvexe. Halten Sie die Linse in etwa 50 cm Abstand über diese Buchseite und schauen Sie durch sie hindurch auf die Schrift. Halten Sie die Linse still und drehen Sie die Seite. Ersetzen Sie die Buchseite auch durch andere Objekte, zum Beispiel einen Bleistift. Versuchen Sie, alle Unregelmäßigkeiten im Glas zu ignorieren, dann haben Sie einen Eindruck davon, was ein astigmatisches Auge sieht.

Halten Sie die Linse etwa 50 cm über einen Bogen Millimeterpapier (oder anderes kariertes Papier). Was passiert mit den Linien, die parallel zum Glasgefäß laufen? Und mit den senkrechten Linien? Warum?

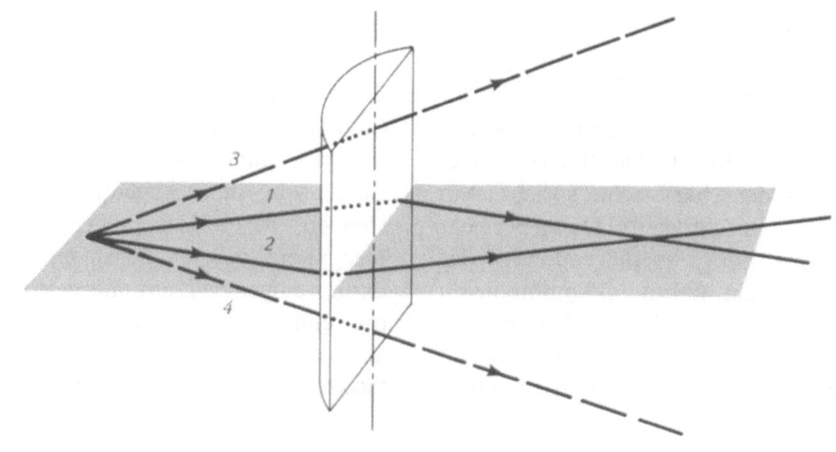

Versuchen Sie, mit Hilfe der Linse ein Linienbild der Sonne (wenn sie über Ihnen steht) oder einer hochhängenden Glühlampe auf ein Blatt Papier zu werfen. Bewegen Sie die Linse auf und ab, bis die Linie so scharf ist wie nur möglich, und messen Sie die Entfernung zum Papier (die Brennweite der zylindrischen Linse) in Metern. Bestimmen Sie die Brechkraft der Linse in Dioptrien. Wäre die Brechkraft größer oder kleiner, wenn das Glas einen anderen Durchmesser hätte? Wiederholen Sie den Versuch mit einem anderen Glasbehälter.

6.2.3 Kontaktlinsen

KONTAKTLINSEN korrigieren Sehfehler im wesentlichen wie Brillen, aber es gibt einige optische Unterschiede. Diese Linsen werden in direktem Kontakt mit der Hornhaut getragen, und daher rührt ihr Name. Das Auge sieht das Bild im selben (durch den Zentralstrahl festgelegten) Winkel, wie es den Gegenstand ohne Linse sehen würde, so daß das Bild in beiden Fällen dieselbe Größe hat. Dagegen ist das Auge hinter einer Brille etwas von der Linse entfernt, und dadurch scheint das Bild eine andere Größe zu haben als das Objekt. (Halten Sie eine Brillenlinse oder eine Kontaktlinse einige Zentimeter vom Auge entfernt und betrachten Sie durch sie hindurch einen Gegenstand, der nicht ganz von der Linse verdeckt ist, so daß Sie die Größe von Gegenstand und Bild vergleichen können.)

STUDIER & SPEKULIER

Warum läßt die Sammellinse das Bild größer erscheinen? Verfolgen Sie den Strahlengang zweier Linsen, von denen eine die Sammellinse darstellt und die andere die Ihres Auges.

Diese Vergrößerung (beim übersichtigen Auge) und Verkleinerung (beim kurzsichtigen Auge) ist meistens unwesentlich und selten ein Grund zur Anschaffung von Kontaktlinsen. (Wenn Sie erstmals starke Brillen aufsetzen, mag die Welt größer oder kleiner erscheinen und sich bei Augenbewegungen scheinbar verschieben. Das Gehirn kompensiert diesen Effekt jedoch sehr bald.)

Während die Orientierung der astigmatischen Korrektur bei einer Brille ganz wesentlich ist, kann eine sphärische Kontaktlinse Astigmatismus selbst dann korrigieren, wenn nicht immer derselbe Punkt oben ist. Kontaktlinse, Hornhaut und die Tränenflüssigkeit, die den Raum dazwischen füllt, haben nämlich alle etwa

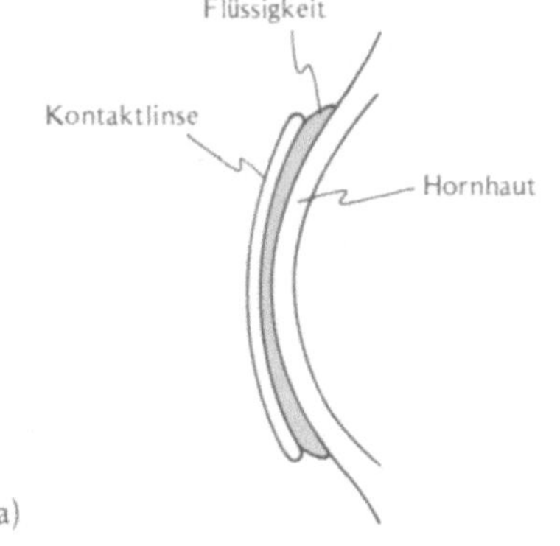

gleiche Brechzahl. Daher wird das Licht nur an der vorderen Fläche der Kontaktlinse gebrochen (Abb. 6.6). Da diese Fläche sphärisch ist, zeigt sie keinen Astigmatismus. (Weiche Kontaktlinsen sind zu biegsam und können Astigmatismus nicht korrigieren, harte Kontaktlinsen dagegen korrigieren gut.)

Da sich die Kontaktlinsen mit den Augen bewegen, kann man nicht wie bei Zweistärkenbrillen einfach beim Lesen durch einen Teil der Linse schauen und sonst durch einen anderen. Wenn man jedoch ganz steil nach unten schaut, hält das untere Lid die Bewegung der Kontaktlinse auf, und sie rutscht auf der Hornhaut nach oben. Bifokale Kontaktlinsen nutzen das aus. Der äußere Teil der Linse, der sich über der Pupille befindet, wenn man nach unten schaut, hat eine andere Brechzahl als die Mitte der Linse (die normalerweise über der Pupille ist und beim Aufschauen wieder dorthin zurückkehrt, um sich an die Hornhaut anzuschmiegen).

6.6 (a) Eine Kontaktlinse, die auf der Tränenflüssigkeit der Hornhaut schwimmt. (b) Fotografie einer Kontaktlinse

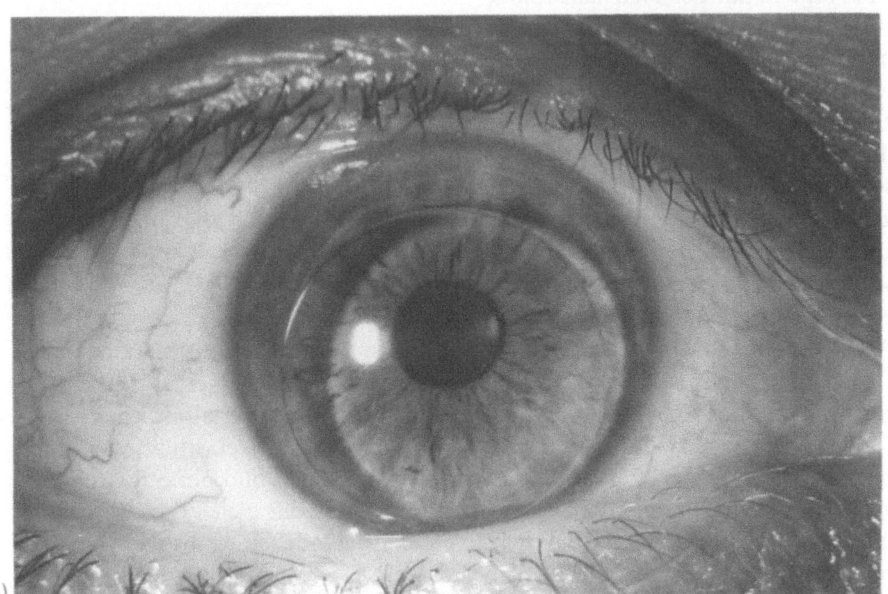
(b)

6.2.4 Die Lupe

Direkt hinter einer Sammellinse (die, wie wir sehen werden, nichts anderes ist als eine Lupe, also ein Vergrößerungsglas) erscheint dem Auge, so haben wir behauptet, das Bild eines Gegenstands in derselben Größe wie der ohne Linse betrachtete Gegenstand (Abb. 6.3d). In Filmen sieht man oft Detektive, die die Lupe mit ausgestrecktem Arm halten. In diesem Fall erscheint das Bild tatsächlich größer als das Objekt. Aber es ist nicht die beste Art, eine Lupe zu halten. Man erhält das größte Netzhautbild, wenn das Auge so nahe an der Lupe ist, daß sie nicht vergrößert. Dieses Paradoxon erklärt sich daraus, daß die Lupe es ermöglicht, Gegenstände sehr nahe ans Auge zu bringen und sie immer noch scharf zu sehen. Die Objekte scheinen dann groß, weil sie einen großen Winkel ausfüllen. Ohne Lupe müßten sie weiter entfernt sein, um scharf gesehen zu werden, und würden damit auf der Netzhaut ein kleineres Bild ergeben.

Sehen wir uns dies genauer an. In Abbildung 6.7a ist der Gegenstand im Nahpunkt des normalen Auges, 25 cm vor dem Auge. Das Abbild auf der Netzhaut ist allein durch den Zentralstrahl festgelegt (wir wissen ja, daß das Auge es auf der Netzhaut fokussiert). In Abbildung 6.7b wird mit einer Lupe (mit einer Brennweite von weniger als 25 cm) auf der Netzhaut ein größeres Bild erzeugt. Hier liegt das Objekt in der Brennebene der Linse, und folglich sind die aus der Lupe austretenden Strahlen parallel, wenn sie ins Auge fallen. Solche Strahlen sieht das entspannte Auge scharf. Wie zuvor legt schon der Zentralstrahl das Abbild auf der Netzhaut fest. Weil der Gegenstand näher ist, bildet der Zentralstrahl mit der Achse in Abbildung 6.7b einen größeren Winkel als in Abbildung 6.7a, und das Netzhautbild ist größer. Die Lupe hat ihren Zweck erfüllt. (SEHEN SIE SELBST, wie Sie mehrere ungewöhnliche Lupen herstellen können.)

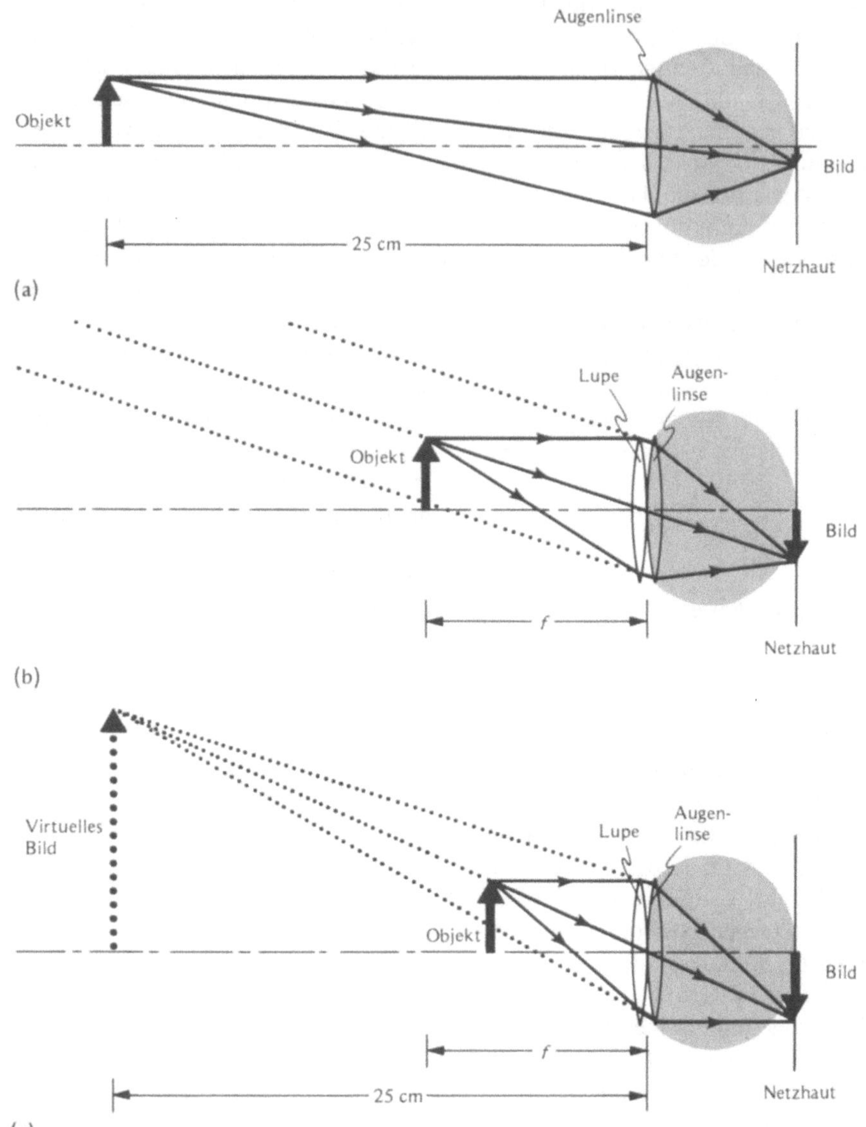

6.7 (a) Ein normales, bloßes Auge mit dem Objekt im Nahpunkt. (b) Auge mit Lupe, Bild im Unendlichen. (c) Auge mit Lupe, Bild bei 25 cm. Vergleichen Sie die relative Größe der Netzhautbilder. Die zusammengesetzte Augenlinse wird in dieser Abbildung als dünne Linse behandelt

Die VERGRÖSSERUNG oder VERGRÖSSERUNGSKRAFT einer Linse wird meistens als Verhältnis der Bildgrößen in den zwei Situationen (also Sehwinkel mit und ohne Instrument) angegeben, das gleich dem Verhältnis der Abstände ist:

$$\text{Vergrößerung} = 25/f \quad (f \text{ in cm}) \; .$$

Wenn zum Beispiel der Wert für f 100 mm oder 10 cm beträgt, hat die Linse eine Vergrößerung von $25/10 = 2{,}5$. Wir schreiben dies als $2{,}5 \times$.

Die Vergrößerung ist etwas stärker, wenn das Objekt näher ist als der Brennpunkt, und zwar dort, wo es ein 25 cm vom Auge entferntes virtuelles Bild erzeugt (Abb. 6.7c). Das Auge kann dieses virtuelle Bild durch Akkommodation scharf sehen. Das ermüdet stärker als das Betrachten paralleler Strahlen, ergibt aber ein größeres Netzhautbild als das in Abbildung 6.7b. Die Vergrößerung ist dann (um 1) größer als in der obigen Formel angegeben. (So vergrößert unsere 2,5 × Lupe, so verwendet, tatsächlich um das 3,5fache. Natürlich soll das Auge immer so nahe wie möglich an der Linse sein und damit möglichst nah am virtuellen Bild.)

Dasselbe Prinzip läßt sich bei Nahaufnahmen auf Fotoapparate anwenden. Eine Nahlinse für Großaufnahmen ist nichts anderes als eine Lupe und erlaubt die Scharfeinstellung sehr naher Objekte. Wie das Auge fokussiert die Kamera das von dem Vergrößerungsglas erzeugte virtuelle Bild. Wenn Sie das Objekt an den Brennpunkt des Vergrößerungsglases setzen, müssen Sie die Kamera auf unendlich einstellen.

Im Prinzip kann man durch Verwendung sehr kurzer Brennweiten das Bild auf der Netzhaut (oder dem Film) beliebig stark vergrößern. Im allgemeinen fallen jedoch bei Vergrößerungen von mehr als 5 × Linsenfehler sehr ins Gewicht. Wenn genug Licht vorhanden ist, können wir, wie schon gesagt, diese Aberrationen durch Abblenden oder durch die Verwendung von Linsen mit kleinerem Durchmesser verringern. Genau dies erreichte van Leeuwenhoek (1632 – 1723) mit seinen ersten ›Mikroskopen‹; seine Linsen hatten die Größe von Nadelköpfen, waren mit unglaublichem Geschick geschliffen und hatten Brennweiten von nur $1\frac{1}{4}$ mm und eine Vergrößerung von 200 × ! Bei guter Beleuchtung und sorgfältiger Montage dieser winzigen Linsen und der Präparate konnte er Spermatozoen und andere ›winzige Tiere‹ sehen. Er öffnete die Welt der Mikroskopie mit einem ›Mikroskop‹, das insgesamt etwa fünf Zentimeter maß. Moderne Mikroskope sind größer und enthalten mehr als eine Linse. Das zusammengesetzte Mikroskop wurde übrigens schon vor Leeuwenhoeks Geburt erfunden. Leeuwenhoeks Linsen aber waren denen der Konkurrenz so überlegen, daß er mit seinem einfachen Vergrößerungsglas bessere Ergebnisse erhielt.

SEHEN SIE SELBST

Eine Lupe aus Wasser

Eine kugelförmige Glasflasche wird zu einer dicken Linse, wenn Sie sie ganz mit Wasser füllen (Abschnitt 3.4.1 und 3.4.2) und zu einer plankonvexen, wenn Sie wie beim SEHEN SIE SELBST zu Abschnitt 6.2.2 verfahren. (Ein Weinglas gefällt uns außer durch den Inhalt deswegen so gut, weil die durch den Wein gebildete Kugellinse in einem Glas mit rundem Boden Bilder der Beleuchtungskörper, also zum Beispiel der Kerzen, auf das Tischtuch wirft. Versäumen Sie nicht, wenn Sie das nächste Mal Wein trinken und wie ein richtiger Weinkenner seine Farbe zu beurteilen vorgeben, durch den Wein hindurch das umgekehrte Bild des Zimmers zu betrachten.)

Kugelförmige Glasflaschenlinsen konzentrieren Kerzenlicht auf einen Punkt und wurden früher bei Feinarbeiten, wie etwa der Spitzenklöpplerei oder in der Schusterwerkstatt, viel verwendet (Abb. 6.8). Unter der Überschrift ›Wie man mit einer Kerze ein helles, dem Sonnenschein ähnliches Licht erzeugen kann‹ beschreibt 1651 ein John White einen solchen Kerzenlichtkondensor. Runde Wasserflaschen im offenen Fenster haben gelegentlich ein Feuer entfacht, wenn die Sonne gerade richtig stand. In Jules Vernes Buch ›Die geheimnisvolle Insel‹ stranden die Helden auf einer einsamen Insel, natürlich ohne Streichhölzer. Sie machen sich ein Linse, indem sie zwischen die Glasdeckel zweier Taschenuhren Wasser füllen. Diese Linse dient ihnen als Brennglas und entzündet ein Feuer.

Auch der Wassertropfen, der an einer Pipette hängen bleibt, wirkt als gute Linse. Wenn Sie diesen Tropfen vor eine bedruckte Seite halten, können Sie seine Brennweite messen – es ist, ungefähr, die größte Entfernung von der Seite, aus der Sie ein aufrechtes Bild sehen. (Das Bild kann so klein sein, daß Sie es mit einer Lupe betrachten müssen.) Ihr Tropfen ist vermutlich größer als die Linsen, mit denen Leeuwenhoek arbeitete; das vermittelt ein Gefühl für die Schwierigkeiten, die er zu bewältigen hatte. (Sie können die Brennweite auch mit der Methode des Versuchs SEHEN SIE SELBST zu Abschnitt 3.4.2 messen.)

6.8 Eine ›Schusterkugel‹ konzentriert das Licht einer Kerze auf den Arbeitsplatz eines Schusters

Sie erhalten einen etwas größeren Tropfen, wenn Sie mit einer Bleistiftspitze ein Stück Aluminiumfolie oder ›Goldpapier‹ durchstechen und den Bleistift dann drehen, bis ein einigermaßen rundes Loch mit etwa 5 mm Durchmesser entstanden ist. (Sie können es auch mit einem Bürolocher lochen.) Wenn Sie etwas Wasser auf dieses Loch gießen, bildet sich ein Wassertropfen, der wie eine Lupe wirkt. (Eine Drahtschlinge mit diesem Durchmesser tut es auch.) Wenn Sie durch den Tropfen schauen, können Sie die Brennweite und die Brechkraft abschätzen. Die Brennweite ist wahrscheinlich ziemlich klein (etwa 1,5 cm), der Tropfen vergrößert also etwa um den Faktor 16.

Eine größere Wasserlinse können Sie dadurch herstellen, daß Sie das Wasser am Boden einer kugeligen Schüssel gefrieren lassen. Das Wasser gefriert von außen nach innen, deshalb sammeln sich die weniger schnell gefrierenden Verunreinigungen innen und bilden Buckel und Risse, so daß die Linse ziemlich unklar wird und das Licht eher streut als sammelt. Wenn Sie das Wasser langsam gefrieren lassen und die Schale aus dem Gefrierfach nehmen, bevor das Wasser ganz gefroren ist, erhalten Sie eine einigermaßen klare Linse. Die kurze Zeit, bevor die Linse taut und alles naß macht, reicht aus, um zu bestätigen, daß die Linse sammelt und vergrößert, und um Brechkraft und Brennweite abzuschätzen. Es ist sehr schwer, mit Hilfe einer Eislinse ein leidlich brauchbares Bild zu erhalten, aber vielleicht gelingt es Ihnen, die Sonnenstrahlen so zu konzentrieren, daß Sie ein Brennglas erhalten. Richard Adams beschreibt in ›Das Mädchen auf der Schaukel‹ etwas Ähnliches:

Du weißt nicht, was ein Eisbrand ist? Ich werd's dir zeigen. Oben im Norden kommt es manchmal vor, daß sich im Winter genau auf der Rundung einer Hügelkuppe Eis bildet. Wenn dann die Sonne scheint, wird das Eis so etwas wie ein Vergrößerungsglas, so daß die Sonne all das Gras und die Heide darunter verbrennt. Später schmilzt das Eis, und den ganzen Frühling hindurch bleibt der Hügel kahl, bis dann neues Gras nachwächst.... Es ist das Eis, das verbrennt, das letzte, wovon man annehmen würde, es könnte etwas verbrennen, und doch tut es das, nicht wahr?

6.3 Mikroskope

Im Mikroskop dient das Vergrößerungsglas nicht zur direkten Beobachtung des Objekts, sondern zur Betrachtung eines von einer anderen Linse erzeugten reellen Bildes. Abbildung 6.9 stellt ein vereinfachtes Mikroskop dar. (Sehen Sie selbst (nach Abschnitt 6.4.2), wie Sie eines herstellen können.) Die erste Linse wird Objektiv genannt, weil sie dem Objekt PQ am nächsten ist. Sie erzeugt ein reelles Bild $P'Q'$, das Zwischenbild. Der Beobachter sieht dieses Bild durch ein Vergrößerungsglas, das Okular. Damit die Augenmuskeln sich beim Betrachten nicht anstrengen müssen, verlassen die Strahlen das Okular parallel. Der Abstand des

6.9 Das Mikroskop (a) mit größerer, (b) mit kleinerer Objektivbrennweite und damit stärkerer Vergrößerung. Alle von Q ausgehende Strahlen, die zwischen den gestrichelten Linien liegen, erreichen das Objektiv. Bemerkung: Wir verwenden hier die zur Bildkonstruktion getroffene Übereinkunft, daß das Zwischenbild als Quelle neuer Strahlen aufgefaßt wird, die nicht unbedingt die Fortsetzung der dort gesammelten Strahlen sind. Strahl 2′ hat eigentlich seinen Ursprung bei Q und läuft durch das Objektiv, bevor er Q' erreicht. Wenn das Objektiv hinreichend groß ist, gibt es einen solchen Strahl auch wirklich. Da uns nur der Ort des Bildes oder, in diesem Fall, die Richtung des Strahls interessiert, der vom Okular kommt, ist es uns nicht wichtig, ob der Strahl 2′ existiert oder nicht. Wir tun einfach so, als ob er in Q' entstünde – wir behandeln das Zwischenbild als neues Objekt. (Eine Feldlinse würde bewirken, daß Strahl 2 zu Strahl 2′ wird – siehe Abschnitt 6.6.1)

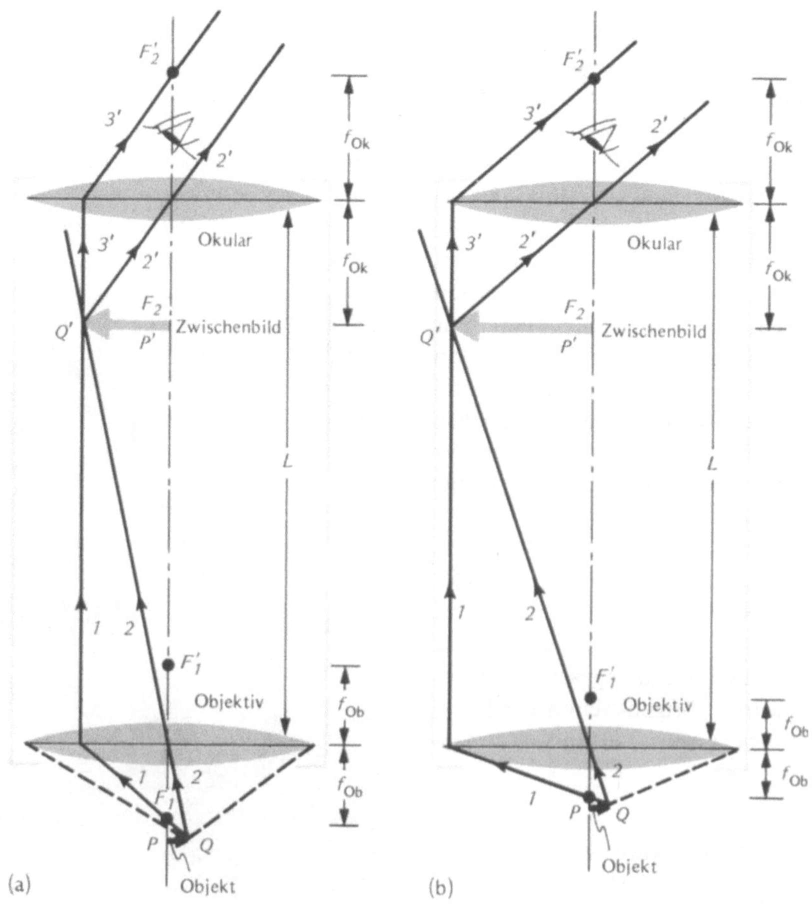

Okulars vom Zwischenbild muß deshalb gleich der Brennweite f_{Ok} sein, wie die Abbildung verdeutlicht. (Beachten Sie auch die wichtige Bemerkung in der Abbildungslegende.) Um alles Streulicht auszuschalten, werden die beiden Linsen mit einer Röhre umgeben. Manchmal setzt man ein FADENKREUZ oder eine dünne Glasplatte mit einer geeichten Skala in die Ebene des Zwischenbildes. So kann die Größe der im Mikroskop beobachteten Gegenstände bestimmt werden.

Beide Linsen des Mikroskops vergrößern also. Wie bei jeder Lupe ist die Vergrößerung des Okulars um so stärker, je kürzer seine Brennweite ist. Die Vergrößerung des Objektivs wird durch die Größe des Zwischenbildes im Vergleich mit der des Objekts bestimmt. Die Lage des Zwischenbildes liegt fest, denn es muß in der Brennebene des Okulars liegen, und der Abstand der Linsen beträgt üblicherweise etwa 18 cm, damit der Beobachter aus bequemer Höhe beobachten kann. Man sieht an dem Zentralstrahl 2, wie ein größeres Bild in dieser Lage bedeutet, daß das Objekt näher am Objektiv ist. Dies läßt sich mit einem Objektiv kleinerer Brennweite f_{Ob} erreichen (Abb. 6.9b). Wenn die Vergrößerung stärker sein soll, müssen also f_{Ob} und f_{Ok} beide kleiner sein.

Bei gleichem Durchmesser bedingt kleinere Brennweite eine kleinere f-Zahl und folglich größeres Lichtsammelvermögen. Das sieht man, wenn man den Kegel der Strahlen verfolgt, die vom Objektpunkt Q ausgehen und in die Objektivlinse eintreten. (Vergleichen Sie die Abbildungen 6.9a und 6.9b.) Kleinere f-Zahlen bedeuten auch geringere Schärfentiefe. Das ist oft vorteilhaft, wenn man verschiedene Schichten eines transparenten Objekts untersuchen will, weil man dann die jeweils interessierende Schicht scharf einstellen kann. Dabei geht jedoch die Dreidimensionalität verloren, denn man kann nicht mehrere Ebenen gleichzeitig untersuchen.

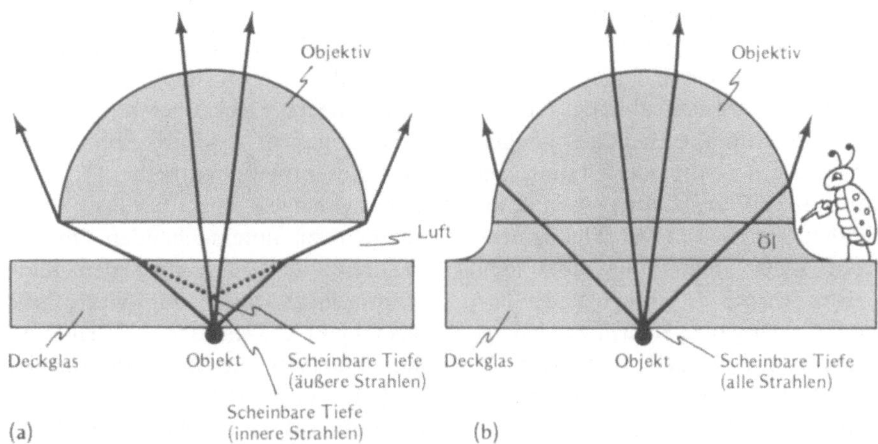

6.10 Das Objektiv des Immersionsmikroskops (a) ohne Öl, (b) mit Öl

6.3.1 Dunkelfeld- und Immersionsmikroskopie

Weil das Objekt nahe an einem Objektiv mit kurzer Brennweite sein muß, bleiben für das Objekt und die bei Spezialverfahren benötigten Hilfsmittel nur wenig Raum. Da gute Beleuchtung Platz braucht, beleuchtet man zum Beispiel in der DUNKELFELDMIKROSKOPIE das Objekt nur von den Seiten her. Man sieht dann im Mikroskop vor einem dunklen Hintergrund jene Teile des Objekts, die Licht streuen (die Zellwände zum Beispiel).

Wenn andererseits so viel Licht wie möglich durch das Mikroskop hindurchkommen soll, auch das, was in großem Winkel zur Achse des Mikroskops aus dem Objekt austritt, dann muß der Raum zwischen dem Objekt und der Linse klein sein. Das schafft ein neues Problem: Lichtstrahlen werden gebrochen, wenn sie das Deckglas des Objektträgers verlassen und in Luft eintreten (Abb. 6.10a), und Strahlen, die unter verschiedenen Winkeln austreten, werden verschieden stark gebrochen. So werden die inneren Strahlen, die fast senkrecht aus dem Deckglas austreten, sehr wenig gebrochen; sie scheinen von einem Punkt nahe am eigentlichen Objekt herzukommen. Die äußeren Strahlen, die in einem größeren Winkel austreten, werden stärker gebrochen und scheinen aus einer anderen, höheren Schicht zu kommen. Diese und alle dazwischenliegenden Strahlen scheinen also aus einem ganzen Tiefenbereich zu stammen; dadurch entsteht ein verwaschenes Bild. (Das flache Deckglas verhält sich also wie eine Linse mit sphärischer Aberration!) Das IMMERSIONSMIKROSKOP löst dieses Problem, indem es den Luftraum mit Öl füllt. Die Brechzahl dieses Öls gleicht der des Linsenglases, und dadurch ist das Objekt gleichsam in das Glas der Linse eingebettet. Das Licht vom Objekt wird nur durch die zweite Linsenoberfläche gebrochen (Abb. 6.10b); so vermeidet man eine Unschärfe, die sonst entsteht, wenn eine Linse nahe am Objekt ist.

6.3.2 Rastermikroskope

In vielen uns vertrauten Fällen entsteht ein Bild durch Abtasten. So sahen wir in Abschnitt 5.2, wie das menschliche Auge die Welt abtastend wahrnimmt. Auch der Schlitzverschluß (Abschnitt 4.5.1) ist ein Beispiel dafür: der Schlitz bewegt sich am Film vorbei und belichtet das Bild streifenweise und nicht auf einmal. Ähnlich wird beim Fernsehen nicht das ganze Bild auf den Schirm geworfen, sondern ein Elektronenstrahl trifft nacheinander auf einzelne Punkte des fluoreszenten Schirms und erzeugt einen winzigen Fleck, dessen Helligkeit von der Zahl der auftreffenden Elektronen abhängt. Diese Zahl und damit die Helligkeit hängen von dem am Schirm der Braunschen Röhre eines Fernsehapparats ankommenden Signal ab. Der Elektronenstrahl läuft viele Male über den Schirm, wobei er immer tiefer beginnt, bis der ganze Schirm von einem Linienraster bedeckt ist. Jeder Rasterpunkt hat dann eine ganz bestimmte Helligkeit, während der Schirm insgesamt das volle Bild zeigt. (SIE SAHEN ES SELBST in Abschnitt 4.5.1.) Auch in der Mikroskopie finden ähnliche Abtastverfahren Verwendung.

Ein Beispiel eines Rastermikroskops ist das ABTASTMIKROSKOP, das aus zwei Braunschen Röhren und einem umgekehrten Mikroskop besteht (Abb. 6.11). Die erste Röhre weist in die Richtung, in die normalerweise das Auge des Betrachters schaut. Auf Ihrem Bildschirm läuft ein gleichmäßig heller Fleck über das Raster. Das umgekehrte Mikroskop fokussiert diesen bewegten hellen Fleck zu einem winzigen Punkt (›Mikrofleck‹) auf dem zu untersuchenden Objekt. Während der Fleck über den Bildschirm läuft, tastet der Mikrofleck das Objekt ab. Auf der anderen Seite des Objekts ist eine einzige Photozelle, die (etwa wie im Belichtungsmesser einer Kamera) die Intensität des Lichts mißt, das von dem Mikrofleck durch das Objekt hindurchgeht. Diese Intensität ändert sich in Abhängigkeit von der Lichtdurchlässigkeit des Teils des Präparats, auf das der Mikrofleck gerade trifft. Der Strom aus der Photozelle steuert so die Intensität des Elektronenstrahls der zweiten Röhre. Dieser Strahl läuft im gleichen Rhythmus wie die erste Röhre (und der Mikrofleck) und erzeugt damit ein Fernsehbild, das dort hell ist, wo das Objekt lichtdurchlässig ist, und dunkel, wo es undurchlässig ist. Der von dem Mikrofleck abgetastete Bereich ergibt das fertige Fernsehbild. Wenn dieser Bereich (durch Verwendung eines starken Mikroskops) sehr klein gehalten wird, kann die Vergrößerung sehr gut sein. Das Besondere ist dabei, daß nur das Licht fokussiert wird, mit dem das Präparat beleuchtet wird – das von ihm ausgehende Licht wird nicht weiter optisch abgebildet.

Wie die einfache Lochkamera (Abschnitt 2.2.2) unterliegen auch die besten optischen Mikroskope Einschränkungen, die, wie in Abschnitt

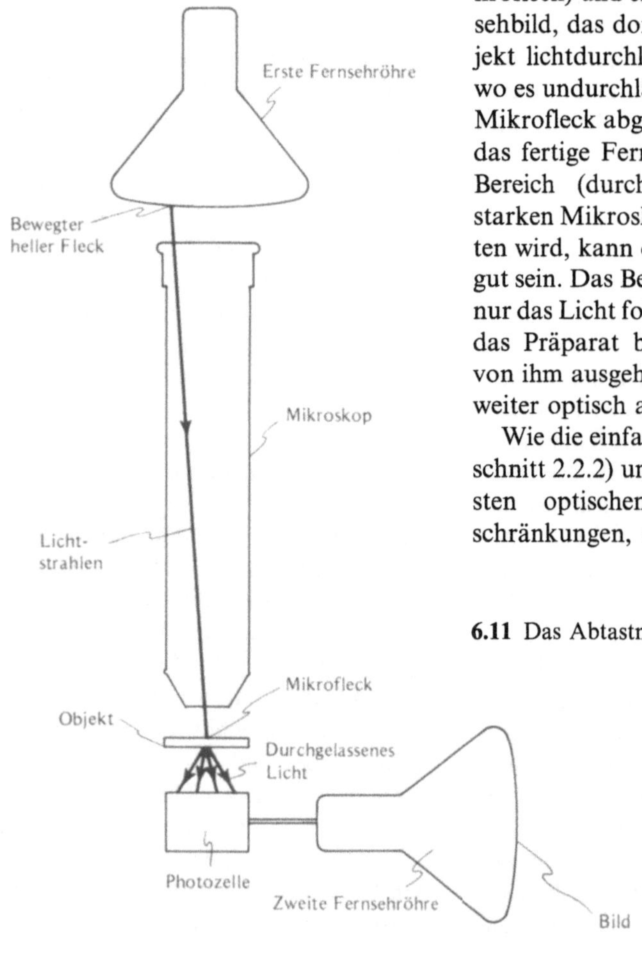

6.11 Das Abtastmikroskop

2.2.2 erwähnt, durch die Wellenlänge des Lichts gegeben sind. Licht läßt sich nicht in einem Fleck sammeln, dessen Ausdehnung viel kleiner ist als die Wellenlänge des Lichts. Zur genauen Betrachtung von Einzelheiten, die kleiner sind als etwa 500 nm, muß man andere Strahlung als sichtbares Licht benutzen. Die ULTRAVIOLETT-MIKROSKOPIE erhält deshalb schärfere Bilder mit Licht, das etwa die halbe Wellenlänge des sichtbaren Lichts hat. Noch besser als UV-Strahlen eignen sich für diesen Zweck Elektronen. Ein ›typischer‹, dafür geeigneter Elektronenstrahl verhält sich, als ob die Elektronen eine Wellenlänge von wenigstens 0,01 nm hätten! (Lesen Sie dazu Abschnitt 15.2.3.) Sie können also in einem viel kleineren Bereich scharfe Bilder entwerfen als sichtbares Licht. Elektronen werden durch Magnetfelder gesammelt, die entstehen, wenn Strom durch Drahtwindungen geschickt wird. Durch entsprechende Bauweise kann man erreichen, daß die von den Magnetfeldern ausgeübten Kräfte die Elektronen so sammeln, wie eine Linse Licht bündelt. (Das erste Elektronenmikroskop mit solchen sogenannten magnetischen Linsen wurde um 1930 in Berlin von dem dafür 1986 mit dem Nobelpreis ausgezeichneten Physiker Ernst Ruska gebaut.)

Wie Licht können auch Elektronen durch ein Objekt hindurchgehen oder reflektiert werden. In dem TRANSMISSIONSELEKTRONENMIKROSKOP werden die Elektronen durch ein Objekt hindurchgeschickt und dann auf einem fluoreszierenden Schirm gesammelt, wo sie, einem Diaprojektor ähnlich, ein vergrößertes Bild erzeugen. Die Elektronen können Objekte unterscheiden, die nur 0,2 bis 0,3 nm Abstand haben – eine Entfernung, die fast so klein ist wie ein Atom! Da die Elektronen nur dann fokussiert werden können, wenn sie alle dieselbe Energie haben, kann man nur dünne Präparate untersuchen, denn die Elektronen würden sonst beim Hindurchgehen zuviel Energie verlieren.

Das RASTERELEKTRONENMIKRO-SKOP ist das Elektronenstrahlanalogon zum optischen Rastermikroskop. Es bündelt Elektronen in einem sehr feinen Strahl, der zeilenweise über das Präparat geführt wird, so wie der Strahl in einer Fernsehröhre. Dieser Taststrahl löst in dem Präparat sogenannte Sekundärelektronen aus (Abb. 6.12), deren Zahl von der Struktur des Präparats an dem Punkt abhängt, an dem der Strahl auftrifft. Sie werden in einem Elektronenkollektor gesammelt. Wie im optischen Rastermikroskop ist weiteres Fokussieren unnötig, und deshalb werden fast alle Sekundärelektronen, ganz unabhängig von ihrer Energie, aufgefangen. Diese Elektronen wiederum steuern genau wie die Fotozelle des Rastermikroskops die Intensität des Strahls einer Fernsehröhre. Auf diese Weise werden Vergrößerungen bis zum 50 000fachen erreicht, jedoch sind ebenfalls solche um mehrere Hundert oder Tausend gebräuchlich. Das liegt daran, daß das Elektronenmikroskop mit einem sehr engen Strahl (und dadurch sehr kleiner wirksamer Öffnung) viel mehr Schärfentiefe hat als das gewöhnliche Lichtmikroskop. Dadurch läßt sich mit ihm die Dreidimensionalität der Objekte viel deutlicher erkennen, als es sonst möglich ist. (Abbildungen 5.11 und 5.13b sind gute Beispiele.)

Das Hauptproblem der Elektronenmikroskopie liegt in der sorgfältigen Vorbereitung des Präparats, die eine hinreichend große Zahl an Sekundärelektronen gewährleisten muß. Bei einem Verfahren wird das Präparat mit Metall überzogen, bei einem anderen wird mit Hilfe von Röntgenstrahlen und einem Ätzverfahren ein räumliches Bild des Objekts in Plastik gewonnen. So mühevoll diese Verfahren auch sind, so haben sie dabei geholfen, die Welt im Allerkleinsten unglaublich realistisch sichtbar zu machen.

6.4 Fernrohre und Teleskope

Wie jedes Gerät, mit dem das Auge direkt beobachten soll, erzeugt das Fernrohr parallele Lichtstrahlen, die vom entspannten Auge auf der Netzhaut gesammelt werden. Da Fernrohre für die Beobachtung entfernter Objekte bestimmt sind, sind auch die einfallenden Strahlen zueinander parallel (oder fast parallel). Ein Fernrohr verwandelt also einfallende Parallelstrahlen in ausfallende Parallelstrahlen, verändert also höchstens den Winkel und die Dichte dieser Strahlen. Die Veränderung des Winkels bewirkt die Vergrößerung. Die größere Dichte der Strahlen vergrößert die Helligkeit des Bildes. (Nach Abschnitt 6.4.2 SEHEN SIE SELBST die Konstruktion einiger Fernrohre.)

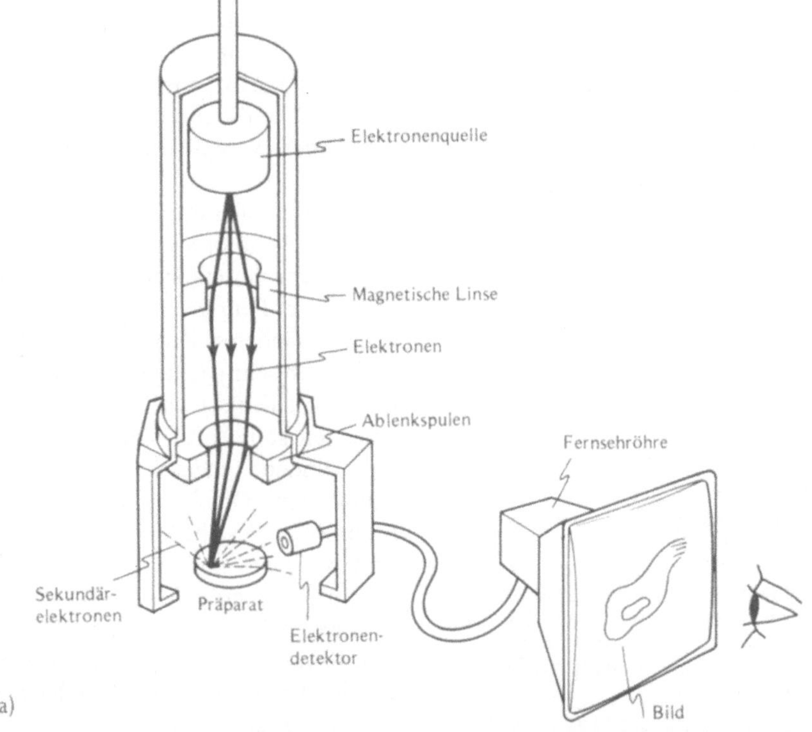

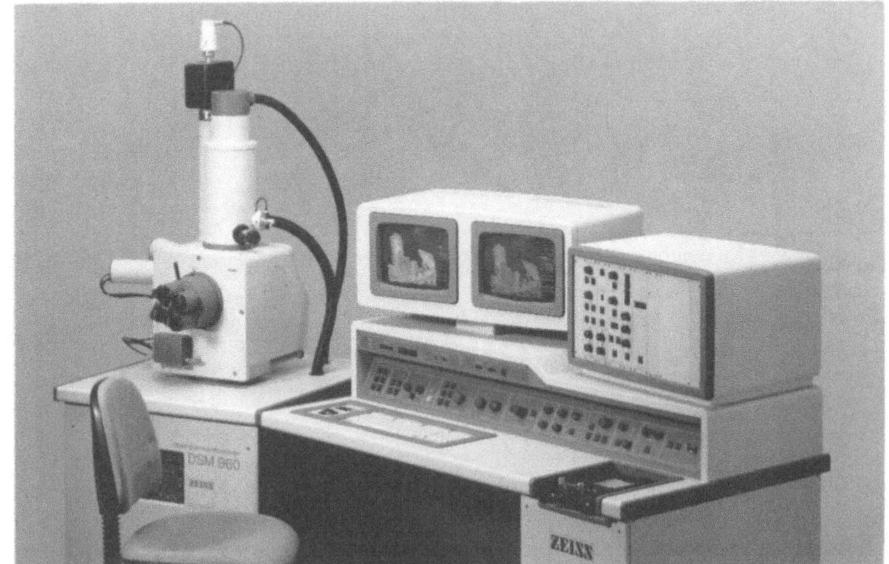

6.12 (a) Schema und (b) Foto eines Rasterelektronenmikroskops

6.4.1 Das Keplersche oder astronomische Fernrohr

Abbildung 6.13 zeigt ein Fernrohr mit zwei Sammellinsen. Wie beim Mikroskop nennen wir die beiden Linsen OBJEKTIV und OKULAR. Die einfallenden Parallelstrahlen werden in der zweiten Brennebene des Objektivs gesammelt. Das dort erzeugte Zwischenbild muß auch in der ersten Brennebene des Okulars liegen, wenn die ausgehenden Strahlen parallel sein sollen. Deshalb muß der Abstand L der beiden Linsen gleich der Summe der beiden Brennweiten $f_{Ob} + f_{Ok}$ sein. Das Bild des Objekts wird vergrößert, wenn die Strahlen das Fernrohr in einem größeren Winkel als dem Einfallswinkel verlassen. Ein Objekt wie der Mond, der für das nackte Auge einen Winkel θ_1 ausfüllt, scheint sich dann über einen größeren Winkel θ_2 auszudehnen.

Die Vergrößerung eines Teleskops ist stark, wenn das Zwischenbild groß

ist und wenn dieses Bild durch ein Okular (Lupe) mit starker Vergrößerung betrachtet wird. Aus Abbildung 6.13 ist zu ersehen, daß das Zwischenbild um so größer ist, je weiter es vom Objektiv entfernt ist, je größer also f_{Ob} ist. Wie eine Lupe vergrößert auch ein Okular mit kürzerer Brennweite f_{Ok} stärker. Es gilt (siehe Anhang J):

Vergrößerung des Fernrohrs
$$= -f_{Ob}/f_{Ok} \; .$$

Das Minuszeichen bedeutet hier, daß das Bild auf dem Kopf steht, wenn beide Brennweiten positiv sind (wie in Abbildung 6.13); das Auge muß nach unten blicken, wenn die Strahlen (wie gezeichnet) von oberhalb der Achse einfallen.

Je größer allerdings die Entfernung des Zwischenbildes vom Objektiv ist, desto mehr verteilt sich das einfallende Licht auf ein größeres und darum lichtschwächeres Zwischenbild. Das ist deshalb sehr nachteilig, weil ein Teleskop oft lichtschwache Objekte beobachten soll; dafür sind seine lichtsammelnden Eigenschaften wichtig. Damit ein Objektiv mit längerer Brennweite dieselbe Helligkeit ermöglicht wie eines mit kürzerer, muß es proportional zur größeren Brennweite einen größeren Durchmesser haben. (Wir erhalten also dieselbe Helligkeit, wenn wir die Blendenzahl

gleich lassen. Die meisten astronomischen Fernrohre dieser Art arbeiten im Bereich zwischen $f/12$ und $f/15$.) Aus diesem Grund wird ein Fernrohr gewöhnlich nicht durch die Brennweite, sondern den Durchmesser seines Objektivs gekennzeichnet. Wir sprechen zum Beispiel von einem 20-cm-Fernrohr, wenn wir ein Fernrohr meinen, dessen Objektiv einen Durchmesser von 20 cm hat. Die größte Objektivlinse (im Refraktor des Yerkes Observatoriums in Williams Bay, Wisconsin, USA) hat einen Durchmesser von 1 m.

6.4.2 Das terrestrische oder Galileische oder holländische Fernrohr

Bei Beobachtungen auf der Erde, ganz gleich ob bei der Suche nach Walen oder bei der Überwachung der Nachbarn, stört das auf dem Kopf stehende Bild des astronomischen Refraktors erheblich. Ein aufrechtes Bild läßt sich zum Beispiel dadurch gewinnen, daß zwischen Objektiv und Okular ein Linsensystem eingefügt wird, das das Zwischenbild $P'Q'$ umkehrt und ein weiteres Zwischenbild $P''Q''$ erzeugt (Abb. 6.14). Wenn das Umkehrsystem eine einfache Sammellinse ist, wird das Fernrohr zwar ziemlich lang, wie das eines zünftigen Piraten,

6.13 Prinzip des Keplerschen Fernrohrs. Wir berufen uns wieder auf unsere Verabredung über den Strahlengang (Bildunterschrift zu Abb. 6.9) und sehen das Zwischenbild als Quelle neuer Strahlen, die nicht unbedingt Fortsetzungen der dort gesammelten Strahlen sind. In der Praxis wird das durch eine Feldlinse erreicht (Abschnitt 6.6.1)

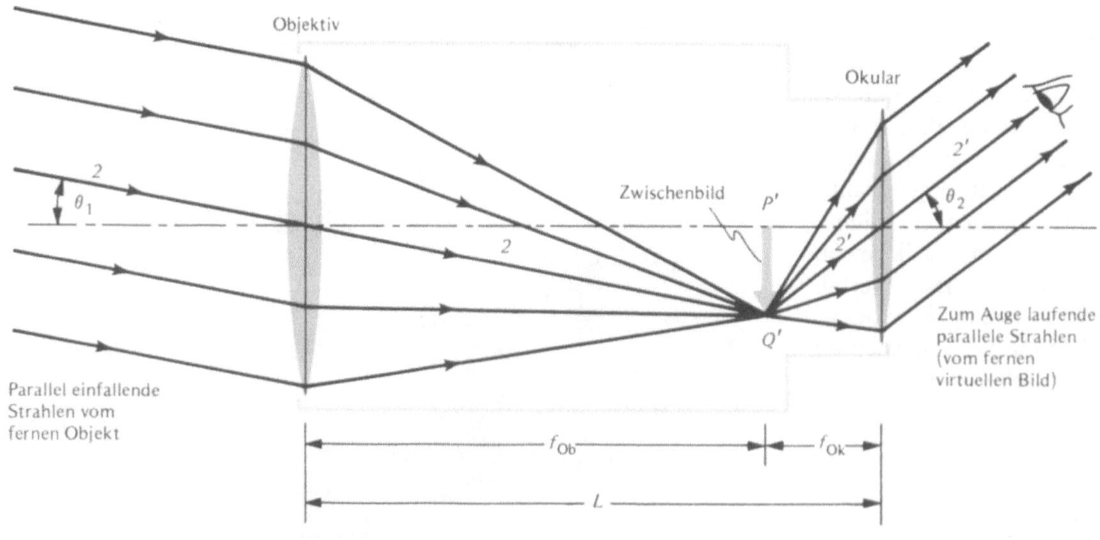

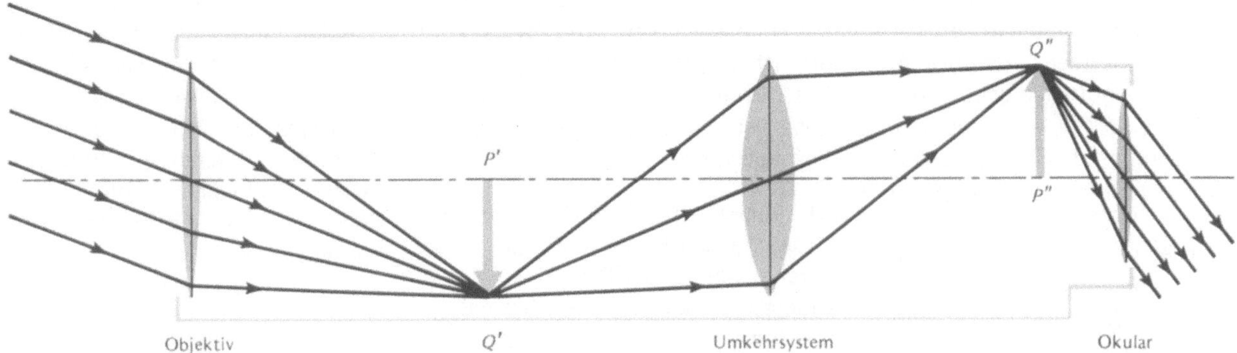

6.14 Ein terrestrisches Teleskop, in dem das Bild aufgerichtet wird. Wieder berufen wir uns auf unsere Verabredung (in der Bildunterschrift zu Abb. 6.9), wonach das Zwischenbild Quelle neuer Strahlen ist, die nicht unbedingt Fortsetzung der dort gesammelten Strahlen sind

bietet dem Betrachter aber ein aufrechtes Bild.

Ein Umkehrsystem, bei dem das Fernrohr kurz bleibt, besteht aus einer Anordnung von Prismen, wie sie Abbildung 2.56 c zeigt. Es stellt nicht nur auf kleinem Raum das Bild auf den Kopf, also richtig herum, sondern der lange, mehrfach gefaltete Weg durch die Prismen ermöglicht auch, daß Objektiv und Okular nahe beieinander sind. Ein solches System finden wir in Feldstechern und guten Operngläsern. Sie werden durch ihre Vergrößerung und den Durchmesser ihres Objektivs beschrieben. Ein 7×35-mm-Feldstecher vergrößert um den Faktor 7 und hat einen Objektivdurchmesser von 35 mm.

Wieder eine andere Lösung kommt ohne Umkehrsystem aus. Sie verwendet, etwa im Galileischen Fernrohr, als Okular eine Zerstreuungslinse (Abb. 6.15). Diese Lösung hat den Vorteil, daß die Entfernung L zwischen den Linsen kleiner ist als f_{Ob}, weil f_{Ok} in diesem Fall negativ und $L = f_{Ob} + f_{Ok}$ ist, aber den Nachteil eines recht beschränkten Gesichtsfeldes. Deshalb eignet sie sich für kleine, nicht teure Operngläser (und sie war

gut genug, um Galilei die Entdeckung von vier Jupitermonden zu ermöglichen). Das Teleobjektiv (Abb. 4.15) kann man sich als Galileisches Fernrohr vorstellen, bei dem das Okular mit dem normalen Kameraobjektiv kombiniert wurde.

STUDIER & SPEKULIER

Würde ein ›Fernrohr‹ mit einem zerstreuenden Objektiv (f_{Ob} negativ) und sammelndem Okular vergrößern?

Wenn Sie übersichtig sind, können Sie mit einer einzigen Linse ein Galileisches Fernrohr ›bauen‹. Denken Sie sich das übersichtige Auge, das ja weniger Brechkraft hat als ein normales Auge, aus einer normalen Linse und einer Zerstreuungslinse zusammengesetzt. Letztere verhält sich wie das Okular eines Galileischen Fernrohrs. Sie brauchen also nur eine Lupe (als

Objektiv) in der richtigen Entfernung vors Auge zu halten und können ›teleskopisch‹ sehen.

Wenn man von hinten durch ein Galileisches Fernrohr schaut, erscheint die Welt winzig und im Weitwinkel. Deshalb sind in Gucklöcher in Türen oft umgekehrte Galileische Fernrohre eingebaut; man sieht den Hausierer, der an der Tür klingelt, ohne die Tür öffnen zu müssen. Sollte der Hausierer seinerseits durch dieses Guckloch schauen wollen, könnte er in seinem engen Gesichtsfeld nur wie durch ein Fernrohr die Fliege auf der gegenüberliegenden Wand sehen.

SEHEN SIE SELBST

Optische Instrumente
Einige der Grundgedanken beim Bau vieler der in diesem Kapitel beschriebenen optischen Instrumente lassen sich mit vier billigen Linsen bestätigen, die Sie zum Beispiel bei der Franckh'schen Verlagshandlung

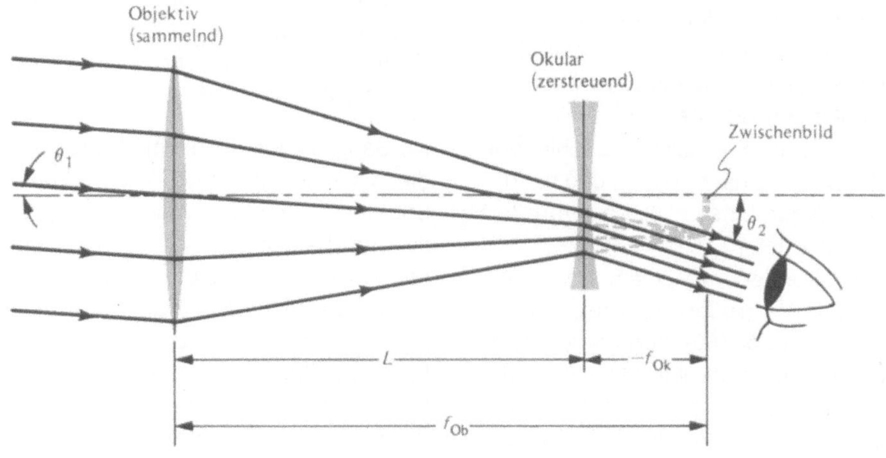

6.15 Das Galileische Fernrohr

Stuttgart (Kosmos) erhalten können. Sie brauchen zwei Sammellinsen mit einigermaßen kurzer Brennweite ($f \cong 50$ mm ist gut geeignet, und, wenn möglich, sollten sie etwas verschieden sein) und eine Zerstreuungslinse mit kurzer Brennweite ($f \cong -50$ mm), außerdem eine Linse mit großer Brennweite ($f \cong 200$ mm). Wenigstens eine der $f \cong 50$-mm-Linsen und die $f \cong 200$-mm-Linse sollten einen Durchmesser von mindestens $2-3$ cm haben – je größer, desto besser.

(a) **Lupe**: Nehmen Sie eine der Linsen mit 50 mm Brennweite als Vergrößerungsglas. Messen Sie zur Bestimmung der Vergrößerung zuerst die Größe eines Gegenstandes, etwa eines Buchstabens in der Zeitung. Schneiden Sie dann die Zeitung so, daß dieser Buchstabe am Rand ist. Legen Sie ein Lineal auf einen Tisch und halten Sie das Auge so darüber, daß es im Nahpunkt ist (etwa 25 cm Abstand). Lassen Sie das Auge in dieser Lage, halten Sie die Linse vor das Auge und das bedruckte Papier so nahe an die Linse, daß Sie es scharf sehen. Wenn Sie gleichzeitig durch die Linse auf den Buchstaben und an der Linse vorbei auf das – entferntere – Lineal blicken, können Sie die (durch die Linse gesehene) Schriftgröße auf dem (ohne die Linse gesehenen) Lineal ablesen. Teilen Sie die scheinbare Schriftgröße (mit Linse) durch die vorher gemessene wirkliche und schätzen Sie so die Vergrößerung der Linse. Stimmt Ihr Ergebnis näherungsweise mit dem in Abschnitt 6.2.4 angegebenen Ausdruck überein? Vergleichen Sie die Linsen miteinander, wenn Sie zwei verschiedene $f \cong 50$-mm-Linsen haben, und mit der $f \cong 200$-mm-Linse. Welche vergrößert am stärksten?

Sie können mit einem Nadelloch dieselbe Vergrößerung erreichen wie mit einer Lupe. Stechen Sie mit einer dünnen Nadel in eine Metallfolie, die Sie dann vors Auge und nahe an die Schrift halten. Vergleichen Sie die Bildschärfe mit und ohne Loch, wenn das Loch etwa 5 cm vom Papier entfernt ist. Vergleichen Sie das Loch in dieser Entfernung mit der $f \cong 50$-mm-Linse. Ist die Vergrößerung gleich? Welchen Vorteil hat die Linse?

(b) **Mikroskop**: Nehmen Sie die $f \cong 50$-mm-Linse mit dem größeren Durchmesser als Objektiv und die andere als Okular. Halten Sie mit einer Hand das Objektiv möglichst still etwas weiter als die Brennweite von einem gut beleuchteten Objekt (etwa einen Druckbuchstaben) entfernt. Halten Sie mit der anderen Hand das Okular vors Auge und bewegen Sie Okular und Kopf vor und zurück, bis das vergrößerte Bild des Buchstabens scharf ist. Achten Sie auf den kleinen Bildwinkel – ein klarer Bereich im Innern des (verwaschenen) Bildes der Objektivlinse. Steht das vergrößerte Bild aufrecht oder auf dem Kopf? Wie groß ist es im Vergleich mit dem Bild, das Sie mit nur einer dieser Linsen erhalten haben?

(c) **Astronomisches Linsenfernrohr**: Halten Sie eine der $f \cong 50$-mm-Linsen als Okular vors Auge und die $f \cong 200$-mm-Linse als Objektiv etwa 25 cm davon entfernt. Stützen Sie zur Erleichterung die Hand zum Beispiel auf den Fensterrahmen. Achten Sie auf die Orientierung und die Größe des Bildes und des Gesichtsfelds und vergleichen Sie das mit den Ergebnissen, die Sie mit dem Galileischen Fernrohr (weiter unten) erhalten. Mit Ihrer dritten Hand können Sie versuchen, die andere $f \cong 50$-mm-Linse als Feldlinse etwa 5 cm vor das Okular zu halten (Abschnitt 6.6.1).

(d) **Galileisches Fernrohr**: Hierbei ist die $f \cong -50$-mm-Linse das Okular und die $f \cong 200$-mm-Linse das Objektiv. Der Abstand zwischen den Linsen soll etwa 20 cm $-$ 5 cm $=$ 15 cm betragen. Betrachten Sie dasselbe Objekt wie mit dem astronomischen Fernrohr. Das Bild wird jetzt aufrecht stehen. Wie verhalten sich die Vergrößerungen? Wie groß ist der Bildwinkel? Vertauschen Sie die Lage der beiden Linsen und schauen Sie hindurch. Merken Sie, wie sich der Weitwinkel als Guckloch eignet? (Natürlich sind Ihre Türen, wenn Sie nicht gerade auf einer Festung wohnen, selten 15 cm dick. ›Echte‹ Gucklöcher haben Linsen mit geringerer Brennweite.)

6.4.3 Spiegelteleskope

Die bis jetzt besprochenen Fernrohre verwendeten alle Objektivlinsen (sie waren sogenannte REFRAKTOREN). Linsen mit großem Durchmesser bringen jedoch viele Probleme mit sich. Linsenfehler, vor allem die chromatische Aberration, sind schwer zu beheben; die Linsen können nur an ihren Rändern gestützt werden, und deshalb verziehen sie sich oft unter ihrem eigenen Gewicht. All diese Schwierigkeiten lassen sich vermeiden, wenn als Objektiv ein konkaver, sammelnder Spiegel genommen wird (der sogenannte PRIMÄRSPIEGEL). Weil Spiegel Licht nicht brechen, tritt bei ihnen auch keine chromatische Aberration auf; sie können auf der ganzen Rückseite gestützt und zur Verringerung des Gewichts sogar von hinten wabenartig ausgehöhlt werden, weil nur die Vorderseite spiegelt. Gewöhnlich ermöglicht ein kleinerer SEKUNDÄRSPIEGEL die Beobachtung, ohne daß der Kopf des Astronomen in den Weg des einfallenden Strahls gerät. Es gibt viele verschiedene Arten solcher REFLEKTOREN, von denen Abbildung 6.16 einige Beispiele zeigt. In sehr großen Spiegelteleskopen sitzen die Astronomen (oder ihre Filme) einfach am Brennpunkt des Primärspiegels (Abb. 6.17). Das größte Spiegelteleskop steht nahe Arkyz in der Sowjetunion; sein Spiegel hat einen Durchmesser von sechs Metern.

Das Gewicht und die Kosten eines einzigen großen Spiegels sind erheblich. Ein neues Verfahren vermeidet diese Probleme zum Teil, indem es ei-

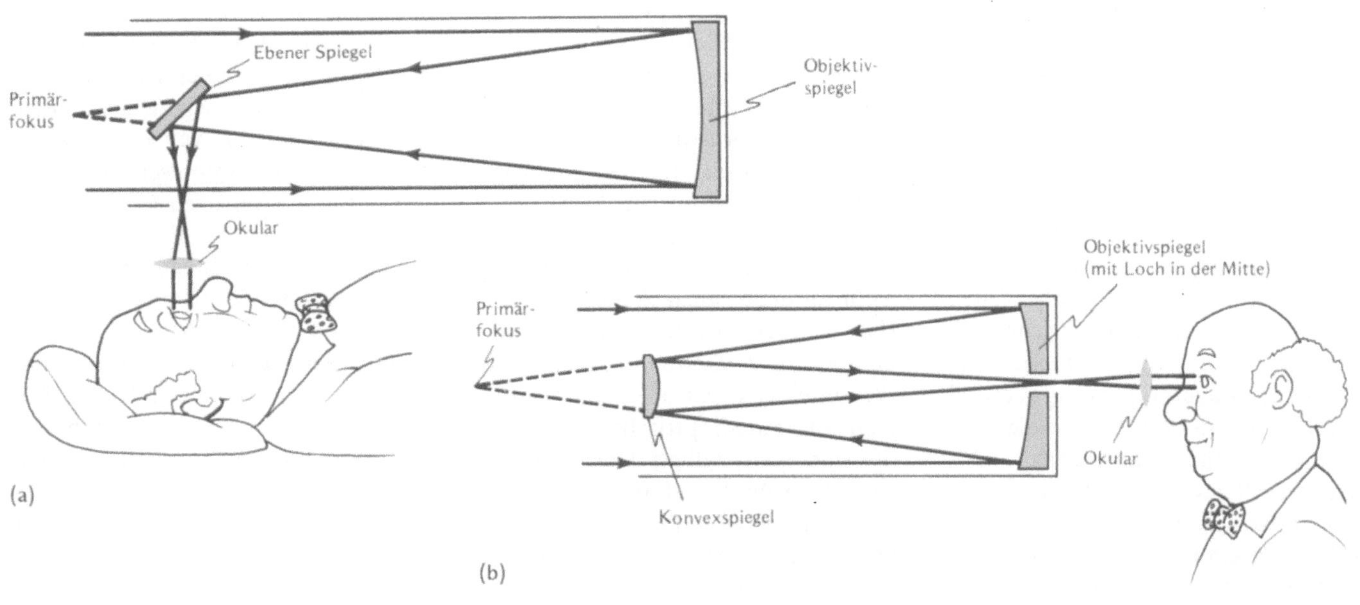

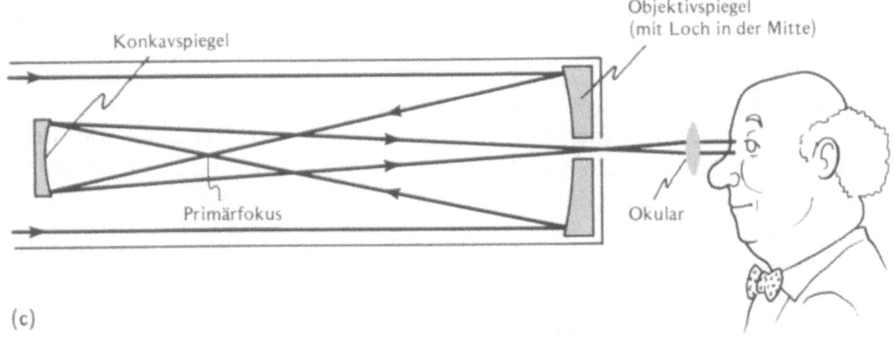

6.16 Spiegelteleskope: (a) Newtonscher Reflektor, dessen Öffnung gewöhnlich zwischen $f/4$ und $f/8$ liegt, (b) Cassegrainteleskop, das kompakteste Teleskop mit Öffnungen zwischen $f/7$ und $f/12$ und (c) ein längeres Teleskop, das weniger aberrationsarm ist als das Cassegrain; es wurde im 17. Jahrhundert von James Gregory entwickelt und liefert ein aufrechtes Bild

6.17 Eine Aufnahme der Beobachterkanzel im Primärbrennpunkt des Riesenfernrohrs auf dem Mount Palomar

ne Reihe kleinerer Spiegel miteinander kombiniert. (Wir nennen diese Technik neu, obwohl schon Archimedes ein ähnliches Verfahren anwandte – wir erinnern an Abschnitt 3.3.4.) Jeder der getrennten Spiegel sammelt Licht, das dann zu einem gemeinsamen Bild vereinigt wird. Die Spiegel werden mit größter Genauigkeit eingestellt und ausgerichtet. Dabei helfen Laserstrahlen, die die Lage genau bestimmen, Computer, die jede gewünschte Lageveränderung schnell berechnen, und Motoren, die die Ausrichtung ständig korrigieren. Das Vielspiegelteleskop auf Mount Hopkins in Arizona hat sechs 1,8-m-Spiegel, die zusammen die Lichtsammelkraft eines 4,5-m-Spiegels haben. Die europäische Südsternwarte ESO plant ein 16-m-Teleskop, das VLT (Very Large Telescope), dessen Lichtstärke erheblich größer sein wird als die irgendeines gegenwärtig existierenden Teleskops. Es soll aus vier unabhängig voneinander benutzbaren 8-m-Teleskopen bestehen, die gekoppelt die ›Winkelauflösung‹ eines sehr viel größeren normalen Teleskops erreichen.

STUDIER & SPEKULIER

Warum 16 m, wo doch 4 × 8 = 32?

6.4.4 Katadioptrische Teleskope

Vom siebzehnten Jahrhundert an, der Zeit, in der all die hier besprochenen Fernrohre zuerst entwickelt wurden, haben Linsenfehler der Konstruktion von Fernrohren mit großer Öffnung enge Grenzen gesetzt. 1930 wurde der erste SCHMIDTSPIEGEL gebaut, in dem die Aberrationen auf ganz neuartige Weise vermindert werden. Das Objektiv des Schmidtspiegels enthält reflektierende und brechende Elemente und heißt deshalb auch katadioptrisch. (Das Wort ist eine Zusammenziehung aus griech. *katoptron*, Spiegel, und *dia*, durch. Es gibt auch für 35-mm-Kameras katadioptrische Objektive. Sie sind nicht billig.) Der Schmidtspiegel beruht darauf, daß ein konkaver Kugelspiegel außerhalb der Achse keine anderen Aberrationen aufweist als die Bildwölbung, wenn seine Blendenebene das Krümmungszentrum enthält. Denn jede Gerade durch das Krümmungszentrum eignet sich als Achse, und deshalb kann man von keinem Gebiet sagen, es läge achsenfern. Bernhard Schmidt (der einmal behauptete, er hätte die besten Einfälle nach einem Rausch) kompensierte die sphärische Aberration des Spiegels ohne wesentliche Farbfehler mit einer in der Blendenebene angebrachten KORREKTURPLATTE, also einer Glasplatte, die so geschliffen ist, daß sie in der Nähe des Zentrums sammelt und weiter außen zerstreut (Abb. 6.18a). Nach diesem Verfahren können Teleskope mit Öffnungen bis zu $f/0,6$ gebaut werden. Wie so viele große menschliche Erfindungen hat die Natur auch dieses Reflektor-Refraktor Prinzip vorweggenommen und jedes der 60 Augen der wohlschmeckenden Kammuschel mit einer solchen Linse versehen (Abb. 6.18b). Jede Linse trägt auf ihrer Rückseite einen sphärischen Spiegel (siehe Abschnitt 12.3.3); die Hornhaut sammelt zur Mitte hin und zerstreut zum Rande hin. Nach der Spiegelung wird das Licht auf den lichtempfindlichen Zellen der gekrümmten Vorderfläche der Sehgrube gesammelt. (Sie liegt so nahe an der Augenlinse, daß sich das Licht dort nicht sammeln kann, bevor es gespiegelt wird.)

6.5 Schlierenfotografie

Bis jetzt haben wir optische Instrumente beschrieben, die das Bild eines Objekts auf der Netzhaut oder dem Film vergrößern und uns dadurch kleine oder entfernte Gegenstände sehen lassen. Schwer zu beobachten sind auch lichtdurchlässige Objekte, wie die Schockwellen einer fliegenden Kugel, die über einer Flamme aufsteigenden Konvektionsströme heißer Luft oder durchsichtige biologische Präparate (die auch noch vergrößert werden müssen). Diese Objekte brechen Licht, ohne seine Intensität zu

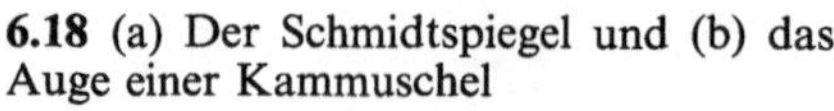

6.18 (a) Der Schmidtspiegel und (b) das Auge einer Kammuschel

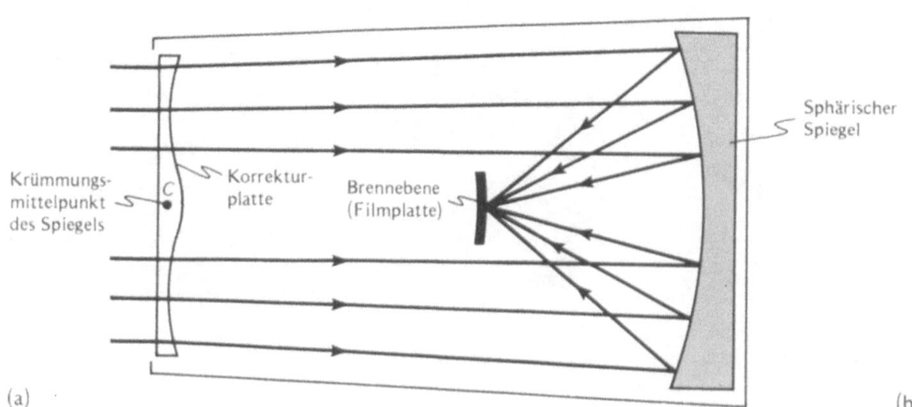

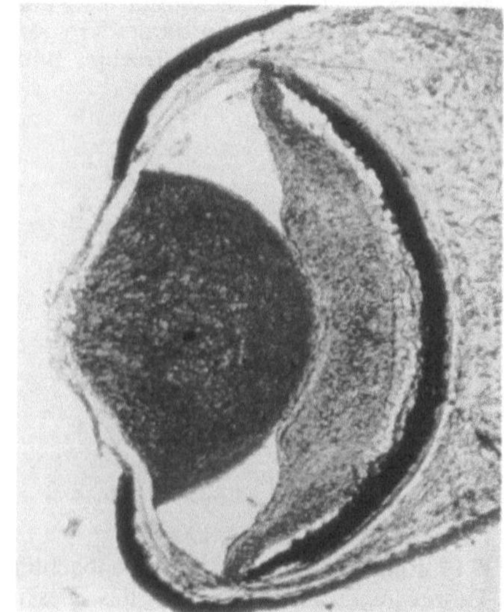

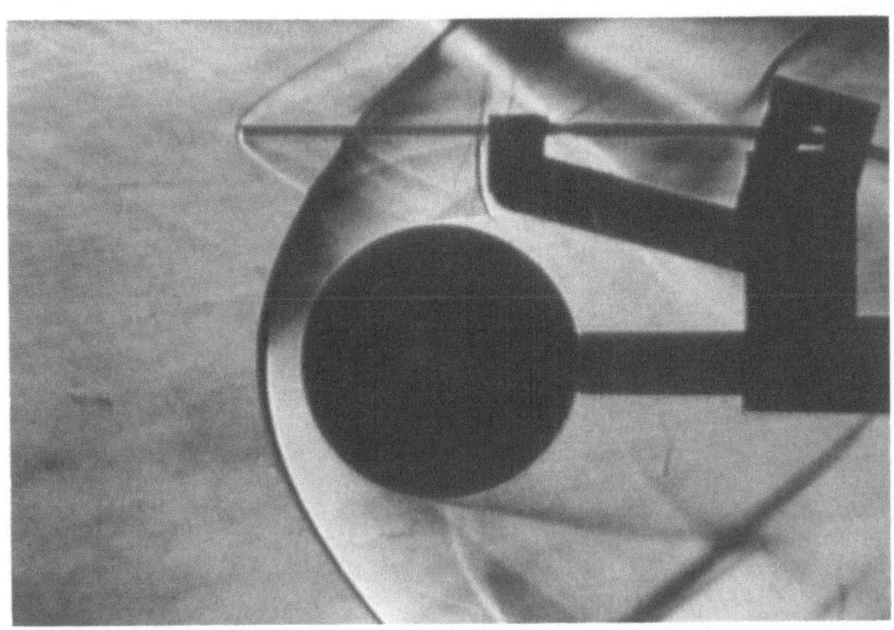

6.19 Schlierenfotografie von Schockwellen in Luft, die sich mit Überschallgeschwindigkeit an einer Kugel vorbei bewegt. Der horizontale Stab über der Kugel mißt den Druck

6.20 Das Prinzip der Schlierenfotografie eines transparenten Objekts: (a) ohne Kante, (b) mit Kante

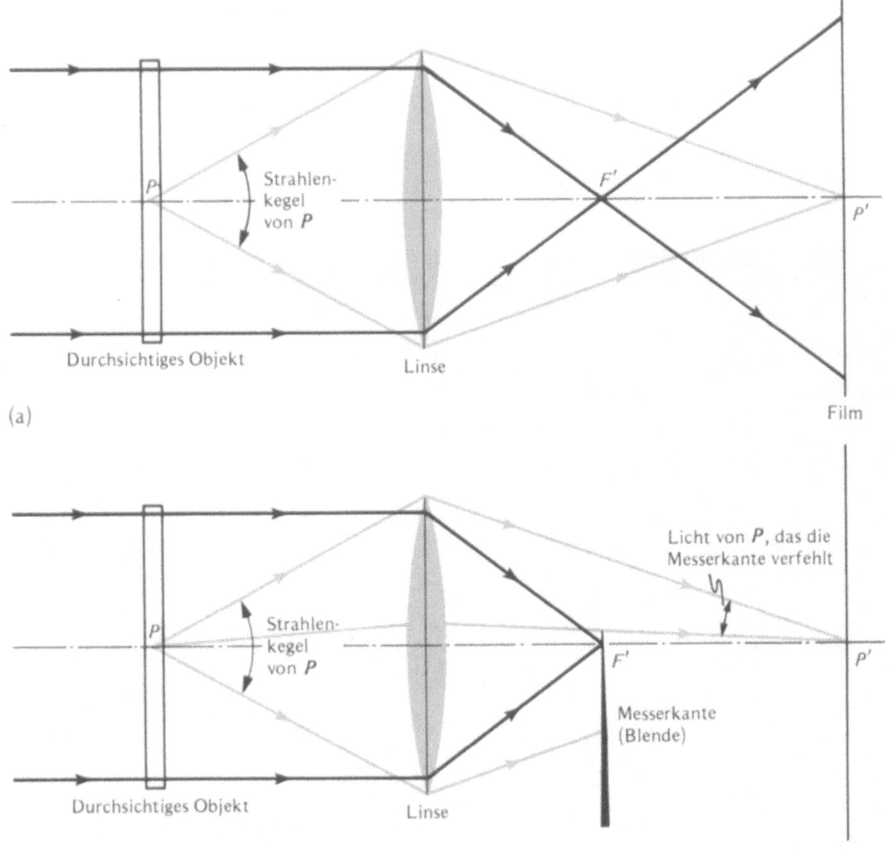

verändern. Um sie deutlich zu sehen, braucht man ein Gerät, das überall dort, wo die Brechzahl sich ändert, Intensitätsschwankungen bewirkt. Ohne das SCHLIERENgerät, mit dem die Aufnahme in Abbildung 6.19 gemacht wurde, wären die Dichteschwankungen der transparenten Luft unsichtbar.

Nehmen wir also an, wir wollten mit einer gewöhnlichen Kamera eine Nahaufnahme von einem durchsichtigen Objekt, etwa einer Schicht ungestörter Luft, machen (Abb. 6.20a). Das durchsichtige Objekt wird dazu von hinten mit parallelem Licht beleuchtet. Das Licht bleibt parallel, wenn es die Schicht passiert, und wird im Brennpunkt F' der Linse gesammelt. Von dort läuft es divergent weiter, bis es auf den Film fällt. Wir erhalten so eine gleichmäßige Beleuchtung, das heißt ein korrektes Bild der klaren, ungestörten Luft. Wenn nun aber im Mittelpunkt P des Objekts Luft ist, die durch Hitze oder Druck gestört wurde und dadurch eine etwas andere Brechzahl hat als die ungestörte Luft, dann wird das Licht ein wenig abgelenkt, wenn es durch P geht, als ob es seinen Ursprung in P hätte. Alles Licht, das auf den Film fällt, liegt innerhalb des Kegels in Abbildung 6.20a und wird auf dem Film in P' gesammelt; P' wird dadurch heller. Die Schwierigkeit besteht darin, daß bei einem wirklich transparenten Objekt dem ursprünglichen Strahl bei P diese Lichtmenge entnommen wurde; dadurch wurde P' dunkler. Beide Vorgänge zusammen verändern die Intensität bei P' fast nicht, der Film zeigt also kein gutes Bild einer Störung – die Störung ist unsichtbar.

Wenn wir die Störung im Bild festhalten wollen, darf dieser zweite Beitrag zur Intensität bei P' den Film nicht tatsächlich erreichen (Abb. 6.20b). Gewöhnlich wird ein Hindernis oder eine Blende, etwa eine Schneide, in den Strahl hineingeschoben, und dadurch werden alle Strahlen abgeblockt, die nicht von der Störung gebrochen werden. Wenn die

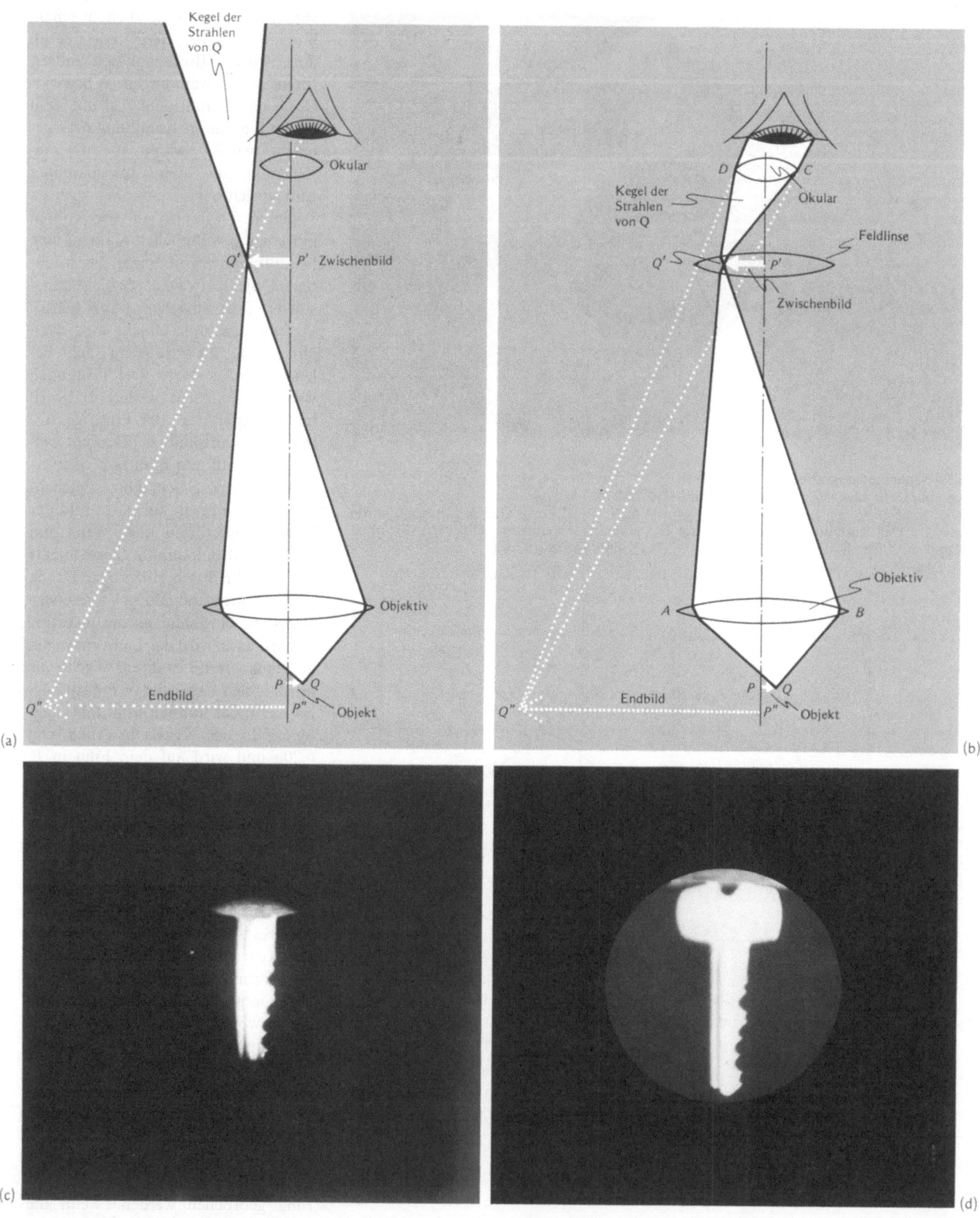
Kegel der
Strahlen
von Q
Okular
Q'   P' Zwischenbild
Objektiv
Endbild
P
Q
P'' Objekt
Q''
(a)

Kegel der
Strahlen
von Q
D   C
Okular
Feldlinse
Q'   P'
Zwischenbild
Objektiv
A   B
Endbild
P
Q
P'' Objekt
Q''
(b)

(c)

(d)

Brechzahl des Objekts sich aber gerade so ändert, daß das Licht bei P nach oben geworfen wird, dann erreichen die gebrochenen Strahlen den Film in P', und dort entsteht dann vor einem sonst dunklen Hintergrund ein heller Fleck. (Eine andere Möglichkeit besteht darin, bei F' nur ein kleines Hindernis einzufügen, so daß nach unten oder zur Seite gelenktes Licht den Film ebenfalls bescheint. Dies ist eine Modifizierung des in Abschnitt 6.3.1 beschriebenen Dunkelfeldverfahrens.)

Der Grundgedanke der Schlierenfotografie läßt sich auch sonst anwenden, so unter anderem zur aerodynamischen Analyse in Windtunnels und in Mikroskopen, die Schlierenbilder von sonst durchsichtigen Stoffen vergrößern. Die hochentwickelten Geräte dieser Art sind so empfindlich, daß der warme Luftstrom von der Hand des Beobachters häufig als Testobjekt bei der Einstellung benutzt wird.

6.6 Das Gesichtsfeld

Die Überlegungen des Abschnitts 6.5 haben gezeigt, wie wichtig es ist, nicht nur die Lage des Bildes zu beachten, sondern auch die der Blenden, die den Strahl begrenzen. Eine Blende vor einer Linse eines Instruments mit einem Linsensystem kann verhindern, daß der ganze Strahlenkegel die nachfolgenden Linsen erreicht, und dadurch das Gesichtsfeld einschränken. So haben wir bei der Besprechung von Mikroskop (Abb. 6.9) und astronomischem Fernrohr (Abb. 6.13) schon erwähnt, daß Strahl 2' eine Hilfskon-

struktion ist und nur der Bestimmung der am Schluß entstehenden Strahlen dient. Diesen Strahl gibt es nicht wirklich, denn das Objektiv ist nicht so groß, daß er hineingelangen könnte. Wenn wir Strahl 2' rückwärts verlängern, sehen wir, daß er das Objektiv nicht schneidet. (Das Objektiv verhält sich also wie eine den Strahl begrenzende Blende.) Andererseits erreichen nur sehr wenige der Strahlen, die vom Objektiv aus in Richtung Q' gehen, das Auge, weil das Okular nicht groß genug ist, um sie weiterzuleiten und ins Auge fallen zu lassen. (Auch das Okular wirkt also wie eine Blende.) Dem Auge erscheint der Punkt Q viel schwächer als ein Punkt P auf der Achse, und der Gegenstand erscheint nicht gleichmäßig hell, sondern wird allmählich zum Rand hin dunkler. Das wirkt wie eine VIGNETTIERUNG (Abb. 6.21a). In Porträtaufnahmen ist sie manchmal ganz reizvoll, im allgemeinen aber ist sie bei Mikroskopen, Teleskopen und anderen optischen Instrumenten unerwünscht.

Eine Vergrößerung des Okulars vergrößert das Gesichtsfeld, weil die Blende dann weiter außen ist. Aber die Strahlen, die vom Rand des Gesichtsfeldes her das Auge erreichen, würden nur die äußeren Linsenteile passieren. Da sich dort Abbildungsfehler stärker bemerkbar machen als bei Zentralstrahlen, wird das Umfeld

6.22 Umkehrlinse (U) und Feldlinse (F) können in einem Blasenspiegel oder einem Sehrohr Teil einer langen Linsenkette sein. Der volle Lichtkegel, der die erste Linse trifft, tritt aus dem Linsensystem wieder heraus

nicht nur dunkler, sondern auch verschwommener.

6.6.1 Die Feldlinse

Wir lenken die Strahlen vom Rand des Gesichtsfeldes so um, daß sie durch den Zentralbereich des Okulars gehen, indem wir eine weitere Linse, die sogenannte FELDLINSE, beim Zwischenbild $P'Q'$ einsetzen. Die Feldlinse wird so gewählt, daß sie die Objektivlinse auf das Okular abbildet. Abbildung 6.21b veranschaulicht das für den Fall des Mikroskops. Da die Feldlinse genau beim Zwischenbild $P'Q'$ liegt, verändert sie weder dieses noch das folgende Bild – das endgültige Bild bleibt bei $P''Q''$. Die Strahlen zwischen diesen Bildern aber werden durch die Feldlinse verändert (Abb. 6.21a und b), und alle Strahlen, die auf sie fallen, gehen durch das Okular hindurch. Das fertige Bild ist heller und gleichmäßiger ausgeleuchtet. Auch Strahlen, die sonst bei einer der Linsen von einer Blende aufgehalten worden wären, erreichen jetzt das endgültige Bild, und dadurch wird das Gesichtsfeld größer (Abb. 6.21c und d). Weil die Feldlinse nur die Helligkeit des Endbildes beeinflußt und nichts mit der eigentlichen Abbildung zu tun hat, fallen von ihr bewirkte Aberrationen nicht sehr ins Gewicht.

Manche der gebräuchlichen optischen Instrumente haben in jedem Zwischenbild eine Feldlinse. So könnte das Fernglas in Abbildung 6.14 zwei Feldlinsen haben, je eine bei $P'Q'$ und bei $P''Q''$. Wenn sich die Folge von Umkehr- und Feldlinse mehrmals

6.21 Das Prinzip der Feldlinse. (a) Ohne Feldlinse ist das Endbild abgeschnitten, nur der dick gezeichnete Teil des Pfeils $P''Q''$ erhält ausreichend Licht, und die Intensität ist bei Q'' gleich null. (Betrachten Sie diesen Effekt in Abbildung 4.5c). (b) Mit einer Feldlinse ist das ganze Gebiet gut beleuchtet, weil die Feldlinse den gesamten Lichtkegel $AQ'B$ in $CQ'D$ hinein bricht, der dadurch Okular und Auge erreicht. (c) und (d) sind Aufnahmen von dem, was das Auge in den beiden Fällen jeweils sieht

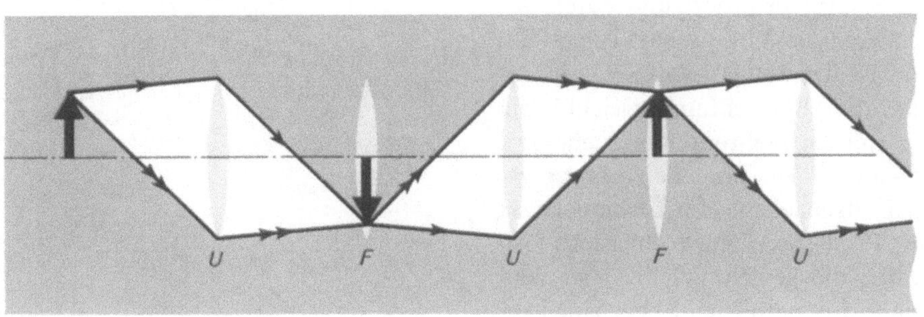

wiederholt, kann ein solches Teleskop recht lang werden. Für manche Anwendungen ist eine lange, relativ enge Röhre mit einem großen Gesichtsfeld sehr wichtig, so beim BLASENSPIEGEL oder ZYSTOSKOP, das dem Arzt die Untersuchung des Körperinneren erlaubt. (Die Starrheit des Blasenspiegels läßt zumindest den Patienten die in Abschnitt 2.5.2 beschriebene Glasfaseroptik vorziehen.) Ein Blasenspiegel (Abb. 6.22) hat gewöhnlich eine lange Reihe von Linsen, in denen jede zweite eine Feldlinse ist. Licht geht nur durch Spiegelung und Absorption der Linsen verloren. Meistens befindet sich am Anfang des Systems ein 45°-Spiegel, so daß die Ärzte bei der Untersuchung in seitliche Richtungen sehen können. Ein weiteres Beispiel ist das PERISKOP, ein ähnliches Gerät, an dessen Enden zwei 45°-Spiegel stehen. (SIE SAHEN ES SELBST nach Abschnitt 2.4.3.) Wie viele optische Instrumente nutzt auch der Projektor die Vorteile der Feldlinsen.

6.6.2 Der Projektor

Wenn wir ein Diapositiv oder einen Film projizieren (und dabei ja vergrößern) wollen, brauchen wir den Bildträger nur zu beleuchten und in die Nähe des Brennpunkts einer Sammellinse zu bringen. Die Linse bildet dann das Bild, wie wir in Abschnitt 3.4.3 sahen, auf einen entfernten Schirm ab. Neben den Problemen des Film- oder Diatransports liegt die Hauptschwierigkeit des PROJEKTORS im BELEUCHTUNGSSYSTEM (Abb. 6.23). Das beleuchtete Dia wird durch die Projektionslinse auf den entfernten Schirm projiziert und durch das Justieren der Linse scharf eingestellt. Das ist das ABBILDENDE SYSTEM. Damit die Beleuchtung gleichförmig ist, werden mehrere Zusatzteile eingebaut, die das Beleuchtungssystem ausmachen. Die Lichtquelle ist die Projektionslampe (meistens 500 Watt), die gewöhnlich in einer zum Diapositiv parallelen Ebene einen ge-

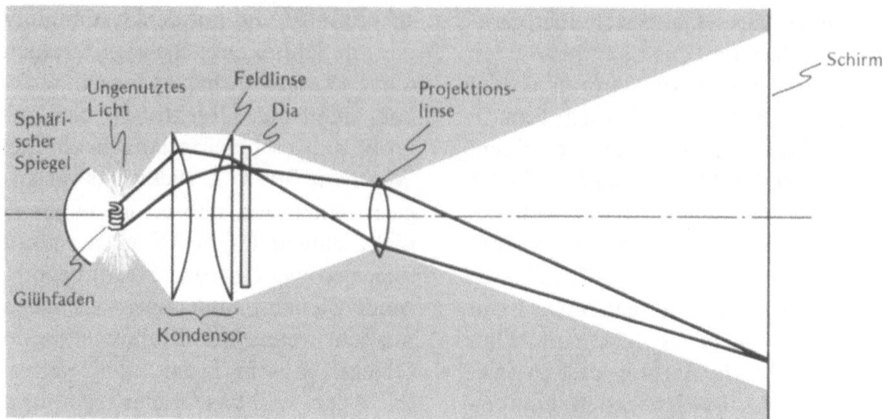

6.23 Projektor mit Beleuchtungssystem. Die ausgezogenen Linien zeigen einen Lichtkegel, der von einem der Punkte des Dias ausgeht, wie er durch das abbildende System bestimmt ist. Das helle Gebiet zeigt den vom Beleuchtungssystem bestimmten Strahlenkegel

wickelten Glühfaden enthält. Die Windungen liegen im Krümmungsmittelpunkt eines sphärischen Spiegels, der hinter der Lampe (oder in ihrem Inneren) angebracht ist. Der Spiegel hat die Aufgabe, alles nach hinten gerichtete Licht zu spiegeln, das sonst verloren wäre, und es auf die Ebene des Glühfadens abzubilden. Die Beleuchtung ist am besten, wenn die gespiegelten Bilder der Glühfadenwindungen zwischen den wirklichen Windungen liegen, so daß das reflektierte Licht von den Windungen selbst nicht blockiert wird. Diese Kombination der Windungen und ihrer Bilder ergibt eine ziemlich gleichförmige Lichtquelle (SEHEN SIE SELBST). Zwischen dieser Ebene und dem Dia liegt der KONDENSOR, der aus zwei Linsen besteht. Weil der Glühfaden in der Brennebene der ersten Linse liegt, erzeugt diese Linse ein paralleles Lichtbündel, das das Dia gleichmäßig beleuchtet (Abb. 6.24). Die zweite Linse ist die Feldlinse. Sie ist sehr nahe am Dia und verändert deshalb die Lichtintensität in der Nähe des Dias nicht, sammelt dieses Licht aber in einem Gebiet in der Nähe der Projektionslinse ein. Die Feldlinse bildet also den Glühfaden auf die

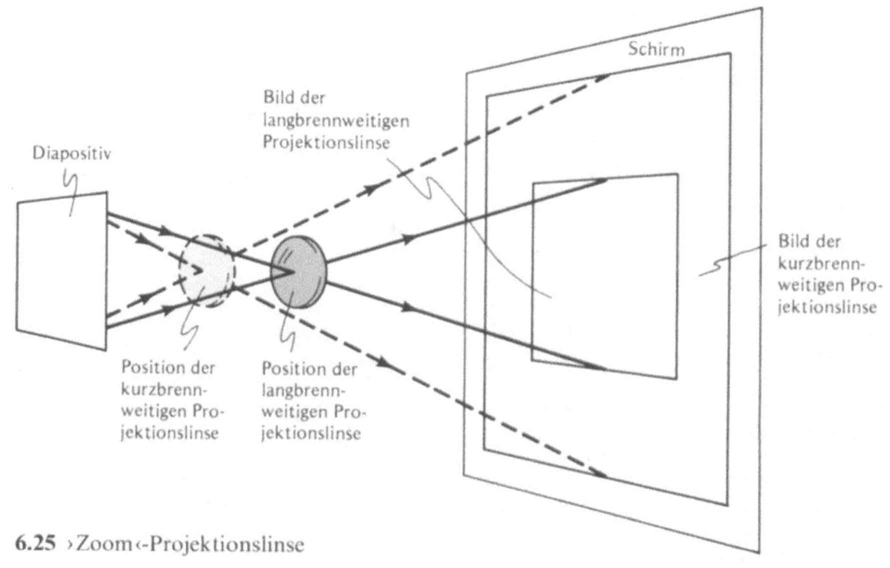

6.25 ›Zoom‹-Projektionslinse

Projektionslinse ab und stellt dadurch sicher, daß soviel Licht wie möglich durch die Projektionslinse hindurchgeht und auf den Schirm gelangt.

Abbildungs- und Beleuchtungssystem eines Projektors sind ineinander verschachtelt und arbeiten doch fast unabhängig voneinander – die Projektionslinse hat kaum Einfluß auf die Beleuchtung, während die Feldlinse das Abbildungssystem nicht beeinflußt.

Manche Diaprojektoren haben ein Zoomobjektiv (Abschnitt 4.4.3). Mit ihm läßt sich die Entfernung zwischen der Projektionslinse und dem Dia verändern, während das Bild auf dem Schirm scharf bleibt. Je näher die Projektionslinse am Dia ist, um so größer ist das Bild auf dem Schirm. Dies läßt sich an den Zentralstrahlen des Dias in Abbildung 6.25 erkennen. Ohne ein solches Objektiv wäre die Bildgröße durch die Entfernung zum Schirm festgelegt. Das ›Zoom‹objektiv gibt dem Projektor damit höhere Flexibilität.

TAGESLICHTPROJEKTOREN, wie sie in Hörsälen und Klassenzimmern üblich sind, ähneln Diaprojektoren. Da die abzubildende Vorlage in der Regel ziemlich groß ist, muß die Feldlinse groß sein. Gewöhnlich ist sie eine Fresnel-Linse (Abschnitt 3.4.4). Ihre Ringe sind unterhalb der Folie zu sehen. (Da sie der Folie so nahe sind, lassen sie sich leicht auf dem Schirm scharf einstellen.) Da die Folie waagerecht liegt und das Bild senkrecht sein soll, haben diese Tageslichtprojektoren einen (etwas verstellbaren) 45°-Spiegel entweder gleich hinter dem Projektionsobjektiv oder zwischen seinen beiden Teillinsen.

VERGRÖSSERER sind im wesentlichen Projektoren mit einer veränderlichen Blende und einer Zeituhr, die reguliert, wieviel Licht auf das zu be-

(a)

(b)

(c)

6.24 Das von einem Projektor entworfene Bild, wenn (a) alle Linsen eingesetzt sind, (b) ohne Feldlinse und (c) ganz ohne Kondensor. Beachten Sie bei diesen Bildern auch den ›Schlußsteineffekt‹

lichtende Papier fällt. Das Beleuchtungssystem ist manchmal ein Kondensor, gelegentlich aber auch eine gleichmäßig diffuse Lichtquelle, die zum Beispiel dadurch entsteht, daß zwischen die Lampe und das Negativ (das Dia) eine Mattscheibe geschoben wird. In diesem Fall geht das meiste Licht an der Projektionslinse vorbei, aber die Belichtung des Papiers erfordert auch keine große Lichtintensität.

SEHEN SIE SELBST

Der Diaprojektor

Wenn Sie daheim einen Diaprojektor oder ein Filmvorführgerät haben, können Sie bei (vorsichtiger) Untersuchung die verschiedenen in Abschnitt 6.6.2 beschriebenen Teile erkennen. Bei ausgeschaltetem Projektor lassen sich die Schutzabdeckungen für Lampe und Kondensor oft entfernen. Schauen Sie sich sorgfältig den Glühfaden der Lampe an. (Falls Sie die Lampe dazu herausschrauben müssen, sollten Sie es mit Hilfe eines Taschentuchs tun, besonders wenn Sie eine Quarz-Halogenlampe haben. Feuchtigkeit und Fettflecken führen nämlich zu ungleichmäßiger Erwärmung, wenn die Lampe später angestellt wird, und das kann sie zerspringen lassen.) Welche Art Lampe haben Sie (Abschnitt 1.4.3)? Welche Form hat der Glühfaden? Manchmal ist die Lampenfassung so beschaffen, daß der Glühfaden in bestimmter Weise ausgerichtet wird. Beachten Sie den Konkavspiegel hinter der Lampe (manchmal ist er auch in sie eingebaut) und den zweilinsigen Kondensor vor ihr (zu ihm gehört manchmal auch eine Glasplatte, die Wärme, also Infrarotstrahlung, absorbiert). Wenn der Glühfaden in einer Ebene liegt, sollte diese zum Dia parallel sein, und der Spiegel sollte das Bild des Glühfadens in den Raum zwischen den Windungen spiegeln. Sie können das bestätigen und auch, daß die Feldlinse den Glühfaden und sein Spiegelbild auf der Projektionslinse abbildet. Dazu müssen Sie die Lampe wieder einsetzen und die Projektionslinse entfernen, indem Sie den Scharfeinstellungsknopf drehen, bis die Projektionslinse so weit vorn ist, daß sie sich herausziehen läßt. Halten Sie dann ein Stück weißes Papier dorthin, wo die Projektionslinse war, und schalten Sie das Licht ein. Schauen Sie von vorn auf das Papier, aber nicht direkt in die Lampe. Der Glühfaden sollte jetzt dort abgebildet sein, aber Sie werden kaum Einzelheiten erkennen können, weil die Windungen und die dazwischengelagerten Spiegelbilder eine ziemlich gleichförmige Lichtquelle sind. Sie sehen deshalb vermutlich einen fast gleichmäßig hellen Fleck. Falls Sie die Projektionslinse herausgenommen haben, sollten Sie nicht versäumen, ihre Brennweite zu messen. Sie können dann den Linsendurchmesser bestimmen und die f-Zahl berechnen und mit dem vom Hersteller angegebenen vergleichen.

6.7 Zusammenfassung

Ein Auge mit einem zu starken Linsensystem heißt KURZSICHTIG und wird durch eine BRILLE mit Zerstreuungslinsen (negativer Brechkraft) korrigiert, die den FERNPUNKT ins Unendliche rücken. Ein ÜBERSICHTIGES Auge braucht eine Sammellinse, die den NAHPUNKT auf die normale Entfernung von 25 cm rückt. BIFOKALE Linsen haben zwei Teile, von denen jede eine Linse mit verschiedener Brennweite ist. ASTIGMATISMUS (wobei die Brennweiten entlang verschiedener Meridiane verschieden sind) wird durch Linsen korrigiert, die zylindrische Komponenten haben. Eine LUPE (auch Vergrößerungs- oder Brennglas) ist eine Sammellinse, die ungefähr im Nahpunkt ein virtuelles Bild eines viel näheren Körpers erzeugt. Das OKULAR eines MIKROSKOPS wirkt für das von dem OBJEKTIV erzeugte reelle Bild wie eine Lupe. RASTERMIKROSKOPE verbinden ein elektronisches Abtastsystem mit einem abtastenden Leuchtpunkt. FERNROHRE (oder, moderner gesagt, TELESKOPE) fangen paralleles Licht auf und erzeugen ein anders gerichtetes Bündel paralleler Strahlen. ASTRONOMISCHE REFRAKTOREN erzeugen ein umgekehrtes Bild. TERRESTRISCHE FERNROHRE (Ferngläser und, altmodischer gesagt, Feldstecher) liefern mittels eines Prismensystems oder eines zerstreuenden Okulars aufrechte Bilder (GALILEISCHES FERNROHR). REFLEKTOREN oder SPIEGELTELESKOPE sammeln Licht mit Hilfe von Konkavspiegeln. KATADIOPTRISCHE TELESKOPE (wie der SCHMIDTSPIEGEL) kombinieren brechende und spiegelnde Elemente. Beim SCHLIERENSYSTEM blockiert eine Kante im Brennpunkt das nicht abgelenkte Licht und läßt nur abgelenktes Licht durch. Dadurch werden sonst unsichtbare Gegenstände sichtbar. Eine FELDLINSE verändert das Gesichtsfeld nicht, sorgt jedoch (ohne VIGNETTIERUNG) für gleichmäßige Beleuchtung des Bildes, ohne das abbildende System zu verändern, was bei PROJEKTOREN, VERGRÖSSERUNGSAPPARATEN und den meisten optischen Instrumenten wichtig ist.

AUFGABEN

A1 Von den folgenden drei Personen ist eine kurzsichtig, eine übersichtig und eine alterssichtig. Ordnen Sie zu: (a) Diese Person trägt eine Brille mit 3 Dioptrien. (b) Die Brille dieser Person hat −3 Dioptrien. (c) Diese Person trägt eine Zweistärkenbrille.

A2 Beantworten Sie die Frage aus Aufgabe 1 für Personen mit folgenden Eigenschaften: (a) Der Nahpunkt liegt bei 1 m, Akkommodation ist normal.

(b) Der Nahpunkt liegt bei 25 cm und der Fernpunkt bei unendlich. (c) Der Nahpunkt liegt bei 50 cm und der Fernpunkt bei 1 m.

A3 Menschen, deren Augenlinsen entfernt wurden, weil sie an grauem Star erkrankt waren, tragen oft Kontaktlinsen, um scharf sehen zu können. Oft müssen sie außerdem Lesebrillen tragen. Warum?

A4 Eine Studentin versucht, die Stärke ihrer Brille zu bestimmen, und merkt, daß sie, je nachdem, wie sie die Lichtquelle hält, verschiedene Brennweiten mißt. Ihre Lichtquelle ist ein langer, gerader Glühfaden. Die Brennweite ist bei horizontaler Lage des Fadens eine andere als bei vertikaler. Was kann sie daraus über ihre Augen schließen, und warum können Brillen mit diesen Eigenschaften helfen?

A5 (a) Welche der folgenden Brennweiten von Linsen ist für eine Lupe am besten, wenn es vor allem darum geht, so stark wie möglich zu vergrößern? Die Brennweiten sind $f = 20$ mm, $f = 80$ mm, $f = -60$ mm, $f = 50$ mm? (b) Warum könnte eine der anderen Linsen Sie mehr Einzelheiten sehen lassen?

A6 Sie haben je eine der folgenden Linsen, die alle einen großen Durchmesser haben: $f = 50$ mm, $f = 100$ mm, $f = -50$ mm. Welche würden Sie nehmen und warum, wenn Sie (unter Vernachlässigung von Abbildungsfehlern) (a) eine Lupe, (b) ein Mikroskop, (c) ein Linsenfernrohr, (d) ein Galileisches Fernrohr haben wollen?

A7 Was korrigiert die Korrekturplatte in einem Schmidtspiegel?

A8 Ein Epidiaskop ähnelt dem Tageslichtprojektor, der bei Vorträgen und in Schulen verwendet wird, kann aber lichtundurchlässige Vorlagen (zum Beispiel eine Seite aus einem Buch) auf einen Schirm projizieren. Dabei wird soviel Licht auf das Buch geworfen, daß das Buch zu einer hellen Quelle wird, die dann von einer Linse projiziert wird. (a) Zeichnen Sie einen Plan für ein einfaches Epidiaskop.

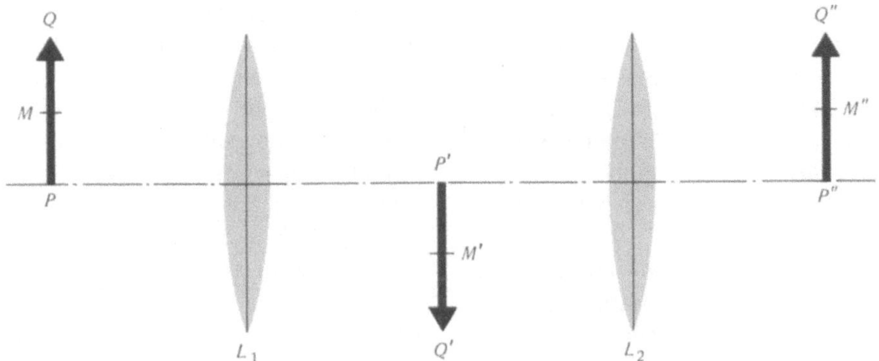

Wie beim Tageslichtprojektor sollte das Objekt (das Buch) horizontal sein und das Bild (auf dem Schirm) vertikal. (b) Geben Sie mit einem Pfeil in diesem Plan an, wo die obere Buchkante ist, wenn das Bild auf dem Schirm richtig herum ist.

A9 In dem Suchersystem einer einäugigen Spiegelreflexkamera bildet das Objektiv das Motiv auf die Mattscheibe ab, die dann durch eine kleine Lupe im Sucherfenster betrachtet wird. (Wir lassen hier Spiegel und Pentaprisma außer Betracht.) Welche Funktion erfüllt in diesem System eine Feldlinse? Wo müßte sie eingebaut werden und was würde sie bewirken? (Siehe Abschnitt 4.2.3.)

A10 Die Abbildung zeigt ein Objekt PQ, ein Zwischenbild $P'Q'$ und ein Endbild $P''Q''$, das von zwei gleichen Linsen L_1 und L_2 entworfen wird. Zeichnen Sie die Abbildung neu. (a) Zeichnen Sie den Strahlenkegel von P nach P' bis P''. (b) Zeichnen Sie den Lichtkegel von Q nach Q'. Wieviel davon geht nach Q''? (c) Wählen Sie einen Zwischenpunkt M auf dem Objekt und zeichnen Sie (in einer anderen Farbe) das Strahlenbündel von M zu seinem Zwischenbild M'. Schattieren Sie den Teil des Kegels, der das Endbild M'' erreicht. (d) Zeichnen Sie rechts von M'' ein Auge A_1, das P'', aber nicht M'' sehen kann. (e) Zeichnen Sie ein Auge A_2, das P'' und M'' sehen kann. (f) Gibt es einen Ort, von wo aus ein Auge A_3 Q'' sehen kann?

Harte Aufgaben

HA1 Zeichnen Sie ein ziemlich kurzsichtiges Auge, und zwar so: Stellen Sie das Linsensystem des Auges durch eine einzelne dünne Linse dar. Die Netzhaut sei eine Ebene 3 cm hinter der Linse. Wenn die Augenmuskeln entspannt sind, liegt der Brennpunkt dieser kurzsichtigen Linse statt auf der Netzhaut bei F'_{KE} 2,5 cm hinter der Linse. Ihre Aufgabe besteht darin, Kontaktlinsen zu verschreiben, die diesen Augenfehler korrigieren, und zwar so: (a) Zeichnen Sie ein (weder zu kleines noch zu großes) Bild dort auf die Netzhaut, wo ein fernes Objekt scharf sein sollte. (Auf die genaue Größe kommt es nicht an, wie Sie später bestätigen können, wenn Sie die Konstruktion mit einem Bild anderer Größe wiederholen.) (b) Verfolgen Sie den Strahlengang mit Hilfe des bekannten Brennpunkts des entspannten kurzsichtigen Auges F'_{KE} rückwärts, um zu konstruieren, wo ein Objekt liegen müßte, damit dieses entspannte kurzsichtige Auge es auf der Netzhaut scharf sieht. Zeichnen Sie den Punkt ein, wo dieses Objekt die Achse berühren würde und nennen Sie ihn P. (c) Messen Sie den Abstand zwischen P und der Linse. Wie groß ist er? (d) Die Kontaktlinse zur Korrektur dieser Kurzsichtigkeit sollte so beschaffen sein, daß Strahlen aus sehr großer Entfernung (also Parallelstrahlen) von P her zu kommen scheinen. Welche Brennweite muß die Kontaktlinse haben, damit sie das kann? (Achten Sie besonders auf das Vorzeichen, also darauf, ob es eine Sammel- oder Zerstreuungslinse ist.) (e) Welche Brechkraft müßte eine solche Kontaktlinse haben (in Dioptrien)?

HA2 Messen Sie in Dioptrien, wie gut Sie akkommodieren können, und beschreiben Sie, wie Sie es gemacht haben.

HA3 Ein bestimmtes kurzsichtiges Auge hat (bei Anspannung) eine Brennweite $f_{Auge} = 2{,}45$ cm, und der Abstand zwischen Linse und Netzhaut beträgt 3,00 cm. Brillen mit der Brennweite $f_{Brille} = -20$ cm (also -5 Dioptrien Brechkraft) werden 1,5 cm vor dem Auge getragen. Das Auge sieht ein Objekt PQ, das 8 cm hoch ist und in 30 cm Entfernung vor ihm steht. Fertigen Sie im Maßstab 1 : 2 eine sorgfältige Zeichnung an und geben Sie die Brennpunkte der Brille und des Auges an. Zeichnen Sie die Netzhaut flach. Verfolgen Sie den Strahlengang und konstruieren Sie das Bild auf der Netzhaut in zwei Schritten: (a) Konstruieren Sie das virtuelle Bild des Objekts PQ, das die Brille entwirft (vernachlässigen Sie dabei das Auge). Nennen Sie dieses virtuelle Bild $P'Q'$. (b) Behandeln Sie $P'Q'$ als neues Objekt, ignorieren Sie jetzt die Brille und konstruieren Sie das von dem Linsensystem des Auges entworfene Bild von $P'Q'$. (c) Wiederholen Sie die Schritte (a) und (b), jetzt aber mit der Brille in 3 cm Abstand vom Auge. (d) Vergleichen Sie in diesen beiden Fällen die Größe der Netzhautbilder untereinander und mit dem Bild, das Sie ohne Brille erhalten hätten. Hängt die Bildgröße von der Lage der Brille ab? Ist das mit diesen Zerstreuungslinsen erhaltene Bild größer oder kleiner als das ohne Brille?

HA4 Lupen können manchmal ungewohnte Ausblicke eröffnen. So kann man das entferntere zweier gleicher Objekte größer erscheinen lassen (statt daß, wie gewöhnlich, das entferntere Objekt das kleinere Bild ergibt). Zeigen Sie das wie folgt: (a) Zeichnen Sie eine Sammellinse mit 20 mm Brennweite (die Lupe) und links von der Linse zwei Objekte, die jedes 10 mm hoch sind. Eins soll eine Entfernung von 5 mm von der Linse haben und das andere 10 mm mehr. (b) Verfolgen Sie den Strahlengang, um das virtuelle Bild zu finden, das die Lupe von jedem dieser Objekte entwirft. Zeichnen Sie die beiden in verschiedenen Farben. (c) Zeichnen Sie in einem Abstand von 60 mm rechts von der Linse ein kleines Loch, das die Pupille des Auges darstellt. (Sie können dort auch eine Linse zeichnen, wenn Sie es wünschen, aber die Linse sammelt die Strahlen auf der Netzhaut, deshalb brauchen Sie nur Strahl 2, und das ist der Strahl, der durch das kleine Loch geht.) Zeichnen Sie eine ›Netzhaut‹ (eine gerade Linie) 30 mm rechts von dem Loch (oder auch in größerer Entfernung, wenn Sie Platz haben). Zeichnen Sie für jedes virtuelle Bild (in zwei Farben) einen Strahl von der Spitze des virtuellen Bildes durch das Loch zur Netzhaut. (d) Zeichnen Sie jeweils in einer Farbe jedes der endgültigen Netzhautbilder. Welches Bild ist größer, das des näheren oder das des ferneren Objekts? (e) Welches Objekt würde ohne die Lupe ein größeres Netzhautbild ergeben? (Falls Sie eine Lupe haben, können Sie diese Ergebnisse überprüfen. Schauen Sie durch die Lupe auf eine Streichholzschachtel

oder ein anderes kleines rechtwinkliges Objekt, das Sie längsweise halten. Halten Sie die Linse mit ausgestrecktem Arm so, daß sie ein Ende der Schachtel berührt.)

HA5 (a) bis (e). Wiederholen Sie die Teile (a) bis (e) von Aufgabe A10 mit einer Feldlinse. Bringen Sie die Feldlinse so beim Zwischenbild $P'Q'$ an, daß sie L_1 auf L_2 abbildet. (f) Geben Sie an, wo ein Auge A_3 sein müßte, das das ganze Endbild $P''Q''$ sehen kann.

HA6 Eine bessere Feldlinse als die in HA5 würde L_1 auf die Pupille des Beobachters abbilden. Warum wäre das besser?

Mathematische Aufgaben

MA1 Jemand hat einen unkorrigierten Nahpunkt von 50 cm. Wie lautet das Brillenrezept?

MA2 Jemand trägt Brillengläser der Stärke -3 Dioptrien. (a) Wie weit kann diese Person ohne Brille höchstens sehen? (b) Wie nah kann sie mit Brille unter der Voraussetzung sehen, daß sie normal akkommodiert?

MA3 Eine bestimmte Lupe hat eine Brennweite von 5 cm. (a) Was ist die Vergrößerung? (b) Was bedeutet das? Zeigen Sie, wie die Linse am günstigsten gehalten wird.

MA4 Berechnen Sie für diejenigen zwei Linsen aus Aufgabe A6, die bei einem Linsenfernrohr die stärkste Vergrößerung ergeben, (a) die Vergrößerung dieses Fernrohrs, (b) die Länge dieses Fernrohrs vom Objektiv zum Okular.

MA5 Wiederholen Sie Aufgabe MA4 für ein Galileisches Fernrohr.

Das menschliche Auge und sein Sehvermögen – II: Bildverarbeitung

7.1 Einleitung

Das optische Netzhautbild (Kapitel 5) ist nur die erste Stufe des Sehens. Unser Vergleich von Kamera und Auge ist bis zu diesem Punkt nützlich, versagt aber bei den folgenden, höheren Sehprozessen. Kameras zeichnen ein Bild auf, nicht mehr; ein Mensch hingegen kann ein Bild vom anderen unterscheiden, Vorgänge erkennen und deuten und braucht natürlich den mit den Augen aufgenommenen ›Film‹ nicht zum Entwickeln zu bringen. Wenn wir verstehen wollen, wie wir sehen, müssen wir betrachten, was im visuellen System abläuft, nachdem Lichtempfänger das Licht absorbiert haben. Der Physiologe Ewald Hering sagte:

Die ganze sichtbare Welt und alles, was in ihr ist, ist eine Schöpfung unseres inneren Auges, wie wir das visuelle Nervensystem nennen können..., und steht damit dem dioptrischen Mechanismus, den wir das äußere Auge nennen könnten, gegenüber.

Als wir das ›äußere Auge‹ behandelten, ging es uns um ein Bild. Aber das ist auch die einzige bildhafte Darstellung, die beim Gesichtssinn eine Rolle spielt. Wohl gibt es eine gewisse Entsprechung zwischen Punkten unseres Gesichtsfeldes und der Gehirnrinde, aber wir haben in unserem Kopf keinen kleinen Fernsehschirm, keinen ›kleinen Menschen‹, der sich

7.1 Elektrische Aktivität in einem Nerv, der vom Auge der Katze zu ihrem Gehirn führt, aufgezeichnet durch eine winzige, in diesem Nerv angebrachte Mikroelektrode. Die Stöße haben alle gleiche Amplitude, nur ihre Frequenz ändert sich – je mehr Stromstöße pro Sekunde ausgeschickt werden, um so größer ist das von der Nervenzelle weitergegebene Signal

das Bild dort drinnen anschaut. Die von unseren Augen an unser Gehirn geschickte Information ist als Aktivität von Millionen Nervenzellen kodiert, die die Vermittlung besorgen (Abb. 7.1). Gemeinsam mit Milliarden Nervenzellen formen sie in unserem Gehirn eine SYMBOLISCHE DARSTELLUNG eines Vorgangs. Das Wort ›Kuh‹ und der Klang ›ku‹ haben keine direkte Ähnlichkeit mit dem Tier, sondern sind nur symbolische Darstellungen. Die Gehirnzellen, die reagieren, wenn Sie eine Kuh anschauen, liegen nicht etwa in einem kuhförmigen Bereich, sondern symbolisieren eine Kuh. Wenn man das visuelle System verstehen will, muß man verstehen, wie die Symbole des ›inneren Auges‹ konstruiert sind, wie Information aus dem Netzhautbild kombiniert oder vermischt wird, damit sie zu andersartiger Information wird.

Im fotografischen Film wird Information durch Entwicklung zu einem optischen Bild verarbeitet. Im Gesichtssinn besteht die Verarbeitung darin, daß symbolische Information über viele Einzelheiten (Linien, Kanten, Helligkeit, Farbe, Bewegung usw.), die im allgemeinen unabhängig voneinander analysiert werden, zum Gehirn geschickt wird. Ein Teilbereich des visuellen Systems, der auf eine solche Einzelheit besonders reagiert, heißt KANAL. Jeder Kanal ist auf bestimmte Informationen spezialisiert. Der Gesichtssinn läßt sich gut mit der Berichterstattung in einer Zeitung vergleichen. Eine wichtige Nachricht kann die Bereiche Sport oder Politik oder Wirtschaft oder Kultur betreffen, und jeder dieser Aspekte hat seinen eigenen ›Kanal‹ zur Zeitung – die Reporter und Korrespondenten, die für die Redaktion jeweils dieser Sparte zuständig sind.

Wie die Zeitung berichtet auch das visuelle System nur von aufregenden Neuigkeiten, nur über die von ihm beobachteten Veränderungen. Das Gehirn will nicht mit kleinsten Informationen überhäuft werden, wie zum Beispiel, daß ein Punkt am Rande dieser Seite genauso aussieht wie alle anderen; es interessiert eine Zeitung ja auch nicht, daß jemand von einem Hund gebissen wurde. Wertvoll ist die Abwechslung, und genau wie die Zeitung das berichtet, was ungewöhnlich ist, etwa daß ein Mensch einen Hund gebissen hat, reagiert unser Gesichtssinn nur auf Neues, das Gedruckte.

Wie das ›innere Auge‹ Information verarbeitet, also Veränderungen bemerkt und Information in die verschiedenen Kanäle leitet, und wie sich das auf unsere Wahrnehmung der sichtbaren Welt auswirkt, ist das Thema dieses Kapitels.

7.2 Der Gesichtssinn des Menschen – ein Überblick

Wie gelangt die Information von den Zapfen und Stäbchen zu den höheren Gehirnzentren? Abbildung 7.2 zeigt die Nervenverbindungen in der Netzhaut selbst. Die lichtempfindlichen Zapfen und Stäbchen (die SEHZELLEN oder LICHTREZEPTOREN) sind mit BIPOLAREN Zellen verknüpft, und diese sind wiederum mit GANGLIEN verbunden, die Information ans Gehirn weiterleiten. Aber noch bevor die Information die Netzhaut verläßt, ergibt sich reichlich Gelegenheit zur Verarbeitung: Jede bipolare Zelle ist mit mehr als einer (sogar bis zu tausend) Sehzellen verbunden und jede Sehzelle mit mehr als einer Bipolarzelle. Außerdem gibt es eine komplizierte querverbindende Schicht HORIZONTALER

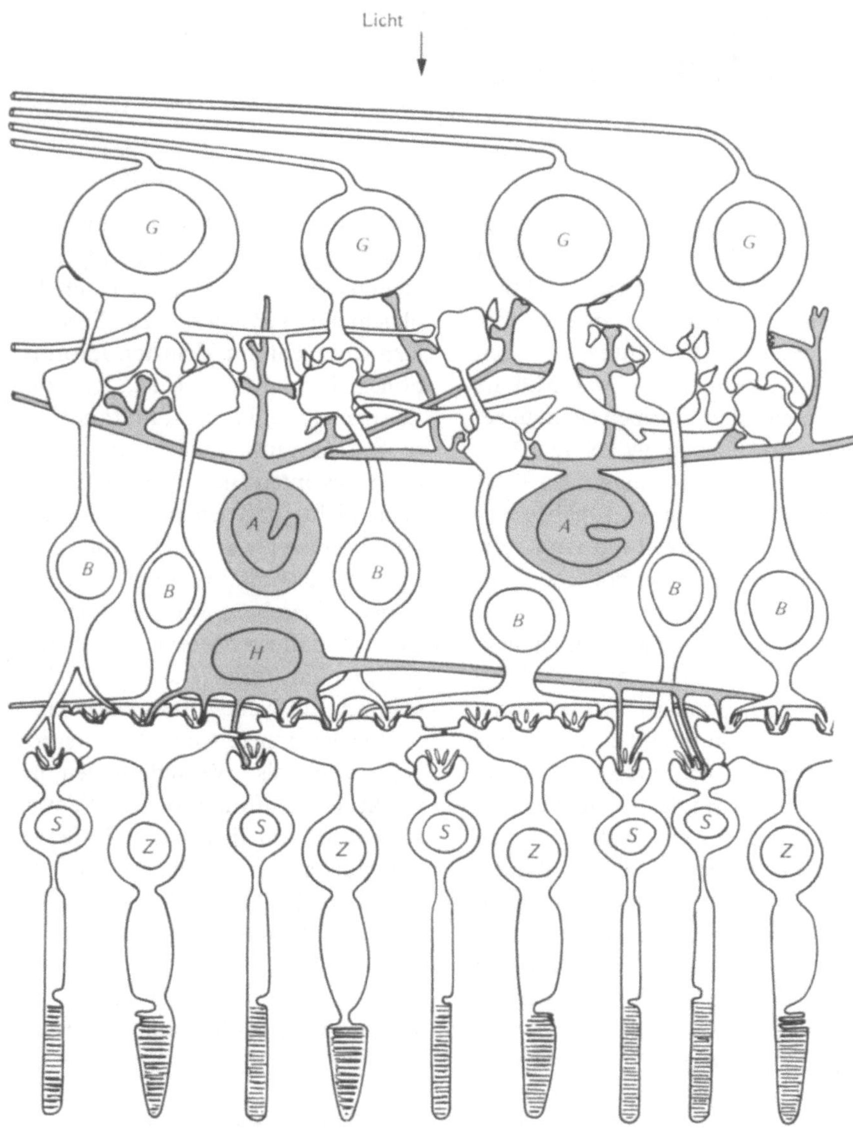

7.2 Nervenverbindungen in einer menschlichen Netzhaut. Die Sehzellen (Stäbchen *S* und Zapfen *Z*) sind mit bipolaren Zellen (*B*) verknüpft. Diese sind wiederum mit Ganglienzellen (*G*) verbunden, die zum Gehirn führen. Amakrinen (*A*) und horizontale (*H*) Zellen stellen seitliche Verbindungen her

Zellen, die die Sehzellen seitlich miteinander verknüpfen. Die Bipolarzellen sind durch andere Schichten vernetzter Zellen, die AMAKRINEN, mit den Ganglien verbunden. Auch hier wieder ist jede Zelle mit vielen anderen Zellen verknüpft. Diese seitlichen Verbindungen ermöglichen es, Infor-

mation von benachbarten Teilen der Netzhaut zu vergleichen und zu untersuchen, bevor sie zu den Ganglien weitergeleitet wird. Dieser Vorgang im Netzhautinnern reduziert die von 10^8 Sehzellen gesammelte Information, so daß sie von nur 10^6 Ganglienzellen weitergeleitet werden kann.

Alle Ganglienzellen eines Auges sind im SEHNERV gebündelt, der zu dem OPTISCHEN CHIASMUS führt (Abb. 7.3). (Chiasmus, nach dem griechischen Buchstaben χ (chi), weist auf die Kreuzung der Nerven hin.) Hier trennen sich die Ganglien; etwa die Hälfte kreuzt von einem Auge zur an-

deren Kopfseite, während der Rest auf derselben Seite des Kopfes bleibt wie das Auge. Dadurch enthält das Nervenbündel für jede Seite des Gehirns Ganglienzellen beider Augen. Diese Teilung der Ganglien am optischen Chiasmus entspricht der Aufteilung des Gesichtsfeldes in eine rechte und eine linke Hälfte. Vom rechten Gesichtsfeld beider Augen aus schikken Ganglienzellen Information zur linken Gehirnhälfte, während die Information von dem linken Gesichtsfeld beider Augen entsprechend zur rechten Gehirnhälfte geschickt wird. Jede Gehirnhälfte steht mit der anderen so weit in Verbindung, daß wir in der Mitte des Gesichtsfeldes keinen Bruch wahrnehmen. (Diese Anordnung der Verbindungen erleichtert den Vergleich der Bilder der beiden Augen, was für die Möglichkeit des räumlichen Sehens sehr wichtig ist – Kapitel 8.)

Die meisten Ganglienzellen führen zum SEITLICHEN KNIEKÖRPER, der oft als eine Art Umspannstation betrach-

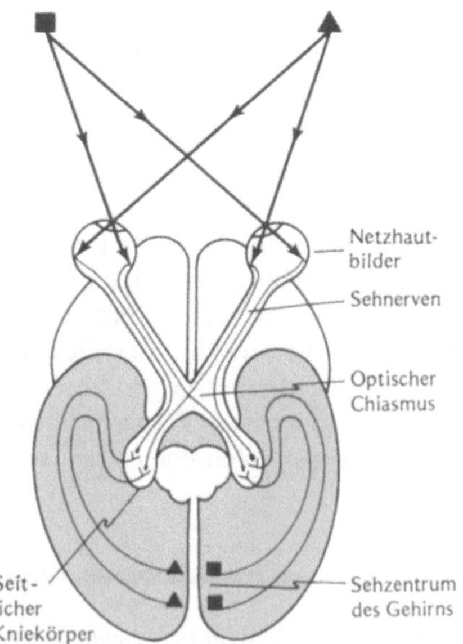

7.3 Überblick über den Gesichtssinn des Menschen. Das von den Sehzellen auf der Netzhaut eingesammelte Licht löst eine Reihe von Nervenimpulsen in den Nervenzellen der Netzhaut aus, die zu den Ganglien, dem seitlichen Kniekörper und zur Sehrinde führen

tet wird. Dort werden die Ganglien mit den Nervenzellen verbunden, die zum SEHZENTRUM des Gehirns führen. (Etwa 1/5 der Ganglienzellen führen nicht zum seitlichen Kniekörper, sondern zu den Teilen des Gehirns, die die Augenreflexe und die Pupillengröße regulieren.)

7.3 Elementare Helligkeitswahrnehmung

Wir haben in Kapitel 5 gesehen, wie sich die Empfindlichkeit der Netzhaut automatisch mit der Gesamthelligkeit ändert. SEHEN SIE SELBST! Vielleicht überrascht es Sie, daß das Gehirn sich gar nicht so sehr für die Gesamtbeleuchtung interessiert – die Helligkeit insgesamt ist weniger wichtig als die lokalen Veränderungen.

SEHEN SIE SELBST

Gleichförmige Lichtfelder
Halbieren Sie einen Tischtennisball, nehmen Sie die unbeschriebene Hälfte und decken Sie damit ein Auge ab, indem Sie sie wie ein Monokel einklemmen, ohne sie mit den Händen festzuhalten. Schließen Sie das andere Auge, während ein freundliches Wesen Ihnen mit einem hellen Licht, etwa von einem Diaprojektor, direkt auf das bedeckte Auge leuchtet. Halten Sie das Auge offen und schauen Sie genau nach vorn, zum Projektor hin. Nach wenigen Sekunden erscheint Ihnen die Innenseite des Balls gleichmäßig grau und nicht weiß. Lassen Sie dann einen Filter (etwa eine Sonnenbrille) in den Lichtstrahl halten, damit weniger Licht auf die Halbkugel fällt. Nach wenigen Sekunden erscheint der Bereich wieder gleichmäßig grau. (Versuchen Sie es auch mit farbigen Filtern.)

Das Material des Balls streut das Licht und verteilt es gleichmäßig über das gesamte Gesichtsfeld. Die Halbkugel ist zu nah, als daß sie scharf gesehen werden könnte, und deshalb können *Sie* kleine, von der Struktur

des Plastiks herrührende Veränderungen nicht wahrnehmen. Sie haben damit bestätigt, daß gleichmäßige Felder in einem großen Intensitätsbereich gleich aussehen – grau. Jede Unregelmäßigkeit, sogar ein Bleistiftstrich auf dem Ball, ruiniert die Wirkung – versuchen Sie es!

7.3.1 Lichtstärke und Helligkeit

Wir haben von Veränderungen der LICHTSTÄRKE gesprochen, wenn sich die Lichtintensität eines Motivs oder einer isolierten Lichtquelle, wie einer Taschenlampe, veränderte. Die Lichtstärke kann von schwach und dämmrig bis zu gut und stark reichen. Die Beleuchtung ist an einem sonnigen Tag stark, wie auch das Licht eines großen Scheinwerfers. Eine Taschenlampe mit alten Batterien dagegen gibt nur schwaches Licht.

Unser Gefühl für Lichtstärke hängt, wie wir in Abschnitt 5.3.4 sahen, auch davon ab, wie gut wir uns an die Lichtverhältnisse angepaßt haben (Adaptation). Eine Nachttischlampe läßt das Schlafzimmer stark beleuchtet erscheinen, wenn wir mitten in der Nacht aufwachen, derselbe Raum aber erscheint uns schlecht beleuchtet, wenn wir aus starkem Sonnenlicht hineingehen.

Wir nehmen aber nicht nur das beleuchtende Licht wahr, sondern auch die das Licht reflektierenden Oberflächen. So erscheint ein Papiertaschentuch ganz unabhängig von der Beleuchtung weiß und eine Katze schwarz. Nur um zu beschreiben, wie uns Flächen erscheinen, verwenden wir jetzt den Begriff HELLIGKEIT. Helligkeit ist eine Empfindung, die von Schwarz und Dunkelgrau bis zu Hellgrau und Weiß reicht.

Im großen und ganzen hängt unsere Wahrnehmung der Grautöne einer Fläche weder von unserer Anpassung an die Beleuchtung noch von der Beleuchtung insgesamt ab. Das Taschentuch kommt uns weiß vor und die

Katze schwarz, ob wir mitten in der Nacht aufwachen oder aus der starken Sonne kommen, und im dämmrigen Schlafzimmer ebenso wie unter starker Beleuchtung.

7.3.2 Helligkeitskonstanz

Wenn die Helligkeitsempfindung der absoluten Intensität des auf die Netzhaut fallenden Lichts entspräche, würden wir jedes Mal wechselnde Helligkeiten (und Farben, Kapitel 10) wahrnehmen, wenn die Sonne hinter einer Wolke verschwindet. Es ist nicht die absolute Lichtintensität, sondern vielmehr die von der jeweiligen Fläche ausgehende relative Intensität, die uns eine Oberfläche schwarz oder weiß erscheinen läßt. Die Katze erscheint uns schwarz, weil sie weniger Licht reflektiert als andere Objekte in ihrer Nähe, während das Taschentuch mehr Licht reflektiert als andere Gegenstände und deshalb weiß erscheint. Wir reagieren darauf, wieviel Licht ein Objekt im Verhältnis zu seiner Umgebung ausstrahlt. Dieses Verhältnis bleibt auch dann gleich, wenn sich die Beleuchtung insgesamt oder die Anpassung des Auges ändert. Wir sprechen darum von der HELLIGKEITSKONSTANZ: alle Gegenstände scheinen (zum größten Teil) ihre vertraute Helligkeit zu behalten, wenn sich die Beleuchtung ändert. Das Taschentuch sieht immer weiß aus, auch wenn ein Lichtmesser nachts weniger von ihm ausgestrahltes Licht mißt als tagsüber von einer sich sonnenden schwarzen Katze. Da wir auf die relative Lichtintensität des Gesamtbilds reagieren, kommen wir nie in Versuchung, uns die Nase mit einer Katze zu schneuzen.

7.3.3 Das Weber-Fechnersche Gesetz

Daß für unser Gehirn das Verhältnis der Lichtintensitäten wichtig ist, zeigt Abbildung 7.4. (SEHEN SIE SELBST!) Flächen mit gleichem Intensitätsverhältnis entsprechen gleichen Helligkeitsstufen. Anders als in Abbildung 7.4a scheinen die Stufen in Abbildung 7.4b gleich groß zu sein. Gleiche Helligkeitsstufen rühren also von gleichen Verhältnissen der Lichtintensität her. Dies ist das WEBER-FECHNERSCHE GESETZ. Wir können sagen, der Gesichtssinn arbeite auf einer logarithmischen Skala (siehe Anhang I).

Das Weber-Fechnersche Gesetz gilt auch dafür, wie wir die Lichtstärke, also leuchtende Objekte, wahrnehmen. In diesem Zusammenhang erklärt es, warum wir tagsüber keine Sterne sehen. Am Tag ist das Verhältnis der Intensität des Sterns zu der des Himmels so klein, daß der Stern nicht zu sehen ist. Nachts ist die vom Himmel kommende Intensität klein und das Verhältnis der Intensitäten des Sterns zu der des Himmels groß. Deshalb sind die meisten Sterne nur nachts und nicht am Tage zu sehen.

STUDIER & SPEKULIER

Wie läßt sich das Weber-Fechnersche Gesetz auf den halbversilberten Spiegel in Abschnitt 2.3.5 anwenden?

Das Weber-Fechnersche Gesetz hat seine Grenzen. Wenn die Intensität eines Gebietes bei einer bestimmten Anpassung sehr hoch ist, kommt ein Punkt, an dem der Gesichtssinn auf einen Lichtzuwachs nicht mehr reagieren kann. Wenn die Intensität dann weiter wächst, nimmt die Lichtstärke nicht weiter zu, und das Weber-Fechnersche Gesetz verliert seine Gültigkeit. Auch im anderen Extremfall versagt das Gesetz. Wenn wir die Lichtintensität immer wieder in einem bestimmten Verhältnis verringern, kommt schließlich ein Punkt, in dem die Lichtintensität so gering ist, daß sie von dem ›Rauschen‹ des Gesichtssinns selbst übertönt wird. Dieses Rauschen kann von zufälligen chemischen Reaktionen in den Nerven und Synapsen herrühren oder auch von Druckveränderungen,   kosmischen

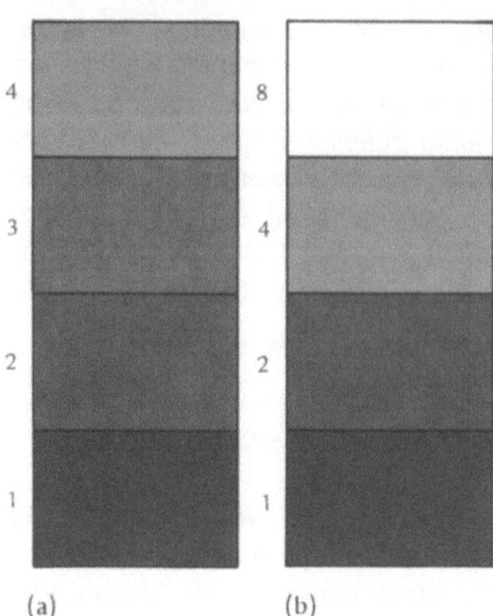

7.4 Das Weber-Fechnersche Gesetz. (a) Die Intensität von reflektiertem Licht wächst um gleiche Beträge an (1,2,3,4, ...) – die Skala ist linear. (b) Die Intensität des reflektierten Lichts wächst im gleichen Verhältnis (1, 2, 4, 8, ...) – die Skala ist logarithmisch. Stufen, die im gleichen Verhältnis sind (b), entsprechen gleichen Helligkeitsunterschieden

Strahlen, die auf die Nerven treffen, und so weiter. Wird dann die Lichtintensität weiter vermindert, scheint die Lichtstärke gleich zu bleiben. SEHEN SIE SELBST, welche Wirkung dieses Rauschen hat.

Der Gesichtssinn verhält sich damit ähnlich wie die Schwärzungskurve eines Films (Abb. 4.42). In einem weiten mittleren Intensitätsbereich hängen die Reaktionen des Auges wie die eines Films von der Intensität ab, darüber hinaus aber nicht. Der Bereich zwischen den Extremen, wo das Weber-Fechnersche Gesetz gilt, entspricht dem Belichtungsspielraum des Auges in einem bestimmten Anpassungsstadium. Bei höherer oder niedrigerer mittlerer Lichtintensität ändert das Auge seine Lichtempfindlichkeit, indem es sich den Beleuchtungsbedingungen anpaßt. Auf diese Weise kann man in einem sehr großen Lichtintensitätsbereich nützliche Helligkeitsinformation gewinnen.

SEHEN SIE SELBST

1 Das Weber-Fechnersche Gesetz und seine Grenzen

Betrachten Sie eine helle Landschaft zuerst mit bloßem Auge und dann durch eine Sonnenbrille. Ändern sich die Kontraste? Da die Sonnenbrille von den hellen und den dunklen Teilen des Bildes jeweils nur die Hälfte durchläßt, bleibt das Verhältnis der Lichtintensitäten der verschiedenen Bildteile gleich.

Schauen Sie jetzt durch mehrere Sonnenbrillen hintereinander. (Zwei Brillen mit polarisierten Gläsern, fast rechtwinklig zueinander gehalten, eignen sich gut – Kapitel 13.) Was passiert jetzt mit dem Kontrast in den dunkleren Teilen des Bildes? Vergleichen Sie diese Beobachtungen mit der Schwärzungskurve eines Films (Abb. 4.42).

2 Spaß mit Phosphenen

Phosphene (griech. *phos*, Licht, und *phainein*, zeigen) sind Lichterscheinungen im Auge, die hell, dunkel und oft auch farbig sind und die Sie auch ohne Licht sehen, wenn auf Ihren Augapfel Druck ausgeübt wird. Wir haben im ersten Versuch SEHEN SIE SELBST zu Abschnitt 5.2.1 mit Hilfe solcher Phosphene bestätigt, daß das von der Netzhaut aufgenommene Bild auf dem Kopf steht. Einige der hier beschriebenen Phosphene erfordern mehr und andauernden Druck. Sie sollten deshalb sehr vorsichtig sein, wenn Sie ihn erzeugen. Drücken Sie niemals länger als eine Minute lang auf Ihren Augapfel und hören Sie sofort auf, wenn Sie Schmerzen spüren.

Gewöhnen Sie sich in einem dunklen Zimmer an die Dunkelheit und schließen Sie beide Augen; halten Sie ohne Druck die linke Hand über das linke Auge. Drücken Sie dann vorsichtig mit dem Ballen der rechten Hand mehrere Sekunden lang gegen das geschlossene rechte Lid. Bemühen Sie sich, den Druck gleichmäßig über das Lid zu verteilen. Vielleicht sehen Sie dabei Muster: pulsierende Flecken, Blitze, Linien, Punkte, Karos und so weiter. Der Druck schränkt die Blutzufuhr der Netzhaut ein und wirkt sich vielleicht auch auf die Nerven aus; beides spielt für den Gesichtssinn eine wichtige und komplizierte Rolle.

Sogar in völliger Dunkelheit und ohne Druck sind solche Muster zu sehen, so kann man etwa nachts beim Einschlafen verschwommene Lichtflecken herumziehen sehen, die auftreten, verblassen und durch andere Lichtflecken verdrängt werden. Nach einer halben Stunde in völliger Dunkelheit ist die Empfindlichkeit des Gesichtssinns so groß, daß er auf das ›Rauschen‹ reagiert und Ihnen dieses ›Kino der Gefangenen‹ vorführt.

7.4 Netzhautverarbeitung I: Die laterale Hemmung

Unser Gehirn reagiert, wie wir schon sagten, weniger auf die Gesamtbeleuchtung als auf die relative Lichtintensität des ganzen Gesichtsfeldes. Wie vergleicht das Gehirn Licht, das auf verschiedene Zapfen trifft, ohne dabei auf die Gesamtbeleuchtung zu achten? Abbildung 7.2 zeigt, daß es innerhalb der Netzhaut vielerlei Vergleichsmöglichkeiten gibt: die Amakrinen und die horizontalen Zellen stellen seitliche Verbindungen her, und deshalb kann das Signal von einem Bereich der Netzhaut je nach der Beleuchtung eines Nachbarbereichs verändert werden. Wenn die Beleuchtung eines Netzhautbereichs zunimmt, nimmt das von einem benachbarten Netzhautbereich zum Gehirn geschickte Signal ab. Dieses Signal wird dadurch relativ unempfindlich für Veränderungen der Gesamtbeleuchtung, reagiert aber auf unter-

schiedlichen Lichteinfall in den beiden Gebieten sehr empfindlich. Diese Fähigkeit eines Netzhautbereichs, das Signal eines anderen Bereichs zu blokkieren, nennen wir SEITEN- oder LATERALE HEMMUNG.

7.4.1 Der Mechanismus der Helligkeitskonstanz

Diese laterale Hemmung ist für die Helligkeitskonstanz wichtig. In Abbildung 7.5 bezeichnen A und B zwei Netzhautrezeptoren, die in bestimmter Weise beleuchtet werden und dem Gehirn ein entsprechendes Signal schicken. Was geschieht, wenn die Gesamtbeleuchtung zunimmt? Dann werden die Signale von jedem der Rezeptoren stärker, aber auch ihre Fähigkeit, einander zu hemmen. Im Ergebnis wird die Zunahme der Gesamtbeleuchtung gar nicht bemerkt. Wir verdeutlichen das am Beispiel eines Ehepaars, das in einem Doppelbett schläft und eine einzige große elektrische Bettdecke hat, deren Hälften jeweils für sich reguliert werden können. Normalerweise bestimmt jeder Regler, wie warm die entsprechende Deckenseite ist. Wenn aber aus irgendeinem Grunde die Regler einmal vertauscht würden, dann hätte er ihren Schalter und sie seinen. Wenn das Schlafzimmer dann gleichmäßig kälter wird, dreht jeder den Strom an und bleibt trotz des Wechsels der Zimmertemperatur kuschelig warm. Entsprechend bleibt das Signal ans Gehirn immer auf demselben Niveau, wenn die Beleuchtung bei beiden, A und B, besser wird.

Was aber passiert, wenn nur A besser beleuchtet wird? Das verstärkte Signal von A blockiert das von B. Weil B aber nicht zusätzlich beleuchtet wird, hemmt es A weiterhin. Die zusätzliche Beleuchtung von A wirkt sich also in einem stärkeren Signal des stärker angeregten A und einem schwächeren Signal des weiter gehemmten B aus. Das Gehirn nimmt diese Unterschiede zwischen A und B stärker wahr, als wenn es die laterale Hemmung nicht gäbe. Im Ergebnis tritt eine KANTE, an der sich die Lichtintensität rasch von hell zu dunkel ändert, deutlicher hervor (KANTENBETONUNG), während die Veränderung der Gesamtbeleuchtung nicht so auffällig ist. Malen Sie sich jetzt aus, was im Schlafzimmer passiert, wenn es nur auf einer Seite des Bettes kälter wird (etwa, weil dort ein Fenster offen steht). Er (in Fensternähe) stellt seinen Schalter höher, und dadurch wird es ihr zu warm. Sie dreht deshalb ihren Schalter zurück, und damit wird es für ihn noch kälter. Der kleine Unterschied in der Zimmertemperatur auf den beiden Seiten des Bettes wird so immer größer – es wird ihm viel zu kalt und ihr viel zu heiß.

Wenn ein System auf Unterschiede, also etwa Kanten, reagiert, kann es viel besser Information verarbeiten, als wenn es jeden einzelnen Punkt registrieren würde. Es ist einfacher, ein schwarzes Quadrat durch vier Linien zu beschreiben, die auf einer Seite schwarz und auf der anderen weiß sind, als Punkt für Punkt anzugeben, ob er schwarz oder weiß ist. Zudem übertragen Kanten viel Information. Wir erkennen leicht Gestalten, von denen wir nur die Umrisse sehen (Abb. 2.1c). Bildende Künstler arbeiten oft mit Umrissen. Auch unser Gesichtssinn konzentriert sich auf Kanten, um Information wirksam speichern und übermitteln zu können.

Daß unser Gesichtssinn Lichtverhältnisse und Information über Kanten nutzt, erleichtert nicht nur die Speicherung und Übermittlung, sondern läßt uns auch unter verschiede-

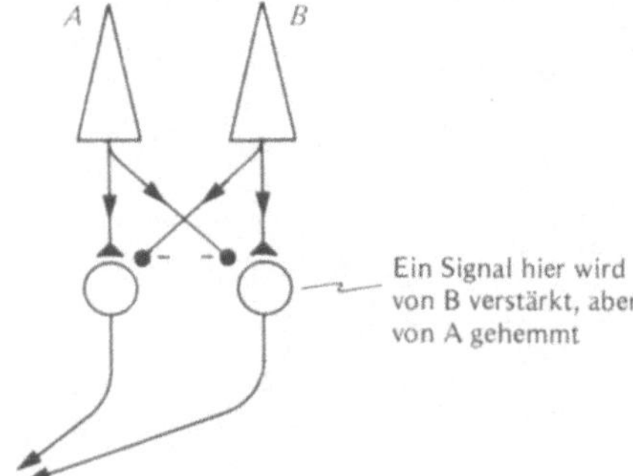

7.5 Zwei Zapfen A und B und seitliche Nervenverbindungen (in sehr schematischer Darstellung). Hemmende Verbindungen, hier durch ein Minuszeichen angedeutet, schwächen die Signale eines Zapfens, wenn andere nahegelegene Zapfen gereizt werden

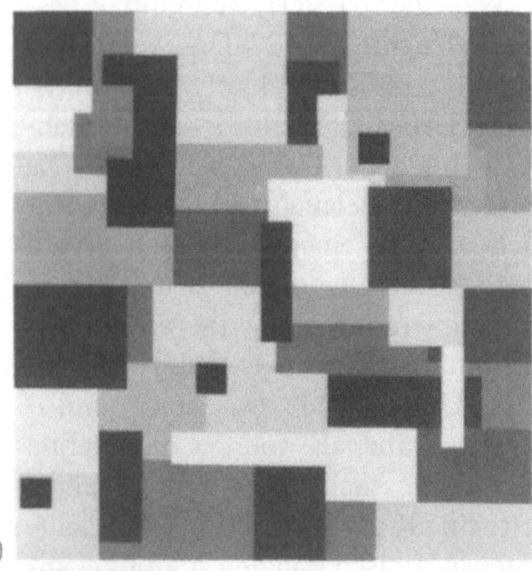

(a)

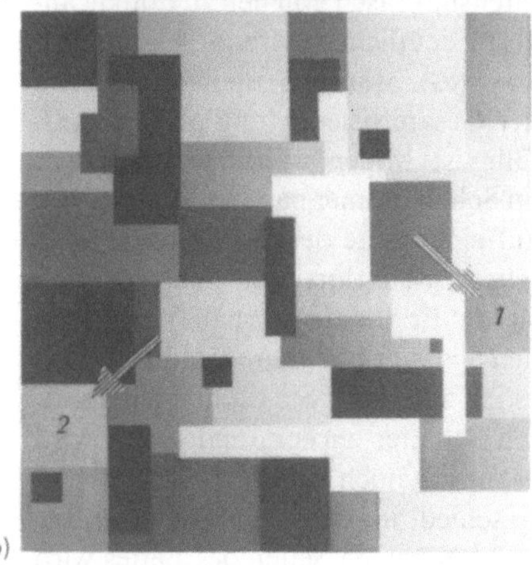

(b)

7.6 (a) Eine Aufnahme schwarzer, weißer und grauer Papierrechtecke bei gleichmäßiger Beleuchtung. (b) Dieselben Rechtecke bei der Beleuchtung durch eine Lampe auf der rechten Seite. Aufgrund der Kanteninformation erscheint Ihnen Rechteck 2 heller als Rechteck 1, wie in (a), obwohl die Beleuchtung gerade so eingerichtet wurde, daß von gleich großen Gebieten jedes Rechtecks gleich viel Licht ins Auge fällt. Schneiden Sie, um dies zu bestätigen, Löcher in ein Stück Papier und legen Sie diese Maske so auf das Buch, daß Sie nur die Mitte der beiden Rechtecke sehen

nen Lichtverhältnissen dieselbe Helligkeitsverteilung wahrnehmen, ist also die Ursache der Helligkeitskonstanz. Wenn wir etwa eine Landschaft betrachten, wissen wir, daß ein Bereich doppelt so hell ist wie ein anderer, weil wir die Grenzlinie zwischen beiden betrachten. Diese Information bleibt ganz unabhängig von der Gesamtbeleuchtung dieselbe. Auch wenn das, was wir uns anschauen, ungleich-

mäßig, etwa von einer Lichtquelle rechts daneben, beleuchtet wird, liefert die Kante dieselbe Information – an der Kante ist ein Bereich doppelt so hell wie der andere –, und wir nehmen immer dieselbe relative Helligkeit wahr (Abb. 7.6). Indem sich unser Gesichtssinn auf Lichtverhältnisse und Kanteninformation verläßt, kann er sich auf das, was er sieht, konzentrieren und braucht sich nicht um die möglicherweise launische Beleuchtung zu kümmern.

7.4.2 Gleichzeitiger Helligkeitskontrast

Das Verständnis der lateralen Hemmung erklärt viele optische Illusionen, die mit Helligkeit zu tun haben. Obwohl die beiden grauen Rechtecke in Abbildung 7.7 gleiche Lichtmengen reflektieren, erscheint das rechte dunk-

7.7 Gleichzeitiger Helligkeitskontrast. Die beiden grauen Rechtecke reflektieren gleiche Intensitäten, haben aber verschiedene Helligkeit, weil sie von Bereichen umgeben sind, in denen die Lichtintensität verschieden ist. (Bestätigen Sie, daß die beiden Rechtecke objektiv gleich hell sind, indem Sie zwei Löcher in ein Blatt Papier schneiden und das Bild so abdecken, daß nur die beiden grauen Gebiete zu sehen sind.)

ler als das linke, weil es von einem weißen Bereich umgeben ist, und das linke erscheint heller als das rechte, weil es von einem schwarzen Gebiet umgeben ist. Dieser GLEICHZEITIGE oder SIMULTANE HELLIGKEITSKONTRAST, bei dem die Helligkeit eines Bereichs durch die der Nachbarbereiche beeinflußt wird, läßt sich mit Hilfe der lateralen Hemmung leicht erklären. Die Teile der Netzhaut, die auf das graue Rechteck rechts reagieren, sind von weißen Gebieten umgeben und reagieren wegen der lateralen Hemmung weniger als sonst. Auf der linken Seite wird nichts gehemmt, deshalb scheint das graue Rechteck rechts dunkler zu sein als das links. Maler kennen diese Wirkung schon lange. So umgab zum Beispiel El Greco seine weißen Gestalten mit grauen oder dunklen Flächen, wodurch die Gestalten leichter, fast durchsichtig erscheinen. Charles W. Stork schrieb:

›Weiß ist der flüchtige Gimpel im dunklen Tannengrün, und schwarz, wenn er vor einer flockigen Wolke gleitet.‹

Der gleichzeitige Helligkeitskontrast beeinflußt auch die Wirkung eines Bilderrahmens. Ein weißer Rahmen läßt ein Bild dunkler und deshalb gelegentlich langweilig und leblos erscheinen (SEHEN SIE SELBST). Solch ein Bild wird lebendig, wenn man es

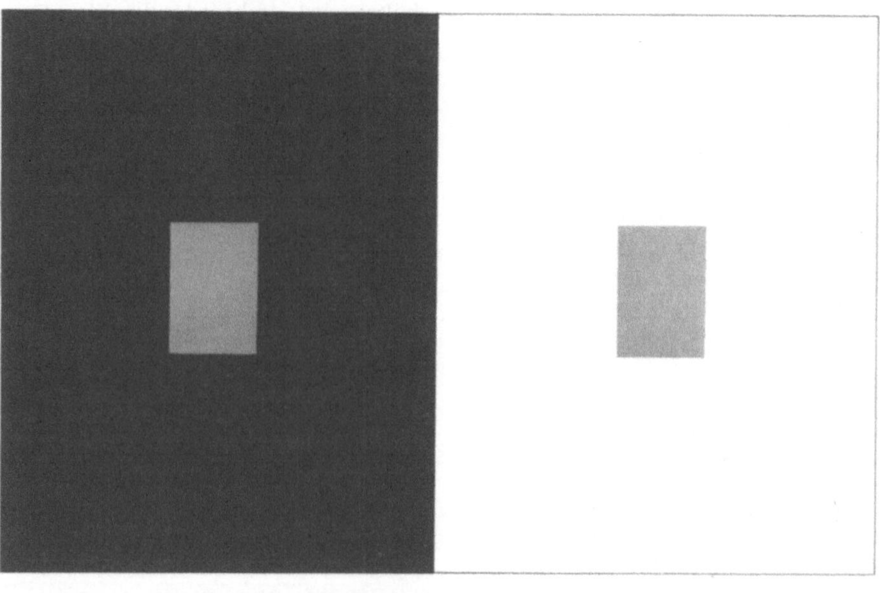

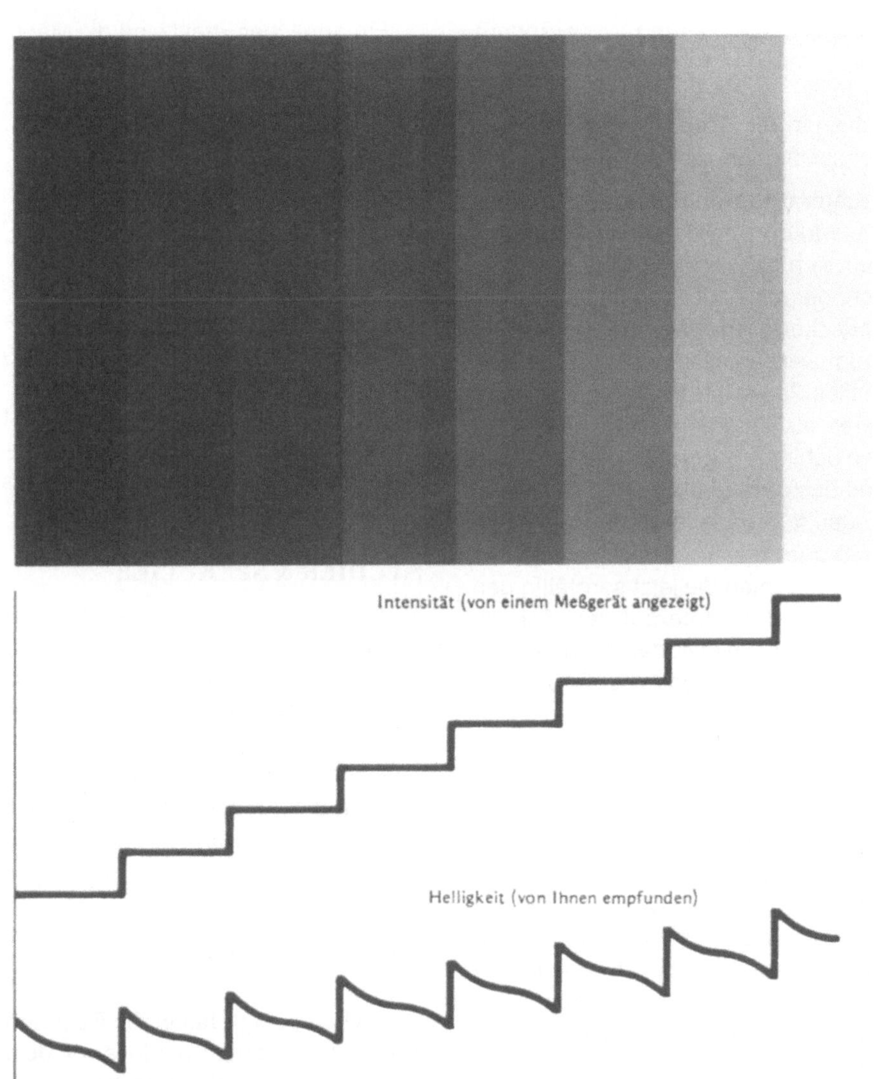

7.8 In jedem der senkrechten Streifen ist die Lichtintensität in der ganzen Streifenbreite gleich. (Überprüfen Sie das mit Hilfe von zwei weißen Papierstreifen, mit denen Sie die Nachbarstreifen abdecken.) Die rechte Seite eines jeden Streifens sieht jedoch dunkler aus als die linke – eine Folge der lateralen Hemmung

weniger gehemmt, weil der Nachbarstreifen dunkler ist. Dadurch erscheint die linke Seite eines Streifens heller als die rechte. Tafel 7.1 zeigt einen ähnlichen Effekt. (SEHEN SIE SELBST (2).) Der Pointillist Georges Seurat verstärkt die Wirkung seiner Gemälde durch gleichzeitige Helligkeitskontraste (Tafel 7.2).

Laterale Hemmung ist auch die Ursache der Hermannschen Gittertäuschung (Abb. 7.9). Wie lassen sich die geisterhaften grauen Flecken an den Schnittpunkten der horizontalen und vertikalen Streifen erklären? Stellen wir uns zwei Netzhautbereiche vor, von denen einer auf den Schnittpunkt *a* eines weißen horizontalen mit einem weißen vertikalen Streifens reagiert und der andere auf einen weißen Streifen *b* zwischen zwei Kreuzungen. Dann empfangen beide gleichviel Licht, haben aber verschiedene Umfelder. Während von allen vier Seiten her Licht auf *a* fällt, fällt auf *b* nur von zwei Seiten her Licht. Der Netzhautbereich, der auf *a* reagiert, wird stär-

durch die von einer Hand geformte Röhre betrachtet und dabei den Rahmen verdeckt. Manchmal ist ein weißer Rahmen erwünscht, etwa um den Eindruck einer dunklen Fotografie von Bergarbeitern unter Tage zu verstärken. Für gewöhnliche Schwarzweißfotos eignet sich ein Rahmen mittlerer Helligkeit am besten.

Die scheinbare Ungleichmäßigkeit jedes der Streifen in Abbildung 7.8 rührt ebenfalls von der lateralen Hemmung her. Der Netzhautbereich, der auf die rechte Seite eines Streifens reagiert, wird von dem Nachbarrand, der mehr Licht reflektiert, blockiert. Der Netzhautbereich, der auf den linken Rand eines Streifens reagiert, ist

7.9 Hermannsche Gittertäuschung. Schauen Sie unverwandt auf den kleinen schwarzen Punkt in der Mitte der Figur. An den Schnittpunkten der vertikalen und horizontalen weißen Bänder werden dunkle

Flecken vorgetäuscht, die eine Folge der lateralen Hemmung sind. (Der Effekt ist besonders deutlich in der Peripherie des Gesichtsfeldes, wo die Hemmung über größere Entfernungen wirkt.)

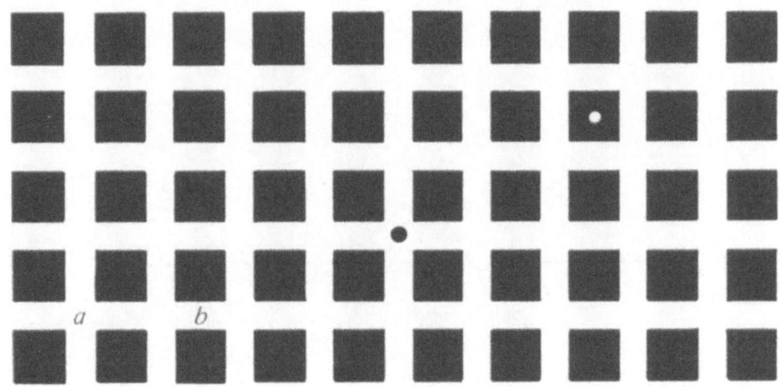

ker gehemmt als der auf *b* ansprechende, und deshalb erscheint *a* dunkler als *b*. Darum sehen wir an den Schnittpunkten der weißen Bänder dunkle Flecken, an Punkten außerhalb der Schnittpunkte aber nicht.

Auch mehrere Zaubertricks beruhen auf diesem gleichzeitigen Helligkeitskontrast. Um die Teile des Aufbaus zu verbergen, die, sagen wir, die schwebende Jungfrau stützen, besteht die Dekoration aus glänzenden Metallteilen und weißem Stoff und wird hell beleuchtet. Was verborgen sein soll, steht vor schwarzem Hintergrund und ist schwarz oder wird vom Zauberer mit einem schwarzen Tuch verhüllt. Dem vom Licht geblendeten Zuschauer erscheinen diese Teile besonders dunkel zu sein; er kann keine Einzelheiten erkennen. Dieses Verfahren wurde im letzten Jahrhundert von einem Dr. Lynn vervollkommnet, der auf der Bühne eine halbe Jungfrau in der Luft schweben ließ, und zwar in den Folies Bergères, wo man sonst eher erwartet, mehr von einer Frau zu sehen.

SEHEN SIE SELBST

1 Simultankontrast

Wann erscheint ein weißes Gebiet nicht als weiß? Wenn es einem helleren Gebiet benachbart ist.

Halten Sie in einem dämmrigen Zimmer dieses Buch mit ausgestrecktem Arm so, daß Sie die ausgeschaltete Schreibtischlampe oben über den Seiten sehen können. Die Seiten erscheinen Ihnen dann weiß. Stellen

Sie, ohne die Haltung zu verändern, die Lampe an und lassen Sie das Licht in Ihre Augen scheinen. Jetzt scheinen die Seiten hellgrau zu sein. Vergleichen Sie das mit Abbildung 7.7.

2 Laterale Hemmung und Schatten

Die Wirkung der lateralen Hemmung läßt sich mit Hilfe von Schatten zeigen, die mit Leuchtstofflampen ohne Abdeckung und mit zwei Röhren erzeugt werden. Nehmen Sie ein Stück weißes Papier als Schirm und ein anderes als Schattenwerfer, halten Sie den Schirm horizontal unter das Licht und das andere Stück Papier parallel zu den fluoreszierenden Röhren etwa 5 cm über den Schirm (Abb. 7.10).

Beobachten Sie jetzt sorgfältig den Schatten der Kante auf dem Schirm. Im Bereich A fällt das Licht beider Röhren auf den Schirm, er ist deshalb hell. Bereich B wird nur von einer Röhre bestrahlt – er liegt im Halbschatten. Gebiet C liegt (von Streulicht abgesehen) im Vollschatten. Das vom Schirm reflektierte Licht hat also ein Intensitätsprofil, das dem von Abbildung 7.8 ähnelt. Wie dort ist der Rand eines jeden Schattens verstärkt. (Jetzt rührt die Intensitätsverteilung allerdings von der veränderten Beleuchtung und nicht von der Reflexion her.)

7.10 Die Versuchsanordnung zur Beobachtung des Simultankontrasts im Schatten der Kante *a*. Sie sehen Machsche Streifen, wenn Sie den Schatten von *b* beobachten

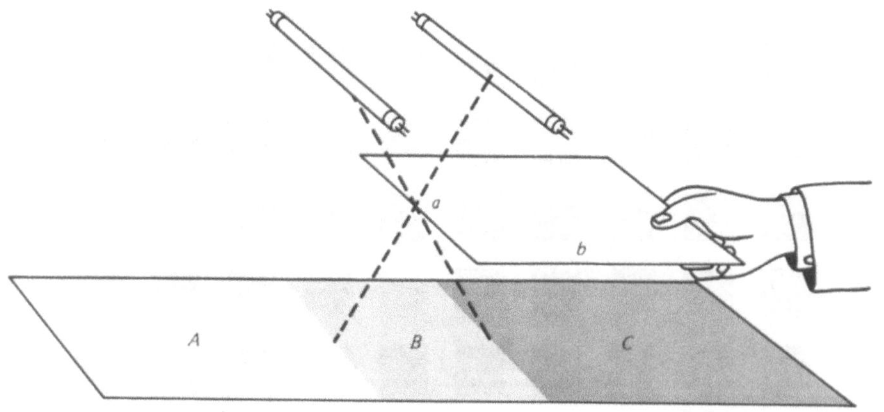

Ein ähnlicher Effekt sind die Machschen Streifen; sie werden sichtbar, wenn Sie den Schatten in der Nähe einer senkrecht zum Licht angebrachten blockierenden Kante betrachten. Wie vorher wird ein Bereich von den Röhren voll beleuchtet und einer, unter dem beschattenden Papier, ist im Vollschatten. Zwischen diesen Gebieten aber verändert sich die Lichtintensität allmählich. (Warum?) Am Rand des hellen Bereichs wird eine helle Linie vorgetäuscht. Das ist einer der Machschen Streifen. Der andere ist ein vorgetäuschtes dunkles Band am Rand des Vollschattens.

STUDIER & SPEKULIER

Zeichnen Sie die Lichtintensität der Machschen Streifen im Verhältnis zur Lage auf dem Schirm. Zeichnen Sie ebenso unter Berücksichtigung der lateralen Hemmung die Helligkeit relativ zur Lage auf. Stimmt Ihre Wahrnehmung der Machschen Streifen mit Ihrer Skizze überein?

7.4.3 Rezeptive Felder

Wie schon gesagt, hängt die Reaktion eines jeden Netzhautpunktes von dem Licht ab, das in die Umgebung fällt. Abbildung 7.2 zeigt, daß jede Ganglienzelle von einem ganzen Bereich der Netzhaut Signale erhält. Wir nennen dieses Gebiet das REZEPTIVE FELD des Ganglions. Licht, das irgendwo in diesen Bereich fällt, kann die Reaktion des Ganglions verändern, aber Licht, das woanders hinfällt, nicht. Abbildung 7.11 zeigt stark vereinfacht das rezeptive Feld einer typischen Ganglienzelle. Licht, das die Mitte des rezeptiven Felds, das Infeld, erreicht, erregt das Ganglion (vergrößert seine Entladungsrate). Licht, das einen nichtzentralen Punkt des rezeptiven Felds (das Umfeld) trifft, hemmt das Ganglion (verringert seine Entladungsrate). Dieses Infeld-Umfeld-System bewirkt die von uns besprochene laterale Hemmung.

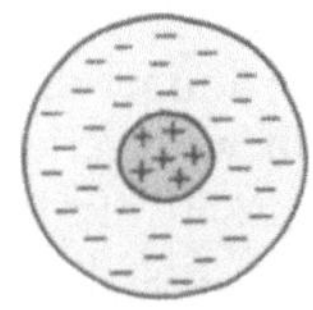

7.11 Schematische Darstellung des rezeptiven Feldes einer Ganglienzelle des Menschen. Wenn Licht auf einen Zapfen in der Mitte des Feldes trifft, ist das Ganglion erregt (wie die Pluszeichen andeuten), und wenn Licht auf die Zapfen des Randes fällt, ist das Ganglion gehemmt (wie die Minuszeichen andeuten)

In Abbildung 7.12 zeigen wir mehrere Reize mit ihren entsprechenden Ganglienreaktionen. Teil *a* deutet an, daß sich eine kleine ›Hintergrund‹reaktion ergibt, wenn eine gleichförmige graue Fläche auf das rezeptive Feld abgebildet wird. Wenn zusätzlich helles Licht den Empfänger im Infeld trifft, *b*, erfolgt eine starke Reaktion. Dies ist die Erregung, die

sich ohne laterale Hemmung einstellen würde. Wenn das helle Licht statt dessen ins Umfeld trifft, *c*, ist die Reaktion schwächer als der Hintergrund. Wenn das helle Licht auf beides, Infeld und Umfeld, trifft, *d*, gibt es praktisch keine Reaktion über die Hintergrundaktivität hinaus, die Erregung des Infeldes und die Hemmung des Umfeldes gleichen sich aus. Wenn ein heller Streifen in die Mitte des rezeptiven Feldes trifft und benachbarte dunkle Streifen auf das Umfeld fallen, *e*, gibt es eine starke Reaktion, größer noch als bei *b*. Die sehr dunklen Randstreifen verringern die Hemmung und vergrößern die Gesamtreaktion. Ein sehr feines Muster

7.12 Reaktion der Ganglienzelle einer Katze auf verschiedene Lichtmuster (wie in Abb. 7.1 mit winzigen Mikroelektroden gemessen)

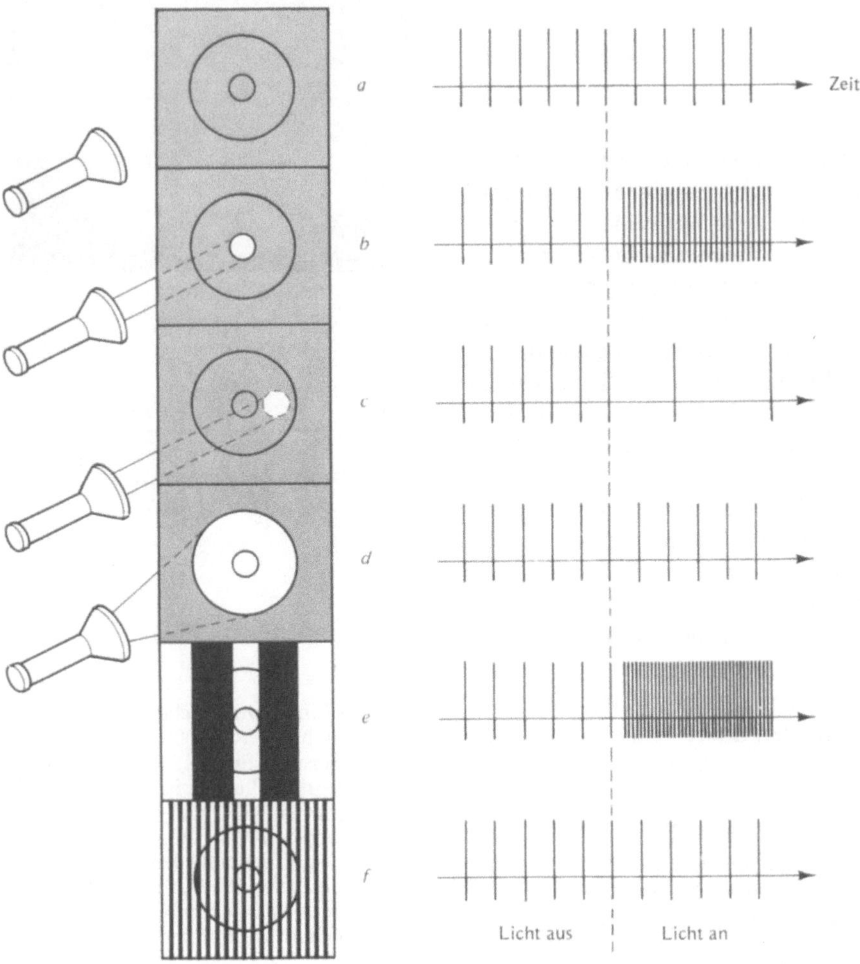

heller und dunkler Streifen, *f*, löst praktisch keine Reaktion aus. Hier empfängt die Mitte weiß und schwarz (insgesamt keine Erregung), genau wie auch das Umfeld (insgesamt keine Hemmung).

7.4.4 Verarbeitung von Kanten

Visuelle Information wird also auf der Netzhaut so verarbeitet, daß die Wirkung der gleichförmigen Beleuchtungsveränderungen verkleinert und die von Kanten vergrößert werden. Das läßt vermuten, daß wir Information über die gleichförmigen Bereiche zwischen ihnen von den Kanten erhalten. Wir veranschaulichen das mit Hilfe der CRAIK-O'BRIEN ILLUSION. Obwohl Abbildung 7.13 ganz rechts und ganz links außen gleich hell ist, erscheint die gesamte rechte Seite dunkler als die linke. Diese Täuschung rührt von der Verteilung des reflektierten Lichts in der Nähe der Mittelkante zwischen den beiden Hälften her. Wie in Seurats Gemälde (Tafel 7.2) reflektiert eine Seite der Kante (die rechte) stärker als die äußeren Ränder und die andere weniger. Infeld-Umfeldbereiche, die die Kante enthalten, geben an, daß der rechte Bereich heller ist als der linke. Weil die Intensität sich ganz allmählich von der Mitte nach außen hin ändert, nehmen die Infeld-Umfeldbereiche des Betrachters diese Veränderung nicht wahr. (Vergleichen Sie die Abbildungen 7.12a und d.) Der Gesichtssinn FÜLLT die Gebiete AUS und richtet sich dabei nach dem, was er an der Grenzlinie beobachtet. Dadurch erscheint das ganze rechte Feld heller als das linke. Wenn Sie die Mittellinie in der Abbildung 7.12a mit einem Bleistift abdecken, steht die Kanteninformation nicht mehr zur Verfügung, und die (subjektive) Helligkeit der Seiten entspricht besser der (objektiven) Verteilung der Lichtintensität.

Maler betonen in ihren Bildern oft die Ränder und täuschen dem Be-

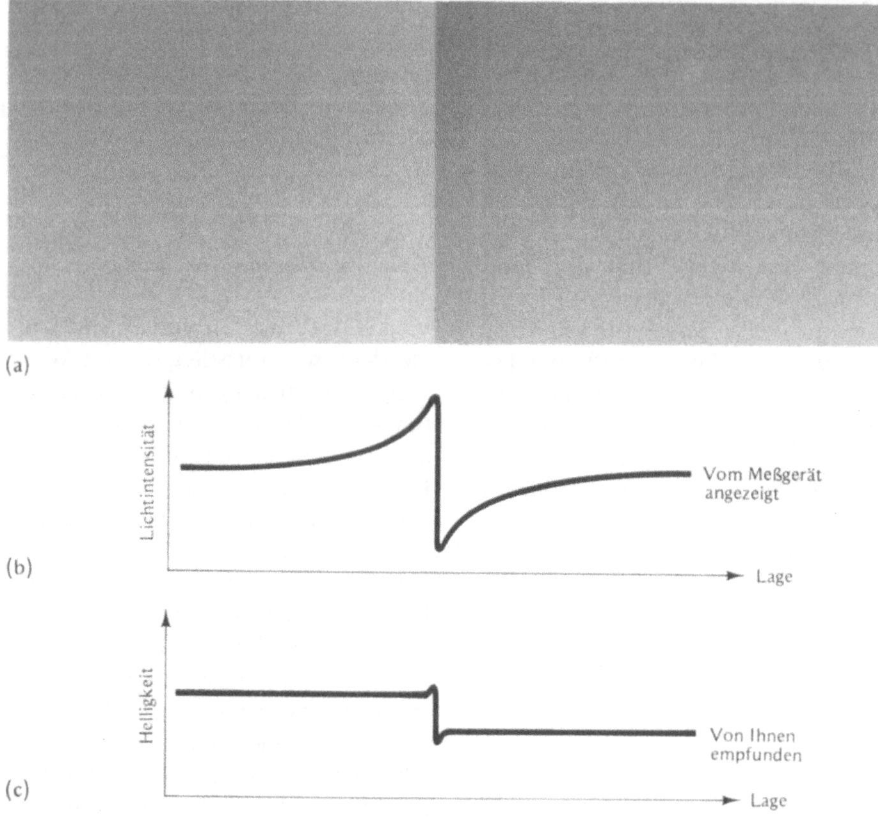

7.13 (a) Die Craik-O'Brien Illusion. Die Lichtintensität ist auf der äußersten rechten und linken Seite von (a) gleich, aber die rechte Seite scheint wegen der Art der Kantenbildung dunkler. (b) Die wirklich reflektierte Lichtintensität in (a), wobei gleichförmige Beleuchtung vorausgesetzt ist. Wenn Sie auf die mittlere vertikale Linie in (a) einen Bleistift legen, erscheinen beide Hälften gleich hell. (c) Die wahrgenommene Helligkeitsverteilung in (a)

trachter mit Hilfe dieser optischen Illusion vor, daß eine Seite einer Kante viel heller sei als die andere, obwohl der Unterschied objektiv nur gering ist. Dies ist einer der Vorteile, die der Maler vor dem Fotografen hat, der die Kanten nicht ohne Mühe betonen kann. Die Lichtintensitätsspanne ist in den meisten Fällen viel größer, als ein Gemälde oder eine Fotografie sie wiedergeben kann. (Ein Teil eines von Sonnenlicht beschienenen Motivs kann eine Million mal so hell sein wie ein anderer. Im Inneren eines Gebäudes unterscheiden sich die hellsten und die dunkelsten Teile eines Raumes um mehr als einen Faktor tausend. Das beste Weiß einer Fotografie reflektiert aber nur fünfzehnmal so stark wie das dunkelste Schwarz – wie es dem Unterschied zwischen Schulter und Fuß der Schwärzungskurve entspricht. Auch die Reflektivität von Öl auf Leinwand erstreckt sich nur über einen Faktor zehn.) Durch die Betonung der Kanten gibt der Künstler seinen Farben den Eindruck einer größeren Helligkeitsspanne, als ihr Reflexionsvermögen allein garantieren würde. Das Gemälde erscheint dadurch realistischer als die Fotografie.

Die Chinesen der Ting-Yao-Periode nutzten diesen Craik-O'Brien Effekt in subtiler Weise zur Verzierung ihres Porzellans. Sie schnitzten in einige ihrer Teller Rillen (Abb. 7.14) und überzogen sie dann mit einer teildurchlässigen Glasur. Wieviel Licht von einem Punkt des Porzellans unter dieser Glasur reflektiert wird, hängt

von der Dicke der absorbierenden Glasur ab – je dünner die Schicht, um so mehr Licht wird reflektiert –, und deshalb entspricht die Intensität des reflektierten Lichts der Kontur der Rillen. Da die Veränderung der Lichtintensität außerhalb des scharfen Randes so allmählich erfolgt, daß sie kaum bemerkbar ist, folgert unser Gesichtssinn aus der scharfen Intensitäts›kante‹, daß das gesamte Gebiet auf einer Seite der Rille heller ist als auf der anderen. Deshalb erscheint die Blume heller als ihr Hintergrund.

Abbildung 7.13 und 7.14 zeigen, daß Bereiche, die objektiv gleich viel Licht reflektieren, verschieden hell sein können. Umgekehrt können, wie

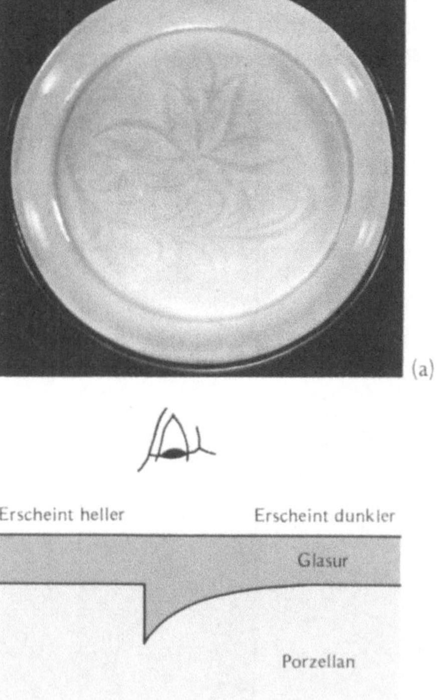

7.14 (a) Ein Porzellanteller der Ting-Yao-Periode (China, etwa 1000 v. Chr.) gibt ein frühes Beispiel für die Verwendung der Craik-O'Brien Illusion in der Kunst. (b) Die Form der Rille, wie sie der Künstler ritzte. Nach dem Glasieren hat die Intensitätsverteilung des von dem Porzellan reflektierten Lichts die Form der Rille, weil um so mehr Licht absorbiert wird, je dicker die Glasur ist, mit der die Rille gefüllt wird

(a)

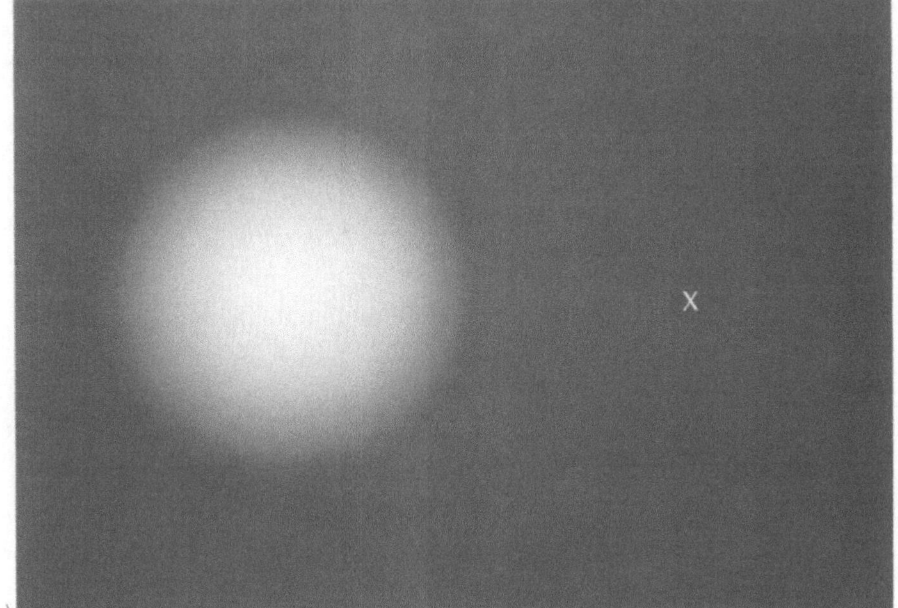

(b)

Abbildung 7.15 zeigt, zwei objektiv verschiedene Gebiete gleich erscheinen, wenn die Information der Kanten drastisch reduziert wird.

7.5 Netzhautverarbeitung II: Negative Nachbilder

Die Sensitivität eines Netzhautbereichs wird, wie wir sahen, vermindert, wenn gleichzeitig ein benachbarter Bereich hell beschienen wird – Simultankontrast. Ganz ähnlich nimmt die Sensitivität eines Netzhautbereichs ab, wenn er eine Zeitlang kräftig beleuchtet wird – SUKZESSIVKONTRAST. Längerdauernde Anregung ADAPTIERT oder desensibilisiert Teile der Netzhaut, die dann auf nachfolgende Reize weniger stark reagieren. Darauf beruhen die üblichen NEGATIVEN NACHBILDER. Während der Zeit, die die Adaptation in Abbildung 7.16 erfordert, sind die auf die Katze reagierenden Teile der Netzhaut aktiv und werden deshalb desensibilisiert. Die Teile der Netzhaut, die dem Umfeld der Katze entsprechen, bleiben empfindlich. Wenn Sie danach auf das weiße Gebiet rechts sehen, können die desensibilisierten Teile der Netzhaut nicht so auf das weiße Licht reagieren wie der Rest der Netzhaut, und deshalb sehen Sie dann eine schwarze Katze vor einem weißen Hintergrund. Wenn Sie die Augen bewegen, folgt das Nachbild, das immer auf dem desensibilisierten Teil der Netzhaut bleibt. Es kann je nach Dauer der

7.15 Die weiße Scheibe in (a) ist deutlich sichtbar, weil die Lichtintensität am Rand eine deutliche Kante hat. Schauen Sie eine Weile unverwandt auf das *X* in (b). Nach 20 Sekunden verschwindet die Scheibe normalerweise, weil die Infeld-Umfeldbereiche der allmählichen Änderung der Lichtintensität keine Kanteninformation entnehmen können. Der Gesichtssinn füllt dann die Scheibe aus und läßt Sie ein gleichförmiges Grau wahrnehmen

7.16 Ein übliches negatives Nachbild. Starren Sie mindestens eine Minute lang auf den schwarzen Punkt mitten in der

Katze. Schauen Sie dann auf den Punkt im rechten Bild. (Es kann eine Weile dauern, bis Sie das Nachbild sehen)

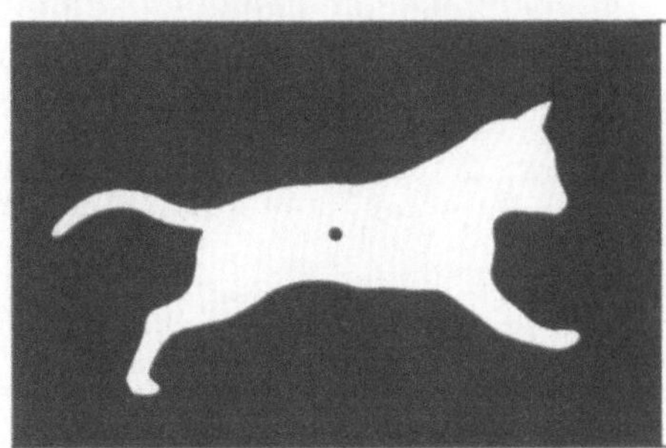

Adaptation und den Lichtbedingungen 30 Sekunden und länger andauern. (Schnelles Blinken hilft, das Nachbild länger zu erhalten.)

Außer längerer Erregung kann auch starke Stimulierung ein negatives Nachbild hervorrufen, wie jeder weiß, der einmal zum Opfer der Blitzlichtfotografie wurde. Der dunkle Fleck, der danach im Blickfeld bleibt, stammt aus dem desensibilisierten Netzhautbereich, der durch den Blitz angeregt wurde und deshalb eine viel höhere Schwelle hat als der nicht angeregte Bereich. Schon Dante schrieb:

... So wie ein schneller Blitz des Sehens
  Kräfte
zerstreut, daß selbst die hellsten Gegenstände
auf unser Auge nicht mehr wirken können
...

Diese Wirkung machen sich Selbstschutzwaffen zunutze, die mit einem sehr starken Lichtstrahl einen (ans Dunkel adaptierten) Schurken blenden sollen. Auf diese Weise blendet auch in Alfred Hitchcocks ›Das Fenster zum Hof‹ der Fotograf (Jimmy Stewart) einen Angreifer.

Negative Nachbilder bleiben im adaptierten Auge und werden nicht auf das andere Auge ÜBERTRAGEN. Schließen Sie das rechte Auge und schauen Sie unverwandt mit dem linken Auge auf Abbildung 7.16. Sie sehen nur dann ein Nachbild, wenn das linke Auge auf das weiße Gebiet schaut. Das rechte Auge zeigt kein Nachbild. (Entsprechend sahen wir am Ende von Abschnitt 5.3.4, daß die Gewöhnung an die Dunkelheit nicht übertragbar ist.) Weil diese Übertragung ausbleibt, muß dieses Nachbild in der Netzhaut entstehen, denn die einfache Helligkeitswahrnehmung, die wir hier untersuchen, muß verarbeitet worden sein, bevor die Information von beiden Augen im seitlichen Kniekörper zusammenkommt. Vielleicht wundert es Sie, jetzt zu hören, daß es auch übertragbare Nachbilder gibt (Abschnitt 7.8.2).

Negative Nachbilder sind ein Hinweis auf ein anderes Verfahren, durch

das (unnütze) gleichförmige Erregung ignoriert wird, Veränderungen aber nicht. Die Desensibilisierung der Netzhaut, die negative Nachbilder erzeugt, führt dazu, daß von einem fortwährend gleichmäßig angeregten Bereich ein vermindertes Signal zum Gehirn geschickt wird. Bereiche, die verschiedene Reize empfangen, sind nicht so desensibilisiert und signalisieren deshalb weiterhin Veränderungen an das Gehirn.

7.6 Augenbewegungen und Bewegungsnachbilder

Abbildung 7.15b täuscht gleichmäßige Helligkeit vor, wenn die Augen starr auf X gerichtet werden – die Veränderungen der Lichtintensität sind dann zu allmählich, um bemerkt zu werden. Wenn Sie Ihre Augen jedoch über die Seite streifen lassen, sehen Sie die Scheibe links (ganz richtig) heller

als den Hintergrund – die AUGENBEWEGUNGEN übersetzen die räumliche Reizveränderung in eine zeitliche, die dann bemerkt wird, wenn sie groß genug ist. Das Abtasten oder Überfliegen hat deshalb außer der in Abschnitt 5.2 erwähnten Rolle weitere Bedeutung. Dort sahen wir, daß der Gesichtssinn durch Abtasten des gesamten Gesichtsfeldes ein geistiges Bild der Welt mit allen Einzelheiten gewinnt.

Auch wenn man glaubt, unverwandt zu schauen und das Auge stillzuhalten, so bewegt es sich doch. Viel-

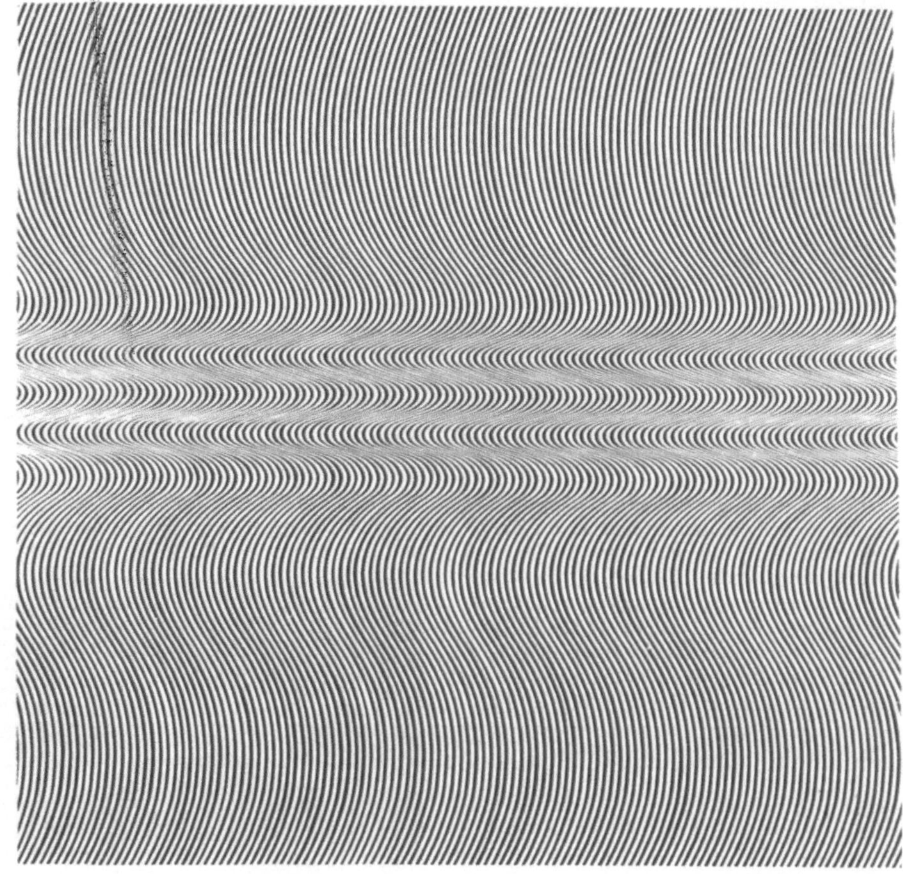

7.17 Bridget Riley, ›Strom‹. Während das Auge abtastet, überlagern sich Bild und Nachbild, und so entsteht eine lebendige, schimmernde Gestalt, die Bewegung vortäuscht. Das Bild – auch sein Name läßt daran denken – erinnert an Wellen auf fließendem Wasser. Schauen Sie unverwandt – das Schimmern bleibt. (1964, Synthetische Polymerfarbe auf Spanplatten, 148 × 149 cm. The Museum of Modern Art, New York.)

leicht haben Sie, als Sie auf den Punkt im Zentrum der Katze starrten (Abb. 7.16), bemerkt, wie der Umriß der Katze zu ›schimmern‹ schien. Dies rührt von kleinen, unwillkürlichen Augenbewegungen her, die den Rand des Nachbildes gegenüber dem Muster, auf das sie starren, verschieben. Dies läßt sich auch an Abbildung 7.9 zeigen: Schauen Sie (als ob Sie die vorgetäuschten grauen Flecken beobachten wollten) auf den kleinen schwarzen Punkt in der Mitte. Blikken Sie jetzt aber mindestens eine Minute lang unverwandt, um ein positives Nachbild zu erhalten. (Wie bei der Katze sollte der Rand schimmern.) Schauen Sie dann auf den winzigen weißen Punkt rechts oben. Das Nachbild, das auf der Netzhaut seinen festen Platz hat, beginnt infolge der unwillkürlichen Augenbewegungen zu wackeln und vor und zurück zu springen, während das Bild der Seite ganz fest und unbewegt steht.

Viele Op-Art-Künstler nutzen die Wirkungen von Augenbewegungen und Nachbildern. Das Muster in Abbildung 7.17 scheint zu schimmern und zu fließen, auch wenn Sie sich Mühe geben, das Auge still zu halten – und zeugt damit von unablässiger Augenbewegung. In Abbildung 7.18 sehen Sie denselben Effekt aus einem etwas anderen Blickwinkel. Kleine Augenbewegungen im Winkel von + 45° zur Senkrechten lassen einige Teile des Bildes verschwimmen (etwa den kleinen Bereich in der Mitte), andere aber nicht. Das liegt daran, daß die Nachbilder auf den Linien selbst nur mit den Linien übereinstimmen, die in Richtung der Augenbewegung geneigt sind. Augenbewegungen entlang einer um −45° von der Senkrechten gekippten Linie lassen andere Teile des Gemäldes verschwimmen. Zufällige Augenbewegungen ergeben so ein lebhaftes Zusammenspiel von Bereichen, die abwechselnd schimmern. (Auch unwillkürliche Veränderungen der Akkommodation könnten für das Flimmern in diesen beiden Bildern wichtig sein.)

7.18 Reginald Neal, ›Drei zum Quadrat – Gelb und Schwarz‹

Die Wirkung der Augenbewegungen läßt sich ausschalten, wenn Sie mindestens fünf Minuten lang im Dunkeln bleiben und dann eines der beiden Bilder kurz und hell, etwa mit einem Blitzlicht, beleuchten. Die Kombination der sensitiven (ans Dunkel gewöhnten) Netzhaut mit dem hellen Licht ergibt ein dauerhaftes Nachbild, das Sie im Dunkeln sehen und untersuchen können. Bild und Nachbild überlagern sich nicht, und Sie beobachten deshalb weder Flimmern noch scheinbare Bewegung.

Die Augenbewegungen werden in drei große Klassen eingeteilt: DRIFT, TREMOR und SAKKADEN. Die Driftbewegungen sind langsam und ruhig, über etwa eine Bogenminute (1/60 Grad) pro Sekunde. Gleichzeitig damit sind die kleinen, zittrigen Tremorbewegungen, die mit einer Frequenz von etwa 50 Hertz ungefähr eine Bogenminute füllen. Die Sakkaden (vom altfranzösischen *saquer*, ziehen) sind scharfe, ruckartige Bewegungen, die bis zu viermal pro Sekunde auftreten können und oft etwa fünf bis zehn Bogenminuten betragen. Während Sie diesen Satz lesen, springt Ihr Auge mit solchen Sakkaden zu Wortgruppen und wieder zum Beginn der Zeile zurück.

7.6.1 Netzhautstabilisierung

Man weiß, daß die Augenbewegungen für das Sehen notwendig sind, weil man weiß, was passiert, wenn es sie nicht gibt. Wir können die Wirkungen der Augenbewegungen ausschalten, wenn wir dafür sorgen, daß ein Bild immer auf denselben Netzhautfleck fällt, ganz gleich, wie sich das Auge bewegt. Dies läßt sich zum Beispiel dadurch erreichen, daß das Bild über einen Spiegel ins Auge zurückgelangt, dessen Orientierung die Augenbewegungen fortwährend kompensiert. Solche NETZHAUTSTABILISIERUNG hat eine seltsame Wirkung: innerhalb weniger Sekunden scheint das Bild zu einem gleichförmigen Grau zu verschwimmen und so unsichtbar zu werden.

Ein Ganglion wird bei andauernder Erregung, wie sie die Netzhautstabilisierung bewirkt, auch dann nach wenigen Sekunden unempfindlich, wenn im rezeptiven Feld der Zelle eine Lichtintensitätskante liegt. Gewöhnlich (also ohne Netzhautstabilisierung) verändert sich die Reaktion eines Ganglions rasch, wenn das Auge das rezeptive Feld mit den verschiedenen Kanten und Umfeldern des Gesichtsfelds überfliegt; bei der Netzhautstabilisierung aber ist das anders. So sind zum Beispiel die Schatten der Blutgefäße über der Netzhaut wirksam stabilisiert und dadurch unsichtbar. Nur durch Tricks, wie sie im Versuch SEHEN SIE SELBST nach Abschnitt 5.3 beschrieben wurden, können diese Schatten etwas bewegt und damit sichtbar gemacht werden. Das Verblassen stabilisierter Bilder kann man sich als Desensibilisierung der Ganglien oder als Auslöschen eines Bildes durch ein Nachbild denken, das Ergebnis bleibt gleich; Sehen erfordert wechselnde Reize. Ohne Abwechslung kein Sehen.

Wenn Sie ein leeres weißes Blatt Papier betrachten, ist die Mitte des Gesichtsfeldes praktisch auf der Netzhaut stabilisiert. Auch wenn sich das Auge leicht bewegt, fällt dasselbe Bild (ein rein weißes Feld) in den mittleren Netzhautbereich. Warum verblaßt dieses Stück Papier dann nicht in der Mitte? Weil wie in der Craik-O'Brien Täuschung die Kanten wichtig sind. Das Gehirn empfängt Information über den Rand des Papiers und füllt die ganze Papierfläche aus (wie es den blinden Fleck ausfüllt). Ohne Kenntnis der Kanten verblaßt das Bild, wie SIE SELBST SAHEN (nach Abschnitt 7.3).

Ein interessantes Beispiel dafür, wie wichtig Bewegung und Veränderung für das Sehen sind, ist folgende Begebenheit. Jemand beobachtet das Gesicht seines Freundes mit Netzhautstabilisierung. Innerhalb weniger Sekunden verschwindet das Bild des Gesichts. Dann lächelt der Freund. Diese Bewegung wird nicht durch einen Spiegel auf der Netzhaut stabilisiert, und deshalb ist der Mund einige Sekunden lang sichtbar, bevor er wieder verschwindet. Dann sieht die Beobachterin also einige Sekunden lang nur die lächelnden Lippen. So erging es *Alice im Wunderland* mit der Katze, die sich in Luft auflösen konnte, bis nur ein Grinsen übrigblieb.

7.7 Zeitliche Reaktion

Netzhaut und Ganglien reagieren nur, wenn sich die Erregung im Lauf der Zeit ändert, also wenn Licht an- oder ausgeschaltet wird oder das Auge auf eine Kante trifft. Dieser zeitliche Verlauf hat eine Reihe interessanter Konsequenzen.

7.7.1 Positive Nachbilder

Die Reaktion des Gesichtssinns auf einen kurzen Lichtblitz ist sowohl später (LATENZ) als auch länger (PERSISTENZ) als der kurze Blitz selbst (Abschnitt 5.3.3). Wir beschäftigen uns hier vor allem mit der Persistenz, die uns einen Blitz länger sehen läßt, als er in Wirklichkeit dauert, und also POSITIVE NACHBILDER erzeugt (die dort weiß sind, wo der Reiz weiß war, und schwarz, wo man schwarz sah). Sie können bei schwacher Gesamtbeleuchtung bis zu 20 Sekunden dauern, sind aber bei stärkerer Beleuchtung kürzer. SEHEN SIE SELBST (1), wie sie verlängert werden können.

Wenn zwei Bilder in schneller Folge oder abwechselnd gezeigt werden (so daß die Zeit zwischen der Darbietung kürzer ist als die Persistenz), erscheinen die Bilder wie ein einziges, weil

unsere Reaktion zu langsam ist, um sie zu trennen und zu unterscheiden. (SEHEN SIE SELBST (2), (3).)

Wenn eine schnelle Bildfolge gezeigt wird, bei der sich jedes Bild nur wenig von denen unterscheidet, die unmittelbar davor und danach kommen, nehmen wir eine Bewegung wahr. Die Bilder kommen so schnell an, daß sie nicht einzeln verarbeitet werden können. Wenn die Veränderung von einem Bild zum nächsten zu klein ist, füllt der Gesichtssinn die Lücke aus, und wir nehmen Bewegung wahr. Stationäre Glühlampen, die auf Anzeigetafeln und Reklameschildern in geeigneter schneller Folge aufleuchten, täuschen ganz überzeugend eine fließende, ständige Bewegung vor. In dem Film ›Love Happy‹ entkommt Harpo Marx den Schurken, indem er sich auf das ›bewegte‹ fliegende Pferd einer Leuchtreklame (leuchtende Neonlampen) setzt – und mit ihm fortreitet!

Diese Bewegungsillusion ist die Grundlage für Film und Fernsehen. In schneller Folge gezeigte Bilder erzeugen den Eindruck einer stetigen Bewegung. (SEHEN SIE SELBST (4), (5).) Die Trägheit des Auges kann bei starkem Licht bis zu 1/50 Sekunden betragen. Fernsehbilder werden weniger schnell (in Europa mit 1/25 Sekunde) gesendet, so daß man denken könnte, der Schirm müsse flackern. Das Problem wird dadurch vermieden, daß die horizontalen Reihen eines Fernsehschirms in der Reihenfolge 1, 3, 5, 7 . . . 2, 4, 6, 8 . . . abgetastet werden und sich so zwei Bilder, die jedes den ganzen Bildschirm ausfüllen, überlagern. Dadurch wird der Schirm im wesentlichen fünfzigmal in der Sekunde gefüllt und flimmert kaum.

Filme werden so projiziert, daß in jeder Sekunde 24 Bilder gezeigt werden. Wieder sollte man ein Flackern erwarten, aber ein Spezialverschluß in dem Projektor zeigt jedes Bild dreimal. In jeder Sekunde werden 72 Bilder projiziert, eine so schnelle Bildfolge also, daß ein Flimmern vermieden wird. Wenn aufeinander folgende Bilder sich nicht zu sehr unterscheiden, entsteht der Eindruck einer stetigen Bewegung. Ältere Projektoren hatten diesen Spezialverschluß nicht, deshalb flackerten früher die Bilder in der ›Flimmerkiste‹.

SEHEN SIE SELBST

1 Positive Nachbilder

Stellen Sie sich an ein Fenster, durch das Sie einen hellen Himmel sehen können. Schließen Sie die Augen und bedecken Sie sie mindestens dreißig Sekunden lang vorsichtig so mit den Händen, daß möglichst viel Licht abgeblockt wird. Nehmen Sie dann die Hände weg, öffnen Sie die Augen etwa drei Sekunden lang und schauen Sie dabei auf den Schnittpunkt des Fensterkreuzes vor dem hellen Himmel. Achten Sie darauf, daß Sie mindestens drei Sekunden lang auf einen Punkt sehen. Schließen und bedecken Sie dann wieder die Augen. Sie sehen dann ein positives Nachbild. Beobachten Sie es, solange es geht (es kann 10 bis 15 Sekunden dauern), und achten Sie darauf, wie sich die Farben verändern (Abschnitt 10.7.2).

Durch das Schließen und Abdecken der Augen haben Sie die einfallende Lichtmenge verringert und die Empfindlichkeit erhöht. Das Licht ist bei der kurzen Belichtung in die hochempfindlichen Augen gefallen. Wenn es dann wieder dunkel wird, hält die Trägheit länger an, die Augen bleiben angeregt, und Sie sehen noch lange das Nachbild.

2 Die Wunderscheibe

Die Wunderscheibe oder das Thaumatrop (griech. *thauma*, Wunder, und *tropos*, Drehung) erzeugt mit Hilfe der Persistenz des Sehens (positiven Nachbildern) aus zwei schnell nacheinander gezeigten Bildern ein einziges Bild. Schneiden Sie aus weißem Karton ein Quadrat von etwa 4 cm Kantenlänge mit vier kleinen Löchern, an jeder Seite zwei, wie in Abbildung 7.19. Zeichnen Sie dann auf jede Seite ein Bild (oder kleben Sie ein Foto dar-

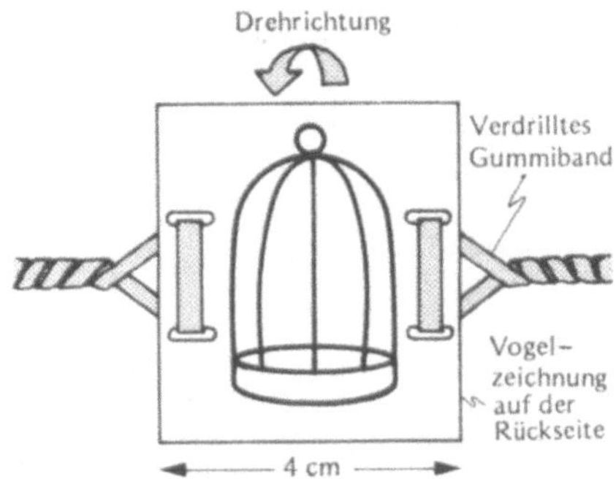

7.19 Plan der Wunderscheibe

auf); Vogelkäfig und Vogel eignen sich gut. (Wie herum sollten sie sein?) Zwirbeln Sie die Karte dann, wie es die Abbildung zeigt, mit zwei Gummibändern. Die Trägheit des Gesichtssinns läßt Sie nur einen Vogel im Käfig sehen. Mit etwas Übung können Sie die Kartendrehung ›hochschaukeln‹, indem Sie im richtigen Augenblick an den Gummibändern ziehen (ein Beispiel für Resonanz!) und damit den Vogel so lange am Entkommen hindern, wie Sie wollen.

3 Der Geist im Fenster

Die Trägheit des Gesichtssinns kann auch dazu dienen, einen ›Geist‹ zu beschwören und sein Bild in der Luft schweben zu lassen. Richten Sie nachts in einem dunklen Raum einen Diaprojektor mit einem Dia Ihres Geistes (irgendein Porträt) auf das offene Fenster. Halten Sie in Fensternähe als Schirmersatz ein Stück Papier und stellen Sie das Bild des Dias scharf ein. Nehmen Sie dann das Papier weg. Das Licht vom Projektor soll nur zum Fenster hinausgehen und das Zimmer im Dunkeln lassen.

Beschwören Sie jetzt den Geist. Schwenken Sie dazu einen langen Stock rasch dort, wo das Bild vor dem Fenster scharf wäre, auf und ab.

4 Das Lebensrad

Das Lebensrad oder Zoetrop (griech. *zoe*, Leben) ist ein Vorläufer des modernen Kinos und schmückte Ende des neunzehnten Jahrhunderts so manches Wohnzimmer. Sie können es aus einem Pappzylinder mit Hilfe von Bleistift, Reißnagel und Papier selbst herstellen. Der Zylinder sollte etwa 10 cm hoch sein und einen Umfang von etwa 30 cm haben. Schneiden Sie, wie in Abbildung 7.20, in regelmäßigem Abstand in die Seitenwand 12 senkrechte Schlitze. Zeichnen Sie dann auf einen Papierstreifen, der die Länge des Umfangs hat, 12 einfache Gestalten, Strichmännlein etwa, bei denen sich eines vom anderen nur wenig unterscheidet. (Oder suchen Sie zum Beispiel mit Hilfe des Playboy-Magazins vom Januar 1980 rassigere Bilder.) Kleben Sie den Papierstreifen unterhalb der Schlitze auf die Innenseite der Dose. Stecken Sie den Reißnagel durch den Mittelpunkt des Schachtelbodens in den Radiergummi des Bleistifts hinein. Schauen Sie, während Sie die Dose drehen, durch die Schlitze. Damit werden Ihre Strichmännlein lebendig. Das beste Ergebnis erhalten Sie, wenn Sie mit einem Auge aus einem Abstand von etwa

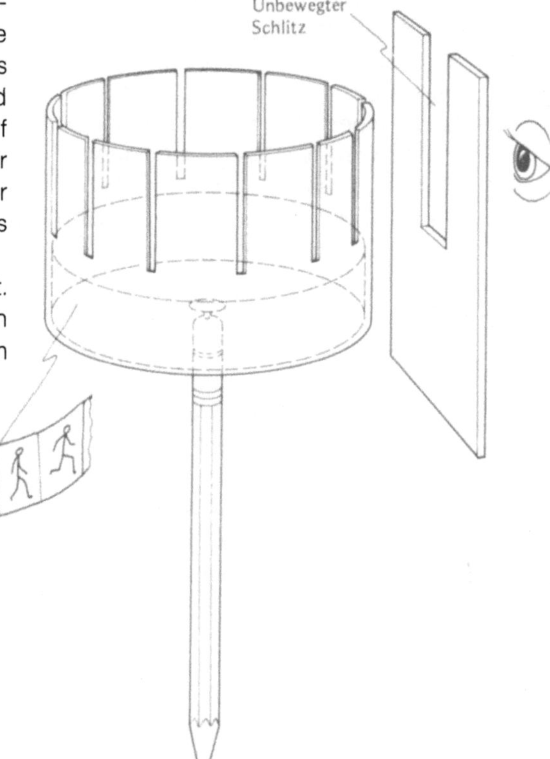

7.20 Bauplan eines Lebensrads

7.21 Bauplan eines Fantaskops

7.7.2 Stroboskope

Die Persistenz des Gesichtssinns kann wiederholte Bewegung ›angehalten‹ oder erstarrt erscheinen lassen. Denken wir uns zum Beispiel, ein Fahrrad stünde auf dem Kopf und eines seiner Räder drehe sich schnell. Die Speichen erscheinen dann bei normaler Beleuchtung verschwommen – sie drehen sich zu schnell, als daß man sie einzeln erkennen könnte. Wenn aber die einzige Beleuchtung von einem STROBOSKOP kommt (das ist eine Lichtquelle, die in gleichmäßigen Abständen helle Lichtblitze ausstrahlt) und das Stroboskop bei jeder Umdrehung des Rades einmal blitzt, sieht es aus, als ob das Rad stillstünde, denn es wird immer dann beleuchtet, wenn eine Speiche in einer bestimmten Stellung ist, also etwa genau senkrecht steht. Weil es zwischen den Blitzen dunkel ist, erscheint diese Speiche immer vertikal zu sein und also still zu stehen. Entsprechend scheinen auch alle anderen Speichen in ihrer Stellung stillzustehen.

Wenn die Blitze nicht so häufig sind, daß das Rad ständig sichtbar ist, sieht der Beobachter das Licht flak-

kern. Dieses Problem läßt sich lösen, indem man die Frequenz der stroboskopischen Blitze erhöht, so daß jedesmal, wenn irgendeine Speiche senkrecht steht, ein Blitz ausgelöst wird. Weil die Speichen alle gleich aussehen, scheint das Rad wieder, und diesmal ohne Flackern, stillzustehen. Bauen Sie sich selbst ein Stroboskop und SEHEN SIE SELBST.

Was geschieht mit dem Fahrrad, wenn die Blitze nicht genau die Frequenz haben, bei der die Bewegung stillzustehen scheint? Nehmen wir an, die Frequenz der Blitze sei ein bißchen zu groß, das Rad drehe sich im Uhrzeigersinn und ein Blitz beleuchte das Rad, wenn eine bestimmte Speiche gerade vertikal ist. Der nächste Blitz wird einen Augenblick früher ausgelöst, als die nächste Speiche senkrecht ist (weil ja die Frequenz zu hoch ist). Dann sieht es so aus, als ob sich das Rad ein wenig gegen den Uhrzeigersinn gedreht hätte. Jeder nachfolgende Blitz zeigt wieder jede Speiche ein wenig gegen den Uhrzeigersinn verschoben. Das Rad scheint sich langsam im Gegenuhrzeigersinn, genau entgegengesetzt zu seinem wirklichen Drehsinn, zu drehen.

STUDIER & SPEKULIER

Was würden Sie sehen, wenn die Belichtungsgeschwindigkeit etwas langsamer wäre als die, bei der die Bewegung zum Stillstand zu kommen scheint?

Bei Filmen (und auch im Fernsehen) die, sagen wir, mit 24 Bildern pro Sekunde vorgeführt werden, zeigt sich bei der Projektion genau dieser Effekt. In einem Western scheinen die Wagenräder oft stillzustehen oder sich mit falscher Geschwindigkeit oder rückwärts zu drehen, je nachdem, wie sich ihre Drehgeschwindigkeit zur Verschlußzeit der Kamera verhält. Um diese Täuschung zu vermeiden, sind die Speichen bei Wagenrädern, die für Filme bestimmt sind, oft in

---

25 cm durch einen festen Schlitz schauen (den Sie, wie die Abbildung zeigt, aus Pappe schneiden können). Ihr Auge sieht dann immer nur einen der Schlitze des Lebensrads. Wenn Sie aus festem Papier einen Zylinder mit einem Umfang von etwa 50 cm basteln und in gleichem Abstand etwa 20 Schlitze schneiden, können Sie gute Ergebnisse erzielen, wenn Sie ihn auf einen Plattenspieler setzen.

5 Das Fantaskop

Das Fantaskop oder Phenakistoskop (griech. *phenakistes*, Betrüger) beruht auf demselben Prinzip wie das Lebensrad. Schneiden Sie in den Rand einer flachen, kreisrunden Scheibe von etwa 30 cm Durchmesser 12 radiale Schlitze (Abb. 7.21). Zeichnen Sie wie bei dem Lebensrad 12 Bilder und befestigen Sie sie auf einer Seite der Scheibe zwischen den Schlitzen. Befestigen Sie die Mitte der Scheibe mit einem Reißnagel an dem Radiergummi eines Bleistifts, so daß der Stift auf der den Bildern gegenüberliegenden Seite ist. Stellen Sie sich vor einen Spiegel und halten Sie den Bleistift so, daß die Scheibe zwischen Ihnen und dem Spiegel ist. Schauen Sie durch einen der Schlitze auf das Spiegelbild der Bilder. Drehen Sie die Scheibe.

unregelmäßigem Abstand angebracht. Man verändert also die Wirklichkeit (das Wagenrad), um eine Täuschung zu verhindern.

SEHEN SIE SELBST

Stroboskope

Sie können das Fantaskop (SEHEN SIE SELBST (5) zu Abschnitt 7.7.1) als einfaches Stroboskop verwenden und damit die Bewegung ›anhalten‹, wenn Sie durch die Schlitze des Fantaskops eine periodische Bewegung geeigneter Frequenz betrachten. Drehen Sie ein Fahrrad um und setzen Sie eines der Räder in Bewegung. Bei der richtigen Relativgeschwindigkeit läßt das Fantaskop das Rad scheinbar still stehen. Bei anderen Geschwindigkeiten scheinen sich die Speichen langsam zu drehen. Wenn Ihr Plattenspielerteller am Rand Punkte hat, können Sie versuchen, deren Bewegung mit Hilfe Ihres ›Stroboskops‹ anzuhalten.

Nicht nur Kreisbewegungen lassen sich anhalten. Sie können mit demselben Verfahren zum Beispiel auch die Bewegung gleichmäßig tropfenden Wassers aufhalten. Stellen Sie den Wasserfluß so ein, daß ein glatter Strom aus dem Hahn kommt und sich dann in Tropfen aufteilt. Wenn Sie das Fantaskop mit der richtigen Geschwindigkeit drehen, scheinen die einzelnen Wassertropfen in der Luft zu ›erstarren‹.

Genau wie unterbrochenes Sehen kann auch unterbrochene Beleuchtung die Bewegung scheinbar anhalten. Stroboskoplampen mit verstellbarer Blitzfrequenz sind in Diskotheken beliebt. Wenn Sie ein solches Stroboskop zur Verfügung haben, können Sie mit ihm, wie mit dem Fantaskop, Bewegungen anhalten. Schalten Sie alles andere Licht aus und stellen Sie die Beleuchtung so ein, daß die Bewegung der Radspeichen stillzustehen scheint. Lassen Sie das Licht dann etwas häufiger aufblitzen. Bewegen sich die Speichen vorwärts oder rückwärts?

Mit etwas Sorgfalt können Sie die *angehaltene* Bewegung auch foto-

7.22 Stroboskopfoto eines Baseballwerfers

grafieren. Sie können sich auf Ihren Belichtungsmesser verlassen, wenn die Blitzrate so hoch ist, daß der Zeiger nicht schwankt. Sonst verdoppeln Sie zuerst die Blitzrate, damit sie groß genug ist und Sie die Belichtungszeit bestimmen können. Halbieren Sie dann die Blitzrate auf ihren richtigen Wert und kompensieren Sie das mit der Belichtungsdauer: Verdoppeln Sie die Belichtungszeit oder vergrößern Sie die Öffnung um eine Blendenzahl. Machen Sie dann auch Aufnahmen mit kleineren oder größeren Blendenzahlen, um sicher zu sein, daß mindestens eines der Fotos richtig belichtet ist.

Sie können auch Bewegungen fotografieren, die sich nicht wiederholen (Abb. 7.22). Achten Sie darauf, daß der Hintergrund dunkel ist, sonst ist Ihr Motiv, das in einer bestimmten Stellung durch nur einen Blitz beleuchtet wird, dunkler als der feste Hintergrund, der bei jedem Blitz beleuchtet wird, solange der Verschluß geöffnet ist. Die Belichtungszeit sollte so lang sein, daß mehrere Blitze aus-

gelöst werden, und die Öffnung sollte so groß sein, daß jeder Blitz richtig belichtet. Die letzte Forderung ist nicht einfach zu erfüllen. Bestimmen Sie, wie oben beschrieben, zuerst Belichtungszeit und Blende, als ob Sie eine wiederholte Bewegung fotografieren wollten. Wenn Sie die Blitzgeschwindigkeit kennen (oder raten können), wissen Sie, wie oft während der Belichtungszeit geblitzt wird. Wählen Sie die Öffnung entsprechend: je mehr Blitze, um so größer die Öffnung. Wenn zum Beispiel während der Belichtungszeit achtmal geblitzt wird, müssen Sie die f-Zahl um drei Blendenzahlen verringern, so daß bei jedem Blitz das Achtfache an Licht in die Kamera hineinkommt. Wie oben sollten Sie wieder mit benachbarten Blendenzahlen Zusatzaufnahmen machen.

7.8 Kanäle: Ortsfrequenz und Richtung

Ganglienzellen werden, wie wir sahen, weder durch eine sehr allmähliche Veränderung der Lichtintensität (Abb. 7.12b) noch durch eine Reihe sehr feiner benachbarter Linien (Abb. 7.12f) angeregt. Wir können dies quantitativ genauer untersuchen, wenn wir STRICHGITTER, also Anordnungen paralleler heller und dunkler Streifen, betrachten. In Abbildung 7.23 gibt die Horizontale die ORTSFREQUENZ an – die Zahl der hellen und dunklen Gitterstreifen pro Grad des Sehwinkels –, die von niedriger Ortsfrequenz (breite Streifen mit großem Abstand) zu hoher (dünne, nahe Streifen) reicht. Die Vertikale gibt den

7.23 Messen Sie Ihre Kontrastempfindlichkeitsfunktion (KEF). (Die Streifen auf dem Bild entsprechen ungefähr den in Perioden pro Grad angegebenen Ortsfrequenzen, wenn Sie die Abbildung im Abstand einer Armlänge halten.) Der Kontrast ist entlang der Unterseite des Bildes stark und oben gering. Die Linie, die den Ihnen sichtbaren Teil einhüllt, ist Ihre KEF. (Eine genauere KEF ergibt sich, wenn jede Ortsfrequenz separat gemessen wird.)

GitterKONTRAST an, der proportional zu dem Unterschied zwischen den Lichtintensitäten der hellsten und dunkelsten Gitterteile ist. Wo der Kontrast sehr gering ist, unterscheiden sich die hellsten und die dunkelsten Teile des Gitters praktisch nicht, und die Gitterstruktur ist nicht zu erkennen. Wenn der Kontrast hoch ist, ist der Unterschied zwischen den hellsten und den dunkelsten Teilen groß, und das Gitter ist deutlicher zu sehen.

7.8.1 Die Kontrastempfindlichkeitsfunktion

Grob gesagt, ist die KONTRASTEMPFINDLICHKEITSFUNKTION (KEF) die Grenze zwischen den Bereichen in Abbildung 7.23, in denen das Gitter zu sehen ist und denen, wo es nicht erkennbar ist. Wie wir an Abbildung 7.12 sehen, sind wir für Raumgitter mit sehr niedriger Frequenz (Abb. 7.12d) und mit sehr hoher Frequenz (Abb. 7.12f) nicht empfindlich, wohl aber für mittlere Frequenzen (Abb. 7.12e). Deshalb ist ein hoher Kontrast (unten in der Abbildung) nötig, damit wir niedrige und hohe

Frequenzen sehen, während das mittlere Gitter auch bei wenig Kontrast (in der Abbildung oben) sichtbar ist.

Nehmen wir an, Sie wollten den Mechanismus unempfindlich machen, der auf das Gitter anspricht. Wenn Sie an ein Gitter mit einer bestimmten Ortsfrequenz adaptieren, müßte, so erwarten Sie vielleicht, Ihre KEF ingesamt niedriger sein, wenn Sie dann wieder ein Gitter aus hellen und dunklen Streifen betrachten. Das würde auch passieren, wenn es nur einen Mechanismus gäbe, der auf alle Ortsfrequenzen reagiert. Wenn Sie dieses Experiment durchführen, wird die Sensibilität nur für die Ortsfrequenzen in der Nähe der Frequenzen des Adaptationsgitters reduziert. Es ist wie beim negativen Nachbild (Abschnitt 7.5), wo die Desensibilisierung sich nur in dem Netzhautbereich auswirkt, der dem hellen Licht ausgesetzt ist. Anders als dort bewegt man beim Betrachten des Gitters die Augen hin und her, damit das übliche negative Nachbild nicht entsteht. Bei dieser Art der Adaptation spielt also nicht nur ein höheres Niveau des Gesichtssinns eine Rolle, als zur Erregung der Sehzellen nötig ist, sondern es wirken auch weitere Mechanismen, die jeder nur auf einen beschränkten Bereich der Ortsfrequenz ansprechen.

Sie können mit Hilfe von Abbildung 7.24 einen solchen Mechanismus Ihres Gesichtssinns desensibilisieren – ein Teilsystem, das vor allem auf kleine Ortsfrequenzen reagiert. Gitter mit kleiner Ortsfrequenz brauchen dann größere Kontraste als normal, um gesehen zu werden. Die Empfindlichkeit für Gitter höherer Ortsfrequenz ist davon jedoch nicht berührt. Wenn Sie, nachdem die Nachwirkungen des letzten Experiments vergangen sind (nach etwa zehn Minuten), ein anderes Gitter im linken Teil der Abbildung adaptieren, werden Sie bemerken, daß nur Ihre Sensibilität für diese Ortsfrequenz betroffen ist. Kurz gesagt ist die KEF nach der Adaptation an ein Gitter mit einer einzigen Ortsfrequenz nur in der Nä-

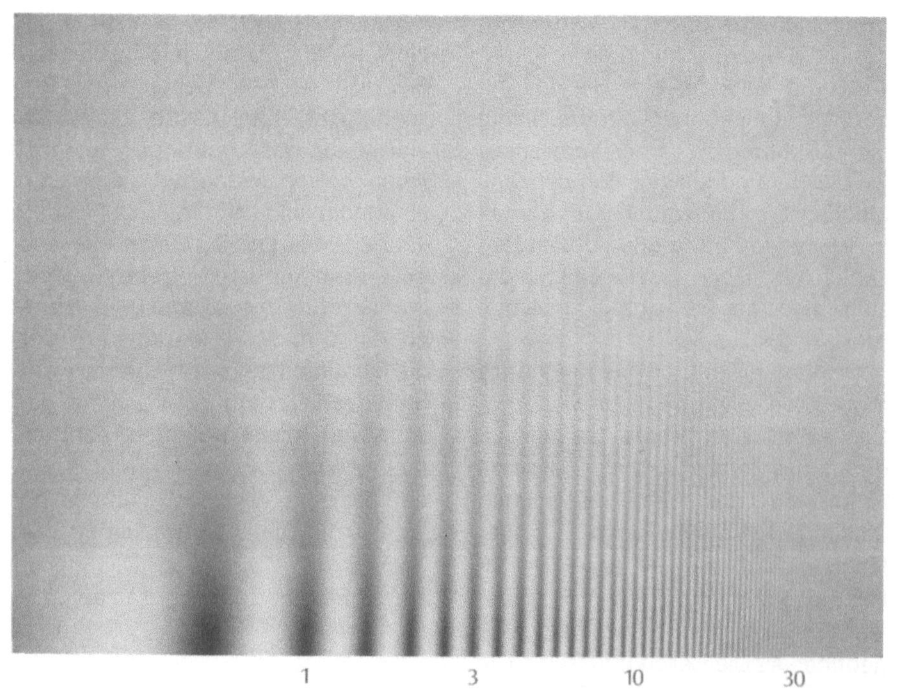

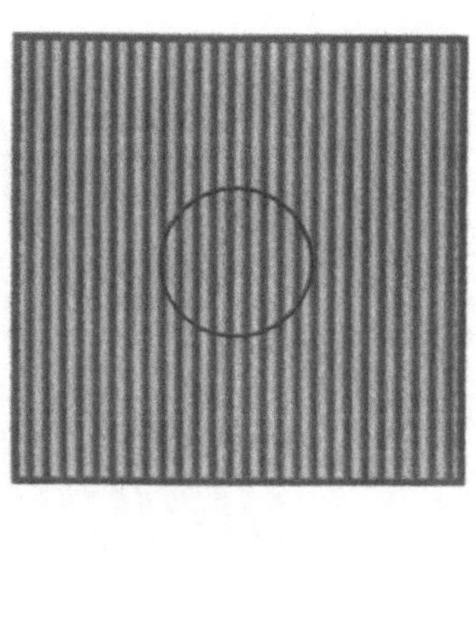

7.24 Ortsfrequenzadaptation. Die fünf Testgitter entlang der rechten Spalte sind alle wenig kontrastreich und deshalb kaum zu sehen. Blicken Sie auf ein kontrastreiches Gitter links, indem Sie Ihre Augen in einem der Kreise umherschauen lassen. Schauen Sie nach zwei Minuten auf jedes der Testgitter. Sie können dann das Testgitter mit derselben Ortsfrequenz nicht sehen, wohl aber alle anderen

he dieser Ortsfrequenz verändert. Wie Abbildung 7.25 zeigt, erfährt sie im Bereich um die Adaptationsfrequenz herum eine Absenkung, ist aber bei anderen Ortsfrequenzen unverändert.

7.8.2 Kanäle

Diese Effekte lassen sich so beschreiben, daß Adaptation an verschiedene Ortsfrequenzen die Desensibilisierung verschiedener Kanäle bedeutet. Wie schon erwähnt, ist ein Kanal ein Teilsystem eines visuellen Systems, das eher auf einen bestimmten Reiz reagiert als auf andere. Unser Gesichtssinn abstrahiert einige Eigenschaften dieses Reizes – in diesem Fall die Ortsfrequenz oder, grob gesagt, die Größe. Es gibt also Kanäle, die auf

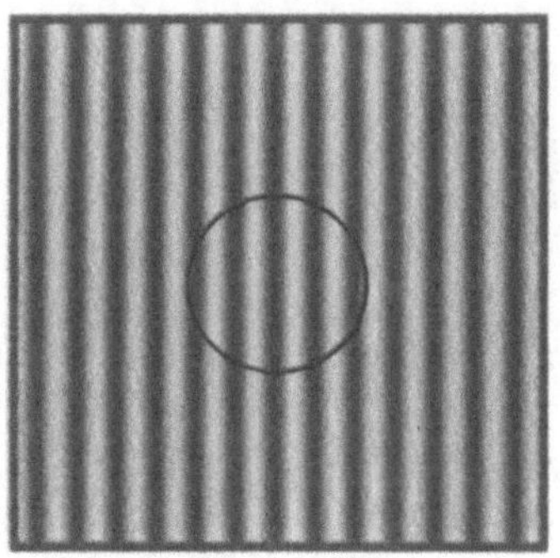

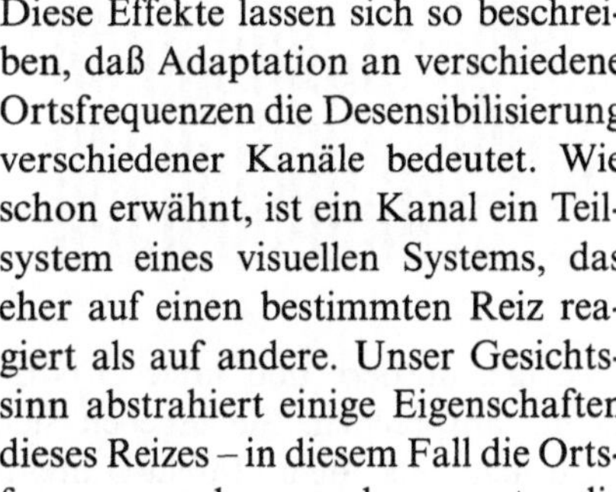

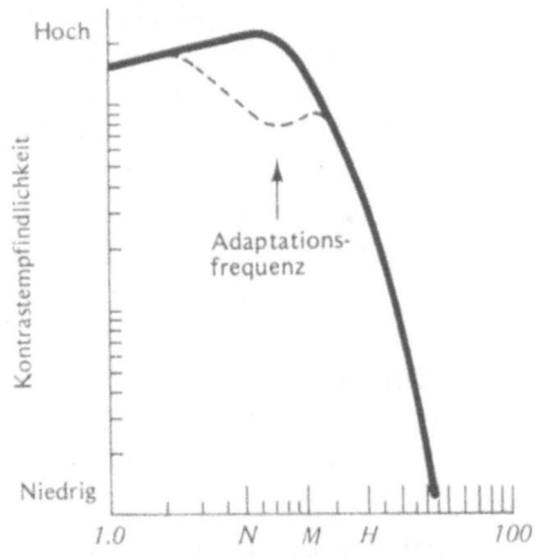

7.25 Normale KEF (ausgezogene Linie) und KEF nach längerer Adaptation an ein Gitter der angegebenen Ortsfrequenz (gestrichelte Linie). Die mit M und H bezeichneten Ortsfrequenzen entsprechen, aus einem Abstand von 1,75 m betrachtet, den linken Gittern von Abbildung 7.24

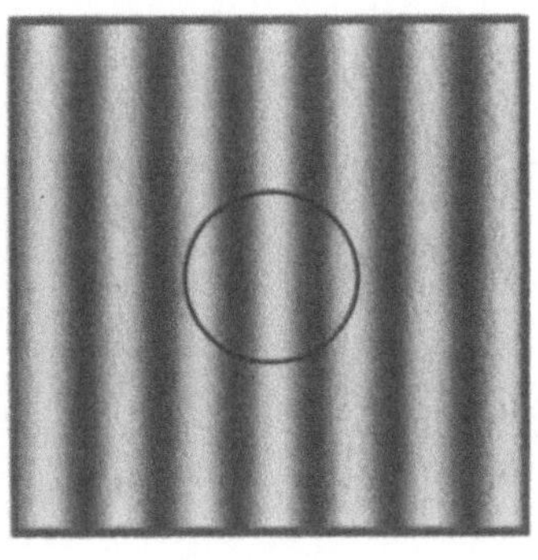

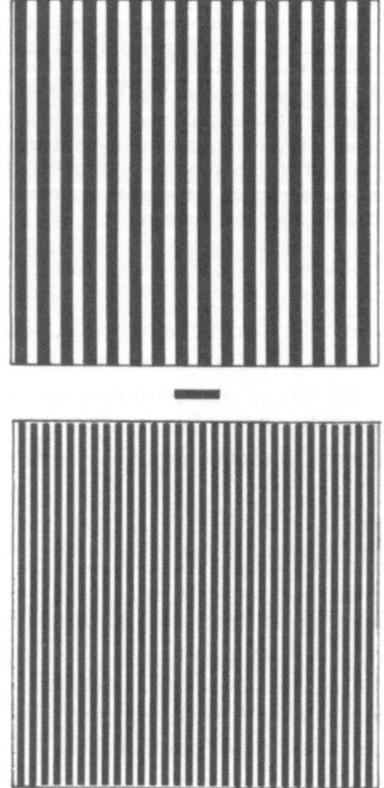 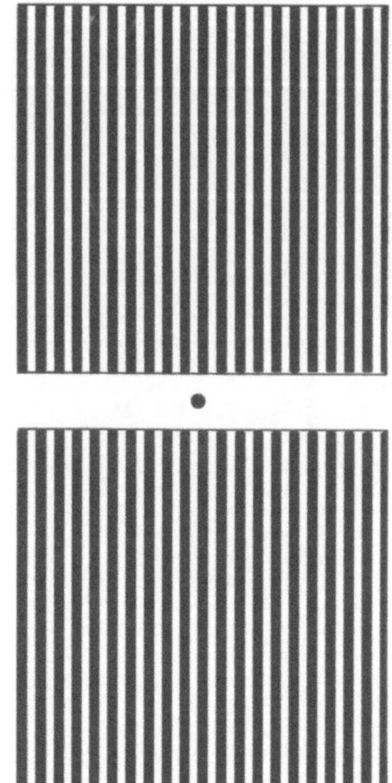 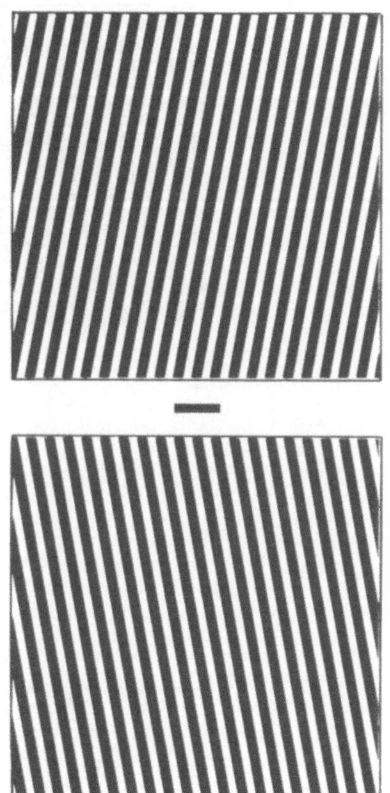

niedrige, mittlere und hohe Ortsfrequenz ansprechen. Sie ergeben sich
natürlich aus dem Infeld-Umfeld-
Empfängersystem (Abschnitt 7.4).
Wenn das Infeld gerade in das Netzhautbild eines hellen Streifens
›hineinpaßt‹, ist das Empfängersystem am empfindlichsten für Gitter
dieser Größe und für andere weniger
(Abb. 7.12). Große Infeld-Umfeld-
Systeme reagieren am stärksten auf
niedrige Ortsfrequenzen und kleine
mehr auf hohe. Rezeptive Felder gibt
es auch wirklich in der nötigen
Größenvielfalt. (Wir werden jedoch
bald sehen, daß mehr Verarbeitung
nötig ist, wenn allen Eigenschaften
der Ortsfrequenzkanäle Rechnung getragen werden soll.)

Die Adaptation an einen bestimmten Kanal kann sich auf das PERZEPT,
den WAHRGENOMMENEN GEGENSTAND,
auswirken, also auf das, was man sub-
jektiv zu sehen glaubt, wenn man ein
Gitter (oder einen anderen Reiz) sieht.
Bei den von uns beschriebenen Kanälen entspricht der wahrgenommene

Gegenstand· einem Streifen mit bestimmter Breite und Abstand. Er wird
durch Vergleich der Reaktionen auf
verschiedene Kanäle bestimmt. Wenn
man ein Gitter mittlerer Ortsfrequenz
betrachtet, reagieren normalerweise
die mittleren Kanäle stark, während
die höheren und niedrigeren kaum
reagieren. Wir nehmen eine mittlere
Ortsfrequenz wahr, weil die Reaktion
zum größten Teil in den Kanälen mit
mittlerer Ortsfrequenz auftritt.

Wenn Sie sich jedoch zuerst an ein
Gitter mit hoher Ortsfrequenz adaptieren, werden die hohen Kanäle de-

7.26 Sukzessiver Größenkontrast. Schau-
en Sie zwei Minuten lang auf die kurzen
horizontalen Streifen links, wodurch Sie
den oberen Teil des Gesichtsfelds auf eine
niedrige und den unteren Teil auf eine hohe
Ortsfrequenz einstimmen. Bewegen Sie das
Auge entlang des Strichs hin und her, damit keine Nachbilder auftreten. Schauen
Sie dann auf den Punkt zwischen den mittleren Gittern. Das obere Gitter scheint
dann größere Ortsfrequenz zu haben (die
Streifen scheinen näher aneinander) als
das untere. (Mit den Streifen rechts können Sie das entsprechende Experiment für
die Orientierung durchführen.)

7.27 Größensimultankontrast. Die beiden
mittleren Gitter haben gleiche Ortsfrequenz, scheinen aber wegen der Verschiedenheit der umgebenden Gitter un-
gleich zu sein

sensibilisiert. Das schafft ein Ungleichgewicht, wenn Sie dann ein
deutlich sichtbares mittleres Ortsfre-
quenzgitter anschauen. Ihre niedrigen
Kanäle sind nicht desensibilisiert; sie
reagieren wie gewöhnlich, und deshalb sind die niedrigeren Kanäle stärker aktiviert als die höheren. Dem
Kanal mit Spitzenreaktion entspricht
eine niedrigere Ortsfrequenz als vor
der Adaptation. Die mittlere Ortsfrequenz scheint also niedriger zu sein,
als sie es objektiv ist; die Streifen
scheinen weiter getrennt – die Wahrnehmung ist verändert. Sie können
dies mit Hilfe der vier senkrechten
Gitter links in Abbildung 7.26 bestätigen.

Wir haben eben die GRÖSSENNACH-
WIRKUNG (oder den Größensukzessiv-
kontrast) beschrieben. Eine weniger
auffallende Nachwirkung ist der
GRÖSSENSIMULTANKONTRAST, der sich
einstellt, wenn Gitter einer bestimmten Ortsfrequenz, wie in Abbildung
7.27, von Gittern anderer Ortsfrequenz umgeben sind. Dies entspricht
etwa dem Helligkeitssimultankontrast, den wir in Abbildung 7.6 beobachteten, wobei Licht im Umfeld eines rezeptiven Feldes zu einer Abnahme der Aktivität im Infeld führt. Hier
verringert ein Umfeld mit niedriger
Ortsfrequenz die Aktivität der Kanäle
niedriger Frequenz im Infeld. Die
Ortsfrequenz der Mitte scheint also
höher zu sein. Wie bei der Helligkeit
betont der Gesichtssinn auch hier
Unterschiede der Ortsfrequenz oder
Größe.

In Abbildung 7.28 aber tritt kein
Größenkontrast auf, weil bei ihnen
das Umfeld ganz anders gerichtet ist
als das Infeld. Dies zeigt, daß es außer
der Ortsfrequenz noch eine andere für
diese Kanäle wichtige Eigenschaft
gibt: die RICHTUNG.

Die Infeld-Umfeld-Empfängersy-
steme reagieren gleich gut auf Gitter
beliebiger Richtung (einer bestimmten Ortsfrequenz). Deshalb können
Unterschiede in der Empfindlichkeit,
die auf Richtung beruhen, nicht von
den Ganglienzellen allein herrühren.

7.28 Mangelnder Größenkontrast. Die
beiden mittleren Gitter zeigen jetzt ihre
gleiche Ortsfrequenz, weil die Gitter ihres
Umfelds anders gerichtet sind als sie

7.29 Eine mögliche › Verdrahtung ‹ mit den
folgenden Nervenzellen für (a) einen vertikal gerichteten Kanal und (b) für einen um
45° gekippten Kanal. (c) Ein 45°-Gitter der
richtigen Ortsfrequenz regt den 45°-Kanal
an, aber nicht den vertikalen
▽

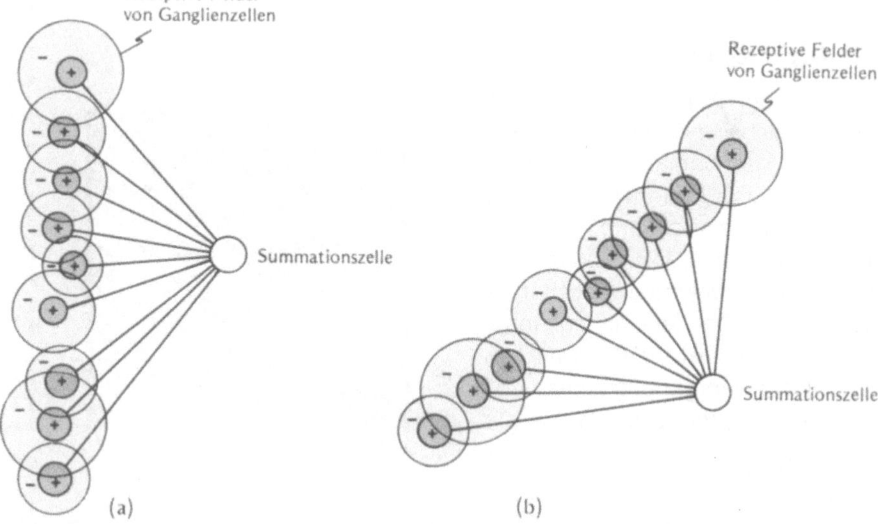

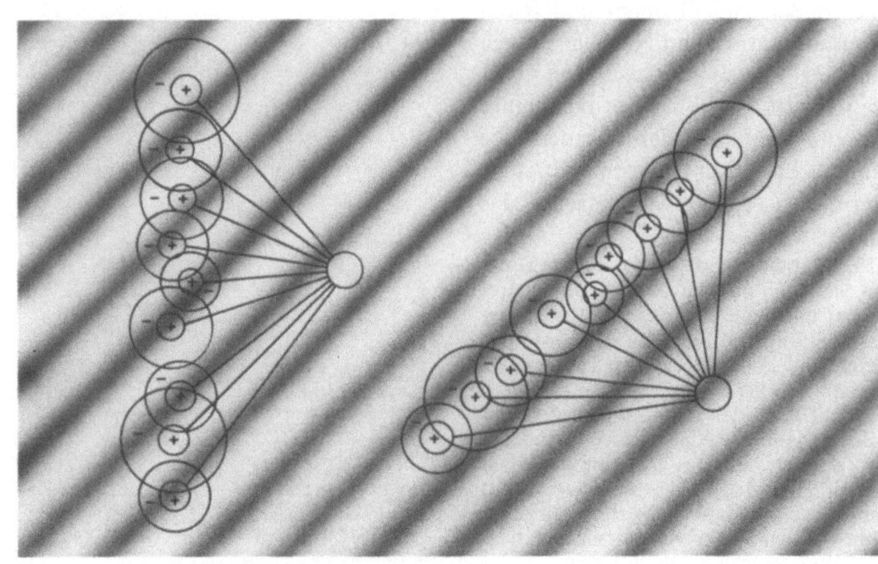

Diese Kanäle entsprechen vielmehr den benachbarten Nervenzellen, von denen jede (auch indirekt) mit vielen Ganglienzellen verknüpft ist, deren rezeptive Felder etwa auf einer Linie liegen (Abb. 7.29). Die Zelle, die die Information der Ganglien summiert, spricht also auf Gitter verschiedener Richtung verschieden an. Ein Reiz, der diese SUMMATIONSzelle am stärksten anspricht, regt auch jede seiner beitragenden Ganglienzellen stark an. Ein solcher Reiz läßt viel Licht ins Infeld und wenig ins Umfeld der Ganglienzellen fallen – es ist also ein Streifen oder ein Gitter in Richtung der beitragenden Ganglienzellen. Ein Gitter in anderer Richtung würde diese Summationszelle nicht sehr anregen.

STUDIER & SPEKULIER

Mit Hilfe der Abbildungen 7.30 und 7.31 und den vier Gittern auf der rechten Seite von Abbildung 7.26 lassen sich Richtungsillusionen zeigen, die denen der Ortsfrequenz (Größe) in den Abbildungen 7.24, 7.26 und 7.27 entsprechen. Welche Eigenschaft des Reizes entspricht der Ortsfrequenz bei den Größenillusionen? Was entspricht der wahrgenommenen Größe oder dem Streifenabstand?

Anders als gewöhnliche negative Nachbilder sind Größen- und Richtungsadaptation und Nachwirkungen von einem Auge auf das andere übertragbar. Wiederholen Sie irgendeines der obigen Experimente, indem Sie länger, aber nur mit einem Auge, adaptieren, also etwa zunächst das

7.30 Adaptation an verschiedene Richtungen. Alle Bilder haben dieselbe Ortsfrequenz, unterscheiden sich aber in bezug auf Richtung und Kontrast. Die Testgitter rechts sind kontrastarm und kaum sichtbar. Blicken Sie mindestens zwei Minuten lang auf eines der kontrastreichen Gitter links. Schauen Sie dann abwechselnd auf die Testgitter. Das Testgitter mit derselben Richtung wie das, an das Sie sich gewöhnt haben, verschwindet, die anderen aber nicht. Neigen Sie Ihren Kopf, um ein anderes Gitter verschwinden zu lassen

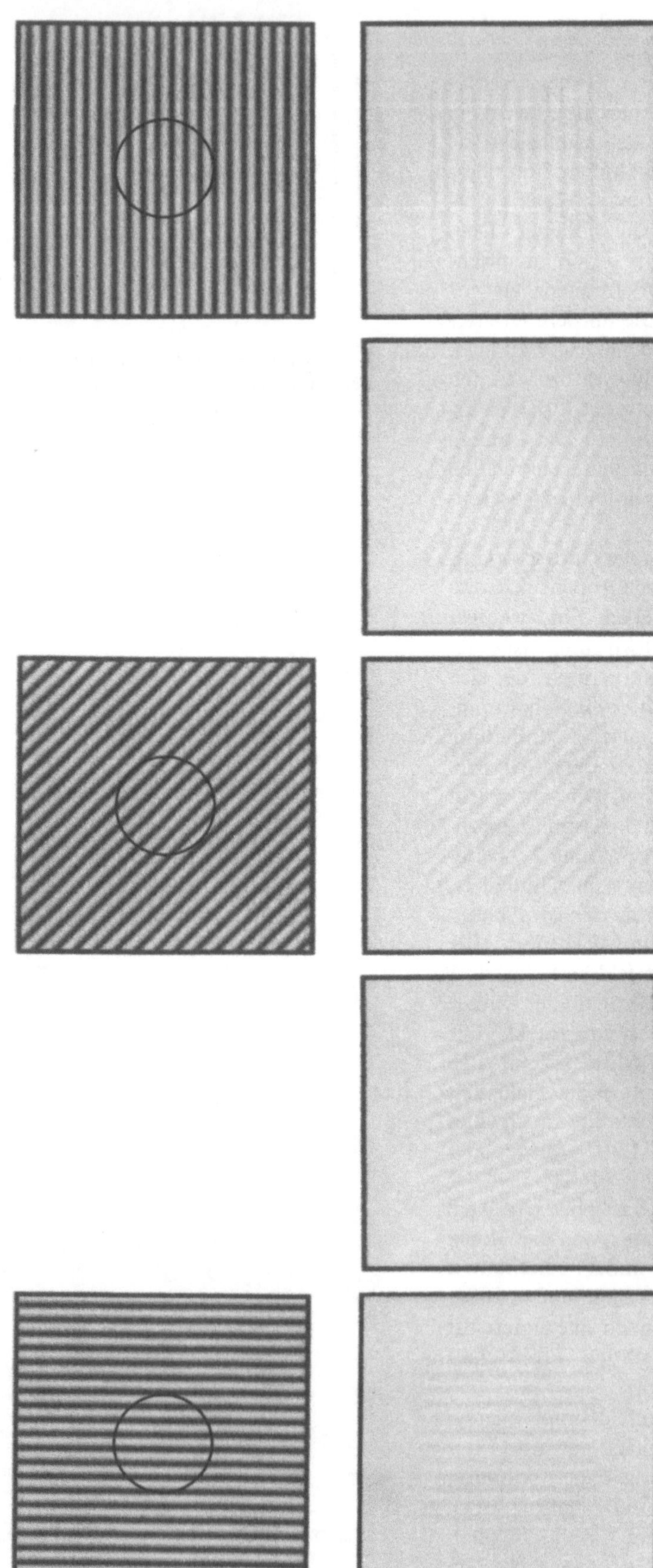

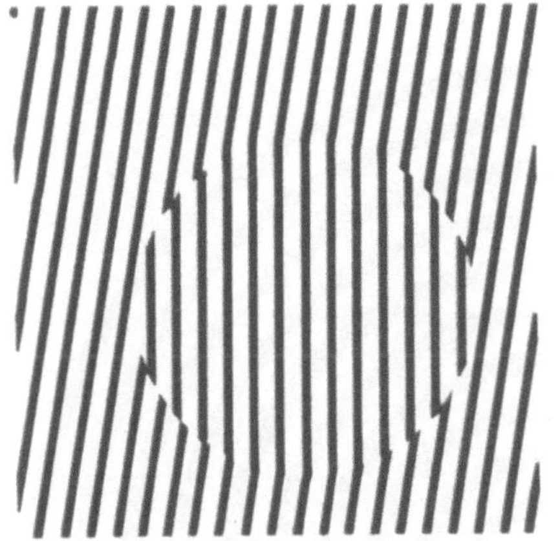

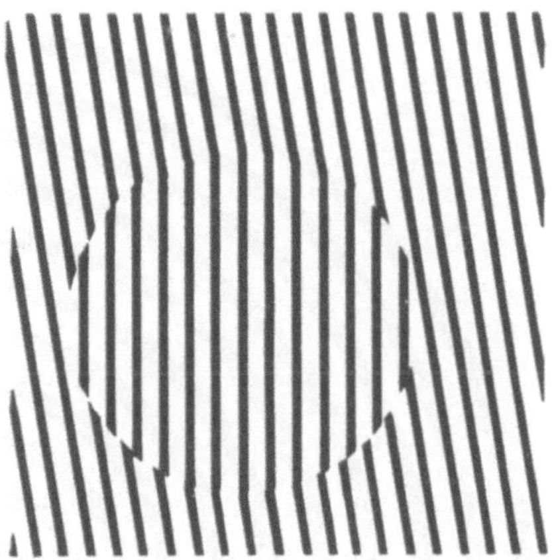

7.31 Richtungskontrast. Die scheinbare Richtung der mittleren (vertikalen) Gitter wird durch die Gitter ihrer Umgebung beeinflußt

rechte geschlossen halten und dann bei geschlossenem linkem Auge mit rechts testen. Die Nachwirkungen sind gegenüber früher etwas reduziert, sollten aber deutlich sichtbar sein. Übertragung kann sich nur ergeben, wenn die zu einem bestimmten Kanal beitragenden Zellen reagieren, nachdem die Information beider Augen zusammengekommen ist, also etwa im Sehzentrum der Hirnrinde. In der Tat hat man im Sehzentrum von Affen solche Summationszellen mit den richtigen Größen- und Richtungsreaktionen gefunden.

7.9 Andere Kanäle

Der Gesichtssinn hat außer den Kanälen für Ortsfrequenz und Richtung noch viele andere. Wir betrachten einige von ihnen.

Wenn Sie zuerst eine Weile einen Wasserfall anschauen und danach auf einen nahen Berg sehen, scheint der Berg langsam nach oben zu gleiten – ohne weiterzukommen. Dies ist ein Beispiel für die WASSERFALLTÄUSCHUNG oder BEWEGUNGSNACHWIRKUNG. Denselben Effekt erleben Sie, wenn Sie länger aus einem Fenster eines fahrenden Zuges schauen. Wenn der Zug dann im Bahnhof hält, scheint der Bahnsteig langsam wegzufahren.

Es gibt anscheinend Kanäle, die auf BEWEGUNGEN in den verschiedenen Richtungen ansprechen, genau wie es Kanäle gibt, die auf verschieden orientierte Gitter ansprechen. Wenn wir einen Berg anschauen, stellt sich normalerweise ein Gleichgewicht zwischen den Reaktionen aller Bewegungskanäle ein – die Kanäle für die Bewegung nach oben und unten sind gleich aktiv, und wir nehmen einen ruhenden Berg wahr. Wenn Sie aber an einen Wasserfall adaptiert sind, ist der auf nach unten gerichtete Bewegung ansprechende Kanal desensibilisiert, und die Reaktion ist nicht im Gleichgewicht, wenn Sie danach einen Berg anschauen – der Kanal für die Bewegung nach oben reagiert stärker als der für die Bewegung nach unten, und deshalb sehen Sie den Berg langsam nach oben steigen.

STUDIER & SPEKULIER

Welche Bewegungskanäle sind für das Beispiel mit dem Zug wichtig? Welche sind adaptiert, und wie läßt sich die Nachwirkung erklären?

Eine andere Bewegungsnachwirkung zeigt sich beim Laufen oder Autofahren, wenn einem die Welt entgegenzukommen scheint. Hält man an, scheint sich die Welt langsam zurückzuziehen. Hier reagieren nicht einfache Bewegungskanäle, sondern solche, die am stärksten durch gleichzei-

tige Bewegung auf den fixierten Punkt zu erregt werden. (Filmemacher regen diese Kanäle gern an, wenn sie das Bild auf der Leinwand von einem Fluchtpunkt wegbewegen und dem Betrachter damit das Gefühl geben, er bewege sich auf den Punkt zu. So entsteht ein Teil der Spannung, die zum Beispiel im ›Krieg der Sterne‹ Han Solos wagemutige Flucht in den Hyperraum erzeugt – fast fühlt man, wie man selbst in den Kinosessel zurückgeworfen wird.)

STUDIER & SPEKULIER

Bei Lokomotivführern, die vorn aus dem Zug hinausschauen, sind diese Kanäle gereizt, bei Passagieren, die zum Seitenfenster hinausschauen, die Bewegungskanäle. Wie bewegt sich jeweils das Netzhautbild? Welche Nachbilder sehen Lokomotivführer und Reisende, wenn der Zug anhält?

Die Adaptation dieser Kanäle für sich nähernde oder entfernende Bewegung kann zu Verkehrsunfällen führen; wenn Sie etwa lange und schnell auf der Autobahn gefahren sind und dann zur Ausfahrt die Fahrt verlangsamen, sind Sie an die schnelle Bewegung gewöhnt, und die mäßigere Geschwindigkeit scheint Ihnen langsamer (und sicherer) zu sein, als sie es wirklich ist. (Vergleichen Sie das mit der Nachwirkung in Abbildung 7.26.)

SEHEN SIE SELBST, wie Sie ein Nachbild erzeugen können, das von der Spiralbewegung herrührt. In Kapitel 10 beschäftigen wir uns mit Farbkanälen; damit haben wir dann einige wichtige Kanäle unseres Gesichtssinns kennengelernt.

SEHEN SIE SELBST

Spiralnachwirkung

Kopieren (oder zeichnen Sie) die Spirale in Abbildung 7.32, legen Sie sie auf einen Plattenteller und lassen Sie sie bei 45 U/min drehen. (Es geht auch mit 33 U/min, aber nicht so gut.) Blicken Sie zwei bis drei Minuten lang unverwandt in die Mitte. Sie adaptieren damit einen Kanal für Drehbewegungen im Uhrzeigersinn und einen Kanal für Bewegungen, die auf den Mittelpunkt konvergieren. Halten Sie dann den Plattenspieler an, damit Sie die Nachwirkung sehen: eine scheinbare Bewegung gegen den Uhrzeigersinn. Seien Sie auf eine Überraschung gefaßt, wenn Sie unmittelbar danach in das Gesicht eines Freundes sehen!

7.10 Maschinelles Sehen

Eine weitere Möglichkeit, den Sehvorgang zu verstehen, besteht darin, eine Maschine zu bauen, die sehen kann; denn je besser wir die Teile unseres Gesichtssinns nachahmen können, um so mehr Einblick erhalten wir. Die einfachste derartige Maschine besteht aus einer Lichtquelle und einer Fotozelle (einem Gerät, das Licht in elektrische Signale umformt – Abschnitt 15.2.2). Die Fotozelle zeigt an, ob Licht auf sie fällt oder nicht, und kann zum Beispiel so verdrahtet werden, daß jedesmal, wenn sie kein Licht ›sieht‹, eine Glocke läutet. Ein solches ›elektrisches Auge‹ eignet sich als Alarmanlage oder als Ladenklingel, oder um Gegenstände auf einem Laufband zu zählen. Obwohl dieser Sehvorgang im Vergleich zu dem des Menschen trivial ist, zeigt er, daß ein Gesichtssinn Informationen übermitteln kann (hier durch das Klingelzeichen), ohne daß sich ein sichtbares Bild ergibt, und daß dafür nur wenige Eigenschaften verarbeitet werden müssen (hier genügt Lichteinfall auf die Fotozelle).

7.10.1 Mustervergleich

Ein verfeinertes Modell vergleicht das Licht an jedem Punkt eines optischen Bildes mit dem entsprechenden Punkt eines genormten gespeicherten Musters. So müssen zum Beispiel mikro-

7.32 Spirale zur Erzeugung einer Nachwirkung

elektronische Chips, die aus vielen winzigen elektrischen Stromkreisen bestehen, sorgfältig überprüft werden, damit man sicher sein kann, daß jeder dieser Kreise richtig geschlossen ist. Jahrelang haben Menschen vor Mikroskopen gesessen und sich bei dieser Überprüfung gelangweilt. Heute schaut eine Fernsehkamera durch das Mikroskop und schickt Signale an einen Computer, der das Bild dann mit dem vergleicht, das in seinem Gedächtnis elektronisch gespeichert ist. Wenn die beiden in jedem Punkt übereinstimmen, ist der Chip in Ordnung. Wenn irgendeine der Verbindungen unterbrochen ist, passen die Bilder nicht zusammen, und der Chip wird zurückgewiesen. Nach demselben Prinzip des MUSTERVERGLEICHS arbeiten Maschinen, die auf Schecks die

Kontonummern oder auf Briefen die Postleitzahlen lesen. Diese Computer haben sehr viele Vorbilder gespeichert, suchen nach dem, das am besten paßt, und ›lesen‹ so das Zeichen. Die auf den Schecks gewählte Schriftart ist ein Kompromiß zwischen einer für Menschen leicht lesbaren Schrift und einer, in der jedes Symbol möglichst leicht von einer solchen Maschine erkannt werden kann.

Dieser Mustervergleich ermöglicht auch das Dekodieren der Symbole des Streifencodes, den engen weißen und schwarzen Strichen, die sich auf so vielen verpackten Artikeln finden. Das maschinenlesbare Symbol macht die Preisauszeichnung und den Überblick über die Lagerhaltung schnell und fehlerfrei. Jede Ziffer (die oft für Menschen lesbar unter den Streifen steht) hat eine für Maschinen lesbare Form aus zwei dunklen Streifen, deren Breite und Abstand die Ziffer eindeutig bestimmen. Die Kassierer fahren mit einem Lichtzeiger (einer kleinen Lichtquelle) über die Zahl. Das von dem Symbol reflektierte Licht wird von einer Fotozelle in dem Zeiger in ein elektrisches Signal verwandelt, das an einen Zentralcomputer geschickt wird. Indem das Licht das Symbol abtastet, wird die räumliche Anordnung des Symbolmusters in eine zeitliche Veränderung des Fotozellensignals verwandelt. Der Mustervergleich – hier ist er zeitlich – ermöglicht dann, die gemessenen Zeichen mit denen zu paaren, die die Maschine gespeichert hat. In Supermärkten findet man statt eines Lichtzeigers häufig ein Glasfenster, über das die Tafel Schokolade mit ihrem Streifensymbol beim Einkauf geschoben wird. Hier ist die Lichtquelle ein Laserstrahl, der von unten über das Fenster streicht, während die Fotozelle unter dem Fenster das reflektierte Licht auffängt.

7.10.2 Künstliche Kanäle

Bei komplizierten Anwendungen, wie etwa bei Fließbändern oder Robotern, haben die zu identifizierenden Gegenstände oft keine einfache, zum Mustervergleich geeignete Form. Die Gegenstände können auch verschieden weit entfernt, unregelmäßig angeordnet oder ungleichmäßig beleuchtet sein. Unter solchen Umständen werden noch raffiniertere Verfahren benutzt, und darunter sind auch solche, die den menschlichen Sehvorgang nachahmen.

Abbildung 7.33 zeigt die Stufen eines solchen Programms. Das ursprüngliche Bild ist ein Teddybär (Abb. 7.33a), der zuerst in seine GRAUTONFASSUNG umgewandelt wird. Dazu wird das Bild in kleine Elemente, sogenannte PIXEL, zerlegt. Für jedes Pixel wird eine Zahl, die der Helligkeit des Bildes an dem Punkt entspricht, in einem Computer gespeichert. Abbildung 7.33b gibt diese Grautonbeschreibung. (Die Maschine braucht solche bildlichen Darstellungen nicht, ihr genügen die Zahlen. Weder in der Maschine noch in unserem Hirn sitzt ein kleiner Mensch, der das Bild anschaut.) Dann berechnet der Computer für jeden Bildpunkt die Reaktion von ›Kanälen‹, die Ortsfrequenz und Richtung berücksichtigen.

7.33 Stadien der Verarbeitung in einem computerisierten Sehprogramm. (a) Urbild. (b) Bildliche Darstellung der Grautonfassung des Motivs, in der einzelne Punkte im Computer jeweils die durchschnittliche Helligkeit eines entsprechenden kleinen Bereichs darstellen. In dem Bild ist die Punktgröße durch die Lichtintensität bestimmt, die dieser Punkt hat. (c) Schematische Darstellung der Ergebnisse der verschiedenen Kanäle. (d), (e) und (f) zeigen verschiedene Strukturen

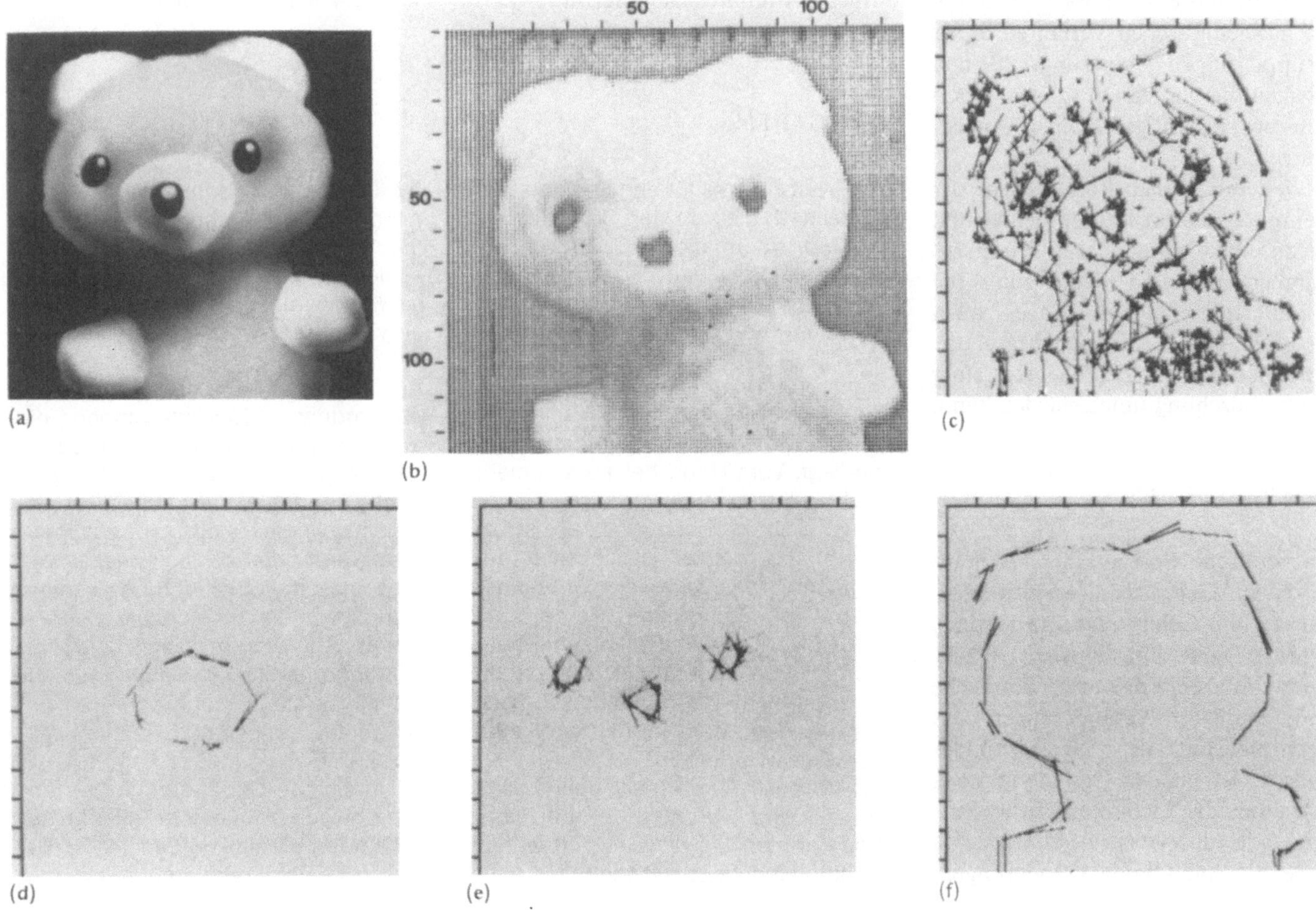

(a)

(b)

(c)

(d)

(e)

(f)

Abbildung 7.33c zeigt bildlich, was diese Kanäle ergeben. Oben rechts ist zum Beispiel eine starke Reaktion der Kanäle angezeigt, die auf etwa 15° nach links von der Senkrechten geneigte Linien reagieren – eine in dieser Richtung geneigte Linie gibt das an. (Tatsächlich berechnet und speichert der Computer mehr Information, etwa auch die Schärfe einer Kante, die Richtung, in der Hell und Dunkel ineinander übergehen, die relative Helligkeit und so weiter.)

Der nächste Schritt ›verbindet die Linien‹, um die verschiedenen Strukturen (Augen, Nase,...) im Bären hervorzuheben. Das ist ein bißchen wie das Verbinden von Punkten in Kindermalbüchern, nur sind die Punkte nicht in der Reihenfolge numeriert, in der sie verbunden werden sollen. Das mag uns nicht als Problem erscheinen (wir wissen ja schließlich schon, daß das Bild einen Teddy darstellt), aber die Arbeit an visuellen Computern dreht sich weitgehend um die mathematischen Verfahren dieser Gruppierungen. Abbildung 7.33e und f zeigen die von einem solchen Computerprogramm gefundenen Anordnungen.

Weitere Stadien, bei denen der Computer die Strukturen deutet und sie zu einem erkennbaren Bären zusammensetzt, sind heute zum Teil schon erfolgreich. Eines Tages bauen vielleicht gerade Sie eine Maschine, die einen echten Cézanne von einer guten Fälschung unterscheiden kann.

7.11 Zusammenfassung

Das optische Bild auf der Netzhaut wird vom Gesichtssinn so VERARBEITET, daß im Gehirn eine symbolische, neurale Darstellung entsteht. Damit diese Verarbeitung auf (räumliche und zeitliche) Veränderungen der Lichtintensität des Netzhautbildes reagiert, ist für den Gesichtssinn das Verhältnis der Lichtintensität wesentlich, wie das WEBER-FECHNERSCHE GESETZ zeigt. Ohne Veränderungen,

wie sie räumlich durch KANTEN und Ränder und zeitlich durch AUGENBEWEGUNGEN (DRIFT, TREMOR und SAKKADEN) erzeugt werden, ist Sehen nicht möglich, wie die NETZHAUTSTABILISIERUNG zeigt. Die LATERALE HEMMUNG ermöglicht der Netzhaut die Verarbeitung räumlicher Veränderungen mit Hilfe von INFELD-UMFELD-SYSTEMEN, was HELLIGKEITSKONSTANZ, HELLIGKEITSSIMULTANKONTRAST und KANTENBETONUNG erklärt.

Durch die PERSISTENZ oder Trägheit des Gesichtssinns kommt es zu POSITIVEN NACHBILDERN. Schnell gezeigte Bilder, die sich nur wenig unterscheiden, verschmelzen zu einem einzigen bewegten Bild. Darauf beruhen Film und Fernsehen. Wegen dieser Trägheit kann ein STROBOSKOP die BEWEGUNG ANHALTEN. Das passiert, wenn der periodische Blitz immer dann aufleuchtet, wenn ein bewegter Gegenstand (oder ein ihm gleicher) in einer bestimmten Stellung ist.

Die Information der Ganglienzellen wird in Nervenzellen GESAMMELT, die dadurch KANÄLE darstellen, die vorzugsweise auf LINIENGITTER mit bestimmter ORTSFREQUENZ und RICHTUNG reagieren. Diese Kanäle können (analog zum üblichen NEGATIVEN NACHBILD und dem HELLIGKEITSSUKZESSIVKONTRAST) desensibilisiert werden und verursachen die ADAPTATION an GRÖSSE, RICHTUNG und OPTISCHE TÄUSCHUNGEN. Solche Wirkungen sind (auf das andere Auge) ÜBERTRAGBAR, was darauf hinweist, daß die Information von Zellen der HIRNRINDE und nicht der Netzhaut gesammelt wird. Andere Kanäle haben mit BEWEGUNGEN zu tun und erklären mit ihnen verwandte Nachwirkungen und Täuschungen. Künstliche Sehsysteme abstrahieren geeignete Charakteristika des Bildes und erkennen mit Hilfe des MUSTERVERGLEICHS und anderer komplizierter Modelle, wie etwa den Kanälen, wichtige und nützliche Kennzeichen des Abbilds.

AUFGABEN

A1 Warum ist es für den Gesichtssinn vorteilhaft, die von den Sehzellen erhaltene Information zu verarbeiten, bevor sie das Gehirn erreicht? Inwiefern unterscheidet sich dieser Prozeß von dem der Fotografie?

A2 Sie sitzen an einem schönen Sonnentag unter einem schattigen Baum und lesen dieses Buch. Sie sehen einen schwarzen Hund, der in der Sonne liegt. Vom Hund her kommt mehr Licht in Ihr Auge als von dieser Buchseite, und doch kommt Ihnen, selbst wenn Sie beides gleichzeitig anschauen, diese Seite weiß vor und der Hund schwarz. Erklären Sie das.

A3 Obwohl Sonnenflecken eine Temperatur von ungefähr 4000 K haben und viel Licht aussenden, erscheinen sie uns auf der Sonnenoberfläche schwarz. Warum?

A4 Was ist das Weber-Fechnersche Gesetz und warum ist es nützlich? Wie könnten Sie die Grenzen seines Wirkungsbereichs aufzeigen?

A5 Das Weber-Fechnersche Gesetz gilt auch für das Hören. Erläutern Sie mit seiner Hilfe, warum der Unterschied der Lautstärke weniger groß ist, wenn statt 50 Musikern 51 spielen, als wenn statt zwei Musikern drei spielen.

A6 Ein Lüster habe drei symmetrisch angeordnete 100-Watt-Lampen, die unabhängig voneinander reguliert werden können. Wenn die Lampen nacheinander eingeschaltet werden, scheint die Helligkeit stark zuzunehmen, wenn zur ersten Lampe die zweite eingeschaltet wird, und weniger stark, wenn die dritte dazukommt. Erklären Sie, warum die (subjektive) Empfindung nicht im selben Maß zunimmt wie die Leistung oder die vom Leuchter ausgestrahlte Lichtintensität.

A7 In einigen Gebäuden gibt es lange, schwach beleuchtete Flure, an deren Enden jeweils ein Fenster ist. Bei diesen Lichtverhältnissen ist jemand, der entgegenkommt, schwer zu erkennen. Warum?

A8 Ein Block Papier mit verschiedenen Grautönen reflektiert Licht mit der Intensität 1, 3, 5, 7, 9, … und ein anderer mit der Intensität 1, 3, 9, 27, 81, … In welchem Block scheinen sich die Blätter jeweils um die gleiche Helligkeitsstufe zu unterscheiden?

A9 Ein Leuchtturm ist während der Nacht, aber nicht am Tage kilometerweit zu sehen, wenn er Licht ausstrahlt. Warum?

A10 Was ist Helligkeitskonstanz? Wie läßt sie sich erklären?

A11 Ein heller Gegenstand sieht noch heller aus, wenn er vor einem dunklen Hintergrund ist. Das rührt her von (a) Akkommodation, (b) binokularer Disparität, (c) Polaroidsonnenbrillen, (d) gleichzeitigem Helligkeitskontrast, (e) Dispersion. (Wählen Sie eine Antwort.)

A12 Erläutern Sie, wie die laterale Hemmung zu der Hermannschen Gittertäuschung und der Craik-O'Brien Illusion beiträgt.

A13 Wie läßt sich mit Hilfe der lateralen Hemmung die Kantenbetonung erklären?

A14 Um einen Kaffeefleck aus einem Teppich ›herauszubringen‹, konzentrieren sich Personen mit einschlägiger Erfahrung darauf, den Rand des Flecks allmählich in den Teppich übergehen zu lassen. Warum hilft das besser, den Fleck weniger sichtbar zu machen, als wenn der Fleck gleichmäßig, aber vielleicht nicht vollständig beseitigt wird?

A15 (a) Geben Sie zwei Beispiele, die illustrieren, daß die Informationsverarbeitung des Gesichtsinns sich vor allem damit beschäftigt, wie ein Reiz sich verändert. (b) Geben Sie zwei Vorzüge dieser Art der Verarbeitung an.

A16 Geben Sie zwei Gründe dafür an, warum Augenbewegungen vorteilhaft sind.

A17 (a) Wie schnell muß ein aufblitzendes Licht sich ungefähr wiederholen, um ununterbrochen zu scheinen? (b) Beschreiben Sie, wie das Fernsehen Flackern vermeidet. (c) Beschreiben Sie, wie der Kinofilm Flackern vermeidet.

A18 Statt auf einen Schirm projiziert ein Diaprojektor ein Dia durch das stehende Rad eines umgekehrten Fahrrads hindurch. Obwohl das Bild auf den Speichen scharf ist, läßt sich nicht sagen, was das Bild darstellt, weil man nicht genug davon sieht. Wie kann das ganze Bild am einfachsten sichtbar gemacht werden? Wie erklären Sie das?

A19 Eine Möglichkeit, die Geschwindigkeit eines Schallplattenspielers zu überprüfen, nutzt den Stroboskopeffekt. Erklären Sie, wie das geht.

A20 Sie halten in Armlänge einen Kamm so, daß Sie alle seine Zähne sehen können. Sehen Sie den Kamm als ein grobes Gitter an. Was passiert mit der scheinbaren Ortsfrequenz dieses Gitters, wenn Sie den Kamm dann näher ans Auge bringen? Nimmt sie zu oder ab oder bleibt sie gleich?

A21 (a) Was ist gemeint, wenn gesagt wird, ein Nachbild sei übertragbar? (b) Geben Sie ein Beispiel für ein übertragbares Nachbild. (c) Geben Sie ein Beispiel für ein nicht übertragbares Nachbild. (d) Wie hilft die Eigenschaft der Übertragbarkeit dabei, die Stufe zu bestimmen, auf der die Verarbeitung erfolgt?

A22 (a) Supermann fliegt über ein Feld und schaut hinunter. Sind bei ihm die Kanäle für die einfache Bewegung stärker angeregt oder die für sich nähernde und entfernende? (b) Er sieht die Wand eines Gebäudes und fliegt direkt darauf zu. Welche Kanäle sind am stärksten angeregt?

A23 Welches Prinzip des Sehens spricht der Barockdichter Thomas Middleton in diesem Zitat aus seinem Drama ›Frauen auf der Hut vor Frauen‹ an: ›So gut wie blind und ohne Möglichkeit zu sehen, ist, wer nur ein Ding sieht. Was ist des Auges Schatz, wenn nicht der Wechsel der Objekte?‹

Harte Aufgaben

HA1 Denken Sie an ein einziges rezeptives Feld. (a) Warum regt ein Gitter mit sehr niedriger Ortsfrequenz dieses rezeptive Feld nur sehr wenig an? (b) Warum regt ein Gitter sehr hoher Ortsfrequenz es nicht an?

HA2 Die Abbildung stellt Lichtmuster dar, die auf ein rezeptives Feld der in Abbildung 7.11 dargestellten Art fallen. Wie in Abbildung 7.12 gibt es eine Hintergrundreaktion der Ganglienzel-

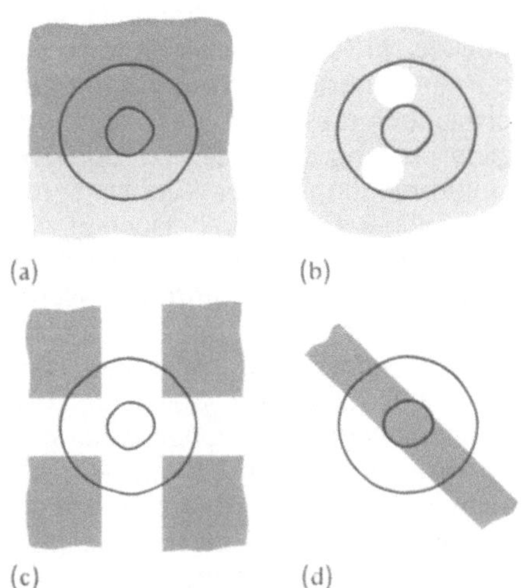

(a)   (b)   (c)   (d)

le, wenn gleichmäßig verteiltes Licht mittlerer Intensität auf das gesamte Empfängersystem trifft. Geben Sie für jedes Muster an, ob die Reaktion der Ganglienzelle größer, kleiner oder fast gleich der des Hintergrunds ist.

HA3 Wiederholen Sie HA2 für die in dieser Abbildung gezeigten Lichtmuster.

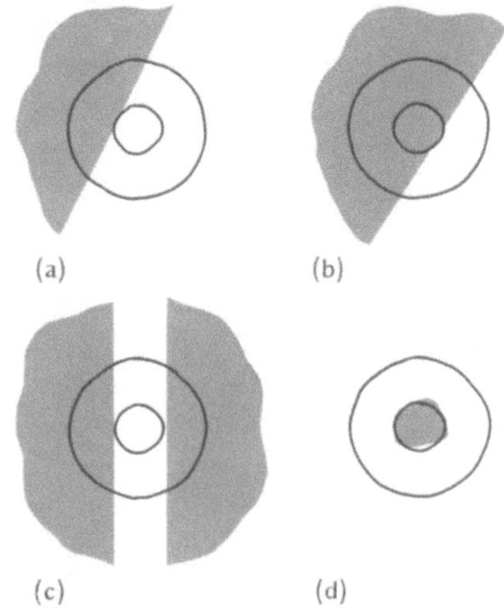

(a)   (b)   (c)   (d)

HA4 Warum fällt die KEF bei sehr hohen Ortsfrequenzen ab? Geben Sie einige Gründe an, die die Feinheit sehr kleiner rezeptiver Felder beeinträchtigen könnten.

HA5 Ein Wasserstrom erzeugt Tropfen, die alle 1/100 Sekunden herabfallen. (a) Was sehen Sie, wenn die einzige Beleuchtung von einem Stroboskop stammt, das mit 100 Hz blitzt? (b) Was sehen Sie, wenn das Stroboskop auf 99 Hz eingestellt ist? (c) Und bei 101 Hz?

HA6 Ein Filmprojektor kann als Stroboskop verwendet werden. Anders als bei einem normalen Stroboskop dauern jedoch die ›Blitze‹ des Projektors ziemlich lang, während die dunklen Unterbrechungen nur kurz sind. (a) Ein solcher Projektor beleuchtet ein Rad eines vor einem schwarzen Schirm stehenden Fahrrads. Wenn das Rad sich mit einer bestimmten Geschwindigkeit dreht, sehen Sie scheinbar stehende Speichen, die durch helle Bereiche voneinander getrennt sind. Erklären Sie das. (b) Der schwarze Schirm wird jetzt durch einen weißen Schirm ersetzt, auf den das Rad einen Schatten wirft. Wie sieht der Schatten des rotierenden Rades aus?

HA7 Stellen Sie sich vor, Sie schauten zwei oder drei Minuten lang auf ein Gitter, das um 10° von der Senkrechten weg gekippt ist. Sie schauen dann auf ein kontrastreiches (also leicht sichtbares) senkrechtes Gitter derselben Ortsfrequenz. (a) Erscheint Ihnen dieses Gitter senkrecht oder nach links oder nach rechts gekippt? (b) Erklären Sie dies mit Hilfe der in Abschnitt 7.8.2 beschriebenen Kanäle.

HA8 (a) Zeichnen Sie nach Art der Abbildung 7.29 eine Reihe von rezeptiven Feldern und eine Summationszelle, die so verknüpft ist, daß sie gut auf ein waagerechtes Gitter mit niedriger Ortsfrequenz reagiert. (b) Wiederholen Sie (a) für eine Summationszelle, die gut auf ein um 60° nach rechts von der Senkrechten gekipptes Gitter hoher Ortsfrequenz reagiert. (c) Reagiert die Summationszelle aus Teil (a) gut auf das Gitter, das die Summationszelle in Teil (b) erregt?

HA9 Man hat einige Katzen unter ›stroboskopischen Bedingungen‹ aufgezogen, bei denen die Beleuchtung nur von einem ungefähr einmal pro Sekunde flackernden Stroboskop herrührt. Man fand später, daß diesen Katzen Sehzellen fehlten, die auf Bewegung reagieren. Warum war das zu erwarten?

HA10 Nehmen Sie an, Sie müßten eine Maschine bauen, die das Gesicht Ihrer Mutter erkennen könnte. Würde Mustervergleich dabei angebracht sein? Warum oder warum nicht?

Mathematische Aufgaben

MA1 Das von einem Bereich A reflektierte Licht hat eine Intensität von 2 (beliebigen Einheiten) und das von dem Bereich B hat Intensität 4. Das von C reflektierte Licht hat die Intensität 3. (a) Was sollte die Intensität des vom Bereich D reflektierten Lichts sein, damit der Helligkeitsunterschied von C und D der gleiche ist wie der zwischen A und B? (b) Wiederholen Sie die Aufgabe wie in (a), nehmen Sie aber jetzt an, das von A reflektierte Licht habe die Intensität 1, während das von B und C unverändert ist.

MA2 Wir betrachten die drei Bereiche A, B und C. Das von A reflektierte Licht hat (in beliebigen Einheiten) die Intensität 1, während das vom Bereich C reflektierte die Intensität 16 hat. Was sollte die Intensität des von B reflektierten Lichts sein, so daß die Helligkeit von B mitten zwischen der von A und C liegt?

KAPITEL 8

Räumliches Sehen und Tiefenwahrnehmung

8.1 Einleitung

Bisher haben wir uns mit monokularer (griech. *monos,* einzeln und lat. *oculus,* Auge), ›einäugiger‹ Optik befaßt. Wir haben Kameras betrachtet, die nur eine (gelegentlich zusammengesetzte) Linse hatten, alles, was wir von den Eigenschaften des Gesichtssinns sagten, betraf nur ein Auge, und die besprochenen optischen Instrumente konnten mit nur einem Auge benutzt werden. Wir haben jedoch, wie die meisten Tiere, zwei Augen und fragen jetzt, welche Vorteile dieses binokulare Gesichtsfeld hat.

Ein Vorteil des zweiten Auges ist, daß es unser Blickfeld vergrößert. Sowie wir ein Auge schließen, nehmen wir wahr, daß ein Teil des vorher gesehenen Bildes nicht mehr in unserem Gesichtsfeld ist. Viele Tiere, Fische und Kaninchen etwa, haben Augen an gegenüberliegenden Seiten des Kopfes, so daß jedes Auge die Welt anders sieht. Gemeinsam sehen zwei solche Augen, deren Gesichtsfelder sich praktisch nicht überlappen, ein volles Panorama. (Das Gesichtsfeld eines Kaninchen mißt 360°, es kann also um sich herum sehen, ohne den Kopf zu drehen; die beiden Gesichtsfelder überlappen sich nur um 24°.)

Unsere Augen sitzen beide an der Vorderseite des Kopfes, und ihre Gesichtsfelder überlappen sich ganz beträchtlich. (Das Gesichtsfeld mißt 208°, die Überlappung beträgt 130°.) Jedes Auge liefert also etwas verschiedene Bilder von fast derselben Ansicht. Schließen Sie ein Auge und halten Sie Ihren Daumen in Armabstand hoch. Öffnen Sie jetzt dieses Auge und schließen Sie das andere. Sie beobachten dann, daß der Daumen sich gegenüber dem Hintergrund zu bewegen scheint, wenn Sie abwechselnd blikken – jedes Auge sieht ein etwas anderes Bild.

Normalerweise sehen wir trotzdem nur ein Bild – irgendwie kombiniert unser Gehirn die beiden Bilder in eine einzige Sicht von der Welt. Abbildung 7.3 zeigt die Nervenverbindungen, die dieses Vermischen der Signale beider Augen ermöglichen. Dabei erhält jede Gehirnhälfte von den ihr entsprechenden Punkten eines jeden Auges Signale, und das ermöglicht es dem Gehirn, sie alle zu einem einzigen Bild der Welt zu verschmelzen. (Es gibt jedoch auch Fälle, in denen es dem Gehirn nicht gelingt, nur ein einziges Bild zu erstellen, und dann wird man sich der zwei Bilder bewußt, die die Augen liefern. Halten Sie einen Finger ziemlich nahe vor die Augen ins Gesichtsfeld und schauen Sie auf ein entfernteres Objekt. Sie bemerken dann vor dem entfernten Objekt zwei durchsichtige Finger. Schauen Sie umgekehrt auf den Finger, und Sie sehen das entfernte Objekt doppelt. Sehen Sie selbst ein weiteres Beispiel!)

Wozu dient dieser Aufwand, warum werden von einem Motiv zwei Bilder gemacht? Mit Hilfe dieser beiden etwas verschiedenen Bilder gelingt es, die Raumtiefe einer Szene wahrzunehmen. Raubtiere, etwa Katzen, haben beide Augen vorn; ihre Gesichtsfelder überlappen, damit sie die Entfernung zur Beute hin gut abschätzen können. Tiere, die mit großer Wahrscheinlichkeit als gute Mahlzeit enden, wie Hase und Reh, haben andererseits Gesichtsfelder, die sich nicht überschneiden, und einen weiten Bildwinkel, um einen Angreifer schnell zu entdecken. Entsprechend müssen Tiere, die auf Bäumen herumspringen, wie Eichhörnchen und unsere affenähnlichen Vorfahren,

den Abstand der Äste beurteilen können und haben deshalb beide Augen vorn. Hermann von Helmholtz, der vielseitige Forscher des 19. Jahrhunderts, faßt die Bedeutung des beidäugigen Sehens so zusammen:

> Beurteilung von Lage, Entfernung, Form und Größe von Gegenständen ist notwendige Grundlage all unseres Tuns, sei es, daß wir einen Seidenfaden durch ein Nadelöhr ziehen oder von Klippe zu Klippe springen, wobei im letzten Fall sogar unser Leben von der richtigen Abschätzung der Entfernung abhängt.

Das Gehirn nutzt, wie wir sehen werden, zur Raumwahrnehmung vielerlei Tiefenhinweise. Manche beruhen auf Signalen beider Augen, andere nicht, so zum Beispiel die Mittel, auf die sich Maler verlassen, wenn sie in zweidimensionalen Bildern ein Gefühl für den Raum vermitteln wollen. Es ist auch möglich, einen Hinweis gegen einen anderen auszuspielen – also in einem Bild widersprüchliche visuelle Schlüssel zu geben. Durch die Untersuchung solcher Illusionen können wir herausfinden, wie das Gehirn die Hinweise verarbeitet, wenn es ein Gefühl für den Raum gewinnt.

Sehen wir uns einige der Verfahren genauer an, durch die wir visuell die Tiefe der uns umgebenden Welt ergründen. Wir unterscheiden dazu zunächst die Hilfsmittel zur Gestaltung der Tiefe, die in einem Gemälde benutzt werden können, von jenen, die einem Künstler normalerweise nicht zur Verfügung stehen. Stellen wir uns also vor, ein Maler oder Fotograf hätte, während wir schliefen, ein äußerst realistisches Bild von dem Ausblick aus unserem Schlafzimmerfenster gemacht und es draußen vor das Fenster geklebt, so daß wir beim Aufwachen dieses Bild sehen (Abb. 8.1). Wie merken wir, daß wir ein Gemälde anschauen und nicht zum Fenster hinaus auf die sich bietende Aussicht? In den nächsten Abschnitten behandeln wir mehrere Möglichkeiten, diese Frage zu entscheiden.

SEHEN SIE SELBST

Zwei Augen sehen zwei Bilder

Halten Sie ein Ende eines Bindfadens gegen die Oberlippe und ziehen Sie das andere Ende straff nach vorn. Sie sehen dann nicht einen Faden, sondern zwei sich kreuzende Fäden. Jedes Fadenbild entspricht dem Bild eines Auges, wie sie leicht bestätigen können, wenn Sie abwechselnd ein Auge schließen. Der Kreuzungspunkt ist der Punkt des Fadens, auf den Sie mit dem Auge ›zielen‹ (der Punkt, an dem der Blick beider Augen sich trifft). Versuchen Sie, auf verschiedene Punkte des Fadens zu sehen, zunächst auf nähere und dann auf entferntere, und achten Sie darauf, wie sich dabei der Kreuzungspunkt von Ihnen entfernt. (Der Effekt ist womöglich noch deutlicher, wenn ein Freund mit seinem Finger am Faden entlang streicht.)

8.2 Akkommodation

Die Entfernung eines Objekts kann man messen, indem man die Kamera scharf stellt; die Linseneinstellung gibt den Abstand an. Entsprechend ist der Grad der AKKOMMODATION, die nötig ist, damit ein Auge einen Gegenstand scharf sieht, ein Maß für die Entfernung dieses Gegenstands. Wenn Sie ein Objekt mit entspanntem Auge deutlich erkennen, wissen Sie, daß es weit entfernt ist. Wenn Sie jedoch die Ziliarmuskeln anstrengen müssen, um es scharf zu sehen, muß es näher sein. Wer also zum Fenster hinaus auf die Straße schaut, akkommodiert je nach der Entfernung des Gegenstandes verschieden stark. Der Maler, der diese Aussicht in einem Bild gestalten will, muß also entscheiden, was scharf sein soll und was

8.1 René Magritte, ›Die Beschaffenheit des Menschen I‹. Wie können wir mit dem Gesichtssinn zwischen der Wiedergabe der äußeren Welt durch den Künstler und der Welt selbst unterscheiden?

nicht. Wenn er diese Entscheidung einmal getroffen hat, kann keine noch so gute Akkommodation ein unscharf gemaltes Objekt scharf erscheinen lassen.

Ein Chamäleon verläßt sich weitgehend auf die Akkommodation, wenn es die Entfernung eines fliegendes Insekts abschätzt, um es mit der Zunge zu fangen. Wird ein Auge des Chamä-

leons bedeckt, fängt es seine Fliegen mit der gleichen erstaunlichen Genauigkeit – ›zweiäugiges‹ Sehen ist dafür nicht wichtig. Aber setzen Sie einem Chamäleon Brillen auf, die das Akkommodationsvermögen verändern, und es leckt seine Zunge vergebens nach der fliehenden Fliege.

Wir Menschen dagegen verlassen uns nur wenig auf diese Technik, vielleicht, weil unsere potentiellen Mahlzeiten im allgemeinen weiter entfernt sind als eine Zungenlänge. Akkommodation als Möglichkeit der Entfernungsbestimmung ist im besten Fall für nahe Gegenstände brauchbar.

Wenn unser schalkhafter Maler eine entfernte Aussicht malt und wir nicht zu nahe ans Fenster herangehen, erscheinen unserem entspannten Auge Gemälde und wirkliche Aussicht scharf, und wir können dann eins vom anderen nicht mit Hilfe der Akkommodation unterscheiden.

8.3 Konvergenz

Beim Betrachten eines nahen Gegenstandes ist der Winkel zwischen der Blickrichtung der beiden Augen größer als beim Betrachten eines entfernten Objekts (Abb. 8.2). Dieser Winkel heißt KONVERGENZWINKEL der Augen. (Für ein Objekt im normalen Nahpunkt, 25 cm, hat der Konvergenzwinkel den maximalen Wert von etwa 15°. Für einen etwa 4 m entfernten Gegenstand beträgt er nur 1°.) Wenn das Gehirn die Konvergenz der Augen verfolgt, kann es nach dem Prinzip des Entfernungsmessers die Entfernung zu dem betrachteten Objekt bestimmen (Abschnitt 4.2.4). Beim Betrachten eines Gemäldes verändern sich Konvergenz und Akkommodation nicht, weil alle Objekte in der Bildebene liegen. Wenn man jedoch ein wirklich räumliches Bild anschaut, ändert sich die Konvergenz.

Wie die Akkommodation ist die Konvergenz besonders wirksam, wenn die Tiefe nahegelegener Objekte beurteilt werden soll, aber wir verwenden sie relativ wenig. SEHEN SIE SELBST, daß wir uns auch auf Konvergenz verlassen können!

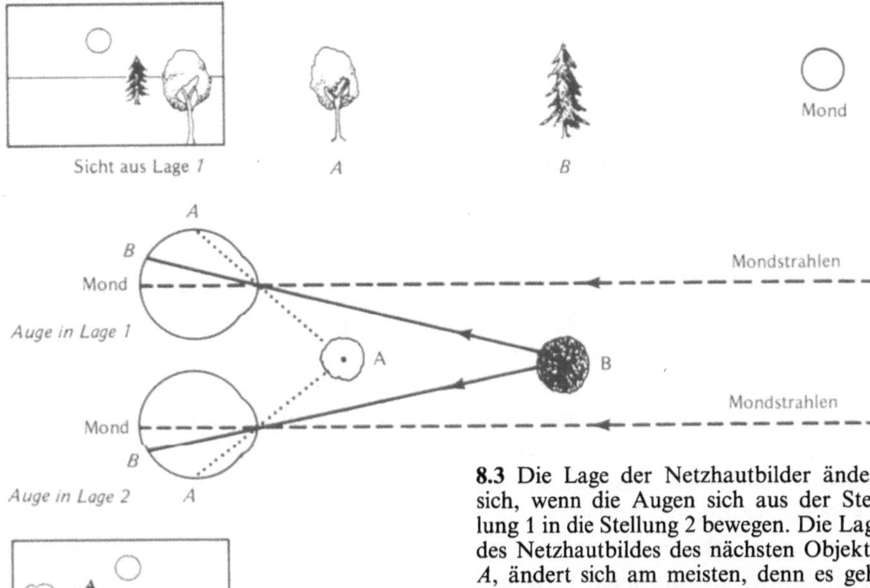

8.3 Die Lage der Netzhautbilder ändert sich, wenn die Augen sich aus der Stellung 1 in die Stellung 2 bewegen. Die Lage des Netzhautbildes des nächsten Objekts, A, ändert sich am meisten, denn es geht von einem Extrem ins andere. Das Bild eines entfernteren Objekts, B, ändert sich weniger, während die Parallelstrahlen des sehr fernen Mondes immer auf denselben Teil der Netzhaut abgebildet werden. Deshalb scheint der Mond Ihnen zu folgen, wenn Sie ihn zum Beispiel aus einem fahrenden Auto heraus beobachten. Je näher ein Objekt ist, um so mehr scheint es sich entgegengesetzt zu Ihrer Bewegungsrichtung zu bewegen

SEHEN SIE SELBST

Konvergenz und Tiefe

Schauen Sie auf eine weit entfernte brennende Straßenlampe. Schielen Sie (etwa indem Sie auf einen Finger sehen, den Sie vor sich und genau unter das Licht halten). Sie bemerken dann, daß das Licht näher (und kleiner) aussieht als zuvor – um so näher, je stärker die Augen konvergieren. Dies trifft zu, obwohl Sie zwei Bilder sehen, aber es mag leichter zu merken sein, wenn Sie es so einrichten, daß nur ein Auge die Lampe sieht.

8.4 Parallaxe

Zur Beurteilung der Tiefe verlassen wir uns vielmehr auf die Tatsache, daß wir von verschiedenen Orten aus Unterschiedliches sehen – dieses Phänomen heißt PARALLAXE (griech. *parallaxis*, Veränderung). Schließen Sie ein Auge und halten Sie einen Daumen in wenigen Zentimetern Abstand so nah vor diese Seite, daß Sie das Wort

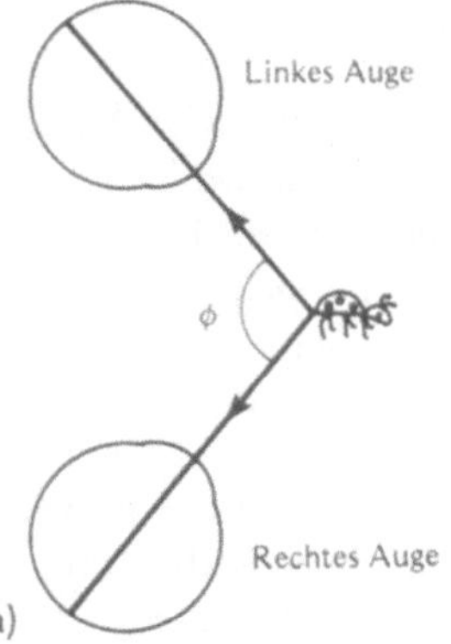

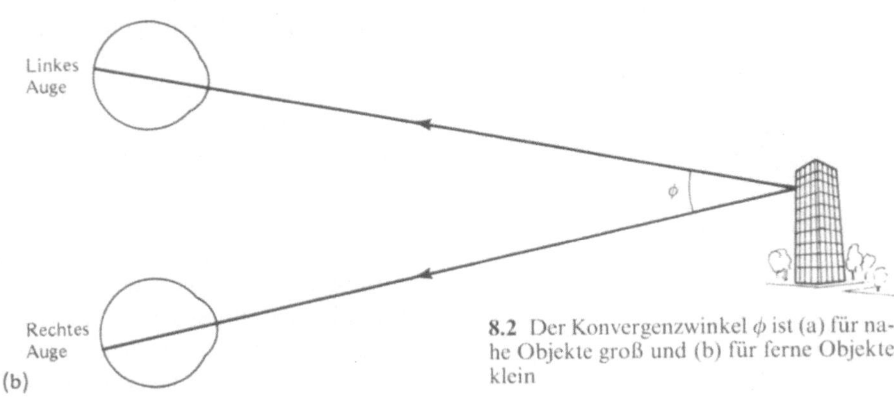

8.2 Der Konvergenzwinkel ϕ ist (a) für nahe Objekte groß und (b) für ferne Objekte klein

›Parallaxe‹ nicht sehen können. Eine Kopfbewegung genügt, um das Gesichtsfeld so zu verändern, daß Sie das Wort sehen. Das ist nur möglich, weil der Daumen und das Wort unterschiedlich weit vom Auge entfernt sind. Je nach unserer Entfernung verändert sich das, was wir sehen, wenn wir uns bewegen (Abb. 8.3).

Wie sorgfältig ein Maler auch Hinweise auf die Raumtiefe einbaut, solange er sich auf eine flache Leinwand beschränkt, kann er die Parallaxe nicht überwinden. Wir brauchen nur den Kopf zu bewegen und jeweils die Lage der entfernten Aussicht mit der des Fensterrahmens zu vergleichen, um zu sehen, ob der Maler uns täuschen wollte. Darum auch verfolgen die Augen eines Pegasus in barocken Deckengemälden oder der Finger des Lord Kitchener (Abb. 8.4) den Betrachter, ganz gleich, wohin er geht; ein wirklicher Finger zeigt in eine feste Richtung, und wenn Sie nicht in dieser Richtung sind, zeigt er nicht auf Sie. Weil wir als Betrachter den gemalten Finger immer gleich sehen, kann das Gehirn das Bild so deuten, als würde der Finger sich mitbewegen, während wir an ihm vorbeigehen, und also immer uns persönlich meinen.

8.4 Alfred Leetes Werbeplakat für die Armee (1914) zeigt Lord Kitchener, einen britischen Helden des Burenkrieges

(IM BRENNPUNKT am Ende dieses Kapitels wird eine Anwendung der Parallaxe gezeigt.)

8.5 Binokulare Disparation

Wer von uns mit zwei sehenden Augen gesegnet ist, braucht sich nicht zu bewegen, um die Vorteile der Parallaxe zum Tiefensehen zu nutzen. Die beiden etwa 6,5 cm voneinander entfernten Augen sehen mit ihrem weitgehend überlappendem Gesichtsfeld von allem, was sie anschauen, ein etwas verschiedenes Bild. Der Unterschied zwischen den Ansichten (BINOKULARE DISPARATION) liefert so eine Möglichkeit, die Entfernung zum gesehenen Objekt zu bestimmen. Unser Gehirn versucht, die beiden Ansichten dadurch in Übereinstimmung zu bringen, daß es ihnen verschiedene Tiefen zuschreibt. Wir ›sehen‹ ein dreidimensionales und kein zweidimensionales Bild der Welt. Wenn die Bilder zu verschieden sind, kann das Gehirn sie nicht in Übereinstimmung bringen, und wir sehen doppelt. Das geschieht manchmal, wenn wir zuviel getrunken haben oder verletzt sind und die Augen nicht richtig auf ein einzelnes Objekt einstellen können. (Um mit Shakespeare zu sprechen: ›Mir ist, ich säh' dies mit geteiltem Auge, dem alles doppelt scheint.‹)

Abbildung 8.5 zeigt einen Würfel aus der Sicht der beiden Augen. Jedes Auge sieht, wie die Abbildung zeigt, ein etwas anderes Bild. Was beide Augen gleich sehen, etwa die Vorderkante *aA*, wird auf jeder Netzhaut auf entsprechende Punkte abgebildet. Ein anderer Teil, etwa die Kante *dD*, wird auf jeder Netzhaut auf Teile abgebildet, die einander nicht entsprechen. Einige Zellen im Sehzentrum der Hirnrinde reagieren am stärksten, wenn die entsprechenden Netzhautzellen gleichzeitig angeregt werden. Andere Zellen reagieren am stärksten auf bestimmte Unterschiede in der Lage der beiden Netzhautreize. Deshalb reagiert eine Gruppe von Zellen

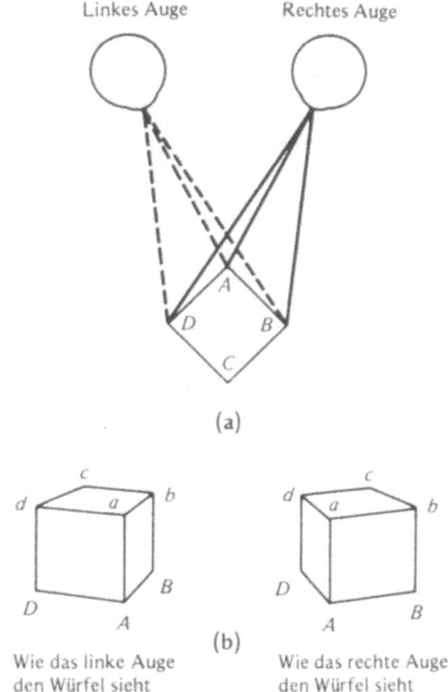

8.5 Die beiden Augen sehen etwas unterschiedliche Ansichten des Würfels. (a) Augen und Würfel, (b) der Würfel, wie ihn jedes Auge für sich sieht. Das rechte Auge sieht die Kante *ad* in einem kleineren Winkel als *ab*, und deshalb scheint ihm *ad* kürzer zu sein als *ab*. Für das linke Auge ist es gerade umgekehrt

im Sehzentrum am stärksten auf *aA* und eine andere am stärksten auf *dD*. Dieser Unterschied in der Reaktion führt zu der Wahrnehmung des Betrachters, daß diese Linien räumlich verschieden tief liegen (SEHEN SIE SELBST). Unter gewissen Umständen werden die beiden Objekte perspektivisch gesehen, wenn die Abstände ihrer Bilder auf den Netzhäuten sich um weniger als 1 μm, also weniger als den Durchmesser eines Zapfens unterscheiden.

Die binokulare Disparation ist natürlich für das räumliche Sehen nur dann nützlich, wenn beide Augen verschiedene Bilder sehen. Eine horizontale Wäscheleine sieht für beide Augen gleich aus; wenn man wissen will, wo sie ist, hilft es, den Kopf zu neigen, damit sich das Bild verändert. (Objekte, die sich wiederholen, wie etwa die Stangen eines Käfigs, können verwirrende Stereobilder ergeben.

Wenn die Augen die falschen Stäbe miteinander verschmelzen lassen, erscheint der Käfig in anderer Entfernung, als er ist.) Auch entfernte Ansichten bieten beiden Augen im wesentlichen dasselbe Bild, deshalb hilft das Stereosehen dabei wenig. Aber für relativ nahe Dinge ist es äußerst hilfreich. Wenn den Augen zwei verschiedene Bilder gezeigt werden, läßt sich das Gehirn vortäuschen, es gäbe dort Raumtiefe, wo gar keine ist. Viele optische Instrumente und manches Spielzeug beruht auf diesem Gedanken.

SEHEN SIE SELBST

1 Raumtiefe und chromatische Aberration

Die Augenlinsen weisen etwas chromatische Aberration auf – sie brechen blaues Licht stärker als rotes. Wenn man die halbe Pupille abdeckt, wirkt die andere Hälfte wie ein Prisma und verschiebt das blaue Netzhautbild ein wenig gegenüber dem roten. Wenn man es so einrichtet, daß diese Verschiebung für die beiden Augen in eine andere Richtung geht, kann man stereoskopisch sehen – Farbunterschiede können also in Unterschiede der scheinbaren Raumtiefe übersetzt werden.

Um andere Tiefenwirkungen soweit wie möglich auszuschalten, ist es ratsam, auf rote und blaue Flecken zu sehen, die jeweils vor weißem oder schwarzem Hintergrund sind. Es eignen sich dazu etwa die blauen oder roten Quadrate auf einer Seite des Zauberwürfels oder ein Bild der französischen oder amerikanischen Flagge vor einem weißen Hintergrund. Decken Sie mit Karton oder festem Papier die äußere Hälfte jeder Pupille ab, während Sie auf die Farbflecken sehen. Achten Sie darauf, welche Farbe Ihnen näher zu sein scheint. Ziehen Sie dann rasch den Karton weg und beobachten Sie die Veränderung. Schneiden Sie jetzt ein Stück Karton so zu, daß es zwischen ihre Pupillen paßt und von beiden die innere Hälfte bedeckt. (Wenn Sie eine der vertikalen Seiten etwas schräg schneiden, können Sie ohne Präzisionsmessungen eine passende Maske erhalten, indem Sie den Karton heben oder senken, bis er Ihnen gerade nicht die Sicht verbaut.) Schauen Sie wieder auf die Farbflecken und beachten Sie, daß die Raumtiefe umgekehrt ist wie zuvor.

STUDIER & SPEKULIER

Warum sehen Sie diese Effekte nicht mit bloßem Auge?

Ihre Halblinsen wirken hier wie Prismen. Konstruieren Sie den Strahlengang und überzeugen Sie sich davon, daß die Dispersion dieser ›Prismen‹ die Erscheinungen hervorruft.

2 Verbessern Sie Ihr Stereosehen

Wie stark das räumliche Sehen ausgeprägt ist, hängt davon ab, wie unterschiedlich die beiden Augen ein Bild sehen. Je mehr sich die beiden Ansichten unterscheiden, um so größer ist die scheinbare Tiefe. Deshalb werden räumliche Luftaufnahmen oft von den beiden Flügeln eines Flugzeugs aus gemacht. Falls Ihnen die Welt zu flach erscheint, können Sie mit dem im Versuch SEHEN SIE SELBST zu Abschnitt 2.4.3 beschriebenen Periskop die binokulare Disparation vergrößern. Halten Sie das Periskop horizontal und schauen Sie mit einem Auge hindurch, während Sie mit dem anderen Auge direkt auf dasselbe Objekt schauen. Am besten eignet sich ein kurzes Periskop; bei etwa 6 cm Länge ist der Augenabstand verdoppelt. Der Unterschied ist am auffälligsten, wenn Sie das Periskop rasch wegziehen, nachdem Sie hindurchgeschaut haben, die Augen aber nicht vom Objekt abwenden.

Genau wie Ihr Gehirn Nervenreize beider Augen verarbeitet, um unter normalen Sehbedingungen das Gefühl für räumliche Tiefe zu erzeugen, kann es Nachbildern Hinweise auf Raumtiefe entnehmen. Die Persistenz positiver Nachbilder ermöglicht ein verstärktes Stereosehen. Sie können das mit dem Verfahren des ersten Versuchs zu Abschnitt 7.7.1 bestätigen. Achten Sie hier jedoch darauf, daß die Augen in dieselbe Richtung schauen, wenn jedes Auge für sich das Fensterbild wahrnimmt. Decken Sie die Augen 30 Sekunden lang mit den Händen ab und schauen Sie dann mit dem rechten Auge. Um sicher zu sein, daß die Richtung stimmt, sollten Sie schnell einmal blinzeln und einen weit entfernten Punkt, etwa die Spitze eines Baumes, anvisieren. Öffnen Sie dann das rechte Auge drei Sekunden lang weit, immer noch auf den Baumwipfel gerichtet. Schließen Sie das Auge wieder und halten Sie die Hand davor, bewegen Sie sofort den Kopf einige Zentimeter nach links und wiederholen Sie das Ganze mit dem linken Auge. Schauen Sie dabei auf denselben Baum. Öffnen Sie dieses Auge, aber nur zwei Sekunden lang. Schließen Sie das linke Auge und halten Sie die Hand davor – das rechte ist noch geschlossen und bedeckt – und beobachten Sie, wie sich ein räumliches Nachbild entwickelt. Vergleichen Sie die Tiefe des Nachbildes mit der wirklichen.

Sie merken, wie gut dieses ›Superstereo‹ ist, wenn Sie es mit dem reduzierten Stereoeffekt vergleichen, den Sie erhalten, wenn Sie den Kopf nach dem eben beschriebenen Öffnen der Augen nach rechts bewegen. Der Augenabstand ist dann kürzer und das Bild flacher. Wenn Sie den Kopf etwa 13 cm nach rechts bewegen, entsteht vielleicht ein pseudoskopisches Bild (Abschnitt 8.5.1 und 8.6.8).

8.5.1 Das Stereoskop und ähnliche optische Geräte und Spielzeuge

Wie können wir dem Auge zwei verschiedene Bilder so bieten, daß jedes Auge nur das Bild sieht, was es sehen soll? Ein einfaches Verfahren nutzt

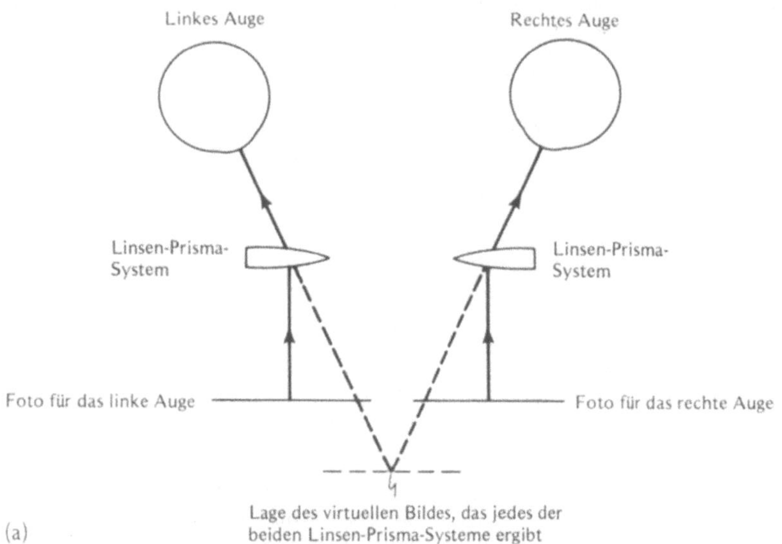

das STEREOSKOP (griech. *stereos*, räumlich, fest) des neunzehnten Jahrhunderts. Zwei aus etwas verschiedenem Winkel aufgenommene Fotos werden nebeneinander gelegt und durch eine besondere Kombination von Linse und Prisma, für jedes Auge eines, betrachtet (Abb. 8.6). Die Linsen erzeugen entfernte virtuelle Bilder der Fotos, und die Prismen lassen diese virtuellen Bilder am gleichen Ort sichtbar werden. Die Linsen sorgen also für die richtige Akkommodation und die Prismen für die richtige Kon-

8.6 (a) Das Prinzip des Stereoskops. Die wahrgenommene Tiefe hängt von dem Unterschied zwischen den beiden Aufnahmen ab. (b) Ein um 1880 gebräuchliches Stereoskop mit einem Bildpaar, das Bergwanderer zeigt

vergenz in einem einzigen mittleren Abstand. Die binokulare Disparation aber, die sich aus den Unterschieden in den Fotos ergibt, erzeugt oft ein ziemlich realistisches Raumgefühl. (Die modernen Viewmaster, mit denen man dreidimensionale Bilder

sieht, sind nichts weiter als eine billige Version des von Hermann von Helmholtz 1866 entwickelten Stereoskops.)

Mit etwas Anstrengung kann man solche stereoskopischen Bilder ohne Hilfsmittel räumlich sehen. (Jedenfalls gilt das für die meisten Menschen. Etwa 2% haben gute Augen, können aber nicht räumlich sehen.) Abbildung 8.7 zeigt ein stereoskopes Bildpaar. Wenn man ein Stück Karton so zwischen die Augen hält, daß ein Auge das Bild des anderen nicht sehen kann (man muß aufpassen, daß der Karton keine Schatten wirft), können die beiden Bilder verschmelzen, obwohl Konvergenz und Akkommodation nicht stimmen. Die Vereinigung braucht oft etwas Zeit und Konzentration. Wenn Sie Talent dazu haben, können Sie bei fast identischen Bildern kleine Unterschiede herausfinden, denn nur, wenn die Bilder verschieden sind, entsteht ein räumlicher Eindruck. So lassen sich Veränderungen in der Position von Sternen bemerken, wenn zwei zu unterschiedlichen Zeiten gemachte Aufnahmen des Nachthimmels stereoskopisch betrachtet werden. Sterne, die sich bewegt haben, erscheinen räumlich. (Besser noch betrachtet man die beiden Fotos in schnellem Wechsel und sucht nach den Sternen, die sich zu bewegen scheinen (Abschnitt 7.7.1).)

Stereobilder lassen sich auf verschiedene Weise herstellen. Man hat Kameras gebaut, bei denen zwei Linsen so nebeneinander liegen, daß sie gleichzeitig zwei Aufnahmen machen. Mit einer gewöhnlichen Kamera kann man Stereobilder machen, indem man die Kamera nach einer Aufnahme seitlich verschiebt und wieder belichtet. Mit dem Elektronenmikroskop macht man Stereobildpaare, indem man nach der ersten Aufnahme das Objekt etwas kippt und nochmals fotografiert. Man kann Stereobilder auch (wie in Abb. 8.5b) zeichnen (SEHEN SIE SELBST).

Was passiert, wenn zum Beispiel in Abbildung 8.5 die beiden Bilder vertauscht werden, so daß das rechte

8.7 Stereoskopisches Foto von einer Gletscherwanderung bei Dornach

Auge das Bild des linken sieht und umgekehrt? Für das linke Auge ist die linke Kante *ad* kürzer als *ab*, und für das rechte Auge ist es umgekehrt. Genauso aber sehen beide Augen den dreidimensionalen Körper in Abbildung 8.8. Die ursprüngliche Vorderkante *Aa* ist also nicht näher am Beobachter, sondern scheint weiter weg zu sein als die Seitenkanten *dD* und *bB*: Eine solche Sicht, bei der Teile des ursprünglichen Körpers, die vorher nach vorn ragten, hinten zu liegen scheinen und umgekehrt, heißt PSEUDOSKOPISCH (griech. *pseudes*,

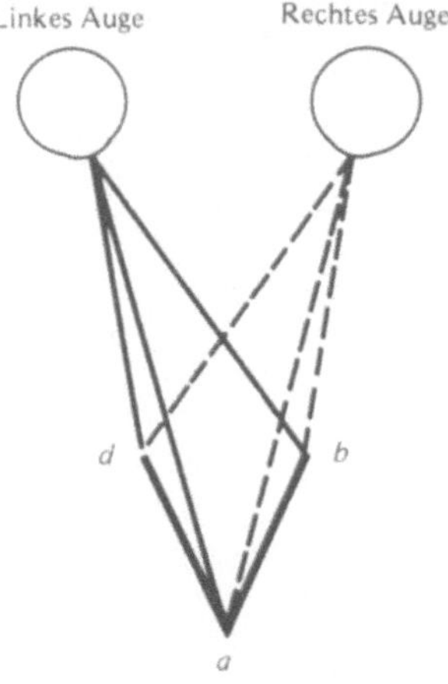

8.8 Die beiden Augen sehen Ähnliches wie in Abbildung 8.5b, aber diesmal mit vertauschten Ansichten. Die Kante *da* erstreckt sich jetzt für das linke Auge über einen kleineren Winkel, und deshalb sieht dieses Auge *ad* als kürzer als *ab*

falsch. Der Ausdruck stammt von Sir Charles Wheatstone, der 1838 das erste Stereoskop baute. SEHEN SIE SELBST, wie Sie sein Modell nachbauen können.)

Mehrere optische Geräte, die jedes Auge ein anderes Bild sehen lassen, weisen binokulare Disparation auf und liefern damit dem Betrachter ein räumliches Bild. (Der zweite Versuch SEHEN SIE SELBST gibt ein ungewöhnliches Beispiel.) Das gebräuchlichste unter ihnen ist der Feldstecher, der eigentlich aus zwei Fernrohren besteht, für jedes Auge eines. Binokularmikroskope sind komplizierter. Weil das von einem Mikroskop erzeugte Bild gewöhnlich seitenverkehrt ist (Abb. 6.9), wäre die Sicht pseudoskopisch, wenn jedes Auge mit seinem eigenen Mikroskop dasselbe Objekt anschaute.

STUDIER & SPEKULIER

Warum ergibt sich ein pseudoskopisches Bild, wenn jedes Auge ein seitenverkehrtes Bild betrachtet? Eine Linse kehrt das Bild um, indem sie sowohl oben und unten als auch rechts und links vertauscht. Zeichnen Sie diese Umkehr für die beiden Sichtweisen in Abbildung 8.5b je für sich, zuerst die Rechts-Links- und dann die Oben-Unten-Umkehr. In beiden Fällen kann ein Spiegel helfen. Welche Umkehr macht das Stereobildpaar zu einem pseudoskopischen Bild?

Deshalb bieten manche Binokularmikroskope kein räumliches Bild, vielmehr ermöglicht ein doppeltes Okular, daß beide Augen dasselbe Bild sehen. Andere Binokularmikroskope geben ein räumliches Bild, indem sie in jedes der beiden Mikroskope ein Umkehrsystem einbauen. Das sind gelegentlich wie bei Ferngläsern Porroprismen, können aber auch andere reflektierende Systeme sein.

Eine andere Art, beiden Augen verschiedene zweidimensionale Bilder zu zeigen, kommt ohne getrennte Bilder aus. Vielmehr werden die Bilder überlagert und mit einer Spezialbrille betrachtet. Jedes Auge sieht nur das Bild, das es sehen soll. Dies kann auf zweierlei Art, nämlich entweder mit Hilfe von Farbe oder von polarisiertem Licht, erreicht werden (Abschnitt 1.3.2 und Kapitel 13). Wenn Farbe zu Hilfe genommen wird, werden die beiden Ansichten in verschiedenen Farben wiedergegeben, etwa wie in Tafel 8.1 in rot und grün. (Ein solches Bild heißt ANAGLYPHE (griech. *ana*, hinauf, und *glyphein* schnitzen. Der Name wurde zuerst für geschnitzte Reliefs verwendet.)) Der Betrachter sieht mit jedem Auge durch einen andersfarbigen Filter. Wenn der Filter rot ist, erscheint der grüne Druck schwarz, während der rote Druck fast unsichtbar wird. Wenn der Filter grün ist, ist es umgekehrt. Deshalb sieht das Auge mit dem roten Filter nur das grüne Bild, während das Auge mit dem grünen Filter nur das rote Bild sieht. Trotz der Farbunterschiede verschmelzen die Bilder gewöhnlich zu einem einzigen dreidimensionalen Bild. (SEHEN SIE SELBST in Versuch (3), wie Sie dreidimensionale Schatten erzeugen können.) Dieses Verfahren wurde in den ersten ›3D‹-Filmen verwendet; da aber die Farbe zur Erzeugung der Raumwirkung nötig ist, leidet die Farbe der Bilder. Vollfarbige dreidimensionale Filme lassen sich mit Hilfe polarisierten Lichts herstellen. Dabei werden die beiden Bilder mit verschieden polarisiertem Licht aufgenommen, eines zum Beispiel mit vertikal und das andere mit horizontal polarisiertem. Der Betrachter schaut durch polarisierende Filter. Der Filter des einen Auges läßt nur das vertikal polarisierte Licht hindurch und der andere, senkrecht zum ersten orientierte, nur das horizontal polarisierte – aber jedes ›in voller Farbe‹. (In der Praxis beträgt der Polarisationswinkel gewöhnlich 45°, die Polarisationsrichtung weist also einmal von oben rechts nach unten links und einmal von oben links nach unten rechts.)

Es ist sogar möglich, Stereoaufnahmen zu machen, bei denen jedes Bild für sich nichts erkennen läßt, bei gemeinsamer Betrachtung aber eine

8.9 (a) Auge und Gehirn erkennen in diesen scheinbar regellosen Mustern einen Hund. (b) Computergeneriertes Zufallspunktstereogramm. SEHEN SIE SELBST in Versuch (5), wie Sie die darin versteckte dreidimensionale Form entschleiern können

(a)

(b)

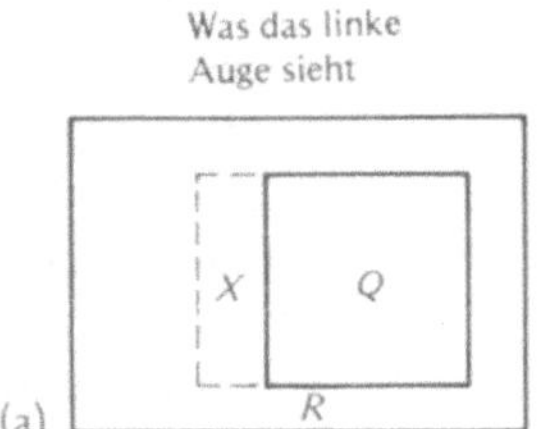

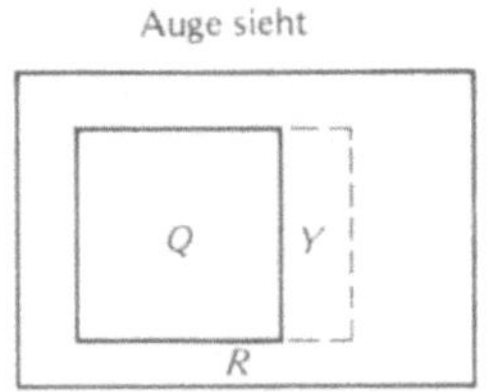

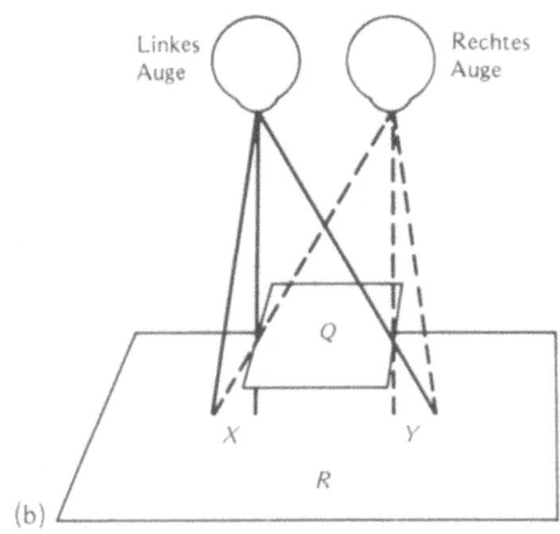

8.10 Die Konstruktion eines Stereogramms. (a) Die Ansichten der beiden Augen. Das linke Auge sieht X, aber nicht Y. Alles andere im Rechteck R aber wird von beiden Augen gleich gesehen. Bei richtiger stereoskopischer Betrachtung verschmelzen die beiden Augen diese Ansichten zu einem dreidimensionalen Bild, auch wenn R und Q ein regelloses Punktmuster aufweisen. (b) Das dreidimensionale Bild zeigt ein Quadrat Q, das über dem Rechteck schwebt. Q verdeckt von R für das linke Auge den Teil Y und für das rechte Auge den Teil X

dreidimensionale Gestalt deutlich wird. Das läßt sich mit regellosen Mustern, also etwa zufällig verteilten Punkten erreichen. Auge und Gehirn sind darin geübt, Strukturen und vertraute Muster zu finden, wenn anscheinend zufällige Punktmuster vorgegeben werden (Abb. 8.9). Im vierten Versuch SEHEN SIE SELBST weitere Beispiele. Wenn beide Augen Punktmuster sehen, die einem Auge allein zufallsverteilt erscheinen, aber eine bestimmte stereoskopische Beziehung zueinander haben, erkennen sie bei richtiger Betrachtung eine Raumstruktur. Solche Muster können wir mit dem Computer (Abb. 8.9b) oder einfacher mit der in Abbildung 8.10a gezeigten Methode erzeugen. Zunächst zeichnen wir das Bild, das das linke Auge sehen soll, etwa ein beliebig gemustertes Rechteck (R). Um das Bild des rechten Auges zu konstruieren, schneiden wir einfach ein Quadrat Q aus der Mitte des Bildes des linken Auges heraus, legen es darauf, verschieben es und füllen die entstandene Lücke Y mit dem Muster aus. Dazu eignet sich jedes Muster, auch ein regelloses Punktmuster, wenn das Gehirn nur zwischen den beiden Ansichten eine Beziehung herstellen kann. (Eine einfarbige Fläche ist ungeeignet, weil wir auf Q keine Grenzen einzeichnen.) Wenn die Punkte zufällig verteilt sind, sieht kein Auge allein ein Quadrat Q. Und doch merkt das Gehirn beim Vergleich der beiden scheinbar zufälligen Muster

die Beziehung (einige der Punkte sind relativ zu anderen verschoben) und führt das auf die Raumtiefe zurück (Abb. 8.10b und Tafel 8.2). Diese Stereogramme zufälliger Punkte, die Bela Julesz entwickelte, haben sich als äußerst nützlich erwiesen, um herauszufinden, welche Verarbeitung vor und welche nach der stereoskopischen Fusion stattfindet.

SEHEN SIE SELBST

1 Stereobilder

Stereobilder lassen sich auf verschiedene Weise herstellen und betrachten. Wenn Sie sie mit dem Stereoskop betrachten wollen, brauchen Sie dasselbe Motiv zweimal, und zwar aus etwas unterschiedlicher Sicht. Falls Sie fotografieren wollen, wählen Sie am besten ein Motiv, bei dem viele Dinge in verschiedenem Abstand vorkommen. Wählen Sie die Schärfentiefe so groß wie möglich, indem Sie die größtmögliche Blendenzahl nehmen. Am besten stellen Sie den Apparat so hin, daß Sie ihn für die zweite Aufnahme vorsichtig zur Seite rücken können. Wie weit Sie rücken, hängt davon ab, wie die Bilder gesehen werden sollen und ob Sie normale oder übertriebene Tiefe wünschen. Wenn ein Objekt weiter entfernt ist (über 2 m) und die Bilder durch eine Lupe betrachtet werden sollen (wie in den meisten Stereoskopen), das Bild also in der Ferne liegt, dann müssen Sie die Kamera um etwa 6,5 cm, den Pupillenabstand, zur Seite schieben. (Die Brennweite der

Lupe sollte dieselbe sein wie die des Objektivs, damit Sie das Bild so sehen wie die Kamera.) Fotografieren Sie mehrmals mit verschiedenem Abstand – je größer der Abstand, um so größer ist die scheinbare Tiefe, aber wenn der Abstand zu groß ist, verschmelzen die beiden Bilder nicht. Entfernte Objekte, wie Flugzeuge oder große Gebäude, werden gewöhnlich mit einem Abstand von etwa 1/50 der Entfernung zu dem Objekt aufgenommen, damit die scheinbare Tiefe möglichst groß ist. Für Nahaufnahmen sollten Sie die Kamera beim Verschieben zusätzlich drehen, damit sie immer auf genau denselben Punkt des Objekts gerichtet ist. Für sehr nahe Objekte brauchen Sie die Kamera nur um weniger als 6,5 cm zu verschieben. (Für Vergrößerungen um mehr als den Faktor eins bewährt sich die Faustregel; 6,5 durch die Vergrößerung zu dividieren.) Vergessen Sie nicht zu notieren, welches Bild von links und welches von rechts gemacht wurde.

Die Stereopaare können auch nach dem in Abschnitt 8.5.1 beschriebenen Verfahren durch ein Stereoskop betrachtet werden. Vielleicht verschmelzen die Bilder leichter, wenn Sie schielen; das Foto für das linke Auge also nach rechts kommt. (Das Schielen ist einfacher, wenn Sie eine Nadel vor die Augen halten.) Ein anderes Verfahren besteht darin, eines der zwei Stereobilder seitenverkehrt abzuziehen und statt eines Kartons

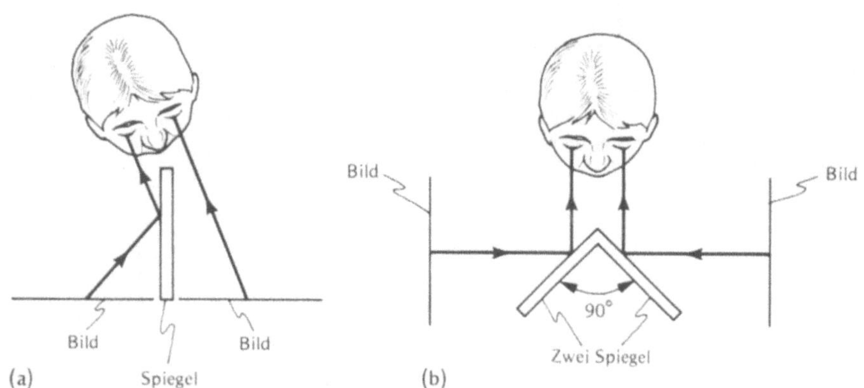

8.11 (a) Einspiegelstereoskop. (b) Wheatstones Stereoskop

einen Spiegel vor die Augen zu halten (Abb. 8.11a).

Sie können auch das 1838 von Wheatstone entworfene Gerät nachbauen. Dazu brauchen Sie nur zwei kleine flache Spiegel und eine Aufhängung (Kaugummi bewährt sich, wenn alles andere versagt). Stellen Sie die Fotos parallel zueinander und so weit von ihren Augen entfernt auf, daß Sie sie scharf sehen können (25 cm, die Spiegelung mitgerechnet). Wenn Sie zwei gleiche Sammellinsen haben, halten Sie sie vor ihre Augen und legen Sie die Fotos in die Brennebene der Linsen. Da die Spiegel das Bild umkehren, müssen Sie die Fotos seitenverkehrt abziehen, damit Ihr Bild nicht pseudoskopisch wird.

Sie können die Stereobilder für Ihr Stereoskop auch zeichnen. Eine Möglichkeit ist, so vorzugehen wie in Abbildung 8.5. Wenn Sie die Bilder aus einem Abstand von 25 cm betrachten wollen, sollten Sie ein lebensgroßes Diagramm wie in Abbildung 8.5a zeichnen, wobei das Objekt 25 cm vom Auge entfernt ist und die Augen 6,5 cm Abstand haben. Damit Ihre Version der Abbildung 8.5b die richtigen waagerechten Abstände hat, können Sie durch das Objekt Ihrer Version eine Horizontale ziehen und die Entfernung zwischen den Punkten messen, in denen Strahlen diese Linie kreuzen. Zum Beispiel ist dann die horizontale Entfernung zwischen den

Punkten c und d für das linke Auge die entlang dieser Linie gemessene Entfernung zwischen den Strahlen, die von diesen Punkten zum linken Auge gehen. Sie können aber auch, wenn das Objekt einfach ist und Sie etwas künstlerisch veranlagt sind, die Bilder direkt so zeichnen, wie Sie sie mit jedem Auge einzeln sehen.

Ganz einfache Figuren lassen sich auch ohne jedes Zeichentalent anfertigen. Jeder kann ja mit dem Zirkel zwei Kreise ziehen, von denen einer im anderen liegt. Geben Sie dem größeren Kreis einen Durchmesser von etwa 6 cm und dem kleineren einen von etwa 2 cm. Im Bild für das eine Auge sollte die Mitte des inneren Kreises einige Millimeter rechts von der Mitte des größeren Kreises und im Bild für das andere Auge gleich weit links von der Mitte liegen. Das ergibt ein Stereobild und läßt sich auf alle uns vertrauten Weisen betrachten. Die Einspiegelmethode der Abbildung 8.11 ist hier besonders einfach, weil Sie in diesem Fall den inneren Kreis für beide Augen in dieselbe Richtung verschoben zeichnen. (Begründen Sie!)

Statt eines Stereoskops können Sie auch Farbfilter nehmen und Anaglyphen herstellen. Die Farbfilter können einfache Plastikscheiben sein. Sie erhalten fotografische Anaglyphen, wenn Sie einen Farbfilm doppelt belichten, wobei Sie zuerst einen und dann den anderen Filter vor die Linse halten und die Kamera zwischen den Aufnahmen seitlich verschieben. Sie können aber auch nach einer der er-

wähnten Methoden mit Buntstiften oder Kreiden zeichnen und die beiden Bilder überlagern. Ihre Zeichenfarben sollten den Filtern entsprechen, also durch einen Filter hindurch gut sichtbar sein und durch den anderen nicht.

Sie können auch Stereobilder mit polarisiertem Licht projizieren (Kapitel 13). Dazu brauchen Sie vier verschiedene Polarisationsfilter, zwei Projektoren und einen ›metallischen‹ Projektionsschirm, der die Polarisation nicht zerstört. Als Filter können Sie polarisierte Sonnenbrillen nehmen, aber Sie brauchen vier Brillen, wenn Sie keine zerbrechen wollen. (Falls Sie die Brille eines 3-D-Films aufbewahrt haben, genügen zwei, von denen Sie nur eine zerschneiden.) Machen Sie, wie oben, zwei Stereobilder, diesmal als Farbdias. Kleben Sie über die Linse jedes der Projektoren einen Polarisationsfilter und projizieren Sie die beiden Bilder so, daß die Bilder gleich groß sind und sich so weit wie möglich überlappen. Halten Sie dann vor jedes Auge einen Polarisationsfilter. Diese sollten senkrecht zueinander orientiert sein (man kann also nicht hindurchsehen, wenn einer hinter dem anderen ist) und schauen Sie auf die Leinwand. Drehen Sie die Filter vor den Projektoren so lange, bis jedes Auge nur das Bild des Projektors sieht, das für dieses Auge bestimmt ist.

2 Die Dunkelachse

Sie brauchen einen Metallring von 6 cm Durchmesser (wie man sie für Makramee verwendet). Beleuchten Sie in einem dämmrigen Raum die Tischplatte schräg von der Seite, etwa mit einer Taschenlampe. Drehen Sie den Ring, wie man ein Geldstück kreiseln läßt – es sieht aus, als würde sich eine durchsichtige Kugel um eine dunkle Achse drehen. Die Kugel sehen wir, weil unsere Sicht im Dämmerlicht träge ist; die dunkle Achse entsteht, weil der Ring dort besonders dunkel erscheint, wo sein Vorderteil den rückwärtigen Teil verdeckt; das ist immer dann der Fall, wenn der Ring mit diesem Auge in einer Linie ist. Überzeugen Sie sich selbst davon, daß die sich daraus ergebende lokale binokulare Disparation die Achse in der Mitte der Kugel sieht.

3 Dreidimensionale Schatten

Für diesen Versuch brauchen Sie eine rote und eine grüne Glühlampe, die möglichst scharfe Schatten werfen, ein weißes Bettlaken und einen roten und einen grünen Filter. (Die Filter sollten Farben haben, die, vor die Lampen gehalten, sie möglichst verschieden erscheinen lassen.) Ordnen Sie alle diese Dinge wie in Abbildung 8.12 an. Wenn alles andere Licht gelöscht ist, wirft ein Gegenstand hinter dem Schirm zwei Schatten auf das Laken, von jeder Lampe einen. Durch die Filter gesehen, verschmelzen die Schatten zu einem einzigen dreidimensionalen, der vor dem Schirm zu liegen scheint. Ein Mensch eignet sich gut als Objekt. Während er vom Schirm zur Lampe geht, scheint sein Schatten vom Schirm zum Betrachter hin zu gehen.

4 Ordnung aus dem Chaos

Ein Fernsehschirm liefert ausgezeichnete regellose Muster, wenn er auf einen Kanal eingestellt ist, der nicht sendet und voller ›Schnee‹ ist. Dieser besteht aus regellos verteilten hellen Flecken, die sich 25mal in der Sekunde vollständig verändern, weil alle 625 Zeilen in 1/25 s abgetastet werden. Diese Punkte scheinen ganz regellos zu hüpfen, weil das Auge mit dem Verschwinden eines Punktes und dem Erscheinen eines anderen in seiner Nähe Bewegung verbindet – ein richtiges Chaos. Sie lassen sich aber ganz leicht auf ordentliches Verhalten ›trainieren‹, denn unser Gehirn hat die Fähigkeit, ihm dargebotene visuelle Information zu organisieren. Man braucht dem Gehirn nur die passenden Hinweise zu geben.

Halten Sie also zwei Blatt Papier so gegen den Fernsehschirm, daß ein schmaler Gang von wenigen Zenti-

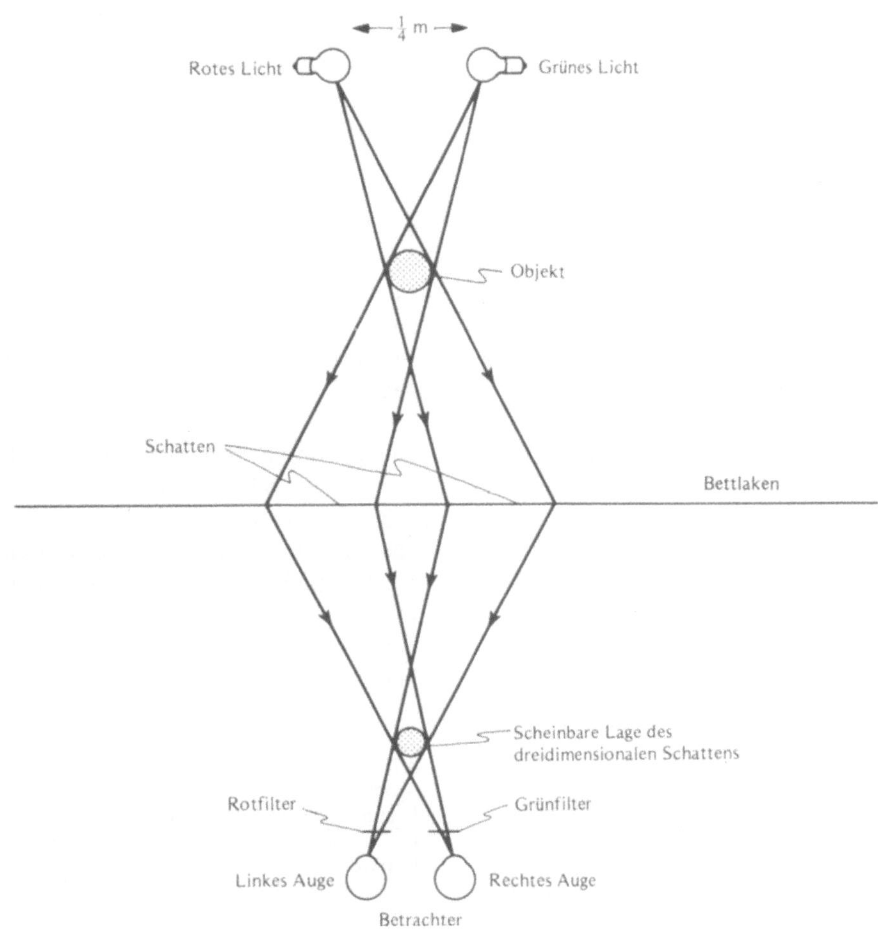

8.12 Anordnung für dreidimensionale Schatten

metern zwischen ihnen bleibt. Jetzt scheinen die Punkte diesen Kanal entlang zu fließen. Machen Sie dann aus Draht oder Bindfaden eine Schlinge von etwa 6 cm Durchmesser und halten Sie sie vor den Schirm. Sehen Sie, wie die Punkte in und außerhalb der Schleife umherhüpfen, diese Grenze aber nicht überschreiten? Das bleibt auch dann so, wenn Sie die Schlinge über den Schirm hinweg ziehen – die Punkte sind in der Schlinge gefangen und bewegen sich mit ihr. Unmittelbar hinter der durch das Meer zitternder Punkte gleitenden Schlinge scheint ein leerer Raum zu sein. Sie brauchen übrigens nur mit dem Finger über den Schirm zu fahren, und schon ziehen Sie eine Furche.

5 Räumliche Form in Zufallspunkten

Versuchen Sie, in dem Zufallspunktstereogramm Abb. 8.9b eine dreidimensionale Form zu erkennen, indem Sie der folgenden Anleitung folgen.

Halten Sie einen Bleistift zwischen das Buch und Ihre Augen (und näher an das Buch als an die Augen). Schauen Sie auf das Buch, nicht auf den Bleistift. Sie sehen dann zwei verschwommene und irgendwie durchsichtige Bleistifte. Bewegen Sie sich und drehen Sie das Buch oder den Bleistift, bis auf jeden der beiden etwas größeren Punkte eine verschwommene Bleistiftspitze zeigt. (Es lohnt sich, wenn Sie dabei sehr genau sind und den Bleistift solange hin und her schieben, bis die Entfernung zwischen den verschwommenen Bleistiften genau dieselbe ist wie die zwischen den Punkten und die Spitze eines jeden genau in der Mitte ihres Punktes liegt.) Schauen Sie nun, ohne etwas anderes zu verschieben als ihren Blick, auf die Bleistiftspitze, von der Sie dann nur eine sehen. Sie sollte von einem einzigen schwarzen Punkt umgeben sein, der in der Bleistiftebene schwebt. Ignorieren Sie die beiden schwarzen Punkte auf jeder der Seiten; es macht nichts, wenn der Hauptpunkt unscharf ist. Er wird bald schärfer werden, wenn Sie langsam die Umgebung untersuchen, das feine Muster kleiner, zufällig verteilter Punkte. Sie werden bemerken, daß dieses Muster an manchen Stellen in der Nähe der Bleistiftspitze knapp einen Zentimeter auf Sie zukommt. In der Nähe der Bleistiftspitze bildet das hervortretende Muster Buchstaben, und wenn Sie den Blick langsam schweifen lassen, durchschauen Sie schließlich die ganze Botschaft: EIN BLICK INS LICHT.

Machen Sie sich keine Sorgen, falls Sie die Schrift nicht erkennen können – viele Menschen, auch einer der Autoren, sehen sie nicht. Betrachten Sie stattdessen die anderen Stereogramme dieses Buches, oder versuchen Sie noch einmal Ihr Glück mit der nächsten Anleitung. (Vor allem Kurzsichtigen ergeht es hiermit – falls sie ihre Brille abnehmen – oft besser. Helles Licht hilft wegen der dann durch die kleinere Augenpupille größeren Schärfentiefe ebenfalls.)

Setzen Sie Ihre Nasenspitze zwischen den beiden schwarzen Punkten auf das Papier, so daß jedes Auge nur einen der Punkte sehen kann. Lassen Sie die beiden Punkte durch Schielen zu einem einzigen Punkt verschmelzen. Dabei hilft es, das Buch durch vorsichtiges Drehen genau auszurichten. Entfernen Sie nun langsam den Kopf vom Buch; Sie sehen dann drei Punkte. Lassen Sie den Blick allmählich etwas umherschweifen. Oberhalb des mittleren der drei Punkte sehen Sie dann den Buchstaben ›i‹; dieser liegt aber nicht wie bei der ersten Anleitung *vor*, sondern *hinter* der Musterfläche. Ebenso schei-

nen natürlich die anderen Buchstaben jetzt auch nach hinten versetzt. Wissen Sie, warum?

8.5.2 Das Linsenraster

Ein weiteres Hilfsmittel, mit dem wir auf einem zweidimensionalen Bild verschiedene Bilder sehen können, ist das LINSENRASTER. Denken Sie sich eine Lage zylindrischer Linsen, die mit der Brennebene der Linsen flach auf einem Bild liegen (Abb. 8.13). (Eine solche Schicht läßt sich leicht aus Plastik herstellen.) Die Linsen machen Licht parallel, das von einem Punkt der Bildebene herrührt oder von dort gestreut wird. Die Richtung, in der das Licht von den Zylinderlin-

8.13 Das Linsenraster. Hinter einer Schicht zylindrischer Linsen liegt in der Brennebene der Linsen ein Bild. Sie richten Licht, das von den mit R bezeichneten Punkten herkommt (oder von dort gestreut wird), parallel aus und schicken es nach oben rechts. Licht von den mit L bezeichneten Punkten wird parallel gerichtet und nach oben links geschickt. Wenn wir zwei verschiedene Bilder verschachtelt an die Punkte R und L bringen, sehen wir das R-Bild nur von B_R und das L-Bild nur von B_L aus

sen zurückkommt, hängt von der Lage der Quelle in der Bildebene ab. Licht von einem Punkt etwas links der Achse einer der Linsen kommt nach rechts gerichtet heraus, also wird Licht von all den R genannten Punkten der Abbildung wie gezeigt nach rechts gerichtet. Licht von den L genannten Punkten kommt nach links gerichtet heraus. Ein Beobachter bei B_R, der etwas nach links schaut, sieht nur die Punkte R, während ein Beobachter bei B_L, der etwas nach rechts schaut, nur die Punkte L sieht.

Wenn die Bildebene aus Bildstreifen zweier Bilder besteht, von denen eines an den Punkten R und das andere an den Punkten L liegt, dann sieht man je nach dem Winkel, unter dem das Linsenraster gesehen wird, zwei verschiedene Bilder. Es ist sicher mühsam, ein Bild in lauter kleine Streifen zu zerschneiden und sie in der Bildebene wieder zusammenzukleben, aber mit Hilfe des Linsenrasters lassen diese Streifen sich ganz einfach fotografisch herstellen. Wenn ein Bild von B_R in Richtung der Punkte R aufgenommen wird, werden nur die Punkte R belichtet. Von B_L aus kann ein anderes Bild zu den Punkten L hin projiziert werden, bei denen nur diese Punkte belichtet werden. Man kann sogar zwischen beiden Punkten noch

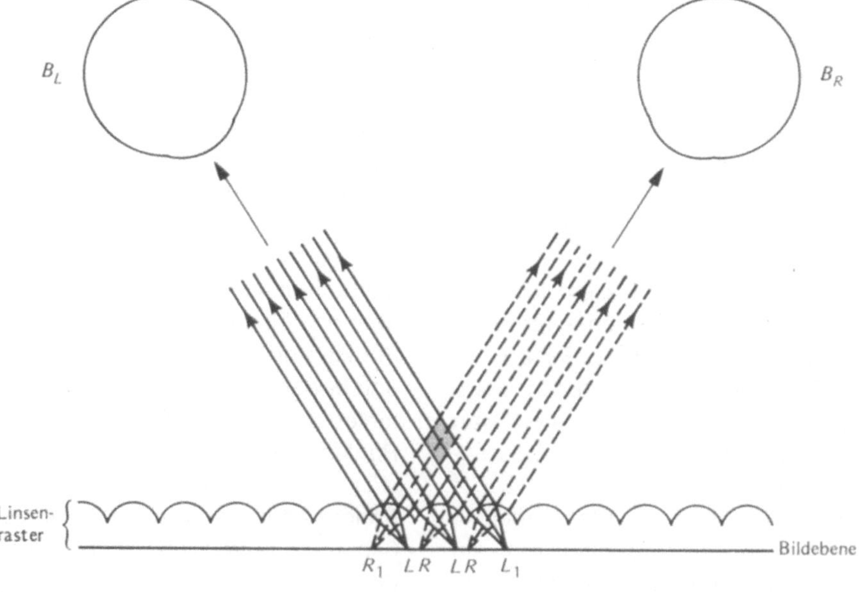

(a)

(b)

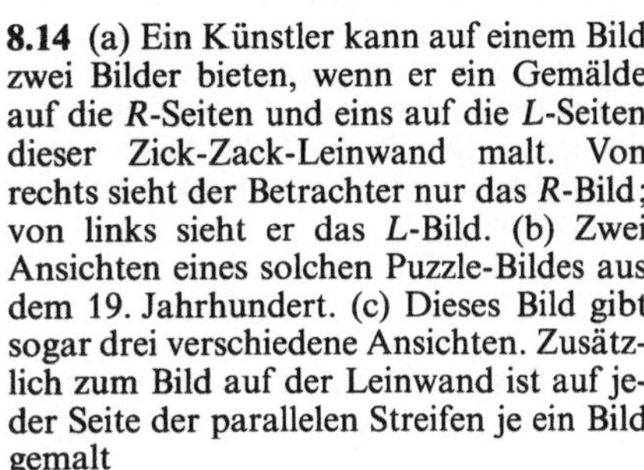

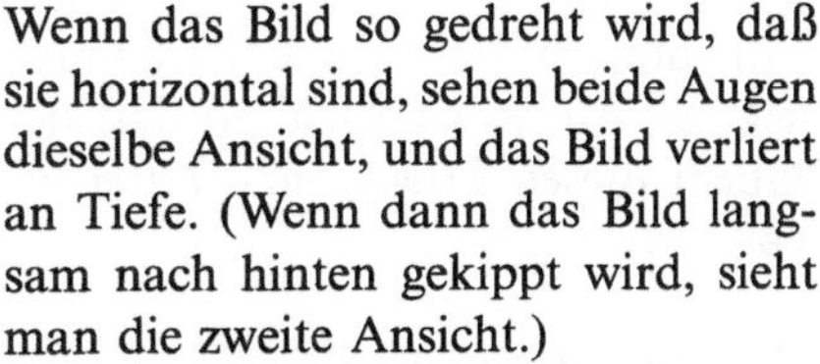

mehr Bilder erhalten, die jedes einer anderen Richtung der Beleuchtung und später der Betrachtung entsprechen. Ein solches Bild, das sich in ein anderes Bild verwandelt, während man an ihm vorbeigeht, also den Sehwinkel ändert, findet man manchmal auf Ansichtskarten oder als Werbegag. Es erinnert an die im 19. Jahrhundert beliebten Vexierbilder, die auf Holzstreifen gemalt waren (Abb. 8.14). Der Maler Yaacov Agam hat moderne abstrakte (gewöhnlich geometrische) Bilder auf solche Streifen gemalt; der Betrachter sieht dadurch im Vorbeigehen verschiedene Muster. Er verwendet auch Linsenraster und zeigt dem Betrachter so eine Reihe verschiedener Bilder (die er bescheiden ›Agamografien‹ nennt).

Wenn die R- und L-Bilder jeweils der Ansicht eines dreidimensionalen Objekts entsprechen, wie sie das rechte und das linke Auge sehen, dann sieht ein Betrachter das Objekt dreidimensional, wenn sein linkes Auge bei B_L ist und sein rechtes bei B_R. Jedes Auge sieht nur, was für die richtige binokulare Disparation erforderlich ist. Der Winkel zwischen den beiden Ansichten darf nicht zu groß sein, damit er der natürlichen Konvergenz entspricht, mit der ein Betrachter den Gegenstand ansehen würde. Solche dreidimensionalen Bilder findet man manchmal auf Ansichtskarten und in Kinderbüchern. Beim Betrachten dieser Bilder ist es wichtig, daß die zylindrischen Linsen vertikal verlaufen.

8.14 (a) Ein Künstler kann auf einem Bild zwei Bilder bieten, wenn er ein Gemälde auf die *R*-Seiten und eins auf die *L*-Seiten dieser Zick-Zack-Leinwand malt. Von rechts sieht der Betrachter nur das *R*-Bild; von links sieht er das *L*-Bild. (b) Zwei Ansichten eines solchen Puzzle-Bildes aus dem 19. Jahrhundert. (c) Dieses Bild gibt sogar drei verschiedene Ansichten. Zusätzlich zum Bild auf der Leinwand ist auf jeder Seite der parallelen Streifen je ein Bild gemalt

Wenn das Bild so gedreht wird, daß sie horizontal sind, sehen beide Augen dieselbe Ansicht, und das Bild verliert an Tiefe. (Wenn dann das Bild langsam nach hinten gekippt wird, sieht man die zweite Ansicht.)

Das Bild kann sogar vor dem Linsenraster zu liegen scheinen. Wenn wir uns die Bildebene gefärbt denken, sagen wir rot, die beiden Punkte, die in Abbildung 8.13 R_1 und L_1 heißen, aber grün sind und ein Betrachter so steht, daß sein linkes Auge bei B_L ist und sein rechtes bei B_R, sehen beide Augen dasselbe, nämlich Rot, aber dort, wo sich die Strahlen von *R* und *L* schneiden (in der Abbildung ist der Bereich schattiert), sehen sie Grün. Da dieser grüne Punkt vor dem Bild

(c)

liegt, sieht der Betrachter einen hellen grünen Fleck vor einem roten Hintergrund schweben. Manche Maler nutzen diesen Effekt; in den irritierenden Bildern Frank Bunts scheinen Punkte manchmal eine Handbreit vor der Bildebene zu schweben. So lassen sich gut dreidimensionale geometrische Muster erzeugen.

8.5.3 Das Pulfrich-Phänomen

Ein anderes Phänomen, das eine Raumwirkung erzeugt, indem es beiden Augen etwas verschiedene Ansichten bietet, nutzt die Latenzzeit des Auges (Abschnitt 5.3), die von der Lichtintensität abhängt. Im Dämmerlicht reagieren die Netzhautzellen langsamer, denn sie müssen warten, bis sie genügend belichtet sind. Das bloße Auge reagiert darum auf dasselbe Objekt schneller als eines, das durch ein dunkles Glas schaut.

Stellen wir uns also vor, wir hielten vor ein Auge ein dunkles Glas und schauten mit beiden Augen auf ein Pendel, das senkrecht zu unserer Blickrichtung in einer Ebene schwingt (Abb. 8.15 und SEHEN SIE SELBST). Das bloße Auge informiert das Gehirn etwas schneller als das hinter dem dunklen Glas, und dadurch lokalisieren die beiden Augen das schwingende Pendel in zwei verschiedenen Lagen. (Im Vergleich zu Ihrem nackten Auge ›sieht‹ das bedeckte das Pendel geringfügig in der Zeit zurückversetzt, also gewissermaßen in der Vergangenheit.) Wenn das Pendel zur Seite des nackten Auges schwingt (Abb. 8.15a), konvergieren die Ansichten beider Augen, nach rückwärts verlängert, hinter der Schwingungsebene des Pendels. Die Konvergenz und die Information über die binokulare Disparation führen also dazu, daß man das Pendel hinter seiner wirklichen Lage ›sieht‹. Wenn das Pendel umkehrt (Abb. 8.15b), liegt seine scheinbare Bahn vor der wirklichen. Deshalb scheint das Pendel auf einer Ellipse aus der wirklichen Bahn herauszuschwingen.

Diese Erscheinung wird nach Carl Pulfrich benannt, der sie nie beobachtete. Er war schon sechzehn Jahre lang auf einem Auge blind, bevor dieses Phänomen in einem von ihm entworfenen optischen Instrument als störend empfunden wurde. Sein Freund und Kollege Ferdinand Fertsch fand Anfang dieses Jahrhunderts die Erklärung. Früher hatte

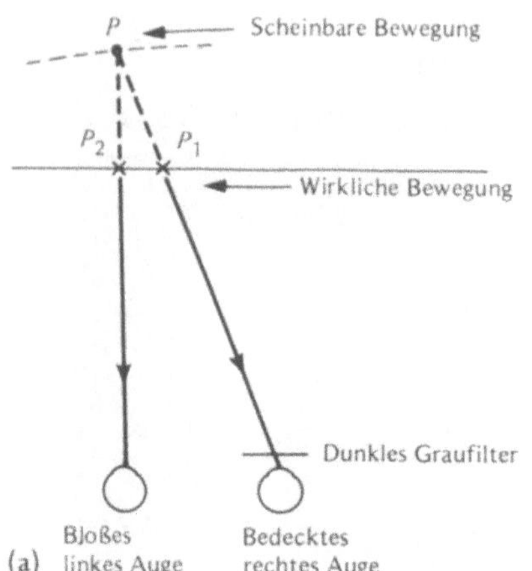

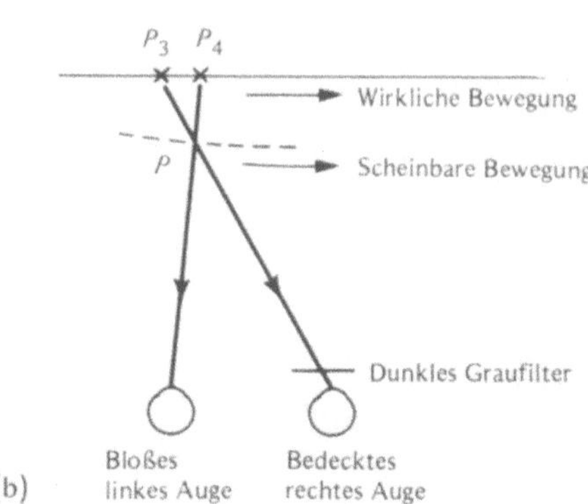

8.15 Das Pulfrich-Pendel. (a) Das Pendel schwingt nach links. Das bedeckte Auge schickt ein verzögertes Signal ans Gehirn, deshalb ›sieht‹ ein Auge des Beobachters das Pendel bei P_1 und gleichzeitig sieht es das unbedeckte linke Auge bei P_2. Aus Konvergenz und binokularer Disparation schließt das Gehirn, daß das Pendel bei P ist, hinter der wirklichen Schwingungsebene des Pendels. (b) Das Pendel hat jetzt seine Richtung umgekehrt. Wieder ›sieht‹ das rechte Auge das Pendel an dem verzögerten Ort P_3, der jetzt rechts von dem Ort P_4 ist, an dem das linke Auge das Pendel ›sieht‹. Der Punkt P, den beide Augen sehen, ist jetzt vor der wirklichen Schwingungsebene

man das Phänomen zur Diagnose der Syphilis verwendet. Heutzutage dient es der Differentialdiagnose bei der optischen Neuritis, die bei multipler Sklerose auftritt. In diesem Fall unterscheidet sich die Reaktionszeit der Augen wirklich, so daß der Patient diesen Effekt ohne Filter erlebt.

SEHEN SIE SELBST

Das Pulfrich-Pendel und eine Variation

Sie brauchen einen weißen Gegenstand (etwa einen Plastikbecher), einen Faden von etwa 1 m Länge und einen dunklen Filter (etwa ein Glas aus einer Sonnenbrille oder irgendeine dunkle Plastikscheibe). Bitten Sie eine Freundin, in einem gutbeleuchteten Raum einige Meter von Ihnen entfernt den Becher am Ende des Fadens senkrecht zu Ihrer Blick-

richtung schwingen zu lassen. Halten Sie den Filter vor ein Auge und beobachten Sie mit beiden Augen das schwingende Pendel. Was passiert, wenn Sie den Filter vor das andere Auge halten? Beachten Sie, wie die Größe der Ellipse, in der das Pendel zu schwingen scheint, sich verändert, wenn Sie auf Ihre Freundin zugehen oder einen anderen Filter nehmen. Vergrößern Sie die Geschwindigkeit des Pendels, indem Sie den Faden verkürzen (SEHEN SIE SELBST zu Abschnitt 1.2.2) und beobachten Sie, wie sich die scheinbare Bewegung verändert. Können Sie diese Veränderung erklären?

Beachten Sie auch, daß Ihr Gehirn sich nicht sklavisch der geometrischen Vernunft unterwirft. Aus unseren Überlegungen folgt, daß das schwingende Pendel sich in einer genau elliptischen Bahn bewegen sollte. Das Gehirn jedoch weigert sich zu glauben, daß der Faden durch die Beine der Freundin hindurchgeht, und deshalb ist die scheinbare Bewegung hinten etwas abgeflacht. Das Pendel scheint nie hinter die Freundin zu schwingen. Wenn Sie andere Hindernisse geeignet in die scheinbare Bahn des Pendels legen, können Sie seine Bewegung in merkwürdige Bahnen lenken (Abschnitt 8.6.7).

Zu diesem Effekt gibt es eine Variation, die sich auf dem Fernsehschirm beobachten läßt. Stellen Sie einen Kanal ein, der nicht sendet, so daß Sie nur ›Schnee‹ sehen – einen Schirm voller regellos hüpfender, zufällig verteilter Punkte. Die Punkte scheinen sich hin und her zu bewegen. Auch an dieser scheinbaren Bewegung läßt sich das Pulfrich-Phänomen demonstrieren. Bedecken Sie wieder, wie oben, ein Auge mit einem Filter und schauen Sie sich den Schnee auf dem Schirm an. Die zitternden Punkte scheinen sich jetzt viel kohärenter zu bewegen. Sie zittern zwar noch, liegen aber scheinbar in zwei Ebenen, eine etwas vor dem Fernsehschirm und die andere dahinter, und diese beiden Ebenen scheinen sich in seitlich entgegengesetzten Richtungen zu bewegen. (Manche Menschen sehen mehr als nur zwei verschieden tiefe Ebenen. Das überrascht nicht, weil die Bewegung der Punkte auf dem Schirm so vielfältig ist.) Halten Sie den Filter vor das andere Auge. Was passiert, wenn Sie den Kopf neigen?

8.6 Zwei- und Dreidimensionalität und die mehrdeutigen Hinweise auf Raumtiefe

Keiner der bisher besprochenen Faktoren, die das räumliche Sehen bewirken (also Akkommodation, Konvergenz und Parallaxe, wie wir sie durch Bewegung oder binokulare Disparation wahrnehmen), läßt sich in einem zweidimensionalen Bild erzeugen. Maler, Fotografen und Filmemacher bringen es trotzdem fertig, dreidimensionalen Raum vorzutäuschen. Sie benutzen dazu eine Reihe von Mitteln, die alle ihrem Wesen nach vieldeutig sind und bei denen es uns überlassen bleibt, wie wir sie interpretieren. Welche Interpretation wir wählen, hängt davon ab, was am häufigsten vorkommt. Konvergenz zum Beispiel ist nicht vieldeutig – wenn unsere Augen stärker konvergieren, schauen wir auf ein näheres Objekt. Die scheinbare Größe eines Objekts ist jedoch kein eindeutiger Hinweis auf seine Entfernung – es kann ja wirklich kleiner

sein. Die Zuhörer, von denen der Vortragende glaubt, sie säßen hinten im Vortragssaal, könnten, wenn auch mit wenig Wahrscheinlichkeit, kleine Menschen auf kleinen Stühlen sein, die genau über den Menschen hängen, von denen er glaubt, sie säßen vorn im Raum.

Der erfahrene Künstler nutzt diese Möglichkeiten, um in seinem Bild den Eindruck von Tiefe zu wecken. Wenn das gut gemacht ist, kann es sehr überzeugend wirken. Es ist überhaupt nicht einfach, in einem flachen Bild einen räumlichen Eindruck hervorzurufen. Auch große Kunst schafft es nicht immer, versucht es manchmal nicht oder vermeidet diese Möglichkeiten absichtlich. Maler des 18. Jahrhunderts, die lernen wollten, die Raumempfindung mitzuteilen, fanden es hilfreich, die von der CAMERA OBSCURA erzeugten Bilder zu studieren, denn die waren von selbst zweidimensionale Reproduktionen der dreidimensionalen Welt. Die Entwicklung der Fotografie im neunzehnten Jahrhundert ermöglichte es, ein Motiv dauerhaft auf zwei Dimensionen zu reduzieren, und der Künstler konnte das Foto in Muße betrachten. Viele Maler legten ganze Sammlungen fotografischer Studien der von ihnen gemalten Themen an.

Ein auf eine Fläche gemaltes Bild muß jedoch nicht die Reduktion eines dreidimensionalen Objekts auf zwei Dimensionen sein. Viele Künstler bemühen sich gar nicht um Dreidimensionalität. Ein ungeschulter Maler stellt ein dreidimensionales Objekt schlecht dar, weil er die Hilfen zur Darstellung räumlichen Sehens nicht kennt. Umgekehrt kann ein in der Raumgestaltung geübter Künstler ein zweidimensionales Bild gestalten, das unserer Raumvorstellung entspricht und einen Eindruck von Tiefe erweckt, obwohl es als dreidimensionales Objekt gar nicht existieren kann. Abbildung 8.16 gibt mehrere Beispiele. In jedem der Beispiele stellen kleine Bereiche mögliche dreidimensionale Objekte dar, sie sind aber so

zusammengesetzt, daß sie, obwohl sie in zwei Dimensionen möglich sind, im Raum zu Widersprüchen führen. In den nächsten Abschnitten behandeln wir die MEHRDEUTIGEN TIEFENHINWEISE, wie Künstler sie geben. Unsere Raumwahrnehmung ist im allgemeinen auf eine Kombination aller zurückzuführen; wir können andererseits jeden einzelnen Hinweis unterdrücken, wenn sich sonst eine Situation ergibt, die unserem Gehirn unwahrscheinlich vorkommt.

8.6.1 Größe

Entfernte Objekte erscheinen kleiner. Abbildung 8.17 zeigt durch Konstruktion des Strahlengangs, daß der entferntere von zwei gleichen Körpern ein kleineres Netzhautbild erzeugt. Wenn wir wissen, wie groß ein Objekt ist, wissen wir auch, wie weit es entfernt ist. Einige Kameras verwenden das zur Scharfeinstellung (Abb. 4.6b). Wenn jedoch die Größe eines Objekts anders ist, als wir denken, schätzen wir die Entfernung falsch. In Filmen rühren viele Spezialeffekte daher, daß man Nahaufnahmen von Miniaturmodellen macht und damit vortäuscht, sie seien in Lebensgröße in der Ferne. (Lesen Sie dazu IM BRENNPUNKT am Ende von Kapitel 11.) Architekten lassen mit Hilfe dieser Illusion Gebäude dadurch größer erscheinen, daß sie die Fenster im Obergeschoß kleiner bauen (Abb. 8.17c). In japanischen Gärten wachsen Büsche und Bäume mit breiteren und größeren Blättern in der Nähe des Hauses und Pflanzen mit kleineren Blättern im Hintergrund, so daß der Garten größer erscheint, als er ist. Lusciano de Crescenzos Professor Bellavista löst das Problem, wie die Weisen aus dem Morgenlande auf dem Weg nach Bethlehem in seine neapolitanische Krippe einzubauen seien, indem er in den ersten Tagen der Weihnachtszeit eine ganz kleine Gruppe der Heiligen Drei Könige hinstellt, die er später

8.16 Unmögliche Objekte: Beispiele für Täuschungen, die durch Hinweise auf räumliche Tiefe das Auge in die Irre führen. Diese Hinweise widersprechen der Struktur des Objekts, die nur zweidimensional sein kann. (a) Der scheinbare Bauplan eines unmöglichen Dreiecks aus drei Bausteinen. (b) Je ein Beispiel eines unmöglichen Objekts aus der Mechanik und aus der Architektur. (c) ›Wasserfall‹ von M. C. Escher. (d) Titelseite des ersten Bandes von ›Dr. Brook Taylors einfache Methodik der Perspektive‹ von Joshua Kirby (1754). Der Zeichner, William Hogarth, schrieb: ›Wer ohne Kenntnis der Perspektive zeichnet, bringt so Absurdes wie dieses Titelblatt zustande‹. (e) Ein Container zum Verschiffen optischer Illusionen

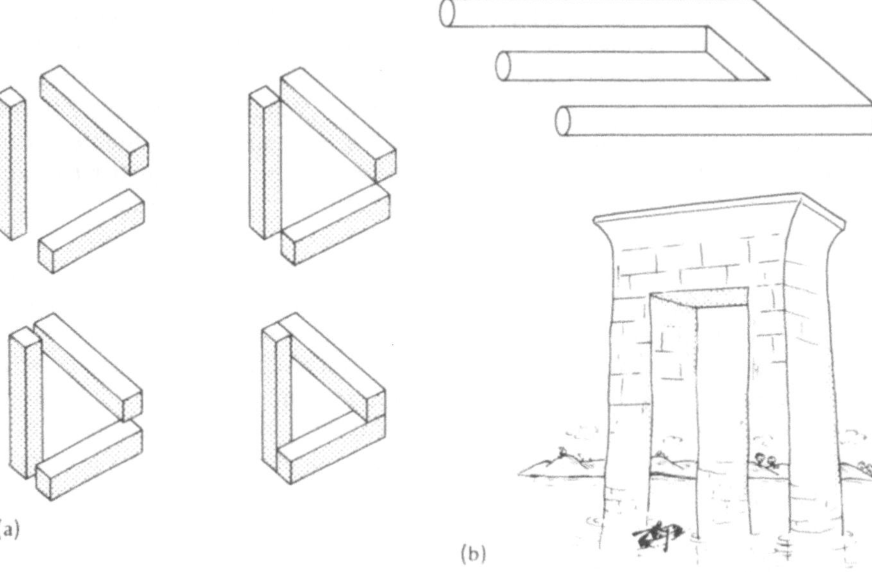

(a)

(b)

(c)

(d)

(e)

durch eine mittelgroße und schließlich, zum Dreikönigstag, durch eine knieende Gruppe von Heiligen Drei Königen ersetzt, die so groß ist wie die anderen Krippenfiguren. Sogenannte TROMPE L'OEIL Kunst (franz., täuscht das Auge) täuscht dem arglosen Auge normal große Szenen vor, wenn sie in einem Kasten Miniaturlandschaften aufbaut, die durch ein Guckloch betrachtet werden, damit Parallaxe und

Konvergenz nicht stören. (Das erste solche Gucklochtheater wird Brunelleschi zugeschrieben. Sein Modell des Baptisteriums in Florenz war durch einen Himmel aus poliertem Silber, der den wirklichen Himmel mit seinen vorbeiziehenden Wolken spiegelte, besonders realistisch.) Auch die Natur verwendet diese Art der Täuschung. Die Puppe des Schmetterlings *Spalgis epius* imitiert das Gesicht des

in ihrem Stammland heimischen Affen *Rhesus macaque*. Obwohl die Puppe nur 5 mm lang ist, scheint die Tarnung hungrige Vögel abzuschrecken, die anscheinend annehmen, sie sähen einen entfernten, großen und ungenießbaren Affen und nicht eine nahe, verdauliche Puppe.

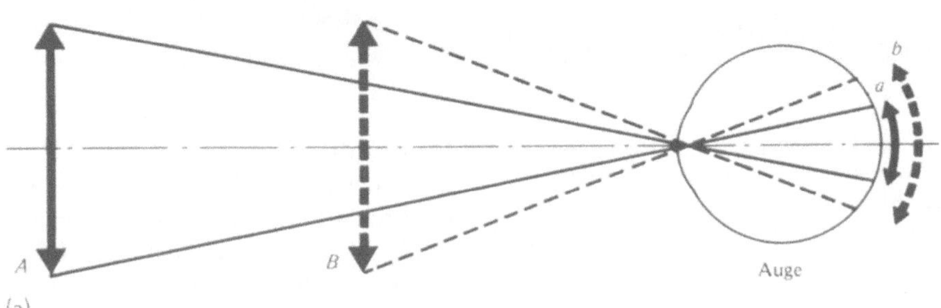

(a)

8.17 (a) Die Objekte *A* und *B* sind gleich groß, das nähere, *B*, füllt aber einen größeren Winkel aus. Das Bild *b* des näheren Objekts ist deshalb größer als das Bild *a* des entfernteren. Wie gewöhnlich haben wir nur die Zentralstrahlen verfolgt, weil wir wissen, daß die Augenlinse alle Strahlen auf der Netzhaut fokussiert. (b) In Roger van der Weydens Gemälde ›Der heilige Georg und der Drachen‹ sind die Figuren im Hintergrund kleiner. (In der alten Kunst sind die weniger wichtigen Personen immer kleiner, ganz gleich, wo sie im Bild sind.) (c) Fachwerkhäuser in Straßburg

(b)

(c)

(a) ... (b)

8.6.2 Perspektive

Parallele zurückweichende Linien scheinen zusammenzulaufen. Diese PERSPEKTIVE läßt sich gut an Bahngleisen beobachten. Stellen wir uns vor, in Abbildung 8.17 wären *A* und *B* Bahnschwellen, die parallele Schienen trennen. Das Bild der entfernteren Schwelle ist kleiner (*A* ist also kleiner als *B*), und deshalb müssen die Schienen, die auf diesen Schwellen liegen, bei *A* näher beieinander sein als bei *B* (Abb. 8.18a). Wie Schienen sind Sonnenstrahlen, wenn sie die Erde erreichen, im wesentlichen parallel. Wenn diese Strahlen Wolken durchdringen, werfen die Wolken dunkle Schatten. Dadurch sehen wir die Parallelstrah-

8.18 (a) Die Eisenbahnschienen scheinen zu konvergieren. (b) Sonnenstrahlen in der Abenddämmerung (manchmal auch ›Strahlen des Buddha‹ genannt)

len am Himmel als Linien, und die Perspektive täuscht uns vor, sie kämen wie die Strahlen einer Kerzenflamme von einem Punkt her und breiteten sich nach allen Seiten aus, obwohl sie parallel sind (Abb. 8.18b). Parallele Eisenbahnschienen scheinen in beiden Richtungen zusammenzu-

8.19 (a) Dieselben Schienen wie in Abbildung 8.18 sind hier in Gegenrichtung fotografiert. (b) Hier ist die Sonne hinter der Kamera; die Gegendämmerungsstrahlen scheinen zusammenzulaufen

laufen (wie ein Vergleich der Abbildungen 8.19a und 8.18a zeigt). Das muß auch für die Sonnenstrahlen zutreffen. Mit etwas Glück können Sie sehen, wie die Sonnenstrahlen an einem der Sonne gegenüberliegenden Punkt am Himmel zusammentreffen. Abbildung 8.19b zeigt solche sogenannten Gegendämmerungsstrahlen.

Wie die Größe ist auch die Perspektive kein eindeutiger Hinweis auf Raumtiefe. In Abbildung 8.20 sehen wir eine Reihe von Objekten, die alle auf der Netzhaut dasselbe Bild entwerfen. Diese Mehrdeutigkeit läßt Raum für Täuschung. Beispiele dafür sind die Perspektivekästen des siebzehnten Jahrhunderts. Die Innenseiten dieser Kästen wurden unter Be-

(a) ... (b)

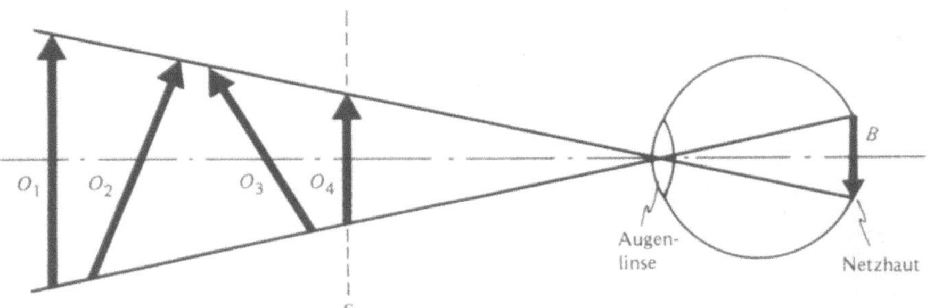

8.20 Die Vieldeutigkeit der Perspektive. Das Netzhautbild B ist für alle vier Objekte O_1, O_2, O_3 und O_4 gleich. Auch ein zweidimensionales Bild auf einem Schirm S würde dasselbe Bild erzeugen

achtung der Perspektive so bemalt, daß der Betrachter, wenn er durch das geeignet angebrachte Guckloch sieht, in einen realistischen, normal großen Raum zu blicken glaubt. Aus einem anderen Winkel gesehen, erscheint die Malerei natürlich stark deformiert, wie schräge anamorphotische Kunst (Abschnitt 3.3.3). Selbst die Ecken des ›Raumes‹ brauchen nicht mit den Ecken des Kastens übereinzustimmen. In größerem Maßstab finden wir in den Deckengemälden barocker Räume ähnliche Effekte. So sind in den Gemächern des Heiligen Ignatius in Rom die Decke und Wände des Korridors sorgfältig perspektivisch bemalt und scheinen eine ganz andere Form zu haben, als der Grundriß angibt. Diese Form haben sie nur, wenn sie von einem bestimmten Punkt aus betrachtet werden, aus anderem Blickwinkel sieht der Korridor merkwürdig verzerrt aus. Diese Vortäuschung von Raumtiefe, die Decken und Kuppeln weit über das Gebäude hinaus geradezu zum Himmel reichen läßt, haben im Barock Künstler wie der Italiener Pozzo und der Bayer Cosmas Damian Asam zu größter Vollkommenheit gebracht. Im Zuschauerraum des alten Opernhauses auf der Burgbastei in Wien war die Decke so bemalt, daß es von den vorderen Sitzreihen aus schien, als ob es einen Balkon mehr gäbe. In neuerer Zeit hat Jan Beutener den ›Raum‹ konstruiert, der wie ein völlig norma-

les Zimmer aussieht, wenn man ihn durch ein geeignetes Loch betrachtet, in Wirklichkeit aber ist seine ›Einrichtung‹ ganz fantastisch angeordnet – auf einem Sessel liegt ein Mantel, der aber tatsächlich an einem Draht in der Luft hängt, und der Sessel ist auf den Boden gemalt.

Auch die von Adelbert Ames durchgeführten Experimente machen sich die Mehrdeutigkeit der Perspektive zunutze. Der Ames-Raum ist ein verzerrter Raum, der in einer solchen Perspektive entworfen ist, daß der Blick durch ein Guckloch den Anschein eines normalen, rechtwinkligen Zimmers weckt (Abb. 8.21). Was in

einem entfernteren Teil des Zimmers ist, sieht, wie immer, kleiner aus als das, was näher ist; hier wird die Illusion der Rechtwinkligkeit so überzeugend gewahrt, daß für den Beobachter am Guckloch ein Mensch, der durch diesen Raum geht, zu wachsen und zu schrumpfen scheint und nicht näherzukommen oder zurückzugehen (Abb. 8.22). Abbildung 8.23 zeigt die Umkehrung dieses Gedankens. Die konvergierenden Linien erscheinen als perspektivische Sicht der zurückweichenden Linien, und wir deuten in Wirklichkeit gleiche Objekte in gleicher Entfernung (der Entfernung zum Bild) als unterschiedlich große Objekte in unterschiedlicher Entfernung.

Die Architektur verwendet viele perspektivische Tricks. Manche Wolkenkratzer werden nach oben hin schmaler und erscheinen durch die sich daraus ergebenden konvergieren-

8.21 Der Ames-Raum von oben gesehen. Was in einem entfernteren Teil des Zimmers ist, sieht, wie immer, kleiner aus als das, was näher ist; hier wird die Illusion der Rechtwinkligkeit so überzeugend gewahrt, daß dem Beobachter am Guckloch ein Mensch, der durch diesen Raum geht, zu wachsen und zu schrumpfen scheint und nicht näherzukommen oder zurückzugehen

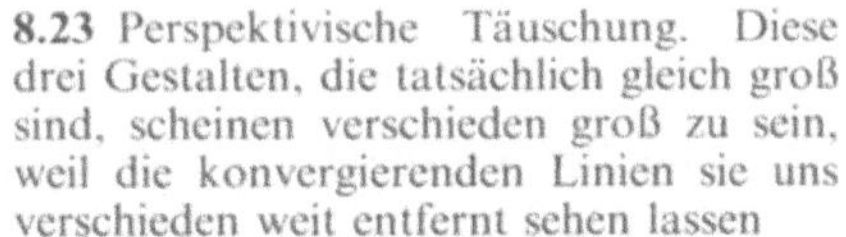

8.23 Perspektivische Täuschung. Diese drei Gestalten, die tatsächlich gleich groß sind, scheinen verschieden groß zu sein, weil die konvergierenden Linien sie uns verschieden weit entfernt sehen lassen

8.22 Eine Aufnahme von Mutter und Kind in einem Ames-Raum. Der Raum ist nicht rechtwinkelig; die scheinbar kleinere Person ist tatsächlich viel weiter entfernt

den Linien noch größer. Deshalb wohl neigten die Griechen die zehn Meter hohen Säulen des Parthenons etwa 8 cm nach innen. Noch raffinierter ist die Täuschung am Palazzo Spada in Rom (Abb. 8.24). Ein Säulengang erscheint dadurch länger, als er in Wirklichkeit ist, weil die Säulen kleiner werden. Der Eingang mißt etwa 6 × 3 m und verkleinert sich zu etwa $2\frac{1}{2}$ × 1 m. Eine weniger als einen Meter hohe Statue am Ende des Ganges erscheint lebensgroß und macht die Täuschung perfekt. Mit dieser Art falscher Perspektive täuschen Bühnenbildner immerzu Räume vor, die größer sind als die Bühne, und Zauberkünstler Kästen, die kleiner sind, als man denkt, und die voller verborgener Fächer stecken können, wenn auf die kürzere Innenseite eines Kastens konvergierende Linien gemalt sind und sie dadurch so weit und tief zu sein scheint wie die Außenseiten.

Bildende Künstler beschäftigen sich ausgiebig mit der Perspektive,

8.24 Palazzo Spada, Rom. (a) Blick durch den Säulengang. (b) Die Schrägaufnahme entlarvt die Täuschung

wenn sie die Raumtiefe genau wiedergeben wollen (Abb. 8.25). In der Spätrenaissance hatten sie viel Geschick darin, auch ungewöhnlich geformte Objekte perspektivisch genau zu malen. Die Perspektive sollte nicht nur Raumtiefe suggerieren, sondern auch künstlerischen Zwecken dienen. In Paninis Gemälde (Abb. 8.25c) konvergieren die Senkrechten nicht; der Künstler malt sozusagen den Blick durch ein Objektiv mit Perspektivenkorrektur (Abschnitt 4.3.2). Wir sind

damit vertraut, daß horizontale Linien konvergieren, wenn sie zurückweichen, und vertikale nicht. Das ist vermutlich so, weil unsere Sicht im allgemeinen horizontal ist – wie wir in Abschnitt 4.3.2 besprachen, konvergieren senkrechte Linien auf einem Film (oder der Netzhaut) nicht, wenn er senkrecht gehalten wird. Da wir Bilder in Augenhöhe betrachten, würden konvergierende vertikale Linien den Eindruck erwecken, das Gebäude fiele um, und zwar von uns weg (Abb. 4.11a).

(a)

(b)

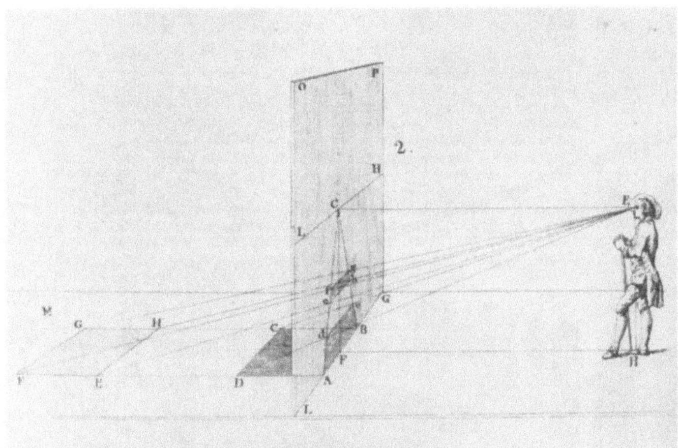

(a)

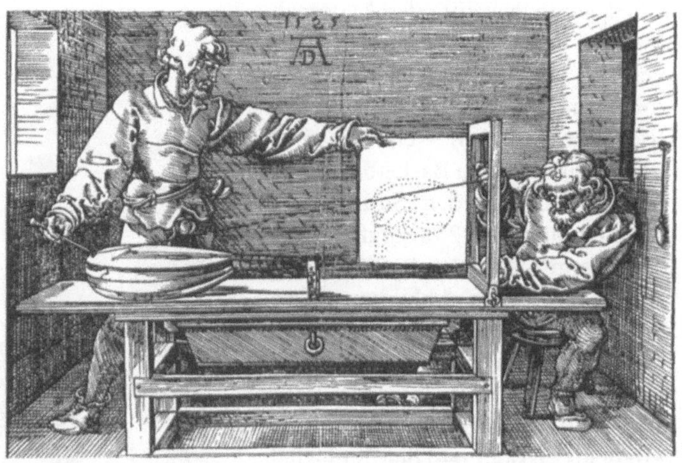

(b)

8.25 Die Regeln der Perspektive. (a) Aus Band II von ›Dr. Brook Taylors einfache Methodik der Perspektive‹ von Joshua Kirkby. (b) Albrecht Dürer, ›Der Zeichner der Laute‹. Für jeden Punkt bestimmt der Zeichner, wo das Licht vom Gegenstand eine vorgegebene Ebene trifft. (c) Panini ›Das Innere des Pantheons‹

(c)

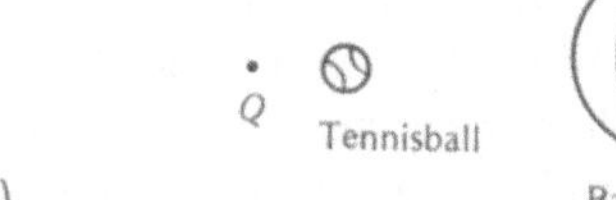

(a)

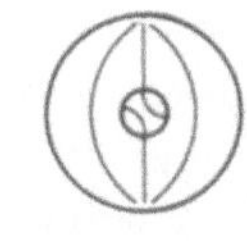
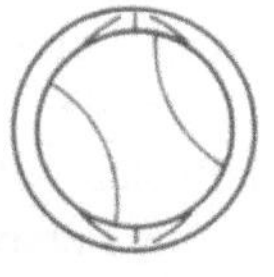

(b)

8.26 (a) Seitenansicht von Tennis- und Basketball. (b) Sicht der Bälle von *P* und *Q* aus. (c) Die Nahaufnahme erscheint verzerrt. (d) Aktfoto aus dem Album Delacroix'. (e) Delacroix, ›Odaliske‹ (1857)

(c)

(d)

(e)

Gelegentlich wählt der Maler absichtlich eine weniger extreme Perspektive, als eine Kamera einfangen würde, und läßt das Bild damit ›realistischer‹ erscheinen. Wenn wir einen Tennisball vor einen Basketball halten (Abb. 8.26a) und den Strahlengang wie in Abbildung 8.25a sorgfältig verfolgen, ergibt sich die Ansicht von P und Q aus wie in Abbildung 8.26b. Wir ›sehen‹ einen Tennisball aber nur selten so groß, wie Q ihn sieht, denn wir wissen, daß er kleiner ist als ein Basketball. (Stellen Sie sich den Basketball als Gesicht und den Tennisball als Nase vor – oder überprüfen Sie das Foto in Abbildung 8.26c, das verzerrt erscheint, obwohl es genau ist.) Maler und Fotografen vermeiden diese extreme Perspektive, wenn sie realistische Bilder machen. Damit das Gesicht des Modells den Rahmen ausfüllt, nimmt der Fotograf lieber ein Teleobjektiv, als daß er näher herangeht. (Porträts erscheinen perspektivisch richtig, wenn sie mit einer 35-mm-Kamera und einem 100-mm-Objektiv gemacht werden. Lesen Sie dazu Anhang G.)

An der ›Odaliske‹ von Delacroix läßt sich gut studieren, wie ein Künstler die Perspektive korrigiert. In Delacroix' Skizzenbuch finden sich fotografische Studien (Abb. 8.26d und e). Man sieht, daß er die Schenkel verlän-

(a)

8.27 (a) Giorgio de Chirico, ›Geheimnis und Melancholie einer Straße‹. (b) John Grazier, ›Dunkle Räume‹. (c) Henri Matisse, ›Die Familie des Malers‹. Matisse vermeidet in diesem Gemälde absichtlich jedes Raumgefühl

(b)

(c)

gerte, den Fuß verdrehte und das Bein verlagerte. Diese Haltung scheint unbequem und nicht sehr ausbalanciert, aber doch natürlicher (besonders 1857, als die Betrachter an solche Fotos noch nicht gewöhnt waren). Wie Delacroix schrieb, ist ›die Daguerrotypie nur eine Spiegelung der Wirklichkeit, nur eine Kopie, in mancher Hinsicht falsch, weil sie so genau ist ... Das Auge korrigiert ... Der hartnäckige Realist berichtigt deshalb in seinem Bild diese authentische Perspektive, die das Erscheinungsbild gerade dadurch verfälscht, daß sie richtig ist.‹

Und wenn ein Künstler kein ›hartnäckiger Realist‹ ist? De Chirico wählt eine sehr widersprüchliche Perspektive, die seinen Bildern eine traumartige, bedrohliche Qualität verleiht (Abb. 8.27a). John Grazier irritiert und verwirrt, wenn er die Perspektive in seinem Bild immer wieder verändert (Abb. 8.27b). Henri Matisse vermeidet absichtlich Raumtiefe; er bemüht sich um flächenhafte Darstellung und zwingt unser Auge durch die widersprüchliche Perspektive zurück in die Bildebene (Abb. 8.27c).

8.6.3 Helligkeitsunterschiede (Schatten)

Wie ein Maler die Helligkeit eines Bildes verändert, hat großen Einfluß darauf, wie wir den Raum sehen. Den drei Tiefenschichten in Hiroshiges Druck entsprechen drei Helligkeitsebenen (Abb. 8.28a). Die Hinzufügung von Schatten bewirkt allmählichere Rundung (Abb. 8.28b). Deshalb brennt in Billardsalons gewöhnlich direkt über dem Spieltisch eine kleine Lampe, die einen guten Schatten wirft und die Bälle plastischer erscheinen läßt. Glanzlichter betonen Rundungen. Matisse malt nur Glanzlichter und Schatten, um seine Gläser und Flaschen rund aussehen zu lassen (Abb. 8.28c). Ohne gemalte Schatten wirken Bilder oft flach. Wenn Matisse ein flaches Bild wünscht (Abb. 8.27c),

(a)

(b)

(c)

8.28 (a) Hiroshige, ›Miyanokoshi‹. (b) Der Kreis wird durch Schattierung zur Kugel. (c) Matisse, ›La Desserte‹

läßt er deswegen alle Schatten weg. Fotoabzüge auf wenig kontrastreichem Papier haben dieselbe Wirkung.

Schatten sind besonders wichtig, wenn das Motiv nicht viel Tiefe hat. Sie vermitteln die Stofflichkeit. Es gibt ein römisches Bodenmosaik mit den Resten eines Mahls und deren Schatten. Bei geeigneter Beleuchtung sieht es aus, als ob der Boden nicht gefegt worden sei. Ein Gemälde des trompe l'oeil Künstlers Yrjö Edelmann täuscht auf Leinwand geklebtes braunes Packpapier vor. Er hat die Schatten so sorgfältig eingefangen, daß man sehr nah ans Bild herange-

hen muß, um sicher zu sein, daß es nicht eine Kollage aus echtem, aufgeklebtem Packpapier ist. Ganz ähnlich verwenden manche abstrakte Illusionisten (unter anderen Ceravolo, Havard, Johnson, Lembeck) die Schattenwirkung, um zum Beispiel glauben zu machen, daß ein Pinselstrich auf dem Glas über dem Gemälde ist und nicht in der Bildebene (Abb. 8.29). Die Versuchung ist fast

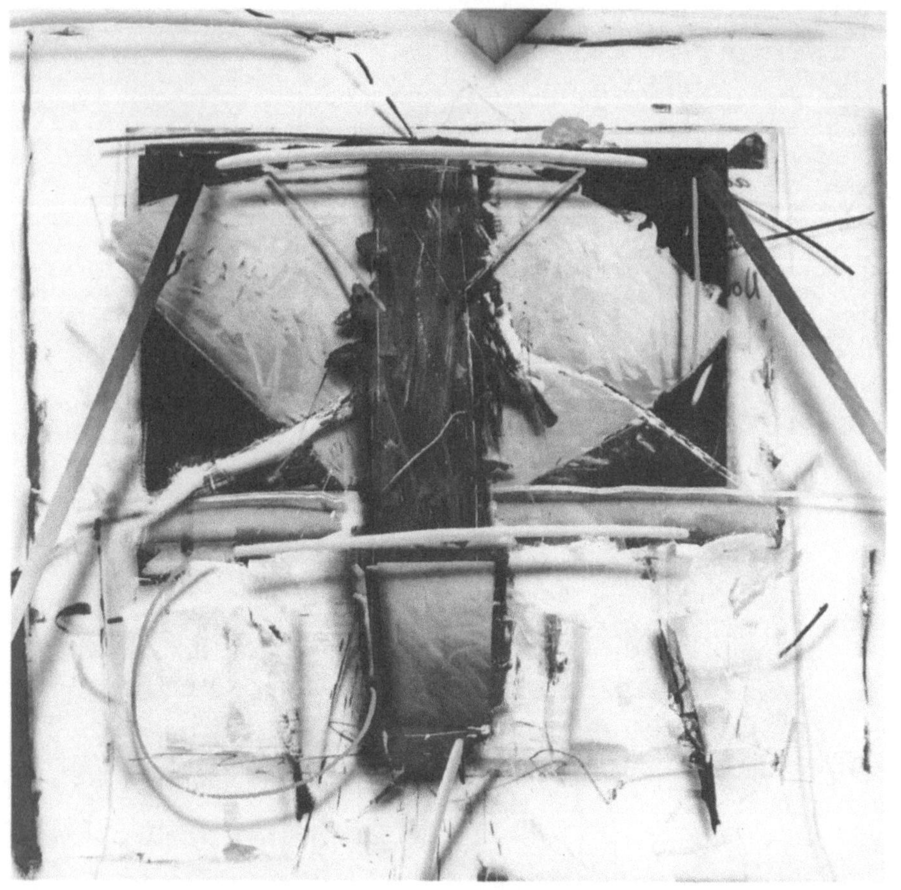

8.29 Richard A. Johnson, ›Blauer Sonntag‹

sammen mit dem optischen Schein, der die Enge des Faches noch übersteigert, erzeugen dann beim Publikum den Eindruck, daß es gar keinen Raum gibt, etwas zu verstecken.)

8.6.4 Farbunterschiede

Auch mit Hilfe von Farben vermitteln Maler die Rundung eines Gegenstands, wenn sie verschiedene Oberflächen mit verschiedenem Licht beleuchten. Ein Farbdruck scheint mehr Tiefe zu haben als das gleiche Bild in Schwarzweiß. Schatten lassen sich auch ohne Veränderungen der Lichtstärke darstellen – Renoir malte Schatten nur mit Farben. Selbst ganz abstrakte Farbflecken können Raumempfindungen wecken (Tafel 8.3).

Ferne Landschaften zeigen oft wenig Farbkontrast, denn die Farben werden stumpfer, weniger rein. Ent-

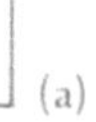

8.30 Die Helmholtzsche Täuschung. (a) Das kleine weiße Quadrat erscheint größer als das kleine schwarze. (b) Die hellere Zeitschrift erscheint größer als die dunkle

(a)

unwiderstehlich, das Bild anzufassen und zu fühlen, wo der Strich liegt.

Helligkeit und Größe gemeinsam erzeugen aufgrund der Helmholtzschen Größenillusion den Eindruck von Tiefe (Abb. 8.30). Eine hellere Gestalt erscheint größer als eine sonst gleiche, aber dunklere, was mode- und figurbewußte Menschen beim Kleidungskauf gern berücksichtigen. Nähere Gegenstände scheinen größer zu sein, deshalb scheint die hellere Figur uns näher. (Auch Zauberkünstler nutzen die Helmholtzsche Täuschung. Das ›Opfer‹ wird in einen ziemlich hellen Kasten gesperrt und verschwindet – in einem verborgenen Fach, das außen schwarz bemalt ist, damit es klein aussieht. Die unglaubliche Fähigkeit mancher Menschen, sich in enge Räume zu zwängen, zu-

(b)

fernte Berge erscheinen blau (Tafel 8.4), weil die Luft dazwischen blau ist (Abschnitt 13.2). Wie blau eine entfernte Landschaft erscheint, hängt davon ab, wieviel Licht von der Luft dazwischen herrührt (die das Blau liefert) und wieviel von der fernen Landschaft selbst (deren Blau gewöhnlich in der Luft weggestreut wurde – Abb. 8.31). Dunst oder Nebel können Grau oder Braun beitragen. Je größer also der Abstand ist und je mehr Luft sich dazwischen befindet, um so stärker ändert sich die Farbe des Hintergrunds. Daraus, wie sich die Farbe zwischen Vorder- und Hintergrund ändert, schließen wir auf die Raumtiefe.

Manchmal täuscht die chromatische Aberration Kanten zwischen verschiedenfarbigen Flächen vor (Tafel 5.2). Diese Kante, wie man sie in vielen Bildern der Op-Art findet, weckt den Eindruck, die beiden Farben seien auf verschiedenem Niveau. Auch daß der rote Bereich näher scheint als ein sonst gleiches Blau, wird der chromatischen Aberration zugeschrieben, weil Rot weniger gesammelt wird als Blau und mehr Akkommodation erfordert. Zudem wirkt die chromatische Aberration in beiden Augen in entgegengesetzte Richtung, weil die Sehgrube ein wenig neben der optischen Achse des Auges liegt, und erzeugt damit eine binokulare Disparation, die für Rot und Blau verschieden ist.

8.6.5 Schärfeschwankungen

Entfernte Objekte erscheinen manchmal verschwommen und weniger scharf als nahe. Ihre Bilder sind auf der Netzhaut kleiner und lassen uns stärker spüren, daß wir nicht beliebig scharf sehen können. Der Maler vermittelt also ein Raumgefühl, wenn er bei entfernten Objekten auf Einzelheiten verzichtet. Auch in einer Fotografie kann der Betrachter Tiefenschichten unterscheiden, wenn die Schärfentiefe nicht sehr groß ist.

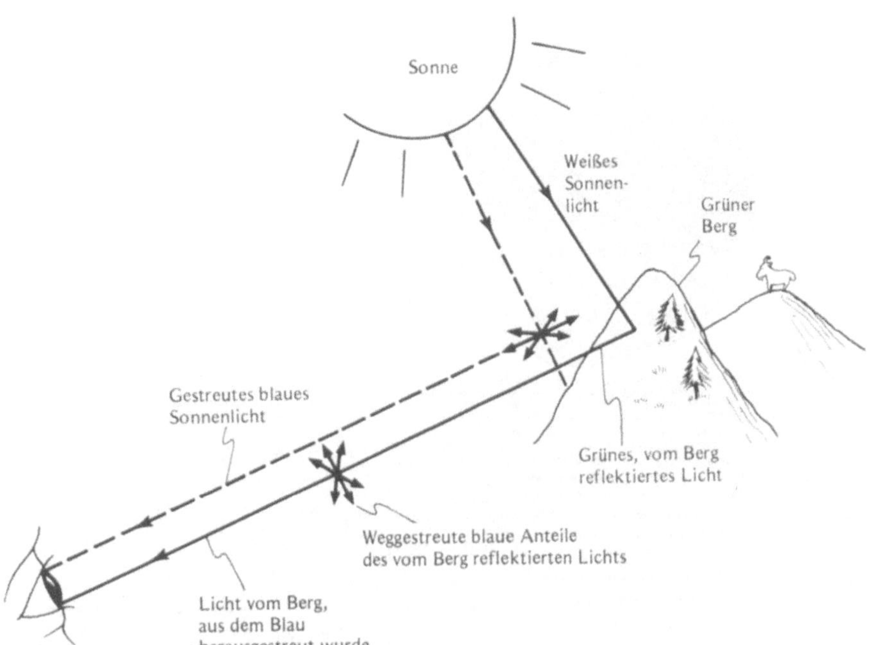

8.31 Die Luft zwischen Berg und Beobachter kann den Berg je nach der Menge des Sonnenlichts, die den Berg und die Luft erreicht, mehr oder weniger blau erscheinen lassen

Japanische Gärtner lassen Gärten größer erscheinen, wenn sie im Vordergrund Gewächse mit viel Einzelheiten und im Hintergrund ganz schlichte Pflanzen wachsen lassen.

Effekte wie verminderte Lichtstärke, Farbsättigung und Schärfe, die sich aus der Streuung des Lichts zwischen dem Hintergrund und dem Betrachter ergeben, nennt man manchmal FARBENPERSPEKTIVE. An besonders klaren Tagen ist die Luftunruhe geringer, entfernte Objekte verschwimmen weniger und erscheinen deshalb näher als sonst.

8.6.6 Muster

Ein abstraktes Muster kann ein Raumgefühl hervorrufen, wenn es Assoziationen an Perspektive und Schatten weckt. Vasarely vermittelt einfach dadurch, daß er Geraden auseinanderlaufen läßt, den Eindruck von Vertiefungen und Erhebungen (Abb. 8.32). Die widersprüchliche Anordnung der Muster bei Matisse führt zu einer Abflachung des Bildes in Abbildung 8.27c. In anderen Werken läßt Matisse Figur und Hintergrund ineinander übergehen, wenn er zum Beispiel Tischdecke und Tapete mit demselben Muster bemalt.

8.6.7 Überlagerung und Überschneidung

Wir empfinden einen Körper weiter entfernt als einen anderen, wenn der zweite unsere Sicht des ersten verdeckt. Das ist so offensichtlich, daß sonst flache Bilder durch solche Überlagerung Tiefe erhalten (Abb. 8.33a). Aber selbst ein so zwingender Hinweis auf Raumtiefe wie dieser ist nicht eindeutig. Das scheinbar weiter entfernte Objekt könnte in Wirklichkeit näher sein, wenn es Ausschnitte hat, die das scheinbar nähere Objekt ganz sehen lassen. Weil das aber so unwahrscheinlich ist, überzeugt uns die Überlagerung so sehr. Herkules und der Stier scheinen in Abbildung 8.33b auf beiden Seiten der griechischen Amphore vor dem Hintergrund zu sein, obwohl sie auf der einen Seite vor hellem Hintergrund dunkel sind und auf der anderen umgekehrt vor dunklem Grund

8.32 Victor Vasarely, ›Ondho‹

(a)

8.33 (a) Ausschnitt aus einem Glasfenster der Kathedrale in Washington. (b) Die Seiten der Andokides Amphora mit Herkules und dem kretischen Stier. (c) Dali, ›Alter, Jugend und Kindheit (Die drei Zeitalter)‹

hell. Es widerstrebt uns völlig, ein Loch in einer Wand zu sehen, das die Form von Herkules und dem Stier hat (aber schauen Sie Abbildung 8.33c an).

8.6.8 Vorwissen

Schließlich wollen wir bedenken, daß wir jedes Bild mit aller in unserem Gehirn gespeicherten Erfahrung betrachten und das Gehirn Deutung und Vorwissen vergleicht. Weil eben andere Deutungen so unwahrscheinlich sind, also unserer Erfahrung wi-

dersprechen, sind die mehrdeutigen Hinweise auf Raumtiefe im allgemeinen hilfreich. Eine Deutung, die der üblichen Erfahrung widerspricht, wird oft auch dann unterdrückt, wenn alles dafür spricht. So wölben sich beide Gesichter in Abbildung 8.34 scheinbar zum Betrachter hin, wie alle anderen Gesichter, die wir je gesehen haben. Auch wirklich dreidimensionale Masken sehen wir so. Im ›Geisterhaus‹ im kalifornischen Disneyland gibt es eine solche hohle Form, die jeder Betrachter zu sich hin gewölbt sieht. Man sollte denken, daß beim Vorbeigehen an dieser Maske die Parallaxe das Geheimnis verraten würde, wenn schon alles andere versagt. Jene Teile, die wirklich am näch-

sten sind, scheinen sich am schnellsten in die der Bewegung entgegengesetzte Richtung zu bewegen. Die Täuschung ist jedoch vollkommen, und das Gehirn beschließt lieber, es sei der hintere Teil des Gesichts, der sich am schnellsten dem Betrachter entgegen bewegt, als daß es ein umgestülptes Gesicht sehen will; die Nase, die eigentlich am weitesten entfernt ist, scheint sich mitzubewegen; dieses seltsame (aber konvexe) Gesicht scheint sich mit dem vorbeigehenden Betrachter zu drehen und ihn unverwandt anzuschauen. Das Gehirn will es so, obwohl alles andere außer der Vertrautheit mit normalen Gesichtern ihm Grund gäbe, ein konkaves Gesicht wahrzunehmen.

Wenn Sie ein zweidimensionales Bild betrachten, bringen Sie die Erfahrung mit, daß es etwas Dreidimensionales darstellt, und deuten es entsprechend. Sobald wir die dreidimensionale Deutung akzeptieren, nimmt das Bild die erforderliche Tiefe an. In Abbildung 8.1 ist die Landschaft in

(b)

(c)

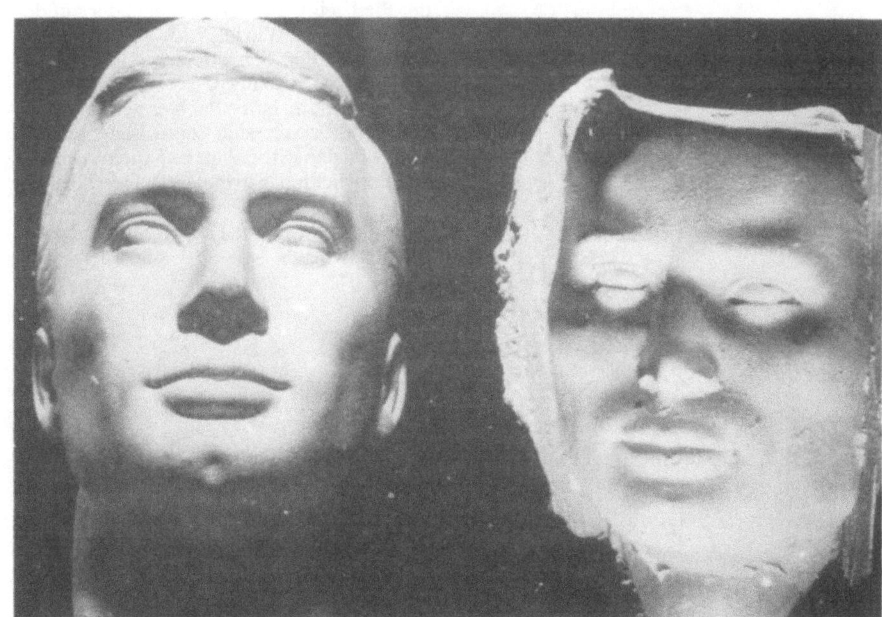

8.34 Das linke Bild stellt ein Modell eines Gesichts dar, das rechte eine konkave Form dieses Modells, also eine von hinten gesehene Gesichtsform. Trotzdem scheinen sich beide Gesichter wie normale Gesichter nach außen zu wölben. Auch die Beleuchtung scheint, damit dieser Eindruck gewahrt bleiben kann, aus entgegengesetzten Richtungen zu kommen

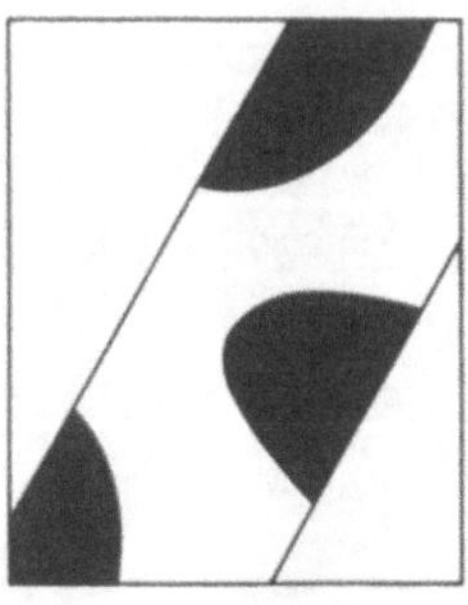

8.35 Die Gestalt ist ein flaches, abstraktes Muster, bis man es erkennt. Dann nimmt es Tiefe an

dem Fenster im Hintergrund, bis man bemerkt, daß das Gemälde auf einer Staffelei steht. Wenn das passiert, springt das Gemälde aus dem Hintergrund nach vorn. Abbildung 8.35 ist eine flache, abstrakte Zeichnung, die plötzlich Tiefe gewinnt, wenn man darin das Bild einer Giraffe erkennt, die an einem Fenster vorbeigeht. Offenbar ist die Giraffe hinter der Fensterebene. Jeder, der einmal einem Zeichner zugeschaut hat, weiß, wie in einer Zeichnung plötzlich Tiefe entsteht, wenn man beginnt, das Dargestellte zu erkennen. Ein Künstler kann mit

wenigen deutlichen Linien Tiefe vermitteln (Abb. 8.36), weil wir die Gestalt erkennen und ihr die Tiefe zuschreiben, die wir mit ihr verbinden.

Wenn eine Gestalt zwei gleich wahrscheinliche Deutungen zuläßt, kann man nicht beide gleichzeitig wahrnehmen, sondern deutet sie in dauerndem Wechsel einmal auf die eine und dann auf die andere Art. Es ist, als ob Nervenverbindungen eine Deutung blockieren würden, solange die andere gilt, aber schließlich ermüden und die zweite Deutung zulassen, die wieder die erste blockiert. Stellt Abbildung 8.37a einen auf dem Kopf stehenden Kelch dar oder zwei Gesichter? Wie Sie es deuten, hängt davon ab, ob Sie den Umriß dem schwarzen Gebiet (den Gesichtern) oder dem weißen Bereich (Kelch) zuordnen, da das Gehirn, wie wir sahen, Information über Ränder speichert. Aber mit der Deutung wechselt auch die Tiefe – wenn wir einen Kelch sehen, ist er im Vordergrund, sehen wir Gesichter, sind sie vorn. Ähnliches passiert beim Neckerschen Würfel (Abb. 8.37b). Welche Seite des Würfels ist näher?

(a)

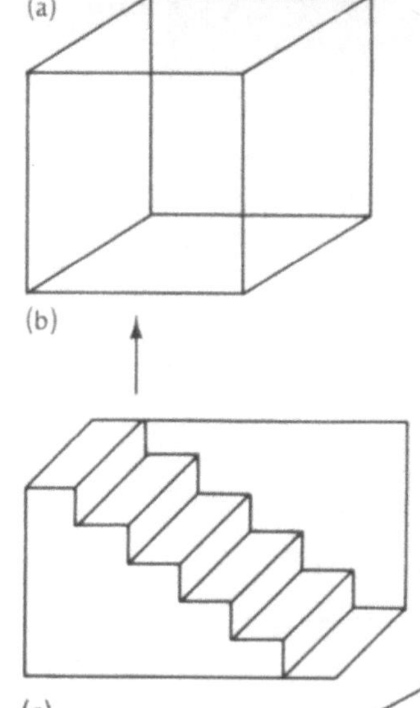

(b)

8.37 Eine Kippillusion. Ist es ein umgekehrter Kelch oder zwei Gesichter? (b) Der Neckersche Würfel. Ist die Kante, auf die der Pfeil zeigt, auf der Vorder- oder auf der Rückseite des Würfels? (c) Andere Kippillusionen: Die Schrödersche Treppe und die Thiéry-Täuschung. (d) Der Kreis wird als Darstellung einer flachen Scheibe gesehen. Man denkt sich seine Seitenansicht also wie den Strich in (e), nicht wie die anderen beiden Formen. (f) Der Neckersche Würfel erscheint zweidimensional, wenn er entlang der Hauptdiagonalen betrachtet wird

(c)

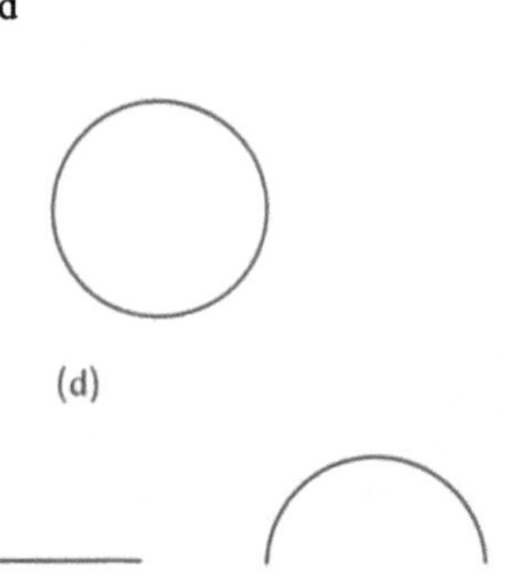

(d)

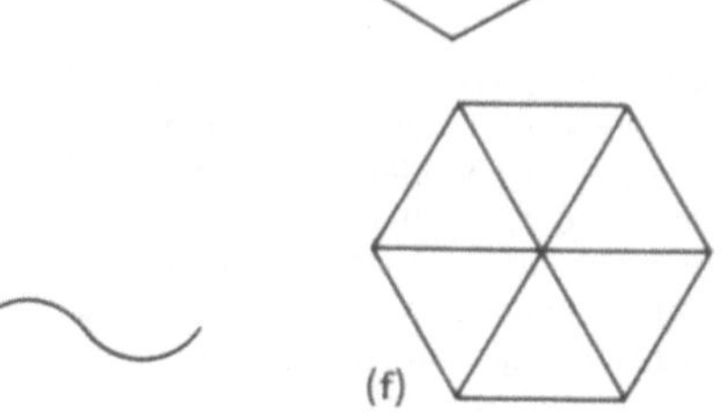

(e)

(f)

8.36 Henri Matisse, ›Sitzender Akt, den Rücken zuwendend‹

Sehen Sie Schröders Treppe und Thiérys Gestalt von oben oder von unten? Diese wechselnden Ansichten sind so faszinierend, daß Künstler sie immer wieder in Gemälde und Zeichnungen, Mosaike und Kachelmuster eingebaut haben. Auch die für den Kubismus so wichtige Verwirrung der Ebenen beruht in hohem Maß auf der, die wir beim Neckerschen Würfel spüren.

Im allgemeinen bemüht sich unser Gehirn, die einfachste Erklärung zu finden. Wenn unsere beiden Augen verschiedene Bilder empfangen, führt unser Gehirn den Unterschied lieber auf den Unterschied in der Raumtiefe zurück als auf ein kompliziertes System von Linsen, Prismen und Stereobildern. Wenn wir einen Kreis sehen (Abb. 8.37d), nimmt das Gehirn an, er stelle eine flache Scheibe und nicht eine der anderen in Abbildung 8.37e gezeigten Formen dar. Ein kompliziertes zweidimensionales Bild läßt sich einfach beschreiben, wenn es als Bild einer dreidimensionalen Figur verstanden wird, und deshalb versucht das Gehirn, eine solche Deutung zu finden, auch wenn, wie bei den Vexierbildern und den unmöglichen Körpern in Abbildung 8.16, nicht nur eine einzige Deutung möglich ist. Sehr einfachen ebenen Figuren allerdings schreiben wir keine Tiefe zu (Abb. 8.37f).

Unser Gehirn baut also aus zweidimensionalen Netzhautbildern entsprechend unserer Erfahrung dreidimensionale Formen auf. Eine Tischplatte etwa hat auf unserer Netzhaut eine ziemlich seltsame Form, wenn sie nicht gerade genau von oben gesehen wird – von der Mitte einer Seite aus ist sie ein Trapez, und aus anderer Sicht kann sie fast jede beliebige vierseitige Figur sein. Uns aber erscheint die Tischplatte immer rechteckig. Es ist unwahrscheinlich, daß die Tischplatte die Form ändert, wenn wir um sie herumgehen, also schreibt das Gehirn die veränderte Form auf der Netzhaut der veränderten Beobachtungsposition zu. Mit Hilfe dieser

sogenannten FORMKONSTANZ bringen wir unsere veränderte Wahrnehmung mit konstanten Objekten der äußeren Welt in Übereinstimmung. So erscheinen uns die Menschen hinten im Raum, von denen wir zu Beginn des Abschnitts 8.6 sprachen, nicht als kleine Menschen. Der Dozent sieht seine Zuhörer als normal große Menschen im Hintergrund, die weder schrumpfen noch wachsen, wenn sie sich nähern oder zurückgehen. Diese GRÖSSENKONSTANZ ist ebenfalls eine Hilfe zum Verständnis der Welt, obwohl sie, wie viele andere Vorgänge im Gehirn, angesichts widersprüchlicher Wahrnehmungen unterdrückt werden kann (Abb. 8.22).

Weil die Vorerfahrung für die räumliche Wahrnehmung eine so große Rolle spielt, überrrascht es nicht, daß viele der Hinweise auf die Räumlichkeit kulturbedingt sind. Wir in unserer Kultur unterscheiden uns womöglich von Menschen aus anderen Kulturkreisen in der Bereitschaft, den Kontrast zwischen Gestalt und Hintergrund wahrzunehmen, Perspektive zu deuten, uns durch Illusionen täuschen zu lassen oder auch in einer Zeichnung räumliche Tiefe zu erkennen. Die Welt, die wir sehen, ist in Wirklichkeit eine Kombination aus dem Licht, das in einem bestimmten Augenblick in unsere Augen fällt, und all der Erfahrung und Struktur, die unser Gehirn schon gespeichert hat. Wie Sartre sagt: ›Ich nehme immer mehr und anders wahr, als ich sehe‹ (Abb. 8.38).

8.7 Zusammenfassung

Unsere RAUMWAHRNEHMUNG – die scheinbare Entfernung von uns zu den von uns gesehenen Objekten – hängt von einer Reihe von HINWEISEN auf RAUMTIEFE ab, von denen nur einige damit zu tun haben, daß wir mit zwei Augen sehen. Als Entfernungshinweis nutzen wir die zum scharfen Sehen nötige Anspannung unserer Ziliarmuskeln, also die AKKOMMODATION,

8.38 Gesichtloses Gesicht von David Suter. Was nehmen Sie wahr und was sehen Sie wirklich?

nur wenig. Auch die Information über die KONVERGENZ, die relative Richtung unserer beiden Augen, wenn sie dasselbe Objekt ansehen, nutzen wir wenig. Viel wichtiger ist die PARALLAXE, der Unterschied der Bilder aus verschiedenen Blickwinkeln; wenn wir uns zum Beispiel nach links bewegen, scheinen sich nahe Objekte im Vergleich zu entfernten Objekten nach rechts zu bewegen. Die Parallaxe gibt uns Information, ohne daß wir uns bewegen, weil das Gesichtsfeld unserer Augen sich überlappt. Die BINOKULARE DISPARATION, der Unterschied zwischen den beiden verschiedenen Ansichten desselben Objekts, gibt einen wichtigen Tiefenhinweis, wenn das Objekt nicht zu weit entfernt ist. Wenn unsere beiden Augen verschiedene Bilder sehen, können wir auch irrtümlich räumliche Tiefe wahrnehmen. Das läßt sich auf verschiedene Weise erreichen: STEREOSKOPE liefern die beiden Ansichten mit Hilfe von Bildern, die durch getrennte Linsen gesehen werden (ein Prisma hilft dazu, sie konvergent zu sehen.) ANA-

GLYPHEN zeigen je ein Teilbild eines räumlichen Bildes in verschiedenen Farben, die jedes Auge dann durch verschiedene Filter betrachtet. LINSENRASTER nutzen eine Anordnung kleiner zylindrischer Linsen, die aus verschiedenen Blickwinkeln verschiedene Ansichten liefern. Weil die Trägheit des Auges von der Helligkeit des einfallenden Lichts abhängt, bewirkt ein dunkler Filter über einem Auge, daß sich ein Körper, der sich auf einer Geraden hin und her bewegt, in einer Ellipse zu bewegen scheint – das PULFRICH-PHÄNOMEN.

Einem Maler stehen diese Tiefenhinweise nicht zur Verfügung. Er verläßt sich vielmehr auf mehrdeutige Mittel: Die scheinbare GRÖSSE eines Körpers hängt von der Entfernung ab. Die PERSPEKTIVE läßt zurückweichende Linien als zusammenlaufend erscheinen. HELLIGKEITSUNTERSCHIEDE, SCHATTEN und auch FARBUNTERSCHIEDE geben Hinweise auf Rundungen und Tiefe eines Körpers, und SCHÄRFESCHWANKUNGEN geben genauso Hinweise auf die Tiefe, weil man aus großer Entfernung keine Einzelheiten erkennen kann, wie bei der FARBENPERSPEKTIVE, die von der

Luft zwischen dem Betrachter und entfernten Objekten erzeugt wird. Auch MUSTER lassen uns auf Tiefe schließen. Nahe Objekte verdecken entferntere (ÜBERLAGERUNG ODER ÜBERSCHNEIDUNG), und schließlich spielt unser VORWISSEN eine wichtige Rolle für unser räumliches Sehen. Wenn wir einen bestimmten Gegenstand aus verschiedenen Winkeln und Entfernungen sehen, ändern sich die zweidimensionalen Bilder auf unserer Netzhaut, unser Gehirn aber liefert uns trotzdem ein beständiges Bild des Objekts (FORM- und GRÖSSENKONSTANZ).

AUFGABEN

A1 Nehmen Sie an, ein Objekt A sei 25 cm und ein Objekt B 25 m von Ihrem Auge entfernt. Wie können Sie mit Hilfe der Akkommodation etwas über die Entfernungsverhältnisse herausfinden?

A2 Wie Aufgabe A1, aber mit Hilfe der Konvergenz.

A3 Sie sehen mit nur einem Auge zwei Gegenstände C und D. Wenn Sie den Kopf nach rechts bewegen, scheint sich C im Verhältnis zu D nach links zu bewegen. Welcher Gegenstand ist näher?

A4 Sie schauen in einen Spiegel und sehen mit Ihren Augen je eins der beiden hier gezeigten Gesichter. Welches Gesicht sehen Sie mit dem linken Auge?

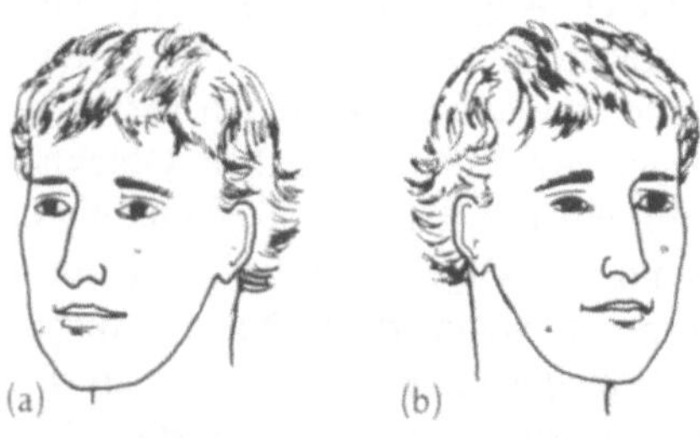

A5 Stellen Sie sich vor, Sie hätten das Linsenraster aus Abbildung 8.13 und möchten erreichen, daß ein grüner Fleck *hinter* der Bildebene schwebt. Sie werden dann nicht die Punkte R_1 und L_1 grün malen. Zeichnen Sie die

Abbildung neu und zeichnen Sie ein, welche Punkte Sie grün zeichnen würden und wo der grüne Fleck zu sehen wäre.

A6 In ›Cymbeline‹ schreibt Shakespeare:

Zerrissen hätt' ich mir die Augennerven
Nur um nach ihm zu sehen, bis die Verkleinerung
Des Raums ihn zugespitzt wie eine Nadel;
Ihm schaut ich nach, bis er verschwunden wäre
Von Kleinheit eine Mück' in Luft.

Auf welchen Tiefenhinweis bezieht er sich?

A7 In den Abbildungen 8.18a und 8.19a scheinen die Eisenbahnschwellen in der Ferne nicht nur kürzer zu sein, sondern auch näher beisammen zu liegen als die ferneren. Zeigen Sie diesen perspektivischen Effekt, indem Sie den Strahlengang an dieser Zeichnung verfolgen, die Sie dazu im angegebenen Maßstab neu zeichnen. (a) Verfolgen Sie für jede Schwelle nur den Zentralstrahl und finden Sie die Lage des Bildes auf der Netzhaut. Führen Sie dies sorg-

fältig mit einem Lineal für die zwei fernsten und die zwei nächsten Schwellen aus. (b) Welches Schwellenpaar scheint am weitesten auseinander zu sein?

A8 Warum scheint eine Landschaft bei trübem Wetter weniger Tiefe zu haben?

A9 Es fiel den Astronauten auf dem Mond schwer, Entfernungen abzuschätzen. Geben Sie mehrere Gründe dafür an; berücksichtigen Sie die unbekannte und merkwürdige Landschaft, die Tatsache, daß die Krater sehr unterschiedliche Größe haben und keine Atmosphäre vorhanden ist.

A10 Warum überzeugt die Abbildung 8.29 weniger, als die Beschreibung im Text glauben machen könnte?

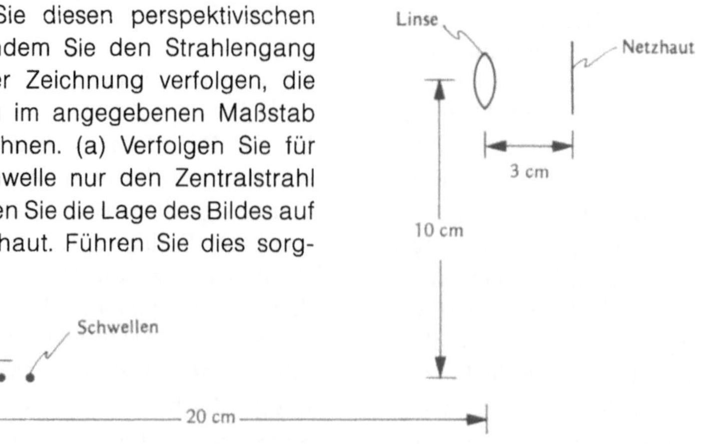

A11 Der Tiefenhinweis, den das altmodische Stereoskop gibt, eine flache Fotografie aber nicht, ist (a) Farbveränderung, (b) Schärfeschwankung, (c) binokulare Disparation, (d) Vorwissen. Entscheiden Sie sich für eine Möglickeit.

A12 Virginia Wolfe schreibt in ›An den Leuchtturm‹:

›Denn der Leuchtturm, an manchen Tagen dem Ufer ganz nahe, sah in dem Dunst heute morgen unendlich weit entfernt aus.‹

Auf welchen Tiefenhinweis bezieht sie sich?

A13 (a) Welcher Ring ist näher, der linke oder der rechte? Warum gibt es keine ›richtige‹ Antwort? (b) Warum wechselt die Wahrnehmung der Ringe?

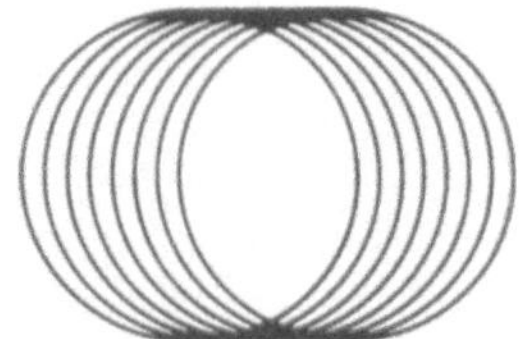

Harte Aufgaben

HA1 Optiker testen die Konvergenz mit einer Folge von abgestuften Prismen. Wenn ein Prisma vor ein Auge gehalten wird, verschiebt es für dieses Auge die scheinbare Lage eines Lichtflecks. Je stärker das Prisma, um so mehr müssen die Augen konvergieren, um nur einen Fleck zu ›sehen‹. Zeigen Sie, wie Sie, mit Prisma, Ihre Konvergenz vergrößern müssen, indem Sie ein oder mehrere Aufsichten zeichnen, die den Strahlengang bis zum Auge zeigen.

HA2 Ein Pilot eines Düsenflugzeugs berichtet, er habe in der Nähe ein kleines, merkwürdig leuchtendes Objekt gesehen, das sich immer mitzubewegen schien, ob das Flugzeug schneller oder langsamer flog, stieg oder herunterging. Er behauptet, das Objekt sei ein UFO, das sich über Gebühr für das Flugzeug interessiere. Ein Passagier jedoch behauptet, der Pilot irre sich, das Objekt sei in Wirklichkeit sehr weit entfernt gewesen. Nehmen Sie an, der Passagier habe

recht und erklären Sie die scheinbare Bewegung des Objekts.

HA3 Das Gemälde von Manet ›Der tote Torero‹ zeigt einen Torero, der in voller Länge fast parallel zur Bildebene zu liegen scheint. Wenn Sie zur Seite des Gemäldes gehen, scheint sich der Körper zu drehen, bis er dann, wenn Sie das Bild ganz von der Seite her anschauen, fast senkrecht zur Bildebene liegt. Erklären Sie, warum das passiert.

HA4 Sie schauen auf einen Käfig mit einer Anzahl gleicher senkrechter Stäbe. Aus Versehen verschmelzen Ihre Augen die falschen zwei Stäbe – Ihr linkes Auge schaut also auf einen Stab A, das rechte Auge aber auf einen Stab links von A. (a) Erscheint Ihnen der Käfig dadurch näher oder ferner, als er in Wirklichkeit ist? (b) Begründen Sie Ihre Antwort anhand einer Zeichnung.

HA5 In der Abbildung schauen zwei Augen, die mit demselben Gehirn verbunden sind, durch ein Stereoskop auf ein Bildpaar zweier Objekte. Das rechte Auge sieht ein Bild mit den Objekten A_R und B_R, das linke Auge sieht sie auf seinem Bild als die Punkte A_L und B_L. Die Prismen brechen die Strahlen nur. Wo sieht das Gehirn die binokularen Bilder dieser beiden Objekte? Zeichnen Sie die Abbildung neu und zeichnen Sie die nötigen Hilfslinien A und B ein, um die Bilder zu finden.

HA6 Betrachten Sie Abbildung 8.7 sorgfältig und suchen Sie zwei Objekte, von denen eines näher ist als das andere. Erläutern Sie, unter Berufung auf Einzelheiten des Bildes, wie die Parallaxe Ihnen sagt, welches näher ist.

HA7 Was passiert mit der scheinbaren Tiefe, wenn Sie eine Stereokarte (die ein Stereobildpaar enthält) in Ihrem Stereoskop auf den Kopf stellen?

HA8 Graufilter sind farblose Filter, die die Lichtmenge vermindern, ohne Farbe zu geben. Wie kann mit Hilfe einer Reihe solcher Filter der Grad der optischen Neuritis eines Patienten diagnostiziert werden?

HA9 Wenn Ihr Augenarzt Ihre Netzhaut in Stereo untersuchen will, muß er sie gleichmäßig beleuchten und zwei verschiedene Ansichten davon gewinnen. Die Augenlinse versucht jedoch, alles einfallende Licht auf einen Punkt auf der Netzhaut zu werfen, und hindert ihn außerdem daran, sehr nahe zu kommen. Die Lösung besteht in der Verwendung einer Sammellinse, die das Licht über die Netzhaut verteilt, sie also beleuchtet und außerhalb des Auges ein reelles Bild der Netzhaut entstehen läßt. Der Augenarzt kann dieses reelle Bild dann aus der Nähe mit einem Stereomikroskop untersuchen. Die erste Abbildung zeigt die wesentlichen Teile des Stereoophthalmoskops. Die zweite

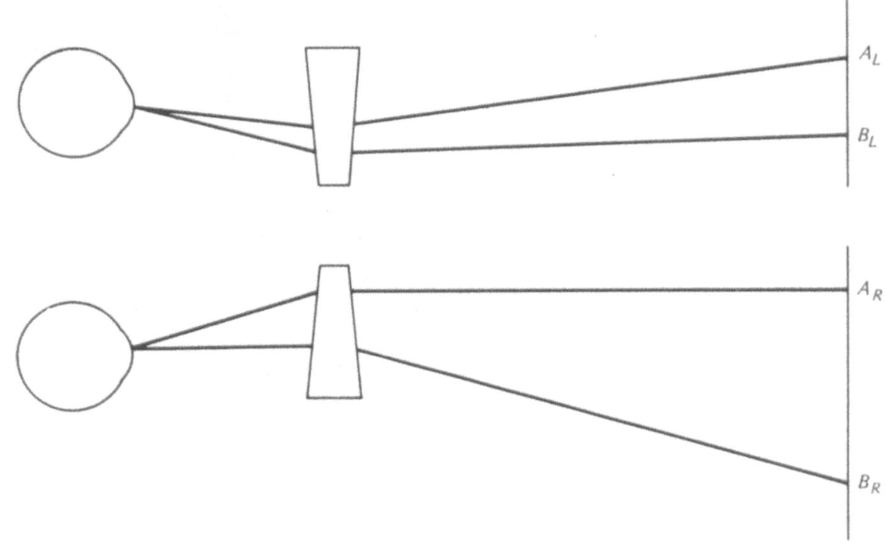

Abbildung vereinfacht das, indem nur eine ›effektive‹ Linse die Kombination aus Sammellinse, Hornhaut und Augenlinse darstellt. Der Brennpunkt dieser Kombination, f_{eff}, ist eingezeichnet. Ein Pfeil stellt die Netzhaut dar. (a) Zeichnen Sie die zweite Zeichnung neu und zeigen Sie, indem Sie geeignete Strahlen einzeichnen, wie die Punktquelle die Netzhaut belichtet. (b) Konstruieren Sie unter Verwendung einer anderen Farbe das von der effektiven Linse entworfene reelle Netzhautbild.

HA10 Stellen Sie sich vor, Sie wollten das Pulfrich-Pendel mit einem kleinen Pendel nachmachen, das Sie auf einer Linie, die Ihren Kopf genau zwischen den Augen schneiden würde, auf sich zu und von Ihnen weg schwingen lassen. Zeichnen Sie Abbildung 8.15 für diesen Fall neu und beschreiben Sie, welche Bewegung Sie beobachten würden.

Mathematische Aufgaben

MA1 Ein 35-mm-Bild wird mit einer Vergrößerung von $m = 3$ auf etwa halbe Postkartengröße gebracht. Aus welcher Entfernung sollten Sie es betrachten, damit es perspektivisch korrekt aussieht, falls es (a) mit einer normalen Linse ($f_c = 50$ mm) (b) mit einer Telefotolinse ($f_c = 100$ mm) (c) mit einer Weitwinkellinse ($f_c = 25$ mm) aufgenommen wurde? (d) Welche dieser Entfernungen sind vernünftig?

MA2 Sie möchten eine Vergrößerung auf 12×15 cm ($m \cong 7$) eines 35-mm-Fotos aus 1 m Entfernung anschauen. (a) Mit welcher Brennweite f_c sollte das Foto aufgenommen worden sein, wenn das Bild aus dieser Entfernung die richtige Perspektive haben soll? (b) Welche Brennweite sollte das Objektiv gehabt haben, wenn Sie das Bild an Ihrem Nahpunkt bei 25 cm betrachten wollen?

MA3 Ein 35-mm-Diapositiv, das mit einem Teleobjektiv ($f_c = 200$ mm) aufgenommen wurde, wird mit einem gewöhnlichen Projektor ($f_p = 100$ mm) aus einer Entfernung von 5 m auf einen Schirm projiziert. Wie weit vom Schirm sollten die Betrachter sitzen, damit das Dia die richtige Perspektive zeigt?

MA4 Ein 35-mm-Dia wurde mit einem schwachen Teleobjektiv ($f_c = 85$ mm) aufgenommen. (a) Welche Brennweite sollte die Lupe haben, mit der dieses Dia betrachtet wird, damit die Perspektive stimmt? Welche Vergrößerung hat die Lupe? (b) Das Dia ist auf 8×12 cm vergrößert worden. Aus welchem Abstand sollte die Vergrößerung betrachtet werden, damit die Perspektive stimmt?

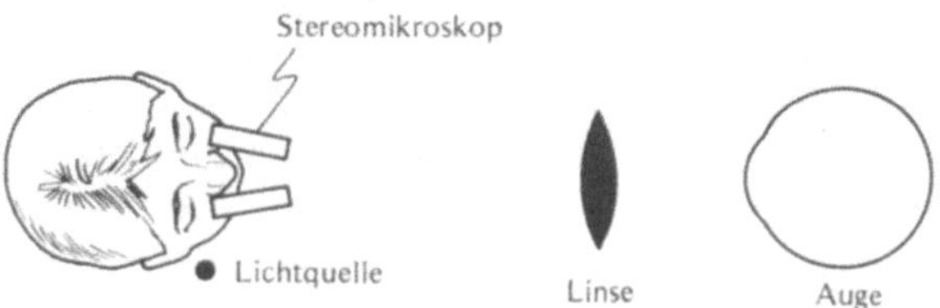

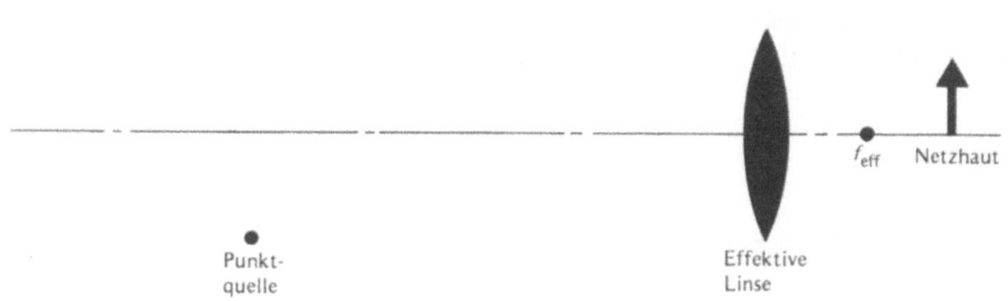

Röntgentomografie

Die Darstellung eines dreidimensionalen Objekts in einer Ebene ist bei Röntgenaufnahmen ein besonderes Problem. Mit Hilfe der Parallaxe können jedoch Röntgenstrahlen die räumliche Beziehung zwischen Knochen und Organen aufzeigen.

Eine gewöhnliche Röntgenaufnahme zeigt die Schatten der Teile, die für Röntgenstrahlen undurchlässig sind. Selbst mit viel Erfahrung ist es oft fast unmöglich, diese Schatten zu deuten, wenn der Schatten eines lichtundurchlässigen Teils B vor etwas zu liegen kommt, was geröntgt werden soll. Die Tomografie ist ein Verfahren, bei dem Röntgenaufnahmen aus verschiedenen Positionen gemacht werden, um so den Schatten von Organen oder Knochen zu erhalten, die in einer bestimmten Körperebene liegen. Man kann also einen Schatten von A erhalten, ohne daß ein Objekt B, das vor oder hinter A liegt, stört.

Abbildung B.3 zeigt ein Beispiel. Das aufzunehmende Objekt bewegt sich mit konstanter Geschwindigkeit nach rechts, und die Röntgenquelle bewegt sich doppelt so schnell in dieselbe Richtung.

Anfangs ist der Patient in Lage 1, die Quelle bei S_1 und die Schatten von A und B bei A' und B'. Wenn das Objekt in Lage 2 kommt und die Quelle nach S_2, bleibt der Schatten von A bei A' und der von B geht nach B'. Später, wenn das Objekt in Lage 3 ist, ist die Quelle bei S_3, B's Schatten ist bei B'_3, aber A's Schatten ist immer noch bei A'. Der Schatten von A (und allem Lichtundurchlässigem in derselben Tiefe) wird auf dem Bild scharf abgebildet, aber der Schatten von B, der auf den ganzen Film fällt, erscheint nur als ein schwacher, allgemeiner Schleier. Wenn wir eine Tomografie einer Schicht in einer anderen Tiefe haben wollen, zum Beispiel von der, in der B liegt, brauchen wir nur die Geschwindigkeit zu verändern, mit der sich die Quelle bewegt.

Statt das Bild zu fotografieren, kann das Bild auch abgetastet werden (Abschnitt 6.3.2). Ein Röntgendetektor zeichnet auf, wie sich die Röntgenstrahlung verändert, wenn der Patient in verschiedenen Richtungen durchleuchtet wird. Ein Computer stellt die Beziehung zwischen den Daten für alle Richtungen her und rekonstruiert das Bild für jeden gewünschten Schnitt. Diese Computertomografie (CT oder CAT) hat sich besonders bei schwierigen Diagnosen, wie bei Gehirntumoren, bewährt. (Tafel B.1) (Das A in der Abkürzung steht für Achse. Der Patient wird oft um eine Achse gedreht.)

B.3 (a) Gewöhnliches Röntgenbild. Die Schatten der beiden undurchsichtigen Objekte A und B überlappen sich. (b) Tomografie. Der Patient oder das Präparat bewegt sich mit der Geschwindigkeit v nach rechts, während sich die Röntgenquelle mit doppelter Geschwindigkeit $2v$ bewegt. Das undurchsichtige Objekt A, das mitten zwischen dem Film und der Quelle liegt, wirft seinen Schatten immer auf denselben Ort A'. Das undurchsichtige Objekt B, das in einer anderen Schicht liegt, wirft einen Schatten, der sich über den Film bewegt. Die Zeichnung zeigt drei Lagen (1, 2, 3) von Quelle, Objekt und Schatten B'. (In der Praxis bewegen sich Film und Quelle, das Objekt aber nicht.)

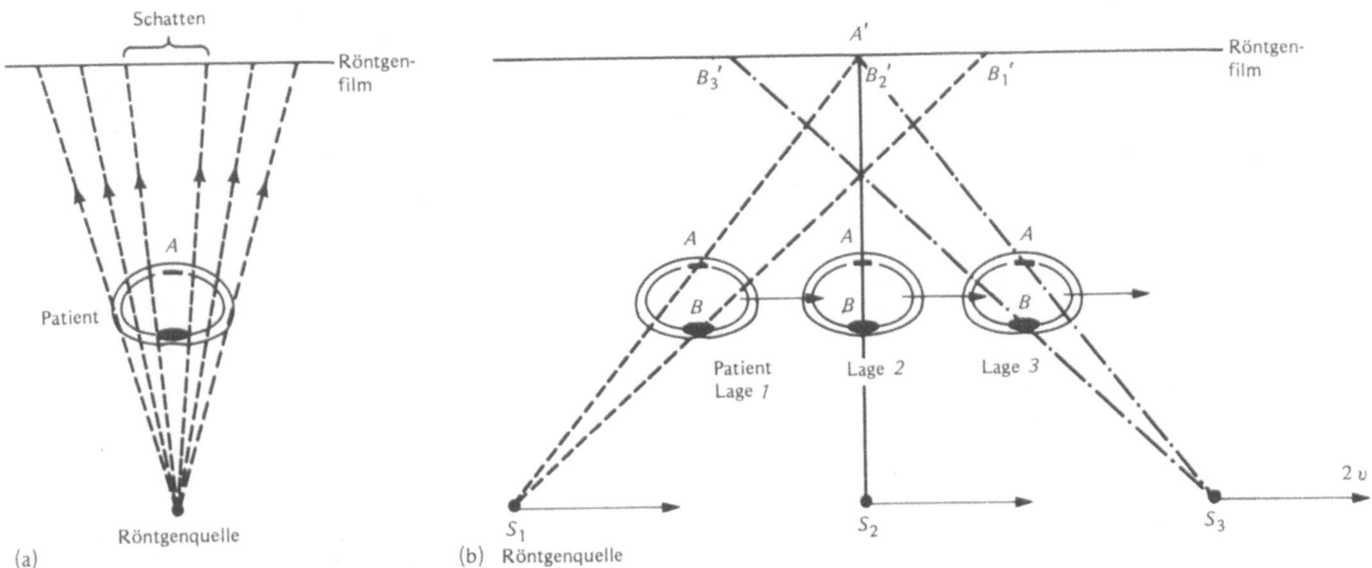

Wenn die Daten als Zahlen im Computer sind, können sie zur BILDVER-STÄRKUNG benutzt werden, also dazu, das entstandene Bild so zu verändern, daß gewisse Aspekte (etwa der Kontrast) oder Kennzeichen (wie die Kanten) deutlich werden. Filmempfindlichkeit, Kontrast und Belichtungsspielraum des abbildenden Systems (Abschnitt 4.7.6) können vom Computer eingestellt und korrigiert werden, und das geschieht oft während einer einzigen Aufnahme mehrere Male. Außerdem kann der Computer sowohl die Kanten verstärken (wie in Abschnitt 7.4.4, indem er den Kontrast vergrößert) als auch ein glatteres Bild geben (indem er das Signal über einen kleinen Bereich oder eine Reihe von Aufnahmen mittelt). Es ist auch möglich, Unerwünschtes, wie etwa darüberliegende Knochen, zu eliminieren, indem man mehrere Bilder kombiniert. Zur Untersuchung des Blutkreislaufs zum Beispiel wird eine für Röntgenstrahlen undurchsichtige Substanz, wie etwa Jod, in die Blutgefäße gespritzt. Die Röntgenabsorption im Jod hängt stark von der Frequenz der Röntgenstrahlung ab, die im Knochen aber nicht. Deshalb werden mit Röntgenstrahlen verschiedener Frequenz zwei Aufnahmen gemacht und ein Bild vom anderen substrahiert. Dadurch werden die Unterschiede zwischen den Aufnahmen (das jodhaltige Blut) betont, und die Ähnlichkeiten (die Knochen) sind weniger auffällig. All diese Verfahren haben große Ähnlichkeit mit Prozessen, die sich bei den Nervencomputern abspielen, die für den Gesichtssinn des Menschen wichtig sind – der Vergleich von Signalen verschiedener Frequenz zum Beispiel ist analog zum Farbensehen (Abschnitt 10.4).

KAPITEL 9

Farbe

9.1 Einleitung

Wenn wir bisher von Farbe gesprochen haben, meinten wir meistens die Wellenlänge des sichtbaren Lichts. Zwar verbinden wir verschiedene Wellenlängen mit verschiedenen Farben – das Gleichsetzen von Farbe und Wellenlänge jedoch ist oft irreführend. Auch empfinden wir Farbe keineswegs als das Ergebnis einer exakten Wellenlängenbestimmung, sondern spüren wie Goethe: ›Am farbigen Abglanz haben wir das Leben.‹ Wohl gibt es zu jeder bestimmten Wellenlänge eine bestimmte Farbe, aber es kommt vor, daß wir diese Farbe sehen, wenn die entsprechende Wellenlänge im Licht nicht vertreten ist, und sie nicht sehen, obwohl die Wellenlänge vorhanden ist. Wir sehen sogar Farben, die nicht zum Spektrum des sichtbaren Lichts, also nicht zu einer bestimmten Wellenlänge gehören. Zur Farbe gehört einerseits mehr und andererseits weniger als das, was ins Auge fällt.

Farbe ist nicht für alle Menschen gleich (Abb. 9.1). Denken wir an die Farbe Grün; sie kann den Eindruck von Frische und üppiger Vegetation und auch von Fäulnis und Schlamm wecken. Das Lexikon gibt als eine Bedeutung ›frisch, jugendlich, kräftig‹

und als andere ›bleich und kränklich‹ an. Grün bedeutet für uns Fruchtbarkeit, Erholung und Natur (wir fahren ins Grüne, und grün, so singt der Jäger, sind nicht nur seine Kleider, sondern alles, was er hat), die Seekrankheit, Unerfahrenheit, Sonderbares (die kleinen grünen Männchen von Mars oder Mond), Unreife, Ärger, Gift und heute sogar eine politische Richtung. Jeder von uns nimmt Grün anders wahr. Einer der Autoren, dessen Farbwahrnehmung vermindert ist, kann Grün kaum von Grau unterscheiden; für den Maler Kandinski war Grün ›eine dicke, gesunde, unbeweglich verharrende Kuh, zu nichts als ewigem Wiederkäuen fähig, während glanzlose Rinderaugen geistesabwesend in die Welt hinausstarren‹.

In diesem Kapitel untersuchen wir die wichtigsten Fakten, die Farbe betreffen und über die im wesentlichen Einigkeit besteht. In Kapitel 10 wollen wir dann zu verstehen suchen, wie Farbphänomene von unserem Wahrnehmungsmechanismus abhängen.

9.2 Farbe, Wellenlängen und nichtspektrale Farben

Wenn wir weißes Licht etwa wie in Tafel 2.1a mit einem Prisma in seine Wellenlängen auffächern, sehen wir alle Farben des Spektrums. Gibt es zwischen den Farben und ihren Wellenlängen einen einfachen Zusammenhang? Wenn Sie verschiedene Menschen bitten, im Spektrum auf eine bestimmte Farbe zu zeigen, erhalten Sie weitgehende, aber nicht völlige Übereinstimmung. Die meisten Betrachter sehen im Wellenlängenbereich von 455 bis 485 nm Blau, zwischen 500 und 550 nm Grün, zwischen 570 und 590 nm Gelb und oberhalb von 625 nm Rot. Eine Farbe wird also im allgemeinen nicht mit einer einzigen Wellenlänge gleichgesetzt. Die Zuordnung hängt auch ein wenig von der Lichtintensität ab – eine Wellenlänge, die bei schwachem Licht ziemlich rot erscheint, kann bei starkem Licht orange aussehen. Außerdem ist das Benennen von Farben sicherlich keine exakte Wissenschaft. MONOCHROMATISCHES (griech. *monos*, allein, einzig und *chroma*, Farbe) oder SPEKTRALLICHT (das ist im Idealfall Licht, das aus nur einer Wellenlänge besteht) mit $\lambda = 600$ nm wird unter anderem mit folgenden Namen be-

Abb. 9.1

zeichnet: metallisch-orange, mohnrot, spektralorange, zinnober, zimtorange, orientalisch rot, saturnrot, cadmiumrot-orange, rot-orange – die Liste wächst im selben Maß, wie sich die Werbung der Sprache bemächtigt.

Wenn Sie die monochromatischen Farben eines guten Spektrums mit den Farben Ihrer Umgebung vergleichen, merken Sie, daß die Farben um uns herum selten im Spektrum zu finden sind. So stimmt zum Beispiel keine der Farben in Tafel 8.4 mit einer der Farben überein, die das von einem Prisma entworfene Spektrum enthält. Beispiele für nichtspektrale Farben sind Lila, Rosa, Braun, Silber, fluoreszierendes Rot und schillerndes Grün. Woher kommen diese Farben? Wie nehmen wir die Farben wahr, die nicht zum Spektrum gehören?

9.3 Intensitätsverteilung und Farbklassifikation

Die meisten Farben um uns herum sind nicht monochromatisch, sondern entsprechen einem ganzen Bereich von Wellenlängen. Stellen wir uns vor, wir reflektierten weißes Licht an einem der grünlichen Teile von Tafel 8.4, fächern es dann durch ein Prisma auf, messen die Intensität jeder der sichtbaren Wellenlängen und stellen das Ergebnis graphisch dar. Es ergibt sich eine INTENSITÄTSVERTEILUNG, die

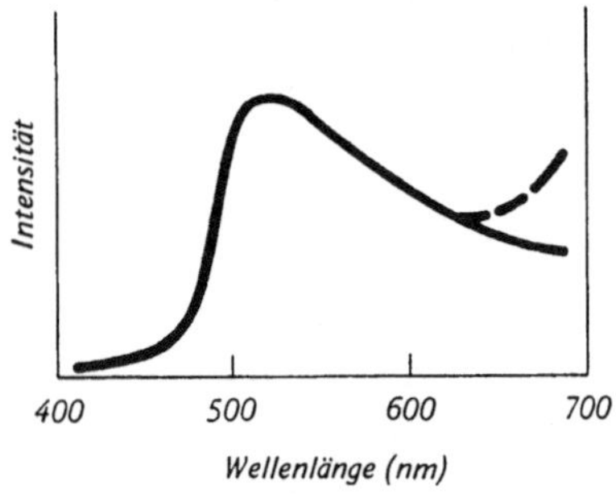

9.2 Spektrale Intensitätsverteilung. Ausgezogene Linie: die Intensität, die das Licht im sichtbaren Wellenlängenbereich hat, wenn weißes Licht von einem grünlichen Bereich in Tafel 8.4 reflektiert wird. Gestrichelte Linie: dasselbe Licht, in das etwas rotes Licht gemischt wurde

der ausgezogenen Kurve in Abbildung 9.2 ähnelt. Grün überwiegt zwar deutlich, aber außerdem ist Licht jeder anderen Wellenlänge vertreten. Beim Betrachten des grünen Teils nimmt das Auge also die Gesamtverteilung verschiedener Wellenlängen wahr.

Wenn Sie auf dem Klavier gleichzeitig zwei verschiedene Töne anschlagen, hören Sie normalerweise die beiden einzelnen Töne. Wenn Sie aber zwei verschiedene Wellenlängen auf denselben Ort eines Schirms projizieren, trennt das Auge das resultierende Licht nicht wieder in zwei Farben, sondern sieht eher eine Art Mischung. Wie können wir unsere Wahrnehmung dieser Mischung beschreiben? Was passiert zum Beispiel, wenn wir etwas rotes Licht zusätzlich zum grünen Licht der Abbildung 9.2 projizieren? Dabei ändert sich die Farbmischung. Es gibt sogar unendlich viele Möglichkeiten, die Intensitätsverteilung zu verändern. Die meisten Menschen können wohl eine Million Farbmischungen unterscheiden. Angesichts dieser gewaltigen Farbvielfalt meinte Nabokov, ein Satz wie ›Der Himmel ist blau‹ enthalte wenig Information. In ›Speak Memory‹ versucht er, die Vielfalt der Farbe Blau durch ›blauweiß‹, ›nebligblau‹, ›purpurblau‹, ›silberblau‹, ›kobaltblau‹, ›indigoblau‹, ›azur‹, ›chinablau‹, ›taubenblau‹, ›kristallblau‹ und ›eisklar‹ zu beschreiben. Diese Ausdrücke sind sicherlich poetischer als Intensitätsverteilungen, aber sie vermitteln wohl nicht jedem Leser denselben Farbeindruck. Wir suchen einen Weg zur Klassifizierung der Farbwahrnehmungen, der einfacher ist, als zu jeder sichtbaren Wellenlänge die Intensität anzugeben, und der trotzdem alle notwendige Information enthält.

Für viele Zwecke läßt sich das, wie wir sehen werden, schon mit drei Kennzahlen erreichen. Das Auge filtert nicht alle in der Kurve enthaltenen Informationen nur durch Hinschauen heraus, oft kommt ihm Licht

mit sehr unterschiedlichen Kurven gleich vor. Die drei Eigenschaften farbigen Lichts, die den Farbeindruck bestimmen, sind Farb- oder Buntton, Sättigung und Helligkeit.

Der FARB- oder BUNTTON entspricht der Hauptfarbe oder dem Farbnamen; er unterscheidet eine Spektralfarbe von einer anderen. Alle Gelbtöne unterscheiden sich im Farbton von allen Blautönen, auch wenn ihre anderen Eigenschaften ähnlich sind. Der Farbton ist durch die dominante Wellenlänge einer Intensitätsverteilung festgelegt. So hat das Licht aus Abbildung 9.2 seine größte Intensität zwischen 500 und 530 nm, also ist der Farbton des Lichts eine Art Grün. (Wir definieren den Begriff ›dominante Wellenlänge‹ in Abschnitt 9.4.3. Es kommt vor, daß Licht keine Strahlung der dominanten Wellenlänge enthält, obwohl es so aussieht wie Licht dieser Wellenlänge.)

SÄTTIGUNG meint die Reinheit der Farbe – eine sehr satte Farbe hat meistens all ihre Intensität in der Nähe der dominanten Wellenlänge, während eine ungesättigte Farbe Anteile vieler anderer Wellenlängen hat. Die monochromatischen, spektralen Farben sind am stärksten gesättigt. Weißes Licht, das normalerweise aus allen Wellenlängen besteht, ist vollkommen ungesättigt (Abb. 9.3a). (Weiß symbolisiert in unserem Kulturbereich Reinheit, weshalb ja Bräute oft weiße Kleider tragen und ›weiße Westen‹ geschätzt werden. Für den Physiker ist es jedoch die unreinste Farbe, die es nur geben kann.) Andere Farben lassen sich als Mischung aus weißem Licht und einer satten Farbe darstellen. Abbildung 9.3b zeigt die Intensitätsverteilung eines sattroten Lichts. Eine Mischung dieses satten Rots mit Weiß (Abb. 9.3c) ergibt ein ungesättigtes Rot, also Rosa. Die Sättigung ist ein Maß dafür, wieviel Weiß im Verhältnis zur dominanten Wellenlänge vorhanden ist. Die Farben der meisten Objekte unserer Umgebung sind ungesättigt, weil ihr Hauptfarb-

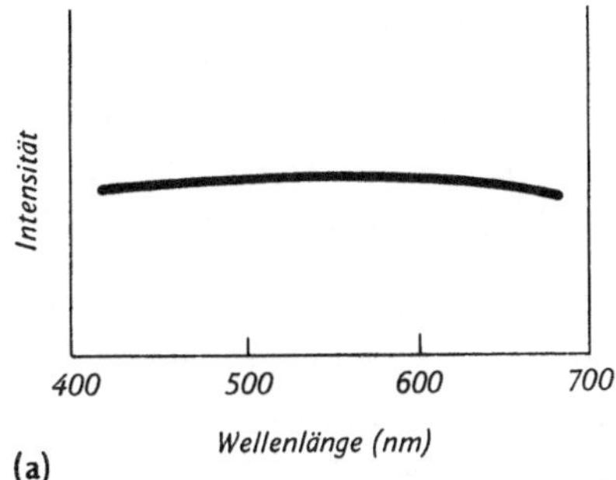

(a)

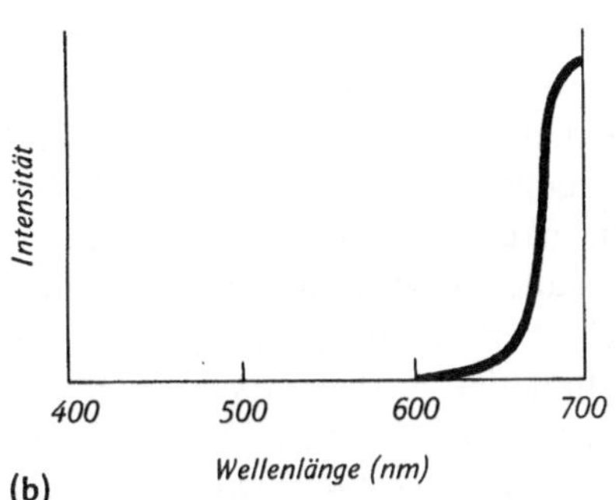

(b)

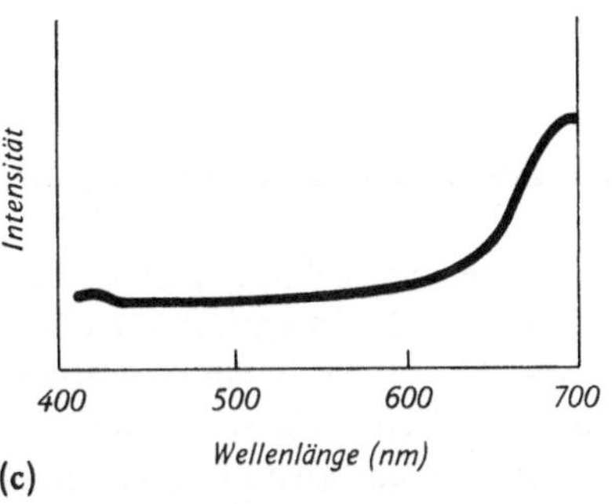

(c)

9.3 Sättigung. (a) Weißes Licht ist vollkommen ungesättigt. (b) Ein gesättigtes rotes Licht. (c) Ein weniger gesättigtes rotes Licht – Rosa

ton durch Absorption entsteht, die sich etwas unterhalb der Oberfläche abspielt, während Oberflächenspiegelung, die unabhängig ist von der Wellenlänge, etwas Weiß hineinmischt (SEHEN SIE SELBST). Maler sprechen von Chroma oder Farbreinheit oder (leider auch) Intensität, wenn sie Sättigung meinen. (Weil die Definitionen aus verschiedenen Gebieten stammen, haben sie gelegentlich etwas unterschiedliche Bedeutung.)

Die dritte Farbeigenschaft unterscheiden wir danach, ob wir über farbiges Licht oder über farbige Flächen sprechen. Die LICHTSTÄRKE sagt etwas über die Gesamtintensität des Lichts aus, die von dunkel und dämmrig bis stark und strahlend reichen kann (Abb. 9.4a und auch Abschnitt 7.3.1). Die HELLIGKEIT andererseits hat damit zu tun, wieviel Prozent des einfallenden Lichts von einer Fläche reflektiert wird, und besagt, wie verschwärzt oder weißlich eine Farbe ist (Abb. 9.4b).

Wir wissen, wie die Lichtstärke (auch farbigen Lichts) verändert werden kann: Wir brauchen nur die Intensität der Quelle zu verändern. Wenn wir die Helligkeit einer Fläche verringern wollen, müssen wir dafür sorgen, daß sie weniger reflektiert, indem wir zum Beispiel leicht mit einem Bleistift darüber reiben. Die Fläche erscheint dann grauer und dunkler (Abb. 9.4b). Je stärker eine Oberfläche also (im sichtbaren Bereich) reflektiert, desto heller ist sie. Wir sprechen oft von Helligkeit so, als ob sie von der Gesamtmenge des reflektierten Lichts aller Wellenlängen abhinge – aber dabei ist Vorsicht geboten, denn die Menge des reflektierten Lichts läßt sich auf zwei Arten verän-

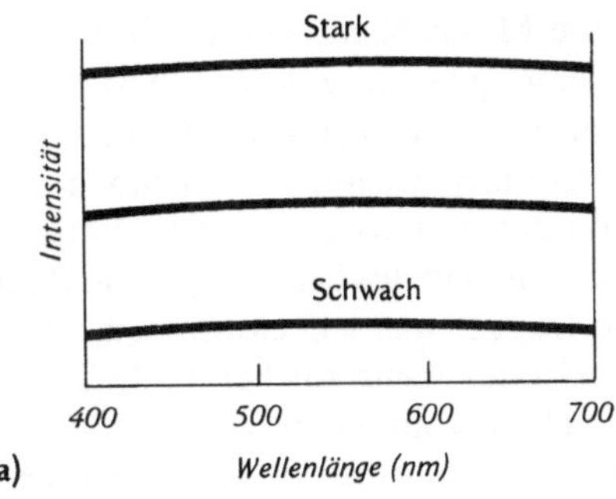

(a)

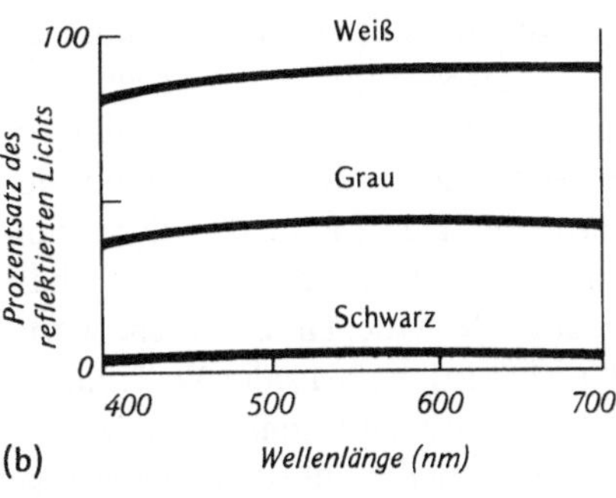

(b)

9.4 (a) Lichtstärke. Die Intensitätsverteilung für drei Lichtstärken. (b) Helligkeit. Die Kurven entsprechen dem Prozentsatz an einfallendem Licht, der bei jeder Wellenlänge reflektiert wird

dern. Eine besteht, wie gesagt, darin, die Fläche mehr oder weniger stark reflektierend zu machen. Das verändert wirklich die Helligkeit. Eine andere Art ist es, die Gesamtbeleuchtung, also den Lichteinfall, zu verändern. Wenn aber weniger Licht auf ein Blatt Papier fällt, erscheint es nicht grau, sondern immer noch weiß. Die Helligkeit einer Fläche ist also weitgehend unabhängig von der Beleuchtung (Helligkeitskonstanz – Abschnitt 7.3.2).

Wenden wir diese Ideen jetzt auf Farben an. Nehmen Sie ein Blatt Papier einer hellen Mischfarbe (etwa Orange) und schwärzen Sie es gleichmäßig. Dabei wird jeder Wert der Intensitätsverteilung um einen festen Anteil, etwa den Faktor zwei, verringert, die Form der Kurve aber bleibt gleich. Damit hat sich die Flächenhelligkeit, aber nicht der Farbton verändert. Die Fläche sieht im Vergleich zum ursprünglichen Orange braun aus. Wir sind somit sicher, daß sich die Menge des reflektierten Lichts und nicht die Beleuchtung geändert hat, und finden zu unserer Überraschung, daß unser Gefühl für Helligkeit stärker der Reflexionsfähigkeit der Fläche entspricht als den Eigenschaften des Lichts, das von dieser Fläche in unser Auge fällt. (Wenn Maler vom Farb- oder Grauwert sprechen, entspricht das unserem Helligkeitsbegriff, kann sich aber auch auf Sättigung beziehen.)

Farben lassen sich entsprechend ihres Farbtons, ihrer Sättigung und ihrer Helligkeit in einem dreidimensionalen Diagramm, einem Farbraumkörper, anordnen. Es gibt mehrere solche Darstellungen, die alle den FARBPYRAMIDEN oder FARBBÄUMEN in Tafel 9.1 und Abbildung 9.5 ähneln. Der ›Stamm‹ des Baumes besteht aus ganz ungesättigten Farben – das reicht vom Schwarz am ›Boden‹ über verschiedene Grautöne bis zum Weiß an der Spitze. Die Höhe ist also ein Maß für die Helligkeit. Außerhalb des Stamms finden sich in den verschiedenen Richtungen die verschie-

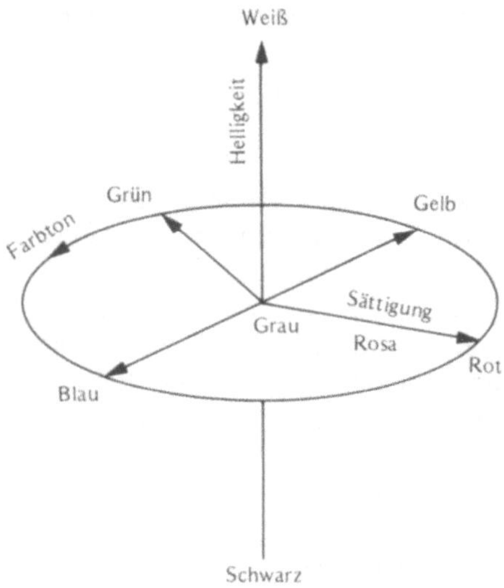

9.5 Schemazeichnung eines Farbbaums. (Vergleichen Sie mit Tafel 9.1)

denen Farbtöne – der Farbton ändert sich, wenn man um den Baum herumgeht. Wenn Sie vom Stamm weggehen, wird die Farbe satter. In ›Richtung Rot‹ zum Beispiel kommt man von Grau zu den Rosatönen und erst am Ende des ›Astes‹ zu seinem satten Rot. Solche normierten Farbbäume oder Atlanten sind für Maler, Drukker, Farbhersteller und alle, die Farben getreulich reproduzieren müssen, von großer Wichtigkeit, weil jede Fläche mit gleichem Farbton und gleicher Sättigung und Helligkeit unabhängig von der Intensitätsverteilung des reflektierten Lichts gleichfarbig aussieht. Genauso erscheint farbiges Licht unabhängig von der Intensitätsverteilung als gleich, wenn Farbton, Sättigung und Lichtstärke gleich sind. Wie wir schon sagten, merkt das Auge nicht, wie die Wellenlängen verteilt sind – es reagiert nur auf diese drei Kennzeichen. Da ein und dieselbe Farbempfindung durch eine Anzahl verschiedener Reize ausgelöst werden kann, besagt die Farbpyramide nur sehr wenig über die dabei ablaufenden physikalischen Vorgänge. Um sie zu erforschen, fragen wir danach, wie sich Farben mischen lassen, die dem Auge gleich erscheinen.

Reflexion und Sättigung

Der Zusammenhang zwischen der Reflexion von Licht an einer Fläche und der Sättigung der Farbe läßt sich in einem Zimmer mit mehreren Lichtquellen an einem leuchtend roten Apfel, farbigen Plastikstücken oder glänzendem Buntpapier gut untersuchen. Ganz gleich, wie intensiv das Rot des Apfels oder wie satt die anderen Farben sind, die Glanzpunkte (die Oberflächenreflexionen des Lichts) erscheinen immer weiß, also vollkommen ungesättigt. Schauen Sie sich den Apfel an einem bewölkten Tag, wenn es keine solchen Schlaglichter gibt, im Freien an. Wirkt sich das auf die Sättigung aus? Zerknüllen Sie ein Blatt farbiges Papier und vergleichen Sie die Sättigung eines Teils, auf dem ein Schatten liegt, mit einem anderen, unbeschatteten.

9.4 Farbmischung durch Addition

Eine Möglichkeit, unsere Farbwahrnehmung kennenzulernen, besteht darin, zuerst Licht zu betrachten, dessen Intensitätsverteilung wir kennen und von dem wir wissen, welche Empfindungen es in uns hervorruft, und dann zu fragen, was wir empfinden, wenn zwei oder mehr solcher Lichter miteinander kombiniert werden. In diesem Abschnitt wollen wir erörtern, was geschieht, wenn Licht zweier Lichtquellen auf denselben Punkt eines WEISSEN SCHIRMS geworfen wird. Dieser Schirm soll alle Wellenlängen des sichtbaren Lichts gleich gut reflektieren. Das Licht, das dann von dort in unser Auge kommt, enthält Licht beider Quellen, es ist eine ADDITIVE MISCHUNG; bei jeder Wellenlänge addieren sich die Intensitäten der beiden Lichtquellen, und die zugehörige Intensitätsverteilung ist die Summe der Einzelkurven. (Auf andere Möglichkeiten der Farbmischung kommen wir später zu sprechen.)

Wenn wir weißes Licht auf einen Schirm richten, sieht dieser Teil des Schirms weiß aus. Es sieht auch weiß aus, wenn wir das weiße Licht an einem silbernen Gegenstand spiegeln, bevor es den Schirm erreicht, und nicht etwa silbern. Hätten wir das Licht statt an einem silbernen an einem kupfernen Teller gespiegelt, sähe es auf dem Schirm orange aus. Ein fluoreszierender roter Gegenstand würde ein Licht auf den Schirm werfen, das sich von einfachem rotem Licht nicht unterscheiden ließe, und so weiter. Wenn wir uns auf Licht beschränken und uns nicht um die Gegenstände kümmern, von denen das Licht herkommt, reduzieren wir die Vielfalt der Farben. Es bleiben uns aber immer noch die reinen Spektralfarben, die ausgebleichten Farben, die Purpurfarben und eine Vielzahl anderer nichtspektraler Farben.

9.4.1 Die einfachen Additionsregeln

Die Kurven in Abbildung 9.6a, b, c sollen jeweils die Intensitätsverteilungen von blauem, grünem und rotem Licht darstellen. Wie sieht dann die Kombination aus Grün und Rot aus? Durch Addition der Kurven ergibt sich die Kurve in Abbildung 9.6d, also eine ziemlich breite Kurve ohne ausgeprägte Spitze, in der keine Wellenlänge deutlich überwiegt und deren Zentrum zwischen etwa $\lambda = 575$ und 600 nm liegt, also im gelben Bereich. Allein aufgrund der Kurve können wir nicht mit Sicherheit sagen, wie das Licht aussieht, aber wenn Sie das Experiment machen, sehen Sie, daß das entstandene Licht tatsächlich gelb ist. Das Resultat überrascht, denn Gelb erscheint uns gar nicht aus Grün und Rot gemischt zu sein. Damit finden wir bestätigt, daß unser Auge ganz verschiedene Intensitätsverteilungen als gleichfarbig sieht, denn die der Abbildung 9.6d entsprechende Mischung sieht dem monochromatischen Gelb aus Abbildung 9.6g sehr ähnlich. Man braucht nicht einmal die breitbandi-

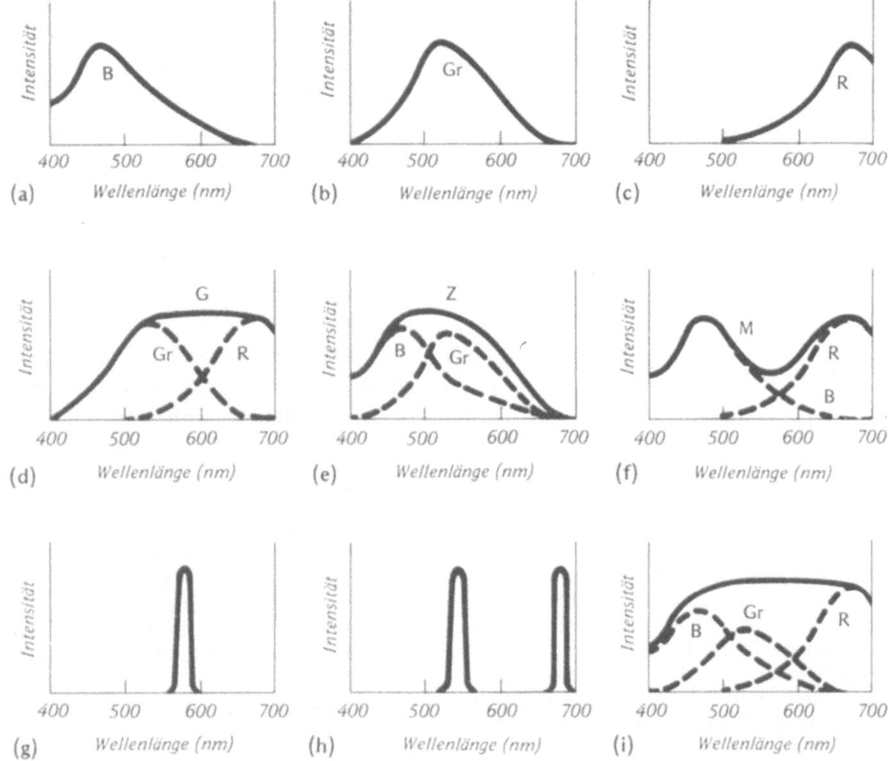

9.6 Additive Farbmischung. Intensitätsverteilung von (a) blauem (B), (b) grünem (Gr) und (c) rotem (R) Licht. Die Intensitätsverteilung der additiven Mischungen aus gleichen Teilen (d) $R + Gr \equiv G$ (Gelb), (e) $B + Gr \equiv Z$ (Zyan) und (f) $B + R \equiv M$ (Magenta). Intensitätsverteilung von (g) monochromatischem Gelb und (h) einem Gelb aus einer additiven Mischung aus monochromatischem Grün und monochromatischem Rot. (i) Intensitätsverteilung der additiven Mischung von $B + Gr + R \equiv W$ (Weiß)

gen Farben aus Abbildung 9.6b und c zu nehmen; auch wenn ungefähr gleiche Anteile aus monochromatischem Grün und monochromatischem Rot gemischt sind (Abb. 9.6h), sieht das Ergebnis gelb aus, obwohl das spektrale Gelb ($\lambda = 580$ nm) vollkommen fehlt.

Was geschieht mit anderen Farbmischungen? Blaues und grünes Licht mischt sich zu einer breitbandigen blaugrünen Farbe. Diese Farbe heißt ZYAN (griech. *kyanos*, tiefblau(!) – die Zyane ist die Kornblume) (Abb. 9.6e). Das überrascht nicht so

sehr; aber wieder sieht das Ergebnis gleich aus, ob man nun breites oder schmales Blau und Grün nimmt.

Wenn man gleiche Anteile von Blau und Rot mischt, erhält man Licht, dem eine Kurve mit zwei Höckern entspricht (Abb. 9.6f), bei der keine Wellenlänge dominiert. Man sieht Fuchsin oder MAGENTA (weder griechisch noch lateinisch, sondern der Name einer Stadt in Norditalien), eine Art Purpur. (Wieder stehen wir vor dem Problem der Farbnamen. In diesem Buch behalten wir uns den Namen Violett oder Lila für das kurzwelligste sichtbare Licht vor, den Namen Purpur für Kombinationen aus kurz- und langwelligem sichtbarem Licht und den Namen Magenta für dieses spezielle Purpur.) Hier begegnet uns nun etwas ganz Neues, denn Purpurfarben gehören nicht zum Spektrum, dies ist also ein neuer Farbton! Shakespeare sagt: ›Dem Regenbogen eine Farbe hinzuzufügen ist verschwenderischer und lächerlicher Überfluß‹; genau das aber tut das Auge, wenn es

ein Purpur erzeugt, das in keinem Regenbogen zu finden ist.

Wenn schließlich alle drei Farben (Blau, Grün und Rot) in den richtigen Proportionen gemischt werden, ergibt sich die flache Intensitätsverteilung aus Abbildung 9.6i, die Licht entspricht, das, wie wir es aus Abbildung 9.3a erwarten, weiß aussieht.

Abbildung 9.7 faßt die Ergebnisse zusammen, die wir bis jetzt für die additive Mischung farbigen Lichts gefunden haben. Das Wunderbare an diesen Gesetzen ist, daß sie ganz unabhängig von den Intensitätsverteilungen der drei Farben gelten. Wenn zwei Farben gleich aussehen, ergibt die additive Mischung mit einer anderen Farbe gleiche Ergebnisse. Diese großartige Einfachheit, die es uns erlaubt, Einzelheiten der Verteilung zu vergessen, macht die additiven Mischungen für Physiker so angenehm; deswegen auch brauchen wir uns mit nur drei Eigenschaften farbigen Lichts zu beschäftigen.

9.4.2 Komplementärfarben

Wir können mit Hilfe der in Abbildung 9.7 zusammengefaßten Regeln einige neue additive Kombinationen entdecken. Eine Mischung aus allen drei Farben Blau, Grün und Rot (mit

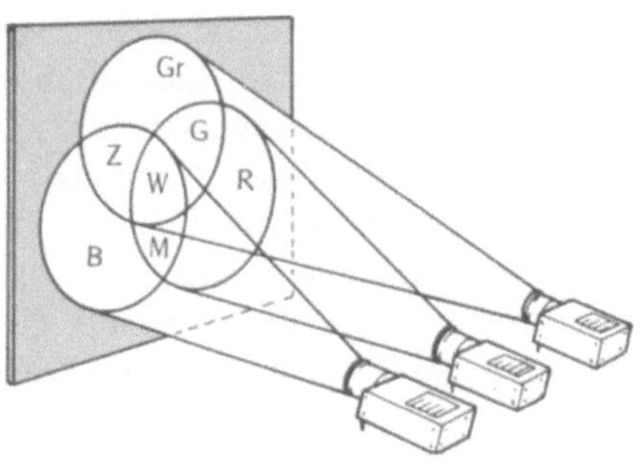

9.7 Einfache additive Mischregeln. Die Zeichnung zeigt drei teilweise überlappende Lichtbündel, die sich addieren (mit den Bezeichnungen von Abbildung 9.6):

$$Gr + R \equiv G$$
$$B + Gr \equiv Z$$
$$B + R \equiv M$$
$$B + Gr + R \equiv W$$

den richtigen Intensitäten) gibt, wie wir wissen, Weiß:

$$B + Gr + R \equiv W^1.$$

Es gilt auch

$$Gr + R \equiv G,$$

und zusammengenommen gilt damit

$$B + G \equiv W.$$

Blau und Gelb geben also zusammen Weiß. Zwei Farben, die zusammen Weiß ergeben, heißen KOMPLEMENTÄRFARBEN. Blau und Gelb sind also zueinander komplementär. Entsprechend können wir uns Zyan aus Blau und Grün gemischt denken:

$$Z \equiv B + Gr$$

und schreiben

$$Z + R \equiv W,$$

also sind Zyan und Rot Komplementärfarben. Ebenso gilt

$$M + Gr \equiv W,$$

also sind Magenta und Grün Komplementärfarben. (Anmerkung: Dies sind nicht die Komplementärfarben, die Sie im Zeichenunterricht kennengelernt haben.)

Wieder ist es Ihrem Auge gleich, ob die Intensitätsverteilung breitbandig oder monochromatisch ist. Wenn zwei Farben komplementär sind, ist ihre additive Mischung weiß. Wenn wir also monochromatisches Gelb ($\lambda = 590$ nm) zu monochromatischem Blau ($\lambda = 480$ nm) addieren, sieht das entstandene Licht genauso weiß aus wie normales weißes Licht, das alle Wel

---

^{1} Wir folgen den Normen der C.I.E. (Commission Internationale de l'Eclairage) und verwenden $\equiv$ in der Bedeutung ›sieht aus wie‹, und nicht $=$, was Gleichheit implizieren würde. Zwei Farben, die gleich aussehen, brauchen im physikalischen Sinn nicht identisch zu sein (Abbildung 9.8). Diese Gleichungen gelten nur, wenn die Farben im richtigen Verhältnis gemischt sind.

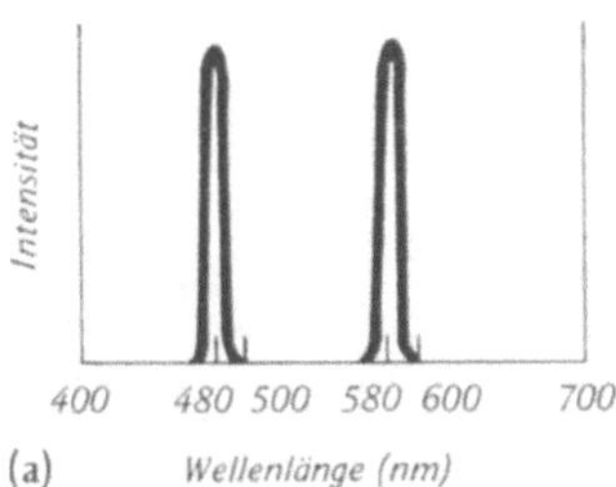

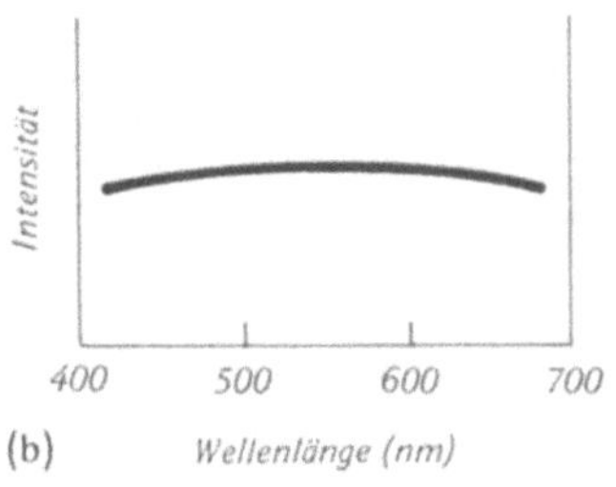

9.8 Licht mit diesen Intensitätsverteilungen scheint unserem Auge gleich zu sein; dabei sind im einen nur zwei Wellenlängen vertreten, während das andere alle sichtbaren Wellenlängen aufweist. (a) Monochromatisches Blau plus monochromatisches Gelb. (b) Breitbandiges Weiß (alle sichtbaren Wellenlängen)

lenlängen enthält. Diese Invarianz des Farbensehens bedeutet, daß für das Auge Licht mit den so verschiedenen Intensitätskurven der Abbildung 9.8 gleich aussieht. Zwei solche Farben, die gleich aussehen, obwohl sie verschiedene Intensitätsverteilungen haben, heißen METAMERE oder BEDINGT GLEICHE FARBEN. (griech. *meta*, mit und *meros*, Teil).

Wir können die Kombinationen der monochromatischen Farben, die zueinander komplementär sind, graphisch darstellen (Abb. 9.9). Zu Grün

9.9 Die Wellenlängen komplementärer Paare monochromatischer Farben. Wenn Sie das Komplement zu einer gegebenen Wellenlänge, etwa $\lambda = 600$ nm, suchen, ziehen Sie eine Horizontale von der 600-nm-Marke auf der vertikalen Achse und fällen dann das Lot von dem Schnitt dieser Geraden mit der Kurve auf die horizontale Achse. Der Fußpunkt gibt die Wellenlänge des Komplements, hier also $\lambda = 489$ nm, an. Das Komplement zu Orange (600 nm) ist also bläuliches Zyan (489 nm). Die Kurven hängen etwas vom Beobachter und der Wahl des Weiß ab

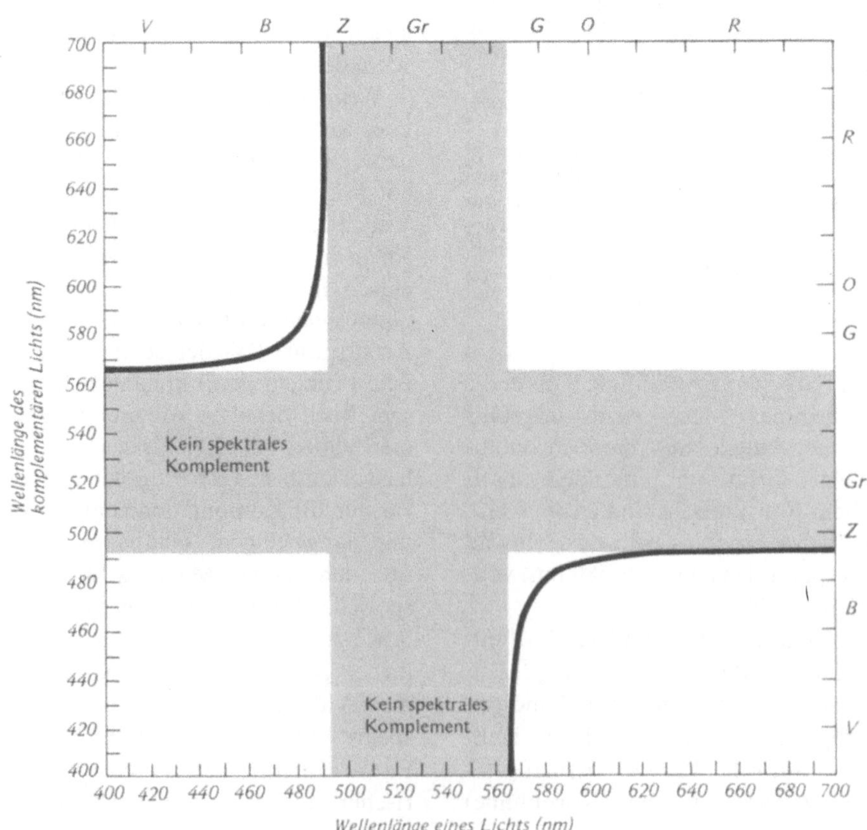

(etwa von 495 bis 565 nm) gibt es keine monochromatische Komplementärfarbe, denn, wie wir schon wissen, ist zu Grün das nichtspektrale Magenta komplementär, das eine zweihöckrige Intensitätsverteilung aus Rot und Blau hat. Damit können wir die nichtspektralen Purpurtöne durch die Wellenlänge der Komplementärfarbe darstellen. Wenn wir zum Beispiel von einem Magenta 535c sprechen, meinen wir damit die Farbe, die Weiß ergibt, wenn sie zu 535 nm Grün addiert wird.

SEHEN SIE SELBST, wie Sie mit Hilfe negativer Nachbilder die enge Beziehung der Komplementärfarben zur Informationsverarbeitung im Gesichtssinn aufspüren können.

SEHEN SIE SELBST

Komplementärfarben und negative Nachbilder

Suchen Sie sich auf Tafel 5.2 einen Punkt heraus, konzentrieren Sie sich eine Weile (30 Sekunden) darauf und schauen Sie dann auf ein weißes Blatt Papier. Genau wie bei Abbildung 7.16 sehen Sie ein negatives Nachbild. Weil das Bild hier farbig ist, hat das Nachbild mit Ihrer Farbwahrnehmung zu tun. Während Sie zum Beispiel auf den roten Teil blicken, wird der Mechanismus für die Wahrnehmung von Rot desensibilisiert. Wenn Sie dann in weißes Licht schauen, sehen Sie mit dem desensibilisierten Rot-Mechanismus weniger Rot, sehen also weißes Licht, dem Rot weggenommen wurde. Da Weiß ja als Mischung aus Zyan und Rot betrachtet werden kann, sieht Weiß ohne Rot wie Zyan aus, also blaugrün. Wo Sie in dem Bild auf Rot gestarrt haben, ist die Farbe des Nachbildes Zyan. Entsprechend sehen Sie in jedem Teil des Nachbildes die Komplementärfarbe dieses Teils des Bildes.

Maler nutzen dies, wenn sie neben eine ziemlich gesättigte Farbe deren Komplementärfarbe setzen, um vibrierende Farben zu erhalten. Während

Sie zum Beispiel auf die Grenze zwischen Rot und Zyan schauen, führt der Tremor des Auges dazu, daß das Nachbild des Zyan das vom Rot überlappt und umgekehrt (Abschnitt 7.6). Da das Nachbild vom Zyan schon rot ist, verstärkt es die Sättigung des Rot, wenn es vor einem roten Hintergrund gesehen wird. So kommen die intensiven Farbblitze des Übergangsbereichs zustande. (Kelly hat statt des Zyan Grün genommen. Schauen Sie sich sorgfältig die rot-grüne Grenze an. Hier beobachten Sie eine andere Wirkung als die chromatische Aberration an der rot-blauen Grenze, die wir in Abschnitt 5.2.2 behandelten. Das Auge hat zwischen Rot und Grün nur eine sehr kleine Dispersion.) Larry Poons hat riesige Leinwände einfarbig bemalt und mit andersfarbigen Punkten überstreut. Wenn Sie das Glück haben, eines seiner Werke zu sehen, schauen Sie einmal eine halbe Minute lang auf einen Punkt und lassen Sie das Auge dann über das ganze Bild schweifen. Die Nachbilder der Punkte begleiten das Auge und lassen Sie ein aufregendes Wechselspiel der gemalten Punkte miterleben.

Versuchen Sie auch unter anderen Umständen komplementäre Nachbilder herzustellen. Legen Sie zum Beispiel einen kleinen bunten Papierstreifen auf einen weißen Untergrund und blicken Sie eine halbe Minute lang unverwandt auf einen Punkt in der Mitte des Papiers. Drehen Sie dann den Streifen um 90° und starren Sie wieder auf den Punkt. Das farbige Papier und sein komplementäres Nachbild bilden nun ein Kreuz. Am Kreuzungspunkt sieht das bunte Papier sehr blaß aus.

9.4.3 Die Farbmetrik

Additive Kombinationen von blauem, grünem und rotem Licht können, wie wir sahen, Gelb, Zyan, Magenta und Weiß ergeben. Das legt die Ver-

mutung nahe, jede Farbe lasse sich additiv aus drei richtig gewählten Farben mischen. Die Überprüfung dieses Gedankens können Sie sich als ein Spiel vorstellen: Sie wählen drei verschiedenfarbige Lichter aus und wir ein viertes. Sie dürfen dann Ihre Lichter beliebig mischen, um ein Licht zu erhalten, das unserem in Farbton, Sättigung und Lichtstärke entspricht. Nehmen wir an, Sie wählten drei reine monochromatische Farben, je eine aus dem blauen, grünen und roten Teil des Spektrums. Können Sie dann jede Farbe mischen, die wir heraussuchen?

Nun, fast jede. Sie haben die beste Wahl getroffen und Sie können viele Farben mischen, aber einige doch nicht. Sie können zum Beispiel mit blauem und grünem Licht Zyan mischen, aber wenn wir ein monochromatisches Zyan wählen, kommen Sie in Schwierigkeiten. Auch das beste Zyan aus Blau und Grün ist nicht gesättigt genug. Sie können viele ungesättigte Farben gut nachahmen, aber nicht die gesättigten. Genaugenommen haben Sie das Spiel verloren. Wenn wir aber die Regeln ein wenig ändern, können Sie gewinnen.

Obwohl sich das monochromatische Zyan nicht perfekt mischen läßt, können Sie es in etwas verwandeln, das sich mischen läßt. Wenn Sie nämlich etwas von Ihrem Rot zu unserem monochromatischen Zyan hinzufügen, wird das Zyan ungesättigt. Da Rot zu Zyan komplementär ist, ergibt eine Mischung von etwas Rot mit ein wenig Zyan ein wenig Weiß und zusammen mit dem restlichen Zyan ein ungesättigtes Zyan. Dieses ungesättigte Zyan wiederum können Sie aus Ihrem Blau und Grün mischen. Sie haben also mit Ihren drei farbigen Lichtern Farbgleichheit hergestellt:

$$\text{Blau} + \text{Grün} \equiv \text{reines Zyan} + \text{etwas Rot}.$$

Wenn wir dies als mathematische Gleichung lesen, können wir schreiben

Blau + Grün – etwas Rot
≡ reines Zyan.

Wenn die Spielregeln also negative Lichtmengen zulassen, können Sie unser monochromatisches Zyan herstellen. Sie können dann sogar jede Farbe, die wir aussuchen, mischen, ganz gleich, wie gesättigt sie ist, und das Spiel immer gewinnen. (›Negative Lichtmenge‹ ist hier eine Kurzform dafür, daß Sie eine Ihrer Farben mit unserer vermischen und das Resultat aus den verbleibenden zwei Farben mischen.)

Wenn Sie als Ihre drei Farben ein monochromatisches Rot mit $\lambda = 650$ nm, ein monochromatisches Grün mit $\lambda = 530$ nm und ein monochromatisches Blau mit $\lambda = 460$ nm aussuchen, können Sie aus Abbildung 9.10 die relativen Mengen ablesen, die Sie brauchen, um irgendeine von uns gewählte monochromatische Farbe zu mischen. Wenn wir zum Beispiel ein Gelb mit $\lambda = 570$ nm aussuchen, müssen Sie ein wenig Blau hinzugeben und können die resultierende Farbe dann aus Grün und Rot mischen. (Aus den Kurven lesen wir ab, daß 36% Rot, 66% Grün und 2% negatives Blau genau dieses Gelb ergeben.) In Abbildung 9.10 ist Verschiedenes zu beachten. Die Kurven sind für eine genormte Menge der monochromatischen Farbe gezeichnet. Sie ändern sich etwas, wenn sich die Menge dieser Farbe ändert. Weiterhin geben die Kurven die relativen Anteile der Farben an – die Teile des Ganzen. Die relativen Anteile müssen sich bei jeder Wellenlänge zu eins summieren. Wir brauchen also nur zwei dieser Kurven zu kennen, um die dritte berechnen zu können. (Wenn man zum Beispiel weiß, daß ein bestimmtes Gelb 36% Rot und 66% Grün braucht, kann man daraus schließen, daß man negative 2% Blau braucht, da ja 36% + 66% − 2% = 100%.)

9.10 Die Mischungsverhältnisse der drei Farben (460-nm-Blau, 530-nm-Grün und 650-nm-Rot), die jede monochromatische (spektrale) Farbe ergeben. Sie lesen ab, daß bei 460 nm die nötigen Beiträge von Rot und Grün null sind, weil sich 460-nm-Blau allein aus dem vorgegebenen Blau mischen läßt. Vom Blau wird also an diesem Punkt 100% gebraucht. Entsprechend verschwinden die Blau- und Rotanteile bei 530 nm und die Blau- und Grünanteile bei 650 nm. (Aus historischen Gründen bedeutet die Redeweise ›gleiche Anteile von Blau, Grün und Rot‹, daß die Intensitätsverhältnisse von Blau zu Rot zu Grün sich wie etwa 1,3 zu 1,0 zu 1,8 verhalten. Die hier und in den folgenden Abbildungen gezeigten Kurven sind standardisiert; tatsächlich hängen sie etwas vom Beobachter, der Lichtintensität und anderen Faktoren ab)

Abbildung 9.11 ist eine andere Darstellung der relativen Mengen von 650-nm-Rot und 530-nm-Grün, die zum Mischen einer Farbe nötig sind, und daraus läßt sich dann die nötige Menge des 460-nm-Blau bestimmen. Hier entsprechen die Punkte auf der hufeisenförmigen Kurve, dem Spektralfarbenzug, den jeweiligen Spektralfarben. Wenn man zum Beispiel die Werte für das 570-nm-Gelb abliest, sieht man, daß der Rotwert 0,36 oder 36% beträgt und der Grünwert 0,66 oder 66%. (Diese beiden addieren sich zu mehr als 100%; der 570-Punkt liegt also außerhalb des Dreiecks, das als seine Eckpunkte die von Ihnen gewählten drei Farben hat. Es wird also von einer Farbe ein negativer Anteil gebraucht, hier eben −2% Blau.) Die Kurve enthält somit alle Information der Abbildung 9.10. Warum machen wir uns die Mühe, Abbildung 9.10 neu zu entwerfen, wenn das Ergebnis nur wie ein verzerrter Farbenkreis aussieht? Weil sich die Regeln für die additive Farbmischung in dieser Farbtafel leicht ablesen lassen:

> **Die additive Mischung zweier Farben liegt auf der Geraden, die diese beiden Farben verbindet.**

Jede Mischung aus 530-nm-Grün und 650-nm-Rot zum Beispiel liegt auf der Diagonalen, die innerhalb des Spektralfarbenzugs Rot und Grün verbindet, und der Punkt in der Mitte zwischen Rot und Grün entspricht einer Mischung aus genau gleichen Teilen der beiden Farben. Ein Punkt der Geraden, der näher an Rot ist als an Grün, enthält verhältnismäßig mehr Rot.

Wir wissen, daß jedes aus Rot und Grün gemischte Gelb etwas ungesättigt ist. Also muß der Bereich innerhalb des Hufeisens den ungesättigten Farben entsprechen. Wir wissen auch, daß man durch Mischung von Rot und Blau die Purpurfarben erhält, also müssen diese Farben in dem Bereich liegen, der die Fußpunkte des Hufeisens verbindet.

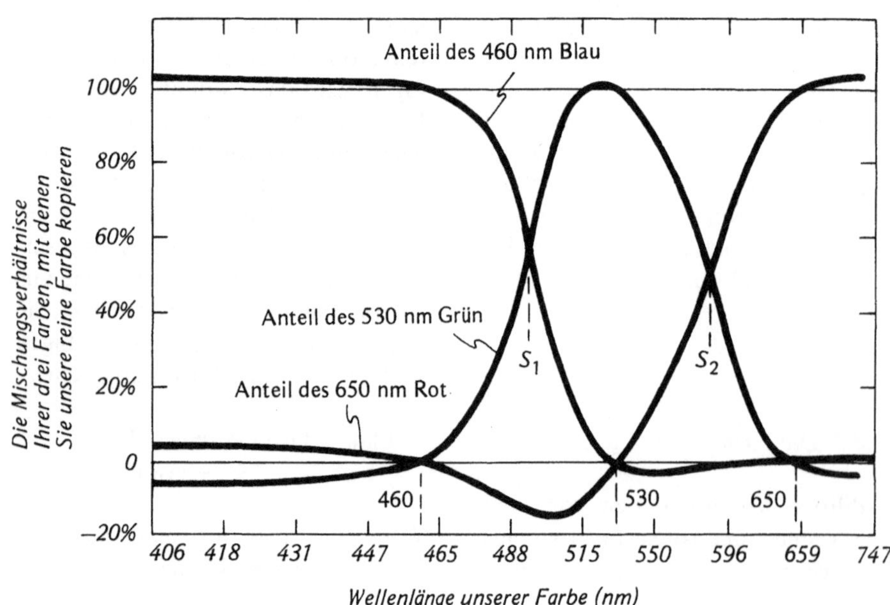

Angenommen, Sie nehmen 570-nm-Gelb und addieren 460-nm-Blau. Die entstandene Farbe liegt auf der Geraden, die diese beiden Punkte verbindet. Ein bißchen Blau verändert das reine Gelb zu einem, das gerade innerhalb der Hufeisenkurve liegt, vermindert also ein wenig die Sättigung. Viel Blau verschiebt die Farbe näher an den Blaupunkt, ergibt ein ungesättigtes Blau. Irgendwo dazwischen muß der Punkt liegen, der Weiß entspricht, weil Gelb und Blau ja komplementär sind und die richtige Mischung der beiden Weiß ergibt. Weiß liegt also in der Mitte des Diagramms.

Wenn der Weißpunkt bekannt ist, läßt sich zu jeder Farbe leicht das Komplement finden:

> **Man erhält das Komplement einer Farbe, indem man eine Gerade von der Farbe durch den Weißpunkt zur anderen Seite des Hufeisens zieht.**

Eine Gerade vom 650-nm-Rot durch den Weißpunkt schneidet das Hufeisen bei ungefähr 490-nm-Zyan, dem Komplement von Rot.

Der Weißpunkt liegt ungefähr da, wo die drei Farben Blau, Grün und Rot gleiche Anteile beitragen. Seine genaue Lage hängt davon ab, welches Weiß wir als Standardweiß betrachten (ob zum Beispiel Tageslicht oder eine künstliche Lichtquelle). Die Willkür unserer Wahl, wenn wir etwas ›weiß‹ nennen, veranschaulicht Jan Andrzej Morsztyn in seinem Gedicht ›Meine Geliebte‹:

Weiß der polierte Marmor von Carrara,
Weiß die Milch, in Mengen aus dem
 Kuhstall geholt,
Weiß der Schwan und bedeckt mit
 weißen Federn,
Weiß die noch nicht oft gefädelte Perle,
Weiß der Schnee, frischgefallen, noch
 unbetreten,
Weiß die in aller Frische gepflückte Lilie,
Aber weißer noch sind Gesicht und Hals
 meiner Geliebten
Als Marmor, Milch, Schwan, Perle,
 Neuschnee und Lilie.

Wir sind uns sicher darin einig, daß diese Geliebte hellhäutig ist (wenn die Beschreibung auch eher an einen Eis-

bären denken läßt), aber es ist schwierig, Übereinstimmung darüber zu erreichen, was wirklich mit dem Wort ›weiß‹ gemeint ist, ganz gleich, ob wir über Körperfarben oder Licht reden. Wegen der Vieldeutigkeit des Begriffs muß man sich auf eine BELEUCHTUNGSNORM einigen. Es gibt eine Reihe von Normen für weißes Licht, und wenn Genauigkeit erforderlich ist, muß die Norm angegeben werden. Der Bereich des Farbdiagramms in der Nähe des Weißpunkts (ganz gleich nach welchem Standard) enthält die sehr ungesättigten Farben. Je weiter wir von ihm weg zum Spektralfarbenzug hin kommen, um so gesättigter werden die Farben.

Wenn Sie den Farbton einer Farbe F der Farbtafel wissen wollen, brauchen Sie nur eine Gerade vom Weißpunkt durch F zum Spektralfarbenzug zu ziehen. Der Schnittpunkt dieser Geraden mit dem Hufeisen gibt die Lage der entsprechenden gesättigten Farbe an – den Farbton oder die DOMINANTE WELLENLÄNGE –, weil man sich F als eine Mischung aus Weiß und dieser Spektralfarbe denken kann. Wenn der Farbton von F Pur-

pur ist, muß die Gerade über den Weißpunkt hinaus verlängert werden. Sie schneidet das Hufeisen im grünen Bereich und gibt damit die Lage der komplementären Wellenlänge an, die eine Purpurfarbe definiert (Abschnitt 9.4.2).

Mittels der drei Farben 650-nm-Rot, 530-nm-Grün und 460-nm-Blau kann jede Farbe im Innern des großen Dreiecks ohne negative Anteile gemischt werden. Wenn Sie also die Farbe C herstellen wollen, können Sie mit Rot beginnen, ein wenig Grün hinzugeben (und damit entlang der Diagonalen von Rot auf Grün zugehen) und dann etwas Blau hinzufügen (also von der rot-grünen Linie zum Blaupunkt hingehen). Die richtigen Mengen Blau

9.11 Die Mischungsverhältnisse, in denen 650-nm-Rot, 530-nm-Grün und 460-nm-Blau jede Farbe ergeben. Die hufeisenförmige Kurve zeigt die Lage der zu mischenden Spektralfarbe. Wählen Sie die Farbe, die Sie mischen wollen, suchen Sie ihre Lage auf der Kurve und lesen Sie (auf der unteren Achse) ab, wieviel Rot und (auf der seitlichen) wieviel Grün Sie brauchen. Sie wissen dann, wieviel Blau Sie brauchen, wenn Sie die Summe der Grün- und Rotwerte von 1 subtrahieren

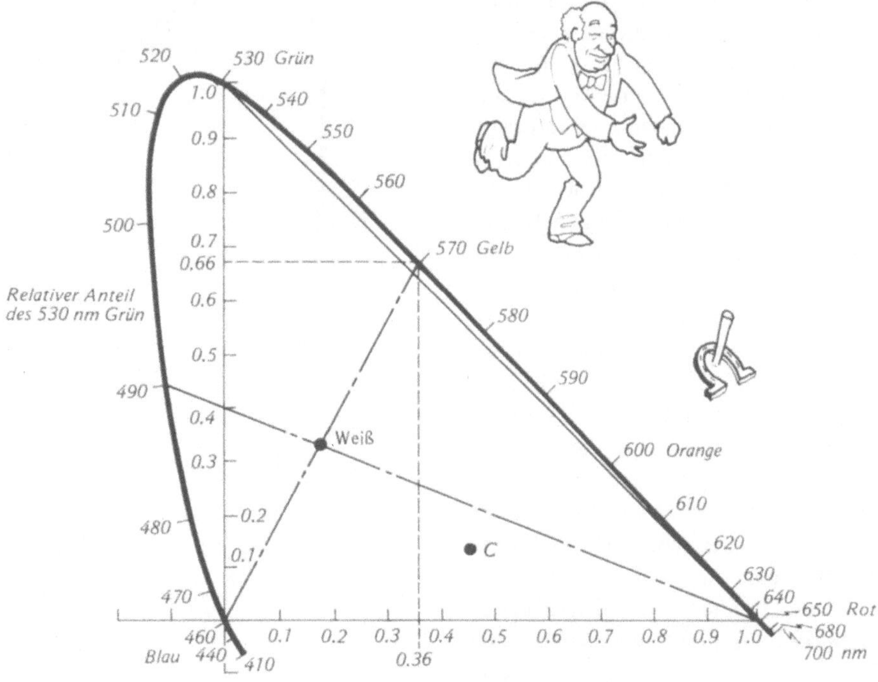

und Grün bringen uns nach *C*. Daran läßt sich sehen, warum die beste Wahl für das Farbenspiel die Farben Rot, Grün und Blau sind. Sie sind die Eckpunkte des größten Dreiecks, das in das Hufeisen hineinpaßt; aus ihnen läßt sich die größte Anzahl von Farben ohne negative Anteile mischen, also die größte Vielfalt von Farben, die physikalisch mit den drei Lichtarten gewonnen werden können. Deshalb werden Blau, Grün und Rot die ADDITIVEN GRUNDFARBEN genannt. Hätten Sie zum Beispiel Blau, Gelb und Rot gewählt, könnten Sie nicht so viele Farben mischen. Das zugehörige Dreieck ist kleiner. Deshalb auch liegen die Phosphore, die beim Farbfernsehen verwendet werden (das, wie wir sehen werden, seine Farben additiv mischt), in der Nähe der additiven Grundfarben und sind so gesättigt, wie diese Leuchtstoffe es nur sein können.

Natürlich können Sie auch mit Hilfe der Grundfarben keine anderen Spektralfarben mischen. Das ist in den seltensten Fällen wichtig, weil die meisten in der Natur vorkommenden Farben, wie erwähnt, ungesättigt sind.

Trotzdem geht uns der Gedanke gegen den Strich, die meisten gesättigten Farben ließen sich nicht ohne negative Anteile mischen. Wir hätten gern drei Grundfarben, die, in positiven Anteilen gemischt, alle Spektralfarben ergeben. Sicherlich würde das von diesen Grundfarben geformte Dreieck größer sein müssen als der Spektralfarbenzug. Das ist physikalisch unmöglich, aber nicht mathematisch. Wir können drei solche imaginären Farben erfinden, die wir [X], [Y] und [Z] nennen, indem wir das vorher benutzte Rot, Grün und Blau geeignet kombinieren. (Das imaginäre [X] würde aus etwa 150% Rot und einem negativen Anteil von 50% Grün bestehen – eine Art ›Superrot‹.)

Zwar können wir diese neuen Grundfarben nicht wirklich herstellen; aus den Abbildungen 9.10 und 9.11 und daraus, wie wir die neuen

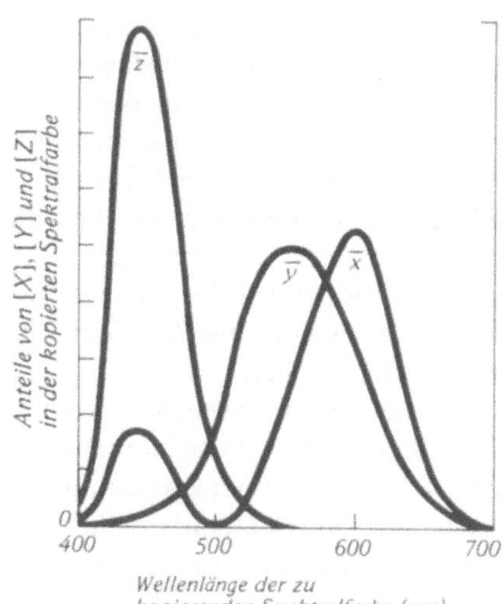

9.12 Normalspektralwerte: Zum Mischen einer vorgegebenen Spektralfarbe werden die Anteile $\bar{x}$ von [X], $\bar{y}$ von [Y] und $\bar{z}$ von [Z] gebraucht. [X], [Y] und [Z] sind imaginäre Primärfarben. Diese Kurve wurde nicht gemessen, sondern vielmehr mathematisch aus Abbildung 9.10 und der Definition der imaginären Primärfarben hergeleitet

Grundfarben gewählt haben, läßt sich jedoch bestimmen, wie die entsprechenden Kurven aussähen, wenn wir statt Rot, Grün und Blau [X], [Y] und [Z] benutzt hätten. Ein Neuentwurf von Abbildung 9.10 mit den neuen Grundfarben und etwas anderen Einheiten ergibt die sogenannten FARB- oder NORMALSPEKTRALWERTE, wie sie Abbildung 9.12 zeigt. Sie sind alle positiv, wir haben unsere neuen Grundfarben also geeignet gewählt.

Das Abbildung 9.11 entsprechende Diagramm ist die ›Normfarbtafel‹ in Abbildung 9.13. Sie gibt die relative Menge *x* der Grundfarbe [X] und *y* von [Y] an, aus denen jede Farbe gemischt werden kann. Die beiden Zahlen *x* und *y* geben den FARBWERT der Farbe an. (Wie in Abbildung 9.11 läßt

9.13 Die C.I.E.-Normfarbtafel mit dem ›Spektralfarbenzug‹

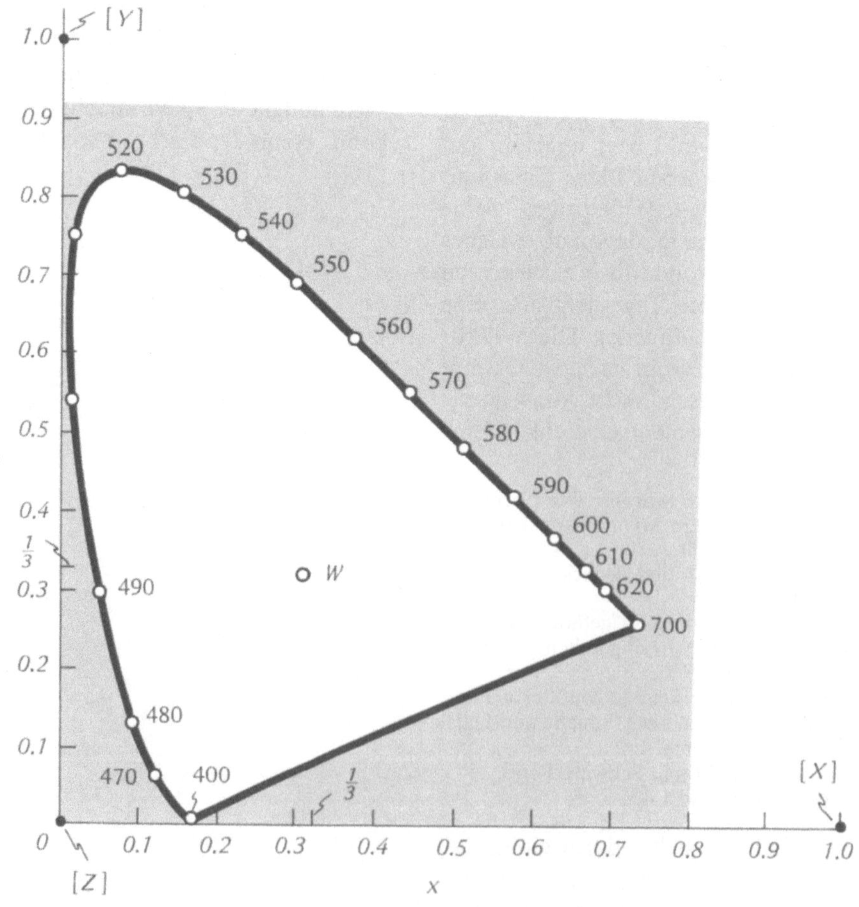

sich der Prozentsatz von [Z], der nötig ist, aus x und y berechnen, da die Summe aller drei 100% sein muß.) Die Einheiten von x, y und z sind so gewählt, daß Weiß in der Nähe des Punktes ›gleicher Energie‹ bei $x = 1/3$, $y = 1/3$ und folglich $z = 1/3$ liegt, wobei die genaue Lage von der gewählten Norm abhängt. (Wir benutzen hier andere Einheiten als in Abbildung 9.11.) Von diesen Einzelheiten abgesehen, hat die C.I.E.-NORMFARB-TAFEL alle Eigenschaften von Abbildung 9.11; additive Mischungen findet man auf geraden Linien (je mehr von einer Farbe in einer Mischung vertreten ist, um so näher ist die Mischung am entsprechenden Farbpunkt), Komplementärfarben findet man, indem man eine Gerade von der fraglichen Farbe durch den Weißpunkt zur gegenüberliegenden Seite des Spektralfarbenzugs zieht, die gesättigten Farben liegen auf dem Hufeisen selbst, die ungesättigten im Innern und die gesättigten Purpurfarben auf der Linie, die das Hufeisen unten begrenzt (Tafel 9.2).

Diese Farbtafel gibt uns nicht nur genaue Regeln für die additive Mischung (genauere als die vereinfachte Version der Abbildung 9.7), sondern auch die Möglichkeit, Farben genau zu beschreiben, indem wir die beiden Farbwerte x und y bestimmen. (Wir müssen natürlich auch die Helligkeit der Farbe angeben. Eine Farbtafel wird für eine bestimmte Helligkeit gezeichnet, und welche Punkte eines bestimmten Diagramms mit welchen Farben identifiziert werden, hängt stark von der Helligkeit ab.) Anwendungen für Farbwertmessungen liegen gleichsam auf der Hand; Kosmetikhersteller können damit die Farbe ihrer Cremes und Puder überprüfen und Obstbauern die Röte der Äpfel. Um zu beschreiben, was herauskommt, wenn etwa bestimmte Pigmente gemischt werden, genügt es, in der Farbtafel die Bahn der Mischfarbe anzugeben, wenn sich die Zutaten ändern (selbst wenn die Farbmischung nicht additiv ist). Solange wir von Farben sprechen, werden wir von der Farbtafel Gebrauch machen.

9.5 Möglichkeiten der additiven Farbmischung

Es gibt viele verschiedene Verfahren, Farben additiv zu mischen, und für alle gelten die Regeln der Farbtafel.

9.5.1 Einfache Addition

Eine einfache additive Mischung kommt immer dann vor, wenn zwei verschiedene Lichtquellen denselben Gegenstand beleuchten, wenn also zum Beispiel vom blauen Himmel durch das Fenster Sonnenlicht und gleichzeitig gelbliches Licht aus der Glühlampe zusammen auf diese Buchseite fallen. Da das Licht im Auge zusammenkommt, addiert es sich. Solche Lichtmischungen sind für die Bühnenbeleuchtung wichtig. Mehrere Scheinwerfer werfen farbiges Licht auf die Bühne, dessen Intensität während der Vorstellung verändert werden kann. Die ersten Projektionen von Farbfotos waren drei genau überlagerte Bilder aus drei Projektoren, von denen jeder ein Bild in einer additiven Primärfarbe entwarf. Auch heute noch wird dieses Verfahren bei der Fernsehprojektion auf Großschirme (in Sportstadien etwa und bei ins Freie übertragenen Opernaufführungen) verwendet. Dort besteht der Fernsehprojektor aus drei verschiedenen Spiegeln oder Linsen, die vergrößerte Bilder von drei kleinen, sehr hellen Bildröhren projizieren und überlagern, von denen jede das Fernsehbild in einer der drei Primärfarben enthält.

9.5.2 Partitive Mischung

Man kann verschiedenfarbiges Licht auch dadurch mischen, daß man mehrere kleine getrennte Quellen nebeneinander stellt. Wenn das Auge sie nicht als getrennte Lichtquellen wahrnimmt, mischen sich die Farben additiv. Diese Form der additiven Mischung bezeichnen wir als PARTITIVE MISCHUNG oder FARBRASTER. So entsteht das Farbfernsehbild auf einem normalen Bildschirm. Der Schirm setzt sich aus Punkten zusammen, die aus drei verschiedenen Leuchtstoffen bestehen, von denen jeder in einer der drei additiven Primärfarben leuchtet (Tafel 9.3). Drei Elektronenquellen in der Röhre senden Strahlen durch ein Raster mit vielen Löchern zu dem Schirm. Dort sind die Leuchtpunkte so angeordnet, daß jede Sorte nur von einem solchen Strahl durch die Maske getroffen werden kann. Jeder Strahl erzeugt ein vollständiges Fernsehbild in einer der Primärfarben, aber die Bilder sind auf dem Schirm so eng verflochten, daß man sie nicht unterscheiden kann. Statt dessen sieht man ihre additive Mischung, das vollständige Farbbild. Dies ist weniger umständlich, als wenn man drei Projektoren benutzt; andererseits erhält man von jeder Farbe weniger Licht, weil jede Primärfarbe bestenfalls von einem Drittel des Schirms kommt. (Das ist wiederum der Grund dafür, daß die meisten Großbildprojektoren drei verschiedene Bildröhren verwenden.)

Auch die Pointillisten haben das Prinzip der partitiven Mischung verwendet, wenn sie kleine Farbpunkte nebeneinander setzten (Tafel 7.2). Aus unmittelbarer Nähe sieht man nur die verschiedenen Farbkleckse, aber wenn man ein paar Schritte zurücktritt (oder die Brille abnimmt), verschmelzen die Farben und scheinen, weil sich die Farben additiv mischen, eine einzige Farbe zu sein. (Die Farben vermischen sich übrigens, obwohl man noch die einzelnen Punkte sieht – Abschnitt 10.6.3.) Denselben Effekt können Sie erleben, wenn Sie ein Mosaik oder ein bemaltes Glasfenster aus verschiedenen Entfernungen oder einen Baum im farbigen Herbstlaub betrachten – die einzelnen Blätter sind grün oder rot, aus der Entfernung aber scheint er bräunlich-gelb zu sein. Textilien erhalten ihre Farbe oft durch partitive Mischung, wenn Kette und Schuß eines engmaschigen Gewebes verschiedene Farben haben. Die ersten Farbfilme wirkten durch partitive Mischung farbig (Abschnitt 11.3). SEHEN SIE SELBST!

SEHEN SIE SELBST

Partitive Mischung

Betrachten Sie den Schirm eines Farbfernsehgeräts mit einer Lupe und schauen Sie ihn sich zuerst vor und dann nach dem Anschalten an. Beachten Sie die Anordnung der Farbleuchtstoffe. Verschiedene Hersteller ordnen sie verschieden an; einige verteilen die drei Farben in Dreiecksform, andere ordnen gleichfarbige Punkte auf vertikalen Linien an, die sich mit andersfarbigen Linien abwechseln. Können Sie erkennen, daß die meisten Farben des Fernsehbildes von allen drei Leuchtstoffen gebildet werden?

Suchen Sie sich eine Schwarzweißsendung oder drehen Sie den Farbregler zurück und gehen Sie so nahe an den Schirm, daß Sie die verschiedenen Farben ohne Lupe sehen. (Alle drei Leuchtstoffe müssen leuchten, damit Sie Weiß sehen.) Nehmen Sie dann den Kopf so weit zurück, bis sich die Farben zu Weiß vermischen. Jetzt können Sie immer noch die einzelnen Punkte oder Punktreihen erkennen, obwohl Sie keine einzelnen Farben sehen.

Wiederholen Sie dieses Verfahren an dem pointillistischen Bild auf Tafel 7.2. Betrachten Sie die Farben der einzelnen Punkte, wenn Sie nah sind, und beobachten Sie die Mischung, wenn Sie sich entfernen. Bei sorgfältiger Beobachtung können Sie die additiven Mischgesetze überprüfen.

Untersuchen Sie mit der Lupe, wie die Farben in den Stoffen Ihrer Kleidung und Möbel von den einzelnen Fäden herrühren.

9.5.3 Andere Verfahren

Farben mischen sich auch dann additiv, wenn sie ›zeitlich benachbart‹ sind, wenn sich die Farbe also so schnell ändert, daß das positive Nachbild einer Farbe sich im Auge mit dem Bild der folgenden Farbe einer anderen vermischt. Das bekannteste Beispiel ist eine sich schnell drehende Scheibe mit verschiedenen Farbsegmenten. Wenn sie stillsteht, sieht man verschiedenfarbige Keile; wenn sie sich dreht, ist ihre Farbe die additive Mischung der Einzelfarben (SEHEN SIE SELBST (1)).

Farben können auch näher am Gehirn additiv gemischt werden. Wenn man nämlich unter Nutzung der Zweiäugigkeit jedes Auge eine andere Farbe sehen läßt, kann das eine additive Mischung der beiden Farben zur Folge haben (SEHEN SIE SELBST (2)).

SEHEN SIE SELBST

1 Der Farbkreisel

Wird eine mit verschiedenen Farben bemalte Scheibe schnell genug gedreht, mischen sich die Farben additiv. Sie brauchen also etwas, was die Scheibe schnell genug dreht – auch ein Plattenspieler mit 78 U/min ist nicht schnell genug. Vielleicht konstruieren Sie eine Aufhängung und drehen die Scheibe mit der Hand (wie beim fünften SEHEN SIE SELBST zu Abschnitt 7.7.1) oder Sie montieren sie auf einen Spielzeugkreisel. Noch besser setzen Sie die Scheibe auf die Achse eines kleinen Motors, wie er einen Ventilator oder einen Bohrer antreibt.

Schneiden Sie aus verschiedenfarbigem Papier mehrere gleich große Scheiben und als Verstärkung für die Farbscheiben eine gleich große Pappscheibe. Jede Scheibe braucht in der Mitte ein Loch, das genau auf die Achse paßt, und entlang einem Radius einen Schlitz vom Mittelloch bis zum Rand. So können Sie die Farben beliebig gegeneinander verschie-

ben und die Überlappung selbst bestimmen. Setzen Sie die Pappscheibe auf die Achse und darauf zwei Farbscheiben, etwa eine rote und eine grüne. Lassen Sie zunächst jede Farbscheibe zur Hälfte sehen. Es lohnt sich, die Scheiben mit Klebeband, Büroklammern, einer Plastikscheibe oder (falls die Achse ein Gewinde hat) mit einer Mutter an der Achse zu befestigen. Achten Sie darauf, daß die Kanten sich nicht entgegen der Drehrichtung überlappen. Die Farben wirken am besten, wenn Sie die Scheiben mit einer hellen, starken Lampe beleuchten. Die Wirkung ist noch besser, wenn Sie fluoreszierende Farben nehmen, wie Sie sie zum Beispiel aus ausgemusterten Schwarzlichtpostern ausschneiden können. (Wenn Sie eine fluoreszierende Lampe zur Verfügung haben, ergeben sich vielleicht interessante Stroboskopeffekte – Abschnitt 7.7.2).

Beobachten Sie die Mischfarbe dieser Rot-Grün-Kombination. Ändern Sie die relativen Mengen von Rot und Grün und verfolgen Sie den Weg der entstehenden Mischfarben im Farbdiagramm der Tafel 9.2. Probieren Sie dann andere Farben aus. Versuchen Sie, Farbenpaare zu finden, die komplementär zueinander sind. (Solche Paare ergeben Grau. Warum nicht Weiß?) Versuchen Sie auch, drei Farben zu finden, die sich zu Weiß oder Grau mischen. Wenn Sie eine bestimmte Farbe mischen wollen und es im ersten Anlauf nicht schaffen, können Sie das Farbdiagramm zu Hilfe nehmen, um herauszufinden, von welcher Farbe Sie mehr und von welcher Sie weniger brauchen.

2 Binokulare additive Farbmischung

Wenn das linke Auge eine Farbe sieht und das rechte eine andere, vermischen sich die Farben oder sie addieren sich, oder jedes Auge sieht eine andere Farbe. Es gibt zwei einfache Methoden, dieses Experiment durchzuführen. Wenn Sie farbige Filter haben (Stücke durchsichtiger Plastikfolie oder Zellophan), nehmen Sie zwei verschiedenfarbige, etwa ein rotes und ein grünes, halten vor jedes Auge eines und schauen auf einen schlicht weißen Hintergrund – am besten in eine helle weiße Lichtquelle (aber keinesfalls in die Sonne!).

Sie können auch, als zweite Möglichkeit, zwei Bögen farbigen Papiers in etwa 30 cm Entfernung und nur knapp 1 cm voneinander entfernt vor sich halten. Schauen Sie durch den Schlitz zwischen den Papierbögen auf einen entfernten Gegenstand. Jedes Auge sieht dann ein Bild des ihm näherliegenden Farbbogens, und diese Bilder überschneiden sich, weil Sie einen entfernten Gegenstand fixieren. Dort, wo die Gesichtsfelder sich überlappen, können sich die Farben additiv mischen. Ob das geschieht oder nicht, hängt von den Farben und der Struktur des Hintergrunds ab.

Wenn Sie mit einer dieser Methoden eine Mischung sehen, signalisiert Ihnen das Gehirn, daß dort, woher es zum Beispiel rote und grüne Signale empfing, Gelb sein muß, obwohl weder das grüne noch das rote Licht noch die vom Licht bewirkten Signale sich vermischt haben, bevor sie das Gehirn erreichten.

9.6 Farbmischung durch Subtraktion

Wenn Sie zwei farbige Lichtquellen kombinieren, erhalten Sie eine additive Mischung; die Beiträge der beiden addieren sich. Farbiges Licht wiederum erhalten Sie, wenn Sie zwei Bündel weißen Lichts durch Farbfilter schikken. Was passiert aber, wenn man die Filter selbst kombiniert, sie also direkt hintereinanderstellt und durch beide hindurch Licht auf einen weißen Schirm schickt? Wenn man rote und grüne Filter nimmt, sieht man auf dem Schirm sehr wenig, und man erhält nicht die additive Mischfarbe Gelb. Das liegt daran, daß ein FILTER

zu dem hindurchgehenden Licht nichts addiert, sondern vielmehr von den im Licht schon enthaltenen Wellenlängen unterschiedlich viel hindurchläßt. Der rote Filter läßt nur rotes Licht durch – er absorbiert blaues und grünes Licht. Der grüne Filter läßt nur grünes Licht durch – er absorbiert rotes und blaues Licht. In diesem Fall absorbiert der grüne Filter all das rote Licht, das vorher den roten Filter passierte. Wenn das Licht also durch beide Filter läuft, wird alles absorbiert; nichts erreicht den Schirm. Wenn die Filter so angeordnet sind, sprechen wir von SUBTRAKTIVER MISCHUNG, weil sich der Vorgang am einfachsten analysieren läßt, wenn man bedenkt, was jeder Filter dem ursprünglichen Lichtstrahl wegnimmt.

Subtraktion von Farben kann man häufig beobachten. Wenn wir sagen, ein lichtundurchlässiger Gegenstand habe eine bestimmte Farbe, meinen wir damit meistens, daß er bei Bestrahlung mit weißem Licht bestimmte Wellenlängen absorbiert (subtrahiert) und den Rest reflektiert. Die Farbe des Gegenstands wird durch den reflektierten Teil des einfallenden Lichts bestimmt, den Teil, den das Objekt nicht absorbiert. Wenn wir also wissen, was vom weißen Licht abgezogen wird, wissen wir auch, welche Farbe entsteht. So ist zum Beispiel das Ei des amerikanischen Rotkehlchens blau, weil die Schale grünes und rotes Licht absorbiert und nur blaues Licht reflektiert.

9.6.1 Die einfachen Subtraktionsgesetze

Filter werden durch ihre TRANSMISSIONS- oder DURCHLÄSSIGKEITSKURVEN beschrieben – sie geben an, welcher Teil des einfallenden Lichts bei jeder Wellenlänge durchgelassen wird. Wenn man breitbandiges weißes Licht durch einen Filter schickt, ist die Intensitätsverteilung des durchgelassenen Lichts die gleiche wie die Durchlässigkeitskurve des Filters. Ein

Filter verändert eben nicht die in dem Licht enthaltenen Wellenlängen, sondern nur die Intensitäten.

Wenn man wissen will, was bei der subtraktiven Mischung zweier Farben herauskommt, muß man die Durchlässigkeitskurven der einzelnen Filter kennen. (SEHEN SIE SELBST, wie sie abgeschätzt werden können.) Die Subtraktionsregeln sind im allgemeinen kompliziert. Nur für ideale Filter, die bei manchen Wellenlängen 100% und bei allen anderen 0% durchlassen, sind die Gesetze für die subtraktive Mischung einigermaßen einfach. (Abbildung 9.14a, b und c zeigen Durchlässigkeitskurven idealer Filter. Vergleichen Sie sie mit den Durchlässigkeitskurven realistischerer Filter, die so aussehen können wie die Kurven in Abbildung 9.6a, b und c.) Wenn Sie mit diesen drei idealen Filtern subtraktiv mischen, ergeben je zwei davon Schwarz (es kommt kein Licht hindurch). (Warum?)

Das subtraktive Mischen wird interessanter, wenn man Filter nimmt, die die Komplementärfarben der additiven Grundfarben durchlassen. Da gelbes Licht (das additiv aus Grün und Rot gemischt wird) das Komplement von Blau ist, kann es subtraktiv durch Absorption von Blau aus weißem Licht hergestellt werden:

$$G \equiv Gr + R \equiv W - B.$$

Genauso gilt für Magenta und Zyan

$$M \equiv B + R \equiv W - Gr$$

$$Z \equiv B + Gr \equiv W - R.$$

Durchlässigkeitskurven für Filter dieser drei SUBTRAKTIVEN GRUNDFARBEN sehen Sie in Abbildung 9.14e, f und g. Wenn weißes Licht nacheinander durch einen Gelb- und einen Zyanfilter fällt, subtrahiert der Gelbfilter Blau und der Zyanfilter Rot, so daß die Kombination sowohl Blau als auch Rot subtrahiert, also nur Grün bleibt. Die Ergebnisse aller subtraktiven Kombinationen dieser subtraktiven Grundfarben sind in Abbildung

9.14 Ideale Filter. Durchlässigkeitskurven für (a) idealen Blaufilter, (b) idealen Grünfilter und (c) idealen Rotfilter. (d) Ergebnis einer subtraktiven Mischung von zwei beliebigen Filtern aus (a), (b) und (c). Ebenso sind die Durchlässigkeitskurven von Filtern gezeigt, die dasselbe Licht durchlassen, wie man aus additiven Mischungen von (a), (b) und (c) erhält: (e) idealer Gelbfilter (Grün plus Rot ≡ Weiß minus Blau), (f) idealer Magentafilter (Blau plus Rot ≡ Weiß minus Grün), (g) idealer Zyanfilter (Blau plus Grün ≡ Weiß minus Rot). Dabei geben (a), (b) und (c) auch die Ergebnisse der subtraktiven Mischungen von (e), (f) und (g) an. So ergibt zum Beispiel eine subtraktive Mischung von (f) und (g), wie (h) schematisch zeigt, (a)

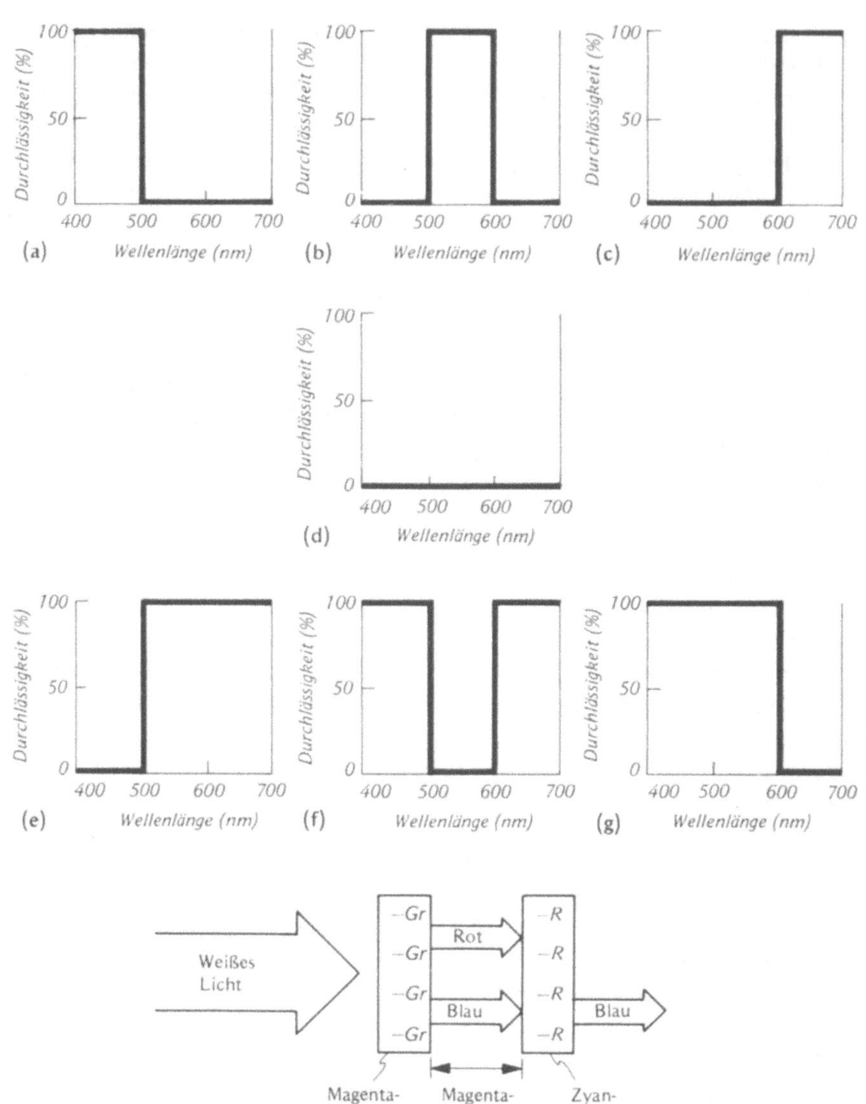

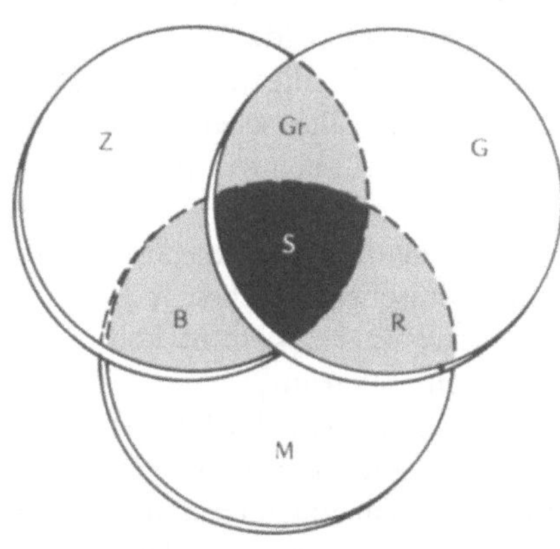

9.15 Einfache subtraktive Mischregeln. Die Zeichnung zeigt, wie drei zum Teil überlappende breitbandige Filter, die subtraktiv mischen, auf weißes Licht wirken:
Eine subtraktive Mischung von *Z* und *M* ergibt *B*.
Eine subtraktive Mischung von *Z* und *G* ergibt *Gr*.
Eine subtraktive Mischung von *G* und *M* ergibt *R*.
Eine subtraktive Mischung von *Z*, *G* und *M* ergibt *S* (Schwarz)

9.15 zusammengefaßt. Die Dreifachkombination von Blau-, Grün- und Rotfilter subtrahiert alles und läßt nichts – außer Schwarz – übrig, ganz im Gegensatz zum additiven Vergleichsfall (Abb. 9.7), bei dem die Summe aller Farben Weiß ist. (Erinnern Sie sich, daß wir es bei der Addition verwunderlich fanden, daß Grün und Rot Gelb ergeben, da Gelb doch nicht wie ein rötliches Grün aussieht. Jetzt können wir ähnlich überrrascht sein, daß Zyan und Magenta subtraktiv Blau ergeben – Blau sieht doch gar nicht wie ›purpurnes Zyan‹ aus.)

SEHEN SIE SELBST

Ein hausgemachtes Spektrum und Durchlässigkeits- und Reflexionskurven

1 Ein hausgemachtes Spektrum

Wenn Sie selbst ein Spektrum erzeugen können, können Sie auch viele der Effekte nachvollziehen, die mit Farben zu tun haben. Das Spektrum in Tafel 2.1a ist oft ungeeignet, da es nur aus den drei Farbtönen besteht, in denen es gedruckt wurde. Auch ein Regenbogen eignet sich nicht, weil sich die Spektralfarben bei ihm überschneiden (Abschnitt 2.6.2). Zur Erzeugung eines guten Spektrums brauchen Sie einen Diaprojektor und entweder ein Prisma oder ein Beugungsgitter (Abschnitt 12.3.1). Prismen hängen manchmal an Kronleuchtern, auch die Ecken eines Aquariums eignen sich, und beide, Prisma und Beugungsgitter, gibt es billig zu kaufen. Ein angemessener Gitterersatz ist eine Langspielplatte oder eine CD-Platte.

Nehmen Sie also Prisma oder Beugungsgitter und bauen Sie den Diaprojektor auf. Statt eines Dias stecken Sie einen leeren, mit Aluminiumfolie bezogenen Diarahmen hinein, in den Sie mit einer Rasierklinge einen kurzen Schlitz geritzt haben. Stellen Sie den Projektor so ein, daß das Bild des Schlitzes dort, wo Sie es beobachten wollen (auf einer Leinwand, der Wand oder der Decke), scharf ist, und halten Sie Prisma oder Gitter nahe vor die Projektionslinse. In einigem Abstand von dem vorherigen Schlitzbild sollten Sie jetzt ein Spektrum sehen. Mit Gitter oder Schallplatte sehen Sie sowohl den weißen Schlitz als auch seitlich davon das Spektrum. Wenn Sie eine Schallplatte verwenden, wählen Sie eine, die nur ein oder zwei breite Bänder hat (eine Symphonie ist sehr geeignet) und halten Sie sie so schräg, daß der Strahl sie streifend trifft und auf die Leinwand reflektiert wird. Drehen Sie Prisma oder Gitter oder Platte, bis die Farben so gut wie möglich sind, und verändern Sie die Scharfeinstellung, bis das Bild optimal ist.

Das Experimentieren mit dem Spektrum ist einfacher, wenn Gitter, Platte oder Prisma so befestigt sind, daß sie nicht wackeln. Dabei hat sich Kaugummi gut bewährt, aber achten Sie darauf, daß er nicht in die Plattenrillen gerät.

2 Durchlässigkeitskurven von Filtern und Färbemitteln

Wenn Sie erst einmal ein Spektrum haben, brauchen Sie nur noch einen Filter in den Lichtstrahl zu halten, und schon können Sie die Durchlässigkeitskurve des Filters abschätzen. Wenn der Filter nur die Hälfte des Lichtstrahls blockiert, können Sie sowohl das originale als auch das gefilterte Spektrum sehen. Der Vergleich der Spektren ergibt zum Beispiel, daß fast alles Rot, Grün und Gelb, aber sehr wenig Blau durch einen gelben Filter gelangt. Versuchen Sie, die Durchlässigkeitskurve aufzuzeichnen, indem Sie abschätzen, wieviel Licht von jeder Farbe durch den Filter kommt.

Der Filter kann ein farbiges, lichtdurchlässiges Stück Zellophan oder Plastikfolie oder farbiges Glas sein. Sie können auch Färbemittel nehmen. Tun Sie etwa Lebensmittel- oder Stoffarbe in ein klares, geradwandi-

ges Glas, so daß alles Licht durch die gleiche Schicht gefärbten Wassers hindurch muß. Probieren Sie es auch mit klaren Flüssigkeiten, wie Obstsäften, Shampoo und so weiter.

3 Reflexionskurven

Ganz entsprechend können Sie auch abschätzen, wieviel Farbe ein farbiger Gegenstand reflektiert, wenn Sie ihn in Ihr Spektrum halten. Versuchen Sie es auch mit farbigem Papier und vergleichen Sie, wie die Farben Ihres Spektrums auf dem Papier und dem weißen Schirm daneben aussehen. Versuchen Sie das auch mit gefärbten Textilien.

9.6.2 Subtraktive Mischgesetze für nicht ideale Filter und Farbstoffe

Die in Abbildung 9.15 zusammengefaßten Subtraktionsgesetze gelten nur ungefähr – nämlich genaugenommen nur für die idealen Filter aus Abbildung 9.14. Sie gelten auch für ideale lichtdurchlässige FARBSTOFFE, also Substanzen, die bestimmte Teile des Spektrums absorbieren. Wenn klare Farbstoffe gemischt werden, ergibt sich eine subtraktive Farbmischung. Im allgemeinen gibt es keine einfachen Regeln, die erlauben, das Ergebnis einer subtraktiven Mischung nicht idealer Farbstoffe oder Filter vorherzusagen, wenn nur die Farben (das

heißt die Farbwerte) der Komponenten bekannt sind. Bei subtraktiven Mischungen hängt das Ergebnis von der Form der Intensitätsverteilung (bzw. den Durchlässigkeitskurven) der Filter und Farbstoffe ab – die subtraktive Mischung aus, sagen wir, einem bestimmten Gelb und Zyan kann sich von der eines anderen Gelbs oder Zyans auch dann ganz wesentlich unterscheiden, wenn sich die beiden ursprünglichen Farbpaare sehr ähnlich waren.

Um zu zeigen, wie auch ein einfacher Fall sehr kompliziert sein kann, nehmen wir an, ein Filter oder Farbstoff habe die Durchlässigkeitskurve aus Abbildung 9.16a. Es ist dann im Bereich zwischen 550 und 700 nm, also für ungesättigtes Orange, am durchlässigsten; das bißchen komple-

9.16 Subtraktive Mischung einer Farbe mit sich selbst. (a) Durchlässigkeitskurve eines Filters (ausgezogene Linie); zweier gleicher Filter, von denen einer hinter dem anderen steht (punktierte Linie), vieler gleicher solcher Filter, einer hinter dem anderen (gestrichelte Linie). Hier geben wir statt des Prozentsatzes des einfallenden Lichts, das bei einer Wellenlänge durchgelassen wird, den durchgelassenen Bruchteil an, also nicht den Prozentsatz, sondern die äquivalente Dezimalzahl. (b) Der Weg der Farbe in der Farbtafel, wenn immer mehr Filter davorgesetzt werden und die Intensität des Lichts proportional zunimmt. Ein Filter gibt ein ungesättigtes Orange (am Punkt 1). Mehrere Filter führen zu einem monochromatischen Violett

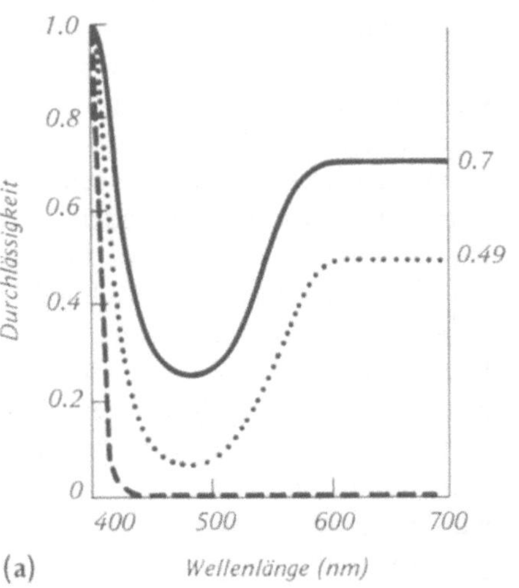

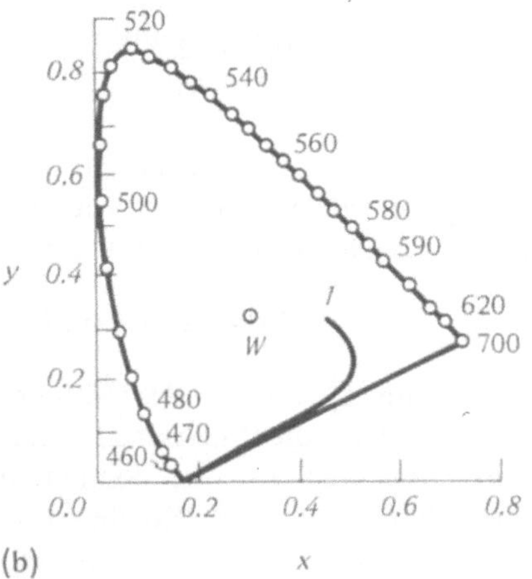

mentäre Blau (Violett) bei 400 nm läßt das Orange nur noch weniger gesättigt erscheinen. Was passiert, wenn wir zwei solche Filter hintereinanderstellen (oder die Konzentration des Farbstoffs verdoppeln), die Farbe also subtraktiv mit sich selbst mischen? (Subtraktives Mischen der idealen Filter aus Abbildung 9.14 mit sich selbst verändert die Farbe nicht – 100% des Gelbs passiert den Filter aus Abbildung 9.14e, ganz unabhängig davon, wie viele solcher Filter das Licht durchläuft.) Wenn wir die Durchlässigkeitskurve eines Filters kennen, wie sie etwa Abbildung 9.16a zeigt, können wir daraus die Durchlässigkeitskurve von zwei solchen Filtern berechnen. Wir sehen zum Beispiel, daß 0,7 (70%) des 600-nm-Orange durch den ersten Filter kommen. Wenn dieses Licht den zweiten Filter erreicht, kommt wieder 0,7 davon hindurch, es passiert also $0{,}7 \cdot 0{,}7 = 0{,}49$ (49%) des Orange beide Filter. Die Durchlässigkeitskurve zweier Filter ergibt sich also durch Multiplikation der einzelnen Durchlässigkeitskurven – für jede Wellenlänge multipliziert sich die Durchlässigkeit der einzelnen Filter. Abbildung 9.16 zeigt die Gesamtdurchlässigkeitskurve der beiden gleichen Filter – ein etwas stärker gesättigtes Orange. Erhöhen wir in Gedanken die Anzahl der hintereinandergestellten Filter auf zehn oder die Farbstoffkonzentration auf das Zehnfache. Die Durchlässigkeit für breites Orange wäre dann

$$0{,}7 \cdot 0{,}7 \cdot \ldots \cdot 0{,}7 = (0{,}7)^{10}$$
$$= 0{,}03 \, ,$$

was bedeutet, daß fast kein (nur 3%) Orange durchgelassen wird. Jedoch ist die Durchlässigkeit bei 400 nm

$$1{,}0 \cdot 1{,}0 \cdot \ldots \cdot 1{,}0 = (1{,}0)^{10} = 1{,}0 \, .$$

Immer noch kommt alles 400-nm-Violett durch die Filterschicht hindurch. Dies ist also die dominante Wellenlänge unserer Kombination von zehn Filtern – Licht, das zehn sol-

cher orangefarbigen Filter durchschienen hat, sieht violett aus! (Natürlich gelangt insgesamt wesentlich weniger Licht durch zehn Filter als durch einen, also ist das Violett dunkler als das ursprüngliche Orange. Wir können das ausgleichen, indem wir die Intensität des einfallenden Lichts erhöhen.) Abbildung 9.16b zeigt, wie sich die Farbe ändert, wenn immer mehr Filter benutzt werden (SEHEN SIE SELBST).

Subtraktives Mischen von Farben mit sich selbst kann auch bei Mehrfachspiegelung auftreten. Wenn Licht mehrmals vom selben Objekt reflektiert wird, wiederholt sich auch der Absorptionsprozeß, der dem Gegenstand seine Farbe gibt, ganz ähnlich dazu, wie der Absorptionsprozeß in einem Filter sich wiederholt, wenn Licht mehrere identische Filter passiert. Diese Oberflächeneigenschaft wird durch die REFLEXIONS- oder RÜCKSTRAHLKURVE beschrieben (die angibt, wieviel vom einfallenden Licht bei jeder Wellenlänge reflektiert wird). Sie spielt für reflektierende Flächen dieselbe Rolle wie die Durchlässigkeitskurve bei Filtern und läßt sich gut in einer goldenen (oder vergoldeten) Tasse oder Schale beobachten. Wenn Licht, das nur einmal gespiegelt wurde, Ihr Auge erreicht, ist es goldgelb; Licht aber, das Sie vom Inneren

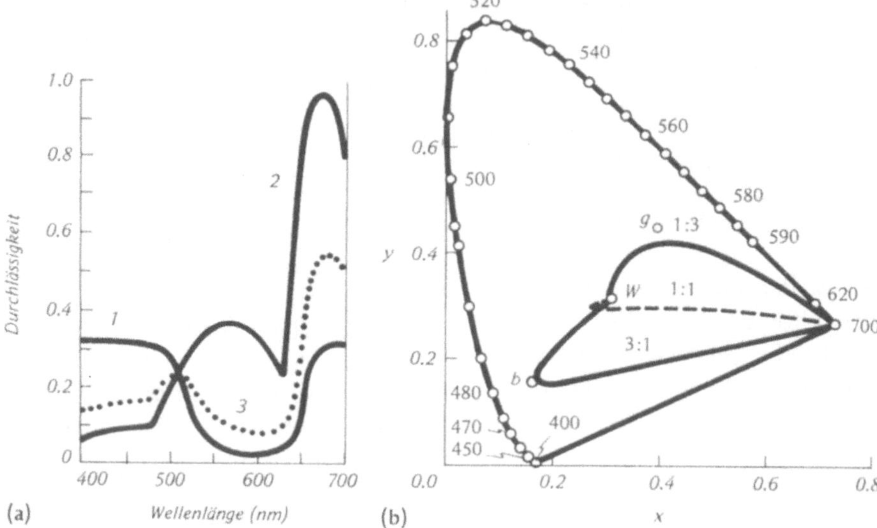

9.17 Subtraktive Farbmischung zweier verschiedener Farbstoffe mit verschiedenen Konzentrationen. (a) Durchlässigkeitskurven von (1) blauen und (2) gelben Farbstoffen in Einheitskonzentrationen und (3) eine 1 : 3 Mischung der beiden Farbstoffe, wieder in Einheitskonzentration. (b) Die Bahnen der Farbe, wenn sich die Konzentration der Mischungen der beiden Farbstoffe verstärkt. Bei sehr geringer Konzentration sind die Farbstoffe fast durchsichtig, deshalb geht das beleuchtende weiße Licht fast unverändert hindurch (W). Wenn die Konzentration größer wird, wird die Farbe stärker gesättigt, und schließlich wird sie bei hohen Konzentrationen rot. Der Weg zwischen Weiß und Rot hängt von den Verhältnissen der Konzentration der beiden Farbstoffe ab. Gezeigt werden eine 1:1 Mischung, eine Mischung aus 3 Teilen Blau mit einem Teil Gelb (3:1) und eine Mischung von einem Teil Blau mit drei Teilen Gelb (1:3). Die mit b und g bezeichneten Punkte sind die in (a) gezeigten Farben der Farbstoffe in der Einheitskonzentration. Geeignete Mischungen dieser gelben und blauen Farbstoffe ergeben also fast jede Farbe in der unteren Hälfte der Farbtafel, nur nicht das Grün, das man als Mischung von Gelb und Blau erwartet

der Tasse erreicht, kann am Boden und an den Seiten schon mehrmals reflektiert worden sein und hat bei jeder Spiegelung einen wärmeren Ton angenommen. Deshalb erscheint die Innenseite der Tasse eher orange, manchmal sogar fast scharlachrot. Auch eine rosa Rose leuchtet innen oft in reinerem Rot, wie auch die Farben eines Kleides oder Vorhangs in den Falten besonders kräftig sind.

Es wird noch komplizierter, wenn wir die subtraktive Mischung zweier verschiedener Farben untersuchen. (Abbildung 9.17 gibt ein etwas seltsames Beispiel von einem blauen und einem gelben Farbstoff, deren Mischung alle möglichen Farben außer Grün ergeben.) Jedenfalls aber steht fest, daß wir das Ergebnis einer subtraktiven Mischung durch Multiplikation der Kurvenwerte finden können, wenn die Durchlässigkeits- bzw. Reflexionskurven bekannt sind. Normalerweise kann man aber die Farbe einer Mischung nicht aufgrund der einzelnen Farbwerte, also der Farben der einzelnen Farbstoffe, wie das Auge sie sieht, vorhersagen. Die einfachen Regeln aus Abschnitt 9.6.1 geben uns einen Erwartungswert, der oft näherungsweise richtig ist, gelegentlich aber auch in die Irre führt.

SEHEN SIE SELBST

Subtraktive Mischung von Farben mit sich selbst

Mit Hilfe von Farbstoffen können Sie bestätigen, daß Farbe, wenn sie mit sich selbst gemischt wird, Farbton, Sättigung und Helligkeit ändern kann. Es ist leichter, die Konzentration eines Farbstoffs zu verringern, als sie zu erhöhen, denn man braucht dazu nur eine konzentrierte Lösung zu verdünnen. Lebensmittel- und Stoffarben sind gut geeignete klare Farbstoffe. Beachten Sie, daß hochkonzentrierter gelber Farbstoff in einer Flasche rot aussieht. Vergleichen Sie diese Farbe mit dem verdünnten Gelb, das ein paar Tropfen in einem Glas Wasser erzeugen.

STUDIER & SPEKULIER

Wie sieht die Durchlässigkeitskurve des verdünnten gelben Farbstoffs aus?

Verdünnen Sie auch einen Eßlöffel roten Traubensaft mit viel Wasser.

Um zu sehen, was passiert, wenn zwei verschiedene Farben subtraktiv gemischt werden, können Sie zwei verschiedene Farbstoffe zusammenmischen oder, was viel vergnüglicher ist, mit Lebensmittelfarben einen Gelatinepudding färben. Versuchen Sie vorher, die Farbe zu erraten, die entsteht, mischen Sie dann den Farbstoff und die Gelatine und versuchen Sie, das Ergebnis mit Hilfe von Durchlässigkeitskurven zu erklären.

9.7 Abhängigkeit der subtraktiven Farbe von der Lichtquelle

Die Farbe des an einem Gegenstand reflektierten Lichts hängt gewöhnlich von der Farbe der Beleuchtung ab – so sieht Gold zum Beispiel etwas rötlich aus, wenn das daraufscheinende Licht selbst goldgelb ist. Deshalb malte Monet dasselbe Motiv mehrmals zu verschiedenen Tageszeiten – die Farben der Westfassade der Kathedrale von Rouen verändern sich mit den Lichtverhältnissen. Ein extremeres Beispiel dafür läßt sich an den weißgelben Natriumlampen beobachten, wie sie oft an Autostraßen stehen; manche Gegenstände verlieren in diesem Licht ihre Farbe, weil diese Quelle sehr wenig grünes und rotes Licht

abstrahlt (Tafel 9.4). Farbiges Licht ist natürlich im Theater sehr beliebt. Dort muß der Bühnenbildner die Farben der Bühnenausstattung und der Kostüme gut auf die wechselnde Beleuchtung abstimmen.

Wie findet man heraus, welche Farbe ein Gegenstand bei farbiger Beleuchtung annimmt? Wir wissen, daß die Reflexionskurve eines Objekts sagt, welcher Bruchteil des einfallenden Lichts bei jeder Wellenlänge reflektiert wird. Wenn wir die Intensitätsverteilung des einfallenden Lichts kennen, brauchen wir sie nur mit der Reflexionskurve zu multiplizieren, um die Intensitätsverteilung des reflektierten Lichts zu erhalten (Abb. 9.18). Die subtraktiven Eigenschaften eines Objekts (seine Durchlässigkeits- und Reflexionskurven) geben also darüber Auskunft, wie dieser Körper auf das beleuchtende Licht wirkt. Je nach Art der Beleuchtung kann er ganz verschieden aussehen.

Selbst wenn zwei Beleuchtungen ganz gleich scheinen, kann ein Objekt bei diesen Beleuchtungen jeweils ganz verschieden aussehen. Wenn weißes Licht aus zwei schmalen Bändern komplementären Lichts besteht, etwa von Zyan und Rot, dann können von ihm beleuchtete Objekte nur eine Far-

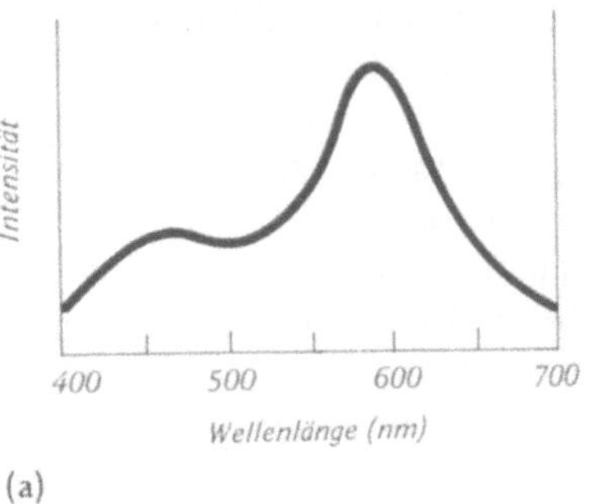

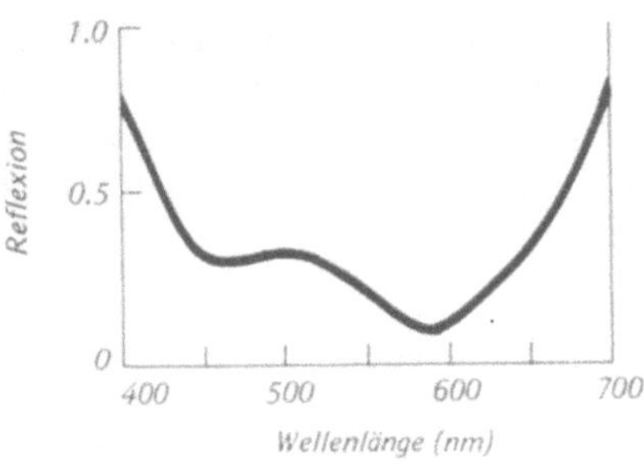

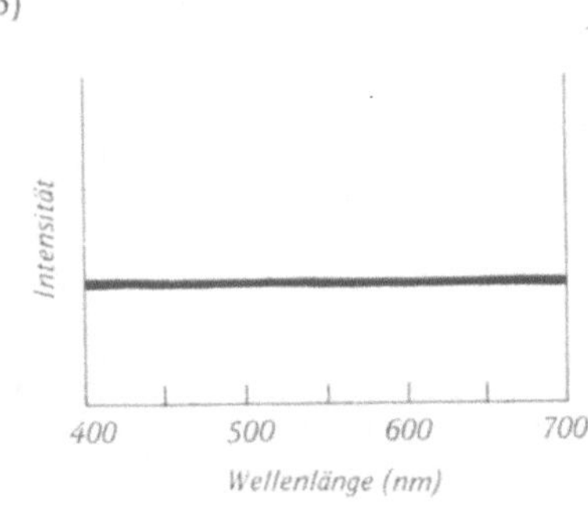

9.18 (a) Intensitätsverteilung des Lichts einer Leuchtstoffröhre Kaltweiß. (b) Reflexionskurve eines magentafarbigen Objekts. (c) Die Intensitätsverteilung des Lichts dieses Objekts bei fluoreszenter Kaltweißbeleuchtung ist (für jede Wellenlänge) gleich dem Produkt der Kurven (a) und (b). Bei dieser Beleuchtung verliert das Objekt jede Farbe

be haben, die einer dieser beiden Farben oder einer Mischung gleicht. Ein ›gelber‹ Körper kann rot oder schwarz aussehen, je nachdem, wie breit seine Reflexionskurve ist. Derselbe gelbe Körper sieht jedoch gelb aus, wenn er von einem breitbandigen Weiß, also etwa Tageslicht, beleuchtet wird. Beide Male sieht das Licht weiß aus, wenn es von einem weißen Schirm reflektiert wird. Dies sollten Sie bedenken, wenn Sie zum Beispiel zu einem Stoff einen gleichfarbigen suchen (Abb. 9.19). Beim Kauf von Stoffen ist es oft geraten, den Stoff sowohl am Fenster bei Tageslicht als auch bei der künstlichen Beleuchtung des Geschäfts zu betrachten. Selbst das genügt nicht immer. Licht vom Nordhimmel kann bläulich sein, direkte Sonnenbestrahlung hat ihr Maximum im grünen Bereich und ist am späten Nachmittag rötlich. Das Licht erscheint uns immer weiß, da unser Auge sich an die Beleuchtung gewöhnt (Abschnitt 10.6.2). Schminkspiegel haben deshalb oft verschiedene Lampen, damit die Farbe des Make-ups auf die Beleuchtung abgestimmt werden kann, in der man damit gesehen wird. (Eine Frau wird es wohl kaum schätzen, wenn ihr Lippenstift, der bei Lampenlicht rot scheint, im Freien purpur leuchtet. Bevor es künstliche Beleuchtung und künstliche Farbstoffe gab, waren diese Effekte oft frappierend. Im vorigen Jahrhundert erregte das erste grüne

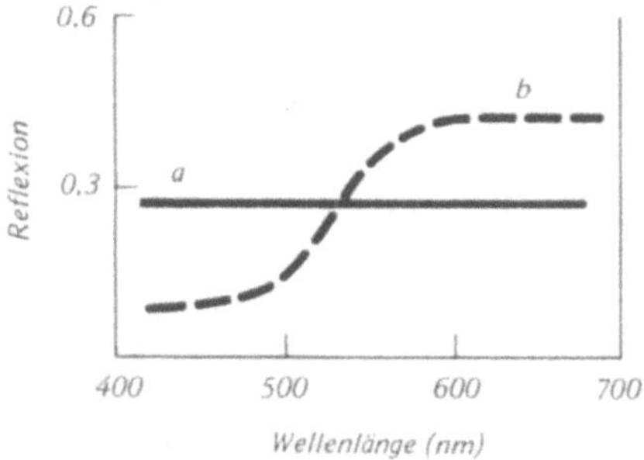

9.19 Die Reflexionskurve zweier Stoffe. Im Sonnenlicht sieht *a* grau aus und *b* braun. Bei künstlicher Beleuchtung, der das kurzwellige Ende des Spektrums fehlt, haben beide denselben Farbton

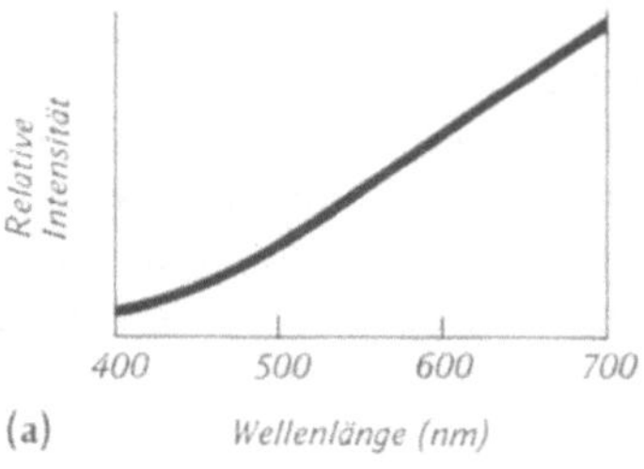

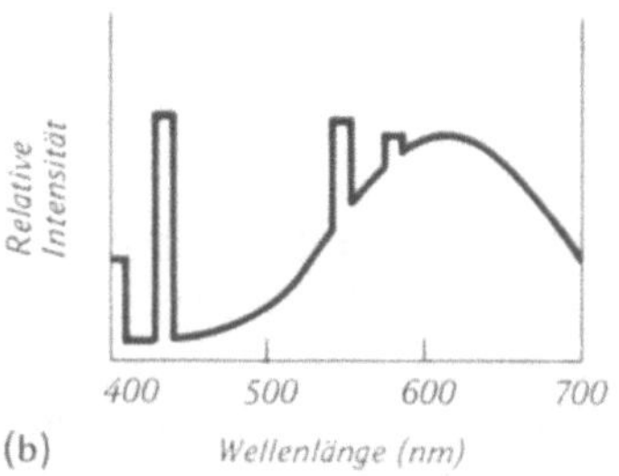

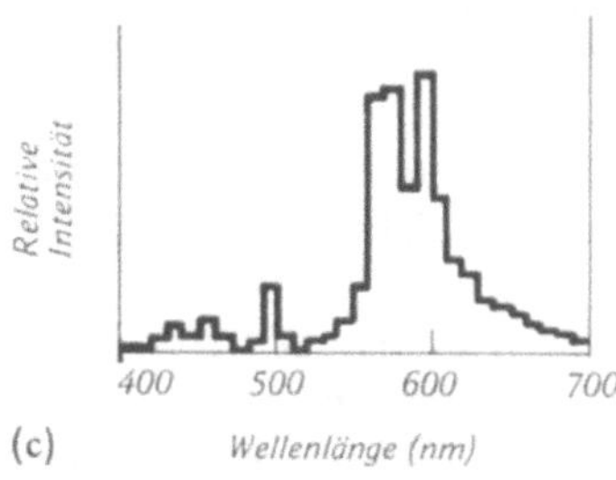

9.20 Intensitätsverteilung von Weißlichtquellen: (a) 100-W-Glühlampe, (b) Leuchtstoffröhre Warmweiß, (c) 400-W-Natrium-Hochdruckentladungslampe

Seidenkleid, das bei künstlicher Beleuchtung nicht verfärbt aussah, großes Aufsehen.) Abbildung 9.20 zeigt die Intensitätsverteilung mehrerer künstlicher Lichtquellen. Wenn die Quelle Licht erzeugt, weil sie wie die Sonne oder eine Glühlampe heiß ist, hängt ihre Farbe (und folglich die Farbe, in der von ihr beleuchtete Objekte erscheinen) von der Temperatur ab. Die Intensitätsverteilungen der meisten heißen glühenden Körper sind einfach die Schwarzkörperspektren, die wir aus Abbildung 1.19 kennen. Je heißer die Quelle, um so größer ist bei kürzeren Wellenlängen die relative Intensität. Ein kalter Körper strahlt fast ausschließlich im Infraroten. Wenn er erhitzt wird, beginnt er rot zu glühen. Weiteres Erhitzen kann ihn gelb, weiß und sogar blau erscheinen lassen (Abb. 9.21).

Quellen mit breitem Spektrum werden oft nach ihrer Farbtemperatur klassifiziert, also nach der Temperatur eines Schwarzen Körpers, der dieselbe Farbe hat wie die Quelle. Licht von zwei Quellen mit derselben Farbtemperatur sieht gleich aus. Farbige Objekte können im Licht solcher Quellen verschiedenfarbig aussehen, weil die Intensitätsverteilung der Quellen trotz ihres gleichen Aussehens verschieden sein kann. Aber fast alle *glühenden* Quellen mit derselben Farbtemperatur haben dieselbe Intensitätsverteilung und lassen sich deshalb gut normieren. So sind die Farbkameras in Fernsehstudios zum Beispiel auf 3200-K-Fotolampen geeicht. Wenn das Studiolicht gedämpft werden soll, dürfen nicht etwa die Fotolampen mit weniger Strom, also kühler brennen, denn das würde das Farbgleichgewicht verändern und das Licht roter machen. Die Augen eines Schauspielers gewöhnen sich daran, der Zuschauer zuhause aber bemerkt die Veränderung, weil er die Farben mit denen im eigenen Zimmer vergleichen kann. Deshalb werden die Studiolampen mittels einer Blende verdunkelt. Für Außenaufnahmen müssen die Farbkameras anders eingestellt werden; Videokameras für Amateure haben dafür häufig eine eingebaute Automatik. Ganz entsprechend ist auch ein Farbfilm auf eine bestimmte Lichtquelle abgestimmt (Abschnitt 11.5).

9.7.1 Welche weiße Lichtquelle ist die beste?

Angesichts der Vielzahl von Lichtquellen, die alle weiß erscheinen, stellt sich die Frage, welche man wählen sollte. Es gibt keine eindeutige Antwort. Bei der Wahl einer Lichtquelle ist mancherlei zu bedenken. Zunächst einmal sollte weißes Licht weiß erscheinen. Dann sollte es Farben gut wiedergeben – die Farbe der Dinge muß echt wirken. Aber welche Farbe echt ist, ist Sache der Gewohnheit. Da

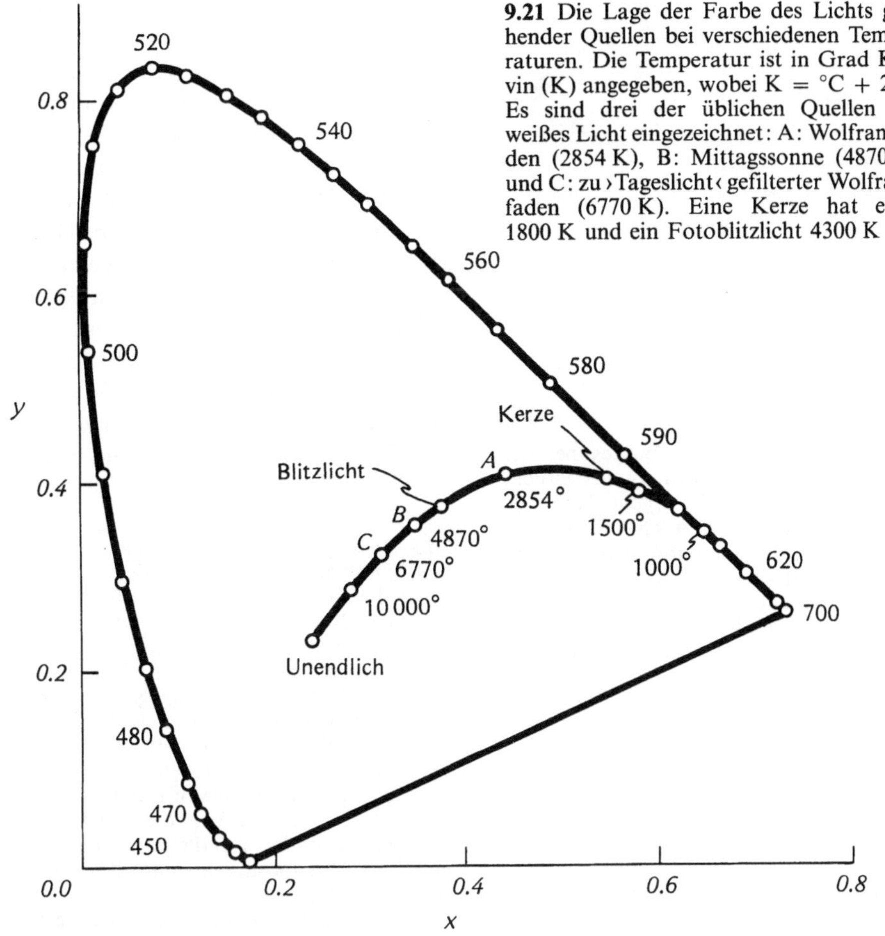

9.21 Die Lage der Farbe des Lichts glühender Quellen bei verschiedenen Temperaturen. Die Temperatur ist in Grad Kelvin (K) angegeben, wobei K = °C + 273. Es sind drei der üblichen Quellen für weißes Licht eingezeichnet: A: Wolframfaden (2854 K), B: Mittagssonne (4870 K) und C: zu ›Tageslicht‹ gefilterter Wolframfaden (6770 K). Eine Kerze hat etwa 1800 K und ein Fotoblitzlicht 4300 K

Beobachter, ganz unabhängig von ihrer Farbe. Das Watt ist ein Maß für die Energie, die in jeder Sekunde in diesem Fall Licht erzeugt.

Auch die Größe der Lichtquelle kann wichtig sein (ob man eine Punktquelle oder ein ausgedehntes Lichtbündel will); wichtig ist weiter, ob sich das Licht lenken läßt oder nicht, wie teuer und wie umständlich Unterhalt und Sicherheit sind (manche Quellen brauchen hohe Spannungen) – eine Unmenge anderer Überlegungen, die vom persönlichen Geschmack abhängen, bestimmen die Wahl. Manchen Menschen gefällt sogar ein elektrisches Licht, das aussieht wie eine flackernde Kerze.

9.8 Wasserfarben und Druckfarben

Die Regeln für die Mischung von Farben sind besonders wichtig für Maler und Drucker. Schauen wir uns darum an, wie diese Regeln in Situationen der Praxis angewendet werden können. Wasserfarben kommen in ihrer Funktionsweise sehr den Filtern nahe. Sie selbst reflektieren im großen und ganzen sehr wenig Licht. Vielmehr läßt die Wasserfarbschicht das Licht hindurch, wobei – wie bei einem Filter – einige Wellenlängen stärker als andere absorbiert werden. Das Licht auf seinem Wege wird dann vom Papier reflektiert, durchdringt erneut die

bis vor kurzem fast alles künstliche Licht Glühlampenlicht war, ist es für uns zum Maßstab einer Beleuchtung geworden, in der die Farben stimmen. Die Beleuchtung mit Tageslicht ist noch häufiger, aber wie wir sahen, ändert sich die Intensitätsverteilung im Laufe des Tages ganz beträchtlich. Auch da gibt es verschiedene Maßstäbe. Die Wahl ist hier eine Sache des Geschmacks, nicht der Wissenschaft, und die Maßstäbe ändern sich mit unserer Umwelt.

Es gibt andere Überlegungen, bei denen es nicht nach der Stimmigkeit der Farbe geht, sondern um Wirtschaftlichkeit und Bequemlichkeit. Das Licht soll einen hohen Wirkungsgrad haben, also für wenig Geld viel Licht liefern. Das ist ein Grund für die Beliebtheit der Leuchtstoffröhren, die drei- bis viermal so lichtstark sind wie Glühlampen. Tabelle 9.1 gibt die Lichtausbeute mehrerer Lichtquellen

in Lumen pro Watt an. Das Lumen ist ein Maß der Gesamtlichtmenge, die eine Lichtquelle gemessen an der Reaktion des menschlichen Auges abgibt. Je mehr Lumen (oder je größer der Lichtstrom), um so heller erscheint die Quelle dem menschlichen

Tabelle 9.1. Effizienz von Lichtquellen

Quelle	Effizienz (Lumen pro Watt)
Glühstrumpf	1–2
Glühlampe (Abb. 1.22):	
40 Watt	11,4
60 Watt	14,5
60 Watt (langlebig)	13,0
100 Watt (Abb. 9.20 a)	17,5
Hochintensitätskohlebogenlampe (Abb. 1.22)	18,5
Leuchtstoffröhre (Abb. 1.24 und Abb. 9.20 b)	50–80
Hochleistungsentladungslampen:	
Quecksilber	50–55
Metallhalogenide (Quecksilber mit Metallsalzen)	80–90
Natriumdampf (Abb. 9.20 c)	100–140
Theoretische Höchstleistung:	
Breitbandweiß	220
Reines 555-m-Licht (höchste photopische Empfindlichkeit)	680

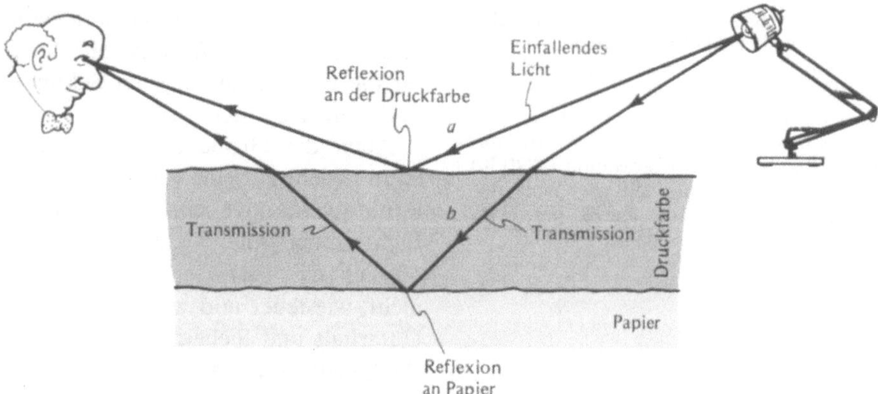

Farbschicht und erreicht dann das Auge des Betrachters. Um bei einfallendem, breitbandig weißem Licht die Farbe des reflektierten Lichtes zu bestimmen, multipliziert man bei jedem Wert der Wellenlänge den zugehörigen Wert der Durchlässigkeitskurve der Farbschicht mit dem der Reflexionskurve des Papiers und dann erneut mit dem der Durchlässigkeitskurve der Farbschicht. Natürlich hängt der Farbton der Farbschicht vom Farbton des Papieres ab, auf dem sich die Farbschicht befindet. Werden zu viele verschiedenfarbige Farbschichten aufgetragen, absorbiert die Gesamtfarbschicht nahezu alle Wellenlängen (und das besonders deswegen, weil das Licht jede einzelne Farbschicht zweimal durchdringt), so daß die Farbe schmutzig erscheint (vgl. Tafel 9.6).

Druckfarben ähneln Wasserfarben insofern, als sie auch nur sehr gering reflektieren. (Derartige Druckfarben werden Skalendruckfarben oder Mehrfarbsätze genannt.) Das einfallende Licht geht durch die Druckfarbschicht hindurch, wird vom Papier reflektiert, passiert erneut die Druckfarbschicht – und jedesmal wird der Farbton durch einen subtraktiven Prozeß erzeugt. Eine geringe Lichtmenge jedoch wird auch direkt von der Druckfarbschicht reflektiert, und auch in diesem Falle wird der Farbton durch einen subtraktiven Prozeß erzeugt, der von der Reflexionskurve der Druckfarbe abhängt (die sich von der Durchlässigkeitskurve unterschei-

9.22 Entstehung des Farbtones bei der Druckfarbe. Strahl *a* wird von der Druckfarbe reflektiert. Strahl *b* geht durch die Druckfarbschicht hindurch, wird vom Papier reflektiert und durchläuft erneut die Druckfarbschicht. Jede Reflexion wie auch Transmission erzeugt einen Farbton nach dem subtraktiven Verfahren, wohingegen sich die Farbtöne der Strahlen *a* und *b* additiv kombinieren

den kann). Das Licht dieser beiden Vorgänge kombiniert sich im Auge des Betrachters additiv (Abb. 9.22).

Die einfachen Subtraktionsgesetze (vgl. Abschnitt 9.6.1) treffen für diese Art von Druckfarben ziemlich gut zu, weil nur Druckfarben benutzt werden, die diesen Gesetzen folgen. Der Drucker braucht Farben, bei denen er sich darauf verlassen kann, daß sie sich nach einfachen Gesetzen mischen lassen, damit er aus möglichst wenig Grundfarben möglichst viele Mischfarben erhält. Immer wenn er eine andere Farbe einsetzt, muß er eine neue

9.23 Die in den Medien verwendeten Farben. Innerhalb der fettlinigen Begrenzung liegen die Farbtöne, die mit den subtraktiven Grundfarben gedruckt werden können. Die Farbtöne der voll-gesättigten Druckfarben sind mit *m* = Magenta, *g* = Gelb und *z* = Cyan angegeben. Das Innere des gepunkteten Dreiecks beinhaltet all die Farbtöne, die dem Farbfernsehen zur Verfügung stehen, wobei die Farben der drei Leuchtstoffe mit × bezeichnet wurden. Innerhalb der gestrichelten Linien befinden sich die Farbtöne, die mittels Filmdiapositiven reproduzierbar sind. Hier wurden die Farben der drei Farbbildner durch kleine Kreise markiert

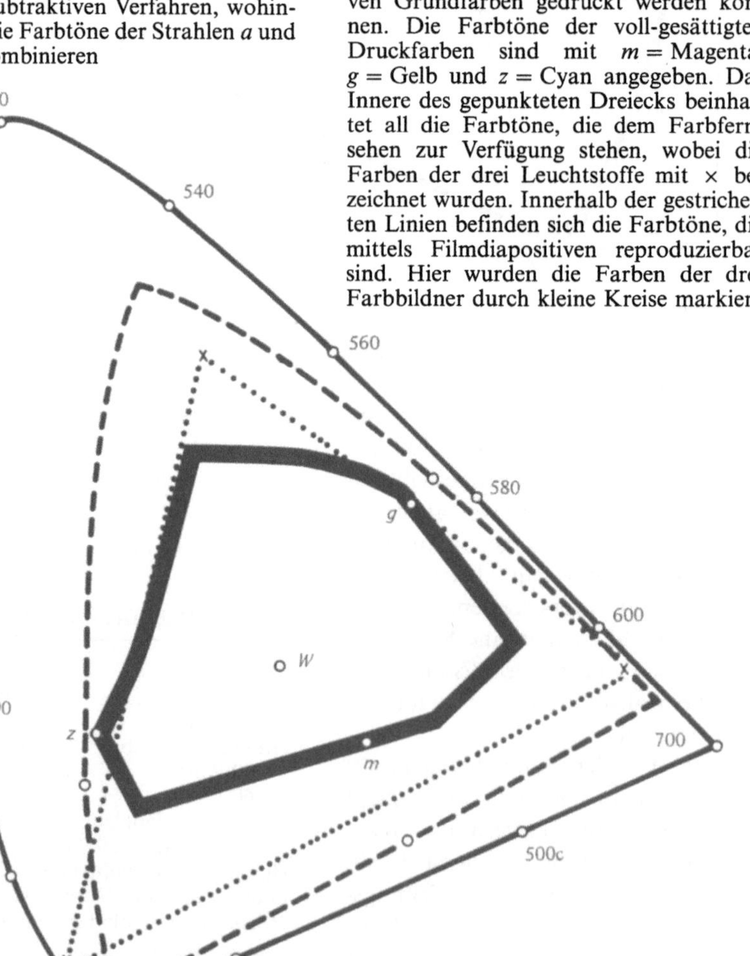

Druckplatte herstellen und diese im Register mit den anderen Druckplatten drucken. Durch Übereinanderdruck der subtraktiven Grundfarben (Gelb, Cyan[2] und Magenta – die der Drucker gewöhnlich nur Gelb, Blau und Rot nennt) kann er die in Abbildung 9.15 dargestellten subtraktiven Mischungen erzeugen. Jedoch selbst diese besonders sorgfältig ausgesuchten Druckfarben sind nicht ideal. Wenn alle drei Druckfarben sich in den vom Drucker benutzten Schichtdicken überlagern, absorbieren sie nicht alle Wellenlängen des Lichtes – das sich ergebende ›Schwarz‹ ist deutlich farbstichig. Deshalb verwendet der Drucker zusätzlich eine vierte Druckplatte für den Druck einer schwarzen Druckfarbe (Vierfarbendruck). Das verbessert die Details in den dunkleren Partien des Druckbildes, vertieft das Schwarz und ermöglicht es dem Drucker, ein besseres Farbgleichgewicht bei den anderen drei Druckfarben zu erreichen. (Bei besonders anspruchsvollen Drucken werden oft noch mehr als vier Farben eingesetzt).

Die wesentliche Einschränkung beim Farbendruck liegt darin, daß die auf Papier reproduzierten Farben nicht gesättigt genug oder monochromatisch wiedergegeben werden können. Je schmaler die Remissionskurve, um so weniger Licht wird insgesamt remittiert – deshalb sehen gesättigte Farben dunkel aus. Farbfernsehen und Farbdias leiden unter dieser Einschränkung nicht so sehr, da zwecks Kompensation die Intensität ihrer Beleuchtung vergrößert werden kann. Eine gedruckte Farbe aber wird automatisch mit dem weißen Rand einer Druckseite verglichen und sollte somit, um nicht dunkel zu erscheinen, einen angemessenen Teil des beleuchtenden Lichtes reflektieren. Der Bereich in der Farbtafel, der durch einen Vierfarben-

druck wiedergegeben werden kann, liegt in der Nähe des weißen Zentrums – hauptsächlich ungesättigte Farben (Abb. 9.23).

9.8.1 Rasterbilder

Dem Drucker genügen jedoch die in Abbildung 9.15 gezeigten Farben und die aus ihnen unter Hinzufügung von Schwarz gewonnenen dunkleren Farben nicht: er möchte auch hellere, weniger gesättigte Farben reproduzieren. Dies einfach durch Verdünnen der Druckfarben zu erreichen, ist nicht möglich, denn dann wäre für jeden Helligkeitsgrad der Druckfarbe eine gesonderte Druckplatte erforderlich. Statt dessen erzielt er den helleren Farbton dadurch, daß er in einem vorgegebenen Bereich weniger Druckfarbe aufdruckt – und dies in aller Regel mit der RASTERTECHNIK. In diesem Falle ist die schwarze oder bunte Druckfarbe in Form eines feinen Punktmusters angeordnet (Abb. 9.24). Wenn ein Bildbereich schwarz aussehen soll, so wird das Papier mit großen, schwarzen, einander berührenden Rasterpunkten fast vollständig bedeckt. Soll eine Fläche grau erscheinen, dann sind die schwarzen Rasterpunkte kleiner – und je kleiner die Rasterpunkte, um so heller ist das Grau. Auch die bunten Druckfarben werden als Rasterpunkte aufgetragen, wobei die kleineren Punkte die helleren, weniger gesättigten Farben erzeugen; denn es entsteht eine partitive Mischung aus dem Licht der farbigen Rasterpunkte und dem des weißen Papiers zwischen diesen Rasterpunkten (Tafel 9.5 und SEHEN SIE SELBST (1)).

Um die Farben zu mischen, verwendet der Drucker einen separaten Rasterpunktsatz für jede Farbe. Jedes Rasternetz einer Farbe ist gegenüber dem Netz der vorausgegangenen Farbe um beispielsweise 15° verdreht. Dies geschieht zur Vermeidung einer großräumigen, symmetrischen Anhäufung von Rasterpunkten – eines

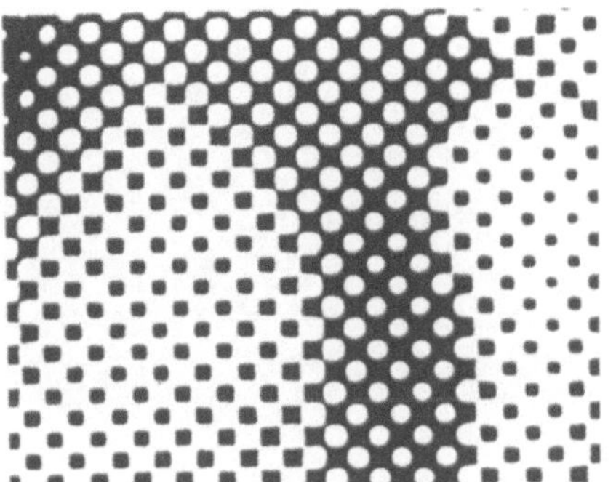

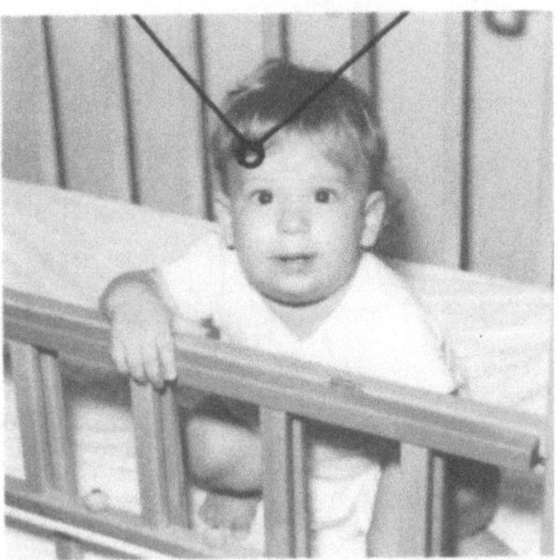

9.24 Vergrößerte Wiedergabe eines Rasterbildes. Der RASTER ist weiter nichts als ein Hilfsmittel, um dem Auge bei Verwendung nur einer gesättigten Farbe auch hellere Töne dieser Farbe vorzutäuschen. Dazu wird das Bild in viele kleine, unterschiedlich große Bildelemente (= Rasterpunkte) zerlegt, deren Farbe zusammen mit den verschieden großen Anteilen des Papierweiß die gewünschten Halbtöne – so wie sie die Photographie ermöglicht – im Auge des Betrachters hervorruft. Auf gleichem Wege erfolgt auch die optische Mischung mehrerer Buntfarben bei der Wiedergabe bunter Bilder durch Drucken

sog. Moirémusters, das immer dann auftritt, wenn zwei Rasternetze fast, aber nicht völlig genau übereinander zu liegen kommen (Abb. 9.25). (Das französische Wort ›moiré‹ leitet sich von einem alten Wort für ›Mohair‹ ab, dem glänzenden Stoff, der aus der Wolle der Angoraziege gewonnen wird.) (Falls Sie mit Moirémustern nur wenig vertraut sind: SEHEN SIE SELBST (2).) Wo Rasterpunkte verschiedener Farben übereinanderliegen, ist das Ergebnis eine subtraktive

---

[2] Da in der Druckindustrie die Schreibweise ›Cyan‹ gebräuchlich ist, folgen wir in Abschnitt 9.8 dieser Konvention.

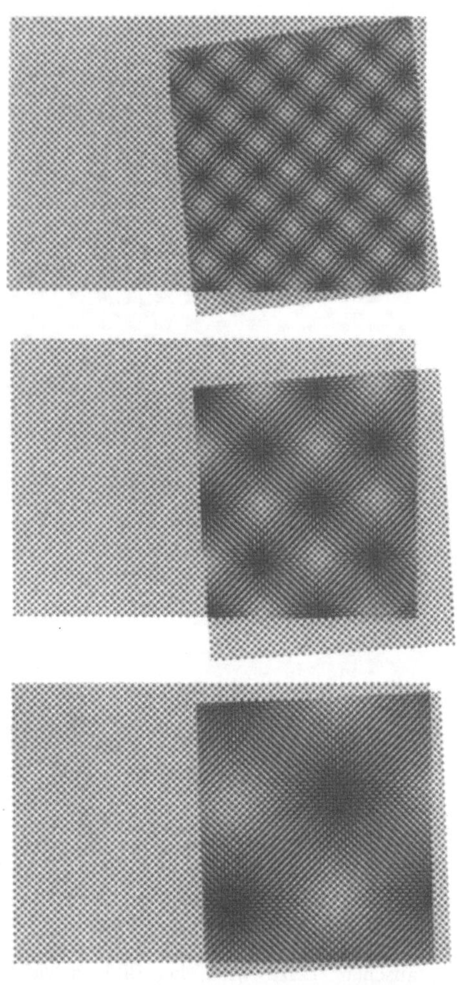

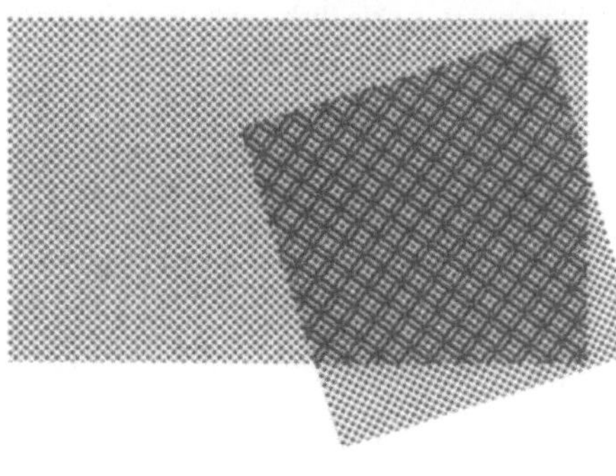

9.25 Rasternetze, in unterschiedlichen Winkeln übereinandergelegt, rufen verschiedene Moirémuster hervor

Mischung dieser beiden Farben. Liegen die Rasterpunkte *neben*einander, so ist die Mischung beider Farben ein additiver Prozeß.

Das Rastermuster muß keineswegs eine rechteckige Anordnung von Bildpunkten sein. Sie können die Raster-

9.26 Ein kreisförmiger Raster kann die Bildaussage wirkungsvoll unterstreichen

punkte auch unregelmäßig anordnen, Sie können eine Rasterlineatur (gerade, kreisförmig oder beliebig andere Linienanordnung) oder jede beliebig andere Anordnung feinmaschiger Gitternetze wählen, die Ihren künstlerischen Absichten entgegenkommt (Abb. 9.26).

Es ist auch nicht erforderlich, daß das Gitternetz in jedem Falle besonders fein sein muß. So benutzt der Pop-Künstler Roy Lichtenstein in seiner Darstellungsweise häufig eine Hervorhebung der Rasterpunkte. Ja, die Rasterpunkte brauchen nicht einmal wirkliche ›Punkte‹ zu sein. So hat z. B. Salvador Dali kleine Figuren – ja auch gedruckte Wörter – als Raster›punkte‹ innerhalb eines größeren Bildes benutzt. Computerbilder, wie sie oft auf T-Shirts anzutreffen sind, sind gerasterte Bilder,

wobei die Rasterpunkte mittels Schreibmaschinensymbolen dargestellt werden. Für ein gerastertes Porträt des amerikanischen Präsidenten Woodrow Wilson wurde eine Gruppe von 21 000 Soldaten, die dem Bild als ›Rasterpunkte‹ dienten, photographiert (Abb. 9.27).

SEHEN SIE SELBST

1 Raster

Untersuchen Sie mit einer Lupe Zeitungsbilder wie auch die Schwarzweiß- und Farbbilder dieses Buches. Achten Sie darauf, wie die Grautöne dargestellt werden. Vergleichen Sie die Feinheit der Rasterpunktnetze bei den farbigen Abbildungen in diesem Buche mit der Rasterfeinheit bei farbigen Zeitungs-Comicstrips, bei illustrierten Magazinen, bei Postern, bei Kunstbüchern und ähnlichen Druckerzeugnissen. Achten Sie auch darauf, daß die Rasterpunktnetze

verschiedener Farben in verschiedenen Winkeln angeordnet sind. Üblicherweise ist in einem Vierfarbendruck Gelb gegenüber Cyan um 15°, Magenta um weitere 15° gegenüber Gelb und das Schwarz um 30° gegenüber Magenta versetzt. (Sollte Ihre Lupe nicht stark genug sein, können Sie vermutlich die Farben der einzelnen Rasterpunkte nicht erkennen, wohl aber doch die Rosettenmuster, die aus der Winkeldrehung der beteiligten Rasternetze resultieren.) Beim Zweifarbendruck (z. B. Duoton-Druck) sind die beiden Raster um etwa 30° versetzt. Manchmal – beim Übereinanderdruck – wird ein Rasterbild der einen Farbe über eine Volltonfläche der anderen Farbe gedruckt.

9.27 Arthur Mole's Porträt von Präsident Woodrow Wilson. Man beachte, daß die Soldaten im Gesichtsbereich nicht gleichmäßig verteilt zu sein scheinen, aber das Porträt selbst ist von dieser speziellen Kameraposition aus nicht verzerrt – dies ist ein Beispiel anamorphotischer Darstellungskunst (vgl. Abschnitt 3.3.3). (Diese Abbildung selbst wurde mit einer Rasterweite von 53 Lin/cm gedruckt)

2 Moirémuster

Wenn zwei periodische Muster (etwa eine Anordnung gerader Linien, ein Gitter oder eine Reihe konzentrischer Kreise) mit schlechtem Passer übereinandergelegt werden, erscheint ein großflächiges Moirémuster. Derartige Muster lassen sich leicht beobachten. Feine Gitter finden Sie in glatten Gardinen, Taschentüchern oder in jedem feingewebten Stoff. Betrachten Sie einfach zwei aufeinandergelegte Lagen eines solchen Stoffes vor einer Lichtquelle. Überall, wo sich die Linien der beiden Gitterlagen überdecken, ist ein großflächiges Wellenmuster zu erkennen. Auch zwei Lagen eines Maschendrahtzauns, zwei Millimeterpapiere oder Fliegendrahtgitter – je feiner desto besser – zeigen deutlich eine Moirébildung. Nehmen Sie Stoff, Millimeterpapier oder Fliegendraht und beobachten Sie, wie sich das Moirémuster verändert, wenn eine Lage gegenüber der anderen leicht verschoben oder verdreht wird.

Eine andere Methode der Moirébetrachtung besteht darin, daß Sie einen Kamm in Armlänge wenige Zentimeter vor einen Spiegel halten und durch den Kamm hindurchblickend dessen Spiegelbild betrachten. Beobachten Sie die Moiréerscheinung, wenn Sie den Kamm langsam zur Seite führen oder ein Ende vorsichtig vom Spiegel wegkippen. Bewegt sich das Moirémuster? Und wenn ja – wie? Vergleichen Sie das, was Sie sehen, mit den Erscheinungen, wenn Sie zwei Kämme in etwa 1 cm Abstand hintereinander halten und den vorderen parallel zum hinteren Kamm verschieben oder kippen.

Aber auch ohne gerade Linien lassen sich Moirémuster erzeugen. Pausen oder photokopieren Sie beispielsweise die Abbildung 9.28 auf

9.28 Konzentrische Kreise zur Erzeugung von Moirémustern

Pauspapier und legen Sie die transparente Kopie auf das Original – zuerst Mitte auf Mitte, dann ein wenig verschoben.

Weil großflächige Muster aus kleinen periodischen Anordnungen resultieren, wohnt derartigen Moirémustern ein Vergrößerungseffekt inne. Diesen Umstand benutzt man, um beispielsweise die Abstände der feinen Rasteranordnungen (Rasterfeinheit, Rasterfrequenz) zu bestimmen.

9.9 Pigmente, Farben und Gemälde

Ganz gleich, welche Farbe du siehst – ob Lila oder Orange, Rosa oder Braun oder Grün – sie ist eine Mischung der drei sogenannten Grundfarben Blau, Gelb und Rot.

Gelb + Blau gibt Grün.
Rot + Gelb gibt Orange.
Blau + Rot gibt Lila.
Und wenn alle Farben
zusammenmunkeln, gibt es – Schwarz.

Aus einer Anzeige für Kinderkleidung

Sie haben wahrscheinlich in Grundschule und Kindergarten ziemlich einfache Regeln für das Mischen von Farben glernt. Diese Regeln, wie sie oben zusammengefaßt sind, taten in Ihrer Buntstiftphase gute Dienste und sind auch heute noch ein guter Leitfaden, wenn Sie Farben mischen wollen. Aber schon allein die Tatsache, daß die Wachs- oder Filzstifthersteller nicht nur blaue, gelbe und rote Stifte in die Packung tun, läßt vermuten, daß sich nicht alle Farben als Mischung dieser drei ergeben. Und wenn alle Farben ›zusammenmunkeln‹, ergibt sich kein Schwarz, sondern vielmehr so etwas wie ein ›schmuddeliges Dunkelbraun‹. Wir nehmen jetzt die Mischregeln unter die Lupe und überprüfen dann die Komplikationen, die sich ergeben, wenn ein Maler den Pinsel auf die Leinwand setzt. Dabei werden wir sehen, daß Maler, wenn es wirklich darauf ankommt, experimentieren und ihre Farben kennen müssen und sich nicht auf einfache Regeln verlassen können.

9.9.1 Einfache Regeln

Was sind die Grundfarben der Maler? Der Römer Plinius definierte die Grundfarben als diejenigen Farben, die ›beide Geschlechter benutzen‹, und gibt damit eine wenig nützliche Definition. Künstler sagen, Blau, Gelb und Rot seien Grundfarben, weil ›sie sich nicht aus anderen mischen lassen‹. Wenn jedoch ein geeignetes Magenta mit Gelb gemischt wird, ergibt sich ein ganz gutes Rot. Aber Magentapigment war früher schwer zu erhalten und im Vergleich zu Rot des überreichlichen Eisenoxids selten und teuer. Außerdem kommt Magenta in der Natur nur ziemlich selten vor. Und weil Rot und Blau zu den psychologischen Grundfarben gehören (Abschnitt 10.4), sind die GRUNDFARBEN DES MALERS Blau, Gelb und Rot. (Hier stoßen wir auf eine sprachliche Schwierigkeit. Wir haben das Wort Rot für das langwellige Ende des sichtbaren Spektrums benutzt und Magenta für eine Mischung dieser Wellen mit kurzwelligeren. Das psychologische, primäre Rot enthält jedoch, wie wir sehen werden, wirklich einige kurze Wellenlängen – wir könnten es Magentarot nennen. Zudem erwähnten wir schon, daß ein Drucker das Rot nennt, was andere Magenta nennen. Diese Vieldeutigkeit der Farbbezeichnungen erklärt einige der Unterschiede in den Farbenlehren der verschiedenen Fakultäten.)

Der Maler ordnet die Farben, indem er die drei Grundfarben in gleichem Abstand auf einem Kreis (dem FARBKREIS) anordnet. Mitten zwischen zwei Grundfarben setzt er ihre Mischung, die er das Komplement der dritten nennt. So sagt ein Maler, Blau und Gelb ergäbe Grün und Grün sei das Komplement von Rot. Entsprechend ist Orange, eine Mischung aus Rot und Gelb, das Komplement von Blau und die Farbmischung aus Blau und Rot, Violett, das Komplement von Gelb. Die so erhaltenen Farben Grün, Orange und Violett heißen

SEKUNDÄRFARBEN. Die komplementären Farbpaare eines Künstlers sind nicht in dem Sinn komplementär, in dem wir das Wort verwendet haben. Gemischt ergeben sie keine ACHROMATISCHE FARBE (Weiß, Grau oder Schwarz), der Maler aber zieht diese Mischung oft den vollkommen unbunten Farben vor, weil diese ihm leblos erscheinen. Seine Mischungen geben ›reichere Grautöne‹, Graufarben, die ›warm, kühl, sanft oder klar‹ sind, also grau mit einem Hauch von Farbe. Da achromatische Farben in der Natur selten sind, kommen solche Mischungen den Absichten eines Malers oft entgegen.

Die eben aufgezählten Künstlerregeln für die Farbmischung sind viel weniger genau als die Regeln für das additive Mischen von Licht. Nicht nur lassen die Komplikationen der subtraktiven Mischung diese Regeln etwas idealistisch erscheinen, sondern wegen einer Vielzahl weiterer Komplikationen, die mit der physikalischen Struktur von Farbe und Gemälde zusammenhängen, sind die Mischregeln nur ein Ausgangspunkt.

9.9.2 Komplikationen

Malfarbe besteht aus fester Materie, die feingemahlen und in ein transparentes Medium eingebettet ist. Die Teilchen können selbst farbig sein (PIGMENT) oder aus einem lichtdurchlässigen Grundstoff bestehen, dem Farbstoffe hinzugefügt werden (FARBLACKE). Das transparente MEDIUM oder BINDEMITTEL kann Wasser, Öl, Eigelb (das Härtemittel der Temperafarben – waschen Sie den Teller, von dem Sie ein Spiegelei gegessen haben, einmal einige Tage lang nicht!), Polyvinylacetat oder Acrylharz sein. Die Mischung wird auf einen TRÄGER (Papier, Holz, Leinwand usw.) oder GRUND (frühere Farbschichten) aufgetragen. Wenn Licht auf Materie fällt, können, wie Abbildung 9.29 veranschaulicht, viele verschiedene Vorgänge ablaufen. Jeder wiederum kann

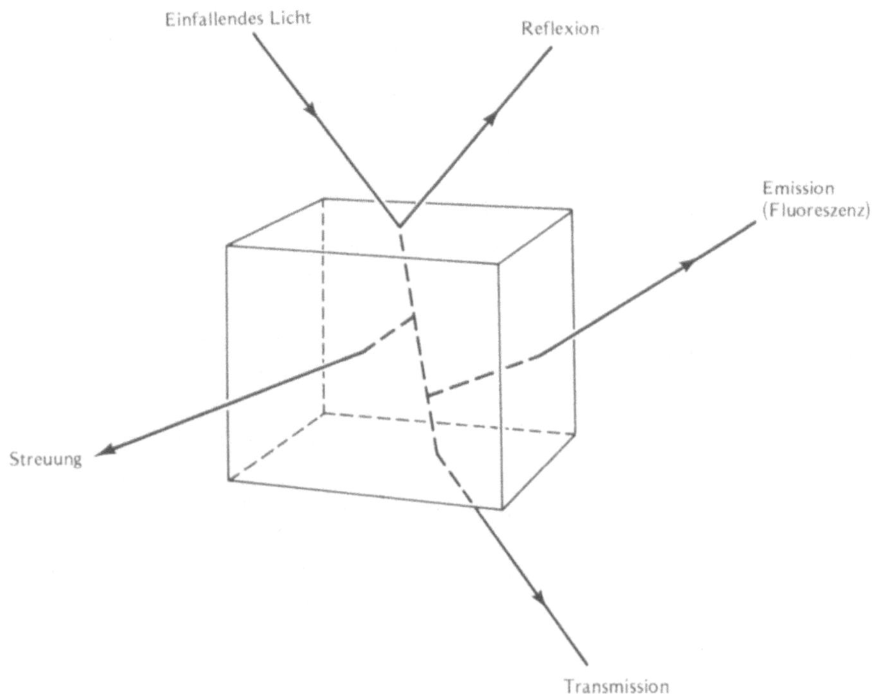

SELEKTIV sein, also bei bestimmten Wellenlängen stärker sein als bei anderen. Die Farbwirkung hängt also von der selektiven Absorption und Transmission des Bindemittels, besonders seiner Oberfläche, dem Pigment oder Lack und dem Grund ab (Abb. 9.30). Dabei kommt es auch darauf an, wie sich die Eigenschaften etwa des Pigments zu denen des Trägers verhalten, da die Reflexionen an einer Oberfläche, wie wir wissen, von der Veränderlichkeit der Brechzahl abhängen. Die Farbwirkung hängt außerdem von der Größe und Konzentration des Pigments ab.

9.29 Vorgänge, die ablaufen können, wenn Licht auf Materie fällt. Jeder Vorgang kann mehr als einmal ablaufen (so spiegelt und bricht jede Fläche, auf die Licht fällt)

Die bei diesen Prozessen entstehenden Farben können sich subtraktiv oder additiv (vor allem partitiv) mischen, wie die Abbildung zeigt. Daß additive Mischung vorkommt, zeigt sich darin, wie schwierig es ist, unbuntes Schwarz zu mischen. Wenn die Mischung rein subtraktiv wäre, brauchte man nur so lange die verschiedenen absorbierenden Pigmente hinzuzutun, bis schließlich alles Licht verschluckt

ist, und erhielte ein ideales Schwarz. Eine Mischung aller Pigmente aber ergibt Dunkelbraun oder Purpur (Tafel 9.6). Weil die Mischung auch etwas additiv ist, wird immer etwas Licht reflektiert, meistens von den breitbandigeren und deshalb helleren gelben und roten Pigmenten. Das Ergebnis ist eine schwache, ungesättigte Farbe von der gelb-roten Seite des Farbdreiecks, also Dunkelbraun oder Purpur.

Weitere Komplikationen ergeben sich daraus, wie die Farbe aufgetragen wird, ob zum Beispiel schichtweise oder gut gemischt oder ungleichförmig verteilt. (SEHEN SIE SELBST weitere Beispiele.) Der großen Zahl der Möglichkeiten entspricht keine einfache Regel – der Künstler muß sich auf seine Erfahrung, aufs Experimentieren und ein gutes Verständnis der Grundlagen verlassen.

9.30 Einige der Prozesse, die die Farbe bestimmen. Licht (*E*) fällt auf den Farbträger und wird (1) zu einem Teil an der Oberfläche reflektiert. Ein anderer Teil (2, 3, 4) läuft zu einem Pigmentteilchen weiter. Dort kann es selektiv reflektiert oder durchgelassen werden. Es kann dann weiterlaufen und den Träger erreichen (2) oder auf ein anderes Pigmentteilchen treffen (3) oder direkt zum Betrachter (4) gelangen. Jeder Vorgang kann eine andere Intensitätsverteilung des Lichts bewirken. Wenn nacheinander reflektiert wird (*A* und *B*) oder das durchgelassene Licht reflektiert wird (*C* und *D*), mischen sich die Farben subtraktiv. Die Strahlen, die zum Betrachter hin gehen (1, 2, 3 und 4), mischen sich additiv, wenn sie nahe beieinander sind

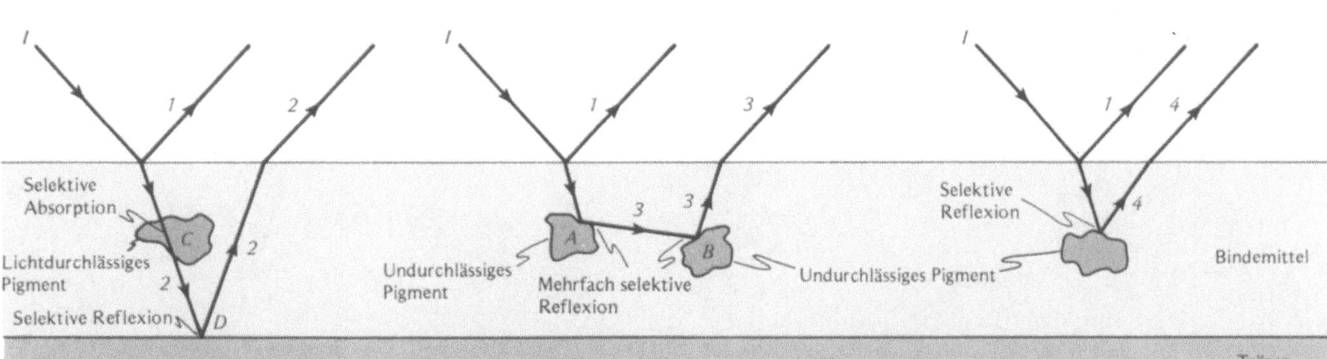

SEHEN SIE SELBST

Das Mischen von Pigmentfarben

Welche Farben sich durch Mischen von Pigmenten erhalten lassen, hängt nicht nur von den Pigmenten, sondern auch von der Art der Mischung ab. Wir zeigen hier nur einige Möglichkeiten auf, es gibt viel mehr. Versuchen Sie diese und andere, die Ihnen einfallen. Untersuchen Sie jeweils sorgfältig das Resultat, vergleichen Sie die Unterschiede und versuchen Sie, es mit Hilfe der Ergebnisse von Abschnitt 9.9 zu erklären.

Sie brauchen drei Ölfarben: Weiß, Preußischblau und Marsgelb (oder ähnlich transparentes Blau und Gelb) und etwas Mastix, Pinsel und weißes Zeichenpapier.

1. Mischen auf der Palette. Pressen Sie von jeder Farbe etwas auf eine Palette, eine Glasplatte oder eine andere glatte Fläche und vermischen Sie gleiche Mengen der drei Farben, bis Sie eine ganz homogene Farbe haben. Bemalen Sie damit ein kleines Stück des Papiers.

2. Lasieren (drei Schichten). Bemalen Sie ein Stück des Papiers mit der weißen Farbe und lassen Sie sie gründlich trocknen. (Das kann mehrere Tage lang dauern.) Befeuchten Sie dann, wenn das Weiß trocken ist, zuerst den Pinsel mit Mastix und dann mit Blau. Die Farbe muß so dünn sein, daß sie sich gleichmäßig verteilen läßt. Malen Sie über das Weiß und

lassen Sie es trocknen. Lasieren Sie dann mit Mastix und streichen Sie mit Gelb darüber. Alle Farbschichten sollten verschieden dick sein.

3. Lasieren (zwei Schichten). Grundieren Sie wie beim zweiten Verfahren mit Weiß. Mischen Sie dann auf der Palette Blau und Gelb, verdünnen Sie mit Mastix und streichen Sie diese Lasur über das Weiß.

4. Mischen im Pinsel. Nehmen Sie mit einem breiten Pinsel (etwa 2 cm oder breiter) zuerst viel Weiß und danach mit demselben Pinsel etwa gleichviel Blau und dann Gelb auf, so daß Sie drei Farbklumpen haben. Verstreichen Sie sie mit der Breitseite des Pinsels in einem breiten Strich.

5. Pointillistisches Gemälde. Tupfen Sie mit einem feinen Pinsel ein feines unregelmäßiges Muster von Punkten in drei Farben, so daß die drei verschiedenfarbigen Punkte das Papier überdecken, sich aber nicht überlap-

9.31 Die Abhängigkeit der Farbe von der Größe der Pigmentteilchen. Das vom Träger reflektierte Licht ist ungesättigt (u) und das vom Pigment nur wenig gesättigt (w). Licht wird im Pigment selektiv absorbiert (a). Wenn es hinreichend viel Pigment durchquert hat, ist es vollständig absorbiert, aber wenn es aus dem Pigment austritt, ist der durchgelassene Strahl gesättigt (s). Alles reflektierte Licht kombiniert sich hier in einer additiven Mischung. (a) Große Pigmentteilchen geben dunkle, ungesättigte Farben. (b) Kleinere Pigmentteilchen ergeben hellere, gesättigtere Farben. (c) Ein feines Pulver ergibt eine noch hellere, aber ungesättigte Farbe

pen. Sie können das Verfahren beschleunigen, wenn Sie etwas Überlappung in Kauf nehmen wollen: Schnipsen Sie mit dem Daumen verdünnte Farbe von den Borsten einer Zahnbürste.

6. Farbkreiselmischung. Schneiden Sie aus weißer Pappe einen Kreis von etwa 15 cm Durchmesser. Ziehen Sie zunächst einen etwa 3 cm breiten Rand. Teilen Sie dann die Innenfläche in sechs gleiche Keile, die Sie abwechselnd mit den drei Farben bemalen. Mischen Sie die drei Farben zum Vergleich (wie in 1.) auf der Palette und bemalen Sie den Rand des Kreises mit dieser Mischung. Lassen Sie die Scheibe wie im ersten Versuch zu Abschnitt 9.5.3 kreiseln.

9.9.3 Beispiel: Abhängigkeit von der Pigmentgröße

Wenn Licht auf ein Pigmentteilchen fällt, wird ein Teil davon reflektiert, und der Rest geht in das Pigment. Gewöhnlich ist die Reflexion nur schwach selektiv – die Reflexionskurve des Pigments zeichnet keine Farbe deutlich aus, und deshalb ist das reflektierte Licht nur schwach gesättigt. Das ins Pigment einfallende Licht wird jedoch selektiv absorbiert und ist um so gesättigter, je tiefer es eindringt, bis es entweder vollkommen absorbiert ist oder an der anderen Sei-

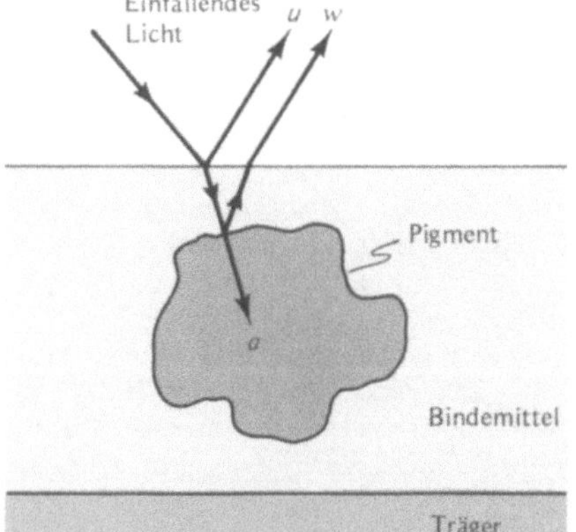

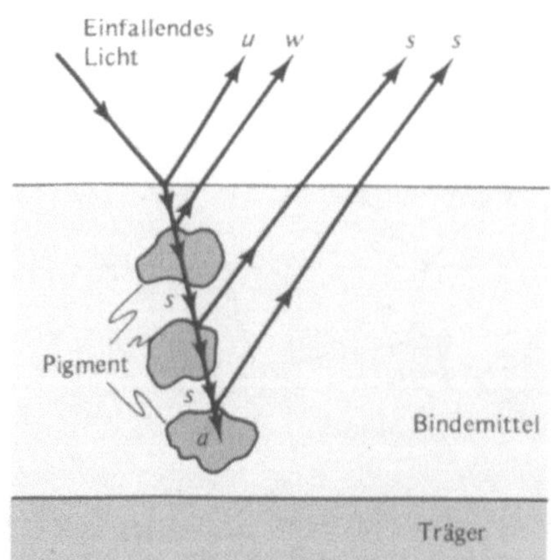

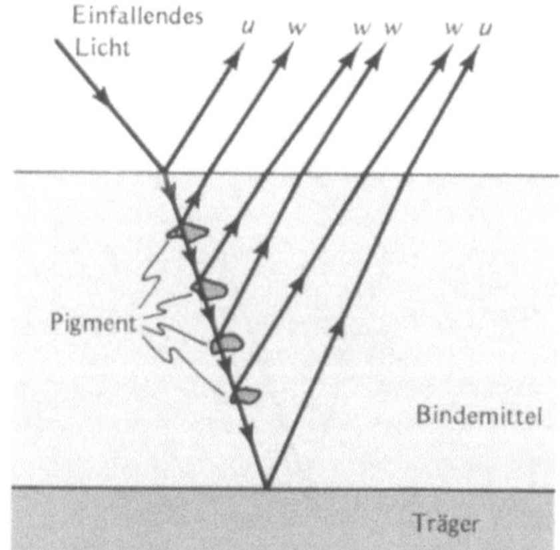

te des Pigments entweicht. Welches Licht ins Auge des Betrachters fällt, hängt wiederum von der Größe der Pigmentteilchen ab. Denn wenn die Pigmentteilchen groß sind (Abb. 9.31a), wird schwach gesättigtes Licht von der ersten Oberfläche reflektiert. Alles in das Pigment eintretende Licht wird absorbiert, bevor es das große Teilchen durchdringt. Das reflektierte Licht mischt sich mit dem ungesättigten Licht von der Oberfläche des Bindemittels additiv, deshalb ist das Ergebnis ziemlich ungesättigt. Wenn die Pigmentteilchen aber kleiner sind (Abb. 9.31b), wird das Licht durch sie hindurchgelassen. Das Licht ist gesättigt und bleibt es auch, wenn es von anderen, ähnlichen Teilchen reflektiert wird. Nachdem es dann mehrere Teilchen durchquert hat, wird es schließlich absorbiert. Den Betrachter erreicht damit Licht, das aus der ungesättigten Reflexion am Bindemittel, der schwach gesättigten Reflexion am ersten Pigmentteilchen und den gesättigten Reflexionen der folgenden Teilchen additiv gemischt ist. Das Licht ist also gesättigter und auch heller als bei den großen Teilchen. Wenn das Pigment schließlich zu feinem Pulver zerrieben wurde, ist jedes Teilchen zu dünn, als daß es sehr viel absorbieren könnte, und deshalb ist das durchgeschickte Licht höchstens schwach gesättigt. Der Betrachter sieht dann wenig gesättigtes Licht, das von vielen Teilchen reflektiert wird und additiv mit dem ungesättigten Licht des Bindemittels und eventuell auch dem vom Träger reflektierten Licht gemischt ist. Wie im Fall der größeren Farbteilchen ist das Licht eher ungesättigt, aber wegen der zusätzlichen Reflexionen viel heller.

Dasselbe Pigment erzeugt also verschiedene Farben, wenn es verschieden groß ist. Da kleinere Teilchen beim Mischen zusammenklumpen können, hängt die sich ergebende Farbe nicht nur vom Pigment, sondern auch vom Mischverfahren ab.

Der rote Stachelfisch *Holocentrus ascensionis* tarnt sich, indem er nach

dieser Methode seine Farbe ändert. Seine roten Pigmentkörner können sich in Sekundenschnelle zusammenballen und die Farbe von Rot (wie in Abbildung 9.31b) in Rosagrau (wie in 9.31a) übergehen lassen.

9.9.4 Beispiel: Die Abhängigkeit von den Unterschieden zwischen den Brechzahlen

Wir haben gesehen, daß es vom Verhältnis der Brechzahlen auf den beiden Seiten einer Grenzfläche abhängt, wie stark Licht an dieser Fläche gespiegelt oder gebrochen wird. Diese Abhängigkeit beeinflußt den Farbcharakter – dasselbe Pigment kann in verschiedenen Bindemitteln ganz verschieden aussehen. Wenn die Brechzahl des Pigments sich von dem des Bindemittels stark unterscheidet, reflektiert das Pigment stark; es ist dagegen fast unsichtbar, wenn die beiden Brechzahlen gleich sind. Meistens ist die Brechzahl des Pigments größer als die von Öl, und die wiederum ist größer als die von Wasser. Dies bedeutet, daß dasselbe Pigment in Wasser besser reflektiert und deshalb weniger durchläßt als in Öl – es scheint im Wasser weniger durchsichtig zu sein. Weitere Unterschiede machen sich bemerkbar, wenn die Farbe trocknet. Die Brechzahl von Öl nimmt beim Trocknen zu, deshalb wird das Pigment immer durchsichtiger, wenn die Ölfarbe trocknet. (Dies ist ein Grund für viele Auseinandersetzungen mit dem Hausmaler – die Wandfarbe erscheint Ihnen nicht die zu sein, die Sie ausgesucht haben, aber der Maler versichert Ihnen, alles würde in Ordnung sein, wenn die Farbe erst trocken wäre.) Das Wasser der Wasserfarben verdunstet beim Trocknen und wird durch Luft ersetzt, die eine noch niedrigere Brechzahl hat; deshalb wird Wasserfarbe beim Trocknen undurchsichtiger.

Ein ähnlicher Effekt kann ein Grund sein, verschüttete Milch zu beweinen. Wenn die verschüttete Milch

(oder besser noch, eine der Substanzen aus dem Versuch SEHEN SIE SELBST (1)) trocknet, schlagen sich kleine weiße Partikel nieder, deren Brechzahl der von Wasser gleicht. Weil es so viele Schichten gibt und die Oberfläche der Teilchen rauh ist, wird der größte Teil des einfallenden Lichts bei jeder Wellenlänge schließlich ins Auge reflektiert, und das getrocknete Sediment sieht weiß aus. Wenn Sie versuchen, es aufzuwischen, werden die Teilchen naß und sofort fast transparent, täuschen damit vor, die Milch sei aufgewischt. Später, wenn das Wasser verdunstet, erscheint wieder die heimtückische Ablagerung. Ganz ähnlich ist es bei Milchglasscheiben. Weil die Oberfläche angerauht ist, wird das Licht vom Glas gestreut, bevor es durchgelassen wird. Dadurch wird das Glas durchscheinend, obwohl kein Bild zu erkennen ist. Eine Wasserschicht auf dem Mattglas aber vermindert die Oberflächenspiegelung und macht es durchsichtig. Entsprechend kann zerkratzter Film so kopiert werden, daß man die Kratzer nicht bemerkt, wenn er zuerst in eine Flüssigkeit getaucht wird, die dieselbe Brechzahl hat wie der Film. SEHEN SIE SELBST (2) ein weiteres vertrautes Beispiel für diesen Effekt.

Ein anderes, weniger vertrautes Beispiel liefern die Deckflügel des großen Käfers *Dynastes hercules*. Er mag Bananen, deshalb ist Gelb für ihn tagsüber eine gute Tarnfarbe, nachts jedoch zieht er Schwarz vor. Er wechselt die Farbe nach dem eben beschriebenen Verfahren. Die Deckflügel haben über der schwarzen Oberhaut eine schwammige Schicht aus luftgefüllten Hohlräumen, die gleichsam das Pigment ersetzen. Weil die Brechzahl von Luft sich von der dieses Materials unterscheidet, reflektieren die Hohlräume das einfallende Licht, und zwar vor allem am langwelligen Ende des Spektrums; deshalb sieht der Käfer gelb aus. Nachts jedoch steigt die Luftfeuchtigkeit, und die Hohlräume füllen sich mit Wasser, dessen Brechzahl der des umgebenden

Materials sehr ähnlich ist. Licht wird dann nicht mehr von den Hohlräumen reflektiert, sondern kann an die schwarze Epidermis gelangen, die es verschluckt. Der Käfer ist also schwarz. Er färbt sich selbst mit der Farbe, mit der er seine Feinde am besten vermeiden kann, indem er die richtige Beziehung zwischen den Brechzahlen von ›Pigment‹ und ›Bindemittel‹ wählt.

SEHEN SIE SELBST

1 Der wiederkehrende Fleck

Sie können leicht einen Fleck machen, der verschwindet, wenn er naß ist, und erscheint, wenn er trocken ist. Rühren Sie mehr Salz, als sich lösen läßt, in ein kleines Glas warmes Wasser und warten Sie, bis sich der Überschuß gesetzt hat, oder rühren Sie soviel Wasser in etwas Stärkemehl oder Backpulver, bis Sie eine einigermaßen flüssige Paste haben. Gießen Sie ein paar Tropfen einer oder aller dieser Mixturen auf einen dunklen Teller und stellen Sie ihn zur Seite. Wenn das Wasser verdunstet ist, sollte eine weiße Ablagerung auf dem Teller sichtbar sein, die wiederum unsichtbar wird, wenn Sie etwas Wasser darauf tun, und auftaucht, wenn das Wasser verdunstet. Das Stärkemehl ist besonders hartnäckig, der Fleck verschwindet auch nach gründlichem Spülen nicht.

2 Durchschauen Sie die Zeitung!

Mit Hilfe von etwas Wasser können Sie die Schrift der rückwärtigen Zeitungsseite lesen. Normalerweise reflektiert die rauhe Oberfläche einer Zeitung das Licht überall dort, wo es nicht von absorbierender schwarzer Druckfarbe verschluckt wird. Wenn das Papier naß wird, ersetzt das Wasser mit seiner höheren Brechzahl die Luft um die Teilchen herum, aus denen das Papier besteht, und wird viel weniger reflektierend. Das Licht geht dann überall dort durch die Zeitung hindurch, wo auf der Rückseite keine Farbe ist. Sie brauchen also nur etwas Geschick im Spiegellesen, und

Sie können die Rückseite lesen. Es geht noch besser, wenn Sie die Zeitung statt mit Wasser mit Öl benetzen.

STUDIER & SPEKULIER

Was passiert, wenn das Wasser trocknet? Und wenn das Öl trocknet? Warum? Probieren Sie es aus!

9.9.5 Mischungen mit schwarzem Pigment (Schattierungen)

Schwarzes Pigment besteht aus undurchsichtigen Partikeln, die im Idealfall alles einfallende Licht absorbieren. Man könnte deshalb denken, daß sich Sättigung und Farbton einer Farbe nicht ändern, wenn sie mit Schwarz gemischt (also SCHATTIERT) wird, sondern nur die Helligkeit etwas abnimmt. Tatsächlich aber wird die Farbe dadurch weniger satt, und gelegentlich ändert sich der Farbton.

Schwarz verringert die Sättigung aus zwei Gründen. Erstens wird von dem Pigment weniger farbiges Licht reflektiert, und deshalb werden die ungesättigten Reflexionen von der Oberfläche des Bindemittels wichtiger. Da ein höherer Bruchteil des Lichts, das das Auge des Betrachters erreicht, ungesättigt ist, erscheint die Farbe weniger gesättigt. Zweitens ist schwarzes Pigment niemals ideal – es reflektiert immer etwas Licht, das oft auch einen Farbschimmer hat. Die breitbandige Reflexion des schwarzen Pigments verringert die Sättigung der Farbe, mit der es vermischt wird, und jede vom schwarzen Pigment reflektierte Farbigkeit beeinflußt den Farbton der Mischung.

In der Natur finden wir nur selten ein wirkliches Schwarz (SEHEN SIE SELBST). An jedem Körper, den Sie schwarz nennen, finden Sie bei genauem Hinsehen ganz feine Farbtöne. Einige Gemälde von Ad Reinhardt erscheinen auf den ersten Blick vollkommen schwarz, aber bei genauem Hinschauen erkennt man verschiede-

ne, sehr subtile Tönungen. Chinesische Tinte, die durch das Verbrennen von Nüssen erzeugt wird, kommt gelegentlich (zufällig) einem idealen Schwarz sehr nahe. Wenn solche Tinte entdeckt wird, ist sie hochgeschätzt; sie wird von einer Generation zur nächsten weitergegeben und nur dann verwendet, wenn das schwärzeste Schwarz erwünscht ist.

Noch überraschender ist das Ergebnis, wenn sehr feines schwarzes Pigment mit weißer Farbe gemischt wird. Zuerst, wenn das Schwarz sehr verdünnt ist, erhält die Farbe, wie Leonardo da Vinci bemerkte, einen Anflug von Blau. Das hat mit der Größe der Pigmentteilchen zu tun. Wenn Licht an kleinen Teilchen gestreut wird, ist die Streuung für die kürzeren Wellenlängen am stärksten (Abschnitt 13.2). Streuung am feinen schwarzen Pigment ergibt also einen bläulichen Farbton – die Mischung von Schwarz und Weiß kann blau aussehen!

SEHEN SIE SELBST

Wie schwarz ist schwarze Farbe?

Um herauszufinden, wie schwarz Ihre schwarze Farbe ist, können Sie sie mit einem Schwarzen Körper vergleichen (Abschnitt 1.4.2), einem Körper also, der alle Strahlung verschluckt. Sie können einen ziemlich guten Schwarzen Körper herstellen, wenn Sie einen lichtundurchlässigen Kasten (etwa einen Schuhkarton) innen schwarz anmalen oder verkleiden und ein kleines Loch (etwa 2 cm Durchmesser) hineinschneiden. Es ist dann sehr unwahrscheinlich, daß Licht, das in den Kasten fällt, durch das Loch zurückkommt, und deshalb sieht das Loch (bei normalen Temperaturen) schwarz aus. Malen Sie außen neben das Loch mit schwarzer Farbe einen dem Loch in Größe und Form möglichst ähnlichen Fleck. Vergleichen Sie die Schwärze der beiden Bereiche. Ist der Farbfleck so dunkel und farblos wie das Loch?

9.9.6 Beispiel: Mischungen mit weißem Pigment (Aufhellung)

Weißes Pigment besteht aus undurchsichtigen Partikeln, die im Idealfall alles Licht reflektieren. Wirkliches weißes Pigment reflektiert stark und nicht selektiv. Was passiert, wenn wir eine Weißmischung herstellen? Es gibt zwei Veränderungen: das Farbpigment wird verdünnt, und es wird überall mit stark reflektierenden, undurchsichtigen Teilchen vermischt.

Die Verdünnung der Farbpigmentteilchen bedeutet, daß sie weiter voneinander entfernt werden, und dadurch wird die selektive Reflexion überall geringer. Statt dessen reflektieren die weißen Pigmentteilchen nicht selektiv. Die Vermutung liegt also nahe, die Mischung sei weniger gesättigt und heller. Die Sättigungswirkung hängt jedoch von der Art des Farbpigments ab.

Wenn das Farbpigment stark durchlässig ist (WENIG DECKT), läßt es Licht selektiv durch, das vom Träger ins Auge des Betrachters geworfen wird. Das undurchlässige weiße Pigment verringert die Sättigung noch weiter, weil es zusätzlich zur Verdünnung des Farbpigments diese Reflexion blockiert (Abb. 9.32a).

9.32 (a) Weißes Pigment wird mit Farbe, die wenig deckt, gemischt. Die Farbreflexion *A* ist schwach, aber selektiv. Die Weißreflexion *B* ist stark und nichtselektiv. Die selektive Transmission der Farbpigmente, *C*, die von dem Träger reflektiert wird, wird von dem lichtundurchlässigen weißen Pigment blockiert, *D*, was die Sättigung weiter verringert. (b) Weißes Pigment wird mit gut deckenden Farbpigmenten gemischt. Hier lassen die Farbpigmente weniger Licht durch als in (a). Hätte das selektiv durchgelassene Licht *E* ein anderes Farbpigment getroffen, wäre es absorbiert worden. Da es statt dessen auf das stark reflektierende weiße Pigment fällt, wird es reflektiert (*F*) und verstärkt die Sättigung. (c) Der Weg, den eine Mischung gut deckender blauer Farbe 1 mit dem Weiß 2 in der Farbtafel beschreibt, wenn immer mehr Weiß dazukommt. Zuerst nimmt die Sättigung zu und dann ab. (Natürlich sollte dies eigentlich nicht in eine einzige Farbtafel eingezeichnet sein, weil sich dabei die Helligkeit ändert)

Wenn das Farbpigment aber stärker absorbiert (GUT DECKT), würden die verschiedenen Schichten des Farbpigments ohne Weiß viel von dem selektiv durchgelassenen Licht absorbieren, bevor es vom Träger reflektiert werden kann. Wenn ein Teil dieses Farbpigments durch stark reflektierendes weißes Pigment ersetzt wird, kann ein Teil dieses selektiv reflektierten Lichts in das Auge des Betrachters fallen (Abb. 9.32b). Das weiße Pigment vergrößert durch seine Anwesenheit die Menge des reflektierten farbigen Lichts, also die Sättigung. Schließlich nimmt die Sättigung natürlich ab, wenn immer mehr weißes Pigment das Farbpigment ersetzt (Abb. 9.32c).

9.9.7 Beispiel: Abhängigkeit von der Oberflächenspiegelung

Oberflächenspiegelungen sind nicht selektiv. Da sich das Licht von ihnen additiv mit dem farbigen Licht vom Pigment vermischt, lassen Oberflächenspiegelungen die Farben blasser erscheinen. Selbst bei schwacher Spiegelung verblassen dunkle Farben stark, weil ja sowieso nur wenig Licht von ihnen herkommt. Wieviel Licht die Fläche reflektiert, hängt von ihrer

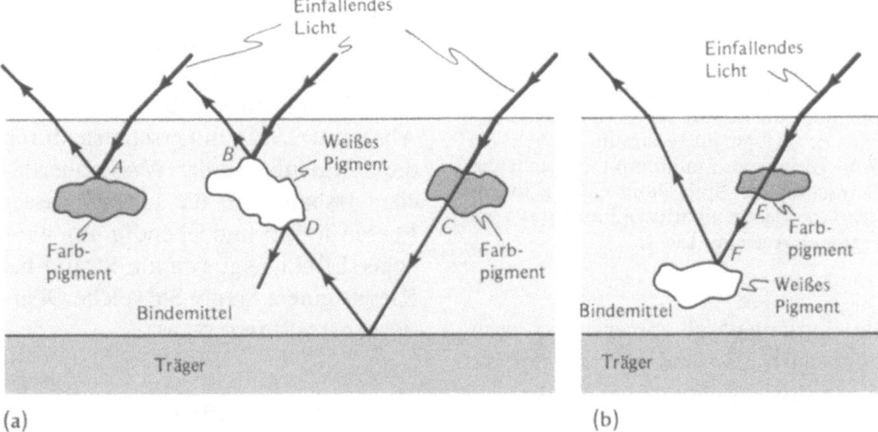

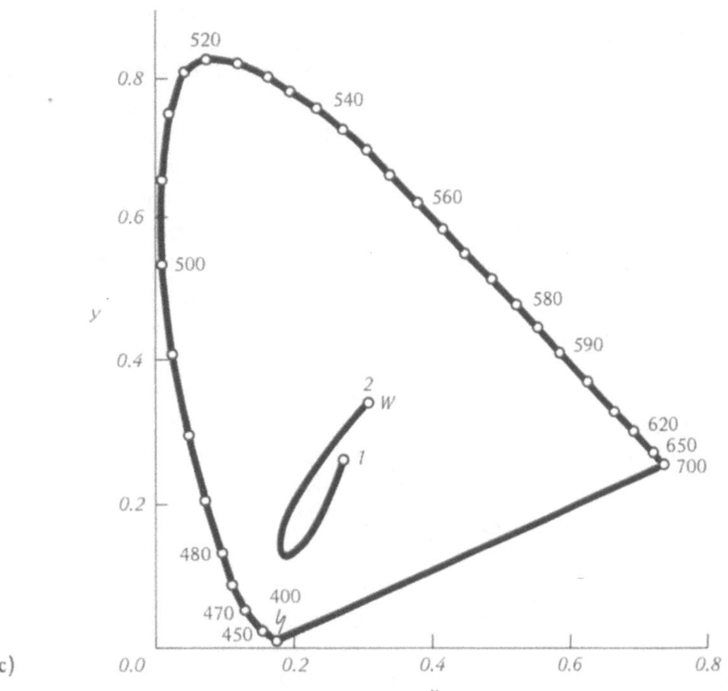

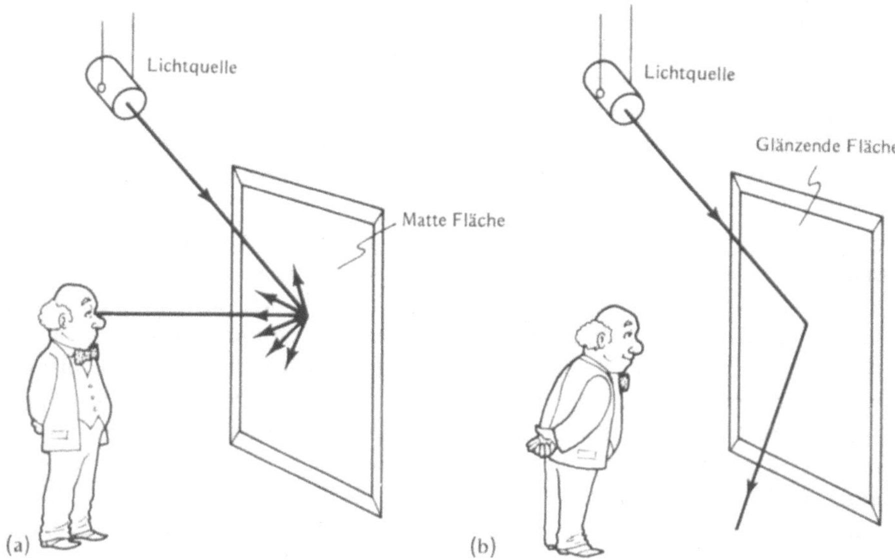

9.33 Oberflächenspiegelungen. (a) Diffuse Spiegelungen von einer matten Oberfläche sind unabhängig vom Standpunkt des Betrachters überall zu sehen (und auch das von dem Pigment gestreute Licht). (b) Vom geeigneten Standpunkt aus sieht der Betrachter die Spiegelung einer glänzenden Oberfläche nicht (wohl aber das vom Pigment gestreute Licht)

Beschaffenheit ab, ob sie also rauh oder glatt, glänzend oder stumpf ist, Pinselstriche sichtbar sind und so weiter.

Wenn die Oberfläche stumpf oder matt ist, ist die Reflexion diffus (Abschnitt 2.4.2). Da auftreffendes Licht in alle Richtungen gestreut wird, sieht der Betrachter unabhängig davon, wie er zur Lichtquelle steht, nichtselektiv reflektiertes Licht (Abb. 9.33a). Diese Reflexion kann 50% des einfallenden Lichts betragen und läßt die Farbe stark verblassen.

Wenn die Oberfläche glatt und glänzend ist, wird das Licht zum größten Teil gespiegelt und gehorcht dem Reflexionsgesetz (Abb. 2.4). Der Betrachter kann dann bei sorgfältiger Wahl seines Standpunkts die Oberflächenspiegelung fast völlig vermeiden und die gesättigten Farben des Bildes gut sehen (Abb. 9.33b und Tafel 9.7). Alte und strapazierte Mosaikfußböden spiegeln diffus und zeigen entsprechend dumpfe und blasse Farben,

erwachen aber zu neuem Leben, wenn Wasser darauf kommt. Das Wasser eliminiert die diffuse Reflexion (wie in Abschnitt 9.9.4) und ersetzt sie durch die Spiegelung an der Wasseroberfläche; deshalb sind die Farben nasser Fliesen so satt und lebendig. Ein ähnlicher Effekt zeigt sich am Strand bei Kieselsteinen. SEHEN SIE solche Oberflächenstrukturen SELBST.

SEHEN SIE SELBST

Oberflächenstrukturen

Je nach der Art der Oberfläche kann ein und dieselbe Farbe ganz verschieden aussehen. Nehmen Sie eine Wasserfarbe und malen Sie einen Teil eines Zeichenblatts wie üblich aus. Bedecken Sie einen anderen Teil des Blattes mit soviel Wasser wie möglich und tropfen Sie dann konzentrierte Farbe so lange in das Wasser, bis der Sättigungsgrad der beiden Flächen etwa gleich ist. Lassen Sie das Papier gut trocknen (das kann Stunden dauern). Bemalen Sie schließlich eine Teilfläche ganz normal, lassen Sie sie trocknen und waschen Sie die Farbe unter fließendem Wasser aus, wobei Sie die Farbe mit dem Pinsel leicht abreiben. Wiederholen Sie dieses Malen und Abwaschen, bis die Farbe etwa so dunkel ist wie im ersten Fall. Die drei Farbbereiche haben dann ganz

verschiedene Struktur. Von dieser Struktur hängt es ab, wieviel gespiegelt wird. Im dritten Fall sind zum Beispiel die Reflexionen in den Rippen und Tälern des Papiers verschieden. Untersuchen Sie diese Unterschiede der Reflexion und vergleichen Sie in allen drei Bildern, wie die Struktur auf die Farbe wirkt.

9.9.8 Schlußbemerkungen

Was hat Vernunft mit Malerei zu tun?
William Blake

Es ist klar, daß die Farbmischregeln, die für einen Künstler wichtig sind, viel komplizierter sind als die für die additive Mischung von Licht oder auch die subtraktive durch Filter. Nichtsdestoweniger gehorcht das Licht, mit dem wir ein Gemälde betrachten, den Gesetzen der Physik, und ein Verständnis für die Grundprozesse (und auch dafür, wie unser Auge Farbe wahrnimmt – Kapitel 10), ermöglicht es uns, die Wirkungen von Farbmischungen einigermaßen zu kennen. Die Schwierigkeit liegt darin, daß so viele verschiedene Faktoren im Spiel sind. Es genügt nicht, nur die Art der zu mischenden Farben zu kennen. Auch die Intensitätsverteilung, die Größe der Pigmentteilchen, ihre chemischen Eigenschaften, ihre Beziehung zu den Bindemitteln, das Mischverfahren, die Art des Farbauftrags und eine Unmenge anderer Überlegungen können alle für das Ergebnis wichtig sein – manchmal fast unmerkbar und manchmal geradezu entscheidend. Die Größe eines Künstlers hängt von seiner Fähigkeit ab, diese Unwägbarkeiten zu beherrschen. Im allgemeinen gewinnt er diese Meisterschaft durch Versuch und Irrtum. Ein Verständnis der hier betrachteten Grundlagen kann helfen, die Ergebnisse der Versuche zu verstehen und einzuordnen. Letztlich kommt es darauf an, daß der Künstler seine Mittel kennt, sie kontrollieren kann und weiß, welche Möglichkeiten es gibt und wie sie sich verwirklichen lassen.

9.10 Zusammenfassung

Die Farben, die wir sehen, sind gewöhnlich nicht MONOCHROMATISCH oder rein, sondern vielmehr über mehrere sichtbare Wellenlängen verteilt, wie es die INTENSITÄTSVERTEILUNG charakterisiert. Farbiges Licht sieht unabhängig von dieser Kurve dann gleich aus, wenn es in drei Eigenschaften übereinstimmt: FARBTON (Hauptfarbe oder vorherrschende Wellenlänge), SÄTTIGUNG (Reinheit) und LICHTSTÄRKE (scheinbare Gesamtintensität). Bei Oberflächenfarben ist die dritte Eigenschaft die HELLIGKEIT (Weiß-, Grau- oder Schwarzton). Alle Farben lassen sich entsprechend dieser Eigenschaften in einem FARBENBAUM anordnen. Zwei Farben, die gleich aussehen, deren Intensität aber unterschiedlich verteilt ist, heißen METAMERE.

Überlappende Lichtflecken kombinieren ihre Farben in einer ADDITIVEN MISCHUNG. Jede Farbe kann additiv aus drei Farben gemischt werden, wenn man auch NEGATIVE BETRÄGE zuläßt. Farben, die sich additiv zu Weiß kombinieren, heißen KOMPLEMENTÄRFARBEN. Die Ergebnisse der additiven Farbmischung hängen nur von dem FARBWERT ab. Die dafür geltenden Regeln werden in einer FARBTAFEL durch Geraden dargestellt. So liegen Komplementärfarben an entgegengesetzten Enden von Geraden, die durch den Punkt hindurchgehen, der Weiß repräsentiert. Die größte Farbenvielfalt läßt sich durch additive Mischung von BLAU, GRÜN und ROT, den additiven Grund- oder Primärfarben, erzeugen. Außer der EINFACHEN ADDITION, die durch überlappende Beleuchtung entsteht, lassen sich additive Mischungen auch durch PARTITIVE MISCHUNG (kleine, verschiedenfarbige Flecken liegen nah beieinander) und durch rasch aufeinanderfolgende Farben am selben Ort erhalten.

Der SUBTRAKTIVE PROZESS läuft ab, wenn aus einem Lichtstrahl mehr Wellen einer bestimmten Art entfernt werden als von einer anderen, wenn also etwa Licht durch einen Filter hindurchgeht oder von einer bemalten Fläche reflektiert wird. Wenn weißes Licht nacheinander zwei Filter durchläuft, ist es am Ende wie Licht, dessen TRANSMISSIONS- oder DURCHLÄSSIGKEITSKURVE das Produkt der Durchlässigkeitskurven der beiden Filter ist. (Bei der Spiegelung spielt die REFLEXIONSKURVE der Fläche dieselbe Rolle.) Subtraktive Mischungen können überraschende Farben ergeben. Sie hängen auch von der Intensitätsverteilung der BELEUCHTUNG ab. Lichtquellen werden oft durch ihre FARBTEMPERATUR (die Temperatur einer Glühlampe, die Licht dieser Farbe abgibt) charakterisiert. Die Qualität einer weißen Lichtquelle hängt davon ab, wie WEISS sie aussieht, wie getreu ihre FARBWIEDERGABE sein kann und mit welchem Wirkungsgrad sie Elektrizität in Licht umsetzt.

Wasser- und Druckfarben sind ziemlich transparent; bei ihrer Mischung laufen sowohl subtraktive als auch additive Prozesse ab. Drucker erreichen gute Farbwiedergabe mit dem VIERFARBENDRUCK, einem Vorgang, der die drei SUBTRAKTIVEN GRUNDFARBEN (GELB, MAGENTA, ZYAN) und Schwarz verwendet. Andere Farben werden mittels der RASTERTECHNIK gemischt: In feinen Punktmustern ist die Größe der Punkte proportional zu dem gewünschten Farbeffekt. Weil die Farben so verschiedene Eigenschaften haben, ist das Farbmischen mit Pigmenten sehr kompliziert. Die Tönung hängt von solchen Einzelheiten ab wie der PIGMENTGRÖSSE, der relativen BRECHZAHL der Pigmente und der Bindemittel, von Menge und Art der ABSORPTION, REFLEXION und TRANSMISSION der beteiligten Pigmente, ihrer SELEKTIVITÄT und auch von der Art der OBERFLÄCHENSPIEGELUNGEN. Einfache Malerregeln sind nur grobe Richtlinien.

AUFGABEN

A1 Professor Colorissima möchte in ihrer Vorlesung eine Beispiel für eine monochromatische und eine nichtspektrale Farbe geben. Beschreiben Sie, wie die Versuchsanordnung in jedem dieser Fälle aussehen mag.

A2 Zeichnen Sie die Intensitätsverteilung für Licht der folgenden Art: (a) ein gesättigtes blaues Licht, (b) ein ungesättigtes grünes Licht, (c) rosa Licht.

A3 Zeichnen Sie einen Farbenbaum und geben Sie die Lage der folgenden Farben an: (a) Schwarz, (b) helles Rosa, (c) gesättigtes Blau, (d) Graugrün, (e) dunkles Orange, (f) Cremeweiß.

A4 Welcher Farbton gehört zu der Intensitätsverteilung dieser Abbildung? Ist er gesättigt oder ungesättigt?

A5 Zeichnen Sie die Intensitätsverteilung für zwei Komplementärfarben und benennen Sie sie mit den Namen der Farbtöne.

A6 (a) Schätzen Sie mit Hilfe von Abbildung 9.10 ab, welche Mischung

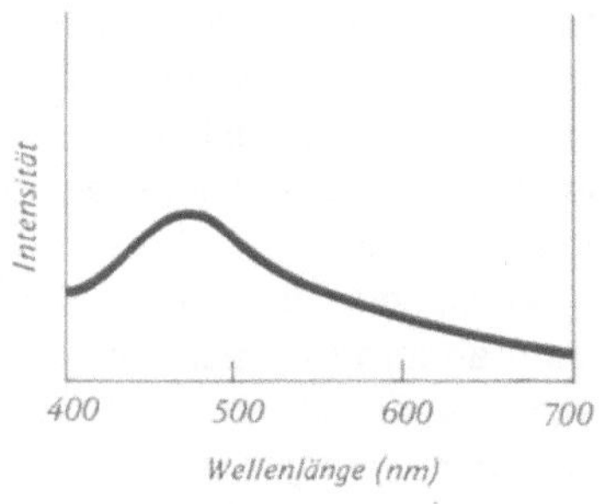

von 460-nm-Blau, 530-nm-Grün und 650-nm-Rot einem monochromatischen Orange entspricht. (b) Warum wird von einer dieser Farben eine negative Menge gebraucht?

A7 (a) Mischen Sie mit Hilfe von Kreiden, Farb- oder Buntstiften, Tuschen oder Ölfarben zwei Farben partitiv. (b) Skizzieren Sie eine Intensitätsverteilungskurve für jede dieser Farben und für die Mischung. (c) Geben Sie die Lage jeder der Farben und der Mischung auf einer Farbtafel an.

A8 Ein bestimmtes Licht hat die gezeigte Intensitätsverteilung. Welchen Farbton und welche Sättigung haben die beleuchteten Bereiche, wenn dieses Licht auf einen weißen Schirm geworfen wird?

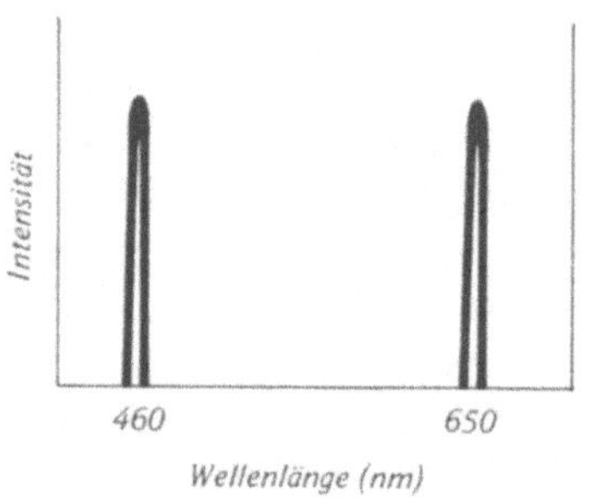

A9 (a) Was sind Komplementärfarben? (b) Geben Sie die Namen und die Wellenlängen von zwei Paaren komplementärer Farben an.

A10 Lösen Sie diese Aufgaben mit Hilfe der Farbtafel in Abbildung 9.13. (a) Bestimmen Sie die Lage eines spektralen Rot mit Wellenlänge 700 nm und die Wellenlänge der komplementären Spektralfarbe. (b) Wiederholen Sie das für ein spektrales Blau mit 450 nm. (c) Wiederholen Sie das für ein Orange mit 600 nm. (d) Zeigen Sie, daß Grün kein spektrales Komplement hat.

A11 Welche der folgenden Eigenschaften ändern sich nur wenig oder gar nicht, wenn weißes Licht additiv mit farbigem Licht gemischt wird: (a) Sättigung, (b) Reinheit, (c) Chroma, (d) Farbton?

A12 Ein Diaprojektor projiziert ein schönes Bild auf einen Schirm. Ein

schlauer, aber ungelernter Fotograf möchte das schöne Bild mit seiner Kamera abfotografieren, aber das Licht reicht nicht. Deshalb beleuchtet er den Schirm mit einem (weißen) Flutlicht. (a) Mischen sich bei diesem Verfahren die Farben des Bildes additiv, subtraktiv oder gar nicht? (b) Ist die von dem Schirm und in die Kamera reflektierte Lichtintensität größer, kleiner oder dieselbe wie ohne Flutlicht? (c) Eines der Gebiete in dem projizierten Bild ist ein gesättigtes Rot. Finden Sie auf einer Farbtafel einen Punkt, der diesem Rot entspricht. (d) Zeichnen Sie in dieselbe Farbtafel eine Kurve, die zeigt, wie der Punkt, der die Farbe des (projizierten) roten Bildes darstellt, sich bewegt, wenn der Fotograf immer intensiveres weißes Flutlicht anstellt. Markieren Sie einen Punkt, der gleichen Mengen projiziertem Rot und dem Flutlicht entspricht. (e) Welche Farbe sollte Licht haben, das das (projizierte) Rot des Bildes zu Weiß werden läßt?

A13 (a) Was ist die Komplementärfarbe zu Grün? (b) Ist es eine spektrale oder eine nichtspektrale Farbe? (c) Wahr oder falsch: eine ungesättigte Form der Komplementärfarbe zu Grün läßt sich als additive Mischung aus Gelb und Zyan erhalten.

A14 Bei einer Diavorführung stellt jemand das (weiße) Zimmerlicht an. Was ändert sich dabei in den projizierten Bildern? (a) Helligkeit, (b) Sättigung, (c) Bildgröße, (d) Farbton.

A15 Professor Fauxcouleur, der berühmte Kolorist, hat farbiges Licht gemischt, und dabei gilt folgendes:

leuchtendes Gelb
$\equiv$ 10 Teile Rot + 10 Teile Grün
− 1 Teil Blau .

Welche der folgenden Aussagen (auch mehr als eine) sind wahr? (a) Um leuchtendes Gelb zu erhalten, muß man grünes und rotes Licht auf einen blaßgelben Schirm werfen (da Gelb ein negatives Blau ist). (b) Wenn Sie einen Teil Blau mit leuchtendem Gelb mischen, erhalten Sie dieselbe Farbe,

wie wenn Sie 10 Teile Rot und 10 Teile Grün mischen. (c) Professor Fauxcouleur könnte diese Mischung nie gemacht haben, weil sie eine negative Menge einer Grundfarbe erfordert. (d) Die Mischung ist weder additiv noch subtraktiv, sondern partitiv. (e) Keine der obigen Behauptungen trifft zu.

A16 (a) Was ist ungefähr die Wellenlänge von monochromatischem rotem, grünem und blauem Licht? (b) Skizzieren Sie eine große Farbtafel und zeigen Sie ungefähr an, wo die Farben aus Teil (a) auf ihr zu finden sind. (c) Geben Sie die Lage des weißen Lichts mit W an. (d) Bestimmen Sie mit Hilfe dieser Farbtafel und der Ergebnisse der Teile (b) und (c) die Lage der Komplementärfarbe zu Blau. Welchen Farbton hat sie? (e) Markieren Sie auf dem Diagramm die Farbe, die sich aus einer additiven Mischung gleicher Mengen von Rot und Grün ergibt. Was ist ihr Farbton? (f) Beschreiben Sie kurz zwei Arten der additiven Farbmischung.

A17 Betrachten Sie buntes Bonbonpapier oder ein Zeitschriftenfoto im Sonnenlicht und beantworten Sie die folgenden Fragen: (a) Welche Farbe hat das Licht, das auf jeden der verschiedenen Bereiche fällt? (b) Welche Farbe erreicht das Auge? (c) Was passiert mit den anderen Farben?

A18 Nehmen Sie je ein Stück rotes, blaues und grünes Zellophanpapier und halten Sie es, eins zur Zeit, vor weißes Licht. (a) Welche Farbe hat das Licht, das auf den Filter fällt? (b) Welche Farbe erreicht das Auge, nachdem es durch den Filter gegangen ist? (c) Was passiert mit den anderen Farben?

A19 Halten Sie jedes Stück des farbigen Zellophanpapiers, das Sie in Aufgabe A18 benutzten, nahe ans Auge und betrachten Sie die farbigen Bereiche wie in A17. (a) Beschreiben Sie jede Farbe, die Sie sehen, wenn Sie abwechselnd durch jeden Filter diese Bereiche betrachten. (b) Erklären Sie diese Farben.

A20 Die Abbildung zeigt die Durchlässigkeitskurve eines Filters. (a)

Zeichnen Sie eine Durchlässigkeitskurve für einen Filter in der Komplementärfarbe. (b) Welche Farbe erhalten Sie, wenn Licht dieser zwei Filter überlagert wird (additive Mischung)? (c) Welche Farbe geht durch beide Filter hindurch, wenn sie hintereinander durchlaufen werden?

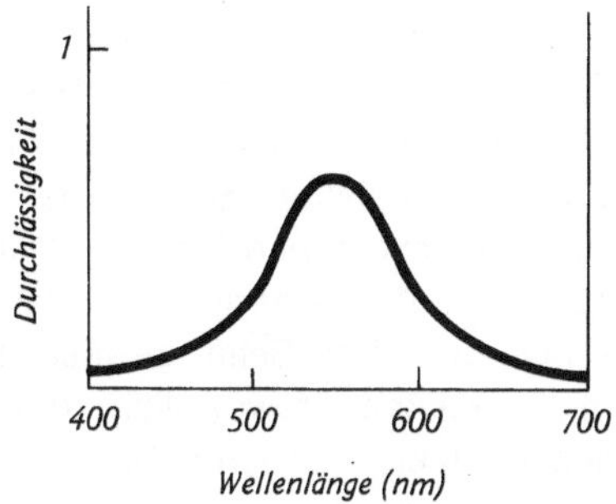

A21 (a) Denken Sie an die Farben von Blättern im Frühling oder Sommer. Welche Wellenlängenbereiche umfaßt Ihrer Meinung nach das für die Fotosynthese wichtige Licht? Begründen Sie! (b) Welche Farbe sollte Ihrer Meinung nach Licht haben, dessen Energie vor allem in dem Bereich liegt, in dem das Chlorophyll am meisten absorbiert? (c) Welche Farbe hätten Blätter in diesem Licht?

A22 Auf drei Pigmente, nämlich Blau, Zyan und Gelb, fällt Licht, das entweder Gelb oder Magenta ist. Ergänzen Sie die Tabelle und geben Sie an, welche Farbe sich in jedem Bereich ergibt, wenn er jeweils von dem Licht beschienen wird.

	Magenta	Gelb
Blau	–	–
Zyan	Blau	–
Gelb	–	Gelb

A23 Ordnen Sie die folgenden Vorgänge den additiven oder den subtraktiven Farbmischungen zu (manche können auch beiden zugehören). Begründen Sie Ihre Antwort. (a) Sie sehen die Welt durch gelbes Glas (oder eine rosa Brille). (b) Ein Weihnachtsbaum mit vielen kleinen grünen und roten elektrischen Lichtern *sieht aus der Ferne gelblich aus* (ei-

gentlich orange-gelb, weil die roten Lampen heller sind als die grünen). (c) Tageslicht fällt durch ein vorwiegend rotes und blaues Glasfenster in einen Raum. Ein Stück ›weißes‹ Papier hat die Farbe Magenta. (d) Eine mit blauem Licht beschienene Orange erscheint schwarz.

A24 (a) Was ist die additive Mischung von Blau und Grün? (b) Was ist die subtraktive Mischung von (idealem) Blau und Grün? (c) Was ist die Komplementärfarbe zu Gelb?

A25 Wie sähe die in Abbildung 9.15 zusammengefaßte subtraktive Mischung aus, wenn die Filter nur monochromatisches Licht durchlassen würden?

A26 Weißes Licht geht zuerst durch einen Zyan- und dann durch einen Magentafilter. Welche Farbe ergibt sich?

A27 Im zweiten Weltkrieg lief kurz vor der Schlacht von Midway das amerikanische Unterseeboot ›Trigger‹ auf ein Riff auf. Die Offiziere hatten rote Brillen getragen (um ans Dunkel adaptiert zu sein – Abschnitt 5.3.4). Auf ihren Karten waren Riffe rot markiert. Warum liefen sie auf Grund?

A28 Fernsehkameras sind bei Innenaufnahmen auf Licht von 3200 K eingestellt. Welche Wirkung bemerken die Fernsehzuschauer, wenn versehentlich Lampen mit 2500 K benutzt werden?

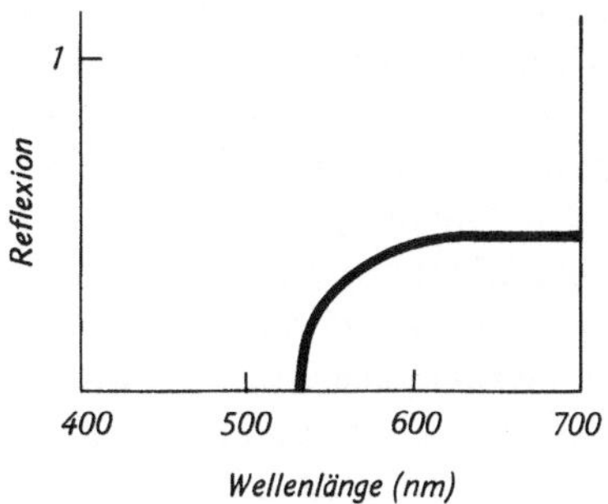

A29 Ein gelber Gegenstand hat die in der Abbildung gezeigte Reflexionskurve. Welche Farbe hat das Licht, das von ihm reflektiert wird, wenn es durch eine kaltweiße Fluoreszenzröhre bestrahlt wird (Abb. 9.18a)?

A30 Wählen Sie aus dieser Liste von Lichtquellen: (i) Sonnenlicht an einem sonnigen Tag, (ii) monochromatisches rotes Licht einer Neonröhre, (iii) Licht einer 60-Watt-Glühbirne – die aus, die (a) geringste Sättigung, (b) niedrigste Farbtemperatur, (c) größte Helligkeit hat.

A31 Vor dem modernen Farbfilm, der mit drei Grundfarben arbeitet, wurde mit Verfahren experimentiert, die zwei Grundfarben verwenden. Nehmen Sie an, wir verwendeten Orange (600 nm) und Zyan (490 nm). Zeichnen Sie eine Farbtafel und zeigen Sie näherungsweise die Lage dieser Grundfarben und die Lage aller Farben, die sich als additive Mischung dieser beiden erhalten lassen. Wie gut reproduziert Ihrer Meinung nach ein Film, der auf der additiven Mischung dieser beiden basiert, (a) Hautfarben (aller Rassen), (b) Himmelsfarben, (c) Gras, (d) violette Menschenfresser?

A32 Eine Glühlampe wird mit einem blauen Farbstoff bedeckt, so daß die Farbtemperatur ihres Lichts 5000 K beträgt. Welche der folgenden Aussagen ist wahr? (a) Die dominante Wellenlänge des Lichts der Lampe ist 5000 nm. (b) Der Glühfaden der Lampe erhitzt sich bis auf 5000 K. (c) Der Farbton und die Sättigung des Lampenlichts sind dieselben, wie wenn die Lampe keinen blauen Farbstoff hätte und ihr Glühfaden auf 5000 K erhitzt würde. (d) Die Farbtemperatur kann nicht 5000 K betragen, weil der Glühfaden bei dieser Temperatur schmelzen würde.

A33 ›Ja,‹ so sagt ich letzte Nacht,
›Nein‹ so sag ich, Herr, bei Tag.
Farben sehen im Kerzenlicht
anders aus, als wenn der Tag anbricht.

Elisabeth Barrett Browning,
›The Lady's 'Yes'‹

(a) Erläutern Sie die letzten beiden Zeilen. (b) Geben Sie ein Beispiel für eine Farbe, auf die diese Zeilen zutreffen. (c) Geben Sie ein Beispiel für eine Farbe, die unter beiden Bedingungen gleich aussieht.

A34 Zwei gleich helle Lichter A und B haben die Farbwerte $x = 0{,}4$, $y = 0{,}2$ und $x = 0{,}5$, $y = 0{,}4$. Sie werden von weißem Licht erzeugt, das durch zwei Filter, die ebenfalls A und B heißen, hindurchgeht. Nehmen Sie an, die beiden Filter seien ideal (d.h., sie lassen in einem bestimmten Wellenlängenbereich 100% hindurch und in einem anderen gar nichts). (a) Zeichnen Sie eine Farbtafel und bestimmen Sie A, B und den Weißpunkt W. (b) Schätzen Sie mit Hilfe der Farbtafel ab, welches die dominante Wellenlänge, der Name des Farbtons und die Sättigung von A sind. (c) Tun Sie das gleiche für B. (d) Lassen Sie jetzt gleiche Lichtmengen A und B ein weißes Objekt bescheinen. Bestimmen Sie den Farbwert des Objekts in diesem Licht, zeigen Sie die Konstruktion in Ihrer Farbtafel, nennen Sie den sich ergebenden Punkt $A+B$ und schätzen Sie die dominante Wellenlänge, den Farbton und die Sättigung dieser Farbe. (e) Was ist die Komplementärfarbe zu der Farbe Ihrer Antwort auf Teil (d)? Zeigen Sie auf der Farbtafel, wie Sie das Ergebnis erhalten haben. (f) Jetzt wird weißes Licht nacheinander durch beide Filter geschickt. Welche Farbe ergibt sich? (Benutzen Sie einfache Gesetze.) Macht es einen Unterschied, ob das weiße Licht zuerst durch A und dann durch B geht oder erst durch B und dann durch A?

A35 Warum werden bei Farbreproduktionen sehr guter Qualität mehr als vier Druckfarben verwendet?

A36 Gelegentlich finden sich am Rand eines Briefmarkenbogens, eines bedruckten Stoffes oder an unauffälligen Plätzen farbiger Packungen Farbquadrate, die die reinen, beim Druck verwendeten Druckfarben wiedergeben. (a) Warum sind sie (gewöhnlich) nicht die vier in Abschnitt 9.8 erwähnten Standardfarben? (b) Welche Farben haben diese Quadrate und welche Farben reproduzieren sie besser als die üblichen? (Vergleichen Sie sie mit den etwa auf der Briefmarke wiedergegebenen Farben.) (c) Was ist die Mindestanzahl von Farben, die (außer Schwarz) verwendet werden müssen, wenn die Briefmarke nur ein Motiv in Schwarz, Rot und Gold zeigt?

A37 Zeichnen Sie mit einem Bleistift oder einem Federhalter eine einfache Figur in Halbtontechnik.

A38 Wenn alle Ölfarben miteinander vermischt werden, ergeben sich Farbmischungen, die weder einfach additiv noch einfach subtraktiv sind. Geben Sie Beispiele dafür und erläutern Sie die Gründe.

Harte Aufgaben

HA1 (a) Zeichnen Sie eine große Farbtafel und markieren Sie den Weißpunkt mit einem W. Markieren Sie jede der Spektralfarben Rot, Orange, Gelb, Grün, Zyan, Blau und Violett mit einer Abkürzung. (b) Geben Sie die Lage des spektralen Komplements zu Orange an und nennen Sie es Ok. (c) Wenn Sie mit dieser Farbe Ok beginnen und additiv langsam immer mehr Gelb darunter mischen, ändert sich die Farbe allmählich von dem ursprünglichen Ok zu Gelb (wenn Sie im Verhältnis sehr viel Gelb dazugetan haben). Zeichnen Sie eine Gerade oder eine Kurve, die die Bahn anzeigt, die die Farbmischung auf der Farbtafel nimmt, wenn sich die Farbmischung von Ok zu Gelb ändert. Markieren Sie die Lage, die einer additiven Mischung gleicher Mengen von Ok und Gelb entspricht, mit Gl (für gleich). (d) Bezeichnen Sie eine Farbe mit demselben Farbton wie Gl, aber viel größerer Sättigung, mit A. (e) Bezeichnen Sie eine Farbe mit etwa gleicher Sättigung wie Gl, aber etwas anderem Farbton, als Z (er soll so verschieden sein, daß auf Ihrer Farbtafel kein Zweifel besteht.) (f) Zwei Pigmente P und Q haben die folgenden Eigenschaften: P ist ein ungesättigtes Gelb, Q ist ein ungesättigtes Rot. Kennzeichnen Sie ihre Lage auf der Farbtafel mit einem Punkt und einem Buchstaben. Wenn etwa P mit Q gemischt wird, wird die Mischung zunächst stärker Orange und gleichzeitig gesättigter. Mit mehr Q wird die Mischung ein ziemlich gesättigtes Orange. Wenn noch mehr Q hinzugefügt wird, nimmt die Mischung allmählich die Farbe des Pigments Q an. Zeichnen sie eine Gerade oder Kurve, die die Bahn der Farbmischung dieser Pigmente in der Farbtafel anzeigt, wenn immer mehr Q zum P hinzugefügt wird.

HA2 Zeichnen Sie auf ein leeres Blatt Papier sorgfältig eine große Farbtafel. (a) Bezeichnen Sie die Lage von Rot, Grün und Blau mit den Buchstaben R, Gr und B. Bezeichnen Sie den Weißpunkt mit W. (b) Vielbenutzte Wäsche, die mit einfacher Seife gewaschen wird, bekommt gewöhnlich einen Gelbschimmer. Markieren Sie in der Farbtafel spektrales Gelb mit einem G und die Stelle, wo Sie das ungesättigte Wäschegelb vermuten, mit WG. (c) Die modernen Wunderwaschmittel und Weißmacher enthalten einen fluoreszierenden Stoff, der die ultraviolette Komponente des Sonnenlichts in farbiges Licht umwandelt. Die Wäschefarbe ist damit eine additive Mischung dieser fluoreszierenden Farbe und der gelben Eigenfarbe der Wäsche. Warum ist diese Mischung additiv? (d) Bei welchem Farbton sollte das Wunderwaschmittel fluoreszieren, damit die Wäsche weiß ist? (e) Stellen Sie sich vor, dem Hersteller sei ein Fehler unterlaufen und der ›Weißmacher‹ fluoresziere Zyan. Markieren Sie die Lage von Zyan auf der Farbtafel und zeichnen Sie die Bahn, die für verschiedene Mengen dieses ›Weißmachers‹ den möglichen Wäschefarben entspricht. Bezeichnen Sie eine der möglichen Farben dieser Kurve mit X und beschreiben Sie Farbton und Sättigung (ob hoch oder niedrig) in Worten.

HA3 Nehmen Sie an, wir hätten zwei verschiedene Lichtstrahlen A und B, die aussehen, als wären sie identisches weißes Licht. Wir wissen nicht, wie das Licht zusammengesetzt ist, aber wir wissen, daß eines von ihnen, etwa I, eine additive Mischung zweier monochromatischer Quellen mit den Wellenlängen 490 nm und 640 nm ist.

Die andere, II, bestehe aus einer mehr oder weniger gleichförmigen Intensitätsverteilung aller Wellenlängen zwischen 400 nm und 700 nm. Wenn Sie diese beiden Strahlenbündel durch einen Filter laufen lassen, der alle Wellenlängen zwischen 500 nm und 600 nm absorbiert (und andere nicht), stellen Sie fest, daß Strahl *A* weiß bleibt, Strahl *B* aber purpur aussieht. Ordnen Sie den unbekannten Strahlen *A* und *B* die bekannten Verteilungen I und II zu und begründen Sie Ihre Zuordnung.

HA4 (a) Skizzieren Sie Durchlässigkeitskurven für wirkliche Gelb-, Magenta- und Zyanfilter. (b) Die Filter für Gelb und Magenta werden übereinander gelegt, um einen weiteren Filter zu ergeben. Zeichnen Sie dessen Durchlässigkeitskurve. (c) Weißes Licht fällt auf diese Filterkombination. Welche Farbe hat das Licht, das durch diesen Filter hindurchgeht? (d) Nehmen Sie an, das einfallende Licht habe die Farbe Zyan und nicht Weiß. Welche Farbe wird dann durch den gelben Filter gelassen? Und durch Magenta? Und durch die Filterkombination?

HA5 Ein grüner Augenschirm (wie ihn die Pokerspieler früherer Zeiten liebten) scheint rot zu sein, wenn er doppelt gefaltet wird, man also durch eine doppelt so dicke Schicht hindurchsieht. Man spricht dann von Dichroismus oder Zweifarbigkeit. Skizzieren Sie eine Durchlässigkeitskurve, die für eine Schicht dieses Stoffs richtig ist, und auf der Farbtafel die Bahn der Farbe des Lichts, das durch immer dickere Schichten dieses Stoffs hindurchgelangt. (Nehmen Sie an, daß das einfallende Licht breitbandig weiß ist und seine Intensität zunimmt, wenn die Schichten dicker werden, damit die durchgelassene Intensität immer gleich bleibt.)

HA6 (a) Wasser absorbiert Licht am roten Ende des sichtbaren Bereichs schwach. Dadurch hat ein Wassertropfen etwas Farbe. Welche Farbe? (b) Wasser hat in der Nähe eines Sandstrands an einem sonnigen, wolkenlosen Tag oft Farben, die von Grün in Küstennähe bis zu Blau in der Ferne reichen. Erklären Sie das. (Hinweis: Welche Farbe haben Sand und Himmel?)

HA7 Der Beleuchter eines Theaters habe zwei Lichter zur Verfügung, nämlich ein rotes und ein grünes (ihre Spektren werden in der Abbildung gezeigt). Die Strahlen dieses Lichts treffen beide (überlagert) auf den Bühnenprospekt. Bereich I des Hintergrunds ist in einem englischen Zinnober gestrichen, Bereich II in Smaragdgrün und Bereich III in Kobaltblau. Die Abbildung zeigt die Rückstrahlkurven dieser Farben. Skizzieren Sie die Spektren des Lichts, das von jedem Bereich reflektiert wird, und deuten Sie an, welche Farbe es zu haben scheint.

HA8 Zeichnen Sie sorgfältig eine große Farbtafel. (a) Bezeichnen Sie die Lage von Rot, Grün, Blau und Weiß mit den Buchstaben *R*, *Gr*, *B* und *W*. (b) Eine Glühlampe ist an eine langsam zunehmende Spannung angeschlossen. Zu Beginn ist die Spannung so niedrig, daß der Glühfaden nicht heiß genug ist, um zu glühen. Wenn er zu glühen beginnt, ist der Farbton zuerst ein Dunkelrot, dann (wenn er wärmer wird) ein Orange, ein Gelb und schließlich ein Weiß. Wenn er noch weiter erhitzt würde, nähme er einen bläulichen Schimmer an. Zeichnen Sie in die Farbtafel die Bahn ein, die die Farbe des Glühfadens in den verschiedenen Stadien beschreibt. Benennen Sie die verschiedenen Stufen mit ihrer Farbe. (c) Wenn die Lampe noch nicht voll unter Spannung steht, sieht das Licht orange aus. Dieses Licht wird von einem Milchglasfenster reflektiert, hinter dem ein grünes Licht scheint. Ist die Farbe, die das Milchglas zeigt, eine additive oder subtraktive Mischung von Orange und Grün? Begründen Sie Ihre Antwort. (d) Was sollte der Farbton des Lichts hinter dem Milchglas sein, wenn Sie möchten, daß das Glas weiß erscheint?

HA9 Wählen Sie zwei Öl- oder Tuschfarben, die ein Maler komplementär nennt. (a) Malen Sie wie folgt fünf kleine Quadrate: eines mit jeder der reinen Farben, eines mit einer gleichen Mischung der beiden Farben und eines mit jeder der Mischungen, die Sie erhalten, wenn Sie drei Teile einer Farbe mit einem Teil einer anderen mischen. (b) Untersuchen Sie die Farben der Quadrate sorgfältig und beschreiben Sie, so gut Sie können, all die Prozesse, die dabei abgelaufen sind. (c) Deuten Sie die Lage der fünf Farben auf einer Farbtafel an.

Mathematische Aufgaben

MA1 Ein durchsichtiges Stück Plastik hat die in der Abbildung gezeigte Durchlässigkeitskurve. (a) Welche Farbe hat das durchgelassenen Licht, wenn breitbandiges weißes

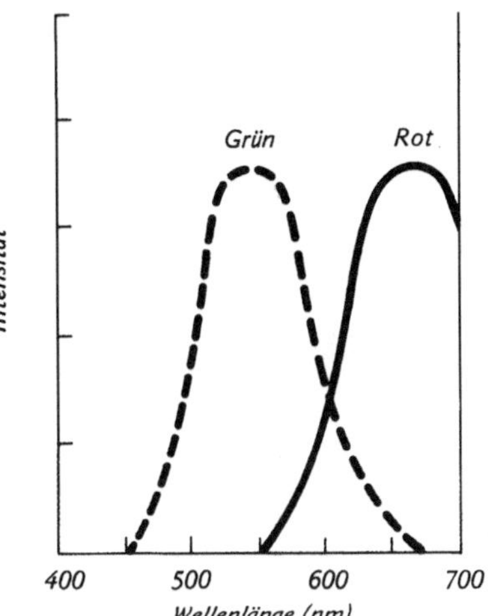

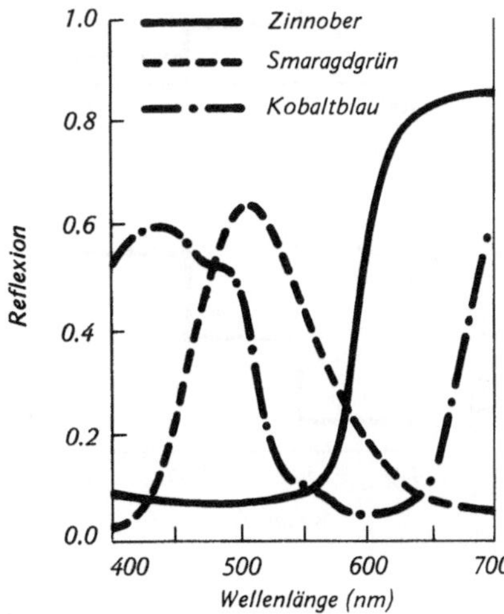

Licht auf dieses Plastik fällt? (b) Zwei Schichten dieses Plastiks liegen eine hinter der anderen. Zeichnen Sie die Durchlässigkeitskurve des Paares. (c) Zehn Schichten des Plastiks sind hintereinander gesteckt. Zeichnen Sie die Durchlässigkeitskurve des Stapels. (d) Welche Farbe hat das durchgelassene Licht, wenn breitbandiges weißes Licht auf den Zehnschichtenstapel fällt?

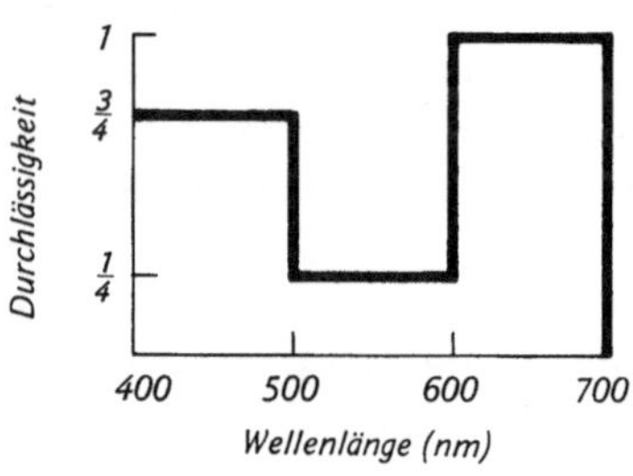

MA2 Zwei Filter haben die in der Abbildung gezeigten Durchlässigkeitskurven. (a) Welche Farben ergeben sich, wenn breitbandiges weißes Licht durch jeden Filter geht? (b) Breitbandiges weißes Licht fällt auf jeden Filter. Zeichnen Sie die Intensitätsverteilung für Licht, das eine additive Mischung des Lichts ist, das durch die Filter geht. Welche Farbe hat die Mischung? (c) Beginnen Sie mit breitbandigem weißem Licht und erzeu-

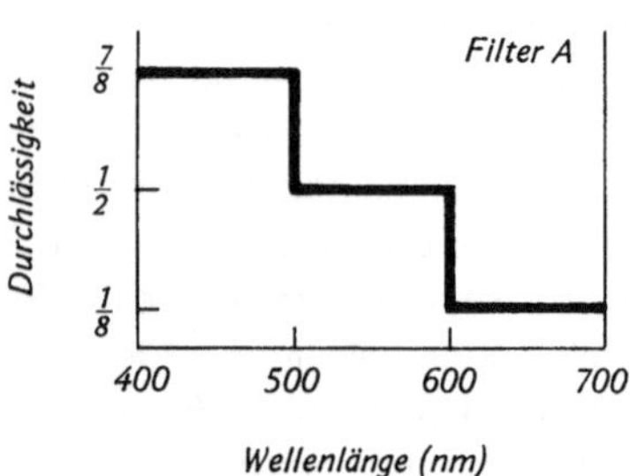

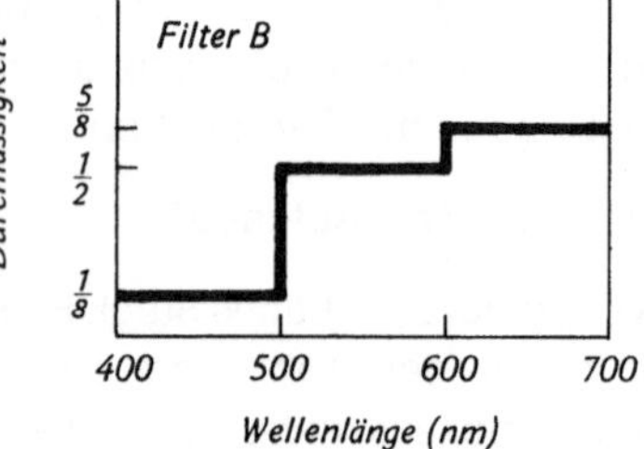

gen Sie mit Hilfe der beiden Filter eine subtraktive Mischung. Zeichnen Sie die Intensitätsverteilung für das sich ergebende Licht auf. Welche Farbe hat dieses Licht? (d) Wiederholen Sie Teil (c) für den Fall, in dem einfallendes weißes Licht nicht breitbandig ist, sondern vielmehr eine Mischung von komplementärem monochromatischem 480-nm- und 580-nm-Licht.

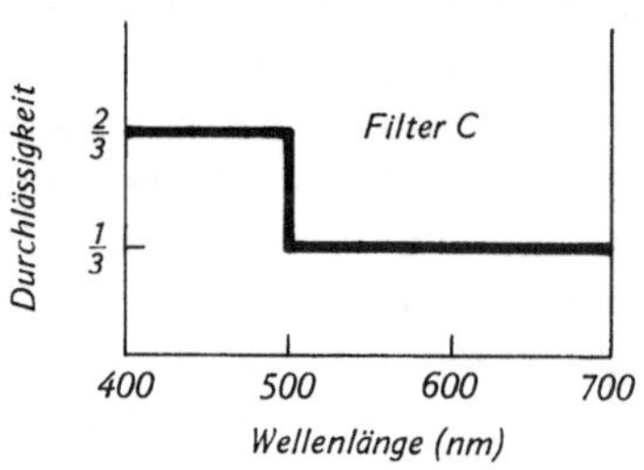

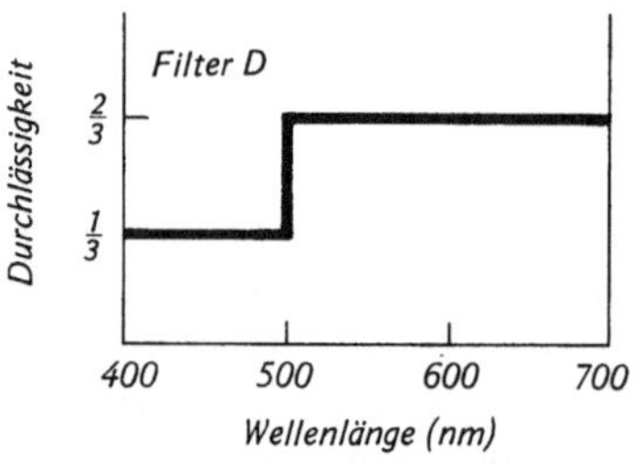

MA3 Wiederholen Sie MA2 für zwei Filter mit den in der Abbildung gezeigten Durchlässigkeitskurven.

MA4 Wiederholen Sie MA2 für zwei Filter mit den in der Abbildung gezeigten Durchlässigkeitskurven.

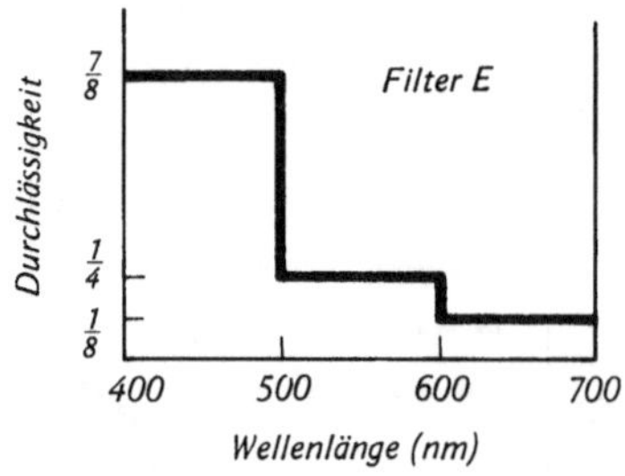

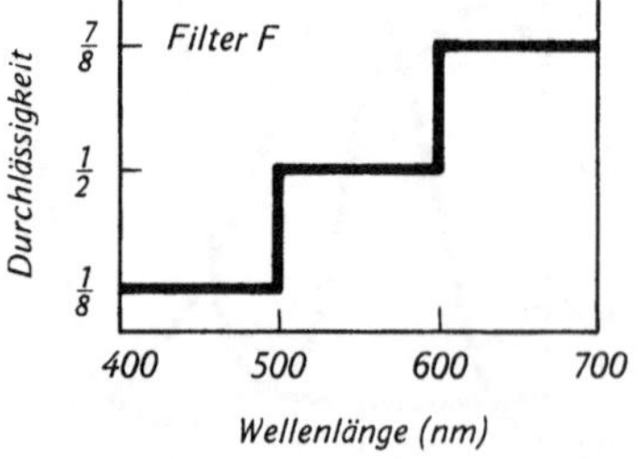

MA5 Licht mit der in der Abbildung gezeigten Intensitätsverteilung passiert zuerst Filter *A* (MA2) und dann Filter *F* (MA4). (a) Zeichnen Sie die Intensitätsverteilung des durchgelassenen Lichts. (b) Welche Farbe hat das durchgelassene Licht?

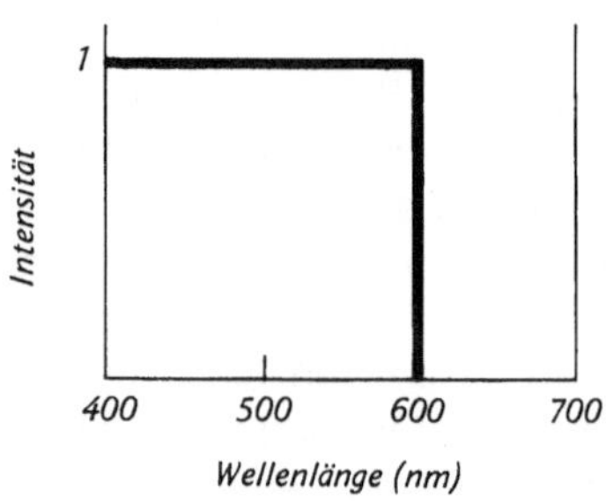

MA6 Zeigen Sie, daß die additive Mischung gleicher Mengen der Komplemente zweier farbiger Lichter komplementär ist zu der additiven Mischung einer gleichen Menge der beiden Lichter selbst.

(a)

(b)

Tafel 2.1 (a) Spektrum von weißem Licht, das wie in Abbildung 2.65a erhalten wurde: Licht durchläuft zuerst einen engen Spalt und dann ein Prisma. (b) Ansicht einer breiten Weißlichtquelle durch ein Prisma wie in Abb. 2.65b

Tafel 2.2 Eine Fotografie der vielen Spiegelungen eines einzigen Lichtstrahls an einem Diamanten kann als ›Fingerabdruck‹ des Diamanten dienen. Eine Bewegung des Diamanten läßt mehrere dieser Reflexionen nacheinander ins Auge fallen – er funkelt

Tafel 2.3 Fotografie von Haupt- und Nebenregenbogen

(a)

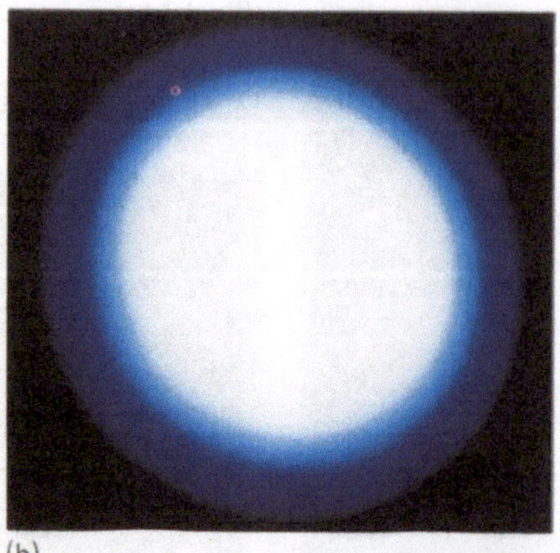

(b)

Tafel 3.1 Das von einer Linse mit Farbfehler entworfene Bild einer Punktquelle. (a) Fotografie des Abbilds auf einem Schirm senkrecht zur Achse bei F'_B. (b) Fotografie des Abbilds auf dem Schirm bei F'_R

Tafel 3.2 Blick in den Leuchtturm von Amrum. Fresnel-Linsen umgeben die Lichtquelle des Leuchtfeuers

Tafel 5.1 Fotografie einer menschlichen Netzhaut. Der blinde Fleck ist der Ort, wo die Blutgefäße zusammenkommen (der gelbe Bereich links). (a) Eine normale Netzhaut. (b) Dieser Patient hat (während einer Sonnenfinsternis) zu lange in die Sonne geschaut und seine Netzhaut auf Dauer geschädigt. In der Nähe der Sehgrube läßt sich ein eingebranntes Bild der Sonne erkennen

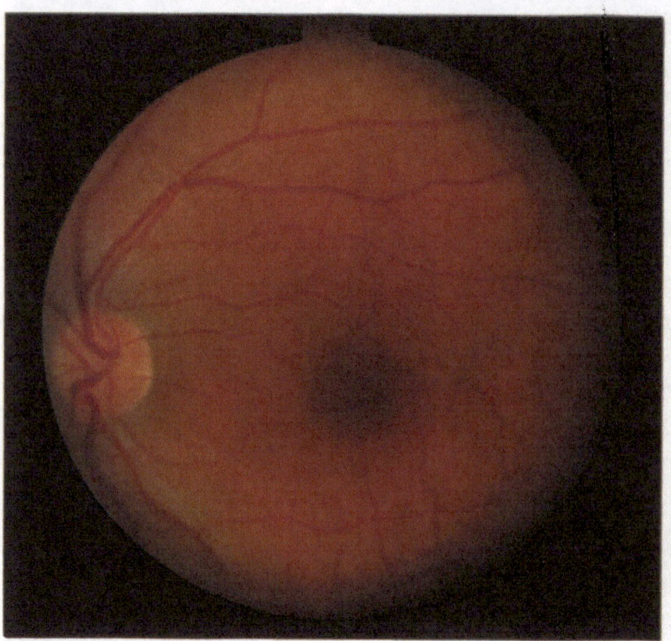

(a)

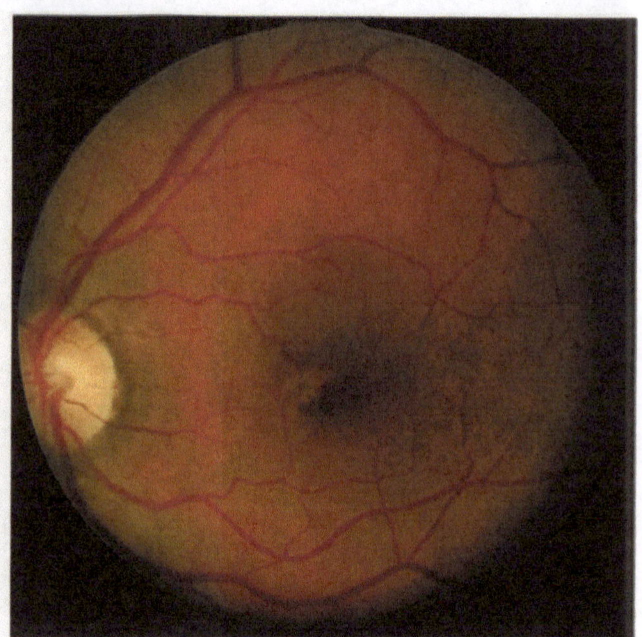

(b)

Tafel 5.2 Ellsworth Kelly, ›Grün, Blau, Rot‹. Die dünne, helle Linie um den blauen Bereich herum ist auf chromatische Aberration im Auge zurückzuführen. Die Wirkung kann aus unterschiedlichen Entfernungen verschieden stark sein

Tafel 5.3 ›Rotäugigkeit‹ ergibt sich durch die Spiegelung des Blitzlichts an der Aderhaut des Jünglings. Das Blut der Aderhaut verursacht die rote Farbe. Bei dem Hund, der ›Grünäugigkeit‹ vortäuscht, reflektiert das Tapetum ein breiteres Band von Wellenlängen

Tafel 7.1 Victor Vasarely, ›Arcturus II‹. Die helleren Diagonalen ergeben sich ausschließlich durch die Verarbeitung im visuellen System. In jedem konzentrischen Quadrat, zum Beispiel in jedem blauen Bereich, ist die Rückstrahlung gleich. Weil die Ecken eines jeden Quadrats an zwei dunklere Bereiche grenzen (und nicht, wie die Seiten des Quadrats, nur an eine), läßt die laterale Hemmung die Ecken heller erscheinen als den Rest des Quadrats. Alle diese helleren Ecken sind kreuzförmig angeordnet, deshalb sieht man ein helles X im Blau (und entsprechend in den anderen drei Farben)

Tafel 7.2 Georges Seurat, ›La Poseuse en Profil‹. Seurat übertreibt die durch laterale Hemmung verursachte Kantenverstärkung und läßt dadurch den Unterschied zwischen den wirklichen Lichtintensitäten der Bereiche größer erscheinen

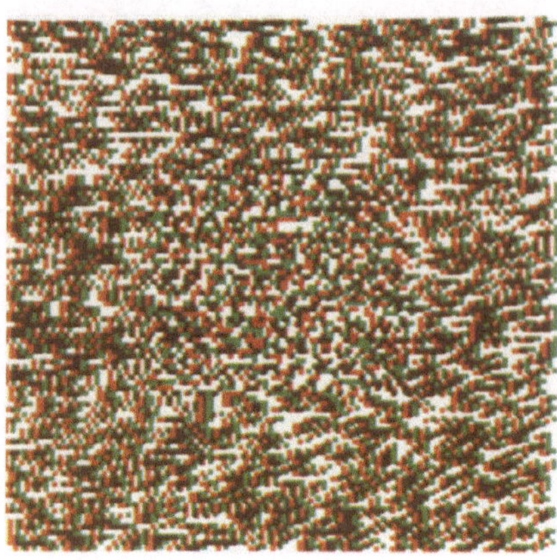

Tafel 8.1 Eine Anaglyphe einer optischen Anordnung (ein Laser scheint durch ein rechteckiges Netz und erzeugt auf einem Schirm ein Muster – Abschnitt 12.3.1). Halten Sie, um dies räumlich zu sehen, einen roten Filter über Ihr rechtes und einen grünen Filter über Ihr linkes Auge. Gewöhnlich genügen gefärbte Plastikscheiben

Tafel 8.2 Ein Zufalls-Punkt-Stereogramm von Julesz. Betrachten Sie es wie Tafel 8.1

Tafel 8.3 Aus *Interaction of Color* von Josef Albers. Durch die Veränderung der relativen Beiträge von Rot und Gelb ändert sich die scheinbare Tiefe

Tafel 8.4 Die Luft ist blau, das Tal ist grün, ... (Hölty)

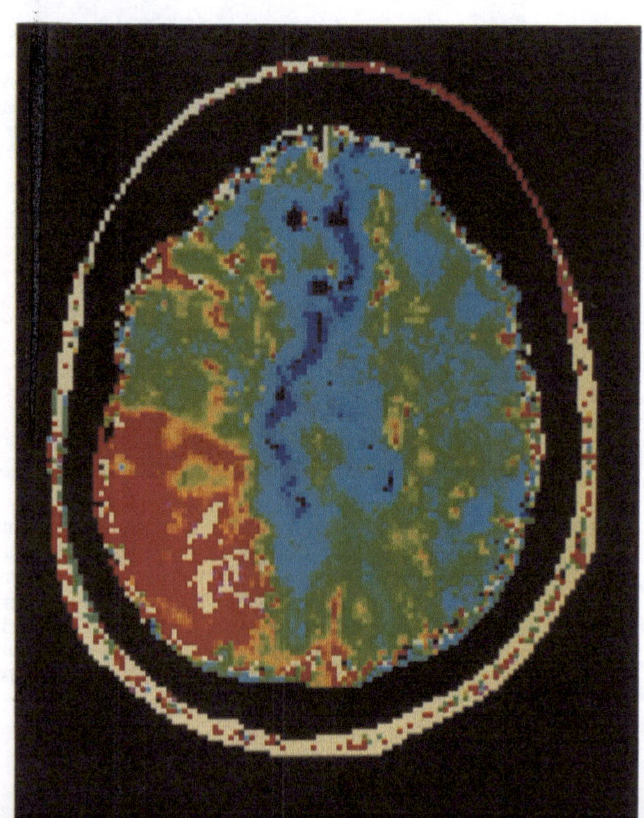

Tafel B.1 Röntgentomografie eines menschlichen Gehirns, von einem Computer abgetastet und in Falschfarben (Abschnitt 11.5) wiedergegeben

Tafel 9.1 Der Munsellsche Farbenbaum

Tafel 9.2 Die Norm-Farbtafel (die hier so gut wie mit Vierfarbendruck möglich wiedergegeben wird – Abbildung 9.23)

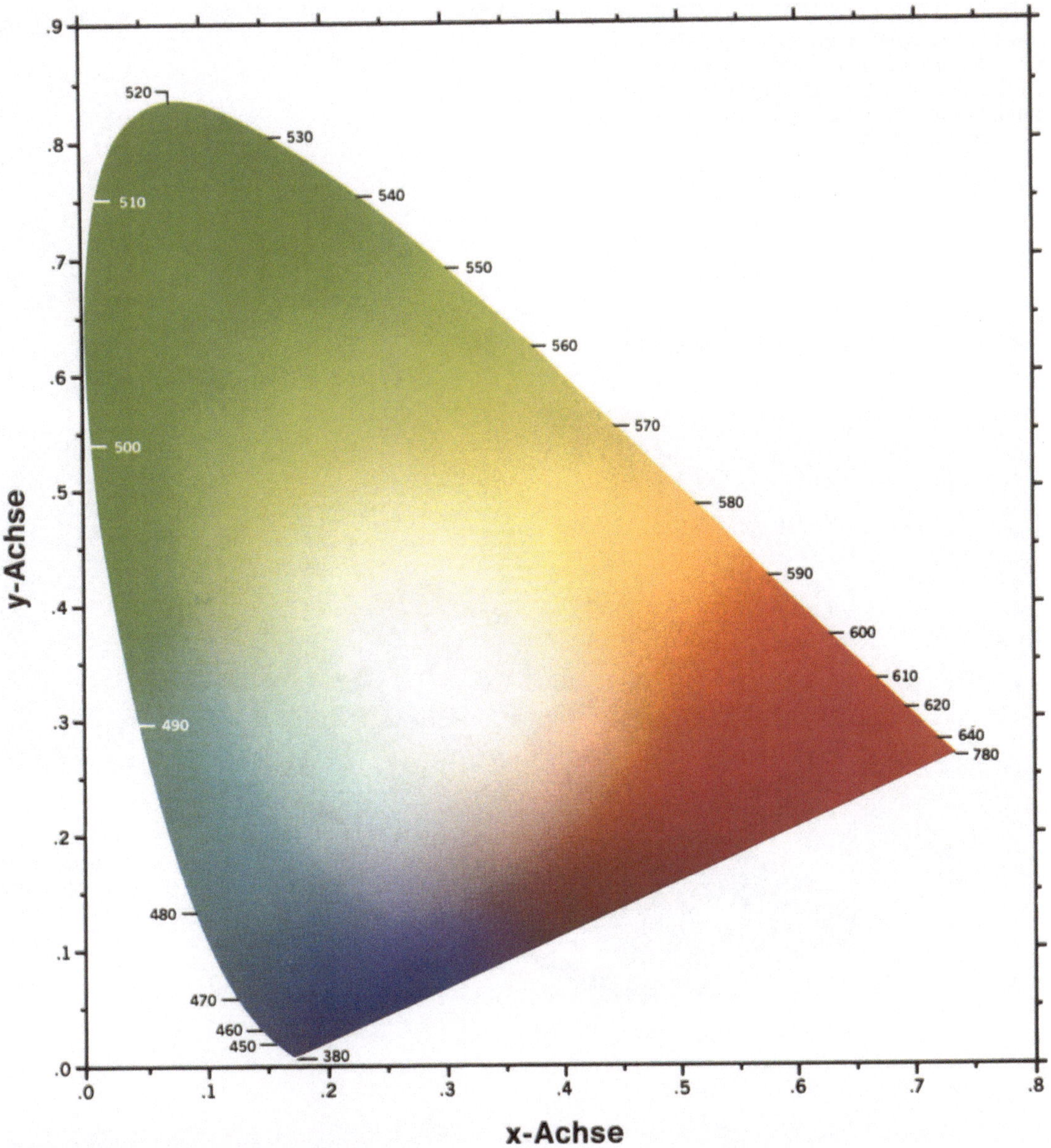

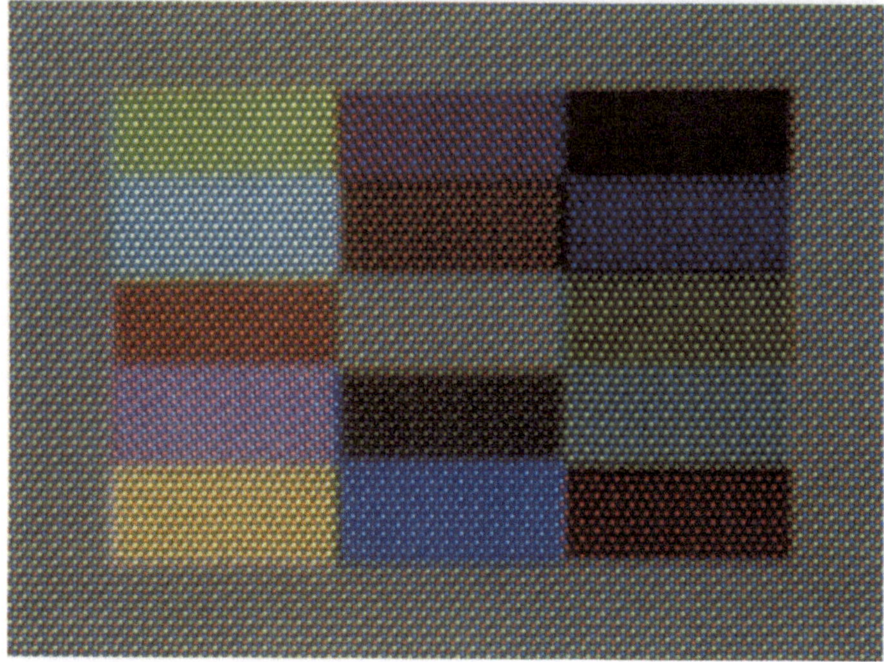

Tafel 9.3 Diese Nahaufnahme eines Farb-
fernsehschirms zeigt die additiven Leuchtstoffe. Beachten Sie die einzelnen Farbpunkte, aus denen sich z. B. der ›weiße‹
Hintergrund zusammensetzt

Tafel 9.5 Vergrößerung eines farbigen
Rasterbildes

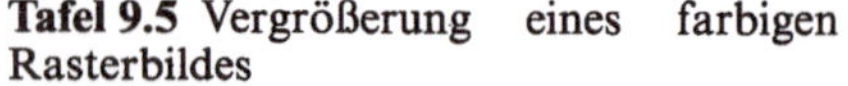

(a)

(b)

(c)

(d)

Tafel 9.4 Ein Stilleben, beleuchtet mit (a)
Sonnenlicht, (b) Agro-Lite (Pflanzenlicht),
(c) einer Glühlampe und (d) einer ›weiß-
goldenen‹ Natriumlampe

Tafel 9.6 Ingrid Brill, ›Farbenwalzer‹

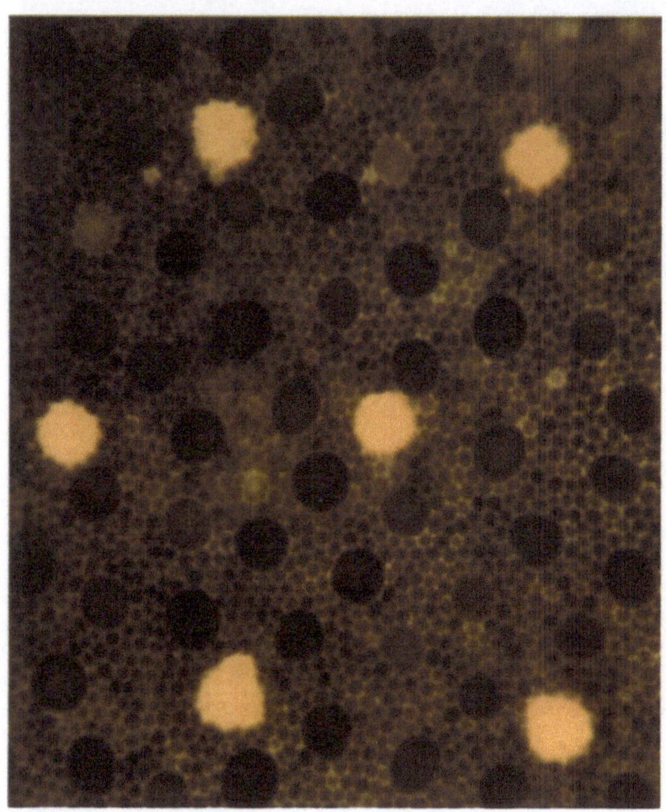

(a)

(b)

Tafel 9.7 Oberflächenspiegelungen lassen Farben merklich verblassen: (a) Gemälde mit Oberflächenspiegelung. (b) Dasselbe Bild ohne Oberflächenspiegelung

Tafel 10.1 Die Sehzellen eines Affen unter dem Mikroskop. Die *K*-Zapfen haben einen fluoreszenten Spezialfarbstoff aufgenommen, der gelb leuchtet, die anderen nicht

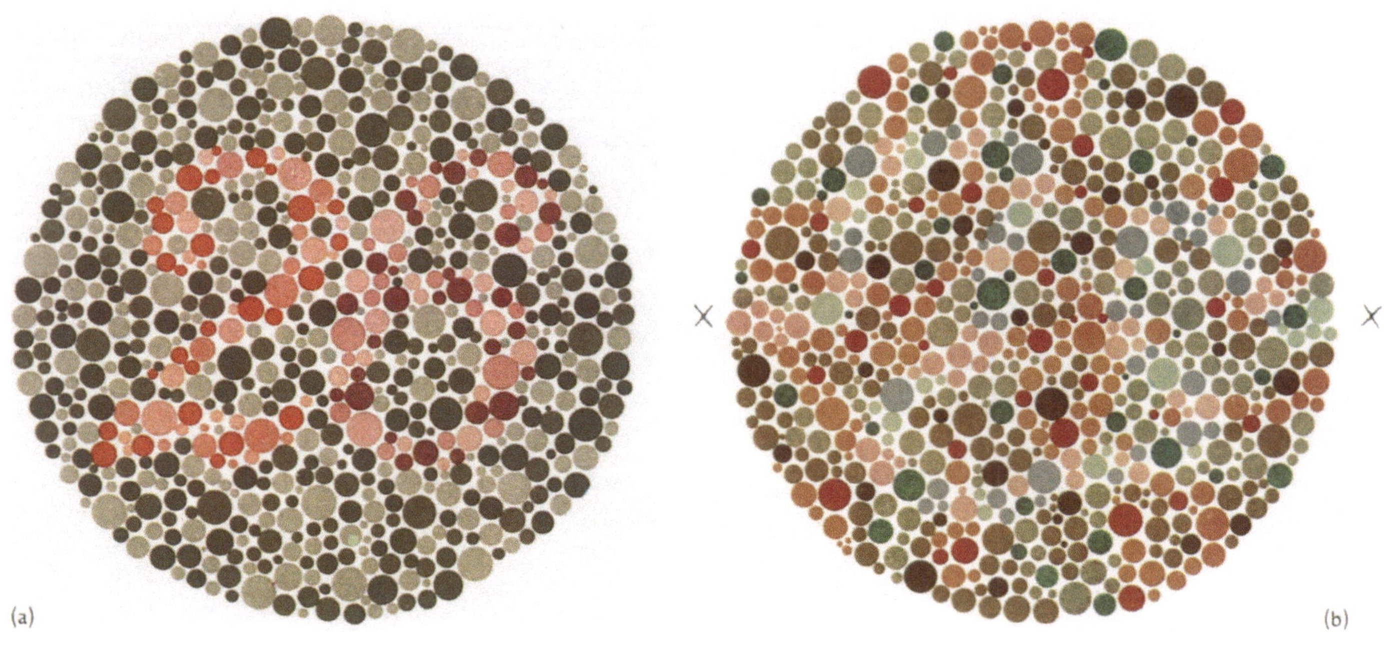

Tafel 10.2 (a) Zwei Tafeln aus dem Ishihara-Test für Farbenblindheit. Die Punkte im Muster und im Hintergrund sind für einige Beobachter Metamere und für andere nicht. (a) Normalsichtige sehen die Zahl 26. Protanopen und einige Protanomale sehen nur die 6. Deuteranopen und einige Deuteranomale sehen nur die 2. (b) Normalsichtige können die Schlangenlinie zwischen den beiden X nicht verfolgen, viele Farbfehlsichtige aber sehen sie

Tafel 10.3 Simultaner Farbkontrast. Die vier grauen Quadrate sind objektiv gleich (wie Sie mit einer Maske bestätigen können, die nur die grauen Quadrate zeigt), aber sie scheinen leicht in der Komplementärfarbe ihrer jeweiligen Umgebung gefärbt zu sein

Tafel 10.4 Richard Anuszkiewicz, ›Alle Dinge leben in der Drei‹. Der rote Hintergrund ist auf der ganzen Fläche gleich, scheint sich aber in der Farbe den Punkten angeglichen zu haben

Tafel 10.5 Farbige Nachbilder. Gewöhnen Sie sich an das Muster, indem Sie mindestens 30 Sekunden lang auf die Mitte des Bildes schauen. Blicken Sie dann auf ein weißes Stück Papier

Tafel 10.6 Ein Muster, das die Trägheit
des Farbensehens veranschaulicht

Tafel 10.7 McCulloch-Effekt. Blicken Sie
etwa fünf bis zehn Minuten lang abwechselnd zehn Sekunden lang auf das grüne
Muster und dann zehn Sekunden lang auf
das rote. Lassen Sie Ihre Augen dabei auf
dem Gebiet umherschweifen, damit sich
nicht das übliche Nachbild bildet. Schauen
Sie dann auf das schwarzweiße Muster.
Welche Farben sehen Sie? Wo sehen Sie
sie? Drehen Sie das schwarzweiße Muster
um 90° und betrachten Sie es dann

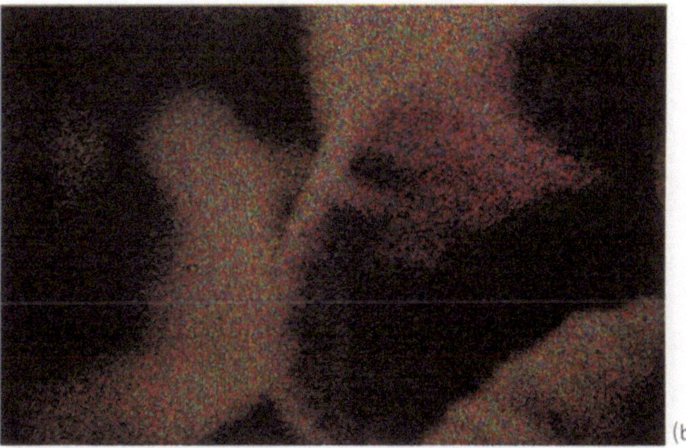

(a)

(b)

Tafel 11.1 (a) Ein Autochromfoto aus der Zeit der Jahrhundertwende. (b) Die Nahaufnahme zeigt, wie die Farben zustande kommen

Tafel 11.2 Ein manipuliertes Polaroid SX-70-Foto

Tafel 11.3 Infrarotfilm verleiht vertrauten Objekten ungewöhnliche Farben

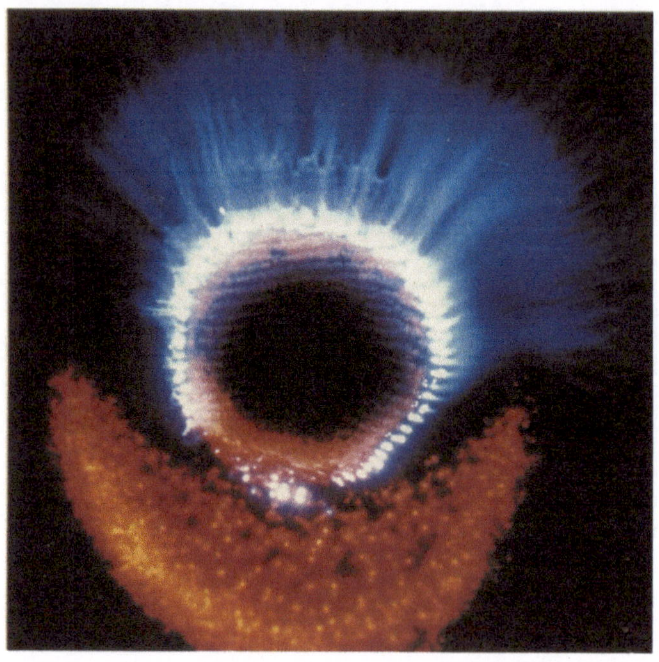

Tafel 11.4 Kirlian-Farbaufnahme einer Fingerspitze

Tafel 12.1 Interferenzfarben in einer Ölschicht, die auf Wasser schwimmt

Tafel 12.2 Die Farben einer Pfauenfeder ändern sich, wenn sie aus verschiedenen Richtungen betrachtet wird (Abb. 12.17)

Tafel 12.3 Krabbelnde Beugungsgitter: (a) Laufkäfer, (b) Mutillidwespe. In der Wespe ist das Spektrum enger, zeigt aber mehrere Ordnungen (Abb. 12.19)

Tafel 12.4 Kleiner Teil der Oberfläche eines Opals, die aus verschiedenen Richtungen beleuchtet wird

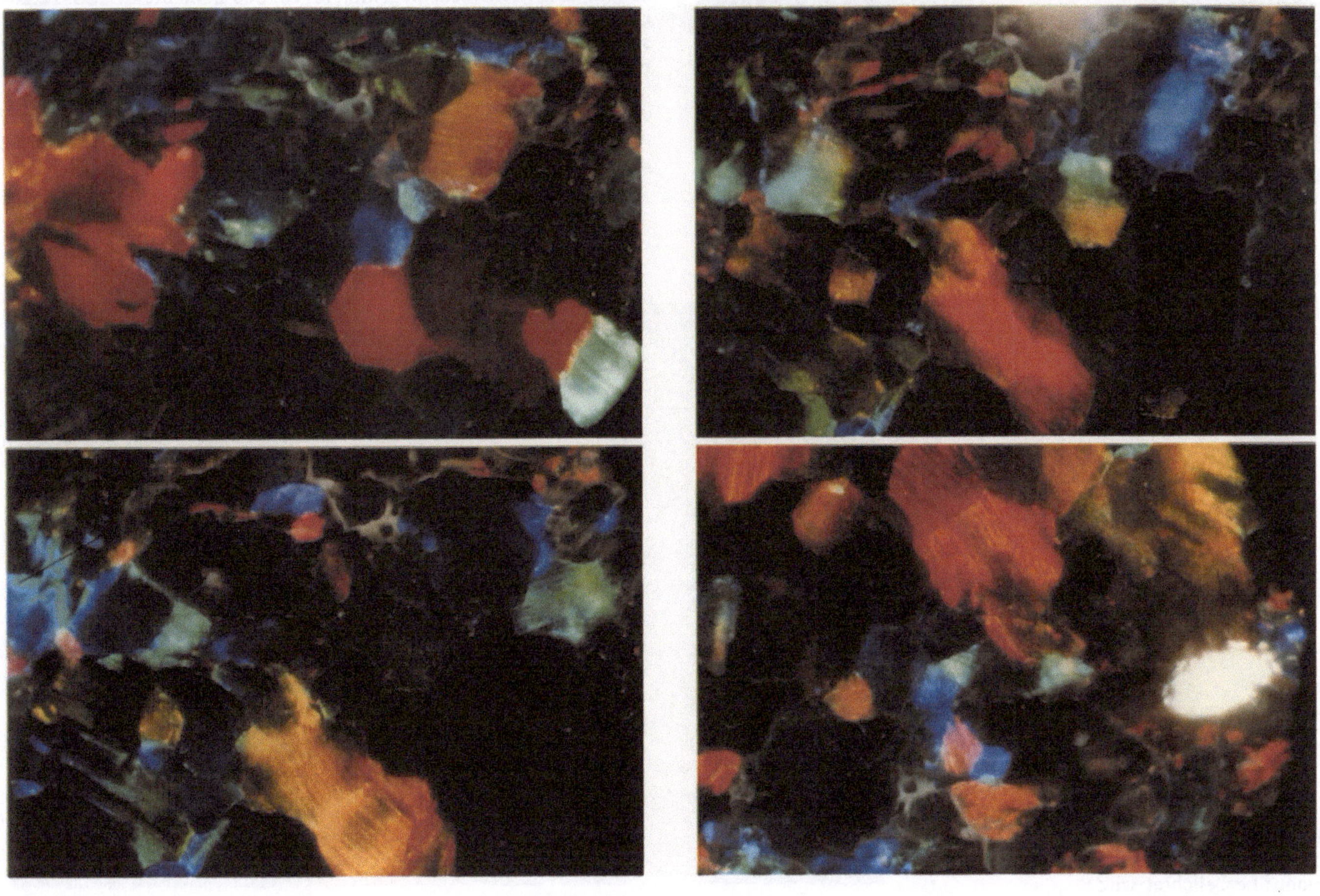

Tafel 12.6 Fraunhofersche Beugung weißen Lichts an einem einzelnen Spalt

Tafel 12.5 Golden spiegelnde Cuticula von Euploea Core aus Sri Lanka. Die Mehrfachspiegelung an ca. 500 Schichten (Abb. 12.28) ist so vollkommen, daß das Spiegelbild des Schriftzuges › E. core‹ zu sehen ist. Da die Abstände zwischen den Schichten der Flügelhüllen nur einen Bruchteil der Wellenlänge des Lichts betragen und sich langsam über die Dicke der Cuticula verändern (Abb. 12.30), wird ein breites Wellenlängenband zwischen 520 und 650 nm reflektiert, dessen Farbe nur wenig von dem Winkel abhängt, unter dem beobachtet wird

Tafel 12.7 Eine Sonnenkorona. (Die Lampe verdeckt die Sonne, damit das Bild nicht überbelichtet wird)

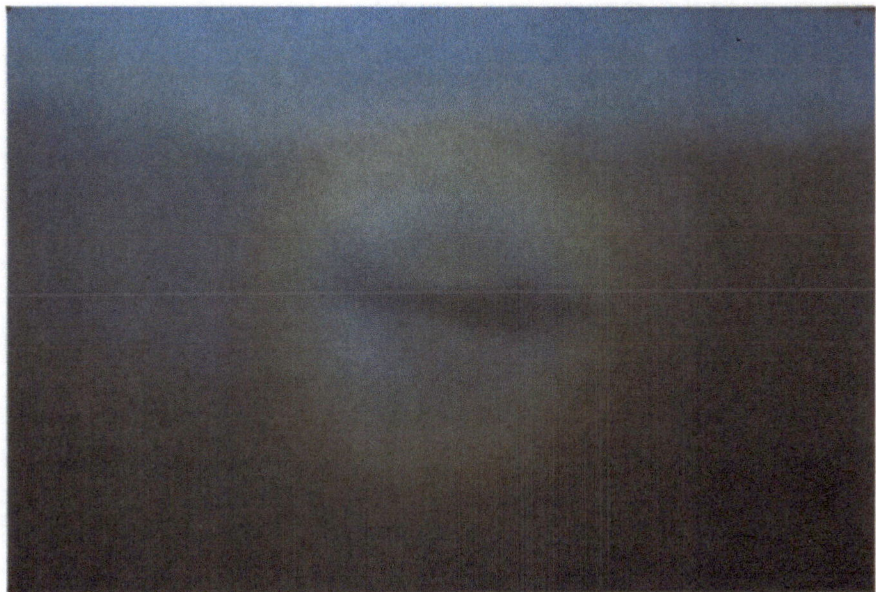

Tafel 12.8 Ein Glorienschein um den (auf Wolken geworfenen) Schatten des Flugzeugs, aus dem fotografiert wird

Tafel 13.1 Doppelbrechende Kristalle bei Betrachtung in einem Polarisationsmikroskop

Tafel 13.2 Ein Stück durchsichtiges Plastik zeigt unter Druck Doppelbrechung, wenn es zwischen gekreuztem Polarisator und Analysator betrachtet wird. Die Farben zeigen die Spannungsverteilung im Plastik. Dieses hat die Form der gotischen Kathedrale in Reims und zeigt die Spanungsverhältnisse in dem Gebäude. Eine Linie gleicher Farbe verbindet Gebiete gleichen Druckes

Tafel 13.3 Interferenz polarisierten Lichtes ergibt dieses Ringmuster bei einem Doppelspat, der senkrecht zur optischen Achse geschnitten ist und nach dem Verfahren von Abbildung 13.17b durch gekreuzten Polarisator und Analysator betrachtet wird. Die Farben dieses Interferenzmusters können in ihre Komplementärfarben verkehrt werden, wenn der Analysator parallel zum Polarisator ausgerichtet wird

Tafel 14.1 Foto eines Weißlicht-Transmissionshologramms einer stacheligen Murexschale. Beachten Sie die farbige Unschärfe, besonders zum Bildrand hin

Tafel 14.2 Foto eines Echtfarben-Hologramms, aufgenommen mit einer Anordnung ähnlich zu Abbildung 14.32

Tafel 15.1 Verschiedene Spektren, wie sie durch ein einfaches Gitterspektroskop zu sehen sind. Es wird jeweils nur ein Spektrum erster Ordnung gezeigt. (a) Weißes Licht eines Kohlebogens, (b) Natriumspektrum, (c) Quecksilberspektrum, (d) weißes Sonnenlicht, das dunkle Absorptionslinien zeigt, die von kälteren, die Sonne umgebenden Gasen herrühren. Die Anwesenheit von Natrium in diesen Gasen wird durch die beiden dunklen Linien im Gelb angezeigt, die den beiden hellen, in (b) sichtbaren Natriumemissionslinien entsprechen

KAPITEL 10

Farbwahrnehmung

10.1 Einleitung

Farbphänomene, wie wir sie im letzten Kapitel betrachteten, beruhen nicht allein auf den Eigenschaften des Lichts. Sie hängen wesentlich davon ab, wie die Farbreizempfänger auf Licht reagieren und wie der Gesichtssinn die Signale der Sehzellen weiterleitet. Der Philosoph Arthur Schopenhauer schrieb dazu 1816:

Farben, ihre gegenseitigen Beziehungen und die Regelmäßigkeit ihres Auftretens liegen alle im Auge selbst und sind nichts anderes als bestimmte Veränderungen der Tätigkeit der Netzhaut. Äußere Einflüsse wirken nur als Reize, die diese Tätigkeit veranlassen.

Bis zu einem gewissen Grade verhält sich der Gesichtssinn wie ein Wellenlängendetektor; wenn wir einfarbiges 575-nm-Licht sehen, nennen wir es gelb und unterscheiden es leicht von 600-nm-Licht, das orange aussieht. Jedenfalls sind Farbphänomene so lange durch die Wellenlänge bestimmt, wie das Licht auf Punkte des Spektralfarbenzugs der Farbtafel beschränkt bleibt. Daß die Kurve gerade die Form eines Hufeisens hat und das Gebiet im Innern der Kurve wirkliche Farbphänomene repräsentiert, liegt an der Informationsverarbeitung durch den Gesichtssinn. Was das Auge aufnimmt, sind immer nur Lichtwellen bestimmter Wellenlängen und

Intensitäten. Wir sehen jedoch eine Mischung von 575-nm-Licht und 474-nm-Licht nicht als Gelb und Blau, sondern als Weiß, eine Farbe, die im Spektrum nicht vorkommt. Eine Mischung von 410-nm- und 690-nm-Licht ergibt eine neue, gesättigte, nicht spektrale Farbe – Purpur. Ein breitbandiger, langwelliger Lichtreiz erscheint gelb und ähnelt stark dem monochromatischen 575-nm-Licht. All dies und auch unsere Wahrnehmung von monochromatischem und gemischtem Licht, wie es den Punkten im Innern des Farbdreiecks entspricht, können wir erst verstehen, wenn wir die Farbwahrnehmung selbst verstehen.

Aber es gibt mehr Farbphänomene, als die Farbtafel beschreibt. Wir nehmen nur selten einzelne isolierte Farbflecken wahr. Schauen Sie sich die Farben Ihrer Umgebung an – höchstwahrscheinlich ist jeder Farbfleck immer umgeben von anderen, die andere Größe und andere Farbe und andere Entfernung haben. Diese räumliche Verteilung eines Farbmusters wirkt sich darauf aus, wie die Farbe eines jeden dieser farbigen Bereiche wahrgenommen wird. Wie die Farbe räumlich verarbeitet wird, ist ganz analog zu der in Kapitel 7 besprochenen räumlichen Verarbeitung der Helligkeit. Was wir über die laterale Hemmung wissen, wird uns jetzt gute

Dienste leisten. Auch die Verarbeitung durch rezeptive Felder und Kanäle geschieht hier analog; sie verleiht dem Ganzen hier sozusagen mehr Farbe.

10.2 Die Dreifarbentheorie

Der erste Schritt der Farbwahrnehmung ist die Reaktion der Zapfen und Stäbchen auf das einfallende Licht. Diese Zellen enthalten, wie schon erwähnt, lichtempfindliche Substanzen (Pigmente), die in Resonanz schwingen. (Wir erinnern an Abbildung 1.12). Abbildung 10.1 zeigt, wie Rhodopsin, der Sehstoff der Stäbchen, auf Licht verschiedener Frequenzen reagiert.

Nehmen wir einmal an, wir hätten nur eine Art von Lichtrezeptoren, die alle dieselben Sehstoffe enthalten (zum Beispiel die aus Abbildung 10.1). Dann könnte eine große Lichtmenge bei einer Wellenlänge λ_1 dieselbe Reaktion auslösen wie eine kleine Menge bei λ_2. Da das Gehirn nur die Reaktion des Lichtempfängers wahrnimmt, könnte es nicht zwischen dem Licht zweier verschiedener Wellenlängen unterscheiden.

Skotopisches Sehen (Abschnitt 5.3.4) nutzt nur die Stäbchen, und weil alle Stäbchen gleich sind, lassen sich bei sehr niedrigen Lichtstärken keine Farben unterscheiden. Unter skotopischen Bedingungen erscheint die Welt deswegen schwarz, weiß und grau, aber nicht bunt (SEHEN SIE SELBST).

Bei hellem Licht (photopischen Bedingungen), wenn nur die Zapfen reagieren, lassen sich Farben unterscheiden. Es muß also mehr als eine Art Zapfenzellen geben. Wie viele sind nötig, zwei, drei oder eine Million? Der

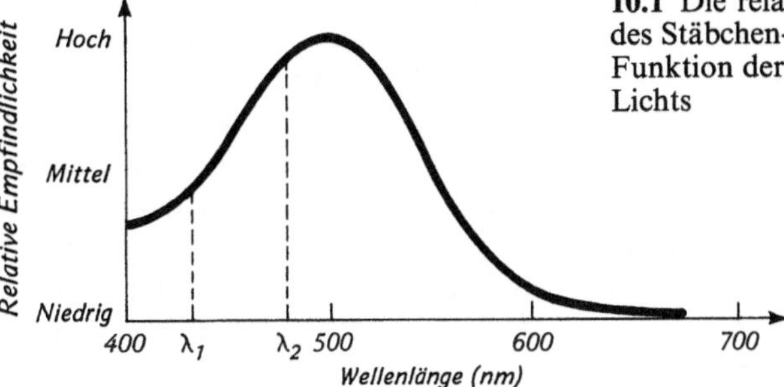

10.1 Die relative neurale Empfindlichkeit des Stäbchen-Sehfarbstoffs Rhodopsin als Funktion der Wellenlänge des anregenden Lichts

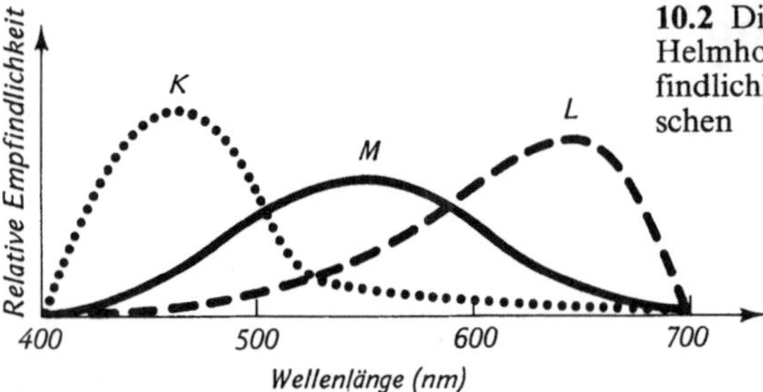

10.2 Diese Kurven basieren auf den von Helmholtz vermuteten spektralen Empfindlichkeitskurven der Sehzellen des Menschen

Physiker Thomas Young erkannte 1801, daß drei Arten von Rezeptoren genügen. Seine DREIFARBENTHEORIE gründet darauf, daß jede Farbe drei voneinander unabhängige Kennzeichen hat: Farbton, Sättigung und Helligkeit oder Dunkelstufe. Young wußte, daß jedes System (und deshalb auch der Gesichtssinn) nur dann drei unabhängige Signale ausschicken kann, wenn es auch mindestens drei unabhängige Signale empfängt, und vermutete, daß diese ankommenden Signale von den drei verschiedenen Arten Zapfen ausgehen.

Später führte Hermann von Helmholtz Youngs Theorie weiter, indem er die Reaktion der von Young vermuteten Rezeptoren jeweils durch eine hypothetische Empfindlichkeitskurve darstellte (Abb. 10.2). Jede Kurve hat die Form einer Resonanzkurve und unterscheidet sich von den anderen durch die Resonanzfrequenz. Eine Kurve beschreibt einen Farbreizempfänger, der am besten auf kurzwelliges Licht reagiert (wir nennen Zapfen mit dieser Empfindlichkeit K-Zapfen), eine entspricht mittleren Wellenlängen (M) und eine langen (L).

Spektrallicht (und alles sichtbare Licht überhaupt) kann alle drei Rezeptoren anregen. Mit jeder wahrgenommenen Farbe verbinden sich also drei Signale. Kurzwelliges Spektrallicht regt, wie sich aus den Kurven der Abbildung 10.2 ablesen läßt, die K-Zapfen stark, die M-Zapfen etwas und die L-Zapfen am wenigsten an. Dieses Trio von Zapfensignalen deutet das Gehirn (irgendwie) als ›Blau‹. Kein anderes Spektrallicht erzeugt genau diese Beziehung zwischen allen

drei Zapfenreaktionen, und deshalb gleicht kein anderes Spektrallicht dem Blau unseres Beispiels. Das gilt für alle Spektrallichter: jedes erzeugt in eindeutiger Weise drei Zapfenreaktionen.

Weil die Zapfensignale eng mit der Form dieser Absorptionskurven zusammenhängen, ist es wichtig, daß wir die Form so genau wie möglich bestimmen. Was kann uns dabei helfen? Indizien gibt es viele, aber oft sind sie indirekt. Wie Sherlock Holmes können wir sie in der Hoffnung zusammensetzen, daß die Stücke zueinander passen und wir uns ein Bild von den Empfindlichkeitskurven machen können.

10.2.1 Überlappung der Empfindlichkeitskurven

Als erstes schließen wir, daß die Kurven sich im Bereich der sichtbaren Wellenlängen (oder, damit gleichwertig, ihrer Frequenzen) überlappen müssen. Denn erstens sind Resonanzkurven im allgemeinen breit und umfassen einen ganzen Bereich von Frequenzen, wie wir im letzten Kapitel bei Farben und Farbstoffen sahen. Und wenn es, zweitens, einen Spektralbereich gäbe, in dem nur eine Zapfenart reagierte, könnten wir, wie wir weiter oben sahen, Farben nicht allein aufgrund ihrer Wellenlänge unterscheiden. Da wir wissen, daß Spektrallicht einer Wellenlänge sich von dem jeder anderen Wellenlänge unterscheidet, müssen sich also bei jeder Wellenlänge des sichtbaren Lichts die Empfindlichkeitskurven von mindestens zwei Zapfenarten überlappen.

10.2.2 Spektrale Komplementärfarben

Da alle Wellenlängen gleichmäßig zu breitbandigem weißem Licht beitragen, regt weißes Licht alle drei Zapfenarten annähernd gleich an, denn es enthält kurz-, mittel- und langwelliges Licht. Aber auch eine additive Mischung von Licht in zwei komplementären Spektralfarben kann wie weißes Licht aussehen. Die beiden Komplementärfarben müssen also dieselben Farbreizempfänger anregen wie das breitbandige Weiß.

Aufgrund dieser Überlegungen und der Tatsache, daß grünes Spektrallicht zu nichtspektralen Purpurfarben komplementär ist, läßt sich jetzt bestimmen, wo sich die K- und M- und die M- und L-Kurven schneiden. Grünes Spektrallicht hat mittlere Wellenlänge. Solches Licht, dessen Wellenlänge zwischen den beiden Schnittpunkten liegt, regt am stärksten das M-System an. Die Komplementärfarbe muß dann, damit die Anregung insgesamt für alle drei Systeme gleich ist, das K- und L-System stärker anregen als das M-System. Das aber kann Licht einer einzigen Wellenlänge nicht. (Warum?) Deshalb müssen die Grenzen des Wellenlängenbereichs mit dem Komplement Purpur, also ohne monochromatisches Komplement, den beiden Kreuzungspunkten entsprechen. Diese Grenzen liegen bei etwa 490 nm und 565 nm (Abb. 9.9). Ähnlich läßt sich zeigen, daß eine Spektralfarbe mit einer Wellenlänge, die kürzer ist als die des Schnittpunkts von K und M, eine spektrale Komplementärfarbe haben muß, deren Wellenlänge größer ist als die des Schnittpunkts von M und L und umgekehrt. (Diese Überlegungen gelten streng, wenn die Kurven von Abbildung 10.2 so beschaffen sind, daß die Flächen unter ihnen jeweils gleich sind; das sichert nämlich, daß sie auf breitbandiges Weiß gleich reagieren.) Die revidierten Kurven der Abbildung 10.3 wurden so gezeichnet, daß sie die Information über die

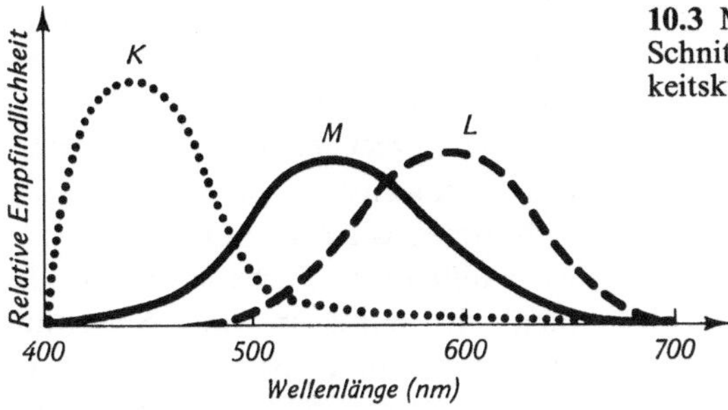

10.3 Mittels der Information über die Schnittpunkte revidierte Empfindlichkeitskurven der Sehzellen des Menschen

Schnittpunkte der spektralen Komplementärfarben enthalten.

Auch mit Hilfe der Komplementärfarben, die Menschen wahrnehmen, deren Farbensehen gestört ist (›Farbenblindheit‹, Abschnitt 10.5), lassen sich die Schnittpunkte bestimmen. Farbfehlsichtige Menschen, die nur zwei der drei Zapfenarten haben, können im ganzen Spektralbereich mit nur zwei Farben weißes Licht sehen. In ihren Kurven für die spektralen Komplementärfarben gibt es keine ›Lücke‹, ihnen erscheint vielmehr Licht einer bestimmten Wellenlänge (eines sogenannten NEUTRALEN PUNKTS) farblos (grau oder weiß). Da diese Wellenlänge die beiden Zapfen genau wie breitbandiges weißes Licht gleichmäßig anregt, muß dieser Punkt der Schnittpunkt der beiden Zapfenempfindlichkeitskurven sein. Fehlsichtige Menschen, die zum Beispiel nur K- und M-Zapfen haben, sehen keinen Unterschied zwischen breitbandigem weißem und 495-nm-Licht. Der Schnittpunkt ihrer K- und M-Kurven liegt also etwa dort, wo er aufgrund der Daten normalsichtiger Menschen vermutet wird.

10.2.3 Farbtonunterscheidung

Nehmen wir an, wir betrachteten zwei Flächen spektralen Lichts, die sich nur durch ihre Wellenlänge unterscheiden. Wenn die Unterschiede nicht zu klein sind, fällt es nicht schwer, verschiedene Farbtöne zu erkennen. Wenn aber die Wellenlängen fast gleich sind, sehen die beiden Farben gleich aus. Der gerade noch bemerkbare Wellenlängenunterschied $\Delta\lambda$ ist ein Maß für die Fähigkeit, Farbtöne zu unterscheiden. Er hängt von der Ausgangswellenlänge λ ab; zwei Gelbtöne werden als verschiedene Farben wahrgenommen, wenn sie sich um nur einen Nanometer unterscheiden, zwei Rottöne aber werden erst dann als verschieden gesehen, wenn der Unterschied drei Nanometer beträgt. Abbildung 10.4a zeigt die Ergebnisse solcher Messungen der FARBTONUNTERSCHEIDUNG. Die Senken der Kurve bei etwa 430 nm, 490 nm, 590 nm und 640 nm zeigen, daß die Farbtonunterscheidung für

10.4 (a) Die kleinste bemerkbare Wellenlängenänderung $\Delta\lambda$ als Funktion der Wellenlänge λ. (b) Mittels der Information aus (a) revidierte Zapfenempfindlichkeitskurve

Licht im Bereich dieser Wellenlängen besonders gut ist. In der Nähe dieser Wellenlängen also muß die Zapfenempfindlichkeitskurve ziemlich steil sein, so daß eine kleine Veränderung der Wellenlänge eine große (und deshalb spürbare) Veränderung der Zapfenempfindlichkeit bewirkt. Wieder haben wir die Zapfenempfindlichkeitskurven so korrigiert (Abbildung 10.4b), daß sie diese Ergebnisse der Farbtonunterscheidung berücksichtigen. Wieder bestätigen die Befunde bei Farbfehlsichtigen die Form der Kurve in Abbildung 10.4b.

10.2.4 Mikrospektralfotometrie

Einen weiteren Hinweis gibt die MIKROSPEKTRALFOTOMETRIE (griech. *mikros*, klein, *phos*, Licht, *metria*, Maß und lat. *spectrum*, Bild, Vorstellung), die physikalische Messung der Lichtmenge, die jede Zapfenart bei einer bestimmten Wellenlänge absorbiert. (Dies setzt voraus, daß das von einem Zapfen erzeugte Signal direkt zu der vom Pigment aufgenommenen Lichtmenge proportional ist.) Für jede Wellenlänge läßt sich die von einem einzelnen Zapfen bewirkte Absorption durch sorgfältige Messung der hindurchgehenden Lichtmenge bestimmen. Da auch die Netzhaut dort, wo sie den Zapfen trägt, absorbiert, wird diese Absorption (an einem Punkt zwischen zwei Zapfen) gesondert gemessen und subtrahiert. Wenn dann zum Beispiel Zapfen und Netzhaut gemeinsam wesentlich weniger kurzwelliges Licht durchlassen als die Netzhaut allein, muß der Zapfen ei-

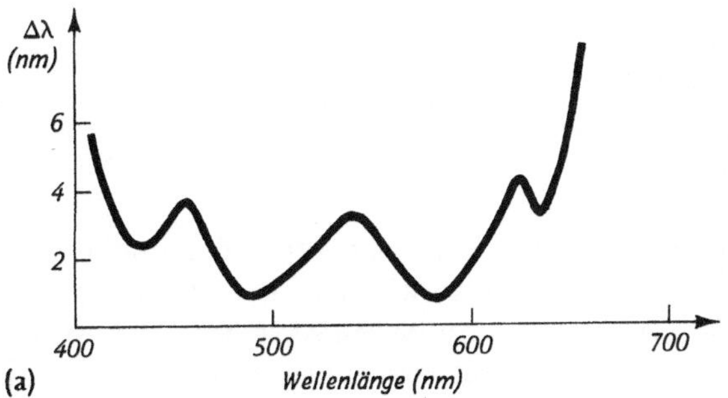

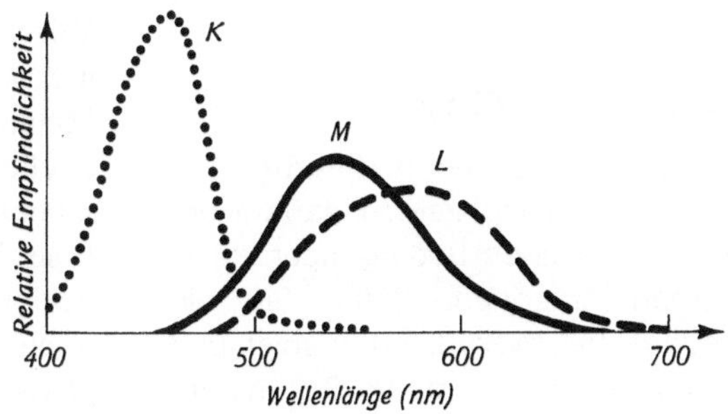

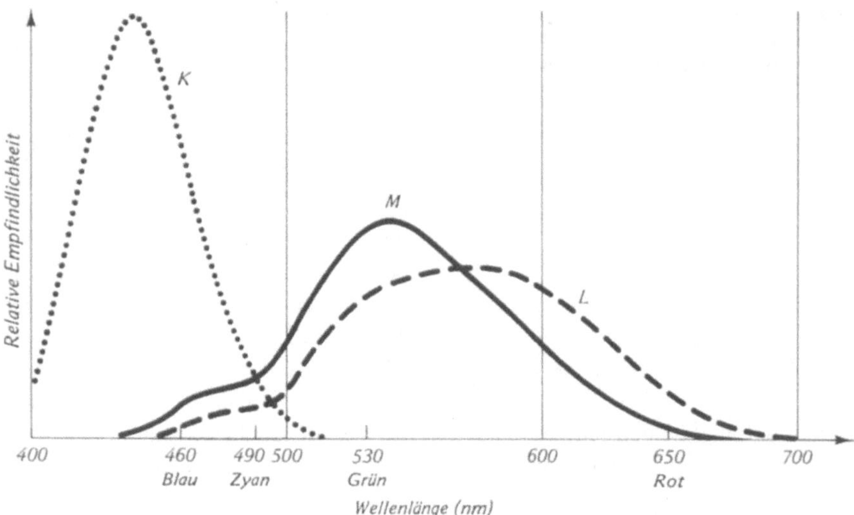

10.5 Spektrale Lichtabsorption durch die drei Zapfenarten, wie sie die Mikrospektralfotometrie ergibt. (Wir haben diese Kurven mit den drei vorigen Abbildungen vergleichbar gemacht, indem wir die Absorption kurzwelligen Lichts durch die Augenlinse und die Sehgrube berücksichtigt haben.)

nen Großteil dieses kurzwelligen Lichts absorbiert haben.

Auf diese Weise sind viele Zapfen gemessen worden, und doch ließen sich nur drei verschiedene Absorptionsspektren beobachten. Das bestätigt die Dreifarbentheorie von Thomas Young. Die Formen dieser Kurven stimmen gut mit den Daten überein, die sich aus Überlappung, kompensierenden Gegenfarben und Farbtonunterscheidung ergeben. Die Indizien unseres ›Kriminalfalls‹ beweisen: Wir kennen die Zapfenempfindlichkeit (Abb. 10.5).

Heute ermöglichen moderne Färbeverfahren sogar, die verschiedenen Zapfenarten der Netzhaut sichtbar zu machen (Tafel 10.1).

SEHEN SIE SELBST

Dämmerungssehen und Farbe

Es läßt sich leicht zeigen, daß wir unter skotopischen Bedingungen keine Farben erkennen. Bitten Sie ein freundliches Wesen, Buntpapier und Ihnen unbekannte bunte Gegenstän-

de auf einen Tisch zu legen und den Raum zu verdunkeln, während Sie die Augen etwa sieben Minuten lang geschlossen halten. Wenn Sie dann die Augen öffnen, sind Sie an die Dunkelheit gewöhnt. Da Sie die Gegenstände nicht kennen, müssen Sie die Farben unvoreingenommen und ohne Rückgriff auf Erinnerung und Gedächtnis bestimmen; Sie werden sehen, daß Sie die Farbtöne nicht richtig erkennen.

Weil der Netzhautrand vor allem Stäbchen enthält, ist der Versuch zu Abschnitt 5.3.4 diesem sehr ähnlich.

10.3 Farbmischung und -paarung

Aber das Verhältnis dieser Farbenbestandteile anzugeben, hat, sollte jemand es auch kennen, keinen Sinn, da niemand imstande sein dürfte, die notwendigen oder wahrscheinlichen Gründe desselben einigermaßen genügend nachzuweisen.

Platon, ›Timaios‹

Verschiedene Lichtmischungen können, wie wir in Abschnitt 9.4.2 sahen, Metamere sein, also dem Auge gleich erscheinen, obwohl ihre spektrale Zusammensetzung ganz verschieden ist. Eine der ›einigermaßen genügenden‹ Erklärungen dafür liegt darin, daß solche Mischungen identische Tripletts von Zapfensignalen erzeugen.

Jetzt, da wir die Zapfenempfindlichkeitskurven kennen (Abb. 10.5), möchten wir verstehen, wie sie den Eindruck erzeugen können, die Farben seien gleich.

Nehmen wir also zum Beispiel an, wir wollten eine Farbe herstellen, die dem 490-nm-Zyan im Spektrum entspricht, und als ›Grundfarben‹ 460 nm (Blau), 530 nm (Grün) und 650 nm (Rot) nehmen. Wir sahen in Abschnitt 9.4.3, daß eine solche Paarung mit Hilfe eines kleinen negativen roten Beitrags möglich ist. Welche Reaktion löst das Zyan aus? Abbildung 10.5 zeigt, daß es die K- und M-Zapfen etwa gleich anregt und die L-Zapfen etwa halb so stark. Aus Abbildung 10.5 lesen wir ebenfalls ab, daß die blauen Grundfarben die K-Zapfen stark anregen. Wir müssen also genug Grün nehmen, um die M-Zapfen genauso stark anzuregen, und wenn wir das tun, ist die Anregung der L-Zapfen etwas zu groß. Das können wir kompensieren, indem wir Rot einen kleinen negativen Beitrag leisten lassen, d.h. dem Zyan etwas Rot beimischen und so vor allem die Reaktion der L-Zapfen verringern. Weil die Zapfenanregung dann gleich ist, sieht die Mischung wie Zyan aus. Wir haben damit bestätigt:

> 460 nm (Blau) + 530 nm (Grün)
> — etwas 650 nm (Rot)
> ≡ 490 nm (Zyan).

Diese Information ist in Abbildung 9.10 enthalten. Sie können entsprechend bestätigen, daß andere Daten dieser Abbildung mit der Analyse der Zapfenreaktion übereinstimmen.

STUDIER & SPEKULIER

Bestätigen Sie diese Behauptung, indem Sie 630-nm-Licht aus diesen drei Grundfarben mischen.

Mit Hilfe der Zapfenempfindlichkeit können wir also die Mischung der Spektralfarben verstehen. Aber wie ist es mit den Farben im Innern des

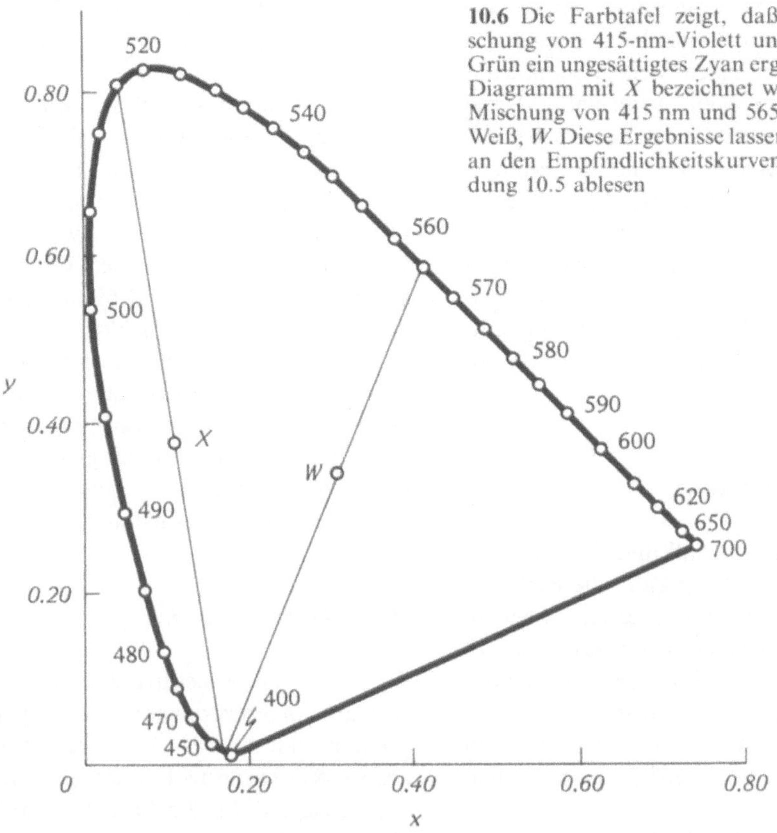

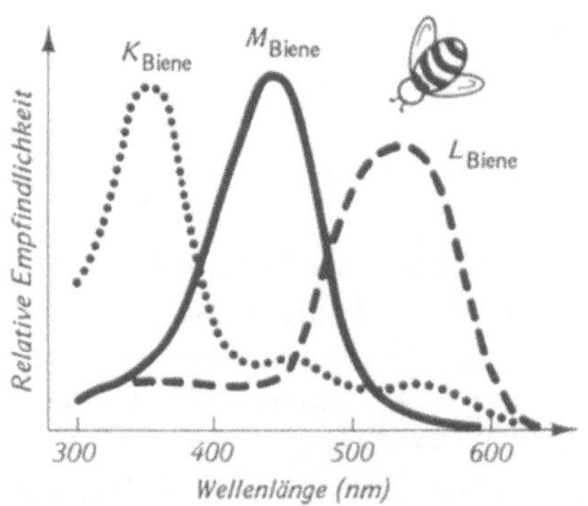

10.6 Die Farbtafel zeigt, daß eine Mischung von 415-nm-Violett und 515-nm-Grün ein ungesättigtes Zyan ergibt, das im Diagramm mit X bezeichnet wurde. Eine Mischung von 415 nm und 565 nm ergibt Weiß, W. Diese Ergebnisse lassen sich auch an den Empfindlichkeitskurven in Abbildung 10.5 ablesen

Bienen können darauf trainiert werden, immer dann, wenn sie einen Unterschied zwischen zwei Farben wahrnehmen, zu reagieren. Deshalb konnten Farbpaarungsversuche mit der Honigbiene durchgeführt werden, deren Ergebnisse wiederum gut mit den Empfindlichkeitskurven der Sehzellen übereinstimmen, die sich durch Aufzeichnung der Nervenimpulse direkt von den Zapfen der Biene ergeben (Abb. 10.7). Die Farbtafel der Biene (Abb. 10.8) zeigt die Kurve, die den Spektralfarben entspricht, für die

Farbdreiecks, also zum Beispiel mit einer additiven Mischung von 415-nm-Violett und 515-nm-Grün? Eine Mischung zu gleichen Teilen regt die K- und M-Zapfen etwa gleich und die L-Zapfen etwas weniger an. Die Mischung sieht also wie ein spektrales Zyan aus (die K- und M-Zapfen sind gleich angeregt und die L-Zapfen halb so stark) mit etwas Rot (die L-Zapfen sind stärker angeregt) – ein ungesättigtes Zyan, wie es nach der Farbtafel auch sein sollte (Abb. 10.6) .

STUDIER & SPEKULIER

Bestätigen Sie mit Hilfe der Zapfenempfindlichkeitskurven   (Abb. 10.5), daß 415-nm- und 565-nm-Licht komplementär ist.

Kurzum, die Information, die die Farbtafel sowohl im Innern des Farbdreiecks als auch auf dem Spektralfarbenzug gibt, stimmt mit der überein, die die Empfindlichkeitskurven der

drei Zapfenarten des menschlichen Auges liefern.

Ähnliche Übereinstimmung findet sich bei der Honigbiene, die drei Farben sehen kann, deren Wellenlängen von Ultraviolett bis Orange reichen.

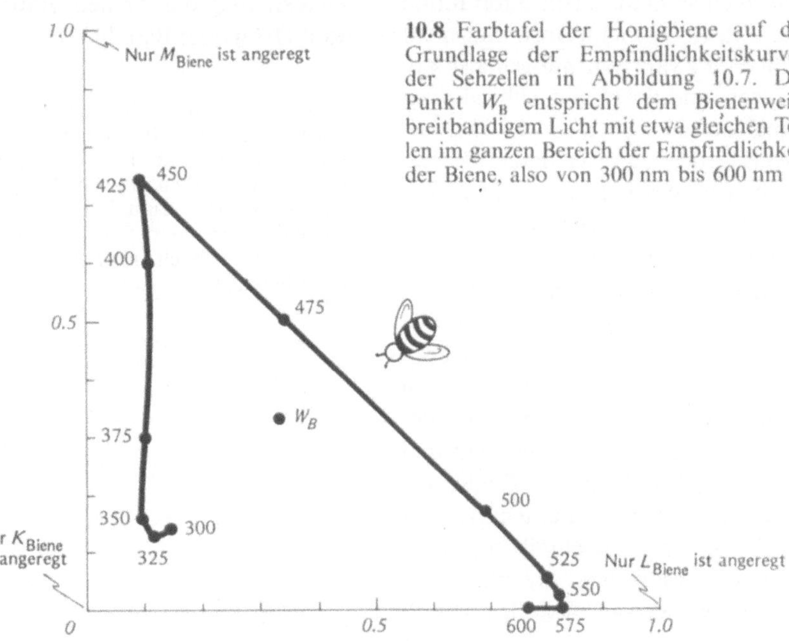

10.7 Spektralempfindlichkeitskurven der drei Arten von Sehzellen im Auge der Honigbiene, wie sie aus der direkten Messung der Nervenreaktion folgt, wenn das Bienenauge mit Licht verschiedener Wellenlänge beschienen wird. Die Kurven sind etwas idealisiert

10.8 Farbtafel der Honigbiene auf der Grundlage der Empfindlichkeitskurven der Sehzellen in Abbildung 10.7. Der Punkt W_B entspricht dem Bienenweiß, breitbandigem Licht mit etwa gleichen Teilen im ganzen Bereich der Empfindlichkeit der Biene, also von 300 nm bis 600 nm

die Biene empfindlich ist, und auch den ›Weißpunkt‹ der Biene, ein breitbandiges Licht, das von 300 nm bis zu 600 nm reicht.

STUDIER & SPEKULIER

Wie unterscheiden sich die Primärfarben von Bienen und Menschen? (Bestimmen Sie in Abbildung 10.8 die spektrale Komplementärfarbe zu 480 nm. Vergleichen Sie das Ergebnis mit dem Komplement zu 480-nm-Licht, das Sie aus der Farbtafel in Abbildung 10.6 für Menschen gewinnen.)

10.4 Gegenfarben

Bis jetzt haben wir fast nur Farbphänomene (wie Wahrnehmung, Unterscheidung, Mischung einer vorgegebenen Farbe) untersucht, die sich durch die Reaktion der drei Zapfenarten erklären lassen. Aber wir wissen noch nicht, wie das Erscheinungsbild von Farbmischungen zustande kommt, warum zum Beispiel eine additive Mischung von Rot und Grün nicht ein rötliches Grün ergibt, sondern vielmehr Gelb. Ähnlich überraschend entsteht durch die Subtraktion von Zyan und Gelb Grün und nicht gelbliches Zyan. Wir müssen also außer den additiven und subtraktiven Primärfarben ein anderes System von Grundfarben zur Verfügung haben, wenn wir beschreiben wollen, wie Farben *aussehen*. Dazu brauchen wir vier PSYCHOLOGISCHE GRUNDFARBEN: Blau, Grün, Gelb und Rot. Alle Farbtöne lassen sich als Kombination dieser Grundfarben in Worten beschreiben. (Orange zum Beispiel ist ein gelbliches Rot, Zyan ein bläuliches Grün, Purpur ein rötliches Blau und so weiter.) Wie kann das Gehirn die Information der *drei* Zapfenarten zur psychologischen Beschreibung durch die *vier* Grundfarben verarbeiten?

Wenn wir verstehen wollen, wie eine Farbe aussieht, müssen wir etwas

über die Nervenimpulse wissen, die unser Gehirn erreichen. Umgekehrt können wir sagen, welche Signale das Gehirn erreichen, wenn wir untersuchen, wie uns die Farben erscheinen. Erst in den letzten 30 bis 40 Jahren ist es gelungen, die Dreifarbentheorie von Young und Helmholtz (die, wie wir sahen, durch die Beobachtung gut bestätigt wird) mit der scheinbar rivalisierenden, von Ewald Hering entwickelten GEGENFARBENTHEORIE zu vereinbaren.

10.4.1 Farbnamen

Namen sind Schall und Rauch?

Ein Beobachter kann die Farbe eines Spektrallichts dadurch angeben, daß er auf einer Skala von 0 bis 10 einschätzt, wie ähnlich sie zu jeder der psychologischen Grundfarben ist. Abbildung 10.9 zeigt die für einen normalen Farbbetrachter typischen Ergebnisse.

Einige spektrale Farbtöne sind, wie die Abbildung zeigt, REIN und werden durch nur eine psychologische Grundfarbe beschrieben: Blau (475 nm), Grün (500 nm) und Gelb (580 nm). Ein reines Gelb ist zum Beispiel ein Gelb, das die meisten Menschen Gelb nennen und das keinen Hauch von Rot, Grün oder Blau hat. Ein spektra-

10.9 Die für Spektralfarben üblichen Bezeichnungen. Die Probanden gaben den vermuteten Gehalt der vier psychologischen Grundfarben in jedem Spektrallicht an. So erscheint zum Beispiel Licht der Wellenlänge 650 nm überwiegend rötlich und etwas gelblich, aber weder grünlich noch bläulich

les reines Rot gibt es nicht, auch bei den größten Wellenlängen sieht rotes Licht leicht gelblich aus.

Wichtig ist nun, daß wir nie ein ›rötliches Grün‹ oder ›gelbliches Blau‹ sehen, obwohl alle anderen Kombinationen der psychologischen Grundfarben vorkommen. Zwischen Gelb und Blau scheint also ein Gegensatz zu bestehen, sie sind GEGENFARBEN. Diese Gegensätzlichkeit innerhalb der Farbpaare wirkt sich auch auf nichtspektrale Farben aus; es gibt keine Farbe, die gleichzeitig rot und grün ist oder gleichzeitig gelb und blau. Wir können uns eine solche Farbe nicht einmal vorstellen!

10.4.2 Farbtonausgleich

Wie stark die subjektive FARBREAKTION auf ein Spektrallicht ist, läßt sich genauer durch das Verfahren des FARBTONAUSGLEICHS bestimmen. Um zum Beispiel die Farbreaktion auf blaues Licht einer bestimmten Wellenlänge, etwa des Tiefblau mit 430 nm, zu finden, fügt man so lange reines Gelb hinzu, bis eine Farbe entsteht, die weder bläulich noch gelblich ist. Die Intensität des reinen 580-nm-Gelbs muß ziemlich groß sein, wenn dieses blaue Licht ausgeglichen werden soll, deshalb sagen wir von diesem Blau, daß es eine große Blaureaktion auslöst. Andererseits braucht es nur wenig vom 580-nm-Gelb, um das nur leicht blaue 490-nm-Licht auszugleichen. Die Ergebnisse dieses Farbtonausgleichs sind in Abbildung 10.10 veranschaulicht.

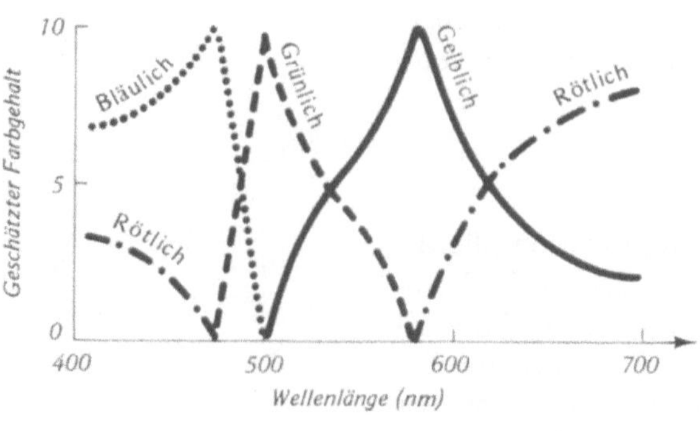

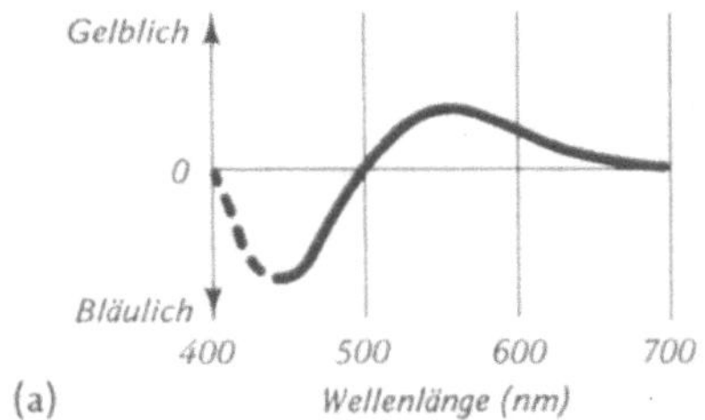

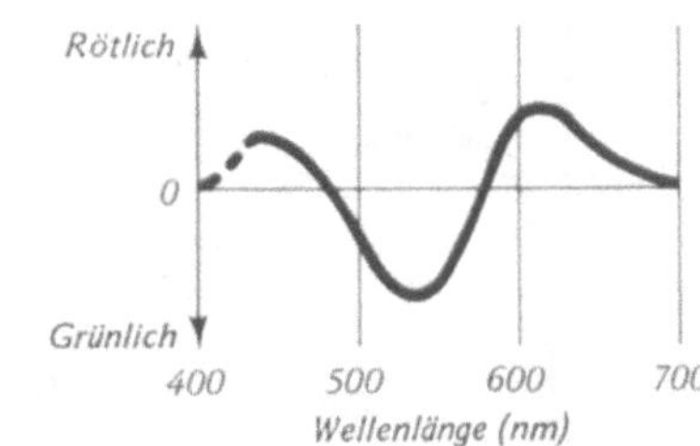

Sie kennen einen solchen Ausgleich von der einfachen Waage. Um das Gewicht auf einer Waagschale zu bestimmen, legen Sie so lange geeichte Gewichte auf die andere, bis die Schalen im Gleichgewicht sind. Ganz ähnlich fügen Sie, wenn Sie wissen wollen, wieviel Blau eine Farbe enthält, beim Farbtonausgleich so lange Gelb hinzu, bis Sie kein Blau mehr sehen. Allerdings hat unser Gesichtssinn sozusagen zwei Waagen; wenn ein Gegenfarbenpaar ausgeglichen ist, braucht das andere noch nicht im Gleichgewicht zu sein.

STUDIER & SPEKULIER

Welcher der vier psychologischen Grundfarbennamen beschreibt die Farbe, die sich ergibt, wenn das Blau im 430-nm-Licht ausgeglichen ist?

Mit Hilfe von Abbildung 10.10 läßt sich das Aussehen von Farben beschreiben. So können wir aus Abbildung 10.10a ablesen, daß ein 550-nm-Licht ziemlich gelblich erscheint und ein 430-nm-Licht ziemlich blau, während ein 500-nm-Licht (reines Grün) weder gelb noch blau erscheint.

10.4.3 Nervenverbindungen

Wie können die in den drei Arten von Zapfenzellen entstehenden Signale vermischt oder verarbeitet werden, damit Signale entstehen, die den in Abbildung 10.10 dargestellten subjektiven Empfindlichkeitskurven entsprechen? Wie wir in Kapitel 7 sahen, sind Signale an das Gehirn oft Vergleiche zwischen verschiedenen Empfängerreaktionen. Abbildung 10.11

10.10 Die mit Hilfe des Farbtonausgleichs bestimmten Farbreaktionen von Spektrallicht bei (a) Gelb minus Blau ($G - B$) und (b) Rot minus Grün ($R - Gr$). Die beiden Kurven wurden unabhängig voneinander bestimmt. Die Werte der Gelbreaktion (die oberhalb der Achse aufgetragen wurden) hängen davon ab, wieviel reines Blau (475 nm) nötig ist, um das Gelb in allen Wellenlängen auszulöschen, in denen Gelb (über 500 nm) wahrgenommen wird. Die Blaureaktion (die unter der Achse aufgetragen wurde, um den Gegenfarbencharakter zu betonen) hängt davon ab, wieviel reines Gelb (580 nm) nötig ist, um das Blau in allen Wellenlängen auszulöschen, in denen Blau (unter 500 nm) wahrgenommen wird. Entsprechend wurden die Rot- und Grünreaktionen oberhalb und unterhalb der Achse aufgetragen. Die Rotreaktion wurde unter Verwendung von reinem Grün (500 nm) ausgeglichen. Die Grünreaktion wurde mit 700-nm-Licht ausgelöscht. (Die Grünreaktionskurve hängt nicht wesentlich davon ab, welche ›rote‹ Wellenlänge zum Ausgleich verwendet wird.)

10.11 Sehr schematisch dargestellte hypothetische Verbindungen zwischen den Zapfen und den Zellen der beiden Farbkanäle $R - Gr$ und $G - B$ und des Unbuntkanals $W - S$. Anregung ist mit + und Hemmung mit − angedeutet

zeigt hypothetische Verbindungen, von denen zwei auf Unterschiede zwischen Signalen der verschiedenen Zapfenarten ansprechen. Sie entsprechen FARBKANÄLEN und erklären die beobachteten Farbreaktionen. Ähnliche Verbindungen wurden durch elektrophysiologische Messungen an Goldfischen und Affen direkt beobachtet.

Betrachten wir zum Beispiel den Farbkanal GELB MINUS BLAU, der langwelliges Licht mit kurzwelligem vergleicht. Wenn Licht entweder M- oder L-Zapfen reizt, werden die Zellen dieses $G - B$-Kanals angeregt. Wenn jedoch Licht die K-Zapfen anregt, werden die $G - B$-Zellen gehemmt. Wenn das Gesamtergebnis Anregung ist, erscheint das Licht gelblich; ist es Hemmung, sieht das Licht bläulich aus.

Entsprechend führt Anregung des Farbkanals ROT MINUS GRÜN zu einer Rotempfindung und seine Blockade zu Grün. (Eine Anregung der K-Zapfen führt also zu Rotempfindungen, und deshalb scheint das kurzwellige ›violette‹ Ende des Spektrums, wie es Abbildung 10.9 zeigt, etwas Rot zu enthalten.)

Wir haben betont, daß jede Farbe drei Eigenschaften hat und daß es drei Arten von Zapfen gibt. Wenn es keinen dritten Kanal gäbe, würde das Gehirn nur zwei der Farbeigenschaf-

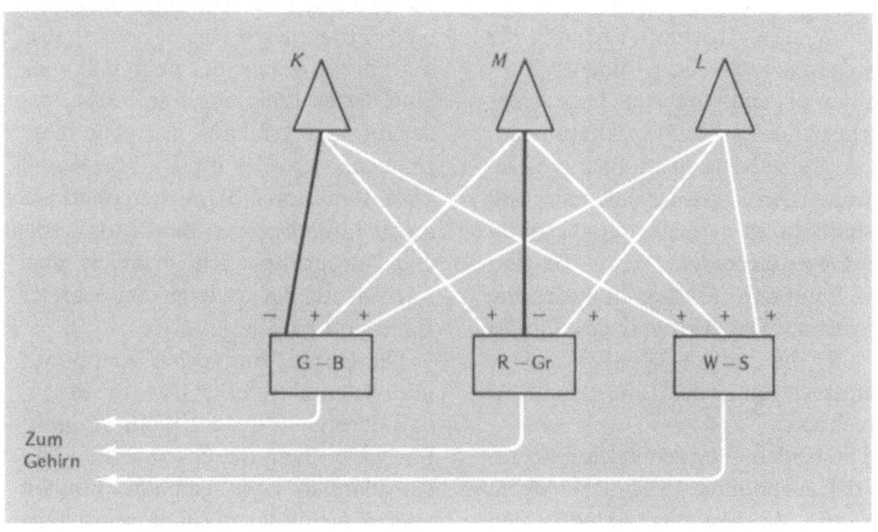

ten wahrnehmen, nämlich die ›Rot-Grünlichkeit‹ und die ›Gelb-Bläulichkeit‹. Dieser dritte Kanal, WEISS MINUS SCHWARZ, vermittelt Information über die Helligkeit. Er reagiert immer positiv, wenn eine der drei Zapfenarten angeregt wird. Die Gegenwirkung in diesem Kanal ist jedoch etwas anders als in den Farbkanälen, denn eine Hemmung in ihm ergibt sich nicht durch die Anregung einer Zapfenart. In allen drei Kanälen wirken laterale Hemmung und Adaptation; die in Kapitel 7 besprochene räumliche Verarbeitung bezieht sich auf solche Hemmung im $W - S$-Kanal. (Auch das Farbfernsehen benutzt übrigens zwei Farbkanäle und einen Schwarzweißkanal. Dieser sorgt dafür, daß das Signal auch von Schwarzweißapparaten empfangen werden kann.)

Damit haben wir also die scheinbar widersprüchlichen Dreifarben- und Gegenfarbentheorien miteinander in Einklang gebracht. Das erste Stadium des Lichtempfangs ist dreifarbig, aber die Signale dieses Stadiums werden dann in drei Gegenfarbensignale (zwei Farb- und einen Unbuntkanal) verarbeitet. Jeder Farbkanal ist für zwei Farbtonreaktionen zuständig. Es gibt also vier grundlegende Farbtonreaktionen und damit vier psychologische Grundfarben.

10.4.4 Die Farbtafel

Wir sahen in Abschnitt 10.3, daß die Anregungen der K-, L- und M-Zapfen jeweils eng mit der Lage einer Farbe in der Farbtafel verknüpft sind. Diese Reize bestimmen auch die Reaktionen der Gegenfarbenkanäle, und deshalb ist es möglich, die Aktivität der Gegenfarbenkanäle $R - Gr$ und $G - B$ mit der Farbtafel in Beziehung zu setzen. (Die Aktivität des Kanals $W - S$, die mit der Helligkeit verknüpft ist, hat in der Tafel keine Entsprechung.)

Die beiden Geraden in der Farbtafel der Abbildung 10.12 teilen sie in Bereiche, die den Aktivitäten in den

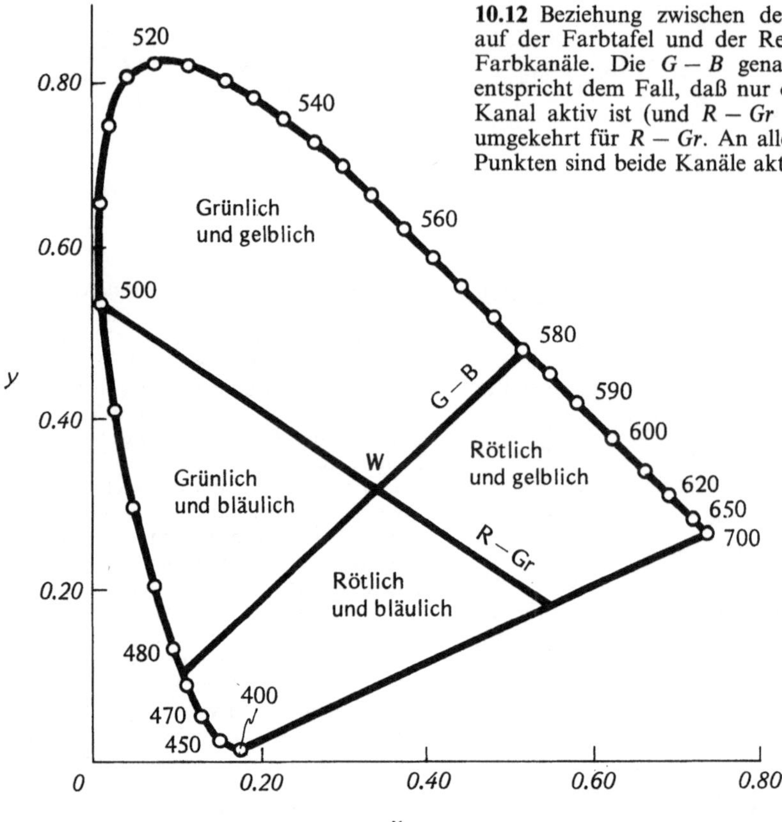

10.12 Beziehung zwischen den Punkten auf der Farbtafel und der Reaktion der Farbkanäle. Die $G - B$ genannte Linie entspricht dem Fall, daß nur der $G - B$-Kanal aktiv ist (und $R - Gr$ nicht) und umgekehrt für $R - Gr$. An allen anderen Punkten sind beide Kanäle aktiv

Farbkanälen entsprechen. Der Weißpunkt W liegt dort, wo Blau so stark reagiert wie Gelb und Rot so stark wie Grün. Dort müssen sich also die Linien kreuzen. In Abbildung 10.10 läßt sich ablesen, daß Spektrallicht von 580 nm oder 475 nm die Zellen des $R - Gr$-Kanals nicht anregt. Da jede Farbe auf der Verbindungslinie dieser beiden Punkte wie eine Mischung dieser Farben erscheint, sieht jede entlang dieser Linie liegende Farbe weder rot noch grün aus, also zeigt diese Linie an, daß es im $R - Gr$-Kanal keine Reaktion gibt. Farben oberhalb dieser Linie hemmen den Kanal; solche Farben schauen grünlich aus. Farben auf der anderen Seite dieser Linie sind rötlich.

Die Gerade durch den Weißpunkt und 500 nm (reines Grün) zeigt an, daß der $G - B$-Kanal nicht reagiert. Farben entlang dieser Linie sind weder bläulich noch gelblich (können aber rötlich oder grünlich sein). Far-

ben rechts von dieser Geraden entsprechen einer Anregung des $G - B$-Kanals und sind deshalb gelblich, während Farben links von dieser Linie den $G - B$-Kanal hemmen und bläulich sind. Diese Gerade schneidet das Farbdreieck im unteren rechten Teil nicht. Darin drückt sich aus, daß das reine Rot keine Spektralfarbe ist, sondern das Komplement von 500 nm, also 500 c. (Aus Abbildung 9.9 läßt sich ablesen, daß das Komplement des reinen Blaus, 475 nm, nicht reines Gelb, 580 nm, ist, wie die Gegenfarbenverarbeitung vermuten läßt, sondern 575 nm. Wir können diese Unstimmigkeit als Maß des Fehlers sehen, der mit diesen Messungen einhergeht.)

Jeder Punkt auf dem Farbdiagramm kann also durch den Grad der Anregung der beiden Farbkanäle verstanden werden und umgekehrt. Diese beiden Farbkanäle enthalten damit alle Farbinformation.

10.5 Farbfehlsichtigkeit

Wir nennen Menschen FARBFEHLSICH-TIG oder FARBSCHWACH, wenn ihre Beurteilung von Farbgleichheit von der Norm abweicht. (Der Ausdruck ›farbenblind‹ ist unbeliebt geworden, weil die meisten farbfehlsichtigen Menschen Farben sehen, wenn auch etwas anders als Normalsichtige.)

Farbfehlsichtigkeit läßt sich am verläßlichsten und deutlichsten durch Farbpaarung aufzeigen, einfacher und schneller aber durch Betrachten von Farbtafeln, wie solchen in Tafel 10.2, die normal- und fehlsichtigen Menschen als verschieden erscheinen. So erkennen Normalsichtige zum Beispiel in Tafel 10.2a zwei Ziffern, Fehlsichtige aber nur eine.

Wir wissen nur wenig über die Unterschiede zwischen dem Farbgesichtssinn Fehlsichtiger und Normalsichtiger; betrachten Sie deshalb die hier versuchten Erklärungen als begründete Vermutungen. So verfügen zum Beispiel einige Fehlsichtige nicht über alle Zapfenarten. Das kann eine Reihe von Gründen haben: die Zapfen können fehlen oder nicht die zugehörigen Nervenverbindungen haben oder mit Nerven verbunden sein, die zu einer anderen Zapfenart gehören, oder sie enthalten den ›falschen‹ Sehstoff, einen, der entweder verändert ist oder zu einer anderen Zapfenart gehört, oder aus allen diesen (und noch anderen!) Gründen. Es könnten auch Probleme mit der Nervenleitung

in den Gegenfarbenkanälen sein. Es ist darum schwierig, Endgültiges über die Farbfehlsichtigkeit auszusagen.

Eines ist jedoch klar: Es gibt Menschen, die Licht bestimmter Farbe aus einer anderen Zahl von Farben zusammensetzen als andere. Wir können Farbfehlsichtige deshalb nach der Zahl der benötigten Farben als MONOCHROMATEN, DICHROMATEN und TRICHROMATEN klassifizieren (griech. *mono*, eins. *di*, zwei, *tri*, drei, und *chroma*, Farbe).

10.5.1 Monochromasie

Ein Monochromat erkennt nur eine Farbe und sieht darum jedes farbige Licht allein als verschiedene Intensität eines einzigen. Diese bedauernswerten Menschen können mit Recht farbenblind genannt werden, denn sie können keine Wellenlänge von einer anderen unterscheiden – sie sehen gleichsam ein Farbfernsehprogramm immer auf einem Schwarzweißschirm. (Diese relativ seltene Fehlsichtigkeit ist oft mit anderen Sehproblemen gekoppelt, etwa mit der Unfähigkeit, genauere Einzelheiten zu erkennen.)

Ein gewöhnlicher Fotokopierer ist monochromatisch, wie SIE SELBST

10.13 Diese Fotokopie von Tafel 10.2 wurde mit einem Savin-Kopiergerät gemacht. Der Kopierer kann keine Ziffern, wohl aber die Schlangenlinie ›sehen‹

SEHEN und an Abbildung 10.13 nachprüfen können.

Es gibt im wesentlichen zwei Monochromaten, je nachdem, ob Stäbchen oder Zapfen auf Licht reagieren. Bei den ZAPFENMONOCHROMATEN reagieren nur die Zapfen einer Art (oder es fehlen die beiden Farbkanäle). Sie können unter photopischen Bedingungen sehen. Bei den STÄBCHENMONOCHROMATEN andererseits arbeiten die Zapfen gar nicht, sondern nur die Stäbchen. Sie können unter photopischen Bedingungen nur unter großen Schwierigkeiten sehen. Da die Zapfen der Sehgrube fehlen, ist die Sehschärfe stark vermindert; die Augen schauen deshalb beim Betrachten eines Objekts immer etwas seitlich.

SEHEN SIE SELBST

Farbenblindheit eines Fotokopierers
Sie können mit Hilfe von Farbstiften und Farbfotos oder den Farbtafeln 10.2 die Farbenblindheit eines Fotokopierers untersuchen. Auf welche Farben reagiert der Kopierer am stärksten? Auf welche am wenigsten? Wenn Sie zwei Farben finden, deren Kopie gleich ist, können Sie damit ein Punktmuster zeichnen (ähnlich wie in Tafel 10.2), das Sie erkennen, der Kopierer aber nicht. Machen Sie auch Kopien der Testtafeln, wie wir es in Abbildung 10.13 gemacht haben. Die Helligkeit der Tafeln erscheint uns Menschen gleich, dem Fotokopierer aber vielleicht nicht. Die Maschine sieht also möglicherweise ein Muster. Welche Art des Farbfehlsehens ähnelt dem der Maschine am meisten?

10.5.2 Dichromasie

Dichromaten können Farben aus nur zwei Farben additiv mischen. Bei manchen dieser Menschen sind nur zwei der drei Zapfenarten voll leistungsfähig. Es gibt drei Hauptklassen solcher Dichromaten, die jeweils der nicht leistungsfähigen (oder rela-

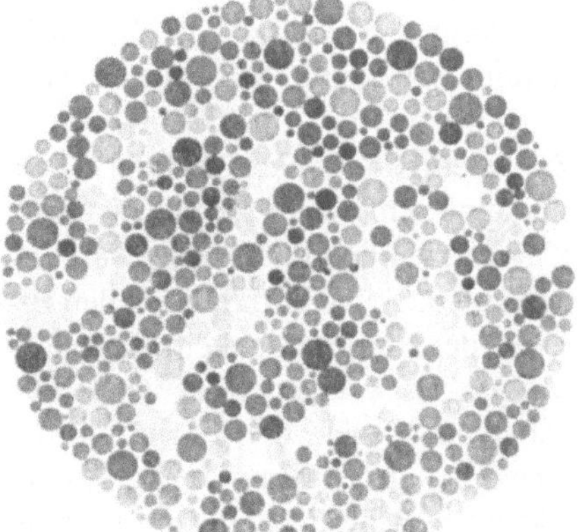

tiv unempfindlichen) Zapfenart entsprechen. Bei anderen Dichromaten könnte nur einer der beiden Farbkanäle funktionsfähig sein, von ihnen gäbe es also zwei Arten.

Ein guter Test dafür, ob wir die Dichromasie richtig verstanden haben, besteht in der Suche nach neutralen Punkten (Abschnitt 10.2.2). Wenn nur zwei Zapfenarten funktionstüchtig sind, gibt die Wellenlänge eines neutralen Punkts den Schnittpunkt dieser beiden Zapfen an; wenn nur ein Farbkanal funktionstüchtig ist, tritt dort ein neutraler Punkt auf, wo die Gegenfarben im Gleichgewicht sind.

STUDIER & SPEKULIER

Ein Dichromat mit nur zwei funktionstüchtigen Zapfenarten hat einen zweiten (nichtspektralen) neutralen Punkt im Purpur. Warum?

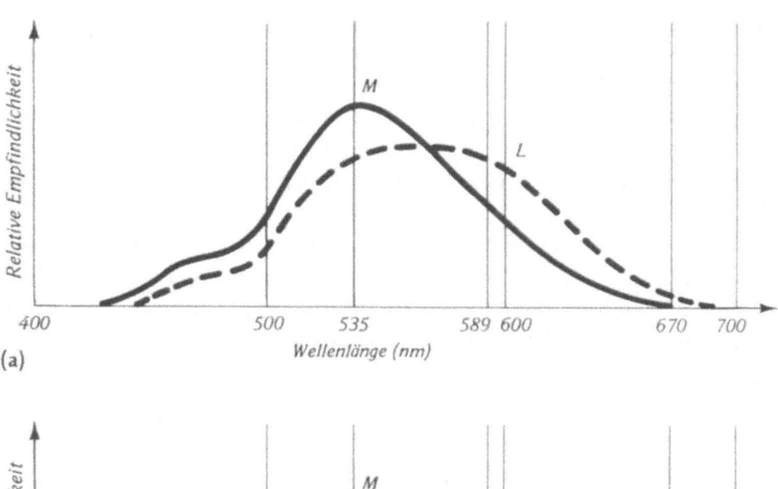

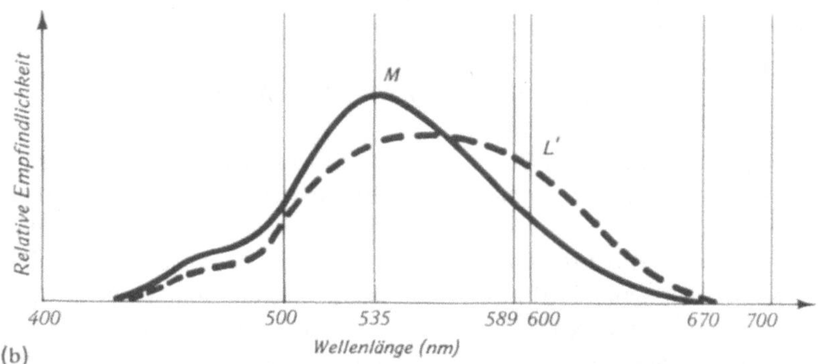

Die Reaktionen der L- und M-Zapfen können mit Hilfe des RAYLEIGH-TESTS untersucht werden. Der Proband verändert die relativen Intensitäten eines bestimmten grünen und roten Lichts fester Frequenz, bis die Summe einem vorgegebenen Gelb entspricht. (Praktisch mischt man aus Licht der Wellenlängen 670 nm und 535 nm eines mit 589 nm.) Wenn beide, L- und M-Zapfen, normal reagieren, ist für die Mischung ein bestimmtes ›normales‹ Verhältnis der beiden Lichtintensitäten nötig (Abb. 10.14a). Wenn jedoch eine Zapfenart, etwa L, nicht reagiert, läßt sich aus einer Vielzahl relativer Intensitäten ein gleiches Licht mischen. Dazu muß nur die Gesamtanregung in den M-Zapfen gleich bleiben, da die K-Zapfen in diesem Wellenbereich nicht nennenswert reagieren. In der Regel ist der Fehlsichtige bei Wiederholungen dieses Versuchs nicht sehr konsistent.

Ein entsprechender Test für die K- und M-Zapfen brächte Information über die relative Empfindlichkeit dieser Zapfen. Da aber die Zusammensetzung und Farbe des gelben Flecks

10.14 Der Rayleightest. (a) L- und M-Zapfenempfindlichkeitskurven für einen Normalsichtigen, wie in Abbildung 10.5. (Die K-Zapfen reagieren bei den in diesem Test benutzten Wellenlängen nicht.) (b) Bei einem protanomalen Beobachter kann die L-Kurve zu kürzeren Wellenlängen hin verschoben sein (L')

(Abschnitt 5.2.2) sich von Mensch zu Mensch und mit dem Alter ganz wesentlich verändert, ist solch ein Test bei kurzen Wellenlängen wenig verläßlich.

Ein weiterer Test ergibt sich aus der Farbtonunterscheidung. Wie wir in Abschnitt 10.2.3 sahen, ist die Farbtonunterscheidung bei solchen Wellenlängen gut ($\Delta\lambda$ also klein), wo die Zapfenempfindlichkeitskurven steil sind, und schlecht ($\Delta\lambda$ groß), wo diese Kurven ziemlich flach sind. Wenn eine Zapfenart und damit die steilen Bereiche der Empfindlichkeitskurve fehlen, gibt es weniger Wellenlängenbereiche, in denen die Farbtonunterscheidung gut ist. Ihre Lage gibt indirekt an, welche Zapfenarten vorhanden sind.

Überprüfen Sie anhand der Tabelle 10.1, ob diese Ergebnisse mit den Angaben dort übereinstimmen. Dabei bedeutet PROTANOP, daß das Pigment für den langwelligen Bereich des Spektrums fehlt, also die L-Zapfen fehlen oder funktionsuntüchtig sind; DEUTERANOPEN fehlen entsprechend die M- und TRITANOPEN die K-Zapfen.

Was würde geschehen, wenn jemand die Lichtrezeptoren und Pigmente eines normalsichtigen Menschen hätte, aber einer der Farbkanäle fehlte? Wenn etwa der $G - B$-Kanal fehlt, reagiert der $R - Gr$-Kanal; dann gäbe es zwei neutrale Punkte: bei etwa 580 nm (also bei reinem Gelb) und bei etwa 470 nm (bei reinem Blau). Dieser seltene Fall ähnelt dem Farbsinn der sogenannten TETARTANOPEN.

STUDIER & SPEKULIER

Wo liegen die neutralen Punkte eines Menschen, dem der $R - Gr$-Kanal fehlt? Wäre seine Reaktion anders als die eines Deuteranopen?

Tabelle 10.1. Die Symptome der wichtigsten Farbsehschwächen

	Anzahl der zum Mischen benötigten Farben	Ungefähre Wellenlänge der neutralen Punkte (falls mehr als einer) (nm)	Ungefähre Wellenlänge der größten Empfindlichkeit (nm)	Empfindlichkeitsminderung bei langen Wellenlängen	Rayleightestüberschuß für Rot oder Grün	Prozentsatz der betroffenen Männer [1]
Monochromasie						
Stäbchenmonochromasie	1	alle	505	ja	unbeständig	0,003
Zäpfchenmonochromasie	1	alle	drei Arten	vielleicht etwas	unbeständig	sehr klein
Dichromasie						
Protanopie	2	495 und Purpurrot	540	ja	unbeständig	1,0
Deuteranopie	2	500 und Purpur	560	nein	unbeständig	1,1
Tritanopie	2	570 und Purpurblau	555	nein		sehr klein
Tetartanopie	2	580 und 470	555(?)	nein		sehr klein
Trichromasie						
Protanomalie	3	keine	540	ja	Grün ja	1,0
Deuteroanomalie	3	keine	560	nein	Rot ja	4,9
Tritanomalie	3	keine	560	nein		sehr klein
Neuteroanomalie	3	keine	555	nein		sehr klein
Normal	3	keine	555	nein		91

[1] Den größten Prozentsatz farbsehschwacher Menschen machen Männer aus.

10.5.3 Trichromasie

Trichromaten (und dazu gehören die normal Farbsichtigen) brauchen drei Farben, um alle Farbe mischen zu können; sie müssen also drei Zapfenpigmente haben. Die Unterschiede in der Farbwahrnehmung können daher rühren, daß die Empfindlichkeitskurven der Pigmente sich von den normalen unterscheiden; es können aber auch die Verbindungen zwischen einem Zapfen und der zugehörigen Nervenzelle fehlerhaft sein.

Der Rayleightest eignet sich besonders gut zur Beschreibung ANOMALER TRICHROMATEN. Wenn die L-Zapfen eines Trichromaten zu Wellenlängen verschoben sind, die kürzer sind als normal (Abb. 10.14b), dann ist die Empfindlichkeit für das 535-nm-Grün im Verhältnis zu normalen Zapfen um einen kleinen Prozentsatz vergrößert. Die Empfindlichkeit für das 670-nm-Rot jedoch ist um einen großen Prozentsatz reduziert. Ein solcher Beobachter braucht also beim Rayleightest mit dem 589-nm-Gelb besonders viel Rot. (Diese Form der Farbschwäche zeigt sich wegen der verschobenen L-Zapfenempfindlichkeitskurve auch in verringerter Empfindlichkeit für den langwelligen Bereich.)

Anomale Trichromaten werden gewöhnlich eingeteilt in PROTANOMALE (zuviel Rot im Rayleightest, also sind zum Beispiel Bremslichter schlecht zu sehen), DEUTERANOMALE (zuviel Grün im Rayleightest) und TRITANOMALE (normal im Rayleightest, aber Probleme im gelben und blauen Bereich), obwohl die Übergänge fließend sind. Nicht einmal zwischen anomalen Trichromaten und Dichromaten läßt sich genau unterscheiden.

Manche der Probleme dieser Trichromaten können mit der Nervenverarbeitung zu tun haben. In der Tat wird eine vierte Art der Farbsehschwäche, die NEUTERANOMALIE, bei der die Zapfenreaktion normal ist, auf die im Vergleich zum $G - B$-Kanal geringe Effektivität der $R - Gr$-Kanäle zurückgeführt. Dieser Mangel zeigt sich in den Werten, die ein Neuteranomaler den Wellenlängen für reines Blau und Gelb zuschreibt, die zwar im Mittel mit denen eines normalen Beobachters übereinstimmen, aber sehr große Schwankungen aufweisen. Da die Farbreaktionskurve für $R - Gr$ reduziert ist, läßt sie sich in einem ganzen Wellenlängenbereich nicht von null unterscheiden (Abb. 10.15).

Es scheint, kurzum, als ob im Farbensehen alles und jedes schiefgehen kann. Die Zapfenreaktionen einer, zweier oder aller drei Zapfenarten können ausfallen; ein Farbkanal kann funktionsuntüchtig sein oder nicht wirksam reagieren; die Farb-

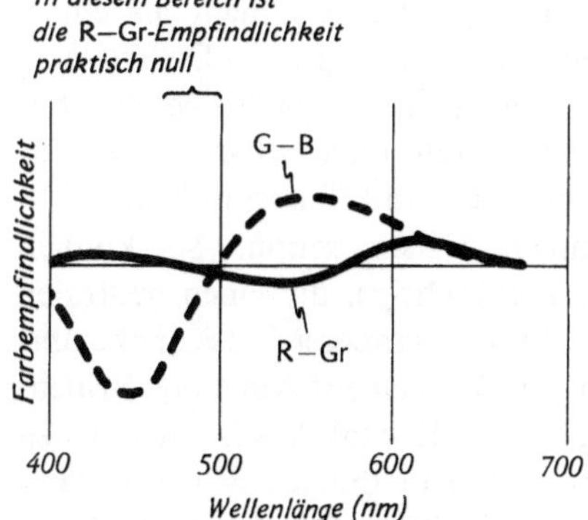

10.15 Hypothetische Farbempfindlichkeitskurve eines neuteranomalen Beobachters, dessen $R - Gr$-Kanal weniger reagiert

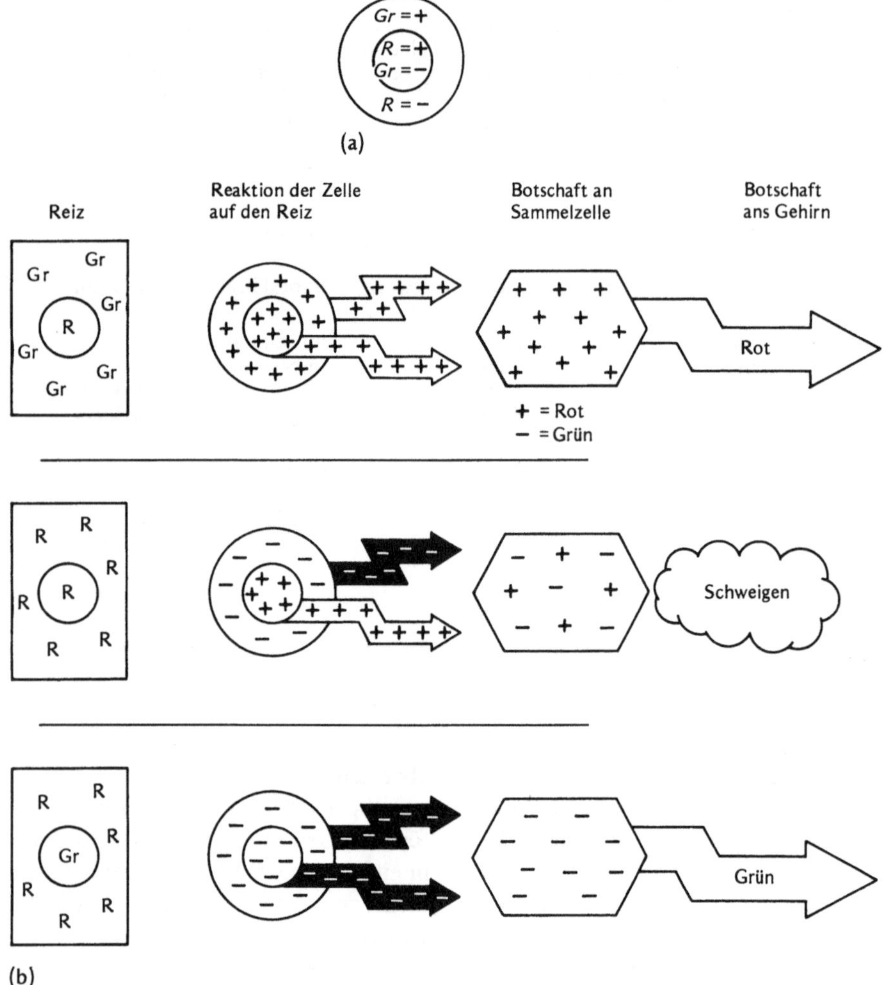

stoffe der Lichtrezeptoren können anormale Empfindlichkeitskurven haben oder sich in den Farbkanälen unterschiedlich zusammensetzen, oder es können alle diese Defekte zusammenwirken. Außerdem kann jedes in Tabelle 10.1 angeführte Symptom Ergebnis von mehr als einem solchen physiologischen Defekt sein.

Gibt es für Farbfehlsichtige ähnliche ›Kuren‹ oder Hilfsmittel wie für Fehlsichtige mit Linsenproblemen? In einigen Fällen schon. So können Farbfehlsichtige, die einen neutralen Punkt im Zyanbereich des Spektrums haben, über einem Auge (als Brillenglas oder Kontaktlinse) einen roten Filter tragen. Ihnen erscheinen dann im einen Auge breitbandiges Grau und ein bestimmtes Zyan gleich, im anderen aber verschieden. Der Rotfilter setzt also physikalische Informa-

tion über Farbunterschiede in binokulare Information um, die wahrgenommen wird. Mit einiger Übung kann die binokulare Information dann mit verschiedenen Farben assoziiert werden, und damit wird die Palette unterscheidbarer Farben größer.

10.6 Räumliche Farbverarbeitung

In Kapitel 7 haben wir mehrere grundlegende Tatsachen der Helligkeitswahrnehmung kennengelernt: simultaner Helligkeitskontrast, Kantenbetonung, Helligkeitskonstanz und so weiter. In diesem Abschnitt werden wir sehen, daß diese räumlichen Effekte Entsprechungen im Bereich der Farbe haben, weil die Prozesse in den Nerven der Farbkanäle ähnlich ablaufen.

10.16 (a) Rezeptives Feld einer doppelt opponenten Zelle des $R - Gr$-Kanals. Langwelliges Licht im Infeld regt die Summationszelle an, Licht mittlerer Wellenlänge jedoch hemmt sie dort wie in Abbildung 10.10b. Im Umfeld dagegen regt mittelwelliges Licht die Summationszelle an, und langwelliges Licht hemmt sie (Abb. 10.10b, wenn rötlich und grünlich vertauscht werden). (b) Beispiele für die Reaktion der Zelle

10.6.1 Laterale Farbhemmung

Obwohl die vier kleinen Quadrate in Tafel 10.3 objektiv gesehen grau sind (wie Sie mit einer Schablone bestätigen können), scheinen sie verschiedenfarbig zu sein, weil sie inmitten farbiger Gebiete liegen. Das gelbe Gebiet läßt das Grau etwas bläulich erscheinen, das Grün färbt das Grau scheinbar rot und so weiter. Dieser SIMULTANE FARBKONTRAST weist auf laterale Hemmung hin (Abschnitt 7.4); es muß also in den Farbkanälen zusätzlich zum Gegeneinander der Farben (etwa ›Rot minus Grün‹) ein räumliches Gegeneinander (›Infeld minus Umfeld‹) geben. Einige Zellen der Farbkanäle sind sogar farbliche und räumliche ›Opponenten‹ und heißen deshalb DOPPELT OPPONENTE ZELLEN.

Bei einer doppelt opponenten Zelle des $R - Gr$-Kanals (Abb. 10.16) sind die Zapfen des Infeldes so verknüpft, wie es bei $R - Gr$ üblich ist. Das Umfeld ist gerade entgegengesetzt verknüpft, also wie bei $Gr - R$. (Anregung mit Rot führt hier zur Hemmung der Summationszelle.) Der Reiz, der die Summationszelle am stärksten anregt, läßt also langwelliges Licht in das Infeld und mittelwelliges Licht auf das Umfeld fallen. Entsprechend hat eine doppelt opponente Zelle des $G - B$-Kanals in der Mitte die vertraute $G - B$-Reaktion, während im Umfeld der $B - G$-Kanal reagiert.

Betrachten wir eine solche Zelle des $R - Gr$-Kanals, deren Mitte einen Bereich im Innern des grauen, vom Grün umgebenen Bereichs der Tafel

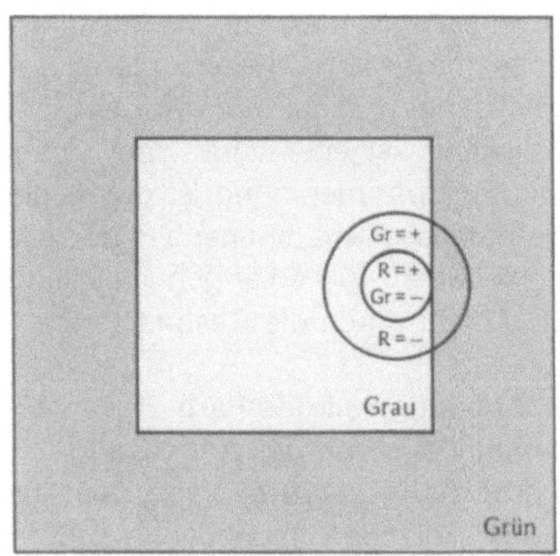

10.17 Eine Erklärung des simultanen Farbkontrasts mit Hilfe einer doppelt opponenten Zelle des *R − Gr*-Kanals. Das Grün im Umfeld des rezeptiven Felds regt die Zelle an und führt so zur Wahrnehmung von Röte in dem objektiv grauen Gebiet

10.3 sieht (Abb. 10.17). Das Grau regt beide, die *L*- und *M*-Zapfen der Mitte, an, deshalb wird die Zelle insgesamt nicht angeregt. Das Grün des Umfelds jedoch regt vor allem die *M*-Zapfen des Umfelds an, was zu einer Anregung des *Gr − R*-Kanals des Umfelds und deshalb zu einer Anregung der Summationszelle führt. Diese Anregung wird als Rot gedeutet, weil sie die Summationszelle in der gleichen Weise anregt, wie wenn Rot in der Mitte angeregt wird. Das graue Quadrat erscheint deshalb etwas rötlich. Ist das Umfeld nicht grün, sondern rot, wird die Summationszelle insgesamt gehemmt, und das graue Quadrat sieht, wie Tafel 10.3 bestätigt, grünlich aus. Ein ähnlicher Vorgang spielt sich in den doppelt opponenten Zellen des *G − R*-Kanals ab.

STUDIER & SPEKULIER

Das graue Quadrat im hellen Gelb sieht etwas dunkel aus. Warum?

Ganz allgemein neigt jedes große farbige Gebiet dazu, ein benachbartes Gebiet im Sinn der Gegenfarbe der ursprünglichen Farbe zu ›verstimmen‹, also die Farbe der Gegenfarbe anzugleichen. Wenn zum Beispiel ein grüner Bereich von Gelb umgeben wird, erscheint er bläulicher, ähnelt also stärker dem Zyan. SEHEN SIE SELBST an anderen Beispielen, welchen Einfluß die Farben des Umfelds haben.

Dieser simultane Farbkontrast ist jedem vertraut, der die Natur im wechselnden Licht aufmerksam beobachtet. Berühmt ist Goethes Schilderung von 1777:

Auf einer Harzreise im Winter stieg ich gegen Abend vom Brocken herunter; die weiten Flächen auf- und abwärts waren beschneit, die Heide von Schnee bedeckt, alle zerstreut stehenden Bäume und vorragenden Klippen, auch alle Baum- und Felsenmassen völlig bereift, die Sonne senkte sich eben gegen die Oderteiche hinunter.

Waren den Tag über bei dem gelblichen Ton des Schnees schon leise violette Schatten bemerklich gewesen, so mußte man sie nun für hochblau ansprechen, als ein gesteigertes Gelb von den beleuchteten Teilen widerschien.

Als aber die Sonne sich endlich ihrem Niedergang näherte und ihr durch die stärkeren Dünste höchst gemäßigter Strahl die ganze mich umgebende Welt mit der schönsten Purpurfarbe überzog, da verwandelte sich die Schattenfarbe in ein Grün, das nach seiner Klarheit einem Meergrün, nach seiner Schönheit einem Smaragdgrün verglichen werden konnte. Die Erscheinung ward immer lebhafter, man glaubte sich in einer Feenwelt zu befinden, denn alles hatte sich in die zwei lebhaften und so schön übereinstimmenden Farben gekleidet, bis endlich mit dem Sonnenuntergang die Prachterscheinung sich in eine graue Dämmerung und nach und nach in eine mond- und sternhelle Nacht verlor.

Obwohl Maler schon seit Jahrhunderten intuitiv mit den Grundlagen des simultanen Farbkontrasts vertraut sind, wurden sie erst 1839 durch Eugène Chevreul, den Leiter der Färbeabteilung der französischen Gobelinmanufaktur, wissenschaftlich formuliert. Man hatte sich bei ihm darüber beschwert, daß die gefärbte Wolle im Gewebe nicht die gewünschten Effekte brachte. Er fand keine Mängel bei den Färbemitteln und Wollfarben und untersuchte deshalb die Farbwahrnehmung. Dabei entdeckte er, daß er sattere und leuchtende Farben erhielt, wenn er die Gobelins anders gestaltete. Ein Gelb zum Beispiel erscheint satter und heller, wenn es von Dunkelblau umgeben ist, als wenn das Umfeld orange ist. Die Impressionisten erreichten nach diesem Prinzip die Brillanz ihrer Farben, wenn sie große Tupfer komplementärer Farben nebeneinander setzten. Der Maler J.M.W. Turner hat, so sagt man, dieses Prinzip umgekehrt: er soll die Farben seiner Gemälde gelegentlich im letzten Moment vor einer Ausstellungseröffnung geändert haben, um die Farbwirkung der Gemälde seiner Rivalen zu schwächen. Auch viele moderne Künstler nutzen Farbkontraste – das Grün in Tafel 5.2 verdankt seine Sattheit zum Teil dem umgebenden Rot.

Auch die Kantenbetonung, die wir in Kapitel 7 beobachteten, hat ihre Entsprechung in Farbe. Georges Seurat malt zum Beispiel in seinem Bild ›La Parade‹ eine Seite einer Kante besonders blau und die andere besonders gelb, wodurch die Bereiche beide gesättigter erscheinen (ein farbliches Analogon zum Craik-O'Brien-Effekt). Obwohl die meisten Impressionisten den intellektuellen Ansatz zum Farbverständnis verabscheuten, war Seurat geradezu besessen von theoretischen Überlegungen zur Farbe und unter anderem stark von Chevreul beeinflußt.

SEHEN SIE SELBST

Simultaner Farbkontrast

Schneiden Sie in die Mitte eines farbigen Kartons ein kleines Loch (von etwa 2 mm Durchmesser) und halten Sie sich diese ›Maske‹ in Armlänge vor das Gesicht. Schließen Sie ein Auge und schauen Sie durch das Loch auf farbige Objekte. Vergleichen Sie die Farben, die Sie mit und ohne Maske sehen. Bemerken Sie, daß die Maske das Gebiet im Loch zur Gegenfarbe der Maske hin verstimmt?

10.6.2 Farbkonstanz

Farbige Objekte erscheinen uns weitgehend auch dann in derselben Farbe, wenn sich die Farbe der Gesamtbeleuchtung ändert. Diese FARBKONSTANZ ist sicherlich sowohl nützlich als auch eine biologische Notwendigkeit. Manche eßbare Beere unterscheidet sich äußerlich nur durch die Farbe von einer giftigen, deshalb ist es wichtig, daß diese Farbe unabhängig davon ist, ob sie bei blauem Mittagshimmel, im roten Zwielicht oder unter grauen Wolken gesehen wird. Wenn Beerenesser überleben sollen, muß es Farbkonstanz geben.

Wie die Helligkeitskonstanz (Abschnitt 7.4.1) fordert Farbkonstanz laterale Hemmung. So wird zum Beispiel ein Überschuß an roter Beleuchtung von der doppelt opponenten Zelle des $R - Gr$-Kanals ›ignoriert‹ (Abb. 10.16), weil die stärkere Stimulation in der Mitte des rezeptiven Feldes und die Hemmung im Randbereich einander aufheben. Damit die Beere rot erscheint, muß sie mehr rotes Licht ausschicken als der Durchschnitt, denn sie muß die Mitte einer doppelt opponenten Zelle anregen, nicht aber das Umfeld. Die Farben hängen also von den relativen Beiträgen des farbigen Lichts ab. SEHEN SIE SELBST (1).

Aber auch die Farbkonstanz ist nicht vollkommen; der zweite Versuch SEHEN SIE SELBST zeigt, wie sie von dem Grad der Adaptation überhaupt und sogar der unbunten Adaptation beeinflußt wird.

SEHEN SIE SELBST

1 Farbige Schatten und Heringsches Papier

Der simultane Farbkontrast läßt sich mit farbigen Schatten nicht nur, wie Goethe es beschreibt, in der Natur, sondern auch im Zimmer beobachten. Stellen Sie einen Gegenstand, etwa eine Bierflasche, in einiger Entfernung vor einem weißen Schirm auf und werfen Sie mit Hilfe zweier Lampen oder Diaprojektoren als Punktquellen zwei Schatten dieser Flasche auf den Schirm. Halten Sie dann einen roten Filter vor eine der Lampen, so daß die Lampe die Flasche und den Schirm rot beleuchtet. Achten Sie auf die Farbe der Schattenbereiche auf dem Schirm. Einer wird nur von der roten Lampe beschienen und ist, wie zu erwarten, rot. Der andere Schatten erhält nur weißes Licht, seine Farbe aber ist Zyan. (Vielleicht müssen Sie ein wenig warten.) Die Umgebung dieses Schattens wird nämlich rot (und weiß) beschienen, und durch den gleichzeitigen Farbkontrast nimmt der Schatten die Gegenfarbe Zyan an. Der Schatten ist weniger rot als die mittlere Beleuchtung. Welche Farbe müßte der Schatten haben, wenn Sie den roten Filter durch einen andersfarbigen ersetzen? Probieren Sie es aus!

Der vielseitige Graf Rumford, der unter anderem den Münchner Englischen Garten anlegen ließ, in Bayern die Kartoffel einführte und als Kriegsminister das Heer reorganisierte, beobachtete dies gegen Ende des achtzehnten Jahrhunderts als erster. Seine Lichtquellen waren nicht Lampen und Projektoren, sondern eine Kerze als leicht gelbe und das Mondlicht als bläuliche Lichtquelle. Um die Intensitäten der beiden Lichter auszugleichen, hielt er die Kerze nahe an den Schirm. Welche Farbe hatten die Schatten? Sehen Sie selbst!

Auch mit Hilfe einer Reihe unbunter Flächen, die sich von Schwarz über Grau bis zu Weiß erstrecken, läßt sich zeigen, daß für das Farbempfinden ein Vergleich des Lichts verschiedener Bereiche wichtig ist (Abb. 7.4b). (Hering verwendete ursprünglich kleine Stücke unbunten Papiers verschiedener Helligkeit.) Betrachten Sie diese Abbildung unter starkem rotem Licht und schalten Sie dazu alle andere Beleuchtung aus. Sie beobachten dann, daß nach kurzer Zeit die mittleren grauen Bereiche in der Mitte der Skala immer noch grau sind. Der obere Bereich, der mehr langwelliges Licht reflektiert als der Durchschnitt, erscheint rot. Die Farbe des unteren Bereichs, der weniger langwelliges Licht reflektiert, ist eher Grün oder Zyan. Die Farbwahrnehmung ist durch die Verhältnisse der Lichtmengen der verschiedenen Wellenlängen bestimmt und nicht durch die Gesamtmenge.

2 Abhängigkeit des Farbempfindens von der Anpassung

Farbe hängt nicht nur von dem ins Auge fallenden Licht ab, sondern auch vom Beobachter. Das läßt sich leicht beweisen, wenn wir ausnutzen, daß wir zwei Augen haben. Nehmen Sie ein Bild mit vielen Farben oder bauen Sie ein buntes Stilleben auf. Schließen Sie abwechselnd ein Auge und vergleichen Sie, wie Sie das Bild mit einem Auge sehen. Die meisten Menschen sehen keinen Unterschied. (Ganz selten weist nur ein Auge eine Farbsehschwäche auf. Wenn das bei Ihnen der Fall ist, sollten Sie dem nächsten Psychophysiker eine Freude machen und sich als Versuchsobjekt zur Verfügung stellen.) Schließen Sie ein Auge und schauen Sie mit dem anderen eine halbe Minute lang in ein helles weißes Licht (aber nicht in die Sonne!). Bewegen Sie dabei das Auge, damit auf alle Punkte in der Netzhautmitte gleich viel Licht fällt. Wiederholen Sie dann das erste Experiment, indem Sie abwechselnd mit einem Auge auf das bunte Bild schauen. Vergleichen Sie jetzt die Farben. Obwohl Sie sich an unbuntes (weißes) Licht gewöhnt haben, sind sie verändert. Was würde passieren, wenn Sie sich an ein helles, buntes Licht gewöhnt hätten? Sehen Sie selbst!

10.6.3 Räumliche Angleichung

Obwohl der rote Hintergrund in Tafel 10.4 physikalisch gesehen überall gleich ist, erscheint das Rot im mittleren Quadrat etwas gelblich und in den Außenbereichen etwas bläulich. Simultaner Farbkontrast ließe das Rot im mittleren Quadrat (im Kontrast zu den gelben Punkten) bläulich und das Rot im Umfeld (im Kontrast zu den blauen Punkten dort) gelblich erscheinen. Diese Tafel zeigt jedoch den sogenannten VON BEZOLDSCHEN AUSBREITUNGSEFFEKT oder das BEZOLD-BRÜCKEPHÄNOMEN, die ANGLEICHUNG oder ASSIMILATION einer Farbe an die des Umfelds (und nicht an die Gegenfarbe). Wenn zwei Farben in großen Bereichen benachbart sind, stellt sich ein Kontrast ein. Wenn sie sich in kleinen Bereichen vermengen, gleichen sie sich wie bei der partitiven Mischung an (Abschnitt 9.5.2).

Obwohl noch nicht ganz geklärt ist, wie diese Angleichung geschieht, so ist doch eine Möglichkeit recht plausibel. Die rezeptiven Felder der doppelt opponenten Zellen der Farbkanäle sind verschieden groß. Die großen rezeptiven Felder enthalten die Information über die Farbe, während die kleinen vor allem Information über Einzelheiten vermitteln. Zellen mit großen rezeptiven Feldern sehen die Punkte nicht getrennt, deshalb erscheint der rote Bereich in der Mitte etwas gelblich. Wir unterscheiden trotzdem Punkte, weil die Zellen mit kleinen rezeptiven Feldern die Rauminformation vermitteln.

Weil Kontrast und Assimilation von der Größe des Musters abhängen, ändern sich die Farben eines Bereichs mit der Entfernung vom Betrachter. Wenn Sie sehr nahe an ein Gemälde wie das in Tafel 7.2 herangehen, können Sie jeden Punkt mit seiner Farbe erkennen und Farbkontraste mit benachbarten Punkten bemerken. Aus mittlerem Abstand sehen Sie zwar noch jeden einzelnen Punkt, aber seine Farbe gleicht sich an die der Nachbarpunkte an, und die Farben mischen sich partitiv. Aus großer Entfernung lassen sich die einzelnen Punkte nicht auflösen. Es ist zu bedauern, daß die Gemälde der Pointillisten in manchen Museen in Räumen hängen, die so klein sind, daß man dieses Wechselspiel nicht verfolgen kann.

10.7 Zeitliche Verarbeitung

Wir können die Parallele zwischen den unbunten (Kapitel 7) und den Farbprozessen weiterführen, wenn wir die zeitlichen Reaktionen des Farbsystems untersuchen. Viele der früher erwähnten nacheinander ablaufenden Phänomene haben farbliche Analogien. Weil der zeitliche Verlauf der Reaktion auf verschiedene Farben selbst verschieden sein kann, finden wir auch nacheinander ablaufende Farbeffekte, die im unbunten Sehen keine Entsprechung haben.

10.7.1 Normale negative Nachbilder

Schauen Sie eine Weile unverwandt auf Tafel 10.5 und betrachten Sie das negative Nachbild (Abschnitt 7.5). Achten Sie besonders auf die Farben. Wo sich Ihr Auge an Gelb gewöhnt hat, sehen Sie jetzt Blau (und umgekehrt), und entsprechend sind Zyan und Rot vertauscht. Das Nachbild einer Farbe hat also die Komplementärfarbe. Wie schwarzweiße Nachbilder übertragen sich auch farbige Nachbilder nicht von einem Auge auf das andere. Sehen Sie selbst!

Solche Farbnachbilder werden ähnlich erklärt wie die schwarzweißen. Betrachten wir etwa die Zapfen der Netzhautgegend, die bei der Adaptation auf Gelb anspricht. Das gelbe Licht stimuliert (und desensibilisiert) die L- und M-Zapfen viel stärker als die K-Zapfen. Diese reagieren deshalb heftig, wenn Sie danach auf ein weißes Blatt Papier schauen, die desensibilisierten L- und M-Zapfen aber nicht. Die Überschußreaktion der K-Zapfen läßt das Nachbild in dem Bereich blau erscheinen.

Wenn Sie das Nachbild sorgfältig beobachten, bemerken Sie, wie es verblaßt und die Farbe sich etwas verändert; das rührt daher, daß die verschiedenen Zapfen (und Farbmechanismen) sich verschieden schnell von der Adaptation erholen.

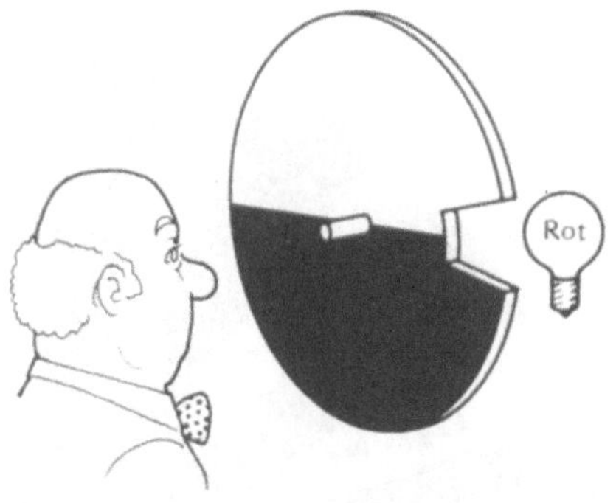

10.18 Die Bidwellsche Scheibe. Während die in schwarzweiße Sektoren aufgeteilte Scheibe sich dreht, zeigt eine Kerbe periodisch eine helle rote Lampe, deren scheinbare Farbe vom Drehsinn abhängt

Negative Nachbilder können auch die Wirkung der BIDWELLSCHEN SCHEIBE (Abb. 10.18) erklären. Wenn die Scheibe, die je zur Hälfte schwarz und weiß ist, gegen den Uhrzeigersinn gedreht wird, sieht die rote Lampe rot aus, bei Drehung im Uhrzeigersinn aber grünlich. Bei dieser Drehweise wird die Lampe zuerst in der Kerbe sichtbar und dann durch den weißen Bereich verdeckt. Die kurze Belichtung durch die rote Lampe desensibilisiert die L-Zapfen; wenn man danach das weiße Gebiet sieht, entwickelt sich das übliche Nachbild im Zyan. Bei der richtigen Drehgeschwindigkeit kann das Nachbild viel länger anhalten, als die Lampe zu sehen war, und deshalb entsteht der Eindruck, die Farbe der Lampe sei Zyan. Wenn die Scheibe entgegen dem Uhrzeigersinn gedreht wird, folgt dem kurzen Blick auf die Scheibe gleich der schwarze Sektor. Bis der weiße Bereich in Sicht kommt, haben sich die L-Zapfen schon erholt, und deshalb sieht man kein negatives Nachbild. Die Lampe erscheint rot.

10.7.2 Positive Nachbilder

Als Sie im ersten Versuch SEHEN SIE SELBST zu Abschnitt 7.7.1 ein positives Nachbild erzeugten, haben Sie sicherlich auf einen farbigen Reiz, etwa den blauen Himmel, reagiert. Daß das po-

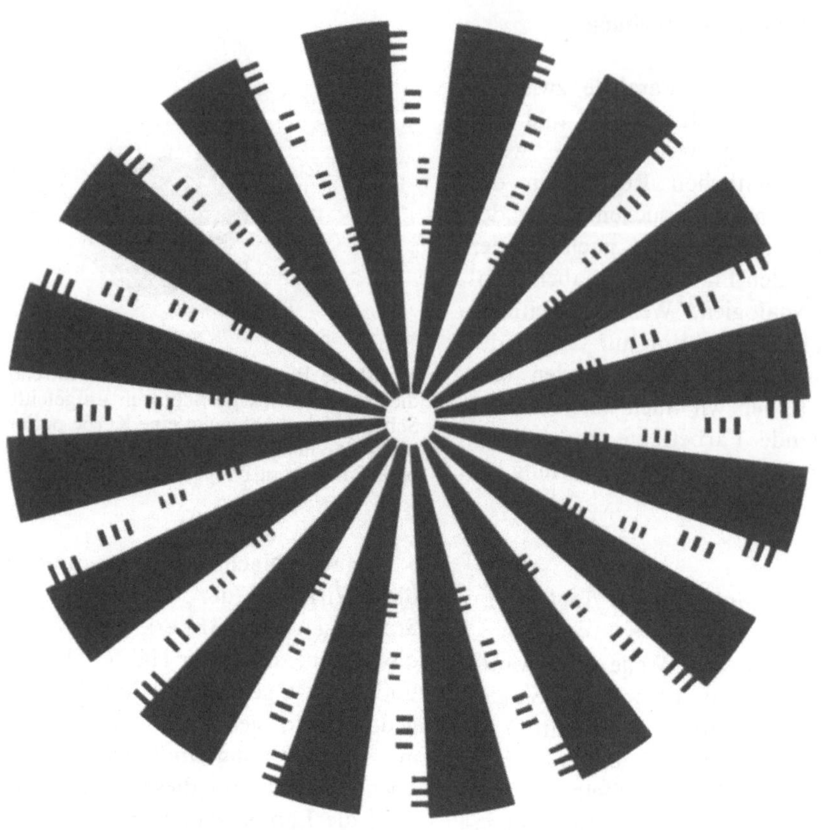

10.19 Eine moderne Version der Benhamschen Scheibe zeigt, wenn sie mit 33 1/3 Umdrehungen pro Minute gedreht wird, in den konzentrischen Ringen Farben, nämlich innen Rot und außen Blau

sitive Nachbild (zumindest anfangs) alle ursprünglichen Farben aufweist, zeigt, daß unsere Farbkanäle träge sind. Was wir über Fernseh- und Filmvorführung und das Flackern sagten, gilt genauso für die Reaktion auf Farbe wie für die auf Helligkeit, wie Sie als Farbfernseher wohl wissen.

Die Farbe des Nachbildes ändert sich mit der Zeit. Wie im Fall des negativen Nachbildes erholen sich die verschiedenen Zapfenarten verschieden schnell, und das führt im Lauf der Zeit zu verschiedenen Signalen.

10.7.3 Andere Nachwirkungen

Weil die verschiedenen Farbmechanismen verschieden schnell reagieren, lassen sich Farbreaktionen auch durch Schwarzweißreize auslösen, wenn sie zeitlich richtig ablaufen. Ein Beispiel dafür ist die BENHAMSCHE SCHEIBE (Abb. 10.19), die ein Spielzeughersteller Ende des 18. Jahrhunderts erfand. Er bemerkte, daß sich auf der Scheibe,

wenn sie sich mit der richtigen Geschwindigkeit dreht, konzentrische bunte Ringe zeigen (und klebte die Scheibe auf einen Spielzeugkreisel – SEHEN SIE SELBST (1)). Abbildung 10.20 zeigt die Folge der weißen und

schwarzen Streifen, die sich in den verschiedenen Stellungen ergeben, während sich die Scheibe dreht und weißes Licht von der Scheibe auf die Netzhaut geworfen wird. Ein rezeptives Feld, das auf eine dieser Stellen gerichtet ist, kann im Infeld einen anderen Schwarzweißreiz erfahren als im Umfeld. Wenn sich die Trägheit im Infeld von der des Umfelds unterscheidet, kann ein solch ungewöhnlicher Reiz zu einem Ungleichgewicht in der Farbreaktion zwischen Infeld und Umfeld führen, das dann als Farbe interpretiert wird. (SEHEN SIE SELBST in (2) einen ähnlichen Effekt.)

Wie die Zapfen reagieren auch die Farbsensoren einer Fernsehkamera zeitlich verschoben, wie man bestätigen kann, wenn die Kamera über einen sehr hellen Fleck, etwa das Flutlicht eines Stadiums, schwenkt. Dann

10.20 Ein Effekt, der zur Benhamschen Scheintäuschung beitragen könnte. (a) Reiz und (b) Reaktion sind als Funktion der Zeit für den Mittelpunkt eines rezeptiven Felds aufgetragen, das um den in der Einblendung gezeigten Punkt zentriert ist. (c) Reiz und (d) Reaktion für den Rand des rezeptiven Felds. Das rezeptive Feld gehört zum $R - Gr$-Kanal. Der Einfachheit halber nehmen wir an, es hätte in der Mitte L-Zapfen und im Umfeld M-Zapfen. Wenn die L-Zapfen schneller reagieren als die M-Zapfen, führt der unterbrochene Reiz zu der gezeigten Reaktion. Weil die Signale von der Mitte und vom Rand nicht immer ausgeglichen sind (die Pfeile deuten das an), reagiert der $R - Gr$-Kanal und läßt den Punkt der Scheibe farbig erscheinen

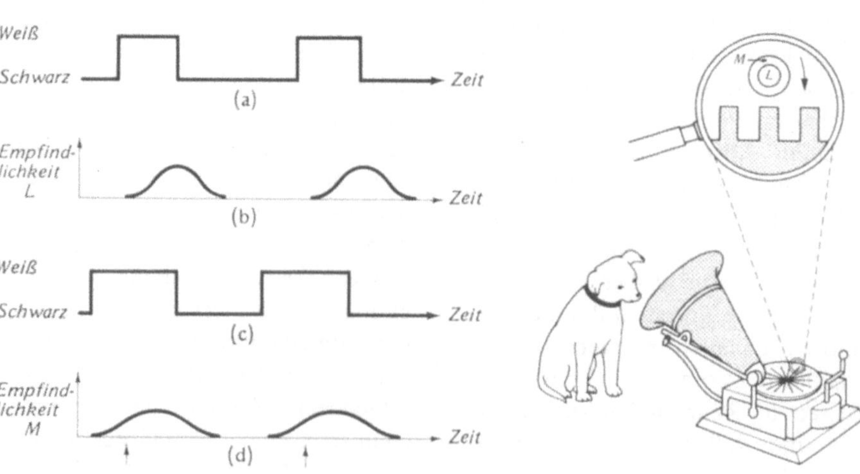

zieht sich oft quer über die Fernsehröhre ein farbiger Streifen hin, weil die verschiedenen Sensoren alle verschieden schnell reagieren und nachlassen.

Wir haben früher (Abschnitt 7.6) untersucht, wie die Augenbewegungen räumliche Reizänderungen in zeitliche Signaländerungen umsetzen. Diese von den Augenbewegungen bewirkten Variationen können sogar zarte Farben erzeugen, wenn der Reiz schwarzweiß ist, wie in Abbildung 10.21. Solche FECHNERSCHEN FARBEN werden auch sichtbar, wenn das Auge wie in Abbildung 7.17 ein sehr detailliertes schwarzweißes Muster abtastet.

SEHEN SIE SELBST

1 Die Benhamsche Scheibe

Auf der Benhamschen Scheibe lassen sich Farben gut beobachten. Machen Sie eine Fotokopie von Abbildung 10.19 und schwärzen Sie, wenn nötig, mit einem Filzstift nach. (Genau wie der Gesichtssinn verarbeitet der Fotokopierer Kanteninformation, und das geht oft auf Kosten großer gleichförmiger Bereiche. Da der Fotokopierer kein Gehirn hat, mit dessen Hilfe er die Flächen ausfüllt, müssen Sie das mit Ihrem schwarzen Stift nachholen.) Legen Sie die Kopie auf den Plattenteller eines Plattenspielers und drehen Sie sie bei 33 U/min unter guter Beleuchtung durch Glühlampe oder Tageslicht. Beachten Sie die Farben in den von der sich drehenden Scheibe erzeugten Streifen. Beobachten Sie, falls Sie die Geschwindigkeit des Tellers verändern können, die Farbveränderung bei anderen Geschwindigkeiten.

2 Latenz und Farbe

Legen Sie dieses Buch bei hellem Licht auf Ihren Schoß und schauen Sie auf Tafel 10.6. Rütteln Sie das Buch so schnell Sie können hin und her. Das rote Quadrat scheint an das grüne gebunden zu sein. Die beiden bewegen sich gemeinsam, wie man erwartet.

Verdunkeln Sie jetzt den Raum, bis Sie die Farben nur noch eben erkennen können, und rütteln Sie wieder das Buch. Bemerken Sie, wie das Grün ›wie Gummi‹ wird? Das rote Quadrat scheint in ihm hin und her zu schwappen.

Bei hellem Licht reagieren Zapfen und Kanäle rasch. Sie können mit der Bewegung der Quadrate ›Schritt halten‹. Im Dämmerlicht aber kann unsere Reaktion auf Rot sich von der auf Grün unterscheiden. (Denken Sie an das Pulfrich-Phänomen in Abschnitt 8.5.3.) Wenn Sie die Abbildung schütteln, wird ein Bereich langsamer verarbeitet, und das führt zu einer Verzögerung.

10.8 Bedingte Nachwirkungen und Gedächtnis

Ein seltsames Beispiel einer Nachwirkung ist der MCCULLOCH-EFFEKT (Tafel 10.7). Nach längerer Gewöhnung abwechselnd an vertikale rote und horizontale grüne Streifen erscheinen vertikale weiße Streifen etwas grünlich und horizontale weiße Streifen etwas rötlich. Weil die Adaptation an Rot und Grün gleich stark

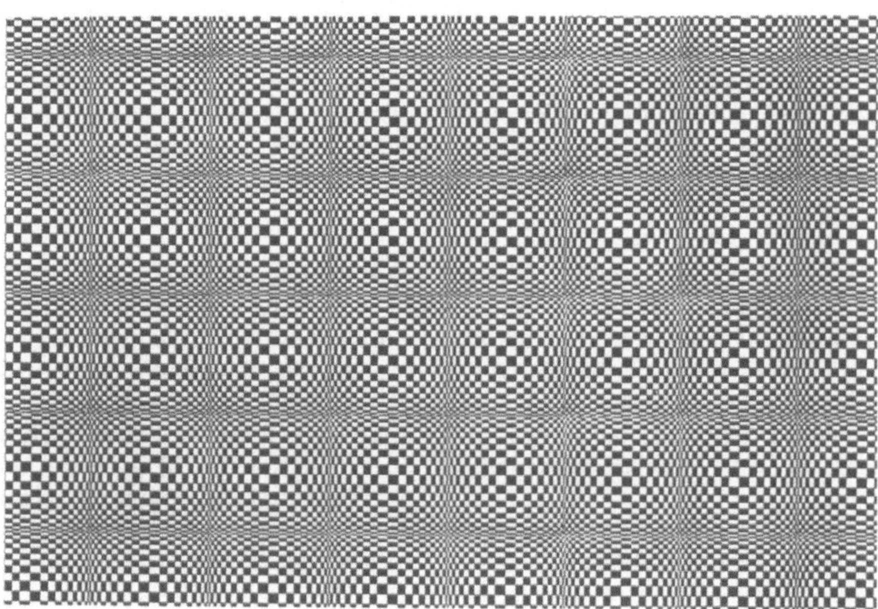

10.21 Fechnersche Farben. Während das Auge das Schwarzweißmuster abtastet, wird das räumliche Muster in ein zeitliches Reizmuster übersetzt. Weil die verschiedenen Zapfen und Farbkanäle verschieden schnell reagieren, sind ihre Signale nicht immer ausgeglichen. Deshalb kann ein solches Muster ungesättigte Farben zeigen

ist, kann es nicht das übliche Farbnachbild geben, denn welche Farbe sollte ein solches Nachbild haben? Es kann auch keines der üblichen Nachbilder eines Musters geben, denn beim Adaptieren bewegen sich die Augen. Außerdem kann die Nachwirkung viel länger anhalten als ein übliches Nachbild. Wenn Sie ungefähr zehn Minuten lang adaptieren, kann das Nachbild stunden- und sogar wochenlang anhalten! (Sehen Sie selbst! Sorgen Sie sich nicht über eine zu lange Nachwirkung. Wenn Sie das Nachbild stört, brauchen Sie als Gegenmittel nur das Buch um 90° zu drehen und wieder zu adaptieren.) Bestätigen Sie, daß die Wirkung von einem Auge aufs andere übertragbar ist.

Wie läßt sich dieser Effekt erklären? Vermutlich sind an ihm Zellen der Gehirnrinde beteiligt, die auf Farbe (in den üblichen Gegenfarbenkombinationen) und auf Form ansprechen. Eine mögliche Erklärung ist dies: Die Adaptation an die Abbildung desensibilisiert die Zellen des $R - Gr$-Systems, die auch gut auf vertikale Linien reagieren. Wenn Sie dann später die schwarzen und weißen vertikalen Streifen ansehen, reagieren diese Zellen weniger gut als die $Gr - R$-Zellen, die auch gut auf vertikale Streifen reagieren. Dieses Ungleichgewicht in der Reaktion nach der Adaptation wird als Grün interpretiert. Natürlich läuft der entsprechende Prozeß auch mit den horizontalen Streifen ab, nur werden bei ihm die $Gr - R$-Zellen desensibilisiert.

Eine ähnliche Nachwirkung verbindet Farbe und Bewegung. Wir gewöhnen uns abwechselnd entweder an ein sich aufwärts bewegendes Gitter horizontaler roter und schwarzer oder an ein sich abwärts bewegendes Gitter horizontaler grüner und schwarzer Streifen. Dann erscheint ein nach oben laufendes schwarzweißes Gitter etwas grünlich, während ein nach unten bewegtes Gitter etwas rötlich erscheint. Das legt nahe, daß es Zellen gibt, die sowohl auf Farbe als auch auf Bewegung reagieren.

Solche BEDINGTEN NACHWIRKUNGEN sind nicht ungewöhnlich. Irgendwelche zwei der zuvor erwähnten Nachwirkungen können, wie in dem eben gegebenen Beispiel, verknüpft werden.

Auch Vorwissen und Gedächtnis können die Farbwahrnehmung beeinflussen. Wenn wir zum Beispiel eine gut beleuchtete Zitrone betrachten, ist uns klar, daß sie gelb aussieht. Wenn das Licht abgedunkelt wird, sehen wir sie selbst unter skotopischen Bedingungen, wenn die Zapfen also keine Farbsignale geben können, als gelb. Wir verstehen zwar nicht gut, warum das so ist, aber vermutlich sind dabei höhere Gehirnprozesse beteiligt, die aufgrund früherer Erfahrung Zitrone mit Gelb verbinden. Man nimmt an, daß für die Farbkonstanz ein FARBGEDÄCHTNIS eine Rolle spielt.

Ein einfaches Experiment bestätigt diese Vermutung. Ein Stück graues Papier, das in die Form eines Blattes geschnitten wurde, erscheint unter photopischen Bedingungen leicht grünlich. Sehen Sie selbst!

10.9 Zusammenfassung

Alle Farben können durch drei Eigenschaften charakterisiert werden, und das erfordert (bei Normalsichtigen) drei Zapfenarten. Mit dem Wissen über SPEKTRALE KOMPLEMENTÄR- oder GEGENFARBE, FARBTONUNTERSCHEIDUNG und MIKROSPEKTRALFOTOMETRIE lassen sich die recht breiten und überlappenden SPEKTRALREAKTIONSKURVEN der K-, L- und M-Zapfen finden. Jede Farbe erzeugt in diesen Zapfen eine dreifache Reaktion, und Farben, die gleiche Reaktionstripel erzeugen, sind auch dann Metamere, wenn ihre physikalischen Kennzeichen verschieden sind. Die Empfindlichkeitskurven sind mit den Ergebnissen der Farbmischung verträglich, wie sie zum Beispiel im Farbdiagramm zusammengefaßt werden.

Die ursprünglichen Zapfensignale werden in GEGENFARBENKANÄLEN zu Farbreaktionen verarbeitet, die ROT MINUS GRÜN und GELB MINUS BLAU kodieren. Die Bestätigung für die Gegenfarbentheorie ergibt sich aus den FARBBENENNUNGEN, dem FARBTONAUSGLEICH und elektrophysiologischen Messungen. Da die Farbwahrnehmung an die Aktivität der Gegenfarbenkanäle gekoppelt ist, sind zur Beschreibung eines Farbtons vier PSYCHOLOGISCHE GRUNDFARBEN – Blau, Grün, Gelb und Rot – nötig. Ein dritter, unbunter Kanal WEISS MINUS SCHWARZ übermittelt Information über die Helligkeit.

Die drei großen Klassen der FARBFEHLSICHTIGKEIT sind MONOCHROMASIE, DICHROMASIE und ANOMALE TRICHROMASIE; damit wird jeweils gesagt, ob ein, zwei oder drei Farben nötig sind, um den Farbeindruck einer beliebigen anderen Farbe zu kopieren. Farbsehschwäche kann durch FEHLENDES PIGMENT, VERSCHOBENES PIGMENT, FEHLENDE FARBKANÄLE und FUNKTIONSUNTÜCHTIGE FARBKANÄLE oder eine Kombination aller dieser entstehen und läßt sich durch Daten aus der Farbpaarung, am RAYLEIGHTEST, FARBTONUNTERSCHEIDUNG, GESAMTEMPFINDLICHKEIT und FARBTESTTAFELN nachweisen.

Laterale Hemmung innerhalb eines Farbkanals kann durch DOPPELT OPPONENTE ZELLEN bewirkt werden, die eine Infeld-Umfeld-Struktur haben. Mit Hilfe solcher Zellen lassen sich SIMULTANE FARBKONTRASTE, FARBKANTENBETONUNG und FARBKONSTANZ erklären. RÄUMLICHE FARBANGLEICHUNG (wie der VON BEZOLD AUSBREITUNGSEFFEKT) tritt auf, wenn kleine Bereiche einer Farbe auf eine andere Farbe so wirken, daß diese Farbe sich der der kleinen Gebiete angleicht. NEGATIVE FARBNACHBILDER haben die Farbe des KOMPLEMENTS der zur Adaptation benutzten Farbe und können die Wirkung der BIDWELLSCHEN SCHEIBE erklären. POSITIVE NACHBILDER sind ein Beispiel für die Trägheit oder Latenz der Farbreaktion. Weil zu verschiedenen Farben verschiedene Reaktionszeiten gehören, können zeitlich veränderliche Schwarzweißmuster, wie in den FECHNERSCHEN FARBEN und in der BENHAMSCHEN SCHEIBE, Farben erzeugen. Nachwirkungen können auch gleichzeitig erzeugt werden und ergeben dann BEDINGTE NACHWIRKUNGEN wie den MCCULLOCHEFFEKT. Auch VORWISSEN und GEDÄCHTNIS beeinflussen unsere Farbwahrnehmung.

AUFGABEN

A1 Stellen Sie sich vor, ein Bewohner der Venus sei Trichromat und habe die in der Abbildung gezeigten Empfindlichkeitskurven. (a) Welche Wellenlängenbereiche kann er sehen? Welche Wellenlängenbereiche kann ein Venusbewohner sehen, die ein normaler Mensch nicht sieht? (c) Welche Wellenlängenbereiche kann ein normaler Mensch sehen, die ein Venusbewohner nicht sieht? (d) Wo ist seine Gesamtempfindlichkeit am

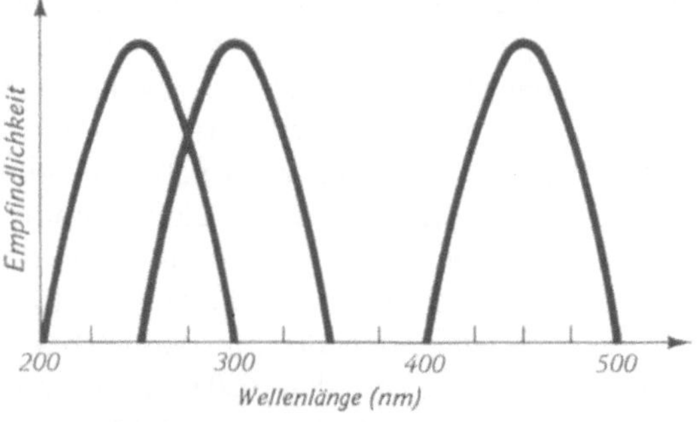

A2 Nehmen Sie an, Marsmenschen hätten wie Erdmenschen in ihrer Netzhaut drei verschiedene farbempfindliche Pigmente. Die Abbildung zeigt die Empfindlichkeit der Marspigmente. (a) Welche Wellenlängen kann ein

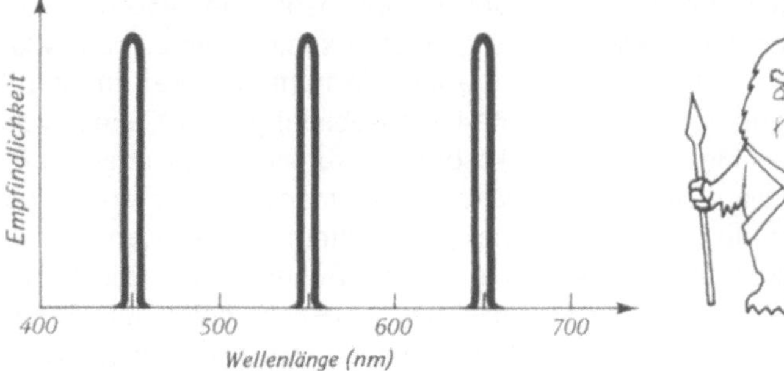

A3 Ein Marsmensch (mit den in A2 beschriebenen farbempfindlichen Pigmenten) schaut sich im Erdfernsehen in Farbe eine Sendung über Straßenbeleuchtung an. Eines der gezeigten Lichter ist das Natriumlicht, das nur Wellen mit 589 nm aussendet. Der Marsmensch bewundert, wie gut diese Beleuchtung ist, und will sich nachts auf einer mit Natrium beleuchteten Landstraße persönlich davon überzeugen. Zu seinem Kummer er-

größten? (e) Nehmen Sie an, das Weiß eines Venusbewohners enthielte breitbandiges Licht zwischen 200 nm und 500 nm. Seine spektralen Komplementärfarben sind dann etwas ganz Besonderes, denn manche Farben haben mehrere Komplemente und andere Farben gar keine. In welchem Wellenlängenbereich hat ein Venusbewohner Komplementärfarben? Was ist für ihn das spektrale Komplement von 425 nm? Und von 450 nm?

Marsmensch wahrnehmen, die ein normaler Mensch nicht sieht? (b) Welche Wellenlängen kann ein normaler Mensch wahrnehmen, die ein Marsmensch nicht sieht? (c) Hat ein Marsmensch spektrale Komplementärfar-

scheint ihm aber alles schwarz, er hat das Gefühl, die Lampen seien gar nicht angeschaltet. Erläutern Sie, warum der Marsmensch im Fernsehen mit Natriumlicht beleuchtete Objekte sehen kann, auf der Landstraße aber nicht.

A4 Wie unterscheidet sich der Reiz Ihrer K-, L- und M-Zapfen bei zwei Lichtarten, die sich in (a) Helligkeit, (b) Farbton und (c) Sättigung unterscheiden?

A5 (a) Welchen Vorteil hat es, wenn die Empfindlichkeitskurven zu einem großen Teil überlappen? Was ist der Nachteil einer großen Überlappung?

A6 (a) Bestimmen Sie mit Hilfe der Farbtafel der Biene (Abb. 10.8) das spektrale Komplement der Biene zu 500 nm. (b) Überprüfen Sie Ihre Antwort, indem Sie die Zapfenempfindlichkeitskurve der Biene auf die beiden Lichtquellen untersuchen. Beschreiben Sie, wie jeder Zapfen durch 500 nm und das Komplement dazu angeregt wird.

A7 Was ist (falls es existiert) das spektrale Komplement von 650-nm-Licht für (a) einen Menschen, (b) eine Biene?

A8 Warum sind zwei Strahlen nötig, um die Zapfenabsorptionskurven mit Hilfe der Mikrospektrometrie zu bestimmen?

A9 (a) Was meinen wir, wenn wir von einer psychologischen Grundfarbe sprechen? (b) Zählen Sie sie auf. (c) Geben Sie jeweils die Gegenfarben an. (d) Was ist ein reiner Farbton? (e) Welcher reine Farbton liegt nicht im Spektrum?

A10 (a) Wie hilft der Farbtonausgleich dabei, die Farbreaktion in den Farbkanälen zu bestimmen? (b) Nehmen Sie an, nur die rote Farbreaktion auf ein 650-nm-Licht sollte gelöscht werden. Welche Wellenlänge sollte man verwenden? (c) Welchen Namen geben Sie dem Farbton, nachdem das Rot ausgelöscht ist?

A11 (a) Wie viele Farben braucht ein normalsichtiger Mensch, um eine vorgegebene Farbe zu mischen? (b) Wie viele braucht ein Protanop? (c) Ein tritanomaler Beobachter? (d) Ein Zapfenmonochromat? (e) Ein neuteranomaler Beobachter?

A12 (a) Was ist ein neutraler Punkt? (b) Welche Farbfehlsichtigen haben neutrale Punkte?

A13 Einem farbfehlsichtigen Menschen, der als deuteranomal bezeichnet wird, könnte eines der folgenden fehlen: (a) Stäbchen, (b) Zapfen, (c) ein Sehpigment, (d) zwei Sehpigmente, (e) Sehpigment ist vorhanden, hat aber nicht die richtige Zusammensetzung. Wählen Sie die richtige Antwort.

A14 Beschreiben Sie zwei verschiedene physiologische Defekte, die einen Menschen deuteranopisch sein lassen können (neutrale Punkte bei etwa 500 nm und im Purpur). Geben Sie genau an, was fehlt, nicht funktionstüchtig oder unwirksam ist.

A15 Wie kann ein Farbfilter über einem Auge manchen Farbfehlsichtigen helfen? Warum hilft es nicht, beide Augen mit gleichen Filtern zu bedecken?

A16 Nehmen Sie an, Sie hätten zwei Streifen gleichmäßig gefärbten Papiers, ein dunkelblaues und ein hellblaues. Wenn Sie sie unmittelbar nebeneinander legen, sieht keines mehr gleichförmig gefärbt aus. (a) Beschreiben und erklären Sie die scheinbare Ungleichmäßigkeit. (b) Wiederholen Sie das mit einem gelben und einem blauen Papierstreifen.

A17 (a) Warum sieht die im letzten Teil des Versuchs zu Abschnitt 9.4.2 erzeugte Farbe ungesättigt aus? (b) Sieht sie ungesättigter aus, als sie vor dem Drehen des Papiers aussah? Warum? (Denken Sie an die Kanteninformation.)

A18 Analysieren Sie die Empfindlichkeit einer doppelt opponenten Zelle des $G - B$-Kanals und erklären Sie, warum das graue Quadrat, das in Tafel 10.3 von Blau umgeben ist, gelblich aussieht.

A19 Wenn ein grauer Hut in einem Raum getragen wird, der mit blauem Licht beleuchtet ist, kann er immer noch grau aussehen. Erklären Sie das, indem Sie bedenken, was mit einer doppelt-opponenten Zelle des $G - B$-Kanals passiert.

A20 Kleine gelbe Punkte auf einem blauen Hintergrund lassen diesen Hintergrund ungesättigt erscheinen. Andererseits sieht ein von einem breiten gelben Rand umgebenes blaues Gebiet sehr gesättigt aus. (a) Wie werden diese beiden Phänomene genannt? (b) Was erklärt das Aussehen

des blauen Grunds, wenn die kleinen Punkte da sind? (c) Was erklärt das Aussehen des blauen Bereichs, wenn er von Gelb umgeben ist?

A21 Geben Sie zwei Fälle an, in denen das menschliche Auge Komplementärfarben sehen kann, die es nicht ›wirklich‹ gibt, und erläutern Sie.

A22 Sie schauen eine Minute lang auf ein blaues Buch und dann auf eine weißes Blatt Papier. (a) Welche Farbe sehen Sie dann? (b) Wie heißt dieser Effekt? (c) Wie ist er zu erklären?

A23 Denken Sie sich die rote Lampe in Abbildung 10.18 durch eine gelbe ersetzt. (a) Welche Farbe würden Sie sehen, wenn die Scheibe sich entgegen dem Uhrzeigersinn dreht? (b) Welche Farbe würden Sie sehen, wenn die Scheibe sich im Uhrzeigersinn dreht? (c) Erläutern Sie, warum Sie die Farben sehen.

A24 Was sind die Fechnerschen Farben und was verursacht sie? Würden Sie sie auch bei stabilisiertem Netzhautbild wahrnehmen?

A25 Eine Versuchsperson gewöhnt sich abwechselnd an ein nach rechts bewegtes Gitter mit blauen und schwarzen senkrechten Stäben und ein nach links bewegtes mit gelben und schwarzen senkrechten Stäben. Nach der Adaptation wird ihr ein nach links bewegtes senkrechtes Gitter mit schwarzen und weißen Stäben gezeigt. Welche Farbe sieht sie?

A26 Welche Rolle könnte das Gedächtnis für die Farbkonstanz spielen?

Harte Aufgaben

HA1 Leiten Sie aus der Empfindlichkeitskurve der Lichtrezeptoren der Biene (Abbildung 10.7), so gut Sie können, die Farbtonunterscheidungskurve ab und zeichnen Sie sie auf.

HA2 Beantworten Sie mit Hilfe der Empfindlichkeitskurve der Lichtrezeptoren eines Marsmenschen (wie sie in A2 gezeigt wird), die folgenden Fragen: (a) Eine Art der Dichromasie zeigt sich bei einem farbfehlsichtigen

Menschen im Fehlen der M-Zapfen. Hat ein Marsdichromat dieser Art einen neutralen Punkt? (b) Entwerfen Sie analog zu Tafel 10.2 eine Farbtafel, die eine solche Defizienz bei einem Marsmenschen anzeigt. Welche Farben würden Sie für das Muster und welche für den Hintergrund nehmen? (c) Entwerfen Sie einen anderen einfachen Test, der Ihnen schnell sagen könnte, ob ein Marsmensch diese Fehlsichtigkeit hat. (Ein solcher Test läßt den Marsmenschen ein bestimmtes Licht anschauen.)

HA3 Benutzen Sie im folgenden die Empfindlichkeitskurven eines Marsmenschen aus A2. (a) Konstruieren Sie die Farbtafel eines Marsmenschen. Die Horizontale sollte die relative Anregung des L-Lichtrezeptors des Marsmenschen angeben und die Vertikale die des M-Lichtrezeptors. Kennzeichnen Sie auf der Farbtafel die Punkte, die 450 nm, 550 nm, 650 nm und einem breitbandigen Weiß entsprechen. (b) Welcher Punkt (wenn es ihn gibt) entspricht einem 500-nm-Licht? (c) Kennzeichnen Sie den Punkt, der einem breitbandigen Gelb entspricht mit G. (d) Zeigen Sie, daß dieses Gelb für Marsmenschen das Komplement eines 450-nm-Blau ist. (e) Ist G komplementär zum 400-nm-Blau? Warum oder warum nicht?

HA4 Die Abbildung zeigt die relativen Absorptionskurven des Fisches *Cichlasoma longimanus*. Beachten Sie die vielen Schnittpunkte der Kurven, die wir mit den Buchstaben A bis G bezeichnet haben. Wegen all dieser Schnittpunkte sind die spektralen Komplementärfarben dieses Fisches etwas merkwürdig. (a) Für diesen Fisch haben Wellenlängen über 550 nm (G) spektrale Komplemente, die nur zwischen D und E liegen. Erläutern Sie, warum die Komplemente in diesem und keinem anderen Bereich liegen. (b) Gibt es spektrale Komplemente für Wellenlängen zwischen C und D? Wenn ja, geben Sie den Bereich an. (c) Wiederholen Sie (b) für Wellenlängen zwischen E und F. (d) Wiederholen Sie (b) für Wellen-

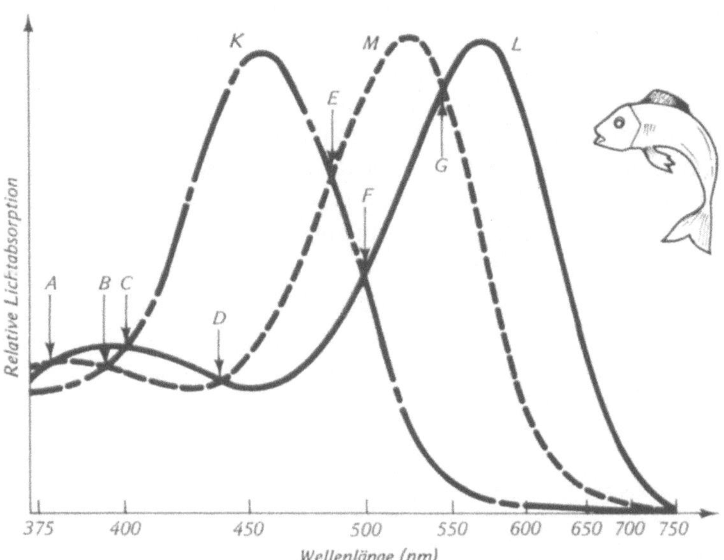

längen zwischen *A* und *B*. Vergleichen Sie Ihre Ergebnisse mit den früheren und erläutern Sie.

HA5 Bestimmen Sie mit Hilfe einer Analyse der Zapfenempfindlichkeit wie in Abschnitt 10.3 näherungsweise Farbton und Sättigung einer Mischung gleicher Mengen von 470-nm- und 600-nm-Licht. Überprüfen Sie Ihre Antwort anhand einer Farbtafel.

HA6 Welche zwei verschiedenen Wellenlängen würden Sie zur Herstellung eines reinen Rots – eines, das weder blau, gelb oder grün reagiert – verwenden? Erläutern Sie Ihre Antwort mit Hilfe von Abbildung 10.10.

HA7 Nehmen Sie an, in einem Spektralbereich, der von einem Punkt *A* auf dem Spektralfarbenzug der Farbtafel bis zu einem Punkt *B* reicht, würden nur zwei Lichtrezeptoren reagieren. (a) Zeigen Sie, daß jedes Spektrallicht in dem Bereich durch eine geeignete subtraktive Mischung von nur *A* und *B* erreicht werden kann. (b) Welche Form hat der Spektralfarbenzug zwischen *A* und *B*? Zeigen Sie diesen Bereich in Abbildung 10.6 und bestimmen Sie näherungsweise die Wellenlängen in der Nähe der Grenzen der Bereiche *A* und *B*. (c) Zeigen Sie, daß Ihr Ergebnis mit Abbildung 10.5 vereinbar ist.

HA8 (a) Eine Möglichkeit, zwischen den drei Arten der Zapfenmonochromaten zu unterscheiden, besteht darin, einem Monochromaten einen breitbandigen Reiz zu bieten, den er mit jeder Spektralfarbe, eine zur Zeit, paaren soll, und die jeweils benötigte Menge des Spektrallichts zu messen. Wie läßt sich aufgrund dieser Information die Art der Monochromasie bestimmen? (b) Ein anderes Verfahren bestünde darin, die absolute Sensitivität auf Licht verschiedener Wellenlängen zu messen. Wie läßt sich aufgrund dieser Information die Art der Monochromasie bestimmen?

HA9 Zeichnen Sie die Farbtonunterscheidungskurve, die Sie bei einem Deuteranopen erwarten würden.

HA10 (a) Nehmen Sie an, bei einem bestimmten Farbfehlsichtigen wäre die *L*-Zapfenempfindlichkeitskurve zu längeren Wellenlängen hin verschoben. Würde eine Rayleighmischung mehr Rot oder mehr Grün erfordern? (b) Welche Art Farbdefizienz könnte das beschreiben? (c) Welche anderen Symptome könnte er haben?

Mathematische Aufgaben

MA1 Beantworten Sie mit Hilfe der hypothetischen Empfindlichkeitskurve für Lichtrezeptoren der Abbildung die folgenden Fragen. (a) Wieviel 650-nm-Licht erzeugt dieselbe Reaktion der Lichtrezeptoren wie 100 Einheiten von 550-nm-Licht? (b) Wieviel 450-nm-Licht muß ungefähr zu 50 Einheiten von 600-nm-Licht hinzugefügt werden, damit die Reaktion dieselbe ist wie bei 150 Einheiten von 450-nm-Licht? (c) Wieviel 625-nm-Licht muß 100 Einheiten von 500-nm-Licht hinzugefügt werden, damit es 100 Einheiten von 450-nm-Licht entspricht? Erklären Sie dieses Ergebnis.

MA2 Analysieren Sie die folgenden Farbvergleichsexperimente mit Hilfe der Zapfenempfindlichkeitskurven der Abbildung. Ein 500-nm-Testlicht soll mit drei ›Grundfarben‹ von 450 nm, 550 nm und 650 nm Wellenlänge gemischt werden. (a) Wieviel 450-nm-Licht erzeugt dieselbe Zapfenempfindlichkeitskurve wie 100 Ein-

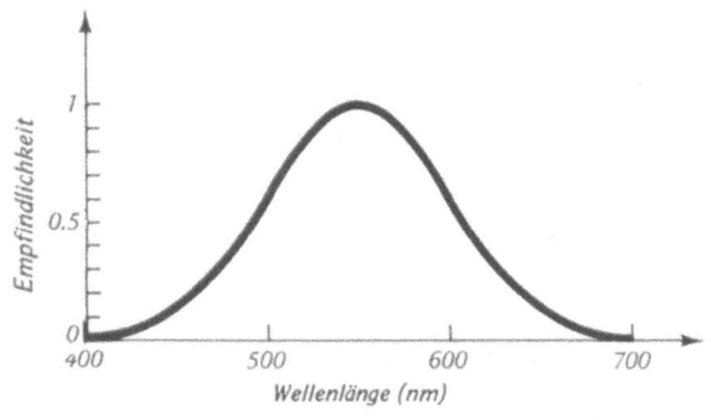

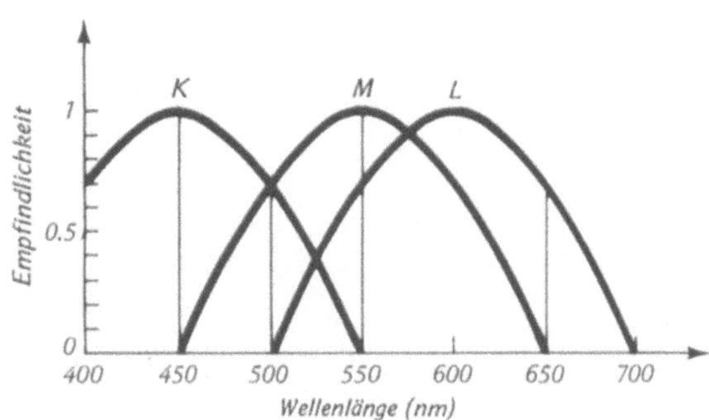

heiten von 500-nm-Licht? (b) Wieviel 550-nm-Licht erzeugt ungefähr dieselbe Reaktion der M-Zapfen wie 100 Einheiten von 500-nm-Licht? (c) Wieviel 650-nm-Licht erzeugt ungefähr die gleiche Reaktion der L-Zapfen wie 100 Einheiten von 500-nm-Licht? (d) Beachten Sie, daß das 550-nm-Licht aus (b) auch eine Reaktion der L-Zapfen erzeugt. Wieviel 650-nm-Licht würden Sie brauchen, um dieselbe Reaktion in dem L-Zapfen zu erzeugen, wie sie das 550-nm-Licht aus (b) erzeugt? (e) Bestimmen Sie mit Hilfe der obigen Ergebnisse, wieviel Licht mit 450, 550 und 650 nm (wenn es gleichzeitig präsentiert wird) 100 Einheiten von 500-nm-Licht entsprechen.

MA3 (a) Zeigen Sie, daß der Spektralfarbenzug in dem Bereich ein Geradenstück sein muß, in dem nur zwei Rezeptoren auf Spektrallicht reagieren. (b) Finden Sie mit Hilfe von Abbildung 10.5 heraus, wo die entsprechenden Geradenstücke auf der Farbtafel liegen.

KAPITEL 11

Farbfotografie

11.1 Einleitung

Es ist heute kaum zu glauben, aber es gab einmal eine Zeit ohne fotografisch reproduzierte Farbe – ohne Sonnenuntergänge auf Reklametafeln, Reiseposter im Arbeitszimmer, sogar ohne plastikbeschichtete Möbel, die aussehen wie aus echtem Holz. Der Wunsch nach farbigen Fotos war aber so groß, daß Fotos handkoloriert und Filme gefärbt wurden, bevor es Farbfilme gab. Selbst heute werden alte Schwarzweißfilme für den Fernseher durch Farbe schmackhaft gemacht (man koloriert per Computer, der nach den Prinzipien von Kapitel 7 Kanten erkennen und Flächen ausfüllen kann). Sogar ein Nobelpreis wurde für die Erfindung eines neuen Verfahrens der Farbfotografie verliehen (Abschnitt 12.3.4)! Und doch mußte die Welt nach der Einführung der Schwarzweißfotografie über ein halbes Jahrhundert lang auf ein vergleichbar gutes und brauchbares Verfahren der Farbfotografie warten.

Die Grundlagen des Farbsehens und der Farbwiedergabe sind schon viel länger bekannt. James Clerk Maxwell sagte 1861 vollfarbige Lichtbilder voraus, und Ducos du Hauron beschrieb 1869 die Prinzipien praktisch aller heute bekannten Systeme der Farbfotografie. Aber es fehlten die technischen Verfahren, die diese Theorie in die Praxis umsetzen konnten. Du Hauron verriet nicht, wie einige der entscheidenden Schritte durchzuführen seien. Er verfügte einfach wie mit einem Zauberstab über damals unzugängliche technische Verfahren, deren Entwicklung Erfinder seit damals, auch heute noch, beschäftigt.

Der Farbfilm ist ein ausgezeichnetes Beispiel dafür, wie die Technik gleichsam auf sich selbst baut. Ein Verfahren mag zunächst noch so kompliziert und schwierig durchzuführen sein, wenn es einmal beherrscht ist, wird es zu einem Baustein in einem noch komplizierteren Prozeß. So wissen wir schon, wie ein Schwarzweißfilm arbeitet; das ist ein Ausgangspunkt für den Farbfilm. In ihrer Anfangszeit bestanden Farbfilme aus drei geeignet kombinierten Schwarzweißaufzeichnungen; dieses Verfahren nutzte, was über die Farbwahrnehmung des Menschen bekannt war. Später ermöglichten Kuppler, in der Emulsion selbst Farbstoffe zu erzeugen. Die Entwicklung führte damit die ursprüngliche Schwarzweißentwicklung fort. Diese Bausteine der Technik wurden übereinandergeschichtet (ganz buchstäblich, denn moderne Farbfilme enthalten über ein Dutzend Schichten); der Farbfilm selbst kann wiederum ein Baustein für die Erschaffung eines Kunstwerks sein.

11.2 Grundlagen

Farbfotos werden gemacht, damit Menschen sie betrachten. Deshalb brauchen sie nicht die genaue Intensitätsverteilung des Lichts wiederzugeben, mit dem der Film belichtet wurde, sondern nur die Charakteristika, die für die menschliche Farbwahrnehmung wichtig sind, also den Farbwert des Lichts. Wir wissen schon, daß das menschliche Farbensehen es ermöglicht, fast jede Farbe aus nur drei Farben zu mischen. Wenn drei Emulsionen, die jeweils in einem passend gewählten Spektralbereich empfindlich sind, dasselbe Motiv aufnehmen, sollten diese drei ›Aufnahmen‹ es ermöglichen, die Farben größtenteils so wiederzugeben, daß sie für das menschliche Auge annehmbar sind. Die Bilder in diesen drei Emulsionen, ob latent oder entwickelt, werden ROT-, GRÜN- und BLAUAUSZUG genannt. Wenn sie einzeln entwickelt werden, heißen diese Negative oder Positive auch TEILNEGATIVE oder -POSITIVE. Es wäre schön, wenn die drei Aufnahmen direkt mit Farbstoffen gemacht werden könnten, aber nur Silberverbindungen sind lichtempfindlich genug. Deshalb bestehen die drei Auszüge (nach ihrer Entwick-

11.1 Querschnitt durch einen Dreischichtenfarbfilm. (a) Drei Emulsionen und ein Gelbfilter liegen übereinander. (b) Die vielen Schichten eines wirklichen Farbfilms. Zusätzlich zu den Emulsionen gibt es eine Schutzschicht S, Trennschichten T zwischen den Emulsionen, eine Lichthofschutzschicht L und eine Grundschicht G. Oft bestehen die grün- und rotempfindlichen Emulsionen jeweils aus zwei verschiedenen Schichten, von denen eine, H, hochempfindlich und die andere, N, niederempfindlich ist, um den Belichtungsspielraum des Farbnegativfilms zu vergrößern. Der ganze Film ist weniger als 0,2 mm dick; eine einzelne Emulsion mißt oft nur 2 μm

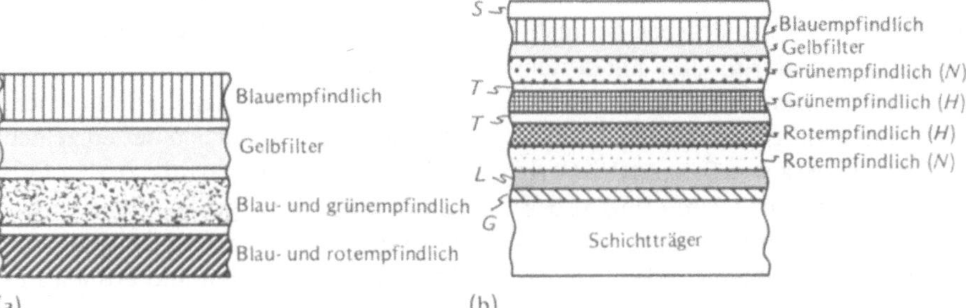

lung) fast immer aus (schwarzem) Silber. Der rote Auszug zum Beispiel ist also eine Schwarzweißaufnahme der roten Lichtmenge, die auf den Farbfilm fiel.

Moderne Filme enthalten diese drei Emulsionen als DREIPACK oder DREISCHICHTENEMULSION (Abb. 11.1), als Schichten auf einer Basis, wie drei Scheiben Käse auf einer Scheibe Brot. Die obere Schicht hat meistens nur die Blauempfindlichkeit aller Silberhalogenidfilme. Die nächste Emulsion enthält Sensibilisatoren (Abschnitt 4.7.3), die einen Film für grünes Licht empfindlich machen, und die untere Schicht ist rotempfindlich gemacht. Weil die grün- und rotempfindlichen Emulsionen immer auch blauempfindlich sind, ist direkt vor ihnen ein gelber Filter, der das blaue Licht abhält.

Nachdem die blauen, grünen und roten Schichten belichtet wurden, müssen die Emulsionen entwickelt, die schwarzen Silberbilder irgendwie in Teilfarbbilder verwandelt und dann zu einem Vollfarbbild vereinigt werden. Das kann durch additive oder subtraktive Farbmischung geschehen.

Das ADDITIVE SYSTEM ist einfacher und wurde zuerst angewendet. Für die Projektion (wie bei Dias oder Schmalfilmen) braucht man nur Schwarzweißpositive der drei Aufnahmen mit geeignetem farbigem Licht auf denselben Schirm zu projizieren. Viele der Verfahren, die in den ersten Jahrzehnten des Jahrhunderts im Handel waren, arbeiteten so, und heute beruht das Projektionsfernsehen darauf (Abschnitt 9.5.1). Aber auch die anderen additiven Mischungsverfahren (Abschnitt 9.5.2 und 9.5.3) lassen sich verwenden. Ein Nachteil aller additiven Systeme, die aus dem weißen Licht die drei Grundfarben herausfiltern, besteht darin, daß mindestens zwei Drittel des Lichts durch die Filter verschwendet werden.

Das SUBTRAKTIVE SYSTEM der Farbzusammensetzung ist im Prinzip ebenfalls einfach: Man braucht die Aufnahmen nur so übereinander zu legen,

wie sie bei der Belichtung lagen (oder in dem Dreipack zu lassen, wenn sie gleichzeitig entwickelt werden können). Das technische Problem bestand in der Umwandlung der Schwarzweißaufnahmen in FARBIGE TEILBILDER. Die Teilbilder sind wie Filter, die hintereinander geschaltet die Farben subtraktiv mischen. Seit das technische Problem gelöst ist, bildet dieses System die Grundlage der meisten modernen Farbfilme.

11.3 Additiver Farbfilm

Die ersten erfolgreichen Farbfilme waren fotografische Mosaike oder KORNRASTER. Ein Mosaik mischt ja viele Farben partitiv, ähnlich einem Fernsehbild (Abschnitt 9.5.2).

Zur Herstellung eines Kornrasterfarbfilms braucht man nur einen gewöhnlichen Schwarzweißfilm mit einem Raster winziger roter, grüner und blauer Filter zu überdecken. Die Filter spielen eine Doppelrolle. Während der Belichtung sorgen sie dafür, daß der Film hinter ihnen nur von einem Spektralbereich belichtet wird. Bei der Projektion, wenn Licht auf den entwickelten Film fällt, filtern sie dieses Licht und sichern so, daß jeder Teil des Films nur die richtige Farbe ausschickt.

Nach der Belichtung enthält die Emulsion hinter einem Rotfilter ein Bildelement des Rotauszugs. Entsprechend liegt hinter den blauen Filtern ein blauer und hinter den grünen Filtern ein grüner Auszug. Diese drei Auszüge sind ineinander verschachtelt, und es ist weder möglich noch wünschenswert, sie zu trennen. Der Film wird wie gewöhnlicher Schwarzweißumkehrfilm entwickelt, denn wenn man von den Filtern absieht, ist er ja nichts anderes.

Im durchgelassenen Licht gesehen, mischen sich die Farben der einzelnen Filter des Rasters partitiv zu den Originalfarben. Ein gelber Bereich des Objekts belichtet zum Beispiel den Film hinter den roten und grünen Fil-

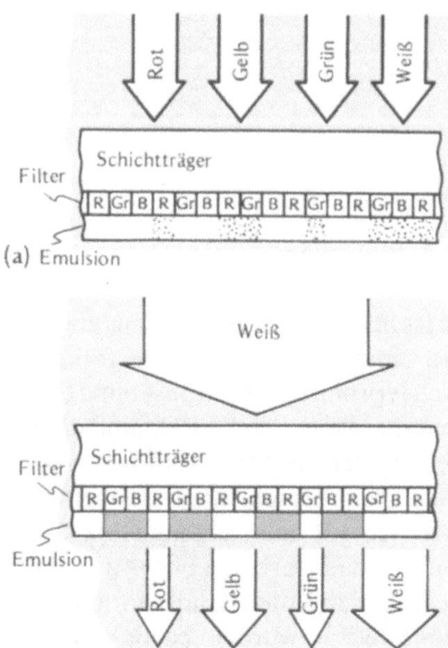

11.2 Additiver Farbumkehrfilm. (a) Das latente Bild, das durch Belichtung mit den angegebenen Farben entsteht. Schwarze Punkte stellen die belichteten Kristalle dar, symbolisieren also die Silberkeime. (b) Der Film nach der Schwarzweißumkehrentwicklung, wenn er mit weißem Licht beschienen wird. Wenn das Licht den Film passiert und sich mit dem Licht benachbarter Farbflecken partitiv gemischt hat, reproduziert es die ursprünglichen Farben

tern, aber nicht hinter den blauen. Nach der Umkehrentwicklung ist die Emulsion hinter den roten und grünen Filtern klar (durchsichtig) und hinter den Blaufiltern schwarz (undurchsichtig). Wenn weißes Licht bei der Projektion durch den Film fällt, lassen nur die Bereiche hinter den roten und grünen Filtern Licht durch, und dieses gefilterte Licht kombiniert sich additiv zu Gelb, wie es sein soll. Abbildung 11.2 zeigt, wie einige der anderen Farben entstehen.

STUDIER & SPEKULIER

Sind die Farben in einem entwickelten Rasterfilm auch von der ›falschen‹ Seite sichtbar, also auch dann, wenn das Licht in Abbildung 11.2 von unten kommt und das Auge oben ist? Und was passiert, wenn der Film von der ›falschen‹ Seite belichtet wird?

Die verschiedenen Rasterfarbfilme unterscheiden sich vor allem in der Anordnung der Farbfilter. Einer der ersten und sicher der berühmteste war der 1907 eingeführte Autochromfilm der Brüder Lumière. Als Filter dienten Körner gefärbter Kartoffelstärke. Man preßte sie unter starkem Druck auf den Schichtträger, füllte die Lücken zwischen den Körnern mit Rußpaste und goß darüber die Emulsion. Bei der Belichtung traf das Licht zuerst den Schichtträger, dann die farbigen Körner und danach die Emulsion. Die Pastellfarben dieser Kornrasterfilme geben den Fotos eine seltsame, reizvolle Schönheit (Tafel 11.1).

STUDIER & SPEKULIER

Warum wären die Farben weniger satt, wenn zwischen den Farbkörnern durchsichtige Löcher blieben? (Aus einem ähnlichen Grund findet man auf manchen Farbfernsehschirmen zwischen den farbigen Leuchtstoffen ein schwarzes Raster.)

Der Kornrasterfilm paßte in die üblichen Kameras und konnte mit den üblichen Schwarzweißverfahren entwickelt werden. Da die Farbkörner zufällig verteilt waren, entstanden oft Ketten gleicher Farbe, die die Farbe etwas fleckig machten. Auf Kopien von Kornrasterfilmen geht ein Teil der Farbreinheit verloren, weil

gleichfarbige Körner im Original und in der Kopie nicht immer gleich angeordnet sind. Deshalb verwenden spätere additive Filme (wie zum Beispiel Dufaycolor) ein regelmäßigeres Filtergitter aus farbigen Streifen oder Quadraten. Vor kurzem hat Polaroid das additive System mit Strichrastern als Sofortbildfilm wieder eingeführt.

STUDIER & SPEKULIER

Wenn ein Kornrasterfilm auf einen anderen kopiert wird, werden die Farben der Kopie etwas besser, wenn das Original bei der Kopiebelichtung etwas bewegt wird (aber Einzelheiten gehen verloren). Warum?

Ein anderes additives System, das nach 1930 entwickelt wurde, arbeitet mit Bildverschachtelungen, die so geschickt arrangiert sind, daß die drei Aufnahmen durch verschiedene Filter getrennt projiziert werden können. Abbildung 11.3 zeigt die Optik bei der Projektion eines LINSENRASTERFILMS. Auf den Film sind lange, schmale Riefen gepreßt, die wie Zylinderlinsen wirken (Abschnitt 8.5.2). Hinter jeder Zylinderlinse liegen drei schmale Streifen (jeder etwa 10 μm breit) der drei Farbauszüge. Bei der Projektion durchläuft das Licht den Film, die Linsen, die Farbfilter und die Projektionslinse, bevor es auf den Schirm fällt. Die Linsen schicken das Licht

von jedem Streifen des Rotauszugs durch den Rotfilter. Die Projektionslinse wirft es dann als rotes Bild auf den Schirm, und entsprechend passiert Licht aller Streifen der blauen Aufnahme den blauen und alles der grünen Aufnahme den grünen Filter. Auf dem Schirm ergibt die additive Mischung das volle Farbbild. Während der Belichtung ist der Lichtweg gegenüber Abbildung 11.3 gerade umgekehrt, denn das Licht läuft vom Motiv durch die Objektivlinse, die

11.3 Projektion eines Linsenrasterfilms. In diesem Querschnitt ist die Emulsion hinter jeder Zylinderlinse dreigeteilt. Der untere Teil eines solchen Tripletts trägt ein Bildelement des Rotauszugs (r), die mittlere eines des Grünauszugs (gr) und die obere eines des Blauauszugs (b). Alle unteren Teile schicken nur zum roten Filter Licht, weil jede Zylinderlinse diese Strahlen zu diesem Filter wirft. Entsprechend schicken die mittleren Teile Licht nur zum grünen Filter und die oberen nur zum blauen. Die Projektionslinse sammelt Strahlen einer Linse, die verschiedene Filter passiert haben, an einer Stelle des Schirms, wo die Farben sich dann additiv mischen. So sind zum Beispiel hinter der Zylinderlinse 1 alle drei Bereiche lichtdurchlässig, alle drei Primärfarben erreichen also im Bildpunkt von der Zylinderlinse 1 den Schirm und ergeben dort Weiß. Bei der Zylinderlinse 2 sind dagegen nur die oberste und die unterste Schicht durchsichtig, im Bildpunkt fallen also nur rote und blaue Strahlen auf den Schirm und ergeben Magenta. Licht von jeder der drei miteinander verwobenen Aufnahmen durchläuft also den entsprechenden Filter und mischt sich dann auf dem Schirm additiv

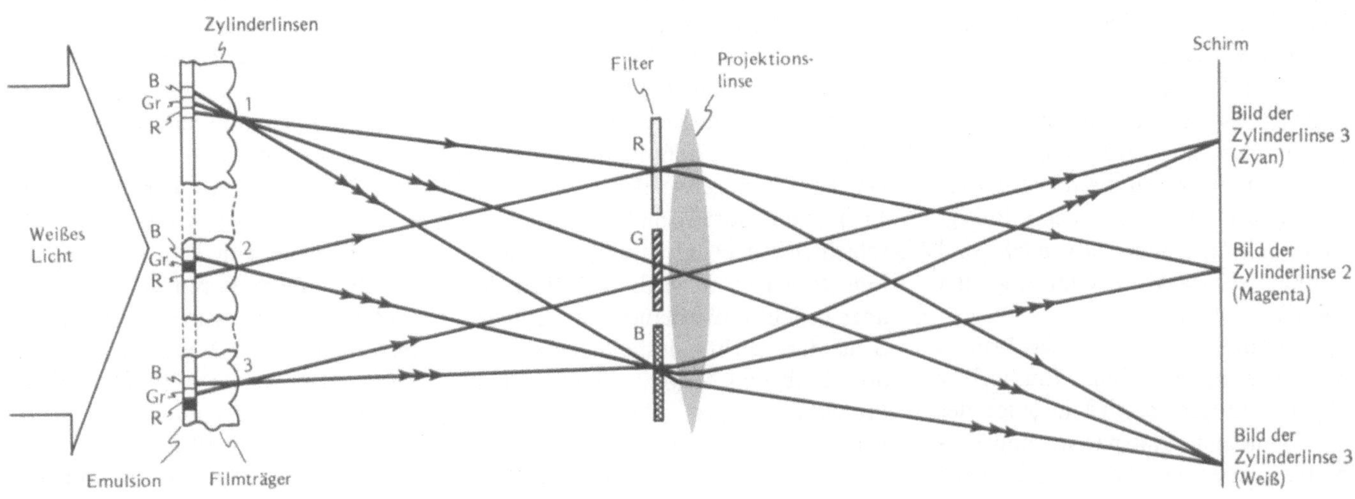

Farbfilter und die Zylinderlinsen, bis es schließlich den Film erreicht. Die Zylinderlinsen sorgen dafür, daß das rote Licht auf den für rotes Licht bestimmten Streifen fällt und entsprechend das blaue und grüne auf die diesen Farben entsprechenden Filmstreifen. So verschachteln sich die drei Farbaufnahmen, werden aber durch die Zylinderlinsen bei der Projektion wieder aussortiert. Der Film wurde wie ein Kornrasterfilm im Schwarzweißumkehrverfahren entwickelt, deshalb eignete sich dieses Verfahren gut für Amateurfilmer. Auch Kopien ließen sich herstellen, entweder im Kontaktverfahren oder dadurch, daß der Schirm in Abbildung 11.3 durch einen unbelichteten Linsenrasterfilm ersetzt wurde.

11.4 Subtraktiver Farbfilm

Wenn wir für den Augenblick die roten, grünen und blauen Auszüge jeweils als gesonderte Schwarzweißpositivdias ansehen (also nicht wie in dem eben besprochenen System mit anderen verschachtelt), dann brauchen sie für das additive System nur angefärbt, also in schwarz-bunte Bilder verwandelt zu werden. Das Schwarz-Bunt läßt sich einfach durch farbige Beleuchtung erzielen, die dann additiv die Bilder überlagert. Das entwickelte Silber bleibt schwarz, und deswegen ist die Entwicklung im additiven System im allgemeinen kein Problem. Wenn wir jedoch du Haurons Zauberstab hätten, könnten wir das entwickelte Silber durch eine Farbe ersetzen, die zu der, mit der die Aufnahme gemacht wurde, komplementär ist. Dann wären die drei Auszüge getönt, also in komplementärfarbigweiße (klare) Bilder verwandelt, und könnten subtraktiv zusammengesetzt werden.

Abbildung 11.4 erklärt das Prinzip des subtraktiven Films. Ein weißer Teil des Originals wird in jeder der drei Schichten transparent, und deshalb projizieren in diesem Bereich alle

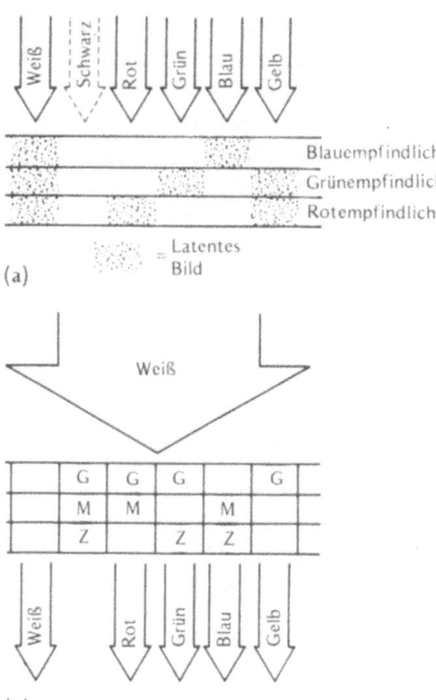

11.4 Das Prinzip des subtraktiven Farbfilms. (a) Das in jeder Emulsion des Dreischichtenfilms von den angegebenen Farben erzeugte Bild. (Wir deuten die Bereiche, die kein Licht erhalten, durch den Pfeil ›schwarz‹ an.) (b) Nach der Umkehrentwicklung wird das schwarze Silberbild jeder Schicht durch einen Farbstoff ersetzt, dessen Farbe komplementär ist zu der, für die die Schicht empfindlich war. Wenn Licht alle drei Schichten durchlaufen hat, erhält es durch subtraktive Mischung wieder die ursprüngliche Farbe

drei Schichten weißes Licht. Ein im Original schwarzer Bereich zeigt in jeder der drei Schichten die Komplementärfarbe; Filter aller drei Komplementärfarben (den subtraktiven Grundfarben Gelb, Zyan, Magenta) lassen zusammen nichts durch, deshalb ist die Projektion dieses Bereichs schwarz. Wie ist es nun mit den farbigen Bereichen, etwa den roten? Das Licht von dort belichtet die Rotschicht, die nach der Umkehrentwicklung transparent wird. Das Rotlicht aber belichtet die blauen und grünen Schichten nicht, deshalb entstehen dort Gelb und Magenta, und bei der Projektion ergibt die subtraktive Kombination dieser beiden Farben wie gewünscht rotes Licht. Überprü-

fen Sie selbst auf diese Weise, daß auch alle anderen Farben richtig wiedergegeben werden.

11.4.1 Farbausbleichung

Wir kommen jetzt zu dem praktischen Teil der Zauberei und verwandeln Emulsionen in Farbbilder. Wir erwähnten schon, daß fast alle Verfahren Silberhalogenide verwenden, weil diese so empfindlich sind. Das Verfahren der FARBAUSBLEICHUNG macht den Film dadurch farbig, daß bei der Herstellung in jede Schicht der Silberhalogenidemulsion ein Komplementärfarbstoff eingebaut wird. Bei der Entwicklung des Films wird der Farbstoff chemisch gebleicht, aber nur im Umfeld des belichteten Silberhalogenids. So entsteht ein Positiv. Dieses Verfahren hat den großen Vorteil, daß die Farbstoffe schon zu Beginn in der Emulsion sind und nicht erst später von der Chemie oder von Zwergen mit winzigen Pinzetten hinzugefügt werden müssen. Leider aber absorbieren die Farbstoffe bei der Belichtung Licht und verringern damit die Empfindlichkeit des Films. Bei manchen Farbabzugspapieren (z.B. Cibachrome), bei denen es ja nicht auf hohe Empfindlichkeit ankommt, wird das Verfahren mit Erfolg angewendet.

11.4.2 Technicolor und Farbübertragung

Obwohl schon du Hauron die Idee der Farbausbleichung hatte und seit der Jahrhundertwende daran gearbeitet wird, gelang die erfolgreiche Anwendung erst vor relativ kurzer Zeit. Der erste subtraktive vollfarbige Film wurde vielmehr in TECHNICOLOR hergestellt, einem komplizierteren Verfahren, das mit seiner vorbildlichen Farbqualität 1932 großes Aufsehen erregte. (Es wurde von seinem Erfinder Herbert T. Kalmus nach dem Massachusetts Institute of Technology, ›seiner‹ Universität, benannt.) Die

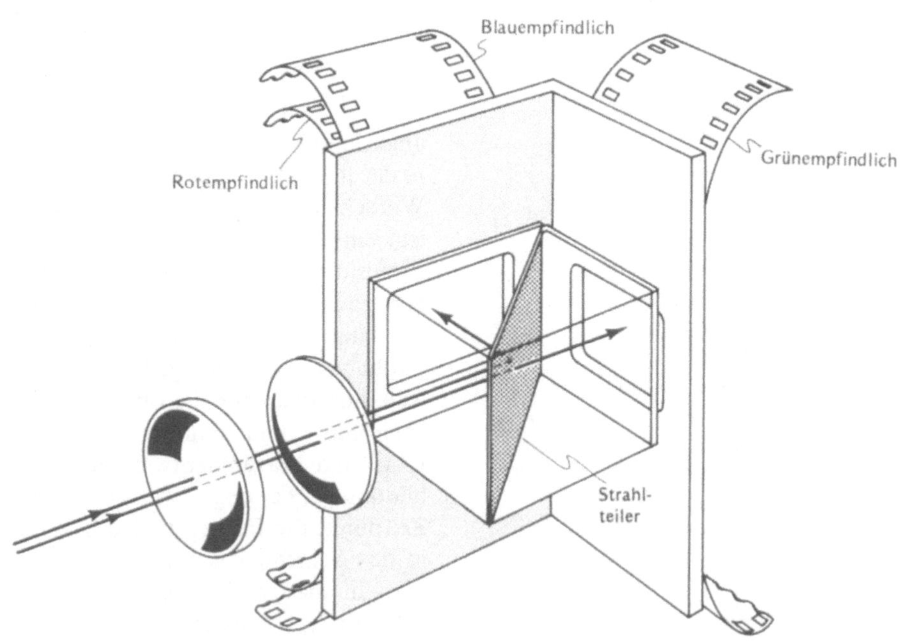

11.5 Das Prinzip der ersten Technicolorkameras. Das (hier schematisch gezeichnete) umgekehrte Teleobjektiv läßt bei normaler Bildgröße und Perspektive zwischen Linse und Film Raum für den Strahlteiler. Spätere Technicolorfilme wurden mit normalen Kameras auf Farbnegativdreipacks gefilmt, und Matrizen wurden mittels gefilterter Lichtquellen gefertigt

Technicolorkamera ist eine Farbtrennungskamera, die drei getrennte Aufnahmen macht. Mit Hilfe eines STRAHLTEILERS (also eines teildurchlässigen Spiegels – Abschnitt 2.3.5) wird das grüne Bild auf einen Film geworfen und das komplementäre Magenta (Blau plus Rot) auf einen blauempfindlichen vorderen und einen rotempfindlichen hinteren Film (Abb. 11.5). Die drei Filme werden zuerst normal entwickelt. Dann wird von jedem Film eine fotografische Kopie gemacht, und die Gelatine der Emulsion wird um das belichtete Silber herum chemisch gehärtet. Die nicht gehärtete Gelatine wird weggewaschen. Es bleiben sogenannte GELATINEMATRIZEN, die jeweils eine Art Gelatine-Reliefbild des entsprechenden Farbauszugs enthalten. Je mehr Rot zum Beispiel in einem bestimmten Bereich ist, um so dicker ist die Gelatine der entsprechenden Ma

trix. Wenn sie dann mit Farbstoff der Komplementärfarbe getränkt wird, absorbiert sie dort mehr Farbstoff, wo die Gelatine dick ist, und ergibt so den nötigen komplementärfarbig-klaren Auszug. Wenn drei dieser Auszüge dann richtig geschichtet werden und Licht durch sie hindurchgeht, mischen sich die Farben wie in Abbildung 11.4 subtraktiv zu einem vollfarbigen Bild.

Von Technicolorfilmen wünscht man sich natürlich mehr als eine Kopie, und deshalb benutzt man die Gelatinematrizen als Stempel, mit denen man die Komplementärfarbstoffe, einen nach dem anderen, auf einen Schichtträger überträgt. Da jede Farbe für sich gedruckt wird, läßt sich das Gleichgewicht der Farben im endgültigen Film regulieren. Wie beim Vierfarbendruck verwendet auch das Technicolorverfahren ein viertes, schwarzweißes Bild, um guten Kontrast und dunkle Schwarztöne zu erzeugen. Der Schichtträger, auf den die drei Matrizen gepreßt werden, ist also nicht wirklich leer, sondern ein Schwarzweißfilm, der eine etwas blasse normale Kopie (und die Tonspur) trägt.

Den großen Erfolg verdankt Technicolor zu einem großen Teil der

strengen Qualitätskontrolle in den Labors, was auch erklärt, warum es heute nicht mehr so verbreitet ist. Nur in China werden noch echte Technicolorfilme hergestellt.

Nach demselben Prinzip werden beim DYE TRANSFER, der FARBÜBERTRAGUNG, auch einzelne Farbabzüge hergestellt. Der Hauptunterschied besteht darin, daß die Gelatinematrizen größer sind und direkt auf ein Spezialpapier gedruckt werden.

11.4.3 Farbkuppler

Um 1910 entwickelten die beiden Chemiker Rudolf Fischer und Hans Siegrist das Farbkupplungsverfahren, den Zauberstab, der Silberbilder farbig werden läßt. Ein FARBKUPPLER ist eine transparente, farblose Substanz, die sich mit bestimmten Entwicklern dort zu einem Farbstoff kombiniert, wo der Entwickler Silberhalogenid in Silber verwandelt. Am einfachsten ist der Vorgang zu verstehen, wenn man ihn sich in zwei Schritten denkt. Im ersten Schritt reduziert der Entwickler das Silberhalogenid und ändert sich dabei, verbraucht sich, oder, wie der Chemiker sagt, er oxidiert. Dieser oxidierte Entwickler verbindet sich dann im zweiten Schritt mit dem Kuppler zu einem Farbbildner. Der ganze Vorgang heißt FARBENTWICKLUNG. Der Farbton hängt nur vom Kuppler ab und nicht vom Silber, die Menge der gebildeten Farbe aber hängt davon ab, wieviel oxidierter Entwickler an einer Stelle der Emulsion ist, und deshalb davon, wieviel reduziertes Silber vorhanden ist, was wieder von der Belichtung abhängt. Bei diesem Zweistufenprozeß ist also das Silber nur ein Mittler, um von einer Silberhalogenidemulsion mit ihrer guten Lichtempfindlichkeit zu einem farbigen Bild zu kommen. Das Silber und das unbelichtete Silberhalogenid werden im BLEICHFIXIERBAD entfernt und lassen ein reines Farbbild übrig.

Da wir in den am wenigsten belichteten Bereichen die meisten Farbstof fe brauchen (Abb. 11.4), wird jede der drei Silberhalogenidschichten im Umkehrverfahren entwickelt. Die zweite Entwicklung des Umkehrverfahrens läuft in Gegenwart von Kupplern ab, die eine Farbe bewirken, die komplementär ist zu der, für die die Emulsion empfindlich ist.

Es hat zwanzig Jahre lang gedauert, bis die Farbentwicklungsverfahren ausgereift waren. Die Schwierigkeit besteht darin, die drei Schichten der Emulsion nah beisammen zu lassen (damit das Bild scharf wird) und doch jede mit einem anderen Kuppler zu behandeln. Wenn die Kuppler naß sind, diffundieren sie leicht und erzeugen Farben, wo es ihnen beliebt, also auch außerhalb ihrer eigenen Emulsionsschicht. Dieses Problem wurde schließlich von zwei Musikern und Amateurfotografen, Leopold Mannes und Leopold Godowsky Jr., gelöst (ihre Freunde nannten sie ›Mann und Gott‹). Ihre Arbeit führte zum KODACHROMEverfahren, bei dem die Kuppler während des Entwicklungsprozesses einer nach dem anderen hinzugegeben werden. (Nachdem diese beiden Erfinder mehrere Jahre lang bei Kodak gearbeitet hatten, wandten sie sich wieder der Musik zu; Mannes übernahm die Leitung der New Yorker Musikhochschule, die sein Vater gegründet hatte.)

11.4.4 Kodachromeentwicklung

Abbildung 11.6 zeigt ein nun schon vertrautes Schema von Dreipack und Gelbfilter. In Abbildung 11.6a fällt Licht bestimmter Farben auf den Film und gibt, wie angedeutet, ein latentes Bild. Prüfen Sie nach, daß jede Schicht das richtige latente Bild enthält. Wenn wir den Film dann zum Entwickeln geschickt haben, wird zunächst wie bei einem gewöhnlichen Schwarzweißfilm das latente Bild entwickelt, also zu einem ›Silberbild‹ (Abb. 11.6b). Dann wird er im Umkehrprozeß zum zweiten Mal belichtet, aber nicht mit weißem, sondern

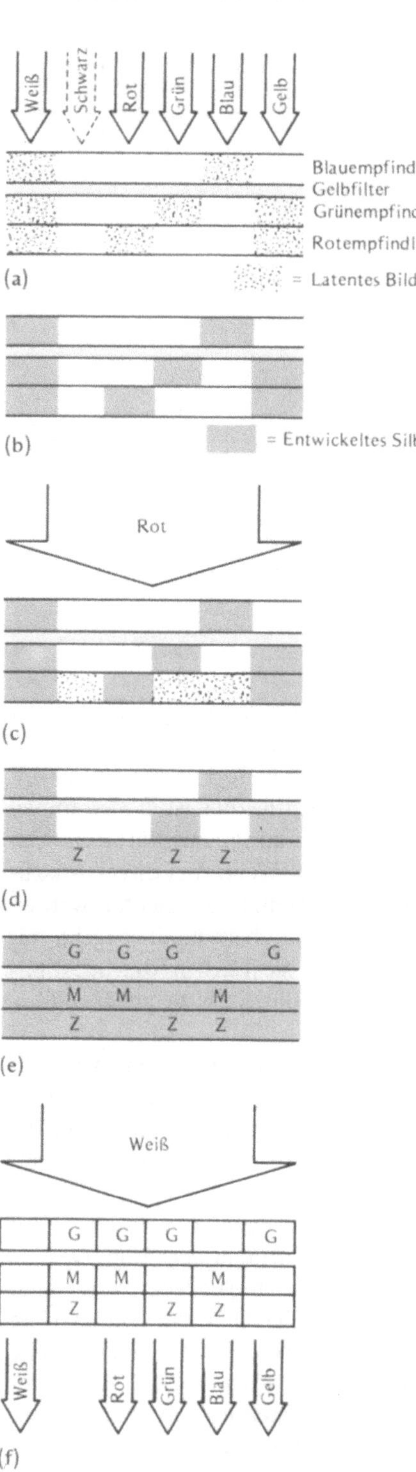

mit rotem Licht, und das ergibt ein latentes Bild in dem in der roten Schicht verbleibenden Silberhalogenid (Abb. 11.6c). Der Film wird danach in Anwesenheit eines Zyankupplers entwickelt und erzeugt einen Zyanfarbstoff und natürlich Silber

11.6 Kodachromefilm in verschiedenen Belichtungs- und Entwicklungsstadien (Erläuterung im Text)

anstelle des latenten Bildes, aber nur in der untersten Schicht (Abb. 11.6d). Wir sehen also gleich, daß es möglich ist, ein Farbstoffbild in nur einer Emulsionsschicht zu erhalten. Es folgen zwei weitere ›zweite Belichtungen‹ und Farbentwicklungen, zuerst mit blauem Licht und gelber Farbentwicklung (was nur die obere Schicht beeinflußt) und dann mit grünem Licht und Magentaentwicklung. Abbildung 11.6e zeigt, wie zu diesem Zeitpunkt die Farben und das Silber in den Schichten verteilt sind. Wenn man in diesem Stadium durch den Film hindurchschauen könnte, würde er völlig schwarz erscheinen. Schließlich wird das Silber (und der Gelbfilter) im Bleichfixierbad gelöst und weggewaschen. Damit erhalten wir ein farbgetreues Transparentbild (Abb. 11.6f).

11.4.5 Filme mit eingebauten Kupplern

Während bei Kodachrome das Problem der Kupplerdiffusion mit physikalischen Methoden gelöst wurde, suchte man bei Agfa nach chemisch diffusionsecht gemachten Kupplern, die farblos sein sollten, um die Empfindlichkeit des Films nicht zu vermindern. Es hat deutliche Vorteile, wenn jede Schicht eines Dreipack von vorneherein einen ihrer Farbempfindlichkeit entsprechenden Kuppler enthält, denn dann erzeugt eine einzige Farbentwicklung in allen drei Schichten die richtigen Farben. Die Entwicklung ist nicht wesentlich komplizierter als Schwarzweißentwicklung und gelingt auch im Heimlabor. Im Agfacolorsystem werden die Kupplermoleküle durch lange ›Fettsäureketten‹ in der Gelatine festgehalten, so daß bei gleichzeitiger Farbentwicklung aller drei Schichten die Farben nicht ineinanderlaufen. Um 1940 erschienen die ersten Spielfilme in Agfacolor, darunter Josef von Bakys berühmter ›Baron von Münchhausen‹. Mittlerweile hat man verschiedene andere Systeme zur Verhinderung der Kupplerdiffusion gefunden, so bei Ektachrome eine kautschukähnliche Haut, die sich um Kupplertröpfchen legt und für Wasser undurchlässig, für den alkalischen Entwickler aber durchlässig ist.

Alle heutzutage für die Entwicklung im Heimlabor geeigneten Filme enthalten Kuppler. Das latente Bild (Abb. 11.7a) und die erste Entwicklungsstufe (Abb. 11.7b) ergeben sich ähnlich wie beim Kodachromeverfahren. Die belichteten Silberhalogenidkristalle werden dann in Silberkörner verwandelt, während die unbelichteten Kristalle in ihren Schichten bleiben. Jetzt wird der Film mit weißem Licht belichtet, was alles verbleibende Silberhalogenid aller Emulsionen aktiviert (Abb. 11.7c). Dann folgt die Behandlung mit einem FARBENTWICKLER, also einem Entwickler, der in der richtigen Weise auf die in den Emulsionen vorhandenen Kuppler reagiert und die entsprechenden Farbstoffe bildet. Wie alle Entwickler verwandelt der Farbentwickler auch die übrigen (jetzt belichteten) Silberhalogenide in Silberkörner (Abb. 11.7d). Der Film wird dann im Bleichbad fixiert und gewaschen, und Silberkörner und Gelbfilter werden entfernt, bis in jeder Schicht nur noch die Komplementärfarben bleiben, die zusammen ein vollfarbiges, positives Bild ergeben (Abb. 11.7e).

In Schritt (c) belichtet man mit weißem Licht, um die Umwandlung des unbelichteten Silberhalogenids in Silberkörner auszulösen. In moderneren Verfahren ersetzen chemische Prozesse diese Belichtung; die nötigen Chemikalien werden in Schritt (d) in den Farbentwickler eingebaut.

Während des ganzen Entwicklungsprozesses ist es wichtig, daß die Temperatur sehr konstant gehalten wird. Gewöhnlich darf sie um nicht mehr als 1/4° schwanken, weil die ver-

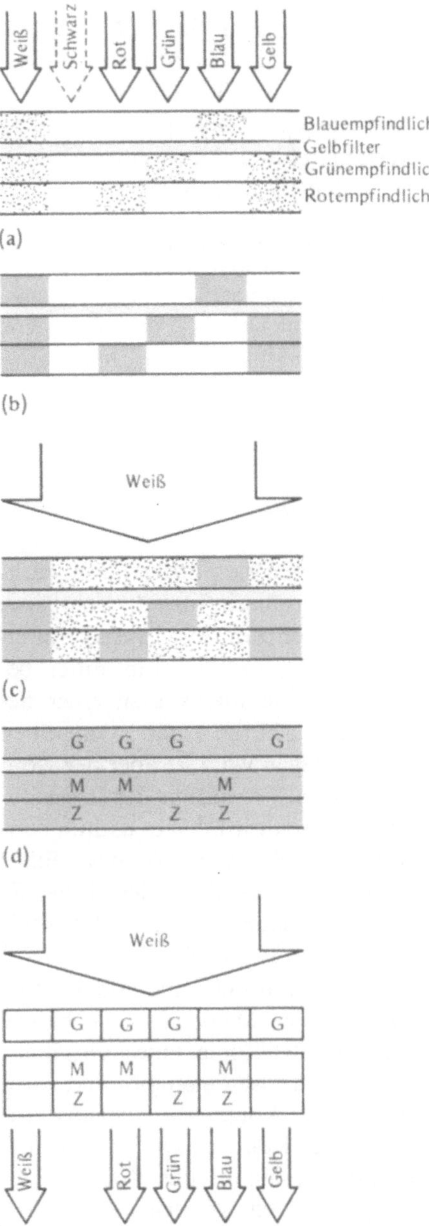

11.7 Verschiedene Stadien der Belichtung und Entwicklung des Farbumkehrfilms mit eingebauten Kupplern, wie zum Beispiel Agfachrome oder Ektachrome (Erläuterung im Text)

schiedenen Farben sich in der Regel verschieden schnell entwickeln. Wenn der Prozeß bei der falschen Temperatur abläuft, ist eine Schicht vor der anderen fertig. Dann aber wären die Farben nicht ausgewogen, denn die Entwicklung einer Schicht kann nicht aufgehalten werden, ohne die Entwicklung insgesamt zu beenden.

11.4.6 Farbnegative

Die ersten Farbfilme waren Umkehrfilme, ergaben also Farbdias oder Schmalfilme. Man kann aber auch von additiven und subtraktiven Farbfilmen Negative gewinnen. Dazu genügt ein einziger Entwicklungsvorgang, der für subtraktive Filme eine Farbentwicklung sein sollte (also einen Entwickler benutzt, der mit den Kupplern reagiert und Komplementärfarben ergibt). In beiden Fällen ist das Ergebnis ein Negativ, dessen Far-

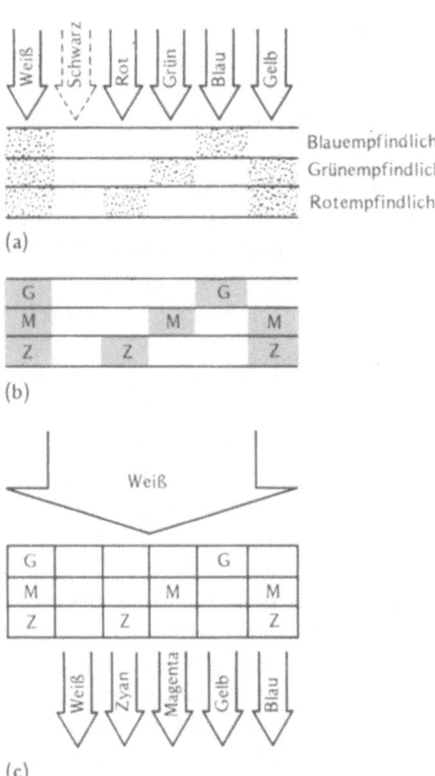

11.8 Belichtung und Entwicklung eines subtraktiven Farbnegativfilms (ideale Farbstoffe, keine Masken): (a) nach der Belichtung, (b) nach der Farbentwicklung, (c) nach dem Bleichfixierbad. Die Farben sind komplementär zu denen, mit denen belichtet wurde. Die Buchstaben deuten die Farben der Farbbildner an

ben zu denen des Originals komplementär sind. Abbildung 11.8 zeigt die stufenweise Entstehung eines subtraktiven Farbnegativs.

STUDIER & SPEKULIER

Würden dieselben Komplementärfarben entstehen, wenn man den additiven Film aus Abbildung 11.2 in ein Negativ entwickeln würde?

Wie bei der Schwarzweißfotografie ist es gut, Farbnegative zu haben, wenn Papierpositive gemacht werden sollen. Das Papier für Farbkopien muß wie der Film drei Emulsionen mit ihren Kupplern enthalten und wie ein Farbnegativ entwickelt werden. Da die Komplementärfarbe der Komplementärfarbe einer Farbe die ursprüngliche Farbe ist, führt dieser doppelte Negativprozeß zu einem Positiv, das die richtige Intensität und Farbe hat oder jedenfalls dann hätte, wenn die Farbe auf jeder Entwicklungsstufe ideal wäre. Da die benutzten Farben aber durchaus nicht ideal sind, kommen Farbverschiebungen vor, die sich bei jeder Kopie verstärken.

Wenn zum Beispiel eine der drei Emulsionen eines Farbfilms etwas zu kontrastreich ist und der Film kopiert wird, indem man ihn mit demselben Filmtyp fotografiert, dann wird der schon übermäßig kontrastreiche Auszug noch kontrastreicher, und die Farbverschiebungen wirken übertrieben. (Wenn Farbdias kopiert werden, fallen solche Verschiebungen gewöhnlich nicht ins Gewicht, aber mit einem Spezialkopierfilm sind die Ergebnisse besser. Ähnliches passiert beim Kopieren von Videobändern, weshalb manche Recorder eine Kopierschaltung haben.)

Weil ein Negativ-Positiv System in zwei Schritten abläuft, werden Farbverschiebungen dort eher verstärkt. Andererseits erlaubt ein solches Verfahren dieselben Möglichkeiten für die Retousche wie eine Schwarzweißvergrößerung, und die Ausgewogenheit der Farbe läßt sich durch geeignete Filter beeinflussen. Wenn zum Beispiel ein positiver, für Tageslicht bestimmter Film bei gewöhnlicher Zimmerbeleuchtung belichtet wird, hat das Dia einen Stich ins Gelbrote (Abschnitt 11.5). Beim Negativ-Positiv Verfahren läßt sich dieser Farbstich in der Endkopie vermeiden, wenn man für die Kopie einen Farbfilter in den Lichtstrahl setzt.

STUDIER & SPEKULIER

Der Filter sollte schwach gelbrot sein. Warum entfernt das den Stich ins Gelbrote, statt ihn zu verschlimmern?

11.4.7 Masken

Filter können die Farbverhältnisse eines Abzugs beeinflussen, nicht aber den falschen Kontrast in einer Emulsionsschicht ändern. (Ein Filter beschneidet alle Intensitäten einer bestimmten Farbe mit demselben Faktor, sagen wir 1/2; aber der Kontrast, der als Verhältnis der Intensitäten gemessen wird, bleibt dadurch unverändert. Wenn er vor dem Filter 10 : 1 war, ist es hinter dem Filter 5 : 1/2, und damit ist das Verhältnis immer noch 10 : 1.) Der Kontrast läßt sich jedoch durch eine Maske verändern. Eine MASKE ist eine blasse, transparente Kopie eines Originals, die mit ihm zusammen montiert wird. Wenn die Kopie ein Negativ ist, nimmt der Kontrast ab, wenn sie ein Positiv ist, nimmt der Kontrast zu. (SEHEN SIE SELBST Beispiele dafür!) Wenn die Maske dadurch entsteht, daß der Schwarzweißfilm mit farbigem Licht belichtet wird, behebt sie den Kontrastmangel, den das Original in bezug auf diese Farbe aufweist. Das kann nützlich sein, wenn die drei Emulsionen eines Farbnegativfilms verschieden kontrastreich sind. Die Maske wird dann für die Positivkopie im Vergrößerer deckungsgleich mit dem Farbnegativ montiert.

Da das Maskieren eine zusätzliche Komplikation bringt, ist es vorteilhaft, wenn es automatisch gemacht wird. Wenn zudem die Maske selbst farbig ist, kann sie nicht nur den falschen Kontrast, sondern auch andere Unvollkommenheiten der Farbwiedergabe ausgleichen. In modernen Farbumkehrfilmen wie dem Kodacolorfilm (Abb. 11.9) sind solche automatischen Masken eingebaut. So sollten z.B. Zyanfarbstoffe nur Rot absorbieren, tatsächlich aber absorbieren sie auch ziemlich viel Grün und

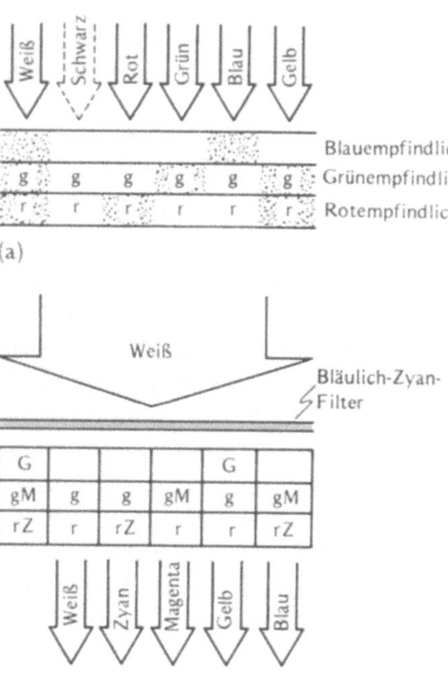

11.9 Subtraktiver Farbnegativfilm mit integrierter Maske. Der Zyanfarbbildner ist nicht ideal, er absorbiert zuviel Grün und Blau. Dieses ungesättigte Zyan erscheint daher wie mit Rosa getönt. Wir nennen es rZ. Um diese unerwünschte Grün- und Blauabsorption des Farbbildners zu kompensieren, absorbiert der Kuppler in der rotempfindlichen Schicht auch etwas Grün und Blau, erscheint also auch etwas rosa (r). Um entsprechend die Blauabsorption des gelblichen Magentafarbbildners gM zu kompensieren, ist der Kuppler in der grünempfindlichen Schicht gelblich, g. Die nicht verbrauchten Kuppler bilden die Farbmaske. Der gelbe Farbbildner G ist ideal; sein Kuppler ist farblos (bildet also keine Maske). (a) Belichtung. (b) Das fertige Negativ ergibt in einem Vergrößerer mit einem ungesättigten bläulichen Zyanfilter dieselben Komplementärfarben wie die idealen Farbbildner von Abbildung 11.8. Der Filter wird als Komplement des von g und r erzeugten Orange gewählt, das nun überall im Film ist. (Das Orange ist in Farbnegativen sogar zwischen den Einzelbildern sichtbar.)

Blau. Zum Ausgleich dieser zusätzlichen Absorption muß der Film auch dort etwas Grün und Blau absorbieren, wo nach der Entwicklung kein Zyan ist. Das besorgt eine rosa Maske. Die sich daraus ergebende Gesamtverschiebung zu Rosa wird dann beim Vergrößern durch einen Filter korrigiert. Diese rosa Maske wiederum liefert automatisch ein Kuppler in der rotempfindlichen Schicht, dessen Farbe vor der Reaktion Rosa ist und Zyan wird, wenn er mit dem oxidierten Entwickler reagiert. Das Rosa bleibt überall dort, wo kein Zyan ist.

SEHEN SIE SELBST

Maske und Kontrast

Je nach der Art der Maske kann sie den Kontrast eines Fotos verstärken oder abschwächen. Um zu sehen, wie der Kontrast geringer wird, brauchen Sie ein (möglichst großes) Negativ mit einem Kontaktabzug. Zur Kontrastverstärkung brauchen Sie ein Dia (wieder am besten ein großes).

Legen Sie das Negativ genau deckungsgleich auf den Abzug. Die dunklen Bereiche des Negativs verdecken dann die hellen Bereiche des Abzugs und umgekehrt, und wenn das Abzugspapier ein Gamma von 1 hat (Abschnitt 4.7.7), ist das Ergebnis gleichförmig grau, denn der Kontrast ist auf null reduziert. So genau heben sich die Kontraste nur selten auf. Sie sehen wahrscheinlich ein positives oder negatives Bild mit ziemlich wenig Kontrast. Maskieren mit einem Negativ verringert den Kontrast.

Verschieben Sie das Negativ ein wenig. Wenn es nicht ganz deckungsgleich ist, schauen entlang scharfer Kanten einige weiße Bereiche der Kopie durch die durchsichtigen Teile des Negativs. Wie zuvor sehen Sie ein (wenig kontrastreiches) Bild, aber mit betonten Kanten (nicht unähnlich dem, was der Gesichtssinn verarbeitet, Abschnitt 7.4.1). Dieses Verfahren heißt FLACHRELIEF.

Um positives Maskieren zu sehen, *legen Sie das Dia auf weißes Papier* und beleuchten es stark von oben. Weil das Licht das Diapositiv zweimal durchlaufen muß, ist es seine eigene Maske und zeigt verstärkten Kontrast. Heben Sie das Dia etwas an, so daß der Schatten unscharf wird. Jetzt ist nur noch der Kontrast großer Bereiche erhöht, der von kleineren Einzelheiten bleibt unverändert.

11.4.8 Farbsofortbildfotografie

Wir sahen in Abschnitt 4.7.5, wie es möglich ist, ›sofort‹ fertige Schwarzweißfotos zu erhalten. Wie müssen die entsprechenden Filme und Entwicklungsverfahren ablaufen, damit die Abzüge farbig sind? Der Film sollte eine negative Dreischichtenemulsion sein, der zwischen den Einzelbildern Entwicklerkapseln enthält, deren Inhalt sich dann wie beim Schwarzweißverfahren über das Negativ ausbreitet. Die drei Silberbilder müssen in die entsprechenden Farbbilder umgewandelt und die Farben wiederum von dem entwickelten Silber auf einen Träger (der dem Papier von Abschnitt 4.7.5 entspricht) übertragen werden, damit wie bei der Farbübertragung die Kopie entsteht. Mit einem Kupplerfarbbild wäre das schwierig, weil eine der Grundeigenschaften der Kuppler ist, daß sie nicht diffundieren (Abschnitt 11.4.3). Polaroid dachte sich deshalb eine andere Art aus, subtraktiv Abbilder herzustellen. Dieses Verfahren der Farbentwicklung ist selbst Du Hauron nicht in den Sinn gekommen!

Ein FARBSTOFFENTWICKLER ist eine chemische Kombination von Farbstoff und Entwicklermolekülen; er ist farbig und wirkt wie ein Entwickler. Wenn der Entwickler oxidiert ist (wenn er also belichtetes Silberhalogenid zu Silber reduziert hat), wird er immobil und kann seine Farbe nicht übertragen. Farbe wird nur dort übertragen, wo das Silberhalogenid nicht belichtet ist. Dort kommt sie auf den Träger und ergibt auf dem Abzug ein farbig-weißes Bild, genau das also, was man sich beim subtraktiven Prozeß wünscht.

Um eine subtraktive Mischung aus drei verschiedenen Farben zu erhalten, werden drei verschiedene Farbstoffentwickler benutzt. Da jeder Farbstoffentwickler nur auf eine der Schichten wirken darf, liegt in der Nähe jeder Emulsion eine Schicht des ihr entsprechenden Farbstoffentwicklers. Der Trick besteht darin, den Farbstoffentwickler genau unter die von ihm entwickelte Emulsion zu bringen, weil der Entwickler dann bei der Belichtung als Farbfilter für die darunterliegende Emulsionsschichten wirkt. So braucht zum Beispiel, wie wir sahen, ein gewöhnlicher Farbfilm unter der blauempfindlichen Emulsion eine gelbe Filterschicht. Wenn man statt dessen einen gelben Farbstoffentwickler nimmt, wirkt er bei der Belichtung als gelber Filter. Später, wenn die Kapsel aufgebrochen und das belichtete Negativ mit ihren Chemikalien bestrichen ist, wird dieser gelbe Farbstoffentwickler in der flüssigen Umgebung wieder mobil. Belichtete Stellen der blauempfindlichen Schicht halten die Diffusion des gelben Farbstoffentwicklers auf; wo aber nicht belichtet wurde, formt dieser Entwickler in der Schicht, in der das fertige Bild entsteht, ein gelbes und weißes positives Bild, wie es für die richtige subtraktive Mischung nötig ist. Ähnlich transferieren die beiden anderen Emulsions- und Farbstoffentwicklungsschichten die Magenta- und Zyankomponente des Bildes.

Alle gebräuchlichen Sofortfarbfilme sind gleichsam Variationen dieses Grundprinzips. Sehen wir uns an, was im einzelnen bei einem bestimmten Film, dem Polaroid Time Zero Supercolorfilm, abläuft. Abbildung 11.10a zeigt einen Querschnitt durch diesen Film bei der Belichtung. Wir sehen die übliche Folge der blau-, grün- und rotempfindlichen Emulsionen. Unter jeder Emulsionen liegen eine Farb-

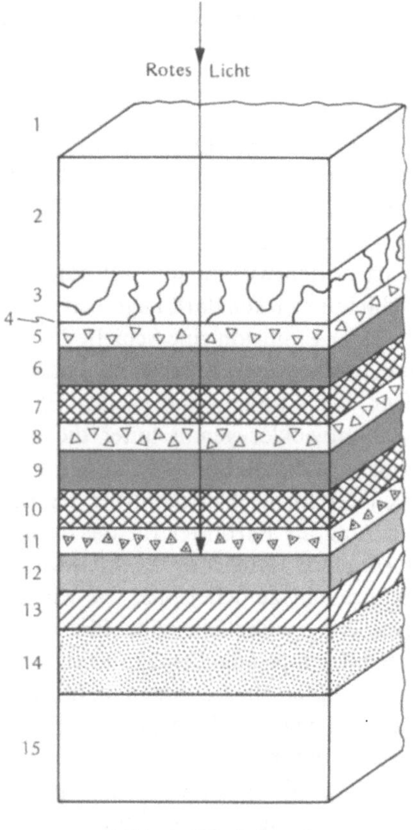

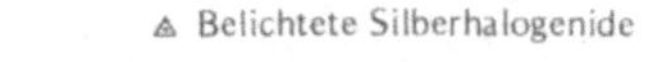

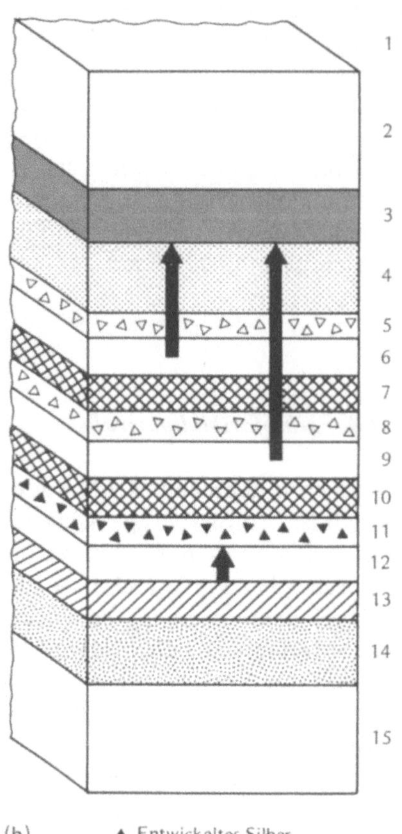

11.10 Querschnitt durch einen Farbsofortbildfilm (Polaroid-SX-70 Time Zero Supercolor). (1) Entspiegelte Oberfläche (Abschnitt 12.2.3), (2) klare Plastikschicht, (3) Bildempfangsschicht, (4) Raum für Reagens, (5) blauempfindliche Emulsion, (6) Gelbfarbstoffentwicklerschicht, (7) Trennschicht, (8) grünempfindliche Emulsion, (9) Magentafarbstoffentwicklerschicht, (10) Trennschicht, (11) rotempfindliche Emulsion, (12) Zyanfarbstoffentwicklerschicht, (13) Zeitregulatorschicht, (14) neutralisierende Schicht, (15) Trägerschicht aus Plastik. (a) Bei der Belichtung. (b) Verteilung der Farbbildner während der Entwicklung

stoffentwicklerschicht in der Komplementärfarbe und eine Trennschicht. Wenn nun zum Beispiel rotes Licht einfällt, dringt es durch die beiden oberen transparenten Schichten und auch durch die beiden oberen Emulsionen und ihre Farbstoffentwicklerschichten hindurch. Diese beiden Emulsionen sind für rotes Licht unempfindlich, und die Schicht mit

Gelb und Magenta lassen beide Rot hindurch. Das rote Licht belichtet dann die unterste rotempfindliche Emulsion. Alles Licht, das durch diese Emulsion hindurchgeht, wird von dem Zyanentwickler darunter verschluckt, der ja Rot absorbiert. (Hier sehen wir eine dritte Funktion der Farbstoffentwickler – sie dienen als Lichthofschutz.) Die Farbstoffentwickler sind trocken, nicht gelöst und können deshalb, bevor die Kapsel geöffnet ist, das Silberhalogenid nicht erreichen, das also unentwickelt bleibt.

Die Entwicklung beginnt, wenn der Film zwischen Walzen aus der Kamera heraustransportiert wird, wobei die Kapsel zerbricht und ihre Wirkstoffe zwischen der Emulsion und der Bildschicht ausgebreitet werden (Abb. 11.10b). Das löst dann eine Reihe chemischer Reaktionen aus. Das Reagens der Kapsel dringt rasch durch alle Emulsionen bis zu der Schicht

vor, die die Entwicklungszeit bestimmt. Es braucht aber eine Weile, bis es diese Schicht durchdringt und durch die darunterliegende Säureschicht neutralisiert wird. Die Reaktionen werden dadurch ›abgestellt‹, und die Entwicklung ist vollständig. Welche Reaktionen sind das nun? Einmal werden die Entwickler von dem Reagens aktiviert und beweglich, können also in die nächstgelegene Entwicklungsschicht eindringen. In der zuerst dem roten Licht ausgesetzten Schicht zum Beispiel trifft der Zyanfarbstoffentwickler auf belichtetes Silberhalogenid. Die beiden reagieren, und der Entwickler wird dadurch immobil, kann also nicht aus der rotempfindlichen Schicht heraus. Die Farbstoffentwickler für Magenta und Gelb andererseits treffen nur unbelichtetes Silberhalogenid an, wenn sie durch diese mit Rot belichtete Schicht diffundieren. Deshalb reagieren sie nicht und können zur Bildschicht vordringen. Dort vereinigen sich diese beiden Farben zu Rot. Inzwischen ist das Reagens auch zur Säure gelangt, die die Farbstoffe in ihrer Bewegung hemmt. Das Bild wird also in der Bildschicht fixiert. Die anderen Farben werden ähnlich gebildet. (Irgendwann dringen die Farbentwickler auch einmal (zum Beispiel durch Diffusion nach unten) zur ›falschen‹ Emulsion durch. Die Zwischenschichten sind dazu da, dies zu vermeiden, bis die Emulsion schon vom ›richtigen‹ Entwickler entwickelt wurde.)

Dieser eben beschriebene Time Zero Film bleibt bis zum fertigen Abzug zusammen und wird von oben betrachtet. Seine oberste Schicht muß deshalb bei und auch nach der Entwicklung durchsichtig sein, seine Emulsionen aber müssen auch noch vor weiterer Belichtung geschützt werden, während er sich außerhalb der Kamera entwickelt. Deshalb enthält das Reagens eine undurchsichtige Substanz, die gleichsam die Tür zur Dunkelkammer der Emulsionsentwicklung schließt. Die ursprünglich undurchsichtige Substanz wird klar, wenn der Säuregehalt gegen Ende der Entwicklungszeit steigt, öffnet wieder die Tür zur Dunkelkammer und läßt das entwickelte Bild sehen. Die übertragenen Farben werden gegen ein ebenfalls im Reagens der Kapsel enthaltenes stark reflektierendes weißes Pigment sichtbar. (SEHEN SIE SELBST, und haben Sie Spaß am Spiel mit diesem Film.)

SEHEN SIE SELBST

›Frisierte‹ Sofortbilder

Ein Polaroid SX-70-Foto entwickelt sich, während es in der Hand gehalten wird. Dadurch lassen sich die Emulsionen beeinflussen und Wirkungen erzielen, die mit anderen Filmen unmöglich sind.

Machen Sie eine Polaroidaufnahme von einem kontrastreichen bunten Motiv. Legen Sie das Bild während der Entwicklung auf eine harte Oberfläche und ›zeichnen‹ Sie mit einem stumpfen Stift, etwa einer Gabelzinke oder der Spitze einer Kugelschreiberkappe, mit mäßigem Druck auf das Bild. Versuchen Sie die Umrisse nachzuzeichnen, wie sie beim Entwickeln sichtbar werden (Tafel 11.2). Bei sorgfältiger Beobachtung können Sie die Farben und Farbschichtenfolge erkennen, wenn Sie auf eine graue Fläche zeichnen.

11.5 Falschfarben, gewollt und ungewollt

Wir haben betont, daß die Farbwiedergabe mit subtraktiven Farben dann natürlich wird, wenn die Emulsionen jeweils für Rot, Grün und Blau empfindlich sind und die Farbkuppler ihre Komplemente Zyan, Magenta und Gelb erzeugen. Wenn uns nicht an natürlicher Farbwiedergabe liegt, können die Emulsionen in jedem beliebigen Spektralbereich empfindlich sein, und die von den Kupplern gebildeten Farben sind nicht unbedingt an die Komplementärfarbe (falls es sie überhaupt gibt) gebunden. Jede solche Abweichung von der natürlichen Farbe heißt FALSCHFARBE.

Warum sollte sich jemand für Bilder in Falschfarben interessieren? Diese Farben können spezielle Information verdeutlichen, indem sie etwa Reflexionen von sonst unsichtbarer Strahlung (zum Beispiel im infraroten Bereich) sichtbar machen. So läßt sich oft gesundes und krankes Laub im sichtbaren Licht nicht unterscheiden, im infraroten Bereich aber reflektiert nur gesundes Laub. Mit einem für Infrarot empfindlichen Film kann also krankes Laub erkannt werden. Die Emulsionen solcher INFRAROTFARB-FILME sind rot-, grün- und infrarotempfindlich und werden durch ein Objektiv mit Gelbfilter belichtet, damit das Blau ganz ausgeschaltet wird. Die Kuppler haben die üblichen Farben, also Gelb, Magenta und Zyan, und geben Grün als Blau, Rot als Grün und Infrarot als Rot wieder. Die gesunden grünen Blätter sehen dann purpurrot aus und die kranken, die kein Infrarot reflektieren, blau. Eine Infrarot reflektierende rote Rose ist auf diesem Film gelb. Ein Wald mit kranken Bäumen oder auch ein getarntes feindliches Lager heben sich auf einem solchen Film durch die Farbe deutlich ab. Die ungewöhnlichen Farben, in denen ein solcher Film vertraute Gegenstände zeigt, machen ihn nicht nur für die Forstwirtschaft und zur Feindbeschattung nützlich, sondern auch für Illustrationen mit verblüffenden Farben (Tafel 11.3).

STUDIER & SPEKULIER

Die Kuppler in Falschfarbenfilmen erzeugen gewöhnlich die üblichen Farben (Gelb, Magenta, Zyan). Warum?

Farbe kann in Fotos auch dazu dienen, etwas hervorzuheben, was nichts mit Farbe zu tun hat. So können etwa kleine zeitliche Veränderungen leicht dadurch sichtbar gemacht werden, daß durch komplementäre Farbfilter hindurch doppelt belichtet wird. Unbewegte Objekte haben dann ihre natürlichen Farben. Was sich zwischen den Aufnahmen bewegt hat, nimmt dagegen den Farbton des Filters an (SEHEN SIE SELBST).

Weniger drastische Falschfarbeneffekte kommen gelegentlich unabsichtlich zustande, wenn Amateure die ›falsche‹ Lichtquelle benutzen. Die Empfindlichkeit der drei Emulsionen eines gewöhnlichen Farbfilms sind so gewählt, daß jede Schicht richtig belichtet wird, wenn die Aufnahme bei Tageslicht gemacht wird. Wie wir wissen, ist das Licht von Glühlampen (Kunstlicht) wesentlich weniger blau als das der Sonne. Wenn man mit ihm beleuchtet, ist der blaue Auszug unterbelichtet und ergibt ein gelbliches Dia – eine ungewollte Falschfarbe. Um dies zu vermeiden, kann man die Empfindlichkeit der anderen beiden Emulsionen verringern, indem man durch einen Filter fotografiert, der etwas Rot und Grün wegnimmt, also leicht blau ist. Das vermindert aber die Gesamtintensität. Am besten benutzt man für solche Aufnahmen einen Spezialkunstlichtfilm mit einer empfindlicheren Blauemulsion. Jeder Farbumkehrfilm ist auf eine feste Farbtemperatur abgestimmt. Die gebräuchlichsten sind Tageslicht (5000 – 6000 K) und Kunstlicht (3400 K). Wenn die Lichtquelle, etwa eine Quecksilberdampflampe, ein Spektrum mit einer oder mehreren deutlichen Spitzen hat, lassen sich die oft überraschenden Ergebnisse auf Farbbildern nicht aufgrund der Farbtemperatur erklären (Tafel 9.4). Die Empfindlichkeit eines Farbfilms kann auch ganz beträchtlich von der Wellenlänge abhängen, besonders in Bereichen, in denen die Empfindlichkeit zweier Emulsionen sich überschneiden. SEHEN SIE SELBST (2).

Die ›falsche‹ Farbe, die von einem Mißverhältnis zwischen dem Film und der Farbtemperatur der Lichtquelle herrührt (und nicht von ungewöhnlichen Entwicklungsverfahren), kommt nicht nur durch Film und

Licht, sondern auch durch die menschliche Wahrnehmung zustande. Die Welt ist im Licht von Glühlampen weniger blau als bei Tage, aber wir bemerken das meistens nicht, weil unsere Augen sich an das Kunstlicht gewöhnen (Abschnitt 10.6.2). Eine Aufnahme, die mit einem Tageslichtfilm bei künstlicher Beleuchtung gemacht wird, reflektiert deshalb im blauen Bereich wenig, ganz unabhängig davon, in welchem Licht man sie betrachtet, und hat immer einen Stich ins Gelbe.

SEHEN SIE SELBST

1 Bewegung als Farbe
Während ein Film belichtet wird, ›addiert‹ er alles einfallende Licht. Eine Mehrfachbelichtung mit verschiedenen Farbfiltern zeigt eine additive Farbmischung, und dort, wo sich zwischen den Aufnahmen etwas bewegt hat, ergeben sich ungewöhnliche Farben. Das gilt für jeden Filter, läßt sich aber am besten mit solchen in den additiven Primärfarben beobachten. Farbige Filter können Sie sich aus buntem Transparentpapier und Plastikscheiben selbst machen (oder in Foto-, Hobby-, Physikalienhandlungen oder Theaterzubehörgeschäften kaufen). Halten Sie den Filter vor den Belichtungsmesser und finden Sie heraus, wie weit er den Lichteinfall verringert. Im Idealfall sollte das um den Faktor 3 oder etwa eineinhalb Blenden sein; wenn das zutrifft, können Sie die drei Belichtungen einer Dreierserie bei normaler Einstellung machen (also der, die der Belichtungsmesser ohne Filter anzeigt). Bei den meisten automatischen Kameras läßt sich die Doppelbelichtungssperre aufheben, indem man den Auslöser spannt und gleichzeitig den Rückspulknopf drückt. Die Kamera muß bei allen drei Aufnahmen still stehen. Als Motiv eignet sich alles, was sich langsam bewegt – ziehende Wolken, kriechende Schnecken, auch ein Haus beim Bau oder, wenn Sie geduldig sind, wachsende Pflanzen. Wäh-

len Sie auch ein vorwiegend weißes Motiv, etwa einen schmelzenden Schneemann oder langsam schwimmende Schwäne.

2 Spektralfarben auf dem Farbfilm
Sie können sich eine Vorstellung davon machen, wie ein Film auf Spektralfarben reagiert, wenn Sie einfach ein Spektrum fotografieren. Nehmen Sie das hellste Spektrum, das Sie (etwa nach dem im Versuch SEHEN SIE SELBST zu Abschnitt 9.6.1 beschriebenen Verfahren) finden können. Machen Sie eine Farbaufnahme dieses Spektrums; beginnen Sie mit normaler Belichtung (wie sie der Belichtungsmesser anzeigt) und vermindern Sie die Belichtung bei zwei oder drei weiteren Bildern jeweils um den Faktor 2.

Die entwickelten Bilder zeigen möglicherweise besonders in den unterbelichteten Aufnahmen schwache oder fehlende Spektralbereiche. Das geschieht, wenn die Reaktion einer Emulsion in Abhängigkeit von der Wellenlänge abnimmt, die der nächsten Schicht aber noch nicht genug zugenommen hat. Es entspricht dem, was im Gesichtssinn geschieht, wenn sich die spektralen Empfindlichkeitskurven der verschiedenen Zapfenarten nicht überlappen (Abschnitt 10.2.1). Reagiert Ihr Film gut auf spektrales Gelb? Wird nur die rote Emulsion von Wellenlängen oberhalb des Spektralgelbs belichtet – lassen sich spektrales Rot und Orange in den Aufnahmen unterscheiden? Falls nicht, warum fällt das in Fotos gewöhnlicher roter und gelbroter Objekte nicht auf?

11.6 Kirlian-Fotografie

Am Schluß dieses Kapitels über Farbfotografie möchten wir Ihnen ein Verfahren vorstellen, das eine gewisse Berühmtheit erlangt hat und ein Bild erzeugt, das anders als gewöhnliche Fotos gelegentlich in Verdacht gerät,

merkwürdige und wunderbare Eigenschaften zu enthüllen.

Dieses Verfahren beruht auf der Wirkung, die starke elektrische Felder auf Objekte in Filmnähe haben. Ein elektrisches Feld heißt stark, wenn es starke Kräfte auf die Ladungen des Objekts ausübt. Wenn die Kräfte groß genug sind, können sie Elektronen aus dem Objekt herausziehen und beschleunigen, bis sie mit Luftmolekülen zusammenstoßen. Diese Zusammenstöße versetzen die Moleküle in Schwingungen, wodurch sie dann hochenergetische Lichtwellen aussenden. Die Zusammenstöße und auch die Lichtwellen setzen in den Molekülen weitere Elektronen frei, so daß sich die Wirkung verstärkt. Man spricht dann von einer ELEKTRISCHEN KORONA, weil diese Erscheinung wie eine Funkenkrone aussieht. Ein großer Teil der Strahlung liegt im ultravioletten und blauen Bereich. Die blauen Strahlen der Korona lassen sich mit bloßem Auge beobachten; sie bilden bei Horrorfilmen einen beliebten Hintergrund. Wenn ein Farbfilm auf ultraviolette Strahlung reagiert, ist er auch für diese starke UV-Strahlung empfindlich.

Koronaentladungen sind an einem trockenen Tag leicht zu sehen (und zu fühlen). Reiben Sie einfach Ihre Füße an einem Teppich (dadurch baut sich in Ihrem Körper elektrische Ladung auf) und berühren Sie ein Metall, etwa eine Türklinke (dabei entlädt sich Ihr Körper durch eine Korona zwischen Hand und Türklinke). Bei einem Gewitter etwa senden spitze Gegenstände gelegentlich Koronen aus, die dann Elmsfeuer heißen.

Die KIRLIAN-FOTOGRAFIE macht mit Hilfe solcher Entladungen fotografische Aufnahmen. Der Film wird dazu in die Korona gelegt, so daß die von ihr ausgehende blaue und ultraviolette Strahlung den Film trifft. Zwischen dem zu fotografierenden Gegenstand und einer Metallplatte, die durch eine Glasplatte und den Film voneinander getrennt sind, bildet sich ein elektrisches Feld aus

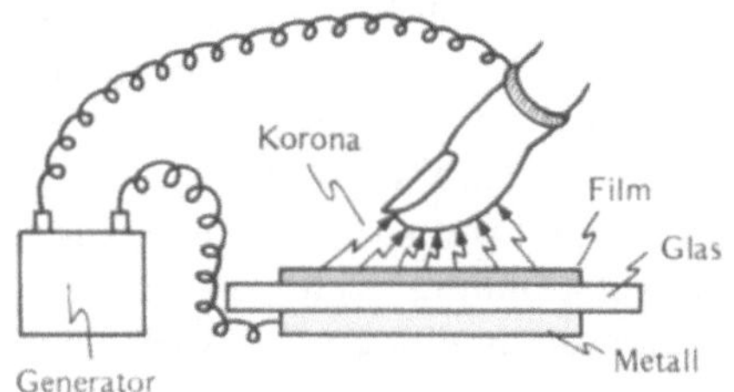

11.11 Aufbau zur Aufnahme eines Kirlianbildes. Ein hochfrequenter Hochspannungsgenerator ist mit einer Metallplatte und dem Objekt (hier dem Finger) verbunden. Dazwischen liegen eine Glasscheibe und der Film. Die Korona belichtet den Film

(Abb. 11.11). Das Feld (gewöhnlich ein hochfrequentes Wechselstromfeld) wird eingeschaltet, und die Strahlung der Korona belichtet den Film ähnlich wie beim Kontaktabzug. Anders als ein Kontaktabzug jedoch zeigt das Kirlianbild ›Licht‹ von den Rändern des Objekts, also die Strahlung der Korona.

Gelegentlich wird vermutet, die Kirlianfotografie finge irgendwie die ›Aura‹ der Objekte ein und hätte mystische Bedeutung. Kilianfarbbilder können wirklich voller Farben sein, die während der Aufnahme nicht zu sehen waren und sich von einer Aufnahme zur anderen wesentlich verändern (Tafel 11.4). Auch die Art der Entladung, die Länge, Dichte und Krümmung der Strahlen und schwächere, verschwommene Koronabilder reagieren alle sehr empfindlich auf leichte Veränderung der Leitfähigkeit, des Wassergehalts und anderer physikalischer Eigenschaften des Objekts und der umgebenden Luft.

Wir können die Falschfarben eines mit einem Farbumkehrfilm gemachten Kirlianbildes erklären, wenn wir die Bauweise eines solchen Films bedenken. Alle Emulsionen des Films können, je nachdem, wo die Entladung stattfindet, ultraviolett belichtet werden. Dies hängt wiederum davon ab, wo und wie eng die Kontakte gemacht sind. In Abbildung 11.12 sehen wir drei Fälle: die UV-Strahlung trifft den Film von vorn, von hinten und gleichzeitig von vorn und hinten.

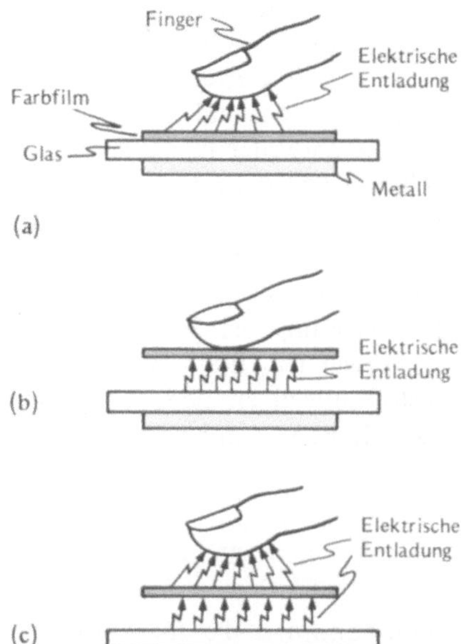

11.12 Ultraviolette Strahlung einer Entladung fällt auf einen Farbfilm: (a) von vorn, (b) von hinten, (c) von vorn und hinten

Wenn sie von vorn kommt, regt sie nur die blauempfindliche Schicht an, weil der Gelbfilter verhindert, daß sie andere Schichten erreicht, und das entwickelte Bild ist blau. Wenn umgekehrt die UV-Strahlung von hinten kommt, kann sie nur die rot- und grünempfindlichen Emulsionen belichten. Die Strahlung schwacher Koronen wird so fast völlig von der rotempfindlichen Schicht absorbiert. Wenn also die UV-Strahlung von hinten schwach ist, ist der entwickelte Film rot. Bei höherer Intensität wird auch die grüne Emulsion belichtet, und der fertige Film ist gelb. Wenn UV-Strahlung auf Vorder- und Rückseite des Films fällt, werden bei geringen Intensitäten nur die rot- und blauempfindlichen Schichten belichtet, und das ergibt Purpur, während bei größerer Intensität alle Emulsionen belichtet werden, und damit entsteht Weiß.

Alles, was das elektrische Feld so stark beeinflussen kann, daß sich die Lage der Korona ändert, verändert auch das Foto. Wasser beeinflußt die elektrische Leitfähigkeit der Filmemulsion und ist deshalb leicht zu bemerken. Weil Feuchtigkeit das elektrische Feld schwächt, vermindert sie die Zahl der Strahlen, läßt sie sich um ein feuchtes Gebiet herum krümmen und verschiebt sie zur Filmrückseite hin. Die Form der Korona eines Körpers ist wohl am stärksten von der Feuchtigkeit bestimmt. Deshalb kann die Kirlianfotografie all das über das Leben in der fotografierten Fingerspitze oder dem Blatt sagen, was sich in der Feuchtigkeit äußert. Anders gesagt ist die ›Aura‹ vor allem Schweiß.

11.7 Zusammenfassung

Für Farbfotos werden jeweils mit dem Licht des Wellenlängenbereichs, der Gelb, Blau und Grün entspricht, drei Schwarzweißaufnahmen gemacht. Die AUSZÜGE können voneinander getrennt (TEILNEGATIVE) oder als DREISCHICHTENEMULSION (DREIPACK) vereint sein. Mit Hilfe eines ADDITIVEN oder SUBTRAKTIVEN Verfahrens werden sie zu einem Farbbild kombiniert.

Die additiven Verfahren der KORNRASTER- und LINSENRASTERFILME sind etwas aus der Mode gekommen. Bei Kornrasterfilmen sind einer Emulsion, die nach dem Umkehrverfahren entwickelt wird, winzige blaue, grüne und rote Filter vorgelagert. Projektion mit weißem Licht durch diese Filter hindurch rekonstruiert die Originalfarben als partitive Mischung. In einen Linsenrasterfilm sind Zylinderlinsen gepreßt; sie werden durch Linsen mit drei Filterstreifen in der Linsenebene belichtet und projiziert. Die Nachteile des additiven Verfahrens liegen darin, daß Projektionslicht verlorengeht und der Film schwer zu kopieren ist.

Subtraktive Systeme verwandeln bei einer Aufnahme den Rotauszug zum Beispiel in ein Zyan-Weiß-Diapositiv. Die drei so gewonnenen Dias werden zu einer Schicht vereint. Dazu kann man von jedem einzelnen Negativ eine Gelatinematrix herstellen, anfärben und die Farbe der drei Matrixbilder dann auf einen Film (TECHNICOLOR) oder Papier (DYE TRANSFER oder Farbübertragung für Farbkopien) übertragen. Moderne Filme arbeiten mit Dreischichtenemulsionen, die während der Entwicklung zusammenbleiben. Die drei Schichten erhalten ihre Farbe entweder bei der Herstellung (dann werden die Farben selektiv durch FARBAUSBLEICHUNG an belichteten Stellen entfernt) oder bei der Entwicklung (FARB- oder FARBSTOFFENTWICKLUNG). Die Farbentwicklung ist eine Schwarzweißumkehrentwicklung, wobei sich die Farben als Reaktion zwischen dem oxidierten Entwickler und KUPPLERN ergeben, die entweder in die Emulsion eingebaut sind oder hinzugefügt werden. Darauf folgt ein BLEICHFIXIERBAD, das das Silber abführt und ein reines Farbbild übrigläßt. Die Farbstoffentwicklung bei SOFORTBILDFILMEN verwendet drei verschiedene Farbstoffentwickler, die jeweils hinter der zugehörigen Emulsion eingefügt sind. Der Farbstoffentwickler diffundiert, vom latenten Bild in der Emulsion gesteuert, und läßt in der Bildschicht ein Farbbild entstehen.

Mit Hilfe von FALSCHFARBEN kann Infrarotstrahlung sichtbar gemacht und Bewegungsänderung festgehalten werden. Falschfarben entstehen aber auch unabsichtlich, wenn ein Film verwendet wird, der der Lichtquelle nicht entspricht. KIRLIANFOTOGRAFIE erzeugt Falschfarben durch die UV-Strahlung einer Koronaentladung.

AUFGABEN

A1 (a) Warum werden bei der Farbfotografie drei (und nicht, sagen wir, zwei oder zehn) Farben benutzt? (b) Welche drei Farben werden aufgezeichnet? (c) Sind diese Farben (allgemein gesagt) für additive und subtraktive Farbfilme gleich?

A2 Ein Photograph der Pionierzeit um die Jahrhundertwende hat eben seinen ersten Kornrasterfarbfilm hergestellt und stellt fest, daß seine Bilder zu blau sind. (a) Er will die Emulsion verbessern; sollte er sie das nächste Mal mehr oder weniger blauempfindlich machen? (b) Sollte er, als Alternative, mehr oder weniger blaue Stärkekörner in seine Rasterfilter tun?

A3 Ein Bereich A eines Farbfilms wurde mit leuchtend gelbem Licht und ein Bereich B mit einem schwachgelben Licht belichtet. Erklären Sie anhand eines Diagramms, wie das leuchtende und das schwache Gelb beide in dem entwickelten Diapositiv richtig reproduziert werden, wenn der Film (a) ein additiver Kornrasterfilm und (b) ein subtraktiver Film ist.

A4 Ein rotes Motiv wird mit einem Kornrasterfilm aufgenommen. Wir nehmen an, der Film würde so entwickelt, daß statt des üblichen Positivs ein Negativ gemacht wird. (a) In welcher Farbe reproduziert das Negativ das rote Objekt bei der Betrachtung (bei der, wie üblich, die Farben sich partitiv mischen)? (b) Könnte es Probleme geben, wenn dieses Negativ auf einen anderen Kornrasternegativfilm kopiert wird, um ein Diapositiv zu erhalten?

A5 Fotoapparate, die für Linsenrasterfilme konstruiert wurden, brauchten außer den Filtern auf den Linsen eine andere Besonderheit, nämlich einen veränderlichen Schlitz, der die kreisrunde, veränderliche ›Irisblende‹ ersetzte. (a) Warum war das nötig? (b) In welche Richtung sollte der Schlitz zeigen, wenn die Zylinderlinsen senkrecht sind?

A6 In einem Film mit idealer Farbausbleichung wäre kein Silber nötig, und die Farben in den drei Schichten würden durch die Bleichwirkung des Lichts entfernt. (Rotes Licht würde den Zyanfarbstoff entfernen, grünes den Magentafarbstoff und blaues Licht den gelben Farbstoff.) (a) Zeichnen Sie einen solchen Film vor der Belichtung und zeigen Sie die Schichtung der Farbstoffe. (b) Betrachten Sie drei Bereiche dieses Films, die jeweils mit Rot, Gelb und Blau belichtet wurden. Zeigen Sie, welche Farbstoffe entfernt wurden. (c) Die Entwicklung des Films bestünde im Fixieren der Farbstoffe, so daß sie nicht mehr ausbleichen können. Zeigen Sie in einer dritten Skizze, wie der fertige Film die ursprünglichen Farben reproduziert.

A7 Eine Technicolorberaterin möchte eine schon aufgenommene Szene so aussehen lassen, als ob sie bei Nacht fotografiert worden sei; sie soll also dunkel sein und überall einen Blauschimmer haben. Die Fachfrau erreicht dies, indem sie neue Gelatinematrizen herstellt, deren Dicke sich von denen, die den Eindruck von Tageslicht vermitteln, unterscheidet. Wie sollte sich jede der neuen Matrizen von der entsprechenden alten unterscheiden?

A8 Nach der Belichtung, aber vor der Entwicklung eines modernen Farbfilms hat jede Emulsionsschicht (a) einen Farbfilter, (b) einen Lichthofschutz, (c) ein gefärbtes Bild, (d) eine Garantie von Agfa, (e) ein latentes Bild. (Wählen Sie eine Antwort.)

A9 In den Teilen der rotempfindlichen Emulsionsschicht in Kodachrome (und anderen Umkehrfarbfilmen), die nicht belichtet wurden, bildet sich (durch Entwickler und Kuppler) im fertigen Bild ein Farbstoff. Dieser hat folgende Farbe: (a) Blau, (b) Zyan, (c) Grün, (d) Gelb, (e) Rot, (f) Magenta. (Wählen Sie eine Antwort.)

A10 Ein moderner Farbdiapositivfilm (z.B. Agfachrome) wird in einem Bereich mit weißem, in einem anderen mit grünem und in einem dritten mit gelbem Licht belichtet. Skizzieren Sie den Querschnitt durch einen solchen Film: (a) nach der Belichtung, mit Andeutung der Lage der Silberkeime auf dem latenten Bild; (b) nach der Farbentwicklung, wenn die Farben in den drei Schichten sichtbar sind; (c) bei der Projektion, wenn Licht durch das Dia fällt und die Farben zeigt, die alle drei Schichten durchlassen.

A11 Ein bestimmtes, im subtraktiven Prozeß gewonnenes Diapositiv habe in drei Bereichen den gleichen Farbton, unterscheide sich aber in Sättigung und Helligkeit (z.B. Rosa, Rotbraun und Rot). (a) Zeichnen Sie auf, welche Farbe in jeder Emulsion vorhanden ist. (Geben Sie größere Farbmengen durch Buchstabenverdopplung oder -verdreifachung an.) (b) Beschreiben Sie, wie sich das Bild jeder Schicht in den drei Bereichen mit demselben Farbton unterscheidet.

A12 Die meisten subtraktiven Farbumkehrfilme haben einen Gelbfilter, der oft aus sehr feinverteiltem, metallischem Silber besteht. (a) Warum wird dieser Filter während der Belichtung gebraucht und warum muß er während der Entwicklung entfernt werden? (b) Welcher Entwicklungsschritt entfernt das Silber dieses Gelbfilters? (c) Wie werden die folgenden Farben fotografisch reproduziert, wenn der Hersteller vergißt, den Filter in den Film zu legen (aber sonst Filmstruktur und -entwicklung nicht verändert): Blau, Grün, Rot, Zyan, Magenta und Gelb? (d) Zeichnen Sie eine Farbtafel und zeigen Sie mit Pfeilen an, wie diese Farben sich verändern.

A13 Abbildung 10.8 gibt eine Farbtafel für Bienen wieder. (a) Entwerfen Sie einen additiven Farbfilm, der Farben für eine Biene farbgetreu wiedergibt. (b) Wie würden Bienendiapositive einem Menschen erscheinen?

A14 Sie möchten bei einer Beleuchtung mit einer Farbtemperatur von 8000 K Außenaufnahmen mit einem Farbfilm machen. Welche Farbfilter sollten Sie benutzen, wenn Ihr Film (a) ein Positivfilm, (b) ein Negativfilm ist?

A15 Von dem Daumen eines Mannes werden zwei Kirlianaufnahmen gemacht: die erste, während der Mann nichts anderes tut, als seinen Daumen auf den Film zu drücken, und die zweite, während er seine Frau küßt. Das erste Bild ist ziemlich dunkelblau, während das zweite viel Purpur und Rot zeigt. Geben Sie eine glaubwürdige Erklärung.

Harte Aufgaben

HA1 Ein veralteter Dreifarbenfilm vereinigt das additive mit dem subtraktiven Verfahren. Er besteht aus zwei Filmen, bei denen die Emulsionen zueinander gewandt sind. Der erste Film ist orthochromatisch (nur blau- und grünempfindlich) und trägt einen Linsenrasterfilm, so daß die grünen und blauen Aufnahmen, ähnlich wie bei gewöhnlichen Linsenrasterfilmen, miteinander verwoben sind. Die Filmrückseite ist nur für Rot (das den vorderen Film ungehindert passiert) empfindlich. Die Kameralinse hat zwei Farbfilter, wodurch der vordere und der hintere Film jeweils die für sie richtige Lichtfarbe empfangen. (a) Was läuft schief, wenn diese Filter grün und blau sind? Warum ergeben die richtigen Filter, soweit es den Vorderfilm betrifft, dasselbe Ergebnis wie grüne und blaue Filter? (b) Zeichnen Sie ähnlich zu Abbildung 11.3 auf, was mit den verschiedenen Farben geschieht.

HA2 Ein Linsenrasterfilm kann kopiert werden, wenn der Schirm in Abbildung 11.3 durch einen anderen Linsenrasterfilm ersetzt wird. (a) In welche Richtung sollten die Zylinderlinsen der Kopie zeigen? (b) Warum ist die Kopie ein Spiegelbild? (c) Wie könnten Sie eine solche Kopie so projizieren, daß sie richtig aussieht?

HA3 Ein (veralteter) Zweifarbenfilm hat auf einer Seite der Grundschicht eine Emulsion, die für Rot, und auf der anderen eine, die für Zyan empfindlich ist. (Vergleichen Sie Kapitel 9, Aufgabe A31). Beide Emulsionen werden durch Umkehrentwicklung zu Schwarzweißpositiven. Die beiden Emulsionen können in zwei verschiedenen Farben getönt werden, wenn man sie mit der einen oder anderen Seite nach unten auf einem Toner schwimmen läßt. (a) Warum kann dieser Film nicht alle Farben getreu wiedergeben? (b) Wie sollten die Farben des Toners gewählt werden, wenn man so viele Farben wie möglich getreu wiedergeben will? (c) Zeichnen Sie eine Reihe von Skizzen, die Abbildung 11.7 entsprechen, und zeigen Sie, welche Teile des Films belichtet werden, wo die Farbstoffe nach der Entwicklung und dem Färben sind und welche Farben reproduziert werden, wenn mit weißem, schwarzem, rotem, gelbem, grünem und blauem Licht belichtet wird.

HA4 Wir nehmen an, die Farbkuppler eines subtraktiven Farbfilms seien nicht diffusionsecht und könnten frei zwischen den beiden untersten Filmschichten diffundieren, während die obere Schicht nur ihren eigenen Kuppler enthält. Beschreiben Sie die Wirkung auf das fertige Dia, indem Sie angeben, wie die folgenden Farben reproduziert werden: Rot, Gelb, Grün, Blau, Magenta, Weiß, Schwarz.

HA5 Das Bild einer belichteten Silberhalogenidemulsion, bei dem eine Entwicklungsstufe gerade beendet ist (aber noch nicht gewaschen oder fixiert wurde), liegt in vier Formen vor: (1) das entwickelte Silber, (2) das unentwickelte Silber, (3) der frische Entwickler in der Emulsion, (4) der verbrauchte Entwickler in der Emulsion. Eines der Bilder (1) bis (4) wird im folgenden Schritt zum fertigen Bild hin verwendet. Geben Sie an, welches Bild das ist bei: (a) der Farbentwicklung eines Positivs, (b) der Farbentwicklung eines Negativs, (c) der Farbstoffentwicklung eines Positivs und (d) der Schwarzweißentwicklung eines Negativs.

HA6 Wir stellen uns vor, ein Filmhersteller hätte Kuppler zur Verfügung, die jede gewünschte Farbe erzeugen (für jede Farbe einen Kuppler). Er möchte einen dreischichtigen Falschfarbendiafilm entwerfen, der jede Farbe des Originals durch ihr Komplement reproduziert und die Helligkeit unverfälscht wiedergibt. (Der Film soll also zum Beispiel den Himmel leuchtend gelb zeigen und Rotwein dunkelgrün.) Zeichnen Sie die Durchlässigkeitskurven für drei Farbstoffe, die er dazu nehmen kann.

HA7 Abbildung 10.8 zeigt die Farbtafel einer Biene. (a) Geben Sie für einen für Bienen entwickelten subtraktiven Farbfilm die Reihenfolge und die Farbempfindlichkeit der Emulsionen und die Farben an, die die Kuppler erzeugen sollten. (b) Welche besonderen Anforderungen wären an einen Diaprojektor für Bienen zu stellen?

Filmtricks

Sie sehen ein Panorama von Paris. Wohl die Hälfte der vertrauten Gebäude sind zerstört. Die Kamera schwenkt über den verheerenden Anblick hinweg zum Eiffelturm, der einzustürzen droht. Von Flammen umzingelt, unterhalten sich vor dem Eingang zu einem der Aufzüge ein Leutnant und eine Polizistin über das Ausmaß der Zerstörung. Plötzlich kommt zwischen den Trümmern ein gewaltiger Dinosaurier um die Ecke, stapft über Autos, stößt Gebäude um, treibt Menschen auseinander. Sein wild wedelnder Schwanz haut dem Leutnant den Kopf ab, der über die ganze Leinwand fliegt. Die Polizistin schießt mit ihrem Strahlengewehr den Dinosaurier zu Staub.

Während Sie im bequemen Kinosessel die Reste der Eiswaffel aufknabbern, fragen Sie sich vielleicht, wie eine solche Szene gefilmt wird. Dinosaurier sind ja weder alltägliche noch willfährige Schauspieler. Die Stadt Paris würde eine ganz schön gesalzene Rechnung für die Absperrung der Innenstadt und erst recht die Zerstörung des Eiffelturms schicken, und Strahlengewehre, die Dinosaurier in Staub verwandeln, gibt es auch nicht besonders viele. Und wer kann sich schon die Preise leisten, die Schauspieler mit abschlagbarem Kopf heute fordern? Aber die wohldurchdachte Anwendung vieler der von uns behandelten Grundlagen ermöglicht es den Filmemachern, diese erbauliche Szene einzufangen, ohne den Etat überzustrapazieren.

1. Die Komponenten

Der Film hat eine Reihe sichtbarer Komponenten. Zunächst einmal natürlich die SCHAUSPIELER. Gewöhnlich sprechen sie, also ist der Ton wichtig. Das ist ein großes Problem, weil die Tonqualität bei Außenaufnahmen selten gut ist. Deshalb ist es viel besser, den Dialog in einem Tonstudio aufzunehmen, wo alles kontrolliert werden kann.

Die KULISSEN sind eine andere Komponente. Der Hintergrund Paris muß (wenn auch leicht abgewandelt) mit bewegtem Verkehr und Menschen in die Handlung eingeblendet werden. Dabei ist darauf zu achten, daß die Beleuchtung und das Wetter stimmen.

Weil die Kamera vor allem mehrdeutige Hinweise auf die Raumtiefe gibt, kann ein kleines, nahes Objekt wie ein großes, entferntes aussehen – der Betrachter kann das nicht erkennen. Deshalb sind für Filme MASSSTABSGETREUE MODELLE wichtig, ob nun von Dinosauriern, Hausruinen oder Eiffeltürmen. Der Schwanz des Dinosauriers braucht womöglich ein eigenes, größeres Modell, damit die Enthauptung klappt. (Es ist gar nicht leicht, den richtigen Maßstab für bewegte Objekte zu finden. Damit die Geschwindigkeit der Miniatur im Film nicht zu groß erscheint, muß sie oder die Geschwindigkeit der Aufnahmekamera sorgfältig bestimmt werden. Manchmal aber paßt es einfach nicht. So hatte man für den Film ›Der unglaublich schrumpfende Mensch‹ die Kulissen ganz riesig gebaut, um die Schauspieler klein erscheinen zu lassen. Als dann aber riesige Wassertropfen gebraucht wurden, war das Problem, daß die Oberflächenspannung zwar kleine, aber keine riesigen Wassertropfen zusammenhält. Die Lösung bestand darin, daß jeder Tropfen aus einem wassergefüllten Kondom bestand. Der Posten für 1000 Dutzend Kondome in der Endabrechnung führte zu einiger Verwunderung über die vermeintliche Natur der Abschlußparty, aber der Trick bewährte sich und erzeugte tränenförmige Tropfen, die mit einem richtigen Platsch landeten.)

Weil der Film zweidimensional ist, können ZWEIDIMENSIONALE BILDER gefilmt werden. Mit gemalten oder fotografierten Kulissen lassen sich Szenen, die im

Freien spielen, im Studio filmen. Noch eindrucksvoller sind GLASAUFNAHMEN – man filmt mit einer bemalten Glasplatte zwischen Kamera und der gefilmten Szene. Diese Kulisse kann transparent sein, um an einem sonst blauen Himmel Wolken vorzutäuschen, oder undurchsichtig, um unerwünschte Einzelheiten zu verdecken. Eine undurchsichtige Glaskulisse könnte etwa den echten Eiffelturm verbergen und durch einen zerstörten ersetzen. Natürlich muß diese Glaskulisse die richtigen mehrdeutigen Tiefenhinweise des wirklichen Panoramas haben, das durch die unbemalten Teile der Glasscheibe hindurch zu sehen ist, also Perspektive, Schatten, Farben und so weiter richtig wiedergeben.

Der Kameramann kann dies alles und auch Einstellung und Beleuchtung überprüfen, wenn er durch die Kameralinse schaut. Weil das Glasbild nah ist, der übrige Teil der Szene aber entfernt, muß die Kamera viel Schärfentiefe haben. Solche Szenen werden gewöhnlich mit Objektiven kurzer Brennweite zwischen $f/11$ und $f/22$ aufgenommen. Sehr kleine Öffnungen erfordern oft sehr lange Belichtungszeiten, bis zu mehreren Minuten für jede Einstellung, wenn nur Modelle gebraucht werden. Damit das Glasbild nicht verschoben erscheint, darf die Kamera sich nicht bewegen, sondern höchstens um die Objektivmitte drehen. Mit Hilfe solcher Glaskulissen können also Teile einer Szene durch andere ersetzt, Gebäude zerstört und aufgebaut und komplizierte Aufbauten konstruiert werden. Im zweiten Weltkrieg wurden in einer Flugzeugfabrik für die Öffentlichkeit bestimmte Fotos durch Glaskulissen hindurch gemacht. Die Glasbilder gaben dabei die Apparaturen der Pilotenkanzel so verkleidet wieder, daß sie keine militärischen Geheimnisse preisgaben.

2. Zeiteffekte

Sehr viele Spezialeffekte nutzen die Tatsache, daß jeder Film aus einer Folge von Einzelbildern besteht. Deshalb kann ein lebendiger Schauspieler zwischen zwei Aufnahmen – STOP ACTION – durch eine Puppe mit abnehmbarem Kopf ersetzt werden. Das ermöglicht auch ZEICHENTRICKS – die Stellung der Puppe und des Dinosaurierschweifs können zwischen den Aufnahmen etwas verändert werden und dadurch den Eindruck erwecken, sie bewegten sich. Der Film vom Zusammenbruch eines kleinen Eiffelturms kann VERLANGSAMT werden, damit der Eindruck entsteht, ein größeres Gebäude stürze ein, während ein gestellter Autozusammenstoß BESCHLEUNIGT wird, damit er aufregender wird. Die Schwerkraft wird durch einen RÜCKWÄRTS LAUFENDEN FILM besiegt.

Wieder andere Effekte lassen sich durch MEHRFACHBELICHTUNG erreichen. ÜBERBLENDUNG kann eine Szene verschwinden lassen: die Einstellungen werden nacheinander immer stärker ABGEBLENDET und mit Bildern einer anderen, immer stärker AUFGEBLENDETEN Szene überlagert. Oder man belichtet – WISCHBLENDE – einen immer kleineren Teil des Stillfotos mit der alten Szene und einen immer größeren mit der neuen. Ein Schauspieler kann auch auf demselben Bild mehrmals zu sehen sein, wenn jeder Teil für sich belichtet wird. Wenn die Belichtungszeit jedes Einzelbildes in zwei Teile geteilt wird und der Dinosaurier einmal da ist und einmal nicht und das Bild ohne Dinosaurier immer länger belichtet wird, verschwindet der Dinosaurier vor den Augen der Zuschauer – er wird zu Staub.

3. Spiegel

Der Dinosaurier kann auch mit Hilfe eines TEILDURCHLÄSSIGEN SPIEGELS (oder einer unter einem Winkel aufgestellten Glasplatte) zu Staub werden, wie SIE SELBST SAHEN im Versuch zu Abschnitt 2.4. Ein solcher Spiegel kann auch Titel überlagern (wie?), Glanzlichter setzen (Flammen ohne Gefahr für die Schauspieler um sie herum züngeln lassen) und überblenden. Eine besonders effektvolle Überblendung entsteht, wenn ein gewöhnlicher Spiegel zerbrochen und damit die dahinter liegende Szene enthüllt wird.

Ein Spiegel kann auch in nur einem Teil einer Szene eingesetzt werden. So werden in der SCHÜFFTAN-EINSTELLUNG die Schauspieler mit Hilfe eines Spiegels zum Beispiel auf den Stufen oder Fluren eines Studiomodells gefilmt. Das Silber des Spiegels wird überall entfernt, nur dort nicht, wo sie die Schauspieler und ihre unmittelbare Umgebung spiegeln. Hinter dem Spiegel ist durch das Glas hindurch eine große Fotografie des Eiffelturms zu erkennen. Die Kamera sieht also, wie die Schauspieler die Stufen des Gebäudes hinuntergehen, ohne daß man eine Außenaufnahme machen oder das ganze Gebäude im Studio aufbauen muß.

Bei all diesen Aufnahmen arbeitet man, um unerwünschte Reflexionen zu vermeiden, mit Spiegeln, die auf der Vorderfläche versilbert sind. Die Kamera wird natürlich auf das virtuelle Bild eingestellt, damit der unvermeidliche Staub nicht scharf gesehen wird. Die Beleuchtung der beiden Szenen (das reflektierte und das durchgelassene Licht) muß sorgfältig ausbalanciert werden, und die Linksrechtsumkehr muß (wenn nötig durch einen zweiten Spiegel) korrigiert werden. Mit Spiegeln wie den verformten eines ›Vergnügungspalasts‹ lassen sich kaleidoskopartige Effekte und Verzerrungen bewirken; geeignete Spiegel täuschen in den Wellen einer Wasserwanne die Reflexionen einer gekräuselten Meeresfläche vor.

4. Maskierung

Wenn ein Teil eines Bildes mit einem Motiv belichtet wird und der Rest mit einem anderen, muß ein Weg gefunden werden, den jeweils unbelichteten Teil abzudecken. Eine solche Vorrichtung, die einen Teil des Films abdeckt, während der Rest belichtet wird, heißt eine MASKE oder MATTE (und ist ähnlich zu, aber nicht identisch mit den bei Farbfilmen erwähnten Masken). Frühe Trickfilmaufnahmen kannten sie noch nicht. Damals nahm man zuerst ein Gebäude mit dunklem Hintergrund auf und danach vor einem dunklen Hintergrund die Schauspieler. Wenn der Standort stimmte, standen sie dann im Film im Eingang des Gebäudes.

In modernen Filmen ist größere Abwechslung erwünscht, als eine schwarze Umgebung erlaubt. Ein einfaches Verfahren besteht darin, einen Teil der ersten Szene mit einer schwarzen Maske der gewünschten Form abzudecken. Die Schablone kann aus schwarzem Karton geschnitten sein oder auf Glas gemalt, vor der Kamera oder in der Kamera vor dem Film liegen. Sie sollte nicht genau in der Brennebene liegen, damit sich ihr Rand nicht auf dem Film abzeichnet. Die zweite Szene wird dann mit einer GEGENMASKE abgedeckt, dem Negativ der ersten, die da schwarz ist, wo die erste transparent war, und umgekehrt. Die Grenzlinie ist schwerer zu bemerken, wenn sie mit Linien im Hintergrund übereinstimmt oder im Dunkeln liegt.

Dieses Verfahren bewährt sich, wenn dieselbe Maske für viele Einzelbilder benutzt wird. Wenn jedoch Schauspieler durch einen brennenden Feuerring hindurch müssen, die Maske sich also mitbewegt, braucht man eine BEWEGTE MASKE. Zudem vermeidet man es gern, einen Film zweimal zu belichten, weil das Risiko, kostspielige Filmaufnahmen zu vernichten, damit größer ist. Beide Probleme lassen sich lösen, wenn man filmt, wie die Schauspieler gehen, den Film dann entwickelt und auf dem Negativ nachher für jedes Einzelbild sorgfältig eine Maske einzeichnet. Die Negative werden dann mit der Maske auf unbelichteten Film abgezogen und dieser Film mit Gegenmasken von Negativen des Feuerrings belichtet.

Diese mühsamen, teuren und nicht sehr genauen Methoden sind durch eine Reihe von Verfahren zur Selbstmaskierung ersetzt worden. Ein solches Verfahren eignet sich besonders dazu, Zeichentrickfiguren wie den Pumuckl (oder Titel) einem bewegten Hintergrund zu überlagern. Dabei wird das Trickbild mit undurchsichtiger Tinte auf Folien gezeichnet. Der Film und der Hintergrund werden von hinten auf die Folie projiziert, und die wiederum wird von vorn fotografiert. Da die Trickzeichnung lichtundurchlässig ist, erzeugt sie ihre eigene Maske, und der Hintergrund ist nur dort sichtbar, wo keine Trickfiguren sind. Die Zeichnung ist wohl zu sehen, wenn die Folie beim Filmen von vorn beleuchtet wird.

Wenn Vorder- und Hintergrund lebendig und bewegt sind, ermöglicht BLAUGRUND- oder BLUE-SCREEN-Verfahren eine Selbstmaskierung. Hier wird die Maske aus dem Film selbst gewonnen. Die Aufnahmen mit den Schauspielern werden vor einem dunkelblauen Hintergrund gemacht. Aus dem Farbnegativ wird, wie Abbildung B.4 zeigt, eine mitlaufende Maske hergestellt. Wenn das ursprüngliche Farbnegativ mit diesem zusammen abgezogen wird, ergibt sich ein latentes Bild, das nur die Schauspieler zeigt und bei dem der Hintergrund nicht belichtet ist. Im Kontaktabzug mit der Gegenmaske kann der unbelichtete Teil dann mit einem Farbnegativ des gewünschten Hintergrunds belichtet werden, ohne das Bild der Schauspieler zu verändern.

Das NATRIUMVERFAHREN vermeidet kontrastreiche Abzüge; bei ihm kommen durchsichtige Gegenstände im Vordergrund besser zur Geltung, und die Farben des Hintergrunds dürfen auch im Vordergrund vorkommen. Hier ist der Hintergrund ein nur mit Natriumlicht, einem fast monochromatischen Licht der Wel-

B.4 Das Blue-Screen oder Blaugrundverfahren zur Gewinnung von Maske und Gegenmaske. Die (hier etwas idealisierte) Schauspielerin wird vor einem tiefblauen Hintergrund gefilmt. Von dem Farbnegativ werden dann zuerst mit blauem und danach mit rotem Licht Kontaktabzüge gemacht, um zwei Schwarzweißdias zu erhalten. (Die Abzüge werden jedesmal im normalen Negativverfahren gemacht.) Von dem mit Rotlicht gewonnenen Dia wird dann wieder im Kontaktabzug ein neues, kontrastreiches Schwarzweißdia gemacht. Dieses wird wiederum auf das mit Blaulicht gemachte Dia gelegt; ein Kontaktabzug dieses Paares ergibt ein neues Schwarzweißdia. Das ist die mitgehende Maske, bei der die tiefblauen Teile der ursprünglichen Aufnahme schwarz sind und der Rest klar. Eine Gegenmaske ergibt sich dann als Schwarzweißnegativ der bewegten Maske

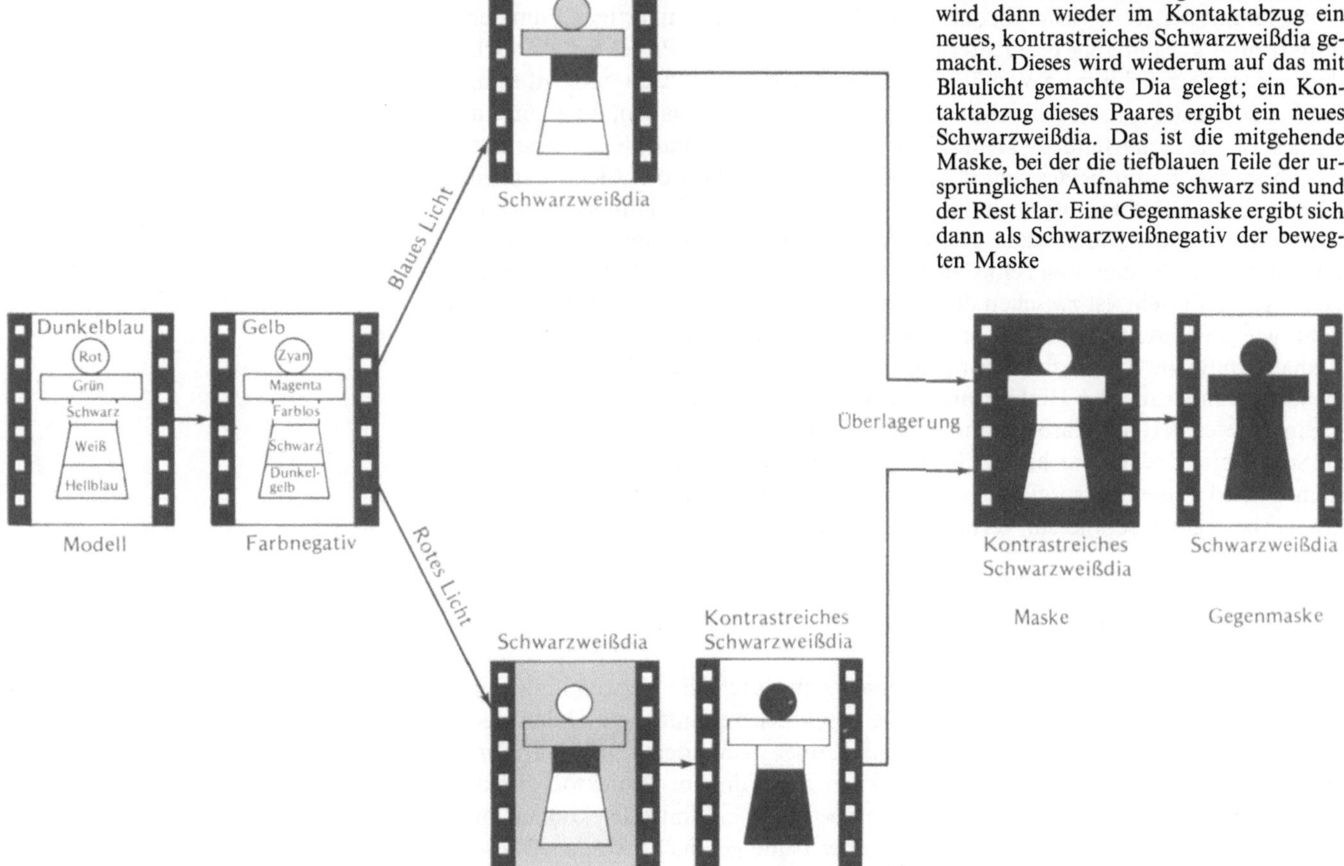

lenlänge 589 nm, beleuchtet. Die Schauspieler agieren im Licht von Glühlampen, aus dem mit Spezialfiltern diese Wellenlänge sorgfältig herausgefiltert wurde. Die dazu benötigte Kamera ist ziemlich aufwendig; sie enthält einen teildurchlässigen Spiegel oder andere STRAHLTEILER, mit dem sie gleichzeitig zwei Bilder machen kann. Der mit Filtern ausgerüstete Strahlteiler wirft 589-nm-Licht zu einer Seite und läßt den Rest durch. Dieses durchgelassene Licht belichtet den Farbfilm. Da die meisten natürlichen Gelb breitbandig sind, beeinflußt es ihren Farbton nicht. Auch wenn die 589-nm-Welle fehlt, wird der gelbe Hut der Schauspielerin farbgetreu wiedergegeben. Das reflektierte 589-nm-Licht belichtet einen Schwarzweißfilm und erzeugt damit die Maske, die überall dort schwarz ist, wohin das Natriumlicht des Hintergrunds kommt, und überall sonst klar.

Bei all diesen Verfahren, die mit Hilfe von Schablonen einen Vordergrund in einen getrennt davon gefilmten Hintergrund einfügen, muß man sehr darauf achten, daß die Beleuchtung der beiden Teile gut zueinander paßt und die Perspektiven und relativen Größen und Parallaxen stimmen.

5. Projektionen

Auch ohne Masken kann eine Vordergrundaufnahme im Filmstudio mit einem ganz anders gefilmten Hintergrund kombiniert werden. Die Schauspieler werden dabei im Vordergrund vor einer Mattglasscheibe gefilmt, auf die von hinten der Hintergrundfilm projiziert wird – RÜCKPROJEKTION. Die Schauspieler verdecken dann, wie im wirklichen Leben, selbst den nicht gewünschten Hintergrund.

Dieses scheinbar so einfache Verfahren hat eine Reihe technischer Tücken. Da jetzt auch der Hintergrund eine Serie von Einzelbildern ist, muß der hintere Projektor mit der Kamera synchronisiert werden, und damit im fertigen Film der Hintergrund gleichmäßig beleuchtet ist, müssen sowohl der Projektor als auch die Kamera vom Schirm im Verhältnis zu ihrem Gesichtsfeld weit entfernt sein. Die Kamera muß also ein Objektiv mit großer Brennweite haben, aber für ein solches ist die Schärfentiefe klein. Daher müssen die Schauspieler nahe am Schirm stehen, damit beides scharf ist. Dann wiederum fällt das Licht, das die Schauspieler beleuchtet, oft auch auf den Schirm und läßt die Hintergrundprojektion streifig und verwaschen erscheinen. Außerdem muß der Hintergrund dann anders erscheinen, wenn eine Nahaufnahme gewünscht wird. Die Parallaxe, die die Kamera sieht, ist zwischen den Schauspielern und dem nahen Schirm und nicht, wie gewünscht, zwischen den Schauspielern und dem fernen Hintergrund. Deshalb muß jede Kamerabewegung und jedes Zooming-in durch eine entsprechende Veränderung der Hintergrundprojektion kompensiert werden.

Ein anderes Verfahren arbeitet mit der AUFPROJEKTION (Abb. B.5); dabei kann ein Schauspieler scheinbar hinter einen Teil des Hintergrunds gehen. Weil dazu Kamera und Projektor sorgfältig aufeinander ausgerichtet sein müssen, ist die Kamerabewegung bei diesem Verfahren erschwert.

6. Der optische Kopierer

Viele der oben beschriebenen Prozesse lassen sich durch die Verwendung des sogenannten OPTISCHEN KOPIERVERFAHRENS wesentlich vereinfachen. Dabei stehen im wesentlichen ein Projektor und eine Kamera einander gegenüber. Die Verschlüsse sind synchronisiert, dadurch kann der Film im Projektor direkt Einzelbild für Einzelbild auf den Kamerafilm werfen. Zwei Filmrollen können im Kontakt durch die Kamera, den Projektor oder beide geschickt werden. Diese ZWEIERPACKUNG ermöglicht es, den Film zu projizieren und gleichzeitig oder

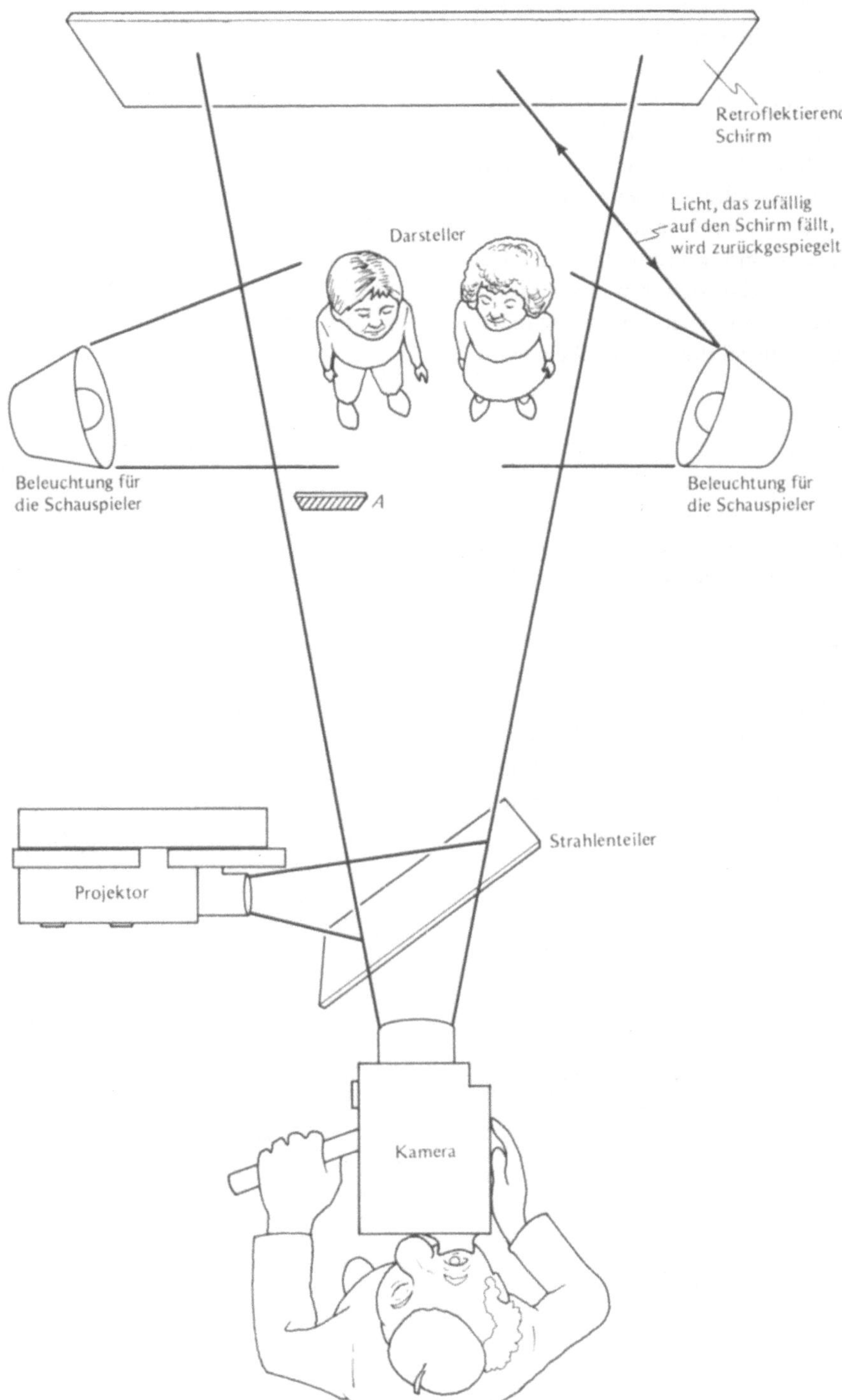

B.5 Aufprojektion. Die Schauspieler stehen vor einem reflektierenden Schirm, auf den der Hintergrund projiziert wird. Die Projektion geht dank des Strahlteilers praktisch vom Ort der Kamera aus, deshalb sieht die Kamera keine Schatten, die die Schauspieler auf das projizierte Bild werfen könnten. Die Projektion auf die Schauspieler wird von der Beleuchtung verwaschen. Weil der Schirm selbst rückstrahlt, kommt Licht, das aus Versehen auf ihn fällt, nicht in die Kamera. Ein Hilfsschirm *A* kann aufgestellt werden, wenn die Schauspieler hinter einem Teil der projizierten Szenerie sein müssen

auch allein durch eine mitbewegte Maske zu belichten. Einige optische Kopierer haben vor der Kamera einen Strahlteiler, so daß gleichzeitig mehrere Projektionen auf denselben Film geworfen werden können.

Mit diesem Kopierer läßt sich ohne Gefahr für den Originalfilm abblenden, aufblenden, überblenden und teilweise projizieren. Zum Abblenden zum Beispiel braucht nur die Projektionsbeleuchtung allmählich abzunehmen. Der Film kann beschleunigt werden, indem man nur jedes zweite Einzelbild aufnimmt, und verlangsamt, indem man jedes Bild doppelt nimmt; er kann rückwärts laufen oder angehalten werden. Zwei Bilder lassen sich leicht überlagern, besonders, wenn der optische Kopierer mehr als einen Projektor hat. Durch den Einsatz verschiedener Linsen läßt sich die Größe eines Bildes verändern. Beleuchtung und Farbänderung ergeben sich durch verschiedene Filter. Dadurch kann eine bei vollem Tageslicht aufgenommene Szene als Nachtszene im Schummerlicht erscheinen (AMERIKANISCHE NACHT). In den Raum zwischen Projektor und Kamera können optische Hilfsmittel wie Filter, Linsen, Prismen, anamorphotische Spiegel oder Kaleidoskope eingesetzt werden, die das Bild bewegen, verschieben, drehen (wenn der Held einen Hieb versetzt bekommt, daß sich ihm das Zimmer zu drehen scheint), umkehren, verzerren, verfärben (die Farben können allmählich verblassen und schwarzweiß werden) und auf ungezählte andere Weise verändern.

7. Schlußbemerkung

Wir haben hier nur einige der möglichen Tricks erwähnt. Es gibt viele mehr, etwa die computerkontrollierte Stellung von Kamera und Modell, und jeden Tag werden neue Möglichkeiten entwickelt. Natürlich sind wir auf die nichtoptischen Tricks, also wie Doubles arbeiten, Explosionen zustande kommen und so weiter, gar nicht eingegangen. Ganz gewiß ist es falsch zu sagen, die Kamera lüge nicht. Mit Hilfe dieser Tricks machen Kameras Aufnahmen von Welten, die es nicht gibt und nicht geben kann. Und selbst wenn sich der Regisseur auf die Realität beschränkt, erlauben die Tricks und Spezialeffekte ihm großen künstlerischen Freiraum. Sie können viel kosten und viel Geld sparen. Jedenfalls sind sie dem Einsatz eines echten Dinosauriers vorzuziehen.

KAPITEL 12

Wellenoptik

12.1 Einleitung

Wir wissen aus Kapitel 1, daß Licht eine Welle ist. Die Wellenlänge hat in den darauffolgenden Kapiteln eine wichtige Rolle gespielt. Aber wir haben bis jetzt noch nicht erklärt, woher wir wissen, daß Licht eine Welle ist und wieso wir sicher sein können, daß die Wellenlänge etwa des gelben Spektrallichts 580 nm beträgt. Wir haben uns vielmehr auf die geometrische Optik konzentriert und damit Situationen vermieden, in denen Licht sich wie eine Welle verhält. Jetzt jedoch interessiert uns die WELLENOPTIK (oder physikalische Optik), das Studium jener Erscheinungsform des Lichts also, die durch die Wellennatur des Lichts bestimmt ist.

Die geometrische Optik erklärt Erscheinungen, bei denen die mit dem Licht wechselwirkenden Objekte (Linsen, Spiegel, Blenden usw.) viel größer sind als die Wellenlänge des Lichts (etwa 1/2000 mm). Die Wellennatur des Lichts zeigt sich bei der Wechselwirkung mit winzigen Objekten, deren Dimensionen zum Glück nicht die Größenordnung einer Wellenlänge haben müssen, sondern Bruchteile eines Millimeters betragen können. Sogar mit Hilfe unserer Hände läßt sich, wie wir sehen werden, ein Lichtstrahl so eng ›zusammenpressen‹, daß er seine Wellennatur offenbart!

Natürlich fällt nur ein kleiner Teil eines breiten Lichtstrahls auf ein winziges Objekt, und man könnte vermuten, die Welleneffekte seien eher schwach. Aber denken wir uns viele gleiche, kleine Objekte im Weg dieses Strahls. Ihre Wirkung kann sich summieren und einen neuen Strahl ergeben, der genauso stark oder sogar stärker ist als einer, der sich nach den Gesetzen der geometrischen Optik verhält. Die Wellenoptik beschränkt sich also nicht auf kleine oder schwache Korrekturen der geometrischen Optik. Vielmehr beschreibt alle Optik, auch die geometrische, eigentlich ein bestimmtes Wellenverhalten. Wenn wir die Wellenoptik verstehen, können wir Licht besser kontrollieren und vielseitiger einsetzen, Bilder verändern, nichtspiegelnde Oberflächen herstellen, enge Frequenzbereiche herausfiltern, Längen und Winkel extrem genau messen und es in vielen anderen Weisen nützlich und nutzbringend einsetzen. Die Natur selbst erzeugt einige der reinsten und leuchtendsten Farben der Vögel, Insekten, Steine und des Himmels mit Hilfe der Welleneigenschaften des Lichts.

12.2 Interferenz

Was passiert, wenn zwei Wellen, die zunächst getrennt waren, zusammentreffen? Bei gleichartigen Wellen (also zum Beispiel bei zwei Wasserwellen, nicht aber bei einer Wasser- und einer Schallwelle) addiert sich ihre Verschiebung. Stellen wir uns zwei Wellen auf demselben Seil vor. In jedem Augenblick versucht jede Welle, einen bestimmten Punkt des Seils nach oben zu ziehen. Aber natürlich spaltet sich das Seil nicht in zwei, so daß jede Welle eines hat, sondern die beiden Wellen kombinieren sich zu einer einzigen Störung. Wenn beide Wellen in dieselbe Richtung ziehen, ist die Verschiebung dort, wo beide wirken, größer als die jeder einzelnen. Wenn sie aber in verschiedene Richtungen ziehen, ergibt sich eine kleinere Verschiebung. In Abbildung 12.1a laufen zwei Buckel über ein Seil und treffen aufeinander. Etwas später ziehen sie beide den

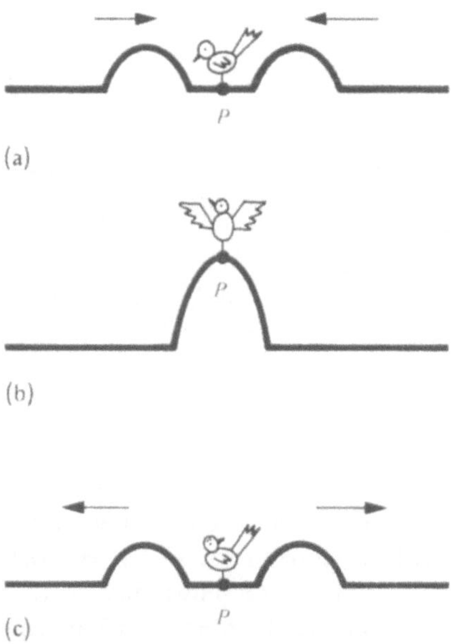

12.1 Zwei gleiche Wellenberge eines Seils verstärken sich, wenn sie zusammentreffen, zu einem doppelt so großen Berg

Punkt P hoch, und das Seil nimmt die in Abbildung 12.1b gezeigte Form an. Punkt P ist dabei höher, als wenn nur eine Welle vorhanden gewesen wäre. (Man erhält diese Kurve, indem man sich zuerst vorstellt, jede Welle setze sich einzeln fort, ohne durch die andere beeinflußt zu sein. Dann werden die Höhen dieser beiden einzelnen Wellen addiert.) Später (Abb. 12.1c) trennen sich die beiden Wellenberge wieder und setzen sich so fort, als ob es die andere Welle nie gegeben hätte. In Abbildung 12.2a ist die Situation ähnlich, aber hier stoßen ein Wellenberg und ein Wellental zusammen. Der Punkt P wird von einer Welle hoch und von der anderen hinunter gezogen, so daß wenig später (Abb. 12.2b) der Punkt P und das Seil in der Umgebung von P überhaupt nicht verändert sind – die beiden Wellen heben einander auf. Das ist jedoch nicht das-

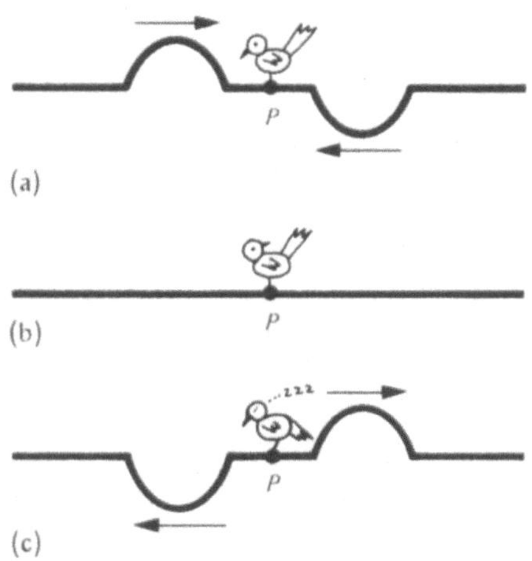

12.2 Ein Berg und ein Tal heben einander beim Zusammentreffen auf

selbe wie ein ganz ungestörtes Seil – der Zustand dauert nur einen Moment lang. Denn wenn das Seil auch nicht verschoben ist, so hat es doch eine vertikale Geschwindigkeit (die links von P nach unten und rechts von P nach oben gerichtet ist). Deshalb bilden sich im nächsten Moment wieder Wellenberg und -tal aus und setzen sich getrennt fort, als ob es die andere Welle nie gegeben hätte.

Wir sehen also, daß die Größe des Gesamtausschlags nicht nur von der Größe der Teilwellen abhängt, sondern auch von der PHASENBEZIEHUNG. Wenn die Wellenberge zweier Wellen zusammentreffen, sie also in Phase (oder phasengleich) sind, verstärken sie einander – die Gesamtbewegung des Seils ist groß. Wenn aber beide Wellen das Seil in entgegengesetzte Richtungen ziehen und der Berg der einen mit dem Tal der anderen zusammenfällt, wenn sie also gegenphasig sind, heben sie einander auf.

Die Addition der Wellen unter Berücksichtigung der Vorzeichen heißt SUPERPOSITION oder ÜBERLAGERUNG. Wenn Wellen mit mehreren Bergen und Tälern mit entgegengesetzter Fortpflanzungsrichtung aufeinandertreffen, dann sind sie zu einem Zeitpunkt etwa phasengleich (ihre Summe ist dann doppelt so groß wie die beiden ursprünglichen Wellen) und bald

danach gegenphasig (dann ist die Summe null). Dazwischen addieren sie sich zu einem Zwischenwert. Überlagerung gibt es bei allen Wellenarten, insbesondere bei Lichtwellen.

Wenn sich zwei beliebige Wellen überlagern, verstärken oder vernichten sie sich gewöhnlich in einer komplizierten und sich schnell ändernden Weise. Wenn jedoch die beiden Wellen gleiche Wellenlänge haben, kommt es vor, daß sie sich längere Zeit an derselben Stelle vernichten oder verstärken und ihre Überlagerung gut beobachtbar ist. Wir sprechen ganz allgemein dann, wenn wir die Überlagerung zweier Wellen gleicher Frequenz am selben Ort betrachten, von INTERFERENZ. (Lat. *interferre*, gegeneinander schlagen. Es wurde ursprünglich von einem Pferd gesagt, das mit einem Huf gegen die andere Fessel schlägt.) Wir nennen die Interferenz KONSTRUKTIV, wenn die Wellen in Phase sind (die Amplituden sich addieren), und DESTRUKTIV, wenn sie gegenphasig sind (die Amplituden subtrahiert werden). Wenn die beiden Wellen so beschaffen sind, daß sie jederzeit dieselbe Phase haben, gibt es Bereiche, in denen die Interferenz immer konstruktiv oder destruktiv ist. Wenn die Wellen nahezu gleiche Richtung haben, sind diese Bereiche im Vergleich mit einer Wellenlänge groß. Beim Licht lassen sie sich selbst mit dem bloßen Auge und trotz der Kleinheit der Lichtwellenlänge als helle und dunkle Bänder beobachten.

12.2.1 Interferenz zweier Punktquellen

Schauen wir uns an, was geschieht, wenn Wellen interferieren, die gleiche Wellenlänge haben und von zwei monochromatischen Punktquellen stammen. Wir müssen die Phasendifferenz zwischen den beiden Wellen an jedem Punkt kennen, um sagen zu können, ob die Interferenz konstruktiv oder destruktiv ist. Bei der einfachsten Anordnung liegen die beiden Quellen

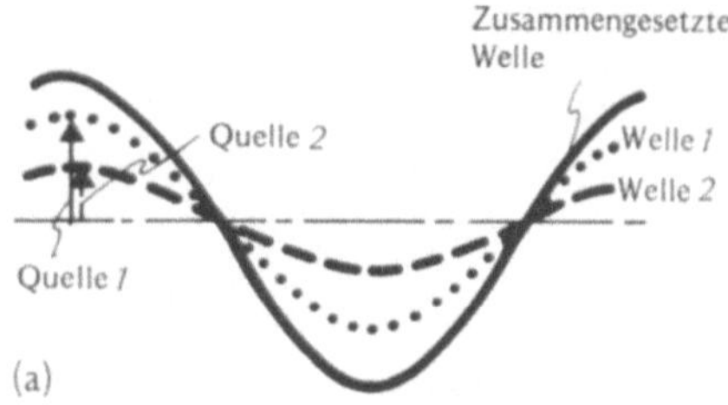

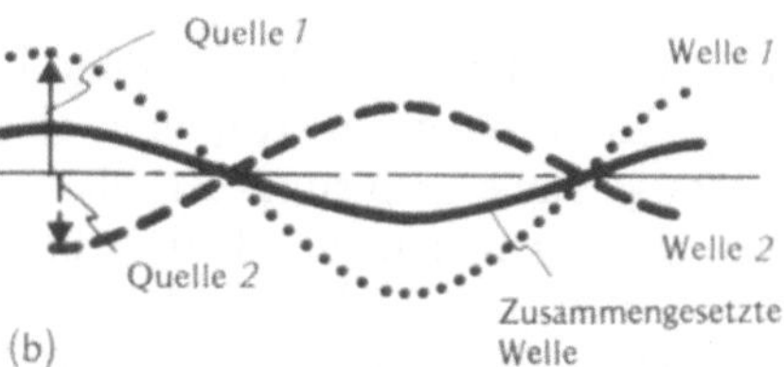

12.3 (a) Zwei eng benachbarte, phasengleiche Quellen senden zwei Wellen aus, die überall in Phase sind und also konstruktiv interferieren. (b) Zwei nahe, gegenphasige Quellen senden Wellen aus, die überall destruktiv interferieren

übereinander, haben also einen Abstand, der viel kleiner ist als die Wellenlänge der von ihnen ausgeschickten Strahlung ($d \ll \lambda$)[1]. Wenn die beiden Quellen selbst in Phase sind (wenn also die von ihnen ausgehenden Wellen in Phase waren, als sie ausgesandt wurden) (Abb. 12.3a), interferieren die beiden Wellen überall konstruktiv, denn sie müssen bis zu jedem Punkt gleiche Entfernungen zurücklegen und bleiben daher immer ›im Tritt‹. Die Wellen breiten sich also von einem solchen Quellenpaar genauso aus wie von einer einzigen Quelle, haben aber größere Intensität. Wenn die beiden Quellen gegenphasig sind (aber immer noch übereinander), sind auch ihre Wellen nicht in Phase. Ihre Interferenz ist destruktiv (Abb. 12.3b). Ein Beispiel dafür ist ein kleiner Lautsprecher ohne Gehäuse, der eine Schallwelle niedriger Frequenz (einen tiefen Ton) von sich zu geben versucht. Ein Lautsprecher erzeugt einen Ton, indem er Luft komprimiert oder sie expandieren läßt. Diese sich fortpflan-

---

[1] Das Zeichen $\ll$ bedeutet ›ist viel kleiner als‹.

zende Störung ist die Schallwelle. Während nun der Lautsprecher auf der Vorderseite Luft ausstößt, saugt er sie hinten ein; einen Augenblick später ist es umgekehrt. Vorder- und Rückseite des Sprechers sind also zwei gegenphasige Schallquellen. Bei niedrigen Frequenzen ist die Wellenlänge der ausgesandten Wellen viel größer als der Lautsprecher, deshalb interferieren diese beiden Quellen fast überall destruktiv, und man hört nichts. Bei Wellen, deren Länge den Maßen des Lautsprechers vergleichbar sind, kann man nicht sagen, die Schallquellen lägen übereinander (schließlich muß eine Welle ja von der Rückseite zur Vorderseite des Sprechers einen Weg zurücklegen). Dann ist die Interferenz nicht mehr überall destruktiv, und man hört etwas. Das ist die Ursache dafür, daß kleine, ungedämpfte Lautsprecher sich so ›blechern‹ anhören – ihnen fehlen die tiefen Frequenzen. Ein Gehäuse verbessert Lautstärke und Wiedergabe bei tiefen Frequenzen, indem es die vordere von der rückwärtigen Schallquelle trennt.

Eine andere einfache Situation entsteht, wenn die beiden Quellen wie in Abbildung 12.4c eine halbe Wellenlänge ($d = \lambda/2$) voneinander entfernt sind. Denken wir uns die Quellen in Phase und überlegen wir zuerst, was auf der x-Achse geschieht (der Linie, die durch die Quellen geht). Weil die Quellen einen Abstand von einer halben Wellenlänge haben, schickt die rechte Quelle Q_2 gerade ein Wellental aus, wenn ein Wellenberg von der linken Quelle Q_1 aus bei Q_2 ankommt. Deshalb sind die Quellen rechts von Q_2 (und entsprechend links von Q_1) nicht in Phase, und deshalb ist die Interferenz auf der x-Achse immer destruktiv (außer auf dem Abschnitt zwischen den beiden Quellen). Betrachten wir jetzt die y-Achse. Hier hat jeder Punkt von beiden Quellen gleichen Abstand, also brauchen die Wellenberge beider Quellen gleich lang, um dorthin zu gelangen. Deshalb kommen die Wellen hier in Phase an und interferieren immer konstruk-

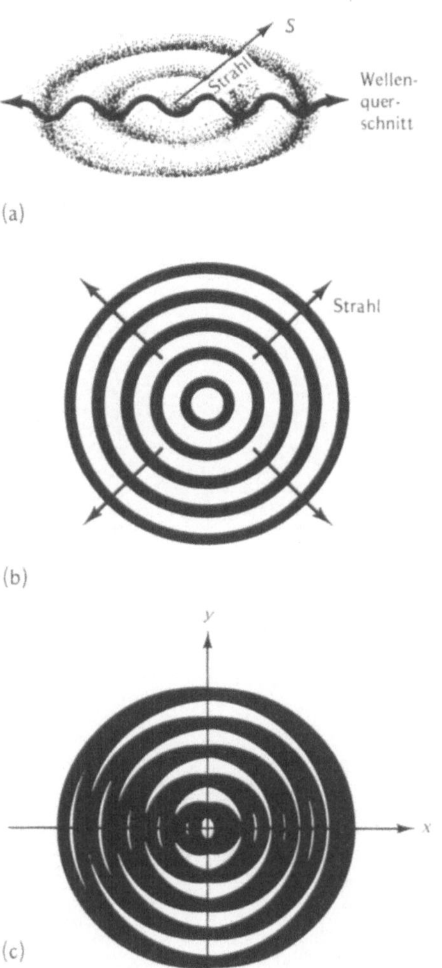

12.4 (a) Eine Wasserwelle mit einer punktförmigen Quelle. (b) Schematische Darstellung einer Welle, die sich von einer Quelle aus in alle Richtungen ausbreitet. Die schwarzen und weißen Linien stellen jeweils Wellenberge und -täler dar. (c) Interferenz zweier Quellen, die in alle Richtungen strahlen. Die Quellen haben einen Abstand von einer halben Wellenlänge und schwingen in Phase. Die Wellen sind entlang der y-Richtung in Phase (Berge fallen mit Bergen und Täler mit Tälern zusammen), aber in der x-Richtung sind sie gegenphasig (Berge fallen auf Täler und umgekehrt)

tiv. In den dazwischenliegenden Richtungen hat die Phasendifferenz einen Zwischenwert. Deshalb ist die Intensität auf der y-Achse am größten und fällt zur x-Achse hin auf null ab. Die Strahlung dieser Punktquellen wird also vor allem nach Norden und Süden, also entlang der y-Achse ›ausgestrahlt‹, und die Strahlung in die Ost- und Westrichtung (x-Achse) ist nicht sehr intensiv.

Setzen wir jetzt voraus, die beiden Quellen hätten denselben Abstand d ($d = \lambda/2$), wären aber gerade gegenphasig. Da jeder Punkt der y-Achse gleichen Abstand von der Quelle hat, kommen die Wellen gegenphasig an – sie interferieren destruktiv. Jetzt interferieren sie auf der x-Achse konstruktiv. (Warum?)

Elektromagnetische Strahlung wird zum Beispiel dann in solchen Interferenzmustern ausgeschickt, wenn die beiden Quellen Antennen von Radiosendern sind, die von demselben Verstärker angetrieben werden und also immer gleichen Phasenunterschied haben. Das ist das Prinzip eines Richtstrahlers, nur ist die Antennenvorrichtung viel komplizierter, damit der ausgesandte Strahl eng begrenzt ist. (Radiosignale werden gebündelt, damit bei der Übermittlung von einem Kontinent oder Planeten zum anderen die elektromagnetische Energie nicht dort vergeudet wird, wo das Signal gar nicht empfangen werden soll.)

12.2.2 Kohärenz

Die Interferenz von Licht zweier Punktquellen läßt sich gewöhnlich nicht beobachten. Wir sehen sie zum Beispiel nicht im Licht zweier entfernter Autoscheinwerfer, obwohl die Strahlen fast parallel sind, wenn sie uns erreichen. Das ist so, weil wir zwischen den schwingenden Ladungen zweier Lichtquellen nicht, wie bei Radioantennen, einen festen Phasenunterschied aufrechterhalten können. In einer gewöhnlichen Lichtquelle schwingen die Ladungen nicht im Tritt. Das Licht, das eine schwingende Ladung abgibt, kann mit dem der Nachbarladung in Phase sein oder auch nicht, und die Phase des Lichts verändert sich sprunghaft. Wenn das Licht zweier Quellen in Phase ist, kann es schon 10^{-8} Sekunden später nicht mehr in Phase sein; falls ein Interferenzmuster entsteht, ändert es sich so schnell, daß wir es nicht beobachten können. So ist es bei den meisten üblichen Lichtquellen. Wir nennen solche Quellen INKOHÄRENT (lat. *in*, nicht, und *cohaerens*, zusammenhängend), Quellen, die dagegen miteinander Schritt halten, heißen KOHÄRENT. Interferenz läßt sich nur mit kohärenten Strahlen beobachten, deshalb brauchen wir zur Beobachtung der Wellennatur des Lichts kohärente Wellen. Wo finden wir sie?

Der entscheidende Gedanke besteht darin, den Strahl einer monochromatischen, punktförmigen Lichtquelle aufzuteilen. Wenn sich dann die Phase der Lichtquelle ändert, verändern beide Strahlen ihre Phase gleichzeitig; damit bleibt die Beziehung zwischen den beiden Strahlen gleich. Wenn die Bahnen der beiden Strahlen nicht zu verschieden sind, können wir sie wieder zusammenführen und ihre Interferenz beobachten.

12.2.3 Dünne Filme

Wir kennen schon eine Möglichkeit, einen Strahl durch Reflexion an einem teildurchlässigen Spiegel oder einer anderen teilweise reflektierenden Oberfläche zu teilen. Dieses Verfahren heißt AMPLITUDENTEILUNG, weil der gespiegelte und der durchgelassene Strahl sich vom ursprünglichen Strahl nur durch die kleinere Amplitude unterscheiden.

Eine sehr dünne Schicht eines transparenten Materials (ein FILM) liefert zwei kohärente Strahlen, denn Licht spiegelt sich, wie Abbildung 12.5 zeigt, an beiden Oberflächen. Jede Oberfläche reflektiert einen kleinen Teil des einfallenden Lichts. (Weitere Strahlen, die durch Mehrfachspiegelung entstehen, sind weniger intensiv und können vernachlässigt werden.) Diese beiden kohärenten Strahlen scheinen dann, wie die Abbildung zeigt, von zwei Quellen, den beiden

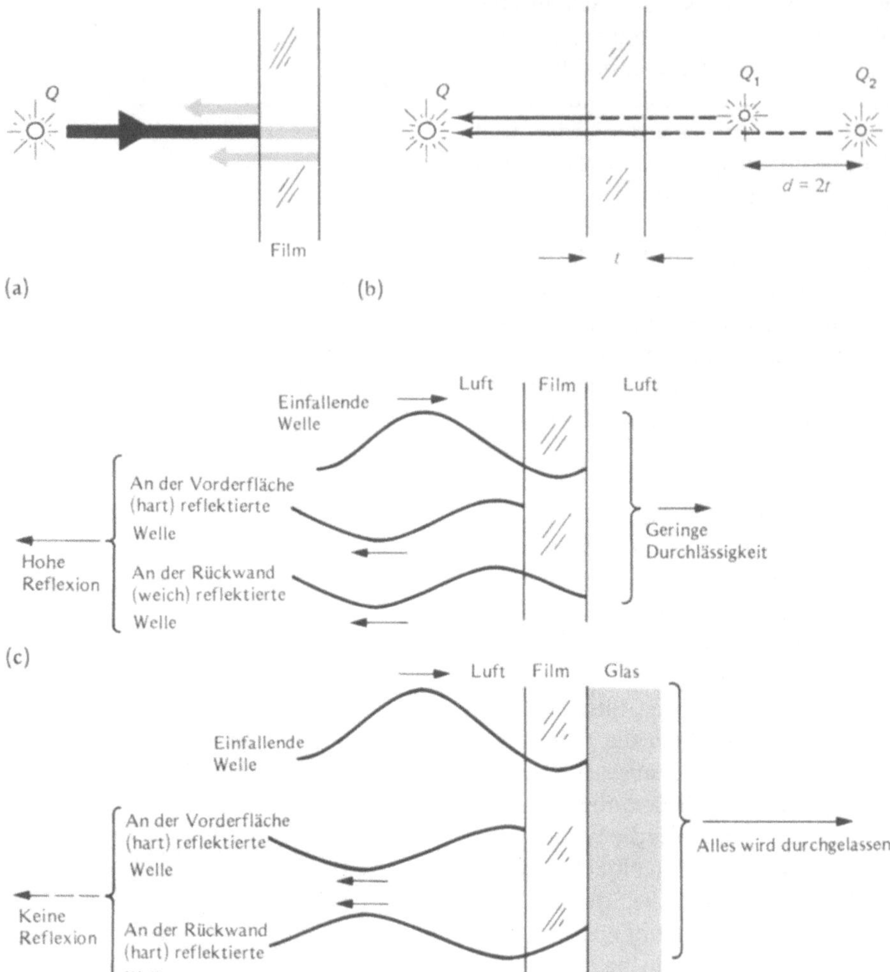

12.5 (a) Licht einer Quelle Q wird von der ersten und zweiten Oberfläche einer dünnen Schicht teilweise reflektiert. Der an der ersten Fläche reflektierte Strahl (die Spiegelung ist hart, vgl. Kapitel 2.3) wird phasenverschoben. (b) Der gespiegelte Strahl scheint von Q_1 und Q_2, den virtuellen Bildern von Q, herzukommen. (c) Wenn nur eine der Oberflächen hart reflektiert, sind Q_1 und Q_2 phasenverschoben. Wenn die Entfernung zwischen Q_1 und Q_2 gerade eine halbe Wellenlänge beträgt, interferieren die beiden reflektierten Strahlen konstruktiv. (d) Wenn hinter dem Film ein Glas mit einer höheren Brechzahl ist, sind beide Reflexionen hart und die Interferenz destruktiv. Folglich gibt es im ganzen keinen reflektierten Strahl, und das Licht wird zu 100% durchgelassen

virtuellen Bildern der realen Lichtquelle, zu stammen.

Wir können jetzt entscheiden, wie die Strahlen interferieren sollen, denn die Dicke des Films kann beliebig ge-

wählt werden. Wenn wir sie so wählen, daß der Abstand zwischen den virtuellen Quellen eine halbe Wellenlänge beträgt, haben wir genau die in 12.2.1 besprochene Situation. Da die erste Reflexion hart ist (Abschnitt 2.3), wird der erste reflektierte Strahl zusätzlich um 180° phasenverschoben (Abb. 12.5c). Die zweite Spiegelung ist aber weich und führt zu keiner weiteren Phasenverschiebung. Für die virtuellen Bilder bedeutet dies, daß die Quelle Q_1 in Gegenphase zu Q_2 schwingt. Da diese phasenverschobenen Wellen gerade eine halbe Wellenlänge Abstand haben, interferieren die reflektierten Strahlen entlang der x-Achse konstruktiv. Eine solche Schicht reflektiert deshalb wesentlich mehr Licht als eine einfache Oberfläche. Natürlich können die beiden virtuellen kohärenten Quellen nur bei Aufsicht gesehen werden (also von der Seite, wo die Quelle ist). Hinter dem Film gibt es also keine konstruktive Interferenz. Die Energie des stärker reflektierten Strahls muß ja von irgendwoher kommen; die einzige Energiequelle ist der einfallende Strahl. Wenn mehr reflektiert wird, kann weniger durchgelassen werden.

Es ist nicht schwer, die umgekehrte Situation herbeizuführen. Dann sind die beiden virtuellen Bilder der Punktquellen Q_1 und Q_2 in Phase (wie die Quellen in Abbildung 12.4c). Damit beide Spiegelungen hart sind, brauchen wir nur die zweite Oberfläche der Schicht auf einen durchsichtigen Träger zu legen, der eine höhere Brechzahl hat als der Film, also zum Beispiel auf eine Glasplatte. Wir wissen, daß eine Glasfläche selbst etwa 4% des einfallenden Lichts reflektiert. Wenn wir die Brechzahl des Films richtig wählen, können wir es so einrichten, daß gleiche Teile der Spiegelung von der ersten Grenzfläche (Luft-Film) und der zweiten (Film-Glas) kommen. Wir erhalten dann zwei kohärente Strahlen gleicher Intensität, die von virtuellen, phasengleichen Quellen stammen. Wenn nun diese virtuellen Quellen wieder eine halbe Wellenlänge auseinander sind und der ursprüngliche Strahl von links entlang der x-Achse einfällt (Abb. 12.5d), dann scheinen die reflektierten Strahlen von Q_1 und Q_2 her zu kommen und sich entlang der x-Achse nach links zu bewegen. Wie wir in Abbildung 12.4c sahen, interfe-

rieren sie in dieser Richtung destruktiv. Auf dem linken Teil der x-Achse wird also keine Intensität reflektiert. Da die Intensität außerhalb der x-Achse ansteigt (und ihr Maximum erst auf der y-Achse erreicht), ist die Spiegelung an der beschichteten Glasplatte für paraxiale Strahlen geringer als 4%, den Betrag für Glas allein.

STUDIER & SPEKULIER

Die richtige Dicke ist bei diesem entspiegelten Film $\lambda'/4$, wobei λ' die Wellenlänge des Lichts in dem Film ist. Warum?

Diese Interferenz durch Amplitudenteilung an einem dünnen Film ist eines der häufigsten Interferenzphänomene. Kameraobjektive sind mit einem dünnen Film überzogen, damit sie weniger spiegeln. Diese dünnen Filme absorbieren nicht viel, das Licht aber muß irgendwo bleiben, und da weniger gespiegelt wird, ist die beschichtete Oberfläche lichtdurchlässiger als die unbeschichtete. Unerwünschte Spiegelungen stören insbesondere bei Mehrfachlinsen. Kameras mit Linsensystemen wurden deshalb

erst dann verwendet, als in den dreißiger Jahren die Entspiegelungsverfahren vervollkommnet waren.

Wie Sie bei sorgfältiger Betrachtung sehen können, reflektieren Kameraobjektive etwas violettes Licht, denn die Dicke des Films (und damit der Abstand zur virtuellen kohärenten Quelle) kann nur bei einer Wellenlänge völlig destruktive Interferenz ergeben. Damit die Reflexion bei allen Wellenlängen möglichst gering ist, wird sie gewöhnlich so bestimmt, daß im Mittelbereich des sichtbaren Lichts, also im Grünen, gar nicht reflektiert wird. Bei anderen Wellenlängen beträgt der Abstand der Quellen nicht genau eine Wellenlänge, und weil die destruktive Interferenz im roten und blauen Bereich nicht vollständig ist, erscheint die Linse violett.

Auch an dem Farbenspiel der Ölflecken, mit denen die moderne Technik so manches Wässerchen trübt, lassen sich Interferenzen beobachten. (Maj Sjöwall und Per Wahlöo beschreiben sie als ›... die schmutziggrau-grüne Wasseroberfläche mit dem Perlmutterschimmer des Benzins ...‹.) Bekanntlich mischen sich Öl und Wasser nicht, und deshalb schwimmt das leichtere Öl auf dem Wasser wie Fettaugen auf Hühnersuppe. Wenn ein Waschmittel hinzukommt (was in der Ölschicht wahrscheinlicher ist als in der Hühnersuppe), verläuft es in einen dünnen Film. Wie der Film auf den Linsen reflektiert der Ölfilm je nach seiner Dicke bei einigen Wellenlängen wenig oder gar nicht und bei anderen mehr. Deshalb verändern sich die Farben, wenn sich die Dicke ändert (Abb. 12.6, Tafel 12.1). Da die Brechzahl von Öl höher ist als die von Wasser, ist eine Reflexion hart und eine weich, und wenn der Film viel dünner ist als eine Wellenlänge, interferieren die reflektierten Lichtstrahlen destruktiv (die gegenphasigen Quellen liegen nahe beieinander, wie in Abbildung 12.3b), und der Film scheint zu verschwinden. Andererseits interferieren alle Farben konstruktiv, wenn der Film zu dick ist, und ergeben dann

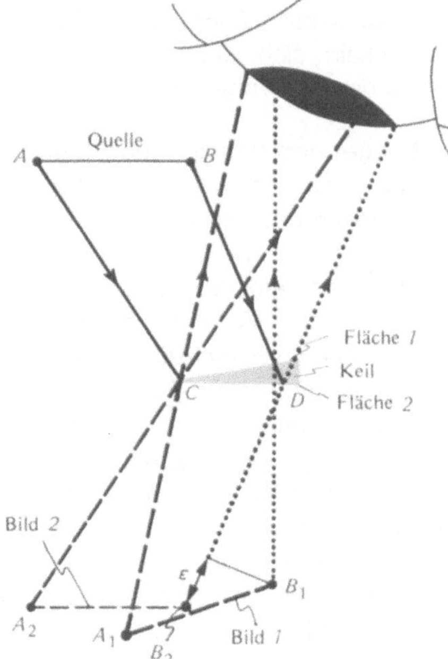

12.6 Eine breite Lichtquelle beleuchtet einen keilförmigen Film. Fläche 1 ergibt Bild 1, Fläche 2 Bild 2 der Quelle. Die beiden effektiven Quellen sind gegenphasig, weil eine Spiegelung hart ist und die andere weich. Die kohärenten Quellen bei den Punkten A_1 und A_2 schicken Strahlen gleicher Weglänge zum Auge, deshalb sieht das Auge bei C einen dunklen Streifen (destruktive Interferenz). Die kohärenten Punkte B_1 und B_2 senden Strahlen zum Auge, deren Weglänge sich um ε unterscheidet. Für $\varepsilon = \lambda/2$ entsteht in D ein heller Streifen in der λ entsprechenden Farbe

Weiß. Dazwischen hat der Film irgendwo etwa die Wellenlänge des Lichts, und dort entstehen die leuchtendsten Farben (SEHEN SIE SELBST (1)). Diese lassen sich auch (SEHEN SIE SELBST (2)) mit Seifenblasen erzeugen. Die buntesten Blasen sind nur wenige Wellenlängen dick. (Entspiegelte Linsenfilme wiederum haben eine Dicke von nur einem Bruchteil einer Wellenlänge, deshalb zeigen sie keine starken Farben. Fensterglas aber ist ein viel zu dicker ›Film‹, als daß sich an ihm Interferenzfarben beobachten ließen.)

Ein anderes Beispiel für Interferenz, die auf der Reflexion an dünnen Filmen beruht, ist das ›Anlaufen‹ einer glatten Metallfläche, besonders wenn sie erhitzt wird. Bevor Sie das nächste Mal Ihr Kupfer polieren, sollten Sie sich die zarten Farben genau anschauen (SEHEN SIE SELBST (3)).

SEHEN SIE SELBST

1 Öl auf trübem Wasser

Die moderne Industrie hat zwar überhaupt keine Schwierigkeiten damit, Ölschlick zu erzeugen, aber für den Hausgebrauch ist das gar nicht so einfach. Viele der im Haushalt gebräuchlichen Öle, auch Salatöl, sind zu schwer und verlaufen nicht, sondern bilden Tropfen. Nähmaschinenöl und Feuerzeugbenzin dagegen haben sich bewährt.

Füllen Sie eine flache, dunkle Schüssel mit warmem Wasser und stellen Sie sich so, daß Sie die Spiegelung einer breiten Lichtquelle auf dem Wasser sehen können. Spritzen Sie dann einen Tropfen Öl auf die Wasseroberfläche und warten Sie, bis er sich über die ganze Oberfläche ausgebreitet hat. Das kann einige Minuten dauern und auch ganz schnell gehen, je nachdem, welches Öl Sie benutzen und welche Temperatur das Wasser hat. Verfolgen Sie, wie sich die Farben entwickeln, während der Film dünner wird, und wie sie verschwinden, wenn der Film zu dünn wird.

2 Interferenz in Seifenfilmen

Seifenfilme lassen sich aus Haushaltswaschmitteln herstellen, aber die käufliche Seifenblasenlösung ergibt Filme, die etwas länger halten. Entnehmen Sie der Seifenlösung mit einer Drahtschlinge, Ihrem Finger oder dem Daumenloch einer Schere einen solchen Seifenfilm. Verändern Sie die Beleuchtung, bis Sie die Farben gut sehen können. Sorgen Sie für einen dunklen Hintergrund und eine ausgedehnte Lichtquelle, also etwa eine helle, von einer abgedeckten Lampe beleuchtete Wand in einem sonst dunklen Raum. Halten Sie den Seifenring senkrecht, so daß die Seifenlösung sich unten sammelt und der Film oben dünn wird. Beobachten Sie, in welcher Reihenfolge die Farben sich oben entwickeln und nach unten wandern. Wenn der Film sehr dünn wird, erscheint oben ein genau umrissenes farbloses Gebiet, das viel weniger reflektiert als der übrige Film.

Füllen Sie etwas Seifenlauge in einen dunklen Becher und pusten Sie mit einem Strohhalm hinein. (Auch Bier mit etwas Zitrone schäumt schön.) Beachten Sie, wie die Farben von der Neigung des Seifenfilms abhängen. Pusten Sie so lange, bis eine Blase über den Rand des Bechers kippt. Sie wird zuerst oben am dünnsten (wenn keine Zugluft stört). Warum entwickeln sich um diese dünnste Stelle herum farbige Ringe?

3 Spiegel und Newtonsche Ringe

Newton zweifelte zwar an der Wellennatur des Lichts, er machte aber als einer der ersten Beobachtungen solcher Interferenzerscheinungen an dünnen Filmen. Er beobachtete sie in dem Luftkeil zwischen der gekrümmten Unterfläche einer Linse und der Oberfläche der flachen Glasunterlage. Halten Sie eine Glasplatte vor einen dunklen Hintergrund und beleuchten Sie sie von oben. Stellen oder setzen Sie sich so, daß Sie die Spiegelung an der Platte gut sehen und legen Sie eine Linse darauf; pressen Sie sie vorsichtig nach unten und

bewegen Sie sie ein wenig hin und her. Sie sehen dann dort, wo die Linse das Glas berührt, eine kleine, weniger reflektierende Scheibe, die von farbigen Ringen, den Newtonschen Ringen, umgeben ist. Oft, vor allem, wenn die Linse stärker gekrümmt ist, also kurze Brennweite hat, sind die Ringe so klein, daß sie mit bloßem Auge nicht zu sehen sind.

Ein größeres Muster läßt sich gewöhnlich an zwei flachen Glasplatten, etwa Mikroskopträgern, beobachten. Dieses Glas ist immer etwas uneben, aber wenn zwei Platten übereinander liegen, berühren sie sich gewöhnlich in der Nähe des Randes. Drehen Sie die Glasstücke so lange, bis sie sich irgendwo in der Mitte berühren. Wenn das Glas sauber ist, können Sie durch Verschieben der einen Platte gegenüber der anderen erreichen, daß Sie im reflektierten Licht Farben sehen, die gewöhnlich die Form länglicher Ringe haben. Pressen Sie die Platten in der Mitte zusammen, bis sich dort ein dunkler Fleck zeigt. (Warum ist er dunkel?) Der dunkle Fleck ist dort von einem hellen, reflektierenden Ring umgeben, wo der Luftfilm zwischen den beiden Glasflächen etwa $\lambda/4$ mißt. Der von unten reflektierte Strahl legt eine um $\lambda/2$ längere Strecke zurück und wird wegen der harten Reflexion zusätzlich phasenverschoben, interferiert also konstruktiv mit dem oberen Strahl. Bestätigen die Farben, die Sie beobachten, daß die kürzeren Wellenlängen (blau) bei dünneren Filmen destruktiv interferieren? Ändern sich die Farben, wenn Sie das Muster aus verschiedenen Winkeln betrachten?

Der zweite Ring hat einen grünen Rand. Hier ist die Filmdicke etwa $2\lambda_{\text{Rot}}$ und auch $4\lambda_{\text{Blau}}$, also ungefähr 1300 nm, und deshalb verschwinden beide Farben durch destruktive Interferenz. Wie dick ist die Luftschicht im Magentateil des dritten Ringes? Wie viele Ringe sehen Sie? Verringern Sie jetzt vorsichtig den Druck auf das obere Glas und beobachten Sie, wie sich die Ringe bewegen. Warum bewegen sie sich zur Mitte hin? (Bedenken Sie, daß jeder Ring dort auftritt, wo der Luftfilm eine bestimmte Dicke hat, also zum Beispiel 1300 nm für den grünen Rand des zweiten Ringes.) Warum verschwindet der Ring, wenn Sie das Glas auch nur ein wenig anheben? Wie weit haben Sie das Glas gehoben, wenn die Ringe gerade eben verschwinden?

Zur Beobachtung eines anderen Interferenzmusters, das ebenfalls schon Newton erwähnt, brauchen Sie einen schön staubigen Spiegel. (Wenn Ihr Haus immer blitzblank ist, können Sie etwas verdünnte Milch auf den Spiegel spritzen und antrocknen lassen oder ihn mit der Knetmasse eigener oder fremder Kinder abreiben, damit die Oberfläche matt wird.) Verdunkeln Sie den Raum und beleuchten Sie den Spiegel mit einer Taschenlampe oder einer Kerze, die Sie etwa halbwegs zwischen Ihre Augen und den Spiegel halten, so daß sie ihr eigenes Bild gerade verdeckt. Der Staub streut dann das Licht, und darin können Sie farbige Ringe von der Art der Newtonschen Ringe sehen.

Man möchte meinen, dieses Muster rühre von der Interferenz der Strahlen her, die vom Spiegel selbst und seiner Vorderfläche erzeugt werden. Aber nicht nur ist Spiegelglas zu dick, als daß aus dieser Art der Interferenz sichtbare Farben entstehen können, sondern dieses Muster müßte ohne Staub besser zu sehen sein. Hier interferieren der Strahl, der zuerst vom Staub gestreut und dann von der hinteren Silberschicht reflektiert wird, und der Strahl, der zuerst reflektiert und dann von demselben Staub gestreut wird. Da diese beiden Strahlen fast denselben Weg zum Auge haben, kann weißes Licht interferieren. Sollte der Fleck in der Mitte gemäß dieser Vorstellung schwarz oder weiß sein? Ist er es?

Wenn die Teilchen auf dem Spiegel größer sind und Licht also nicht streuen, sondern beugen, entsteht über dem Interferenzmuster eine Korona (Abschnitt 12.5.2). Die Korona zeigt sich ganz deutlich und farbenfroh, wenn Sie einen sauberen Spiegel anhauchen und als Lichtquelle, wie vorher beschrieben, eine Kerze nehmen. Wenn Sie den Abstand von Kerze und Auge verändern, können Sie Stellen finden, wo Sie auch das Interferenzmuster sehen. Natürlich können Sie ebenfalls, wie in Abschnitt 12.5.2 beschrieben, eine Korona sehen, indem Sie ein Fenster anhauchen und durch den Niederschlag hindurch in eine Straßenlaterne schauen.

12.2.4 Youngsche Interferenzstreifen

Aus einer einzelnen monochromatischen Punktquelle können auch dadurch zwei interferierende Strahlen gewonnen werden, daß die Welle zwei parallele enge Spalte durchläuft. Wir sprechen dann von der WELLENFRONTTEILUNG. Wenn die beiden Spalte gleich weit von der Quelle entfernt sind, erreicht jede Wellenfront beide Spalte zur selben Zeit. Es kommen also zum Beispiel die Wellenberge gleichzeitig an; das Licht der beiden Spalte ist in Phase.

In Abbildung 12.7a trennen zwei Spalte S_1 und S_2 in einer lichtundurchlässigen Platte zwei benachbarte kohärente Strahlen. Wir werden später (Abschnitt 12.5.1) sehen, daß die

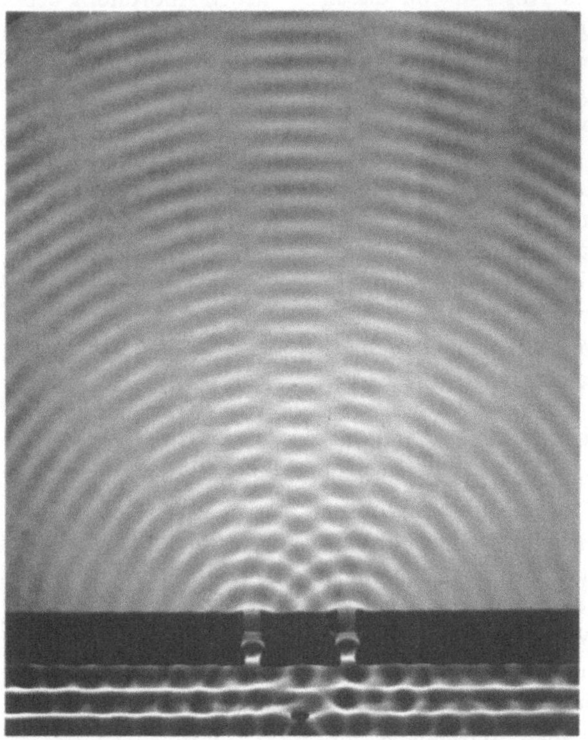

12.7 (a) Auf zwei Spalte S_1 und S_2 fällt Licht einer Lichtquelle Q. Die Strahlen 1 und 2 machen die Spalte so zu kohärenten Quellen, die in den Raum oberhalb der undurchlässigen Platte strahlen. (b) Eine Aufnahme von Wasserwellen, die von zwei Spalten in einer Sperrplatte ausgehen

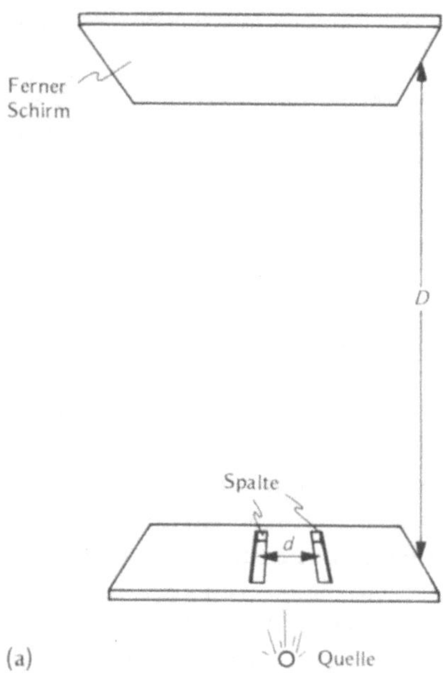

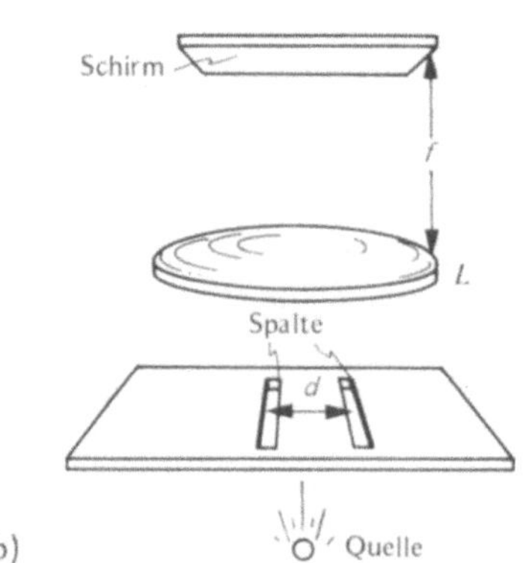

12.8 Zwei Möglichkeiten, entfernte Interferenz zu beobachten: (a) Der Schirm steht in einer Entfernung D, die im Vergleich zum Spaltabstand groß ist. (b) Der Schirm steht in der Brennebene der Linse L

12.9 Youngsche Streifen – diese Interferenzstreifen sind auf beiden Schirmen der Abbildung 12.8 zu sehen

Strahlen, wenn die Spalte hinreichend eng sind, nicht gerade hindurchgehen, sondern sich in alle Richtungen ausbreiten (Abbildung 12.7b). Die beiden Spalte verhalten sich wie kohärente Lichtquellen, die phasengleiches Licht aussenden, wenn Q wie in der Abbildung von beiden Spalten gleichen Abstand hat.

In größerem Abstand von diesen kohärenten Quellen gibt es viele Stellen, in denen die Interferenz konstruktiv oder destruktiv ist. Bei Lichtwellen lassen sich diese Interferenzbereiche gut beobachten. Man braucht nur in großer Entfernung einen Schirm aufzustellen (Abb. 12.8). (Man kann auch hinter der Quelle eine Linse anbringen und den Schirm in die Brennebene der Linse stellen (Regel für Parallelstrahlen, Abschnitt 3.4.3)). Überall dort, wo die Strahlen konstruktiv interferieren, ist der Schirm hell, bei destruktiver Interferenz ist er dunkel. Wenn die beiden Strahlen bis zu einem bestimmten Punkt auf dem Schirm gleiche Entfernungen zurücklegen müssen, kommen sie phasengleich an und ergeben einen hellen Fleck. Wenn ein Strahl eine halbe Wellenlänge mehr zurücklegen muß als der andere, kommt er um eine halbe Wellenlänge verschoben an,

und der Punkt ist dunkel. Diese abwechselnd hellen und dunklen Bereiche heißen INTERFERENZSTREIFEN. Der Streifen, der von beiden Quellen gleichen Abstand hat, ist der MITTELSTREIFEN (Abb. 12.9). (SEHEN SIE SELBST nach Abschnitt 12.2.6!)

Diese Streifen wurden zuerst um 1800 von Thomas Young in einer ähnlichen Anordnung beobachtet und als konstruktive und destruktive Interferenz erklärt. Damit lieferte er einen Beweis dafür, daß Licht Welleneigenschaften hat.

Eine Variation des Youngschen Experiments arbeitet mit nur einem Spalt S und seinem Spiegelbild S' (Abb. 12.10a). In dem Bereich der Abbildung rechts von diesem sogenannten LLOYDSCHEN SPIEGEL treffen sich in jedem Punkt ein Strahl, der direkt von der Spaltquelle S herkommt, und ein gespiegelter Strahl. Dieser scheint von einer zweiten Spaltquelle S' herzukommen, die mit der ersten kohärent ist. Diese Strahlen interferieren und erzeugen ein Muster, das den Youngschen Streifen ähnelt, bei dem aber hell und dunkel vertauscht ist, denn die reflektierte Welle wird bei der Spiegelung zusätzlich um $180°$ phasenverschoben. Deshalb unterscheiden sich die Phasen des Spalts und seines virtuellen Bildes um $180°$. Dieses Experiment bestätigte als erstes, daß es eine solche Phasenverschiebung für harte Lichtspiegelungen genauso gibt wie für die Seilwellen in Abbildung 2.14.

12.10 (a) Ein Spalt und sein virtuelles Bild im Lloydschen Spiegel sind kohärente Quellen und erzeugen auf dem Schirm Interferenz. (b) Reflexion an einem Flugzeug verursacht Interferenz von Fernsehwellen

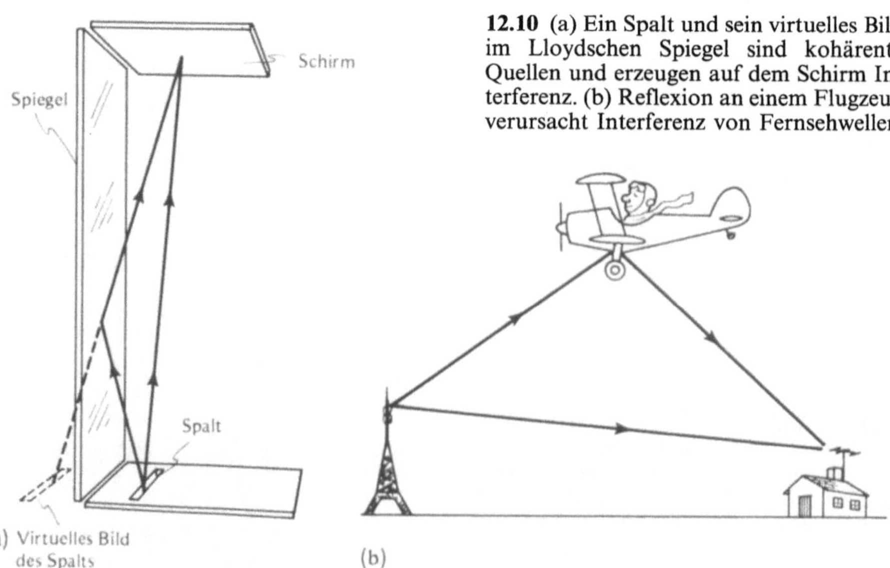

Gelegentlich werden wir ohne unser Zutun Zeuge dieses Experiments, und zwar mit Fernseh- oder Radiowellen, auf die wir unser Gerät eingestellt haben (Abb. 12.10b), wenn ein überfliegendes Flugzeug die Rolle des Lloydschen Spiegels übernimmt. Mit der Bewegung des Flugzeugs ändert sich die Bahnlänge des gespiegelten Strahls, der dadurch abwechselnd mit dem direkten Strahl phasengleich oder -verkehrt ankommt. Die Streifen ziehen dann an unserer Antenne vorbei, und wir empfangen ein Signal, das abwechselnd stärker und schwächer wird.

12.2.5 Der Streifenabstand

Young bewies mit der Beobachtung dieser Streifen nicht nur die Wellennatur des Lichts, sondern ermöglichte auch die Messung der winzigen Wellenlängen. Um zu sehen, wie das möglich ist, müssen wir die Abhängigkeit des Abstands der hellen Streifen von der Wellenlänge kennen. Betrachten wir also den Unterschied der Weglängen von den Spaltquellen Q_1 und Q_2 bis zu einem Punkt P des Schirms in großer Entfernung zu den Spalten (Abb. 12.11). Wir haben das Lot von Q_2 auf $\overline{Q_1P}$ gezeichnet und seinen Fußpunkt R genannt. Nun sind die

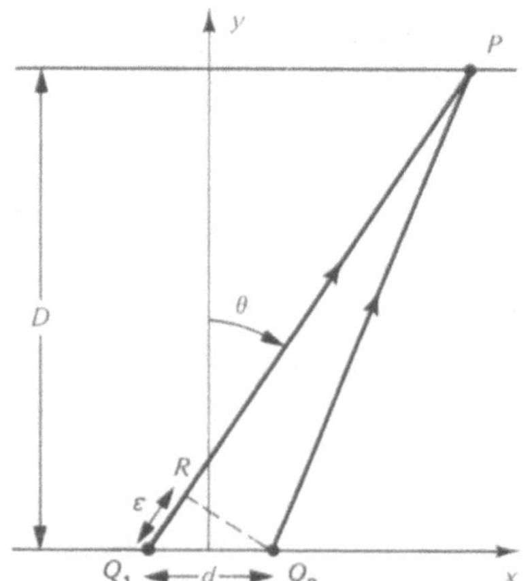

12.11 Weglänge zweier Quellen Q_1 und Q_2 zu einem entfernten Punkt P in Richtung θ zur y-Achse. Der Wegunterschied ist ε

Entfernungen $\overline{Q_2P}$ und $\overline{RP}$ gleich, deshalb muß der Strahl von Q_1 zusätzlich die Strecke $\overline{Q_1R}$ zurücklegen, die wir hier mit ε (dem griechischen Buchstaben Epsilon) bezeichnet haben. Wenn dieser zusätzliche Weg ein ganzzahliges Vielfaches der Wellenlänge ist, kommen die beiden Wellen bei P in Phase an und addieren sich konstruktiv.

Für $\varepsilon = \lambda$ zum Beispiel kommt bei P ein Wellenberg von Q_2 gleichzeitig mit einem Berg an, der Q_1 eine Schwingung früher verließ. Wenn also P so liegt, daß die Wegdifferenz ein ganzzahliges Vielfaches von λ ist, also λ oder 2λ oder 3λ usw. beträgt, ist P ein Punkt mit konstruktiver Interferenz und deswegen hell.

Wenn P jedoch so liegt, daß die Wegdifferenz $\varepsilon = \frac{1}{2}\lambda$ (oder $\frac{3}{2}\lambda$ oder $\frac{5}{2}\lambda$ usw.) beträgt, kommen die beiden Wellen gegenphasig bei P an – ein Berg von Q_1 trifft auf ein Tal von Q_2. An solchen Punkten ist die Interferenz destruktiv – die beiden Wellen heben einander auf, und es gibt einen dunklen Fleck.

Wenn Sie verschiedene Punkte P betrachten, die alle auf einer Parallelen zur x-Achse liegen (aber tatsächlich viel weiter von der Quelle entfernt sind als in der Zeichnung), verändert sich die Interferenz bei P periodisch. An einem Punkt direkt über der Quelle (auf der y-Achse) sind die Abstände zu den Quellen gleich ($\varepsilon = 0$), und dort ist es hell. Weiter rechts nimmt ε zu, erreicht zunächst $\varepsilon = \frac{1}{2}\lambda$ (dunkel), dann $\varepsilon = \lambda$ (hell), bis sich für $\varepsilon = \frac{3}{2}\lambda$ wieder ein dunkler Streifen zeigt und so fort, also abwechselnd helle und dunkle Streifen entstehen. Ein ähnliches Streifenmuster entsteht links.

Der Streifenabstand ist durch die Wellenlänge λ, den Abstand d der Quellen und die Entfernung D zwischen Quellen und Schirm bestimmt. Wir untersuchen zuerst die Abhängigkeit von D. Der erste helle Streifen neben dem Mittelstreifen entspricht $\varepsilon = \lambda$. Aus Abbildung 12.11 lesen wir ab, daß ε durch die Richtung der beiden Strahlen bestimmt ist, der erste

helle Streifen weist also immer, ganz unabhängig von der Entfernung des Schirms, in eine bestimmte Richtung, die wir θ nennen. Je weiter der Schirm entfernt ist, um so weiter ist auch der erste helle Streifen von der y-Achse entfernt, und damit ist der *Streifenabstand proportional zum Schirmabstand D.*

Weiter zeigt Abbildung 12.12, daß bei einem größeren Abstand d_2 zwischen den Quellen die Wegdifferenz gleich bleibt, wenn der Winkel θ_2 kleiner wird – die Bedingung $\varepsilon = \lambda$ ist dann für einen kleineren Winkel erfüllt. Je größer also d ist, um so näher sind die Streifen beieinander. *Der*

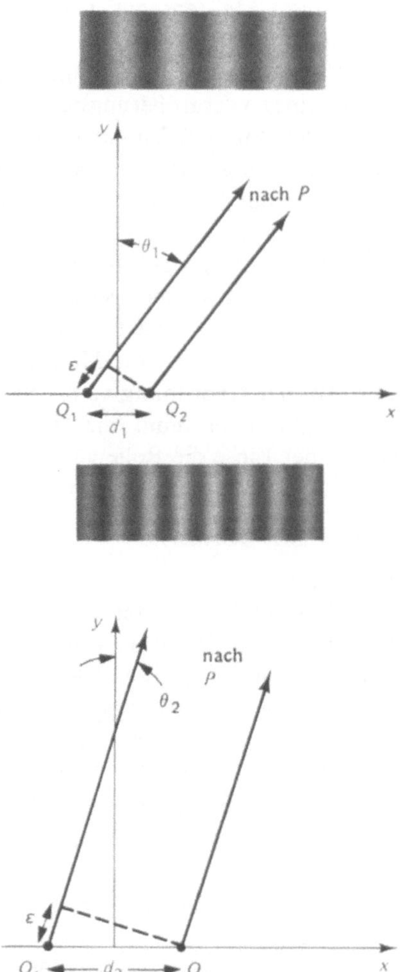

12.12 Wenn der Abstand der Quellen von d_1 auf d_2 anwächst, verkleinert sich der Winkel von θ_1 zu θ_2, falls die Wegdifferenz ε gleichbleibt

Streifenabstand ist also etwa umgekehrt proportional zu d.

Wenn schließlich die Wellenlänge λ größer wird, braucht man einen größeren Wegunterschied ε, bis man zum ersten hellen Streifen kommt (wo ε gleich λ ist). Deshalb bedeutet ein größeres λ, daß bei festem d der erste Streifen unter größerem Winkel θ auftritt. *Der Streifenabstand ist ungefähr proportional zur Wellenlänge.*

Diese drei Proportionalitäten lassen sich in einer Formel zusammenfassen (die für Streifen in der Nähe des Mittelstreifens gilt):

$$\text{STREIFENABSTAND} = \lambda\,\frac{D}{d}\,.$$

(Anhang K gibt die mathematische Herleitung.) Meistens gilt $d \simeq 1\,\text{mm}$ oder auch weniger. Für $D \simeq 1\,\text{m}$ ist also $D/d \simeq 1000$, die Wellenlänge wird mittels eines ›Vergrößerungsfaktors‹ D/d in den Streifenabstand übertragen. Diese Vergrößerung macht die Streifen so nützlich, denn man kann selbst bei kleinen Wellenlängen, wie denen des Lichts, große Muster beobachten, die von Welleneigenschaften zeugen. SEHEN SIE SELBST diese Vergrößerung mit Hilfe von Moirémustern. (In der Anordnung von Abbildung 12.8b übernimmt die Brennweite f der Linse die Rolle von D.)

SEHEN SIE SELBST

Moirémodell
einer Zweiquelleninterferenz
Die Interferenz zweier Quellen läßt sich im zweiten Versuch SEHEN SIE SELBST zu Abschnitt 9.8.1 zeigen. Jeder der beiden Anordnungen konzentrischer Kreise (Abbildung 9.28 und die Kopie) lassen sich als Schnappschuß der Wellenberge einer Punktquelle auffassen. Die dunklen Kreise stellen etwa Wellentäler dar und die hellen die Berge.

Legen Sie nun ein Kreismuster so über das andere, daß die Mitten nicht übereinstimmen (wie in Abbildung 12.4c). Es ergibt sich ein Moirémuster, das heißt, es gibt Bereiche, die insgesamt dunkler, und solche, die insgesamt heller sind. Die helleren Bereiche sind abwechselnd weiß (wo Weiß auf Weiß trifft) und schwarz (wo Schwarz auf Schwarz trifft), entsprechen also konstruktiver Interferenz. Die dunkleren Bereiche sind gleichmäßig dunkel; dort trifft Schwarz auf Weiß und Weiß auf Schwarz, und das entspricht destruktiver Interferenz. Beobachten Sie, wie die Aufteilung dieser Bereiche konstruktiver und destruktiver Interferenz sich ändert, wenn sich der Abstand der Quellen ändert.

Denken Sie sich am Rand des Moirémusters einen Schirm aufgestellt und messen Sie mit einem Lineal die Entfernung D zum Schirm, den Abstand d der Quellen und den Streifenabstand. Prüfen Sie nach, ob die Formel für kleinen Streifenabstand zutrifft. (Sie wurde ja unter der Voraussetzung hergeleitet, daß der Streifenabstand klein ist im Vergleich mit D.)

12.2.6 Weißlichtinterferenz

Die Beobachtung der Youngschen Streifen braucht kein monochromatisches Licht. Auch weißes Licht zeigt, zumindest in der Nähe des Mittelstreifens, Interferenz (SEHEN SIE SELBST!). Jede Farbe (Wellenlänge), die im weißen Licht enthalten ist, interferiert nur mit sich selbst. Das Streifenmuster des weißen Lichts ist die additive Mischung der Streifen in den Spektralfarben. Da die Mittelstreifen aller Wellenlängen zusammentreffen, ist dieser Streifen in der Mitte weiß. Weil die Wellenlänge des blauen Lichts kürzer ist, liegen die blauen Streifen näher beieinander als die roten. Deshalb interferiert das blaue Licht als erstes destruktiv. Der Mittelstreifen erscheint dann gelb – Weiß minus Blau (Abb. 12.13). Weiter außen erreichen die anderen Wellenlängen den Bereich ihrer destruktiven Interferenz. Dort, wo Rot destruktiv mit sich

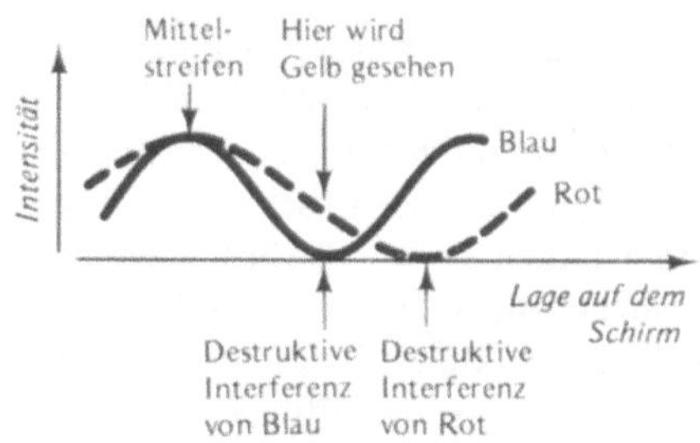

12.13 Youngsche Streifen aus weißem Licht. Die Farben ergeben sich als additive Mischung der verschiedenfarbigen Streifen. Hier ist die Intensität als Funktion der Lage auf dem Schirm nur für rotes und blaues Licht dargestellt; die hellen und dunklen Streifen der anderen Farben liegen zwischen denen für Blau und Rot

selbst interferiert, hat der nächste blaue Streifen fast seine größte Helligkeit. Deshalb sieht man auf beiden Seiten des Mittelstreifens einige leuchtende Farben, in größerer Entfernung aber gibt es ein Durcheinander von Maxima und Minima in verschiedenen Farben, und die Streifen sind ›verwaschen‹.

SEHEN SIE SELBST

Youngsche Streifen
Sie brauchen zwei Spalte in einem undurchsichtigen Material, die höchstens einen Millimeter Abstand haben. Ritzen Sie dazu Metallfolie mit einer Rasierklinge oder kratzen Sie mit einem scharfen Messer Farbe von einer frisch bemalten Glasplatte. Machen Sie mehrere parallele Spalte in verschiedenen Abständen und zum Vergleich einen einzelnen in größerer Entfernung. (Wenn Sie die Spalte als die Kanten eines schmalen Keils schneiden, können Sie an einem einzigen Spaltpaar beobachten, wie sich der Abstand auswirkt.) Wählen Sie eine kleine, konzentrierte Lichtquelle, nehmen Sie also in einem dunklen Zimmer eine Lampe mit langem, geradem Glühfaden (oder verkleiden Sie eine gewöhnliche Glühlampe mit einer Schlitzmaske) oder eine entfernte Straßenlampe. Drehen Sie die Spalte so, daß sie zur Längsrichtung der Lichtquelle parallel sind. Schauen Sie,

mit dem Auge nahe am Spalt, auf die Lichtquelle. Augenlinse und Netzhaut übernehmen dann die Rolle von Linse und Schirm in Abbildung 12.8b. Sie sehen eine Kombination von Youngschen Streifen und dem Beugungsmuster an einem Spalt (Abschnitt 12.5.1). Das größere Muster ist das Beugungsmuster. Sie erkennen es, indem Sie es mit dem vergleichen, was Sie sehen, wenn Sie durch den einzelnen Spalt blicken. Youngs Doppelspaltstreifen sind die feinen Linien in der Mitte des Beugungsmusters. Je enger, gleichmäßiger und näher die Spalte sind und je kleiner und entfernter die Lichtquelle, um so besser sind die Streifen zu sehen. Experimentieren Sie so lange, bis Sie gute Streifen haben.

Beobachten Sie an den engsten Spalten, in welcher Folge die Farben erscheinen. Schätzen Sie ab, wie viele Streifen Sie mit weißem Licht sehen können. Halten Sie dann einen Farbfilter in den Lichtweg und schauen Sie, ob Sie mehr Streifen sehen. Bestätigen Sie, daß der Streifenabstand sich so, wie wir behauptet haben, mit dem Spaltabstand ändert. Wenn Sie mehrere Farbfilter haben und sie abwechselnd in den Lichtweg halten, können Sie beobachten, wie die Streifen sich bewegen, wenn sich die vorherrschende Wellenlänge ändert.

12.2.7 *Interferenz mehrerer kohärenter Quellen*

Mehrere monochromatische, kohärente, phasengleiche Quellen lassen sich auf verschiedene Weise anordnen. Wenn sie regelmäßig und in gleichem Abstand angeordnet sind, schicken sie in bestimmte Richtungen viel Licht aus, während Youngs Doppelspalt nur wenig aussandte. Der Einfachheit halber denken wir uns alle Quellen phasengleich in gleichem Abstand auf derselben Geraden angeordnet, wie ein Ballett, das einen Cancan tanzt.

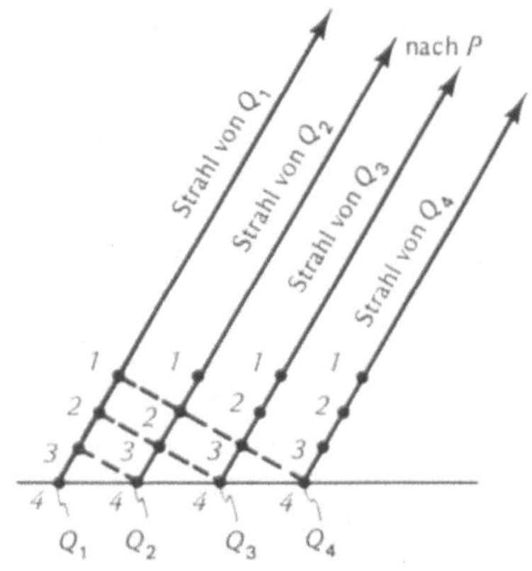

12.14 Konstruktive Interferenz vier phasengleicher Quellen. Berg 1 von Quelle Q_1, Berg 2 von Quelle Q_2, Berg 3 von Quelle Q_3 und Berg 4 von Quelle Q_4 haben alle gleichen Abstand von P. Sie kommen also alle gleichzeitig dort an und interferieren deshalb konstruktiv

Bei einer solchen Anordnung (Abb. 12.14) ist die Interferenz aller Quellen konstruktiv, und zwar nicht nur in der Vorwärtsrichtung ($\theta = 0$), sondern auch in jeder Richtung, in der zwei unmittelbare Nachbarn konstruktiv interferieren; denn wenn Licht von jeder Quelle mit dem des unmittelbaren Nachbarn in Phase ist, dann ist ja auch das Licht aller Quellen in Phase. Zum Beispiel ist bei einem Winkel, für den $\varepsilon = \lambda$ ist, ein Berg, etwa der erste von einer Quelle ausgeschickte, mit dem zweiten, von seinem nächsten Nachbarn ausgeschickten, in Phase und der von dem dritten mit dessen nächstem Nachbarn und so weiter. Auf einem entfernten Schirm zeigen sich deshalb helle Streifen in demselben Abstand $\lambda(D/d)$ wie bei den Youngschen Streifen. Diese aber sind sehr hell, da alle Strahlen interferieren.

Bei destruktiver Interferenz sieht es jedoch ganz anders aus. Eine Quelle kann nicht nur mit ihrem nächsten Nachbarn, sondern auch mit ihrem übernächsten und überübernächsten Nachbarn interferieren, vollständige destruktive Interferenz tritt also viel häufiger auf als bei zwei Quellen. Wenn es zum Beispiel 100 Quellen gibt, dann ist der kleinste Winkel, in dem sich die Effekte aufheben, der, bei dem Quelle 1 mit Quelle 51 gegenphasig ist und Quelle 2 mit Quelle 52

12.15 Die Intensitätsverteilung auf einem Schirm in fotografischer und grafischer Darstellung bei (a) zwei engen Spalten (Youngsche Streifen) und (b) vier engen Spalten mit gleichem Spaltabstand

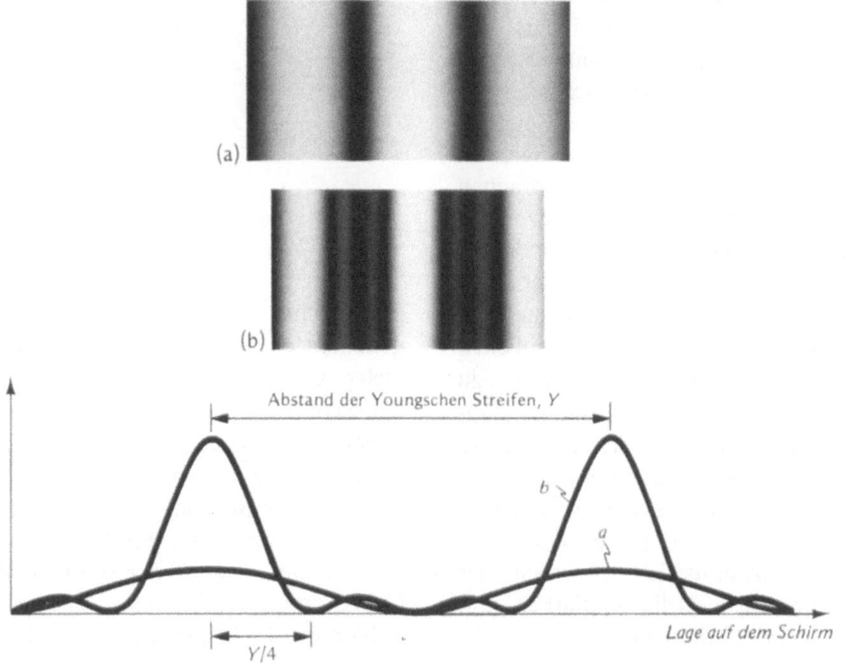

und so weiter, bis Quelle 50 mit Quelle 100 gegenphasig ist. In dem Fall tritt also der erste dunkle Streifen nicht in halber Entfernung zum ersten hellen Streifen auf, sondern bei 1/50 davon, da die Quellen, die Interferenz verursachen, 50mal weiter auseinander liegen. Bei 1/100 der Entfernung zwischen dem Mittelstreifen und dem ersten hellen Streifen ist die Intensität also bereits auf null gesunken. Der Mittelstreifen und auch die anderen hellen Streifen müssen also viel schmaler sein als die Youngschen Streifen. Wenn wir uns vom Mittelstreifen entfernen, treffen wir auf viele weitere dunkle Streifen, weil sich die Quellen in so vielfacher Weise zu destruktiver Interferenz gruppieren können. Zwischen diesen dunklen Streifen ist die Intensität nicht sehr groß, weil die Quellen niemals alle in Phase sind, bis wir zum nächsten hellen Streifen kommen. Die Streifen sind also um so schärfer und heller, je mehr Quellen es gibt; die Intensität zwischen den Streifen ist vernachlässigbar (Abb. 12.15).

12.3 Anwendungen der Interferenz

Interferenzerscheinungen verdeutlichen die Wellennatur des Lichts. Wir räumen ihnen hier nicht nur deswegen so viel Platz ein, weil sie sich zu physikalischen Demonstrationen eignen, ihr Reiz liegt vielmehr in der Vielzahl der Anwendungen. Wir sprachen schon davon, wie sie die Grenzen der geometrischen Optik überwinden, indem sie zum Beispiel Flächen entspiegeln, und wie sie auf sehr kleine Entfernungen reagieren, etwa auf den Abstand zwischen den Spalten, die zu den Youngschen Interferenzen führen. Interferenz bietet sich deshalb der Technik in vielfältiger Weise an. Auch in der Natur hat sie über die Jahrmillionen hinweg die Konjunktur einer Wachstumsindustrie, denn viele der leuchtenden natürlichen Farben sind Interferenzphänomene.

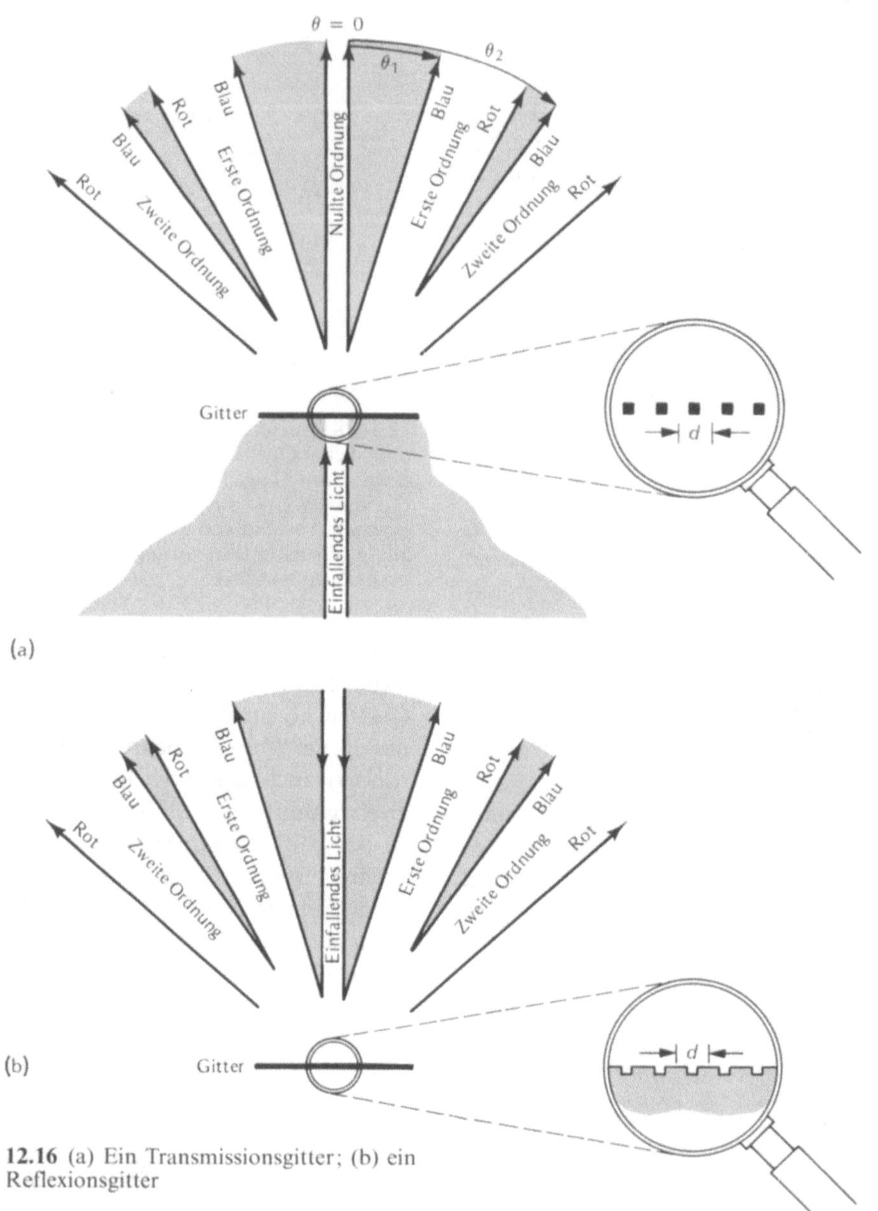

12.16 (a) Ein Transmissionsgitter; (b) ein Reflexionsgitter

12.3.1 Gitter

Ein GITTER (auch BEUGUNGSGITTER genannt) ermöglicht die Anordnung vieler kohärenter Lichtquellen, wie wir sie in Abschnitt 12.2.7 besprochen haben. Ein solches Gitter, das Transmissionsgitter, ist eine lichtundurchlässige Platte mit vielen engen, regelmäßig angeordneten Spalten (Abb. 12.16a). Der Abstand der Spalte heißt GITTERKONSTANTE. Wenn paralleles kohärentes Licht auf ein Gitter fällt, spaltet sich dieses Licht durch Wellenfrontteilung in viele kohärente Strahlen. Statt durch viele Spalte kann ein solches Gitter auch durch viele regelmäßig angeordnete reflektierende Flächen verwirklicht werden. Eine solche Anordnung heißt dann REFLEXIONSGITTER.

Für ein Gitter ist entscheidend, daß es viel Licht (also einen großen Teil des einfallenden Strahls) in genau bestimmte Richtungen 0, θ_1, θ_2, ... schickt. Diese Richtungen hängen von der Wellenlänge λ des Lichts und der Gitterkonstanten d ab. Weil die hellen Streifen scharf sind, überlappen sich die bei Verwendung von weißem Licht entstehenden Farben nicht so sehr wie bei zwei Spalten (Abb. 12.13). Bei einem Gitter gibt es, wie immer, einen mittleren weißen Streifen (den Streifen nullter Ordnung). Der nächste helle Streifen auf jeder Seite (der Streifen erster Ordnung) hat das kleinste λ, Blau, innen. Die folgenden Wellenlängen durchlaufen das Spektrum bis zum größten λ, Rot, an der Außenseite. Ähnlich breitet der nächste Streifen (zweiter Ordnung) Licht in ein Spektrum aus, und so geht es weiter; je größer der Winkel θ wird, um so mehr Streifen und Spektren werden sichtbar.

Aus einer bestimmten Richtung transmittiert (oder reflektiert) also ein Gitter mit fester Gitterkonstanten einen engen Wellenlängenbereich zum Beobachter hin – das Gitter erscheint farbig. Aus einer anderen Stellung und unter anderem Blickwinkel θ ändern sich auch die empfangenen Wellenlängen – das Gitter verändert seine Farbe. Solche Farben, die sich mit dem Blickwinkel ändern, heißen SCHILLERND oder IRISIEREND.

In der Natur finden sich viele sehr regelmäßige Anordnungen, die für Strahlung geeigneter Wellenlänge gute Gitter abgeben. Das ›Auge‹ einer Pfauenfeder etwa schillert blau, grün und violett, weil in ihm sehr feine Melaminstäbchen regelmäßig angeordnet sind, die Licht reflektieren

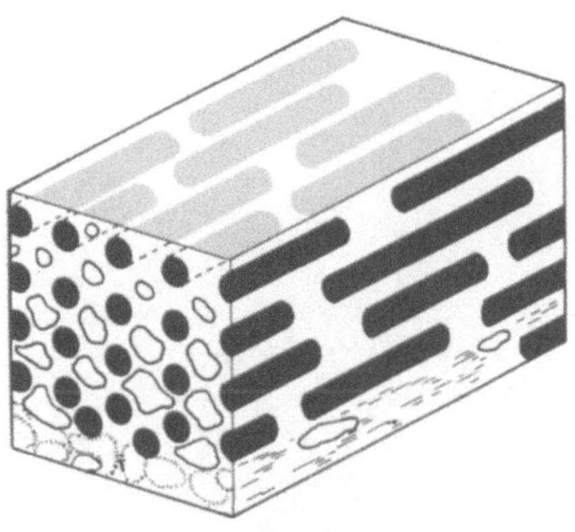

12.17 Regelmäßig angeordnete Melaminstäbchen bilden in einer Pfauenfeder ein Reflexionsgitter und erzeugen die Farben, die Tafel 12.2 zeigt

(Abb. 12.17, Tafel 12.2). Ganz ähnlich haben Kolibris in den Strahlen ihrer Federn dünne Plättchen, die die schillernden Farben erzeugen. Wenn man eine solche irisierende Feder langsam dreht, läßt sich der Farbwechsel beobachten, den Virginia Wolfe am fliegenden Vogel beschrieb: › ... Nach einem Flug durch den Sonnenschein faltet sich das Gefieder ruhig zusammen, und die Bläue der

12.18 Eine Elektronenmikroskopaufnahme eines Querschnitts durch eine Schuppe des Schmetterlings Morpho. Jede Federfahne sieht aus wie ein Weihnachtsbaum und hat Rippen (die Zweige des Baums) senkrecht zur Bildebene. Die Rippen haben einen Abstand von etwa 220 nm. Blaues Licht der Wellenlänge 440 nm, das von oben einfällt, wird durch dieses aufwendige Gitter stark reflektiert

Federn wandelt sich vom hellen Stahlblau zum sanften Violett.‹ Die üblichen Pigmentfarben der Vögel sind Schwarz, Braun, Gelb, Rot und Orange, während Blau und Zyan meistens Schillerfarben sind. In den seltenen grünen Farben, etwa denen des Papageis, mischt sich irisierendes Zyan mit gelbem Pigment.

Reflexionsgitter finden sich auch in den Schuppen von Schmetterlingsflügeln, so etwa in der südamerikanischen *Morpho* (Abb. 12.18). Afrikanische Künstler schaffen mit solch schillernden Flügeln Kunstwerke, die

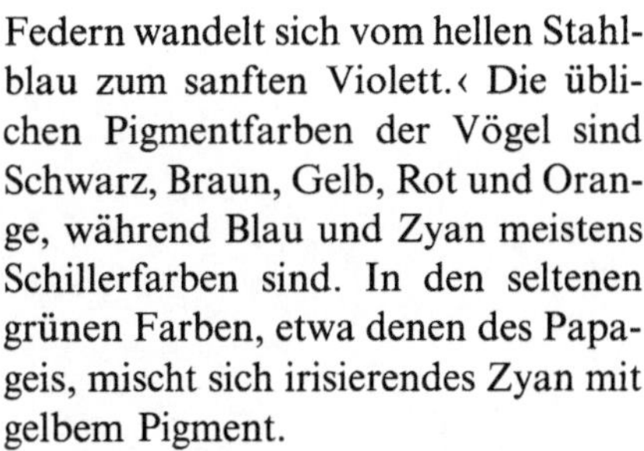

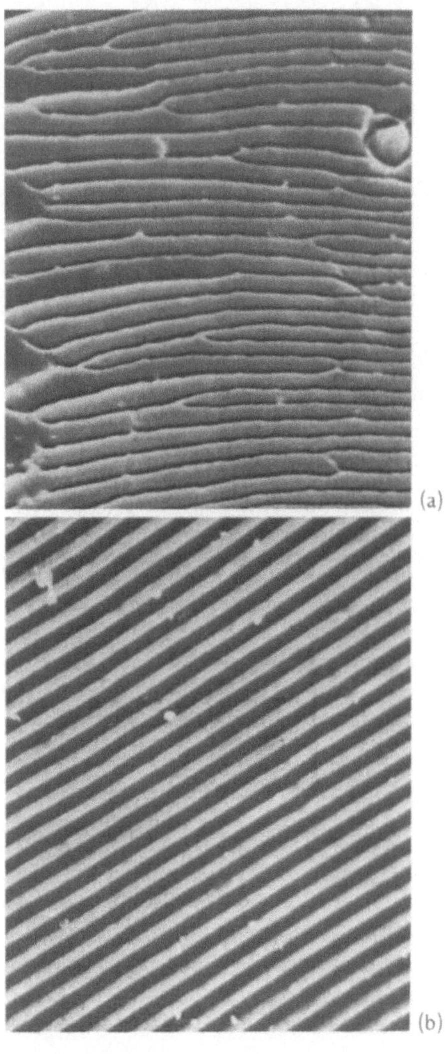

12.19 Rasterelektronenmikrofotografien der Gitter aus den Rippen (a) der Flügel des Laufkäfers und (b) der Unterseite der Mutillidwespe. Die Spektren sind in Tafel 12.3 abgebildet

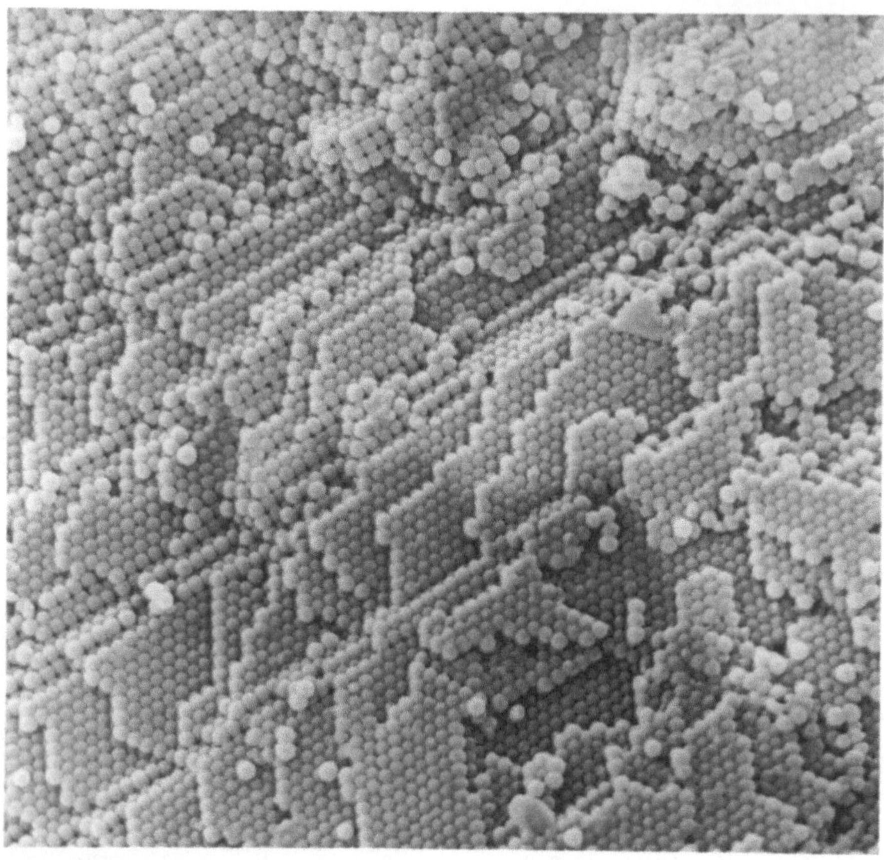

12.20 Elektronenmikrofotografie der Silikatkugeln, aus denen sich ein Opal zusammensetzt. Jede Kugel hat einen Durchmesser von etwa 150 bis 300 nm

dem, was die Pop-Art mit technischen Mitteln erreicht, Konkurrenz macht. Die Schuppen der Schlangen aus der Familie der *Uropeltiden* sind im Abstand von etwa 250 nm gerippt, wodurch sich irisierende Farben ergeben. Einige Käfer (Abb. 12.19, Tafel 12.3) sind buchstäblich krabbelnde Beugungsgitter. Elektronenmikroskope enthüllen die bemerkenswert konstante Periodizität der Gitter, die für solch scharfe Spektren nötig ist, und bestätigen, daß das feinere Muster vom gröberen Gitter herrührt.

STUDIER & SPEKULIER

Man findet oft Strukturen, die nicht nur in einer, sondern in zwei oder drei Richtungen periodisch sind.

Ein gutes Beispiel für ein zweidimensionales Gitter ist ein Fliegenfenster. Es läßt sich gleichermaßen als horizontales und vertikales Gitter ansehen. In Übereinstimmung damit breitet sich das Interferenzmuster eines solchen Gitters waagerecht und senkrecht aus (Tafel 8.1). SEHEN SIE SELBST diese und andere Muster.

Wenn viele zweidimensionale Transmissionsgitter gestapelt werden, entsteht ein dreidimensionales Gitter. Das wunderschöne Farbenspiel in einem Opal wird durch Interferenz an einem dreidimensionalen, sich ständig wiederholenden Muster aus kleinen Silikatkugeln erzeugt (Abb. 12.20). Sie reflektieren einfallendes Licht und haben deshalb die Wirkung von dreidimensional angeordneten kohärenten Lichtquellen. Bei jeder Drehung

des Opals ändert sich der effektive Kugelabstand und damit die reflektierte Farbe (Tafel 12.4). Die Größe des Bereichs, der nur eine Farbe ausstrahlt, ergibt sich aus der Größe des Bereichs, in dem die Anordnung gleich bleibt. Große Gebiete sind selten, und Opale, in denen große Flächen gleiche Farbe haben, sind deswegen besonders wertvoll.

Bei noch feinerer periodischer Struktur können Kristalle sogar wie dreidimensionale Gitter wirken. Einfaches Kochsalz besteht aus Natrium- und Chloratomen, die sich zu submikroskopisch kleinen, regelmäßigen Würfeln ordnen. Diese Atome reflektieren wie üblich elektromagnetische Wellen, indem ihre schwingenden Ladungen, die sich wie regelmäßig angeordnete Quellen verhalten, Wellen zurückschicken. Die Gitterkonstante dieses Reflexionsgitters ist zu klein, als daß Salz im sichtbaren Licht Schillerfarben entwickeln könnte. Im Röntgenbereich aber ergeben sich diese Farben, und obwohl wir Menschen diese Röntgen›farben‹ nicht sehen können, können wir sie fotografieren und auf dem entwickelten Foto die geometrischen Muster bewundern. Dieses sogenannte RÖNTGENBEUGUNGSMUSTER offenbart weitgehend die Struktur eines Kristalls, die viel zu klein ist (weniger als ein Nanometer), um unter einem gewöhnlichen Mikroskop betrachtet werden zu können (Abb. 12.21). Da die hellen Punkte die Winkel konstruktiver Interferenz (analog zu θ_1, θ_2, … in Abbildung 12.16a) markieren und da die Wellenlänge λ der Röntgenstrahlen, mit denen die Aufnahme gemacht wurde, bekannt ist, läßt sich berechnen, wie weit die Atome in dem Kristall voneinander entfernt sind. In einem komplizierten Kristall hat jedes Atom in vielen verschiedenen Entfernungen Nachbarn, und deshalb weist das Röntgenmuster eines solchen Kristalls eine komplizierte Anordnung von Punkten auf, aus denen sich die Gesamtstruktur des Kristalls ableiten läßt. Auf diese Weise kann man zum

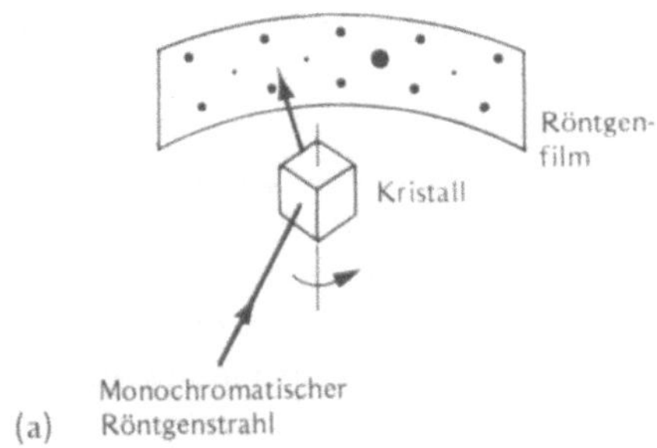

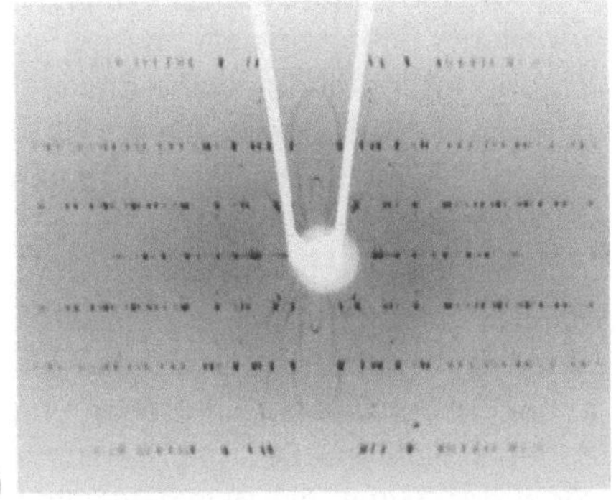

12.21 Röntgenbeugung an einem Kristall. (a) Anordnung zur Fotografie dieses Musters. Der Kristall wird während der Belichtung gedreht; das Muster ergibt sich durch die verschiedenen möglichen Arten, die Atome zu ebenen Gittern zu stapeln. (b) Röntgenbeugungsmuster an einem rotierenden Kristall einer komplexen Nickel-Verbindung. Der ungebeugte Strahl wird durch eine Blende aufgefangen, deren Schatten im Zentrum zu sehen ist. Ein Beugungsmuster ohne Rotation, aber mit verschiedenen Wellenlängen, zeigt Abbildung 15.9b

Beispiel das schimmernde Pigment des modernen Bleiweiß in Röntgenaufnahmen von seinen älteren Formen unterscheiden und damit Kunstfälschungen entdecken.

Röntgenbeugung bestimmt die Kristallstruktur mittels bekannter Wellenlängen. Umgekehrt kann ein Gitter bekannter Struktur zur Bestimmung von Wellenlängen dienen. Es ist aber gar nicht einfach, Gitter herzustellen, deren Genauigkeit auch nur der des Gitters der gewöhnlichen Schmeißfliege gleichkommt. Erst Ende des 19. Jahrhunderts konnte man es ihr gleichtun. Für die ersten Gitter ritzte man Glas mit Diamanten. Die rauhen Ritzspuren sind undurchsichtig. Wenn das unversehrte Glas durchsichtig ist, ergibt sich ein Transmis-

sionsgitter. Wenn andererseits das Glas zuerst versilbert wird, reflektieren die unversehrten Stellen, und es ergibt sich ein Reflexionsgitter.

Der wichtigste Teil der Maschine, die die parallelen Linien ritzt, ist eine große Schraube, die dafür sorgt, daß der Abstand von einem Streifen zum nächsten genau gleich bleibt. Es dauert mehrere Tage und Nächte, bis ein großes Gitter von etwa 10 cm Seitenlänge mit mehreren 100 000 Streifen hergestellt ist. Dabei muß die Temperatur immer konstant gehalten werden. Schon ein kleiner Fehler im Spaltabstand läßt einen einzelnen scharfen Streifenrand in mehrere ›Gittergeister‹ zerbrechen. Neuere solche Maschinen verwenden Interferometer (Abschnitt 12.3.2) zur Kontrolle des Gitterlinienabstands.

Wenn man ein gutes Gitter hat, kann man es kopieren, indem man eine Schicht Plastik auf dem Gitter erhärten läßt und dann vorsichtig abnimmt. Je nachdem, wie sorgfältig das geschieht, ist die Qualität solcher Kopien gut oder schlecht. Billige Kopien dieser Art sind heute als Erzeuger von Interferenzfarben ganz üblich und in der Regel auch gut genug, jedenfalls als Aufkleber an Lastwagen, Anstecknadeln und Gürtelschließen mit dem Namen der Lieblingsband. Selbst in der bildenden Kunst finden sie vielfach Verwendung, so bei Roy Lichtensteins Pop-Art-Gemälde eines Regenbogens, der eigentlich ein bogenförmiges Reflexionsgitter ist.

Auch mit fotografischen Mitteln werden Gitter erzeugt. Dabei verwendet man Interferenzmuster wie die

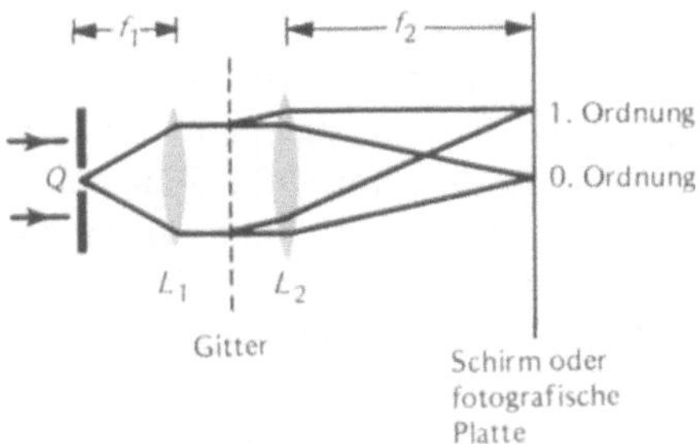

12.22 Prinzip des Gitterspektroskops. Licht unbekannter Wellenlängen fällt auf den engen Spalt Q. Linse L_1, deren Abstand von Q gerade gleich der Brennweite ist, richtet dieses Licht parallel und zum Gitter hin. Nachdem es durch das Gitter gegangen ist, wird das Licht durch eine andere Linse L_2 auf den Schirm geworfen. Wenn das Gitter nicht da wäre, sähe man auf dem Schirm eine dünne weiße Linie, das Bild des Spaltes Q. Mit dem Gitter geht etwas Licht (der Strahl nullter Ordnung) ungehindert hindurch, während anderes in wohlbestimmtem Winkel abgelenkt wird. In jeder Ordnung zeigt der Schirm deshalb mehrere farbige Bilder der Quelle, nämlich eines für jede Wellenlänge des ursprünglichen Lichts

Youngschen Streifen, die leicht herzustellen sind und genau bestimmbare Streifenabstände haben. Ein solches Muster kann fotografisch auf Glas übertragen und eingeätzt werden und ergibt sehr genaue Gitter.

Zur Wellenlängenmessung wird ein Gitter wie in Abbildung 12.22 als SPEKTROSKOP verwendet. Das dadurch erzeugte Muster auf dem

12.23 Abhängigkeit des Streifenabstands von der Wellenlänge. Der Graph zeigt die vom Gitter erzeugte Intensitätsverteilung bei monochromatischen blauen, grünen und roten Lichtquellen in Abhängigkeit von der Lage auf dem Schirm

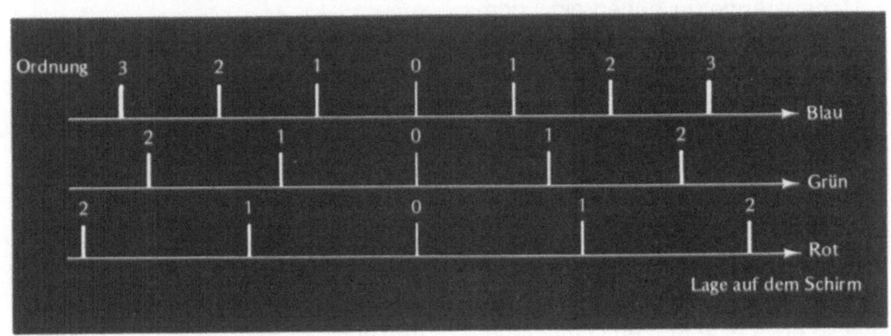

Schirm oder Film besteht aus mehreren Linienbildern der Spaltquelle (Abb. 12.23), die entsprechend der Formel in Abschnitt 12.2.5 angeordnet sind. Der Streifen nullter Ordnung liegt natürlich bei allen Wellenlängen auf der Achse. Der Abstand zum Streifen erster Ordnung ist jedoch proportional zu λ. Deshalb ist das Bild erster Ordnung auf dem Schirm horizontal in ein Spektrum der Quelle (Tafel 15.1) ausgebreitet. Mit einer Wellenlängenskala auf dem Schirm, die sich entweder (bei bekannten Gitterkonstanten) aus der Formel oder durch Eichung mit Licht bekannter Wellenlänge ergibt, lassen sich unbekannte Wellenlängen bestimmen.

STUDIER & SPEKULIER

Ist die Farbfolge in einem Gitterspektrum dieselbe wie bei einem Prisma? Welche Farbe wird in den zwei Fällen am meisten und welche am wenigsten abgelenkt?

SEHEN SIE SELBST

Beugungsgitter

Eine ganze Reihe von Gebrauchsgegenständen eignet sich gut als Beugungsgitter, so die Rillen einer Langspielplatte oder CD, wenn sie von kleinen, hellen Lichtquellen beschienen wird. Je nach der Neigung der Platte sieht man, wenn die Lichtquelle klein und fern genug ist, ihre Komponenten. Wie viele verschiedene Interferenzordnungen können Sie sehen, wenn Sie die Platte kippen? Bestätigen Sie, daß Sie auf beiden Seiten der nullten Ordnung Interferenzstreifen finden.

Gegenstände, in denen ein Lochmuster in zwei Richtungen periodisch wiederkehrt, können als zweidimensionale Gitter dienen, so Fliegenfenster und feinmaschige dünne Stoffe. SEHEN SIE SELBST mit den Methoden des Versuchs zu den Abschnitten 12.2.4, 5 und 6. Damit Sie das zweidimensionale Muster erkennen können, brauchen Sie jedoch eine Punktquelle, also etwa eine Kerzenflamme oder

eine ferne Straßenlaterne. Was passiert, wenn Sie den Kopf neigen, das Gitter um die Sehlinie kippen oder in die Sehlinie hineindrehen? Wie können Sie herausfinden, welches von zwei Gittern feinmaschiger ist, ob die Gitterkonstanten in den beiden Richtungen gleich sind und ob die beiden Periodizitätsrichtungen senkrecht zueinander sind? (Versuchen Sie, ein solches Gitter zu verzerren, und beobachten Sie, was passiert.)

Gitterkopien gibt es billig zu kaufen, in der Spielzeugabteilung (als ›Spektralbrillen‹) und in Physikalienhandlungen. Für etwas mehr Geld gibt es Gitter, die als Kamera›filter‹ für Spezialeffekte gedacht sind und Liniengitter (für Regenbogen) oder Quadratgitter haben. Die Feinheit der Gitter wird durch die Zahl der Gitterlinien pro Längeneinheit beschrieben. (Wenn es etwa pro Zentimeter 5000 Linien gibt, ist $d = 1/5000\ \mathrm{cm} = 0,0002\ \mathrm{cm} = 2000\ \mathrm{nm}$). Andere Gitter werden mit einer bekannten Wellenlänge, etwa der starken blauen Quecksilberlinie $\lambda = 436\ \mathrm{nm}$, geeicht. Auch wenn Sie keine Quecksilberlampe (Höhensonne) haben, können Sie diese Linie in einem Schwarzlicht oder als hellere Linie im Licht einer Fluoreszenzröhre sehen. Sie erhalten Präzisionsspektren, wenn Sie das Gitter so anbringen, daß es durch einen engen Spalt beleuchtet wird und kein Streulicht erhält (Abb. 12.24). Interessante Spektren sind die von Glühlampen, fluoreszierendem Licht, von Schwarzlicht und von Natriumlicht (mit dem Verkehrsknotenpunkte beleuchtet werden). Beobachten Sie auch, wie Farbfilter oder ein mit einer farbigen Flüssigkeit gefülltes Glas wirken, wenn sie in den Lichtstrahl gehalten werden.

Ein Gittermuster läßt sich mit gewöhnlicher Scharfeinstellung und Belichtung fotografieren, wenn das Gitter nahe an die Kameralinse gehalten wird. Motive mit Spitzlichtern erhalten neue Farben. Sie können jeden solchen Lichtfleck, etwa die Kerzen des Weihnachtsbaums, mit einem farbigen Ring umgeben, wenn Sie das Gitter um die Sehlinie herum drehen und länger belichten. Es macht nichts, wenn das Gitter ein wenig wackelt, während Sie es drehen, wenn nur die Kamera fest steht. Warum erhalten Sie Ringe, und warum sind die Ringe um den hellen Fleck (und nicht die Bildmitte) zentriert?

12.3.2 Interferometer

INTERFEROMETER ermöglichen genaue Messungen durch Interferenz. Wenn wir zum Beispiel einen von zwei kohärenten Strahlen durch einen Bereich schicken, in dem die Temperaturen schwanken, verändert sich aufgrund der kleinen Veränderung der Lichtgeschwindigkeit die Laufzeit des Strahls. Selbst wenn der Unterschied nur 10^{-15} Sekunden beträgt, ändert sich doch die Interferenz mit dem anderen Strahl. Konstruktive Interferenz kann dadurch destruktiv werden, und dann zeigt sich die Veränderung der Temperatur in einem veränderten Streifenmuster.

Interferometer spalten die Amplitude des einfallenden Lichts gewöhnlich mittels eines teildurchlässigen Spiegels, dem STRAHLTEILER. Die beiden kohärenten Strahlen laufen dann getrennt in verschiedene Richtungen (Abb. 12.25). Vollreflektierende Spie-

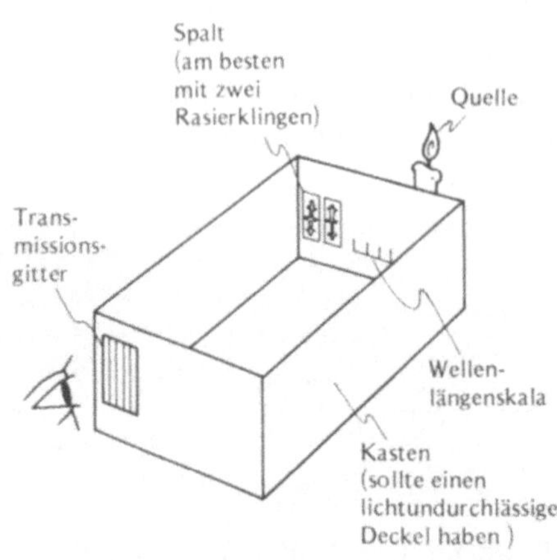

12.24 Aufbau eines einfachen Gitterspektroskops

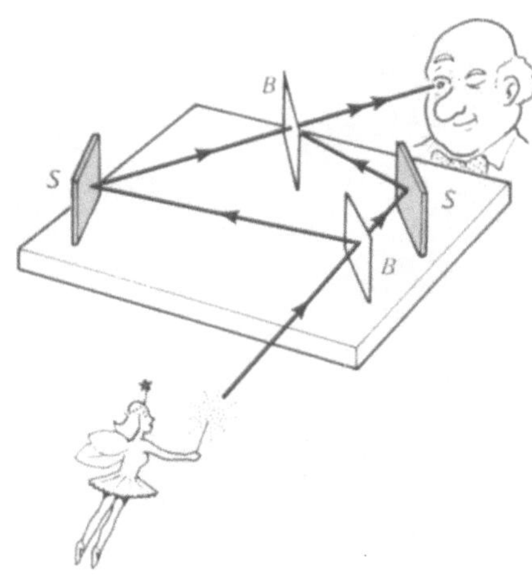

12.25 Prinzip des Interferometers; es besteht aus zwei teildurchlässigen Spiegeln T (Strahlteilern) und zwei vollreflektierenden Spiegeln S. Die beiden entstehenden kohärenten Strahlen schneiden sich in einem kleinen Winkel, so daß Interferenzstreifen sichtbar werden

gel oder Glasfasern bringen die Strahlen wieder zusammen. Gelegentlich wirft ein weiterer Strahlteiler einen Teil des Strahls in etwa dieselbe Richtung und ermöglicht dadurch die einfache Beobachtung der Interferenzstreifen. Je nach der gewünschten Anwendung sind nach diesem allgemeinen Muster viele verschiedene Spiegelanordnungen entwickelt worden.

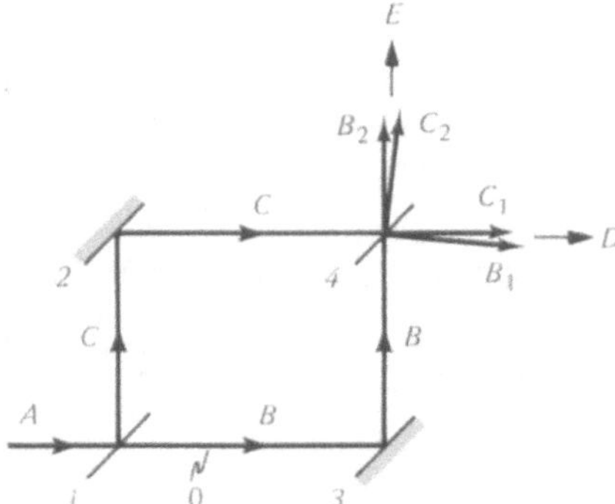

12.26 Das Mach-Zehnder-Interferometer. Strahlteiler 1 spaltet den ursprünglichen Strahl A in kohärente Strahlen B und C. Die Spiegel 2 und 3 führen die Strahlen wieder zusammen, aber im Winkel von 90°. Strahlteiler 4 vereinigt die Strahlen, so daß die eine Hälfte (B_1, C_1) in Richtung D und die andere (B_2, C_2) in Richtung E läuft. Wenn die Interferenz bei D destruktiv ist, gibt es bei E konstruktive Interferenz – die Lichtenergie bleibt erhalten, sie muß irgendwohin

Abbildung 12.26 zeigt als Beispiel das Mach-Zehnder-Interferometer. Wenn die Spiegel einen Winkel von genau 45° bilden, sieht man nur ein gleichförmig helles Bild von D. Wenn Spiegel 2 jedoch leicht gedreht wird, hängt die Weglänge des Strahls B und damit auch die Interferenz davon ab, wo es von Spiegel 2 reflektiert wird. Von D aus sieht man dann bei Spiegel 2 senkrecht zur Papierebene parallele Streifen.

Wenn die Lichtwege so getrennt sind, können wir alles, was Licht beeinflußt, ob nun Schwankungen der Lufttemperatur oder die Schockwelle einer Gewehrkugel, an den Punkt O bringen und beobachten. Die Schwankungen der Lufttemperatur sind gewöhnlich unsichtbar, weil sie nur die Brechzahl beeinflussen und nicht die Durchlässigkeit der Luft. Sie verändern aber die Lichtgeschwindigkeit und damit die Laufzeit von Strahl B. Wenn wir also von D aus durch das Interferometer fotografieren, zeigt das Foto (Abbildung 12.27 gibt ein Beispiel) alle sichtbaren Teile des Objekts und auch die Streifen, die aufgrund der veränderten Brechzahl der Luft aus der Parallelität herausgezerrt werden. Temperaturänderung und Schockwellen werden so also nicht nur sichtbar gemacht, sondern können durch die Phasenänderung, von der ja die Streifenverzerrung abhängt, sogar quantitativ bestimmt werden.

12.3.3 Dünne Filmschichten

Die schönen Farben und scharf definierten Winkel des Lichts eines Gitters stehen in krassem Gegensatz zu den matten Farben und der breiten Winkelverteilung bei Interferenz an einer dünnen Schicht, einem sogenannten Film, etwa einer beschichteten Linse. Ein Unterschied besteht darin, daß bei einem Gitter viele Quellen interferieren und bei einem Film nur zwei. Auch mit Filmen lassen sich jedoch Interferenzen vieler Schichten erzeugen, wenn viele Filme überein-

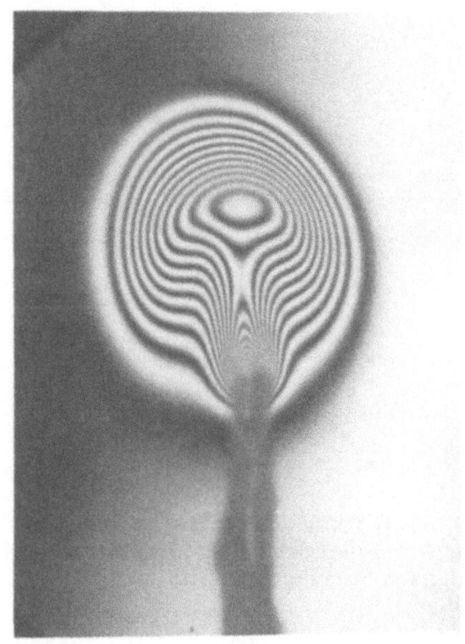

12.27 Ein heißer Draht wurde durch ein Mach-Zehnder-Interferometer hindurch fotografiert. Der Draht steht senkrecht zur Papierebene, und das Interferenzmuster zeigt, wie sich die heiße Luft um den Draht herum anordnet

ander gelegt werden. Wenn die Brechzahlen der Schichten abwechselnd groß und klein sind, ergeben sich an den Grenzflächen abwechselnd harte und weiche Reflexionen. Bei geeigneter Filmdicke (je nach der Wellenlänge) sind alle reflektierenden Strahlen in Phase (Abb. 12.28). Man kann sich

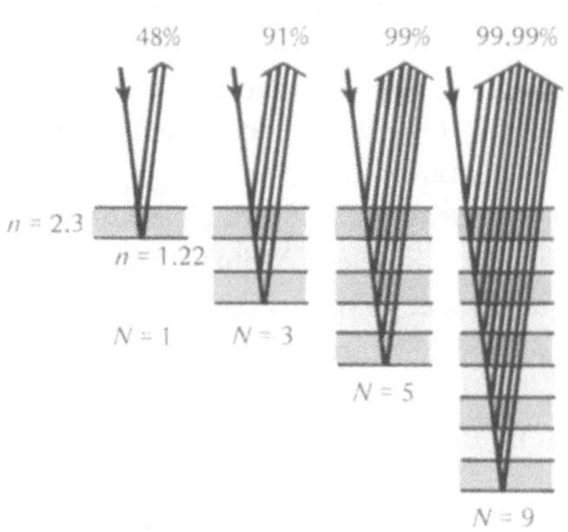

12.28 Mehrfachspiegelung von Filmschichten, deren Brechzahlen abwechselnd 2,3 und 1,22 sind. Die Schichtdicken sind so gewählt, daß alle reflektierten Strahlen phasengleich sind. Das Reflexionsvermögen ist für verschiedene Schichtenzahlen N angegeben

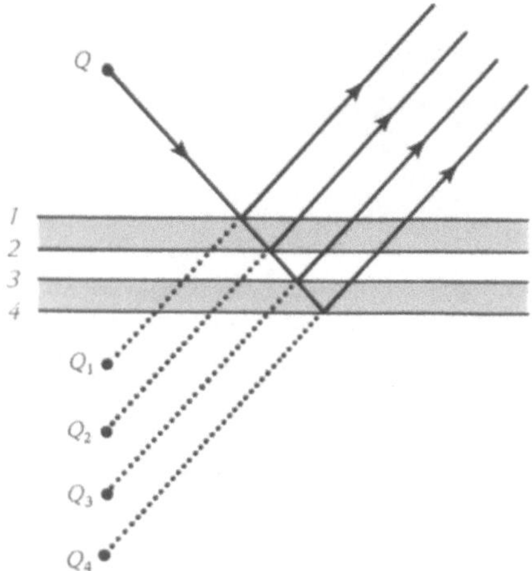

12.29 Die kohärenten Quellen, deren Interferenz die selektiven Reflexionen an den dünnen Schichten hervorruft

als Quelle dieser Strahlen viele kohärente virtuelle Bilder der Lichtquelle vorstellen (Abb. 12.29). Diese virtuellen Bilder werden zwar langsam schwächer, aber das ergibt nur eine kleine Korrektur; sonst ähnelt die Interferenz dieser Strahlen, auch zum Beispiel in der Selektivität der Wellenlängen, der in Abschnitt 12.2.7 besprochenen Interferenz.

Abbildung 12.28 zeigt, daß nicht viele Filme nötig sind, bis fast alles einfallende Licht reflektiert wird, selbst wenn jede innere Grenzfläche nur 9% reflektiert. Vielschichtenpakete haben diese hohe Reflektivität natürlich nur in der Nähe der Wellenlängen, der die Schichtung entspricht. Bei dieser Wellenlänge wiederum können die Filmschichten besser spiegeln als Metalle (Metalle spiegeln meist nicht mehr als 90% des einfallenden Lichts). Solche Mehrfachschichten finden sich gelegentlich auf Metallflächen dort, wo sehr hohe Reflektivität einer Wellenlänge erwünscht ist, also zum Beispiel in Lasern (Abschnitt 15.4). Tiere (die ja nicht gut Metallschichten wachsen lassen können) haben gelegentlich in ihren Augen spiegelnde Schichten (Abschnitt 3.3.4 und 6.4.4). Auch die silbrigen Schuppen vieler Fische reflektieren durch solche Schichten. Diese Spiegel können einen ganzen Wellenlängenbereich re-

flektieren, wenn die Schichten verschieden dick sind.

Andere Tiere (und auch unbelebte Objekte) haben Filmschichten gleichmäßiger Dicke, so daß nur ein enger Wellenlängenbereich reflektiert wird. Diese Schichten glänzen und schillern in leuchtenden Farben. Wie Gitterfarben ändern sie sich mit dem Blickwinkel. Je streifender sie beobachtet werden, um so mehr sind die Farben zum Blau hin verschoben.

STUDIER & SPEKULIER

Warum sind sie blauverschoben? Lassen Sie die virtuellen Bilder in Abbildung 12.29 unverändert und zeichnen Sie das Bild für andere Einfallswinkel. Geben Sie jedesmal den Bahnunterschied ε an. Nimmt ε ab oder zu, wenn die Schichten mehr oder weniger streifend beobachtet werden?

Ein interessantes Beispiel ist die goldene Puppe einer tropischen Schmetterlingsgattung (Abbildung 12.30, Tafel 12.5), deren Hülle eine sehr große Zahl dünner Schichten enthält. Jede zweite Schicht ist wasserhaltig und verschwindet beim Austrocknen. Wenn der Falter ausschlüpft, verliert deshalb die Puppenhülle ihren metallischen Reflex. (Die Brechzahl der wasserhaltigen Schicht dürfte wenig über der von Wasser oder Serum (1,33–1,35) liegen, die für die Zwischenschichten wurde mit 1,58 bestimmt.) Perlen und Muscheln verdanken ihren Schimmer Schichten halbtransparenten Perlmutters. Ähnlich bildet sich das Schaleninnere der blauen Miesmuschel, das Silvia Plath mit dem ›Fingernagel des Regenbogenengels‹ vergleicht. Einige Minerale wie Labradorit und Glimmer werden in vielen dünnen Schichten abgelagert und glänzen deshalb so hell.

Es überrascht nicht, daß Künstler versucht haben, diese subtilen Interferenzen in ihrer Arbeit nachzuschaffen. Larry Bell zum Beispiel

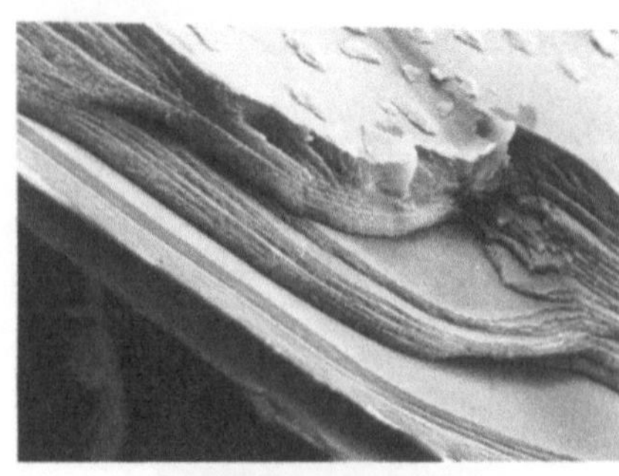

(a)

(b)

12.30 (a) Rasterelektronenmikroskop-Aufnahme einer Bruchstelle der Cuticula von *Euploea core* (Tafel 12.5) zeigt die vielen Interferenzschichten. (b) Transmissionselektronenmikrofotografie eines Dünnschnittes durch die Cuticula. Der Abstand der Schichten beträgt etwa 100 nm, die Gesamtdicke etwa 40 µm

überzieht Glasplatten mit dünnen Mineralschichten und baut daraus schillernde Glaswürfel. Der große Glasbläser Louis Comfort Tiffany gewann sein herrlich schimmerndes Favrileglas dadurch, daß er in das Glas dünne Schichten einlagerte.

12.3.4 Stehende Wellen

Auch wenn zwei Wellen aufeinandertreffen, können sie interferieren. Abbildung 12.31 zeigt zwei gleiche, kohärente phasengleiche Quellen. Zwischen den Quellen treffen die Wellen frontal aufeinander und sind deshalb manchmal phasengleich und manchmal gegenphasig. Es gibt aber einige Stellen, wo die beiden Wellen immer destruktiv interferieren. Dort, an den KNOTEN, die eine halbe Wellenlänge Abstand haben, heben sie sich immer auf. Halbwegs zwischen diesen Knoten ist die Interferenz immer konstruktiv, und deshalb ist die Schwingungsamplitude an diesen Punkten, den WELLENBÄUCHEN, immer am größten. An den anderen Punkten variiert die Interferenz. Eine solche Kombination zweier Wellen, die sich in entgegengesetzte Richtungen ausbreiten, heißt eine STEHENDE WELLE, weil sie sich nicht fortbewegt.

Die beiden Quellen brauchen nicht reell zu sein. Eine kann das virtuelle Bild der anderen sein, ihr Spiegelbild. Der einfallende und der reflektierte Strahl treffen frontal aufeinander und interferieren. Wenn die Spiegelung weich ist, sind die beiden Quellen in Phase, und auf der spiegelnden Fläche entwickelt sich ein Wellenbauch, der mitten zwischen den beiden Quellen liegt. Wie in Abbildung 2.14 erzeugt die harte Spiegelung an der Spiegelfläche einen Knoten (Abb. 12.32). Solche stehenden Wellen können Sie leicht erzeugen, wenn Sie ein an einem Ende festgebundenes Seil mit der Hand schütteln.

Der Fotograf Gabriel Lippmann entwickelte ein Aufnahmeverfahren, das auf diesen Beziehungen beruht und ihm 1908 den Nobelpreis brachte. Eine Spiegelfläche wird mit einer dicken Schicht feinkörniger fotografischer Emulsion überzogen. Wenn monochromatisches Licht vom Spiegel reflektiert wird, bildet sich in der Emulsion eine stehende Welle aus. Da die Amplitude der Welle an den Knoten verschwindet, wird dort nicht be-

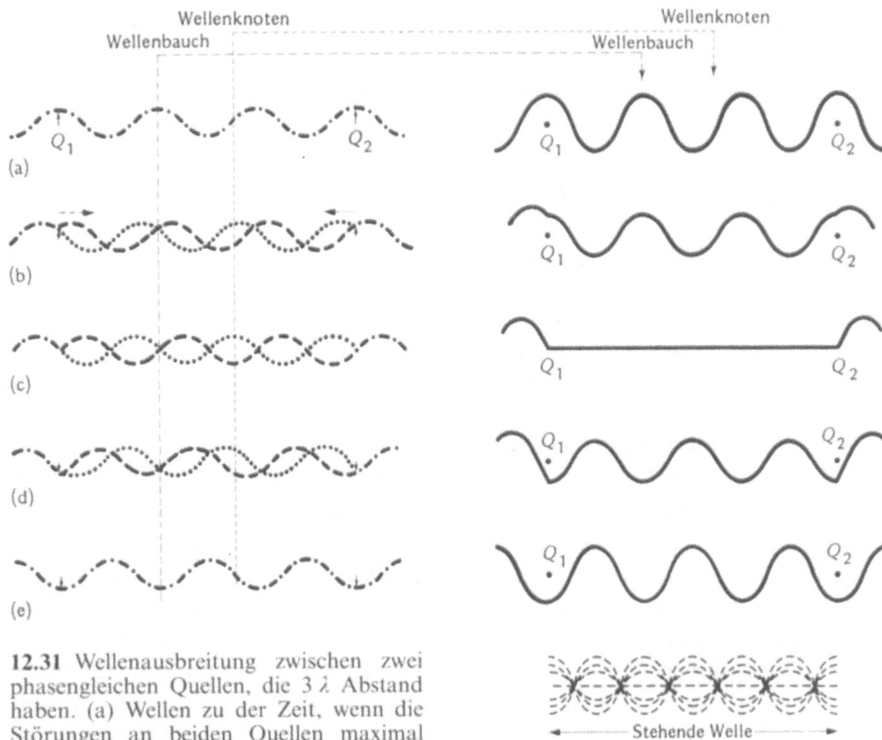

12.31 Wellenausbreitung zwischen zwei phasengleichen Quellen, die 3 λ Abstand haben. (a) Wellen zu der Zeit, wenn die Störungen an beiden Quellen maximal sind. Q_1 emittiert die gestrichelte und Q_2 die punktierte Welle. Die Abbildung zeigt die einzelnen Wellen und (rechts davon) ihre Summe. (b) bis (e) Dieselben Wellen jeweils ein Achtel einer Periode später. (f) Zwischen den Quellen addieren sich die Wellen zu einer stehenden Welle, wie sie die ›Mehrfachbelichtung‹ zeigt

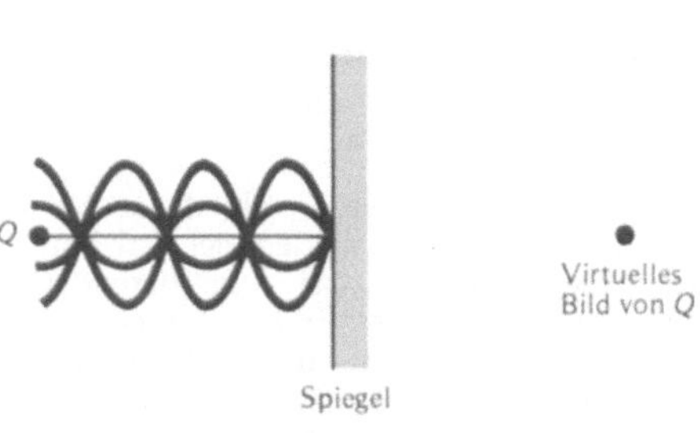

12.32 ›Mehrfachbelichtung‹ einer stehenden Lichtwelle, wie sie ein Strahl erzeugt, der an einem Spiegel reflektiert wird

lichtet (Abb. 12.33). Belichtet wird vielmehr an den Wellenbäuchen – in dünnen Schichten, die im Abstand einer halben Wellenlänge parallel zum Spiegel sind. Die Entwicklung geschieht so, daß die belichteten und unbelichteten Schichten verschiedene Brechzahlen erhalten. Sie verhalten sich dann wie dünne Schichten. We-

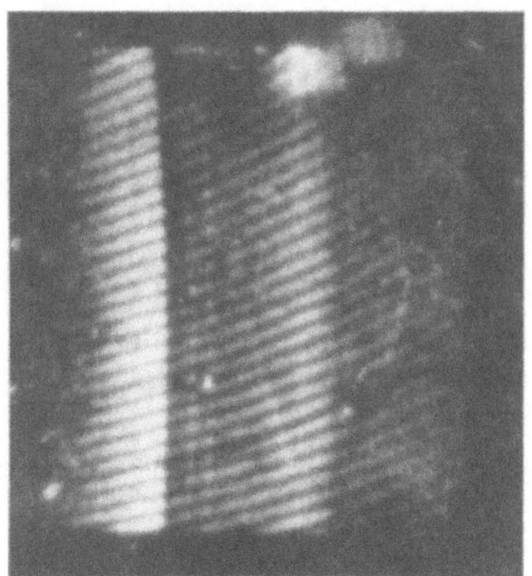

12.33 Eine stehende Lichtwelle erzeugt in einer fotografischen Emulsion helle und dunkle Flecken. Dieses Bild ist eine Reproduktion des ersten Bildes dieser Art, das Otto Wiener 1890 aufnahm. Der Abstand $\lambda/2$ zwischen den Knoten wurde dadurch vergrößert und sichtbar gemacht, daß die sehr dünne Emulsion fast parallel zur Wellenfront gehalten wurde. In der Holografie ist die Aufnahme solcher Einzelheiten einer Lichtwelle fast alltäglich geworden (Abb. 14.9a)

gen des Abstands reflektieren diese Schichten vorzugsweise Licht der Wellenlänge, mit der der Film belichtet wurde. Eine solche LIPPMANN-PLATTE kann ein Farbfoto aufnehmen, das dem menschlichen Auge nicht nur ganz natürlich vorkommt, sondern sogar dieselben Wellenlängenkomponenten aufweist wie das ursprüngliche Licht! Diese Schillerfarben ändern sich jedoch mit dem Blickwinkel und (wie die Flügelhülle mancher Käfer) mit dem Feuchtigkeitsgehalt der Emulsion. Deshalb blieb dieser Prozeß bis zur Erfindung der Holografie eine geheimnisvolle Kuriosität (Kapitel 14).

Zwischen einer Quelle und einem Spiegel bildet sich also eine stehende Welle aus. Was passiert zwischen zwei Spiegeln? Denken wir uns einen dünnen Film, der auf beiden Seiten reflektiert, weil er zum Beispiel mit dünnen Silberschichten bedeckt ist. Da die Filmoberfläche jetzt stärker reflektiert, ist es natürlich für das Licht schwieriger, in den Film zu gelangen. Wenn es aber einmal dort ist, prallt es zwischen den beiden reflektierenden Flächen hin und her, und es bildet sich eine stehende Welle aus. Weil die Reflexionen hart sind, muß an jeder Fläche ein Knoten sein. Dazu muß die Wellenlänge ›stimmen‹, die Filmdicke muß also ein Vielfaches der halben Wellenlänge betragen (Abb. 12.34). Nur in diesem Fall kann sich im Film eine große stehende Welle ausbilden. (Man kann sich den Film auch als einen Oszillator vorstellen, dessen natürliche Frequenz der entspricht, mit der das Licht zwischen den Filmflächen hin und her prallt.

Wenn das einfallende Licht diese Frequenz hat, ist der Oszillator in Resonanz und absorbiert viel Energie des einfallenden Strahls.) Die Energie der stehenden Welle baut sich dann so lange auf, bis der kleine Anteil, der an der gegenüberliegenden Seite entkommt (weil die Flächen keine vollkommenen Spiegel sind), genau der ankommenden Energie entspricht. Bei dieser Wellenlänge (der Resonanzfrequenz) ist der Film deshalb vollkommen durchlässig.

Von der anderen Seite her gesehen scheinen die Mehrfachreflexionen (Abb. 12.35) interferierende Strahlen vieler verschiedener Quellen zu sein. Bei der richtigen Wellenlänge sind alle virtuellen Quellen in Phase, und alle einfallende Intensität wird durchgelassen. Nichts wird reflektiert, weil der reflektierte Strahl von der ersten Oberfläche (R) mit allen von den vielfach reflektierten Strahlen gegenphasig ist. Es gibt deshalb enge Wellenlängenbereiche (die charakteristisch sind für die Interferenz mehrerer Quellen), wo die Durchlässigkeit vollkommen ist und nichts gespiegelt wird; andere Wellenlängen werden nicht durchgelassen (Abb. 12.36). Wenn sich der Einfallswinkel ändert, ändern sich die durchgelassenen Farben wie irisierende Farben.

12.34 Stehende Wellen verschiedener Wellenlänge (λ'_1, λ'_2, λ'_3) bilden sich bei harter Spiegelung an zwei reflektierenden Flächen aus. Solche Wellen können nur dann auftreten, wenn die Wellenlängen ›stimmen‹. Ähnliche stehende Wellen bilden sich aus, wenn ein Musikinstrument, also zum Beispiel eine Geigensaite, klingt. Die dann möglichen Wellenlängen bestimmen die Tonhöhe

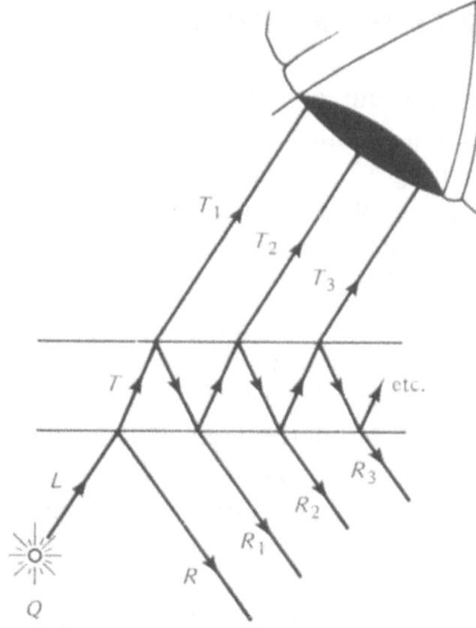

12.35 Interferenz von durchgelassenem Licht bei Mehrfachreflexion in einem dünnen Film mit zwei reflektierenden Flächen. Eine Quelle Q schickt Licht L zur reflektierenden ersten Fläche. Das meiste wird reflektiert (R), etwas aber gelangt in den Film (T). Das meiste davon prallt zwischen den Filmflächen hin und her, verliert aber bei jedem Aufprall einen festen Bruchteil. Die Hälfte dieser Strahlen (T_1, T_2, ...) treten an der der Quelle gegenüberliegenden Seite aus und gelangen zum Auge. Die wahrgenommene Intensität ist in der Regel sehr gering. Wenn jedoch alle diese Strahlen in Phase sind, summiert sich ihre Intensität zu der des einfallenden Strahls L. (Alle reflektierten Strahlen R_1, R_2, ... sind dann gegenphasig zum Strahl R und löschen ihn völlig aus)

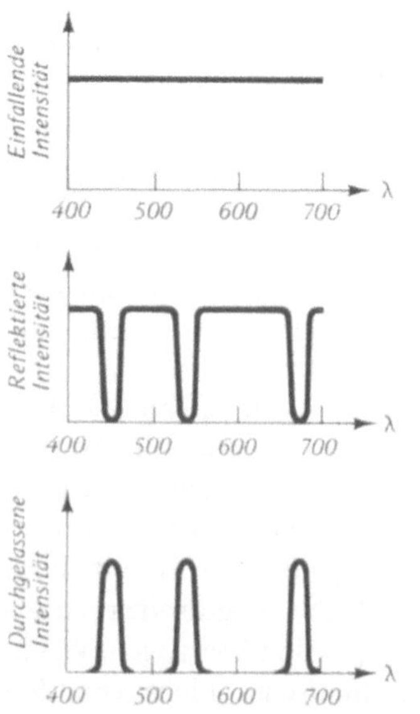

12.36 Intensitätsverteilung für einfallendes, reflektiertes und durchgelassenes Licht bei einer dünnen Schicht mit zwei reflektierenden Flächen

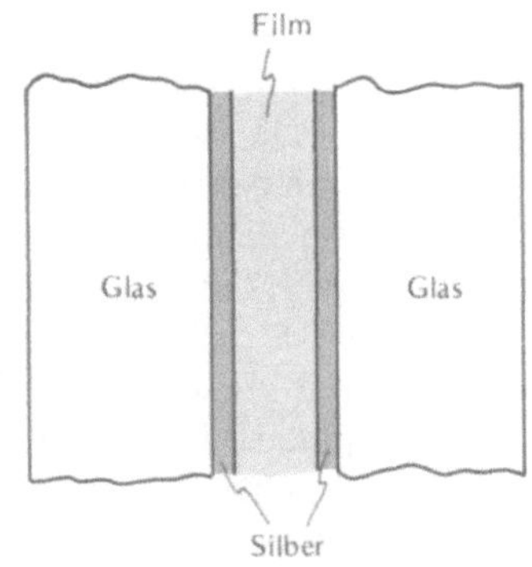

12.37 Aufbau eines Interferenzfilters

Filme mit stark reflektierenden Flächen sind deshalb sehr gute Farbfilter. Diese sogenannten INTERFERENZFILTER enthalten zwischen teildurchlässigen Glasplatten einen dünnen Film (Abb. 12.37). Ein solcher Filter kann so konstruiert werden, daß er zum Beispiel nur die für Natrium charakteristische Wellenlänge durchläßt. Er reflektiert alle anderen Wellenlängen und eignet sich zum Beispiel als Strahlteiler für das Natriumverfahren der Filmproduktion (IM BRENNPUNKT Filmtricks). Indem man mehrere Filme und Metallschichten geeigneter Reflexionseigenschaften kombiniert, lassen sich Interferenzfilter mit fast beliebigen Durchlässigkeitskurven herstellen. So lassen zum Beispiel DICHROITISCHE FILTER einen Wellenlängenbereich durch und reflektieren den Rest, spalten also einen weißen Strahl in seine Komplementärfarben. Solche Filter zerlegen in Farbfernsehkameras das Bild in die drei Grundfarben. Da sie kein Licht absorbieren, geht keine Lichtintensität verloren (anders als bei gewöhnlichen subtraktiven Farbfiltern, die etwas von der Energie des einfallenden Lichts absorbieren und in Wärme verwandeln). Weil dichroitische Filter nicht absorbieren, eignen sie sich gut für Flutlicht, denn sie erwärmen sich nicht.

Eine weitere Anwendung der Interferenz durch Mehrfachreflexion ist ein sehr empfindliches Meßgerät, das FABRY-PEROT-INTERFEROMETER. Hier besteht der Film einfach aus der Luft zwischen zwei stark reflektierenden Platten, die den richtigen Abstand haben. Die Platten liegen gewöhnlich mehrere Wellenlängen auseinander, so daß ein sehr scharfes Streifenmuster entsteht (wobei jeder Streifen einem anderen Einfallswinkel einer ausgedehnten Lichtquelle entspricht). Mit ihm lassen sich Bewegungen einer Platte um Bruchteile einer Wellenlänge messen, weil sich das Streifenmuster dabei um den Bruchteil eines Streifens verschiebt. Umgekehrt kann das Fabry-Perot-Interferometer auch sehr kleine Wellenlängenunterschiede messen, weil die entsprechenden kleinen Unterschiede des sehr scharfen Streifenmusters gut zu sehen sind.

12.4 Babinetsches und Huygenssches Prinzip

Mit Hilfe zweier sehr allgemeiner Sätze, die von Babinet und Huygens entwickelt wurden, können wir eine Vielfalt von Situationen verstehen, in denen sich die Wellennatur des Lichts zeigt. Beide erklären, wie kohärentes Licht sich verhält, wenn es Öffnungen in einer lichtundurchlässigen Platte durchläuft. Dazu beobachten wir das Interferenzmuster, das paralleles Licht durch Öffnungen beliebiger Zahl und Größe hindurch auf einem entfernten Schirm entwirft. (Wir nennen es das SCHIRMMUSTER, Abb. 12.38).

12.4.1 Das Babinetsche Prinzip

Das Babinetsche Prinzip vergleicht das von einer Platte erzeugte Schirmmuster mit dem des Negativs (im fotografischen Sinn) dieser Platte. Wir haben also zwei Platten, und überall dort, wo Platte 1 eine Öffnung hat (also lichtdurchlässig ist), ist Platte 2 undurchsichtig und umgekehrt. Diese Platten heißen komplementär. (Platte 1 könnte dadurch entstanden sein, daß in eine ursprünglich undurchsichtige Platte Löcher gestanzt wurden. Platte 2 bestünde dann aus eben diesen in ihrer ursprünglichen Lage befestigten Ausschnitten.) Die Öffnungen beider Platten gemeinsam ergäben also eine völlig durchlässige Platte.

Um nun einen Zusammenhang zwischen dem Schirmmuster von Platte 1 und dem von Platte 2 zu erhalten, denken wir uns eine dritte Platte, die alle Öffnungen der Platten 1 und 2 hat, also Licht überall dort durchläßt, wo eine der beiden Platten es durchlassen würde (Abb. 12.39). Da Linse 2 das parallele Licht fokussiert, ist das Schirmmuster der Platte 3 einfach das

12.38 Versuchsanordnung zum Babinetschen und Huygensschen Prinzip. Linse 1 richtet das beleuchtende Licht parallel aus, und Linse 2 ermöglicht es, den Schirm nahe heranzubringen und auf ihm das Muster zu beobachten, das sonst, wie in Abbildung 12.38, auf einem fernen Schirm wäre

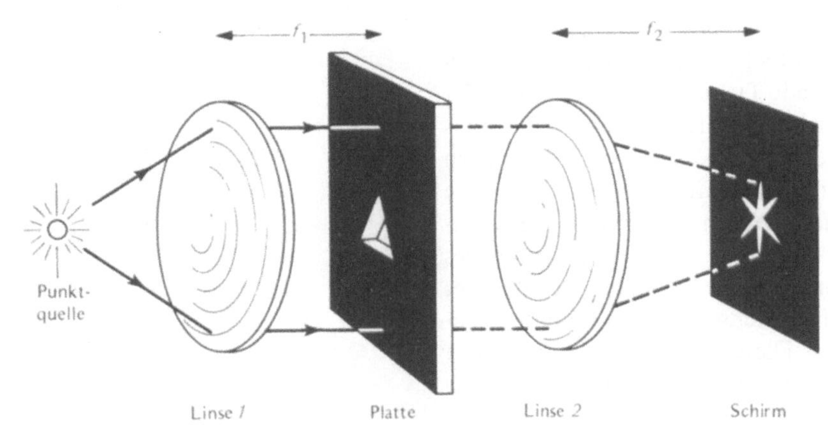

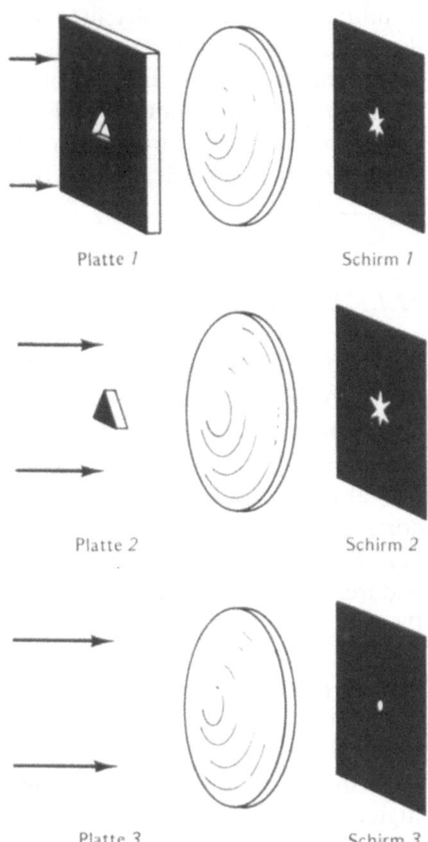

12.39 Eine Platte 1, ihr Komplement 2 und die kombinierten Öffnungen 3. Das Babinetsche Prinzip besagt, daß die Schirmmuster 1 und 2 überall, außer in der Mitte, gleich sind

nach den Gesetzen der geometrischen Optik gewonnene Bild der Punktquelle, also ein Lichtpunkt auf der Achse inmitten eines sonst dunklen Schirms. Wir können uns diese Dunkelheit mit dem hellen Punkt als die Summe zweier Wellen denken, von denen eine von den Öffnungen der Platte 1 und eine von denen der Platte 2 herrührt. Aus dieser Sicht muß die fast überall herrschende Dunkelheit ein Ergebnis der fast vollständigen destruktiven Interferenz der Wellen von den beiden komplementären Platten sein. Die beiden Wellen müssen also gegenphasig sein und an jedem Punkt des Schirms (mit Ausnahme des Punktes auf der Achse) dieselbe Amplitude haben. Dieses ziemlich überraschende Ergebnis wird BABINETSCHES PRINZIP genannt.

> **Die Schirmmuster komplementärer Platten sind bis auf das Bild der Lichtquelle, das sich gemäß der geometrischen Optik ergibt, gleich.**

Wir überprüfen diesen Satz an einigen Situationen, bei denen wir die Antwort schon kennen. Denken wir uns eine vollkommen undurchsichtige Platte 1, ohne alle Löcher. Dann ist der Schirm natürlich völlig dunkel. Die komplementäre Platte 2 ist überall offen. Ihr Schirmmuster ist genau das Bild der Punktquelle und auch, bis auf dieses Bild, überall dunkel, wie das Babinetsche Prinzip besagt.

Sei jetzt Platte 1 ein Gitter mit vielen Spalten, wobei die lichtdurchlässigen und -undurchlässigen Streifen jeweils gleiche Breite haben. Die komplementäre Platte 2 sieht dann genau wie Platte 1 aus, ist aber um eine Spaltbreite verschoben (Abb. 12.40a). Wir wissen schon, daß das Schirmmuster eines solchen Gitters von dem Winkel abhängt, unter dem das Licht das Gitter verläßt, und nicht von der genauen Lage des Gitters. Deshalb ist das Schirmmuster für dieses Gitter dasselbe wie für sein Komplement, wie es dem Babinetschen Prinzip entspricht. Aber jetzt kommt etwas Neues. Da komplementäre Platten auch dann dasselbe Muster ergeben, wenn sie nicht genau gleich sind, brauchen die durchlässigen und undurchlässigen Streifen in Platte 1 nicht gleich breit zu sein. Ein Gitter mit engen Spalten und eines mit engen, lichtundurchlässigen Linien im selben Abstand ergeben (mit Ausnahme des Mittelstreifens) dasselbe Schirmmuster (Abb. 12.40b).

Mit Hilfe des Babinetschen Prinzips können wir auch herausfinden, was passiert, wenn Licht durch ein

12.40 Komplementäre Gitter und die Intensität ihrer Gittermuster. Interessant sind nicht so sehr die Einzelheiten des Musters, sondern die Beziehung zwischen den Mustern der komplementären Platten. (Wir zeichnen oft, wie auch hier, die Intensität als Funktion des Ortes in dasselbe Diagramm ein.) (a) Eine Platte mit offenen und geschlossenen Spalten gleicher Breite ist identisch mit ihrem Komplement. (b) Eine Platte mit dünnen Spalten ergibt, mit Ausnahme des Mittelstreifens, dasselbe Schirmmuster wie eine Platte mit sehr weiten Spalten. Der Mittelstreifen ist in diesem Fall viel heller, weil durch die größeren Öffnungen mehr Licht einfällt

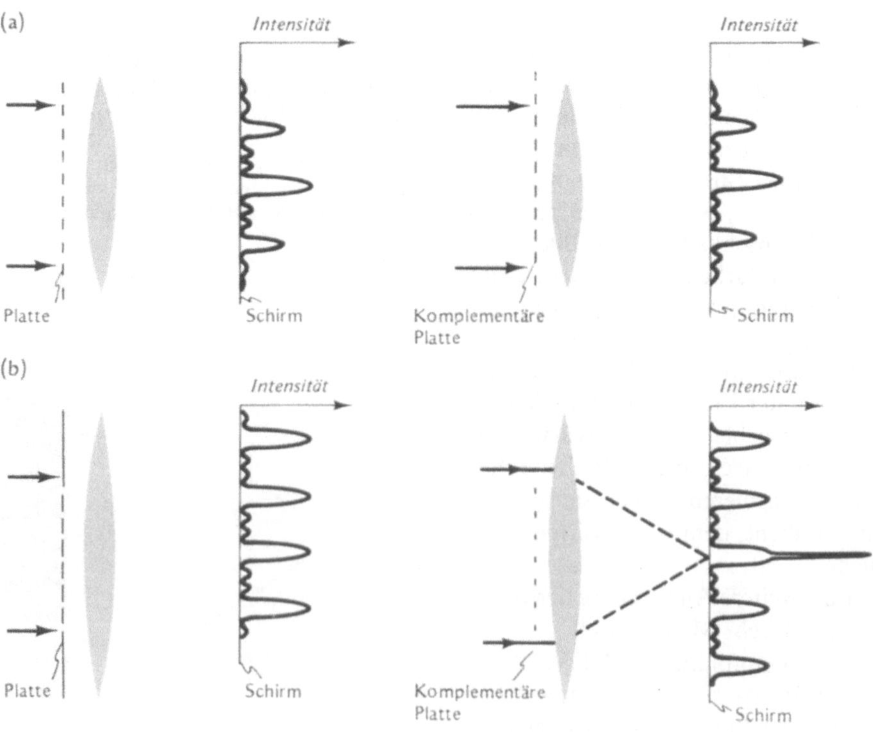

kleines Loch in einer Platte hindurchgeht. Die komplementäre Platte besteht in diesem Fall aus einem kleinen, lichtundurchlässigen Fleck und ist sonst überall offen. Fast alles Licht geht also ungehindert durch diese Platte und gibt ein Bild der Quelle, als ob es den Fleck nicht gäbe. Wenn aber der Fleck lichtundurchlässig ist, muß er einen Teil der Lichtenergie absorbieren. Die Welle wiederum kann nur dadurch Energie abgeben, daß sie durch Rütteln an den Ladungen des Flecks Arbeit leistet. Die schwingenden Ladungen schicken dann in alle Richtungen elektromagnetische Wellen aus. Der Fleck selbst sendet in alle Richtungen eine ›gestreute‹ Welle aus, die wir zusätzlich zum Bild der Quelle auf dem Schirm sehen (Abb. 12.41a). Jetzt betrachten wir die ursprüngliche Platte, die anstelle des Flecks ein einzelnes kleines Loch hat. Nach dem Babinetschen Prinzip muß das Schirmmuster einer Platte mit einem winzigen Loch mit Ausnahme des Achsenpunktes dasselbe sein wie das des Flecks. Also muß auch ein winziges Loch in alle Richtungen eine Welle ausschicken (hier ohne die starke, ungestörte Welle, die das Bild der Quelle auf der Achse ist, Abb. 12.41b). In früheren Abschnitten haben wir angenommen, daß ein kleines, beleuchtetes Loch sich wie eine Punktquelle verhält und also in alle Richtungen Wellen ausschickt. Jetzt haben wir es bewiesen! (Entsprechend verhält sich ein enger, beleuchteter Spalt wie eine Linienquelle.)

12.4.2 Das Huygenssche Prinzip

Wir haben gerade gesehen, daß die Welle, die aus einem kleinen Loch herauskommt, genauso aussieht wie die einer kleinen Quelle. Das Huygenssche Prinzip besagt, daß die Wellen, die aus den Löchern einer beliebigen Platte kommen, genauso aussehen wie die einer geeigneten Menge kohärenter kleiner Quellen, die anstelle der Löcher sind. Denken Sie an Wasser-

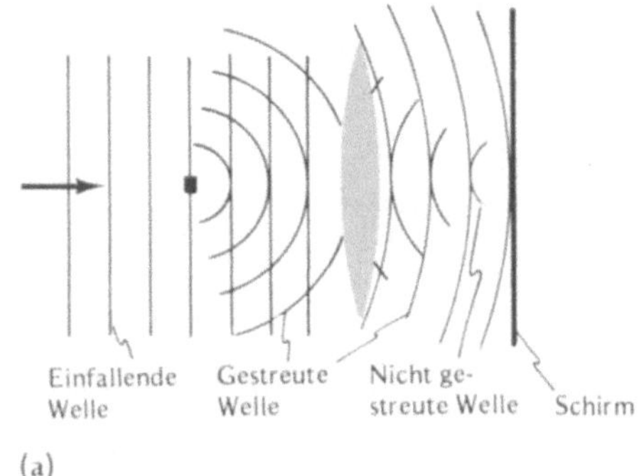

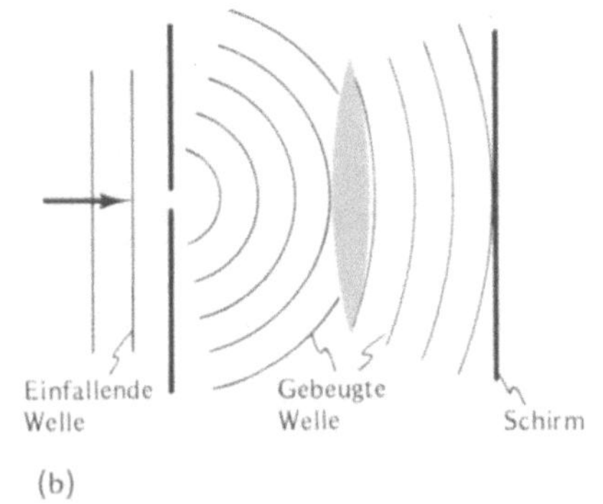

12.41 Das Babinetsche Prinzip stellt die Verbindung her zwischen (a) der Welle, die an einem kleinen, undurchsichtigen Teilchen gestreut wird, und (b) der Welle, die sich von einem kleinen Loch in der Platte ausbreitet. Die Abbildung zeigt die Wellenfronten

wellen: Wenn eine Welle sich im Wasser fortpflanzt, bewegt sie das Wasser in einem Bereich auf und ab, und das wiederum hebt das Wasser in benachbarten Bereichen auf und ab. Es scheint keinen großen Unterschied zu machen, ob die Wasserbewegung in einem Bereich von den Nachbargebieten herrührt oder ob jeder Wasserbereich von externen ›Quellen‹ auf und ab bewegt wird, etwa von den Füßen vieler Kinder, die vom Badesteg aus ›unisono‹ mit den Beinen paddeln. Die Wellen, die sich so in vorher ruhigem Wasser ausbreiten, sind in beiden Fällen gleich. Das HUYGENSSCHE PRINZIP besagt, daß es für den Bereich, in dem sich die Welle fortpflanzt, auch wirklich keinen Unterschied macht.

Jede Wellenfront einer sich ausbreitenden Welle läßt sich, soweit es spätere Auswirkungen in der Ausbreitungsrichtung betrifft, durch mehrere Quellen ersetzen, die alle gleichförmig über die Wellenfront verteilt sind und phasengleich strahlen.

Das Huygenssche Prinzip hat für Licht noch einen anderen Aspekt, wenn man sich die Öffnungen in einer Platte in viele kleine Teile aufgeteilt denkt, von denen sich jedes kleine Stück selbst wie ein kleines Loch in einer undurchsichtigen Platte verhält.

Ein kleines Loch emittiert, wie wir oben sahen, in alle Richtungen (zum Schirm hin) Wellen. Die Wellen, die durch die Öffnungen einer Platte hindurchgehen, verhalten sich, als ob jeder Punkt in den Öffnungen solche Wellen ausschickte (Abb. 12.42).

Mit Hilfe des Huygensschen Prinzips läßt sich das Schirmmuster einer Platte mit beliebiger Öffnung bestimmen. Wir vergessen das Licht, das ursprünglich die Platte beleuchtet, und stellen uns vor, überall dort, wo die Platte eine Öffnung hat, wären phasengleiche Quellen gleichförmig verteilt und strahlten zum Schatten hin. Die Interferenz dieser Wellen ergibt dasselbe Schirmmuster wie die ursprüngliche Platte. (Natürlich kann die Addition des Lichts all dieser Quellen, jede mit ihrer richtigen Phase, einen beträchtlichen Arbeitsaufwand bedeuten.)

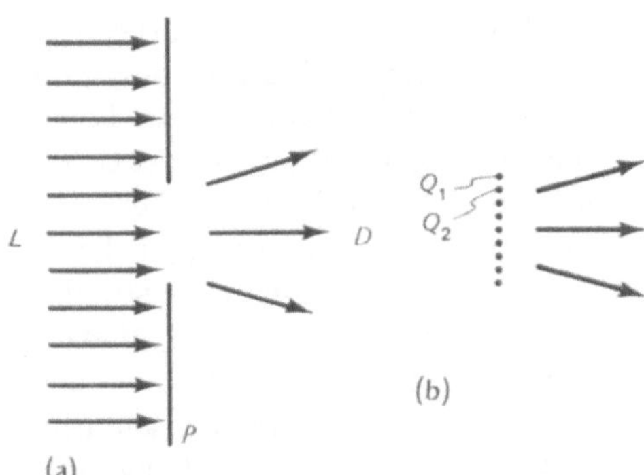

12.42 (a) Einfallendes Licht L fällt auf eine Platte P und etwas, D, geht hindurch. (b) Das Licht D ist ununterscheidbar von dem Licht, das von einer Vielzahl phasengleicher Quellen $Q_1, Q_2 \ldots$ herrührt, die gleichmäßig über die Löcher der Platten verteilt sind

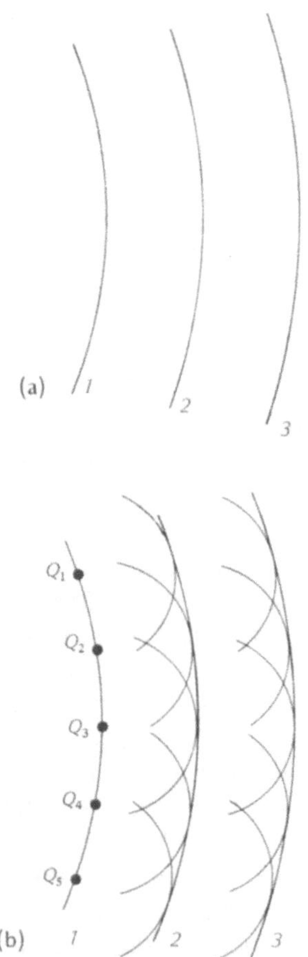

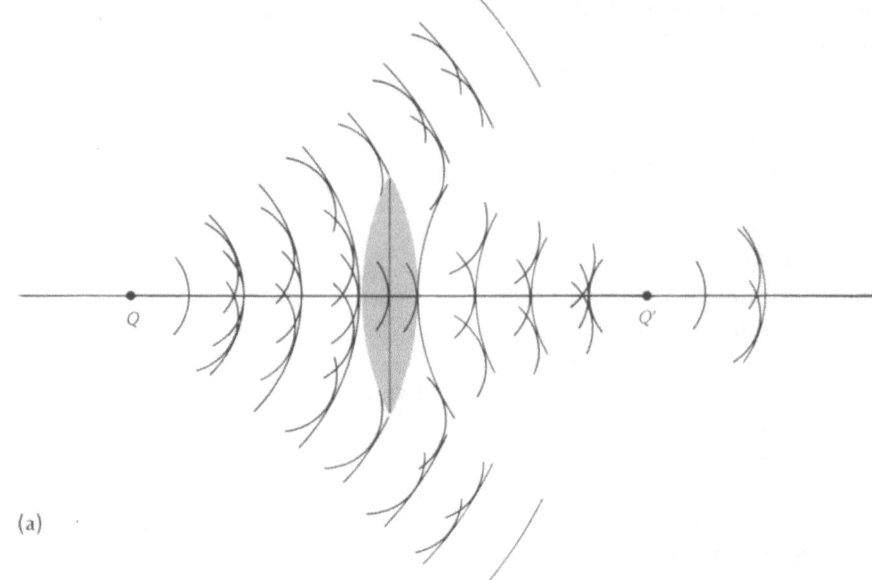

(a)

12.43 (a) Sich ausbreitende Wellenfronten. (b) Huygenskonstruktion einer späteren Wellenfront, wenn eine frühere bekannt ist. Jeder Punkt der Wellenfront 1 schickt eine Huygenssche Elementarwelle aus. Wellenfront 2 ist dort, wo diese kleinen Wellen konstruktiv interferieren

Huygens' Prinzip hat ein neues Verständnis der Lichtausbreitung zur Folge. Bis jetzt haben wir in Lichtausbreitung und Interferenz zwei verschiedene Möglichkeiten dafür gesehen, wie sich Licht verhalten kann. Zwei oder mehr kohärente Strahlen breiten sich für uns nach den Gesetzen der geometrischen Optik aus und interferieren nur, wenn sie zusammentreffen. Jetzt ist die Vorstellung möglich, daß Licht während der Lichtausbreitung immerzu interferiert. Jede Wellenfront schickt viele kleine Wellen aus, die im nächsten Augenblick interferieren und die neue Wellenfront bilden. Abbildung 12.43a ver-

12.44 (a) Huygenskonstruktion einer Welle von einer Punktquelle Q, die durch eine Sammellinse zu einem Bildpunkt Q' geht. (b) Eine zusammengesetzte Aufnahme der Wellenfronten (Abschnitt 14.4)

anschaulicht das an einer Welle, die gerade durch eine vollkommen transparente Platte (die wir uns vorstellen müssen) hindurchgegangen ist. Huygens sagt, daß wir dasselbe Resultat von einer Menge phasengleicher Quellen erhalten, die gleichförmig auf diesen Platten angeordnet sind (Abb. 12.43b). Die Interferenz des Lichts von diesen Quellen muß gerade so beschaffen sein, daß die ursprüngliche Welle wieder entsteht. Die Strahlen, die zu den nach Huygens konstruierten Wellenfronten senkrecht sind, gehorchen den Gesetzen der geometrischen Optik überall dort, wo sie gilt. Die geometrische Optik ist damit ein Spezialfall der Wellenoptik und gilt, solange die Löcher und Hindernisse im Vergleich zur Lichtwellenlänge sehr groß sind.

Niemand wird je auf den Gedanken kommen, Probleme der geometrischen Optik durch die Betrachtung vieler Huygensscher Wellen zu lösen, denn die geometrische Konstruktion ist ja viel einfacher. Aber es ist oft nützlich zu wissen, daß die Vorstellungen der Wellenoptik immer anwend-

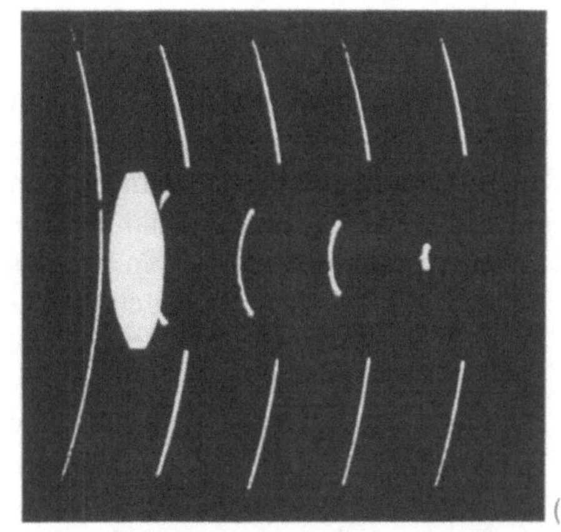

(b)

bar sind. Wenn zum Beispiel eine Punktquelle Q mittels einer Linse ein Bild Q' entwirft (Abb. 12.44), dann ist das Wellenbild bei Q' hell (und überall sonst dunkel), weil die Interferenz bei Q' konstruktiv ist (und überall sonst destruktiv). Deshalb müssen die in alle Richtungen emittierten Wellen von Q phasengleich bei Q' ankommen. Nun haben die Wellen, die vom Rand der Linse zu Q' gelangen, einen längeren Weg als die vom Zentrum. Aber die mittleren Strahlen müssen die größte Entfernung durch Glas zurücklegen, wo die Geschwindigkeit kleiner ist als in Luft, deshalb gleicht die Dicke der Linsenmitte den längeren Weg der äußeren Strahlen aus, und alles Licht kommt phasengleich bei Q an. Mit diesem neuen Verständnis werden wir auch im Fall der vertrauten Linsen einige weniger vertraute Ergebnisse gewinnen (Abschnitt 12.5.4).

12.5 Beugung

Wenn ein Lichtstrahl sehr eng ist, wird für sein Verhalten etwas wichtig, was sich, wie wir sahen, nicht im Rahmen der geometrischen Optik beschreiben läßt, nämlich die BEUGUNG. Beugungseffekte sind Interferenzeffekte innerhalb eines einzigen engen Lichtbündels – Licht geht durch ein kleines Loch und breitet sich aus. Einige Beugungseffekte lassen sich leicht beobachten. Nehmen Sie irgendeine scharfe Kante (die eines Messers oder eines Stücks Papier) und halten Sie es zwischen Ihr Auge und eine kleine, helle Lichtquelle. Wenn Sie auf die Kante schauen, sehen Sie, daß sie in der Nähe der Stelle leuchtet, in der sie die Lichtquelle verdeckt. Sie sehen damit die Huygenswellen, die gerade oberhalb der Kante ›ausgeschickt‹ werden. (Man sieht weiter oberhalb der Kante keine von der Lichtquelle erzeugten Wellen, weil sie destruktiv mit den dazwischenliegenden Wellen interferieren.)

12.5.1 Beugung an einem Spalt oder einem Loch

Die meisten Lichtstrahlen sind nicht von nur einer Kante, sondern von mindestens zwei Kanten begrenzt, die einen Spalt bilden. Wenn Licht einer Punktquelle durch einen solchen Spalt hindurchgeht, gibt es für den Schirm zwei Stellen, an denen auf ihm ein einfaches Muster entsteht. Eine ist sehr nahe am Spalt; da nur hinter dem Spalt Intensität ist, ist das Muster auf dem Schirm in diesem Fall der nach den Regeln der geometrischen Optik gebildete Schatten des Spalts. Der andere Ort ist sehr weit entfernt vom Spalt (oder, was auf dasselbe heraus-

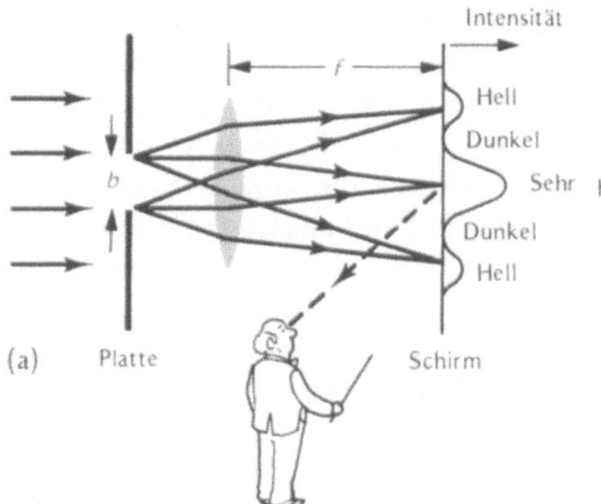

12.45 Zwei Möglichkeiten zur Beobachtung der Fraunhoferschen Beugung, bei der eine Linse einen entfernten Schirm ersetzt. Paralleles Licht fällt auf eine Öffnung in einer Platte, also etwa einen Spalt der Breite b. (a) Das Muster wird auf einem Schirm in der Brennebene der Linse beobachtet. (b) Das Muster wird direkt auf die Netzhaut des Auges abgebildet, die im Brennpunkt der Augenlinse als Schirm dient

kommt, im Brennpunkt einer Linse wie in Abbildung 12.8 – vergleichen Sie Abbildung 12.45). Die Beugungseffekte auf dem entfernten Schirm heißen FRAUNHOFERSCHE BEUGUNG, nach Joseph von Fraunhofer (der noch als 14jähriger Analphabet war, aber dessen Arbeit, wie es auf seinem Grabstein heißt, ›die Sterne näherbrachte‹.) Zwischen den beiden Lagen geht das Schirmmuster vom Schatten der geometrischen Optik in das Fraunhofersche Beugungsmuster über. Diese Übergangsmuster heißen FRESNELSCHE BEUGUNGSMUSTER und sind ziemlich kompliziert – die oben erwähnte leuchtende Kante ist ein Beispiel. SEHEN SIE SELBST! Wir werden uns hier jedoch nicht weiter mit der Fresnelschen Beugung beschäftigen.

Wir wenden jetzt das Huygenssche Prinzip auf den Spalt in Abbildung

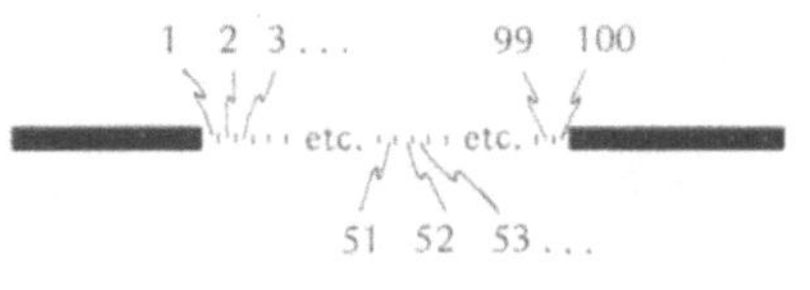

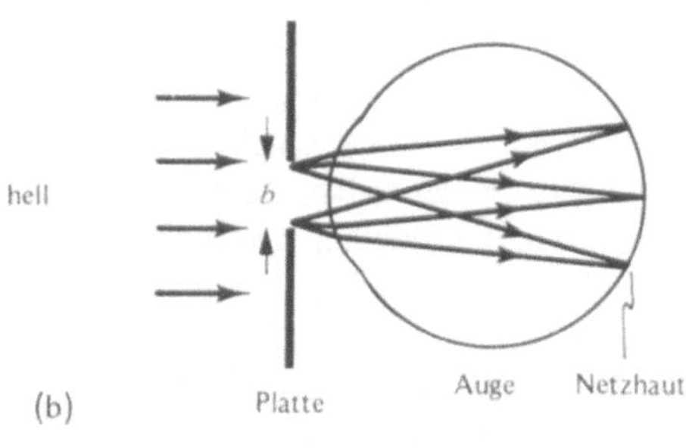

12.45 an. Denken wir uns dazu die Öffnung vielfach, etwa 100fach aufgeteilt und den Spalt mit monochromatischem Licht der Wellenlänge λ beleuchtet. Jeder Teil des Spalts emittiert eine Huygenswelle. Der Spalt ist also den 100 Quellen in Abschnitt 12.2.7 vergleichbar. (Hier interessiert uns nur der Mittelstreifen. Wenn wir den Spalt immer weiter unterteilen, werden die Abstände zwischen den Huygensquellen immer kleiner, und die Streifen höherer Ordnung entfernen sich immer weiter, aus dem Bild hinaus.) Wie vorher fällt die Intensität in der Nähe des Mittelstreifens zuerst dann auf null, wenn der Beitrag der Quelle 1 mit dem der Quelle 51 pha-

12.46 (a) Ein Spalt, den wir uns in 100 Teile aufgeteilt denken, ist äquivalent zu 100 Huygenslichtquellen. (b) Die Intensitätsverteilung dieses Spalts. A ist das mittlere Maximum, wo Wellen aller Quellen konstruktiv interferieren. B ist die erste Nullstelle, wo die Wellen von den Spalthälften einander auslöschen. C ist das nächste Maximum, wo Wellen vom ersten Drittel die vom nächsten Drittel auslöschen und das letzte Drittel nicht ausgelöscht wird. D ist der nächste Nullpunkt, an dem sich Wellen benachbarter Spaltviertel auslöschen

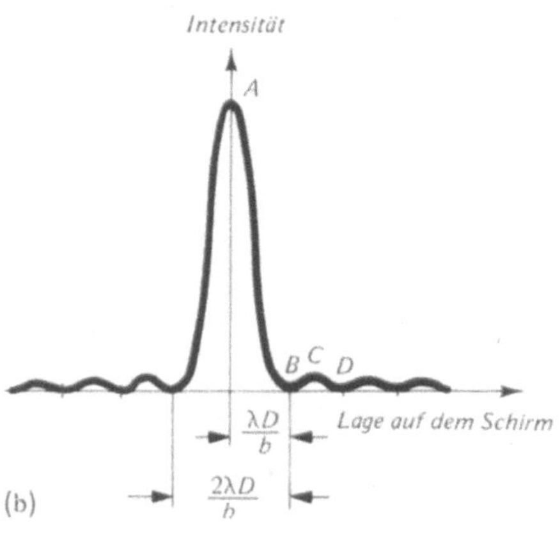

senverkehrt ist und so weiter (Abb. 12.46). Die Nullstelle tritt also an derselben Stelle auf, wo sie für Youngsche Streifen von Quellen auftreten wurde, die denselben Abstand $b/2$ haben wie die Quellen 1 und 51 (oder 2 und 52 usw.) – beim ersten Intensitätsnull löschen die Wellen der einen Spalthälfte die der anderen gerade aus. In Abschnitt 12.2.5 sahen wir, daß der Abstand zwischen den Youngschen Streifen (oder zwischen den Nullstellen in dem Streifenmuster) gerade $\lambda(D/d)$ ist, wobei d den Abstand der Quellen bezeichnet. Da hier die Quellen den Abstand $d = b/2$ haben, ist der Abstand der beiden Nullstellen auf jeder Seite des mittleren Maximums $2\lambda(D/b)$ oder

$$\begin{array}{l}\text{Abstand} \\ \text{der ersten Nullstelle} \\ \text{vom mittleren Maximum}\end{array} = \lambda\,\frac{D}{b}\ .$$

Mit größerem Abstand vom Mittelstreifen nimmt die Schirmintensität wieder zu und erreicht ein Maximum ungefähr dort, wo die Wegunterschiede so sind, daß die Beiträge der Quellen 1 und 34 (und entsprechend 2 und 35 usw.) gegenphasig sind, die Quel-

len 67 bis 100 aber nicht ausgelöscht werden. Dieser Streifen erster Ordnung ist nicht so hell wie der Mittelstreifen, weil die Wellen vom ersten Spaltdrittel die des zweiten auslöschen und nur das letzte Drittel übrigbleibt. Eine weitere Nullstelle ergibt sich, wenn 1 und 26 sich auslöschen und 2 und 27 usw. bis zu 25 und 50 und dann 51 und 76 usw. bis zu 75 und 100. Hier heben sich jeweils Viertel auf (die ersten und zweiten und die dritten und vierten).

Wir erhalten so auf beiden Seiten des mittleren Maximums eine Folge von Maxima und Nullstellen, wobei die Intensität der Nebenmaxima mit dem Abstand vom mittleren abnimmt. Abbildung 12.46b zeigt diese Intensitätsverteilung.

STUDIER & SPEKULIER

Wie beim Gitter ist der Streifenabstand proportional zur Wellenlänge. In weißem Licht erscheinen die Streifen erster und höherer Ordnung deshalb in einer Farbfolge (Tafel 12.6), ähnlich wie bei den Youngschen Streifen (Abb. 12.13). Außerdem ändert sich der Streifenabstand umgekehrt zur Spaltbreite b. Wenn b sehr breit ist, sind die Streifen höherer Ordnung dem Mittelstreifen so nah, daß sie von ihm nicht zu unterscheiden sind. Das Schirmmuster ist dann im wesentlichen ein Punkt, das Bild der Punktquelle, das wir bei einem sehr weiten Spalt nach den Gesetzen der geometrischen Optik erwarten. Wenn der Spalt eng wird, dehnt sich das Muster quer zum Spalt hin aus (Abb. 12.47). Dieses BEUGUNGSMUSTER können Sie jederzeit beobachten, wenn Sie die Augenlider zu einem Spalt zusammenpressen und in eine kleine, helle Lichtquelle (eine Glühlampe oder eine Kerzenflamme) schauen. Schließen Sie dabei ein Auge und blinzeln Sie mit dem anderen, so daß Ihre Augen nur einen ganz schmalen Spalt geöffnet sind. Der Lichtstreifen quer zu den Augenlidern ist das Beugungsmuster. Wenn Sie den Kopf neigen, bewegt es sich mit.

Sehr enge Spalte mit breiten Mittelstreifen sind solchen Quellen sehr ähnlich, die in alle Richtungen strahlen und die wir in Abschnitt 12.2 betrachteten. Wenn eine der dort besprochenen Anordnungen (Youngsche Streifen, Gittermuster usw.) mit etwas breiteren Spalten erzeugt werden, hat das Schirmmuster immer noch die Nullstellen dort, wo die Interferenz zwischen den Spalten destruktiv ist. Außerdem aber zeigt es auch die Nullstellen der Beugung an einem einzigen Spalt, wo nämlich die Interferenz innerhalb jedes einzelnen Spalts destruktiv ist. Deshalb erschei-

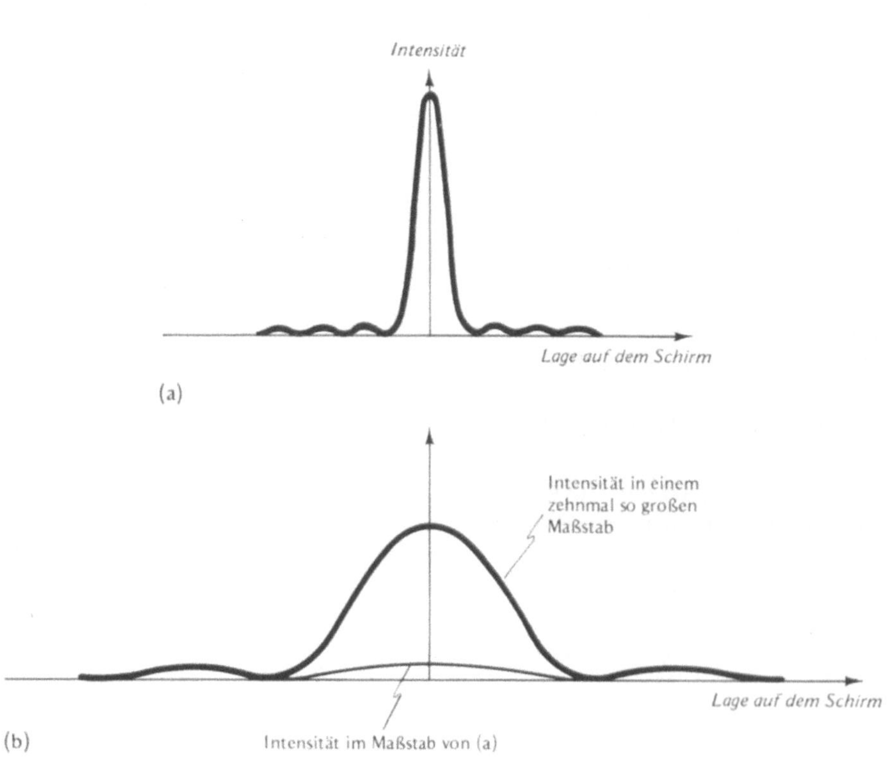

12.47 (a) Fraunhofersche Streifen eines breiten Spalts. (b) Fraunhofersche Streifen eines engeren Spalts, der nur 1/4 so breit ist wie der in (a)

nen die feinen Linien eines realistischen Youngschen Musters (SIE SAHEN ES SELBST im Versuch zu den Abschnitten 12.2.4, 5 und 6) eigentlich nur innerhalb des breiten Interferenzmusters der einzelnen Spalte.

Wenn der Strahl in zwei Richtungen beschränkt ist, erstreckt sich auch das Muster in zwei Dimensionen. Wenn die Öffnung kein Spalt, sondern ein kreisrundes Loch ist, ergibt sich statt des Streifenmusters eine Reihe von Ringen um das gemäß der geometrischen Optik gebildete Punktbild der Quelle (Abb. 12.48 und SEHEN SIE SELBST (2)). Der Intensitätsverlauf in radialer Richtung ähnelt dem eines vertikalen Spalts in horizontaler Richtung.

SEHEN SIE SELBST

1 Fresnelsche Beugung

Mit einer guten, punktförmigen Lichtquelle lassen sich in ganz gewöhnlichen Schatten Streifen beobachten. Wenn der Schirm, auf den Sie die Schatten werfen, relativ nahe am Objekt ist, sehen Sie Fresnelbeugung, die bei größerer Entfernung des Schirms in das Fraunhofersche Beugungsmuster übergeht.

Das Fresnelmuster läßt sich leicht im kohärenten Licht eines Laserstrahls beobachten. Mit gewöhnlichem Licht können Sie es sehen, wenn Sie die Projektionslinse eines Diaprojektors mit Metallfolie abdecken, in die Sie ein Nadelloch (mit etwa 1/2 mm Durchmesser) gestoßen haben. Verschieben Sie die Folie und verändern Sie den Fokus so lange, bis Sie auf einem weit entfernten Schirm einen möglichst hellen Lichtfleck sehen.

Entwerfen Sie dann mit diesem Licht Schatten einfacher Objekte, den einer Rasierklinge oder einer Messerschneide zum Beispiel oder den einer Nadel mit rundem Kopf usw. Verändern Sie den Abstand des Objekts vom Schirm und beobachten Sie, wie sich das Muster verändert. Die feinen Linien um den Hauptschatten dieser

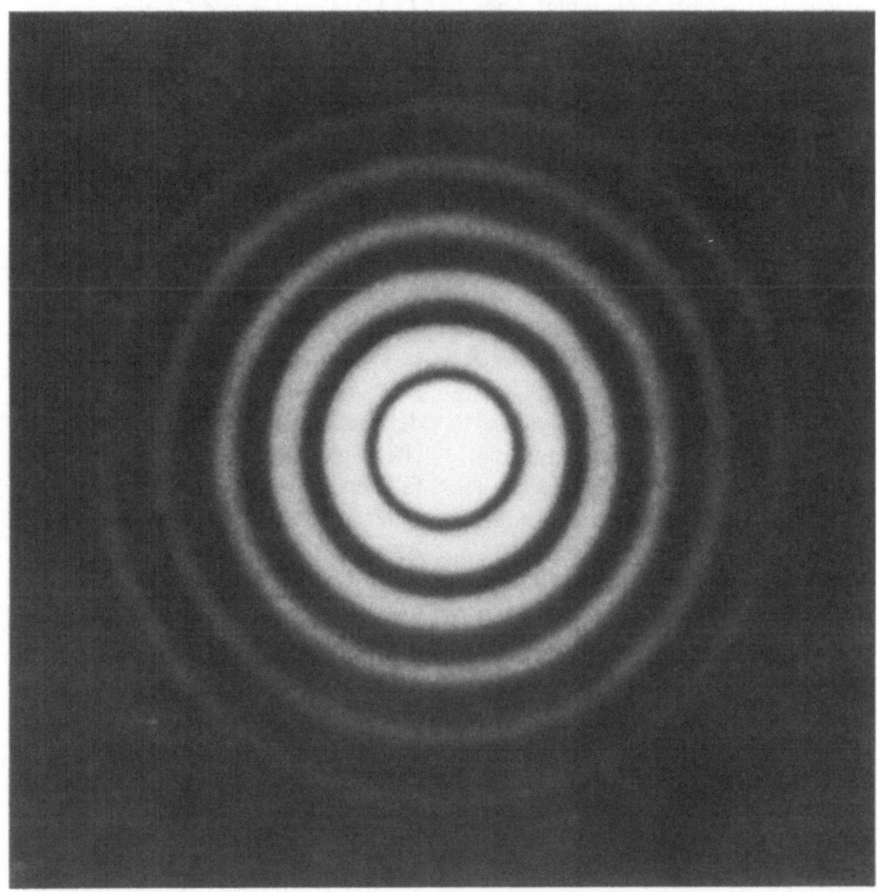

12.48 Fraunhofersche Ringe umgeben das Bild eines kreisrunden Lochs

Objekte herum rühren von der Fresnelbeugung her. Auf einer geraden Kante, wie etwa der einer Rasierklinge, können Sie beobachten, daß die Intensität allmählich zur dunklen Seite hin abfällt (etwas Intensität ist im Innern des geometrischen Schattens zu sehen – dies ist das Licht der leuchtenden Kante). Außerhalb des geometrischen Schattens bilden sich Streifen, die man als Interferenz zwischen dem Licht, das diesen Schatten wirft, und dem von der leuchtenden Kante erklären kann.

In der Mitte des Nadelschattens ist die konstruktive Interferenz des Lichts der beiden leuchtenden Kanten sichtbar. Fresnel sagte aufgrund der Theorie vorher, daß eine undurchsichtige Kugel (Nadelkopf) in der Mitte des Schattens einen hellen Fleck haben müsse. (Als er diese These an-

läßlich seiner Promotion verteidigen mußte, meinte der berühmte Poisson, einer seiner Prüfer, dieses Ergebnis sei einfach lächerlich und müsse falsch sein. Diese ›lächerliche‹ Erscheinung heißt von da an der ›Poissonsche Fleck‹.) Er ist nicht einfach zu sehen, aber versuchen Sie es! Werfen Sie den Schatten eines Stecknadelkopfes auf ein Stück Seidenpapier und schauen Sie durch eine Lupe auf die Rückseite des Papiers zum Projektor hin. Halten Sie den Stecknadelkopf so, daß er mitten im hellsten Teil des Projektorstrahls ist. Bitten Sie ein freundliches Wesen, das Seidenpapier rasch vor und zurück zu bewegen, damit sich die Unregelmäßigkeit der Papierfasern verwischt.

Die Fresnelschen Beugungsmuster lassen sich auch an den in Abschnitt 5.2 erwähnten Schwimmern beobachten, die Sie diesmal aber durch ein Nadelloch beleuchten. (Das Nadelloch dient dabei als eine Punktquelle, die einen Bereich beleuchtet, der größer ist als der Schwimmer.) Sie erhalten ein winziges Loch in der Folie, wenn Sie sie zum Beispiel knüllen und glattstreichen. Nehmen Sie eines der so erzeugten Löcher, halten Sie es vor das Auge, aber schauen Sie dahinter, nicht auf das Loch, und warten Sie, bis ein Schwimmer vorbeikommt. Sie sollten dann um den Schwimmer herum die Fresnelstreifen und vielleicht auch den Poissonschen Fleck sehen können. Wenn Sie den Abstand zwischen Nadelloch und Auge verändern, können Sie bestätigen, daß die Schwimmer nahe an der Netzhaut sein müssen, denn ihre Größe ändert sich nicht wesentlich.

Am einfachsten läßt sich die Fresnelsche Beugung wohl sehen, wenn Sie zwischen zwei Nachbarfingern einen engen Spalt formen. Halten Sie die Finger etwa 5 cm vom Auge entfernt und schauen Sie durch den Spalt, während Sie auf eine entfernte Lichtquelle blicken. Die dunklen Linien in dem Spalt sind das Fresnelmuster.

2 Beugungsmuster eines Lochs

Um das Ringmuster eines Lochs zu sehen, brauchen Sie ein winziges Loch in einer Metallfolie und eine punktförmige Lichtquelle. Legen Sie die Metallfolie auf ein Stück Packpapier und drücken Sie vorsichtig mit der Spitze einer Nadel ein winziges Loch hinein. Nehmen Sie als Lichtquelle eine Glühlampe mit einer Maske aus Metallfolie mit größerem Loch oder eine entfernte Straßenlaterne oder die Spiegelung der Sonne, etwa auf einem entfernten, glänzenden Auto. Halten Sie das Nadelloch vor das Auge, schauen Sie durch das Loch hindurch auf die Lichtquelle und beobachten Sie das Beugungsmuster. Experimentieren Sie mit verschieden großen Löchern und beobachten Sie, wie sich die Ringgröße ändert. Nehmen Sie auch anders geformte Löcher, schneiden Sie zum Beispiel mit einem scharfen Messer in die Folie.

12.5.2 Koronen und Glorien

Ein einzelnes Loch läßt sehr wenig Licht durch, wenn es klein genug ist, um nennenswerte Beugung zu zeigen. Wenn viele gleiche Löcher zufällig verteilt sind, gibt es keine Interferenz, sondern nur Beugung an den einzelnen Löchern. Das Schirmmuster ist dann einfach das Beugungsmuster eines einzelnen Lochs, aber heller, weil es viele Löcher sind. Darüber hinaus folgt aus dem Babinetschen Prinzip, daß an beliebig angeordneten Löchern gebeugtes Licht dem einer zufälligen Anordnung kleiner identischer Scheiben gleicht. Solche Anordnungen finden sich häufig in der Natur.

Wenn Sie zum Beispiel eine kühle Fensterscheibe anhauchen, kondensiert Feuchtigkeit auf der Scheibe in etwa gleich großen, zufällig verteilten Tropfen. Sie können das Beugungsmuster auf die Netzhaut projizieren, wenn Sie durch die kondensierte Feuchtigkeit hindurchschauen und das Auge auf eine ferne Straßenlampe einstellen. Das Muster gleicht dem aus Abbildung 12.48, mit dem Unterschied, daß die Menge des Lichts in dem gemäß der geometrischen Optik konstruierten Bild viel größer ist als dort gezeigt (wie es gewöhnlich bei solchen Mustern ist, die sich nach dem Babinetschen Prinzip ableiten lassen). Es erscheint als eine Reihe konzentrischer Ringe, die sogenannte KORONA, um die Lampe herum. Die Größe dieser Ringe hängt von der Größe der Tropfen ab, und wenn die Tropfen nicht ganz gleichförmig sind, verschmieren sie oft und überlappen sich. Dieses Muster kennen Sie als Autofahrer um Scheinwerfer herum, wenn auf der Windschutzscheibe Nebel kondensiert.

Die Luft zwischen dem Auge und einer fernen Lichtquelle, etwa dem Mond, enthält oft Wassertropfen oder mehr oder weniger gleiche, winzige Eiskristalle. Dann hat der Mond einen Hof (Tafel 12.7). Gewöhnlich sieht man nur ein verschwommenes, helles Gebiet in der Nähe des Mondes, während ein Halo, der ein Brechungseffekt ist, einen viel größeren Kreis beschreibt (Abschnitt 2.6.3).

Die reflektierten Strahlen der geometrischen Optik, die Regenbogen bilden, werden, wenn die Tropfen klein genug sind, auch gebeugt. Bei sehr kleinen Wassertropfen ist die Beugung äußerst wichtig. Sie läßt im reflektierten Licht Koronen entstehen, die Lichthöfen und Heiligenscheinen ähneln. Gelegentlich ist die Tropfengröße gerade so, daß Brechung, Spiegelung und Beugung einander verstärken, und man sieht oben auf einem hohen Berg, über den Wolken, helle, farbige Ringe um den Schatten seines eigenen Kopfes herum. Dieses großartige Phänomen nennt man einen GLORIENSCHEIN (Tafel 12.8). (Im Harz verbindet der Aberglaube den Glorienschein, das sogenannte ›Brockengespenst‹, mit dem nahen Tod – man sieht sich so, wie man im Himmel sein wird.) Wie Heiligenschein und Regenbogen hat jeder seine eigene Korona und Glorie – nie sieht man sie um den Kopf eines anderen. John Hersey beschreibt in "The War Lovers" diesen Glorienschein als ›einen scheinenden Nimbus, einen Halo, wie ein Ring um den Mond‹, der sich um den Schatten eines Flugzeugs bildet, und begeistert sich daran, wie ›die Sonne uns aus den sechs Schatten hervorhebt‹, die die anderen Flugzeuge in der Nähe werfen.

Wenn die Wassertropfen etwas größer sind, sieht man im gespiegelten Licht einen Regenbogen, aber die Beugung verändert die Intensität, indem sie Licht in etwas andere Winkel schickt, als die geometrische Optik

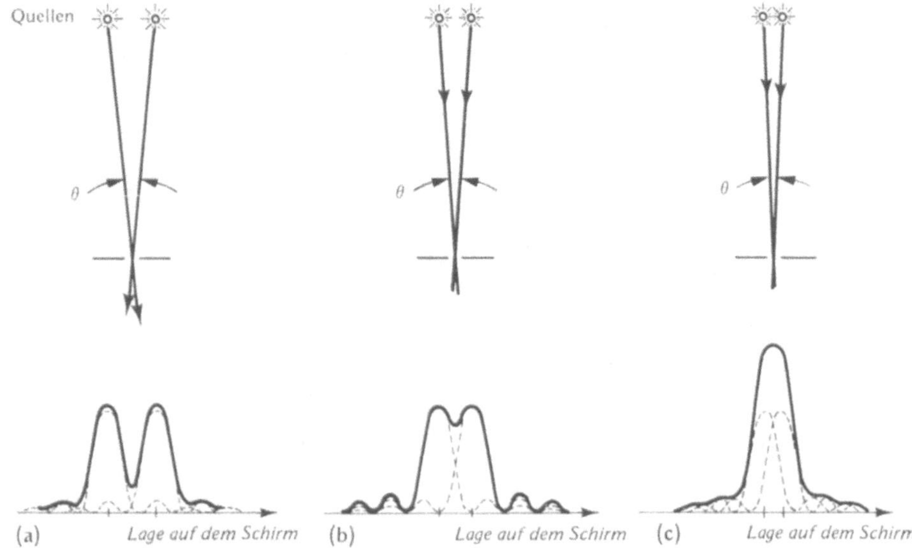

12.49 Das Rayleighsche Auflösungskriterium. Die Intensitätsverteilung für die in der Brennebene entstehenden Bilder zweier ferner inkohärenter Punktquellen, und zwar die Intensität jeder einzelnen Quelle sowie ihrer Summe, wenn (a) die beiden Punkte gut aufgelöst sind ($\theta > \theta_{\text{Rayleigh}}$), (b) sie gerade eben aufgelöst sind ($\theta = \theta_{\text{Rayleigh}}$), (c) sie nicht aufgelöst sind ($\theta < \theta_{\text{Rayleigh}}$)

vorschreibt. So ist zum Beispiel je nach der Tropfengröße die eine oder andere Farbe heller als die übrigen. Da die Farben in einem Regenbogen sich bis zu einem gewissen Grade überlappen, kann dies zu neuen Farbtönen führen. Es ist sogar möglich, die Tropfengröße aus der Regenbogenfarbe abzuleiten: je kleiner die Tropfen, um so ausgebreiteter die Farben und um so stärker die Überlappung. Der Regenbogen sieht dann eher pastellfarben oder sogar weiß aus. Es können auch am inneren Rand des Hauptbogens andere, sogenannte NEBENREGENBOGEN zu sehen sein, die durch Beugung höherer Ordnung verursacht werden (Tafel 2.3).

12.5.3 Auflösungsvermögen

Mit dem, was wir jetzt über Beugung wissen, mag sogar etwas so Elementares wie das, was die geometrische Optik über die Sammelwirkung einer Lupe sagt, fragwürdig erscheinen. Und das mit Recht, denn wir wissen, daß jede Linse eine endliche Öffnung hat. Selbst wenn keine Platte mit kreisrundem Loch einem Strahl den Weg versperrt, ist er doch durch die Größe der Öffnung selbst begrenzt. Keine Linse gibt je ein punktförmiges Bild einer fernen Punktquelle, auch nicht, wenn

alle Aberrationen behoben sind. Das Bild in der Brennebene ist vielmehr das der Linsenöffnung entsprechende Fraunhofersche Beugungsmuster. Jeder Punkt eines ausgedehnten Köpers verschwimmt je nach der Größe der Linsenöffnung mehr oder weniger stark. Für viele Zwecke ist dies ein kleiner Effekt und kann, wie wir es in früheren Kapiteln gemacht haben, vernachlässigt werden. Die Beugung aber macht es unmöglich, sehr feine Einzelheiten in dem Bild zu sehen, und es nützt gar nichts, das Bild über einen bestimmten Punkt hinaus zu vergrößern – man sieht dann nur vergrößerte Fraunhofermuster.

Um das AUFLÖSUNGSVERMÖGEN einer Linse zu beschreiben, bedienen wir uns eines Kriteriums, das auf Rayleigh zurückgeht: Zwei Quellen sind unterscheidbar (können aufgelöst werden), wenn die mittleren Maxima ihrer Bilder mindestens so weit auseinander liegen wie das Maximum

und die erste Nullstelle einer Quelle (Abb. 12.49). Dieses Maximum und die Nullstelle haben einen Abstand, der proportional ist zu λ/b, wobei b der Durchmesser der Linsenöffnung ist (Abschnitt 12.5.1). Je größer die Öffnung, um so feinere Einzelheiten werden aufgelöst. Mit dem richtigen Zahlenfaktor ist

$$\theta_{\text{Rayleigh}} = 70\,\frac{\lambda}{b} \quad \text{(in Grad)}$$

die kleinste WINKELTRENNUNG, die aufgelöst werden kann. Wenn also ein Lichtstrahl durch eine Linse oder einen Spiegel endlicher Größe begrenzt ist, gehen feinere Einzelheiten unweigerlich verloren. Punkte auf dem Gegenstand, die durch einen Winkel kleiner als θ_{Rayleigh} getrennt sind, verschwimmen im Bild (Abb. 12.50). Es

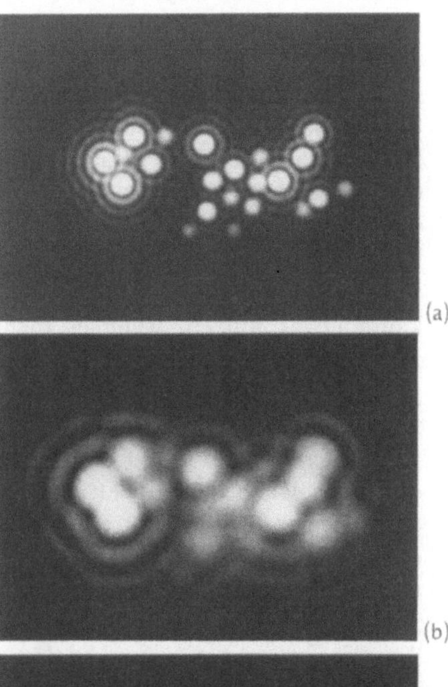

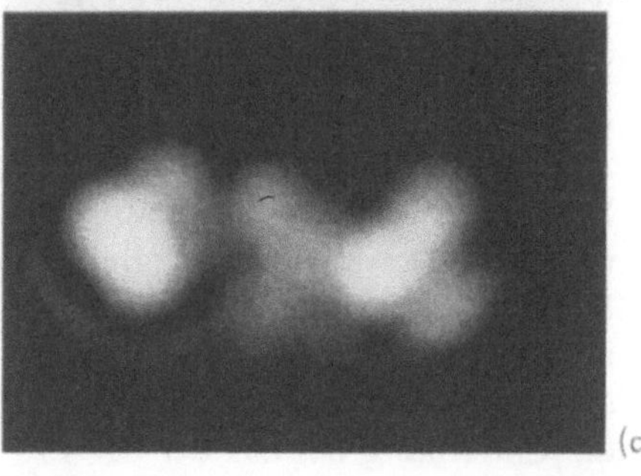

12.50 Aufnahmen von Quellen, die (a) aufgelöst, (b) kaum aufgelöst und (c) nicht aufgelöst sind

ist deshalb sinnlos, Aberrationen über diese Grenze hinaus zu korrigieren oder die Aufnahme mit viel feinkörnigerem Film zu machen.

Unsere Augen sind in Hinsicht auf diese Beschränkungen geradezu optimal gebaut. Die Pupille des menschlichen Auges hat bei hellem Licht einen Durchmesser b von etwa 3 mm und ist am empfindlichsten in der Nähe von $\lambda = 550$ nm. Das ergibt eine Auflösungsgrenze $\lambda_{\text{Rayleigh}} \cong 1/80°$. Messungen der Auflösung des menschlichen Auges ergeben etwa $1/60°$, also einen Wert, der nahe an dem absoluten Grenzwert liegt. (Ein Adler hat eine größere Pupille ($b \cong 10$ mm) und löst deshalb mit $1/260°$ viel besser auf.) Und wie steht es mit der Körnigkeit? In der Sehgrube ist die Entfernung zwischen den Zapfen etwa 1,5 μm. Aus dem Rayleighwinkel ergibt sich, daß zwei Punktquellen auf der Netzhaut einen Abstand von mindestens 4 μm haben müssen, um auflösbar zu sein. In dieser Entfernung gibt es drei Zapfen, also gerade genug, um die beiden Quellen (zwei Zapfen) mit einem dunkleren Fleck zwischen ihnen (einem Zapfen) zu sehen, sie also unterscheiden zu können. Es würde kaum etwas nützen, wenn es mehr Zapfen gäbe, weil sie nur das Beugungsmuster, aber nicht die Quelle genauer sehen könnten. Wenn es weniger Zapfen gäbe, könnten sie nicht all die Einzelheiten des Objekts ausmachen, die das Netzhautbild enthält. In diesem Sinn ist das menschliche Auge also wahrhaft optimal konstruiert.

Die meisten Menschen brauchen ihre Augen nicht nur zum Auflösen von Punktquellen. Für die gewöhnlichen Aufgaben sind außer der Auflösung andere Aspekte wichtig. So mißt die SEHZEICHENPRÜFTAFEL (Abb. 12.51), wie genau man Buchstaben und Zahlen erkennt. Das Ergebnis wird gewöhnlich als Verhältnis x/y angegeben, wobei x (6 m oder 20 Fuß) die Entfernung ist, aus der der Proband gleich große Zeichen lesen kann wie ein Normalsichtiger aus Entfernung y. Normal heißt dabei ein Auge,

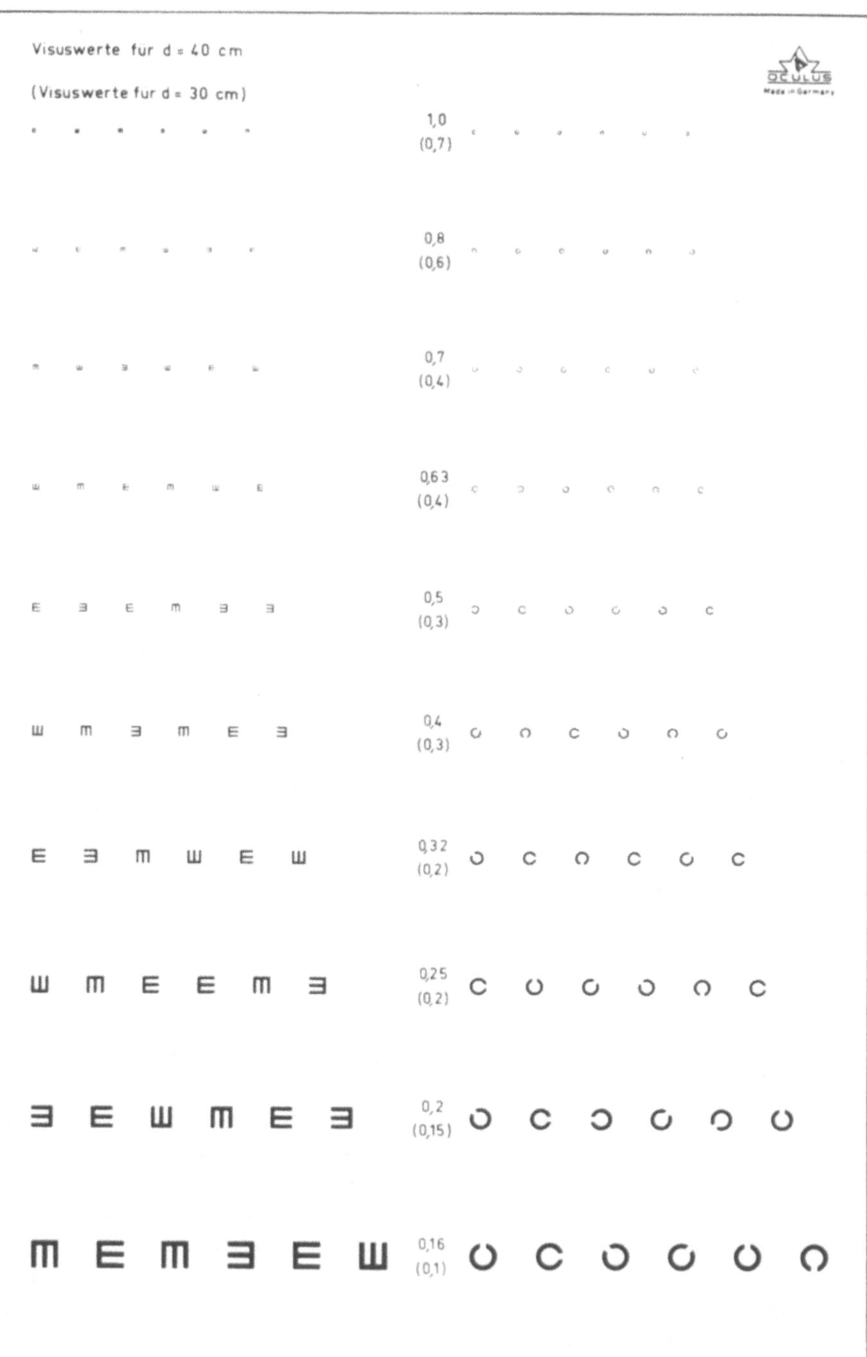

12.51 Eine Sehzeichenprüftafel en miniature. Lesen Sie diese Tafel aus einer Entfernung von 33 monokular (einäugig) oder 40 cm binokular (beidäugig), um eine Vorstellung von Ihrer Nahsehschärfe zu bekommen. Die üblichen Sehproben für Sehschärfebestimmung (Visusbestimmung) in der Ferne werden aus 6 m geprüft

das Buchstaben lesen kann, die einen Winkel von $1/12°$ füllen und deren Striche so breit sind wie die mittlere Auflösungsgrenze von $1/60°$. Ein Normalsichtiger hat also Sehschärfe 1 (oder 20/20, wenn x und y in Fuß gemessen werden). Gute Augen können sogar Zeichen erkennen, die einen

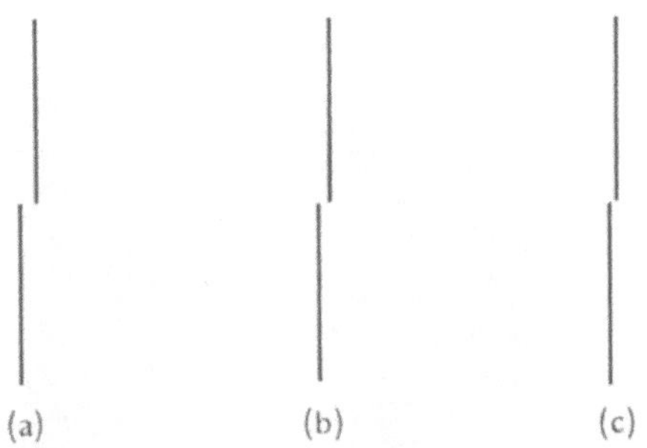

12.52 Messen Sie Ihre Nonius-Sehschärfe! Schauen Sie sich diese Abbildung an und achten Sie darauf, welches Linienpaar einen kaum sichtbaren Bruch hat. Gehen Sie dann zurück, bis der Bruch in (a) sichtbar ist und der in (c) nicht, während der in (b) kaum zu sehen ist. Bei guter Sehschärfe können Sie das noch aus 10 m Entfernung sehen

Winkel von 1/24° füllen, haben also Sehschärfe 2 (oder 20/10).

Andere Sehschärfetests werden mit Gegenständen durchgeführt, deren Form eher denen ähnelt, für die das Auge eingebaute Detektoren zu haben scheint, also etwa Linien. Während sich die Auflösung für zwei parallele Linien von der für zwei Punkte nicht wesentlich unterscheidet, können zwei Linien so angeordnet werden, daß sie eine ununterbrochene Gerade (Abb. 12.52) bilden, mit einer Genauigkeit (NONIUS-SEHSCHÄRFE) auf der Netzhaut von nur etwa 0,1 µm, also viel weniger als die Größe eines Zapfens! Diese Fähigkeit wird zum Beispiel in dem Schnittbildentfernungsmesser (Abb. 4.5) und bei Präzisionsmessungen mit einem Nonius verwendet. Das Auge erreicht dies, indem es entlang der ganzen Linien (nicht nur an der Unterbrechung) mit Hilfe seiner Kantendetektoren und Augenbewegungen Information sammelt.

Insektenaugen sind vollkommen anders gebaut als Wirbeltieraugen, aber auch sie berücksichtigen die von der Beugung auferlegten Begrenzungen. Ein Insektenauge besteht aus einer großen Zahl von Facetten, von denen jede als Linse wirkt und Licht aus einer Richtung auf eine einzige Sehzelle wirft. Jedes solche OMMATI-

DIUM (griech. *omma*, Auge und lat. *-idum*, kleine Gestalt), die Einheit von Facette und Sehzelle (Abb. 12.53a), blickt in eine etwas andere Richtung als sein Nachbar und empfängt Licht aus einem kleinen Winkelbereich in der Richtung, in die es weist. Dieser Winkelbereich, der sowohl durch die Beugung als auch die endliche Größe der Sehzelle bestimmt ist, sollte bei guter Auflösung so klein wie möglich sein. Solche ZUSAMMENGESETZTEN AUGEN sind dann effektiver als unsere Linsenaugen, wenn der Kopf klein ist, weil die ganz Oberfläche eines solchen Auges Licht sammelt und nicht nur der kleine Teil, den die Pupille eines Linsenauges ausmacht.

Welche Größe ist für eine Facette optimal? Wenn die Facetten zu groß sind, passen nicht genug von ihnen auf den kleinen Insektenkopf, um ein genaues Bild zu ergeben (wie bei einem grobkörnigen Film). Wenn die Facetten zu klein sind, kommt durch die Beugung an ihren Öffnungen Licht aus vielen verschiedenen Winkeln in das Ommatidium, und wieder können die Sehzellen nicht genau auf Einzelheiten reagieren. Offenbar gibt es für jede Kopfgröße eine ideale Zwischengröße. Am besten ist es, wenn der Unterschied zwischen dem Blickwinkel Δ benachbarter Ommatidia gleich dem Beugungswinkel θ_{Rayleigh} der Facetten ist (Abb. 12.53b). Dann fällt auf zwei Ommatidien nie aus derselben Richtung nennenswert Licht, und aus jeder Richtung wird Licht von einem Ommatidium aufgefangen. Die Zentralbereiche der Augen von Heuschrecken, Libellen und Wespen haben ein Δ, das fast dem Rayleighwinkel gleicht. Diese Insekten sitzen im hellen Licht still, wenn sie auf ihre Beute warten. Bei den meisten anderen Insekten beträgt Δ jeweils das Doppelte des Beugungswinkels oder mehr. Das rührt zum Teil daher, daß diese Insekten sich bewegen und deshalb ohnehin nicht genau sehen können, was durch die Bewegung verschwimmen würde. Die meisten Insekten verzichten zugunsten besserer

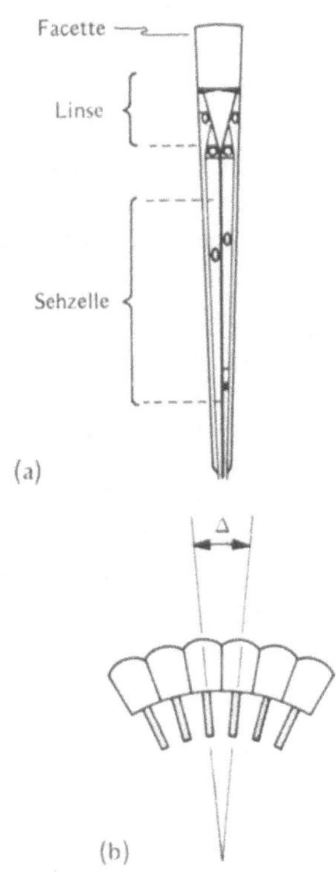

12.53 (a) Struktur eines Ommatidiums; (b) zwei benachbarte Ommatidien im optimalen Blickwinkel Δ

Auflösung in einem der Sehgrube ähnlichen zentralen Bereich auf einen großen Sehwinkel. In dem Zentralbereich sind die Facetten groß (damit der Sehwinkel klein ist) und zeigen fast alle in dieselbe Richtung (damit kleine Bereiche genau gesehen werden können).

Der Facettendurchmesser liegt (bei Biene oder Fliege z. B.) bei etwa $b \cong 30$ µm. Bei $\lambda \cong 400$ nm, wo die Biene am besten sieht, ist ihr Beugungslimit nach der Rayleighschen Formel etwa 0,9°. Mit einer Pupillengröße von ca. 3 mm hat ein menschliches Auge ungefähr das 100fache des Durchmessers der Bienenfacette und löst also etwa hundertmal besser auf als ein Insektenauge. Wenn Sie dieses Buch aus einer Entfernung von 25 cm lesen würden und Bienenaugen hätten, könnten Sie kaum erkennen, daß es verschiedene Zeilen hat. Die Welt einer Biene muß also ziemlich grob aussehen. Eine Fliege nutzt die Auflösung, die die Größe ihrer Facette erlauben würde, nicht annähernd, denn der Winkel zwischen ihren Ommatidienrichtungen beträgt etwa 3°, so daß ihre Welt sogar noch gröber erscheinen muß! Zu den zusammengesetzten Augen mit dem größten Auflösungsvermögen gehören die der Libelle mit $\Delta = 0{,}25°$. Bei diesem großen Kopf ist das Facettenauge gegenüber dem Linsenauge nicht mehr sehr vorteilhaft. Die kleinsten Kolibris haben etwa gleich große Köpfe, aber ein Linsenauge mit zehnfach besserer Auflösung.

Der Bau einer Lochkamera gibt ähnliche Probleme auf wie der Bau eines Insektenauges. Wenn Licht von einer fernen Punktquelle in eine Kamera mit einem Loch mit Durchmesser b hineinfällt (Abb. 12.54), dann ist das Bild nach den Gesetzen der geo-

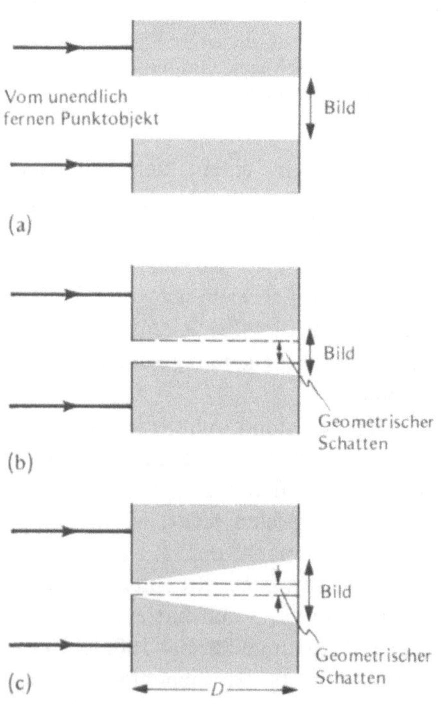

12.54 Eine Lochkamera mit drei verschiedenen Lochgrößen. (a) Das Verschwimmen des Bildes rührt im wesentlichen vom Schatten her, wie er nach den Gesetzen der geometrischen Optik entsteht. (b) Das Bild verschwimmt sehr wenig, wenn die Wirkungen der geometrischen Optik und der Wellenoptik etwa gleich sind. (c) Das Verschwimmen des Bildes rührt von der Beugung her

metrischen Optik ein Punkt der Größe b. Je kleiner b wird, um so wichtiger wird die Beugung, die den ›Punkt‹ in ein Beugungsmuster der Größe $\lambda(D/d)$ verschmiert, wie wir in Abschnitt 12.5 sahen. Am besten wählt man also b so, daß das geometrisch optische Bild eines Punktes genauso groß ist wie die von der Beugung herrührende Verwaschenheit (Abb. 2.10).

12.5.4 Bildrekonstruktion und räumliches Filtern

Als Ernst Abbe sich um die Jahrhundertwende mit dem Auflösungsvermögen des Mikroskops beschäftigte, fand er ganz neue Möglichkeiten, die Entstehung eines Abbildes zu verstehen. Seine Denkweise ist für viele moderne Verfahren wichtig, die die Qualität eines optischen Bildes verbessern sollen.

Stellen wir uns also wieder ein Objekt vor, das aus zwei eng benachbarten Lichtpunkten besteht, und eine abbildende Linse (etwa das Objektiv eines Mikroskops). Wir nehmen zunächst an, die zwei Punkte schickten kohärente Strahlung aus. Die Linse scheint dann zwei verschiedene Rollen zu spielen. Bei dem von diesen beiden kohärenten Punktquellen erzeugten Interferenzmuster sorgt, wie wir wissen, die Linse dafür, daß sich in ihrer Brennebene Youngsche Streifen bilden. Wir wissen aber auch, daß die Linse gemäß der geometrischen Optik ein Bild der beiden Punktquellen in der Bildebene entwirft, die jen-

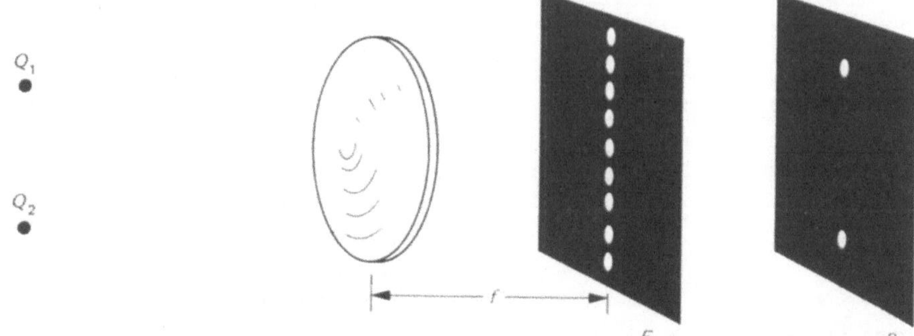

12.55 Zwei kohärente Punktquellen, Q_1 und Q_2, in einer endlichen Entfernung von der Linse. Wenn wir einen Schirm in die Brennebene F stellen, sehen wir ein Youngsches Streifenmuster. Wenn wir den Schirm in die Bildebene B bringen, sehen wir das Bild der Quellen, das die geometrische Optik entwirft

seits der Brennebene liegt (Abb. 12.55). Abbe erkannte, daß diese beiden Vorgänge miteinander zu tun haben müssen, da Licht, das die Bildebene erreicht, zuerst die Brennebene passiert haben muß.

Wir betrachten nun zuerst das in der Brennebene einer Linse erzeugte Interferenzmuster und folgern daraus etwas über die Qualität des in der Bildebene entstehenden Bildes. Insbesondere können wir sagen, ob die Auflösung gut genug ist, um die Bilder der beiden Punktquellen zu trennen. Wir wissen, daß die Youngschen Streifen verschiedener Ordnung in verschiedene Richtungen von der Quelle weg geschickt werden. Je nachdem, wie groß die Linsenöffnung ist, kommen der Mittelstreifen (der Streifen nullter Ordnung) und möglicherweise einige der Streifen höherer Ordnung hindurch.

Ganz unabhängig davon, welchen Abstand die Punktquellen voneinander haben, gilt nun, daß der Mittelstreifen immer in der Vorwärtsrichtung liegt (entlang der Achse, $\theta = 0$). Da das für jeden Quellenabstand gilt, kann das Licht des Mittelstreifens keine Information über den Abstand der Quellen enthalten. Wenn also nur der Mittelstreifen die Linse trifft, muß sich ganz unabhängig von dem Abstand der Quellen dasselbe Bild ergeben. Die beiden Punkte werden also von einer solch kleinen Linse nicht aufgelöst – das Bild ist nur ein verwaschener Fleck.

Wenn die Linse Information über den Abstand der Quellen vermittelt, also die beiden Punkte auflösen kann, dann muß sie zumindest so groß sein, daß sie den Interferenzstreifen erster Ordnung einfangen kann, dessen Richtung ja von dem Abstand abhängt (Abschnitt 12.2.5). Die Bildauflösung einer Linse hängt also von ihrer Größe ab. Durch Betrachtung des Interferenzmusters, das die beiden kohärenten Quellen erzeugen, konnte daher Abbe ein Kriterium für die Bildauflösung einer Linse gegebener Öffnung angeben:

> **Wenn zwei Punkte durch eine Linse aufgelöst werden, muß die Linse so groß sein, daß die Interferenzstreifen erster Ordnung hindurchgehen.**

(Dieses Kriterium führt bei großem Abstand von Quelle und Linse im wesentlichen zu demselben Ergebnis wie das Rayleighkriterium, in dem die endliche Größe der Linse als Ursache der Beugung angesehen wird.)

Abbes Überlegung gilt, wenn die Quellen kohärent sind. Nehmen wir aber an, sie seien, wie meistens, inkohärent. Wir können inkohärente Quellen als kohärente Quellen ansehen, deren Phasendifferenz sich rasch ändert. Die Youngschen Streifen zweier nichtkohärenter Quellen verschieben sich dann so schnell vor und zurück, daß sich kein Interferenzmuster erkennen läßt. Wie schnell sie sich aber auch verschieben, der Streifenabstand bleibt doch immer gleich. Wenn also die Öffnung zu klein ist, fällt zu keiner Zeit das Licht von mehr als einem Streifen in die Linse. Da der Streifenabstand die Information über den Quellenabstand enthält, können die beiden Punkte wieder im Bild nicht getrennt gesehen werden. Das Abbe-Kriterium gilt damit unabhängig davon, ob die Quellen kohärent sind oder nicht.

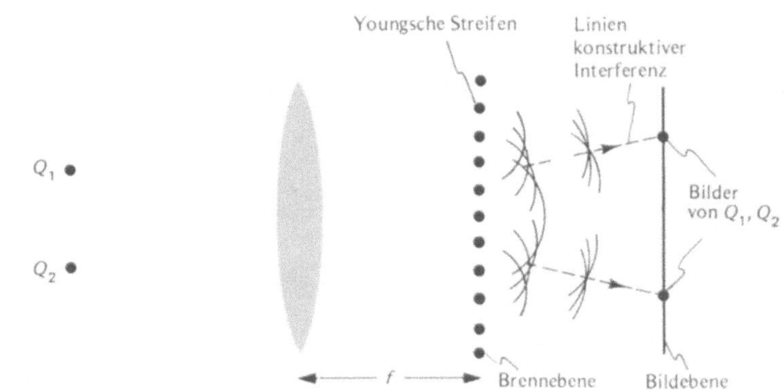

12.56 Die Youngschen Streifen in der Brennebene sind Quellen für Huygenssche Wellen. Das Interferenzmuster dieser Wellen ist das Bild in der Bildebene

Fragen wir uns jetzt, wie das Licht, das in der Brennebene der Linse ein Interferenzmuster erzeugt, weiter läuft, bis es in der Bildebene ein Bild entwirft. Aus Abbes Sicht fallen einige Interferenzstreifen der Quellen auf die Linse (zumindest die Streifen nullter und erster Ordnung, wenn das Bild aufgelöst wird) und erzeugen dann weiter dieselbe Zahl Youngscher Streifen in der Brennebene. Jeder dieser Streifen kann wiederum als Quelle Huygensscher Wellen angesehen werden (Abb. 12.56). Da die Youngschen Streifen alle von derselben Quelle (dem Punktepaar) herrühren, müssen diese Wellen kohärent sein. Die von den Youngschen Streifen ausgehenden Huygensschen Wellen interferieren also miteinander. Wenn sie in der Bildebene zu einem Schirm kommen, ist ihr Interferenzmuster das geometrisch optische Bild der beiden ursprünglichen Punkte.

Kurz gefaßt, sah also Abbe das geometrisch optische Bild eines beliebigen Objekts durch eine beliebige Linse als das Ergebnis zweier sukzessiver Interferenzprozesse. Der erste, zwischen Licht von Punkten des ursprünglichen Objekts, erzeugt das Interferenzmuster in der Brennebene (Abb. 12.57). Jeder Punkt in diesem Muster wiederum dient als Quelle für den zweiten Interferenzprozeß, der das Bild ergibt. Wenn die Linsenöffnung nicht unendlich groß ist, schneidet sie in der Brennebene einen Teil des Interferenzmusters ab. Es bleiben dann nicht genug Wellen übrig, um im zweiten Prozeß ein perfektes Bild zu ergeben, und das Bild wird verwaschen.

Welche Kennzeichen des Objekts entsprechen nun den äußeren Teilen des Interferenzmusters, die von der Linsenöffnung abgeschnitten werden? Bei einem Gitter als Objekt gibt

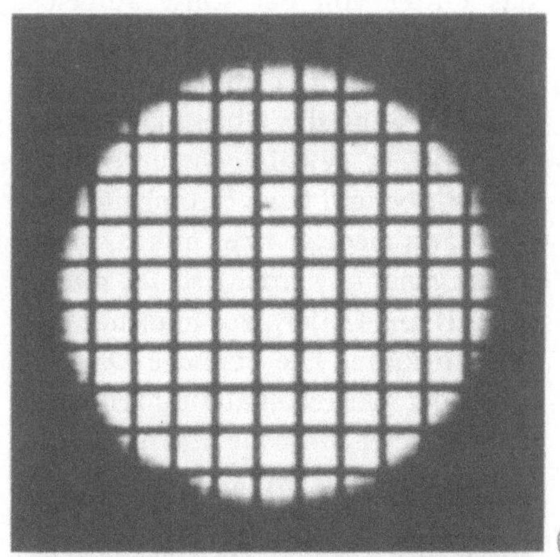
(a)

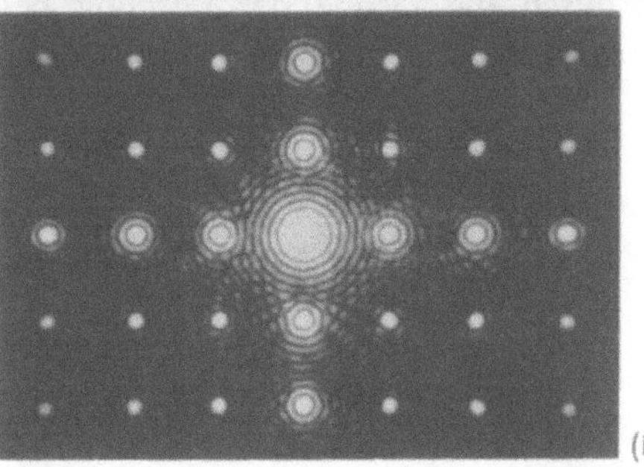
(b)

12.57 Fotos von (a) einem Gitter und (b) seinem Interferenzmuster in der Brennebene

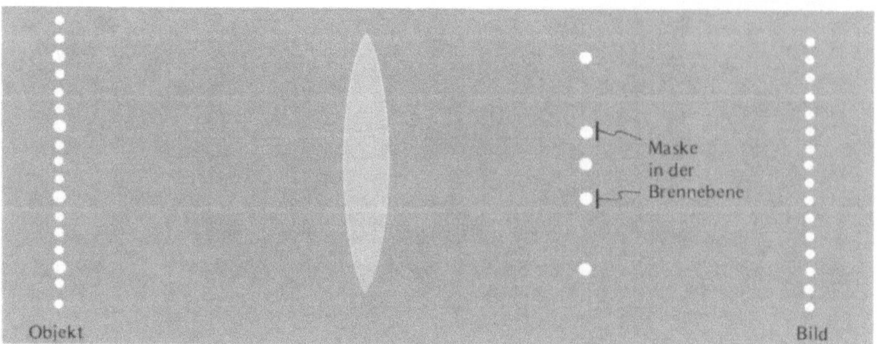

der Streifen erster Ordnung einen wohlbestimmten Fleck in der Brennebene, und die Lage dieses Flecks hängt von der Gitterkonstanten ab – je feiner das Gitter, um so weiter ist der Interferenzfleck von der Achse entfernt. Wenn das Gitter zu fein ist, blockiert die Linsenöffnung die Interferenzstreifen erster Ordnung. Wenn das Gitter hinreichend grob ist, läßt die Linse sie durch. Je kleiner also die Linsenöffnung, um so gröber muß das Gitter sein, damit der Streifen erster Ordnung hindurchkommt und damit das Gitter von der Linse aufgelöst wird. Deshalb können kleine Linsen keine feinen Gitter abbilden.

Selbst wenn das Objekt kein Gitter ist, weist es gewöhnlich hinreichend viele grobe und feine Einzelheiten auf (die dann niedrige bzw. hohe Ortsfrequenz genannt werden), so daß man es sich als aus Gittern zusammengesetzt denken kann. Die endliche Öffnung schneidet gleichsam alle Einzelheiten, die eine gewisse Größe unterschreiten, ab, und das Bild enthält keine Ortsfrequenz, die einen bestimmten Wert, der durch die Größe der Öffnung bestimmt ist, überschreitet. Keine noch so starke Vergrößerung kann dann die verlorenen Ortsfrequenzen wieder gewinnen. (Es ist, als spiele man eine alte Schellackplatte, die keine hohen Frequenzen wiedergeben kann, mit einem HiFi-System ab – sie klingt immer noch wie eine dumpfe alte Platte.)

Jeder Punkt in der Brennebene der Linse entspricht einer bestimmten Ortsfrequenz des Objekts. Wenn die Huygenswelle von dem Punkt mit

12.58 Aufbau zum räumlichen Filtern. Das Objekt ist eine Kombination eines groben und eines feinen Gitters. Die Punkte in der Brennebene, die dem groben Gitter entsprechen, werden mit einer Maske abgeschirmt. Nur das feine Gitter überlebt bis zur Bildebene

dem Mittelstrahl nullter Ordnung interferiert, wird die richtige Ortsfrequenz im Bild rekonstruiert. Nun braucht es nicht allein die Linsenöffnung zu sein, die das Interferenzmuster in der Brennebene beeinflußt. Wenn wir eine bestimmte Ortsfrequenz des Bildes entfernen wollen (aber keine höheren und keine niedrigeren), können wir einfach den entsprechenden Punkt in der Brennebene mit einer kleinen, undurchsichtigen Scheibe blockieren (Abb. 12.58). Damit man diese Punkte finden kann, müssen sie still stehen, deshalb muß man mit kohärentem Licht (gewöhnlich von einem Laser) belichten. Dieses RÄUMLICHE FILTERN ist zum Beispiel dann nützlich, wenn eine periodische Struktur aus einem Bild entfernt werden soll und die Einzelheiten des Bildes dabei möglichst wenig gestört werden sollen. Nach diesem Verfahren lassen sich die Rasterpunkte aus einem Zeitungsfoto oder die Abtastlinien eines Fernsehbildes entfernen (Abb. 12.59). Andere

12.59 (a) Interferenzmuster in der Brennebene, die mit demselben Objekt wie in Abbildung 12.57 erzeugt wurden, von dem aber Teile wie angegeben abgeschirmt wurden. (b) Die entsprechenden Bilder der Bildebene. Vergleichen Sie dies mit dem ursprünglichen Objekt in Abbildung 12.57

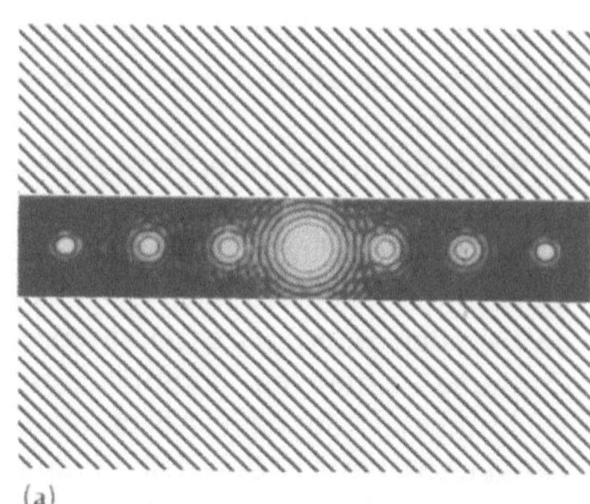

(a)

(a)

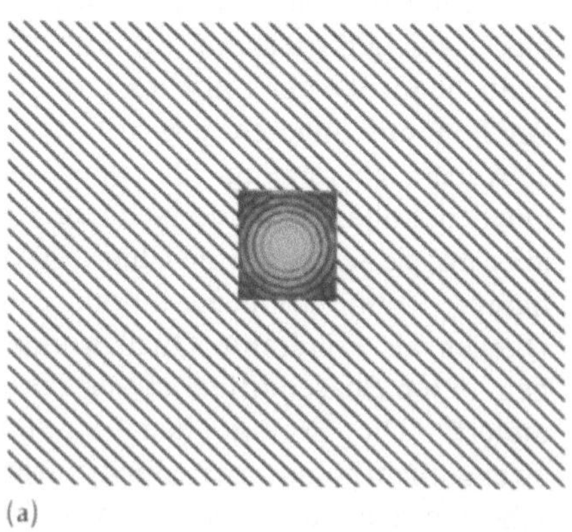

(a)

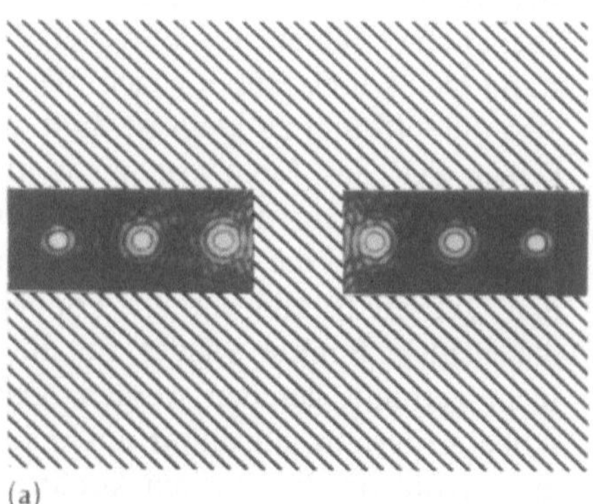

(a)

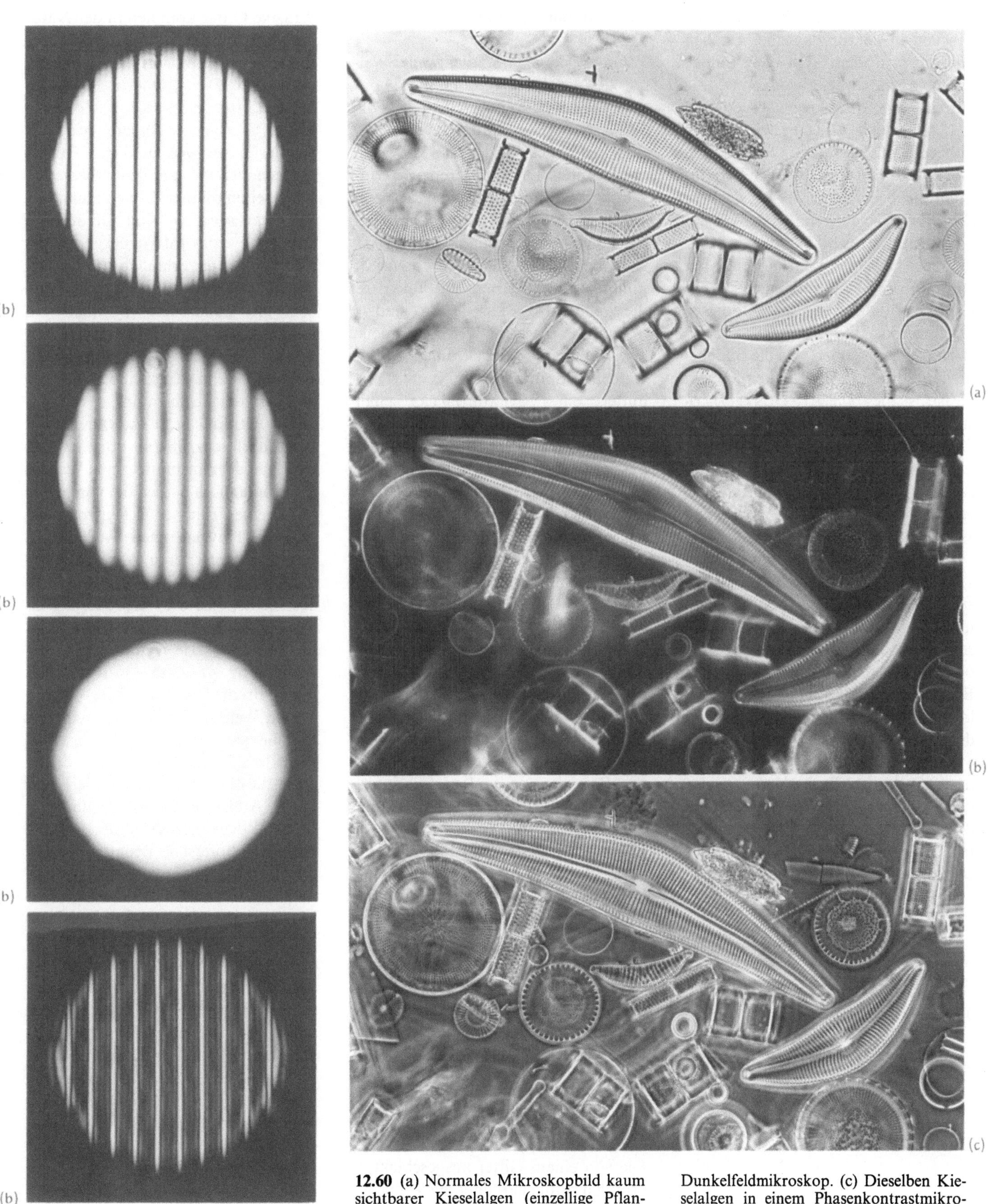

12.60 (a) Normales Mikroskopbild kaum sichtbarer Kieselalgen (einzellige Pflanzen). (b) Dieselben Kieselalgen in einem Dunkelfeldmikroskop. (c) Dieselben Kieselalgen in einem Phasenkontrastmikroskop

Raumfilter können aus komplizierten Masken in der Brennebene bestehen und eine in dem Bild vorhandene Form ganz unabhängig davon, wo sie auftritt, verstärken oder löschen.

Ganz gleich, ob die Beleuchtung kohärent ist oder nicht, wenn es kein Objekt gibt, ist das Bild der (fernen) Lichtquelle der einzige Lichtfleck in der Brennebene. Wenn es ein Objekt gibt, bleibt dieses Bild immer als Streifen nullter Ordnung vorhanden. Man kann also mit inkohärentem Licht räumlich filtern, wenn man nur diesen Streifen (das Bild der Quelle) in der Brennebene blockiert. Da die Bildebene dann dunkel ist, wenn kein Objekt da ist, ist dies eine Art DUNKELFELDMIKROSKOPIE (Abschnitt 6.3.1) – jedes Objekt, das Licht beugt, kann etwas Licht in die Bildebene schicken, wo es sich auch dann von dem dunklen Hintergrund gut abhebt, auch wenn es sonst recht schwach erschiene (Abb. 12.60a und b).

Bei der PHASENKONTRASTMIKROSKOPIE wird der Streifen nullter Ordnung nicht blockiert, sondern phasenverschoben. Diese Verschiebung bewirkt ein kleines Stück Glas in der Brennebene, weil Licht sich in Glas langsamer fortpflanzt. Das verändert das Interferenzmuster zwischen dem Streifen nullter und den Streifen höherer Ordnung. Es ändert sich also das rekonstruierte Bild gegenüber dem Bild ohne Glas. Vorher unsichtbare Objekte werden so sichtbar (Abb. 12.60c).

12.6 Zusammenfassung

Wenn die Berge und Täler zweier Wellen übereinstimmen oder eine konstante Phasendifferenz haben, sind die Wellen KOHÄRENT und INTERFERIEREN in dem Bereich, in dem beide Wellen vorkommen. Die Interferenz ist KONSTRUKTIV (nimmt an Intensität zu), wo Berg auf Berg und Tal auf Tal trifft, wo die Wellen also IN PHASE sind. Sie ist DESTRUKTIV (die Intensität nimmt ab), wenn Berg auf Tal trifft, die Wellen also GEGENPHASIG sind.

Um aus einer einzigen Lichtquelle zwei kohärente Lichtstrahlen zu gewinnen, kann man die AMPLITUDE mittels eines STRAHLTEILERS, einer Fläche, die einen Strahl zum Teil reflektiert und zum Teil durchläßt, oder die WELLENFRONT mittels schmaler, eng benachbarter Spalte AUFTEILEN. Die beiden sich ergebenden kohärenten Strahlen scheinen von zwei kohärenten effektiven Quellen herzurühren. Ihre Interferenz an einem Punkt hängt ab von der Wegdifferenz ε einer jeder dieser Quellen von dem Punkt. Wenn $\varepsilon = \lambda, 2\lambda, 3\lambda, \ldots$, interferieren die Strahlen konstruktiv. Wenn $\varepsilon = \frac{1}{2}\lambda, \frac{3}{2}\lambda, \frac{5}{2}\lambda, \ldots$, interferieren sie destruktiv. Auf einem von beiden Strahlen beleuchteten Film sieht man helle und dunkle INTERFERENZSTREIFEN, Bereiche also, in denen die Interferenz abwechselnd konstruktiv und destruktiv ist.

Youngsche Streifen sind die von zwei Spalten, also zwei kohärenten Quellen, auf einem fernen Schirm erzeugten Streifen. Man erhält viele kohärente Quellen mittels eines BEUGUNGSGITTERS, einem Gitter aus vielen regelmäßig angeordneten Spalten. Die Interferenzstreifen eines Gitters sind schmale Linien, die von dem Gitter in genau bestimmten Winkeln ausgeschickt werden, die wieder von dem Spaltabstand und der Wellenlänge abhängen; ein Gitter kann deshalb als SPEKTROMETER benutzt werden. Die von einem Gitter ausgeschickten Strahlen SCHILLERN oder IRISIEREN, sie ändern sich je nach dem Blickwinkel.

Winzige Gitter kommen in der Natur vor und bewirken die schillernden Farben vieler Vögel, Insekten und Edelsteine. Die Atome in Kristallen bilden Gitter, die sich zur RÖNTGENBEUGUNG eignen. Andere sichtbare Schillerfarben werden durch MEHRFACHSPIEGELUNG an den Ober- und Unterseiten dünner Filme verursacht.

INTERFEROMETER sind Geräte, die mit Hilfe von Interferenzen Präzisionsmessungen erlauben. Im MACHZEHNDER-INTERFEROMETER beschreiben die kohärenten Strahlen ein Rechteck, bevor sie zusammengeführt werden. Ein Wechsel des Streifenmusters zeigt dann sehr kleine Störungen in einem der Strahlen an.

Das HUYGENSSCHE PRINZIP besagt, daß Interferenz überall dort auftritt, wo Licht sich ausbreitet; eine Wellenfront bildet sich da, wo die von jedem Punkt einer früheren Wellenfront ausgelösten Huygensschen Wellen miteinander interferieren. Aus dem Huygensschen Prinzip folgt die BEUGUNG des Lichts, also die Verbreiterung eines Lichtstrahls. FRAUNHOFERSCHE BEUGUNGSMUSTER werden in großer Entfernung von einer Öffnung (oder in der Brennebene einer Linse) beobachtet. Wenn paralleles Licht einfällt, sagt die geometrische Optik nur einen Lichtfleck in der Brennebene vorher, aber die Beugung verschmiert das Licht. Außer in diesem Brennpunkt ist nach dem BABINETSCHEN PRINZIP das Fraunhofersche Beugungsmuster für zwei komplementäre Muster überall gleich. Das Beugungsmuster eines Lochs sind die Fraunhoferschen Streifen; es hat ein intensives Maximum in der Mitte, das von weniger intensiven Maxima höherer Ordnung umgeben ist, zwischen denen die Intensität verschwindet. Wenn Wassertropfen in der Atmosphäre diese Beugung verursachen, entsteht eine KORONA oder in Verbindung mit Brechung und innerer Spiegelung eine GLORIE.

Beugung an der Öffnung einer Linse oder eines Spiegels oder der Iris des Auges beschränkt das AUFLÖSUNGSVERMÖGEN, die Fähigkeit von Linse oder Spiegel, eng benachbarte Objekte getrennt abzubilden. Die Zapfen des Auges sind gerade so eng gepackt, daß sie von Objekten, die die Augenlinse eben noch auflösen kann, getrennte Signale senden. Ähnlich bestimmt in einem Insektenauge die Beugung den Winkelbereich, aus dem Licht durch die Linse (FACETTE) eines OMMATIDIUMS hindurch geht und die einzige Sehzelle erreicht. Wenn die Öffnung zu klein ist, verwischt Beugung das Bild.

Ein Bild, das von einer endlichen Öffnung herrührt, verschwimmt, wenn höhere Ortsfrequenzen entfernt wurden. RÄUMLICHES FILTERN entfernt nur bestimmte Ortsfrequenzen und kann bei kohärenter Beleuchtung Bilder dadurch verbessern, daß es unerwünschte periodische Strukturen beseitigt.

AUFGABEN

A1 Licht von zwei kohärenten, phasengleichen Punktquellen interferiert in einem Punkt P. Ist die Interferenz bei P konstruktiv oder destruktiv, wenn die Entfernung von der ersten Quelle zu P sich von der von P zur zweiten Quelle um (a) $3\,\lambda$, (b) $\frac{1}{2}\,\lambda$, (c) $\frac{5}{2}\,\lambda$, (d) 0 unterscheidet?

A2 Wiederholen Sie A1 für zwei gegenphasige Quellen.

A3 Hersteller guter Kameralinsen beschichten diese mit einem dünnen Film, um (a) Reflexion, (b) Ablenkung, (c) Brechung, (d) Verzerrung, (e) Dispersion auszuschalten. (Wählen Sie eine Antwort.)

A4 (a) Ist ein Linsenfilm, der den blauen Bereich des sichtbaren Spektrums hindurchlassen soll, dicker oder dünner als einer, der für den zentralen (grünen) Bereich bestimmt ist? (b) Welche Farbe würde das von einer solchen blaudurchlässigen Linse reflektierte Licht haben (Abschnitt 9.4.2)?

A5 Zwei lange, äußerst enge Spalte liegen eng nebeneinander in einer sonst lichtundurchlässigen Platte. Paralleles, monochromatisches Licht fällt auf die Spalte. Ein weißer Schirm steht in großer Entfernung hinter diesen Spalten. Auf dem Schirm ist ein Muster schwarzer und weißer Streifen zu sehen. (a) Erklären Sie, warum einige Bereiche hell sind und andere dunkel. (b) Skizzieren Sie eine Kurve, die das sich ergebende Muster heller und dunkler Streifen veranschaulicht. (c) Was passiert mit dem Muster, wenn einer der Spalte bedeckt wird? (d) Welches Streifenmuster ergibt sich, wenn das einfallende Licht weiß und nicht monochromatisch ist?

A6 Die beiden Spalte in A5 werden durch viele enge Spalte ersetzt, zwischen denen der Abstand jeweils genauso groß ist, wie er bei den ursprünglichen war. Skizzieren Sie das Muster heller und dunkler Streifen, das Sie unter gleichen Bedingungen erhalten würden, im selben Maßstab wie in A5.

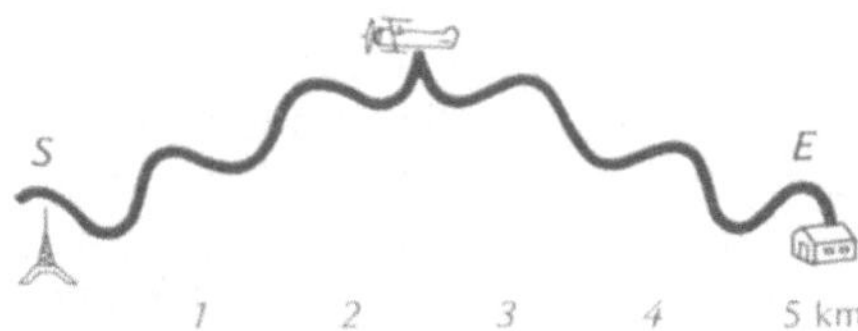

A7 Radiowellen der Wellenlänge 1 km werden von dem in der Abbildung gezeigten Sender S ausgesandt und von dem Empfänger E in 5 km Entfernung aufgefangen. Der Empfänger fängt auch eine von einem überfliegenden Flugzeug reflektierte Welle auf. Die Abbildung zeigt eine Momentaufnahme der reflektierten Welle. (a) Zeichnen Sie die Abbildung ab und die direkten Wellen von S nach E ein. (b) Beschreiben Sie, was mit dem Signal bei E im Vergleich zu dem Fall passiert, in dem das reflektierende Flugzeug nicht da ist.

A8 Zeichnen Sie Abbildung 12.31f für den Fall, daß die Quellen durch $2\frac{1}{2}\,\lambda$ getrennt sind.

A9 Schauen Sie sich mit dem Gitterspektroskop von Abbildung 12.24 mehrere (mindestens drei) Lichtquellen an und beschreiben Sie die vorhandenen Farben. Geben Sie für jedes Spektrum die Lichtquelle an; achten Sie, wenn möglich, auf die relative Helligkeit und entscheiden Sie, ob es ein kontinuierliches Spektrum, ein Linienspektrum oder beides ist.

A10 Die Abbildung zeigt die Intensitätsverteilungen auf einem Schirm, der sich bei Interferenzen von 2, 4 und 10 identischen Quellen ergibt. (Die

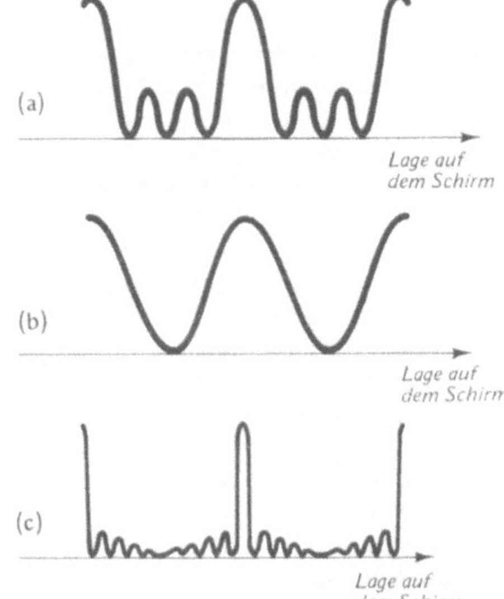

vertikale Skala ist nicht immer dieselbe.) (a) Ordnen Sie jedem der Muster die Zahl der Quellen zu. (b) Welche vertikale Skala ist am meisten verkleinert?

A11 Schauen Sie durch ein Beugungsgitter auf eine kleine weiße Lichtquelle. Schauen Sie immer weiter zur Seite, bis Sie die Interferenzmuster erster Ordnung sehen. (a) Welche Farbe kommt zuerst, wenn Sie nicht mehr genau auf die Quelle sehen? (b) Schauen Sie weiter zur Seite, bis Sie zum Muster zweiter Ordnung kommen. Welche Farbe kommt hier zuerst? Gehen Sie, wenn möglich, zu höheren Ordnungen weiter. (c) Erklären Sie mit Hilfe eines Diagramms die Reihenfolge der Farben in jeder Gruppe.

A12 Die Farben einer Seifenblase oder eines Ölfilms auf Wasser werden erzeugt durch: (a) selektive Absorption und Reflexion, (b) Diffraktion, (c) Interferenz, (d) Refraktion, (e) Pollution. (Wählen Sie eine Antwort.)

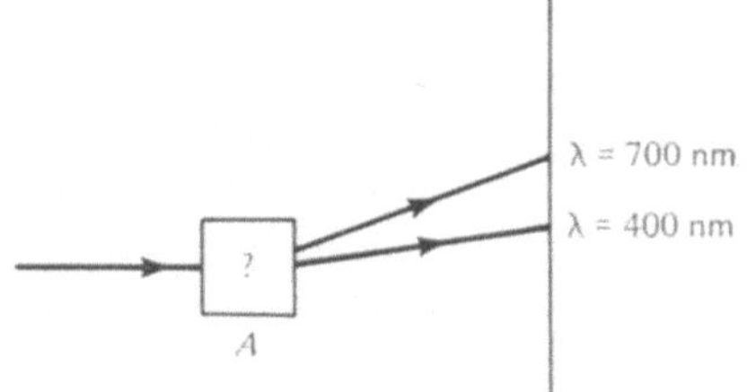

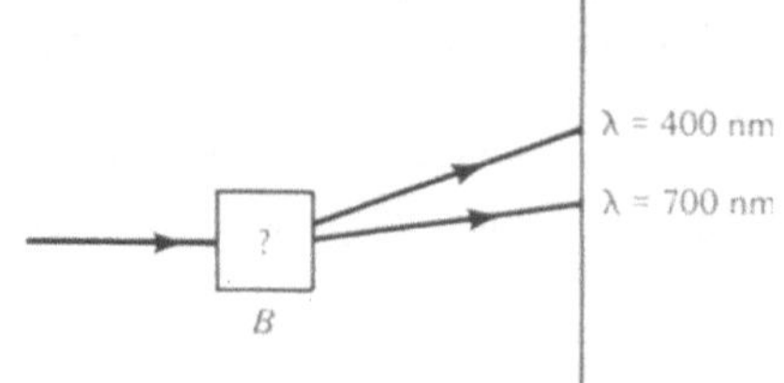

A13 Die Abbildung zeigt zwei unbekannte Geräte, die beide weißes Licht in sein Spektrum auffächern. Beschreiben Sie in jedem Fall ein optisches Gerät, das die gezeigte Wirkung hat.

A14 Was sind die Newtonschen Ringe und was verursacht sie? Erläutern Sie Ihre Antwort anhand einer Skizze.

A15 (a) Was sind Schillerfarben? (b) Zeigt ein Farbfoto einer solchen Farberscheinung das Schillern?

A16 Zeichnen sie analog zu Abbildung 12.44 eine Huygenskonstruktion für (a) ebene Wellen, die an einem Spiegel reflektiert werden, (b) ebene Wellen, die an einer flachen Glasfläche gebrochen werden.

A17 Warum veschwimmt das Bild in einer Lochkamera, wenn das Loch zu klein wird?

A18 Skizzieren Sie den Graphen des Fraunhoferschen Beugungsmusters, das Sie von einem undurchsichtigen Draht vor der Linse aus Abbildung 12.45 erwarten würden.

A19 Vergleichen Sie einen Regenbogen und eine Korona, insbesondere in Hinsicht auf den Mechanismus der Farberzeugung, die Reihenfolge der gesehenen Farben und die (Winkel-)größe des Bogens, und heben Sie die Unterschiede hervor.

A20 Ein Stapel von Filmen wie in Abbildung 12.28 besteht abwechselnd aus Schichten mit Brechzahl 1,3 und 1,0 (Luft) in solchen Dicken, daß der Stapel Licht der Wellenlänge 500 nm stark reflektiert. Wie verändert sich die Reflexionsfähigkeit des Films, wenn der Luftfilm durch Wasser ersetzt wird, das eine Brechzahl von 1,3 hat?

Harte Aufgaben

HA1 Eine Verkehrsampel, die abwechselnd rot und grün ist, ist eine periodische Quelle für eine Welle von Autos, die in jeder Periode einen Auto›berg‹ aussendet. Eine solche Verkehrsampel steht an jeder der beiden

Autostraßen, die sich in einer Entfernung von einem Kilometer hinter den Verkehrsampeln treffen. Wir setzen voraus, daß alle Autos mit gleicher Geschwindigkeit fahren. (a) Welche Beziehung muß für die Zeitgeber der Ampeln gelten, damit die Autowellen kohärent sind? (b) Welche Beziehung muß gelten, damit die Ampeln, als Quelle von Autowellen betrachtet, in Phase sind? (c) Wenn die Ampeln phasengleich sind, kommen, so stellt sich heraus, viele Autos gleichzeitig dorthin, wo sich die Straßen vereinigen, und das führt zu Zusammenstößen und Destruktion. Beschreibt ein Physiker diese Interferenz der Autowellen als konstruktiv oder destruktiv? (d) Machen Sie Vorschläge, wie die Zusammenstöße vermieden werden können, indem Sie entweder die zeitliche Abstimmung der Ampeln oder die Lage einer Ampel verändern. Schmeicheln Sie dem Physiker und unterbreiten Sie Ihre Vorschläge in seiner Sprache.

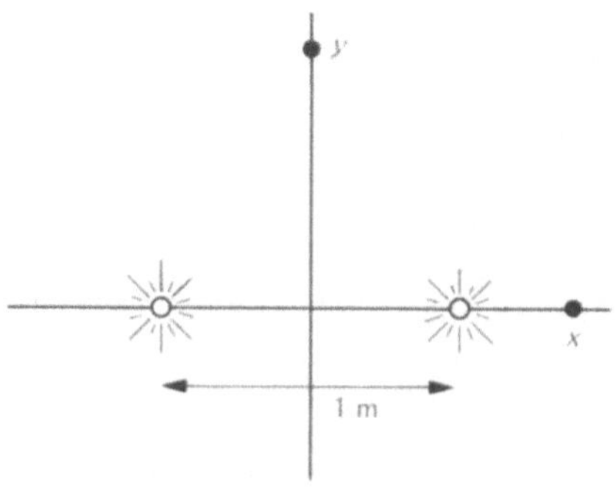

HA2 Die Abbildung zeigt zwei kohärente Wellenquellen, (etwa zwei Stereolautsprecher, die an ein monaurales Signal angeschlossen sind) in 1 m Entfernung. Sie können Wellen ausschicken, deren Wellenlänge λ entweder 1 m oder 2 m beträgt, und sie können entweder phasengleich oder gegenphasig angeschlossen sein. In jedem Fall wollen wir die Intensität an den Punkten x und y wissen. Ergän-

zen Sie die Tabelle, indem Sie L (Laut) für große Intensität schreiben und l (leise) für wenig oder keine Intensität.

	$\lambda = 1$ m		$\lambda = 2$ m	
Phasen-gleich	$l_x =$	$l_y =$	$l_x =$	$l_y =$
Gegen-phasig	$l_x =$	$l_y =$	$l_x =$	$l_y =$

HA3 Eine ›vergütete‹ Linse ist mit einem dünnen Film aus einem Stoff bedeckt, der eine Brechzahl von 1,2 hat, so daß es an den Grenzflächen Luft-Film und Film-Glas jeweils zu einer ›harten‹ Reflexion (eine Phasenänderung um 180°) kommt. Gelbes Licht wird vollständig durchgelassen, die reflektierten Wellen werden also vollkommen ausgelöscht. Die Filmdicke stellt sich als ein Viertel der Wellenlänge des gelben Lichts heraus. (a) Welche Farbe hat das reflektierte Licht (Abschnitt 9.4.2)? (b) Bei einer Seifenblase heben sich die Reflexionen andererseits dann auf, wenn die Filmdicke die Hälfte der Lichtwellenlänge beträgt. Erklären Sie den Unterschied.

HA4 Zwei phasengleiche, kohärente Lichtquellen liegen in einem Abstand von vier Wellenlängen auf der x-Achse. (a) In welcher Richtung ist die Wegdifferenz ε so groß wie möglich? Was ist ε dort (in λ ausgedrückt?) Interferieren die Wellen dort konstruktiv oder destruktiv? (b) Wie viele andere Richtungen dieser Art von Interferenz gibt es? (Bedenken Sie, daß Licht nach oben, nach unten, nach rechts und nach links laufen kann.) (c) Wiederholen sie die Aufgabe für den Fall gegenphasiger Quellen.

HA5 Wiederholen Sie HA4, wenn die Quellen zweieinhalb Wellenlängen Abstand haben.

HA6 In dieser Aufgabe braucht jeder Abschnitt die Skizze eines Interferenzmusters. Zeichnen Sie bei jeder Kurve die Intensität gegenüber der Lage auf. Zeichnen Sie die Skizze für jeden Teil direkt unter die vorige und im selben Maßstab, so daß dann, wenn ein Intensitätsmaximum (ein heller Fleck auf dem Schirm) in einem Abschnitt genau da vorkommt, wo auch das Maximum eines anderen Abschnitts auftritt, die beiden Maxima genau untereinander sind. Zeichnen Sie das Interferenzmuster, das erzeugt wird von: (a) zwei Spalten im Abstand d, die mit monochromatischem blauem Licht beschienen werden, (b) einem Beugungsgitter mit Gitterkonstanten d, die mit monochromatischem blauem Licht beschienen wird, (c) demselben Gitter wie in (b), das mit monochromatischem gelbem Licht beschienen wird, (d) einem einzelnen Spalt der Breite b, der mit monochromatischem blauem Licht beschienen wird (nehmen Sie hier b kleiner als das d der Teile (a) bis (c)), (e) einem einzelnen Spalt, der schmaler ist als in (d) und mit monochromatischem blauem Licht bestrahlt wird.

HA7 (a) Was bedeutet die Sprechweise, zwei oder mehr Lichtbündel seien kohärent? (b) Wie können Sie überprüfen, ob zwei vorgegebene Strahlen kohärent sind? (c) Sind die Lichtwellen nullter und erster Ordnung eines Gitters miteinander kohärent? Könnte ein Gitter als Strahlteiler wirken?

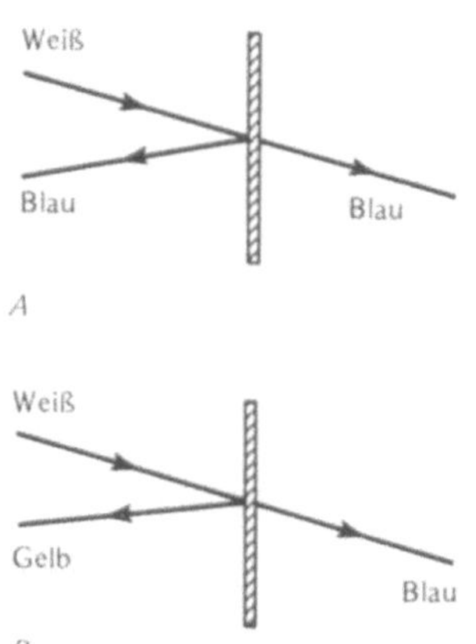

HA8 Die Abbildung zeigt zwei Filter, auf die weißes Licht fällt, und wie die Filter dieses Licht beeinflussen. (Beziehen Sie sich auf Abschnitt 9.4.2.) (a) Welcher Filter ist dichroitisch? Welcher ist aus Gelatine? (b) Beschreiben Sie, was in jedem dieser Fälle mit den grünen, blauen und roten Komponenten des einfallenden Lichts passiert. (c) Welche Farbe hat jeder Filter, wenn die reflektierte und die durchgelassene Welle beide auf denselben Punkt eines weißen Schirms fallen? Begründen Sie.

HA9 Die Abbildung zeigt ein Michelsonsches Interferometer. S_1 und S_2 sind vorderseitig beschichtete Spiegel, S_3 ist ein teildurchlässiger Spie-

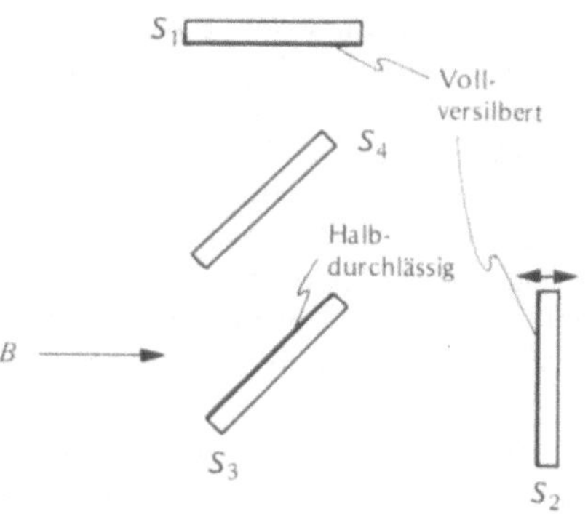

gel, und S_4 ist eine ebene (nicht versilberte) Glasplatte aus demselben Glas und mit derselben Dicke wie S_3. (a) Zeichnen Sie die Abbildung ab und zeichnen Sie ein, was mit dem von der Quelle ausgehenden Bündel B passiert. Benennen sie die kohärenten, aber getrennten Bündel B_1 und B_2 und das rekombinierte Bündel B_3. (b) Ist die Interferenz bei B_3 konstruktiv oder destruktiv, wenn S_1 und S_2 vom Silber von S_3 gleichen Abstand haben? (Nehmen Sie an, der teildurchlässige Spiegel bewirke eine 180° Phasenverschiebung für Reflexionen im Innern des Glases.) (c) S_2 kann in Richtung des Doppelpfeils verschoben werden. Wie weit sollte er verschoben werden, damit sich die Interferenz von konstruktiv zu destruktiv oder umgekehrt ändert? Geben Sie Ihre Antwort als Vielfaches von λ an.

HA10 Die Abbildung zeigt eine Zeichnung der Interferenzstreifen in einem Mach-Zehnder-Interferometer, wenn ein Keil eines durchsichtigen Stoffs senkrecht zu den Lichtwellen eingefügt wird. Zeichnen Sie den Umriß des Keils und kennzeichnen Sie die dickste und die dünnste Kante.

HA11 Eine Glasscheibe ist mit schwarzer Farbe bestrichen; in sie wird ein quadratisches Gitter paralleler und senkrechter Linien hineingekratzt, so daß das Glas durch die ge-

ritzten Linien hindurch zu sehen ist. Das Glas wird wie in Abbildung 12.38 verwendet. Das Schirmmuster wird mit dem verglichen, was man erhält, wenn die Glasplatte durch ein Stück Fliegengitter ersetzt wird. (a) In welcher Hinsicht ähneln sich die beiden Muster? (b) In welcher Weise sind sie verschieden?

Mathematische Aufgaben

MA1 Ein dünner Ölfilm von 200 nm Dicke schwimmt auf Wasser. Die Brechzahl von Öl ist 1,5, die von Wasser 1,3. Der Film reflektiert Licht. (a) Ist die Reflexion an der Oberfläche hart oder weich? Beträgt die zugehörige Phasenänderung 0°, 90° oder 180°? (b) Ist die Reflexion an der Unterfläche hart oder weich? Beträgt die Phasenänderung 0°, 90° oder 180°? (c) Wieviel länger ist der Weg der senkrecht von der Unterfläche reflektierten Welle im Vergleich zu der an der Oberfläche reflektierten? (d) Was ist die gesamte Phasendifferenz zwischen den beiden Strahlen, wenn die Wellenlänge im Öl 400 nm beträgt? Und bei 800 nm? (e) Zeichnen Sie im Bereich von 100 bis 800 nm die Rückstrahlung im Verhältnis zur Wellenlänge auf, wenn die Rückstrahlung des Films bei 800 nm 0,1 beträgt.

MA2 (a) Wie groß erscheint der Streifenabstand eines Spaltpaares, das 1 mm Abstand hat und mit Licht der Wellenlänge 500 nm auf einem Schirm in 1 m Entfernung betrachtet wird? (b) Könnten Sie die Streifen mit bloßem Auge aus 25 cm Abstand sehen? (c) Welches ist der kleinste Streifenabstand, den Ihr Auge aus 25 cm Entfernung tatsächlich auflösen kann?

MA3 Wir nehmen an, die konzentrischen Ringe Ihrer Moirémuster (Versuch zu Abschnitt 12.2.5) unterscheiden sich im Radius um 2 mm. Auf einem ›Schirm‹, der von den beiden ›Quellen‹ 10 cm Abstand hat, beträgt der Streifenabstand 5 mm. (a) Welchen Abstand haben die ›Quellen‹? (b) Was ist der neue Streifenabstand, wenn Sie diesen ›Quellenabstand‹ verdoppeln? (Überprüfen Sie die Ergebnisse mit Ihrem Moirémuster.)

MA4 Nehmen Sie an, daß die Aufnahme auf Tafel 15.1 mit einem Gitter mit 1093 Linien/mm und einem Schirmabstand $D = 1$ m gemacht wurde, und das wirkliche Interferenzmuster sei 1,9mal so groß, wie es in der Tafel erscheint. Berechnen Sie den Wellenlängenunterschied zwischen der starken grünen und der starken blauen Linie des Quecksilberspektrums.

MA5 Eine Lippmannplatte wird mit grünem Licht der Wellenlänge 500 nm belichtet. (a) Was ist der Abstand zwischen den Silberkornschichten in der Emulsion nach der Entwicklung? (b) Nach dem Trocknen ist die entwickelte Emulsion auf 90% von dem geschrumpft, was sie zur Zeit der Belichtung betrug. Welche Wellenlänge reflektiert die Platte jetzt? (c) Läßt sich diese Farbverschiebung kompensieren, indem Sie die Platte unter einem Winkel betrachten und nicht genau von oben?

MA6 In einem Michelsonschen Interferometer (Aufgabe HA9) zählt ein Beobachter, der nach B_3 schaut, 5000 dunkle Interferenzstreifen, die sein Gesichtsfeld kreuzen, wenn S_2 um 1 mm bewegt wird. Welche Wellenlänge λ hat das verwendete Licht?

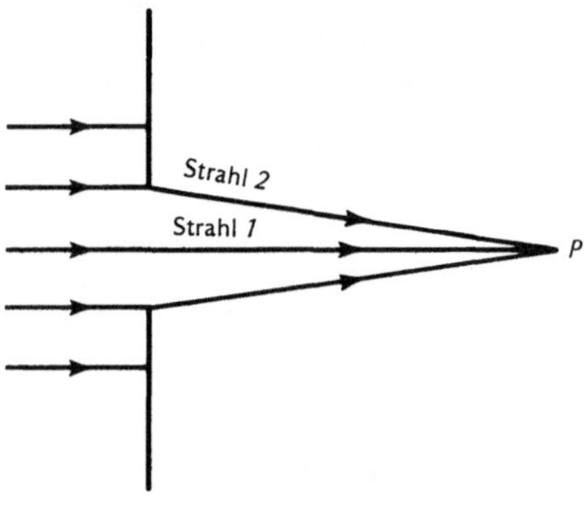

MA7 Die Abbildung zeigt paralleles, monochromatisches Licht, das auf eine Platte mit einem Loch fällt. Sie stellen die Lochgröße so ein, daß Sie am Punkt P soviel Intensität wie nur möglich haben. Wir nehmen an, das Loch

sei groß genug, wenn Strahl 2 zum ersten Mal mit Strahl 1 destruktiv interferiert. (Bemerkung: Anders als bei der in Abbildung 12.45 gezeigten Fraunhoferschen Beugung sind die hier zur Interferenz gebrachten Strahlen nicht parallel, und der Punkt P ist nicht in unendlicher Ferne.) Die Wellenlänge betrage in der Zeichnung 1 cm. (a) Wieviel länger muß der Weg von Strahl 2 sein als der von Strahl 1? (b) Finden Sie mit Hilfe eines Lineals heraus, wohin Strahl 2 wirklich gehen sollte, wenn seine Länge Ihrer Antwort auf (a) entspricht. Bestimmen Sie dann den besten Lochdurchmesser (der gezeichnete ist es nicht!). (c) Vergleichen Sie Ihr Ergebnis mit der Formel $d = 2\sqrt{\lambda f}$, wobei d der optimale Lochdurchmesser ist und f die Entfernung von dem Loch zu dem Bild bei P. (Mit Hilfe dieser Beziehung wird gelegentlich f als die ›Brennweite‹ des Lochs definiert.)

MA8 Licht der Wellenlänge 500 nm passiert einen engen Spalt und wird in 1 m Entfernung auf einen Schirm projiziert. Die erste Intensitätsnullstelle tritt 1 cm vom zentralen Maximum entfernt ein. (a) Wie breit ist der Spalt? (b) Für welche Spaltbreite wäre bei gleichem Licht und gleichem Schirm die erste Nullstelle 2 cm vom zentralen Maximum entfernt?

MA9 Sie beobachten eine 6° Korona um den Mond. Die erste Nullstelle der Beugungsintensität ist also 3° von der Mitte (Mond) entfernt. Zeichnen Sie einen Tropfen, eine vom Mond her einfallende Lichtwelle und eine um 3° gebeugte Welle. Zeichnen Sie in geeigneter Entfernung D einen Schirm und messen Sie die Entfernung der ersten Nullstelle vom mittleren Maximum. (Sie können dazu auch Trigonometrie verwenden.) Berechnen Sie dann b, den ungefähren Durchmesser der Tropfen, die diese Korona bei 500-nm-Licht verursachen.

MA10 (a) Was ist nach dem Kriterium von Rayleigh die Auflösung eines astronomischen Fernrohrs mit einem Objektiv von 10 cm Durchmesser bei $\lambda = 500$ nm? (b) Vergleichen Sie die Auflösung dieses Fernrohrs mit der eines normalsichtigen Auges und geben Sie sie als Sehschärfe an.

MA11 (a) Bestimmen Sie den Rayleighwinkel der Auflösung einer Kamera mit 5 cm Brennweite, die bei $\lambda = 500$ nm auf $f/8$ eingestellt ist. (b) Bestimmen Sie die Größe des Flecks, der von der Beugung auf der Filmebene herrührt. (c) Sie haben einen grobkörnigen Film, mit dem Sie 50 Linien/ mm wahrnehmen können, und einen feinkörnigen Film, der bis zu 200 Linien/mm aufzeichnen kann. Können Sie auf einem mit dieser Kamera aufgenommenen Foto wesentlich mehr Einzelheiten ausmachen, wenn Sie statt des grobkörnigen den feinkörnigen Film belichten?

KAPITEL 13

Streuung und Polarisation

13.1 Einleitung

Bis jetzt haben wir darüber nachgedacht, was passiert, wenn Licht auf materielle Hindernisse trifft, die wesentlich größer sind als seine Wellenlänge (geometrische Optik) oder dieselbe Größenordnung haben (Wellenoptik). Aber auch die Wechselwirkung mit Hindernissen, die viel kleiner sind als die Wellenlänge des Lichts, läßt sich beobachten. Wenn Licht mit einem einzelnen so kleinen Objekt wechselwirkt, erschüttert es seine Ladungen, die dann in alle möglichen Richtungen abstrahlen. Dieses Phänomen heißt STREUUNG.

Damit Licht mit nennenswerter Intensität gestreut wird, muß es auf viele isolierte kleine Hindernisse treffen, auf die Moleküle zum Beispiel, aus denen die Luft besteht. In der Tat können wir die Strahlen der Abbildungen 1.3, 1.4 und 8.19b nur deshalb sehen, weil Licht in Luft gestreut wird. Ohne Streuung könnten wir die Lichtbahn weder sehen noch fotografieren.

Diese einfache Erklärung haben wir gegeben, als wir die Abbildungen zuerst zeigten; sie soll jetzt genauer untersucht werden. Wenn Licht sich in einem dichten Stoff wie Glas bewegt, sollte es, so scheint es, von den vielen vorhandenen Molekülen gestreut werden. Aber wir wissen ja, daß es sich vielmehr wie im luftleeren Raum als begrenzter Strahl fortbewegt und nur eine andere Geschwindigkeit hat. Dies liegt daran, daß im Glas viele Moleküle sind; zu jedem Molekül, das Licht streut, gibt es ein anderes, für das der Lichtweg zum Auge eine halbe Wellenlänge länger ist. Das von diesen zwei Molekülen gestreute Licht interferiert destruktiv, wie in Abbildung 12.4 (längs der x-Achse), und das gilt für alle seitlichen Richtungen, aus denen man den Strahl betrachten kann. Luft dagegen ist ein Gas, und oft findet sich in ihr in weniger als einer halben Wellenlänge Abstand wieder ein Molekül – manchmal gibt es an einem Ort mehr Moleküle und manchmal weniger. Und wegen dieser (Dichte-)Schwankungen läßt sich die Streuung an diesen Orten beobachten. (SEHEN SIE SELBST, wie Sie die Streuung in Luft verstärken können.)

Streuung ist in mehrfacher Hinsicht selektiv: Licht bestimmter Wellenlängen wird stärker gestreut als Licht anderer Wellenlängen und Licht mit einer Polarisation (Abschnitt 1.3.2) stärker als Licht einer anderen. Weil unsere Augen für Polarisation nicht sehr empfindlich sind, haben wir bis jetzt die damit zusammenhängenden Phänomene nicht betrachtet. Mit Hilfe des Begriffs der Streuung können wir sie jetzt untersuchen, denn Streuung erzeugt den Großteil des uns umgebenden polarisierten Lichts. Ein großer Teil dieses Kapitels befaßt sich daher mit Licht, das zum Beispiel durch Streuung polarisiert wurde.

SEHEN SIE SELBST

Lichtstrahlen

Wenn Sie den Verlauf von Lichtstrahlen verfolgen wollen, brauchen Sie kleine Hindernisse in der Lichtbahn, die einen Teil des Lichts ins Auge des Betrachters streuen. Den Strahl einer Taschenlampe können Sie gut sehen, wenn größere Teilchen in der Luft sind. Wirbeln Sie also Staub auf oder blasen Sie Rauch oder zerriebene Kreide in die Luft und verfolgen Sie dann die Lichtbahn auch bei Reflexionen von Spiegeln und Wasserflächen und überprüfen Sie daran das Reflexionsgesetz (Abschnitt 2.4) und das Snelliussche Brechungsgesetz.

13.2 Rayleighstreuung

Die Streuung von weißem Licht ist an manchen Molekülen selektiv, weil ein Teil des Lichts bei den Resonanzfrequenzen der Moleküle absorbiert wird. Dadurch ist das gestreute Licht farbig. Für viele andere Moleküle sind jedoch die wichtigen Resonanzfrequenzen erheblich höher als die des sichtbaren Lichts. Weißes Licht wird dennoch farbig, wenn es an diesen Molekülen gestreut wird. Diese Art der Streuung heißt RAYLEIGHSTREUUNG und tritt immer dann auf, wenn die streuenden Teilchen wesentlich kleiner sind als die Wellenlänge des einfallenden Lichts und die Resonanzen bei höheren Frequenzen liegen als die des sichtbaren Lichts. Wir können dies als Regel für die Rayleighstreuung so formulieren:

> **Je kürzer die Wellenlänge des einfallenden Lichts, um so mehr Licht wird gestreut.**

Dieses Ergebnis wurde im Detail von eben dem Lord Rayleigh erarbeitet, dessen Namen wir schon in den Abschnitten 10.5.2 und 12.5.3 begegneten. Es besagt, daß blaues Licht stärker gestreut wird als rotes. Für einfallendes breitbandiges weißes Licht ist die Intensität des gestreuten Lichts der Wellenlänge 400 nm fast zehnmal so groß wie die von Licht der Wellenlänge 700 nm.

Eine Folge der Rayleighstreuung ist das Himmelsblau. Licht, das vom Himmel kommt und vom Auge wahrgenommen wird, ist an Luftmolekülen gestreutes Sonnenlicht (Abb. 13.1) und daher überwiegend blau. Da aus den direkten Sonnenstrahlen ein Teil des blauen Spektrums herausgestreut wurde, sollten sie etwas gelblich ausschauen. Wenn die Sonne hoch am

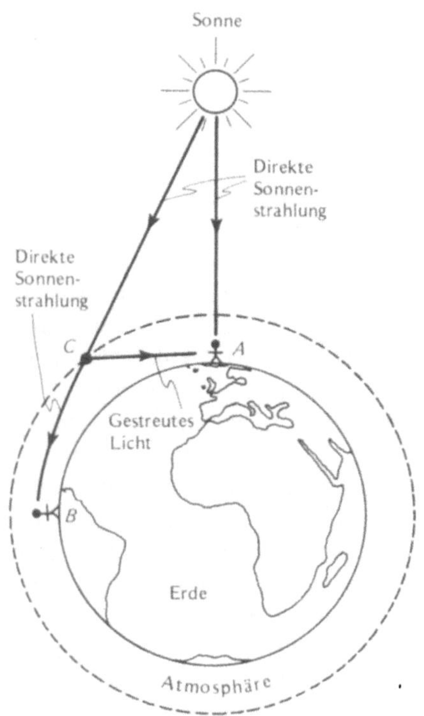

13.1 Wenn ein Beobachter *A* zum Punkt *C* in den Himmel schaut, erreicht nur gestreutes Licht die Augen. Da kurzwelliges Licht am stärksten gestreut wird, sieht der Himmel für den Beobachter blau aus. Die Farbe direkter Sonnenstrahlung, aus der das blaue Ende des Spektrums herausgestreut wurde, kann von Weiß über Gelb bis Rot schwanken und richtet sich danach, wie lang der Weg durch die Atmosphäre ist und wieviel Staub in der Luft ist, also danach, wieviel das Licht gestreut wurde. Deswegen erscheint die Sonne dem Beobachter *B* viel rötlicher als dem Beobachter *A*

Himmel steht und der Himmel sehr klar ist, ist der Effekt klein. Wenn jedoch viele kleine Staub- und Rauchteilchen in der Luft sind, ist der Effekt stärker. Er wird noch stärker, wenn die Sonne untergeht; die Strahlen, die direkt ins Auge gelangen, müssen immer mehr Luft durchdringen, weisen also einen immer geringeren Anteil kurzer Wellenlängen auf, und dadurch wird die Sonne immer rötlicher (SEHEN SIE SELBST).

Es gibt eine ganze Reihe von Beispielen, bei denen blaue Farbe auf Rayleighstreuung zurückzuführen ist. Wir haben (in Abschnitt 9.9.5) bemerkt, daß feine schwarze Farbstoffe,

die in weiße Farbe gemischt werden, aus diesem Grund einen blauen Farbton aufweisen. Schon Leonardo da Vinci hatte dafür dieselbe Ursache vermutet, die den Himmel blau erscheinen läßt. Der Schriftsteller George MacDonald identifiziert ganz zu Recht ein anderes Blau mit dem Himmelsblau, wenn er auf die Frage: › Woher hast du die Augen so blau?‹ antwortet: ›Sie fielen mit mir aus heiterem Himmel.‹ Schöne blaue Augen beruhen auf der Streuung an kleinen, im Verhältnis zu ihrer Größe weit voneinander entfernten Teilchen in der Iris. Auch der Mondstein verdankt seinen blauen Schimmer der Rayleighstreuung.

Dieselbe Wirkung läßt sich in feinem Rauch, etwa dem eines Holzfeuers, beobachten. Der Rauch sieht blau aus, wenn er von der Seite betrachtet wird und der Hintergrund dunkel ist, so daß gestreutes Licht das Auge erreicht. Wenn dagegen der Rauch vor einem hellen Hintergrund gesehen wird, schaut er rot oder braun aus (weil Blau weggestreut wird). Wenn der Rauch sehr dick ist und alles Licht mehrfach gestreut wird, ist das zur Seite entweichende Licht weiß oder grau.

Ähnliches kann bei größeren Teilchen passieren. Zum Beispiel ist der Rauch, der vom Ende einer Zigarette aufsteigt, bläulich, aber nach dem Ein- und Ausatmen schaut er grau oder weiß aus. Jetzt sind die Rauchteilchen in Feuchtigkeit eingehüllt und dadurch größer, groß genug, um Licht aller Wellenlängen gleichmäßig zu streuen – wie bei den Reflexionen der geometrischen Optik –, und schauen weiß aus. Genau deshalb sind Wolken weiß. Die Wassertropfen in Wolken können fünfzigmal so groß sein wie die Wellenlänge des sichtbaren Lichts. Mit so vielen Tropfen – und daher so vielen Flächen, an denen Licht reflektiert wird – streuen die Wolken fast alles Licht und schauen weiß aus, obwohl die einzelnen Tropfen fast durchsichtig sind. (Natürlich lassen sehr dichte Wolken kein Licht

durch; sie absorbieren es oder reflektieren es nach oben und schauen selbst schwarz aus.) Feine Salz- oder Zuckerkörner, Talkum, weißes Papier, Nebel, Schnee, geschlagenes Eiweiß und Bierschaum sind alle aus demselben Grund weiß. Auch das weiße Muster in Sternrubinen und Saphiren und im Tigeraugenquarz ist auf Streuung, diesmal an großen Einschließungen, zurückzuführen. Eiklar ist im gekochten Ei weiß, weil die Proteinmoleküle beim Kochvorgang von ihrer Oberflächenflüssigkeit befreit werden und zu größeren Klumpen koagulieren, die nicht selektiv streuen. Wenn die wässrige Molke von Milch zu Frischkäse verarbeitet wird, ist der Käse wegen desselben Koagulationsprozesses weiß.

Oft werden als Nebelleuchten oder Autoscheinwerfer gelbe Lampen verwendet; gelbes Licht wird nämlich von den Augen genauso gut wahrgenommen wie weißes; aber von feinem Nebel, dessen Tropfen im Vergleich zur Wellenlänge des sichtbaren Lichts sehr klein sind, wird es weniger gestreut. Leider sind die Tropfen meistens auch größer, und dann wird gelbes Licht genauso gestreut.

Teilchen können natürlich auch durch selektive Absorption und Reflexion Farben erzeugen. Der allbekannte und gefürchtete Smog ist braun, weil Stickstoffdioxid selektiv Licht absorbiert, dessen Resonanzen im sichtbaren Bereich liegen. Aber nicht alle Himmelsteilchen bewirken häßliche Farben. Der Vulkan Krakatau schleuderte bei seinem gewaltigen Ausbruch 1883 so viele Teilchen von der Größe eines Mikrometers in die Atmosphäre, daß drei Jahre lang überall auf der Erde ungewöhnlich farbige Sonnenauf- und Untergänge zu beobachten waren!

Streuung durch Luft oder die darin enthaltenen Teilchen ist die Ursache der Farbenperspektive (Abschnitt 8.6.5), die entfernte dunkle Höhen blau und ferne schneebedeckte Gipfel gelb erscheinen läßt (Tafel 8.4). Je reiner und durchsichtiger die Luft ist, um so blauer sind jene dunklen Höhen.

SEHEN SIE SELBST

Blauer Himmel

Eine gute Quelle für kleine streuende Teilchen ist Milch, deren feste Teilchen wesentlich kleiner sind als die Wellenlänge des sichtbaren Lichts. Mit ihr läßt sich ein blauer ›Himmel‹ und ein roter ›Sonnenuntergang‹ erzeugen. Durchleuchten Sie dazu in einem dunklen Raum ein klares Glas Wasser mit einem Lichtstrahl, etwa dem einer Taschenlampe. Beobachten Sie den Strahl von der Seite, so daß Sie das gestreute Licht sehen. (Es geht besser, wenn der Hintergrund schwarz ist.) Beobachten Sie gleichzeitig das direkt durchgelassene Licht, indem Sie es mit einem Blatt weißen Papiers auffangen. Fügen Sie jetzt etwas Milch hinzu, nur zwei oder drei Tropfen auf einmal, und rühren Sie das Wasser um. Das gestreute Licht wird bläulich und das durchgelassene Licht zunächst gelb und dann rötlich. Wenn Sie immer mehr Milch hinzufügen, wird das Licht schließlich wegen der Mehrfachstreuung weiß: Sie haben eine weiße Wolke erzeugt.

Sie können ›blaue Luft‹ direkt sehen, wenn genug Luft vor einem schwarzen Hintergrund ist. Sie brauchen zum Vergleich mit der Farbe der Luft etwas Schwarzes. Ein sonst dunkles Zimmer, das von außen durch ein offenes Fenster betrachtet wird, gibt

einen guten schwarzen Hintergrund ab. Damit kein Licht von außen eindringt, ist es am besten, wenn Sie durch eine lange Papprröhre beobachten. Sie sollten möglichst weit vom Fenster entfernt sein (30 oder 40 m), und deshalb ist es gut, wenn das ferne Ende des Rohrs mit Metallfolie abgedeckt wird, in die Sie ein etliche Millimeter großes Loch gestoßen haben. Wickeln Sie um das ferne Ende des Rohrs ein Stück schwarzes Papier, das etwa 15 bis 20 cm über die Folie hinausreicht, um zu verhindern, daß Licht schräg einfällt. Betrachten Sie das Fenster, wenn die Sonne seitlich oder hoch steht. Dann ist das einzige ins Rohr eintretende Licht Sonnenlicht, das an der Luft zwischen dem Fenster und Ihnen gestreut wurde. Dies sollte im Vergleich mit der dunklen Umgebung des Lochs in der Folie deutlich bläulich aussehen. Was passiert mit dem Blau, wenn Sie die Entfernung zum Fenster verändern?

Rayleighstreuung tritt auch nachts auf (nur gibt es dann weniger Streulicht), deshalb sollte ein Lichtbild im Mondenschein bei ausreichend langer Belichtungszeit dieselben Farben haben wie ein Tageslichtfoto. Sehen Sie es selbst in einer klaren Vollmondnacht. Das Mondlicht ist um einen Faktor von fast 10^6 schwächer als Sonnenlicht. Weil die Reziprozität des Films bei langen Belichtungszeiten versagt (Abschnitt 4.6), sollten Sie etwa 10^7mal so lange belichten wie

bei Sonnenlicht. Wenn zum Beispiel eine gute Aufnahme bei Sonnenlicht 1/1000 s brauchte, können Sie, wenn der Mond dort ist, wo die Sonne war, die Linse zusätzlich um drei Blendenwerte öffnen und 20 Minuten lang belichten. Die meisten Farbfilme geben bei solch langer Belichtung Farben nicht genau wieder – Kodak empfiehlt für Abzüge Kodacolor 400 und für Dias Kodachrome 25 (Tageslicht) mit einem CC10M Filter.

13.3 Polarisation durch Streuung

Dieselbe Rayleighstreuung, die unseren Himmel blau färbt, polarisiert auch das Streulicht. Um dies zu verstehen, wenden wir uns zunächst wieder den Grundlagen der Polarisation zu, wie sie in Abschnitt 1.3.2 eingeführt wurde.

13.2 (a) Das elektrische Feld einer Lichtwelle, die sich in z-Richtung fortpflanzt, liegt immer in der x-y-Ebene (oder einer dazu parallelen Ebene). (b) Das elektrische Feld einer Lichtwelle, die in x-Richtung linear polarisiert ist. (c) Eine bequeme Bezeichnung für die Welle aus (b). (d) Jedes elektrische Feld in der x-y-Ebene kann als Kombination eines Feldes in x-Richtung und eines in y-Richtung aufgefaßt werden. (e) Ein elektrisches Feld in einer Richtung einer Ebene läßt sich als Kombination von Feldern vorstellen, die Komponenten in zwei beliebigen, zueinander senkrechten Richtungen haben. (f) Unpolarisiertes Licht (das sich in z-Richtung ausbreitet)

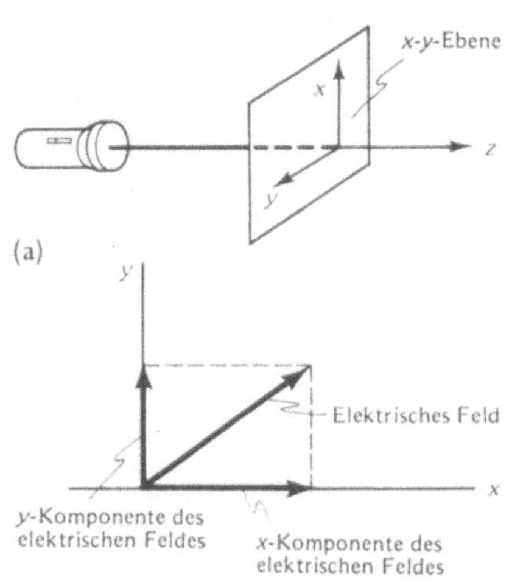

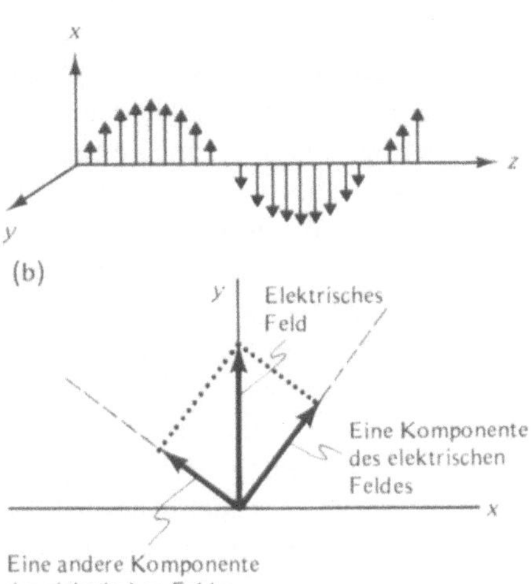

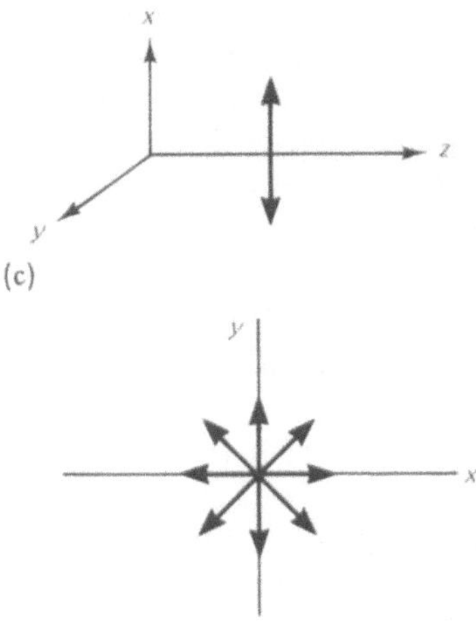

13.3.1 Polarisiertes Licht

Licht ist, wie gesagt, eine transversale Welle – das elektrische Feld steht immer senkrecht zur Fortpflanzungsrichtung der Welle (der Richtung des Strahls). Wenn sich die Welle zum Beispiel in z-Richtung ausbreitet (Abb. 13.2a), kann das elektrische Feld in die x-Richtung, in die y-Richtung oder in eine beliebige andere Richtung innerhalb der x-y-Ebene zeigen. Falls das elektrische Feld der Lichtwelle immer parallel zur x-Achse ist, sagen wir, das Licht sei in x-Richtung LINEAR POLARISIERT (Abb. 13.2b und c). Eine Welle, deren elektrisches Feld immer parallel zur y-Achse zeigt, ist in der y-Richtung linear polarisiert.

Nehmen wir an, die Welle sei in einer anderen Richtung linear polarisiert, etwa in einem Winkel von 45° zur x- und y-Achse. Dann können wir uns die Welle aus zwei gleichphasigen Wellen zusammengesetzt denken (Abb. 13.2d), von denen eine (die x-KOMPONENTE) in x-Richtung und eine (die y-KOMPONENTE) in y-Richtung linear polarisiert ist. Diese Zerlegung läßt sich an dem Spielzeug ›Labyrinth‹ demonstrieren. Zwei Knöpfe bestimmen dessen Neigung in zwei zueinander senkrechten Ebenen. Wenn Sie beide Knöpfe gleichzeitig drehen, können Sie eine Kugel in jeder gewünschten Richtung durch das Labyrinth rollen lassen. Ähnlich läßt sich jede Richtung des elektrischen Feldes in der x-y-Ebene als aus zwei Komponenten zusammengesetzt vorstellen, die zueinander senkrecht sind. Diese Richtungen können beliebig sein und brauchen nicht unbedingt mit der x- oder y-Richtung übereinzustimmen (Abb. 13.2e). Vielleicht sehen Sie darin jetzt nur eine mögliche Betrachtungsweise. In Abschnitt 13.6 werden wir sehen, daß dies die Denkweise der Natur ist.

Und wie ist es mit UNPOLARISIERTEM LICHT? Solches Licht ist ein Gemisch aus Licht, das in allen möglichen Richtungen polarisiert ist (senkrecht zur Fortpflanzungsrichtung);

die Richtung des elektrischen Feldes ändert sich schnell und zufällig – es hat keine bevorzugte Richtung. Wir können es uns als Welle aus zwei Komponenten vorstellen, deren Phase schnell und wahllos schwankt – die beiden Komponenten sind inkohärent. Es ist, wie wenn Sie bei dem Labyrinthspiel die beiden Knöpfe beliebig hin und her drehen und die Kugel in alle Richtungen läuft und an keinen bestimmten Ort kommt. Abbildung 13.2f zeigt, wie wir solches unpolarisierte Licht darstellen.

Mit diesem Vorwissen fragen wir jetzt danach, warum Rayleighstreuung Licht polarisiert.

13.3.2 Polarisation durch Rayleighstreuung

Ein einfaches Modell zeigt, wie Streuung zu Polarisation führt. Abbildung 13.3 zeigt zwei lange Sprungseile, die in der Mitte durch einen Ring verbunden sind und dann in rechten Winkeln zu einem (horizontalen) Kreuz gezogen werden. Der Ring wirkt im folgenden Sinne wie ein streuendes Teilchen: Wenn ein Seilende auf und ab schwingt (in x-Richtung polarisiert ist), breitet sich längs des Seils eine Welle aus, und der Ring schwingt auf und ab (Abb. 13.3a). Dies führt zu einer (gestreuten) Welle, die sich längs des kreuzenden Seils bildet. Wenn jedoch die erste Welle seitwärts geschwungen wird (in y-Richtung linear polarisiert ist), führt das im kreuzenden Seil nicht zu einer Welle, weil der Ring längs des Seils schwingt und es nicht bewegt – es gibt keine Bewegung transversal zum kreuzenden Seil (Abb. 13.3b). Wenn wir nun das eine Seil in x- und y-Richtung schwingen, also eine unpolarisierte Welle nachmachen, ist die einzige Welle, die im gekreuzten Seil angeregt wird, in x-Richtung linear polarisiert.

Bei der Streuung elektromagnetischer Wellen geschieht ähnliches. Denken Sie sich eine unpolarisierte Welle, die sich in z-Richtung ausbrei-

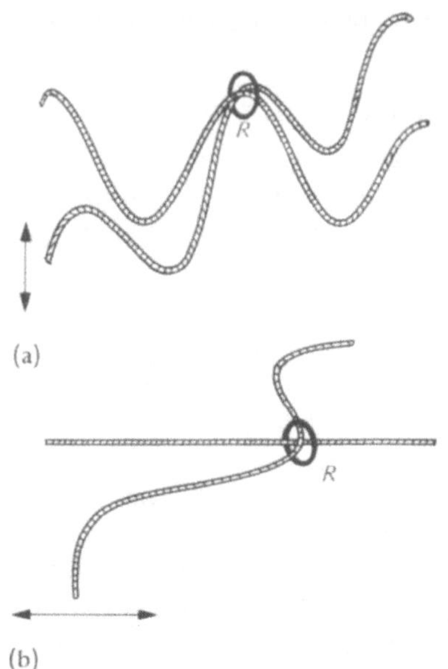

13.3 Zwei über Kreuz verlaufende Seile werden an ihren Mittelpunkten durch einen sehr leichten Ring verbunden, der ungehindert längs der Seile gleiten kann. (a) Das Auf- und Niederschwingen eines Seils (beim Pfeil) erzeugt eine Welle. Diese Welle verursacht ihrerseits in dem kreuzenden Seil eine auf- und abschwingende Welle. (b) Das erste Seil wird seitwärts geschwungen und gleitet nur über das andere Seil hinweg, ohne in ihm eine Welle anzuregen

tet und bei O auf ein streuendes Hindernis trifft (Abb. 13.4). Da das elektrische Feld der unpolarisierten Welle in alle Richtungen der x-y-Ebene zeigt, oszillieren die Ladungen im Streuzentrum O in allen diesen Richtungen, aber nicht in z-Richtung. Wie zuvor können wir diese Schwingungen in der x-y-Ebene in Gedanken in x- und y-Komponenten zerlegen. Nur die x-Komponente der Schwingung strahlt in y-Richtung ab – die y-Komponente kann es nicht (weil die gestreute Welle transversal ist), und es gibt keine z-Komponente (weil die einfallende Welle transversal ist). Daher ist alles in y-Richtung (nach A_1 oder A_2) abgestrahlte Licht in x-Richtung linear polarisiert. Entsprechend ist das Licht, das wir bei A_3 und A_4 beobachten, linear in y-Richtung polarisiert. Ein Beobachter bei A_5 sieht jedoch sowohl die einfallende Welle als auch das Licht, das in Vorwärts-

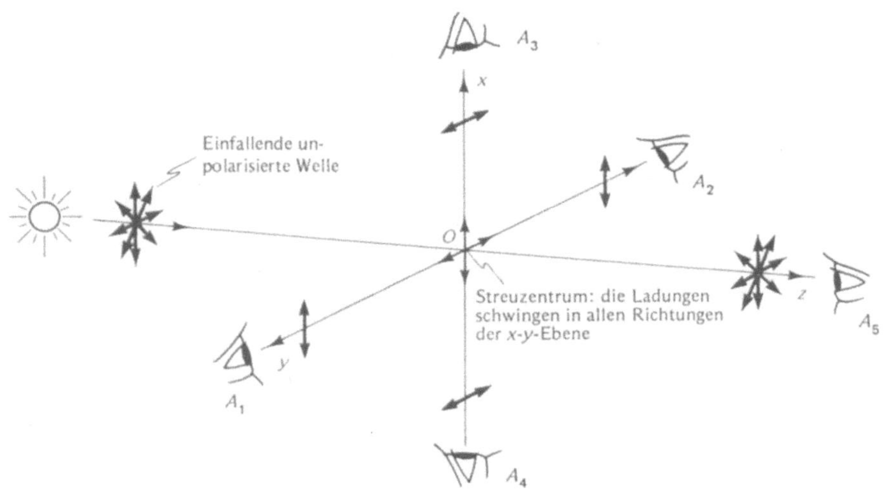

13.4 Eine unpolarisierte Welle, die sich in z-Richtung fortpflanzt, trifft in O auf ein Streuzentrum. Die entlang der y-Achse gestreute Welle ist in x-Richtung linear polarisiert, während das längs der x-Achse gestreute Licht in y-Richtung linear polarisiert ist. Das in z-Richtung gestreute Licht ist unpolarisiert

richtung gestreut wird; beide Anteile sind unpolarisiert.

Das durch Rayleighstreuung gestreute blaue Licht ist also linear polarisiert, wenn es aus Richtungen einfällt, die im rechten Winkel zur Sonnenrichtung liegen (Beobachter A_1 bis A_4). Das Licht aus Richtungen nahe der Sonne (Beobachter A_5) oder aus Richtungen, die der Sonne gegenüber liegen, ist unpolarisiert. In dem Zwischenbereich ist das Licht TEILWEISE POLARISIERT – eine Mischung aus polarisiertem und unpolarisiertem Licht. Wenn in der Luft (wie im Smog) große Teilchen sind, können die Kräfte innerhalb dieser Teilchen dazu führen, daß Ladungen in anderen Richtungen als die des elektrischen Feldes der einfallenden Welle schwingen. Dann ist das gestreute Licht, wenn überhaupt, weniger polarisiert. Mehrfachstreuung, etwa in Wolken, führt zu Licht, das in allen Richtungen polarisiert – also unpolarisiert – ist, und deshalb ist Licht von Wolken nicht polarisiert (SEHEN SIE SELBST).

Es ist möglich, die Sonnenstellung durch Messung der Polarisation des blauen Himmelslichts zu bestimmen. Für viele Insekten und Spinnenarten ist das anscheinend eine Navigationshilfe. So hängt zum Beispiel der ›Tanz‹ der Bienen, der die Richtung der Nahrungsquelle übermittelt, von der Polarisationsrichtung des Lichts ab. Die Empfindlichkeit der Bienenaugen auf Polarisation ist bei verschiedenen Wellenlängen unterschiedlich und hat ein Maximum bei 355 nm. Das läßt vermuten, daß die Verteilung polarisierten Lichts am Himmel von Bienen wie ein Farbmuster wahrgenommen wird. (Warum?) Wie manche andere Insekten können sie auch dann die Stellung der Sonne wahrnehmen, wenn sie von einer Wolke verdeckt wird, weil sie an einem Flecken blauen Himmels die Polarisation des Himmelslichts erkennen.

Unser Auge ist nicht empfindlich genug, um die Polarisation des Lichts zur Navigation nutzen zu können, wenn wir keine polarisierenden Hilfsmittel haben. Ein solches Mittel, der sogenannte ›Sonnenstein‹ (Cordierit, ein trichroitischer Kristall, Abschnitt 13.5), soll den Wikingern geholfen haben, die Polarisation des Himmelslichts zur Navigation zu nutzen. Auch heute ist die Polarisation des Himmels in der Dämmerung für Flugzeugnavigatoren beim Polflug von Nutzen.

Ein Apparat, der Licht einer Polarisationsrichtung durchläßt, das Licht einer dazu senkrechten aber nicht, heißt POLARISATIONSFILTER. Weil das blaue Himmelslicht polarisiert ist, kann ein geeignet orientierter Filter vor der Kamera dieses Licht abfangen und damit den Kontrast zwischen dem Himmel und den weißen Wolken verstärken.

Auch unter Wasser kann Licht an kleinen Streuzentren in den Genuß von Rayleighstreuung kommen. Das resultierende polarisierte Licht ist, wie für fliegende Insekten, auch für unter Wasser lebende Tiere eine Navigationshilfe; es bietet außerdem einen zuverlässigen Bezugspunkt und ermöglicht ihnen damit, an einer Stelle zu verharren; wie bei der Wolkenfotografie kann es zudem den Sichtkontrast vergrößern. Aus diesen und möglicherweise weiteren Gründen können viele Unterwassertiere, so Krebse, Tintenfische, Fische und Amphibien, die Polarisation des Lichts wahrnehmen. Man hat Polypen darauf trainiert, auf einen Wechsel um 90° in der Polarisationsrichtung zu reagieren; falls Sie also Schwierigkeiten haben, zum Versuch SEHEN SIE SELBST Polarisationsfilter aufzutreiben, könnten Sie sich mit einem trainierten Kraken behelfen.

SEHEN SIE SELBST

Polarisation vom Himmel

Sie brauchen einen Polarisationsfilter, wie sie in polarisierenden Sonnenbrillen, in Brillen für 3-D-Filme oder in polarisierenden Kamerafiltern verwendet werden. Abbildung 13.6 zeigt, wie Sie sich selber einen anfertigen können. Polarisiertes Licht ist daran zu erkennen, daß es abwechselnd dunkler und heller zu sein scheint, wenn Sie den Filter um die Blickrichtung drehen.

Überzeugen Sie sich zunächst mit Hilfe des Filters davon, daß Sonnenlicht unpolarisiert ist. Vermeiden Sie auf jeden Fall, in die Sonne zu blikken, und beobachten Sie die Projektion des Sonnenlichts durch ein Nadelloch. Halten Sie den Filter vor das Loch und drehen Sie ihn, während Sie das Abbild betrachten. Wird das Bild der Sonne dunkler oder heller?

Schauen Sie dann durch den Filter in einem Winkel von 90° zur Sonne in den blauen Himmel und drehen Sie wieder den Filter. Ist das Licht von diesem Teil des Himmels polarisiert, wie es sein sollte? Schauen Sie sich auf dieselbe Weise andere Teile des Himmels an. Je stärker die Polarisation, desto größer ist der Unterschied zwischen dunkel und hell, wenn der Filter gedreht wird. Wo ist die Polarisation am größten und wo am geringsten? Wie können Sie mit Hilfe der Polarisation des Himmelslichts die Stellung der Sonne finden? Betrachten Sie auch Wolken und Smog.

Überprüfen Sie diese Ideen mit dem blauen ›Himmel‹ des Versuchs zu Abschnitt 13.2. Betrachten Sie durch diesen Polarisationsfilter das blaue gestreute Licht von der Seite und von oben. Schauen Sie schließlich auch in den Strahl und setzen Sie den Filter zwischen die Taschenlampe und das milchige Licht. Beobachten Sie von der Seite, was mit dem gestreuten Licht passiert, wenn Sie den Filter drehen, und auch, wie es dem roten ›Sonnenuntergang‹ ergeht. Wie erklärt sich dies mit Hilfe von Abbildung 13.4? Wiederholen Sie diese Experimente nach Hinzufügen von etwas Milch. Achten Sie, wenn Sie mehr Milch hinzugefügt haben und seitlich beobachten, insbesondere darauf, daß Licht vom Wasser nahe der Taschenlampe polarisiert ist, Licht vom weiter entfernten Wasser aber nicht. Warum ist das so?

13.4 Polarisation durch Reflexion

Polarisiertes Licht läßt sich nicht nur durch Streuung erzeugen, sondern auch durch Reflexion; diese wohl zweithäufigste Quelle für polarisiertes Licht beruht ebenfalls auf der transversalen Natur des Lichts.

Wenn Licht in Luft unter einem Einfallswinkel θ_e (Abb. 13.5) auf eine glatte Glasfläche trifft, regt es die Ladungen an der Oberfläche des Glases

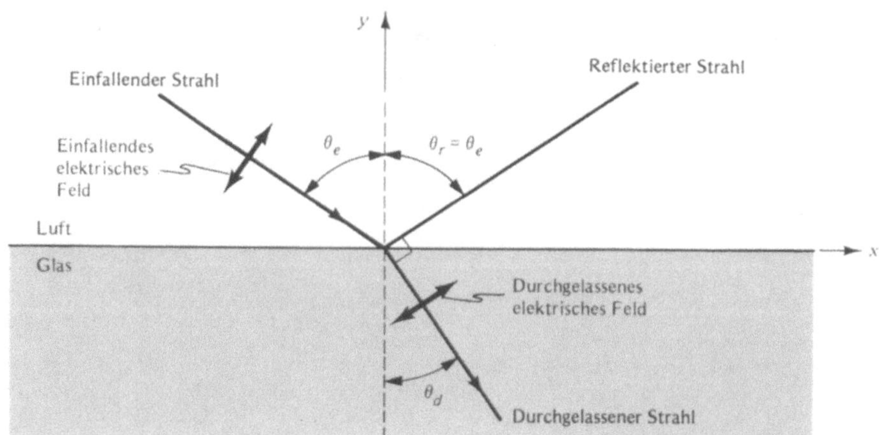

13.5 Richtung des einfallenden, durchgelassenen und reflektierten Strahls in dem Fall, daß der Einfallswinkel gleich dem Brewsterwinkel ist

zu Schwingungen an. Es gibt eine Richtung θ_r, in der die von all diesen Ladungen emittierte Strahlung in Phase ist. Dies ist der reflektierte Strahl mit $\theta_r = \theta_e$. In jeder anderen Richtung (in Luft) interferiert die Strahlung der verschiedenen Ladungen destruktiv. Entsprechend gibt es eine Richtung θ_d, in der die einfallende Strahlung konstruktiv mit der Strahlung der Glasatome interferiert. Dies ist der durchgelassene Strahl, der durch das Snelliussche Gesetz gegeben ist. Auch hier werden Strahlen jeder anderen Richtung im Glas durch destruktive Interferenz eliminiert. Die Abbildung zeigt den uns interessierenden Sonderfall, in dem der durchgelassene und der reflektierte Strahl gerade einen rechten Winkel einschließen. Wenn das einfallende Licht unpolarisiert ist, können wir es in Gedanken wieder in Komponenten zerlegen: eine linear polarisierte Welle liegt, wie gezeichnet, in der Zeichenebene (der x-y-Ebene) und eine senkrecht zur Zeichenebene (also in der z-Richtung).

Betrachten wir die erste Komponente. Die Richtung der Polarisation des einfallenden Lichts muß, wie gezeichnet, senkrecht zum einfallenden Strahl sein. Entsprechend muß die Polarisationsrichtung des durchgelas-

senen Strahls senkrecht zum durchgelassenen Strahl sein. Dies bedeutet, daß das elektrische Feld im Glas und daher die Richtung, in der die Ladungen schwingen, senkrecht zum durchgelassenen Strahl ist. Wegen der Transversalität des Lichts können diese Ladungen nicht längs der Schwingungsrichtung abstrahlen. Daher kann es keinen reflektierten Strahl senkrecht zum durchgelassenen Strahl geben. Damit verschwindet die Intensität des reflektierten Strahls für diesen besonderen Einfallswinkel, den sogenannten BREWSTERWINKEL, für den der reflektierte Strahl senkrecht zum durchgelassenen ist. (Dieser Winkel ist nach Sir David Brewster, dem Erfinder des Kaleidoskops, benannt.) Als Brechungswinkel hängt auch der Brewsterwinkel von beiden beteiligten Medien ab. (Anhang L gibt eine mathematische Formulierung.) Ein typischer Wert ist etwa 56°, der Wert für Licht, das aus Luft in Glas eintritt.

Wir betrachten nun die andere Komponente des einfallenden Lichts, also den in z-Richtung (senkrecht zur Bildebene) linear polarisierten Anteil. Hier schwingen die Ladungen im Glas in der z-Richtung und können in Richtung des reflektierten Strahls abstrahlen. Dabei tritt nichts Ungewöhnliches auf; es gibt einen reflektierten Strahl dieser Polarisation.

Wenn also ein unpolarisierter Strahl im Brewsterwinkel auftrifft, wird nur eine Polarisationskomponente reflektiert. Der reflektierte Strahl ist dann linear in z-Richtung polarisiert. Für Winkel in der Nähe des Brewsterwinkels ist dies immer noch fast richtig – in der x-y-Ebene wird polarisiertes Licht nur geringfügig reflektiert. Daher ist das reflektierte Licht teilweise polarisiert, mit einer großen Komponente in einer Richtung und einer kleinen in der anderen. Da man oft unter Winkeln betrachtet, die nahe am Brewsterwinkel liegen, ist ein Großteil des reflektierten Lichts, das wir sehen, polarisiert (SEHEN SIE SELBST).

Die Situation ist anders, wenn Licht von Metallen reflektiert wird. Metalle lassen sichtbares Licht nicht durch, weil in ihnen so viele Elektronen parallel zur Oberfläche frei beweglich sind und das interne elektrische Feld kompensieren (Abschnitt 2.3.2). Elektronen, die parallel zur Oberfläche frei beweglich sind, können in alle Richtungen von der Oberfläche abstrahlen und führen daher für beide Polarisationsrichtungen zu reflektierten Strahlen; das reflektierte Licht ist nicht linear polarisiert.

Da ein Großteil des von nichtmetallischen Flächen gespiegelten Lichts wenigstens teilweise polarisiert ist, werden Polarisationsfilter oft als Sonnenbrillen verwendet. Wenn sie so orientiert sind, daß sie die horizontal polarisierte Komponente des Lichts ausschalten, verhindern solche Sonnenbrillen, daß Straßen, Seen und andere horizontale Flächen blenden. Diffus reflektiertes Licht wiederum ist mehrfach reflektiert oder gestreut worden und daher unpolarisiert. Von diesem Licht wird nur die Hälfte von der Brille abgeblockt (gewöhnlich die horizontale Komponente), so daß man immer noch die Straße sieht, aber die Spiegelungen schwächer sind. Deshalb auch sind die Fenster moderner Züge, der Kontrolltürme auf Flughäfen und der Brücken von Ozeandampfern oft mit Polarisationsfiltern beschichtet.

Die Oberflächenreflektionen in Tafel 9.7a wurden in Tafel 9.7b durch

einen geeignet gedrehten Polarisationsfilter vor der Kamera vermieden.

STUDIER & SPEKULIER

Wie war der Polarisationsfilter orientiert?

Einige andere Geräte nutzen die Polarisation beim Brewsterwinkel. Bei normalem Einfall reflektiert jede Oberfläche eines Glasstücks 4% der einfallenden Intensität, so daß 92% durchgelassen werden. Aber nehmen wir an, wir wollten Licht durch 100 Glasscheiben schicken. Dann werden 92% des einfallenden Strahls von der ersten Glasscheibe durchgelassen und davon wieder 92% von der nächsten usw. Nach hundert Scheiben wird nur

$$(0,92)^{100} = 2,4 \cdot 10^{-4}$$

von der ursprünglichen Intensität durchgelassen, also fast nichts. Wenn aber die Glasscheiben so geneigt werden, daß das Licht im Brewsterwinkel einfällt, werden etwa 15% einer Polarisationskomponente an jeder der 200 Flächen reflektiert. Von der anderen Polarisationskomponente wird jedoch nichts reflektiert. Da diese Polarisation vollständig durchgelassen wird, läuft der Strahl ungehindert durch alle 100 Glasscheiben hindurch. Wenn also unpolarisiertes Licht in dieser Anordnung einfällt, wird die Hälfte der Intensität durchgelassen.

Diese Idee wird oft in Gaslasern verwendet (Abschnitt 15.4). In diesen Lasern wird das Licht zwischen zwei Spiegeln etwa 100mal hin und her reflektiert. Um eine genaue Einstellung zu ermöglichen, werden die Spiegel

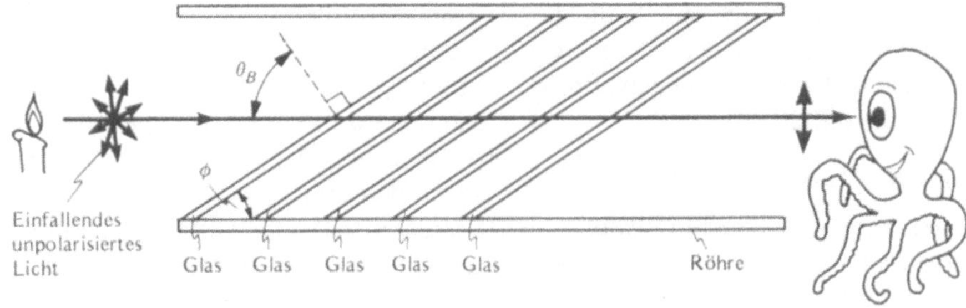

13.6 Ein Polarisationsfilter aus Brewsterfenstern. Jedes Glasstück ist um den Brewsterwinkel θ_B zur Richtung des einfallenden Lichts geneigt. Das Licht, das den Beobachter erreicht, besteht vorwiegend aus der Komponente der Polarisation, die in der Bildebene liegt. Das Innere des Rohrs sollte schwarz sein, so daß reflektiertes Licht absorbiert wird. Der Winkel ϕ ist gleich $90° - \theta_\mathrm{B}$. Für eine Glasscheibe in Luft ist $\theta_\mathrm{B} = 56,3°$, also $\phi = 33,7°$

außerhalb der Glasfenster angebracht, die das Gas umschließen, und um Verluste durch Reflexion zu vermeiden, werden diese Fenster so ausgerichtet, daß der Strahl sie im Brewsterwinkel trifft. Nach hundert Durchgängen durch diese sogenannten BREWSTERFENSTER ist das Licht einer Polarisation vollständig verlorengegangen, das der anderen aber bleibt durch Reflexionen ungeschwächt, und das so erzeugte Laserlicht ist polarisiert.

Mit Hilfe dieser Brewsterfenster lassen sich polarisierende Filter machen, wie Sie sie zum Versuch SEHEN SIE SELBST brauchen. Ungefähr fünf Glasscheiben (Objektträger für Mikroskope sind gut geeignet) werden, eine nach der anderen, jede im Brewsterwinkel zum einfallenden Strahl (Abb. 13.6), angeordnet. Dies ist zwar nicht so wirkungsvoll wie 100 Glasscheiben, aber es reduziert die Lichtkomponente senkrecht zur Zeichenebene erheblich und läßt doch die Komponente durch, die in jener Ebene polarisiert ist, wirkt also wie ein Polarisationsfilter. Wie mit allen anderen Polarisationsfiltern läßt sich damit polarisiertes Licht erkennen. Im Unterschied zu anderen Filtern kann man hier auch die Richtung der Polarisation des Lichts ablesen, da die gut erkennbare Neigung der Gläser verrät, welche Komponente das Brewsterfenster durchläßt.

SEHEN SIE SELBST

Polarisation reflektierten Lichts

Sie brauchen, wie im Versuch zu Abschnitt 13.3.2, einen Polarisationsfilter. Schauen Sie durch diesen Filter auf Licht, das von einer glänzenden (nichtmetallischen) Fläche, etwa einem polierten Tisch, einem glänzenden Fußboden oder einer Glasscheibe mit schwarzem Hintergrund, reflektiert wird. Stellen Sie sich und eine Lampe so auf, daß Sie ein gutes Spiegelbild des Lichts sehen. Drehen Sie wieder den Filter und überprüfen Sie, ob das Licht polarisiert ist. Vergleichen Sie den Grad der Polarisation, wenn das Licht nahezu senkrecht zur Fläche, bei streifendem Blick und bei dazwischenliegenden Winkeln einfällt. Bei welchem Winkel erwarten Sie die größte Polarisation? Wo finden Sie sie?

Wiederholen Sie das Experiment mit einer diffus reflektierenden Fläche, etwa einem Tuch oder einem weißen Blatt Papier mit matter Oberfläche. Warum ist dieses Licht nicht polarisiert? Betrachten Sie auch eine glänzende Metallfläche, etwa einen polierten Kochtopf, eine Messerklinge aus rostfreiem Stahl oder die Chromflächen eines Autos.

Das von einer Straße reflektierte Licht hat sowohl einen diffusen Anteil (mit dem man die Straße sieht) als auch einen spiegelnden. Schauen Sie sich an einem sonnigen Tag eine Straße durch einen Polarisationsfilter an und beobachten Sie, ob Sie mehr oder weniger geblendet werden, wenn Sie den Filter drehen.

Das Licht des Hauptregenbogens ist einmal reflektiert worden (Abschnitt 2.6.2), also ist zu erwarten, daß es polarisiert ist. Wenn Sie daran denken, wie ein an einem Punkt des Regenbogens aufgestellter Spiegel orientiert sein muß, damit er Licht von der Sonne zum Beobachter reflektiert

(wie es Tropfen tun), können Sie sich auch überlegen, daß Licht vom Regenbogen längs der Richtung des Bogens (und nicht radial) polarisiert ist. Licht vom (horizontalen) oberen Bereich des Bogens sollte also horizontal polarisiert sein, Licht von den Bogenenden dagegen vertikal. Überprüfen Sie dies das nächste Mal, wenn Sie einen Regenbogen sehen (oder selbst mit dem Gartenschlauch einen herstellen). Was erwarten Sie im Nebenregenbogen? Ist es genauso?

13.5 Polarisation durch Absorption

Einer der am häufigsten verwendeten linearen Polarisatoren für sichtbares Licht absorbiert eine Polarisationskomponente und läßt die dazu senkrechte durch. Dieser Polarisationsfilter, das POLAROID, besteht aus parallel angeordneten langkettigen Molekülen, deren Elektronen sich quer zu den Molekülen nicht frei bewegen können. Wenn einfallendes Licht so polarisiert ist, daß das elektrische Feld quer zu den Molekülketten steht, kann es die Elektronen nicht in Bewegung versetzen. Sie strahlen also nicht, die einfallende Welle kann ungehindert passieren, und die Polarisationskomponente wird übertragen. Wenn jedoch das elektrische Feld des Lichts in Richtung der langen Moleküle zeigt, bewegen sich die Elektronen und absorbieren die Lichtenergie. Daher wird nur Licht einer Polarisation (quer zu den Molekülen) transmittiert.

Dieser Polarisationsfilter wurde 1928 von Edwin H. Land als damals 19jährigem Studenten erfunden. (Sein Interesse war geweckt worden, als er von den um 1850 entdeckten polarisierenden Kristallen gelesen hatte; ein Arztgehilfe hatte damals aus irgendeinem Grund Jod in den Urin eines Hundes geträufelt, der zuvor Chinin erhalten hatte.) Dieses Polaroid wird gewöhnlich in dünnen Schichten zwischen Glas- oder Plastikscheiben ge-

bracht und dient dann in Sonnenbrillen als Polarisationsfilter. Polaroid absorbiert zwar den Großteil des entsprechend polarisierten Lichts, ist aber für kürzere Wellenlängen weniger wirksam. Daher sieht sehr helles, horizontal polarisiertes Licht (zum Beispiel solches, das durch die Reflexion an Wasser polarisiert wurde) tiefblau oder violett aus, wenn man es durch polarisierende Sonnenbrillen betrachtet, und nicht, wie bei einem idealen Polarisationsfilter, schwarz.

Mehrere natürlich vorkommende Kristalle absorbieren eine Polarisationskomponente stärker als die dazu senkrechte Komponente. Der Halbedelstein Turmalin ist ein Beispiel. Turmalin absorbiert selektiver als Polaroid; weil nicht alle Wellenlängen gleich absorbiert werden, ist das durchgelassene Licht farbig. Solche Kristalle heißen DICHROITISCH (griech. *dis*, zwei und *chroma*, Farbe). Kristalle, die bei durchlaufendem Licht in drei verschiedenen Richtungen zu drei verschiedenen Farben führen, heißen trichroitisch (griech. *treis*, drei). Allgemein werden all diese Kristalle pleochroitisch (griech. *pleion*, mehr) genannt. Selbst unpolarisiertes Licht nimmt beim Durchgang in einer Richtung eine andere Farbe an als Licht, das in einer anderen Richtung durchgeht. Weil sie Licht färben, werden diese dichroitischen Kristalle im allgemeinen nicht als Polarisationsfilter verwendet. Heute werden alle Materialien als dichroitisch bezeichnet, die durch Absorption polarisiertes Licht erzeugen, so daß auch Polaroid dichroitisch genannt werden kann.

Die Rückseite des Auges enthält ein dichroitisches Material: den gelben Fleck, der Licht zwischen 430 und 490 nm (Blau) absorbiert und die Sehgrube (sie entspricht dem Zentrum des Gesichtsfeldes, Abschnitt 5.2.2) bedeckt. Dichroitisch bedeutet in diesem Fall, daß die Absorption stärker ist, wenn die Richtung der Lichtpolarisation senkrecht zu den Fasern des Pigments liegt, als wenn sie parallel dazu ist. Das Pigment des gelben

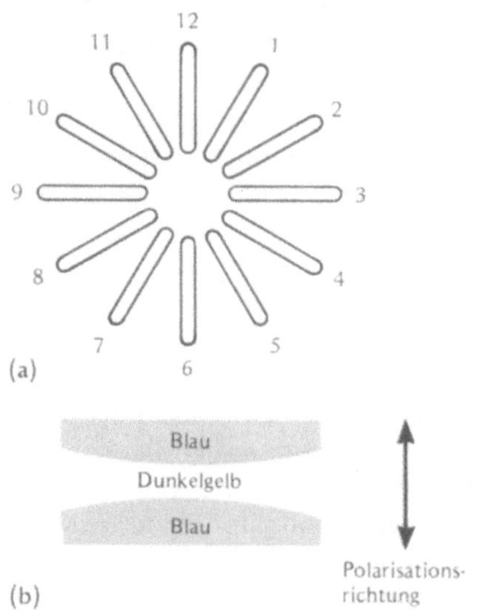

13.7 (a) Das dichroitische Pigment im gelben Fleck ist wie Radspeichen angeordnet. (b) Haidingersches Büschel bei vertikal polarisiertem Licht (Pfeil)

Flecks ist, wie Abbildung 13.7 zeigt, radial, wie die Speichen eines Rades, angeordnet. Nehmen wir an, weißes, ins Auge fallendes Licht sei vertikal polarisiert (also parallel zu den Fasern 6 und 12 in Abbildung 13.7a). Weil der gelbe Fleck dichroitisch ist, absorbieren die vertikalen Fasern (6 und 12) den blauen Teil des Lichts am wenigsten und die hierzu senkrechten Fasern (3 und 9) am stärksten. Daher sieht man eine horizontale dunkelgelbe Linie (Abb. 13.7b), die HAIDINGERSCHES BÜSCHEL genannt wird. Wie die Abbildung zeigt, liegt das gelbe ›Büschel‹ oft, wohl wegen des simultanen Farbkontrastes (Abschnitt 10.6.1), neben blauen Bereichen. Wenn statt dessen das Licht horizontal polarisiert wäre, würde das gelbe Büschel in die Vertikale zeigen, denn es liegt immer senkrecht zur Polarisationsrichtung (SEHEN SIE SELBST).

SEHEN SIE SELBST

Haidingers Büschel

Am besten läßt sich das Haidingersche Büschel mit einem linearen Polarisationsfilter, blauem Licht und vor

einem matten Hintergrund, etwa einem großen Blatt Blaupause, beobachten. Beleuchten Sie das Papier mit hellem Licht und betrachten Sie durch den Filter einen Punkt in der Nähe der Papiermitte. Da das Abbild schwächer wird, denn das Auge paßt sich ja an, hilft es, den Filter gelegentlich um die Blickrichtung zu drehen. Seien Sie nicht enttäuscht, wenn Sie das Büschel nicht sofort sehen; es gelang Helmholtz, dem Haidinger davon erzählt hatte, erst nach zwölf Jahren. Sie sollten schneller Erfolg haben, vielleicht aber dauert es einige Minuten. Achten Sie, wenn Sie das Büschel sehen, darauf, wie es sich bei einer langsamen Drehung des Filters mitdreht. Dies liefert eine weitere Möglichkeit zur Bestimmung der Polarisationsrichtung des Filters, da das Büschel immer senkrecht zu ihr steht.

Ein anderer guter Hintergrund ist der blaue Himmel. Betrachten Sie das Büschel mit dem Filter vor diesem Hintergrund. Da Himmelslicht bereits polarisiert ist (Abschnitt 13.3.2), läßt sich das Haidingersche Büschel dort auch ohne Filter sehen. In welche Richtung sollten Sie schauen? Sehen Sie selbst!

13.6 Polarisieren und Analysieren

Ein Polarisationsfilter läßt sich auf zweierlei Art verwenden, nämlich als POLARISATOR – er läßt nur eine Polarisationskomponente durch, und deshalb wird aus einfallendem unpolarisiertem Licht durchgelassenes polarisiertes Licht – und als ANALYSATOR. Wie im Versuch zu Abschnitt 13.3.2 kann man die Anwesenheit von polarisiertem Licht und sogar die Richtung der Polarisation feststellen, wenn der Filter einmal geeicht ist. (Man eicht einen Polarisationsfilter, findet also die Polarisationsrichtung, indem man Licht ansieht, das in der Nähe des Brewsterwinkels von einem glänzenden Fußboden reflektiert wird, denn solches Licht muß horizontal polarisiert sein.)

Abbildung 13.8a zeigt eine Anordnung mit zwei Polarisationsfiltern, von denen einer als Polarisator und einer als Analysator wirkt. Wenn zunächst unpolarisiertes Licht einfällt, orientieren wir den Polarisator so, daß nur vertikal polarisiertes Licht passieren kann. Der Analysator sei so eingestellt, daß er nur horizontal polarisiertes Licht durchläßt (Polarisator und Analysator sind GEKREUZT – Abbildung 13.8b). Da nur vertikal polarisiertes Licht auf den Analysator trifft, kommt kein Licht hindurch – es gibt keinen durchgelassenen Strahl, der den Beobachter erreicht. Wenn statt dessen der Analysator vertikal orientiert ist (Polarisator und Analysator sind PARALLEL – Abbildung 13.8c), läßt er alles auftreffende Licht durch – der Beobachter sieht dann (wenn wir ideale Polarisationsfilter voraussetzen) die volle Intensität, die zwischen den Filtern vorliegt.

Mit Hilfe eines Analysators läßt sich also erkennen, ob der Polarisator funktioniert. Hersteller von polarisierenden Sonnenbrillen legen oft einen kleinen Analysator dazu, so daß man sich von der Polarisationswirkung der Brillen überzeugen kann (ohne sie zerbrechen zu müssen).

STUDIER & SPEKULIER

Welches Licht wird durchgelassen, wenn der Polarisator in Abbildung 13.8b und c horizontal orientiert ist?

Nehmen wir nun an, der Analysator sei in einem anderen Winkel zum Polarisator orientiert (Abb. 13.8d). Jetzt müssen wir uns das vertikal polarisierte Zwischenlicht aus zwei Komponenten bestehend vorstellen (wie in Abbildung 13.2e), eine längs des Winkels des Analysators und eine, die senkrecht dazu polarisiert ist. Nur die erste Komponente (jene parallel zur Orientierung des Analysators) passiert den Analysator. Es gibt in diesem Fall einen durchgelassenen Strahl, aber er hat eine geringere In-

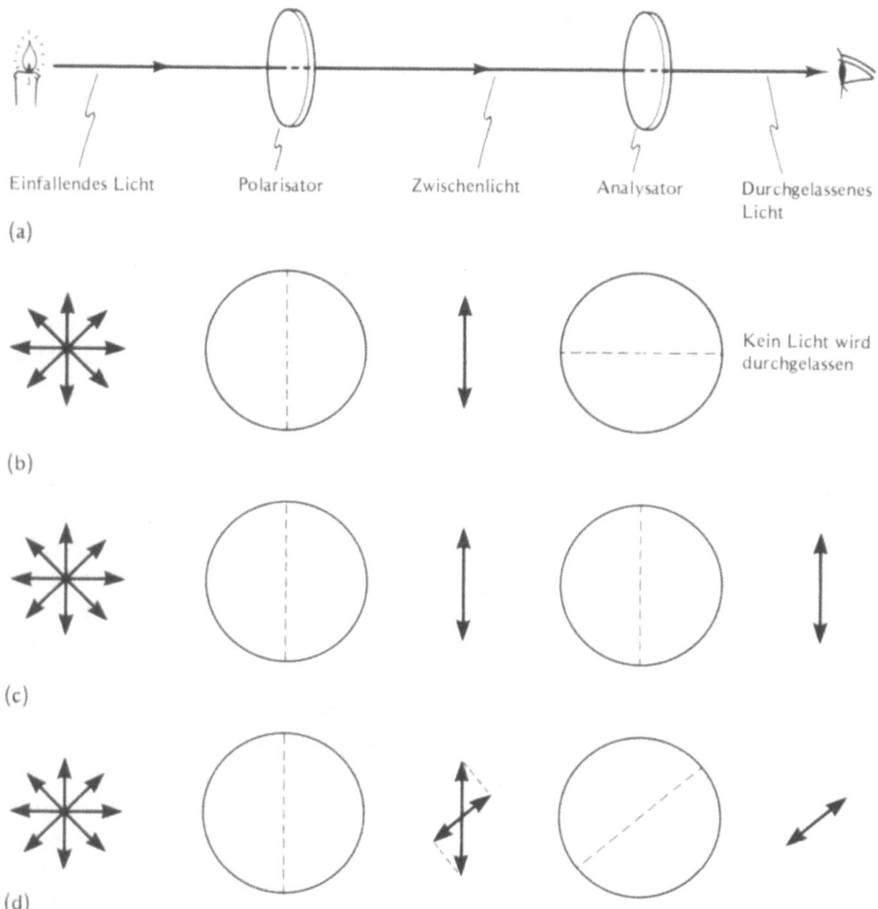

13.8 (a) Licht fällt auf den ersten Polarisationsfilter (den Polarisator). Das Licht, das den Polarisator durchlaufen hat (das Zwischenlicht), trifft auf den zweiten Polarisationsfilter (den Analysator). Die Lichtmenge, die den Analysator passiert (das durchgelassene Licht), hängt vom Winkel zwischen Polarisator und Analysator ab. (b) Polarisator und Analysator sind gekreuzt: einfallendes unpolarisiertes Licht, das auf einen vertikal orientierten Polarisator trifft, wird von einem horizontal eingestellten Analysator nicht durchgelassen. (c) Polarisator und Analysator sind parallel: wie in (b), aber hier wird das vertikal polarisierte Licht vom vertikal polarisierten Analysator durchgelassen. (d) Hier läßt der Analysator, der auf einen mittleren Winkel eingestellt ist, nur die Komponente des Zwischenlichts durch, die im gleichen Winkel polarisiert ist. Das durchgelassene Licht ist etwas schwächer. (b) bis (d) zeigen Frontalansichten der Filter

tensität als in dem Fall, in dem Analysator und Polarisator parallel stehen. (Die mathematische Beziehung zwischen der Intensität des durchgelassenen Lichts und dem Winkel zwischen Analysator und Polarisator, das sogenannte Malussche Gesetz, wird in Anhang M hergeleitet.)

Durch Veränderung des Orientierungswinkels zwischen Polarisator und Analysator läßt sich die Intensität des transmittierten Lichts steuern. Dies ist oft eine bequeme Möglichkeit, die Lichtintensität zu regulieren, denn dabei wird weder (wie bei einer mechanischen Blende) Größe oder Form des Strahls verändert noch, zumindest bei idealen Polarisationsfiltern, die Farbtemperatur beeinflußt (wie durch das Dimmen einer Lampe).

Da der Analysator die Polarisation des Zwischenlichts testet, können wir mit demselben Aufbau die Wirkung

verschiedener Hindernisse auf polarisiertes Licht untersuchen. Wir erwähnten zum Beispiel in Abschnitt 13.3.2, daß mehrfach gestreutes polarisiertes Licht unpolarisiert wird, es ist depolarisiert. SEHEN SIE SELBST, wie Sie das mit DEPOLARISATOREN, etwa gewachstem Papier oder Milchglas, überprüfen können.

Ein bemerkenswertes Phänomen zeigt sich, wenn man einen dritten Polarisationsfilter zwischen Polarisator und Analysator einfügt. Bei nur zwei Filtern geht kein Licht durch Polarisator und Analysator hindurch, wenn sie gekreuzt sind. Man sieht schwarz, wenn man hindurchsehen will. Ein dritter, in einem Winkel von 45° orientierter Polarisator mitten zwischen Polarisator und Analysator bewirkt aber, daß man durch die Dreifilterkombination hindurch einen Blick ins Licht werfen kann. Dies ist wirklich erstaunlich, denn der eingefügte Filter tut ja nichts anderes, als einen Teil des Lichts zu absorbieren, und doch wird etwas Licht durchgelassen, wenn er eingefügt ist.

Diese Zauberei wird verständlich, wenn wir einfach die vorhergehende Betrachtung wiederholen. Bei jedem Polarisationsfilter müssen wir uns das Licht aus zwei Komponenten zusammengesetzt denken: eine längs zur Orientierung des Polarisationsfilters und eine senkrecht dazu. Wir beginnen mit unpolarisiertem Licht, das auf den vertikal orientierten Polarisator fällt. Wie in Abbildung 13.8 wird nur die vertikale Komponente durchgelassen. Wenn nur der gekreuzte Polarisator da ist, wird die auftreffende vertikale Komponente gehemmt, so daß kein Licht transmittiert wird (Abb. 13.8b). Fügt man den dritten Polarisationsfilter in einem Winkel von 45° ein, wird jedoch ein Teil des auftreffenden polarisierten Lichts als um 45° polarisiertes Licht durchgelassen (wie in Abbildung 13.8d). Dieses Licht, das jetzt auf den horizontal orientierten Analysator fällt, denken wir uns wie in Abbildung 13.2e aus einer vertikalen und einer horizontalen Komponente aufgebaut. Da eine horizontale Komponente vorhanden ist, kann sie den Analysator passieren – etwas Licht wird daher vom ganzen System durchgelassen. (Wenn die Filter ideal sind, beträgt die durchgelassene Intensität 1/4 der ursprünglichen Intensität.)

Dies bestätigt in eindrucksvoller Weise, daß es nicht nur nützlich ist, sich ein elektrisches Feld in seine Komponenten zerlegt vorzustellen, sondern auch notwendig, denn so ›denkt‹ und arbeitet die Natur.

SEHEN SIE SELBST

Depolarisation durch Mehrfachstreuung

Sie brauchen zwei Polarisationsfilter, einen Polarisator und einen Analysator. Stellen Sie, wie in Abbildung 13.8, einen hinter dem anderen auf, so daß die Polarisationsrichtungen sich kreuzen und kein Licht hindurchgeht. Eine gute Quelle für Mehrfachstreuung ist ein Stück Pergament- oder Wachspapier oder eine Milchglasscheibe (Flächen also, die eher durchscheinend als durchsichtig sind, weil sie das Licht mehrfach streuen). Wenn das Licht durch diese Mehrfachstreuung depolarisiert ist, läßt der Analysator etwas davon durch, da eine Komponente des unpolarisierten Lichts dann parallel zur Orientierung des Analysators polarisiert ist. Halten Sie also ein Blatt Wachspapier zwischen gekreuzten Polarisator und Analysator und betrachten Sie durch diese Anordnung eine Lichtquelle. Das Wachspapier sollte nur einen Teil des Zwischenlichts unterbrechen, so daß Sie also den Polarisator durch den Analysator hindurch sehen können. Sehen Sie Licht, das durch das Blatt Wachspapier hindurchläuft, wenn Polarisator und Analysator gekreuzt sind? Was passiert, wenn Sie den Analysator drehen? Bleibt das polarisierte Licht, das auf das Wachspapier trifft, nach dem Durchgang polarisiert?

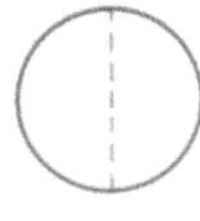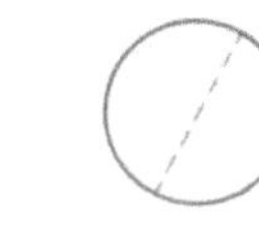

13.9 Hintereinander aufgestellte Polarisationsfilter, die jeweils etwas anders orientiert sind, drehen die Polarisationsrichtung. Die Lichtintensität bleibt nach Filter *a* unverändert, wenn der Unterschied der Orientierung nur gering ist

13.7 Steuerung der Polarisation durch elektrische Felder

Wir können die ›Zauberei‹ des letzten Abschnitts weitertreiben und es so einrichten, daß die gesamte Intensität übertragen wird.

Nehmen wir an, der Polarisator (a) sei vertikal orientiert (Abb. 13.9). Durchgelassenes Licht ist dann vertikal polarisiert. Wenn der nächste Polarisationsfilter (b) geringfügig gegenüber der Vertikalen verdreht ist, ist das hindurchgelassene Licht in dieser leicht verdrehten Richtung polarisiert, seine Intensität aber ist kaum reduziert. Fügen wir noch einen Polarisationsfilter (c) hinzu, der wieder etwas mehr gegenüber der Vertikalen und in einem kleinen Winkel zum vorigen geneigt ist, läßt er Licht hindurch, das in dieser neuen Richtung polarisiert ist. Wenn wir so weitermachen und genügend viele Filter haben, können wir den Polarisationswinkel in jede gewünschte Richtung drehen; wenn die Winkel zwischen benachbarten Polarisationsfiltern nur klein genug sind, bleibt die Intensität praktisch gleich.

Mit einem ganzen Stoß verdrehter idealer Polarisationsfilter können wir also praktisch ohne Intensitätsverlust den Polarisationswinkel um 90° dre-

hen. Mit diesem Trick durchläuft Licht Polarisator und Analysator in gekreuzter Stellung ohne Intensitätsverlust.

Mit einem solchen Filterstapel, bei dem der Drehwinkel rasch verändert werden kann, haben wir einen Verschluß, denn wenn der Drehwinkel null ist, dringt kein Licht durch gekreuzten Polarisator und Analysator, und wenn er 90° beträgt, läßt er alles Licht durch, das den Polarisator passiert (also die halbe Intensität des ursprünglichen unpolarisierten Lichts). Solche Stapel lassen sich aus Schichten geeigneter Moleküle aufbauen und durch elektrische Felder verdrehen. Dazu gibt es mehrere Möglichkeiten.

13.7.1 Flüssigkristallanzeigen

FLÜSSIGKRISTALLE sind flüssig, weil ihre Moleküle sich innerhalb der Flüssigkeit bewegen; sie sind Kristalle, weil ihre Moleküle eine feste Orientierung haben. In einem NEMATISCHEN Flüssigkristall sind alle Moleküle einer Schicht parallel zueinander und zur Schicht orientiert (Abb. 13.10a). Die Orientierungsrichtung hängt von

13.10 (a) Die länglichen Moleküle eines nematischen Flüssigkristalls zwischen zwei geeignet präparierten Glasplatten. (b) Eine verdrillte nematische Zelle: wie in (a), aber die untere Platte wurde um 90° gedreht, so daß die untersten Moleküle des Flüssigkristalls senkrecht zur Bildebene orientiert sind. (c) Dieselbe Zelle wie in (b), aber mit einem elektrischen Feld zwischen den Platten

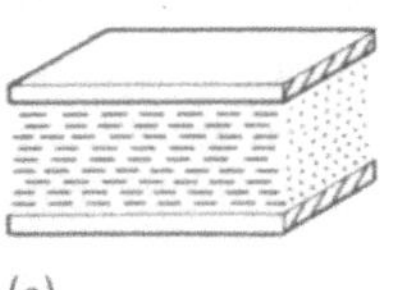

(a)

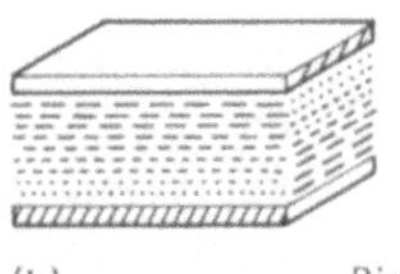

(b)

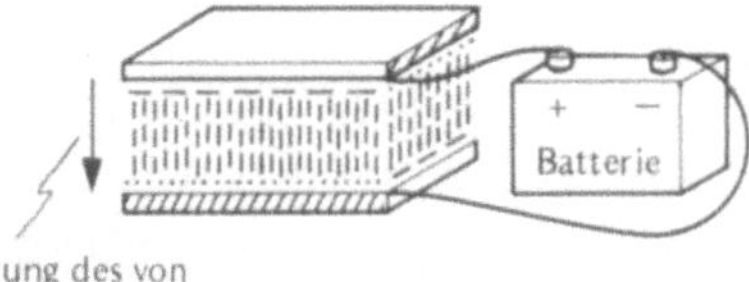

(c)

der Oberflächenbeschaffenheit ab. Zum Beispiel weist ein Stück Glas, dessen Oberfläche mit Stoff oder Papier gerieben wurde, in Richtung dieser Reibung mikroskopische Rillen (wenige Atome tief) auf. Nematische Moleküle unmittelbar daneben orientieren sich längs dieser Rillen. Wenn der Flüssigkristall zwischen zwei Glasplatten liegt, deren Oberflächen in einer bestimmten Richtung gerieben wurden, orientieren sich alle Moleküle in diese Richtung, wie in der Abbildung. Wenn nun eine der Glasplatten verdreht wird, werden die Moleküle in der Nähe der Platte mitverdreht, so daß die Molekülschichten verdreht werden (Abb. 13.10b). Wenn die Dicke der Flüssigkristallschicht im Vergleich zur Wellenlänge sichtbaren Lichts groß ist, ähnelt diese VERDRILLTE NEMATISCHE ZELLE in folgendem Sinn einem verdrehten Stoß von Polarisationsfiltern: Wenn Licht in der Zeichenebene polarisiert ist und von oben auf die Zelle fällt, tritt es unten aus und ist senkrecht zur Bildebene polarisiert. Wenn jedoch eine Batterie mit den durchsichtigen Leitern der beiden Platten verbunden wird, tendieren die Moleküle dazu, sich parallel zum elektrischen Feld auszurichten – also senkrecht zu den Platten (Abb. 13.10c). Die Polarisation des Lichts, das nun von oben auf die Zelle fällt, ändert sich nicht. Wenn die Batterie wieder abgetrennt wird, kehren die Moleküle zur Anordnung von Abbildung 13.10b zurück.

Diese Zelle ist daher ein bequemer Lichtschalter. Die Zelle wird in der richtigen Orientierung zwischen einem gekreuzten Polarisator und Analysator angebracht. Wenn kein elektrisches Feld besteht, durchdringt Licht das System (Abb. 13.11a). Wenn das elektrische Feld angestellt wird, dringt jedoch kein Licht hindurch (Abb. 13.11b).

Diese Anordnung wird oft für Digitalanzeigen verwendet, so in Digitaluhren (FLÜSSIGKRISTALLANZEIGEN, oder LCD, eine Abkürzung für Liquid Crystal Display). Der Aufbau

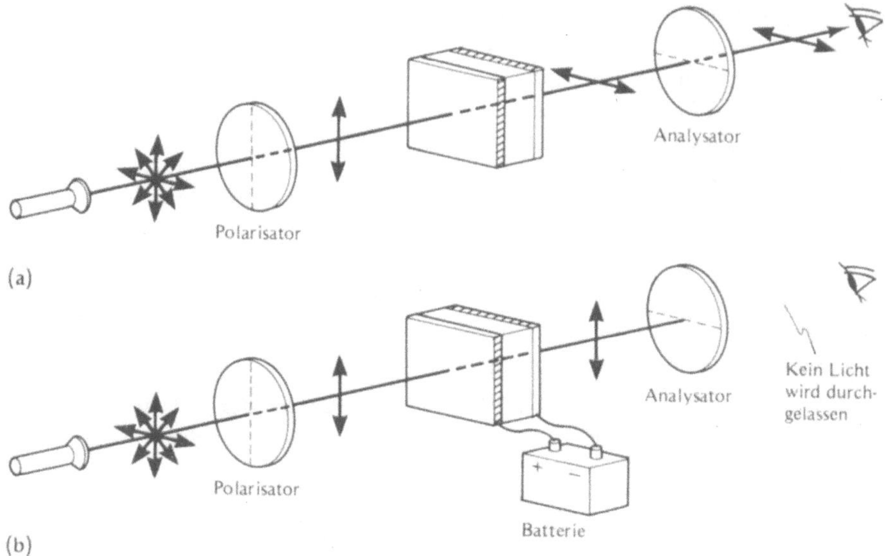

13.11 (a) Eine verdrillte nematische Zelle läßt Licht durch einen gekreuzten Polarisator und Analysator hindurch. (b) Mit einem elektrischen Feld zwischen den Platten der Zelle passiert den Analysator kein Licht

gleicht dann, bis auf einen Spiegel hinter dem Analysator, dem unserer Abbildung. Wenn kein elektrisches Feld angelegt ist, wird einfallendes Licht, das vom Polarisator zum Beispiel vertikal polarisiert ist, durch die Zelle um 90° gedreht, durchläuft den Analysator, wird vom Spiegel wieder durch den Analysator reflektiert (noch immer horizontal polarisiert), wird wieder von der Zelle um 90° gedreht und ist danach wieder vertikal polarisiert. Dann tritt es durch den Polarisator aus. Wenn man diese Anzeige von vorn betrachtet, sieht man das reflektierte Licht, und die Anzeige ist hell. Bei eingeschaltetem elektrischem Feld erreicht jedoch kein Licht den Spiegel, und daher wird es auch nicht reflektiert, die Anzeige schaut also dunkel aus. Wenn das elektrische Feld nur in solchen Bereichen eingeschaltet wird, die Teile einer Zahl sind, sieht man vor einem hellen Hintergrund eine dunkle Zahl. Abbildung 13.12 zeigt eine Möglichkeit, das elektrische Feld so anzulegen, daß Zahlen entstehen.

13.7.2 *Pockels- und Kerrzellen*

Auch einige Festkörper mit stark asymmetrischen Kristallstrukturen können die Polarisation des Lichts steuern. Eine Zelle aus einem solchen Kristall mit einem starken elektrischen Feld (eine Zelle von einem Zentimeter Länge braucht Spannungen

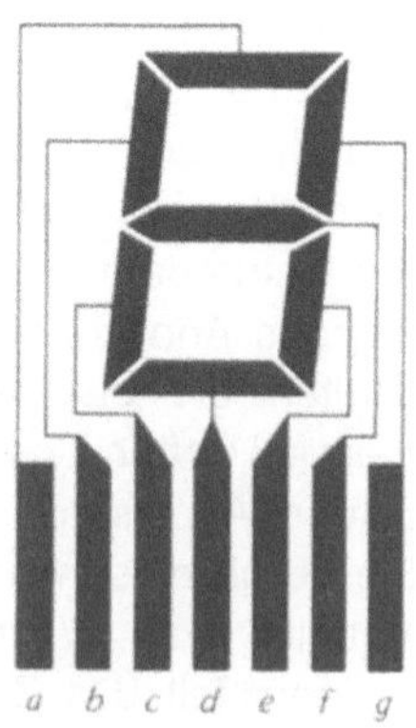

13.12 Anordnung von durchsichtigen Leitern zur Ziffernanzeige. Die sieben Anschlüsse a bis g sind über dem Flüssigkristall angebracht und können jeder für sich mit der Batterie verbunden werden. Um zum Beispiel die Ziffer 2 anzuzeigen, werden die Anschlüsse a, g, f, c und d mit einem Pol der Batterie verbunden und der Leiter unter dem Flüssigkristall mit dem anderen. Da durch die Zelle kein elektrischer Strom fließt, belastet diese Anordnung die Batterie kaum. Das macht sie für Uhren besser geeignet als Geräte, die eine Lichtquelle benötigen

von 10^3 Volt) heißt eine POCKELSZEL-LE. Das elektrische Feld (das für einige Fälle parallel zur Richtung der Lichtausbreitung und für andere dazu senkrecht ist) kann dazu führen, daß die Zelle die Polarisationsrichtung um 90° ändert. Sie regelt daher die Durchlässigkeit von Licht durch Polarisator und Analysator in gekreuzter Stellung. Solche Zellen werden für sehr schnelle Verschlüsse verwendet, die Licht für die unglaublich kurze Zeit einer Nanosekunde durchlassen.

Noch stärkere Felder können gerichtete Asymmetrien in den Molekülen einiger Festkörper oder Flüssigkeiten (vielleicht sogar von Gasen) bewirken, die normalerweise nicht asymmetrisch genug sind. Das ist dann eine KERRZELLE, die wie die Pockelszelle äußerst schnell reagiert.

13.8 Doppelbrechung

Viele Materialien beeinflussen die Polarisation des einfallenden Lichts, ohne eine der Komponenten zu absorbieren oder zu reflektieren. Sie tun dies, weil ihr Aufbau so asymmetrisch ist, daß die Lichtgeschwindigkeit in ihnen für zwei aufeinander senkrecht stehende Polarisationskomponenten verschieden ist. Manchmal also gibt es eine Richtung, in der es schwieriger ist, Elektronen zu Schwingungen anzuregen, und eine andere, in der sie leichter schwingen, genauso, wie es meistens einfacher ist, die Sprungfedern einer Matraze auf und ab schwingen zu lassen als hin und her. Solche Materialien heißen DOPPELBRECHEND. (Die Pockels- und Kerrzellen beeinflussen die Polarisation, weil sie bei eingeschaltetem elektrischem Feld doppelbrechend werden. Die geordneten Moleküle eines nematischen Flüssigkristalls sind auch ohne elektrisches Feld doppelbrechend.) Da (transversales) Licht sowohl eine Ausbreitungsrichtung als auch eine Polarisationsrichtung hat, können für jede Wahl dieser beiden Richtungen ganz verschiedene Phänomene zu beobachten sein.

Wir betrachten nur den einfachsten Fall, bei dem Licht, das in einer Richtung (wir wählen die z-Richtung) polarisiert ist, sich mit einer Geschwindigkeit ausbreitet, die verschieden ist von der des Lichts, das in der x- oder y-Richtung polarisiert ist; diese Geschwindigkeit sei für alle Richtungen der x-y-Ebene gleich. Die z-Richtung heißt dann die OPTISCHE ACHSE. Was wir sehen, hängt von der Richtung ab, in die das Licht geschickt wird. Neh-

13.13 (a) Eine Welle, die sich in y-Richtung durch einen Block doppelbrechenden Materials fortpflanzt, in dem die Lichtgeschwindigkeit für Polarisation in x- und z-Richtung verschieden ist. Hier hat Licht, das in x-Richtung polarisiert ist, eine größere Geschwindigkeit und daher die größere Wellenlänge λ_x. In z-Richtung polarisiertes Licht hat eine niedrigere Geschwindigkeit und deshalb kleinere Wellenlänge λ_z. In diesem Beispiel ist die Dicke des Blocks gleich $5\,\lambda_x$ und $5\tfrac{1}{2}\,\lambda_z$. Die beiden Polarisationskomponenten, die phasengleich ankommen, treten daher mit einer halben Wellenlänge Unterschied aus. (b) Einfallendes Licht mit x- und y-Komponenten in Phase – denn wenn das elektrische Feld der Wellen eine positive x-Komponente hat, ist auch die z-Komponente positiv. (c) Beim austretenden Licht sind diese beiden Komponenten nicht in Phase – wenn das elektrische Feld eine positive x-Komponente hat, ist die z-Komponente negativ

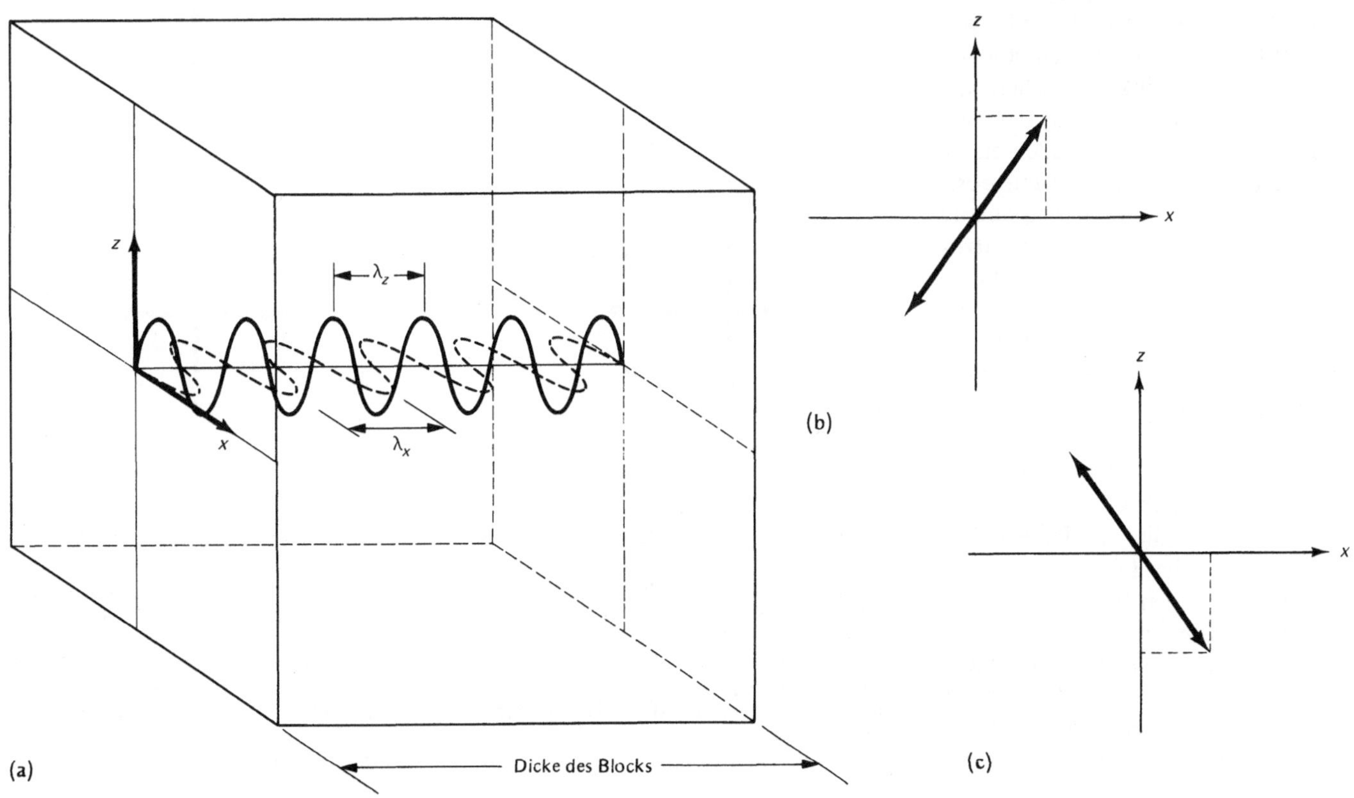

men wir zunächst an, daß sich das Licht in z-Richtung fortpflanzt. Es kann also nur in x- und y-Richtung polarisiert werden. Aber die Lichtgeschwindigkeit ist für diese beiden Polarisationsrichtungen gleich, so daß nichts Besonderes passiert.

Wenn wir aber annehmen, das Licht breite sich in y-Richtung aus, kann es in x- oder z-Richtung polarisiert sein; jede dieser beiden Polarisationen pflanzt sich mit einer anderen Geschwindigkeit fort. Die Formel aus Abschnitt 1.3.1 sagt uns, daß die schnellere Komponente eine längere Wellenlänge hat (da die Frequenzen beider Komponenten übereinstimmen). Daher hat (innerhalb des Materials) Licht, das in x-Richtung polarisiert ist, eine andere Wellenlänge als in z-Richtung polarisiertes Licht. Nach einer bestimmten Entfernung haben beide Polarisationskomponenten unterschiedlich viele Wellenlängen zurückgelegt. Beim Durchgang durch einen Block solchen Materials könnte zum Beispiel in x-Richtung polarisiertes Licht fünf seiner (längeren) Wellenlängen zurücklegen, Licht hingegen, das in z-Richtung polarisiert ist, fünfeinhalb (kürzere) Wellenlängen (Abb. 13.13a). Wenn das einfallende Licht in einem Winkel zwischen den x- und z-Richtungen polarisiert ist, sind die x- und z-Komponenten in Phase – wenn die x-Komponente positiv ist, ist es auch die z-Komponente (Abb. 13.13b). Wegen der zusätzlichen halben Wellenlänge, die die z-Komponente durchläuft, sind die Lichtkomponenten beim Austritt aus dem Block, wo beide Komponenten wieder die gleiche Wellenlänge haben, gegenphasig, denn wenn die x-Komponente positiv ist, ist die z-Komponente negativ (Abb. 13.13c). SEHEN SIE SELBST, wie Sie mit Hilfe dieser Wirkung auf die Phase doppelbrechende Materialien finden, herstellen und prüfen können.

Ein solcher Block doppelbrechenden Materials, der die Phase einer Komponente im Vergleich zur anderen verzögert, heißt PHASENPLATTE.

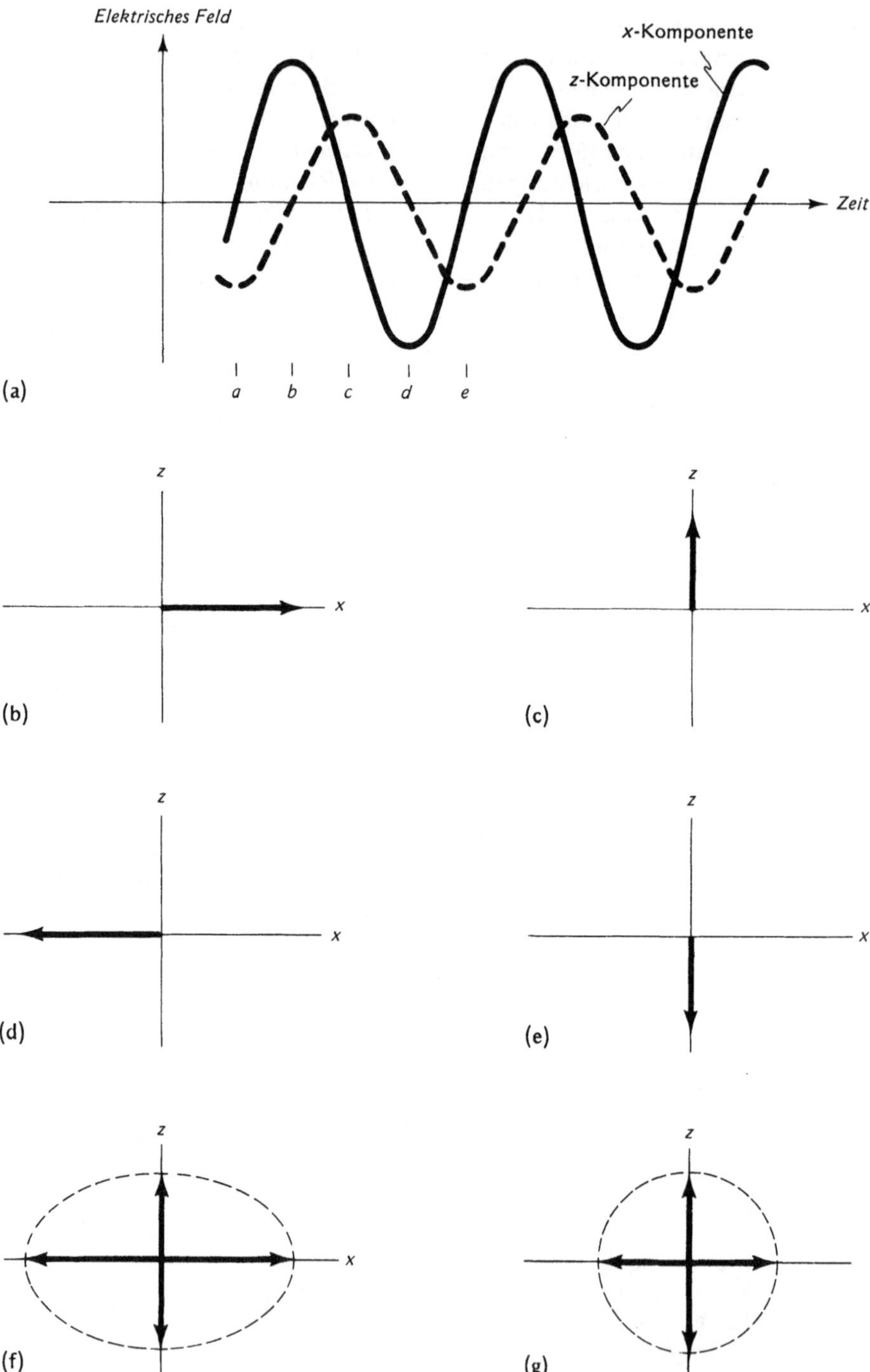

13.14 (a) Die x- und z-Komponenten des elektrischen Feldes sind um ein Viertel einer Welle phasenverschoben. Die Richtung des elektrischen Feldes zu den mit b, c, d und e bezeichneten Zeiten werden in den zugehörigen Abbildungen (b), (c), (d) und (e) gezeigt. (b) Wenn die x-Komponente positiv ist, ist die z-Komponente null. (c) Später, wenn die x-Komponente null ist, ist die z-Komponente positiv. (d) Etwas später ist die x-Komponente negativ und die z-Komponente null. (e) Noch später ist die x-Komponente null und die z-Komponente negativ. (f) Die elektrischen Felder sind zu allen vier Zeiten in einer Zeichnung zusammengefaßt, um zu zeigen, daß die Bewegung auf einer Ellipse verläuft. (g) Wenn die x- und z-Komponenten gleiche Amplituden haben, bewegt sich das elektrische Feld auf einem Kreis

Die in Abbildung 13.13 betrachtete Platte heißt LAMBDA-HALBE-PLATTE, weil sie einen Phasenunterschied von einer halben Welle bewirkt. Eine solche Platte ändert die Polarisationsrichtung dadurch, daß sie sie, wie die Abbildung zeigt, um eine der beiden Achsen kippt. Ob eine bestimmte Platte eine Lambda-Halbe-Platte ist, hängt von der Wellenlänge des Lichts ab – im allgemeinen ist eine Lambda-Halbe-Platte für grünes Licht keine für rotes oder blaues.

Unpolarisiertes Licht wird weder von dieser Platte noch von einer beliebig dicken Schicht doppelbrechenden Materials beeinflußt, solange das Licht sich in dieser Richtung (senkrecht zur optischen Achse) ausbreitet. Da von jeder Komponente nur die Phase verändert wird und das einfallende Licht in allen Richtungen polarisiert (also unpolarisiert) ist, ist auch das ausfallende Licht in allen Richtungen polarisiert.

Wir halbieren nun den Block der Abbildung 13.13, so daß der Phasenunterschied zwischen den beiden Polarisationskomponenten ein Viertel einer Welle beträgt. (In diesem Beispiel legt die x-Komponente das Zweieinhalbfache ihrer Wellenlänge zurück und die z-Komponente das Zweidreiviertelfache der ihren, also unterscheiden sie sich um ein Viertel der Wellenlängen.) Eine solche Platte heißt LAMBDA-VIERTEL-PLATTE. Um ihren Einfluß auf die Polarisation zu erkennen, betrachten wir wieder eine einfallende Welle, deren x- und z-Komponente wie in Abbildung 13.13b in Phase sind. Wenn dieses Licht aus der Lambda-Viertel-Platte austritt, werden diese Komponenten um eine Viertelwelle phasenverschoben (Abb. 13.14). Wenn wir das elektrische Feld zu verschiedenen Zeiten in ein Diagramm eintragen (Abb. 13.14f), können wir erkennen, daß das Feld sich an jedem Punkt der Welle auf einer Ellipse bewegt. Das Licht heißt dann ELLIPTISCH POLARISIERT. Wenn die x- und z-Komponenten die gleiche Stärke haben (also das einfal-

lende Licht bei einem Winkel von 45° zu den x- und z-Achsen linear polarisiert ist), ist die Welle ZIRKULAR POLARISIERT (Abbildung 13.14g). Wenn wir in diesem Fall die Welle an irgendeinem Punkt der y-Achse außerhalb der Lambda-Viertel-Platte betrachten, ändert das elektrische Feld dort nur seine Richtung, aber nicht seine Stärke. Bei benachbarten Punkten auf der y-Achse sehen wir das gleiche, nur dreht sich das elektrische Feld vor oder hinter dem ersten Punkt etwas. Es ist, wie wenn sich eine lange, schraubenartig gewundene Feder um ihre Achse dreht. Die Windungen stellen das elektrische Feld dar. Sie scheinen sich, wenn sie gedreht werden, längs der Feder zu bewegen (wie die Farben einer spiralig gemusterten Zuckerstange sich nach oben oder unten zu bewegen scheinen, wenn die Zuckerstange in der Hand gedreht wird). Aber vom Ende her betrachtet, dreht sich jede Windung nur im Kreis.

Daher wirkt ein linear polarisierender Filter mit einer dahinterliegenden um 45° verdrehten Lambda-Viertel-Platte wie ein zirkular polarisierender Filter – einfallendes unpolarisiertes Licht kommt zirkular polarisiert wieder heraus.

STUDIER & SPEKULIER

Damit das passiert, muß das Licht zuerst den linearen Polarisationsfilter und dann die Lambda-Viertel-Platte durchlaufen. Warum kann die Reihenfolge nicht umgedreht werden? Warum muß die Reihenfolge für einen Analysator für zirkulare Polarisation umgekehrt sein?

SEHEN SIE SELBST (2) gibt Ihnen eine Versuchsanleitung.

Da der Betrag der Verzögerung in doppelbrechenden Materialien von der Wellenlänge des Lichts abhängt, erscheinen diese Stoffe zwischen gekreuztem Polarisator und Analysator oft farbig (SEHEN SIE SELBST (1)). Viele organische Materialien (Proteine,

Nukleinsäuren), aber auch einige anorganische, sind in normalen Mikroskopen unsichtbar, können aber, weil sie doppelbrechend sind, mit einem POLARISATIONSMIKROSKOP beobachtet werden. Das ist ein Mikroskop, in dem über und unter dem Präparat Polarisationsfilter eingebaut sind. Wenn die Filter gekreuzt sind, erscheinen doppelbrechende Materialien als helle, farbige Objekte vor einem dunklen Hintergrund (Tafel 13.1).

Einige Stoffe, die ursprünglich nicht doppelbrechend sind, können durch SPANNUNGSDOPPELBRECHUNG doppelbrechend werden. Wenn ein Stück solchen Materials, zum Beispiel durchsichtiges Plastik, unter mechanischer Spannung steht, wird es doppelbrechend – je größer die Spannung, desto stärker die Doppelbrechung. Wenn die Spannung ungleichmäßig ist, ist auch die Doppelbrechung ungleichmäßig. Verschiedene Teile haben dann verschiedene Farben, wenn sie zwischen gekreuztem Polarisator und Analysator betrachtet werden (Tafel 13.2). So lassen sich durchsichtige Plastikmodelle von Maschinenteilen untersuchen. Das Farbmuster gibt Hinweise auf die Art der Spannungen in den Teilen. Sie können solche von Spannungspolarisation herrührende Farben beobachten, wenn Sie im Auto eine Sonnenbrille tragen und durch das Rückfenster schauen. Die polarisierende Sonnenbrille dient als Analysator, der quer zu dem einfallenden polarisierten Licht orientiert ist, das von der Straße (dem Polarisator) reflektiert wird. Das Fenster hat, weil es bei der Herstellung ungleichmäßig abgekühlt wurde, ein Spannungsmuster, das sich auf diese Weise zeigt. (Auch mit polarisiertem blauem Himmelslicht läßt sich dieses Muster beobachten. Mit einer solchen Sonnenbrille sieht man oft in Windschutzscheiben aus Verbundglas polarisationsoptische Muster.) Wir schlagen Ihnen noch andere Wege vor, wie SIE SELBST SEHEN können, daß Spannungsdoppelbrechung Farben erzeugt.

SEHEN SIE SELBST

1 Doppelbrechende Stoffe

Sie brauchen zwei Polarisationsfilter, etwas Cellophan (klares Bonbonpapier tut gute Dienste) und etwas Klarsichtfolie. Halten Sie das Cellophan hinter den Polarisationsfilter und schauen Sie hindurch. Wenn die Intensität sich nicht ändert, während Sie das Papier drehen, wissen Sie, daß es nicht linear polarisiert. Halten Sie das Cellophan zwischen gekreuzten Polarisator und Analysator und drehen Sie wieder. Suchen Sie die Richtung des Cellophans, in der kein Licht durchgelassen wird, und jene, in der das meiste Licht durchgelassen wird. Bei einem doppelbrechenden Material sollten Sie beide erkennen können. Wenn zum Beispiel in Abbildung 13.13 der Polarisator entweder längs der *x*- oder der *z*-Richtung orientiert ist, tritt nur diese Polarisation in den Block ein, und der verändert die Richtung nicht. (Wenn nur eine der beiden Komponenten vorhanden ist, gibt es keinen Phasenunterschied, der sich verändern könnte.) Dann kommt kein Licht durch den Analysator hindurch. Für jede andere Orientierung des Polarisators sind sowohl die *x*- als auch die *z*-Komponente vertreten, so daß die relative Phasenverschiebung die Richtung der Polarisation ändert und etwas Licht den Analysator passieren kann.

Wiederholen Sie den Versuch mit der Klarsichtfolie. Wenn Sie die Folie vorher nicht dehnen, ist der Effekt vermutlich sehr gering. Wenn Sie die Folie (so weit wie möglich, ohne sie zu zerreißen) in einer Richtung dehnen, stellen Sie eine wichtige Asymmetrie her, nämlich eine optische Achse längs der Dehnungsrichtung. Wiederholen Sie den Versuch und beobachten Sie, daß das meiste Licht dann durchgelassen wird, wenn die Richtung der Dehnung 45° zur Richtung des gekreuzten Polarisators und Analysators beträgt.

Die Phasenverzögerung hängt sowohl von der Wellenlänge des Lichts als auch von der Richtung der optischen Achse ab. Falten Sie Folie (oder ein durchsichtiges Klebeband) zu mehreren Schichten zusammen, so daß die Dicke nicht überall gleich ist, und betrachten Sie dies zwischen gekreuztem Polarisator und Analysator. (Sie brauchen etwa zwei bis zehn Schichten.) Ein anderes Material, das sich gut bewährt, ist ein kleines Stück Eis. In jedem dieser Fälle wirkt die Polarisation auf verschiedene Wellenlängen verschieden, und deshalb werden einige Farben besser durchgelassen als andere. Sie sollten also in verschiedenen Teilen der Folie, des Klebebands oder des Eisstückes verschiedene Farben sehen. (Mit Eis sind die Farben besonders eindrucksvoll.) Wenn Sie Polarisator und Analysator festhalten und das Material dazwischen drehen, ändern sich die Farben. (Warum?) Schneiden Sie aus verschieden dicken Schichten der gedehnten Folie oder des Klebebands Figuren aus. Sie können dann ein Bild machen, dessen Farben sich verändern, wenn Sie es zwischen gekreuztem Polarisator und Analysator drehen. Nach diesem Verfahren werden manchmal in einer Tonlichtschau besonders spektakuläre Lichteffekte erzeugt.

Vielleicht überrascht es Sie, wenn Sie ähnliche Effekte erhalten, indem Sie einfach ein zusammengeknülltes Stück Cellophan oder gedehnte Klarsichtfolie auf eine glatte Tischfläche legen. Blaues Himmelslicht, das durch das Cellophan einfällt und vom Tisch reflektiert wird, zeigt im Spiegelbild des Cellophans verschiedene Farben.

STUDIER & SPEKULIER

Was dient dabei als Polarisator und was als Analysator? Welche Tageszeit ist für diesen Versuch am günstigsten, wenn Sie ein Fenster haben, das nach Süden geht?

Aus demselben Grund sehen die Eisblumen auf der Fensterscheibe bunt aus, wenn Sie ihnen zuschauen, wie sie zu schmelzen beginnen und sich in der kleinen Pfütze auf dem Fensterbrett spiegeln.

2 Ein Zirkular-Polarisator

Aus einem linearen Polarisationsfilter und einem Stück Klarsichtfolie, das so stark gedehnt wurde, daß es als Lambda-Viertel-Platte dient, können Sie einen zirkularpolarisierenden Filter machen. Halten Sie die Folie hinter den Filter und direkt vor eine glänzende Metallfläche. Dehnen Sie die Folie langsam im Winkel von 45° zum Filter. Während nun die Folie gedehnt wird, erscheint das Metall farbig, denn die Folie verwandelt als Lambda-Viertel-Platte das durch den linearen Polarisationsfilter hindurchgehende Licht in zirkular polarisiertes Licht. Bei der Reflexion an Metall kehrt sich die Richtung der zirkularen Polarisation um. (Bei der Reflexion wird aus einer rechtshändigen Schraube oder Spirale eine linkshändige. Zirkular polarisiertes Licht ist entweder links- oder rechtshändig, je nachdem, wie das elektrische Feld sich um den Kreis in Bild 13.14g bewegt.) Dieses umgekehrt zirkular polarisierte Licht wird durch die Lambda-Viertel-Platte wieder in lineares Licht umgewandelt. Jetzt ist es jedoch senkrecht zur Richtung des linearen Polarisationsfilters orientiert, so daß es nicht hindurchtritt. Daher sieht man dieses vom Metall reflektierte Licht nicht. Bei der Wellenlänge, für die die Folie eine Lambda-Viertel-Platte ist, wird die Reflexion vom Metall durch den Filter blockiert. Der Effekt ist am offensichtlichsten, wenn die Wellenlänge im grünen Bereich liegt. Dann wird Grün aus dem reflektierten Licht entfernt, und das Metall schaut dunkelviolett aus.

Vertauschen Sie Folie und Filter und bestätigen Sie damit, was Sie über die Rolle von Polarisator und Analysator STUDIERT UND SPEKULIERT haben.

Wenn Sie als glänzende Metallfläche Aluminiumfolie nehmen, können Sie eine V-förmige Falte kniffen, die

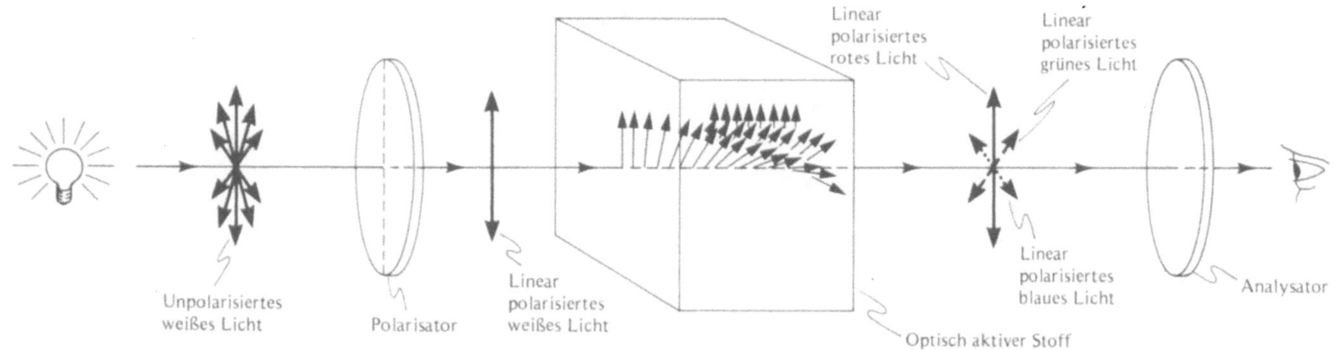

das Licht zweimal reflektiert, bevor es zurückkehrt. Was passiert, wenn Sie diese Falte durch den zirkular polarisierenden Filter anschauen? Warum?

Polarisationsfilter für Fotoapparate haben oft eine Lambda-Viertel-Schicht, wie wir sie hier beschrieben haben. So sollen Fehlbelichtungen einer Belichtungsautomatik verhindert werden, die eventuell auf linear polarisiertes Licht anders reagiert als auf zirkular oder gar nicht polarisiertes. Will man zwei solche Filter als Polarisator und Analysator kreuzen, so müssen die Vorderseiten der Filter einander zugewandt sein.

Man erkennt diese Art Filter recht leicht: Schließt man ein Auge und blickt mit dem anderen durch den Filter in einen Spiegel, so erscheint das Spiegelbild des Filters nur dann transparent, wenn die Vorderseite des Filters zum Spiegel gewandt ist.

3 Wie schön Spannung sein kann

Die Spannungsdoppelbrechung läßt sich gut an einem festen, durchlöcherten Stück Plastik zeigen. Dazu eignen sich Winkelmesser, Geodreieck und Lineal aus klarem Plastik. Halten Sie Ihr Objekt zwischen gekreuzten Polarisator und Analysator, besonders auch in der Nähe der spitzen Winkel, wo die Spannung am größten ist. Falls Sie Farben sehen, achten Sie darauf, wie sie sich ändern, wenn Sie die Filter festhalten und das Objekt drehen. Versuchen Sie, es durch Drücken und Verbiegen starker Spannung auszusetzen.

Klare Gelatine oder Aspik ohne Geschmack sind besonders leicht unter Spannung zu setzen. Sie sehen, wie sich die Farben ändern, wenn Sie die Gelatine schütteln und damit Wellen hindurchschicken.

13.9 Optische Aktivität

Wie wir sahen, pflanzen sich zueinander senkrechte linear polarisierte Komponenten in doppelbrechenden Materialien mit zwei verschiedenen Geschwindigkeiten fort. Wenn dagegen die beiden Richtungen zirkular polarisierten Lichts verschiedene Geschwindigkeiten haben, sprechen wir von zirkular doppelbrechenden oder OPTISCH AKTIVEN Stoffen. Bestimmte Kristalle, wie zum Beispiel Quarz, sind optisch aktiv, weil die Moleküle spiralförmig angeordnet sind, was es den Elektronen erlaubt, sich leichter in einer Richtung zu drehen als in der entgegengesetzten. Solche Kristalle verlieren ihre optische Aktivität, wenn sie schmelzen oder eingeschmolzen werden. Andere Stoffe, wie Zucker und Terpentin, sind optisch aktiv, weil die Moleküle selber spiralförmige Struktur haben. Sie sind sogar dann optisch aktiv, wenn sie in einer Flüssigkeit gelöst sind. (In einer Flüssigkeit sind die Moleküle beliebig orientiert, so daß sich jede lineare Doppelbrechung aufhebt. Aber dies hebt nicht die optische Aktivität auf. Eine rechtshändige Schraube wird nicht linkshändig, wenn sie anders herum zeigt – unabhängig von der Richtung, in die sie zeigt, muß man sie immer im Uhrzeigersinn drehen, wenn man sie vorwärts schrauben will.)

13.15 Wie weit die Polarisationsrichtung gedreht wird, hängt von der Dicke des optisch aktiven Materials und der Wellenlänge des Lichts ab. Hier fällt weißes Licht ein, das in vertikaler Richtung linear polarisiert ist. Das austretende Licht ist ebenfalls linear polarisiert, hat aber für jede Farbe eine andere Polarisationsrichtung

Wenn linear polarisiertes Licht durch ein optisch aktives Material dringt, wird die Richtung der Polarisation gedreht. Der Drehwinkel der Polarisation hängt von der Dicke des Materials und der Wellenlänge des Lichts in dem Material ähnlich ab wie die Verzögerung in doppelbrechenden Materialien. Dies bedeutet, daß eine bestimmte Dicke optisch aktiven Materials Polarisationsrichtungen verschiedener Farben um unterschiedliche Winkel rotiert. Wenn man optisch aktives Material zwischen Polarisator und Analysator einfügt, werden in Abhängigkeit von der Orientierung des Analysators (im Vergleich mit der des Polarisators) verschiedene Farben aus dem durchgelassenen Licht herausgefiltert. Wenn zum Beispiel die Dicke und die optische Aktivität des Materials so ist, daß die Polarisation des blauen Lichts um 90° gedreht wird, die des roten Lichts aber kaum (Abb. 13.15), läßt der Analysator, wenn er parallel zum Polarisator orientiert ist, alles rote Licht und etwas grünes hindurch, aber er blokkiert blaues Licht – das durchgelassene Licht ist gelblich. Wenn der Analysator gedreht wird, ändert sich die Farbe. Ist der Analysator senkrecht zum Polarisator orientiert, läßt er alles Blau und etwas Grün durch, blockiert aber rotes Licht – jetzt ist das durchgelassene Licht ein grünliches Blau. STELLEN SIE SELBST diese wundervollen bunten Farben her. Eine Anwendung findet sich in den verstellbaren Farbfiltern der Fotoapparate. Ein optisch aktives Material zwischen zwei linear polarisierenden Filtern, von denen einer drehbar ist, bildet einen Filter, dessen Farbe sich ändert, wenn der Polarisationsfilter gedreht wird.

Auch in der Stereochemie, die die dreidimensionale Struktur der Moleküle bestimmt, spielt optische Aktivität eine große Rolle. Viele häufig vorkommende und wichtige Moleküle sind optisch aktiv. Richtung und Zahl ihrer Windungen lassen sich auf diese Weise untersuchen. So sind zum Beispiel die meisten Zuckersorten rechtshändig, während alle in Lebewesen gefundenen optisch aktiven Aminosäuren linkshändig sind.

SEHEN SIE SELBST

Farbe in der Küche

Um die durch optische Aktivität erzeugten Farben zu sehen, brauchen Sie nur zwei linear polarisierende Filter, etwas optisch aktives Material und eine Lichtquelle. Farbloser Sirup enthält rechtshändige Zuckermoleküle und ist für diese Zwecke ideal. Wenn die Flasche mit dem Sirup klar ist, können Sie ihn darin lassen. Wenn Sie keinen Sirup auftreiben können, machen Sie sich selbst welchen, indem Sie ein achtel Liter Wasser mit 100 Gramm Zucker kochen, bis die Zuckerlösung dickflüssig ist. Füllen Sie diesen Sirup dann in eine klare Flasche oder ein Glas.

Kleben Sie einen Polarisationsfilter vor eine Taschenlampe, um den Strahl zu polarisieren. Es hilft, wenn Sie die Lampe mit einem undurchsichtigen Klebeband oder Aluminiumfolie abdichten. Leuchten Sie dann in einem dunklen Zimmer mit dem (polarisierten) Licht durch den Sirup auf ein Blatt weißes Papier, das als Schirm dient. Verwenden Sie den anderen Polarisationsfilter als Analysa-

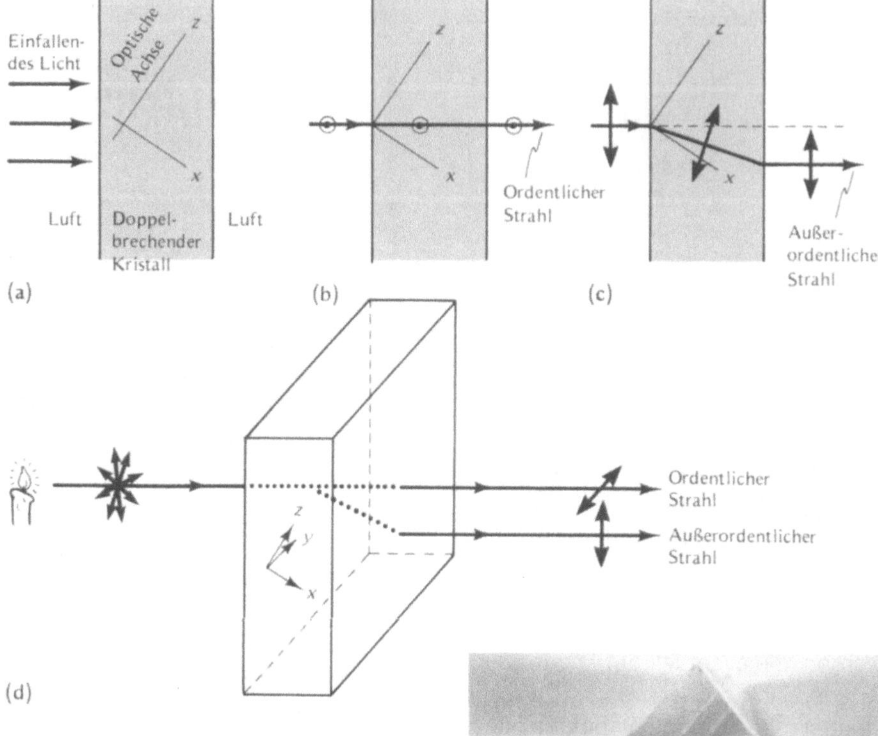

13.16 (a) Ein doppelbrechender Kristall, dessen Oberfläche mit der optischen Achse (hier der z-Richtung) einen schiefen Winkel einschließt. Die y-Richtung ist senkrecht zur Bildebene. In diesem Beispiel kommt das einfallende Licht senkrecht zum Kristall an. (b) Das einfallende Licht ist hier in y-Richtung linear polarisiert (senkrecht zur Bildebene – wir deuten das durch ⊙ an) und breitet sich im Kristall in der ursprünglichen Richtung weiter aus. (c) Das einfallende Licht ist hier in der x-z-Ebene (der Bildebene) linear polarisiert. Es wird beim Ein- und Austritt aus dem Kristall abgelenkt und tritt versetzt aus. (d) Unpolarisiertes Licht spaltet sich in zwei Komponenten auf. Eine, die in y-Richtung polarisiert ist, geht unabgelenkt durch den Kristall, wie in (b). Das ist der ordentliche Strahl. Der andere Strahl ist in der x-z-Ebene polarisiert und wird an den Oberflächen des Kristalls abgelenkt. Dieser außerordentliche Strahl tritt wie in (c) versetzt aus. (e) Eine Fotografie durch einen doppelbrechenden Kristall hindurch

tor zwischen dem Sirup und dem Schirm. Achten Sie auf die Farbe des Lichts auf dem Schirm, wenn Sie den Analysator drehen.

Führen Sie den Versuch mit verschiedenen Dicken des Sirups durch, indem Sie die Flasche kippen. Versuchen Sie es auch mit Terpentin.

13.10 Noch mehr Doppelbrechung – Fortpflanzung bei beliebigen Winkeln

In Abschnitt 13.9 haben wir den Sonderfall betrachtet, in dem das Licht sich parallel oder senkrecht zur optischen Achse ausbreitet (wie in Abbildung 13.13, wo die optische Achse in der z-Richtung liegt und die Welle sich in y-Richtung ausbreitet). Es gibt natürlich keinen Grund, Licht nicht auch in anderen Richtungen durch den Kristall zu schicken, also in beliebigem Winkel zur optischen Achse. Schauen wir uns an, was dabei herauskommen kann.

Stellen wir uns vor, wir hätten einen Block doppelbrechenden Materials so geschnitten, daß die optische Achse einen schiefen Winkel mit der Oberfläche des Blocks bildet. In Abbildung 13.16a haben wir die z-Achse längs der (schiefen) optischen Achse gelegt und die y-Achse senkrecht zur Bildebene. Die Geschwindigkeit ist für Licht, das in x- oder y-Richtung polarisiert ist, gleich, aber verschieden für in z-Richtung polarisiertes. (Das meinen wir, wenn wir sagen, die z-Achse sei die optische Achse.) Wenn nun unpolarisiertes Licht senkrecht zur Oberfläche einfällt, liegt die Ausbreitungsrichtung weder parallel noch senkrecht zur optischen Achse. Wie immer müssen wir uns das Licht aus zwei senkrechten Komponenten zusammengesetzt denken und jede Komponente für sich betrachten.

Schauen wir uns also zuerst die Komponente an, deren Polarisation in der y-Richtung liegt (Abb. 13.16b). Da nur eine Lichtgeschwindigkeit in Frage kommt, passiert mit dieser Komponente nichts Besonderes – sie läuft im Kristall einfach weiter in die Richtung, in die sie vorher lief (senkrecht zur Fläche). Dieser Strahl wird ORDENTLICHER STRAHL genannt. (Daß wir das Ordentliche an diesem Vorgang betonen, läßt Außerordentliches vermuten – dieses folgt sogleich.)

Die andere Polarisationskomponente des einfallenden Lichts liegt in der x-z-Ebene – senkrecht zum einfallenden Strahl und daher in einem schiefen Winkel zur x- und zur z-Richtung (Bild 13.16c). Das elektrische Feld zeigt also teilweise in x-Richtung und teilweise in z-Richtung. Aber diese Richtungen entsprechen verschiedenen Lichtgeschwindigkeiten – die Elektronen werden in einer Richtung leichter zu Schwingungen angeregt als in einer anderen. Nehmen wir an, daß es in diesem doppelbrechenden Kristall einfacher ist, Elektronen in der z-Richtung zu Schwingungen anzuregen. Die Amplitude der Elektronenschwingungen in z-Richtung ist dann im Vergleich zu der in der x-Richtung größer, als man erwartet hätte. Daher gibt es entsprechend mehr Strahlung von den Elektronen, die in z-Richtung schwingen. Dies bedeutet, daß das elektrische Feld im Kristall stärker in z-Richtung zeigt, als es im einfallenden Strahl der Fall war (die Abbildung 13.16 zeigt es) – das elektrische Feld im Kristall ist nicht parallel zum elektrischen Feld des einfallenden Strahls. Aber die Ausbreitungsrichtung des Lichts muß senkrecht zum elektrischen Feld sein. Daher ist die Ausbreitungsrichtung im Kristall nicht parallel zu der des einfallenden Strahls – im Kristall pflanzt sich das Licht in einem spitzen Winkel zur Richtung des einfallenden Strahls fort. Dieses Verhalten – senkrecht zur Oberfläche einfallendes Licht wird an der Oberfläche umgelenkt – gehorcht nicht dem Snelliusschen Gesetz und gibt diesem Strahl seinen Namen: er heißt der AUSSERORDENTLICHE STRAHL. An der zweiten Fläche läuft der Übergang umgekehrt ab. (Das Bild ist dasselbe, wenn das Licht von rechts kommt.) Der außerordentliche Strahl tritt also zwar versetzt, aber doch parallel zum einfallenden aus.

Der Fall unpolarisierten einfallenden Lichts ist in Abbildung 13.16d zusammengefaßt. Die Polarisationskomponenten treten voneinander getrennt aus. Wenn man eine punktförmige Lichtquelle durch einen solchen Kristall betrachtet, sieht man zwei scheinbare Quellen (Abb. 13.16e)!

STUDIER & SPEKULIER

Wenn man den Kristall um die Richtung des einfallenden Strahls dreht, scheint eine Quelle still zu stehen, und die andere scheint sich um sie herum zu drehen. Welcher Strahl gehört zur festen Quelle und welcher zur rotierenden? (Überlegen Sie, was mit normalem Glas passieren würde.)

Wir sind erst gegen Ende unserer Betrachtungen auf diesen Effekt gestoßen, der als einer der ersten zur Herstellung von Polarisationsfiltern führte. Ein Stück Calcit (ein doppelbrechender Stoff, der auch als Islandspat, Kalkspat oder Doppelspat bekannt ist) wurde geschickt so geschnitten, daß der außerordentliche Strahl durch den Kristall hindurch lief, der ordentliche aber im Innern vollständig reflektiert wurde (Abschnitt 2.5.1). Dies war ein Jahrhundert lang, bis zur Erfindung des Polaroid, die übliche Methode, polarisiertes Licht zu erzeugen. (In Tabelle 13.1 finden Sie unter anderem die beiden Brechzahlen von Doppelspat, die seinen beiden Lichtgeschwindigkeiten entsprechen.)

Die austretenden ordentlichen und außerordentlichen Strahlen in Abbildung 13.16d können zur Interferenz gebracht werden, wenn man sie durch einen Filter schickt, der zwischen den Polarisationsrichtungen der beiden Strahlen orientiert ist und die beiden Strahlen wieder zusammenführt (Abb. 13.17a). (Nur parallele Komponenten können miteinander interferieren – eine vertikale Komponente kann eine horizontale nicht kompensieren.) Das Maß der Interferenz hängt von der Phasenverschiebung des einen Strahls gegenüber dem anderen ab, und die wiederum von der

Tabelle 13.1 Brechzahlen einiger doppelbrechender Kristalle

Stoff	Brechzahl bei 589 nm	
	Elektrisches Feld parallel zur optischen Achse	Elektrisches Feld senkrecht zur optischen Achse
Kalkspat	1,658	1,486
Quarz	1,544	1,553
Saphir, Rubin	1,77	1,76
Eis	1,309	1,313

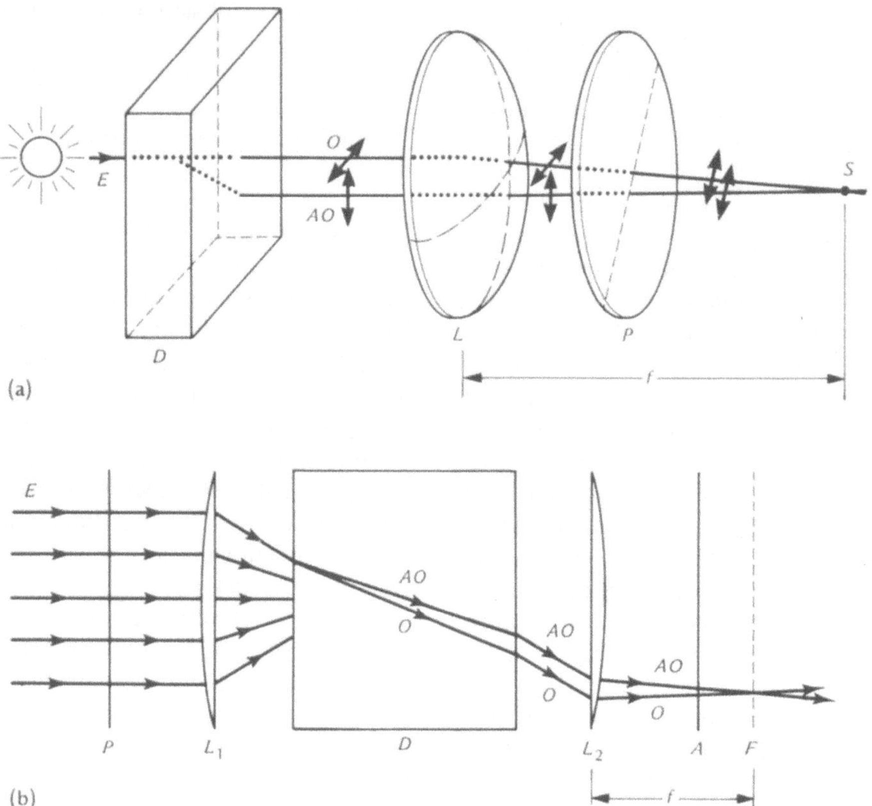

13.17 (a) Ein doppelbrechender Kristall (*D*) ist in einem schiefen Winkel zu seiner optischen Achse geschnitten und spaltet einen unpolarisierten einfallenden Strahl (*E*) in einen ordentlichen (*O*) und einen außerordentlichen (*AO*) auf. Eine Sammellinse (*L*) fokussiert diese Strahlen an einem Punkt (*S*) der Brennebene. Ein Polarisationsfilter (*P*) läßt dieselbe Polarisationskomponente beider Strahlen durch, so daß die Strahlen bei *S* miteinander interferieren können. (b) Einfallendes unpolarisiertes Licht wird durch den Polarisator *P* linear polarisiert. Die Linse *L*₁ läßt dieses Licht innerhalb des doppelbrechenden Kristalls *D* konvergieren. Innerhalb des Kristalls wird jeder Strahl (nur einer ist abgebildet) in einen ordentlichen und einen außerordentlichen Strahl getrennt. Nach dem Austritt werden die Strahlen in der Brennebene *F* der zweiten konvergierenden Linse *L*₂ zusammengebracht. Der Analysator *A* läßt nur parallele Komponenten beider Strahlen durch, so daß sie interferieren können

Dicke des Materials und der Wellenlänge des Lichts.

Es ist möglich, mit dem Aufbau der Abbildung 13.17b viele verschiedene Dicken und Farben und damit geradezu spektakuläre Interferenzerschei-

nungen zu erhalten. Hier wird einfallendes unpolarisiertes Licht linear polarisiert und mittels einer Linse innerhalb eines doppelbrechenden Kristalls zur Konvergenz gebracht. Der doppelbrechende Kristall trennt die einfallenden Strahlen in ordentliche und außerordentliche Strahlen, die durch eine zweite Linse zusammengeführt werden und dann einen Analysator durchlaufen. Die Weglänge durch den Kristall und daher die Phasenverschiebung hängen von dem Winkel ab, in dem das Licht den Kristall trifft. Daher ist die Interferenz bei verschiedenen Winkeln verschieden – in der Brennebene der zweiten Linse sieht man Interferenzringe. Wenn weißes Licht verwendet wird, sind diese Ringe schön bunt (Tafel 13.3). Die Farbe der Ringe hängt davon ab, welche Wellenlängen für Licht, das in diesem Winkel eintritt, destruktiv interferieren. An bestimmten Punkten ist der einfallende Strahl in Richtung des ordentlichen oder außerordentlichen Strahls polarisiert.

An diesen Punkten ist nur ein Strahl im Kristall, der mit derselben Polarisation austritt, mit der er eintrat. Wenn also Polarisator und Analysator gekreuzt sind, wird dieser Strahl blockiert – für diese Punkte erreicht daher kein Licht die Brennebene, und damit erklären sich die dunklen Kreuze auf der Bildtafel.

Welche Muster zu sehen sind, hängt von der Art und der Orientierung des Kristalls ab. Wäre der Kristall der Platte in einer anderen Richtung geschnitten worden, wäre ein anderes Muster entstanden. Einige Kristalle haben drei verschiedene Brechzahlen und können Muster erzeugen, die der Ziffer 8 ähneln. Sie liefern Information über Art, Struktur und Orientierung des Kristalls und daher eine besonders farbige Möglichkeit, Minerale zu bestimmen.

13.11 Zusammenfassung

STREUUNG bezeichnet die Abstrahlung von Licht in alle Richtungen, wenn es mit einzelnen kleinen Gegenständen wechselwirkt; sie ist die Ursache für viele der Farben, die wir in der Natur sehen. RAYLEIGHSTREUUNG tritt auf, wenn die Gegenstände viel kleiner sind als die Wellenlänge des einfallenden Lichts und ihre wichtigen Resonanzfrequenzen über denen des Lichts liegen. Rayleighstreuung ist am stärksten für kurze Wellenlängen und die Ursache des Himmelsblaus. Allgemein hängt die Farbe von gestreutem Licht von der Größe der streuenden Teilchen und deren Resonanzfrequenzen ab.

UNPOLARISIERTES LICHT, dessen elektrisches Feld schnell und zufällig die Richtung wechselt, wird LINEAR POLARISIERT, wenn es durch Rayleighstreuung seitlich gestreut wird, weil keine KOMPONENTE des elektrischen Feldes in Ausbreitungsrichtung des Lichts liegt. (In anderen Richtungen ist das gestreute Licht TEILWEISE POLARISIERT.) Polarisiertes Licht läßt sich mit einem POLARISATIONSFILTER erzeugen und erkennen. In einigen Filtern wird eine Komponente der Polarisation stärker reflektiert als die dazu senkrechte Komponente. Dies tritt auf, wenn Licht beispielsweise unter dem BREWSTERWINKEL reflektiert wird. (Beim BREWSTERFENSTER geht Licht durch mehrere Glasschichten hindurch, die alle unter diesem Winkel angeordnet sind.) Alternativ dazu kann eine Polarisationskomponente stärker als die andere absorbiert werden, wie in POLAROIDFILTERN und in natürlichen DICHROITISCHEN Stoffen. (Das dichroitische Material im gelben Fleck über der Sehgrube des Auges ist die Ursache für HAIDINGERS BÜSCHEL.)

Wenn Licht aus einem POLARISATOR austritt, hängt der Anteil, der anschließend von einem ANALYSATOR durchgelassen wird, von der relativen Orientierung der beiden Filter ab. Er reicht von null, wenn sie GEKREUZT sind, bis zu 100%, wenn sie PARALLEL sind (für ideale Filter), wenn nichts zwischen den Filtern ist. Wenn zwischen den Filtern eine DEPOLARISIERENDE Schicht liegt, kann etwas Licht

durch das System von gekreuztem Polarisator und Analysator hindurchdringen, wie auch bei einem dritten Polarisationsfilter, dessen Orientierung zwischen der von Polarisator und Analysator liegt. Ein verdrillter Stoß von Polarisationsfiltern dreht die Polarisationsrichtung des Lichts; auch ein elektrisches Feld kann die Richtung ändern und darum die Lichtmenge steuern, die durch Polarisator und dazu gekreuzten Analysator hindurchgeht. Das geschieht beispielsweise in FLÜSSIGKRISTALLANZEIGEN (zum Beispiel einer VERDRILLTEN NEMATISCHEN ZELLE), in POCKELS- und in KERRZELLEN.

DOPPELBRECHENDE Materialien haben für verschiedene Polarisationskomponenten verschiedene Brechzahlen, eine für die Polarisation parallel und eine für die Polarisation senkrecht zur OPTISCHEN ACHSE des Materials. Verschiedene Dicken doppelbrechenden Materials bilden je nach der relativen Änderung der Phase zweier zueinander senkrechter Polarisationskomponenten verschiedene PHASENPLATTEN. Eine Phasendifferenz von ei-

ner halben Wellenlänge resultiert von einer LAMBDA-HALBE-PLATTE und die einer viertel Wellenlänge von einer LAMBDA-VIERTEL-PLATTE. Je nach der relativen Orientierung erzeugt eine Lambda-Viertel-Platte hinter einem linearen Polarisationsfilter ELLIPTISCH oder ZIRKULAR POLARISIERTES Licht.

Mit gekreuzten Polarisatoren und Analysatoren läßt sich im POLARISATIONSMIKROSKOP Doppelbrechung beobachten. Sie zeigen auch SPANNUNGSDOPPELBRECHUNG an und lassen OPTISCH AKTIVE Substanzen erkennen, die die Polarisationsebene drehen.

Licht, das sich in einem doppelbrechenden Kristall in einer Richtung ausbreitet, die weder parallel noch senkrecht zur optischen Achse liegt, wird in zwei Strahlen mit zueinander senkrechten Polarisationskomponenten getrennt: einen ORDENTLICHEN und einen AUSSERORDENTLICHEN STRAHL. Farbige Interferenzstreifen ergeben sich, wenn konvergierendes Licht zwischen gekreuztem Polarisator und Analysator einen solchen Kristall passiert.

AUFGABEN

A1 Auf den Fotos, die Astronauten auf dem Mond aufgenommen haben, sieht der Mondhimmel immer schwarz aus. Warum ist das so?

A2 Es kann vorkommen (aber höchst selten), daß der Mond mal blau macht. Die Luftteilchen sind dann gerade so groß, daß sie vorwiegend rotes Licht streuen. Erklären Sie, welchen Einfluß das auf die Farbe des Mondes hat.

A3 In der Abbildung erscheint dem Reisenden und dem Kamel die (untergehende) Sonne rot, den Matrosen die (hochstehende) Sonne jedoch weiß oder gelb. Erklären Sie diese Farbunterschiede.

A4 Nehmen Sie aus Freude am Gedankenspiel einmal an, daß die Luft nicht blaues Licht streuen, sondern vielmehr gelbes Licht von einer

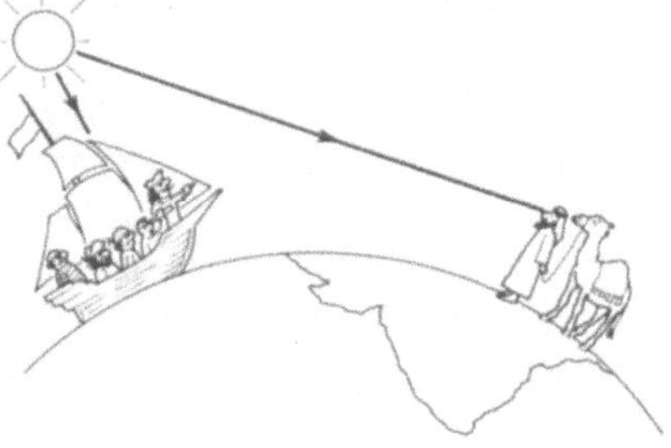

großen, weißen, die Atmosphäre umgebenden Kugel absorbieren würde. (a) Welche Farbe hätte der Himmel dann? (b) Wie würde sich die Farbe der Sonne beim Sonnenuntergang verändern?

A5 Ein Astronaut auf einer Erdumlaufbahn sagte einmal: ›Wir sahen die aufregendsten Sonnenunter- und -aufgänge in den Teilen der Atmosphäre, wo die Luftverschmutzung am stärksten war.‹ Erklären Sie diese Beobachtung.

A6 Die Abbildung soll das Prinzip eines Polarisationsfilters veranschaulichen. Erläutern Sie. (Sagen Sie, was den Lichtstrahl darstellt und was der Filter und die Baguettes bedeuten, die der Mann trägt. Vergessen Sie den Polarbären.)

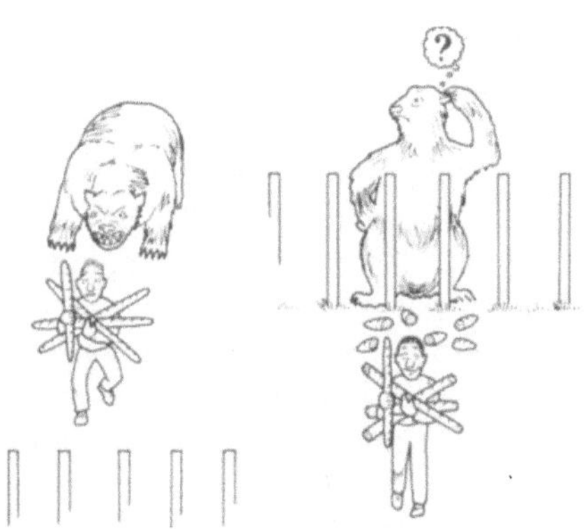

A7 Nehmen Sie an, ein horizontaler Lichtstrahl hätte ein elektrisches Feld, das nur in vertikaler Richtung schwingt. Das Licht ist dann (a) projiziert, (b) parallelisiert, (c) polarisiert, (d) paralysiert, (e) poliert. (Wählen Sie eine Antwort.)

A8 (a) Warum verringern polarisierende Sonnenbrillen gewöhnlich das an einer ebenen Fläche reflektierte blendende Licht besser als gewöhnliche Sonnenbrillen? (b) Wie ist es mit Licht, das von einer vertikalen Fläche, wie etwa bei einer Marmorsäule, von der Seite her blendet?

A9 Warum tragen Angler polarisierende Sonnenbrillen?

A10 Stellen Sie sich vor, Sie wollten durch ein Fenster schauen, um zu sehen, was die Menschen im Inneren vorhaben. Obwohl Sie eine polarisierende Sonnenbrille tragen, blendet Sie das Fenster vielleicht doch noch. (a) Warum? (b) Was können Sie tun, um dieses Blenden auszuschalten?

A11 (a) Zeichnen Sie Abbildung 13.5 für den Fall, in dem das Licht von Glas in Luft eintritt. (b) Warum ist der Brewsterwinkel in diesem Fall gleich dem Winkel des durchgelassenen Strahls in Abbildung 13.5?

A12 (a) Licht, das senkrecht von der Oberfläche eines Polaroidfilters reflektiert wird, ist nicht polarisiert. Warum? (b) Licht, das unter einem schiefen Winkel an einem waagerechten Polaroidfilter reflektiert wird, ist polarisiert. Warum? (c) Ändert sich die Polarisationsrichtung, wenn Sie den Filter in (b) drehen, während er waagerecht gehalten wird?

A13 Stellen Sie sich vor, Sie hätten einen verdrillten Stapel idealer Polarisationsfilter, wie sie in Abschnitt 13.7 beschrieben wurden. Wenn die Drehung insgesamt 90° beträgt, können Sie dies so benutzen, daß 100% des aus dem Polarisator austretenden Lichts durch einen gekreuzten Analysator hindurch geht. (a) Zeichnen Sie, ähnlich wie Abbildung 13.11, eine Skizze, die angibt, wie der Stapel in bezug auf den Polarisator orientiert sein sollte. Zeichnen Sie die Polarisa-

tionsrichtung des Lichts zwischen dem Polarisator und dem Stapel und zwischen dem Stapel und dem Analysator. (b) In welcher Richtung sollte der ursprüngliche Polarisationsfilter des Stapels zeigen, so daß kein Licht zwischen einem gekreuzten Polarisator und Analysator hindurchkommt? Warum wird dann kein Licht durchgelassen?

A14 Welche der folgenden Systeme lassen Licht durch den Analysator austreten, wenn sie zwischen einen gekreuzten Polarisator und Analysator gehalten werden? (a) Ein linear polarisierender Filter mit derselben Richtung wie der Polarisator. (b) Ein linear polarisierender Filter, dessen Polarisationsrichtung zwischen der Richtung des Polarisators und des Analysators liegt. (c) Ein Stück Wachspapier. (d) Ein klarer Rotfilter. (e) Rayleighstreuer (die das Licht nach vorn streuen).

A15 Eine Lambda-Halbe-Platte wird im Winkel von 45° zur Orientierungsrichtung von Analysator und gekreuztem Polarisator zwischen diese beiden eingefügt. Läßt die Lambda-Halbe-Platte Licht durch den Analysator hindurchgehen? Erläutern Sie Ihre Antwort.

A16 Wiederholen Sie A15 für eine Lambda-Viertel-Platte.

A17 In Abbildung 13.15 ist die Polarisationsrichtung des grünen Lichts um 45° in Uhrzeigerrichtung verdreht. Welche Farbe hat das durchgelassene Licht, wenn die Orientierung des Analysators gegenüber der des Polarisators um 45° in die Gegenrichtung (gegen den Uhrzeigersinn) gedreht wird (Abschnitt 9.4.2)?

A18 Linear polarisiertes monochromatisches Licht fällt genau von oben auf ein Glas mit klarem Sirup. Wie ändert sich die Polarisation des Lichts, das am Boden austritt, wenn mehr Sirup hinzugefügt wird?

A19 (a) Zeigen Sie mit Hilfe einer Skizze, wie in Abbildung 13.16d, warum durch einen geeignet geschliffenen doppelbrechenden Kristall zwei Bilder zu sehen sind. (b) Wie würden

sich die beiden Bilder unterscheiden, wenn der Kristall dicker wäre?

A20 Wenn man eine Zeitung durch einen geeignet geschliffenen Doppelspat anschaut, kann man die Schrift doppelt sehen. Beschreiben und erklären Sie, was Sie sehen, wenn Sie diese Bilder durch einen linear polarisierenden Filter betrachten, während Sie den Filter drehen.

Harte Aufgaben

HA1 Die Biene reagiert auf polarisiertes Licht am stärksten im Bereich von 355 nm. Nehmen Sie an, die für Ultraviolett empfindlichen Zapfen würden nur auf vertikal polarisiertes Licht reagieren, während die beiden anderen Zapfenarten auf alle Polarisationsrichtungen gleich reagieren (Abb. 10.7). (a) Während sich die Sonne bewegt, verändert sich die Polarisationsrichtung am Nordhimmel von vertikal zu horizontal. Beschreiben Sie, wie die Helligkeit und die Farbe des Himmels der Nordhalbkugel sich für eine Biene ändern. (Beschreiben Sie die Farbe als Ultraviolett, Blau, Grün oder geeignete Kombinationen dieser Farben.) (b) Zu welcher Tageszeit ist die Polarisation horizontal?

HA2 Ein Machscher Kegel erlaubt es, einfach herauszufinden, ob Licht linear polarisiert ist, und gegebenenfalls die Richtung der Polarisation zu bestimmen. Er besteht aus einem Glaskegel, auf den das Licht wie in der Abbildung von oberhalb seiner

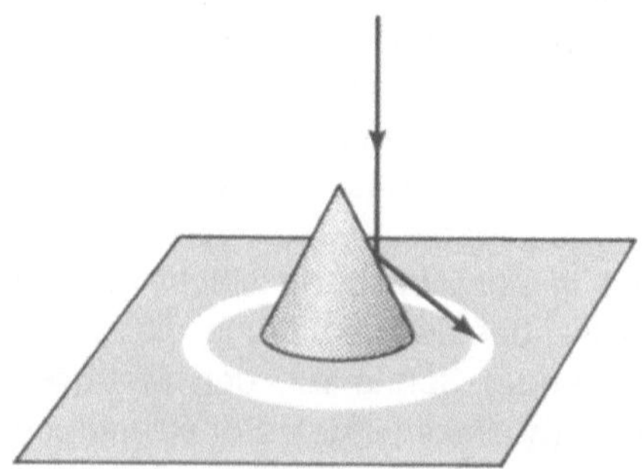

Spitze senkrecht auffällt. Die Kegelseiten sind geneigt, damit das Licht genau im Brewsterwinkel auf sie fällt. Eine von oben einfallende unpolarisierte Lichtwelle wird in ein Kreismuster auf einem horizontalen weißen Schirm gerade unter dem Kegel reflektiert. Wenn das Licht aber linear polarisiert ist, ergibt sich kein vollständiger Kreis. Denken Sie sich das von oben einfallende Licht in der Nord-Süd-Richtung polarisiert. (a) Wie sieht das reflektierte Muster aus? Warum? (b) Wie unterscheidet sich dieses Muster von dem, was entsteht, wenn das Licht in Ost-West-Richtung polarisiert ist?

HA3 Ein Regenbogen spiegelt sich ungefähr im Brewsterwinkel in der ruhigen Wasserfläche eines Sees. Wir wissen, daß das Licht eines Regenbogens polarisiert ist (Versuch zu Abschnitt 13.4); beschreiben Sie, welche Teile des Spiegelbilds am hellsten und welche am schwächsten sind.

HA4 Stellen Sie sich eine Digitaluhr vor, bei der die Anzeigen etwa so aussehen wie in Abbildung 13.11, aber mit einem Spiegel rechts hinter dem Analysator und dem Auge des Betrachters links. Damit die Anzeige auch im Dunkeln erkannt werden kann, hat diese Uhr im Inneren eine Lichtquelle aus einem (transparenten) phosphoreszenten Stoff (Abschnitt 15.3.2). (a) Warum sollte die Lichtquelle zwischen dem Analysator und dem Spiegel liegen? (b) Wo sollte die Lichtquelle liegen, wenn sie eine kleine Glühlampe wäre?

HA5 Polarisiertes Licht fällt auf eine Lambda-Viertel-Platte, deren optische Achse parallel zur Polarisationsrichtung verläuft. Wie ist das Licht polarisiert, wenn es aus der Lambda-Viertel-Platte austritt?

HA6 Stellen Sie sich vor, der doppelbrechende Kristall aus Abbildung 13.16 sei in zwei Teile geschnitten und der Schnitt verliefe parallel zu den in der Abbildung gezeigten Flächen (also senkrecht zum ordentlichen Strahl). (a) Wie viele Bilder sieht ein Betrachter, der durch den Kristall schaut, wenn die beiden Stücke in ihre ursprüngliche Lage zusammengesetzt werden? (b) Wie viele Bilder sieht er, wenn eines der Stücke um den ordentlichen Strahl gedreht wird?

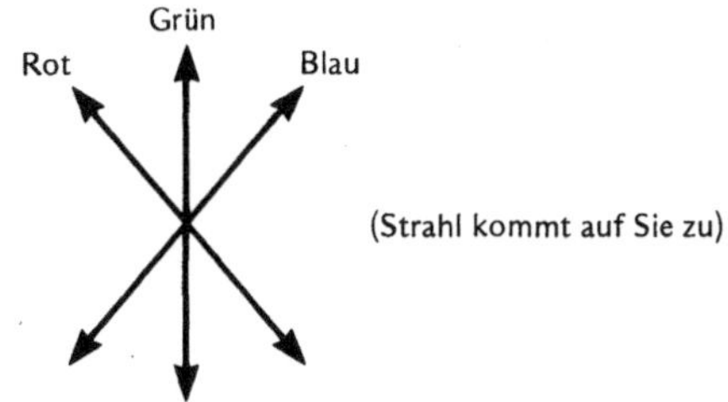

HA7 Linear polarisiertes weißes Licht geht durch einen Stoff hindurch, der die Polarisationsrichtung verschiedener Wellenlängen (Farben) verschieden stark verändert. Die Abbildung zeigt, wie die Polarisation sich mit der Farbe ändert, wenn die Welle austritt. (a) Was ist die Farbe dieser Lichtwelle, wenn sie mit dem bloßen Auge betrachtet wird? (b) Dieses Licht wird durch einen Polarisationsfilter geschickt, der nur die vertikale Komponente hindurchläßt. Welche Farbe hat das Licht, das durch den Filter hindurchgelassen wird? (c) Der Filter aus Teil (b) wird um 90° gedreht. Welche Farbe hat das durchgelassene Licht jetzt?

HA8 Ein langer Quarzzylinder wird von einem Ende her durch eine monochromatische Quelle linear polarisierten Lichts beleuchtet. Bei seitlicher Betrachtung läßt sich nur in periodischen Abständen Streulicht aus dem Inneren beobachten, dazwischen liegen dunkle Bereiche. (a) Erklären Sie dieses Phänomen aufgrund der optischen Aktivität von Quarz. (b) Wenn die Polarisation des einfallenden Lichts langsam gedreht wird, bewegen sich die dunklen Bereiche den Zylinder entlang. Erklären Sie das.

HA9 Sie haben eine Anordnung mit einem verdrillten Stapel von Polarisatoren und eine mit einem optisch aktiven Stoff vor sich. Jede verdreht die Polarisationsrichtung um 90°. In jedem Fall liegen sie so zwischen dem gekreuzten Polarisator und Analysator, daß ein bestimmtes monochromatisches Licht durch das System hindurch kann. Sie möchten herausfinden, welchen Aufbau Sie vor sich haben, und wollen dazu das durchgelassene Licht untersuchen. Erläu-

tern Sie, welches der folgenden Verfahren geeignet ist oder nicht: (a) nur den Analysator drehen, (b) nur den Polarisator drehen, (c) beide gleichzeitig drehen, (d) die Wellenlänge des Lichts verändern.

Mathematische Aufgaben

MA1 Wie groß ist der Brewsterwinkel für Licht, das aus Luft in einen Diamanten ($n_d = 2{,}4$) eintritt?

MA2 Stellen Sie sich eine von Luft umgebene Glasscheibe mit parallelen Seiten vor. Zeigen Sie, daß das durch das Glas gehende Licht im Brewsterwinkel auf die zweite der Glas-Luft-Flächen fällt, wenn das Licht im Brewsterwinkel auf die erste fällt.

MA3 Ein dritter Polarisationsfilter wird im Winkel von 45° zwischen einen gekreuzten Polarisator und Analysator gesetzt. Zeigen Sie mit Hilfe von Gleichung (M.3), daß ein Viertel der Intensität des Lichts, das aus dem Polarisator austritt, durch den Analysator hindurchgeht (wenn die Filter ideal sind).

MA4 Ein Lichtbündel scheint durch Polarisator und Analysator hindurch. Der Analysator wird einmal pro Sekunde gedreht. Wie viele Lichtpulse gehen dann in einer Minute durch den Analysator hindurch?

MA5 Ein Lichtstrahl scheint durch einen gekreuzten Polarisator und Analysator hindurch. Ein weiterer Polarisationsfilter wird zwischen Polarisator und Analysator gesetzt und einmal pro Sekunde gedreht. Wie viele Lichtpulse gehen in einer Minute durch den Analysator hindurch?

MA6 Stellen Sie sich vor, in der Anordnung von A18 wäre das einfallende Licht in Nord-Süd-Richtung polarisiert. Wenn der Sirup 10 cm hoch ist, kommt das Licht in Ost-West-Richtung polarsiert heraus. Geben Sie drei Höhen für den Sirup an, bei denen das Licht des austretenden Strahls in Nord-Süd-Richtung polarisiert ist.

KAPITEL 14

Holografie

14.1 Einleitung

Seit einigen Jahrzehnten gibt es neue Wege, Bilder herzustellen und zu zeigen, die reicher und vielseitiger sind als gewöhnliche Fotografien. Diese neuen Methoden haben wesentliche Vorteile und können sogar (zumindest im Prinzip) das Problem des kapriziösen Malers aus Kapitel 8 lösen, der den Betrachter zu täuschen versucht, indem er die Aussicht aus dem Fenster durch ein Bild ersetzt. Sein Gemälde kann zwar die mehrdeutigen Tiefenhinweise vermitteln, aber er verrät sich durch die fehlende Parallaxe. Warum können Gemälde oder Fotos die in der Parallaxe enthaltene Information nicht vermitteln, die das direkt wahrgenommene Licht doch offensichtlich enthält? Das Gemälde gibt nur die Lichtintensität wieder. Licht aber vermittelt mehr Informa-

tion, denn wie jede Welle ist es durch Intensität und Phase gekennzeichnet, und diese beiden gemeinsam vermitteln die Dreidimensionalität. Ein HOLOGRAMM (griech. *holos*, ganz) dagegen zeichnet Intensität und Phase des auffallenden Lichts auf und damit alle Information, die es trägt, auch die Parallaxe. Nach dem Huygensschen Prinzip sollte es möglich sein, mit dieser Information das ursprüngliche Licht zu REKONSTRUIEREN, das dann mit all seiner dreidimensionalen Information weiterläuft, als ob es vom ursprünglichen Objekt käme. Abbildung 14.1 versucht, den Effekt der Dreidimensionalität einer Holografie zu vermitteln.

Die Dreidimensionalität des resultierenden Bildes überrascht und verblüfft wohl jeden, der vorher noch nie ein Hologramm gesehen hat. Darauf vertraute 1972 ein Juwelier, als er in

seinem Schaufenster in New York ein Hologramm ausstellte. Das lebensechte dreidimensionale Bild eines Brillantenhalsbands, das aus dem Schaufenster herausragte, erregte außerordentliches Aufsehen, bis eine ältere Dame mit ihrem Regenschirm die Fensterscheibe zertrümmerte, überzeugt, das Bild sei ein Werk des Teufels.

Schauen wir uns an, wie die verteufelten Hologramme gemacht werden und worauf ihre Wirkung beruht.

14.2 Transmissionshologramme

Bevor wir beschreiben, wie ein Hologramm von so komplizierten Dingen wie Halsbändern entsteht, schauen wir uns einfachere Hologramme an, solche, deren Objekte eine einzige oder einige wenige punktförmige

14.1 Holografie. (a) Fotografie eines dreidimensionalen Objekts; (b) Foto einer holografischen Rekonstruktion (die rekonstruierte Lupe wirkt wie ein echtes Vergrößerungsglas für die dahinterliegenden Objekte!)

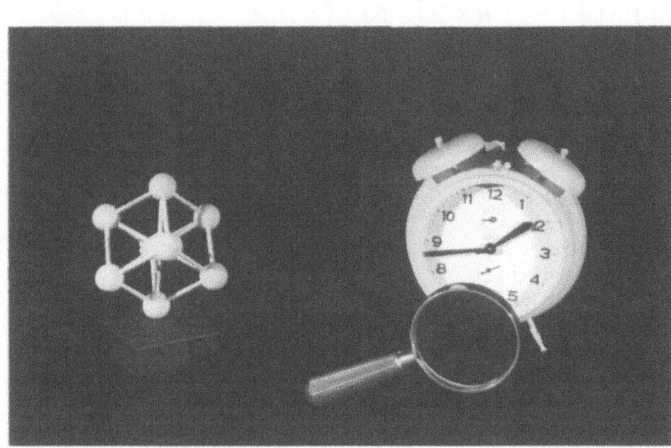

(a)

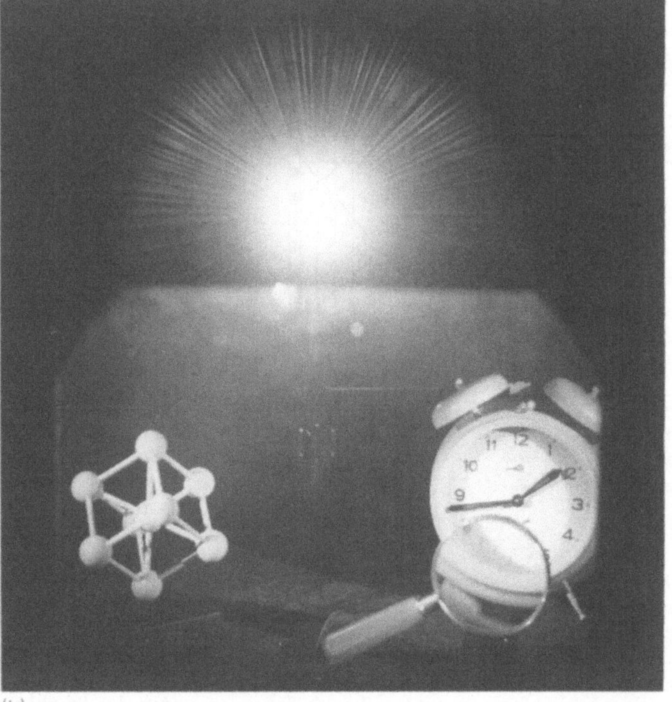

(b)

Lichtquellen sind. Daran werden die wesentlichen physikalischen Grundlagen klar. Zwei einfache Hologramme haben wir schon behandelt: das Beugungsgitter (Abschnitt 12.3.1) und die Lippmannsche Fotoplatte (Abschnitt 12.3.4).

14.2.1 Transmissionshologramme einzelner Punktquellen

Eine monochromatische Lichtwelle, die von einem Objekt ausgeht und, sagen wir, ein Fenster passiert, ist durch Lichtintensität und Phase an jedem Punkt des Fensters vollständig bestimmt. Fotografischer Film dagegen reagiert nur auf die Intensität. Wenn die Phase auch aufgezeichnet werden soll, müssen wir in irgendeiner Form die Interferenz nutzen. Deshalb braucht die Holografie zwei kohärente Lichtstrahlen. Wie läßt sich mit Hilfe der Interferenz die Phase einer Lichtwelle aufzeichnen? Betrachten wir den idealisierten Fall zweier ebener Wellen (von zwei entfernten kohärenten Punktquellen), die auf einen

fotografischen Film fallen (Abb. 14.2a). Zwei Wellen, die OBJEKT- und die REFERENZWELLE, bilden beim Auftreffen miteinander den Winkel θ. Dann entstehen auf dem Film abwechselnd Gebiete konstruktiver und destruktiver Interferenz, in der Filmebene bilden sich also Streifen. Wenn der Film feinkörnig genug ist, zeichnet er die einzelnen Streifen auf.

Wo die Interferenz konstruktiv ist, ist die Belichtung am stärksten, so daß diese Gebiete nach der Entwicklung schwarze Silberkörner zeigen. An den Punkten destruktiver Interferenz wurde nicht belichtet, und der entwickelte Film ist dort durchsichtig. Das Negativ besteht also aus vielen parallelen, undurchsichtigen, eng beieinander liegenden Linien (die senkrecht zur Ebene der Abbildung verlaufen). Sie sind durch lichtdurchlässige Linien getrennt. Das Ganze wirkt darum wie ein Beugungsgitter. (Viele Transmissionsgitter werden wirklich so hergestellt.)

Dieses Negativ ist ein TRANSMISSIONSHOLOGRAMM der entfernten Quelle der Objektwelle. Als Betrach-

ter sehen Sie aber weder ein dreidimensionales Bild dieser Quelle noch die Interferenzstreifen, denn sie sind zu fein. Damit die in dem Hologramm enthaltene Information genutzt werden kann, muß es als Beugungsgitter verwendet werden. Es muß also mit der REKONSTRUKTIONSWELLE, dem Lesestrahl, der dem zur Belichtung benutzten Referenzstrahl gleicht, beleuchtet werden. (Diese Welle ist wohlgemerkt der einzige Strahl, mit dem beleuchtet wird.) Dieses Transmissionshologramm muß von der der Beleuchtungsquelle gegenüberliegenden Seite betrachtet werden (Abb. 14.2b), also von dort, wo auch die Interferenzen der verschiedenen Ordnungen entstehen. Der Strahl nullter Ordnung ist sozusagen die Fortsetzung der Rekonstruktionswelle durch das Gitter hindurch. (Wenn Sie mit

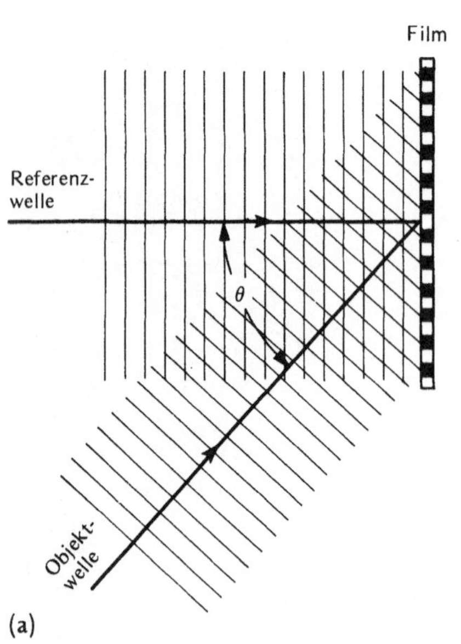

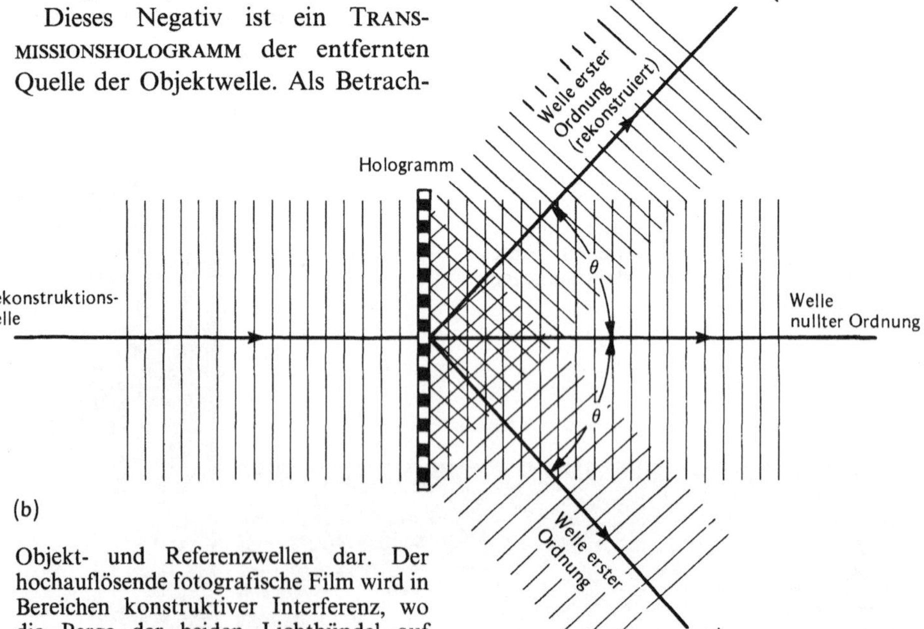

14.2 (a) Die Erzeugung eines Hologramms einer fernen Punktquelle, deren ebene Welle unter einem Winkel θ auftrifft. Die Referenzwelle (auch eine ebene Welle) kommt senkrecht zum Film an. Die Linien stellen Wellenfronten (etwa Berge) von

Objekt- und Referenzwellen dar. Der hochauflösende fotografische Film wird in Bereichen konstruktiver Interferenz, wo die Berge der beiden Lichtbündel auf dem Film zusammentreffen, belichtet (schwarz). Der Film bleibt in den Bereichen destruktiver Interferenz unbelichtet (weiß). (b) Nach der Entwicklung wirkt der Film wie ein Beugungsgitter. Wenn er nur von der Rekonstruktionswelle beleuchtet wird, gibt das Hologramm eine Kopie der Objektwelle (rekonstruierte Welle) mit demselben Winkel θ. Zusätzlich werden der Strahl nullter und der andere

Strahl erster Ordnung vom Hologramm ausgestrahlt. Das Auge A_1 sieht ein Bild einer fernen Punktquelle, das identisch ist mit der ursprünglichen Quelle der Objektwelle, während das Auge A_2 die andere Welle erster Ordnung sieht

dem Auge hineinschauen, leuchtet Ihnen die Rekonstruktionsquelle ins Auge.) Das Gitter erzeugt aber auch zwei Strahlen erster Ordnung. Einer verläßt das Hologramm, wie wir sehen werden, im Winkel θ, als ob er eine Fortsetzung der ursprünglichen Objektwelle wäre. Er ist deshalb eine ebene Welle mit derselben Wellenlänge und Fortpflanzungsrichtung wie die Objektwelle und benimmt sich in jeder Hinsicht wie die Fortsetzung der Objektwelle über die Filmebene hinaus. Deshalb sagen wir, die Objektwelle werde durch das Hologramm rekonstruiert. Außer dieser REKONSTRUIERTEN WELLE verläßt die andere Welle erster Ordnung auf der anderen Seite der Normalen das Hologramm in einem Winkel θ.

Wie können wir wissen, daß die rekonstruierte Welle das Hologramm wirklich in dem Winkel verläßt, in dem die Objektwelle ankommt? Dazu schauen wir den Film aus großer Nähe in einem Augenblick an, in dem ein Wellenberg der Referenzwelle auftrifft (Abb. 14.3a). An jedem Punkt des Films, an dem die Interferenz konstruktiv ist, bildet sich ein Streifen. Bei der Rekonstruktion verläßt der Beugungsstrahl erster Ordnung das Hologramm in einem Winkel, der von dem Streifenabstand abhängt. Weil sowohl die Wellenlänge λ als auch der Streifenabstand (die Gitterkonstante) d bei Belichtung und Rekonstruktion gleich sind, bleibt auch der Winkel θ gleich. Wenn die Objektwelle in einem großen Winkel ankommt, sind die Streifen eng beieinander, und der rekonstruierte Strahl verläßt das Hologramm unter dem gleichen großen Winkel, unter dem die zugehörige Objektwelle ankam (Abb. 14.3b). (Erinnern Sie sich an Abschnitt 12.2.5! Anhang N gibt einen mathematischen Beweis.)

Die Information über die Phase der Objektwelle ist also im Streifenabstand des Hologramms enthalten und die Information über die Intensität im Streifenkontrast (dem Unterschied zwischen den Intensitäten der hellsten

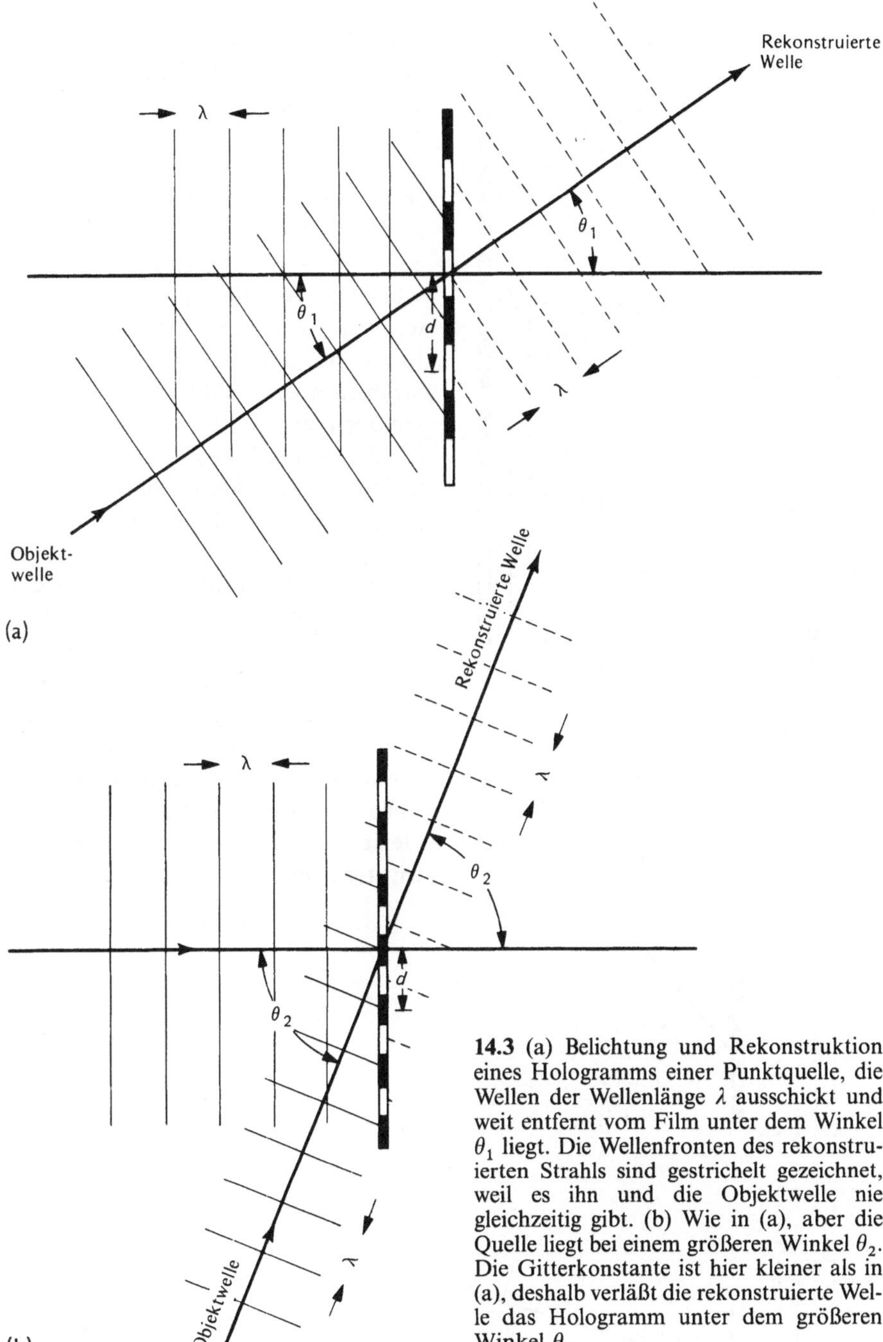

14.3 (a) Belichtung und Rekonstruktion eines Hologramms einer Punktquelle, die Wellen der Wellenlänge λ ausschickt und weit entfernt vom Film unter dem Winkel θ_1 liegt. Die Wellenfronten des rekonstruierten Strahls sind gestrichelt gezeichnet, weil es ihn und die Objektwelle nie gleichzeitig gibt. (b) Wie in (a), aber die Quelle liegt bei einem größeren Winkel θ_2. Die Gitterkonstante ist hier kleiner als in (a), deshalb verläßt die rekonstruierte Welle das Hologramm unter dem größeren Winkel θ_2

und dunkelsten Streifen): je intensiver die Objektwelle, desto größer der Kontrast.

Wir haben so mit Hilfe des Hologramms einen Lichtstrahl rekonstruiert. Der ursprüngliche Lichtstrahl wird zum Beispiel in New York auf einen Film aufgezeichnet, und das entwickelte Hologramm kann dann Monate später in Wien zur Rekonstruktion des Strahls verwendet werden. (›Zwischen den Linien von Fotografien sah ich die Vergangenheit‹ singt Janis Ian.) Und selbst wenn dieser Lichtstrahl nicht besonders interessant ist, gewährt er doch Einblick in das, was wir zeigen wollen.

Schauen wir uns jetzt an, wie ein Transmissionshologramm einer etwas interessanteren Quelle, nämlich einer

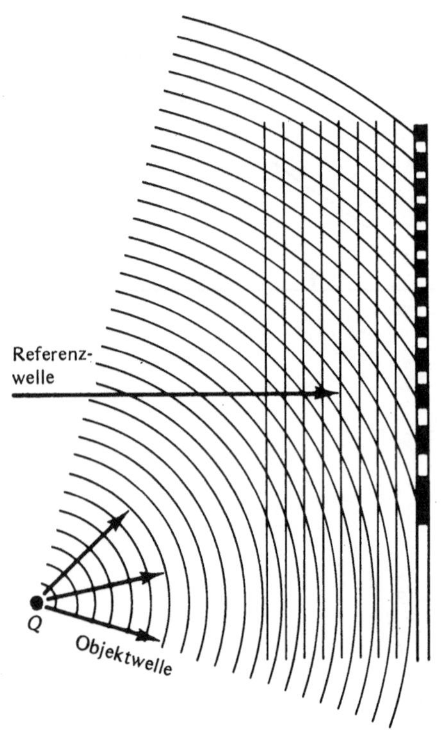

14.4 Herstellung eines Hologramms einer Punktquelle Q in der Nähe des Films. Die Objektstrahlen bilden hier eine Kugelwelle, die von der Quelle ausgeht

nahen Punktquelle, hergestellt wird (Abb. 14.4). Wie zuvor nehmen wir eine ebene Referenzwelle, die senkrecht auf den Film trifft, als Objektstrahl aber eine Welle, die von Q aus divergiert. Wieder bilden sich auf dem Film Interferenzstreifen, die nicht überall gleichen Abstand voneinander haben, denn Objekt- und Referenzwelle schließen verschiedene Winkel ein, wenn sie an verschiedenen Teilen des Films ankommen. So stehen die Strahlen oben in Abbildung 14.4 fast senkrecht zueinander, und dort ist der Streifenabstand klein; weiter unten laufen die Strahlen in dieselbe Richtung, deshalb ist der Streifenabstand dort größer.

Nach Belichtung und Entwicklung zeigt der Film verschieden weit voneinander entfernte undurchlässige und durchlässige Bereiche, also ein ungleichförmiges Beugungsgitter. Dieses Hologramm wird wie die früheren nur von der Rekonstruktionswelle beleuchtet (Abb. 14.5). Jedes kleine Teilgebiet des Hologramms wirkt wie ein Beugungsgitter. Natür-

lich lassen alle Teile des Hologramms den Strahl nullter Ordnung ohne weiteres durch, aber, was wichtiger ist, das Hologramm liefert wieder den divergenten Objektstrahl: Oben auf dem Film verläßt der Strahl erster Ordnung den Film unter einem großen Winkel, während er ihn weiter unten unter einem kleineren Winkel verläßt (Abb. 14.5a). Diese Strahlen vereinigen sich zu einer zusammenhängenden, divergierenden Welle, die die Front des Hologramms so verläßt, als ob es nur die Punktquelle Q gäbe und kein Hologramm (Abb. 14.5b). Wenn Sie dieses Hologramm von fern sehen, erkennen Sie nur an der ursprünglichen Lage von Q eine punktförmige Lichtquelle – ein virtuelles Bild der ursprünglichen Lichtquelle. Wenn Sie sich auf und ab bewegen, erhalten Sie verschiedene Ansichten der Punktquelle (Parallaxe), weil Sie dann durch verschiedene Teile des Hologramms schauen. Außerdem müssen beide Augen konvergieren, um den Lichtpunkt zu sehen. Kurzum, es ist, als ob man die ursprüng-

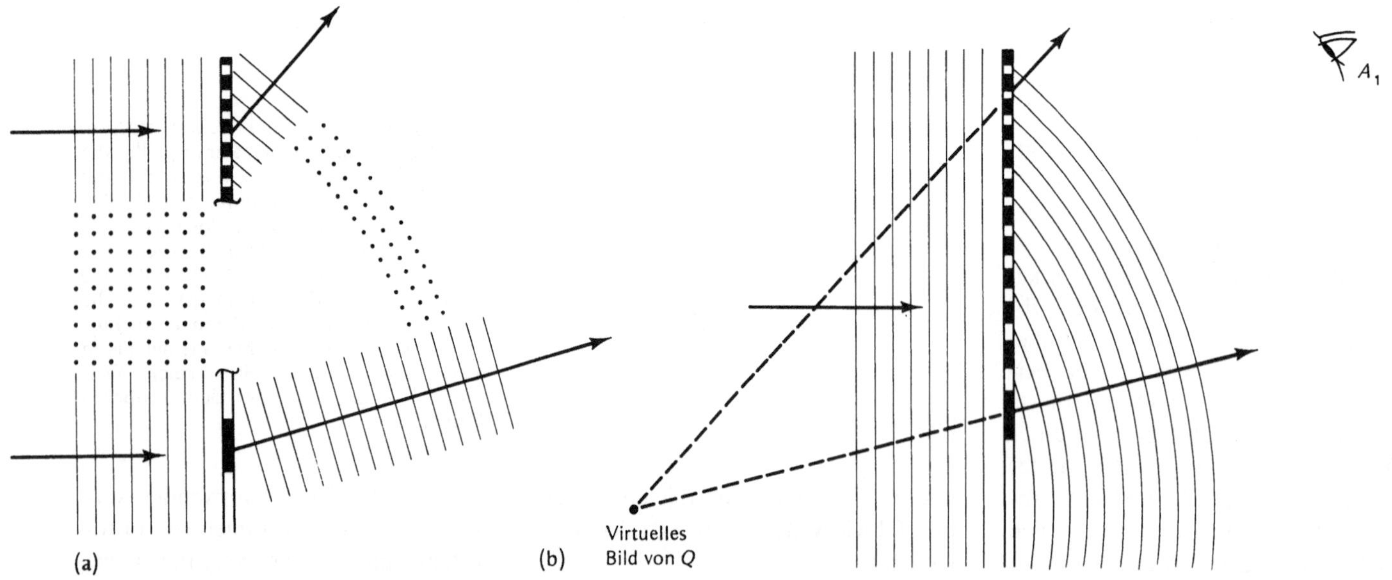

14.5 Rekonstruktion unter Benutzung des in Abbildung 14.4 erzeugten Hologramms. (a) Die rekonstruierte Welle wird gezeigt, wie sie einen kleinen Teil oben am Hologramm (kleine Gitterkonstante) und einen kleinen Teil unten am Hologramm (große Gitterkonstante) verläßt. Weil der Strei-

fenabstand sich längs des Hologramms allmählich ändert, sind die rekonstruierten Wellenfronten glatt; sie sind ein Duplikat des ursprünglichen divergierenden Objektstrahls. Auge A_1 kann das sich ergebende virtuelle Bild bei Q sehen, Auge A_2 aber nicht

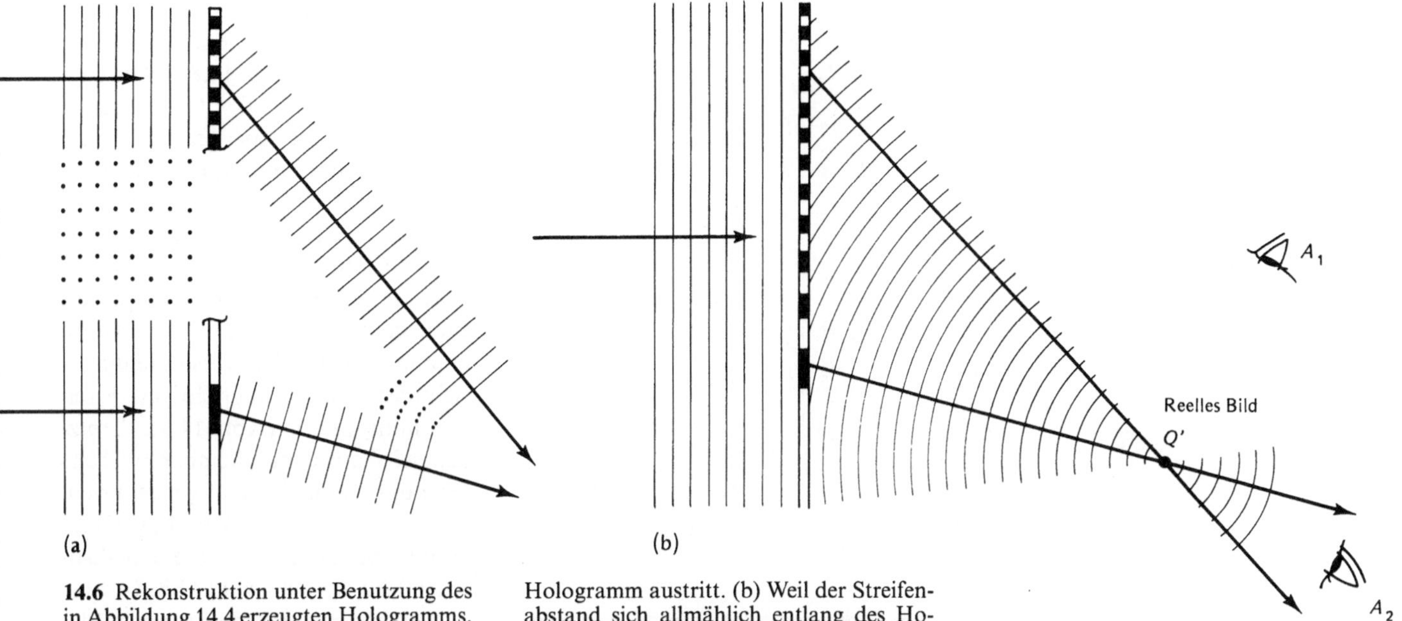

(a)

(b)

14.6 Rekonstruktion unter Benutzung des in Abbildung 14.4 erzeugten Hologramms. (a) Wie in Abbildung 14.5a, aber jetzt mit dem anderen Strahl erster Ordnung, der das Hologramm oben in einem sehr großen Winkel abwärts gerichtet verläßt und unten in kleinerem Winkel aus dem

Hologramm austritt. (b) Weil der Streifenabstand sich allmählich entlang des Hologramms verändert, sind die Wellenfronten glatt und konvergieren in einem Punkt Q' vor dem Hologramm. Auge A_2 kann bei Q' das reelle Bild sehen, Auge A_1 aber nicht

liche punktförmige Lichtquelle sähe, obwohl es in Wirklichkeit keine punktförmige Lichtquelle gibt.

Ein Beugungsgitter erzeugt aber zwei Strahlen erster Ordnung – was passiert mit dem anderen? Im Hologramm der Abbildung 14.2b verläßt dieser andere Strahl die Filmebene unter dem richtigen Winkel θ, aber nach unten. In dem Hologramm der Abbildung 14.4 konvergiert dieser Strahl zu einem Punkt auf der Beobachterseite des Hologramms (Abb. 14.6). Dieser Punkt Q' liegt so weit vor dem Hologramm, wie die ursprüngliche Lichtquelle Q hinter dem Film lag. Weil Licht wirklich durch Q' hindurchgeht, ist es ein reelles Bild von Q und ein Beispiel für ein FALSCHBILD, ein zusätzliches Bild, das bei der Rekonstruktion auftritt, aber bei der Belichtung nicht da war.

Wenn das Hologramm also mit der normalen Rekonstruktionswelle beleuchtet wird, verhält es sich gleichzeitig wie eine Zerstreuungslinse (und erzeugt das virtuelle Bild bei Q) und wie eine Sammellinse (und erzeugt das reelle Bild in Q').

Ein anderes Bild ergibt dieses Hologramm, wenn es nur mit der KONJUGIERTEN WELLE beleuchtet wird – einer Rekonstruktionswelle, die der normalen Rekonstruktionswelle entgegengesetzt ist (Abb. 14.7). Die konjugierte Welle fällt von der Seite auf das Hologramm, die dem Ausgangspunkt gegenüberliegt, und erzeugt dort, wo das ursprüngliche Objekt war, ein reelles Bild.

14.7 Die Erzeugung eines reellen Bildes mit dem in Abbildung 14.4 erzeugten Hologramm, wobei die konjugierte Welle zur Rekonstruktion benutzt wird. Weil die Referenzwelle eine ebene, senkrecht auf den Film fallende Welle war, ist hier auch die konjugierte Welle eine ebene Welle, die den Film senkrecht, aber von der entgegengesetzten Seite her, trifft. (Auch die konjugierte Welle erzeugt ein virtuelles Bild, das hier nicht gezeigt ist)

14.2.2 Transmissionshologramme ausgedehnter Objekte

Wirkliche Objekte, die man abbilden möchte, bestehen aus mehr als einem Punkt. Denken wir uns also eine Objektwelle, die von zwei getrennten Punktquellen kommt. Die von jedem Punkt ausgehende Welle interferiert mit der Referenzwelle. Der Film zeichnet gleichzeitig die beiden resul-

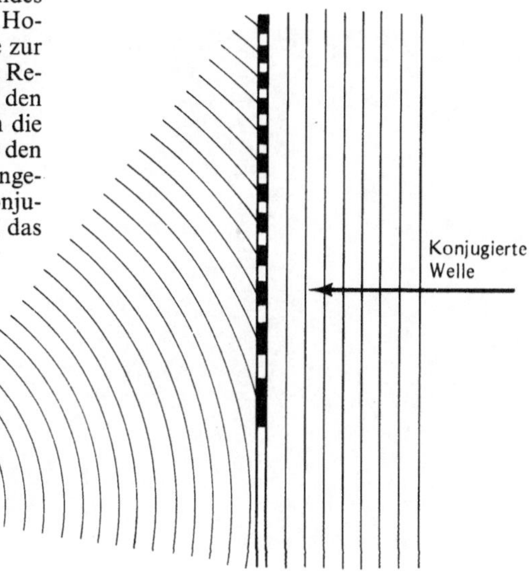

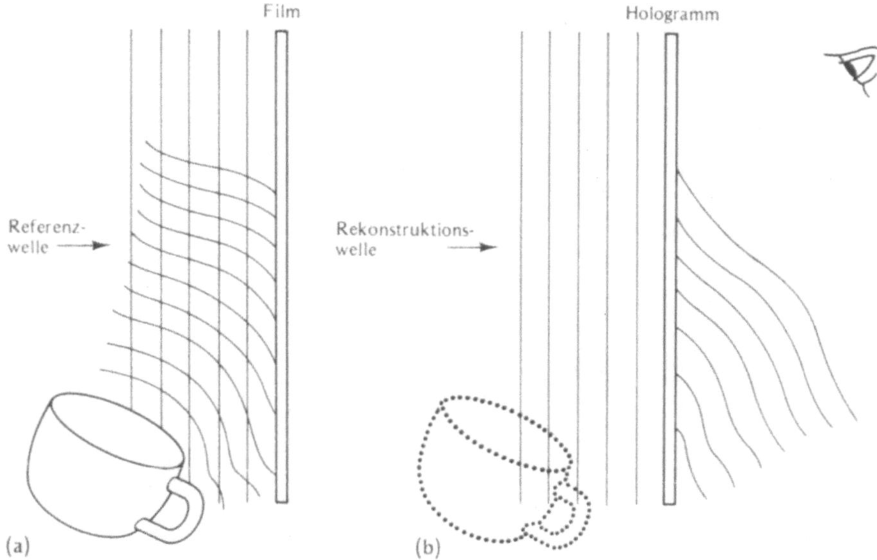

tierenden Interferenzstreifenmuster auf, und das fertige Hologramm rekonstruiert beide Quellen (und erzeugt zwei Falschbilder). Entsprechend rekonstruiert ein Hologramm mit drei, vier oder mehr Punktquellen jede Quelle an ihrem richtigen Ort.

Wir können uns ein beleuchtetes dreidimensionales Objekt, wie zum Beispiel eine Teetasse, als eine Unzahl solcher Punktquellen vorstellen. Nach dem Huygensschen Prinzip sehen wir in der komplexen Wellenfront, die die Tasse verläßt, die Summe vieler einzelner Huygensscher Elementarwellen, von denen jeder Punkt der Tasse eine ausschickt. Wenn wir ein Holo-

14.8 Erzeugung eines Transmissionshologramms einer ausgedehnten Quelle, nämlich einer Teetasse. (a) Bei der Belichtung interferiert die Referenzwelle auf dem Film mit der sehr komplizierten Wellenfront, die die vielen einzelnen Punktquellen der Tasse bilden. (b) Bei der Rekonstruktion läuft die Rekonstruktionswelle durch das Hologramm und wird gebeugt. So entsteht ein Duplikat der ursprünglichen Objektwelle

gramm der Tasse anfertigen (Abb. 14.8), wird also die Tasse mit einer kohärenten Welle beleuchtet, und jeder Punkt der Tasse schickt eine divergierende Welle aus. Jede dieser Huygensschen Elementarwellen interferiert mit der Referenzwelle. Bei der

Rekonstruktion wird jede Punktquelle rekonstruiert und damit die ganze Teetasse (Abb. 14.8b). Die ganze komplexe Wellenfront der Teetasse wird so, wie sie auf den Film traf, durch die Interferenzen rekonstruiert, die sich ergeben, wenn die Rekonstruktionswelle auf das Hologramm fällt. Weil die Wellen, die von der Teetasse ausgehen, ziemlich kompliziert sind, sind auch die auf dem Hologramm entstehenden Muster undurchsichtiger und durchsichtiger Streifen kompliziert (Abb. 14.9). Trotzdem wird aus dem scheinbaren Chaos Ordnung, wenn das Hologramm richtig beleuchtet wird. Wer das Hologramm betrachtet, sieht ein realistisches Bild des Objekts (Abb. 14.10).

Wir können uns daran einige der grundsätzlichen Unterschiede zwischen der Holografie und der Fotografie klarmachen. Ein fotografisches Bild liegt in der Filmebene, darum

14.9 (a) Die Streifen eines Transmissionshologramms unter dem Mikroskop. (b) Foto eines mit diffusem weißem Licht beleuchteten Transmissionshologramms. Die Streifen, die die holografische Information übermitteln, sind nicht sichtbar. Das große sichtbare Interferenzmuster rührt von Staubteilchen oder anderen Unvollkommenheiten des Aufbaus während der Beleuchtung her. Diese stören die Bildqualität bei der Rekonstruktion nicht wesentlich. Bei dieser Beleuchtung entsteht kein rekonstruiertes Bild

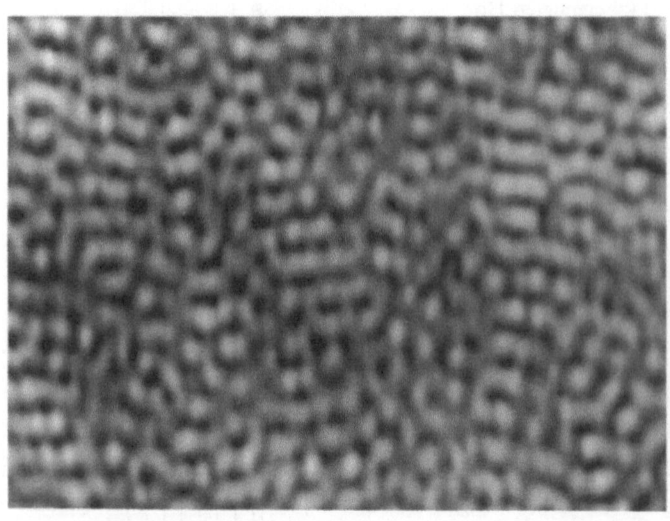

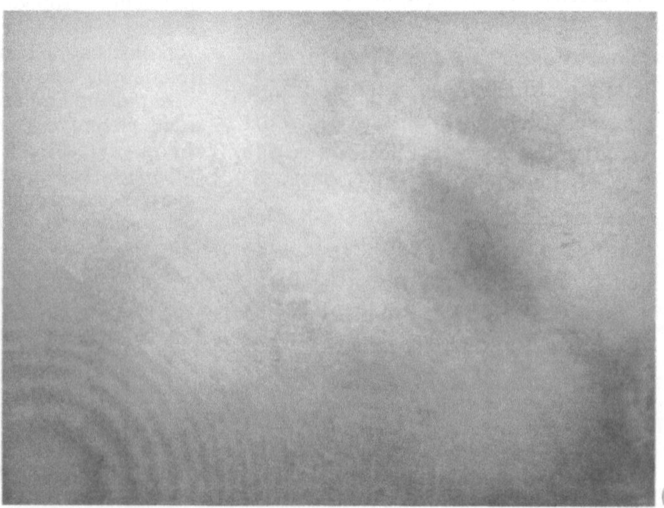

Abb. 14.10

muß es aus mindestens 25 cm Abstand betrachtet werden. Ein holografisches Bild kann auch hinter der Ebene des Hologramms liegen, und wenn es mehr als 25 cm dahinter liegt, kann man mit dem Auge bis ans Hologramm herangehen und das Bild ausgezeichnet sehen, genau wie man ganz nah an ein Fenster herangehen kann und immer noch genau sieht, was dahinter ist.

Dieser Vergleich mit dem Fenster macht einen weiteren Unterschied zwischen der Holografie und der Fotografie deutlich. Wenn man einen Teil des Fensters zudeckt, kann man immer noch, wenn auch aus etwas beschränkterem Blickwinkel, die Objek-

te auf der anderen Seite sehen. Entsprechend kann man einen Teil des Hologramms zudecken und durch den Rest noch alle Teile des Bildes sehen. Man kann das Hologramm sogar in kleine Teile zerstückeln, und doch rekonstruiert bei geeigneter Beleuchtung jeder Teil das ganze dahinterliegende Bild. (Natürlich ist der Blick durch einen kleinen Teil eingeschränkt. Außerdem ist das Bild um so schlechter, je weniger Streifen der Ausschnitt enthält.) Das ist bei einer Fotografie natürlich ganz anders. Wenn Sie ein Foto zerschneiden, zeigt jedes Teilfoto nur seinen Teil der Aufnahme.

Wenn ein Foto einer Tasse den Boden der Innenseite nicht zeigt, kann man ihn auch dann nicht sehen, wenn man das Bild aus einem anderen Blickwinkel betrachtet. Bei einem großen Hologramm der Tasse brauchen Sie jedoch nur den Standpunkt zu wechseln, und schon können Sie in die Tasse hineinschauen, wenn Sie den Boden sehen wollen, genau wie wenn Sie die ursprüngliche Tasse durch ein Fenster anschauen, denn aus verschie-

denen Blickwinkeln sehen Sie verschiedene Ansichten (Abb. 14.11). Ein Hologramm vermittelt also binokulare Disparation und damit in einem Maße Tiefe, wie es keine Fotografie kann.

Wir können also im Hologramm eine Art Zauberfenster sehen, in dem die Objektwelle ›erstarrt‹ oder ›eingeschlossen‹ ist. Durch die Rekonstruktion mit der richtigen Referenzwelle (dem ›Schlüssel‹) wird die rekonstruierte Welle ›erschlossen‹, befreit, und erzeugt das Bild des Gegenstands.

Aber zwischen einem Fenster und unserem Hologramm ist ein wichtiger Unterschied. Außer dem virtuellen Bild erzeugt das Hologramm ein (reelles) falsches Bild von jedem Punkt der Tasse. In diesem Beispiel schwebt das falsche Bild der Tasse in dem Abstand vor dem Bild, in dem die ursprüngliche Quelle hinter dem Film war. Dieses reelle Bild ist etwas ungewöhnlich. Die Bilder der Teile der Tasse, die am weitesten vom Film entfernt sind, liegen am weitesten vor dem Hologramm (Abb. 14.12a). Deshalb ist die Perspektive dieses Falschbilds verkehrt, das Bild ist pseudoskopisch (Abschnitt 8.5.1). Im Raum vor unserem Hologramm sehen wir eine Tasse, die in seltsamer Weise das Innere nach außen gekehrt hat.

14.11 Zwei Ansichten eines Hologramms einer Teetasse. Sie können die Parallaxe sehen, wenn Sie die Lage des Henkels in den beiden Ansichten vergleichen

(a)

(b)

14.12 (a) Das von einem einfachen Transmissionshologramm erzeugte Falschbild ist pseudoskopisch – Punkte, die vom Film den größten Abstand haben (*A*, *C*), erzeugen reelle Bilder (*A'*, *C'*), die dem Betrachter am nächsten sind. (b) Das Falschbild eines ausgedehnten Objekts ist ›umgestülpt‹. Der Tassenhenkel ist am weitesten vom Betrachter entfernt, aber doch sichtbar. Weil Licht von der Tassenrückseite *A* den Film nie erreicht hat (es wurde ja immer von der Tassenvorderseite blokkiert), werden die entsprechenden Punkte in dem reellen Bild nicht reproduziert (gestrichelte Linie)

Dieses reelle Bild kann auf einen Schirm projiziert werden. Es genügt ein weißer Schirm, der irgendwie zum Bild hin ausgerichtet ist, und man sieht die Tasse (Abb. 14.13a). Wie das virtuelle Bild kann auch das reelle Bild von einem kleinen Teil des Hologramms erzeugt werden (Abb. 14.13b). Es ist, als würde mit Hilfe einer Linse ein Bild entworfen werden. Auch wenn die Linse zum größten Teil (durch eine Blende) verdeckt ist, entsteht das ganze Bild.

14.3 Die Herstellung von Transmissionshologrammen

Bis jetzt haben wir nicht gesagt, wie die kohärenten Objekt- und Referenzwellen erzeugt werden, die zur Herstellung eines Hologramms nötig sind. Dies ist ein Problem, das den Fortschritt der Holografie hemmte und das Interesse an ihr 15 Jahre lang

14.13 (a) Das reelle Bild wird auf einen weißen Schirm geworfen, indem das Transmissionshologramm mit dem Rekonstruktionsstrahl beleuchtet wird. (b) Wie in (a), allerdings trifft der Rekonstruktionsstrahl jetzt nur einen kleinen Teil des Hologramms. Das Bild ist dort schärfer, weil nur eine einzige Ansicht des dreidimensionalen Objekts auf den Schirm projiziert wird

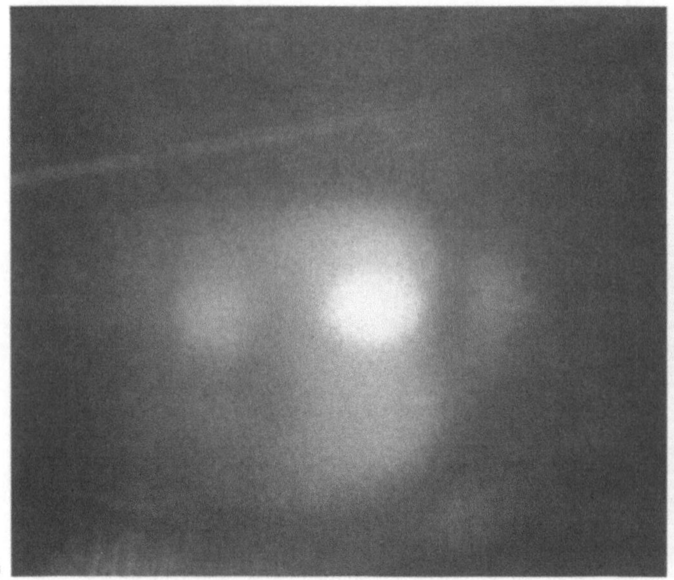

(a)

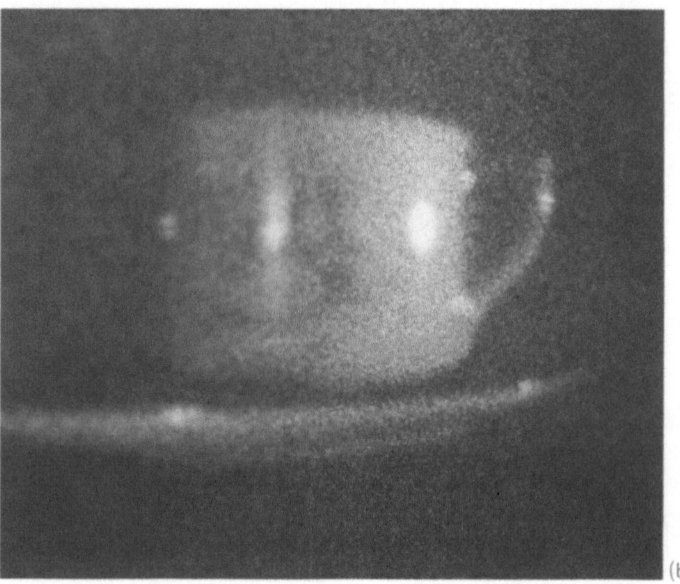

(b)

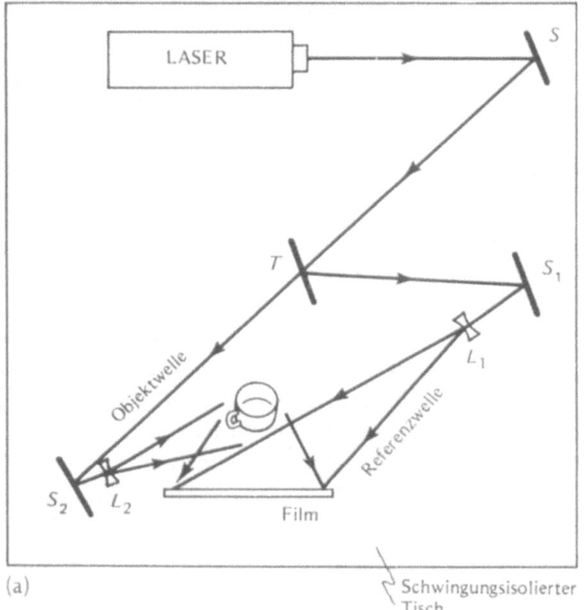

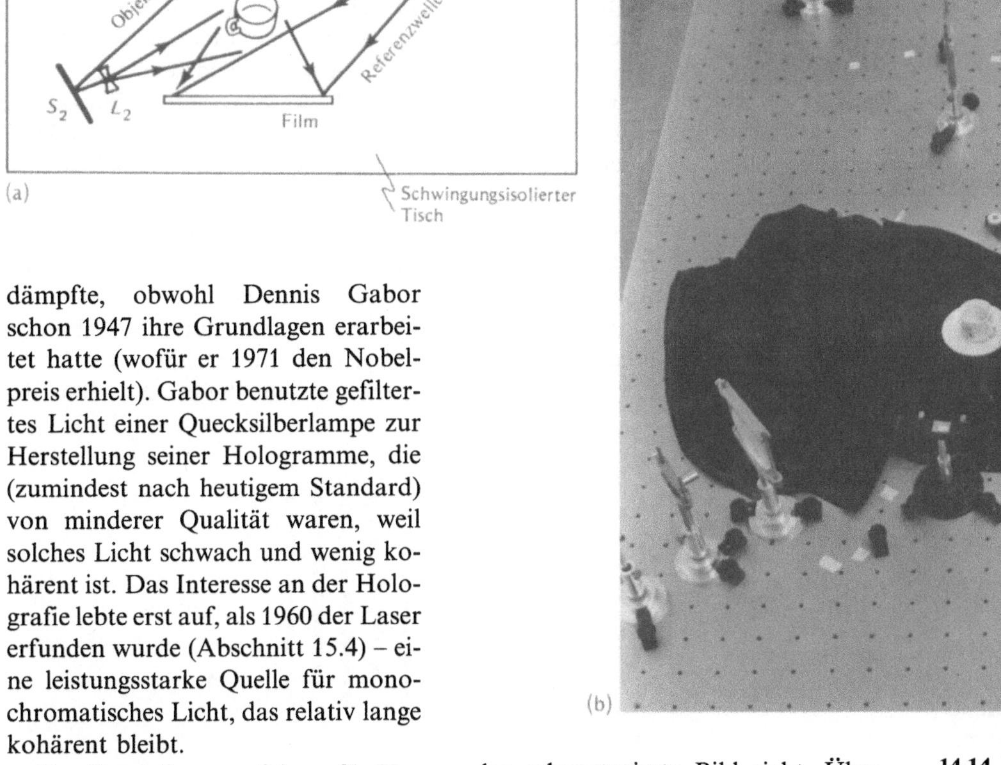

dämpfte, obwohl Dennis Gabor schon 1947 ihre Grundlagen erarbeitet hatte (wofür er 1971 den Nobelpreis erhielt). Gabor benutzte gefiltertes Licht einer Quecksilberlampe zur Herstellung seiner Hologramme, die (zumindest nach heutigem Standard) von minderer Qualität waren, weil solches Licht schwach und wenig kohärent ist. Das Interesse an der Holografie lebte erst auf, als 1960 der Laser erfunden wurde (Abschnitt 15.4) – eine leistungsstarke Quelle für monochromatisches Licht, das relativ lange kohärent bleibt.

Das Herstellungsverfahren für Hologramme, das wir in diesem Abschnitt darstellen, wurde zuerst um 1960 von Emmett Leith und Juris Upatnieks entwickelt und ist wohl das gebräuchlichste. Objekt- und Referenzwelle treffen beide unter einem Winkel auf den Film, damit das rekonstruierte Bild nicht im Rekonstruktionsstrahl liegt. Wie zuvor muß die Rekonstruktionswelle näherungsweise im gleichen Winkel ankommen wie die Referenzwelle, damit die Objektwelle originalgetreu rekonstruiert wird. Der Transmissionsstrahl nullter Ordnung verläßt dann das Hologramm unter einem Winkel und verfehlt das Auge des Betrachters, der

das rekonstruierte Bild sieht. Überdies ermöglicht dieses Verfahren, das reelle Bild zur Seite zu schieben oder sogar ganz auszuschalten.

Abbildung 14.14 zeigt eine mögliche Anordnung zur Aufnahme eines Transmissionshologramms. Referenz- und Objektwellen werden mit derselben monochromatischen Lichtquelle aufgenommen, deshalb sind sie kohärent und interferieren auf dem Film. (Die Referenzwelle braucht nicht eben zu sein. Da jedoch die Rekonstruktionswelle fast mit der Referenzwelle übereinstimmen muß, benutzt man im allgemeinen relativ einfache Wellen, damit die Rekonstruktion nicht schwierig zu bewerkstelligen ist.)

14.14 Eine Anordnung zur Belichtung eines Transmissionshologramms. (a) Kohärentes monochromatisches Laserlicht wird von einem Spiegel S reflektiert und trifft auf einen Strahlteiler T. Ein Teil des Strahls wird am Strahlteiler reflektiert, kommt zu einem weiteren Spiegel S_1, läuft durch eine Zerstreuungslinse L_1 und schließlich zum Film. Die Linse verteilt die Welle so, daß sie den ganzen Film belichtet. Dies ist die Referenzwelle. Der andere Teil des ursprünglichen Strahls läuft direkt durch den Strahlteiler zu einem Spiegel S_2 und einer Zerstreuungslinse L_2, die die Welle über das ganze Objekt, hier unsere vertraute Teetasse, verteilt. Dieses Licht wird von der Tasse reflektiert und fällt auf den Film – es ist die Objektwelle. Der Film wird in einem sonst unbeleuchteten Raum belichtet. (b) Diese Anordnung im Lichtbild. (Die optischen Komponenten stehen auf einem massiven Isoliertisch)

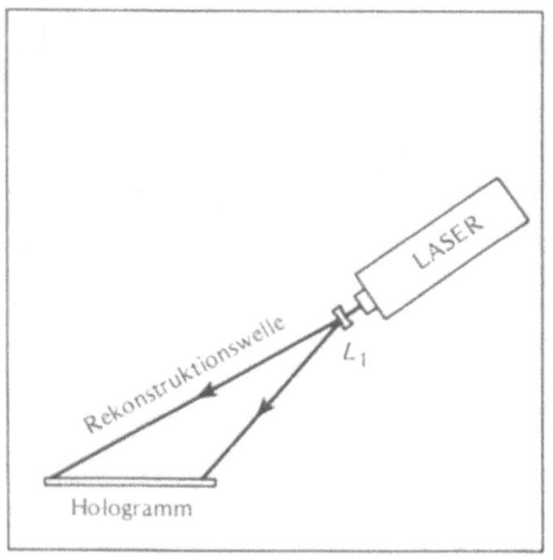

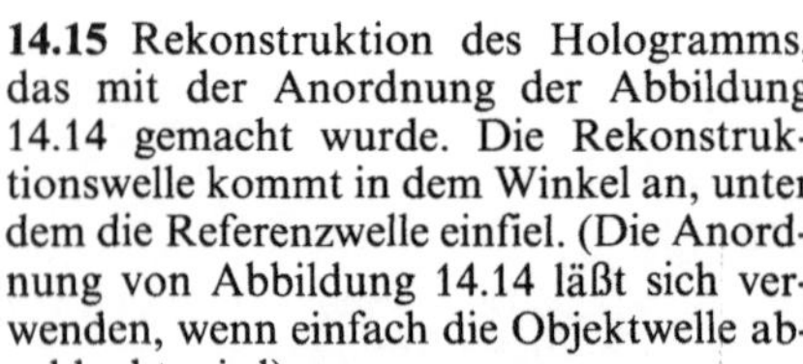

14.15 Rekonstruktion des Hologramms, das mit der Anordnung der Abbildung 14.14 gemacht wurde. Die Rekonstruktionswelle kommt in dem Winkel an, unter dem die Referenzwelle einfiel. (Die Anordnung von Abbildung 14.14 läßt sich verwenden, wenn einfach die Objektwelle abgeblockt wird)

Für die Rekonstruktion des Lichts von der Teetasse brauchen wir die richtige Rekonstruktionswelle (Abb. 14.15). Wenn nur diese Welle auf das Hologramm fällt, bildet die Interferenz des Lichts, das durch das Hologramm geht, ein Doppel der komplizierten Welle der ursprünglichen Objektwelle und erzeugt so ein dreidimensionales Bild der Tasse. Weil die Rekonstruktionswelle unter einem großen Winkel auf das Hologramm trifft, verläßt ihre Fortsetzung (der Strahl nullter Ordnung) das Hologramm unter einem großen Winkel und überdeckt deshalb das vom Strahl erster Ordnung erzeugte Bild nicht. Da der andere Strahl erster Ordnung unter einem noch größeren Winkel austritt, ist das Falschbild dann weit aus dem Weg.

Wenn Sie beim Betrachten des virtuellen Bildes das Auge bewegen, sehen Sie Parallaxeneffekte. Auch die Schatten des Henkels werden voll erfaßt, wenn die Objektwelle die Tasse beleuchtet. Eine solche Beleuchtung ist ein Aspekt, den sich Künstler zunutze machen. Genau wie ein Porträtfotograf sorgfältig Richtung, Intensi-

tät und Anzahl der Lampen bestimmt, die sein Motiv beleuchten, so kann ein Holograf weitere Strahlteiler einsetzen und den Laserstrahl weiterspalten, um sein Objekt aus mehreren Richtungen gleichzeitig zu beleuchten. Die relativen Intensitäten dieser Strahlen lassen sich zudem mit Hilfe von Filtern regulieren; wenn ein durchsichtiger Beugungsschirm vor das Objekt in die Objektwelle gesetzt wird, wird die Beleuchtung ›diffus‹.

Für die ganze Anordnung sind mehrere technische Gesichtspunkte wichtig. Alle optischen Komponenten müssen auf einem SCHWINGUNGSISOLIERTEN TISCH aufgebaut sein – einem schweren Block aus Metall, Zement oder einem Sandkasten, den luftgefüllte Reifenschläuche oder ähnliches vor den meisten äußeren Erschütterungen schützen. Wenn die optischen Komponenten sich während der Belichtung relativ zueinander auch nur um die Hälfte der Lichtwellenlänge

verschieben, verschmieren die Bereiche konstruktiver und destruktiver Interferenz und ruinieren das Bild, denn es bilden sich dann im fertigen Hologramm keine deutlichen Streifen aus.

Auch das Motiv selbst, hier die Teetasse, darf sich während der Belichtung nicht bewegen, denn jede Bewegung würde wie die der optischen Komponenten im fertigen Hologramm zu verschmierten Streifen führen. Tassen halten still, Katzen, Hamster und Menschen nicht, ja fast allem Lebendigem ist es unmöglich, so lange still zu halten, wie die durchschnittliche holografische Belichtung dauert – nämlich mindestens zehn Sekunden, bis auf dem Film ein gutes, deutliches Streifenmuster erzeugt wird. Deshalb werden holografische Porträtaufnahmen mit äußerst kurzen (nur Nanosekunden währenden) Blitzen intensiven Laserlichts gemacht. Selbst das Blut, das

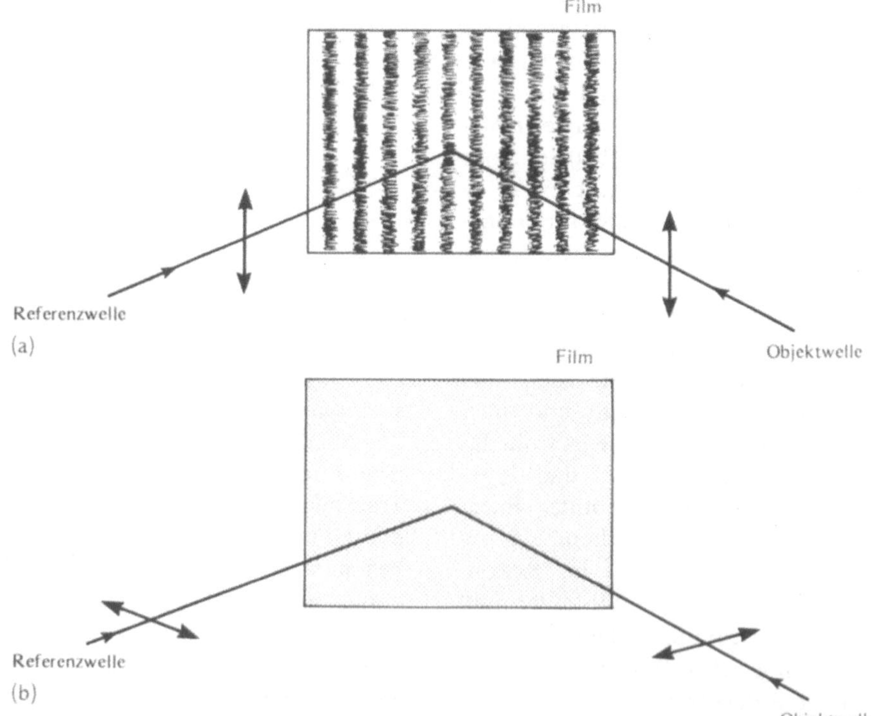

14.16 (a) Referenz- und Objektwelle sind beide vertikal polarisiert und ergeben gute Interferenzstreifen. (b) Referenz- und Objektwelle sind beide in der (horizontalen) Ebene des schwingungsisolierten Tisches

polarisiert, was zu verminderter Interferenz führt. Wenn sich zum Beispiel zwei Wellen wie gezeigt im rechten Winkel kreuzen, entstehen keine Interferenzstreifen

im Kopf des Modells fließt, kann die Haut mehr als eine halbe Wellenlänge des Laserlichts verschieben und dabei das von diesen Punkten im Kopf herrührende Laserinterferenzmuster verwischen. Aufnahmen mit zu langen Belichtungszeiten zeigen makabre Bilder von Menschen mit schwarzen Adern im Gesicht.

Laser, wie sie in der Holografie häufig benutzt werden, emittieren polarisiertes Licht (Abschnitt 13.4), und auch das ist zu berücksichtigen. Zwei Strahlen interferieren nur dann gut, wenn sie dieselbe Polarisation haben – ein horizontales elektrisches Feld kann ein vertikales nicht kompensieren. Wenn Referenz- und Objektwelle beide vertikal polarisiert sind (Abb. 14.16a), kommen sie parallel polarisiert auf dem Film an und erzeugen gute Interferenzstreifen. Wenn aber Referenz- und Objektwelle horizontal polarisiert sind, wenn sie am Film ankommen, sind sie, weil sie aus verschiedenen Winkeln kommen, nicht parallel polarisiert (Abb. 14.16b). Gewöhnlich ist dann die Interferenz auf dem Film schlecht. Der Laser sollte so eingestellt sein, daß er vertikal polarisiertes Licht ausschickt, die Polarisationsrichtung also senkrecht zu beiden, Objekt- und Referenzwelle, ist.

STUDIER & SPEKULIER

Ist es wichtig, wie das zur Rekonstruktion benutzte Laserlicht polarisiert ist?

Weil ein holografischer Film das Muster winziger Interferenzstreifen aufzeichnen muß, ist er äußerst feinkörnig; es gibt Filme, die pro Millimeter 2000 Streifen aufnehmen. Eine solche Auflösung geht natürlich auf Kosten der Filmempfindlichkeit (Abschnitt 4.7.3), deshalb gehört der holografische Film zu den langsamsten, die es gibt. Ein gebräuchlicher holografischer Film hat ASA 1!

Ein gutes Hologramm erzeugt eine rekonstruierte Welle mit denselben Intensitätsvariationen, wie die Objektwelle sie aufwies. Die Schwärzungskurve (Abschnitt 4.7.6) erlaubt das aber nur, wenn die Streifen wenig Kontrast haben. Dazu muß die Objektwelle schwächer sein als die Referenzwelle (was den zusätzlichen Vorteil hat, daß wir dann die schwachen Streifen ignorieren können, die entstehen, wenn Licht von einem Teil des Objekts als zusätzliche ›Referenzwelle‹ für einen anderen Teil des Objekts wirkt). Die Anpassung der relativen Intensitäten der Referenz- und Objektwellen kann mit Filtern geschehen, wird aber häufiger durch Verwendung eines veränderlichen Strahlteilers erreicht. (Ein veränderlicher Strahlteiler besteht aus einem Stück Glas, das auf einer Seite, etwa rechts, voll versilbert ist und allmählich über die halbversilberte Mitte zur unversilberten linken Seite übergeht. Wenn der Strahlteiler richtig in den Strahl gestellt wird, läßt sich jedes gewünschte Verhältnis von Strahlungsintensitäten erreichen.)

Ein weiteres Problem betrifft die Kohärenz der Strahlen. Selbst in einem Laserstrahl sind die Wellen an verschiedenen Punkten des Strahls nur dann miteinander kohärent, wenn die Punkte nicht zu weit voneinander entfernt sind. Die Strecke auf dem Strahl, auf der die Wellen ›im Schritt‹, also kohärent sind, heißt die KOHÄRENZLÄNGE. Objekt- und Referenzwellen müssen miteinander kohärent sein, wenn sie am Film ankommen, damit sie dort interferieren. Wenn ein Hologramm aufgenommen wird, dürfen sich die Weglängen von Objekt- und Referenzwelle höchstens um die Kohärenzlänge und möglichst sogar überhaupt nicht unterscheiden. (Bei Glaslasern ist die Kohärenzlänge meistens etwa gleich der Länge ihrer Röhre, also etwa 30 Zentimeter.)

STUDIER & SPEKULIER

Sind die Weglängen für Objekt- und Referenzstrahl in Abbildung 14.14 gleich lang? (Messen Sie nach.)

Die Weglängen können im allgemeinen nur dann gleich sein, wenn alle Teile des Motivs etwa gleich weit vom Film entfernt sind. Wenn sie in ganz verschiedenen Abständen liegen, werden nur einige von ihnen richtig aufgenommen. Deshalb haben Hologramme eine FELDTIEFE, einen Entfernungsbereich, in dem sie Objekte aufnehmen können. Je größer die Kohärenzlänge des Lasers ist, um so größer ist die Feldtiefe.

In den Hologrammen, die wir bis jetzt betrachtet haben, führen die Streifen zu unterschiedlicher Durchsichtigkeit des Films, also zu unterschiedlicher Intensität (und damit äquivalent unterschiedlichen Amplituden) der ausgesandten Wellen. Solche Hologramme werden deshalb AMPLITUDENHOLOGRAMME genannt. Sie sind nicht sehr effizient, weil ein großer Teil des Rekonstruktionslichts von den dunklen Silberkörnern absorbiert wird. Um die Helligkeit der rekonstruierten Bilder zu verbessern, werden Hologramme chemisch GEBLEICHT. Diese Art der Entwicklung entfernt die dunklen Silberkörner und ersetzt sie durch ein transparentes Material mit einer anderen Brechzahl oder hinterläßt eine Emulsion anderer Dicke. Solche PHASENHOLOGRAMME erzeugen Veränderungen in der Phase (und nicht der Amplitude) der ausgesandten Welle, was ebenfalls zu einem Interferenzmuster führt. (Beachten Sie, daß in Abbildung 14.3 das Licht, welches die undurchsichtigen Bereiche gegenphasig zu dem der durchsichtigen Bereiche aussenden, konstruktiv zur Rekonstruktion beiträgt.)

14.4 Anwendungen der Transmissionsholografie

Wegen ihrer ungewöhnlichen Eigenschaften und Aufnahmeverfahren kann die Holografie zur Lösung vieler Probleme bei Bilderzeugung und -speicherung herangezogen werden.

Ein Verfahren, mehrere dreidimensionale Bilder zu speichern, ist die

MEHRKANALHOLOGRAFIE, bei der über jedes Bild mit einer geeigneten Rekonstruktionswelle einzeln verfügt werden kann. Ein Mehrkanalhologramm wird mehrfach, jedesmal mit einer anderen Referenzwelle, belichtet. Bei einer ersten Belichtung, mit einer bestimmten Referenzwelle, ist das Objekt vielleicht eine Tasse, bei der zweiten, mit einer anders geneigten Referenzwelle, ein Halsband und bei der dritten, mit wieder einer anderen Referenzwelle, eine Muschel und so weiter. Der Film zeichnet alle die Streifenmuster auf, die bei den verschiedenen Belichtungen erzeugt wurden. Nach der Entwicklung werden die verschiedenen dreidimensionalen Bilder unter Benutzung der jeweiligen Rekonstruktionswelle einzeln rekonstruiert. Wenn man ein anderes Bild sehen will, braucht man nur zu einer anderen Rekonstruktionswelle überzugehen (Abb. 14.17).

Eine andere Anwendung findet die Holografie bei der Kodierung geheimer Mitteilungen. Die Streifen eines Hologramms allein (Abb. 14.9) lassen nicht erkennen, was dargestellt wird, nur die richtige Rekonstruktionswelle kann es entschlüsseln. Wenn die Rekonstruktionswelle komplex ist (zum Beispiel durch eine sehr präzise aufgestellte, genau spezifizierte Mattglasscheibe geschickt wird), dann ist es äußerst unwahrscheinlich, daß ein Spion diesen Strahl raten und als Rekonstruktionswelle verwenden könnte. Deshalb ist eine mit einer komplexen Referenzwelle gespeicherte Geheiminformation praktisch gegen alle Entzifferungsversuche von Spionen gefeit, während jeder, der den richtigen ›Schlüssel‹ – die richtige Rekonstruktionswelle – hat, das Geheimnis aufdecken und das Bild direkt gewinnen kann.

Wir haben erwähnt, daß die Bewegung des Subjekts während der Belichtung des Hologramms die Gebiete konstruktiver und destruktiver Interferenz verschmiert. Solche verwaschenen Interferenzmuster rekonstruieren solche Teile des Objekts nicht, die sich

bewegt haben. Nehmen wir an, daß wir statt dessen zweimal kurz belichtet hätten und daß ein Teil des Subjekts sich zwischen den Aufnahmen bewegt, so daß die Bahn der Objektwelle zum Beobachter sich um eine halbe Wellenlänge ändert. Die von diesem Teil auf dem Hologramm erzeugten Streifen werden zwischen den

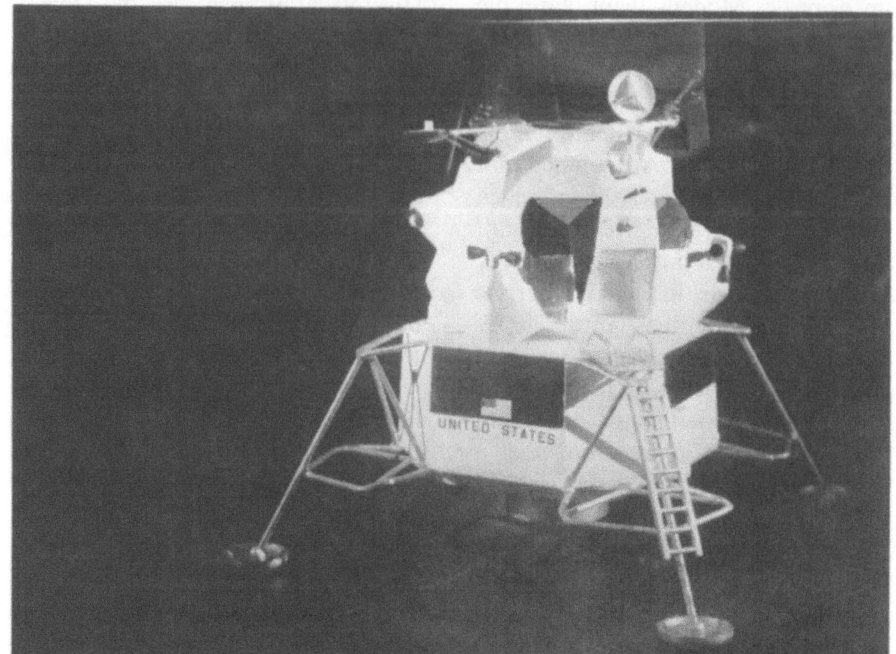

(a)

(b)

14.17 (a) Ein Zweikanaltransmissionshologramm, das mit der richtigen Rekonstruktionswelle für einen Kanal beleuchtet wird. (b) Dasselbe Hologramm mit der für den anderen Kanal richtigen Rekonstruktionswelle. (Reste des ersten Bildes sind am unteren Ende des Telefons sichtbar.)

Aufnahmen verschoben – jene, die bei der zweiten Aufnahme erzeugt werden, füllen den Raum zwischen denen der ersten Belichtung. Die Streifen aus diesen beiden Belichtungen heben einander also auf, und der Teil, der sie erzeugte, ist bei der Rekonstruktion unsichtbar. (Ähnliches gilt für Teile mit einer Verschiebung um $\frac{3}{2}\lambda$, $\frac{5}{2}\lambda,\dots$.) Teile mit einer Verschiebung um eine volle Wellenlänge (oder 2λ, $3\lambda,\dots$) haben deutliche Streifen, die bei den Aufnahmen zusammenfallen. Diese Teile werden daher bei der Rekonstruktion sichtbar. Abbildung 14.18 zeigt ein Foto eines dieser Hologramme, die sich gut zur Untersuchung akustischer Eigenschaften zum Beispiel von Bratschen eignen.

Dieses anwendungsträchtige Verfahren, die HOLOGRAFISCHE INTERFEROMETRIE (die rekonstruierten Strahlen aufeinander folgender Aufnahmen interferieren miteinander), wird von Ingenieuren zur Untersuchung von Materialverformung von Gebäuden unter Belastung genutzt. Man macht von einem Modell des Gebäudes, zum Beispiel eines Brückenbogens, wie oben auf demselben Film

zwei Aufnahmen. (Dabei kann ruhig länger belichtet werden, da das Motiv sich nicht bewegt.) Für die zweite Aufnahme wird das Gebäude unter Druck gesetzt – zum Beispiel dadurch, daß man es in eine Zwinge einspannt. Der Druck wölbt und verbiegt das Modell und erzeugt im Hologramm dunkle Streifen (Abb. 14.20). Die Überprüfung von Flugzeug- und Autoreifen durch holografische Systeme ist zu einem der (nicht nur für Reiselustige) wichtigsten Anwendungsbereiche der Holografie geworden.

Eine Abänderung dieses Verfahrens verwendet nur eine holografische Belichtung. Nach der Belichtung wird das entwickelte Hologramm an die ursprüngliche Stelle gesetzt und mit der Rekonstruktionswelle beleuchtet, so daß es die rekonstruierte Welle er-

(a)

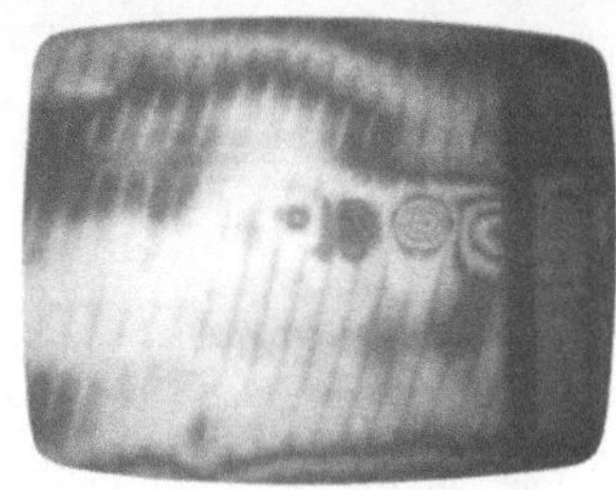
(b)

14.19 Holografische Reifenprüfung. (a) Interferenzmessung an einem Autoreifen. (b) Hologramm eines fehlerhaften Reifens

14.18 Fotografie eines doppelt belichteten Hologramms eines Bratschenspielers. Die sichtbaren Interferenzstreifen zeigen die Bewegung zwischen den Belichtungen an. Die Streifen verbinden die Punkte, deren Bewegung die Objektwelle um den gleichen Betrag verschoben hat

zeugt. Das wirkliche Objekt, das in der ursprünglichen Lage blieb, wird mit dem gleichen Laserlicht wie bei der Aufnahme angestrahlt. Die rekonstruierte Welle und das Licht vom Objekt sind also kohärent und interferieren. Die Wellen können so eingestellt werden, daß sie sich konstruktiv addieren und ein helles Bild des Körpers ergeben. Dann wird der ursprüngliche Gegenstand unter Druck gesetzt; dadurch verschiebt sich die von ihm herrührende Welle ein wenig und erzeugt dunkle, sich bewegende Streifen, wenn der Druck immer größer wird (Abb. 14.20).

Ein bemerkenswertes Verfahren ist die LICHT-IM-FLUG-AUFNAHME; dabei bestimmt das Licht selbst die Belichtungszeit. Bessere Zeitlupenverfahren sind kaum denkbar. Abbildung 14.21a zeigt die zugrunde liegende Anordnung. Der Laser sendet einen

14.20 Eine weitere Form der holografischen Interferometrie. Eine Dose und ihr holografisches Bild werden überlagert, und ihr Licht interferiert. In die Dose wird dann Luft gepumpt, und dadurch ändert sich das Streifenmuster

extrem kurzen Puls eines kohärenten Lichtstrahls aus, der aufgespaltet und wieder so zusammengesetzt wird, daß zu verschiedenen Zeiten unterschiedliche Objektwellen aufgenommen werden, während der Referenzpuls über den Film läuft. Der entwickelte Film wird nur durch eine gewöhnliche Rekonstruktionswelle beleuchtet. Durch den linken Teil betrachtet, sieht man die Wellenfront, die die linke Seite der Karte trifft. Wenn man sich bewegt und durch den rechten Teil des Hologramms schaut, sieht man die Wellenfront, die auf die rechte Seite des Objekts trifft. Wenn ein Gegenstand, etwa ein kleiner Spiegel, neben die Karte gestellt wird und die Wellenfront stört, wird die gestörte Wellenfront aufgenommen. Solche Aufnahmen zeigt Abbildung 14.22. Die Wellenfronten in Abbildung 12.44b wurden ähnlich aufgenommen; eine Linse innerhalb der Objektwelle fokussiert dabei einen Teil ihrer Wellenfront, bevor sie auf die weiße Karte fällt.

14.5 Weißlichthologramme

In den bis jetzt von uns betrachteten Hologrammen mußte die Rekonstruktionswelle monochromatisch sein und dieselbe Wellenlänge haben wie das Licht, mit dem der Film belichtet wurde. In Abschnitt 12.3 haben wir jedoch gesehen, daß eine

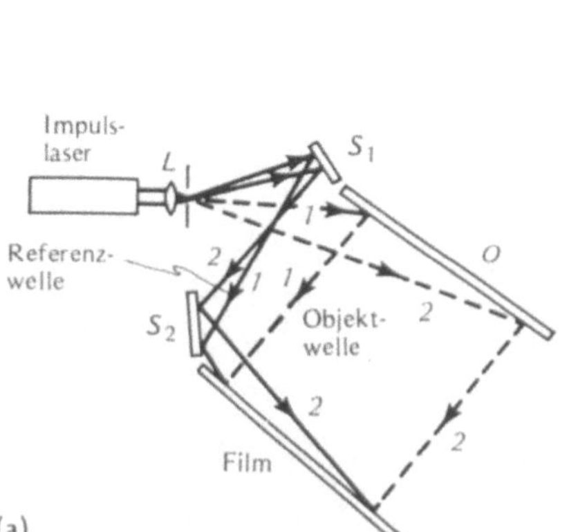

14.21 (a) Licht-im-Flug-Verfahren zur Aufnahme der Ausbreitung einer Lichtwelle. Alle Strahlen verlassen den Laser gleichzeitig und werden von der Linse L aufgefächert. Ein Teilstrahl trifft zuerst auf den Spiegel S_1, dann auf Spiegel S_2 und schließlich auf den Film. Das ist die Referenzwelle. Strahl 1 dieser Welle kommt an der linken Filmseite an, bevor Strahl 2 rechts ankommt. Die Objektwelle läuft von der Linse L zu einer vertikalen weißen Karte (dem diffus reflektierenden Objekt O) und wird dort zum Film reflektiert.

Lippmann-Platte – viele fotografisch hergestellte dünne Schichten – aus breitbandig einfallendem weißem Licht eine Wellenlänge aussondern kann. Das läßt vermuten, daß es möglich ist, ein Hologramm zu konstruieren, dessen Rekonstruktionswelle aus weißem Licht besteht. Und das ist auch wirklich der Fall.

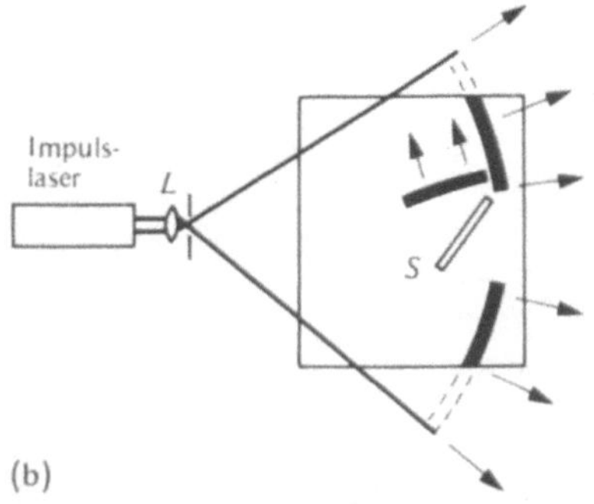

Strahl 1 der Objektwelle fällt genau in dem Augenblick auf die linke Filmseite wie der Referenzstrahl und ist so eingezeichnet. Einen winzigen Moment später erreicht Strahl 2 der Referenzwelle die rechte Seite des Films zusammen mit Strahl 2 der Objektwelle, die also an einer anderen Stelle aufgezeichnet wird als Strahl 1. (b) Seitenansicht der Objektkarte mit einem kleinen Spiegel S, der die Objektwelle teilt. Die (aufgeteilte) Welle und ihre Bewegungsrichtung sind eingezeichnet

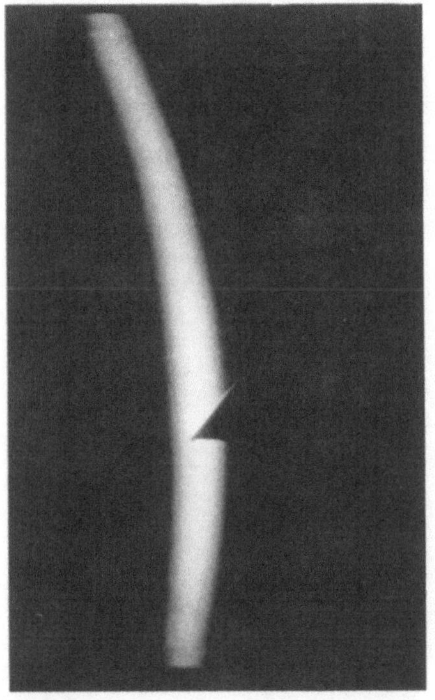

(a)

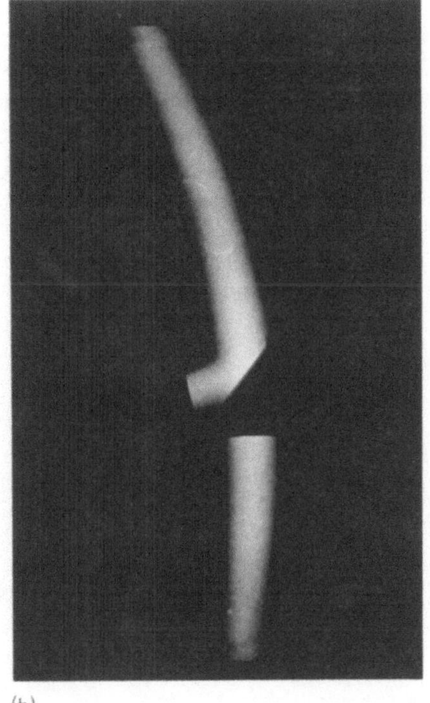

(b)

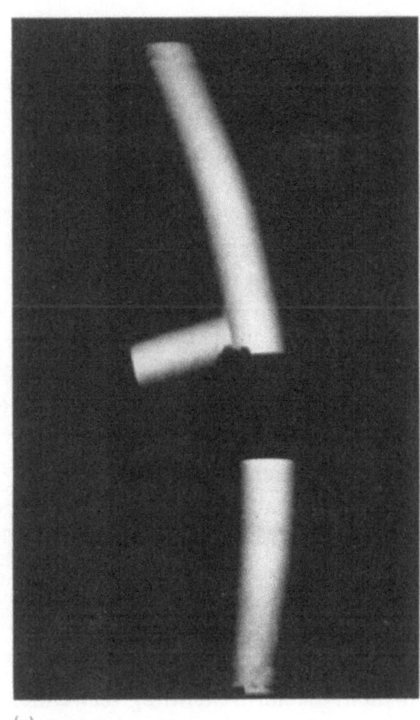

(c)

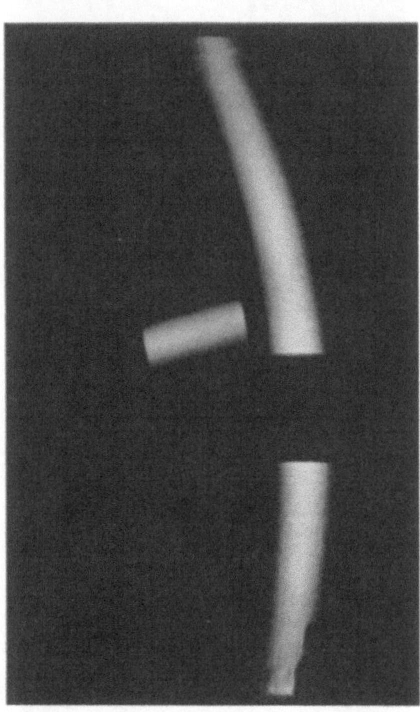

(d)

14.22 Vier Ansichten des Hologramms, das mit der Anordnung von Abbildung 14.21 erzeugt wurde. (a) Der divergierende Objektpuls des Objekts trifft die weiße Karte, (b) die Objektwelle wird gerade vom gewinkelten Spiegel reflektiert, (c) später, (d) noch später. Der am Spiegel reflektierte Teil der Welle läuft vertikal weiter

14.5.1 Reflexionshologramm einer entfernten Punktquelle

Abbildung 14.23a zeigt die Herstellung einer Lippmann-Platte. Eine stehende Welle, bestehend aus zwei entgegengesetzt laufenden ebenen Wellen, wird auf einen Film mit einer dicken Emulsion aufgenommen. (Die Emulsion kann 15 μm dick sein und darf keinen Lichthofschutz haben.) Wenn dieser Film dann entwickelt wird, liegen Schichten von Silberkörnern in der Emulsion. Bei der folgenden Bleichung bilden sich Schichten mit variabler Brechzahl. Wenn wir einen der beiden Strahlen als Objekt-

welle (von einer entfernten Punktquelle) und den anderen als Referenzwelle ansehen, können wir in dem fertigen Film ein Hologramm erkennen. Weil die Information der interferierenden Strahlen in der ganzen Emulsionsschicht gespeichert ist und nicht nur auf der Oberfläche, heißt

14.23 (a) Belichtung eines dick beschichteten Films zur Herstellung eines Reflexionshologramms einer fernen Punktquelle, die auf der Achse liegt. Die schraffierten Linien stellen die Bereiche der stehenden Welle dar, wo das entwickelte Silber sein wird. (b) Rekonstruktion der Objektwelle. Hier repräsentieren die schraffierten Bereiche das entwickelte Silber

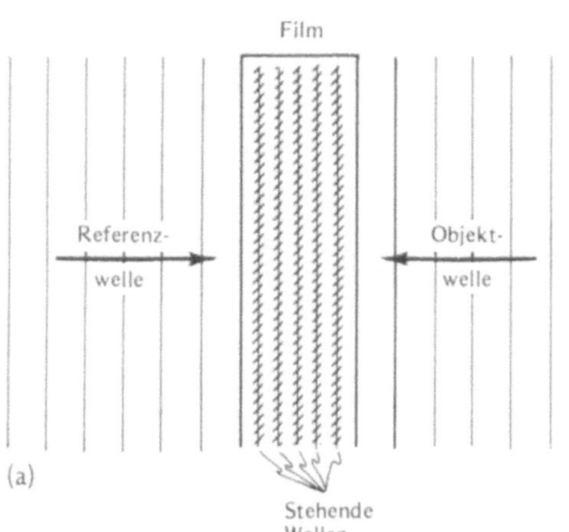

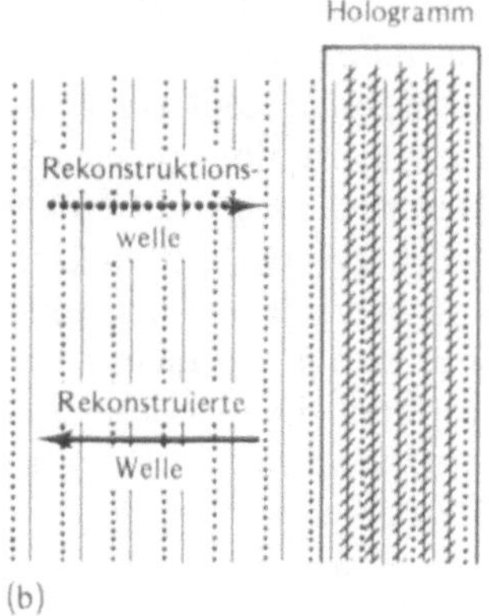

ein solches Hologramm ein VOLUMEN-HOLOGRAMM.

Nehmen wir an, dieses Hologramm würde durch eine Rekonstruktions-welle beleuchtet, die dieselbe Wellen-länge hat wie die, mit der belichtet wurde (Abb. 14.23b). Die von den Schichten reflektierten Wellen interfe-rieren konstruktiv und bilden ein Doppel des ursprünglichen Objekt-strahls. Wir haben damit ein REFLE-XIONSHOLOGRAMM – es muß von der Seite betrachtet werden, von der die Referenzwelle kommt.

Was geschieht, wenn wir in diesem Hologramm als Referenzwelle breit-bandiges weißes Licht verwenden (das aus derselben Richtung kommt wie die Referenzwelle)? Im allgemeinen interferieren die von vielen Schichten reflektierten Wellen destruktiv, wenn sie nicht die zur Belichtung verwende-te Wellenlänge haben. Deshalb reflek-tiert (wie wir in Abschnitt 12.3.4 sa-hen) der Stapel der Silberschichten nur die gewünschte Wellenlänge und keine andere. Wenn wir also das Ho-logramm mit weißem Licht beleuch-ten, können wir die Objektwelle re-konstruieren – wir brauchen also kei-nen Laserstrahl zur Betrachtung. Damit haben wir ein WEISSLICHT-REFLEXIONSHOLOGRAMM (kurz WEISS-LICHTHOLOGRAMM oder auch LIPP-MANNHOLOGRAMM genannt). (Wenn nicht besondere Chemikalien ver-wendet werden, schrumpft der Film beim Entwickeln und Bleichen, und deshalb ist dann die Wellenlänge für die Rekonstruktion kürzer als für die Belichtung.)

Gewöhnlich werden Weißlichtho-logramme von einer nicht senkrecht auftreffenden Referenzwelle belichtet, so daß der Kopf des Betrachters die Rekonstruktionswelle nicht abblockt. Natürlich fallen die Objektwellen aus-gedehnter Objekte in einer Vielzahl von Winkeln auf den Film. Schauen wir uns an, ob auch in dem kompli-zierteren Fall Rekonstruktion auf-tritt, wenn sowohl Referenz- als auch Objektwelle in einem beliebigen Win-kel auf den Film fallen.

Welche Punkte der Emulsion in Abbildung 14.24a werden belichtet, wenn diese beiden Wellen interferie-ren? Die ausgezogenen Linien zeigen gleichsam eine Momentaufnahme der Wellenberge der Referenz- und Objektwellen. Die Interferenz ist an jedem Punkt konstruktiv – die Wellen bleiben in Phase –, wo diese (durch Punkte markierten) Berge zusammen-

14.24 Ein Reflexionshologramm einer fer-nen Punktquelle in einem Winkel θ_O von der Achse. (a) Belichtung eines Films mit einer dicken Emulsion. Die Referenzwelle fällt unter dem Winkel θ_{ref} ein. (b) Die Streifen, in denen das Silber im entwickel-ten Hologramm liegt. (c) Rekonstruktion der Objektwelle. Die krausen Wellenfron-ten stellen den Weißlichtrekonstruktions-strahl dar. (Überall im Bild ignorieren wir die Brechung beim Eintritt der Strahlen in die Emulsion)

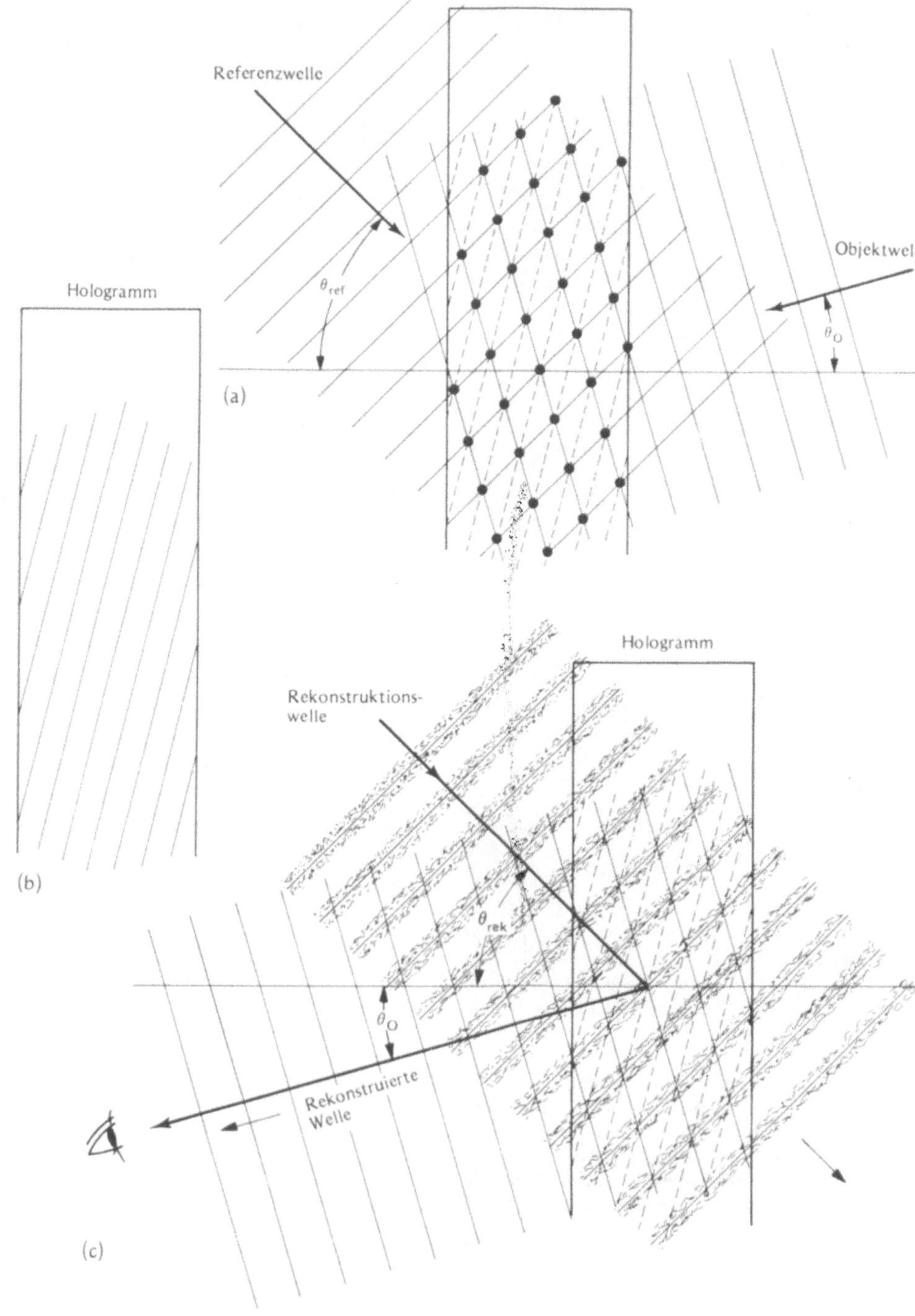

fallen. An diesen Punkten wird das Silberhalogenid belichtet.

Diese Punkte stellen nur einige der belichteten Punkte dar, denn belichtet werden alle jene, an denen gleichzeitig Wellenberge beider Wellen ankommen. Legen Sie dazu die Kante eines Stück Papiers in Abbildung 14.24a an die Wellenfront der Referenzwelle und die Kante eines anderen an die Wellenfront der Objektwelle. Die Kanten schneiden sich in einem Punkt – also wird die Emulsion dort belichtet. Lassen Sie die Wellenfront sich jetzt ›fortpflanzen‹: Schieben Sie langsam jedes Stück Papier zur nächsten Wellenfront vor (nach rechts unten für die Referenzwelle, nach links unten für die Objektwelle). Sie sehen, daß die Orte, an denen die (Kanten-) Wellenfronten sich schneiden, entlang einer der schrägen gepunkteten Linien liegen. Das Silberhalogenid wird entlang dieser gestrichelten Linien belichtet (Abb. 14.24b).

Wenn der entwickelte Film im richtigen Winkel (θ_{ref}) mit einer Rekonstruktionswelle aus weißem Licht beleuchtet wird, wird dieses Licht an den Silberhalogenidschichten gespiegelt und bildet die rekonstruierte Welle – ein Doppel der Objektwelle (Abb. 14.24c). Das Reflexionsgesetz gilt für Licht, das von jeder der Schichten reflektiert wird, und garantiert damit, daß die rekonstruierte Welle in die richtige Richtung läuft. Eine einzelne Wellenlänge wird als Ergebnis einer Interferenz zwischen den Reflexionen der vielen gestapelten Silberschichten

ausgewählt. Wenn der Film nicht schrumpft, ist dies dieselbe Wellenlänge wie die, mit der belichtet wurde.

Wenn eine komplizierte Objektwelle benutzt wird, etwa jene, welche von der Teetasse reflektiert wird, zeichnet der Film eine komplizierte, raumfüllende Schichtenfolge auf. Bei der Beleuchtung mit der Rekonstruktionswelle wird dann das ganze komplizierte Objekt rekonstruiert.

14.5.2 Die Herstellung eines Weißlichthologramms

Abbildung 14.25a zeigt eine mögliche Anordnung für die Herstellung von Weißlichthologrammen. Dabei fallen Referenz- und Objektwelle von verschiedenen Seiten auf den dick beschichteten Film. Während der Rekonstruktion fällt weißes Licht (etwa von einem gewöhnlichen Scheinwer-

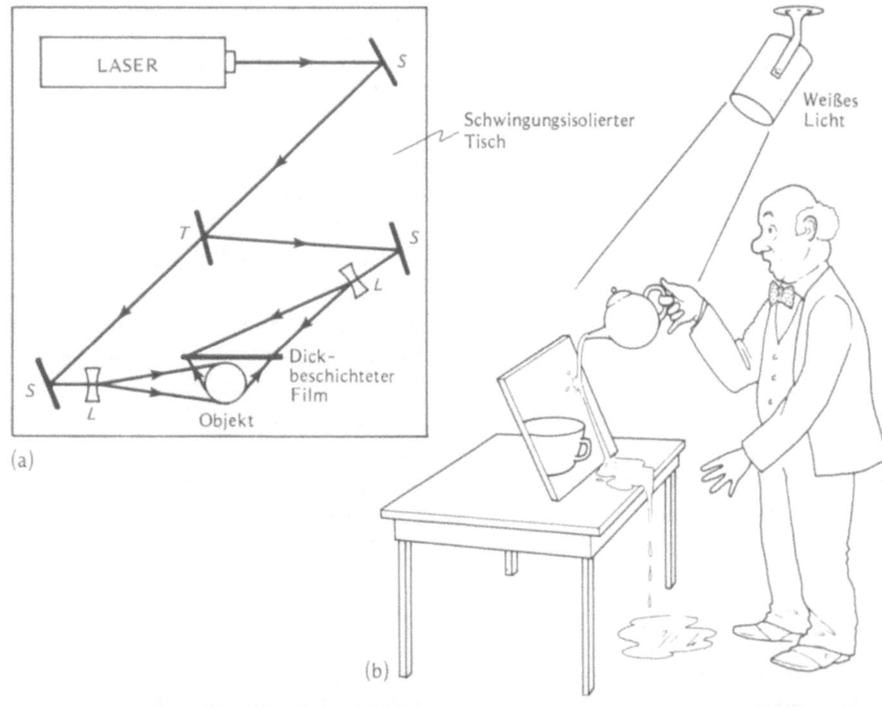

(c)

14.25 (a) Eine mögliche Anordnung zur Herstellung eines Weißlichthologramms, bei der drei Spiegel *S*, zwei Zerstreuungslinsen *L* und ein Strahlteiler *T* verwendet werden. Alle optischen Komponenten stehen auf einem schwingungsisolierten Tisch; ein Laser dient als Lichtquelle. Wie üblich muß die Intensität der Referenzwelle auf dem Film größer sein als die der Objektwelle. Sie wird von dem Strahlteiler kontrolliert. (b) Das montierte, mit gewöhnlichem weißem Licht beleuchtete Hologramm. (c) Foto eines Weißlichtreflexionshologramms. Das holografische Bild ist in Wirklichkeit grün

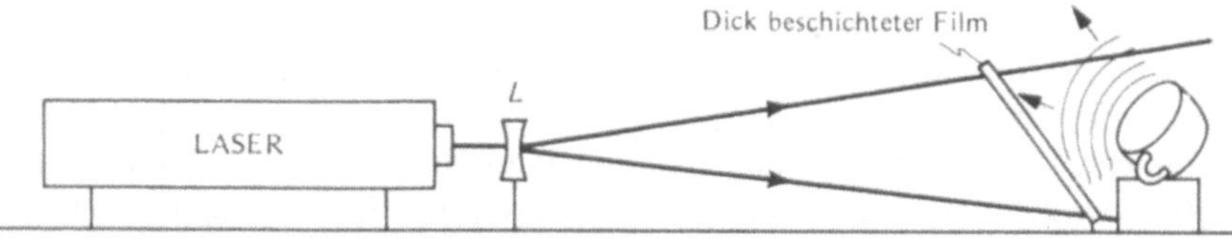

14.26 Seitenansicht eines einfachen, einstrahligen Aufbaus zur Herstellung eines Weißlichthologramms

fer) in demselben Winkel auf das Hologramm wie die Referenzwelle (Abb. 14.25b).

Abbildung 14.26 zeigt eine andere Anordnung für die Herstellung von Reflexionshologrammen mit weißem Licht. Hier ist keine Strahlteilung nötig. Der Strahl geht durch die Emulsion hindurch und wird von dem Objekt reflektiert – die Objektwelle. Dieser Strahl interferiert mit einem Teil des ursprünglichen Strahls, der den Film noch nicht durchlaufen hat – der Referenzwelle. Die beiden Strahlen fallen also von verschiedenen Seiten auf den Film. (Da dabei die Längen von Referenz- und Objektwelle niemals gleich sein können, muß ein Laser mit entsprechender Kohärenzlänge benutzt werden.)

14.5.3 Weißlichttransmissionshologramme

Im Gegensatz zu den besprochenen Reflexions- und Volumenhologrammen müssen die Transmissionshologramme der Abbildung 14.3 mit monochromatischem Licht betrachtet werden. Ist es möglich, ein Transmissionshologramm zu machen, das mit weißem Licht betrachtet werden

kann? Ja – man braucht dazu nur einen dick beschichteten Film, der mit Referenz- und Objektwellen belichtet wird, die von denselben Seiten des Films kommen.

Abbildung 14.27 illustriert das Prinzip. Genau wie beim Weißlichthologramm in Abbildung 14.24 werden in der dicken Emulsion Silberschichten belichtet. Licht der Rekonstruktionswelle wird dann von einer Schicht nach der anderen reflektiert und überlagert sich zur richtigen rekonstruierten Welle. Hier haben die Schichten des belichteten Silbers gerade den Abstand, der die größte Durchlässigkeit der gewünschten Wellenlänge garantiert.

Die Anordnung für die Herstellung von Weißlichttransmissionshologrammen ist dieselbe wie für Lasertransmissionshologramme (Abb. 14.14), nur muß der Film eine dicke Emulsion (mit einem Lichthofschutz) haben. Die meisten Hologramme dieser Art werden gebleicht, damit das Bild heller ist. Tafel 14.1 zeigt ein solches Hologramm, das mit breitbandigem weißem Licht beleuchtet wurde. Das Verschwimmen der Farbe (›chromatische Aberration‹) tritt ein, weil jede Wellenlänge interferiert und in einer etwas verschiedenen Lage ihr eigenes Bild erzeugt. (Weißlicht-

*reflexions*hologramme sind weniger verwaschen.)

14.6 Andere holografische Verfahren

Viele neuere Fortschritte der Holografie sprechen unseren Sinn für Schönheit genauso an wie unser Interesse an der Naturwissenschaft. Es gibt wohl überhaupt wenige Bereiche, in denen die Naturwissenschaften und die bildenden Künste sich wechselseitig so stark fördern und befruchten wie in der Holografie.

14.6.1 Bildebenenhologramme

Ein BILDEBENENHOLOGRAMM ist nicht reinblütig. Ein Teil des Bildes ist reell, ein Teil virtuell – das Bild eines ausgedehnten Körpers reitet auf der Ebene des Hologramms. Beide Teile haben eine normale Perspektive (kein Falschbild). Das Hologramm erzeugt eine divergierende Welle, die das virtuelle Bild wie in Abbildung 14.5 hinter der Ebene des Hologramms rekonstruiert. Es erzeugt auch eine konvergierende Welle, die auf ähnliche Weise das reelle Bild vorn rekonstruiert. Einem Hologramm ist es gleich, was für eine Welle es aufzeichnet – es kann eine konvergierenden Welle genausogut ›erstarren‹ lassen und wiedergeben wie eine divergierende (Abb. 14.28).

Um also ein Bildebenenhologramm zu erhalten, müssen wir irgendwo ein Motiv finden, das beides,

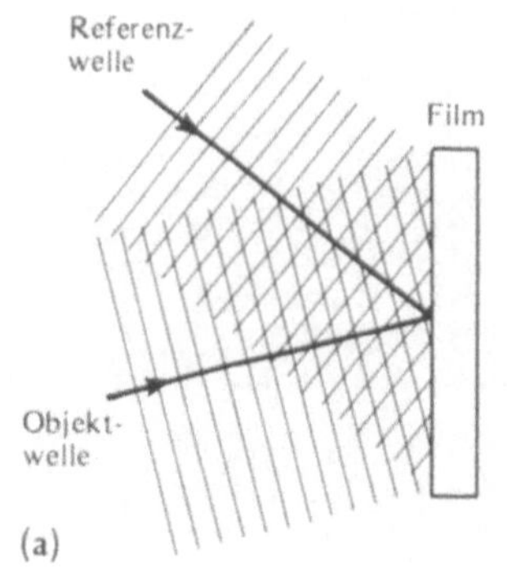

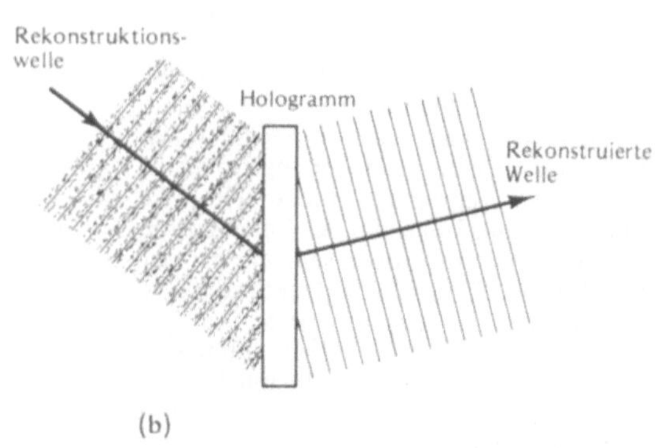

14.27 (a) Herstellung eines Weißlichttransmissionshologramms durch Belichtung einer dick beschichteten Filmplatte. (b) Wenn zur Rekonstruktion weißes Licht benutzt wird (das hier durch die krausen Wellenfronten angedeutet wird), führt nur die zur Belichtung benutzte Wellenlänge zur richtigen Rekonstruktion des Bildes

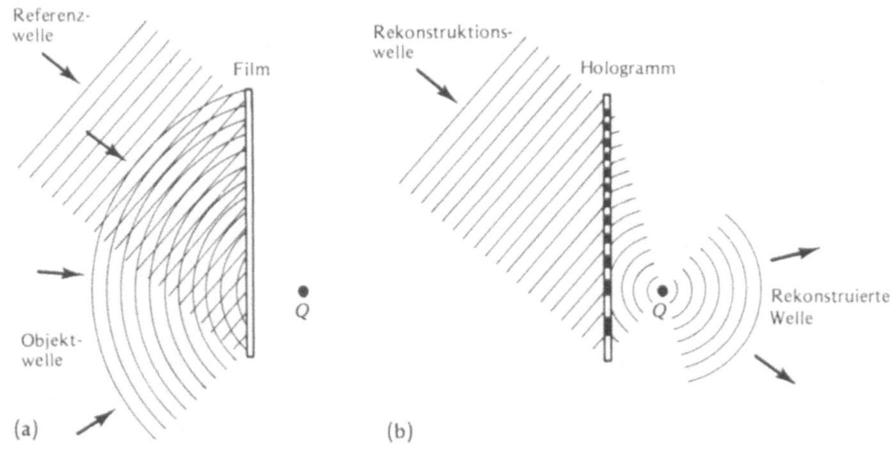

14.28 (a) Belichtung eines Films mit einer ebenen Referenzwelle und einer Objektwelle, die im Punkt Q konvergiert. (b) Bei der Rekonstruktion wird eine mit der konvergierenden Objektwelle identische Welle rekonstruiert, die durch Q geht

divergierende und konvergierende Wellen, ausschickt. Reelle Objekte tun das nicht, sie senden nur divergierende Wellen aus. Wenn wir aber mit einer Linse ein Bild entwerfen, erzeugen wir beide Wellenarten (Abbildung 3.27 ist ein Beispiel). Also können wir mit Hilfe einer Linse ein reelles Bild eines ausgedehnten Objekts erzeugen und dieses Bild dann rittlings auf unseren Film setzen (Abb. 14.29a). Einerseits dienen jene Punkte des Bildes, die vor dem Film liegen, als Quellen divergierender Wellen und werden wie in Abbildung 14.4 auf dem Film aufgezeichnet. Andererseits muß Licht von der Linse, das auf Punkte des Bildes hinter dem Film konvergiert, vorher den Film passieren und wird dort wie in Abbildung 14.28 aufgenommen. Das rekonstruierte Bild wird dann zum Teil reell und zum Teil virtuell, es reitet sozusagen auf dem Film (Abb. 14.29b). Dieses Verfahren zur Herstellung eines Bildebenenholo-

14.29 (a) Belichtung eines Bildebenenhologramms mittels reeller Abbildung. Die Objektwelle verläßt hier die Sammellinse und würde ein vollständiges dreidimensionales reelles Bild der Tasse entwerfen, wenn der Film nicht da wäre. (b) Bei der Rekonstruktion wird das Bild der Tasse erzeugt. Das Bild ist dort reell, wo es rechts vom Hologramm ist, und virtuell für die Teile, die links vom Hologramm sind. Hier gibt es reelle und virtuelle Teile, weil das Bild bei der Belichtung auf dem Film ›reitet‹. (Natürlich zeigt das Bild keinen Teil der Tasse, der nicht von der Linse aus auf der ursprünglichen Tasse zu sehen wäre)

gramms heißt BILDEBENENHOLOGRAFIE mittels reeller Abbildung.

Statt einer Linse kann ein anderes Hologramm – das TRANSMISSIONS-ORIGINALHOLOGRAMM – zur Herstellung des reellen Bildes benutzt werden. Wir können entweder das Falschbild nehmen (Abb. 14.6) oder das Hologramm mit einer konjugierten Welle beleuchten (Abb. 14.7). In jedem Fall ist das sich ergebende reelle Bild pseudoskopisch (Abb. 14.30a). Wenn wir dieses Bild auf dem Film ›reiten‹ lassen, erhalten wir eine HOLOGRAMMKOPIE (Abb. 14.30b). Das Licht vom Originalhologramm wird damit die neue Objektwelle und interferiert auf der Hologrammkopie mit einer Referenzwelle. Nach der Entwicklung muß die

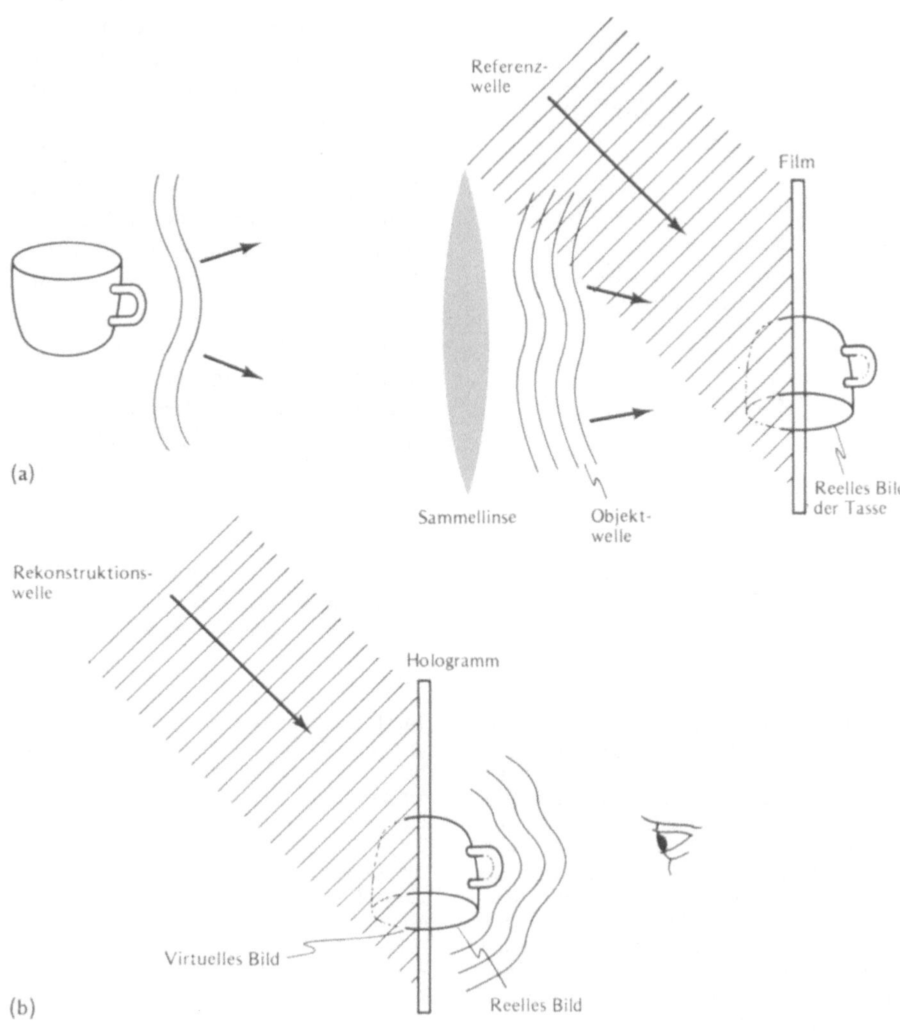

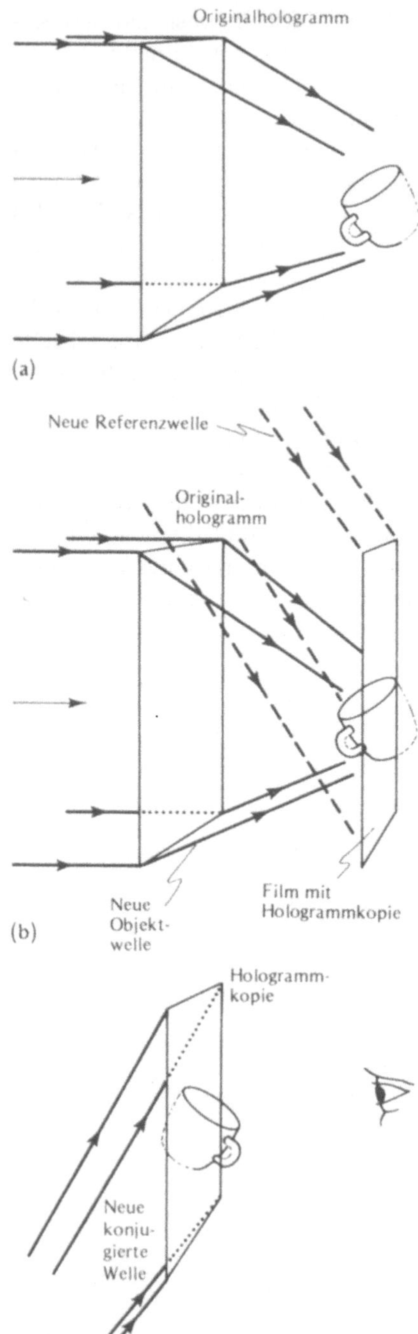

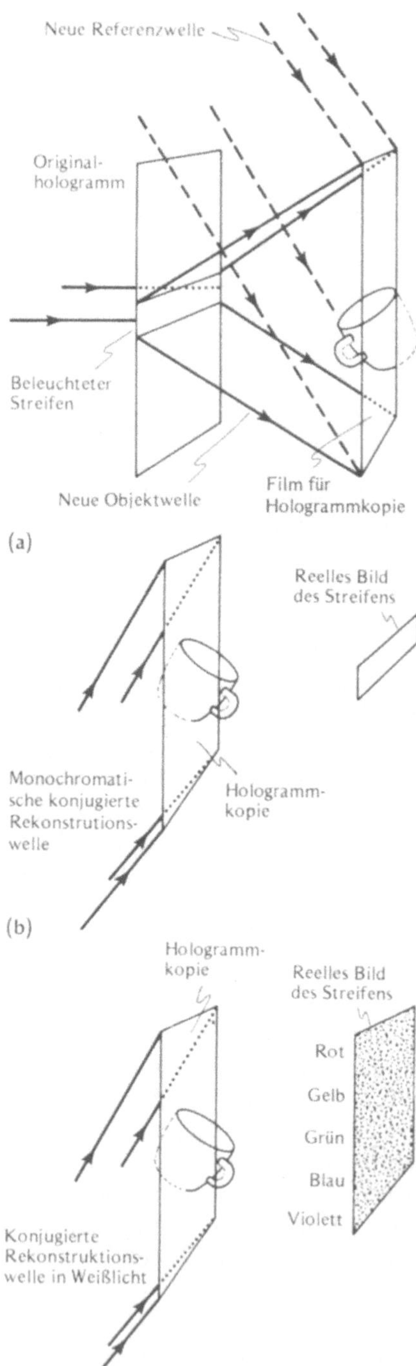

Hologrammkopie mit der konjugierten Welle beleuchtet werden, damit das sich ergebende Bild eine normale Perspektive hat (Abb. 14.30c).

STUDIER & SPEKULIER

Warum hat dieses Bild dann eine normale Perspektive?

Das Verwischen der Farbe im üblichen Weißlichttransmissionshologramm kann durch ein verwandtes Verfahren, die REGENBOGENHOLOGRAFIE, drastisch reduziert werden. Dieses Verfahren ähnelt dem in Abbildung 14.30, aber jetzt wird bei der Belichtung der Hologrammkopie nur ein horizontaler Streifen des Originalhologramms beleuchtet (Abb. 14.31a). Weil jeder kleine Teil des Originalhologramms das ganze Bild projiziert, wird immer noch das ganze Bild aufgezeichnet. In dem Ergebnis, der (Regenbogen-)Hologrammkopie, ist jetzt jedoch auch das Bild des Streifens wiedergegeben. Da die Rekonstruktion mit der konjugierten Welle gemacht wird, liegt dieses Bild des Streifens vor dem Regenbogenhologramm.

Nehmen wir jetzt an, wir würden eine monochromatische Rekonstruktionswelle benutzen. Um das Bild des aufgenommenen Gegenstands sehen zu können, müssen wir dann durch das Bild des Streifens schauen (Abb. 14.31b). Es ist wie der Blick durch einen Briefkastenschlitz – wenn Sie den Kopf auf und ab bewegen, sehen Sie nicht mehr durch den Schlitz,

14.30 Die Herstellung einer Kopie eines Weißlichttransmissionshologramms. (a) Zuerst wird mit Hilfe eines Transmissionsoriginalhologramms ein reelles (pseudoskopisches) Bild erzeugt. (b) Der Film für die Hologrammkopie kommt an die Stelle dieses Bildes und wird mit dem Licht, das das Bild erzeugt, und der neuen Referenzwelle belichtet. (c) Die entwickelte Hologrammkopie wird umgedreht und mit der zur Referenzwelle in (b) konjugierten Welle beleuchtet. Es ergibt sich dann ein Bild mit normaler Perspektive

14.31 Herstellung eines Regenbogenhologramms. (a) Das Originalhologramm wird bis auf einen schmalen horizontalen Streifen abgedeckt und so beleuchtet, daß sich ein reelles Bild des Objekts ergibt. Der Film für die Hologrammkopie wird (in diesem Beispiel) an die Stelle dieses Bildes gebracht und mit dem Licht, das das Bild ergibt, und der neuen Referenzwelle belichtet. (b) Wenn das entwickelte Hologramm mit einer monochromatischen Welle belichtet wird, die zu der Referenzwelle in (a) konjugiert ist, entsteht ein Bild des

ursprünglichen Objekts, das ganz normale Perspektive hat. Außerdem entsteht vor dem Hologramm ein Bild des horizontalen Streifens. (c) Wenn die konjugierte Rekonstruktionswelle aus weißem Licht besteht, erzeugt jede Wellenlänge ihr eigenes Bild des Streifens vor dem Hologramm. Diese Bilder des Streifens verschmelzen vertikal in derselben Weise, wie die Farben des Spektrums ineinander übergehen (Tafel 2.1a) und das Bild verschwindet. (Da Licht während der Belichtung des Hologramms durch den Streifen geht, wenn das Licht mit Hilfe der konjugierten Welle gesehen wird, muß das Licht aus dem Bild des Streifens kommen.) Wenn Sie mit beiden Augen durch das Bild des Streifens sehen, bemerken Sie wegen der horizontalen Parallaxe binokulare Disparation, deshalb sehen Sie das Objekt plastisch.

Mit einer Weißlichtrekonstruktionswelle jedoch erzeugt jede Wellenlänge des weißen Lichts ihr eigenes Bild des Streifens in einem anderen Winkel – wenn Sie den Kopf auf und ab bewegen, sehen Sie dasselbe Bild zuerst in Rot, dann in Grün und so weiter (Abb. 14.31c). Dieser Farbeffekt hat der Regenbogenholografie den Namen gegeben. Der Streifen ermöglicht es also, bei der Rekonstruktion jeweils nur eine Wellenlänge zu sehen – das Bild verschwimmt weniger. (Wenn die Wellenlängen gut getrennt sein sollen, muß die Referenzwelle über oder unter, aber nicht neben der Objektwelle sein.)

14.6.2 Farbtreue Hologramme

Die Herstellung farbtreuer Hologramme ähnelt der des Farbfilms (Abschnitt 11.2). Schwarzweißfilm wird mit Licht von drei Lasern (rot, grün und blau) beleuchtet, das ergibt drei Farbaufnahmen, die irgendwie getrennt gehalten werden müssen, wenn sie von den Rekonstruktionsstrahlen beleuchtet werden. Die rote Aufnahme soll ja nur vom roten Licht rekonstruiert werden, und Entsprechendes gilt für blau und grün. In der Holografie aber sind die Streifensysteme, aus denen die drei Aufnahmen bestehen, überall in dem Hologramm vermischt, weil jeder Teil eines Hologramms dem Licht des ganzen Objekts ausgesetzt ist.

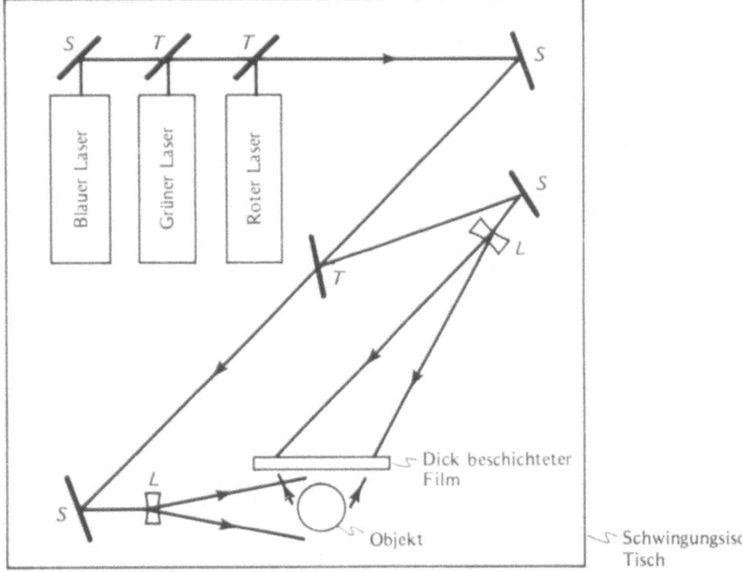

14.32 Aufbau zur Herstellung farbtreuer Reflexionshologramme unter Benutzung dreier Laser, Spiegel *S*, Strahlteiler *T*, Linsen *L* und eines dick beschichteten Films

14.33 (a) Die Herstellung eines farbtreuen Hologramms mittels vieler vertikaler Filterstreifen, die nebeneinander angeordnet sind, um die roten, grünen und blauen Wellen (drei Laserstrahlen) auf dem Film auseinanderzuhalten. (b) Die Rekonstruktion des Farbhologramms erfordert, daß die Rekonstruktionswelle wie in (a) durch die schmalen Filter geht

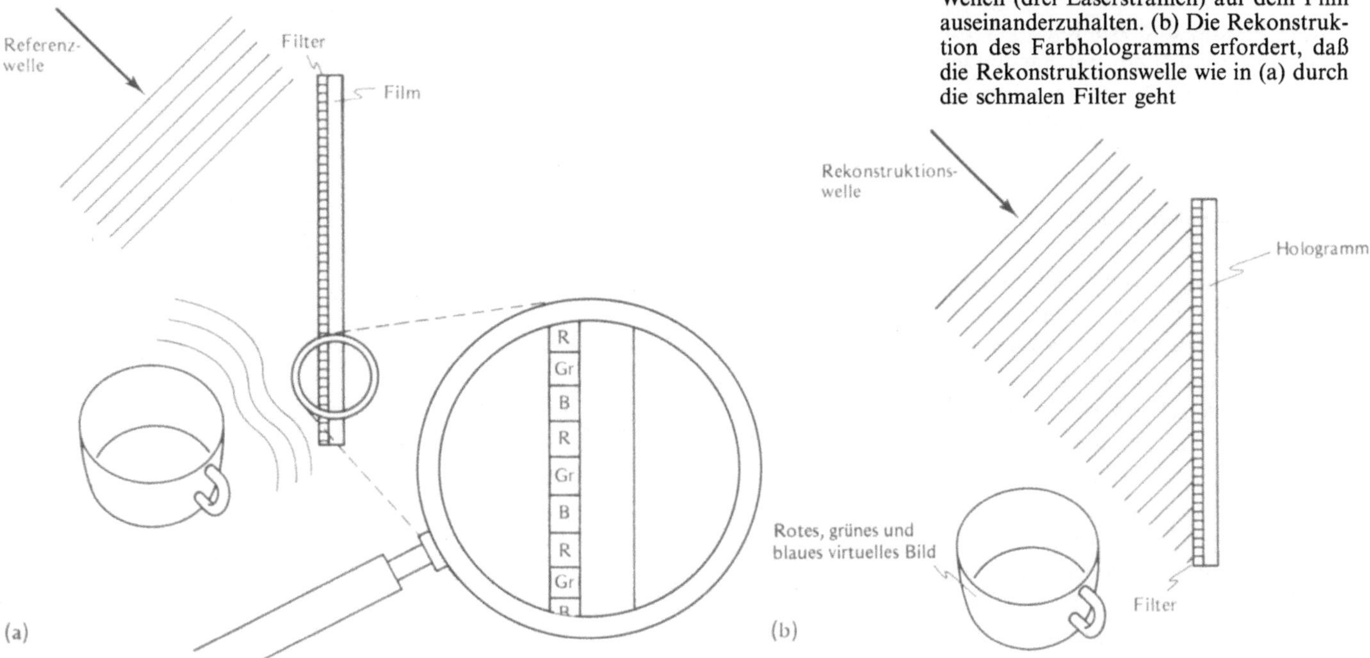

Eine Art, die Aufnahmen einigermaßen getrennt zu halten, besteht
in der Verwendung dick beschichte-
ter Lippmann-Hologramme (Abb.
14.32). Wegen der Wellenlängense-
lektivität dieser Hologramme rekonstruieren die roten, grünen und
blauen Wellenlängen, mit denen belichtet wurde, ihre richtigen Bilder,
wenn zur Rekonstruktion weißes
Licht verwendet wird (Tafel 14.2).
Natürlich sind solche Hologramme
nicht sehr effizient, weil die meisten
Wellenlängen der Rekonstruktionswelle unbenutzt bleiben.

Ein anderes Verfahren zur Tren-
nung der Aufnahmen ähnelt dem, das
beim additiven Farbfilm verwendet
wird (Abschnitt 11.3). Eine Maske,
die aus schmalen roten, grünen und
blauen Filtern besteht, liegt direkt vor
dem Film (Abb. 14.33). Die roten Re-
ferenz- und Objektwellen können nur
an solchen Punkten des Films interferieren, die hinter den Rotfiltern liegen; Entsprechendes gilt für die grünen und blauen Wellen. Nach der Rekonstruktion läuft die rote Rekonstruktionswelle nur durch die roten
Filter und erreicht nur jene Teile des
Films, die eine rote Aufnahme enthalten. Da jeder Teil eines Hologramms
das ganze Bild rekonstruiert, rekonstruiert die rote Aufnahme das ganze
Objekt in Rot, und Analoges gilt für
Grün und Blau. Die drei Farbbilder
liegen am selben Ort und ergeben ein
dreidimensionales, vollfarbiges Bild.

14.6.3 Rundumhologramme

RUNDUMHOLOGRAMME (manchmal
auch als ZYLINDRISCHE HOLOGRA-
FISCHE STEREOGRAMME bezeichnet)
verbinden das Prinzip des Stereoskops mit der Holografie. Die ursprüngliche Aufzeichnung ist fotografisch, aber das Endbild ist holografi-
fisch. Die Tiefe innerhalb des Bildes,
die sich bei der Betrachtung eines solchen Hologramms vermittelt, entsteht
aus der binokularen Disparation:
Ihre Augen schauen durch verschie-

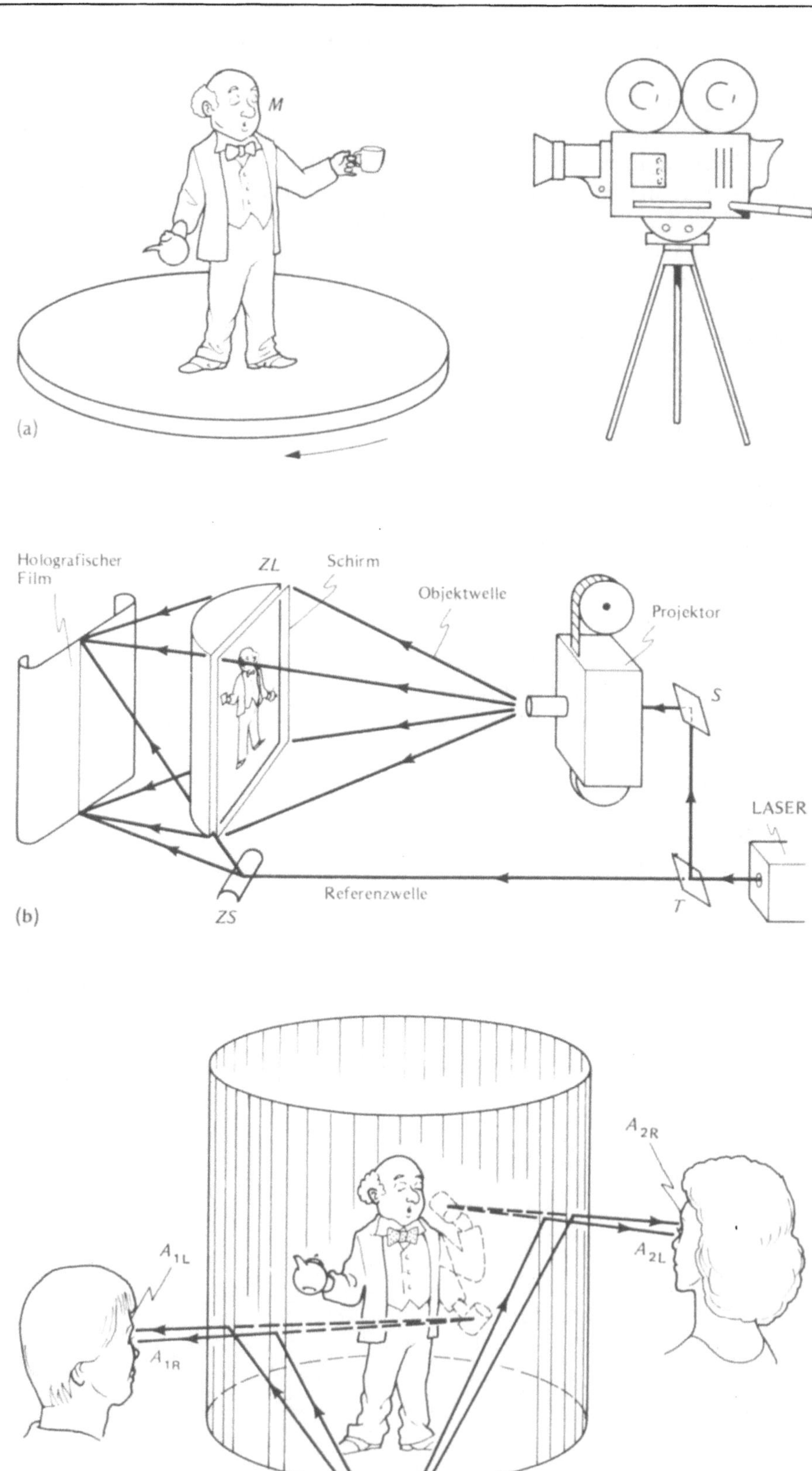

◁ **14.34** Die Herstellung eines holografischen Rundumporträts. (a) Zunächst wird ein Schmalfilm gedreht, wobei das Modell *M* auf einem langsam rotierenden Tisch steht. (b) Der entwickelte Film wird dann Bild für Bild holografisch aufgezeichnet. Laserlicht wird vom Strahlteiler *T* in Referenz- und Objektwelle gespalten. Die Referenzwelle läuft zu einem zylindrischen Spiegel, *ZS*, und fällt in einem dünnen vertikalen Streifen auf den holografischen Film. Die Objektwelle läuft zu einem Spiegel *S* und dann in einen Filmprojektor. Mit diesem Laserlicht wird jedes einzelne Filmbild, eines nach dem anderen, auf einen lichtdurchlässigen Schirm geworfen. Eine große zylindrische Linse *ZL* sorgt dafür, daß der größte Teil der Objektwelle auf denselben, von der Referenzwelle beleuchteten Streifen fällt, hat aber keinen Einfluß auf das Bild (Abschnitt 6.6.1). (c) Nachdem alle vertikalen Streifen belichtet sind, wird der holografische Film entwickelt und auf einen zylindrischen Bildträger montiert. Die Rekonstruktionswelle beleuchtet das Rundumhologramm, das dann ein virtuelles, im Zylinder schwebendes Bild des Modells zeigt. Fast jedes Rundumhologramm ist ein Weißlichthologramm, das von unten durch eine klare Glühlampe (also eine fast punktförmige Lichtquelle) beschienen wird. Zwei Betrachter sehen verschiedene Bilder. Jeder sieht ein dreidimensionales Bild, weil seine Augen durch Streifenhologramme schauen, die verschiedene Bilder enthalten

---

dene Teilhologramme, die zwei verschiedene Bilder erzeugen. Weil es viele solche Bilder gibt, ist es möglich, mit dieser Art des Hologramms auch Bewegung aufzuzeichnen.

Zuerst wird ein richtiger Schmalfilm gedreht (Abb. 14.34a). Da das gewöhnliche Fotografie ist, ohne jede Interferenz, kann jedes Motiv genommen werden. Rundumhologramme gibt es von Menschen, Straßenszenen, imaginären dreidimensionalen ›Objekten‹, die in einem Computergedächtnis gespeichert sind, und sogar von dem Bild, das ein Elektronenmikroskop macht. Für Porträtaufnahmen wird das Modell zwischen zwei Filmaufnahmen um 1/3° gedreht. Für ein Rundumhologramm, das um das Modell herum einen vollen Zylinder (360°) beschreibt, werden also 1080 Aufnahmen gemacht. Dann wird jede Aufnahme des entwickelten Films als (flaches) Objekt genommen,

von dem ein schmales Streifenhologramm gemacht wird (Abb. 14.34b), gewöhnlich ein Regenbogenhologramm, damit es mit weißem Licht rekonstruiert werden kann. So werden die 1080 Aufnahmen in dünnen, senkrechten Streifen nebeneinander aufgenommen; jeder Streifen ist ein Hologramm einer Filmaufnahme. Kein Streifenhologramm allein enthält Tiefeninformation über das ursprüngliche Objekt, aber da es sich um ein Hologramm handelt, ist das gesamte Objekt durch jeden Streifen hindurch sichtbar. Das Rundumhologramm wird zu einem Zylinder gekrümmt, so daß die Bilder eines jeden Streifens in der Mitte liegen. Wenn Sie ein solches Hologramm

sehen, blicken die Augen durch verschiedene einzelne Streifenhologramme (Abb. 14.34c). Da diese Streifenhologramme verschiedene Bilder enthalten (verschiedene Ausschnitte wurden unter verschiedenen Winkeln belichtet), ergibt sich binokulare Disparation – das Bild ist dreidimensional. Wenn Sie um den Zylinder herumgehen, sehen Sie das Bild von verschiedenen Seiten.

14.35 Blick auf ein Rundumhologramm eines Baseballspielers, wie es A_{1L} aus Abbildung 14.34c sieht. (b) Dasselbe Hologramm, wie es A_{2L} aus Abbildung 14.34c sieht. Offenbar hat sich der Spieler bewegt

(a)

(b)

Gibt es in einem Rundumhologramm vertikale Parallaxe?

Diese Hologramme können auch die Bewegung des Subjekts vermitteln. Dazu bewegt sich das Modell zusätzlich zur Drehung ein wenig. Wenn Sie dann um das Rundumhologramm herumgehen, sehen Sie ein Bild, das zu verschiedenen Zeiten unter verschiedenen Winkeln gemacht wurde. Dieses dreidimensionale Bild scheint sich zu bewegen (Abb. 14.35). Eine solche Bewegung darf jedoch nicht zu groß sein, sonst unterscheiden sich die beiden Bilder des Hologramms, die die beiden Augen gleichzeitig sehen, zu sehr und lassen sich nicht zu einem verschmelzen.

Es gibt noch andere Arten der Holografie und Kombinationen der hier beschriebenen Arten. Die Holografie steckt noch in den Kinderschuhen, aber sie ist schon jetzt für Künstler und Wissenschaftler ein fruchtbares Feld, dessen Ausdrucksformen und technische Möglichkeiten sich täglich erweitern.

14.7 Zusammenfassung

Ein Gemälde oder ein Foto zeigen, welche Intensität das von dem Motiv ausgehende Licht hat. Ein HOLOGRAMM dagegen gibt Lichtintensität und -phase wieder. Das wird mit Hilfe der Interferenz zwischen einer REFERENZWELLE und einer von dem Motiv reflektierten OBJEKTWELLE erreicht. Damit diese kohärent sind, kommen sie von derselben monochromatischen Quelle, gewöhnlich einem Laser. Dabei ergeben sich Interferenzstreifen, die den Film belichten und nach der Entwicklung das Hologramm ausmachen. Licht der REKONSTRUKTIONSWELLE (das dem der Referenzwelle gleichen muß) durchläuft das Hologramm und bildet durch Beugung und Interferenz drei Wellen: eine nullter

Ordnung, eine erster Ordnung – die rekonstruierte Welle (ein Doppelgänger der ursprünglichen Objektwelle) – und eine weitere Welle erster Ordnung (die ein FALSCHBILD ergibt).

Auch ein Laserstrahl hat nur eine begrenzte KOHÄRENZLÄNGE, und das beschränkt die Reichweite der holografischen Aufnahmen, die FELDTIEFE. Damit die Streifen gut wiedergegeben werden, ist die Intensität der Referenzwelle etwas größer als die der Objektwelle. Die meisten Hologramme werden auf SCHWINGUNGSISOLIERTEN TISCHEN belichtet. Bewegung der optischen Komponenten während der Belichtung führt zum Verwaschen des mikroskopischen Streifenmusters auf dem Film und verdirbt dadurch die rekonstruierten Bilder. HOLOGRAFISCHE INTERFEROMETRIE, bei der zwei Belichtungen (oder eine hinreichend lange) dazu dienen, Bewegung zu zeigen, nützt gerade dieses Verwaschen. Andere Anwendungsmöglichkeiten sind das Speichern vieler Bilder, wie in der MEHRKANALHOLOGRAFIE, oder das Aufzeichnen äußerst rascher Ereignisse, wie bei der LICHT-IM-FLUG-HOLOGRAFIE.

WEISSLICHTHOLOGRAMME werden mit Filmen gemacht, die eine dicke Emulsion haben (VOLUMENHOLOGRAMME). Wenn Referenz- und Objektwelle von entgegengesetzten Seiten auf den Film fallen, ergibt sich ein WEISSLICHTREFLEXIONSHOLOGRAMM (oder LIPPMANNHOLOGRAMM); wenn beide Strahlen von derselben Seite

kommen, erhalten wir ein WEISSLICHTRANSMISSIONSHOLOGRAMM, das (anders als ein Reflexionshologramm) etwas Farbverwaschenheit zeigt. BILDEBENENHOLOGRAMME entstehen, wenn ein reelles, von einer Linse erzeugtes Bild auf Film aufgezeichnet wird oder das reelle Bild eines anderen Hologramms – des ORIGINALHOLOGRAMMS – zur Herstellung einer KOPIE benutzt wird. Wenn die Rekonstruktionswelle bei der Belichtung der Kopie nur einen horizontalen Streifen des Originalhologramms belichtet, ergibt sich ein REGENBOGENHOLOGRAMM, in dem man aus einem Blickwinkel nur jeweils eine Farbe sieht.

FARBTREUE HOLOGRAMME belichten mit drei verschiedenfarbigen Laserstrahlen drei Bilder, die während der Belichtung und Rekonstruktion getrennt gehalten werden müssen – zum Beispiel dadurch, daß man dicke Emulsionen benutzt oder Dreifarbenfilter unmittelbar vor den Film setzt. RUNDUMHOLOGRAMME oder ZYLINDRISCHE HOLOGRAMME gehen von Schmalfilmaufnahmen aus. Jede Einstellung wird holografisch auf schmale, senkrechte Streifenhologramme aufgenommen, die alle nebeneinander liegen und dann, wenn sie zu einem Zylinder gebogen werden, durch binokulare Disparation Tiefe vermitteln. Weil das Modell sich während der Filmaufnahme bewegen darf, kann von praktisch allem, was sich filmen läßt, auch ein Rundumhologramm gemacht werden.

A1 Ein Transmissionshologramm, das mit einem Laser betrachtet werden soll, wird so belichtet, daß Referenz- und Objektwelle fast senkrecht auf den Film auftreffen. Ein zweites Hologramm wird so belichtet, daß die Objektwelle schräg einfällt, die Referenzwelle aber immer noch fast senkrecht. Bei welchem dieser Hologramme liegen die Streifen näher beieinander?

A2 Der Einfallswinkel der Objektwelle eines Transmissionshologramms beträgt 40° und der des Referenzstrahls 0°. (a) Wird der Abstand der hellen Streifen auf dem Film größer oder kleiner, wenn der Einfallswinkel der Objektwelle (zum Referenzstrahl hin) auf 20° verkleinert wird? (b) Nehmen Sie jetzt an, die Einfallswinkel seien wie zuvor 40° und 0°, es würde aber längerwelliges Laserlicht benutzt. Ist der Abstand der hellen Streifen auf dem Film dann größer oder kleiner als im ersten Fall?

A3 Bei der Filmentwicklung verwechselt ein Holograf versehentlich die übliche Negativentwicklung mit der Umkehrentwicklung. Was sieht er, wenn er dieses Hologramm mit seiner üblichen Rekonstruktionswelle betrachtet? (Hinweis: Denken Sie an das Babinetsche Prinzip.)

A4 Welcher der folgenden Hinweise auf Raumtiefe ist der wesentliche, der ein holografisches Bild dreidimensional erscheinen läßt? (a) Farbveränderungen, (b) Schärfeveränderungen, (c) binokulare Disparation oder (d) Vorwissen.

A5 Woher kommt und wohin geht die Referenzwelle bei der Herstellung eines mit einem Laserstrahl zu betrachtenden Transmissionshologramms und welchen Zweck erfüllt sie?

A6 Ein gewöhnliches Transmissionshologramm muß auf einem praktisch unbeweglichen Tisch gemacht werden, weil (a) nur auf einem unbewegten Tisch konstruktive Interferenz stattfinden kann, (b) es destruktive Interferenz nur auf einem unbewegten Tisch geben kann, (c) Laser nur auf unbewegten Tischen möglich sind, (d) die Bewegung des Aufbaus das Interferenzmuster auf dem Film verwischen würde, (e) die Gewerkschaft der Tischler es fordert. (Wählen Sie eine Antwort.)

A7 (a) Beschreiben und erklären Sie die Unterschiede zwischen einem Hologramm und einer Fotografie. (b) Beschreiben und erklären Sie die Ähnlichkeiten zwischen einem Hologramm und einem Fenster.

A8 Sie möchten von einem Zimmer voller Menschen ein gewöhnliches Transmissionshologramm machen. Zählen Sie mehrere Probleme auf, die sich Ihnen stellen und die Sie nicht hätten, wenn Sie ein Hologramm von einer Schachfigur machen wollten, und deuten Sie an, wie Sie (im Idealfall) diese Probleme bewältigen könnten.

A9 Wenn ein gewöhnliches Transmissionshologramm nicht mit einem Laser, sondern mit normalem rotem Licht bestrahlt wird, gilt: (a) es ist kein Bild zu sehen, (b) das Bild ist sichtbar, erscheint aber verwaschener als mit Laserbeleuchtung, (c) das Bild verliert sein dreidimensionales Aussehen, (d) Laser werden im allgemeinen nicht zum Betrachten von Hologrammen verwendet. (Wählen Sie eine Antwort.)

A10 (a) Zeichnen Sie, ähnlich wie in Abbildung 14.14a, Skizzen, die zeigen, wie ein Zweikanalhologramm hergestellt wird. (b) Wie würden Sie jedes aufgenommene Bild einzeln sichtbar machen?

A11 Stellen Sie sich vor, Sie wollten, wie in Abbildung 14.14a, ein gewöhnliches Transmissionshologramm machen, aber einige Schatten auf dem Objekt ausschalten. Sie können das tun, indem Sie das Objekt aus zwei verschiedenen Richtungen mit zwei kohärenten Wellen beleuchten. Skizzieren Sie eine Abänderung des Aufbaus in Abbildung 14.14a, mit der Sie das erreichen könnten. Sie müssen dazu weitere optische Elemente einbauen, damit etwas von dem Laserlicht aus einer anderen Richtung direkt zu dem Objekt kommt. Bezeichnen Sie die Teile sorgfältig.

A12 (a) Was ist das Ergebnis, wenn ein gewöhnliches Transmissionshologramm (mit dünner Emulsion) mit der richtigen Rekonstruktionswelle betrachtet wird, dieser Strahl aber breitbandiges weißes Licht enthält? (b)

Nehmen Sie an, es würde mit der richtigen Rekonstruktionswelle beleuchtet, der Strahl enthielte aber weißes Licht, das aus zwei komplementären Wellenlängen besteht, zum Beispiel aus Blau (480 nm) und Gelb (580 nm) zusammengesetzt ist. Was ist dann zu sehen?

A13 Auch wenn die einzelnen Einstellungen eines Films scharf sind, kann doch ein Rundumhologramm dieses Films verwirren, wenn die Darsteller sich zu schnell bewegen. Bedenken Sie, was Sie mit jedem Ihrer Augen sehen, wenn Sie diesen Effekt erklären.

Harte Aufgaben

HA1 Eine Möglichkeit, eine fotografische Silhouette zu gewinnen, besteht darin, das Motiv wie in der Abbildung zwischen die Kamera und eine ausgedehnte Lichtquelle, etwa einen beleuchteten Schirm, zu stellen. Ein Holografiekünstler hat sich auf das holografische Äquivalent dieses Verfahrens spezialisiert. (a) Skizzieren Sie entsprechend Abbildung 14.14a einen möglichen Aufbau für ein im Laserlicht zu betrachtendes ›Silhouetten‹transmissionshologramm einer Vase und einer Bierdose. Vergessen Sie nicht, die Weglänge der beiden Strahlen nachzumessen. (b) Ist die ›Silhouette‹ im fertigen Bild dreidimensional? Erläutern Sie, was wir mit einer dreidimensionalen Silhouette meinen.

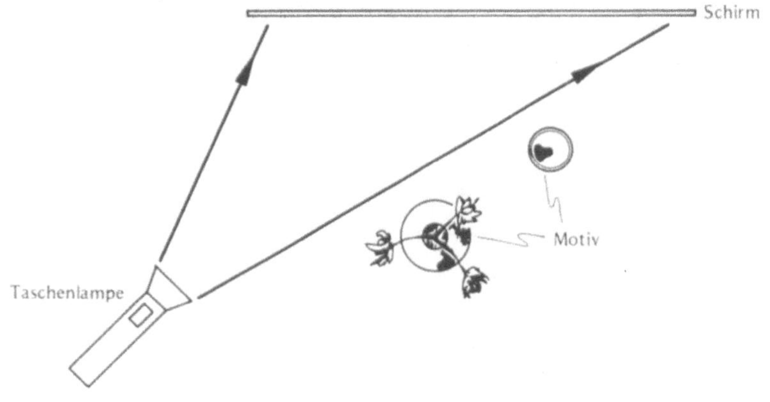

HA2 Das im Licht-im-Flug-Verfahren hergestellte Hologramm (Abb. 14.21 und 22) brauchte nicht wirklich kurze Pulse von Laserlicht, vielmehr wurde länger belichtet, und der Laser hatte eine sehr kurze Kohärenzlänge. Erläutern Sie, wie ein Laser mit sehr kurzer Kohärenzlänge den Verlauf eines Pulses entlang des Objekts genauso zeigen kann wie ein gepulster Laser.

HA3 (a) Zeichnen Sie nach dem Verfahren von Abbildung 14.24a ein großes Diagramm, das die Streifen in der dicken Emulsion von Abbildung 14.27b zeigt. (b) Nehmen Sie an, die Emulsion in (a) würde zu einem Volumenhologramm entwickelt. Folgen Sie dem Verfahren von Abbildung 14.24c und zeigen Sie, daß die richtige rekonstruierte Welle entsteht, wenn die Rekonstruktionswelle auf das Hologramm fällt. Tun Sie das, indem Sie Strahl und Wellenfront von Rekonstruktionswelle und rekonstruierter Welle zeichnen (die von den entwickelten Silberschichten reflektiert wird).

HA4 Wir möchten mit Hilfe des Aufbaus von 14.25a ein Weißlichthologramm von einem Zinnsoldaten machen. Das Hologramm wird an die Wand gehängt und, wie in Abbildung 14.25b, mit einem Scheinwerfer von oben angestrahlt. Das fertige holografische Bild sollte aufrecht sein. Wie muß der Zinnsoldat während der Belichtung ausgerichtet sein, damit das fertige Bild aufrecht ist?

HA5 Stellen Sie sich vor, daß ein Originalhologramm mit seiner konjugierten Welle beleuchtet wird und daß weiter das sich ergebende reelle Bild (mit einer ebenen Referenzwelle) während der Aufzeichnung der Hologrammkopie zwischen dem Originalhologramm und der Kopie liegt. Wenn diese Hologrammkopie mit einer (ebenen) Rekonstruktionswelle betrachtet wird, gilt: (a) das reelle Bild ist pseudoskopisch, (b) das reelle Bild hat ganz normale Perspektive, (c) ihr virtuelles Bild hat normale Perspektive, (d) es gibt überhaupt kein Bild, weil ein Hologramm nur von einem wirklichen Objekt und nicht von einem Bild gemacht werden kann. (Wählen Sie eine Antwort.)

HA6 Bei der Herstellung eines Rundumhologramms (Abb. 14.34b) wird das Einzelbild des Films auf eine zylindrische Linse projiziert. Die Referenzwelle fällt von unten auf das Hologramm. In einigen Anordnungen jedoch fällt das Licht von oben auf das Hologramm. Sollte bei einem solchen Aufbau der Schmalfilm aufrecht oder umgekehrt in den Projektor gelegt werden, wenn das in Abbildung 14.34c gezeigte Projektionssystem unverändert benutzt werden soll?

Mathematische Aufgaben

MA1 Ein Transmissionshologramm wurde mit einer ebenen Referenzwelle hergestellt, die senkrecht auf den Film auftraf, und mit einer ebenen Objektwelle, die unter einem Winkel von 39,27° zur Referenzwelle auftraf. Das verwendete Licht hat die Wellenlänge 633 nm. (a) Welchen Abstand haben die sich ergebenden dunklen Streifen auf dem Film? (b) Die Filmauflösung wird gewöhnlich als Zahl der Linien angegeben, die pro Millimeter aufgezeichnet werden können. Wie groß muß die Auflösung des Films mindestens sein, damit er das Hologramm in (a) aufzeichnen kann? (c) Welcher Winkelbereich der Objektwellen kann (mit derselben senkrechten Referenzwelle) holografisch aufgezeichnet werden, wenn der Film nur 500 Linien pro Millimeter auflösen kann?

MA2 (a) Wie viele Schichten belichteten Silbers ergeben sich ungefähr, wenn das rote 633-nm-Licht eines Helium-Neonlasers dazu verwendet wird, wie in Abbildung 14.23 ein Volumenhologramm herzustellen, und die Emulsion 15 μm dick ist? (Nehmen Sie an, die Wellenlänge in der Emulsion stimme mit der in Luft überein.) (b) Wiederholen Sie Teil (a) unter der realistischeren Annahme, daß die Brechzahl der Emulsion etwa 1,3 beträgt.

KAPITEL 15

Ein Blick in die moderne Physik

15.1 Einleitung

Schon um die Jahrhundertwende verstanden und erklärten Physiker fast alle Haupteigenschaften des Lichts, wie wir sie bisher besprochen haben; es schien damals, als müßten nur noch Einzelheiten ausgefeilt und technische und industrielle Anwendungen ausgearbeitet werden. Die ersten Jahrzehnte dieses Jahrhunderts aber zwangen die Physiker durch eine ganze Reihe von Entdeckungen dazu, eine neue Realität anzuerkennen und in der alten Beschreibung der Natur, der KLASSISCHEN PHYSIK, eine Idealisierung zu sehen – so wie die Strahlenoptik eine Idealisierung und Spezialisierung der Wellenoptik ist. Obwohl viele der neuen Theorien, die sich aus dieser Erkenntnis ergaben, schon über 80 Jahre alt sind, bezeichnen wir sie gewöhnlich als MODERNE PHYSIK.

In der Entwicklung der modernen Physik spielt Licht eine überaus wichtige Rolle, denn einmal führt unser Forscherdrang uns in immer entferntere Regionen des Alls, weit jenseits von Erde und Sonnensystem, und der einzige mögliche Botschafter und Nachrichtenübermittler aus diesen Regionen ist das Licht. Und zweitens ist Licht eine einfach zu beobachtende Grunderscheinung, deren immer genauere Untersuchung nicht zu immer neuen Strukturen führt. Bei einer Klangwelle ist das anders. Sie entsteht durch die Bewegungen eines Stoffs, meistens Luft. Luft wiederum besteht aus Molekülen, diese sind aus Atomen zusammengesetzt, Atome haben ihrerseits wieder Bausteine wie Elektronen und Protonen und so weiter – jede neue Struktur eröffnet ein neues Gebiet der Physik. Licht dagegen braucht keinen Übermittler und setzt sich nicht aus anderen Bestandteilen zusammen.

Die Wellenlänge einer Klangwelle (in Luft) kann nicht kleiner sein als der Abstand zwischen zwei Luftmolekülen. Für Licht, das selbst Grundstoff ist, gibt es keine solchen Grenzen. Wie wir später sehen, wurden einige überraschende Erkenntnisse über das Verhalten von Wellen, vor allem im kurzwelligen Bereich, zuerst bei Lichtwellen gewonnen.

Obwohl Licht im Vakuum kein übermittelndes Medium hat, bewegt es sich mit immer gleicher Geschwindigkeit, wie Versuche zu Beginn dieses Jahrhunderts zeigten. Im Gegensatz dazu hängt die Geschwindigkeit aller anderen damals bekannten Erscheinungen von der Quelle, dem Empfänger und vom Medium ab, in dem sie sich bewegen. Die Begriffe von Raum und Zeit, wie man sie damals verstand, ließen einfach nichts anderes zu. In der Folge mußten eben diese Begriffe von Raum und Zeit und die Gesetze der Mechanik selbst geändert und mit den Eigenschaften des Lichts in Übereinstimmung gebracht werden.

Da Licht kein Medium braucht, kommt es durch den leeren kosmischen Raum zu uns und ermöglicht die Erforschung von Raum und Zeit im großen Maßstab. Deshalb denken wir hier auch über Milchstraßensysteme und das Weltall nach. Das Buch endet dann mit einem großen Knall, dem Urknall.

15.2 Teilchen und Wellen

Einige der grundlegenden Entdeckungen der modernen Physik ergaben sich aus Untersuchungen der Wechselwirkung von Licht mit Materie. Wir haben im Vorherigen schon mehrere Arten dieser Wechselwirkung besprochen, Spiegelung, Brechung, Beugung und Streuung zum Beispiel. Hier interessieren wir uns für Absorption und Emission. Wir wissen schon, daß Materie Licht absorbiert, wenn Licht die Ladungen der Materie durcheinanderbringt, wobei Energie zugeführt und die Bewegung verstärkt wird, die Materie sich also erwärmt. Manchmal wünschen wir uns die Energie auch in anderer Form, etwa als elektrischen Strom, der den Belichtungsmesser der Kamera einstellt, oder als Nervenimpuls vom Auge zum Gehirn. Eine Art Umwandlung kann dann stattfinden, wenn das Licht aus der Materie Elektronen herauslöst.

15.2.1 Der Photoeffekt

Elektronen sind, wie wir wissen, in jeder Art von Materie. In manchen Metallen (den Leitern) können sie sich besonders frei bewegen. Aber es ist für Elektronen nicht leicht, dem Metall zu entkommen, denn wenn sich ein Elektron mit seiner negativen Ladung von dem (ursprünglich ungeladenen) Metall löst, ist das Metall positiv geladen und zieht das Elektron wieder an. Wir können uns das Metall als eine Art Elektronenfreihandelszone vorstellen, die von einer Sperre für Elektronen umgeben ist. Um ein Elektron zu befreien, muß ihm so viel Energie zugeführt werden, daß es die Sperre überwinden kann. Das läßt sich zum Beispiel durch Erhitzen erreichen. Die Elektronen werden sozusagen ›abgedampft‹, so zum Beispiel in der Glühkathode Ihrer Fernsehbildröhre. Oder sie können vom Licht gestoßen werden – das ist der LICHTELEKTRISCHE oder PHOTOEFFEKT (Abb. 15.1).

Wenn wir ein Metall mit Licht bestrahlen, erwarten wir, daß die Licht-

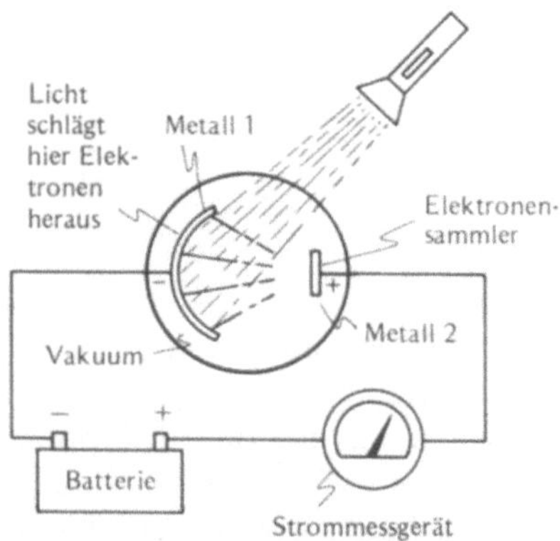

15.1 Eine luftleere Glasröhre enthält zwei Metallplättchen, die mit einer Batterie und einem Strommesser verbunden sind. Im Dunkeln fließt im Stromkreis kein Strom, weil das Metall 1 wie eine Sperre Elektronen daran hindert, von ihm zu Metall 2 überzugehen. Wenn jedoch Licht auf Metall 1 fällt, stößt es Elektronen aus dem Metall heraus. Diese Elektronen fließen dann zu Metall 2 und schließen den Stromkreis. Es fließt ein Strom, der im Strommeßgerät abzulesen ist. Je mehr Licht auf Metall 1 fällt, desto mehr Photoelektronen werden erzeugt; deshalb ist das Meßergebnis proportional zur Lichtintensität

wellen die Elektronen hin und her schaukeln, wodurch sie die Energie der Elektronen soweit erhöhen, daß manche Elektronen den Sprung über die Sperre schaffen. (Diese befreiten Elektronen heißen PHOTOELEKTRONEN.) So hätten wir Licht in elektrischen Strom verwandelt. Ungefähr so passiert es auch, aber aus den Einzelheiten wird man im Rahmen der klassischen Physik nicht klug.

Ein Rätsel betrifft die Rolle der Wellenlänge des Lichts. Langwelliges (niederfrequentes) Licht kann, praktisch unabhängig von der Lichtstärke, überhaupt keine Elektronen befreien. Photoelektronen werden erst von einer bestimmten, vom Metall und der Höhe der Elektronensperre abhängigen Grenzfrequenz freigegeben. (Für die meisten Metalle liegt diese Grenz- oder Abschneidefrequenz im UV-Bereich.) Bei hoher Lichtfrequenz ist die Energie jedes Photoelektrons unabhängig von der Intensität. Größere Lichtintensität liefert nur mehr (aber keine energiereicheren) Photoelektro-

nen, und sogar bei niedriger Intensität werden manche Photoelektronen sofort nach dem Einschalten der Lichtquelle abgegeben. Aufgrund der klassischen Wellentheorie würden wir erwarten, daß die Intensität die Energie der Photoelektronen beeinflußt und daß es bei niedriger Lichtintensität einige Zeit dauert, bis ein Elektron so viel Energie gesammelt hat, wie es zur Überwindung der Sperre braucht.

Zum Vergleich stellen Sie sich bitte vor, Ihr Auto wäre im Schnee steckengeblieben und Sie versuchen, es durch Vor- und Rückschaukeln wieder zu befreien. Wenn das Auto sich wie ein Elektron verhielte, würden Sie es immer befreien können, indem Sie es sehr schnell hin und her schaukeln. Wenn Sie es schnell, aber ohne viel Kraft, hin und her schieben, spränge das Auto manchmal sofort aus der Schneemulde heraus, auch wenn Sie es kaum berührt haben. Würden Sie das Auto aber langsam schaukeln, käme es nie frei, so kräftig Sie auch schieben. Daran sehen Sie, daß sich der Photoeffekt nicht mit der Denkweise der klassischen Physik erklären läßt.

Der Teil der modernen Physik, der dieses sonderbare Verhalten erklärt, ist die QUANTENTHEORIE (lat. *quantum*, wieviel). Als erster hat Albert Einstein den Photoeffekt erklären können. Er hatte die bemerkenswerte Fähigkeit, an scheinbar widersprüchlichen Ergebnissen festzuhalten und sie zur Grundlage einer neuen, erfolgreichen Theorie zu machen. Im Fall des Photoeffekts lautet der entscheidende Satz der Quantentheorie:

> **Jede monochromatische elektromagnetische Welle kann Energie nur in diskreten Einheiten (Quanten) übertragen. Die Größe des Energiequants ist proportional zur Frequenz der Welle.**

Nicht alle in einem Wellenfeld umhertanzenden Elektronen erhalten also gleichviel Energie, sondern einige bekommen alles (ein ganzes Quant) und andere gar nichts. Ist das Quant zu

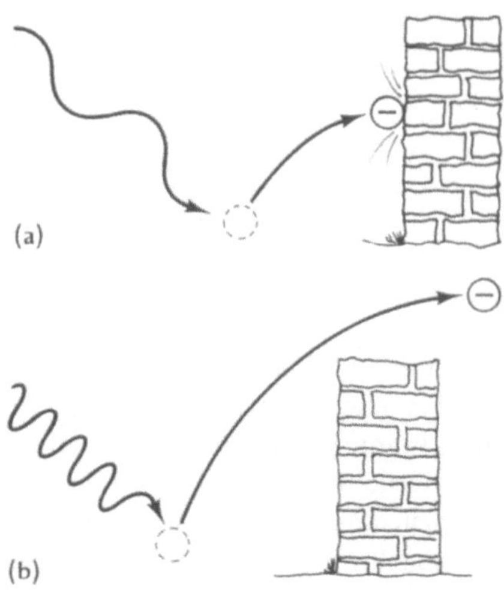

15.2 (a) Ein von einem niederfrequenten Photon getroffenes Elektron erhält nicht genug Energie, um die Sperre zu überwinden. (b) Ein von einem hochfrequenten Elektron getroffenes Photon erhält genug Energie zum Sprung über die Sperre

klein, die Frequenz also zu niedrig, gelangen nicht einmal die Elektronen, die ein Quant abbekommen, über die Sperre; ist hingegen die Energie des Quants größer als die Grenzenergie, die Frequenz also hoch genug, so werden diese Elektronen zu Photoelektronen (Abb. 15.2).

Im hochfrequenten Fall werden um so mehr Quanten übertragen, je höher die Lichtstärke ist, also gibt es dann mehr Photoelektronen und einen stärkeren elektrischen Strom. Zur Berechnung brauchen wir natürlich nicht zu wissen, welche Elektronen ›Glück haben‹. In der Quantentheorie sollte man eher vermeiden, sich die Zwischenstufen der physikalischen Prozesse vorzustellen oder anschaulich zu beschreiben (also in der Sprache der klassischen Physik darzustellen). Weil wir uns so gern etwas vorstellen, beschreiben wir es trotzdem, und zwar gewöhnlich so: Die Energie eines Lichtstrahls wird nicht nur in Quanten übertragen, sondern ist schon im Lichtstrahl in Form von Quanten vorhanden; diese werden PHOTONEN genannt. Jedes Photon trägt ein Energiequant. Je intensiver der Strahl einer gegebenen Frequenz ist, desto

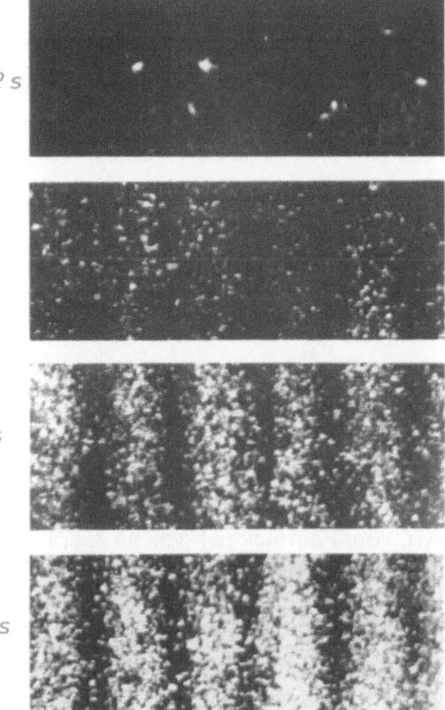

15.3 Bild von Interferenzstreifen bei verschiedenen Belichtungszeiten. Die Anzahl der Quanten variiert von ca. 10 (oben) bis ca. 60 000

mehr Photonen enthält er. Gewöhnliche Lichtstrahlen, wie wir sie bisher in diesem Buch besprochen haben, tragen so viele Photonen, daß wir im allgemeinen die Quanteneigenschaft des Lichts nicht bemerken. Nur unter besonderen Umständen, wie etwa beim Photoeffekt, zeigt sich diese Eigenschaft des Lichts.

Photonen sind in mancher Hinsicht wie Teilchen – sie sind diskrete Energiekonzentrationen, sie werden nie nur zum Teil absorbiert, sie lassen sich zählen und so weiter. Aber im Gegensatz zu gewöhnlichen Teilchen haben sie keinen bestimmten Aufenthaltsort, sondern breiten sich aus – genau wie eine Welle sich ausbreitet. Stellen Sie sich nun vor, wie ein Photon auf einen Photonendetektor trifft, etwa auf einen fotografischen Film oder die Röhre einer Fernsehkamera. Das Photon konzentriert all seine Energie auf eine Stelle und liefert sie ungeteilt an ein einziges Elektron. Mit großer

Wahrscheinlichkeit entlädt es diese Energie dort, wo die Intensität der Lichtwelle groß ist, aber egal wo das Photon landet, es landet immer ein ganzes Photon.

Auch Welleneffekte sind Beispiele dafür, daß Licht sich wie Photonen verhält, so etwa beim Interferenzbild der Youngschen Streifen. Damit das ganze Interferenzmuster sichtbar wird, müssen viele Photonen beitragen, an den hellen Stellen natürlich sehr viel mehr als an den dunklen (Abb. 15.3). Das gleiche Interferenzbild entsteht, wenn das Licht so schwach ist, daß jedes Photon einzeln durch das Interferometer wandert und die Wirkung dann addiert wird, indem man einen Film längere Zeit belichtet. Man kann also sagen, jedes Photon interferiere mit sich selbst, genau wie eine Welle.

Die von einem Photonendetektor aufgenommene Energiemenge entspricht der Gesamtenergie des Photons. Deswegen haben hochfrequente Photonen mehr Energie als niederfrequente. Deshalb belichtet blaues Licht alle fotografischen Emulsionen (Abschnitt 4.7.3), und deshalb brauchen Farbfilme einen Gelbfilter (Abschnitt 11.2). In Tabelle 1.1, die das elektromagnetische Spektrum zeigt, sind die hohen Frequenzen weit oben. Gamma- und Röntgenstrahlen haben je Quant vergleichsweise hohe Energie. Nach menschlichen Maßstäben ist dieser Beitrag gewiß winzig – die Energie von 10^7 Gammastrahlphotonen entspricht der einer aus 1 cm Höhe fallenden Nadel. Aber im Vergleich zu den Energiemengen, die Körperzellen untereinander austauschen, ist die Energie der Gammastrahlen sehr groß. Deswegen können Gamma- und Röntgenstrahlen (und sogar bis zu einem gewissen Grad UV-Licht) lebenden Zellen schaden. Die hohe Energie je Quant bedeutet auch, daß es bei diesen hohen Frequenzen vergleichsweise leicht ist, einzelne Photonen zu beobachten. Die Strahlen am unteren Tabellenende haben sehr viel niedrigere Photonenenergie. Ein

Mikrowellenphoton trägt zum Beispiel nur rund ein Milliardstel der Energie eines Röntgenstrahlphotons.

Wenn wir Licht als Photonen sehen, können wir endlich das Rätsel aus Abschnitt 1.4.2 lösen und verstehen, warum das Spektrum des schwarzen Körpers in Abbildung 1.19 diese Gestalt hat. Das Bild zeigt die Intensität von Licht der verschiedenen Wellenlängen, das aus einem Hohlraum kommt, dessen Wände eine vorgegebene Temperatur haben. Die Kurve hat eine Spitze und fällt sowohl für große wie auch für kleine Wellenlängen ab. Der Abfall bei großen Wellenlängen ist ein Wellenphänomen, das wir schon früher hätten erklären können: Je größer die Wellenlänge, desto schwerer ist es, die Welle in ein vorgegebenes Volumen einzubetten. Deswegen erwarten wir, daß in diesem Hohlraum relativ selten größere Wellenlängen auftreten. Das war schon im Rahmen der klassischen Theorie verstanden worden.

Aber die klassische Theorie kann nicht erklären, warum die Kurve bei kurzen Wellenlängen abfällt. Kürzere Wellenlängen bedeuten höhere Frequenzen, und die Quantentheorie sagt, daß zur Herstellung eines Photons um so mehr Energie nötig ist, je höher die Lichtfrequenz ist. Da die Wände eines Hohlraums eine feste Temperatur haben, können sie nur eine bestimmte Wärmeenergie als Licht ausstrahlen – sehr energiereiche kurzwellige Photonen können sie nicht erzeugen. Darum fällt das Spektrum bei kurzen Wellenlängen ab. Natürlich können wärmere Wände energiereichere Photonen absondern, weil ihnen mehr Wärmeenergie zur Verfügung steht. Also bewegt sich die Spitze des Spektrums, wie die Abbildung zeigt, in Richtung der kurzen Wellenlängen, wenn der Körper heißer wird. Die Erklärung des Spektrums der Strahlung schwarzer Körper war der erste Erfolg der Quantenhypothese, die um die Jahrhundertwende zu diesem Zweck von Max Planck aufgestellt wurde.

15.2.2 Anwendungen des Photoeffekts

Mit der Anordnung von Abbildung 15.1 wird ein elektrischer Strom immer dann erzeugt, wenn Licht auf die Metalloberfläche trifft. Eine solche Vorrichtung heißt PHOTORÖHRE (oder Vakuumphotodiode oder lichtelektrische Zelle) und bewährt sich in allen möglichen Geräten; so ist sie ein einfaches elektrisches Auge (Abschnitt 7.10).

Photoröhren (oder ihre Gegenstücke bei Festkörpern, Photozellen) entschlüsseln auch die Tonspur von Kinofilmen. Die Klangwellen werden als abwechselnd helle und dunkle Streifen am Filmrand aufgezeichnet (Abb. 4.16). Wenn ein Filmbild durch den Projektionsstrahl gerückt wird, gleicht zuerst ein Schwungrad seine ruckartige Bewegung aus; dann kommt es an einer Lichtquelle vorbei, die einen dünnen Lichtstrahl auf die Tonspur richtet. Im Rhythmus der aufgezeichneten Tonschwingungen ändert sich die Stärke des durchgelassenen Lichts. Eine Photoröhre wandelt diese Änderungen der Lichtintensität in Stromschwankungen um, die an Verstärker und Lautsprecher übermittelt werden und den Ton wiedergeben.

Mit Licht kann man nicht nur Elektronen aus einem Metall herauslösen, sondern auch die Bindungen

15.4 Mechanisches Analogon zu einem Photoleiter. Die Gebirgslandschaft mit vielen Seen und einer Wasserleitung stellt einen Halbleiter dar und Wasser die Elektronen. Die Seen sind durch Berge getrennt, deshalb kann das Wasser nicht von einem See in den anderen fließen. Der Aquädukt erstreckt sich durch die ganze Landschaft, führt aber kein Wasser. Ein Photon entspricht dem Mann mit dem Eimer, der Wasser von einem der Seen in den Aquädukt füllt. Jetzt kann ein Strom durch die Landschaft fließen

brechen, die Elektronen in einem Nichtleiter festhalten. Die Elektronen können sich dann in dem Stoff frei bewegen; wenn also dieser Stoff mit Licht bestrahlt wird, verhält er sich wie ein Leiter. Wir sprechen von einem PHOTOLEITER. Manche Halbleiter, die im Dunkeln Strom nur sehr schlecht leiten, sind sehr gute Photoleiter. (Abbildung 15.4 zeigt das mechanische Analogon einer bestimmten Art von Photoleiter.) Solche Geräte aus Festkörpern dienen demselben Zweck wie Photoröhren, brauchen aber weniger Raum. Sie werden in Kameras als Belichtungsmesser verwendet, und wir finden sie in Infrarotmeßgeräten, lichtempfindlichen Schaltern, Fernsehkameraröhren, Kopiermaschinen und vielen anderen Geräten.

Die Aufnahmeröhre einer Fernsehkamera, das sogenannte Vidikon (Abb. 15.5), kann man sich als eine große Ansammlung photoleitender Elemente vorstellen, für jeden Punkt des Bildes eins. Eine auf die Vorderseite eines Photoleiters aufgebrachte positive Ladung wird an den belichteten Punkten auf die Rückseite geleitet. Die Rückseite des Photoleiters enthält dann eine Art latentes Bild, das aus positiven Ladungen besteht. Diese positiven Ladungen werden von einem Elektronenstrahl ›ausgelesen‹, der über die Photoleiter hinweg streicht, dadurch mit einem Bildelement nach dem anderen ›verbunden‹ ist und so das ganze Bild abtastet. In modernen Videokameras ist das licht-

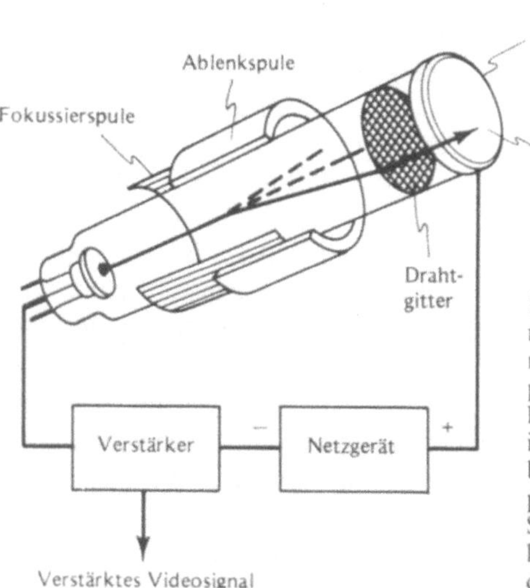

15.5 Die Vorderseite einer Fernsehaufnahmeröhre ist eine Empfangsplatte für einen lichtdurchlässigen leitenden Film, der positiv geladen und mit einem dünnen, lichtempfindlichen Halbleiter beschichtet ist. Die Schicht wird dort leitend, wo sie belichtet wird. An diesen Punkten fließt positive Ladung über die lichtempfindliche Schicht und formt auf der Rückseite ein latentes Bild. Ein Elektronenstrahl tastet den Fotoleiter ab und läßt nur an diesen

positiv geladenen Stellen negative Elektronen zurück. Der Stromkreis wird so geschlossen, wie die Abbildung zeigt. Es fließt also ein Strom – das Videosignal –, wenn der Elektronenstrahl auf die Stellen trifft, die belichtet wurden, und sonst nicht

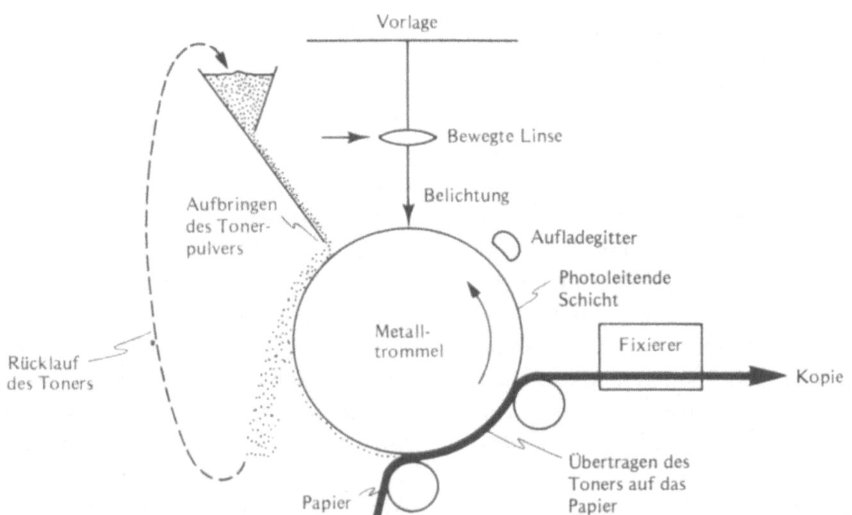

15.6 Die photoleitende Schicht auf der Metalltrommel eines Fotokopierers wird (durch Glimmentladung, Abschnitt 11.6) positiv geladen und dann streifenweise mit einem Bild der Vorlage belichtet. Dieses Licht macht die Schicht leitend, die ihre Ladung an die Metalltrommel abgibt. Ein latentes (fotografisch negatives) Bild der positiven Ladung bleibt nur dort auf der Schicht, wo während der Belichtung kein Licht ist. Mittels negativ geladenen schwarzen Toners (ein Kunststoffpulver) entsteht dann ein (fotografisch positives) Bild

empfindliche Element oft ein CCD (charge coupled device, ladungsgekoppeltes Bauelement). Es besteht aus einem lichtempfindlichen Silikon-Gitter, das mit einer dünnen Schicht fein verteilter Elektroden bedeckt ist. Licht erzeugt, ähnlich wie beim Vidikon, ein latentes Bild aus Photoelektronen. Diese werden zunächst in einem Netz von ›Bildpunkten‹ gesammelt, indem man an die Elektroden

geeignete Spannungen anlegt. Um das Bild ›abzulesen‹, werden nun die Elektrodenspannungen so geändert, daß das ganze latente Bild aufwärts wandert, wobei aber jeweils die oberste Zeile seitwärts in einen Verstärker verschoben wird. Das Signal aus dem Verstärker stellt daher zu jedem Zeitpunkt den Elektronen-Inhalt (also die Lichtmenge) eines Bildpunkts dar, und im Laufe der Zeit werden alle Bildpunkte abgelesen. Die Vorteile der CCDs sind ihre Stabilität, die hohe Empfindlichkeit und der große Belichtungsspielraum bei konstantem Kontrast; die Anzahl der Bildpunkte genügt für Fernsehbilder, aber im Vergleich zu fotografischem Film sind heutige CCDs äußerst grobkörnig.

Auch ein Fotokopierer (Abb. 15.6) entwirft ein latentes Bild positiver Ladungen auf einem Photoleiter. Um dieses Bild zu entwickeln, wird der Photoleiter mit negativ geladenem

schwarzem Pulver, dem TONER, bestreut. Der Toner haftet an den nicht belichteten Stellen. Er wird dann auf Papier übertragen, mit dem er unter Wärmezufuhr zu einer positiven Kopie verschmilzt.

In photoleitenden Halbleitern bleiben die Elektronen im Stoff, das Licht aber ermöglicht ihnen freie Bewegung. Zwei verschiedene Halbleiter lassen sich so kombinieren, daß alle diese frei beweglichen Elektronen sich in dieselbe Richtung bewegen. So erhält man eine Art Batterie, die Lichtenergie in elektrische Energie überführt. Abbildung 15.7a zeigt eine schematische Darstellung einer PHOTOVOLTAISCHEN oder SPERRSCHICHTPHOTOZELLE. Solche Photoelemente sind uns aus Belichtungsmessern, die ohne Batterie arbeiten, und auch von SOLARZELLEN her vertraut. Bei Solar-

15.7 (a) Eine photovoltaische Zelle (›Solarzelle‹), die aus zwei dünnen, sich berührenden Halbleiterschichten besteht. Ein Halbleiter ist lichtdurchlässig, deshalb kann Licht die Grenzschicht der beiden Halbleiter erreichen. Wenn Licht auf die Zelle fällt, wird ein Teil seiner Energie in einen elektrischen Strom umgewandelt, der den Motor antreibt. Wenn der Motor durch einen Strommesser ersetzt wird, ist dieses Gerät ein lichtelektrischer Belichtungsmesser. (b) Mechanisches Analogon zu einer fotovoltaischen Zelle. Die Situation ähnelt der in Abbildung 15.4, aber hier ist der Aquädukt nicht immer horizontal, sondern fällt an der Verbindungsstelle ab. Wenn der Mann, der das Photon darstellt, das Wasser in der Nähe der Verbindung in die Wasserleitung füllt, fließt das Wasser in nur eine Richtung, so daß sich ein Teil der investierten Energie zum Antreiben eines Wasserrades nutzen läßt

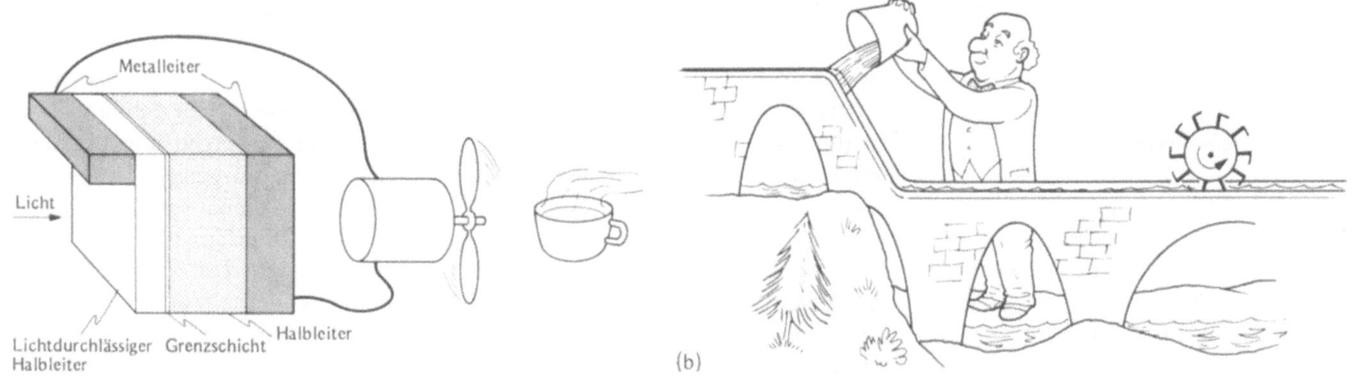

zellen werden Photonen nahe der Verbindungsstelle zweier Halbleiter absorbiert; wie bei Photoleitern können sich dann einige Elektronen frei bewegen. Die Halbleiter sind so angeordnet, daß diese leitenden Elektronen durch die Kräfte zwischen den Halbleitern in einen der Halbleiter gezogen werden. Diese Bewegung der Elektronen läßt sich nutzen. (Abbildung 15.7b zeigt eine mechanische Entsprechung dieses Vorgangs.) Der Photoeffekt kann also nicht nur mittels einer externen Stromquelle einen Strom anregen, sondern auch selbst als Stromquelle dienen.

Welche Spannung baut eine Solarzelle auf? Die Energie eines Photons von der Sonne (mit einer Wellenlänge von 550 nm) entspricht der Energie eines von einer 2-Volt-Batterie beschleunigten Elektrons. Also kann eine mit dieser Wellenlänge bestrahlte Solarzelle höchstens zwei Volt erreichen. In der Praxis möchte man auch Beiträge längerwelligen Lichts, also verwendet man Substanzen, die schon mit weniger Energieaufwand photoleitend werden. Silizium zum Beispiel wird schon bei Bestrahlung mit halb so energiereichen Photonen (also bei einer Wellenlänge von 1100 nm) zum Halbleiter, deshalb ist die höchste erreichbare Spannung bei einer Siliziumsolarzelle nur ungefähr ein Volt. Photonen mit kürzerer Wellenlänge als 1100 nm haben mehr Energie, als genutzt werden kann. Diese überschüssige Energie geht bei einer Siliziumsolarzelle als Wärme verloren. Diese Verluste erschweren die effektive Umwandlung der Sonnenenergie, die auf eine photovoltaische Zelle trifft, in elektrische Energie.

15.2.3 Teilchenwellen

Die Quantentheorie erklärt nicht nur den lichtelektrischen Effekt, sondern auch andere Phänomene, von denen Sie einige schon beobachtet haben. SIE SAHEN SELBST im Versuch zu Abschnitt 12.3.1 helle Streifen im Spektrum von manchen Lichtquellen, z.B. von Natriumlampen oder Quecksilber-Leuchtstoffröhren. Tafel 15.1 zeigt ähnliche, mit einem Gitterspektroskop fotografierte Lichtquellen. Offenbar werden in diesen Spektren einige Farben bevorzugt, aber im Licht selbst ist nichts, das eine Farbe oder Frequenz einer anderen vorzieht. Bestimmte Frequenzen fallen im Spektrum auf, weil Materie sie bevorzugt. Die dabei auftretenden Linien sind Ausstrahlungen einzelner Natrium- oder Quecksilberatome. Jede Atomsorte strahlt nur in ganz bestimmten Frequenzen, dem LINIENSPEKTRUM des Atoms. So zeigt die spezielle Art gelben Lichts aus Tafel 15.1 immer an, daß die Lichtquelle Natrium enthält.

Weiter oben haben wir diese charakteristischen Frequenzen als Resonanzen des Atoms gedeutet. Inzwischen haben wir am Photoeffekt gelernt, daß jeder Lichtfrequenz Photonen einer bestimmten Energie entsprechen. Also können wir jetzt sagen: Wenn ein Atom schwingt (weil ihm Energie zugeführt wurde), gibt es ein Photon mit einer bestimmten Energie ab. Warum sendet ein Atom nur bestimmte Energien aus? Wohl deswegen, weil das Atom selber nur bestimmte Energien hat. Es kann, im Gegensatz zu einem Pendel, nicht jede beliebige Energiemenge speichern. Wir sagen, ein Atom habe nur eine diskrete Anzahl von ENERGIEZUSTÄNDEN. Gibt ein Atom ein Photon ab, wechselt es von einer Energiestufe in eine andere, und das Photon nimmt die vom Atom verlorene Energie mit. Die Abgabe von Photonen geht sehr schnell, deshalb verbringt ein Atom die meiste Zeit damit, in einer seiner Energiestufen zu verharren und nichts zu tun. Das ist schwer verständlich, wenn wir uns die Elektronen eines Atoms im klassischen Sinne als Teilchen vorstellen, die um einen Kern wirbeln, denn dann müßten die Elektronen immerzu mit einer ihrer Umlauffrequenz entsprechenden Frequenz Energie abstrahlen.

Dieses Verhalten wird jedoch verständlich, wenn wir, vorläufig ganz ohne Grund, annehmen, Elektronen seien eine Art Welle. Wenn Elektronen Wellen sind, kann die Elektronenwelle in einem Atom keine fortschreitende Welle sein, da ja das Elektron in der Nähe des Kerns bleibt. Also muß ein Elektron eine stehende Welle in der Nähe des Kerns sein. Aber stehende Wellen in geschlossenen Bereichen haben diskrete Frequenzen, wie Sie wissen, falls Sie mit Musikinstrumenten vertraut sind. Dort stehen Wellen in beschränktem Raum (Abb. 12.34). Die schwingende Saite einer Geige oder eines Klaviers ist durch ihre Länge begrenzt, die schwingende Luft in einem Horn durch die Maße des Horns. Die Saite einer Geige gibt einen bestimmten Ton (einer bestimmten Frequenz), und der Ton ändert sich, wenn der Finger die Länge der Saite verändert. Ein Horn kann eine bestimmte Anzahl von Tönen spielen, wenn man kräftig genug hineinbläst, aber auch nur diese. Entsprechend gibt es für eine auf ein Atom beschränkte Elektronenwelle nur eine bestimmte Anzahl möglicher Frequenzen. Die durch die Quantentheorie diesen Frequenzen zugeordneten Energien sind die Energiezustände des Atoms.

Sind denn Elektronen (und andere Formen, der Materie) wirklich eine Art Welle? Auf den ersten Blick scheint dies eine verrückte Idee zu sein, da wir uns sonst Elektronen meist als Teilchen vorstellen – etwa als winzige Billardkugeln. Erinnern Sie sich aber daran, daß Licht sich in der ganzen Strahlenoptik und auch beim lichtelektrischen Effekt wie Teilchen verhält; eine Welle kann also ihren wahren Charakter vor dem zufälligen Beobachter verbergen und nur dann zeigen, wenn sie genauer untersucht wird, etwa in einem sorgfältig durchgeführten Interferenzversuch (dem entscheidenden Test auf Wellenverhalten). So verhält es sich auch bei den Elektronen: Wenn man die geeigneten Experimente macht, läßt sich

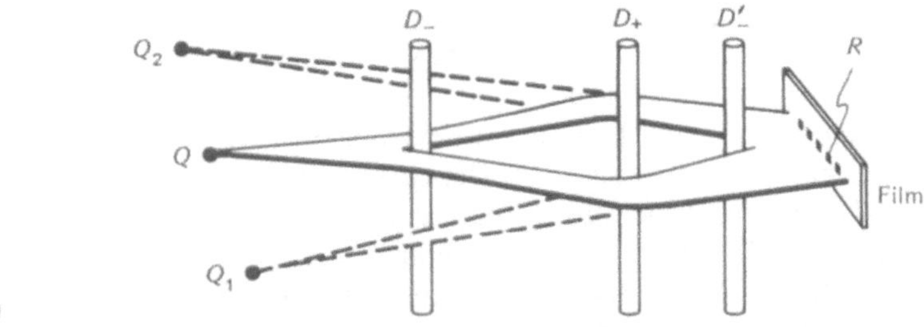

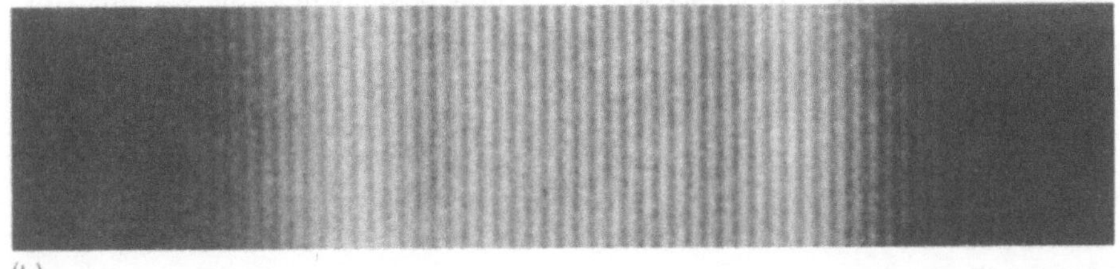

15.8 Das Möllenstedtsche Elektronen-interferometer. (a) Schemazeichnung des Geräts, das den negativ geladenen Draht D_-, den positiv geladenen Draht D_+ und zwei mögliche Wege für Elektronen der Quelle Q zeigt. Die Youngschen Streifen werden in der Region R beobachtet, wo sich die Bahnen kreuzen, die Elektronen von zwei virtuellen kohärenten Quellen bei Q_1 und Q_2 entsprechen. (Im wirklichen Versuch wird ein weiterer negativ geladener Draht D'_- benutzt, damit die Bahnen fast parallel gerichtet sind und breitere Streifen ergeben.) (b) Eine Fotografie der Streifen – vergleichen Sie diese Streifen mit den Youngschen Streifen in Abbildung 12.9

15.9 (a) Von Chloratomen auf einem Silberkristall bei der Elektronenbeugung erzeugte Muster, (b) von einem Kochsalzkristall (NaCl), das ähnliche Struktur hat, erzeugtes Röntgenbeugungsmuster und (c) von Kochsalzkristallen erzeugtes Neutronenbeugungsmuster

ELEKTRONENINTERFERENZ beobachten. So hat zum Beispiel Gottfried Möllenstedt die Wellenfront mit einem dünnen, negativ geladenen Draht gespaltet (Abb. 15.8a). Da der Draht die (negativ geladenen) Elektronen abstößt, teilt er die Wellenfront eines Elektronenstrahls in zwei Teile und lenkt dabei auf jede Seite einen Strahl. In ähnlicher Weise kann ein positiv geladener Draht benützt werden, um die Strahlen wieder zusammenzuführen. Die mit einer fotografischen Platte aufgenommenen Streifen (Abb. 15.8b) entsprechen denen des Youngschen Doppelspalts. Sie bestätigen nicht nur, daß Elektronen tatsächlich Wellencharakter haben, sondern geben auch noch einen Hinweis auf die Wellenlänge.

Für genauere Messungen der Wellenlänge von Elektronen werden Elektronenbeugungsgitter verwendet, die zum Glück leichter zu erhalten sind. Wie bei den Photonen hängt auch die Wellenlänge der Elektronen von ihrer Energie ab; für typische Elektronenstrahlen ist diese Wellenlänge sehr klein und vergleichbar mit der Wellenlänge von Röntgenstrahlen. Also können, wie bei Röntgenstrahlen, Kristalle als Elektronenbeugungsgitter verwendet werden. Wenn ein Elektronenstrahl durch einen Kristall geht, erhält man ein Beugungsmuster, das dem von Röntgenstrahlen sehr ähnlich sieht (Abb. 15.9).

Den Mustern in Abbildung 15.8b oder 15.9a läßt sich nicht ansehen, ob sie von Licht, von Elektronen oder von anderen Materieteilchen erzeugt wurden. Also verhalten sich im mikroskopischen Maßstab einzelne Teilchen und Photonen gleich; beide zeigen sowohl Teilchen- als auch Wellencharakter.

Warum haben wir im Makroskopischen nie Schwierigkeiten, eine Billardkugel von einer elektromagnetischen Welle zu unterscheiden? Ein makroskopischer Ball oder eine makroskopische Welle bestehen aus sehr vielen Elektronen oder Photonen. Eine große Anzahl von Materieteilchen verhält sich völlig anders als eine gleich große Anzahl von Photonen (die sich nie zu einem Ball zusammenrollen). So zeigt sich die

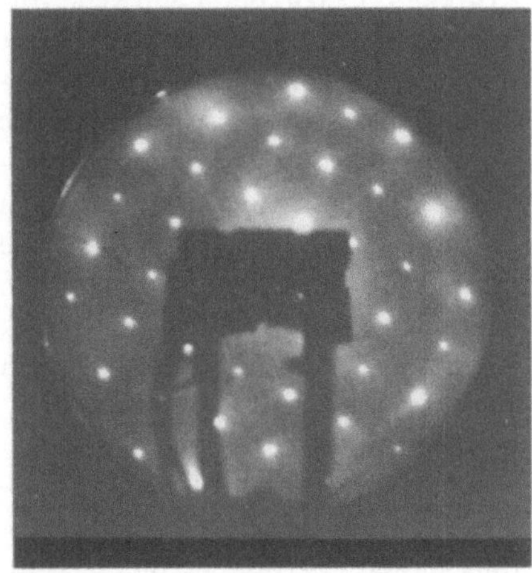

(a)

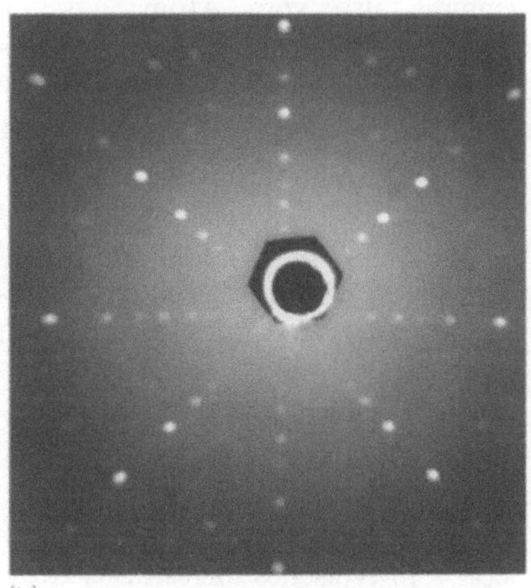

(b)

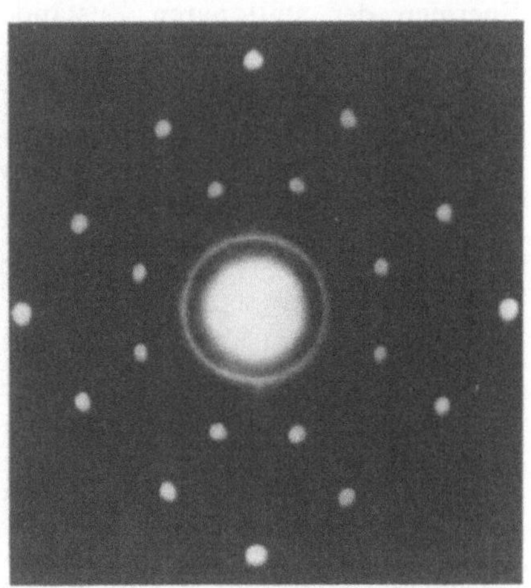

(c)

Wirkung von der elektrischen Ladung in der Materie erst dann, wenn mindestens zwei Teilchen zusammenkommen. Wie sich im einzelnen eine Billardkugel aus Teilchenwellen zusammensetzt, betrifft nicht die Lichtseite der Natur, die uns hier beschäftigt. Später, wenn wir Laser behandeln, werden wir sehen, wie sich eine Photonenmenge verhält.

15.3 Atomspektren

Wie wir sahen, haben Atome Linienspektren, weil sie diskrete Energiezustände haben. Die Energie eines Atoms ist abhängig vom Abstand zwischen den Elektronen und dem Kern – je höher das Energieniveau, desto weiter sind die Elektronen im Mittel vom Kern entfernt. Ist ein Atom in einer seiner Energiestufen, so ist es in einem STATIONÄREN ZUSTAND, die Ladung springt nicht hin und her, und es schickt keine elektromagnetischen Wellen aus. Wird das Atom zum Beispiel durch einen Zusammenprall mit einem anderen Atom oder durch ein elektromagnetisches Feld gestört, so kann es von einem stationären Zustand in einen anderen übergehen. Springt das Atom auf eine höhere Energiestufe, muß es die hierzu notwendige Energie aus der Störung aufnehmen. Beim Übergang zu einer niedrigeren Energiestufe wird die Energiedifferenz in Form eines Photons abgegeben. Wenn wir alle Energien der stationären Zustände (also alle Energiestufen des Atoms) kennen, kennen wir auch die Energien aller Photonen, die das Atom emittieren (oder absorbieren) kann, denn die Energie dieser Photonen muß gleich der Energiedifferenz eines Paares stationärer Zustände sein.

Aber warum strahlt ein Elektron Licht aus, wenn es von einem stationären Zustand in einen anderen wechselt? Schließlich wird Licht doch von schwingenden Ladungen abgegeben! Wir können uns diesen Prozeß folgendermaßen vorstellen: Während des Übergangs sind Elektronenwellen beider Energiestufen vorhanden und interferieren miteinander. Da die Frequenzen verschieden sind, verschiebt sich im Laufe der Zeit das Interferenzbild. Da dieses Bild von Wellen geladener Elektronen herrührt, verschiebt sich also auch die Ladung. Diese oszillierende Ladung verändert wie üblich das elektromagnetische Feld – meistens, indem es nur ein Photon absorbiert oder emittiert.

Ein Atom kann also Licht aufnehmen (zum Beispiel dann, wenn es auf seiner niedrigsten Energiestufe, dem GRUNDZUSTAND, ist) und auf einer höheren Stufe, einem ANREGUNGSZUSTAND, Licht ausstrahlen. Denken wir uns, ein Atom wäre anfänglich in einem stationären Zustand und ein Photon käme vorbei. Das Photon stört das Atom etwas, so daß die Ladungen anfangen, sich zu verschieben. Wenn die Photonenwelle die Ladung stärker schwingen läßt, gewinnt das Atom Energie. Da diese Energie vom Photon stammen muß, wird es ABSORBIERT – am Ende gibt es kein Photon mehr, und das Atom ist auf einer höheren Energiestufe.

Der Emissionsvorgang setzt voraus, daß das Atom zu Beginn in einer angeregten Stufe ist, und kann auf zweierlei Arten vor sich gehen. Ein schon vorhandenes Photon (etwa von einem auf das Atom gerichteten Lichtstrahl) kann das Atom stören, so daß das Atom ein weiteres Photon abgibt. Die Energie des neuen Photons stammt also vom Atom, das am Schluß auf einer niedrigeren Energiestufe ist als am Anfang. Dieser Prozeß heißt INDUZIERTE ODER STIMULIERTE EMISSION. Andererseits wird, selbst wenn wir das Atom nicht mit Licht bestrahlen, das Atom irgendwann auf eine niedrigere Energiestufe übergehen, genauso wie ein Bleistift, der, auf seine Spitze gestellt, irgendwann umfällt. Wenn das Atom auf eine niedrigere Stufe fällt, gibt es ein Photon ab, das die Energiedifferenz mitnimmt. Dieser Prozeß heißt SPONTANE EMISSION. Ein typisches ungestörtes Atom hat in einem angeregten Zustand eine LEBENSDAUER von nur 10^{-8} Sekunden, bevor es durch Spontanemission in seinen Grundzustand zurückkehrt. Der einzige Zustand, in dem ein Atom lange Zeit verharren kann, ist der Grundzustand.

Absorption und Emission beschreiben, nur genauer, die Effekte, die wir schon behandelten, als wir uns fragten, was passiert, wenn eine elektromagnetische Welle eine Ladung erschüttert. Zum Beispiel ergibt sich Streuung, wenn Absorption und Emission gleichzeitig auftreten.

15.3.1 Emissionsspektren

Die meisten Lichtemissionen werden durch spontane Übergänge in Atomen verursacht. Einem Atom wird Energie zugeführt, wenn es (etwa in einem Gas) mit einem anderen Atom zusammenstößt oder bei einer elektrischen Entladung von einem Elektron getroffen wird (Abschnitt 1.4.3). Der Zusammenprall deformiert das Atom und versetzt es in einen angeregten Energiezustand (Autobesitzer können dies mitfühlen). Nach dem Zusammenprall beginnt das Atom wieder in seinen Grundzustand zurückzufallen; die Welle des angeregten Zustands wird immer schwächer und die des Grundzustands immer stärker. Während dieses Übergangs schwingt die Elektronenladung und sendet eine Lichtwelle aus. Die KOHÄRENZLÄNGE der Lichtwelle (die Entfernung entlang des Strahls, über welche die Lichtwellen in Phase bleiben) ist etwa genauso groß wie die Entfernung, die die Lichtwelle während der Lebensdauer des angeregten Zustands zurücklegt, also etwa ein Meter. Im allgemeinen wird das Atom aufs neue durch eine Kollision gestört, lange bevor es die Welle ganz emittiert hat; dann ist die Kohärenzlänge entsprechend kürzer.

Wenn ein Atom ein Photon ausstrahlt, muß die Frequenz des Photons gerade so groß sein, daß das ent-

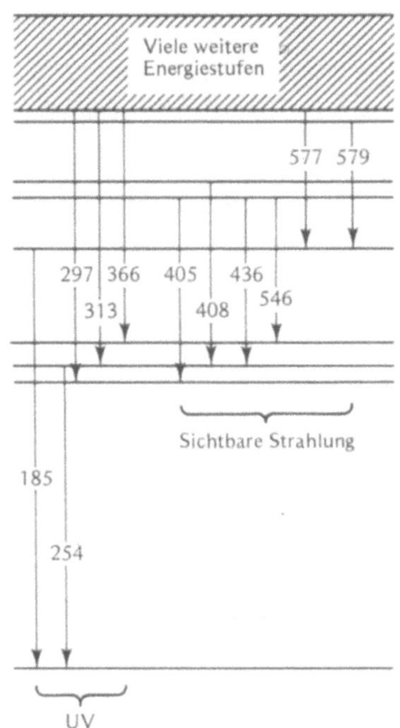

15.10 Energiestufendiagramm für Quecksilber. Die mit Pfeilen angedeuteten Übergänge haben Lebensdauern von etwa 10^{-8} Sekunden und entsprechen den Spektrallinien aus Tafel 15.1c. Die Wellenlänge dieser Linien ist im Diagramm in Nanometern angegeben. Die Linien von Übergängen mit längeren Lebensdauern sind so schwach, daß sie in der Tafel nicht zu sehen sind

sprechende Energiequant der Energiedifferenz zwischen Anfangs- und Endzustand des Atoms entspricht. Ist ein Atom in einem hochangeregten Zustand, so gibt es oft mehrere Wege, wie es seinen Grundzustand wieder erreichen kann, und dann gibt es im Spektrum des vom Atom emittierten Lichts mehr als eine mögliche Linie. Abbildung 15.10 zeigt dies am Beispiel des Quecksilbers. Die Lebensdauer ist entlang dieser verschiedenen Bahnen nicht gleich; das Atom wählt gewöhnlich den kürzesten Weg zurück zur Grundstufe. Also können wir nicht erwarten, Spektrallinien zu sehen, die allen möglichen Übergängen zwischen den Energiestufen eines Atoms entsprechen. Aber viele der Übergänge kommen im Spektrum vor, also ist ein Energiestufendiagramm eine nützliche Zusammenfassung eines komplizierten Spek-

trums mit vielen Linien (EMISSIONSLINIEN) mittels weniger Energiestufen.

Da die Struktur des Atoms die Energiestufen festlegt, sind die Spektren aller Atomarten verschieden. Atome können so anhand ihres Spektrums identifiziert werden. Es braucht nicht viel Materie, um ihre Atome anzuregen und so dafür zu sorgen, daß sie ihr charakteristisches Spektrum ausstrahlen. (Atome können zum Beispiel durch elektrische Entladung angeregt werden.) Auf diese Weise können auch die Bestandteile kleinster Proben mit den Methoden der SPEKTROSKOPIE analysiert werden, indem man das Spektrum des ausgeschickten Lichts untersucht. (Man benutzt dazu zum Beispiel das in Abbildung 12.22 gezeigte Gerät.) Mit solchen Methoden arbeiten kriminologische Laboratorien. Die Spektroskopie zeigt auch die atomaren Bestandteile weit entfernter Sterne, von denen wir keine anderen Informationen haben als das Licht, das zu uns gelangt. Bevor die Spektroskopie entwickelt wurde, hielt man das für unmöglich. So schrieb Auguste Comte 1835 über Himmelskörper: › Wir kennen die Möglichkeiten, ihre Formen, Entfernungen, Größen und Bewegungen zu bestimmen, aber nie, mit keinen Mitteln, werden wir in der Lage sein, ihre chemische Zusammensetzung zu untersuchen ‹. Und doch wurde das Element Helium (griech. *helios,* Sonne) zuerst aufgrund seines Spektrums in der Sonne gefunden, bevor es auf der Erde entdeckt wurde.

15.3.2 Absorption und Lumineszenz

Ein Atom kann ein Photon absorbieren, falls das Photon die richtige Frequenz hat – sein Energiequant muß genauso groß sein, daß das Atom von seinem Ausgangszustand (normalerweise dem Grundzustand) in einen angeregten Zustand wechselt. Also tritt Absorption, wie Emission, nur bei bestimmten, DISKRETEN, Frequenzen auf. Dies läßt sich beobachten,

wenn weißes Licht durch einen mit den interessierenden Atomen gefüllten Raum geschickt und das Licht dann spektroskopisch analysiert wird. Da das Atom nur Licht diskreter Frequenzen absorbiert, sieht das durchgelassene Licht wie das übliche kontinuierliche Spektrum weißen Lichts aus, weist aber bei diesen diskreten Frequenzen dunkle ABSORPTIONSLINIEN auf (Tafel 15.1d). (Normalerweise kehrt das Atom bald wieder zum Grundzustand zurück, indem es zum Beispiel ein Photon abgibt, das dem absorbierten ähnlich ist, aber eine andere Richtung hat – diese › gestreuten ‹ Photonen erreichen nicht das Spektroskop.)

Im Sonnenspektrum finden sich Beispiele für Emissions- und Absorptionsspektren. Die der Abstrahlung eines schwarzen Körpers entsprechende Form des Spektrums (Abb. 1.19) ist ein breitbandiges Emissionsspektrum einer heißen Gasschicht auf der Sonnenoberfläche. Zu diesem Licht tragen so viele verschiedene Atomsorten bei, daß nur wenige der einzelnen Emissionslinien aus dieser kontinuierlichen Verteilung herausragen. In größerer Entfernung von der Sonne aber absorbieren kühlere, weniger dichte Gase diskrete Frequenzen des Sonnenspektrums. Bei genauer Untersuchung zeigt das Sonnenspektrum also viele dunkle Linien, die nach ihrem Entdecker benannten Fraunhoferlinien, die uns fast all das verraten haben, was wir über die auf der Sonne vorkommenden Elemente wissen. SEHEN SIE SELBST!

Der Gesamtprozeß, in dem ein Atom Energie aufnimmt und durch Photonenemission wieder zum Grundzustand zurückkehrt, heißt LUMINESZENZ. Von besonderem Interesse sind die Fälle, in denen das abgegebene Photon eine andere Frequenz hat als die Photonen des bestrahlenden Lichts. Dies kann auftreten, wenn das Atom über eine Zwischenstufe zum Grundzustand zurückkehrt. Da die ursprünglich gewonnene Energie dann in mehreren Teilen abgegeben wird, hat jedes abgegebene Photon weniger Energie, also eine niedrigere Frequenz als das aufgenommene Photon. Wenn der Vorgang der Lumineszenz sehr rasch abläuft, also in einer Zeit, die kurz ist im Vergleich zur Lebensdauer des angeregten Zustands (etwa 10^{-8} Sekunden), heißt er FLUORESZENZ. Von der Fluoreszenz haben wir schon Gebrauch gemacht, als wir aus UV-Licht sichtbares Licht gewannen (Abschnitt 1.4.3). Auf ähnliche Weise können fluoreszierende Schirme Röntgenstrahlen sichtbar machen.

STUDIER & SPEKULIER

Warum gibt es keine fluoreszierenden Substanzen, die infrarote Strahlung sichtbar machen?

Natürlich muß die ursprüngliche Anregung des Atoms nicht auf elektromagnetische Wellen zurückzuführen sein. Die Atome auf den fluoreszierenden Schirmen von Fernsehapparaten und Computern etwa werden von Elektronenstrahlen angeregt. Auch der elektrische Strom kann manche Stoffe anregen und Lumineszenz bewirken (ELEKTROLUMINESZENZ). Das nutzen LUMINESZENZDIODEN (Light Emitting Diodes, LED). Eine LED besteht aus zwei Halbleitern, die miteinander verbunden sind (Abb. 15.11). Der eine (A) hat auf seiner Seite der Grenzschicht Leitungselektronen, der andere (B) hält unbesetzte Zustände bereit, in die sie hineinfallen können. Ladungen an der Grenzschicht verhindern den Elektronenfluß von A nach B. Wird eine Batterie an diese sogenannte Diode angeschlossen, können Elektronen aus A über die Sperre geschickt werden. Wenn sie bei B ankommen, fallen sie in den Grundzustand und senden Licht aus. In geeigneten Stoffen, in denen der Energieabfall groß genug ist, wird dieses Licht sichtbar. Wie wir bei Solarzellen sahen, genügt eine Batterie mit nur zwei Volt, um die dem sichtbaren Licht entsprechende

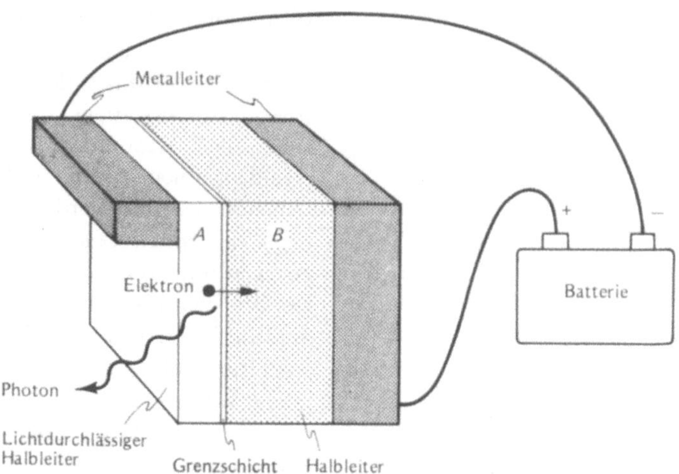

15.11 Schematische Darstellung einer lichtemittierenden Diode. Hier werden Elektronen von der Batterie durch eine Sperre an die Grenzschicht zweier Halbleiter geschoben. Sobald sie an dieser Sperre vorbei sind, fallen die Elektronen im zweiten Halbleiter in ihren Grundzustand zurück und senden dabei Licht aus

Energie zu liefern. LEDs können nach einem ähnlichen Prinzip, wie es in Flüssigkristallen benutzt wird (Abb. 13.12), Ziffern und andere Symbole anzeigen. Ihr Energiebedarf ist zwar höher als der von Flüssigkristallen, aber immer noch sehr gering. LED finden in optischen Kommunikationssystemen viel Verwendung (Abschnitt 2.5.2).

Es kommt vor, daß einer der an der Lumineszenz beteiligten Übergänge eine lange Lebensdauer hat. Es kann zum Beispiel der Absorptionsprozeß so viel Energie liefern, daß ein Elektron ganz aus einem Atom herauskommt und in einem anderen Atom landet. Es dauert dann einige Zeit, bis das Elektron wieder zu einem Zustand im ursprünglichen Atom gelangt, aus dem es durch Photonenabgabe zum Grundzustand zurückkehren kann. Dieser Vorgang heißt PHOSPHORESZENZ, und das von ihm erzeugte Nachleuchten kann Stunden oder Tage dauern. Einige Spielzeuge und Zifferblätter leuchten im Dunkeln, wenn sie vorher im Licht waren. SEHEN SIE SELBST! (Oft wird noch eine zweite, radioaktive Substanz, die Elektronen abgibt, aufs Zifferblatt aufgetragen. Sie regt es zusätzlich an und läßt es sogar während langer Dunkelheit leuchten.)

SEHEN SIE SELBST

1 Das Sonnenabsorptionsspektrum

Sie können einige der Absorptionslinien der Sonne mit dem Gitterspektroskop der Abbildung 12.24 beobachten. Setzen Sie die beiden Rasierklingen so nahe aneinander wie möglich (in weniger als 0,5 mm Abstand), so daß ein sehr schmaler Spalt entsteht. Wenn der Spalt sehr eng ist, können Sie ihn direkt auf die Sonne richten, um das Sonnenspektrum zu sehen. Schauen Sie nicht auf den Spalt selbst, sondern auf das Spektrum seitlich davon. Sie finden jedenfalls im Spektrum erster Ordnung einige dunkle Absorptionslinien (je enger der Spalt, um so schärfer die Linien), zum Beispiel die ›gelben‹ Natriumlinien (die hier auftreten, weil dieses spezielle gelbe Licht fehlt). Durch Vergleich mit Tafel 15.1b können Sie die Linien identifizieren.

2 Phosphoreszenz

Sie brauchen ein im Dunkeln leuchtendes Objekt (etwa das leuchtende Zifferblatt eines Weckers) und farbige Filter, vor allem rote. ›Laden‹ Sie Ihr Objekt mit weißem Licht auf, stellen Sie dann das Licht ab und beobachten Sie, wie das Leuchten nachläßt.

›Laden‹ Sie dann mit andersfarbigem Licht, indem Sie das Objekt mit einem Filter abdecken und beleuchten. Versuchen Sie zu erklären, warum manche Farben Phosphoreszenz hervorrufen und andere nicht.

Auch Fernsehschirme sind phosphoreszierend. Das Nachleuchten läßt zwar schnell nach, ist aber gerade so langsam, daß aufeinanderfolgende Bilder miteinander verschmelzen. Sie können die Phosphoreszenz mit dem Blitzgerät einer Kamera anregen. Stellen Sie den ausgeschalteten Fernseher in einen vollständig abgedunkelten Raum. Halten Sie irgendein Objekt, etwa Ihre Hand, auf den Schirm. Schließen Sie die Augen und lassen Sie den Blitz möglichst nahe vor dem Bildschirm in Richtung Fernseher aufleuchten. Öffnen Sie sofort die Augen und nehmen Sie die Hand vom Schirm weg. Sie sehen dann einen flüchtigen Schatten Ihrer Hand auf dem Schirm. Ersetzen Sie die Hand durch verschiedenfarbige Filter. Warum werfen manche Filter gute Schatten und andere fast keinen?

15.4 Laser

Jetzt, da wir wissen, wie Atome Licht aussenden, können wir auch verstehen, wie es dazu kommt, daß Atome in einem Laser kohärentes Licht emittieren.

Wenn viele Atome spontan Licht aussenden, gibt es keinen besonderen Zusammenhang zwischen einem Atom und dem nächsten, und deshalb ist das von ihnen ausgesandte Licht inkohärent. Damit es kohärent ist, muß zwischen dem Licht der einzelnen Atome eine Beziehung bestehen. Bei einer Radioantenne ist das der Fall, denn da schwingen alle strahlenden Elektronen gemeinsam auf und ab. Radiowellen sind deswegen sehr monochromatisch und sehr kohärent.

Strahlende Atome lassen sich in Übereinstimmung bringen, wenn sie deshalb strahlen, weil sie zur Emission angeregt wurden. Das ist das Prinzip des LASERS (ein Kunstwort aus Light Amplification by Stimulated Emission of Radiation: Lichtverstärkung durch angeregte Abstrahlung). In einem Laser sind sehr viele Atome im angeregten Zustand. Wenn ein einzelnes Atom ein Photon aussendet, tut es dies spontan, in irgendeine Richtung. Wenn zwei Atome Photonen abgeben, ist das zweite Photon mit erhöhter Wahrscheinlichkeit dem ersten ähnlich, weil die Atome ja einander stimulieren können. Bei Emission von drei Atomen ist es noch wahrscheinlicher, daß das dritte Photon sich wie das erste Paar verhält und so weiter. Wenn viele Atome Photonen aussenden, während sie einander mit ihren Photonen stimulieren, ist das Ergebnis eine ausgerichtete kohärente Welle, die ungefähr so viele Photonen enthält, wie es am Anfang angeregte Atome gab. Das können sehr viele sein, so daß das Licht sowohl sehr intensiv als auch sehr kohärent sein kann.

Um so stark wie nur möglich zu sein, müßte die kohärente Welle im Idealfall alle Atome im Laser treffen. Wenn die Welle aber auf nicht angeregte Atome trifft, kann es sein, daß sie diese anregt und dadurch Photonen an sie abgibt. Also muß der Laser mehr angeregte Atome enthalten als solche im Grundzustand – mehr strahlende als absorbierende. Ein solches Übergewicht an angeregten Atomen nennen wir BESETZUNGSINVERSION – Atome verteilen sich auf zwei Zustände, genau umgekehrt wie normal.

Für einen Laser brauchen wir also viele Atome mit Besetzungsinversion. (Solche Laser wurden übrigens schon in der Atmosphäre des Mars gefunden, haben also natürlichen Ursprung. Da natürliche Phänomene nicht patentiert werden dürfen, ist dies als Argument gegen die Patentierung von Lasern verwendet worden – zumindest sollten wohl die Marsmenschen das Patent bekommen!) Wenn wir eine Besetzungsinversion erzeugen wollen, müssen wir die Atome irgend-

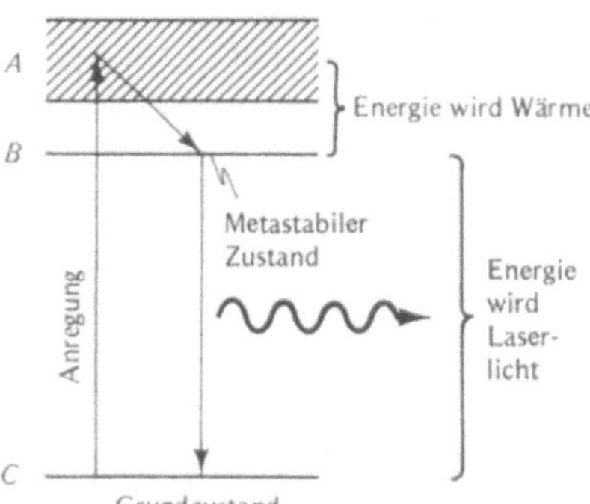

15.12 Energiezustandsdiagramm der emittierenden Atome, die in einem Dreierniveaulaser benützt werden (zum Beispiel Chromatome in einem Rubinlaser)

wie in einen Zustand bringen, in dem sie bleiben, bis wir sie brauchen. Aber ein angeregter Zustand mit langer Lebensdauer ist auch ein Zustand, der vom Grundzustand aus schwer zu erreichen ist. Umgekehrt bleiben die Atome nicht lange in einem angeregten Zustand, in den sie leicht zu bringen sind. Abbildung 15.12 zeigt, wie ein DREINIVEAULASER dieses Problem löst. Die Anregung der Atome ist ähnlich wie die bei Fluoreszenz. Durch elektrische Entladung (oder auch andere Verfahren) werden viele Atome auf eine breite, hohe Energiestufe A gebracht. Diese leicht erreichbare Stufe zerfällt schnell, aber in einen anderen angeregten Zustand B, nicht in den Grundzustand C. Der Übergang von A nach B geschieht nicht durch Abgabe eines Photons, sondern die Energie wird als Wärme freigesetzt. Der nach dem ersten Übergang erreichte angeregte Zustand B muß METASTABIL sein (griech. *meta,* nach, lat. *stabilis,* beständig) – ein Zustand mit einer vergleichsweise langen Lebensdauer, damit sich viele Atome in ihm ansammeln können. Das Ergebnis dieses PUMPENS auf die obere Stufe ist dann die gewünschte Besetzungsinversion – im metastabilen Zustand B gibt es mehr Atome als im Grundzustand C.

Wenn nun durch eine oder mehrere spontane Emissionen der Prozeß einmal in Gang gekommen ist und die

Atome den Photonen der anderen Atome ausgesetzt sind, können sie durch stimulierte Emission kohärente Strahlung abgeben. Für brauchbare Laser muß man eine Möglichkeit finden, die ausgesandten Photonen so lange in der Nähe der Atome zu behalten, bis sie mit den meisten Atomen in Wechselwirkung waren. Dazu werden die Photonen zwischen zwei parallelen Spiegeln hin und her reflektiert. Einer der Spiegel reflektiert nicht 100%, sondern, sagen wir, nur 98%, so daß also etwas Licht entweicht. Wenn der angeregte Zustand ständig aufgepumpt wird, wird auch die Strahlung im Inneren fortwährend ergänzt. Solange die stimulierende Welle da ist, ist alles austretende Licht kohärent und in Phase. Es baut sich also zwischen den Spiegeln eine stehende Welle auf, und bei jedem Hin und Her durch das Gas entkommen 2% der kohärenten Strahlungsenergie, die zwischen den Spiegeln ist, und eine entsprechende Menge wird durch Pumpen ersetzt. Das ›Leck‹ ist der eigentlich gewünschte Laserstrahl. Er besteht also aus Photonen, die etwa 50mal, immer in Kohärenz mit der stehenden Welle im Inneren, hin und her gespiegelt wurden. Die Kohärenzlänge dieser Photonen beträgt also etwa das 100fache der Laserlänge. (In vielen gewöhnlichen Lasern werden allerdings zwischen den Spiegeln mehrere stehende Wellen aufgebaut. Diese unterscheiden sich um eine halbe Wellenlänge auf der Länge des Lasers; deshalb sind sie nicht mehr ›im Schritt‹, nachdem sie diese Entfernung zurückgelegt haben; die Kohärenzlänge eines solchen Lasers entspricht also etwa der Länge einer Laserröhre.)

Da der von einem Laser ausgesandte Strahl vor seinem Austritt die Röhre viele Male durchlaufen hat, ist er nicht nur kohärent, sondern auch sehr gerichtet. Der vom Mond zurückgeworfene Laserstrahl (Abb. 2.41b) etwa verläßt hier ein Teleskop mit einem Durchmesser von zwei Metern und fächert so wenig, daß er, wenn er

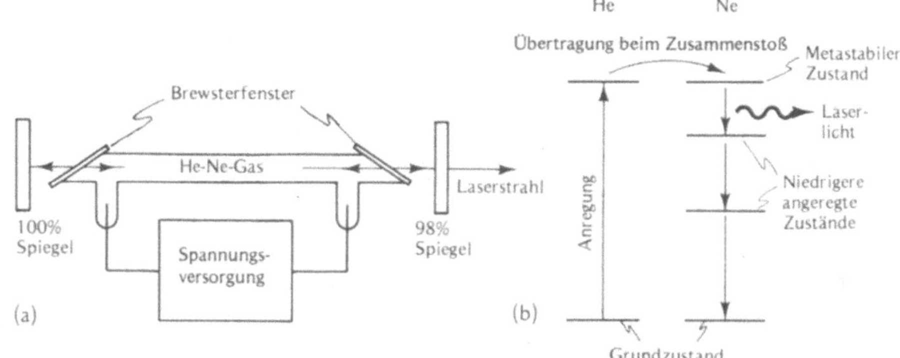

in 380 000 Kilometer Entfernung auf den Mond trifft, eine Scheibe von wenigen Kilometern Durchmesser ist. (Und sogar diese geringe Auffächerung kommt hauptsächlich durch Fluktuationen in der atmosphärischen Brechung zustande.)

Abbildung 15.13 zeigt die Teile eines etwas komplizierteren Lasers, des verbreiteten HELIUM-NEON-LASERS. Dieser Laser wird fortlaufend durch eine elektrische Entladung gepumpt. Die Energie wird zuerst vom Helium aufgenommen und dann, wenn die Atome zusammenprallen, auf Neon übertragen, so daß Neon in einen metastabilen Zustand versetzt wird. Helium-Neon-Laser strahlen rotes, kohärentes Licht mit einer Leistung von nur wenigen Milliwatt und der Wellenlänge 633 nm aus. Dies genügt, um bei hellem Sonnenschein in einer Entfernung von vielen Metern einen sichtbaren Punkt zu erzeugen (was Sie nicht einmal mit starken Automobilscheinwerfern schaffen!).

Obwohl der Laser später erfunden wurde als der Transistor, wird er heute schon erstaunlich vielfältig angewendet. Da ein Laserstrahl eine fast ideale ebene Welle ist, kann seine ganze Leistung auf einen fast idealen Punkt fokussiert werden. Diese Konzentration der Leistung auf einen winzigen Bereich, der sich sehr genau kontrollieren läßt, führt zu sehr hohen Temperaturen. Auf solchen Heizeffekten beruhen viele seiner Anwendungen, so die Verdampfung kleiner Proben oder bestimmter Schichten größerer Proben (etwa für die Spek-

15.13 (a) Schematische Darstellung eines Lasers: In einer Glasröhre befindet sich ein Gemisch von Helium (He) und Neon (Ne). Die reflektierenden Spiegel sind außerhalb der Röhre. Da die Lichtintensität bei jedem Durchgang nur wenig zunimmt, müssen Übergangs- und Reflexionsverluste möglichst klein gehalten werden. Die Röhrenenden tragen daher Brewsterfenster (Abschnitt 13.4), und die Spiegel sind beschichtet, damit sie besser reflektieren (Abschnitt 12.3.3). (b) Energiediagramm der Helium- und Neonzustände, die am Pumpprozeß und an der stimulierten Emission dieses Lasers beteiligt sind

troskopie), Bestrahlung von Zellen (bei genetischen Untersuchungen), Schweißen von Objekten (so delikater wie eine abgelöste Netzhaut oder so massiver wie Fahrzeuge und Rohrleitungen), Schmelzen von Füllmaterial bei der Zahnbehandlung und sogar beim Entfernen von Tätowierungen. Laser können ein Material sehr schnell erhitzen und schmelzen lassen und sind deswegen (oft vom Computer kontrollierte) schnelle und genaue Scheren, die in der Kleidungsindustrie genauso wie für andere peinlich genaue Arbeiten Verwendung finden. Laserschnitte sind besonders vorteilhaft in der Chirurgie (zum Beispiel bei Mandeloperationen), weil die Hitze kleine Kapillaren ausbrennt und so die Blutungen reduziert. Scharf eingestellte Laserstrahlen niedriger Leistung andererseits können sehr behutsam und genau wechselwirken, so zum Beispiel bei der ›optischen Abtastnadel‹ in CD-Spielern. Ein nicht fokussierter Laser fächert sehr wenig auf und erzeugt über sehr große Entfernungen hin helle, gerade Strahlen. Dies ist bei Landvermessungen nützlich. Schließlich erlaubt das hochkarätige Licht eines Lasers extrem genaue interferometrische Messungen. Als Kommunikationsmittel mit Hilfe von Lichtwellen ist er in der Faseroptik mittlerweile unentbehrlich. Erst durch den Laser wurde die Holografie praktikabel, Laserstrahlen sorgen in hochtechnisierten Anlagen der großen Theater für die Bühnenbeleuchtung mit ihren Illusionseffekten; ohne Laser wären Science-Fiction-Filme noch in grauen Vorzeiten.

15.5 Die klassische Mechanik in neuem Licht

Gleichzeitig mit der Entwicklung der Quantentheorie bahnte sich zu Beginn dieses Jahrhunderts in der Physik eine weitere Revolution an. Zu diesem Zeitpunkt war die Wellennatur des Lichts gesichert, und die Physiker begannen sich zu fragen, wie diese neue Auffassung mit ihrem vorherigen Verständnis der Mechanik (griech. *mechane*, Maschine) zu vereinbaren wäre. Sie deckten in den Theorien ihrer Zeit Widersprüche auf. So braucht man zum Beispiel für jede Messung der Lichtgeschwindigkeit die Mechanik, denn die Geschwindigkeit ist durch Begriffe der Mechanik definiert – wenn wir etwa die Geschwindigkeit einer Läuferin messen wollen, messen wir die Zeit, die sie braucht, um eine bestimmte Entfernung zurückzulegen, also zwei Größen, die zur Mechanik gehören. Zwar liefern verschiedene Arten der Geschwindigkeitsmessung verschiedene Ergebnisse, denn wenn die Läuferin auf einem Laufband läuft, kommt sie nicht vom Fleck, also wäre ihre Geschwindigkeit gleich null. Warum strengt sie sich dann auf dem Laufband genauso an, wie wenn sie auf der Straße läuft? Weil der Boden des Laufbands sich rückwärts bewegt, läuft sie relativ zu diesem Boden genauso schnell wie auf der Straße. Die Geschwindigkeit

hängt also von den Umständen ihrer Messung ab. Diese Umstände nennen wir ein BEZUGSSYSTEM. Die Läuferin bewegt sich nicht relativ zum Bezugssystem des Raums, wohl aber relativ zum Bezugssystems des Laufbandbodens.

Auch Lichtwellen haben eine Geschwindigkeit, also liegt die Frage nahe, welches Bezugssystem es ist, in dem das Licht seine konstante Geschwindigkeit c hat. Was passiert, wenn Sie aus einem sich bewegenden Auto einen Lichtstrahl absenden? Bewegt er sich in der Bewegungsrichtung des Autos schneller und in der entgegengesetzten Richtung langsamer? Läßt sich ein Lichtstrahl von einem sehr schnellen Läufer einholen? Was würde passieren, wenn man einen Spiegel mit sich trüge, während man mit einem Lichtstrahl mitläuft – würde das Licht reflektiert werden?

15.5.1 Die Spezielle Relativitätstheorie

Fragen wie diese stellte sich Albert Einstein schon als Schüler. Wie es damals schien, war selbst die Natur durch diese Fragen verwirrt. Wenn zum Beispiel die Lichtgeschwindigkeit auf der Erde durch die Bewegung der Erde beeinflußt würde, so wäre diese Geschwindigkeit je nach der Richtung des Lichtstrahls verschieden, und der Unterschied wäre ein Maß dafür, wie schnell sich die Erde selbst bewegt. Aber kein Versuch, der die Geschwindigkeit des Lichts in verschiedenen Richtungen vergleichen sollte, konnte irgend etwas über die Geschwindigkeit der Erde in ihrer Umlaufbahn herausfinden – Licht scheint in allen Bezugssystemen dieselbe Geschwindigkeit zu haben. Niemand verstand nämlich wirklich, wie Licht sich auf bewegten Körpern verhält, und der junge Einstein mußte sich die Antworten auf seine Fragen selbst überlegen. Er ging – charakteristisch für seine Denkweise – von dem Paradoxon aus, daß Licht nur eine Geschwindig-

keit, aber nicht nur ein Bezugssystem hat, daß die Lichtgeschwindigkeit immer dieselbe ist, ganz gleich, in welchem Bezugssystem sie gemessen wird, und machte dies zu einem der Grundsätze seiner SPEZIELLEN RELATIVITÄTSTHEORIE:

> **Licht bewegt sich in jedem Bezugssystem gleich, also mit derselben Geschwindigkeit**

Egal, wie man sich anstrengt, einem Lichtstrahl nachzujagen, man findet, daß er trotzdem noch genau mit der Geschwindigkeit c wegläuft.

Die auf diesem Grundsatz beruhende Theorie hat alle möglichen Konsequenzen, aber sie besagt nichts Neues über das Licht selbst. Denn die Theorie des Lichts geht ja davon aus, daß Licht zur Fortpflanzung kein Medium braucht – es bewegt sich im Vakuum mit der Geschwindigkeit c, unabhängig von der Geschwindigkeit, mit der seine Quelle oder seine Beobachter sich bewegen. Alle anderen Theorien (etwa die Mechanik) müssen also mit diesem Grundsatz über das Verhalten des Lichts in Übereinstimmung gebracht werden. Wir Menschen sind weitgehend ›mechanische‹ Wesen und meinen, Mechanik wirklich zu verstehen, ein Gefühl für sie zu haben und zu wissen, was Raum und Zeit sind. Deswegen traf Einstein auf sehr viel Widerstand, als er den lange unangefochtenen Glauben an die Mechanik anzweifelte. Heute ist seine Spezielle Relativitätstheorie so anerkannt, daß seine Gleichungen auf T-Shirts, in Cartoons und auf Glasfenstern stehen (Abb. 15.14).

Wir interessieren uns hier nur am Rande für die Mechanik und geben nur ein Beispiel einer Folgerung aus dem Relativitätsprinzip. Die klassische Mechanik läßt beliebig hohe Geschwindigkeiten zu. Also hindert uns (außer den Kosten für große Raketen) nichts daran, ein ganzes Labor (also ein Bezugssystem) schneller als Licht zu bewegen. Stellen wir uns einmal vor, Professor Prestissimo hätte

Abb.15.14

ein Labor gebaut und würde gerade nach rechts an uns vorbeisausen, schneller als das Licht. In genau dem Moment, wo der gute Professor an Ihnen vorbeikommt, betätigen Sie, in der Hoffnung, ein Bild von ihm zu erhalten, den Blitz Ihrer Kamera (Abb. 15.15). Aber das Licht Ihres Blitzes kann ihn, der ja schneller ist als das Licht, nicht erreichen. Ihr Blitz sendet Licht sowohl nach rechts als

15.15 (a) (Aus Augenzeugenberichten rekonstruierte) Darstellung (kein mit Licht aufgenommener Schnappschuß) eines Beobachters, der einen Blitz auslöst, während Professor Prestissimo in seinem Überlichtgeschwindigkeitslabor vorbeikommt. (b) Wenig später hat sich das Licht L des Blitzes von der Kamera weg ausgebreitet, doch Prestissimo ist noch weiter gekommen. Seine Assistenten beobachten die Blitze

auch nach links; beide Lichtstrahlen bleiben aber links vom Professor.

Im Labor beobachten Professor Prestissimos Assistenten diese Strahlen.

STUDIER & SPEKULIER

Die Assistenten müssen entlang der Reisestrecke verteilt sein, sich notieren, wann die Blitze an ihrer jeweiligen Position vorbeikommen, und später ihre Notizen vergleichen. Warum kann Prestissimo sich die Blitze nicht einfach anschauen?

Der Professor findet (im Bild links von sich) zwei Blitze, die zusammen ausgelöst wurden und sich dann auseinanderbewegen. Also bewegen sie sich mit verschiedenen Geschwindigkeiten, beide nach links. (Beachten

Sie, daß für diese Überlegung keine mechanischen Messungen notwendig sind, nur die Unterscheidung von vor- und rückwärts und von gleichzeitig und nacheinander.) Aber nach dem Relativitätsprinzip ist das unmöglich; zwei Blitze, die sich in dieselbe Richtung bewegen und zur selben Zeit aus derselben Quelle kommen, müssen zusammenbleiben. Dieser Widerspruch läßt sich nur auflösen, wenn man daraus schließt:

> **Kein Gegenstand kann sich schneller bewegen als Licht.**

Diese Folgerung mag merkwürdig erscheinen, da die meisten von uns mit sehr schnell bewegten Körpern keine Erfahrung haben. Für Erbauer von Teilchenbeschleunigern oder andere Hochenergiephysiker ist dies hingegen eine wohlbekannte Tatsache. Wie stark auch der Beschleuniger ist, die Geschwindigkeit der erzeugten Teilchen ist immer kleiner als die Lichtgeschwindigkeit (wenn auch nur sehr wenig).

15.5.2 Der Dopplereffekt

Wenn man einem sich langsam bewegenden Teilchen Energie zuführt (es beschleunigt), erhöht sich seine Geschwindigkeit. Wenn man aber einem Lichtstrahl (im Vakuum) Energie zuführt, kann sich, so folgt aus dem Relativitätsprinzip, seine Geschwindigkeit nicht weiter vergrößern. Wie nimmt Licht Energie auf, ohne schneller zu werden? Einem Lichtstrahl kann auf verschiedene Weisen Energie zugeführt werden. Man kann zum Beispiel als Beobachter die Lichtquelle auf sich zu bewegen lassen oder, was auf dasselbe herauskommt, sich selber auf die Quelle zu bewegen. Wenn Licht aus Teilchen bestünde, müßten die Teilchen mit größerer Geschwindigkeit auf den Beobachter zukommen.

Gemäß der Quantentheorie besteht Licht ja wirklich aus Teilchen, aus

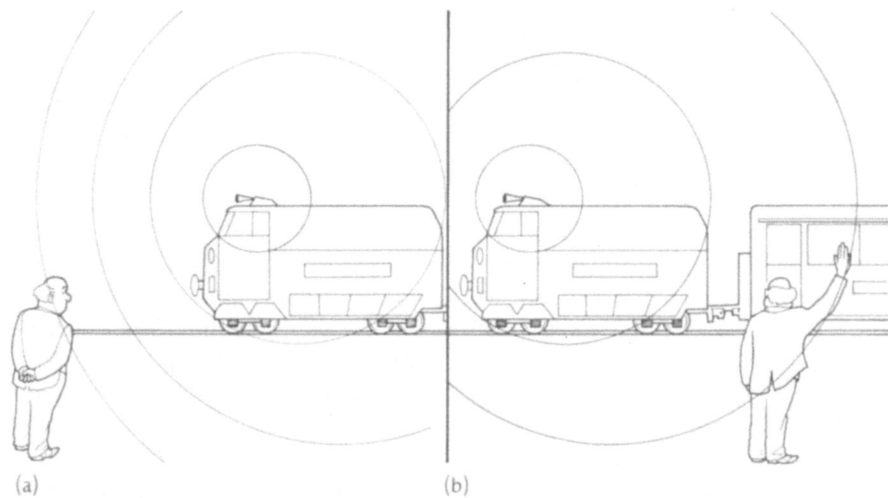

15.16 Ein pfeifendes Fahrzeug fährt nach links an einem Zuhörer vorbei. (a) Wellenfronten des Horns vorn auf der Lokomotive erreichen den Hörer. Die Wellenfronten kommen schneller an (höhere Frequenz), als wenn der Zug still steht, da aufeinanderfolgende Fronten von näheren Punkten ausgehen. (b) Die Lokomotive ist am Hörer vorbeigefahren. Jetzt werden die Wellenfronten von immer weiter entfernten Punkten ausgeschickt, deshalb ist die Zeit zwischen dem Eintreffen aufeinanderfolgender Fronten größer, als wenn der Zug still steht (sie kommen also mit niedrigerer Frequenz an)

Photonen. Wenn wir das bedenken, ist leicht zu verstehen, was sich ändert, wenn Quelle und Beobachter einander näherkommen. Da die Photonenenergie zur Lichtfrequenz proportional ist, muß sich die Frequenz erhöhen. Wenn Ihnen jemand einen Ball zuwirft und dabei auf Sie zuläuft, wird der Ball schneller; wenn er auf Sie zuläuft und einen Lichtstrahl auf Sie richtet, wird das Licht (geringfügig) blauer. Genauso nimmt die Energie des Lichts ab, wenn sich Beobachter und Quelle voneinander entfernen, also wird die Frequenz kleiner und das Licht wird roter. Diese Frequenzverschiebung kennen wir bei Klangwellen gut. Ein Martinshorn etwa klingt höher, wenn das Gefährt auf uns zukommt, und tiefer, wenn es an uns vorbei ist (Abb. 15.16). Diese Frequenzänderung heißt (für Licht und Ton) DOPPLEREFFEKT. Er ist nach dem Physiker Christian Doppler benannt, der 1842 erkannte, daß dieses Phänomen bei allen Wellen auftritt. (Der Effekt wurde zum erstenmal mit Hilfe eines Zuges, auf dem Trompeter spielten, gemessen.) Die Polizei nützt den Dopplereffekt, um Schnellfahrer zu fangen; wenn elektromagnetische Strahlung (in diesem Fall Radarwellen) von einem fahrenden Auto reflektiert wird, ändert sich ihre Frequenz in Abhängigkeit von der Geschwindigkeit des Autos. Die Polizei hat einen Apparat, der diese Frequenzänderung mißt, und bestimmt damit sehr schnell die Geschwindigkeit des Autos.

15.5.3 Schwerwiegende Eigenschaften des Lichts

Die Spezielle Relativitätstheorie behauptet, daß die Lichtgeschwindigkeit im Vakuum eine universelle Konstante ist – nichts kann sie beeinflussen. Aber es gibt eine universelle Kraft, die alles beeinflußt – die Schwerkraft oder Gravitation. Was passiert also, wenn Licht auf Gravitation trifft? Wir verstehen die Gesetze der Schwerkraft, seit Newton erkannte, daß sie eine ganz allgemeingültige Kraft ist – dieselbe Kraft, die dafür sorgt, daß ein Apfel zur Erde fällt, läßt den Mond um die Erde kreisen. Wieder war es Einstein, der Konsequenzen aus der Forderung zog, daß die Schwerkraft nicht nur materielle Körper wie Äpfel und Monde beeinflußt, sondern alle physikalischen Phänomene, auch das Licht. Dies ist eines der Prinzipien der ALLGEMEINEN RELATIVITÄTSTHEORIE, der heute anerkannten Beschreibung der Schwerkraft. Viele Jahre lang war diese Theorie durch nur drei experimentelle Tests gesichert. Einer erklärt eine kleine Eigenheit in der Bewegung des Planeten Merkur, die anderen zwei betreffen das Verhalten des Lichts.

Wenn die Schwerkraft auf Licht wirkt, so argumentierte Einstein, dann dürfte das Licht keine ganz gerade Bahn durchlaufen, wenn es an einem starken Anziehungszentrum (einem sehr massereichen Körper) vorbeikommt, sondern müßte abgelenkt werden. Diese Ablenkung ist für Licht, das am Rand der Sonne vorbeikommt, sehr winzig, nur etwa 0,0005°. Um einen so abgelenkten Lichtstrahl (von einem Stern) zu beobachten, ist es am besten, das Sonnenlicht auszuschalten, indem man die Beobachtung während einer Sonnenfinsternis durchführt. Als Einstein zum erstenmal seine Gedanken zur Lichtablenkung vorgestellt hatte, verhinderte der Erste Weltkrieg eine Expedition zum Ort der nächsten Sonnenfinsternis. Die Verschiebung des Versuchs war eher günstig, weil Einstein zu dieser Zeit einen Wert vorhersagte, der um den Faktor zwei zu klein war. Einige Jahre später, 1919, hatte er seine Theorie so verbessert, daß sie den richtigen Wert ergab. Der Weltkrieg war beendet, und die Bestätigung der Arbeit eines in Deutschland arbeitenden jüdischen Wissenschaftlers durch eine englische Expedition machte die Welt darauf aufmerksam, wie die Wissenschaft alle Nationen zu friedlicher Forschung vereint – Einstein wurde weltberühmt.

Gemäß der Allgemeinen Relativitätstheorie wird Licht unter dem Einfluß der Schwerkraft abgelenkt. Aber sogar in Sonnennähe ist die effektive Brechzahl, die diese Ablenkung an-

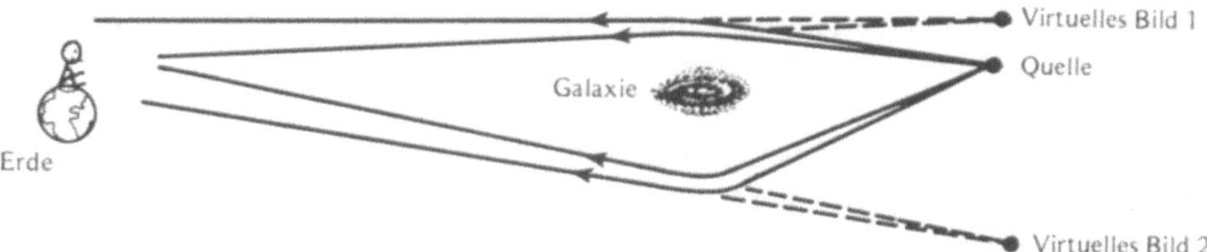

15.17 Das Schwerefeld eines Milchstraßensystems lenkt Lichtstrahlen einer sternähnlichen Lichtquelle so ab, daß ein Beobachter auf der Erde mehrere Bilder sehen kann. (Nur für zwei solcher Bilder sind die Strahlen eingezeichnet)

gibt, nur 1,000 004; die durch die Schwerkraft der gesamten Sonne bewirkte Ablenkung ist also viel geringer als die ohnehin schon kleine Ablenkung, die die Luft auf der Erdoberfläche verursacht (Abschnitt 2.5.3). Trotzdem kann die Ablenkung des Lichts durch die Schwerkraft bemerkenswerte Konsequenzen haben, die (allerdings im intergalaktischen Maßstab) den Luftspiegelungen von der Art einer Fata Morgana entsprechen. Wenn eine Strahlungsquelle und eine massereiche Galaxie bezüglich unserer Erde die richtige Lage haben, können wir, wie bei einer gewöhnlichen Luftspiegelung (Abb. 2.61), mehrere Bilder der Quelle sehen (Abb. 15.17). Solche Gravitationsspiegelungen wurden im Laufe der letzten zehn Jahre tatsächlich entdeckt.

Wenn ein Photon an einem massereichen Objekt vorbeikommt, zieht die Schwerkraft das Photon während der Annäherung genauso schnell nach vorn, wie es das Photon nach der Begegnung zurück zieht. Also ändert der ganze Prozeß nur die Richtung des Photons, nicht aber seine Energie. Fällt jedoch ein Photon in ein Schwerefeld hinein, so nimmt es Energie auf – seine Frequenz erhöht sich. Dies ist die sogenannte BLAUVERSCHIEBUNG. Genauso sinkt die Frequenz eines Photons, das sich von einem Schwerefeld entfernt, weil es dabei Energie verliert – das ist die sogenannte ROTVERSCHIEBUNG.

STUDIER & SPEKULIER

Warum diese Namen?

Auf der Erde ist dieser Effekt sehr klein. Spektrallinien von der Sonne und von den Sternen hingegen werden uns von Licht gebracht, das erst aus einem starken Schwerefeld herauskommen mußte (um dann in das schwächere Schwerefeld der Erde hineinzufallen). Also sind diese Linien rotverschoben – im Falle der Sonne um 0,0002% ihrer Frequenz. So wurde diese Rotverschiebung durch die Gravitation zuerst beobachtet, und es war die zweite Bestätigung für die Einsteinsche Allgemeine Relativitätstheorie.

Um eine stärkere durch die Gravitation bewirkte Rotverschiebung beobachten zu können, brauchen wir einen Körper mit stärkerer Gravitation. Theoretisch könnte es so massereiche und dichte Körper geben, daß die Frequenz eines jeden von ihnen ausgehenden Lichtstrahls nach null verschoben wird. Natürlich gibt es kein Licht mit der Frequenz null, also könnte kein Licht von der ›Oberfläche‹ (die EREIGNISHORIZONT genannt wird) eines solchen Körpers entkommen – der Körper sähe vollkommen schwarz aus. (Hinter diesem Horizont lassen sich keine ›Ereignisse‹ mehr beobachten.) Weil seine Gravitationsanziehung so stark ist, würde ein solcher Körper dazu neigen, Materie zu verschlucken. Solche hypothetischen Körper werden SCHWARZE LÖCHER genannt (Abb. 15.18), da sie nichts entkommen lassen und alles verschlingen; hat Materie einmal den

15.18 Künstlerische Darstellung eines Schwarzen Lochs (Ausschnitt)

Ereignishorizont überquert, so kann sie nie mehr zurück, denn sie müßte schneller sein als das Licht.

... lassen Sie mich zunächst einige theoretische Überlegungen anstellen. Da ist erst einmal das Problem der Schwarzen Löcher ... ich glaube, es wäre möglich, ein Raumschiff dorthin zu schicken, und man kann ziemlich sicher sein, daß es ohne wesentlichen Schaden dort ankommt. Die Rückkehr ist allerdings eine andere Frage.

Frederick Pohl,
›Hinter dem blauen Ereignishorizont‹

Es gibt am Himmel Objekte, die möglicherweise Schwarze Löcher sind. Und wenn wir auch nicht sicher sind, daß es wirklich Schwarze Löcher gibt, so haben sie doch schon zu vielen literarischen und filmischen Leistungen angeregt.

15.5.4 Noch mehr Schiebung

Die meisten Sterne bewegen sich mit hoher Geschwindigkeit – sie scheinen bloß deshalb am Himmel still zu stehen, weil sie so weit weg sind. Wenn das Spektrum eines Sterns im Vergleich zum erdgebundenen Spektrum der im Stern vorkommenden Elemente dopplerverschoben ist, können wir folgern, daß sich der Stern relativ zu uns bewegt. (Das Gravitationsfeld des Sterns hat eine ähnliche Wirkung, aber diese ist viel geringer, wenn der Stern nicht gerade zu einem Schwarzen Loch zusammenfällt.) Also sagt uns das Licht eines Sterns nicht nur, wo der Stern ist und woraus er besteht, sondern auch, wie schnell er sich bewegt.

Dieser Dopplereffekt gibt einen wichtigen Hinweis darauf, wie das Weltall im Großen beschaffen ist. Früher dachte man, daß die Bewegung der Sterne sich in einem hinreichend großen Teil des Raums gewissermaßen ausmitteln würde – daß das Weltall also in Ruhe ist. Es war eine große Überraschung, als Edwin Hubble um 1930 in den Spektren ganzer Galaxien Frequenzverschiebungen feststellen konnte. Er interpretierte dies richtig als eine gemeinsame Bewegung dieser Ansammlungen von 10^{10} oder mehr Sternen. Eine weitere Überraschung war die Richtung dieser Bewegungen – fast alle Galaxien entfernen sich von uns – , und deshalb sind fast alle Spektren von Galaxien rotverschoben. Weiter zeigten die Beobachtungen, daß diese Rotverschiebung um so größer ist, je schwächer (und damit entfernter) die Galaxie ist. Diese Verschiebung ist durchaus nicht gering (Abb. 15.19); die Frequenzen der schnellsten (und damit entferntesten) beobachteten Galaxien werden um ungefähr 50% verringert – sie scheinen mit 60% der Lichtgeschwindigkeit von uns wegzulaufen!

Diese Bewegung aller Galaxien von uns (und, so ist anzunehmen, auch voneinander) weg, hat dazu geführt, daß man die derzeitige Struktur des Universums im Großen mit einem Gugelhupfteig, einem Hefeteig mit Rosinen, vergleicht, bei dem jede Rosine einer Galaxie entspricht. Wenn der Teig aufgeht, entfernen sich alle Rosinen voneinander – wir in unserer eigenen Milchstraßen-Rosine stoßen nicht als einzige alle anderen ab.

Wenn wir entfernte Objekte betrachten, sehen wir das Universum, wie es früher war, denn das Licht hat mehr als eine Milliarde Jahre gebraucht, um von den entfernteren Galaxien zu uns zu gelangen (Abb. 1.5).

15.19 Emissionsspektrum von Galaxien, die verschieden weit von der Erde entfernt sind. Die beiden dunklen Linien sind Absorptionslinien von Kalzium – dieses Licht wurde von Kalzium absorbiert, das in kühlen Gasen die Galaxien durchzieht. Diese Linien wurden, wie die Pfeile andeuten, vom UV-Bereich (393 und 397 nm) in den sichtbaren Bereich verschoben (um bis zu 80 nm). Unten ist ein irdisches Metallemissionsspektrum abgebildet, das zum Vergleich verwendet wird, weil es so viele Linien hat

Die Rotverschiebung dieser entfernten Gebilde zeigt uns, daß das Universum früher, als dieses Licht ausgeschickt wurde, expandierte, und das Licht von näheren Galaxien zeigt, daß es sich seitdem weiter ausgedehnt hat. Die gewaltige Dopplerverschiebung der am weitesten entfernten Galaxien bedeutet, daß das Universum zu der Zeit, als das Licht ausgesandt wurde, welches wir heute von diesen Galaxien empfangen, ungefähr halb so groß war wie heute.

Obwohl wir keine noch älteren Milchstraßensysteme sehen können, gibt es gute Gründe für die Annahme, daß sich das Weltall von Anfang an ausdehnt – das Universum begann

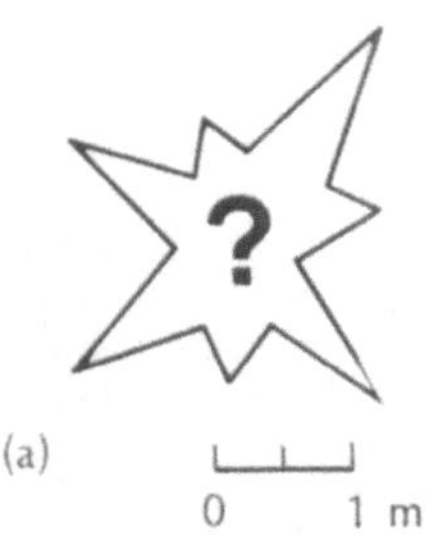

(a)

mit einem Knall. Wieder liefert elektromagnetische Strahlung für diese Hypothese wichtiges Beweismaterial (Abb. 15.20). Wenn wir nämlich in beliebiger Richtung in das Weltall schauen, finden wir einen schwachen Schimmer einer Mikrowellenstrahlung. Als diese Hintergrundstrahlung 1965 gemessen wurde, fand man heraus, daß sie ein Schwarzkörperspektrum der recht kühlen Temperatur von 2,7 K hat (was den Frequenzen von Mikrowellen entspricht). Diese Entdeckung sagt so viel über das frühe Weltall aus, daß ihre Entdecker, Arno Penzias und Robert Wilson, dafür den Nobelpreis erhielten.

Der Gedanke, das Universum sei mit der Hohlraumstrahlung eines Schwarzen Körpers erfüllt, scheint rätselhaft und verblüffend, weil kein Schwarzer Körper da ist, der ihm diese Temperatur geben könnte. Die Materie ist heute im Universum so rar geworden und so verteilt, daß sie fast nie mit Strahlung zusammentrifft.

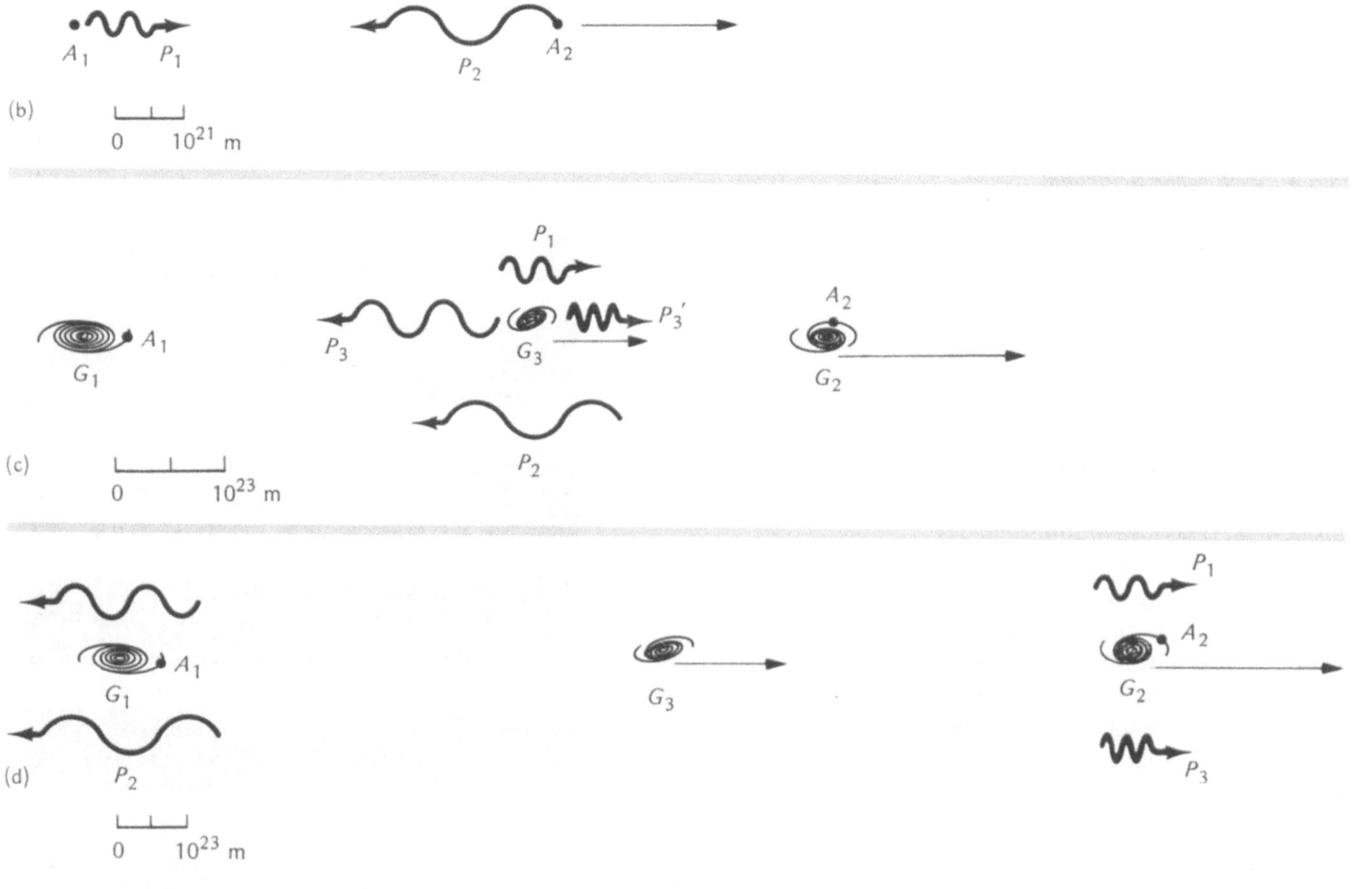

15.20 Schematische Darstellung einiger wichtiger Ereignisse in der Geschichte des Universums, wie sie von einem Beobachter in unserer Galaxis rekonstruiert werden. (a) Der Urknall, als das Weltall sehr heiß und dicht war, kann nicht direkt mit Licht gesehen werden, weil das Weltall die ersten 10^5 Jahre seines Bestehens lichtundurchlässig war. Diese Zeit ist zum großen Teil *Universum incognitum.* (b) Zur Rekombinationszeit (10^5 Jahre nach dem Urknall). Während das Universum sich ausdehnte, sank seine Temperatur, bis sich entgegengesetzt geladene Elektronen und Atomkerne zu neutralen Atomen vereinigten, die die Strahlung nicht mehr beeinflußten. Wir zeigen ein Atom A_1, das Teil unserer Galaxis sein wird, und ein Atom A_2 in einiger Entfernung davon, das sich rasch von A_1 entfernt. Jedes Atom ist gerade zum letzten Mal mit einem der im Weltall umherfliegenden Photonen in Wechselwirkung gewesen. Diese Photonen haben das Schwarzkörperspektrum, das der Temperatur des Universums zu dieser Zeit entspricht. (Es sind hauptsächlich sichtbare Photonen.) Da sich A_2 sehr schnell vom Beobachter entfernt, hat sein Photon P_2 eine Frequenz, die aufgrund des Dopplereffekts sehr abgenommen zu haben scheint, wenn es uns erreicht. (c) Nachdem sich die Materie zu Galaxien geformt hat (etwa 5 Milliarden Jahre nach dem Urknall), ist A_2 Teil eines Milchstraßensystems G_2; sein Photon hat uns noch nicht erreicht, sondern kommt an einer Galaxie G_3 vorbei, die sich nicht ganz so schnell von uns entfernt hat wie G_2 und deswegen näher ist. Ein Stern in G_3 emittiert sichtbare Photonen P_3 und P'_3. Da G_3 sich langsamer bewegt als A_2, ist sein Photon P_3 nicht so rotverschoben wie P_2. (d) Gegenwart (20 Milliarden Jahre nach dem Urknall). Sowohl P_2 als auch P_3 kommen bei uns an. Das erste Photon kommt von weiter her und ist also stärker rotverschoben; es ist Teil der Hintergrundstrahlung. Die Rotverschiebung von P_3 entspricht der Entfernung von G_3 (also der Geschwindigkeit, mit der sich G_3 von uns entfernt hat, als P_3 emittiert wurde). Ein Beobachter auf dem Planeten Zorg in der Galaxie G_2 würde ähnliche Beobachtungen machen. Er würde zum Beispiel, da er sich rasch von uns entfernt, unser Photon P_1 mit einer großen Rotverschiebung empfangen – es wäre Teil seiner Hintergrundstrahlung.

Gelegentlich beobachten wir Licht, das 10^9 Jahre lang ungestört durch das Universum gereist ist – das Weltall ist für elektromagnetische Strahlung praktisch durchlässig. Aber zu früheren Zeiten war das Universum dichter. Da es sich ausdehnt, ist alles von uns beobachtete Licht rotverschoben, also auch die 2,7 K Hintergrundstrahlung. Dieses Licht hatte zur Zeit seiner Emission eine höhere Frequenz (mehr Energie), und das Universum muß wärmer gewesen sein. Die vernünftigste Erklärung ist daher, daß diese Strahlung ein Überbleibsel aus der Zeit ist, in der das Universum noch so heiß und dicht war, daß es kein Licht durchließ. Vor dieser Zeit war es so heiß, daß Atomkerne und Elektronen sich nicht zu Elementen verbinden konnten; sie bewegten sich frei als geladene Teilchen, die viel mit Licht wechselwirkten. Als sich dann das Universum ausdehnte, gab es eine ziemlich genau bestimmbare Zeit, die REKOMBINATIONSZEIT (vor etwa 10 Milliarden Jahren), zu der es sich so weit ›abgekühlt‹ hatte (auf etwa 3000 K), daß sich Elektronen und Kerne zu ungeladenen Atomen verbinden konnten (wahrscheinlich zum ersten Mal, trotzdem wird der Zeitpunkt Re-Kombina-

tionszeit genannt). Damals bildete sich hauptsächlich Wasserstoff. Da ungeladene Atome Licht kaum beeinflussen (und umgekehrt), wurde das Universum zu dieser Zeit lichtdurchlässig, aber die Strahlung dieses frühen, ursprünglichen Feuerballs aus heißem Gas blieb uns erhalten. Wenn wir heute diese Mikrowellenhintergrundstrahlung beobachten, betrachten wir diesen Feuerball sozusagen von innen und stark rotverschoben. Die Tatsache, daß diese Strahlung einst mit der Materie des Universums im Gleichgewicht war und nicht wie heute davon getrennt, bedeutet, daß das Universum mindestens tausendmal heißer und kleiner war, als es heute ist. Daraus folgt, daß am Anfang eine Explosion die Materie des Weltalls auseinandertrieb: alles muß mit einem gewaltigen Knall, dem URKNALL, begonnen haben.

Wenn wir immer weiter ins Weltall hinausblicken und immer schwächere Objekte untersuchen, finden wir immer weiter entfernte Galaxien, deren Spektren zu immer niedrigeren Frequenzen verschoben sind. Wir sehen diese Galaxien, wie sie waren, als sie das Licht aussandten. Wir können also aus ihnen die Geschichte des Universums und seine Ausdehnung rekonstruieren. Aber bei der gewaltigen Frequenzverschiebung, die der kosmischen Hintergrundstrahlung entspricht, können wir keine Einzelheiten mehr erkennen, da alles gleich hell erscheint und alles dieselbe Temperatur von 2,7 K hat. Dieses Leuchten desselben Feuerballs, der uns die Existenz eines heißen und dichten frühen Universums vermuten läßt, hindert uns daran, zu noch früheren Stadien des Universums zurückzublicken – hier scheint die endgültige Grenze dessen zu sein, was wir durch das Licht über den Ursprung der Welt erkunden können.

So reicht die Geschichte, die uns die elektromagnetischen Wellen erzählen, von winzigen, kniffligen Einzelheiten in der Größenordnung der Atome bis zur Struktur des Weltalls.

Ganz buchstäblich umgibt uns diese Strahlung, die die Welt erfüllt. Licht, unser wichtigstes Hilfsmittel, wenn wir die Welt verstehen und uns mit ihr verständigen wollen, bestimmt auch die Grenzen dieser Welt. Licht beschränkt die Geschwindigkeit, mit der Nachrichten gegeben werden, und die Zeit, aus der wir sie empfangen können. Wenn wir ins All schauen, haben wir vor allem Einblick ins Licht.

15.6 Zusammenfassung

Einer der Grundsätze der KLASSISCHEN PHYSIK ist die Unterscheidbarkeit von Wellen und Teilchen. Wellen und Teilchen stellen danach Verschiedenes dar. Aber Licht verhält sich sowohl wie Teilchen als auch wie Wellen, wie der LICHTELEKTRISCHE oder PHOTOEFFEKT zeigt. Dieser Effekt findet in PHOTOLEITERN, wie Fernsehkameraröhren und Fotokopierern, und in Solar- oder PHOTOVOLTAISCHEN ZELLEN Anwendung. Wenn Licht PHOTOELEKTRONEN aus einem Metall herauslöst, hängt die Energie eines jeden Elektrons nur von der Frequenz des Lichts ab, nicht von seiner Stärke. Die QUANTENTHEORIE erklärt dies damit, daß elektromagnetische Wellen Energie nur in bestimmten Einheiten, den QUANTEN, tragen, deren Größe zur Wellenfrequenz proportional ist. Die kleinste Lichteinheit trägt ein Energiequant und heißt PHOTON. Um die optischen Eigenschaften des Lichts wahrzunehmen, brauchen wir einen Strahl, der aus vielen Photonen besteht, denn jedes einzelne Photon kann zu einem Bild höchstens einen Lichtpunkt beitragen. Die Photonen treffen mit großer Wahrscheinlichkeit auf die Stellen, denen die klassische Optik eine hohe Intensität zuschreibt. Die Eigenschaft des Lichts, sowohl Wellen- als auch Teilchennatur zeigen zu können, erklärt die Form des Spektrums der HOHLRAUMSTRAHLUNG.

Daß Elektronen sowohl Wellen- als auch Teilcheneigenschaften haben, zeigen INTERFERENZVERSUCHE MIT

ELEKTRONEN. Die Welleneigenschaften des Elektrons liefern auch eine Erklärung für die diskreten ENERGIENIVEAUS der Atome, die zum LINIENSPEKTRUM führen. Wenn ein Atom von einem Energieniveau auf ein anderes übergeht, absorbiert oder emittiert es eine bestimmte Menge Lichtenergie. Dieses Photon hat deshalb eine wohlbestimmte Frequenz, nämlich die einer der EMISSIONS- oder ABSORPTIONSLINIEN, die für das Atom charakteristisch sind. Wenn ein Atom in einem ANREGUNGSZUSTAND ist (also auf einem anderen Energieniveau ist als dem niedrigsten, dem GRUNDZUSTAND), kann Emission SPONTAN erfolgen oder durch Licht STIMULIERT werden, das schon vor der Emission da ist. Die LEBENSDAUER eines Atoms in einem angeregten Zustand vor dem Zerfall ist gewöhnlich sehr kurz. Bei der FLUORESZENZ wird ein Atom durch ein Photon angeregt und zerfällt über eine Zwischenstufe in seinen Grundzustand, wobei es ein Photon ausschickt, das weniger Energie (niedrigere Frequenz) hat, als die Anregungsenergie betrug. Die Anregungsenergie kann auch von elektrischem Strom (ELEKTROLUMINESZENZ) kommen, wie bei LICHTEMITTIERENDEN DIODEN (LED). Bei der PHOSPHORESZENZ ist das Zwischenstadium langlebig und erzeugt ein Nachleuchten, wenn die Anregung aufgehört hat.

Da Licht kohärent mit der anregenden Welle ist, wenn die Emission stimuliert erfolgte, lassen sich durch eine einzige anregende Welle sehr intensive kohärente Lichtwellen erzeugen. In einem LASER zeigen die Atome eine BESETZUNGSINVERSION (es sind mehr Atome in einem angeregten Zustand als im Grundzustand), und ihre Strahlung wird in der Umgebung festgehalten, um immer mehr Atome zum Schwingen anzuregen, indem sie oft zwischen zwei Spiegeln hin und her prallt.

Die SPEZIELLE RELATIVITÄTSTHEORIE beschäftigt sich mit einer anderen Eigenschaft des Lichts: Seine Geschwindigkeit (im Vakuum) ist immer gleich, ganz unabhängig von der Geschwindigkeit der Quelle. Aber die Bewegung der Quelle (des Beobachters) verändert die Frequenz des Lichts (DOPPLERVERSCHIEBUNG); sie wird für sich nähernde Quellen größer und für sich entfernende kleiner. Die ALLGEMEINE RELATIVITÄTSTHEORIE zeigt, daß Licht auch von der Schwerkraft beeinflußt wird; wenn Licht sich horizontal bewegt, wird es etwas nach unten abgelenkt; wenn es nach oben läuft, verringert sich die Frequenz (ROTVERSCHIEBUNG), und wenn es sich nach unten bewegt, wird die Frequenz größer (BLAUVERSCHIEBUNG).

SCHWARZE LÖCHER sind hypothetische Objekte, die Licht, das ihre Oberfläche (den EREIGNISHORIZONT) verlassen wollte, bis zur Frequenz null rotverschieben würden; ihnen kann weder Licht noch Materie entkommen. Licht entfernter Galaxien hat geringere Frequenz, weil sich die Galaxien von uns entfernen. Die Verschiebung ist am größten für Licht, das von dem Feuerball übrigblieb, der am Anfang der Welt im URKNALL entstand.

AUFGABEN

A1 Hat ein Photon mit gelbem Licht mehr, weniger oder dieselbe Energie wie eines, das zyanfarbiges Licht abgibt?

A2 Infrarotphotonen veranlassen ein geeignetes Stück Metall dazu, Photoelektronen auszuschicken. (a) Werden Photoelektronen ausgeschickt, wenn das Metall mit sichtbarem Licht beleuchtet wird? (b) Falls nicht, geben Sie den Grund an. Falls ja, geben Sie an, welche Unterschiede in den Eigenschaften zwischen den dabei und im Fall von Infrarotbeleuchtung ausgeschickten Photoelektronen bestehen.

A3 Photoröhren schalten ab (d.h., sie reagieren nicht auf Photonen), wenn die Wellenlänge hinreichend klein ist, denn das Glas der Photoröhre läßt keine ultraviolette Strahlung durch. Sie schalten auch bei hinreichend langen Wellenlängen ab, bei denen Glas Licht durchläßt. Warum?

A4 Wir haben oft erwähnt, daß eine Glasfläche etwa 96% des einfallenden Lichts durchläßt und etwa 4% reflektiert. Wie viele reflektierte Photonen werden gezählt, wenn (a) 100 Photonen auf das Glas treffen, (b) nur ein Photon auftrifft? Erläutern Sie.

A5 Sie beleuchten einen Spiegel, der sich auf Sie zu bewegt. Aufgrund seines Impulses drückt das Licht auf den Spiegel, so daß dieser langsamer wird. Der Energieverlust des Spiegels ist der Energiegewinn des reflektierten Lichts. (a) Ist die Geschwindigkeit des reflektierten Lichts größer, gleich oder kleiner als die des einfallenden Lichts? (b) Ist die Frequenz des reflektierten Lichts größer, gleich oder kleiner als die des einfallenden Lichts?

A6 Gibt es eine Beziehung zwischen den Linien im Emissions- und denen im Absorptionsspektrum einer bestimmten Atomsorte? Erläutern Sie.

A7 Was bestimmt die Farbe einer LED? Was passiert mit Farbe und Intensität des emittierten Lichts, wenn Sie den Strom durch eine LED verringern? Warum?

A8 Welche Bedingungen müssen erfüllt sein, damit ein Gas angeregter Atome Laserstrahlung ausschickt?

A9 Was unterscheidet Laserlicht vom Licht einer Punktquelle, das durch Linsen parallelisiert wurde?

A10 Welche Eigenschaften eines Laserstrahls sind wichtig für (a) die Holografie, (b) das Durchlöchern des Saugers einer Babyflasche, (c) die Überwachung der Bewegung des Kraters eines schlafenden Vulkans mittels Interferometrie, (d) die Anlage gerader Eisenbahngleise?

A11 Was ist die Antwort auf die Frage, die Einstein als Junge stellte, ob nämlich jemand, der fast mit Lichtgeschwindigkeit reist, sich selbst im mitgeführten Spiegel sehen kann?

A12 Welche Unterschiede gibt es, falls überhaupt, zwischen den Frequenzbestimmungsgeräten der europäischen Radarkontrollen, die den Radarstrahl an der Rückseite des Autos reflektieren, und den amerikanischen, bei denen die Vorderseite des Autos den Strahl reflektiert?

A13 Das Licht eines massereichen Sterns in einer fernen Galaxie kann aus zwei verschiedenen Gründen rotverschoben sein. Welche Gründe sind das?

Harte Aufgaben

HA1 Professor Zweifelstein glaubt nicht an die Quantentheorie. Zum Beweis nimmt er eine Glühbirne, einen Belichtungsmesser und zwei Farbfilter. Wenn er den Rotfilter vor den Belichtungsmesser hält, ist der Ausschlag ziemlich groß, mit dem Blaufilter davor dagegen ziemlich klein. Zweifelstein sagt: Nach der Quantentheorie haben blaue Photonen mehr Energie und sollten deshalb mehr Strom abgeben, also höhere Werte anzeigen. Wer ist im Unrecht und warum?

HA2 Eine ultraviolette und eine infrarote Lichtquelle haben gleiche Intensität. (Das bedeutet zum Beispiel, daß man, wäre ihre Energie in Wärme verwandelt, ihnen gleich viel Wärme entnehmen könnte.) (a) Welche Quelle hat die energiereicheren Photonen? (b) Welche schickt mehr Elektronen pro Zeiteinheit aus?

HA3 Die Sperre für Elektronen beim Photoeffekt wird mit zunehmender Temperatur kleiner. Wie wirkt sich zunehmende Temperatur darauf aus, wo eine Photoröhre langwelliges Licht abschneidet?

HA4 Wenn es in einem Spektrum zwei Frequenzen gibt, findet man den Unterschied zwischen den beiden oft auch als Spektrallinie. Erläutern Sie das mittels eines Energieniveaudiagramms (mit drei Niveaus).

HA5 Wenn ein Atom in einem normalen transparenten Medium (etwa Glas), von einfallendem Licht angeregt, schwingt, beginnt es im Grundzustand und wird auf einen angeregten Zustand angehoben. Nehmen Sie an, ein Atom im Grundzustand hätte nur im UV-Bereich Resonanzen. (Das ist so bei der in Kapitel 2 besprochenen normalen Dispersion.) Zeichnen Sie ein mögliches Energieniveaudiagramm für ein solches Atom, das auch die Emission des sichtbaren Lichts zuläßt, und geben Sie an, welche Übergänge welches Licht aussenden.

HA6 Manche Sterne sind Doppelsterne und rotieren um ein gemeinsames Zentrum. Stellen Sie sich vor, wir würden seitlich auf die Bahn schauen. Wie hängt die Wellenlänge des Spektrums, das wir von einem der Sterne erhalten, von der Zeit ab?

HA7 Eine (stationäre) Lichtquelle wird in einem Spiegel reflektiert, der sich auf Sie zu bewegt. (a) Behandeln Sie das Spiegelbild wie eine echte Lichtquelle. Wie würde sich die Frequenz des reflektierten Lichts verändern (im Vergleich zu der des einfallenden Lichts)? (b) Obwohl sich dabei die richtige Antwort ergibt, kann sich das reflektierte Bild nicht wirklich in jeder Hinsicht wie eine echte Lichtquelle verhalten. Überzeugen Sie sich davon, indem Sie sich ein Experiment ausdenken, wo sich ein Bild mit Überlichtgeschwindigkeit bewegt.

HA8 Nehmen Sie an, es gäbe zwei Sterne am Himmel, die selbst in Sonnennähe sichtbar sind. Nimmt ihr scheinbarer Abstand zu oder ab, wenn die Sonne sich zwischen die beiden Sterne schiebt?

HA9 Als die Frequenzverschiebung im Gravitationsfeld der Erde gemessen wurde, wurden Photonen von einem 22,5 m hohen Turm ›fallen gelassen‹ (also nach unten gestrahlt). (a) War die Frequenz an der Turmbasis höher oder niedriger als beim Start? (b) Aufgrund der Frequenzverschiebung konnte ein Atom unten ein von einem gleichen Atom oben ausgeschicktes Photon nicht absorbieren. Warum? (c) Zur Kompensation der Gravitationsverschiebung benutzte man den Dopplereffekt, indem man das untere Atom bewegte. Müßte sich das untere Atom nach oben oder nach unten bewegen, um das Photon absorbieren zu können?

HA10 Ein wagemutiger Forscher behauptet, er habe in unserem Sonnensystem ein Schwarzes Loch entdeckt und es besucht. Er erzählt von seinen Erlebnissen: ›Je näher mein Raumschiff dem Loch kam, um so mehr schien mich seine Dunkelheit zu umhüllen. Die Sonne hinter mir war nur eine schwache rote Scheibe in der Dunkelheit, als ich plötzlich vor mir den Ereignishorizont erkennen konnte, der im Licht meiner Retroraketen wie eine glatte Stahlkugel glänzte. Als ich das sah, wußte ich, daß es an der Zeit war, die Motoren aufzudrehen und herauszukommen.‹ Würden Sie diesem Mann trauen? Warum nicht?

Mathematische Aufgaben

MA1 Wie viele Radiowellenphotonen sind nötig, damit ihre Energie der Energie eines sichtbaren Photons gleichkommt? (Rechnen Sie mit den Näherungswerten für die Frequenzen aus Tabelle 1.1.)

MA2 In welchem Verhältnis steht die Energie des energiereichsten sichtbaren Photons zu der des energieärmsten?

MA3 Ein Lichtstrahl der Wellenlänge 500 nm, der 10^{10} Photonen pro Sekunde abgibt, hat eine Energie von $3 \cdot 10^{-9}$ Watt. Wieviel Energie pro Sekunde würde der Strahl tragen, wenn er dieselbe Anzahl Photonen abgäbe, aber bei 633 nm?

MA4 Ein Quadratmeter der Erdoberfläche erhält etwa 500 Watt, wenn die Sonne darauf scheint. Nehmen Sie an, daß sichtbares Sonnenlicht aus Photonen der Wellenlänge 500 nm bestünde. Ein solches pro Sekunde einfallendes Photon würde $3 \cdot 10^{-19}$ Watt tragen. Wie viele Photonen erhält der Quadratmeter bei Sonnenschein pro Sekunde?

MA5 Ihre Antwort auf die vorige Frage ist eine ziemlich große Zahl. Finden wir heraus, ob die Photonen einander ins Gehege kommen. (Sie brauchen dazu das Ergebnis von MA4.) (a) Da Licht in einer Sekunde $3 \cdot 10^8$ m pro Sekunde zurücklegt, kommen die Photonen, die pro Sekunde auf unseren Quadratmeter fallen, aus einem Volumen von $3 \cdot 10^8$ Kubikmetern. Wieviel Volumen hat dann jedes Photon zur Verfügung? (b) Wegen der Breite des Sonnenspektrums (es ist nicht sehr monochromatisch) sind die Photonen von der Sonne nur etwa 0,5 μm lang – das

ist die Kohärenzlänge des Sonnenlichts. Aus der Winkelgröße der Sonne (1/2°) folgt, daß die Photonen etwa 60 μm Durchmesser haben. Wie groß ist das Volumen, das ein Photon einnimmt? (c) Vergleichen Sie Ihre Antworten mit (a) und (b). Sind die Sonnenphotonen eng gedrängt oder gut getrennt?

MA6 Wiederholen Sie die Berechnungen von MA4 und 5 für einen 1-Watt-Laser mit Strahldurchmesser (Photonenweite) 1 cm, Kohärenzlänge 10 cm und Wellenlänge 500 nm.

MA7 Eine elektromagnetische Welle, die aus einer Öffnung kommt, muß sich bei ihrer Bewegung ausbreiten. Der Minimalbetrag, mit dem sie sich ausbreitet, ist die Größe des von dieser Öffnung bewirkten Interferenzmusters (der Abstand zwischen den ersten Minima) und durch Gleichung (K.9) gegeben. Unfokussierte Laserstrahlen breiten sich gewöhnlich nicht über dieses Minimum hinaus aus. Berechnen Sie die Größe des Lichtflecks, den ein He-Ne-Laserstrahl in einer Entfernung von 1 km erzeugt, wenn der Durchmesser des aus dem Laser austretenden Strahls 1 mm und die Wellenlänge 633 nm betragen.

Anhang

A. Zehnerpotenzen

Sowie man quantitative Aussagen über Lichtwellen machen will, kommen große Zahlen vor. Die größte Frequenz, von der wir sprechen, ist hundert Millionen Billionen mal so groß wie die kleinste, und die kleinste Wellenlänge beträgt etwa ein Zehntausendstel eines Milliardstel Zentimeters. Wir wünschen uns eine Schreibweise, die diese etwas mühseligen Zahlenangaben vermeidet.

Eine äußerst nützliche und einfache Kurzschrift für solch große Zahlen ist die POTENZSCHREIBWEISE. Statt zu schreiben

$$\text{hundert Millionen Billionen}$$
$$= 100\,000\,000\,000\,000\,000\,000$$
$$(20 \text{ Nullen})$$

schreiben wir 10^{20} (was eine 1 mit 20 Nullen bedeutet) und lesen ›zehn hoch zwanzig‹. Wie kommen wir dazu? Nun, wir wenden einfach die vertraute Regel für Exponenten an. So ist zum Beispiel in der eben eingeführten Schreibweise

$$\text{eintausend} = 1\,000 = 10^3 \ .$$

10^3 ist die dritte Potenz von zehn:

$$10^3 = 10 \cdot 10 \cdot 10 = 1\,000 \ .$$

Entsprechend ist eine beliebige Potenz von 10 so oft das Produkt von zehn mit sich selbst, wie die Potenz angibt, und das ist eine 1 mit genau so vielen Nullen.

Und wie ist es mit 1 selbst, also einer 1 ohne jede Null? Wir schreiben dafür

$$1 = 10^0 \ .$$

Um kleine Zahlen wie 0,1 zu erhalten, dividieren wir durch Potenzen von 10, statt zu multiplizieren. Die Anzahl der Zehnen, durch die wir dividieren, wird als negative Potenz angegeben. So ist zum Beispiel

$$\text{ein Zehntel} = 0{,}1 = \frac{1}{10} = 10^{-1}$$

oder

$$\text{ein zehntausend Milliardstel}$$
$$= \frac{1}{10\,000\,000\,000\,000}$$
$$= 10^{-13} \ .$$

(Zählen Sie die Nullen nach!)

Diese Schreibweise hat außer ihrer Kürze einen weiteren Vorteil: Die Multiplikation und Division solcher ›Zehnerpotenzen‹ ist einfach – man braucht nur die Exponenten zu addieren oder zu subtrahieren. So ist zum Beispiel $10^{13} \cdot 10^4$ das Produkt aus 13 Zehnen und 4 Zehnen, also das Produkt von 17 Zehnen oder 10^{17}:

$$10^{13} \cdot 10^4 = 10^{13+4} = 10^{17} \ .$$

Entsprechend ist

$$10^{-2} \cdot 10^{-1} = \frac{1}{10 \cdot 10} \cdot \frac{1}{10}$$
$$= \frac{1}{(10 \cdot 10) \cdot 10}$$

oder

$$10^{-2} \cdot 10^{-1} = 10^{-2+(-1)} = 10^{-3} \ .$$

Multiplikation wird also zur einfachen Addition. Die Division wird genauso einfach, wenn wir bedenken, daß die Division durch eine Zehnerpotenz das gleiche ist wie die Multiplikation mit einer negativen Potenz. So wird

$$\frac{10^{13}}{10^{13}} = 10^{13} \cdot 10^{-13} = 10^0 = 1 \ .$$

(Natürlich!)

B. Das Snelliussche Brechungsgesetz in seiner mathematischen Form

Um das Snelliussche Gesetz mathematisch formulieren zu können, müssen wir eine trigonometrische Funktion, den SINUS eines Winkels θ, einführen. Dazu konstruieren wir ein rechtwinkliges Dreieck, dessen einer Winkel θ ist (Abb. B.1a). Dann ist $\sin \theta$ gleich dem Quotienten aus der Länge der θ gegenüberliegenden Seite und der Länge der Hypothenuse:

$$\sin \theta = \frac{p}{r} \ . \tag{B.1}$$

Tabellen oder Rechner geben den Wert dieser Funktion für jeden Winkel θ an.

Wir denken uns jetzt einen Lichtstrahl, der in einem Winkel θ_e in einem Stoff mit der Brechzahl n_e auf eine Grenzfläche trifft und dann in einem Winkel θ_d in einen Stoff mit der Brechzahl n_d eintritt (Abb. B.1b). Wir haben die zum einfallenden Strahl senkrechte Wellenfront AA' gezeichnet. Der Winkel $\sphericalangle A'AB'$ muß dann gleich θ_e sein. Dann gilt

$$\sin \theta_e = \frac{\overline{A'B'}}{\overline{AB'}} \quad \text{oder}$$

$$\frac{1}{\overline{AB'}} = \frac{1}{\overline{A'B'}} \sin \theta_e \ . \tag{B.2}$$

Wenn wir die Wellenfront BB' einzeichnen, die senkrecht zum durchge-

lassenen Strahl verläuft, und die Überlegung wiederholen, erhalten wir

$$\frac{1}{\overline{AB'}} = \frac{1}{\overline{AB}} \sin \theta_d \ . \tag{B.3}$$

Ein Vergleich der Gleichungen (B.2) und (B.3) ergibt

$$\frac{1}{\overline{A'B'}} \sin \theta_e = \frac{1}{\overline{AB}} \sin \theta_d \ . \tag{B.4}$$

Das Licht braucht, so nehmen wir an, die Zeit T, um von einer dieser Wellenfronten zur nächsten zu kommen, um also auf der Seite von A' nach B' und auf der anderen von A nach B zu laufen. Wenn das Licht auf der einfallenden Seite die Geschwindigkeit $v_e = c/n_e$ hat und auf der durchgelassenen $v_d = c/n_d$, erhalten wir

$$\overline{A'B'} = v_e T = \frac{cT}{n_e} \quad \text{und}$$

$$\overline{AB} = v_d T = \frac{cT}{n_d} \ .$$

Wenn wir diese Ergebnisse in Gleichung (B.4) einsetzen, ergibt sich

$$\frac{n_e}{cT} \sin \theta_e = \frac{n_d}{cT} \sin \theta_d$$

oder das SNELLIUSSCHE GESETZ:

$$\boxed{n_e \sin \theta_e = n_d \sin \theta_d} \ . \tag{B.5}$$

Wenn wir wieder Abbildung B.1a anschauen, sehen wir, daß p niemals größer sein kann als r; die Hypothenuse ist ja immer die längste Seite. Also, entnehmen wir Gleichung (B.1), kann $\sin \theta$ niemals größer sein als 1. Wenn $\sin \theta_d$ gleich 1 ist, liegt Totalreflexion vor. Der Einfallswinkel ist dann der kritische Winkel θ_k, und es gilt (aus Gleichung (B.5) mit $\sin \theta_d = 1$)

$$\boxed{n_e \sin \theta_k = n_d} \ . \tag{B.6}$$

Jeder Einfallswinkel größer als θ_k führt zu Totalreflexion. Es gibt dann keinen durchgelassenen Lichtstrahl, und Gleichung (B.5) kann nicht befriedigt werden. Da $\sin \theta_k$ ebenfalls kleiner als 1 sein muß, können wir Gleichung (B.6) nur dann befriedigen, wenn n_e größer ist als n_d. Licht kann also nur dann total reflektiert werden, wenn es von einem dichteren Medium, etwa Glas, in ein dünneres, etwa Luft, übergeht.

C. Der Brennpunkt eines Konvexspiegels

In Abschnitt 3.3.1 wurde behauptet, die Brennweite eines sphärischen Konvexspiegels sei gleich dem halben Radius, also $f = \overline{OF} = \frac{1}{2}\overline{OC}$. Zum Beweis betrachten wir Abbildung C.1. Ein einfallender Strahl, Strahl 1, läuft parallel zur Achse, trifft bei A in einem Einfallswinkel θ_e auf den Spiegel und wird, wie gezeigt, in einem Winkel θ_r reflektiert. Da AB eine Fortsetzung des einfallenden Strahls ist und AC die Normale in A, ist der Winkel $\sphericalangle CAB$ gleich θ_e. Der Winkel $\sphericalangle ACF$ muß dann auch gleich θ_e sein, weil er und $\sphericalangle CAB$ Gegenwinkel an Parallelen sind. Entsprechend ist AF eine Verlängerung des reflektierten Strahls, und der Winkel $\sphericalangle CAF$ muß gleich θ_r sein, der nach dem Reflexionsgesetz gleich θ_e ist. Also ist das Dreieck $\triangle CAF$ gleichschenklig, denn zwei Winkel ($\sphericalangle CAF$ und $\sphericalangle ACF$)

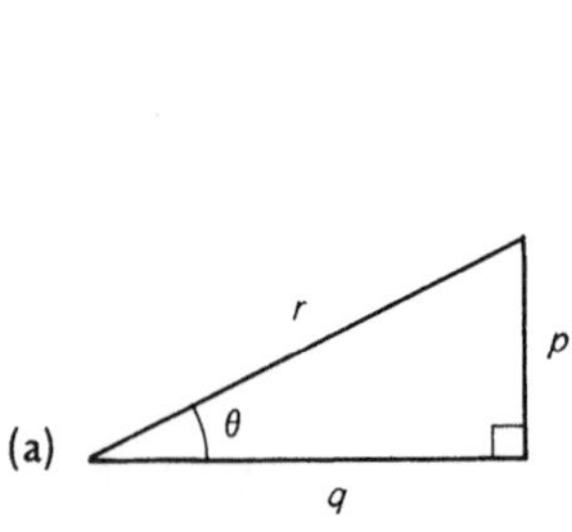
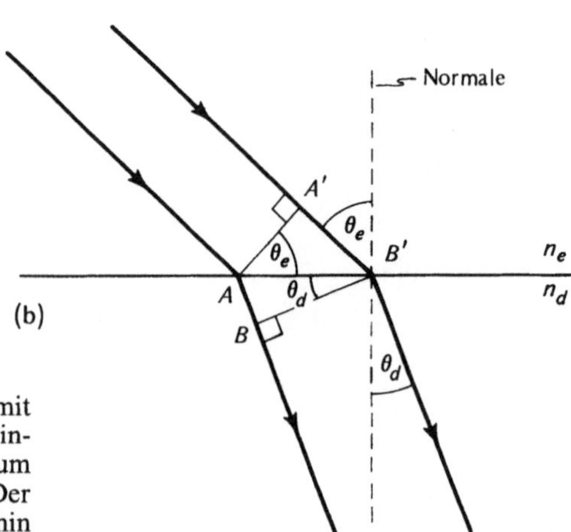

B.1 (a) Ein rechtwinkliges Dreieck mit dem Winkel θ. (b) Licht tritt in einem Winkel θ_e aus einem optisch dünneren Medium in ein optisch dichteres ein ($n_e < n_d$). Der gebrochene Strahl wird zur Normalen hin gebrochen, also ist $\theta_d < \theta_e$. AA' und BB' veranschaulichen zwei Wellenfronten

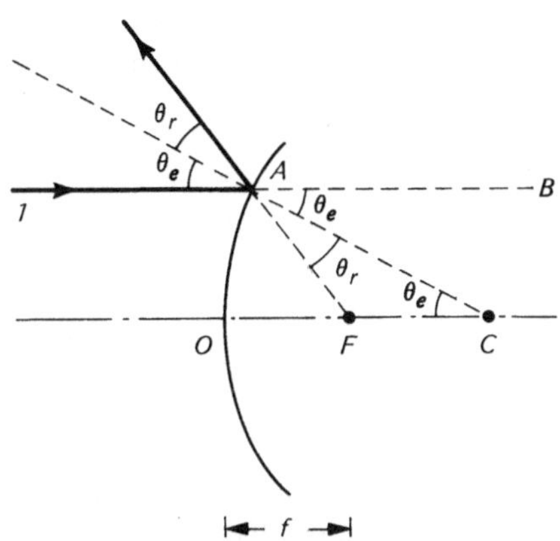

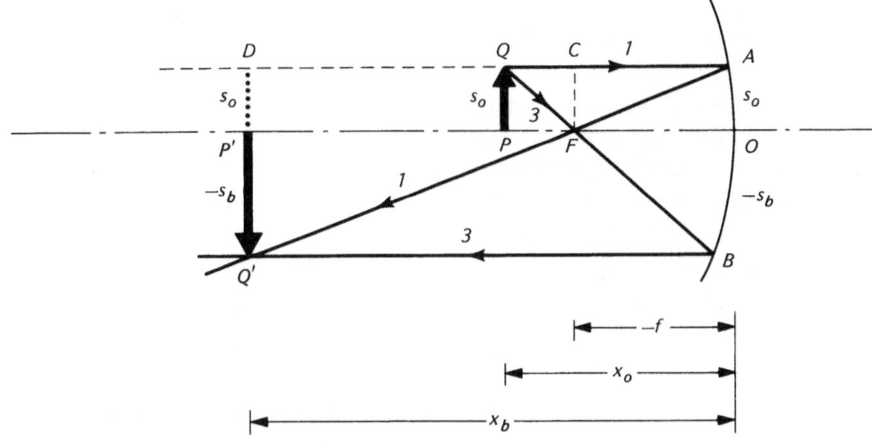

C.1 Strahl 1, der parallel zur Achse verläuft, trifft in A auf einen Konvexspiegel und verläßt ihn, also ob er vom Brennpunkt F her käme

D.1 Vom Objekt PQ der Größe s_0 aus gehen Strahl 1 parallel zur Achse und Strahl 3 durch den Brennpunkt F. Das (umgekehrte) Bild $P'Q'$ hat die Größe $-s_b$

sind gleich, und deshalb gilt für die Seiten

$$\overline{AF} = \overline{FC} \ .$$

Für paraxiale Strahlen muß der Punkt A nahe an O liegen, also ist $\overline{AF} \cong \overline{OF}$. Wir können also (für paraxiale Strahlen)

$$\overline{OF} = \overline{FC}$$

schreiben, und da $\overline{OC} = \overline{OF} + \overline{FC}$ gilt, haben wir schließlich

$$\overline{OF} = \tfrac{1}{2}\overline{OC} \ .$$

Die Brennweite eines sphärischen Spiegels gleicht also dem halben Radius.

D. Die Spiegelgleichung

Zur Herleitung der SPIEGELGLEICHUNG zeichnen wir Abbildung 3.17 neu. Dabei zeichnen wir nur Strahl 1 und 3, verlängern aber Strahl 1 rückwärts (Abb. D.1). Wir tun so, als ob die Punkte A, O und B auf einer Geraden lägen, und finden, daß $\triangle ABQ$ ähnlich ist zu $\triangle CFQ$ und $\triangle CFA$ ähnlich zu $\triangle DQ'A$. Aus der ersten Beziehung können wir

$$\frac{\overline{CF}}{\overline{AB}} = \frac{\overline{QC}}{\overline{QA}}$$

ableiten. Es gilt, wie wir ablesen, $\overline{CF} = s_0$ für die Objektgröße, $\overline{AB} = s_0 - s_b$, wobei $-s_b$ die Bildgröße ist (das Minuszeichen zeigt an, daß das Bild umgekehrt ist), $\overline{QA} = x_0$ für die Entfernung des Objekts zum Spiegel und $\overline{QC} = x_0 - (-f) = x_0 + f$, wobei f die Brennweite des Spiegels angibt und negativ ist, weil der Spiegel konkav ist. Deshalb kann die obige Gleichung auch in der Form

$$\frac{s_0}{s_0 - s_b} = \frac{x_0 + f}{x_0} = 1 + \frac{f}{x_0} \qquad \text{(D.1)}$$

geschrieben werden. Das zweite Paar ähnlicher Dreiecke ergibt

$$\frac{\overline{CF}}{\overline{DQ'}} = \frac{\overline{CA}}{\overline{DA}} \ .$$

Aber es gilt: $\overline{CF} = s_0$, $\overline{DQ'} = s_0 - s_b$, $\overline{CA} = -f$ und $\overline{DA} = x_b$, die Entfernung des Bildes vom Spiegel. Damit wird diese Gleichung zu

$$\frac{s_0}{s_0 - s_b} = \frac{-f}{x_b} \ . \qquad \text{(D.2)}$$

Da die linken Seiten der Gleichungen (D.1) und (D.2) übereinstimmen, müssen ihre rechten Seiten gleich sein:

$$\frac{-f}{x_b} = 1 + \frac{f}{x_0} \quad \text{oder}$$

$$-\frac{f}{x_0} - \frac{f}{x_b} = 1 \ .$$

Wenn wir beide Seiten dieser Gleichung durch f teilen, ergibt sich

$$\boxed{-\frac{1}{x_0} - \frac{1}{x_b} = \frac{1}{f}} \qquad \text{(D.3)}$$

Dies ist die Spiegelgleichung, die wir hier für den Hohlspiegel, also für negatives f, abgeleitet haben. Sie gilt auch für Wölbspiegel; dann ist f positiv. Negatives x_b bedeutet einfach, daß das Bild hinter dem Spiegel, also virtuell ist.

Gleichung (D.3) besagt etwas über den Ort des Bildes, aber wie ist es mit seiner Größe? Wenn wir das Reziproke von Gleichung (D.2) nehmen, erhalten wir

$$-\frac{x_b}{f} = \frac{s_0 - s_b}{s_0} = 1 - \frac{s_b}{s_0}$$

oder

$$\frac{s_b}{s_0} = 1 + \frac{x_b}{f} \ . \qquad \text{(D.4)}$$

Wenn wir also die Lage x_b des Bildes kennen, sagt uns Gleichung (D.4), wie groß es ist. Wir können diese Gleichung mit Hilfe der Spiegelgleichung (D.3) vereinfachen. Multiplikation mit x_b ergibt

$$-\frac{x_b}{x_0} = 1 + \frac{x_b}{f} \ ,$$

und durch Einsetzen in Gleichung (D.4) ergibt sich

$$\boxed{\frac{s_b}{s_0} = -\frac{x_b}{x_0}} \ . \qquad \text{(D.5)}$$

Diese Gleichung gibt an, wie groß das Bild im Vergleich mit dem Objekt ist, wie stark es also vergrößert wird. Das Minuszeichen besagt, daß dann, wenn x_b und x_0 beide positiv sind (also wie in Abb. D.1 vor dem Spiegel liegen), s_b und s_0 entgegengesetzte Vorzeichen haben. Das Bild steht, wie in Abbildung D.1, auf dem Kopf.

Die Gleichungen (D.3) und (D.4) geben also Aufschluß über die Größe, die Lage und die Orientierung des Bildes.

E. Die Linsengleichung

Zur Herleitung der LINSENGLEICHUNG zeichnen wir Abbildung 3.26 neu, betrachten aber nur Strahl 1 und 3 und machen es genauso wie in Anhang D (Abb. E.1). Die Paare ähnlicher Dreicke sind hier $\triangle ABQ$ und $\triangle CFQ$ einerseits und $\triangle ABQ'$ und $\triangle AOF'$ andererseits. Aus dem ersten Paar lesen wir ab, daß

$$\frac{\overline{CF}}{\overline{AB}} = \frac{\overline{QC}}{\overline{QA}} \; .$$

Es gilt, wie wir ablesen, für die Objektgröße $\overline{CF} = s_0$, $\overline{AB} = s_0 - s_b$, wobei $-s_b$ die Bildgröße ist (wieder ist sie negativ, weil die Bildpunkte nach unten zeigen), und $\overline{QA} = x_0 - f$, wobei f die Brennweite der Linse ist.

E.1 Das Objekt PQ der Größe s_0 schickt Strahl 1 parallel zur Achse und Strahl 3 durch den Brennpunkt F. Das (umgekehrte) Bild $P'Q'$ hat die Größe $-s_b$

Die obige Gleichung heißt dann

$$\frac{s_0}{s_0 - s_b} = \frac{x_0 - f}{x_0} = 1 - \frac{f}{x_0} \; . \quad \text{(E.1)}$$

Das zweite Paar ähnlicher Dreiecke ergibt

$$\frac{\overline{AO}}{\overline{AB}} = \frac{\overline{OF'}}{\overline{BQ'}} \; .$$

Aber $\overline{AO} = s_0$, $\overline{AB} = s_0 - s_b$, $\overline{OF'} = f$ und $\overline{BQ'} = x_b$, die Entfernung zwischen der Linse und dem hinter ihr liegenden Bild. Damit wird diese Gleichung zu

$$\frac{s_0}{s_0 - s_b} = \frac{f}{x_b} \; . \quad \text{(E.2)}$$

Ein Vergleich der Gleichungen (E.1) und (E.2) ergibt

$$\frac{f}{x_b} = 1 - \frac{f}{x_0}, \quad \text{oder}$$

$$\frac{f}{x_0} + \frac{f}{x_b} = 1 \; .$$

Wenn diese letzte Gleichung auf beiden Seiten durch f dividiert wird, erhalten wir

$$\boxed{\frac{1}{x_0} + \frac{1}{x_b} = \frac{1}{f}} \; . \quad \text{(E.3)}$$

Dies ist die Linsengleichung, die wir hier für eine Sammellinse, also für positives f abgeleitet haben. Sie gilt mit negativem f auch für Zerstreuungslinsen. Wenn Sie ein negatives x_b erhalten, heißt das einfach, daß das Bild vor der Linse (also virtuell) ist.

Gleichung (E.3) sagt etwas über den Ort des Bildes, aber wie ist es mit

seiner Größe? Wie in Anhang D schreiben wir das Reziproke von Gleichung (E.2) auf:

$$\frac{x_b}{f} = \frac{s_0 - s_b}{s_0} = 1 - \frac{s_b}{s_0}$$

oder

$$\frac{s_b}{s_0} = 1 - \frac{x_b}{f} \; . \quad \text{(E.4)}$$

Wenn wir Gleichung (E.3) mit x_b multiplizieren, erhalten wir

$$\frac{x_b}{x_0} + 1 = \frac{x_b}{f} \quad \text{oder}$$

$$1 - \frac{x_b}{f} = -\frac{x_b}{x_0} \; ,$$

was zusammen mit Gleichung (E.4)

$$\boxed{\frac{s_b}{s_0} = -\frac{x_b}{x_0}} \quad \text{(E.5)}$$

ergibt. Wie beim Spiegel ist also die Vergrößerung genau das Negative vom Verhältnis von Objekt- und Bildweite. Wieder bedeuten positive x_b und x_0 (wie in Abb. E.1), daß die Vergrößerung negativ ist – das Bild ist wie in Abbildung E.1 umgekehrt.

F. Zwei dünne, sich berührende Linsen

Wir betrachten zwei Linsen mit den Brennweiten f_1 und f_2, die zunächst einen Abstand t haben, und ein Objekt im Brennpunkt der ersten Brennebene der ersten Linse. Licht von diesem Objekt verläßt dann die erste Linse in einem Parallelstrahl (Abb. F.1a), den die zweite Linse in ihrer Brennebene fokussiert, wie die Abbildung zeigt.

Dies gilt ganz unabhängig vom Abstand t. Wenn wir den Abstand verkleinern, berühren sich die Linsen schließlich, wie in Abbildung F.1b. Wir wissen, daß für die Entfernung des Objekts $x_0 = f_1$ gilt und für die des Bildes $x_b = f_2$. Die Linsengleichung (E.3) besagt für diese Linse:

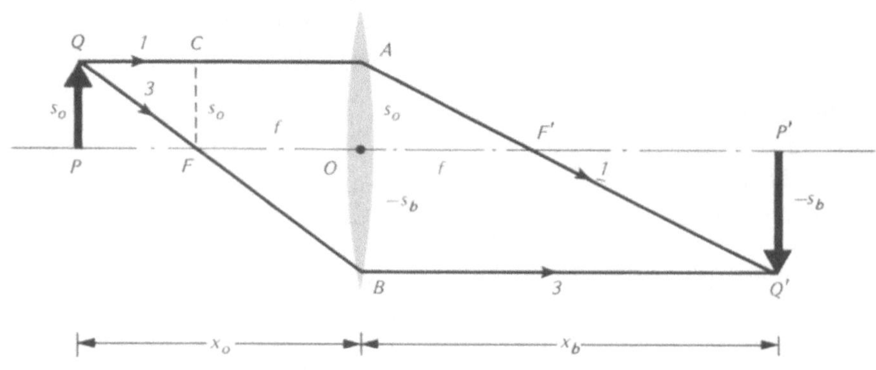

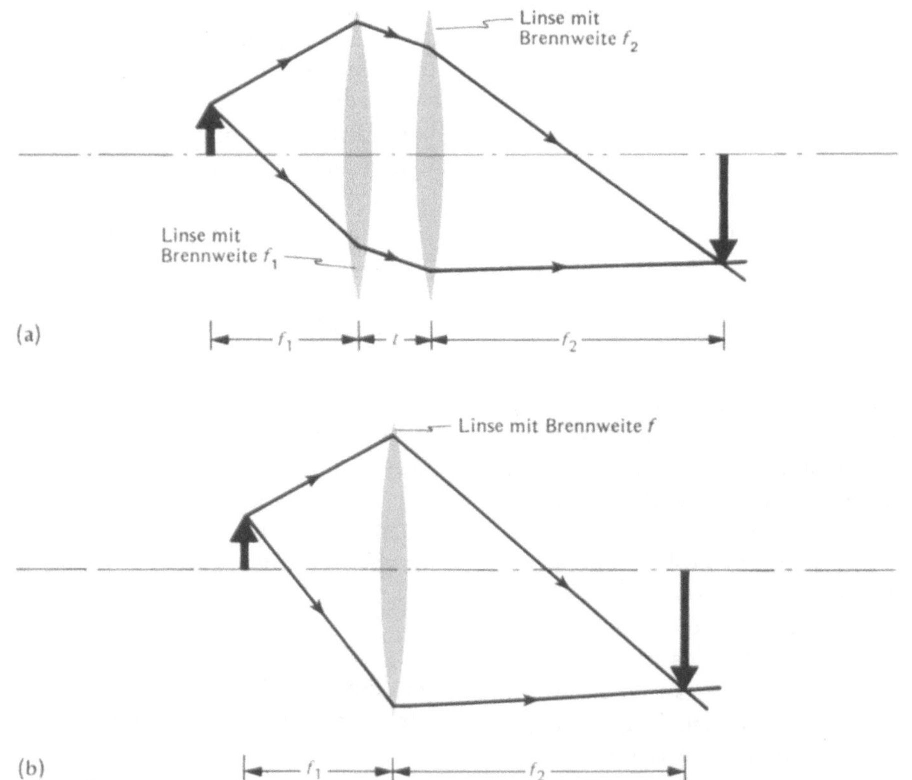

(a)

(b)

F.1 (a) Zwei dünne Linsen im Abstand t. (b) Zwei dünne, sich berührende Linsen wirken wie eine einzige Linse

$$\frac{1}{x_0} + \frac{1}{x_b} = \frac{1}{f} \,,$$

wobei f die wirksame Brennweite der kombinierten Linse ist. Mit den bekannten Werten für die Abstände von Objekt und Bild wird das zu

$$\frac{1}{f_1} + \frac{1}{f_2} = \frac{1}{f} \,. \tag{F.1}$$

Nun ist $(1/f_1) = B_1$ die Brechkraft der ersten Linse und $(1/f_2) = B_2$ die der zweiten und $(1/f) = B$ die Brechkraft der kombinierten Linse. Damit wird aus Gleichung (F.1)

$$B_1 + B_2 = B \,; \tag{F.2}$$

die Brechkraft der kombinierten Linse ist, wie angekündigt, die Summe der Brechkräfte der einzelnen.

G. Fotografische Perspektive

Alles, was Sie anschauen, erzeugt auf der Netzhaut ein Bild einer bestimmten Größe. Wenn Sie das fotografieren, was Sie sehen und die Perspektive auf dem Foto stimmen soll, muß das gleiche Netzhautbild entstehen wie bei direkter Betrachtung. Anders gesagt muß der Winkel, den ein Objekt bei direkter Betrachtung ausfüllt, genauso groß sein wie der, den das fotografierte Objekt ausfüllt. Diese Bedingung hängt offensichtlich von der Brennweite der zur Fotografie benutzten Linse, der Vergrößerung und der Entfernung ab, aus der das Foto betrachtet wird.

Abbildung G.1a zeigt eine Kamera, die einen weit entfernten Gegenstand fotografiert. Die Beziehung zwischen der Objektgröße s_0 und der Bildgröße s_b hängt, wie Gleichung (E.5) zeigt, nur von der Entfernung x_0 des Objekts vom Bild x_b ab:

$$\frac{s_b}{s_0} = -\frac{x_b}{x_0} \,. \tag{E.5}$$

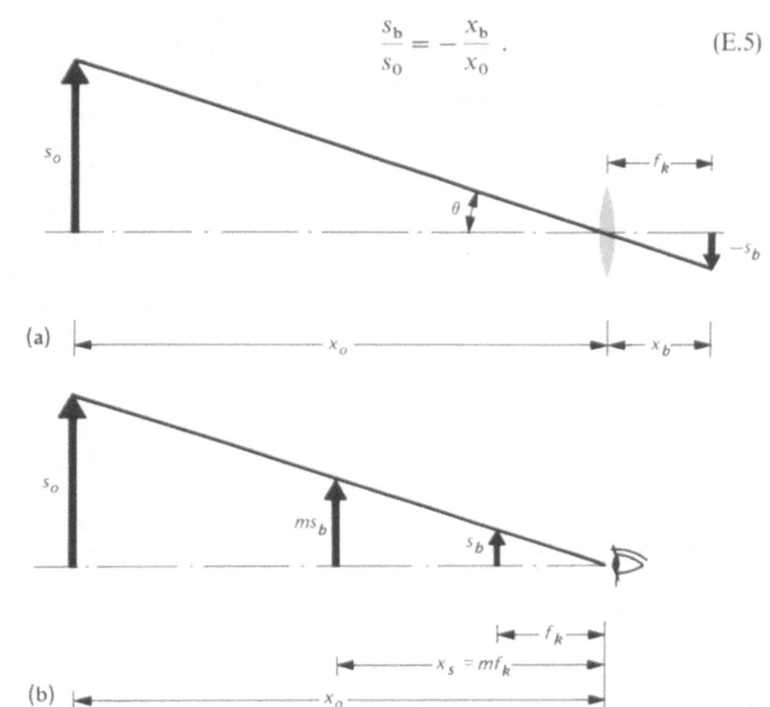

(a)

(b)

G.1 (a) Eine Kamera, deren Linse eine Brennweite f_k hat, macht eine Aufnahme eines entfernten Objekts der Größe s_0. Das Objekt füllt den Winkel θ und erzeugt auf dem Film ein (umgekehrtes) Bild der Größe $-s_b$. (b) Ein Auge betrachtet diesen Gegenstand auf einem Foto. Ohne Vergrößerung ($m = 1$) sollte das Auge das Bild aus der Entfernung f_k betrachten, damit das Bild denselben Winkel θ ausfüllt wie in (a). Wenn das Foto um einen Faktor m vergrößert wird, muß das Auge es aus einer Entfernung mf_k betrachten. Das garantiert die richtige Perspektive

Für entfernte Objekte liegt das Bild in der Brennebene der benutzten Sammellinse, also $x_b \cong f_k$. (f_k ist hier die Brennweite der Kameralinse.) Gleichung (E.5) wird dann zu

$$s_b = f_k \frac{s_0}{x_k} \,. \qquad \text{(G.1)}$$

Damit bestimmt also f_k die Bildgröße: Alle Bildgrößen sind zu f_k proportional. Deshalb ergibt das Teleobjektiv ein größeres Bild.

Nehmen wir an, Sie würden das entwickelte Lichtbild direkt betrachten. Abbildung G.1b zeigt, daß Sie es aus einer Entfernung f_k anschauen müssen, damit jedes Abbild auf dem Foto denselben Winkel füllt wie das Original, damit also die Perspektive normal erscheint. Gewöhnlich kann man so nah am Auge nicht scharf sehen, deshalb müssen wir das Bild vergrößern.

Wir vergrößern also das Foto um einen Vergrößerungsfaktor m. Wie Abbildung G.1b zeigt, muß das Bild dann aus einem größeren Abstand betrachtet werden, damit das fotografische Abbild denselben Winkel füllt und die Perspektive richtig erscheint. Wir lesen dort den richtigen Sehabstand ab:

$$\boxed{x_s = mf_k} \quad . \qquad \text{(G.2)}$$

Dieses Ergebnis ist unabhängig von der Größe und der Entfernung des Gegenstands. Wenn Sie also Ihre Vergrößerung aus einer Entfernung betrachten, die für eines dieser Objekte stimmt, haben alle Objekte die richtige Größe, und die Perspektive erscheint richtig. Wenn Sie die Vergrößerung aus geringerer Entfernung betrachten, schauen Sie aus der Perspektive eines Telefotos (denken Sie an den Versuch SEHEN SIE SELBST zu Abschnitt 4.3.2) und wenn Sie ihn aus größerer Entfernung anschauen, sehen Sie ihn aus der Weitwinkelperspektive.

Wir betrachten jetzt einige Anwendungen der Gleichung (G.2) und

vergrößern dazu in Gedanken ein 35-mm-Bild auf 12 × 18 cm, also um das Fünffache (ein 35-mm-Negativ mißt 24 × 36 mm). Sie wollen dieses Foto aus 25 cm Entfernung anschauen. Welche Brennweite sollte das Objektiv an Ihrer Kamera gehabt haben, damit die Perspektive stimmt? Gleichung (G.2) besagt, daß sich die richtige Perspektive ergibt, wenn

$$f_k = \frac{x_s}{m} \,,$$

und mit $x_s = 25\ cm$ und $m = 5$ ergibt sich $f_k = 5\ cm = 50$ mm. Unter diesen Bedingungen gibt also eine 50-mm-Kameralinse die richtige Perspektive.

Nehmen wir statt dessen an, Sie wollten ein 35-mm-Dia mit einer Lupe (wie im Diabetrachter) anschauen. Welche Brennweite f_l sollte die Linse haben? Da das Dia nicht vergrößert wird und Sie es aus dem Abstand $x_s = f_l$ betrachten, sagt Gleichung (G.2), daß sich die richtige Perspektive ergibt, wenn f_k gleich f_l ist, Lupe und Kameralinse also dieselbe Brennweite haben. (Das ist übrigens ganz unabhängig von der Filmgröße.)

Wenn Sie nun dieses 35-mm-Dia im Abstand x_p vom Projektor auf einen Schirm werfen, dann ist der Objektabstand (vom Dia zur Projektorlinse) etwa f_p. Die Bildentfernung (von der Linse zum Schirm) ist x_p, und deshalb ist die (durch Gleichung (E.5) beschriebene) Vergrößerung

$$m = \frac{x_p}{f_p} \,. \qquad \text{(G.3)}$$

(Das Minuszeichen in Gleichung (E.5) zeigt an, daß das Bild auf dem Kopf steht; wir haben es hier weggelassen, denn wir stecken ja das Dia umgekehrt herum in den Projektor.) Wenn Sie das projizierte Bild aus einer Entfernung x_s vom Schirm betrachten, ergibt sich mit Gleichung (G.3), daß die Perspektive in einer Entfernung

$$x_s = x_p \frac{f_k}{f_p}$$

stimmt. Sie sollten also in dieser Entfernung vom Schirm sitzen, um die

richtige Perspektive zu haben. Ein gewöhnlicher 35-mm-Diaprojektor hat eine Brennweite f_p von etwa 100 mm. Wenn die Aufnahme also mit einer gewöhnlichen 50-mm-Linse gemacht wurde, sehen Sie am besten, wenn Sie in der Entfernung $x_s = x_p/2$ halbwegs zwischen Schirm und Projektor sitzen.

STUDIER & SPEKULIER

Wo sollten Sie sitzen, wenn das Foto mit einem Weitwinkelobjektiv $f_k = 25$ mm aufgenommen worden wäre (und es Ihnen nur auf die richtige Perspektive ankäme)? Und wenn es mit einem 200-mm-Telefotoobjektiv gemacht worden wäre?

H. Eine Beziehung zwischen Brennweite und Vergrößerung

Zur Herleitung der Gleichung zum ersten Versuch SEHEN SIE SELBST des Abschnitts 4.4.2 beginnen wir mit der Linsengleichung

$$\frac{1}{x_0} + \frac{1}{x_b} = \frac{1}{f} \qquad \text{(E.3)}$$

und multiplizieren sie mit x_0:

$$1 + \frac{x_0}{x_b} = \frac{x_b}{f} \,. \qquad \text{(H.1)}$$

Gleichung (E.5) besagt, daß

$$M = \frac{x_b}{x_0} = -\frac{s_b}{s_0} \,, \qquad \text{(H.2)}$$

wobei M die in SEHEN SIE SELBST definierte Größe ist. (Genaugenommen sollte M das Negative dieser Größe sein, wenn es die Vergrößerung darstellt, also s_b/s_0. Im Versuch war es mit dem Vorzeichen der Gleichung (H.2) definiert worden, weil Entfernungen immer positiv sind, auch wenn das Bild auf dem Kopf steht.) Durch Einsetzen von Gleichung (H.2) in Gleichung (H.1) erhalten wir

$$\frac{x_0}{f} = 1 + \frac{1}{M} = \frac{M+1}{M}$$

oder, reziprok dazu,

$$\frac{f}{x_0} = \frac{M}{1 + M}$$

oder schließlich

$$f = x_0 \frac{M}{1 + M} \; .$$

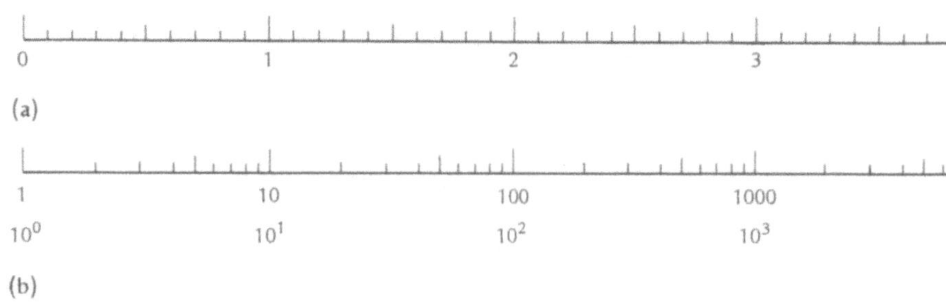

I.1 (a) Auf einer linearen Skala entsprechen gleiche Zuwächse der Addition einer Konstanten. (b) Auf einer logarithmischen Skala entsprechen gleiche Zuwächse der Multiplikation mit einer Konstanten

I. Logarithmen

Bei den üblichen Skalen auf Linealen oder in grafischen Darstellungen sind die Abstände zwischen den Marken gleich, wie in Abbildung I.1a. In dem Beispiel wird, ganz gleich, wo man beginnt, beim Übergang von einer Markierung zur nächsten 1 hinzugezählt. Eine solche Skala heißt linear. Uns sind jedoch schon Fälle begegnet, in denen eine solche Skala sehr unhandlich wäre. So hätten wir zum Beispiel in Tabelle 1.1 dann, wenn 1 mm jeweils 100 Hz darstellen sollte, einen Papierstreifen benötigt, der sich von hier bis über den Sirius hinaus erstrekken würde, um den Frequenzbereich darzustellen.

Wir können diesen ungeheuren Bereich dadurch fassen, daß wir eine Skala benutzen, bei der sich jeder Schritt vom vorigen durch einen Faktor 10 unterscheidet (Abb. I.1b). Hier entspricht die zweite Markierung einer Zahl, die zehnmal so groß ist wie die erste, die dritte einer Zahl, die zehnmal so groß ist wie die zweite und so weiter. Wir haben die Markierungen als Zehnerpotenzen notiert, und Sie sehen, daß sie gleichen Schritten in den Exponenten entsprechen, von 10^1 bis 10^2 bis 10^3 und so weiter.

Diese Zunahme der Exponenten läßt sich mit Hilfe des Logarithmus ausdrücken. Der Logarithmus einer Zahl y, den wir als $\log y$ schreiben, ist folgendermaßen definiert:

$$\log y = x$$

bedeutet

$$10^x = y \; .$$

Für die Zahlen in Abbildung 1.1b gilt also $\log 10 = 1$, $\log 100 = 2, \ldots$, weil $10^1 = 10$, $10^2 = 100, \ldots$, und so weiter. Die Skalenangaben entsprechen gleichen Schritten einer logarithmischen Skala.

Logarithmische Skalen werden dort verwendet, wo das Interesse sich mehr auf die prozentuale Veränderung als den augenblicklichen Wert richtet. Ein bekanntes Beispiel ist die grafische Darstellung der Entwicklung des Aktienkursindex, wie sie von Banken benutzt wird (Abb. I.2). Es kommt gar nicht darauf an, ob eine

Aktie DM 1 oder DM 100 kostet; wenn Sie für DM 5000 Aktien kaufen und ihr Wert sich verdoppelt, sind die Aktien in beiden Fällen DM 10 000 wert. Auf einer linearen Skala sähe ein Zuwachs von DM 1 auf DM 2 im Vergleich von einem Zuwachs von DM 100 auf DM 200 sehr gering aus. Auf einer logarithmischen Skala ist der Zuwachs in beiden Fällen gleich, nämlich immer um einen Faktor 2. Die logarithmische Skala macht es also möglich zu vergleichen, wie sich verschiedene Aktienkurse entwickeln, wenn ihre Preise ganz verschieden sind.

I.2 Der Aktienkursindex ist hier auf einer logarithmischen Skala gegenüber einer linearen Zeitskala aufgetragen

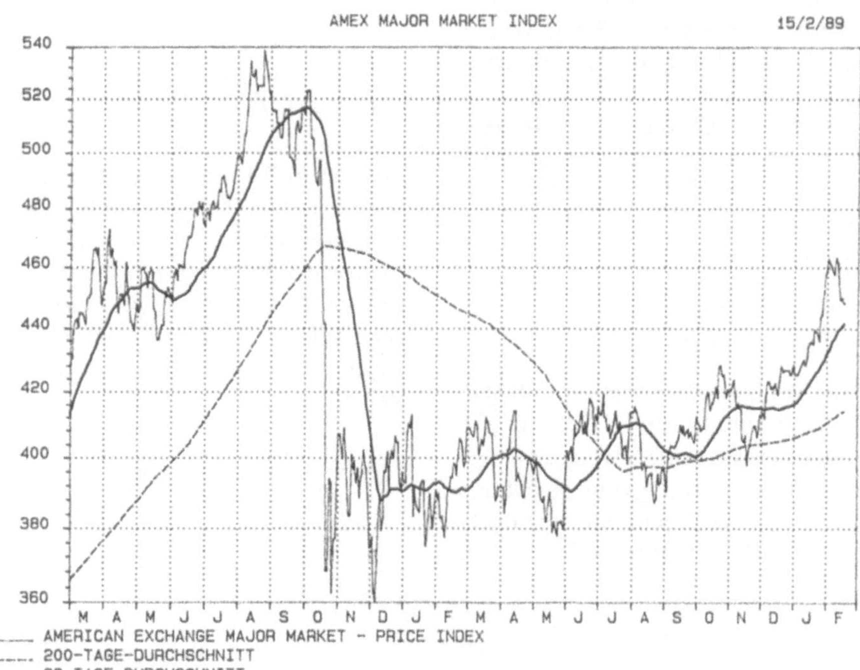

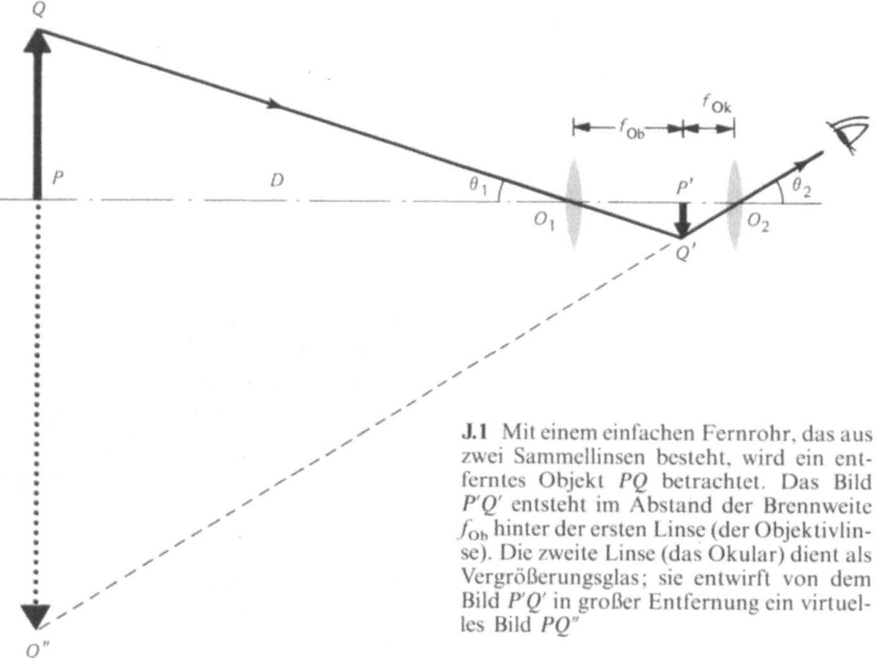

J.1 Mit einem einfachen Fernrohr, das aus zwei Sammellinsen besteht, wird ein entferntes Objekt PQ betrachtet. Das Bild $P'Q'$ entsteht im Abstand der Brennweite f_{Ob} hinter der ersten Linse (der Objektivlinse). Die zweite Linse (das Okular) dient als Vergrößerungsglas; sie entwirft von dem Bild $P'Q'$ in großer Entfernung ein virtuelles Bild PQ''

J. Vergrößerung eines Fernrohrs

Ein Fernrohr (Abb. J.1) wandelt Parallelstrahlen, die von einem Objekt PQ in sehr großer Entfernung D herrühren, in Parallelstrahlen um, die in einem anderen, größeren Winkel weiterlaufen. Ein Auge, das durch das Teleskop schaut, sieht dann das virtuelle Bild PQ'' in großer Entfernung, aber es füllt einen größeren Winkel aus als das Objekt ohne das Fernrohr (also ist $\theta_2 > \theta_1$).

In der Abbildung finden wir zwei Paare ähnlicher Dreiecke, nämlich $\triangle PO_1$ und $\triangle Q'P'O_1$, und $\triangle Q''PO_2$ und $\triangle Q'P'O_2$. Das erste Paar führt zu der Beziehung

$$\frac{\overline{QP}}{\overline{Q'P'}} = -\frac{\overline{PO_1}}{\overline{O_1P'}} \, .$$

(Das Minuszeichen zeigt an, daß $\overline{Q'P'}$ in eine Richtung zeigt, die der von $\overline{QP}$ entgegengesetzt ist.) Hier ist $\overline{PO_1} = D$ die große Entfernung zum Objekt und $\overline{O_1P'} = f_{Ob}$ die Brennweite des Objektivs. Durch Einsetzen erhalten wir dann

$$\overline{QP} = -\overline{Q'P'}\,\frac{D}{f_{Ob}} \, . \tag{J.1}$$

Entsprechend erhalten wir aus dem zweiten Dreieckspaar

$$\frac{\overline{Q''P}}{\overline{Q'P'}} = \frac{\overline{PO_2}}{\overline{P'O_2}} \, ,$$

wobei $\overline{P'O_2} = f_{Ok}$ ist, also gleich der Brennweite des Okulars, und $\overline{PO_2} = D + f_{Ob} + f_{Ok} \cong D$, wenn D im Verhältnis zu den Brennweiten f_{Ob} und f_{Ok} groß ist. Aus dieser Gleichung folgt also

$$\overline{Q''P} = \overline{Q'P'}\,\frac{D}{f_{Ok}} \, . \tag{J.2}$$

Die Vergrößerung des Fernrohrs ist das Verhältnis $\overline{Q''P}/\overline{QP}$ von Bildgröße zu Objektgröße. Wir erhalten sie, wenn wir Gleichung (J.2) durch Gleichung (J.1) dividieren: die Vergrößerung M eines Fernrohrs ist gleich dem Negativen vom Verhältnis der Brennweiten:

$$M = -\frac{f_{Ob}}{f_{Ok}} \, . \tag{J.3}$$

K. Die Lage von Interferenz- und Beugungsstreifen

Wir wollen die Lage der Intensitätsmaxima (helle Streifen) und -minima (dunkle Streifen) in den in Kapitel 12 untersuchten Schirmmustern herleiten. Maxima treten an Punkten konstruktiver Interferenz auf (die Wellen sind in Phase) und Minima an Punkten destruktiver Interferenz (die Wellen sind gegenphasig). Wir setzen hier voraus, daß alle Quellen in Phase sind. Eine Phasendifferenz tritt nur dann ein, wenn die interferierenden Strahlen zu einem Punkt auf dem Schirm verschieden lange Wege zurücklegen müssen. Wir erinnern uns daran, daß für die Wellen zweier Quellen gilt:

in Phase:
der Wegunterschied ε beträgt $0, \pm\lambda, \pm 2\lambda, \pm 3\lambda, \dots$,
gegenphasig:
der Wegunterschied ε beträgt $\pm\lambda/2, \pm 3\lambda/2, \pm 5\lambda/2, \dots$. $\hspace{1em}$ (K.1)

STUDIER & SPEKULIER

Wenn die beiden Quellen nicht in Phase sind, können die Bedingungen in (K.1) vertauscht sein. Dann werden also Maxima zu Minima und umgekehrt. Warum?

1. *Zwei Quellen.* Der Wegunterschied läßt sich mit Hilfe der ebenen Geometrie berechnen. Betrachten wir zum Beispiel die beiden Quellen in Abbildung K.1 und einen Punkt P in einer Entfernung h rechts vom Mittelpunkt O auf dem Schirm. (Bei negativem h ist P links von O.) Wir können jetzt ε mit Hilfe ähnlicher Dreiecke bestimmen. Die beiden mit ϕ bezeichneten Winkel sind gleich, weil sie Gegenwinkel an Parallelen (dem Schirm und der Verbindungslinie der Quellen) sind. Die mit θ bezeichneten Winkel sind gleich, weil sie die Komplementärwinkel zu den Winkeln ϕ sind. Aus der Definition der Sinusfunktion in Anhang B folgt dann (aus $\triangle Q_1Q_2Q$)

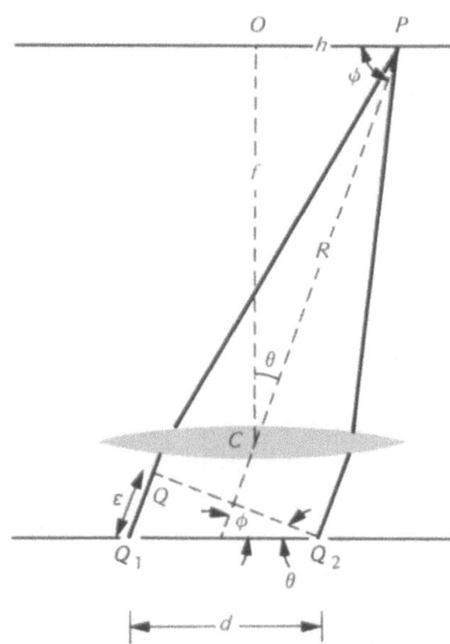

K.1 Die geometrischen Verhältnisse bei zwei Quellen Q_1 und Q_2, die in der Brennebene einer Linse mit dem Mittelpunkt C und der Brennweite f interferieren

$$\frac{\varepsilon}{d} = \sin\theta \quad \text{oder}$$
$$\varepsilon = d\sin\theta\ . \tag{K.2}$$

Wir können aus $\triangle COP$

$$\sin\theta = \frac{h}{R}$$

ablesen. In vielen Interferenzfällen ist der Winkel θ sehr klein, so daß $R \cong f$ und $\theta \cong h/f$. Aus Gleichung (K.2) folgt dann

$$\varepsilon = \frac{dh}{f} \quad \text{(für kleines } \theta)\ . \tag{K.3}$$

Jetzt können wir das Kriterium aus Gleichung (K.1) anwenden. Ein Maximum liegt vor, wenn

$$\frac{dh}{f} = 0, \pm\lambda, \pm 2\lambda, \pm 3\lambda, \ldots,$$

also für Punkte auf dem Schirm, für die

$$h = 0, \pm\lambda\frac{f}{d}, \pm 2\lambda\frac{f}{d},$$
$$\pm 3\lambda\frac{f}{d}, \ldots\ . \tag{K.4}$$

(Lage der Intensitätsmaxima).

Ähnlich finden wir die Minima dort, wo

$$h = \pm\lambda\frac{f}{2d}, \pm 3\lambda\frac{f}{2d},$$
$$\pm 5\lambda\frac{f}{2d}, \ldots\ . \tag{K.5}$$

(Lage der Intensitätsminima).

Der Streifenabstand ist die Entfernung zwischen zwei benachbarten Maxima, also gilt

$$\boxed{\text{Streifenabstand} = \lambda\frac{f}{d}}\ . \tag{K.6}$$

Wenn die Linse eine sehr große Brennweite f hat, ist sie sehr schwach, und wir können sie einfach ohne wesentliche Änderung in der Geometrie weglassen; der Schirm bleibt in derselben großen Entfernung, die wir wieder D nennen. Gleichung (K.6) besagt dann, daß der Streifenabstand $\lambda D/d$ beträgt; diese Formel haben wir in Abschnitt 12.2.5 benutzt.

Für Streifen hoher Ordnung jedoch ist der Winkel θ nicht klein, und wir können R nicht durch f ersetzen. Da $\sin\theta$ (ganz unabhängig von θ) niemals größer sein kann als 1, zeigt Gleichung (K.2), daß ε niemals größer sein kann als d. Deshalb kann nur eine endliche Zahl von Streifen auf dem Schirm sein, und unsere Näherungsformel (K.6) für den Streifenabstand gilt bei hohen Ordnungen nicht mehr. (Der Streifenabstand nimmt für Streifen höherer Ordnung zu, und die Gesamtzahl der Streifen ist endlich.)

2. *Dünne Schichten.* Aus Gleichung (K.1) lassen sich auch die Wellenlängen bestimmen, die bei solchem Licht zu Intensitätsmaxima und -minima führen, das von einer dünnen Schicht reflektiert wird und interferiert. Wir nehmen an, daß die erste und die zweite Spiegelung beide hart oder beide weich sind. (Wenn eine hart ist und die andere weich, brauchen wir im folgenden nur ›Maxima‹ und ›Minima‹ zu vertauschen.) Wenn die Dicke der Schicht t ist, wird die Wegdifferenz ε des an der zweiten Fläche reflektierten Strahls (bei fast senkrechtem Einfall) $2t$. Wir erhalten also

Maxima bei

$$\lambda' = 2t, \frac{2t}{2}, \frac{2t}{3}, \frac{2t}{4}, \ldots,$$

Minima bei

$$\lambda' = 4t, \frac{4t}{3}, \frac{4t}{5}, \frac{4t}{7}, \ldots\ . \tag{K.7}$$

Hierbei ist λ' die Wellenlänge in der Schicht. Um die Beziehung zwischen λ' und λ, der Wellenlänge in Luft, zu erhalten, erinnern wir uns daran, daß die Frequenz einer Welle sich nicht ändert, wenn eine Lichtwelle in einen Stoff mit Brechzahl n eintritt (Abschnitt 1.3.1), wohl aber ändert sich die Geschwindigkeit von c zu c/n (Abschnitt 2.5). Aus der Formel in Abschnitt 1.3.1, die den Zusammenhang zwischen Geschwindigkeit und Frequenz herstellt, lesen wir dann $\lambda' = \lambda/n$ ab.

Gleichung (K.7) gibt also bei einer bestimmten Dicke an, welche Wellenlängen am stärksten reflektiert werden (Maxima) und welche nicht reflektiert werden (Minima). Bei den dazwischenliegenden Wellenlängen variiert die reflektierte Intensität stetig zwischen diesen Maxima und Minima. Abbildung K.2a zeigt als Beispiel diese Verteilung für $t = 100$ nm, ein Beispiel einer entspiegelten Beschichtung, bei der die erste und zweite Reflexion beide hart sind. Abbildung K.2b zeigt die Verteilung für $t = 500$ nm in dem Fall, in dem die erste Reflexion weich und die zweite hart ist.

3. *Keil.* Wenn das Licht monochromatisch ist, können wir mit Hilfe von Gleichung (K.7) die Filmdicken t bestimmen, bei denen Maxima und Minima auftreten. In einem Film mit variabler Dicke gibt Gleichung (K.7) also an, wo die Maxima und Minima liegen. Betrachten wir zum Beispiel den Film, den die Luftschicht zwischen zwei ebenen Glasscheiben bildet, die sich an einer Kante berühren und an der anderen Seite einen Abstand s voneinander haben (Abb. K.3). Mit Hilfe der Ähnlichkeitssätze für Dreiecke lesen wir ab, daß für die

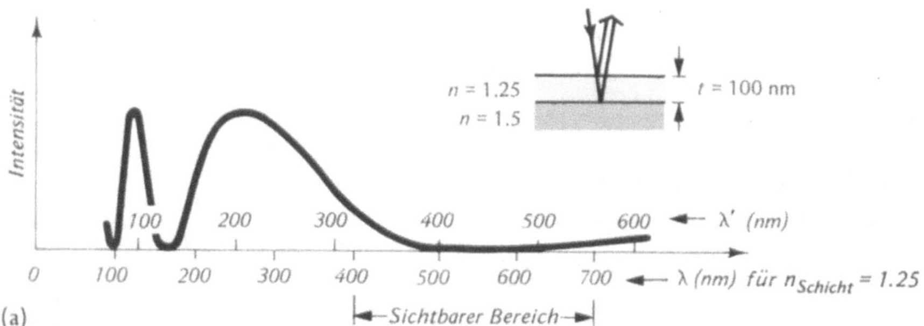

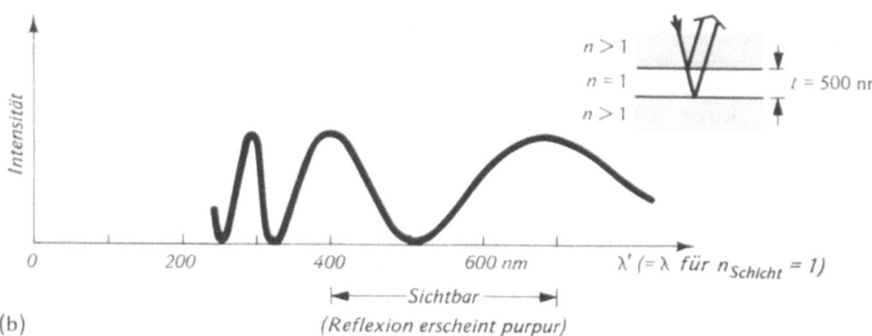

K.2 Die reflektierte Intensität als Funktion der Wellenlänge (a) für eine dünne Schicht, bei der beide Reflexionen in Phase sind, (b) für eine andere Schicht, bei der die Reflexionen gegenphasig sind. Die Einblendungen zeigen, wie die Schicht aufgebaut ist

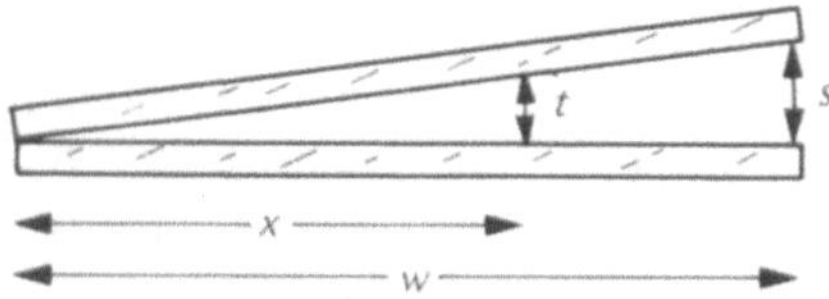

K.3 Ein keilförmiger Luftfilm zwischen zwei Glasscheiben

Länge x $x/t = w/s$ gilt. Wenn wir für t die Werte aus Gleichung (K.7) einsetzen und berücksichtigen, daß eine Spiegelung weich ist und die andere hart, ergibt sich, daß die Minima bei

$$x = 0,\ \frac{\lambda w}{2s},\ 2\frac{\lambda w}{2s},\ 3\frac{\lambda w}{2s}, \ldots \tag{K.8}$$

liegen. (Da der Keil aus Luft ist, haben wir hier $n = 1$ und $\lambda' = \lambda$.) Die Minima erscheinen parallel zur Kante des Keils als dunkle Streifen; zwischen ihnen liegen die hellen Streifen.

Wie viele Streifen gibt es in der ganzen Breite, wenn also $x = w$ ist? Da x für jeden Streifen um $\lambda w/2s$ zunimmt, gibt es insgesamt $w/(\lambda w/2s) = 2s/\lambda$ Streifen. Für $s = 0{,}1$ zum Beispiel und $\lambda = 500$ nm gibt es 400 Streifen. Wenn s sich um nur $\lambda/2 = 250$ nm ändert, ändert sich die Zahl der Streifen um eins, und das ist eine merkliche Veränderung. Eine sehr kleine Entfernung kann also durch diesen leicht beobachtbaren Effekt sehr genau gemessen werden.

4. *Ein einziger Spalt*. Auch die Intensitätsminima der Fraunhoferschen Beugungsmuster an einem Spalt der Breite b können mit Hilfe von Gleichung (K.5) bestimmt werden. Nach dem Huygensschen Prinzip ist der Spalt zwar äquivalent zu unendlich vielen Punktquellen, diese Quellen aber müssen sich paarweise auslöschen, wenn die Interferenz destruktiv sein soll. Wie im Text erläutert, tritt das erste Intensitätsminimum bei einer Stelle auf, für die sich zu jeder Quelle in der linken Hälfte des Spalts eine in der rechten Hälfte findet, deren Welle genau gegenphasig ankommt. Da der Abstand zwischen solchen Quellenpaaren $d = b/2$ ist, er-

gibt sich das erste Intensitätsminimum (null) für den Spalt aus Gleichung (K.5) als

$$h = \pm\, \lambda\frac{f}{b}\,. \tag{K.9}$$

(Wieder können wir uns die Linse wegdenken, wenn der Schirm weit entfernt ist, und f durch D ersetzen. Dann erhalten wir die Formel aus Abschnitt 12.5.1.) Wir erhalten weitere Minima, wenn wir die Spaltbreite b in eine gerade Anzahl von Bereichen so unterteilen, daß jede Huygenssche Quelle eines Bereichs im Nachbarbereich einen destruktiv interferierenden Partner hat. Das entspricht einem Abstand zwischen Quellenpaaren in Entfernungen $d = b/2$ (wie in Gleichung (K.9)) oder $d = b/4$ oder $d = b/6 \ldots$, die wegen (K.5) ihre ersten Minima (in der Näherung kleiner Winkel) bei

$$h = \pm\, \frac{\lambda f}{2b/2},\ \pm\, \frac{\lambda f}{2b/4},\ \pm\, \frac{\lambda f}{2b/6}, \cdots$$
$$= \frac{\lambda f}{b},\ \pm\, \frac{2\lambda f}{b},\ \pm\, \frac{3\lambda f}{b}, \cdots \tag{K.10}$$

haben. Diese Gleichung gibt die Lage aller Minima des Fraunhoferschen Beugungsmusters eines Spalts der Breite b an. (Die Minima höherer Ordnung für jeden dieser Quellenabstände sind in dieser Folge schon enthalten und brauchen nicht getrennt aufgeführt zu werden.)

Die von einem Spalt herrührenden dunklen Streifen sind also um den Ursprung O herum regelmäßig im Abstand $\lambda f/b$ angeordnet, nur am Ursprung selbst ist keiner ($h = 0$). Der Mittelstreifen ist natürlich hell, weil alle Quellen dort in Phase sind. Weitere helle Streifen treten zwischen den dunklen auf. Anders als im Youngschen Interferenzmuster nehmen diese Maxima eines einzigen Spaltes mit h rasch ab. Die Intensität des ersten hellen Streifens neben dem Mittelstreifen (bei $h \cong 3\lambda f/2b$) beträgt zum Beispiel weniger als $\frac{1}{20}$ der Intensität des Mittelstreifens. Abbildung K.4a stellt die Intensitätsver-

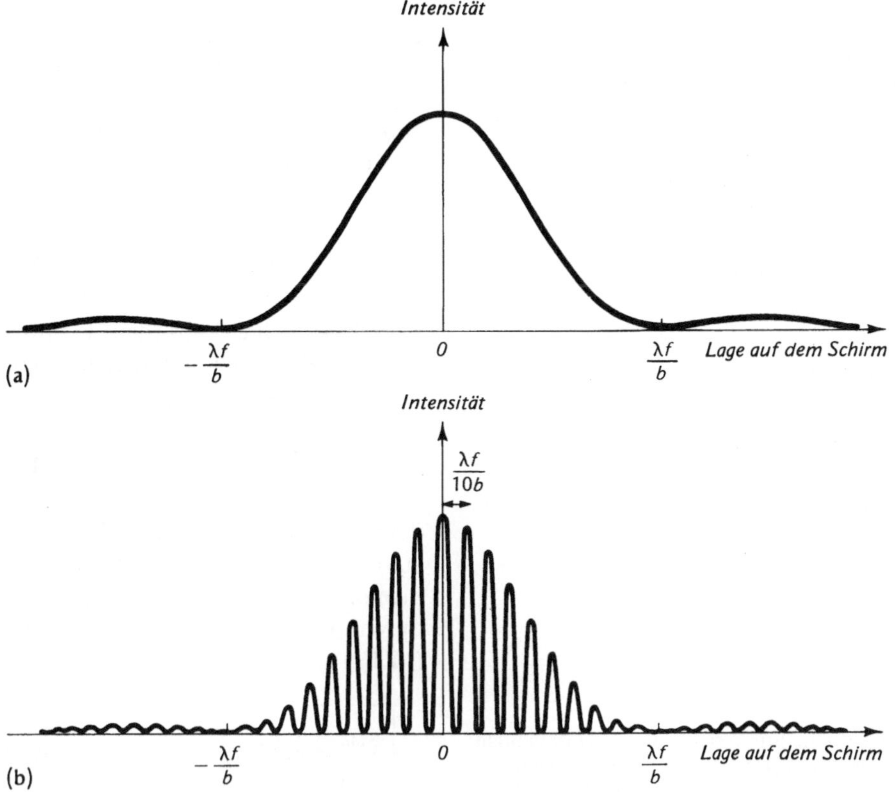

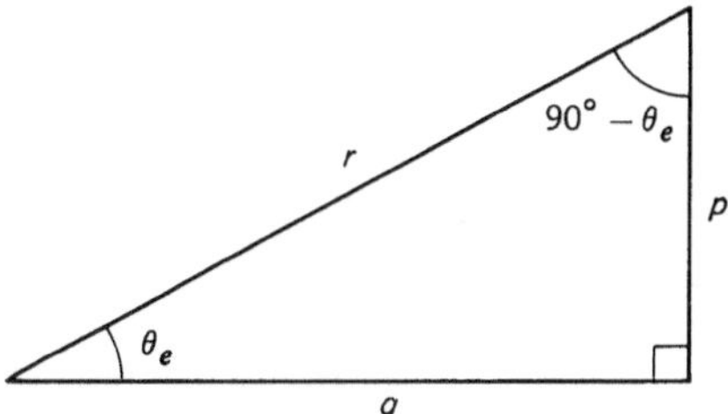

K.4 (a) Intensität des Fraunhoferschen Beugungsmusters eines Spalts der Breite b als Funktion der Lage auf dem Schirm (b) Intensität der Youngschen Streifen als Funktion der Lage auf dem Schirm, wenn der Abstand der beiden Spalte zehnmal so groß ist wie die Breite der Spaltöffnung. (In beiden Graphen ist die Spaltbreite gleich)

teilung bei einem einspaltigen Fraunhoferschen Beugungsmuster dar. Abbildung K.4b zeigt, wie dieses Beugungsmuster auf Youngsche Streifen am Doppelspalt wirkt.

L. Der Brewsterwinkel

Um den Brewsterwinkel zu bestimmen, müssen wir den Einfallswinkel in dem Sonderfall bestimmen, in dem der durchgelassene Strahl senkrecht zum reflektierten Strahl ist. Abbildung 13.5 zeigt, daß das dann passiert, wenn zwischen dem Reflexionswinkel θ_r und dem Durchlaßwinkel θ_d die Beziehung

$$\theta_r + 90° + \theta_d = 180° \quad \text{oder}$$

$$\theta_d = 90° - \theta_r$$

besteht. Da der Reflexionswinkel gleich dem Einfallswinkel ist ($\theta_r = \theta_e$), haben wir also dann den Brewsterwinkel, wenn

$$\theta_d = 90° - \theta_e \ . \tag{L.1}$$

Das Snelliussche Gesetz (Gleichung (B.5)) stellt eine andere Beziehung zwischen θ_d und θ_e her:

$$n_e \sin \theta_e = n_d \sin \theta_d \ . \tag{B.5}$$

Für den Brewsterwinkel müssen deshalb die Gleichungen (L.1) und (B.5) gleichzeitig gelten. Mit Gleichung (L.1) ergibt sich durch Umformen von Gleichung (B.5)

$$\frac{\sin \theta_e}{\sin (90° - \theta_e)} = \frac{n_d}{n_e} \ . \tag{L.2}$$

Wir erinnern an die Definition des Sinus eines Winkels (Gleichung (B.1)) und betrachten Abbildung L.1 Aus ihr lesen wir ab, daß $\sin \theta_e = p/r$ und $\sin (90° - \theta_e) = q/r$. Also ist

$$\frac{\sin \theta_e}{\sin (90° - \theta_e)} = \frac{p}{q} \ . \tag{L.3}$$

L.1 Ein rechtwinkliges Dreieck, in dem ein Winkel θ_e ist

Der Bruch p/q stellt auch eine trigonometrische Funktion dar, nämlich den TANGENS von θ_e:

$$\tan \theta_e = \frac{p}{q} \ . \tag{L.4}$$

Wenn also der Einfallswinkel gerade der Brewsterwinkel ist ($\theta_e = \theta_B$), lesen wir aus den Gleichungen (L.4), (L.3) und (L.2) ab, daß

$$\tan \theta_B = \frac{p}{q} = \frac{\sin \theta_e}{\sin (90° - \theta_e)} = \frac{n_d}{n_e}$$

oder

$$\boxed{\tan \theta_B = \frac{n_d}{n_e}} \ . \tag{L.5}$$

Zum Beispiel erhalten wir für Licht, das von Luft ($n_e = 1{,}0$) in Wasser ($n_d = 1{,}3$) übergeht, mit Hilfe von Gleichung (L.5) und einem Taschenrechner $\theta_B = 52{,}4°$. Für Licht, das aus der Luft in Glas ($n_d = 1{,}5$) eintritt, ist der Brewsterwinkel $\theta_B = 56{,}3°$.

M. Das Malussche Gesetz

Wir wollen wissen, wie die Intensität des durchgelassenen Lichts von dem Winkel zwischen dem Polarisator und dem Analysator abhängt. Der Polarisator läßt nur das Licht durch, das in einer Richtung polarisiert ist (die wir in Abbildung M.1a vertikal gezeichnet haben). Dieses polarisierte Licht fällt dann auf den Analysator. Wenn nun der Analysator gegenüber dem Polarisator einen Winkel θ bildet, müssen wir das beim Analysator an-

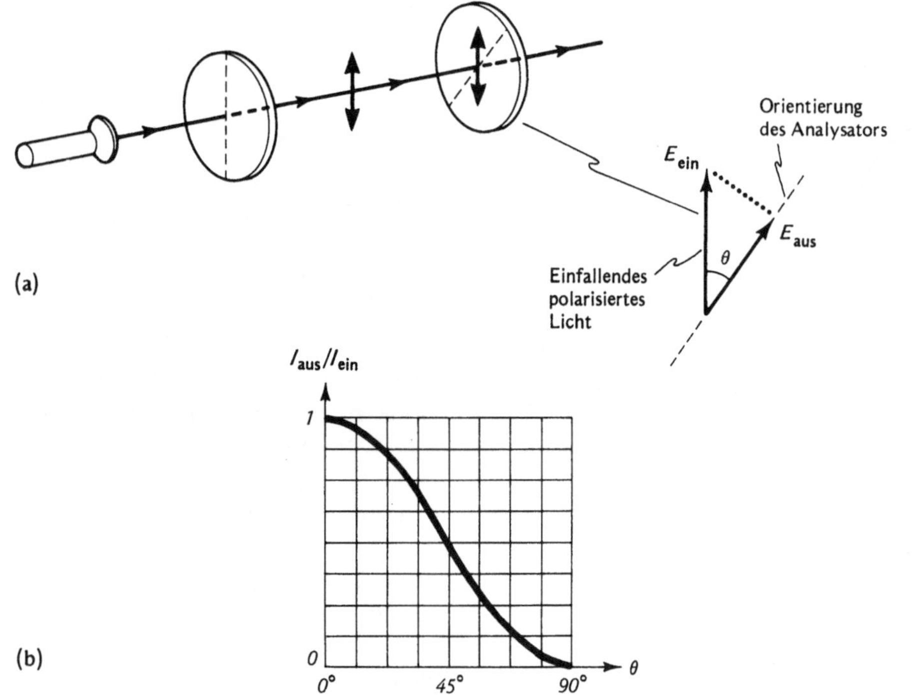

kommende elektrische Feld (E_{ein}) in zwei Komponenten aufteilen: eine, die durch den Analysator hindurchgeht (E_{aus}) und eine dazu senkrechte Komponente, die nicht durchgeht.

Aus Abbildung M.1a lesen wir ab, daß

$$\frac{E_{ein}}{E_{aus}} = \cos\theta \ . \tag{M.1}$$

Dabei bezeichnet cos den COSINUS eines Winkels, der mit den Bezeichnungen von Abbildung L.1 durch

$$\cos\theta_e = \frac{q}{r} \tag{M.2}$$

definiert wird. Da die Lichtintensität zum Quadrat des elektrischen Felds proportional ist, ergibt sich somit durch Quadrieren von Gleichung (M.1):

$$\boxed{\frac{I_{ein}}{I_{aus}} = \cos^2\theta} \ . \tag{M.3}$$

Gleichung (M.3) wird das MALUSSCHE GESETZ genannt und ist in Abbildung M.1b grafisch dargestellt.

M.1 (a) Nur die Komponente des einfallenden polarisierten Lichts, die parallel zur Orientierung des Analysators ist, wird von ihm durchgelassen. (b) Der Graph zeigt für verschiedene Werte des Winkels θ zwischen der Polarisationsrichtung des einfallenden Lichts und der Orientierung des Analysators, wie intensiv das durch den Analysator durchgelassene Licht im Vergleich zu dem ist, das auf den Analysator fällt

N.1 (a) Belichtung eines Films durch zwei ebene Wellen. Die Referenzwelle trifft senkrecht zum Film auf, während die Objektwelle im Winkel θ_0 einfällt. (b) Bei der Rekonstruktion verläßt die (rekonstruierte) Welle erster Ordnung das Hologramm unter einem Winkel θ_{rek}, wobei $\theta_{rek} = \theta_0$

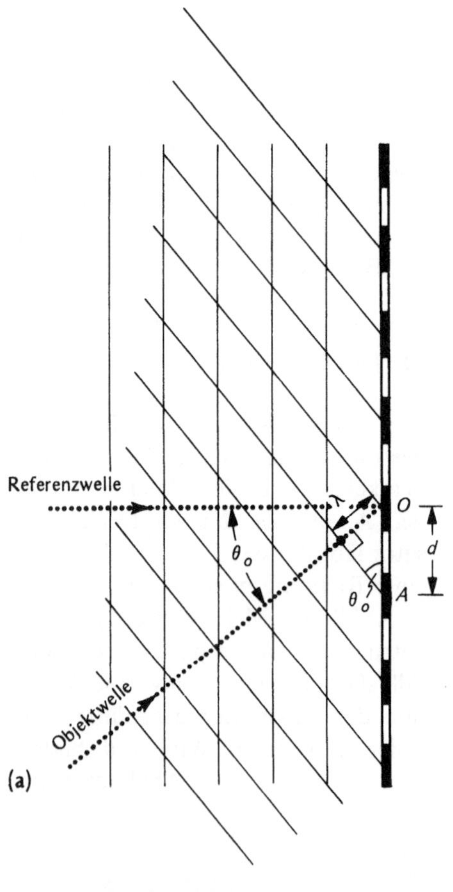

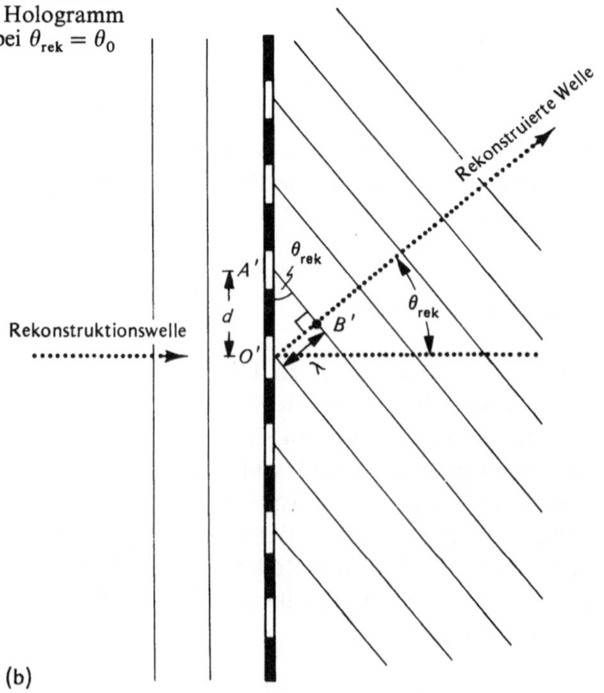

N. Holografische Aufzeichnung und Rekonstruktion von Wellen

Wir beweisen jetzt die Behauptung, daß ein Transmissionshologramm, wie es in Abbildung 14.3 beschrieben wird, in der Tat eine ebene Rekonstruktionswelle mit demselben Winkel liefert wie die ursprüngliche Objektwelle. Abbildung N.1a zeigt, wie die ebenen Objekt- und Referenzwellen auf den Film treffen. Die Referenzwelle trifft senkrecht auf und wird in dem Moment gezeigt, in dem einer ihrer Wellenberge auf die dünne Emulsion trifft. Die Objektwelle kommt in einem Winkel θ_0 an, so daß $\measuredangle OAB = \theta_0$. Die Lichtwellenlänge ist in beiden Fällen λ. Die Bereiche konstruktiver Interferenz auf dem Film (die hellen Streifen) haben einen

Abstand d. Wir betrachten das Dreieck $\triangle OAB$, erinnern uns an die Definition des Sinus (Gleichung (B.1)) und lesen ab, daß zwischen d, λ und θ_0 folgender Zusammenhang besteht:

$$\sin \theta_0 = \frac{\lambda}{d} . \qquad (N.1)$$

Bei der Rekonstruktion (Abb. N.1b) wirkt das Hologramm wie ein Beugungsgitter. Die Wellenlänge λ der Rekonstruktionswelle ist dieselbe, mit der belichtet wurde. Die Gitterkonstante ist hier d; sie hat denselben Wert wie der Streifenabstand während der Belichtung. Die Interferenz ist konstruktiv, wenn die Bahndifferenz zwischen zwei verschiedenen Spalten gerade eine Wellenlänge beträgt. Wir erhalten also gemäß der Gleichungen (K.1) und (K.2) einen Strahl erster Ordnung, wenn

$$\varepsilon = \pm \lambda = d \sin \theta_{\text{rek}} \quad \text{oder} \qquad (N.2)$$

$$\sin \theta_{\text{rek}} = \frac{\pm \lambda}{d} . \qquad (N.3)$$

Ein Vergleich der Gleichungen (N.1) und (N.3) ergibt für das Pluszeichen in Gleichung (N.3)

$$\sin \theta_{\text{rek}} = \sin \theta_0 \quad \text{oder} \qquad (N.4)$$

$$\theta_{\text{rek}} = \theta_0 .$$

Die rekonstruierte Welle verläßt das Hologramm also unter demselben Winkel wie die Objektwelle.

STUDIER & SPEKULIER

Für das Minuszeichen in Gleichung (N.3) ergibt sich $\theta_{\text{rek}} = -\theta_0$. Was bedeutet das?

Quellennachweis

Nichterwähnte Abbildungen wurden von den Autoren zur Verfügung gestellt

Umschlag · Mit freundlicher Genehmigung Southern California Edison Co., Rosemead, CA, USA

Kapitel 1

Abb. 1.1 · Mit freundlicher Genehmigung Culver Pictures, New York, NY, USA

Abb. 1.3 · G. Frederick Stork, Chevy Chase, MD, USA

Abb. 1.5 · Mit freundlicher Genehmigung European Southern Observatory, Garching/München

Abb. 1.18 a · R. Kerr, Science **202**, 1172 (1978). © 1978 American Association for the Advancement of Science, Washington, DC, USA

Abb. 1.18 b · Für die Überlassung der Kamera danken wir Sumio Uematsu

Abb. 1.18 c · M. W. Frohlich, Science **194**, 839 (1976). © 1976 American Association for the Advancement of Science, Washington, DC, USA

Abb. 1.18 d · Foto von L. F. Ehrke/C. M. Slack, in L. Moholy-Nagy: *Vision in Motion*, Paul Theobald & Company, Chicago, IL, USA

Abb. 1.18 e · Mit freundlicher Genehmigung Dr. Ervin Kaplan, Direktor, Nuclear Medicine Service, Veterans Administration Hospital, Hines, IL, USA

Abb. 1.20 · Mit freundlicher Genehmigung U.S. Steel Corporation, Pittsburg, PA, USA

Abb. 1.23 · Mit freundlicher Genehmigung Fa. Osram, München

Kapitel 2

Abb. 2.1 c · Mit freundlicher Genehmigung H. und N. Laughon, Richmond, VA, USA

Abb. 2.4 · Neg. Nr. 323098. Mit freundlicher Genehmigung Departement of Library Services, American Museum of Natural History, New York, NY, USA

Abb. 2.10 a–f · A. Dorsel, Aalen

Abb. 2.20 · © by Paramount Pictures. Mit freundlicher Genehmigung MCA Publishing Rights, a Division of MCA Inc., Universal City, CA, USA

Abb. 2.21 · Foto von Helene Adant, © 1985 S.P.A.D.E.M., Paris/V.A.G.A., New York, NY, USA

Abb. 2.22 · Mit freundlicher Genehmigung Abby Aldrich Rockefeller Folk Art Center, Williamsburg, VA, USA

Abb. 2.24 · Flip Schulke/Black Star. © Transglobe Agency, Hamburg

Abb. 2.31 · Robert Greenler, *Rainbows, Halos, and Glories,* Cambridge University Press, 1980, Cambridge, MA, USA. Fotograf Robert Greenler

Abb. 2.33 · © Alistair B. Fraser, University Park, PA, USA

Abb. 2.35 · Gene Taylor, University of Maryland, MD, USA

Abb. 2.38 · © 1989 M. C. Escher Heirs/Cordon Art, Baarn, Holland

Abb. 2.41 a · Mit freundlicher Genehmigung NASA, Washington, DC, USA

Abb. 2.41 b · Mit freundlicher Genehmigung University of Texas at Austin, News and Information Service, Austin, TX, USA

Abb. 2.43 · A. Dorsel, Aalen

Abb. 2.50 · A. Dorsel, Aalen

Abb. 2.52 · © Allen Bronstein

Abb. 2.58 · Mit freundlicher Genehmigung Schott Glaswerke, Mainz

Abb. 2.59 · Mit freundlicher Genehmigung Siemens AG, Bereich Nachrichtenkabel, München

Abb. 2.61 b · © Alistair B. Fraser, University Park, PA, USA

Abb. 2.62 · © Alistair B. Fraser, University Park, PA, USA

Abb. 2.63 a–g · © Alistair B. Fraser, University Park, PA, USA

Abb. 2.64 · Fotografie und freundliche Genehmigung David K. Lynch, Malibu, CA, USA

Abb. 2.69 · Eberhard Froehlich, Swarthmore, PA, USA

Abb. 2.73 · Mit freundlicher Genehmigung British Antarctic Survey. Foto H. J. Jones/B.A.S., in Nature **328**, Nr. 6129, 379 (1987)

Abb. 2.75 · © Alistair B. Fraser, University Park, PA, USA

Kapitel 3

Abb. 3.1 · Mit freundlicher Genehmigung Portland Center for the Visual Arts, OR, USA; Fotograf Charles Rhyne

Abb. 3.3 c · © Allen Bronstein

Abb. 3.4 · Lucas Samaras, *Mirrored Room*, 1966. Mirrors on wooden frames, $8 \times 8 \times 10$ feet. Mit freundlicher Genehmigung Albright-Knox Art Gallery, Buffalo, NY, USA. Geschenk von Seymour H. Knox, 1966

Abb. 3.5 · © Allen Bronstein

Abb. 3.7 a,b · G. Frederick Stork, Chevy Chase, MD, USA

Abb. 3.9 · © 1989 M. C. Escher Heirs/Cordon Art, Baarn, Holland

Abb. 3.10 · Eberhard Froehlich, Swarthmore, PA, USA

Abb. 3.11 · © Allen Bronstein

Abb. 3.12 · Mit freundlicher Genehmigung The Trustees, The National Gallery, London

Abb. 3.18 · © Allen Bronstein

Abb. 3.22 · „Broom Hilda". Mit freundlicher Genehmigung Tribune Media Services, Orlando, FL, USA

Abb. 3.25 b · © Alistair B. Fraser, University Park, PA, USA

Abb. 3.25 c · Mit freundlicher Genehmigung Huntington Barclay, Silver Lake, NH, USA

Abb. 3.30 a · Mit freundlicher Genehmigung Robert C. Lautman, Washington, DC, USA

Abb. 3.30 b · © Allen Bronstein

Abb. 3.38 b · A. Dorsel, Aalen

Abb. 3.41 · © Allen Bronstein

Abb. 3.42 a,b · © Allen Bronstein

Abb. zu A 1 · © Allen Bronstein

Abb. zu HA 1 · © Allen Bronstein

Kapitel 4

Abb. 4.1 · Fotosammlung Albin O. Kuhn Library & Gallery, University of Maryland, Baltimore County, USA

Abb. 4.3 b · Fotosammlung Albin O. Kuhn Library & Gallery, University of Maryland, Baltimore County, USA

Abb. 4.10 a – c G. Frederick Stork, Chevy Chase, MD, USA
Abb. 4.12   „B.C.". Mit freundlicher Genehmigung Johnny Hart and Creators Syndicate, Inc., Los Angeles, CA, USA
Abb. 4.16   Mit freundlicher Genehmigung Twentieth Century-Fox, Beverly Hills, CA, USA
Abb. 4.19   Mit freundlicher Genehmigung Vivitar Corporation, St. Monica, CA, USA
Abb. 4.21   G. Frederick Stork, Chevy Chase, MD, USA
Abb. 4.22   Fotosammlung Albin O. Kuhn Library & Gallery, University of Maryland, Baltimore County, USA
Abb. 4.24   Mit freundlicher Genehmigung V.A.G.A., New York, NY, USA
Abb. 4.25   Mit freundlicher Genehmigung William G. Hyzer, Janesville, WI, USA
Abb. 4.26   A. Dorsel, Aalen
Abb. 4.28   © Allen Bronstein
Abb. 4.33 b,c   Mit freundlicher Genehmigung Münchner Stadtmuseum-Fotomuseum. Fotograf A. Dorsel, Aalen
Abb. 4.34 a,b   Mit freundlicher Genehmigung Hans P. Kraus, Jr.
Abb. 4.37   Mit freundlicher Genehmigung Research Division, Kodak Limited, Middlesex, UK
Abb. 4.41 a,b   Philip C. Geraci, Burtonsville, MD, USA
Abb. 4.44 a,b   G. Frederick Stork, Chevy Chase, MD, USA

Kapitel 5

Abb. 5.2   Csaba L Martonyi. The W. K. Kellogg Eye Center, University of Michigan, Ann Arbor, WI, USA
Abb. 5.4   Philip Clark. Mit freundlicher Genehmigung Richard L. Gregory, Bristol, UK
Abb. 5.5 a   Mit freundlicher Genehmigung Dieter Jauch, Waiblingen
Abb. 5.7   Csaba L. Martonyi. The W. K. Kellogg Eye Center, University of Michigan, Ann Arbor, WI, USA
Abb. 5.8 b   Csaba L. Martonyi. The W. K. Kellogg Eye Center, University of Michigan, Ann Arbor, WI, USA
Abb. 5.11   Mit freundlicher Genehmigung Amray, Inc., Bedford, MA, USA
Abb. 5.13 b   Deric Bownds u. Stan Carlson, Madison, WI, USA
Abb. 5.14   John E. Dowling, Science **147,** 57 (1965)
Abb. 5.15   „Snuffy Smith". Mit freundlicher Genehmigung King Features Syndicate, New York, NY, USA

Kapitel 6

Abb. 6.6 b   Csaba L. Martonyi. The W. K. Kellogg Eye Center, University of Michigan, Ann Arbor, WI, USA
Abb. 6.8   Mit freundlicher Genehmigung Schuhmacherinnung, Augsburg. Fotograf A. Dorsel, Aalen
Abb. 6.12 b   Mit freundlicher Genehmigung Carl Zeiss, Oberkochen
Abb. 6.17   Mit freundlicher Genehmigung Palomar Observatory, Pasadena, CA, USA
Abb. 6.18 b   Michael F. Land, Sussex, UK
Abb. 6.19   Allen Winkelmann, Aerospace Engineering Department, University of Maryland, College Park, MD, USA

Kapitel 7

Abb. 7.1   © 1973 Harper & Row, Publishers, Inc., New York, NY, USA
Abb. 7.6 a,b   Edwin H. Land, Cambridge, MA, USA
Abb. 7.14 a   Floyd Ratliff, New York, NY, USA
Abb. 7.17   *Current.* 1964. Riley, Bridget; Sammlung, The Museum of Modern Art, New York, USA. Philip Johnson Fund
Abb. 7.18   Mit freundlicher Genehmigung New Jersey State Museum u. Reginald Neal, Trenton, NJ, USA
Abb. 7.22   © Gordon Gahan/Prism for Science **83**
Abb. 7.23   Mit freundlicher Genehmigung Fergus Campbell u. John Robson, Cambridge, UK
Abb. 7.24   © John P. Frisby. In *Illusion, Brain and Mind,* Oxford University Press, New York, USA, 1980. Mit freundlicher Genehmigung Roxby and Lindsey Press
Abb. 7.30   © John B. Frisby. In *Illusion, Brain and Mind,* Oxford University Press, New York, USA, 1980. Mit freundlicher Genehmigung Roxby and Lindsey Press
Abb. 7.33 a – f D. Marr, Phil. Trans. Roy. Soc. **275,** 483. Mit freundlicher Genehmigung Lucia Vaina u. The Royal Society, London

Kapitel 8

Abb. 8.2   © 1985 ADAGP, Paris
Abb. 8.4   Mit freundlicher Genehmigung The Trustees of the Imperial War Museum, London
Abb. 8.6 b   A. Dorsel, Aalen
Abb. 8.7   A. Dorsel, Aalen
Abb. 8.9 a   Philip Clark. Mit freundlicher Genehmigung Richard L. Gregory, Bristol, UK
Abb. 8.9 b   A. Dorsel, Aalen
Abb. 8.14 b, c Eigentum von Sir Charles Abraham Elton, Bart. Fotograf Philip Clark
Abb. 8.16 c   © 1989 M. C. Escher Heirs/Cordon Art, Baarn, Holland
Abb. 8.17 b   *Saint George and the Dragon,* Rogier van der Weyden. National Gallery of Art, Washington, DC, USA; Ailisa Mellon Fund
Abb. 8.18 b   G. Frederick Stork, Chevy Chase, MD, USA
Abb. 8.19   © Alistair B. Fraser, University Park, PA, USA
Abb. 8.24 a,b   M. Dorsel, Gütersloh
Abb. 8.25 c   *The Interior of the Pantheon,* Giovanni Paolo Pannini. National Gallery of Art, Washington, DC, USA; Samuel H. Kress Collection
Abb. 8.26 d   Mit freundlicher Genehmigung Bibliothèque Nationale, Paris
Abb. 8.26 e   Privatsammlung
Abb. 8.27 a   Privatsammlung
Abb. 8.27 b   © John Grazier, Alexandria, VA, USA. Bleistiftzeichnung, Sammlung Arpiar Saunders
Abb. 8.27 c   © 1985 S.P.A.D.E.M., Paris/V.A.G.A., New York, USA
Abb. 8.28 a   Mit freundlicher Genehmigung The Metropolitan Museum of Art, New York; Aus dem Nachlaß von Henry L. Phillips, 1939 (JP 2871)
Abb. 8.28 c   Privatsammlung
Abb. 8.29   Mit freundlicher Genehmigung Richard A. Johnson, New Orleans, LA, USA
Abb. 8.30 b   A. Dorsel, Aalen
Abb. 8.32   *Ondho.* 1956 – 60, Vasarely, Victor. Sammlung, The Museum of Modern Art, New York. Geschenk von G. David Thompson. USA
Abb. 8.33 b   Mit freundlicher Genehmigung Museum of Fine Arts, Boston, MA, USA

Abb. 8.33 c   *Old Age, Adolescence, Infancy (The Three Ages),* Salvador Dalí; Oil on Canvas 1940. The Salvador Dalí Museum, St. Petersburg, FL 33701, USA

Abb. 8.34   Philip Clark. Mit freundlicher Genehmigung Richard L. Gregory, Bristol, UK

Abb. 8.36   Mit freundlicher Genehmigung The Metropolitan Museum of Art, New York, USA. Rogers Fund 1921 (21.96.6)

Abb. 8.38   © The New York Times Company, USA. Zeichnung von David Suter

Kapitel 9

Abb. 9.1   „B. C.". Mit freundlicher Genehmigung Johnny Hart and Creators Syndicate, Inc., Los Angeles, CA, USA

Abb. 9.27   Mit freundlicher Genehmigung Bertha R. Mole, Ft. Lauderdale, FL, USA

Kapitel 12

Abb. 12.7 b   Mit freundlicher Genehmigung Josef Schreiner, Wien

Abb. 12.18   Mit freundlicher Genehmigung Helen Ghiradella, Albany, NY, USA

Abb. 12.19 a,b   In *Illusion in Nature and Art,* R. L. Gregory/ E. H. Gombrich (Hrg.), Charles Scribner's Sons, New York, USA. © 1973 H. E. Hinton. Mit freundlicher Genehmigung des Verlags

Abb. 12.20   Mit freundlicher Genehmigung J. V. Sanders, CSIRO, Division of Materials Science, Parkville, Victoria, Australien

Abb. 12.27   Mit freundlicher Genehmigung Victor E. Scherrer u. Edgar A. McLean, Naval Research Laboratory, Washington, DC, USA

Abb. 12.30 a,b   A. Dorsel, Aalen

Abb. 12.44 b   Mit freundlicher Genehmigung Nils Abramson, Stockholm

Abb. 12.48   Mit freundlicher Genehmigung M. Francon u. Springer Berlin, Heidelberg

Abb. 12.50 a – c   Mit freundlicher Genehmigung M. Francon u. Springer Berlin, Heidelberg

Abb. 12.51   Mit freundlicher Genehmigung OCULUS, Wetzlar; Bestell-Nr. 47170

Abb. 12.57 a,b   J. D. Gaskill, *Linear Systems, Fourier Transforms, and Optics,* John Wiley & Sons, Inc., New York, USA. © John Wiley & Sons

Abb. 12.59 a,b   J. D. Gaskill, *Linear Systems, Fourier Transforms, and Optics,* John Wiley & Sons, Inc., New York, USA. © John Wiley & Sons

Abb. 12.60 a – c   A. Dorsel, Aalen

Kapitel 13

Abb. 13.16 e   A. Dorsel, Aalen

Kapitel 14

Abb. 14.1   In M. V. Klein/T. E. Furtak: *Optik,* Springer Berlin, Heidelberg 1988

Abb. 14.10   © Sidney Harris, Great Neck, NY, USA

Abb. 14.17 a,b   Mit freundlicher Genehmigung Tung H. Jeong, Lake Forest, IL, USA

Abb. 14.18   Mit freundlicher Genehmigung Keith Hodgkinson of the Open University, Buckinghamshire, UK u. John Cookson

Abb. 14.19   Mit freundlicher Genehmigung Rottenkolber-Holo-System GmbH, Kirchheim/München

Abb. 14.20   Mit freundlicher Genehmigung Tony Hsu, Newport Corporation, Fountain Valley, CA, USA

Abb. 14.22   Nils Abramson, Stockholm

Abb. 14.35   Mit freundlicher Genehmigung Multiplex Co., San Francisco, CA, USA

Kapitel 15

Abb. 15.3   Mit freundlicher Genehmigung Hannes Lichte, Tübingen In *Electron Interferometry Applied to Objects of Atomic Dimensions,* Annals of the New York Academy of Sciences **480,** 176 (1986)

Abb. 15.8 b   G. Möllenstedt u. H. Dücker, Zeitschrift für Physik **145,** 385 (1956)

Abb. 15.9 a   Mit freundlicher Genehmigung Ellen Williams. Foto von D. E. Taylor, University of Maryland, MA, USA

Abb. 15.9 b   J. Robert Anderson

Abb. 15.9 c   © Sidney Harris, Great Neck, NY, USA

Abb. 15.19   © Charles E. Long. Mit freundlicher Genehmigung Harper & Row, Publishers, Inc., New York, USA

Anhang

Abb. A.1   „Shoe". © Tribune Media Services, Orlando, FL, USA

Abb. I.1   Mit freundlicher Genehmigung Ricky Wood, Paris

Abb. I.2   Mit freundlicher Genehmigung BV Financial Management GmbH, München

Farbtafeln

2.1 a,b   Allen Bronstein

2.2   Allen Bronstein

2.3   © Alistair B. Fraser, University Park, PA, USA

3.1   Allen Bronstein

3.2   A. Dorsel, Aalen

5.1 a,b   © 1981 Allen Bronstein

5.2   Ellsworth Kelly. *Green, Blue, Red.* 1964. Oil on canvas. 73 × 100 inches. Sammlung Whitney Museum of American Art. Kauf aus Mitteln der Freunde des Whitney Museum of American Art. Nr. 6680, New York, USA

5.3   Mit freundlicher Genehmigung W. Beiglböck, Heidelberg

7.1   Mit freundlicher Genehmigung Hirshhorn Museum & Sculpture Garden, Smithsonian Institution, Washington, DC, USA. Geschenk von Joseph H. Hirshhorn, 1972

7.2   Georges Seurat. *La Poseuse de Profil.* Mit freundlicher Genehmigung Réunion des Musées Nationaux, Paris

8.2   © Bela Julesz, in *Foundations of Cyclopean Perception,* University of Chicago Press, 1971, Chicago, IL, USA

8.3   Josef Albers, *Interaction of Color,* Yale University Press, New Haven, CT, USA

8.4   Mit freundlicher Genehmigung Sibylle Sampson

B.1   Rowland W. Redington u. Walter H. Berninger, General Electric, Co., Cleveland, OH, USA

9.1   Mit freundlicher Genehmigung Munsell Color, 2441 N Calvert St., Baltimore, MD 21218, USA

9.2   Mit freundlicher Genehmigung General Electric Co., Schenectardy, NY, USA

9.3   A. Dorsel, Aalen
9.5   Mit freundlicher Genehmigung CHEMIGRA-
           PHIA, Gebr. Czech GmbH & Co., München
9.6   Ingrid Brill, College Park, MD, USA
10.1   Mit freundlicher Genehmigung F. M. deMonaste-
           rio. F. M. deMonasterio, S. J. Schein and E. P.
           McCrane, Science **213,** 1278 (1981). © American
           Association for the Advancement of Science,
           Washington, DC, USA
10.2   Mit freundlicher Genehmigung Kanehara Shup-
           pan, Co., Ltd. Vertrieb Graham-Field Surgical
           Co., New Hyde Park, NY, USA
10.4   © Richard Anuszkiewicz. Sammlung Frau Robert
           M. Benjamin, New York, USA. Fotograf Geof-
           frey Clements
11.1 a,b   Mit freundlicher Genehmigung Michael Haken
11.4   © Stanley Krippner, San Francisco, CA, USA

12.3   In *Illusion in Nature and Art,* R. L. Gregory/E. H.
           Gombrich (Hrg.), Charles Scribner's Sons, New
           York, USA. © 1973 H. E. Hinton. Mit freundli-
           cher Genehmigung des Verlags
12.4   Mit freundlicher Genehmigung J. V. Sanders,
           CSIRO, Div. of Materials Science, Parkville, Vic-
           toria, Australien
12.5   R. A. Steinbrecht/H. Scharf, Zeiss Information,
           Oberkochen, **28,** 36 (1985), Heft 97
12.7   © Alistair B. Fraser, University Park, PA, USA
12.8   © Alistair B. Fraser, University Park, PA, USA
13.1   A. Dorsel, Aalen
13.2   © Robert Mark. R. Mark, *Experiments in Gothic
           Structure,* MIT Press, Cambridge, MA, USA,
           1982
13.3   © Jan Hinsch, Micro-Laboratory, E. Leitz, Inc.,
           Rockleigh, NJ, USA
15.1   Mit freundlicher Genehmigung Bausch and
           Lomb, Rochester, NY, USA

Literatur

Eine erschöpfende Bibliografie zu einem Buch wie diesem würde ein weiteres Buch werden. Die folgenden Angaben können daher nur ein bescheidener Versuch sein, interessierten Lesern weiterführende Literatur zugänglich zu machen. Ausdrücklich seien die Zeitschrift *Spektrum der Wissenschaft* (deutsche Ausgabe des *Scientific American*) sowie die im Fachhandel erhältlichen, zum Teil hervorragenden Experimentierkästen, die Versuche im Stil der in den Abschnitten SEHEN SIE SELBST beschriebenen ermöglichen, empfohlen.

Deutschsprachige Titel

Arnold, W.: *Farbgestaltung* (Verlag für Bauwesen, Berlin, DDR 1985)

Artamonow, I.D.: *Optische Täuschungen* (Teubner, Leipzig 1967)

Becker, G, Lemanski, H.: *Modelle des Lichts* (Metzler, Stuttgart 1982)

Berek, M.: *Grundlagen der praktischen Optik* (de Gruyter, Berlin 1970)

Bestenrainer, F.: *Vom Punkt zum Bild* (Wichmann, Karlsruhe 1988)

Boehme, H., Keller, E.: *Physikalisches Praktikum Wellenlehre und Optik* (mit Begleitheft) (Bayer. Schulbuchverlag, München 1979)

Born, M.: *Optik,* 3. Aufl. (Springer, Berlin, Heidelberg 1985)

Brockmeyer, H.: *Die Sonnenenergie und ihre Nutzung in experimenteller Darstellung* (Aulis, Köln 1983)

Brunner, W., Junge, K. (Hrsg.): *Lasertechnik* (Hüthig, Heidelberg 1987)

Bullrich, K.: *Die farbigen Dämmerungserscheinungen* (Birkhäuser, Basel, Boston 1982)

Bystricky, K.M., Yoder, P.R.: *BASIC-Programm für die Optik* (Oldenbourg, München, Wien 1986)

Campenhausen, C. von: *Die Sinne des Menschen,* Bd. I u. II (Thieme, Stuttgart 1981)

Crawford, F.S.: *Berkeley Physik Kurs 3, Schwingungen und Wellen* (Vieweg, Braunschweig, Wiesbaden 1979)

Culclasure, D.F.: *Anatomie und Physiologie des Menschen.* Bd. 14: *Die Sinnesorgane* (Dearfield Beach u.a.; Verlag Chemie, Weinheim 1984)

Daendliker, R.: *Laser-Kurzlehrgang* (AT, Aarau, Stuttgart 1981)

Demuth, R., Kober, F.: *Grundlagen der Spektroskopie* (Diesterweg-Salle, Frankfurt/M., Berlin; Sauerländer, Aarau, Frankfurt/M. 1977)

Ebbecke, U.: *Wirklichkeit und Täuschung* (Göttingen 1956)

Elffers, J., Schuyt, M., Leeman, F.: *Anamorphosen* (DuMont, Köln 1981)

Erb, W. (Hrsg.): *Leitfaden der Spektroradiometrie,* INSTAND Schriftenreihe 6 (Springer, Berlin, Heidelberg 1989)

Ernst, B.: *Holographie – zaubern mit Licht* (Wittig, Hückelhoven 1987)

Fels, G.: *Der Sehvorgang* (Klett, Stuttgart 1981)

Ferretti, M.: *Laser, Maser, Hologramme* (Franzis, München 1977)

Fluegge, J.: *Studienbuch zur technischen Optik* (Vandenhoeck & Ruprecht, Göttingen 1976)

Föppl, L., Mönch, E.: *Praktische Spannungsoptik,* 3. Aufl. (Springer, Berlin, Heidelberg 1972)

Françon, M.: *Holographie* (Springer, Berlin, Heidelberg 1972)

Freytag, H.: *Praktische Foto-Optik* (Knapp, Düsseldorf 1977)

Frieling, H.: *Das Gesetz der Farbe* (Musterschmidt, Göttingen, Zürich 1978)

Frisby, J.P.: *Sehen* (Moos, München 1983)

Frisby, J.P.: *Sehen – Wahrnehmen – Gedächtnis* (Weltbild, Augsburg 1989)

Gentil, K.: *Optische Täuschungen* (Aulis, Köln 1962)

Gloede, W.: *Vom Lesestein zum Elektronenmikroskop* (Technik, Berlin, DDR, 1986)

Gobrecht, H. (Hrsg.): *Optik* (de Gruyter, Berlin, New York 1987)

Göke, G.: *Moderne Methoden der Lichtmikroskopie* (Franckh, Stuttgart 1988)

Goethe, J.W. von: *Farbenlehre; Textauswahl von Johannes Pawlik* (DuMont, Köln 1985)

Gollwitzer, G.: *Schule des Sehens* (Otto Maier, Ravensburg 1968)

Gombrich, E.H.: *Kunst und Illusion* (Belser, Köln 1986)

Granger, P.M.: *Die Optik in der Bildgestaltung* (Vogel, Würzburg 1989)

Grimsehl, E. (Begr.): *Lehrbuch der Physik.* Bd. 3: *Optik* (Teubner, Leipzig 1985)

Grosser, J.: *Einführung in die Teilchenoptik* (Teubner, Stuttgart 1983)

Haken, H.: *Licht und Materie.* Bd. 1: *Elemente der Quantenoptik* (Bibliographisches Institut, Mannheim, Wien 1979)

Haken, H.: *Licht und Materie.* Bd. 2: *Laser* (Bibliographisches Institut, Mannheim, Wien 1985)

Hecht, E.: *Optik* (McGraw-Hill, Hamburg, New York 1987)

Hecht, E.: *Optik* (Addison-Wesley, Bonn, München 1989)

Heiss, P.: *Holographie-Fibel* (Wittig, Hückelhoven 1986)

Hubel, D.H., Gregory, R.L.: *Auge und Gehirn* (Spektrum der Wissenschaft, Heidelberg 1989)

Itten, J.: *Kunst der Farbe* (Otto Maier, Ravensburg 1987)

Klebe, I., Klebe, J.: *Durch die Augen in den Sinn* (Aulis, Köln 1984)

Klein, M.V., Furtak, T.E.: *Optik* (Springer, Berlin, Heidelberg 1988)

Klinger, H.H.: *Laser* (Franckh, Stuttgart 1979)

Kneubuehl, F.K., Sigrist, M.W.: *Laser* (Teubner, Stuttgart 1988)

Kock, W.E.: *Schallwellen und Lichtwellen,* Verständl. Wissenschaft 9 (Springer, Berlin, Heidelberg 1971)

Kraemer, H.: *Geometrische Optik* (Demmig, Nauheim, Groß-Gerau 1981)

Kuehnel, S.: *Physik Leistungskurs: Elektromagnetische Schwingungen und Wellen* (Oldenbourg, München 1984)

Kueppers, H.: *Die Farbenlehre der Fernseh-, Foto- und Drucktechnik* (DuMont, Köln 1985)

Kueppers, H.: *Farbe* (Callwey, München 1987)

Lanners, E.: *Illusionen* (Verlag C.J. Bucher, München/Luzern 1986)

Lehner, G. et al.: *Solartechnik* (expert, Grafenau; TÜV Rheinland, Köln 1981)

Lindberg, D.C.: *Auge und Licht im Mittelalter* (Suhrkamp, Frankfurt/M. 1987)

Lochhaas, H.: *Optik und Akustik* (Westermann, Braunschweig 1979)

Martin, H. de, Martin, W. de: *Vier Jahrhunderte Mikroskop* (Weilberg, Wiener Neustadt 1983)

Metzger, W.: *Gesetze des Sehens* (Frankfurt 1972)

Michel, K.: *Die Grundzüge der Theorie des Mikroskops in elementarer Darstellung* (Wissenschaftliche Verlags-Gesellschaft, Stuttgart 1981)

Michelmann, M.: *Licht und Leben* (Urania, Leipzig, Jena 1982)

Miler, M.: *Optische Holographie* (Karl Thiemig, München 1978)

Mueller, C. G., Rudolph, M.: *Licht und Sehen* (Rowohlt, Reinbek 1981)

Nachtigall, W.: *Mein Hobby: Mikroskopieren* (BLV, München, Wien 1985)

Nagl, W.: *Elektronenmikroskopische Laborpraxis* (Springer, Berlin, Heidelberg 1981)

Naumann, H., Schröder, G.: *Bauelemente der Optik* (Hanser, München, Wien 1987)

Ostrowski, J. I.: *Holografie* (Deutsch, Thun, Frankfurt/M. 1988)

Paul, H.: *Photonen* (Vieweg, Braunschweig, Wiesbaden 1985)

Pohl, R. W.: *Einführung in die Physik.* Bd. 3: *Optik und Atomphysik,* 13. Aufl. (Springer, Berlin, Heidelberg 1976)

Richter, M.: *Einführung in die Farbmetrik* (de Gruyter, Berlin, New York 1981)

Ritter, M. (Einführung): *Wahrnehmung und visuelles System* (Spektrum der Wissenschaft, Heidelberg 1986)

Rock, I.: *Wahrnehmung* (Spektrum der Wissenschaft, Heidelberg 1985)

Rohr, H.: *Das Fernrohr für jedermann* (Orell Füssli, Zürich, Schwäbisch Hall 1983)

Rzeznik, J.: *Das Mikroskop* (expert, Ehningen b. Böblingen 1988)

Schilling, H.: *Optik und Spektroskopie* (Deutsch, Thun, Frankfurt/M. 1980)

Schlüter, W.: *Mikroskopie* (Aulis, Köln 1976)

Schober, H.: *Das Sehen,* Bd. I (Markewitz, Darmstadt 1950)

Schober, H.: *Das Sehen,* Bd. II (Fachbuchverlag, Leipzig 1954)

Schreier, D. (Hrsg.): *Synthetische Holografie* (Verlag Physik, Weinheim 1984)

Schroeder, G.: *Technische Optik* (Vogel, Würzburg 1987)

Schultze, W.: *Farbenlehre und Farbmessung,* 3. Aufl. (Springer, Berlin, Heidelberg 1975)

Schulz, G.: *Paradoxa aus der Optik* (Barth, Leipzig 1974)

Sommerfeld, A.: *Optik* (Deutsch, Thun, Frankfurt/M. 1978)

Spitzing, G.: *Infrarot- und UV-Fotografie* (Laterna magica, München 1981)

Tarassow, L. W., Tarassowa, A. N.: *Der gebrochene Lichtstrahl* (Mir, Moskau; Teubner, Leipzig 1988)

Timmermann, C.-C.: *Lichtwellenleiter-Komponenten und -Systeme* (Vieweg, Braunschweig, Wiesbaden 1984)

Tradowsky, K.: *Laser* (Vogel, Würzburg 1988)

Treiber, H., Treiber, M.: *Lasertechnik 2, Holographie* (Frech, Stuttgart 1987)

Treitz, N.: *Farben* (Klett, Stuttgart 1985)

Türr, K.: *Op Art* (Gebr. Mann, Berlin 1986)

Velhagen, K.: *Tafeln zur Prüfung des Farbsinns* (Thieme, Stuttgart 1989)

Weber, H., Herziger, G.: *Laser: Grundlagen und Anwendungen* (Verlag Physik, Weinheim 1978)

Wernicke, G., Osten, W.: *Holografische Interferometrie* (Verlag Physik, Weinheim 1982)

Zec, P.: *Holographie* (DuMont, Köln 1987)

Zwimpfer, M.: *Farbe* (Haupt, Bern, Stuttgart 1985)

Englischsprachige Titel

Agoston, G. A.: *Color Theory and Its Application in Art and Design,* 2nd ed., Springer Ser. Opt. Sci., Vol. 19 (Springer, Berlin, Heidelberg 1987)

American Association of Physics Teachers: *Polarized Light* (American Institute of Physics, 1963)

Born, M., Wolf, E.: *Principles of Optics* (Pergamon, Oxford 1980)

Caulfield, H. J., Sun, Lu: *The Applications of Holography* (Wiley, New York 1970)

Faughn, J. S., Kuhn, K. F.: *Physics for People Who Think They Don't Like Physics* (Saunders, 1976)

Gamow, G.: *Mr. Tompkins in Paperback* (Cambridge University Press, Cambridge 1965)

Hecht, E., Zajac, A.: *Optics* (Addison-Wesley, Reading 1974)

Held, R. (Einführung): *Image, Object and Illusion* (W. H. Freeman, New York 1974)

Held, R., Richards, W. (Einführung): *Perception: Mechanisms and Models* (W. H. Freeman, 1972)

Held, R., Richards, W. (Einführung): *Recent Progress in Perception* (W. H. Freeman, New York 1976)

Minnaert, M.: *The Nature of Light and Colour in the Open Air* (Dover, Mineola 1954)

Tolansky, S.: *Curiosities of Light* (American Elsevier Publishing, New York 1966)

Unterseher, F., Hansen, J., Schlesinger, B.: *Holography Handbook* (Ross Books, 1982)

Walker, J.: *The Flying Circus of Physics* (Wiley, New York 1975)

Walker, J. (Einführung): *Light from the Sky* (W. H. Freeman, New York 1980)

Sachverzeichnis

ERRATUM

Falk · Brill · Stork   Ein Blick ins Licht

ISBN 3-7643-2401-5   Birkhäuser Verlag Basel · Boston · Berlin
ISBN 978-3-540-52146-4   Springer-Verlag Berlin Heidelberg New York

---

Durch ein bedauerliches Versehen der Verlage enthalten Text und Quellenangaben verschiedene Fehler. Die korrekten Angaben lauten:

S. 15	Tabelle 1.1 unten: Niederfrequenz (statt Schall)
S. 37	1. Spalte, 1. Zeile ↓: ... vierte Zahl jeder Bildnummernserie ...
S. 112	Abb. 4.5: (c) Das Schnittbild, das sich ergibt, wenn scharf (links) und unscharf (rechts) eingestellt ist. ...
S. 185	Abb. 6.21: (a) ... nur der dicht gezeichnete Teil des Pfeils ...
S. 235	Abb. 8.17: (b) Rogier van der Weyden
S. 239	Abb. 8.25: (c) Pannini
S. 271	Tabelle 9.1, letzte Zeile: Reines 555-nm-Licht
S. 276	1. Spalte, 24. Zeile ↑: ... Farben gelernt. Diese Regeln, wie sie ...

Quellennachweis

Abb. 8.6b	Mit freundlicher Genehmigung Münchner Stadtmuseum–Fotomuseum. Fotograf A. Dorsel, Aalen
Abb. 8.7	Mit freundlicher Genehmigung Münchner Stadtmuseum–Fotomuseum. Fotograf A. Dorsel, Aalen
Abb. 8.17b	*Saint George and the Dragon*, Rogier van der Weyden. National Gallery of Art, Washington, DC, USA; Ailsa Mellon Bruce Fund
Abb. 12.30a,b	R.A. Steinbrecht/H. Scharf, Zeiss Information, Oberkochen, **28**, 36 (1985), Heft 97
Abb. 12.60	J. Bornhardt, Carl Zeiss, Oberkochen
Tafel 12.1	A. Dorsel, Aalen
Tafel 13.1	J. Bornhardt, Carl Zeiss, Oberkochen